Lehrbuch
der Bodenkunde

Scheffer/Schachtschabel

Lehrbuch der Bodenkunde

12., neu bearbeitete Auflage von

P. Schachtschabel, H.-P. Blume, G. Brümmer,
K.-H. Hartge und U. Schwertmann

Unter Mitarbeit von
W. R. Fischer, M. Renger und O. Strebel

220 Abbildungen, 102 Tabellen, 1 Farbtafel

Ferdinand Enke Verlag Stuttgart 1989

Prof. em. Dr. Dr. h. c. *P. Schachtschabel*
Institut für Bodenkunde der Universität Hannover

Prof. Dr. *H.-P. Blume*
Institut für Pflanzenernährung und Bodenkunde der Universität Kiel

Prof. Dr. *G. Brümmer*
Institut für Bodenkunde der Universität Bonn

Prof. Dr. *K.-H. Hartge*
Institut für Bodenkunde der Universität Hannover

Prof. Dr. *U. Schwertmann*
Institut für Bodenkunde der Technischen Universität München in Freising-Weihenstephan

Prof. Dr. *W. R. Fischer*
Institut für Bodenkunde und Standortslehre der Universität Stuttgart-Hohenheim

Prof. Dr. *M. Renger*
Institut für Ökologie-Bodenkunde der Technischen Universität Berlin

Dr. *O. Strebel*
Bundesanstalt für Geowissenschaften und Rohstoffe, Hannover

Das Lehrbuch für Bodenkunde entstand 1937 als Teil der Schriftenreihe „Sammlung chemischer und chemisch-technischer Vorträge“ (Herausgeber *R. Pummerer*) unter dem Titel „Agrikulturchemie, Teil a: Boden“ (Bearbeiter *F. Scheffer*) und wurde ab 5. Auflage in „Lehrbuch für Bodenkunde“ umgenannt. Die verschiedenen Auflagen wurden unter starker Ausweitung des Textumfanges von den nachstehend Genannten bearbeitet:

1. – 2. Auflage 1937 – 1944	*F. Scheffer*
3. – 8. Auflage 1952 – 1970	*P. Schachtschabel, F. Scheffer*
9. – 10. Auflage 1976 – 1979	*P. Schachtschabel, H.-P. Blume, K.-H. Hartge, U. Schwertmann*
11. Auflage 1982	analog 9./10. Auflage unter Mitarbeit von *G. Brümmer* und *M. Renger*
12. Auflage 1989	*P. Schachtschabel, H.-P. Blume, G. Brümmer, K.-H. Hartge, U. Schwertmann* unter Mitarbeit von *W. R. Fischer, M. Renger* und *O. Strebel*

CIP-Kurztitelaufnahme der Deutschen Bibliothek

Scheffer, Fritz:
Lehrbuch der Bodenkunde / Scheffer; Schachtschabel. – 12.,
neu bearb. Aufl. / von P. Schachtschabel . . . Unter Mitarb. von
W. R. Fischer . . . – Stuttgart : Enke, 1989
ISBN 3-432-84772-6

NE: Schachtschabel, Paul:

Satz und Druck: Calwer Druckzentrum GmbH, D-7260 Calw
Filmsatz 9/10 Times, System Compugraphic 8600

6 5 4 3 2 1

Vorwort

Die hiermit vorgelegte 12. Auflage unseres Lehr- und Handbuches der Bodenkunde ist gegenüber der 11. Auflage wie folgt verändert worden:

In den Kreis der Autoren wurde *G. Brümmer* neu aufgenommen.

Nahezu alle Kapitel des Buches wurden überarbeitet und auf den neuesten Wissensstand gebracht. Viele Abbildungen wurden ausgetauscht und die Anzahl um 34 vermehrt. Die Farbtafel mit gemalten Bodenprofilen wurde durch eine Tafel mit 10 farbigen Fotos typischer Böden aus allen Teilen der Erde ersetzt. Wenngleich vor allem Eigenschaften der Böden Mitteleuropas behandelt werden, so wurden doch die Aussagen über Böden anderer Klimate stark erweitert. Um das Buch nicht zu überlasten, wurden die Literaturzitate auf das Notwendige beschränkt und – wo immer möglich – neuere Übersichten gegenüber Einzelarbeiten bevorzugt.

Im Vergleich zur 11. Auflage wurden vor allem folgende wesentliche Veränderungen vorgenommen:

Bei den *Ausgangsmineralen* und *-gesteinen* wurden neue Daten berücksichtigt und wichtige Ergänzungen vorgenommen. Unter *Verwitterung* werden die Gestalt verwitterter Primärminerale und die Assoziationen zwischen Ausgangs- und Verwitterungsprodukt sichtbar gemacht. Bei der *Körnung* wird die moderne ADV-gerechte Schreibweise verwendet; außerdem wird die US-Körnungseinteilung berücksichtigt. Die bodenkundlichen Eigenheiten der *Tonminerale* und *Oxide* werden stärker betont.

Die Darstellung von Analyse und Bildung der *Huminstoffe* wurde aktualisiert; außerdem wird die Bedeutung löslicher Huminstoffe sowie mikrobiell gebildeter und von Pflanzenwurzeln ausgeschiedener Komplexbildner für Mobilität und Verfügbarkeit von Nähr- und Schadstoffen (Rhizosphäreneffekt) stärker herausgestellt. Stark erweitert wurde die Behandlung der *Bodenorganismen*, und zwar vor allem deren Bedeutung für bestimmte Bodeneigenschaften und deren Veränderungen in Arten- und Individuenzahl durch spezifisch wirkende Landnutzungsformen.

Im Kapitel *Kationen-* und *Anionensorption* werden die Verhältnisse in Böden stärker betont und die Adsorption von Schwermetallen berücksichtigt.

Das Kapitel *Bodenacidität* wurde neu konzipiert und dabei besonderes Gewicht auf die Grundlagen sowie Säureneutralisationsreaktionen und -kapazitäten von Böden gelegt.

Beim neu konzipierten Kapitel *Bodengefüge* wird die Gefügebildung (Aggregierung, Quellung, Schrumpfung, Rißbildung, Verschlämmung, Pedoturbation, Verdichtung) aus der klassischen Bodenmechanik entwickelt, um ein geschlosseneres Bild zu erhalten. Die regionalen Bezüge der *Bodentemperatur* werden stärker betont.

In dem neugefaßten Kapitel *Nährstoffe* werden die Verfügbarkeit, die Versorgung der Böden, das Verhalten der Mikronährstoffe, Stickstoffkreislauf und -bilanz sowie Boden- und Nutzungseinflüsse auf Nitratauswaschung und Grundwasserkontamination stärker berücksichtigt. Im Hinblick auf die Ergebnisse neuerer Feldversuche zur Kalium- und Phosphorversorgung der Böden und Nährstoffbilanzen, die eine Änderung der üblichen, zu hohen Düngungsempfehlungen und der Düngerpraxis in der BRD nahelegen, wurden die entsprechenden Abschnitte grundlegend überarbeitet.

Die anorganischen (z. B. Schwefeldioxid, Stickstoffdioxid, Fluor und Schwermetalle) und organischen (z. B. Nitrosamine, chlorierte Kohlenwasserstoffe, Ölrückstände) *Schadstoffe* bilden weiterhin einen Schwerpunkt des Buches. Dabei werden die Bedeutung der Böden als Puffer-, Filter- und Transformationssysteme, deren derzeitige Belastung und die Methoden zur Belastungsmessung behandelt. Erweitert und präzisiert wurde die Darstellung des Verhaltens *organischer Biozide* in Böden und die mit ihrem Einsatz verbundenen Risiken.

Unter den *bodenbildenden Prozessen* wurde der Begriff Hydromorphierung zur Redoximorphose erweitert; es wird nun deutlich zwischen Tagwasser-, Grundwasser- und künstlicher Versalzung unterschieden; neu aufgenommen wurde die für Kälte- und Wärmewüsten gleichermaßen bedeutsame Spaltenkumulation von Sanden. Die deutsche *Bodensystematik* wird in der überarbeiteten Fassung der Deutschen Bodenkundlichen Gesellschaft von 1985 wiedergegeben; die Darstellung der US-Soil Taxonomy wurde präzisiert und aktualisiert, während an der alten Legende der Weltbodenkarte vorerst festgehalten wird, da Karten mit der neuen Legende bisher nicht vorliegen. Neu konzipiert wurden die *Grundsätze* der *Bodenvergesellschaftung*. Unter *Bodenwertung* werden nunmehr auch Verfahren anderer Länder kurz behandelt. Bei der *Bodenerosion* wurden die Weiterentwicklung quantifizierender Modelle und deren Anwendung berücksichtigt.

Unter den Herausgebern war die Überarbeitung der einzelnen Kapitel folgendermaßen aufgeteilt, wobei ein intensiver Gedankenaustausch erfolgte:

H.-P. Blume:
Kapitel III, VII, IX, XXIV – XXXIII, Anhang;
G. Brümmer:
Kapitel VII 3 e, XIII, XX 12 – 22,
XXI – XXIII;
K.-H. Hartge:
Kapitel XIV – XIX;
P. Schachtschabel:
Kapitel III, XII, XIV, XX;
U. Schwertmann:
Kapitel I, II, IV – VI, X – XII, XIX, XXIV,
XXXIV.

Außerdem konnten wir uns dankbar der Mitarbeit mehrerer Fachkollegen erfreuen, welche die folgenden Kapitel übernahmen: Prof. Dr. *W. Fischer* (Stuttgart-Hohenheim): Huminstoffe, Organomineralische Verbindungen; Prof. Dr. *M. Renger* (Berlin): Wasserversorgung der Pflanzen; Dr. *O. Strebel* (Hannover): N-Auswaschung und Grundwasserbelastung durch Nitrat. Für die Mitarbeit beim Nährstoffstatus tropischer Böden sind wir Dr. *H. Grimme* (Hannover) zu Dank verpflichtet.

Für die kritische Durchsicht mehrerer Kapitel und Änderungsvorschläge danken wir vor allem Dr. *K. Auerswald*, Dr. *B. Beyme*, Prof. Dr. *H. Graf von Reichenbach*, Prof. Dr. *W. Horst*, Prof. Dr. *F. H. Meyer*, Dr. hab. *E. Murad*, Prof. Dr. *E.-A. Niederbudde* und Dipl.-Ing. *H. Stanjek*, für Diskussionen und Anregungen Dr. hab. *F. Alaily*, Prof. Dr. *A. Bronger*, Dr. *W. Köster*, Prof. Dr. *B. Sattelmacher*, Prof. Dr. *E. Schlichting*, Prof. Dr. *K. Stahr* und Prof. Dr. *H. Zakosek*.

Den Mitarbeitern des Ferdinand Enke Verlages danken wir für die gute Zusammenarbeit.

Auch diese Auflage will nicht nur den Bodenkundler ansprechen, sondern auch Landwirte, Forstwirte, Gärtner, Landespfleger, Ökologen, Kulturtechniker, Hydrologen, Limnologen, Geographen, Geologen, Mineralogen, Chemiker, Biologen, Archäologen sowie alle, die mit Problemen des Naturschutzes und Umweltschutzes beschäftigt sind. Möge das Buch allen, insbesondere den Studenten und dem wissenschaftlichen Nachwuchs, ein guter Führer sein, und möge es nicht nur Fachwissen vermitteln, sondern auch Anregungen für weitere Forschungen geben.

Hannover, Kiel, Bonn, Freising-Weihenstephan, Frühjahr 1989

Die Verfasser: *P. Schachtschabel,*
H.-P. Blume,
G. Brümmer,
K.-H. Hartge,
U. Schwertmann

Inhalt

Vorwort V

Einleitung 1

A. Ausgangsmaterial, Zusammensetzung und Eigenschaften der Böden 2

I. Anorganisches Ausgangsmaterial 2
1. Minerale 2
2. Gesteine 5
   a) Magmatite 5
   b) Sedimente 6
   c) Metamorphite 10

II. Verwitterung 12
1. Physikalische Verwitterung 12
2. Chemische Verwitterung 13
   a) Auflösung durch Hydratation 13
   b) Hydrolyse 13
   c) Oxidation 16
   d) Komplexierung 16
3. Rolle der Pflanzen und Bodenorganismen 17
4. Verwitterungsstabilität von Mineralen 17
5. Verwitterungsstabilität von Gesteinen 19

III. Körnung (Textur) 21
1. Kornformen, Oberfläche, Korngrößenfraktionen 21
2. Bodenarten 23
3. Einfluß der Körnung auf Ökologie und Ertragfähigkeit der Böden 24

IV. Tonminerale 26
1. Allgemeine Eigenschaften 26
   a) Kristallstruktur 27
   b) Ladung der Silicatschichten 29
2. Tonminerale der Böden 30
   a) Zweischichtminerale 30
   b) Dreischichtminerale 30
   c) Palygorskit und Sepiolit 34
   d) Allophan und Imogolit 34
   e) Wechsellagerungsminerale 35
3. Bildung und Umwandlung der Tonminerale 35
   a) Bildung aus Schichtsilicaten durch Veränderung der Zwischenschichtbesetzung 36
   b) Bildung aus Zerfallsprodukten von Silicaten 36
   c) Tonmineralumwandlung 38
4. Vorkommen in verschiedenen Böden 39

V. Oxide und Hydroxide 41
1. Siliciumoxide 41
   a) Formen und Vorkommen 41

b) Entstehung ... 41
c) Löslichkeit ... 42
2. Aluminiumoxide ... 42
3. Eisenoxide ... 43
a) Formen und Eigenschaften ... 43
b) Entstehung, Vorkommen und Gehalt ... 44
4. Titanoxide ... 45
5. Manganoxide ... 45

VI. Mineralzusammensetzung von Böden und Mineralbestimmung ... 47
1. Mineralzusammensetzung von Böden ... 47
2. Mineralbestimmung ... 48

VII. Organische Substanz ... 50
1. Definition und Einteilung ... 50
2. Organische Ausgangsstoffe und ihre Umwandlung ... 52
3. Huminstoffe ... 54
a) Bildung von Huminstoffen ... 54
b) Zusammensetzung und Eigenschaften ... 56
c) Huminstoff-Fraktionen ... 58
d) Alter der Huminstoffe ... 59
e) Metallorganische Komplexe ... 60
4. Gleichgewicht zwischen Anlieferung und Abbau der organischen Substanz ... 63
a) Einfluß der Umweltbedingungen ... 64
b) Einfluß der Nutzungsform ... 65
c) Einfluß der Düngung ... 67
d) pH-Wert ... 68
5. Bedeutung der organischen Substanz für Boden und Pflanze ... 65
a) Chemische und bodenbiologische Wirkungen ... 69
b) Physikalische Wirkungen ... 69
c) Wirkstoffe ... 70
6. Analytische Bestimmung und Auftrennung der Huminstoffe ... 70
a) Isolierung ... 71
b) Fraktionierung ... 71
c) Methoden zur Identifizierung und Strukturaufklärung ... 71

VIII. Organo-mineralische Verbindungen ... 74

IX. Bodenorganismen ... 77
1. Einteilung und Beschreibung ... 77
a) Flora ... 77
b) Fauna ... 78
2. Lebensbedingungen ... 79
a) Nahrung und Nährelemente ... 79
b) Wasser und Luft ... 80
c) Wärme ... 80
3. Bodenorganismen als Lebensgemeinschaft ... 81
a) Wechselbeziehungen ... 81
b) Besatz europäischer Böden ... 81
c) Bodenorganismen anderer Klimate ... 82
d) Einfluß von Bodentiefe und Jahreszeit ... 82
e) Mykorrhiza ... 83
f) Unterschiede zwischen Böden ... 84

4. Einfluß der Bodenorganismen auf Bodeneigenschaften 85
   a) Mikroorganismen 85
   b) Bodentiere 85
5. Einfluß von Kulturmaßnahmen 87

X. Kationenadsorption 90
1. Allgemeines 90
2. Ursachen und Ausmaß des Kationenaustausches 91
   a) Spezifische Oberfläche 91
   b) Ladungsart und Ladungsdichte 91
   c) Tonminerale 93
   d) Oxide des Si, Al und Fe 94
   e) Organische Substanz 94
   f) Böden 95
3. Elektrische Doppelschicht der Kationenaustauscher 95
4. Beziehung zwischen der Zusammensetzung des Kationenbelags und der Gleichgewichtsbodenlösung 96
   a) Allgemeines 96
   b) Kationenaustausch-Gleichungen 97
   c) Einfluß von Wertigkeit und Hydratation der Kationen 99
   d) Spezifische Adsorption von Kationen 100
5. Kationenaustauschverhältnisse in Böden 102
   a) Kationenaustauschkapazität (KAK) 102
   b) Kationenbelag 104
   c) Sorptionsverhältnisse in Bodenprofilen 105
   d) Selektivitätsverhältnisse in Böden 106
6. Bestimmung 107

XI. Anionenadsorption 108
1. Wesen und Ausmaß der Anionenadsorption 108
   a) Unspezifische Adsorption 108
   b) Spezifische Adsorption 108
   c) Adsorbentien und Adsorptionskapazität 109
2. Faktoren der Anionenadsorption 110
   a) Konzentration der Gleichgewichtslösung 110
   b) Art der Anionen 111
   c) pH-Wert 111

XII. Bodenacidität 113
1. Wesen der Bodenacidität 113
   a) Dissoziation funktioneller Säuregruppen 113
   b) Hydrolyse von Al- und Fe-Ionen 113
2. H-Ionen-Quellen 114
   a) Bildung von Kohlensäure und organischen Säuren 114
   b) Abgabe durch die Wurzel 115
   c) Eintrag saurer Niederschläge 115
   d) Oxidation von NH_4 und NH_3 115
   e) Oxidation von Fe/Mn^{2+} 116
3. Puffersubstanz und -reaktionen 116
   a) Pufferung durch Carbonate 116
   b) Pufferung an variablen Ladungen 117
   c) Pufferung durch Silicate 117
   d) Pufferung durch Oxide, Hydroxide und Hydroxysalze 118
4. SNK und BNK von Böden – Kalkbedarf 118

5. pH-Werte von Böden ... 120
a) Alkalische Böden ... 120
b) $CaCO_3$-haltige Böden ... 120
c) Schwach saure Böden ... 120
d) Saure und stark saure Böden ... 121
e) Zeitliche und räumliche Veränderungen ... 121
6. Anzustrebender pH-Wert von Kulturböden ... 122
7. Kalkung ... 123
8. Bestimmungsmethoden ... 125

XIII. Redoxreaktionen ... 127
1. Allgemeines ... 127
2. E_h-pH-Stabilitätsdiagramme ... 129
3. Redoxsysteme in Böden ... 130
4. Redoxpotentiale von Böden ... 132

XIV. Flockung und Peptisation ... 134
1. Energetische Wechselwirkung zwischen Bodenkolloiden ... 135
2. Einfluß von Kationenbelag und Wertigkeit auf die Flockung ... 136
a) Teilchen mit negativer Ladung (Kationenaustauscher) ... 136
b) Teilchen mit positiver Ladung (Anionenaustauscher) ... 137
3. Aufbau der Flocken ... 138
4. Einfluß des elektrokinetischen Potentials ... 138

XV. Bodengefüge ... 140
1. Gefügemorphologie ... 140
a) Makrogefüge ... 140
b) Mikrogefüge ... 143
c) Riß- und Röhrensysteme ... 144
2. Das Gefüge im Raum ... 146
a) Kennwerte des Bodengefüges ... 146
b) Porenanteile in Böden ... 147
c) Porenformen ... 148
d) Porengrößenverteilung (Porung) ... 148
3. Spannungen und Verformungen ... 150
a) Kräfte an einem Korn ... 150
b) Kräfte und Spannungen im Bodenverband ... 151
c) Einfluß des Wassers ... 153
4. Stabilität des Bodengefüges ... 156
a) Grundkonzept ... 156
b) Stabilisierende Stoffe ... 157
c) Verschlämmung, Verknetung und Krustenbildung ... 159
d) Bestimmung der Gefügestabilität ... 160
5. Biologische, klimatische und anthropogene Einflüsse auf das Bodengefüge ... 161
a) Gefüge eines Bodenprofiles als Gleichgewichtslage ... 161
b) Natürliche Bodenentwicklung ... 162
c) Anthropogene Einflüsse ... 167
6. Beurteilung des Bodengefüges für den Pflanzenbau ... 168

XVI. Bodenwasser ... 171
1. Einteilung (Bindungsarten) ... 171
a) Grund- und Stauwasser ... 171
b) Adsorptions- und Kapillarwasser ... 172
c) Bestimmung des Wassergehaltes ... 173

2. Intensität der Wasserbindung ... 174
a) Potentialkonzept ... 174
b) Potential-Gleichgewicht ... 177
c) Beziehung zwischen Wasserspannung und Wassergehalt ... 177
3. Wasserbewegung in flüssiger Phase ... 180
a) Einfluß von Körnung und Gefüge ... 182
b) Einfluß des Wassergehalts ... 183
c) Bestimmung der Wasserleitfähigkeit ... 184
d) Wasseraufnahme und Wasserabgabe ... 184
4. Wasserbewegung in dampfförmiger Phase ... 189
a) Wasserdampfbewegung im Boden ... 189
b) Evaporation aus dem Boden ... 190
c) Kondensation im Boden ... 191
5. Wasserhaushalt der Böden ... 191
a) Bodenkennwerte ... 191
b) Jahreszeitlicher Gang ... 193
c) Klassifizierung ... 197
6. Wasserversorgung der Pflanzen ... 197
a) Pflanzenverfügbares Bodenwasser ... 197
b) Wasserbewegungen im System Boden – Pflanze – Atmosphäre ... 200
c) Wasserverbrauch und Pflanzenertrag ... 202

XVII. Bodenluft ... 205
1. Zusammensetzung und Herkunft der Komponenten ... 205
2. Transportmechanismen ... 207
3. Gashaushalt und Pflanzenstandort ... 208

XVIII. Bodentemperatur ... 211
1. Bedeutung thermischer Phänomene ... 211
2. Energiegewinn und -verlust ... 211
3. Thermische Eigenschaften ... 212
4. Wärmebewegungen ... 213
5. Wärmehaushalt ... 214
a) Natürlicher Wärmehaushalt ... 214
b) Anthropogene Eingriffe ... 217

XIX. Bodenfarbe ... 219

XX. Nährstoffe ... 221
1. Allgemeines über Gehalt, Bindung und Bilanz ... 221
2. Nährstoffauswaschung ... 222
3. Nährstoffverfügbarkeit ... 224
a) Nährstoffkonzentration der Bodenlösung ... 224
b) Nährstoffvorrat im Wurzelraum ... 225
c) Nährstoffnachlieferung und -transport ... 225
d) Mikrobielle Aktivität und pH-Wert in der Rhizosphäre, Wurzelausscheidungen ... 226
4. Bestimmung der Nährstoffversorgung von Böden ... 227
a) Feldversuche ... 227
b) Gefäßversuche ... 227
c) Pflanzenanalyse ... 228
d) Mangelsymptome ... 228
e) Chemische Bodenuntersuchungen ... 228

5. Düngung in Abhängigkeit von Pflanzenentzug und der Nährstoffversorgung der Böden ... 229
a) Nährstoffentzug der Pflanzen ... 229
b) Entzugs- und Erhaltungsdüngung ... 229
c) Nährstoffgehaltsklassen und Grenzwerte ... 229
d) Einfluß des Standorts; Unterboden ... 230
e) Änderung der Bodenuntersuchungswerte nach einer Düngung ... 230
6. Calcium ... 231
7. Magnesium ... 231
a) Pflanzenverfügbares Magnesium ... 231
b) Bestimmung der Mg-Versorgung von Böden ... 232
c) Beziehung zwischen Mg-Gehalt in Böden und Ertrag ... 232
d) Mg-Düngung und Mg-Grenzwerte ... 233
e) Mg-Auswaschung ... 234
8. Kalium ... 234
a) Austauschbares und nichtaustauschbares Kalium ... 234
b) K-Fixierung ... 234
c) K-Gleichgewicht zwischen Boden und Bodenlösung ... 236
d) Pflanzenverfügbares Kalium ... 237
e) Bestimmung der K-Versorgung von Böden ... 238
f) K-Versorgung der Böden ... 239
g) K-Düngung und K-Grenzwerte ... 241
h) K-Bilanzierung über Bodenuntersuchungen ... 243
i) K-Bilanz für die Landwirtschaft der BRD ... 243
j) K-Auswaschung ... 244
9. Natrium ... 245
10. Phosphor ... 245
a) P-Gehalt in Böden ... 245
b) P-Bindungsformen ... 246
c) Umsetzung der Düngerphosphate und P-Fraktionen ... 248
d) Löslichkeit des Bodenphosphats ... 249
e) P-Aufnahme durch die Pflanzen ... 252
f) Bestimmung der P-Versorgung von Böden ... 253
g) Vergleich von P-Bodenuntersuchungsmethoden ... 254
h) Beziehung zwischen P-Gehalt in Böden und Ertrag ... 255
i) P-Düngung und P-Grenzwerte ... 255
k) Ausnutzung der Düngerphosphate ... 257
l) P-Bilanzierung über Bodenuntersuchungen ... 258
m) P-Bilanz für die Landwirtschaft der BRD ... 258
n) P-Auswaschung ... 259
11. Stickstoff ... 259
a) N-Verbindungen in Böden ... 259
b) N-Kreislauf und N-Bilanz ... 260
c) N-Gleichgewicht in Böden ... 261
d) N-Mineralisierung und N-Immobilisierung ... 262
e) Nitrifikation ... 264
f) Denitrifikation ... 265
g) Ammonium-Fixierung ... 266
h) Ammoniak-Verflüchtigung ... 267
i) Biologische N_2-Fixierung ... 267
j) N-Düngung und N-Bilanz ... 268
k) N-Auswaschung ... 270
l) Grundwasserbelastung durch Nitrat-Auswaschung ... 273
12. Schwefel ... 274
13. Mangan ... 276

14. Eisen ... 279
15. Kupfer ... 280
16. Zink ... 284
17. Bor ... 287
18. Molybdän ... 289
19. Chlor ... 290
20. Silicium ... 291
21. Cobalt ... 292
22. Selen ... 293

XXI. Gewässereutrophierung und Gewässerversauerung ... 300
1. Gewässereutrophierung ... 300
2. Gewässerversauerung ... 303

XXII. Schadstoffe ... 304
1. Filter-, Puffer- und Transformatorfunktion der Böden ... 306
2. Ausmaß der Bodenbelastung in der Bundesrepublik Deutschland ... 307
3. Ermittlung der Schadstoffgehalte und der Belastbarkeit von Böden ... 310
4. Anorganische Schadstoffe ... 313
a) Schwefeldioxid und Stickstoffverbindungen, neuartige Waldschäden ... 313
b) Fluor ... 317
c) Cadmium ... 318
d) Blei ... 324
e) Quecksilber ... 328
f) Nickel ... 331
g) Chrom ... 333
5. Organische Schadstoffe ... 334
a) Nitrosamine ... 337
b) Chlorierte Kohlenwasserstoffe ... 338
c) Polycyclische aromatische Kohlenwasserstoffe (PAK) ... 341
d) Mineralöl und Ölrückstände ... 343
6. Salzschäden ... 344

XXIII. Klärschlamm und Müllkompost ... 349

XXIV. Verhalten von organischen Bioziden in Böden ... 353
1. Adsorption, Verlagerung und Verdampfung ... 353
2. Chemische und mikrobiologische Umwandlung ... 355
3. Veränderung des Organismenbesatzes durch Biozide ... 356

XXV. Böden als Teile von Ökosystemen ... 358
1. Struktur und Dynamik eines Landökotops ... 358
2. Entwicklung eines Landökotops ... 359
3. Belastungen mitteleuropäischer Ökotope ... 359

B. Bodenentwicklung, Bodensystematik und Bodenverbreitung ... 362

XXVI. Faktoren der Bodenentwicklung ... 363
1. Klima ... 363
2. Ausgangsgestein ... 364
3. Schwerkraft und Relief ... 365
4. Wasser ... 366
5. Fauna und Flora ... 367
6. Menschliche Tätigkeit ... 367

XXVII. Prozesse der Bodenentwicklung 370
1. Verwitterung und Mineralbildung 370
a) Kryoklastik 371
b) Verbraunung und Verlehmung 371
c) Ferrallitisierung und Desilifizierung 372
d) Temperatur- und Salzsprengung 373
2. Bildung von Humusformen 373
a) Terrestrische Humusformen 373
b) Hydromorphe Humusformen 375
3. Gefügebildung 375
4. Tonverlagerung 376
5. Podsolierung 378
6. Redoximorphose 379
7. Carbonatisierung 381
8. Versalzung 381
a) Tagwasserversalzung 382
b) Grundwasserversalzung 383
c) Künstliche Versalzung 383
d) Vegetation und Melioration 384
9. Turbationen 385
a) Bioturbation 385
b) Kryoturbation 386
c) Peloturbation 386
d) Spaltenkumulation 387
10. Stoffumlagerungen in der Landschaft 387
a) Massenversatz am Hang 388
b) Bodenumlagerung durch Wasser und Wind 389
c) Verlagerung durch Hangzugwasser 389
11. Profildifferenzierung 390

XXVIII. Bezeichnung und Definition der Bodenhorizonte 395

XXIX. Bodensystematik 398
1. Entwicklung der Bodensystematik 398
2. Klassifikationssysteme in Deutschland 399
3. Klassifikationssysteme in den USA 401
4. Bodeneinheiten der Weltbodenkarte 403
5. Numerische Klassifikation 405

XXX. Böden Mitteleuropas 407
1. Landböden (terrestrische Böden) 407
a) Syrosem 407
b) Lockersyrosem 407
c) Ranker 408
d) Regosol 408
e) Rendzina 410
f) Pararendzina 411
g) Tschernosem (Schwarzerde) 412
h) Braunerde 414
i) Terra fusca 416
j) Parabraunerde und Fahlerde 417
k) Podsol 419
l) Pelosol 421
m) Pseudogley 422
n) Stagnogley 424

2. Grundwasserböden (semiterrestrische Böden) ... 425
a) Gleye ... 426
b) Quellengleye und Hanggleye ... 427
c) Auenböden ... 428
d) Marschen ... 429
3. Unterwasserböden (subhydrische Böden) ... 432
4. Moore ... 433
5. Anthropogene Böden ... 436

XXXI. Wichtige Böden außerhalb Mitteleuropas ... 440
1. Vertisole ... 440
2. Ferralsole (Oxisole) ... 441
3. Nitosole ... 443
4. Acrisole ... 443
5. Kastanozeme ... 444
6. Yermosole und Xerosole ... 444
7. Solonchake ... 445
8. Solonetze ... 446
9. Planosole ... 447
10. Andosole ... 447
11. Gelosole ... 448
12. Reisböden ... 448

XXXII. Bodenverbreitung ... 450
1. Grundsätze der Bodenvergesellschaftung ... 450
2. Bodenregionen Mitteleuropas ... 452
3. Bodenzonen der Erde ... 455
a) Gelosol(Frostboden)-Zonen ... 456
b) Podsol-Cambisol-Histosol-Zonen ... 456
c) Luvisol-Eutric-Gleysol-Zonen ... 457
d) Zonen mediterraner Böden ... 457
e) Steppenboden-Zonen ... 457
f) Yermosol-Solonchak-Yermic-Regosol-Zonen ... 458
g) Vertisol-Nitosol-Zonen ... 459
h) Ferric Luvisol-Acrisol-Ferralsol-Zonen ... 459
i) Fluvisol-Gleysol-Regionen ... 459
k) Lithosol-Regosol-Regionen ... 459

C. Bodennutzung ... 461

XXXIII. Bodenbewertung ... 462
1. Allgemeines ... 462
2. Bewertung für forstliche Nutzung ... 463
3. Bewertung für landwirtschaftliche Nutzung ... 463

XXXIV. Bodenerosion ... 468
1. Bodenerosion durch Wasser ... 468
a) Wesen, Ausmaß und Auswirkungen ... 468
b) Faktoren ... 470
c) Schutzmaßnahmen ... 471
d) Messung und Vorhersage ... 471
2. Bodenerosion durch Wind (Deflation) ... 472
a) Wesen und Auswirkungen ... 472
b) Faktoren ... 473
c) Vorhersage und Schutzmaßnahmen ... 474

Anhang 1 ... 476

Gliederung der Spät- und Nacheiszeit in Mitteleuropa ... 476

Gliederung der geologischen Formationen ... 477

Anhang 2 ... 479

Abkürzungen ... 479

Maßeinheiten ... 479

Umrechnungsfaktoren ... 479

Sachverzeichnis ... 480

Einleitung

Begriff und Wesen des Bodens

Ein *Boden* ist Teil der belebten obersten Erdkruste; er ist nach unten durch festes oder lockeres Gestein, nach oben durch eine Vegetationsdecke bzw. die Atmosphäre begrenzt, während er zur Seite gleitend in benachbarte Böden übergeht.

Ein Boden besteht aus *Mineralen* unterschiedlicher Art und Größe sowie organischen Stoffen, dem *Humus*. Minerale und Humus sind in bestimmter Weise im Raum angeordnet, bilden miteinander ein *Bodengefüge* mit einem bestimmtem Hohlraumsystem; dieses besteht aus Poren unterschiedlicher Größe und Form, die mit *Bodenlösung*, d. h. Wasser mit gelösten Salzen und Gasen, und *Bodenluft* gefüllt sind. Ein Boden weist Horizonte auf, die oben streuähnlich sind, nach unten gesteinsähnlicher werden.

Ein Boden ist ein Naturkörper, bei dem ein Gestein unter einem bestimmten Klima und einer bestimmten streuliefernden Vegetation durch bodenbildende Prozesse, d. h. Verwitterung und Mineralbildung, Zersetzung und Humifizierung, Gefügebildung und Verlagerung, umgewandelt wurde und wird. Ein Kulturboden entwickelt sich zudem unter dem Einfluß des Menschen.

Böden sind verschieden, weil sich ihre Eigenschaften mit der Zeit verändern und weil Gesteins- und Relief-, Klima- und Vegetationsunterschiede, bei Kulturböden auch Nutzungsunterschiede, ihre Entwicklung beeinflussen.

Die Böden einer *Landschaft* sind miteinander durch Stofftransporte verknüpft, beeinflussen sich mithin in ihren Eigenschaften und bilden mit den anderen Bestandteilen der Landschaft, dem Luftraum und der Lebewelt, ein gemeinsames Wirkungsgefüge, d. h. ein Ökosystem.

Böden dienen Organismen als *Lebensraum*. Pflanzen bieten sie als Wurzelraum Verankerung sowie Versorgung mit Wasser, Sauerstoff und Nährstoffen in ausgewogener Dosierung. Die *Versorgung* wird bestimmt durch Angebot und Widerstand. *Angebot* an Wasser, Sauerstoff und Nährstoffen im Wurzelraum ergibt sich aus *Vorrat* und *Verfügbarkeit*. *Widerstände* ergeben sich aus *Durchwurzelbarkeit* sowie *Leitfähigkeit* des Wurzelraumes für Flüssigkeiten und Gase, außerdem als „physiologisch" wirksame Widerstände an Wurzeloberfläche und in der Pflanze (z. B. Nährelementselektivität, Intensität des Saftstroms). Die Fähigkeit des Bodens, den Pflanzen als Standort zu dienen, bezeichnet man als *Bodenfruchtbarkeit*.

Kulturböden dienen vor allem der Nahrungsmittelproduktion und der Erzeugung organischer Rohstoffe. Sie bilden aber auch die Grundlage wertvollen Grüns, das Menschen Erholung spendet, Freizeitaktivitäten ermöglicht und damit unserer Gesundheit dient. Die *Ertragsleistung* eines Bodens als Standort für Kulturpflanzen steht häufig nicht mit seiner *Ertragsfähigkeit* im Einklang, weil erstere außerdem durch zahlreiche nicht bodeneigene Faktoren wie Klima, Pflanzenart, Bodenbearbeitung, Düngung, Schädlingsbefall usw. beeinflußt wird. So erbringen die sehr fruchtbaren ukrainischen Schwarzerden infolge ungünstigerer Klimabedingungen geringere Erträge als die weniger fruchtbaren Böden Mitteleuropas mit günstigeren klimatischen Voraussetzungen. Immer aber wird ein Boden mit größerer Bodenfruchtbarkeit unter vergleichbaren Bedingungen bestimmte Aufwendungen mit höheren Erträgen lohnen als ein weniger fruchtbarer Boden und diesem vor allem auch in der *Ertragssicherheit* überlegen sein.

Böden wirken schließlich als *Puffer* gegenüber den verschiedensten Umwelteinflüssen. Sie filtern Schadstoffe ab und ermöglichen so die Bildung sauberen Grundwassers, werden dabei allerdings selbst belastet.

Auf Grund der genannten Funktionen gehören Böden zu den kostbarsten und damit schützenswürdigsten Gütern der Menschheit. Dies ist in der Bodencharta des Europarates ausdrücklich festgehalten.

Die *Bodenkunde* ist die Wissenschaft von den Eigenschaften, der Entwicklung und Verbreitung der Böden sowie den Möglichkeiten und Gefahren, die mit ihrer Nutzung durch den Menschen zusammenhängen.

A. Ausgangsmaterial, Zusammensetzung und Eigenschaften der Böden

I. Anorganisches Ausgangsmaterial: Minerale und Gesteine

Das anorganische Ausgangsmaterial der Böden und die primäre Quelle für die meisten Pflanzennährstoffe sind die Gesteine der Erdkruste. Ihr mittlerer Gesteins- und Mineralbestand sowie ihr Chemismus[1] sind in Tab. 1 angegeben. Aus diesen Werten ersieht man, daß die Erdkruste im wesentlichen aus Silicaten, d. h. Salzen der Kieselsäure besteht, und zwar vorwiegend solche der Kationen Al, Fe, Ca, Mg, K und Na. Zusammen mit dem Si sind diese meist kleinvolumigen Kationen in den Silicaten im Gerüst der großvolumigen Sauerstoffionen eingebettet. Daher ist der Sauerstoff mit dem hohen Anteil von 88 % am Gesamtvolumen beteiligt.

Tabelle 1 Mittlerer Gesteinsbestand, Mineralbestand und Chemismus der Erdkruste (Masse 28,5 · 10^{24} g)[2]

Gesteinbestand	[Vol.-%]	Mineralbestand	[Vol.-%]	Chemismus: Oxide	[Gew.-%]	Chemismus: Elemente	[Gew.-%]	[Vol.-%]
Granite	10,4	Quarz	12	SiO_2	57,6	O	47,0	88,2
Granodiorite, Diorite	11,6	K-Feldspäte	12	Al_2O_3	15,3	Si	26,9	0,32
u. Syenite		Plagioklase	39	Fe_2O_3	2,5	Al	8,1	0,55
Basalte, Gabbros u. a.		Glimmer	5	FeO	4,3	Fe^{3+}	1,8	0,32
basische Magmatite	42,6	Amphibole	5	MgO	3,9	Fe^{2+}	3,3	1,08
Sande u. Sandsteine	1,7	Pyroxene	11	CaO	7,0	Mg	2,3	0,60
Tone und Tonschiefer	4,2	Olivine	3	Na_2O	2,9	Ca	5,0	3,42
Carbonatgesteine	2,0	Tonminerale	4,6	K_2O	2,3	Na	2,1	1,55
Gneise	21,4	Calcit u. Dolomit	2,0	TiO_2	0,8	K	1,9	3,49
Kristalline Schiefer	5,1	Magnetit	1,5	CO_2	1,4			
Marmor	0,9	Andere Minerale	4,9	H_2O	1,4			
				MnO	0,16			
				P_2O_5	0,22			

1. Minerale[3]

Von der großen Zahl der gesteins- und bodenbildenden Minerale können hier nur die wichtigsten besprochen werden. Mit 12 % ist der *Quarz* am Aufbau der Erdkruste beteiligt. Er ist die häufigste kristallisierte Form des SiO_2, hat eine Dichte von 2,65 g/cm³, einen muscheligen Bruch und meist eine helle Farbe. Wegen seiner hohen Härte (Ritzhärte 7) und seiner chemischen Widerstandsfähigkeit wird er bei der Verwitterung angereichert. Im Quarzkristall ist jedes Si-Ion* in tetraedrischer Anordnung von 4 O-Ionen umgeben (Abb. 1). Sie vernetzen die Si-Ionen dreidimensional miteinander, so daß jedes O-Ion gleichzeitig 2 Si-Ionen angehört,

* Die Gitterbausteine werden im folgenden einfachheitshalber als Ionen bezeichnet, obwohl in den meisten hier besprochenen Mineralen (Silicate, Oxide) auch Atombindung (= kovalente Bindung) vorliegt.

Tabelle 2 Chemismus (Gew.-%) wichtiger Minerale magmatischer und metamorpher Entstehung[2]

	Kalifeldspäte	Plagioklase	Muskovite	Biotite	Pyroxene[1]	Amphibole[2]	Olivine
SiO_2	63 – 66	43,5 – 69	39 – 53	33 – 45	47 – 53	39 – 54	38 – 47
TiO_2	–	–	– 3,9	– 10	– 4,4		– 3
Al_2O_3	19 – 21	19 – 36	20 – 46	9 – 32	1 – 7	4 – 15	–
Fe_2O_3	– 0,5[3]	–	– 8,3	0,1 – 21	0,4 – 7,6	0,2 – 23	–
FeO	–	–	–	3 – 28	4 – 21	– 9	8 – 12
MnO	–	–	– 2,3	–	–	–	–
MgO	–	–	– 2,4	0,3 – 28	10 – 18	3 – 25	38 – 47
CaO	–	0 – 19,5	– 4,5	–	13 – 22	10 – 14	–
Na_2O	0,8 – 8,4	0 – 12	– 5,2	–	–	0,5 – 2,3	–
K_2O	3 – 16	–	7,3 – 13,9	6 – 11	–	– 1,7	–
H_2O	–	–	2 – 7	0,9 – 5	–	0,2 – 2,7	–

[1] Augite, [2] gemeine Hornblende, [3] lies „bis zu 0,5 %"

jedem Si-Ion also 4/2 O-Ionen zukommen, so daß sich die Formel SiO_2 ergibt.

In den *Magmatiten* sind die Silicate mit 80 % die häufigsten Minerale. Sie sind auch die wesentlichsten Ausgangsprodukte für die Mineralneubildungen, die durch Verwitterung entstehen. In Tab. 2 sind Mittelwerte und Variationsbereiche der chemischen Zusammensetzung einiger wichtiger Silicate der Magmatite angegeben. Bereiche sind hier deswegen angegeben, weil die Silicate meist nicht der Idealformel entsprechend zusammengesetzt sind. Die Ursache hierfür liegt darin, daß sich in den Kristallen Ionen ähnlicher Größe gegenseitig vertreten können, ohne daß die Kristallstruktur sich ändert (*isomorpher Ersatz*).

In den Magmatiten haben unter den Silicaten die Feldspäte mit 64 % die größte Verbreitung.

Abb. 1 Kugelmodell des Orthoklases. Die weißen Kugeln stellen Sauerstoffionen, die schwarzen K-Ionen dar. Die im Zentrum der Sauerstofftetraeder befindlichen Si- und Al-Ionen sind nicht dargestellt (aus: *Marshall,* [3] in Kap. IV)

Es sind helle oder schwach gefärbte Alumosilicate* mit guter Spaltbarkeit und der Härte 6. Die Feldspäte gehören zu den *Gerüstsilicaten*, in denen wie im Quarz ein dreidimensionaler Tetraederverband vorliegt. Im Unterschied zum Quarz ist jedoch in den Tetraederzentren der Feldspäte das vierwertige Si zu 25 oder 50 % durch das dreiwertige Al ersetzt. Daraus ergibt sich ein positiver Ladungsunterschuß (= negativer Ladungsüberschuß), der durch Einbau von K-, Na- und Ca-Ionen in die Lücken des Alumosilicatgitters ausgeglichen wird (Abb. 1).

Die wichtigsten Feldspattypen sind der *Kalifeldspat* (*Orthoklas*) $KAlSi_3O_8$, der *Natronfeldspat* (*Albit*) $NaAlSi_3O_8$ und der *Kalkfeldspat* (*Anorthit*) $CaAl_2Si_2O_8$.

In den Gesteinen kommen diese reinen Typen nur sehr selten vor. So enthalten die Kalifeldspäte meist Na (z. B. Sanidin, Anorthoklas, Mikroklin); sie werden dann zusammen mit dem Albit als *Alkalifeldspäte* bezeichnet. Manche von ihnen sind durch Hämatit (α-Fe_2O_3) rötlich gefärbt. Zwischen Albit und Anorthit besteht die lückenlose Mischungsreihe der *Plagioklase* (Kalknatronfeldspäte), weil sich Na und Ca wegen ihres ähnlichen Ionenradius (Na 1,02 Å; Ca 1,00 Å) – im Gegensatz zu Na und K (1,38 Å) – gegenseitig vollständig ersetzen können. Mit sinkendem Albit-Anteil und steigendem Anorthit-Anteil steigen der Ca- und Al-Gehalt und sinken der Na- und Si-Gehalt. Daraus erklärt sich die Variation der chemischen Zusammensetzung der Plagioklase (Tab. 2). In den basischen Magmatiten können

* Al-Silicate, in denen das Si der Tetraeder zum Teil durch Al ersetzt ist, werden als Alumosilicate bezeichnet, solche ohne Ersatz sind Aluminiumsilicate.

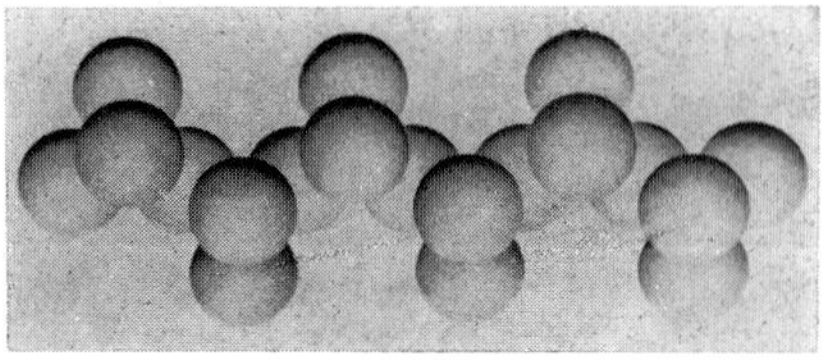

Abb. 2 Kettenartige Vernetzung von Tetraedern (wie bei Pyroxenen). Die weißen Kugeln stellen Sauerstoffionen dar. Die im Zentrum der Sauerstofftetraeder befindlichen Si- und Al-Ionen sowie die außerhalb der Kette gebundenen Metallkationen sind nicht dargestellt (aus: *Marshall,* [3] in Kap. IV)

als relativ Si-arme Minerale außer Ca-reichen Plagioklasen auch die *Feldspatvertreter Nephelin* $Na[AlSiO_4]$ und *Leucit* $K[AlSi_2O_6]$ auftreten, die ebenfalls Gerüstsilicate sind.

Im Gegensatz zu den Gerüstsilicaten bauen sich die meist dunkel gefärbten *Pyroxene* und *Amphibole* aus parallel angeordneten Tetraederketten (Abb. 2) bzw. -bändern (*Ketten- und Bandsilicate*) auf. In den Tetraederzentren ist ein Teil der Si-Ionen wiederum durch Al-Ionen ersetzt. Die zum Ladungsausgleich zwischen jeweils 2 Ketten eingebauten Ionen, vor allem Ca, Mg und Fe, bewirken den Zusammenhalt der Ketten. Da diese Bindung schwächer ist als die Si – O- und Al – O-Bindungen innerhalb der Ketten und Bänder, sind die Pyroxene und Amphibole parallel zu den Ketten spaltbar und verwittern auch parallel zu den Ketten. Zu den Pyroxenen gehören vor allem der *Augit* $(Ca, Mg, Fe, Al, Ti)_2 (Si, Al)_2O_6$ und die Minerale *Enstatit*, *Hypersthen* und *Diopsid*. Zu den Amphibolen gehören in erster Linie die *Hornblende* $Ca_2(Mg,Fe,Al)_5(Si,Al)_8O_{22}(OH)_2$ und – vorwiegend in metamorphen Gesteinen – der *Aktinolith*. Hornblende enthält im Mittel mehr Al und weniger Ca als Augit. Die grünschwarze bis schwarze Farbe dieser Minerale ist, wie auch beim Biotit, dadurch bedingt, daß sie in größerer Menge sowohl Fe^{2+} als auch Fe^{3+} enthalten (in Tab. 2 als FeO bzw. Fe_2O_3 angegeben).

Die *Glimmer* sind blättchenförmig ausgebildete Alumosilicate mit sehr guter Spaltbarkeit, die auf dem schichtförmigen Aufbau der Struktur beruht (*Schicht- oder Phyllosilicate*). Die Kristallstruktur der Glimmer ist derjenigen vieler Tonminerale sehr ähnlich und wird daher im Kap. IV 1 a näher behandelt. Die am weitesten verbreiteten Glimmer sind der hell gefärbte *Muskovit* $KAl_2Si_3AlO_{10}(OH)_2$ und der dunkel gefärbte *Biotit* $K(Fe^{2+},Mg)_3Si_3AlO_{10}(OH)_2$. Die Biotite sind um so dunkler, je höher ihr Fe-Gehalt ist, der stark variiert (Tab. 2). Der K-Gehalt der Glimmer liegt zwischen 5 und 11,5 %. Zu den Glimmern gehört auch der dem Muskovit nahestehende Na-reiche *Paragonit* $NaAl_2Si_3AlO_{10}(OH)_2$ und der dem Biotit nahestehende Mg-reiche *Phlogopit* $KMg_3Si_3AlO_{10}(OH)_2$. Der Biotit ist vorwiegend magmatischer, der Muskovit vorwiegend metamorpher und sedimentärer Entstehung.

In basischen Magmatiten treten häufig die grüngefärbten *Olivine* $(Mg, Fe)_2SiO_4$ auf. Strukturell bestehen sie aus SiO_4-Tetraedern, die nicht über gemeinsame O-Ionen sondern über die Fe- und Mg-Ionen miteinander verbunden sind (*Inselsilicate*).

In sehr schnell abgekühlten Magmatiten treten in großer Menge nichtkristallisierte Silicate, sog. *vulkanische Gläser* auf, deren chemische Zusammensetzung entsprechend der des Magmas in weiten Grenzen variiert.

In fast allen Magmatiten sind zu einem geringen Anteil Schwerminerale, d. h. Minerale mit einem spez. Gewicht $> 2{,}9\,g/cm^3$, vorhanden, wie vor allem *Apatit* $Ca_5(PO_4)_3(OH, F, Cl)$, *Ilmenit* $FeTiO_3$, *Titanit* $CaTiSiO_5$, *Magnetit* Fe_3O_4, Titanomagnetit $Fe_{3-x}Ti_xO_4$ $(0>x>1)$, *Pyrit* FeS_2, *Zirkon* $ZrSiO_4$, *Turmalin* (B-Al-Silicat) und *Rutil* TiO_2.

Charakteristische Minerale *metamorpher* Entstehung sind neben Quarz, Feldspäten, Glimmern und Amphibolen *Sericit* (feinschuppiger Muskovit), *Serpentin* $Mg_3Si_2O_5\,(OH)_4$, Chlorit (Kap. IV 2 b), *Talk* $[Mg_3Si_4O_{10}\,(OH)_2]$, *Granat* $(Ca, Mg, Fe^{2+}, Mn)_3(Al, Fe^{3+}, Cr^{3+})_2(SiO_4)_3$, *Andalusit* und *Sillimanit* Al_2OSiO_4, *Staurolith* $(Fe^{2+},Mg)_2(Al,Fe^{3+})_9O_6\,(SiO_4)_4\,(O_9OH)_2$, *Epidot* $Ca_2\,(Al,Fe^{3+})\,Al_2[O/OH/SiO_4/Si_2O_7]\,(OH)$ und *Graphit* (C).

In *Sedimenten* treten neben magmatisch und metamorph gebildeten Mineralen Verwitterungsneubildungen auf. Die wichtigste Gruppe dieser Verwitterungsneubildungen sind die *Tonminerale* (z. B. Kaolinit, Smectit, Illit, Glaukonit) und die *Si-, Al-, Fe- und Mn-Oxide und -Hydroxide*; sie werden wegen ihrer besonderen Bedeutung für die Böden in Kap. IV bzw. V eingehend behandelt. Unter den Carbonaten ist das häufigste das Calciumcarbonat $CaCO_3$. Es tritt meist als *Calcit* (Kalkspat, Härte 3), seltener als *Aragonit* auf. Verbreitet sind Carbonate mit mehreren Kationen, wie *Dolomit* $(CaMg(CO_3)_2$ (theoretisch 13,1 % Mg) und *Ankerit* $CaFe(CO_3)_2$, der meist auch Mg und Mn enthält. Calcit und Dolomit sind die

Tabelle 3 Mittlerer Chemismus (Gew.-%) (n. *Nockolds* in *Wedepohl*[1]) und Mineralbestand (Vol.-%) (n. *Wedepohl*[1]) verbreiteter Magmatite

	Granit	Granodiorit	Gabbro	Peridotit	Rhyolith	Andesit	Basalt*
SiO_2	73,9	66,9	48,4	43,5	73,7	54,2	50,8
TiO_2	0,20	0,57	1,3	0,81	0,22	1,3	2,0
Al_2O_3	13,8	15,7	16,8	4,0	13,5	17,2	14,1
Fe_2O_3	0,78	1,3	2,6	2,51	1,3	3,5	2,9
FeO	1,1	2,6	7,9	9,8	0,75	5,5	9,0
MnO	0,05	0,07	0,18	0,21	0,03	0,15	0,18
MgO	0,26	1,6	8,1	34,0	0,32	4,4	6,3
CaO	0,72	3,6	11,1	3,5	1,1	7,9	10,4
Na_2O	3,5	3,8	2,3	0,56	3,0	3,7	2,2
K_2O	5,1	3,1	0,56	0,25	5,4	1,1	0,82
H_2O^+	0,47	0,65	0,64	0,76	0,78	0,86	0,91
P_2O_5	0,14	0,21	0,24	0,05	0,07	0,28	0,23
Quarz	27	21	–	–	30	5	1
K-Feldspat	35	15	–	–	40	11	–
Plagioklas	30	46	56	–	25	55	50
Biotit	5	3	–	–	2	–	–
Amphibol	1	13	1	–	2	15	–
Pyroxen	–	–	32	26	–	10	40
Olivin	–	–	–	70	–	–	3
Magnetit u. Ilmenit	2			} 3	} 1,5	} 4	} 6
Apatit	0,5	0,5	0,6				

* Tholeiitbasalte

Hauptbestandteile der Carbonatgesteine. *Siderit* (Eisenspat) $FeCO_3$ tritt sowohl in Sedimenten als auch in Böden unter vorwiegend anaeroben Verhältnissen auf, z. B. in Niedermooren und im Raseneisenstein. *Anhydrit* $CaSO_4$ und *Gips* $CaSO_4 \cdot 2H_2O$ (Härte 2) sind die Hauptbestandteile der Gipsgesteine. Gips kommt aber in kleiner Menge auch in vielen Sedimenten und Böden vor. Seltener ist das Vorkommen von *Baryt* $BaSO_4$. Andere *Salze*, vor allem die Sulfate und Chloride, in geringerem Ausmaß auch Nitrate und Borate des Na, K und Mg, sind in marinen und kontinentalen Ablagerungen teilweise in großer Menge (im Extremfall Salzlagerstätten) anzutreffen. Unter den *Sulfiden* (s. a. Kap. XX, 12) sind die beiden Eisendisulfide (FeS_2) *Pyrit* und *Markasit* die häufigsten Vertreter. Feinverteiltes und daher schwarzgefärbtes FeS_2 ist in tonigen Sedimenten, die sich unter anaeroben Verhältnissen bildeten, aber auch in redoxomorphen Böden weit verbreitet und färbt diese dunkel. Eisenmonosulfid variabler Zusammensetzung ($Fe_{1-x}S$), *Pyrrhotin*, ist meist eine junge Bildung in anaeroben Sedimenten und Böden und wahrscheinlich die instabile Stufe des Pyrits ($FeS + S \rightarrow FeS_2$). Besonders groß ist die Vielfalt der Schwermetallsulfide (z. B. die des Cu, Pb, Zn etc.).

2. Gesteine

a) Magmatite[4]

Die Magmatite bilden sich durch Erstarrung glutflüssigen Magmas entweder in der Tiefe (Tiefengesteine) oder an der Erdoberfläche (Ergußgesteine). Innerhalb der beiden Gruppen werden die Gesteine nach ihrem Si-Gehalt in saure, intermediäre, basische und ultrabasische Magmatite unterteilt*. Benannt werden sie nach ihrem Mineralbestand[4]. In Abb. 3 ist der Mineralbestand der wichtigsten Vertreter der Tiefen- (obere Reihe) und Ergußgesteine (untere Reihe), in Tab. 3 außerdem ihr Chemismus zusammengestellt. In den (Si-reichen) sauren Gesteinen herrschen Quarz, Alkalifeldspäte, Na-reiche Plagioklase und Glimmer, in den basischen (Si-armen) Gesteinen Ca-reiche Plagioklase und die dunklen Mineralgruppen Pyroxene, Amphibole und Olivine vor. Die sauren Magmatite sind daher meist hell, die basischen dunkel gefärbt.

* Die Bezeichnung „saure" (anstelle von „Si-reiche") und „basische" (anstelle von „Si-arme" oder „Ca- und Mg-reiche") Gesteine ist zwar vom chemischen Standpunkt nicht exakt, wird aber trotzdem meist noch verwendet.

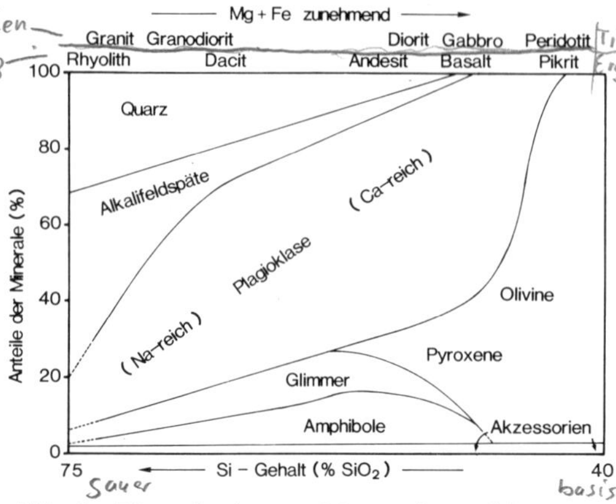

Abb. 3 Die verbreitetsten Magmatite und ihr Mineralbestand (Bearb. v. *E. Murad*). (Nicht aufgeführt sind die Gesteine mit Feldspatvertretern sowie Syenit und Monzonit und deren Ergußgesteinsäquivalente Trachyt und Latit)

Entsprechend dem Mineralbestand variiert auch der Chemismus der Magmatite. Wie aus Tab. 3 hervorgeht, steigen mit abnehmendem Si-Gehalt der Ca-, Mg-, Fe-, Mn- und häufig auch der P-Gehalt, während der K-Gehalt sinkt. Die einander entsprechenden Tiefen- und Ergußgesteine zeigen weitgehende Übereinstimmung in ihrer chemischen Zusammensetzung, unterscheiden sich jedoch in ihrer Struktur. In den Tiefengesteinen führte die langsame Abkühlung zu relativ grobkristallinen Mineralen (granitische Struktur), während bei der raschen Abkühlung der Ergußgesteine eine glasige oder feinkristalline Grundmasse entsteht, in die nur einzelne gröbere Kristalle eingebettet sind, die sich bereits im noch flüssigen Magma gebildet haben (porphyrische Struktur).

An den Gesteinen der Erdkruste (Masse: $28{,}5 \cdot 10^{24}$ g) sind unter den Magmatiten die Granite und Granodiorite zu 22, die Basalte und Gabbros zu etwa 43 Vol.-% beteiligt. Der Rest entfällt auf Sedimente und Metamorphite (Tab. 1). In Mitteleuropa sind die Magmatite an der Erdoberfläche nur in geringem Umfang vertreten und ausschließlich auf Gebirgslagen beschränkt (Abb. 4). Im Böhmischen Massiv mit seinen Randgebirgen (Riesengebirge, Erzgebirge, Fichtelgebirge, Bayrischer Wald und Böhmerwald), im Schwarzwald und im Harz treten weit verbreitet Granite auf, während zusammenhängende Basaltmassen nur im Gebiet des Vogelsberges und der Rhön sowie in Böhmen zu finden sind. Größere Gebiete saurer Magmatite liegen in Skandinavien, den Zentralalpen, China, Kanada und der pazifischen Küstenregion Nord- und Südamerikas. Basalte und Andesite sowie ihre glasreichen Äquivalente gibt es großflächig z. B. in Ostafrika, Mittelindien, Ostasien (China, Japan, Indonesien), Südbrasilien und wiederum in der Küstenregion Nord- und Südamerikas.

b) Sedimente[5]

Bei der Verwitterung der Magmatite und anderer Gesteine werden die *leichter löslichen* Anteile durch das Wasser als Ionen oder Moleküle überwiegend in Seen und Meere verfrachtet. Dort werden sie zum Teil von Organismen in Schalen und Skelette eingebaut, aus denen dann *biogene* Sedimente, wie die meisten Carbonatgesteine, entstehen, zum Teil werden sie infolge veränderter Löslichkeitsverhältnisse [z. B. durch Abnahme des CO_2-Gehaltes in $Ca(HCO_3)_2$-haltigen Wässern oder durch Verdunstung] ausgeschieden. Dies führt zu *chemischen* Sedimenten, wie z. B. Gips- und anderen Salzgesteinen und manchen Carbonatgesteinen.

Die *schwerlöslichen* Bestandteile der Magmatite verbleiben entweder am Ort der Verwitterung oder werden durch Wasser, Wind, Gletschereis oder allein durch Gravitation im festen Zustand verlagert und an anderer Stelle als *mechanische* (*klastische*) Sedimente abgesetzt. Je nach der Größe der abgesetzten Teilchen entstehen *Kiese*, *Sande*, *Schluffe*, *Tone* oder *Mischsedimente*. Die nach Transport durch fließendes Wasser entstehenden Sedimente sind meist an der Schichtung zu erkennen. Durch den Wind werden im allgemeinen nur Sand- und Schluffteilchen, aber auch Tonaggregate dieser Größe verfrachtet und z. B. als *Flugsand* oder *Löß* abgelagert. Beim Transport durch Gletscher entstehen die unsortierten und ungeschichteten *Geschiebemergel* und *Geschiebesande*.

Alle Sedimente werden zunächst in lockerer Form abgesetzt (Lockersedimente), können aber im Laufe der Zeit durch Verkittung und/oder Druck verfestigt werden (*Diagenese*). So entstehen aus kantigem Grobmaterial (Schutt) *Breccien*, aus gerundetem Grobmaterial (Schotter) *Konglomerate*, aus Sanden *Sandgesteine*, *Quarzite*, *Grauwacken* und *Arkosen*, aus Schluffen und Tonen *Schluff*- und *Tonstei-*

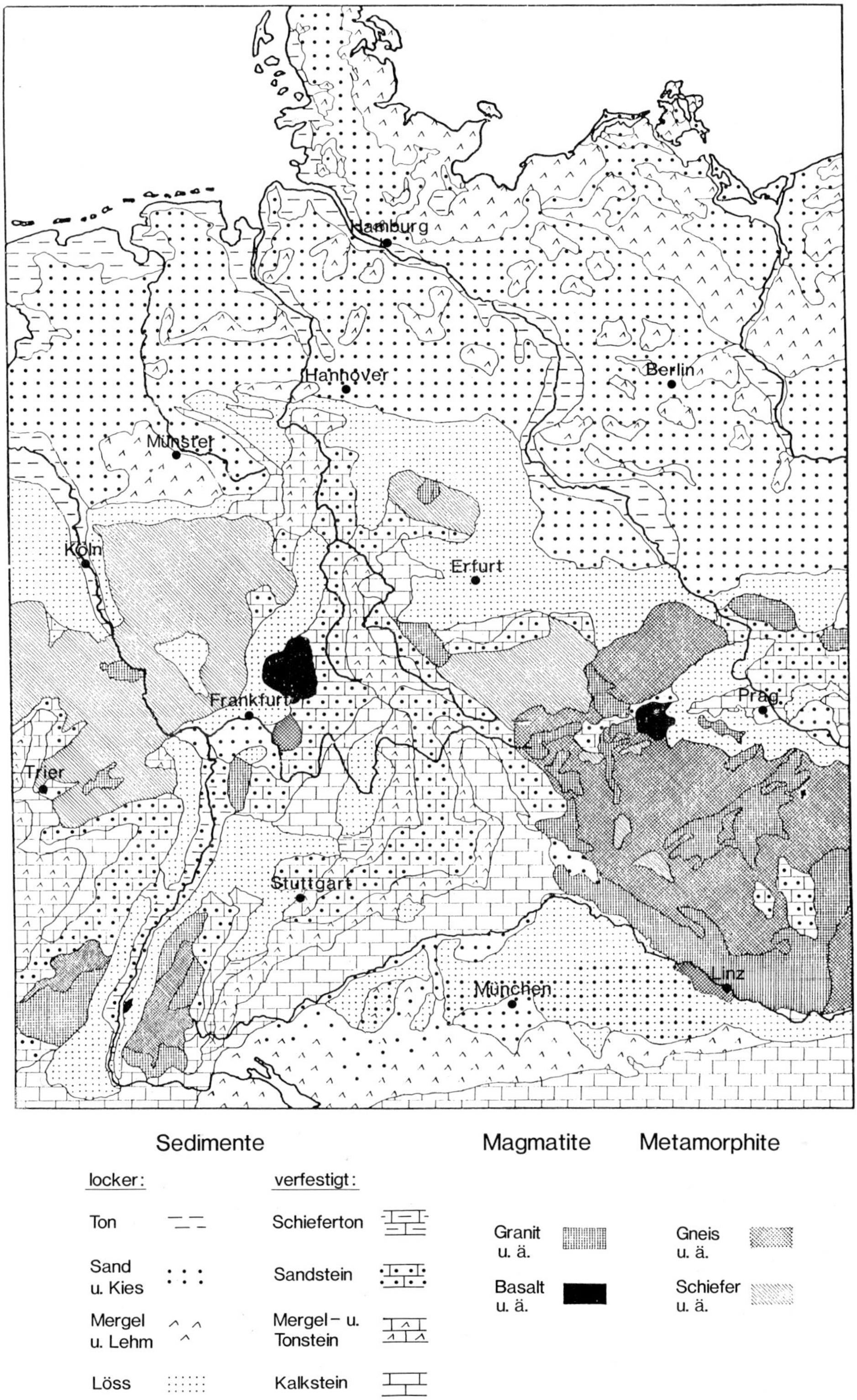

Abb. 4 Verbreitung von Magmatiten, Metamorphiten und Sedimenten in Mitteleuropa (n. *E. Schlichting*)

Tabelle 4 Mittlerer Chemismus (Gew.-%) und Mineralbestand (Vol.-%) von Sedimenten (aus *Wedepohl*[1])

	Sandsteine[5]	Grauwacken	Tonschiefer	Carbonatgesteine	Flugsand[1]	Löß[1]	Geschiebemergel[1]
SiO_2	70,0	66,7	58,9	8,2	96,8	72,8	64,2
TiO_2	0,58	0,6	0,78	n.b.[6]		0,77	0,48
Al_2O_3	8,2	13,5	16,7	2,2	1,3	8,6	6,3
Fe_2O_3	2,5	1,6	2,8	1,0	0,2	2,4	–
FeO	1,5	3,5	3,7	0,68	–	–	3,2
MnO	0,06	0,1	0,09	0,07	n.b.	n.b.	0,06
MgO	1,9	2,1	2,6	7,7	0,1	0,85	1,0
CaO	4,3	2,5	2,2	40,5	0,1	5,1	9,7
Na_2O	0,58	2,9	1,6	n.b.	n.b.	n.b.	0,7
K_2O	2,1	2,0	3,6	n.b.	1,1	2,6	2,1
H_2O^+	3,0	2,4	5,0	n.b.	0,5[3]	n.b.	2,4[3]
P_2O_5	0,10	0,2	0,16	0,07	n.b.	n.b.	0,11
CO_2	3,9	1,2	1,3	35,5	–	3,4	7,7
Quarz	82	48	20		85	40–45[4]	38
Feldspäte	5	23	10–15		13	10–15	16
Glimmer[2]	8		45–55	12	2	20	22,5
Chlorit	–	26	14			1	2
Kaolinit	–					2	
Calcit	3	3	3	53		10–15	17,5
Dolomit				35			4
Sulfide	0,07		0,8	0,3			0,7

[1] Einzelanalyse von *E. Schlichting* und *H. P. Blume* (Flugsand, Geschiebemergel) bzw. *D. Schroeder* (Löß)
[2] Einschl. Dreischichttonminerale
[3] Einschl. org. Substanz
[4] Werte für mitteldeutsche Lösse
[5] Der Chemismus bezieht sich auf Sandsteine i. w. S., der Mineralbestand auf solche i. e. S.
[6] nicht bestimmt

ne und aus carbonatreichem Schlamm *Carbonatgesteine*. Die Verkittung wird dadurch eingeleitet, daß Lösungen von Ca-, Mg- und Fe-Hydrogencarbonaten oder von Kieselsäure die lockeren Ablagerungen durchsetzen. Nach dem Eintrocknen der Lösungen wirken die Carbonate und Oxide als Kittsubstanzen und verfestigen die Lockersedimente. Die verfestigten Sedimente können ihrerseits wieder verwittern und verfrachtet werden, so daß ein Sediment u. U. einer mehrmaligen Aufeinanderfolge von Verwitterung, Transport und erneuter Ablagerung unterliegt.

Erkennbar sind Sedimente meist daran, daß sie geschichtet sind, spezifische sedimentäre Minerale wie Tonminerale und Carbonate sowie Fossilien enthalten und stabile magmatische Minerale (z. B. Quarz auf das ca. 3fache) in ihnen angereichert sind.

Die chemische und mineralogische Zusammensetzung der Sedimente variiert auch bei solchen gleichen Namens in relativ weiten Grenzen. Generell nimmt mit steigendem Si-Gehalt der Quarzgehalt zu und derjenige an Silicaten ab (Tab. 4). Höhere K-Gehalte zeugen meist für höhere Gehalte an Kalifeldspäten und/oder an Glimmern und Illiten (Grauwacken, Tonschiefer, Löß), höhere Mg-Gehalte für solche an Chloriten und Tonmineralen (Grauwacken, Tonschiefer) oder an Dolomit (Carbonatgesteine), höhere Ca-Gehalte für solche an Calcit (Carbonatgesteine, Löß).

Obwohl die Sedimente nur ≈ 8 % der Erdkruste (Tab. 1) ausmachen, bedecken sie doch etwa 75 % der Erdoberfläche und sind daher sehr bedeutsam für die Böden. Etwas mehr als die Hälfte der Sedimente sind Tongesteine, der Rest teilt sich etwa zu gleichen Anteilen auf Sand- und Carbonatgesteine auf (Tab. 1). Die verfestigten Sedimente bilden meist gebirgige Landschaften, während Ebenen und Täler vorwiegend mit Lockersedimenten gefüllt sind.

Wegen der weiten Verbreitung an der Oberfläche sollen im folgenden wichtige Sedimente näher beschrieben werden. Besonders bedeutsam für die Böden der Nordhalbkugel sind hierbei die quartären Lockersedimente, die während und nach der Vereisung entstanden. Die Verbreitung der Sedimente ist in der Regel deutlich kleinräumiger als die der Magmatite und Metamorphite, so daß im folgenden nur wenige großflächige Vorkommen benannt werden. Für die Verbreitung in Mitteleuropa wird auf die Karte der Abb. 4 verwiesen.

(1) Sandsteine

Sandsteine sind Gesteine mit > 50 % der Fraktion 0,063 – 2 mm. Die Sandsteine i. e. S. haben > 75 % Quarz. *Grauwacken* sind dunkelgraue Sandsteine, die Glimmer und Chlorite enthalten und reich an Gesteinsbruchstücken sind, während *Arkosen* Kaolinit enthalten und feldspatreich sind. Von 295 Sandsteinen unterschiedlichster Herkunft waren 49 % Grauwacken, 30 % Sandsteine i. e. S. und 15 % Arkosen[6]. Aus silicatarmen Sanden und Sandsteinen haben sich durch Diagenese die *Quarzite* gebildet.

Für die Eigenschaften der Böden aus Sandsteinen ist deren Silicatgehalt und Bindemittel bedeutsam. Alkalifeldspatreiche Sandsteine mit tonigem Bindemittel führen zu nährstoffreicheren Böden als z. B. silicatarme Sandsteine.

(2) Tongesteine

Tongesteine sind Gesteine mit hohem Gehalt der Kornfraktion < 2 μm. Mineralogisch herrschen in ihnen die sog. Tonminerale (Kap. IV), d. h. Alumosilicate mit schichtförmigem Kristallaufbau und wechselnden Gehalten an K, Mg, Fe u. a. Elementen vor. Sie bewirken das plastische Verhalten der Tone. Daneben kommen Quarz, Feldspäte, Glimmer, aber auch Calcit, Pyrit, Fe-Oxide u. a. Minerale vor. Tone wurden meistens unter ruhigen Sedimentationsbedingungen bei geringer Transportkraft des Wassers abgelagert. Bei ihrer Diagenese wird Wasser ausgepreßt, und die blättchenförmigen Tonteilchen werden dicht und parallel zueinander gelagert, so daß eine Schieferung entsteht (schiefriger Tonstein und – bei schwacher Metamorphose (Kap. I 2 c) – Tonschiefer).

Tongesteine werden bei geringer Verfestigung meist leicht erodiert, bilden daher, z. B. in der süddeutschen Stufenlandschaft, Verebnungen. Aus Tongesteinen entstehen naturgemäß Tonböden, die meist nährstoffreich, schwer wasser- und luftdurchlässig und schwer zu bearbeiten sind.

(3) Carbonatgesteine

Carbonatgesteine sind solche mit > 25 % Carbonaten des Ca und Mg, vorwiegend Calcit und Dolomit. Sie lassen sich nach dem Carbonat-Gehalt unterteilen in *Kalksteine* mit > 75 % und *Mergel* mit 25 – 75 % Carbonat. Fließende Übergänge bestehen zu den Ton- und Sandgesteinen. Carbonatgesteine enthalten meist einige Prozente Mg, das vorwiegend in Form von Dolomit vorliegt. Beträgt der Dolomitgehalt > 50 % (Mg-Gehalt > 6,6 %), so spricht man von *Dolomiten*. Die meisten Carbonatgesteine haben sich im Meer gebildet und sind daher häufig reich an Fossilien.

Bei der Bodenbildung auf Carbonatgesteinen werden die Carbonate gelöst und weggeführt, und der nichtcarbonatische Verwitterungsrückstand (vorw. Glimmer und Tonminerale) bildet den Mineralbestand der Böden.

(4) Quartäre Lockersedimente

(a) Löß, Flugsand, Auensedimente und Marschen

Während der quartären Vereisung wurde aus vegetationsarmen Schmelzwasser- und Frostschuttablagerungen, Tundren und arktischen Trockengebieten ein schluffreiches Material ausgeweht, das sich bei nachlassendem Wind oder im Windschatten von Gebirgen ablagerte und *Löß* genannt wird. Löß wird außerdem aus Wärmewüsten (z. B. Sahara) ausgeweht. Der Löß ist meist carbonathaltig, gelblich gefärbt und hat ein ausgeprägtes Korngrößenmaximum zwischen 10 und 60 μm Durchmesser (≈ 60 %); der Tongehalt beträgt in Mitteleuropa 10 – 25 %, der Schluffgehalt 65 – 80 %, der Sandgehalt 10 – 15 % (vorwiegend Fein- und Mittelsand). Die Lößmächtigkeit variiert in Deutschland von wenigen Dezimetern bis zu 30 m, kann aber, z. B. in China, bis mehrere 100 m erreichen. Ein dünner Lößschleier überzieht in Mitteleuropa jedoch auch weite Teile höherer Lagen bis etwa 800 m über NN. Im Mineralbestand mitteldeutscher Lösse (Tab. 4) überwiegt unter den Tonmineralen der Illit; süddeutsche Lösse enthalten dagegen auch höhere Anteile von Smectit. Der Carbonat-Gehalt von Lössen, die aus carbonatreichen Ablagerungen ausgeblasen wurden, kann, wie z. B. im Gebiet der Voralpen, bis 35 % $CaCO_3$ betragen. Eine grobkörnige Abart des Lösses ist der *Sandlöß* (früher Flottsand), der in einigen Gebieten Nord- und Süddeutschlands inselartig vorkommt.

Ein Lößgürtel erstreckt sich von Frankreich über den Nordrand der mitteleuropäischen Mittelgebirge nach Süd-Rußland und bis nach Ost-

China. Weitere größere Lößgebiete liegen im Mississippi-Gebiet der USA und in Argentinien.

Unter den humiden Klimabedingungen der Nacheiszeit wurden die Carbonate von oben her vollständig ausgewaschen und der gelbe Löß durch Eisenoxid- und Tonbildung in gelbbraunen *Lößlehm* umgewandelt. Aus Löß haben sich die fruchtbarsten Böden, z. B. die Schwarzerden und Parabraunerden, entwikkelt.

Außer Löß wurden in vegetationsfreien oder -armen Gebieten auch Sande verweht, sog. *Flugsande*, die als Decken oder Hügelsysteme (Dünen) weltweit verbreitet sind. Sie sind in Mitteleuropa besonders an Küsten- und Talrändern zu finden und wurden hier im Holozän meist durch Vegetation besiedelt und so in die Bodenbildung einbezogen. In Wüsten nehmen Flugsande große Flächen ein (z. B. Sahara 28 %, Arabien 26 %, Australien 31 %[7]). Kornmaxima der Flugsande liegen häufig bei 0,2 – 0,6 mm. Sehr häufig sind Flugsande quarzreich. Herrschen jedoch Gips oder Calcit am Ausblasungsort vor, so sind die Flugsande gips- (Westaustralien, Neumexiko[7]) oder calcitreich.

In Flußtälern, Flußdeltas und an den Küsten lagern sich weltweit Lockersedimente ab, deren Korngrößenspektrum je nach den Strömungsverhältnissen zwischen Kies und Ton variieren kann. Die Sedimente der Flußtäler nennt man *Auensedimente* (z. B. Auenlehm), die der Küsten *Marschen*. Junge Sedimente wechselnder Körnung entstehen auch durch die Erosion als *Kolluvien* an Hangfüßen, nachdem die Böden der Hänge in Ackerkultur genommen wurden.

(b) Glazigene Sedimente

Die Gletscher hinterließen nach dem Abschmelzen *Moränen*, und zwar im inneren Bereich die eher flachen *Grundmoränen*, an den Gletscherrändern die welligen *Endmoränen*. Ihr Material sind glazigene Lockersedimente, die meist unsortiert sind und häufig große, mehr oder weniger abgerundete Gesteinsblöcke, sog. Geschiebe, enthalten. Die Sedimente der Endmoränen sind meist gröber als die der Grundmoränen, weil das Feinmaterial vorher durch Schmelzwasser ausgespült wurde. Man nennt solche Sedimente daher je nach ihrer Körnung und ihrem Carbonatgehalt *Geschiebesande*, *-lehme* oder *-mergel*. Fluvioglazigene Lockersedimente wurden meist im Vorfeld der Gletscher aus den Schmelzwässern abgelagert. Diese Schmelzwasserablagerungen sind meist besser sortiert als die der Moränen und kommen vor allem als Kies (z. B. *Fluß-* oder *Terrassenschotter*) oder Sande (Schmelzwassersande) vor. In abflußlosen Senken entstanden Beckentone und Beckenschluffe.

Glazigene Sedimente bedecken große Gebiete der pleistozänen arktischen Vereisung im Nordteil der gesamten Nordhalbkugel und der Gebirgsvereisung in und vor den Hochgebirgen (Alpen, Himalaya u. a.).

(c) Fließerden und Solifluktionsschutt

Fließerden sind Lockersedimente, die sich in Hanglagen (> 2°) auf gefrorenem Untergrund als wassergesättigter Brei bewegten. Sie entstehen bei Jahresmitteltemperaturen um – 2 °C in Permafrostgebieten (s. Abb. 180). In Mitteleuropa entstanden sie während des Pleistozäns und liegen heute in den meisten Mittelgebirgslagen als eine 1 – 4 m mächtige, geschlossene Decke über den verschiedensten Locker- oder Festgesteinen. Fließerden sind an hangparallel eingeregelten Steinen, Fluidalstrukturen und oft blättrigem Gefüge zu erkennen; Körnung und Mineralbestand werden von den Gesteinen bestimmt, aus denen sich die Fließerden bildeten und können daher sehr verschieden sein. Häufig sind Fließerden schluffreich, weil dünne Lößdecken mit Frostschutt des Liegenden transportiert und vermischt wurden. Steinreiche Fließerden werden als *Solifluktionsschutt* bezeichnet.

c) Metamorphite

Die Eigenschaften der Magmatite und Sedimente können durch hohen Druck und hohe Temperatur so stark verändert werden (*Metamorphose*), daß aus ihnen neue Gesteine werden, die man *Metamorphite* nennt. Diese sind je nach dem Ausgangsgestein und dem Grad der Metamorphose sehr verschiedenartig. Metamorphite aus Magmatiten nennt man *Orthogesteine*, solche aus Sedimenten *Paragesteine*; Höhere Drucke und/oder Temperaturen entstehen entweder durch hohe Auflasten mächtiger Gesteinspakete (Regionalmetamorphose) oder bei der Gebirgsbildung.

Die Metamorphose beginnt bei etwa 200 °C und 200 MPa (entspricht einer Tiefenlage von 7 km) und reicht bis etwa 600 – 700 °C und 1 GPa. Sie verändert die Gesteine daher sehr viel tiefgreifender als die Diagenese. Minerale werden eingeregelt, vergröbert oder sogar umgewandelt, während sich der Chemismus der Gesteine seltener verändert. Die Einregelung der Minerale, d. h. die parallele Ausrichtung der blättchen- und stengelförmigen Minerale senkrecht zur Hauptrichtung des Druckes führt zur *Schieferung* der Metamorphite. Die Lage der Schieferungsflächen in den Paragesteinen ist meist nicht mit der Lage der Schichtflächen in den Ausgangssedimenten identisch. Gröbere Calcit-Kristalle entstehen z. B. bei der Metamorphose von Carbonatgesteinen zu Marmor. An typischen neuen Mineralen treten außer den magmatischen Mineralen z. B. Sericit (Glimmer), Epidot, Chlorit, Serpentin, Talk, Granat, Disthen, Staurolith, Andalusit und Sillimanit auf.

Ihre stärkste Verbreitung haben die Metamorphite weltweit in den alten Kontinenten, die später durch Erosion freigelegt oder von jüngeren Gesteinen bedeckt sind (Grundgebirge oder Basement). Sie bilden große Gebiete in Skandinavien und Kanada, wo sie von quartären Sedimenten bedeckt sein können. In den Tropen und Subtropen (Afrika, Brasilien, Westaustralien, Indien) bilden Metamorphite des Grundgebirges das Ausgangsmaterial der Böden großer Gebiete. Jüngere Metamorphite treten in den jungen Faltengebirgen auf (Alpen, Himalaya u. a.). In Mitteleuropa findet man Metamorphite z. B. im Schwarzwald, den Vogesen, der Bayrisch-Böhmischen Masse und den Alpen.

Literatur

[1] *Wedepohl, K. H.* (Ed.) (1969 – 1978): Handbook of Geochemistry. Springer, Berlin.

[2] *Ronov, A. B. & A. A. Yaroshevsky* (1969): In: The earth's crust and upper mantle (*P. J. Hart*, Ed.). Amer. Geophys. Union.

[3] *Ramdohr, P. & H. Strunz* (1978): Lehrbuch der Mineralogie. 16. Aufl. Enke, Stuttgart, 876 S.

Strunz, H. (1982): Mineralogische Tabellen. 8. Aufl. Akad. Verlagsges. Leipzig, 621 S.

Correns, C. W. (1968): Einführung in die Mineralogie. Springer, Berlin, 458 S.

Dana, J. D. (1965): Manual of Mineralogy. Wiley, New York, 609 S.

[4] *Carmichel, I. S., F. J. Turner & J. Verhoogen* (1974): Igneous petrology. McGraw Hill, New York.

Wimmenauer, W. (1985): Petrographie der magmatischen und metamorphen Gesteine. 382 S. Enke, Stuttgart.

Streckeisen, A. (1967): Neues Jahrb. Min. Abh. *107*: 144 – 240.

[5] *Füchtbauer, H. & G. Müller* (1977): Sedimente und Sedimentgesteine. 126 S. Schweizerbart, Stuttgart.

Pettijohn, F. (1975): Sedimentary rocks. 628 S. Harper and Row, New York.

[6] *Huckenholz, H. G.* (1962): Geol. För. Stockholm Förh. *85*: 156.

[7] *Cooke, R. & A. Warren* (1973): Geomorphology in deserts. Batsford, London.

II. Verwitterung[1–6]

Unter dem Begriff Verwitterung werden die Veränderungen der Minerale und Gesteine an der Erdoberfläche zusammengefaßt, die sie im Kontakt mit der Atmosphäre, Hydrosphäre und Biosphäre erfahren. Die Verwitterung ist daher ein wichtiger Teilprozeß der Bodenentwicklung. An der Verwitterung sind physikalische, chemische und biologische Prozesse beteiligt.

1. Physikalische Verwitterung

Durch physikalische Verwitterung zerfallen Gesteine und Minerale in kleinere Teilchen, ohne daß die Minerale dabei chemisch verändert werden. Die physikalische Verwitterung kommt vor allem durch Druckentlastung, Temperatur-, Eis- und Salzsprengung, durch Wurzeldruck, Quellung und Schrumpfung sowie durch gegenseitige mechanische Beanspruchung der Gesteine zustande.

Wenn feste Gesteine durch Abtrag allmählich von den überlagernden Gesteinsmassen befreit werden, so nimmt der Druck auf sie ab, und sie dehnen sich aus (*Druckentlastung*). Hierdurch entstehen Klüfte und Spalten, an denen die übrigen Kräfte der physikalischen Verwitterung angreifen.

Von diesen wirkt sich die *Temperatursprengung* dann besonders stark aus, wenn die Temperaturen und die Geschwindigkeit der Temperaturänderung extreme Werte erreichen wie z. B. in subtropischen und tropischen Wüstengebieten und im Hochgebirge. In Wüsten treten bei Jahresmitteltemperaturen von mindestens 17 °C Tagesschwankungen von 30 – 50 °C auf. Die Temperatursprengung wirkt um so stärker, je häufiger Erwärmung und Abkühlung aufeinander folgen. So sind in den Tropen Temperaturen von Steinen an der Bodenoberfläche bis zu 84 °C gemessen worden, die durch Regen in kurzer Zeit auf 30 – 20 °C absanken. Da die Wärmeleitfähigkeit der Gesteine gering ist, werden ihre äußeren und inneren Teile durch den raschen Temperaturwechsel unterschiedlich erwärmt oder abgekühlt. Sie expandieren oder schrumpfen daher unterschiedlich, und es entstehen Druckunterschiede bis zu 50 MPa. Dies führt zu oberflächenparallelen Rissen, aber auch zu Sprüngen durch größere Gesteinsblöcke (Kernsprünge). Hierdurch platzen Gesteinsschuppen von der Oberfläche ab, und Gesteinsblöcke werden in scharfkantigen Blockschutt zerlegt. Beschleunigt wird dieser Vorgang durch unterschiedliche Farbe und Ausdehnungskoeffizienten der verschiedenen Minerale eines Gesteins, und zwar besonders bei größeren Mineralkörnern. Granit zerfällt z. B. leichter als Basalt, weil er ein gröberes Gefüge hat und aus dunklen und hellen Mineralen besteht.

Noch intensiver als die Sprengung durch Temperaturunterschiede kann die *Eissprengung* (*Kryoklastik*) wirken. Sie ist in der Eigenschaft des Wassers begründet, beim Gefrieren sein Volumen um ≈ 10 % zu erhöhen. Eis vermag somit in Gesteinsspalten und -rissen eine erhebliche Sprengwirkung zu entfalten. Das gilt insbesondere für klüftige Gesteine und für Minerale mit hoher Spaltbarkeit wie Glimmer und Feldspäte, aber auch für Quarz. Der höchste Druck, der bei Eissprengung auftreten kann, wird mit 220 MPa angegeben.

Durch Eissprengung entstehen aus festen Gesteinen Schutt und aus diesem sowie aus Kies und Sand Schluff und sogar Grobton. Die Sprengwirkung ist dann besonders intensiv, wenn die Risse beim Abkühlen durch einen festhaftenden Eispfropfen verschlossen werden. Die Eissprengung ist besonders in solchen Klimaten wirksam, in denen die Bodentemperaturen bei reichlichen Niederschlägen häufig um den Nullpunkt schwanken, so daß Gefrieren und Tauen häufig abwechseln.

In ähnlicher Weise wie die Eissprengung wirkt die *Salzsprengung*. In ariden Gebieten (Wärme- und Kältewüsten) werden gelöste Stoffe nicht ausgewaschen, sondern beim Verdunsten des Wassers in der äußeren Gesteinsschicht angereichert. Kristallisieren Salze aus übersättigten Salzlösungen z. B. bei Temperaturveränderungen aus, so entstehen erhebliche Drucke, weil das Volumen der gesättigten Lösung und der ausgeschiedenen Kristalle zusammen größer ist als das der übersättigten Lösung. Das Volumen nimmt aber auch durch Hydratbildung zu (z. B. Gips, $CaSO_4 \cdot 2H_2O$, aus Anhydrit, $CaSO_4$). Dabei können Drucke von mehreren Zehnern MPa auftreten. Analog zur Eissprengung wird die Salzsprengung durch häufigen Wechsel von Austrocknung und Durchfeuchtung gefördert. Selbst bereits ein häufiger Feuchtewechsel kann wegen der starken Bindung der H_2O-Moleküle an Mineraloberflächen durch Quellung und Schrumpfung leicht spaltbare Minerale, wie Blattsilicate, zerteilen.

Auch *Pflanzenwurzeln* können einen mechanischen Zerfall der Gesteine bewirken, wenn sie in Risse und Spalten eindringen und durch ihr Dickenwachstum die Gesteine auseinandersprengen. Hierbei treten jedoch meist nur Drucke von nicht mehr als 1 – 1,5 MPa auf.

Die durch physikalische Verwitterung gebildeten Gesteinsbruchstücke werden beim Transport durch Eis, Wasser oder Wind *mechanisch beansprucht* und auf diese Weise abgerundet. Dabei entstehen erhebliche Mengen von Feinmaterial. Die Zerkleinerung wird durch geringe Härte der Minerale, lockeren Zusammenhalt der einzelnen Mineralkörner sowie durch eine gute Spaltbarkeit der Minerale und Gesteine begünstigt. Feldspäte, Glimmer, Pyroxene und Amphibole werden daher schneller zerkleinert als Quarz. In einem Bach mit 0,2 % Gefälle mußte z. B. ein 20 cm großer Granit ca. 11 km, ein ebenso großer Gneis und ein Glimmerschiefer 5 – 6 km und ein weicher Sandstein sogar nur 1,5 km weit transportiert werden, um auf 2 cm zerkleinert zu werden. In analoger Weise kann in Wüsten der mit dem Wind transportierte Sand zur physikalischen Verwitterung fester Gesteine beitragen (*Abrasion*).

Die Bedeutung der physikalischen Verwitterung für die Bodenbildung ist in den tropischen und subtropischen Gebieten vermutlich gering; dort herrscht die chemische Verwitterung vor. Aber auch in den ehemaligen Glazialgebieten der Nordhalbkugel ist sie wichtiger für die Produktion von Lockermaterial als Ausgangsgestein der Bodenbildung (s. Frost- und Solifluktionsschutt) als für die Bodenbildung selbst.

2. Chemische Verwitterung

Als chemische Verwitterung bezeichnet man diejenigen Prozesse, durch die die Minerale – im Gegensatz zur physikalischen Verwitterung – in ihrem Chemismus verändert werden. Sie umfaßt eine Reihe von chemischen Reaktionen, die an der Oberfläche der Gesteine und Minerale ablaufen. Daher wächst ihr Ausmaß mit der Größe der Angriffsfläche, d. h. mit abnehmender Korngröße der Minerale. Insofern ist die physikalische Verwitterung ein Wegbereiter der chemischen.

Das wichtigste Agens der chemischen Verwitterung ist neben dem Sauerstoff das Wasser, das die Minerale auflöst oder hydrolytisch zersetzt. Die Wirkung des Wassers wird durch anorganische und organische Säuren sowie durch steigende Temperatur (Ausnahme schwerlösliche Carbonate) verstärkt. Daher erfaßt die chemische Verwitterung neben den leichter löslichen auch schwerlösliche Minerale, vor allem die Silicate. Sie zerlegt sie in ihre Bausteine, und aus ihnen können sich neue Minerale bilden. Viele dieser neugebildeten Minerale unterscheiden sich von den Ausgangsmineralen magmatischer und metamorpher Entstehung dadurch, daß sie feinkörniger, schlechter kristallisiert und reicher an OH-Gruppen und Wasser sind. Solche Minerale sind besonders charakteristisch für die Bodendecke (pedogene Minerale), denn sie ist der Ort der Gesteinsverwitterung an der Erdoberfläche.

a) Auflösung durch Hydratation

Unter Auflösung wird der Übergang eines Minerals in die wäßrige Verwitterungslösung verstanden, ohne daß hierbei eine chemische Reaktion im eigentlichen Sinne stattfindet. Die Triebkraft der Auflösung ist das Bestreben der Ionen des Minerals, sich in Gegenwart von Wasser mit H_2O-Molekülen zu umgeben, zu hydratisieren und dadurch zu dissoziieren. Auf diese Weise verwittern die meisten Alkali- und Erdalkalichloride, -sulfate und -nitrate, deren Löslichkeit mit einigen 100 g/l sehr hoch ist (Tab. 5). Aber auch der etwas schwerer lösliche Gips verwittert durch Auflösung. Die Auflösungsverwitterung ist bei der Bodenbildung aus Salzgesteinen und bei salzhaltigen Böden arider Gebiete von Bedeutung (Kap. XXVII 8 c), nicht dagegen bei solchen humider Gebiete.

b) Hydrolyse

Reagieren die Bestandteile der Minerale chemisch mit den H- und OH-Ionen des dissoziier-

Tabelle 5 Löslichkeit von Salzen in Wasser (bei 20°C)

Salz	Löslichkeit ($g/l\ H_2O$)	Salz	Löslichkeit ($g/l\ H_2O$)
$CaSO_4 \cdot 2H_2O$	2,6	KCl	34,4
H_3BO_3	4,9	NaCl	35,9
$NaHCO_3$	9,6	$MgCl_2$	54,3
Na_2SO_4	19,1	$CaCl_2$	74,5
Na_2CO_3	21,6	$NaNO_3$	88,0
KNO_3	31,5	$Ca(NO_3)_2$	127,0
$MgSO_4$	35,6		

Tabelle 6 Löslichkeit von $CaCO_3$ in Wasser in Abhängigkeit vom CO_2-Partialdruck bei 25°C (mittlerer CO_2-Partialdruck der Atmosphäre = 0,033 kPa, entspr. 0,033 Vol.-%)

CO_2-Partialdruck (kPa)	$CaCO_3$-Löslichkeit (mg $CaCO_3$/l)
0,031	52
0.33	117
1,6	201
4,3	287
10	390

ten Wassers, so spricht man von Hydrolyse. Hydrolytisch zersetzt werden vor allem Verbindungen, die aus einer schwachen Säure und/oder schwachen Base bestehen, also z. B. Carbonate und Silicate, und damit der größte Teil der gesteinsbildenden Minerale. Die Hydrolyse ist somit die wichtigste Reaktion der chemischen Verwitterung.

In der Regel ist die Reaktion eines Minerals mit den H-Ionen der Lösung (*Protolyse*) die eigentliche Triebkraft dieser Verwitterungsart. Hierbei werden Sauerstoff-Brückenbindungen zwischen Metallen M (Fe, Al, Ca, Mg, Mn u. a.) und Si (Silicate) oder C (Carbonate) gesprengt, die Si – O- und C – O-Gruppen zu – Si – OH (Silanol) bzw. – C – OH (Hydrogencarbonat) protoniert und die Metalle freigesetzt:

$$-Si-O-M + H^+ = -Si-OH + M^+ \quad (1\,a)$$

$$-C-O-M + H^+ = -C-OH^- + M^{++} \quad (1\,b)$$

Aus den Gleichungen folgt, daß der Umfang dieser Reaktion mit steigender H^+-Konzentration, d. h. sinkendem pH der Lösung steigt; saure Lösungen sind also verwitterungswirksamer als neutrale (Herkunft der H-Ionen s. Kap. XII).

Diese Verwitterungsvorgänge werden am Beispiel der *Carbonate* und Silicate beschrieben. So wird z. B. der schwerlösliche Dolomit durch Kohlensäure zu leichtlöslichen Hydrogencarbonaten zersetzt:

$$CaMg(CO_3)_2 + 2H_2CO_3 = Ca(HCO_3)_2 + \\ + Mg(HCO_3)_2 \quad (2)$$

Die Konzentration an Kohlensäure in der Verwitterungslösung steigt gemäß $CO_{2(g)} + H_2O = H_2CO_3$ (g = gasförmig) mit dem CO_2-Partialdruck der mit ihr im Gleichgewicht stehenden Atmosphäre. Daher nimmt in gleicher Richtung auch die Löslichkeit der Carbonate zu (Tab. 6).

Im Gegensatz zu vielen anderen verwitternden Mineralen steigt die Löslichkeit der Carbonate außerdem mit abnehmender Temperatur, weil in gleicher Richtung die Löslichkeit des CO_2 in Wasser zunimmt. So beträgt bei einem CO_2-Partialdruck von 0,03 kPa die Löslichkeit bei 25 °C 49 mg, bei 15 °C 60 mg und bei 0 °C 84 mg $CaCO_3$/l. Dennoch gehen Carbonate in einem warmen Boden meist stärker in Lösung als in einem kühlen, weil durch intensivere biologische Aktivität der CO_2-Partialdruck der Bodenluft höher ist. Die Carbonatverwitterung führt zum Abbau von Carbonatgesteinen und zur Entkalkung carbonathaltiger Böden aus Löß und Geschiebemergel und anderen carbonathaltigen Gesteinen.

Die Hydrolyse der *Silicate* wird am Beispiel eines Feldspates erläutert. Abb. 5 (links) zeigt Feldspatkristalle unterschiedlichen Verwitterungsgrades aus einem Boden. Die Löcher in der Oberfläche und ihre regelmäßige Form machen wahrscheinlich, daß sich der Feldspat bei der Verwitterung völlig auflöst (kongruente Auflösung), seine Kristallstruktur also zerstört wird und daß sich die Auflösung an der Kristallstruktur (hier Gerüststruktur) orientiert. Das gleiche gilt für die Bandstruktur einer Hornblende (Abb. 5, rechts).

Beim Orthoklas laufen vermutlich folgende Reaktionen ab: Zunächst werden die K-Ionen an der Oberfläche durch H-Ionen ersetzt und gehen in Lösung. Erfolgt diese Reaktion in reinem Wasser, so bildet sich hierbei KOH, das man an der alkalischen Reaktion einer Aufschlämmung von Feldspatpulver in Wasser erkennen kann:

$$\text{K-Feldspat} + HOH = \text{H-Feldspat} + K^+ + OH^- \quad (3)$$

$$\equiv \underset{\substack{|\\K}}{Si-O}-Al \equiv + H^+ \rightarrow \equiv \underset{\substack{|\\H}}{Si-O}-Al \equiv + K^+ \quad (4)$$

In der Natur werden die OH-Ionen meistens durch H-Ionen der Verwitterungslösung neu-

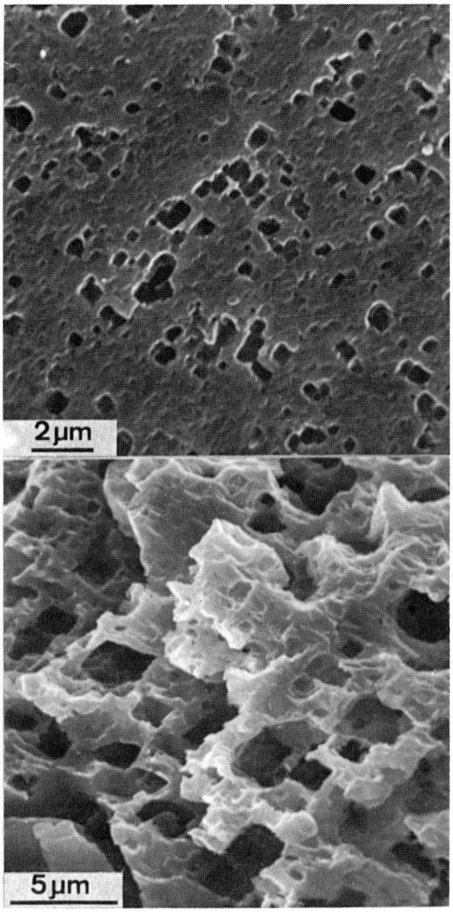

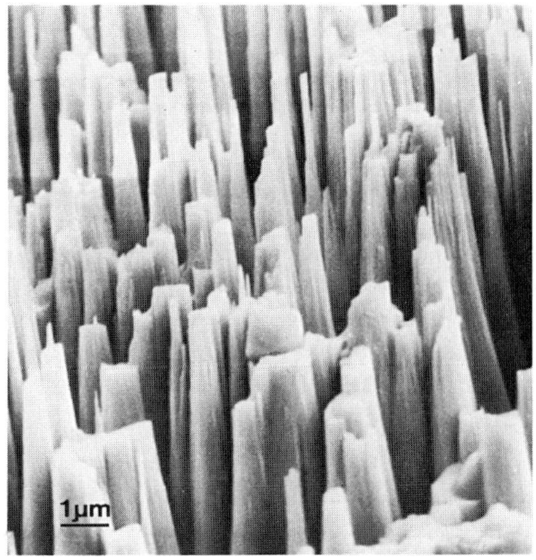

Abb. 5 Strukturorientierte Lösungsmuster von Mineralkörnern aus einem Boden[7]; links: Feldspat mit beginnender (oben) und fortgeschrittener Verwitterung; rechts: Hornblende (Rasterelektronenmikroskopische Aufnahme von *M. Robert* [Feldspäte] und *R. A. Berner* [Hornblende] mit freundl. Genehmigung der Autoren und der Amer. Ass. Adv. Sci.)

tralisiert. Die Anlagerung des Protons (nach Reaktion 4) hat eine Spaltung der Si – O – Al-Bindung zur Folge. Hierbei bildet sich eine SiOH-(Silanol-) und durch Anlagerung eines OH an das Al eine Al – OH(Aluminol-)Gruppe, so daß die Gesamtreaktion wie folgt lautet:

$$\equiv \text{Si–O–Al} \equiv + \text{HOH} \rightarrow \equiv \text{SiOH} + \\ \quad\quad | \\ \quad\quad \text{K} \\ + \text{HOAl} \equiv + \text{K}^+ \quad (5)$$

In analoger Weise wird die Si – O – Si-Bindung durch H_2O gespalten:

$$\equiv \text{Si–O–Si} \equiv + \text{HOH} \rightarrow \equiv \text{Si–OH} + \\ + \text{HO–Si} \equiv \quad (6)$$

Die Stabilität der Si – O – Si-Bindung ist auch von der Art der strukturell benachbarten Metallionen abhängig. Sie ist um so höher, je elektronegativer* das betreffende Element ist, steigt also in Reihenfolge: $K < Na < Ca < Mg < Al$.

Als Endprodukte der hydrolytischen Spaltung der Kalifeldspäte können sich aus den ionaren und molekularen Zersetzungsprodukten außer Kieselsäure Aluminiumhydroxid (Reaktion 7) oder Tonminerale wie Kaolinit (Reaktion 8) und – unter Einbau des freigesetzten Kaliums – Illit bilden.

$$KAlSi_3O_8 + 8H_2O \rightarrow Al(OH)_3 + \\ + 3H_4SiO_4 + KOH \quad (7)$$

$$2KAlSi_3O_8 + 11H_2O \rightarrow Al_2Si_2O_5(OH)_4 + \\ + 4H_4SiO_4 + 2KOH \quad (8)$$

---

* Die Elektronegativität eines Atoms ist ein Maß für seine Fähigkeit, Elektronen anzuziehen. Das elektronegativste Element Fluor erhielt von *L. Pauling* die willkürliche Zahl 4,0. Innerhalb des Periodensystems sinkt in der gleichen Periode die Elektronegativität von rechts nach links und innerhalb der gleichen Gruppe von oben nach unten.

Die neugebildeten Minerale können sich an der Oberfläche der Feldspäte abscheiden (s. Abb. 27) oder unter Auflösung des Feldspats dessen Volumen ausfüllen (Pseudomorphose), wie es bei Kaolinit und Gibbsit häufig vorkommt. Die Neubildungen können sich jedoch auch weiter entfernt vom Verwitterungsort bilden, wenn die gelösten Verwitterungsprodukte zunächst wandern, wie es in den offenen Systemen der Böden häufig der Fall ist.

Die für Kalifeldspäte geschilderte Umwandlung kann mehr oder weniger modifiziert auch auf andere Silicate wie Plagioklase, Pyroxene, Amphibole und Olivine übertragen werden. Ein Beispiel für den Olivin wird in Abb. 25 (Kap. IV) beschrieben. Die Verwitterung der Phyllosilicate (Glimmer und Chlorite) und die Entstehung und Umwandlung der verschiedenen Tonminerale werden im Kapitel IV näher behandelt.

In der Natur wird das Hydrolysegleichgewicht nur selten erreicht, da die Verwitterungsprodukte ständig dem System entzogen werden, und zwar durch (a) Abfuhr der gelösten Verwitterungsprodukte, insbesondere der Alkali- und Erdalkaliionen und des Siliciums durch Sickerwasser und Pflanzenaufnahme, (b) Bildung schwerlöslicher Hydrolyseprodukte (Tonminerale, Carbonate, Oxide und Hydroxide), (c) Bildung von löslichen oder schwerlöslichen organischen Komplexverbindungen des Al und Fe besonders in humusreichen Bodenhorizonten und (d) Neutralisation der freigesetzten OH-Ionen durch H-Ionen der sauren Verwitterungslösungen. Aus diesen Gründen schreitet die Verwitterung ständig weiter fort. Außer durch hohe H-Ionenkonzentration wird die Intensität der Silicatverwitterung auch durch höhere Temperatur gesteigert.

c) Oxidation

Viele Minerale enthalten Fe^{2+} und Mn^{2+}. Diese werden im O_2-haltigen Verwitterungsmilieu oxidiert. Die Oxidation des Fe^{2+} zu Fe^{3+} und des Mn^{2+} zu Mn^{3+} oder Mn^{4+} erfolgt z. T. innerhalb der Mineralstruktur, so daß die positive Ladung zunimmt. Diese Zunahme wird z. T. dadurch ausgeglichen, daß ein Teil der oxidierten oder auch andere Kationen (z. B. H [Umwandlung von OH in O], K oder Mg beim Biotit) das Mineral verlassen. Die ausgestoßenen, oxidierten Kationen werden als schwerlösliche Oxide ausgefällt. Durch diese Vorgänge wird das Mineral instabil und dem weiteren Zerfall Vorschub geleistet, z. B. dadurch, daß das freigesetzte H-Ion an anderen Stellen der Struktur Si – O – M-Bindungen hydrolytisch sprengt.

Auf diese Weise zerfallen z. B. Fe(II)-Silicate, aber auch Fe(II)-Carbonat und andere Fe(II)-Minerale unter Bildung von braunen oder roten Fe(III)-Oxiden. Da viele Minerale Fe^{2+} enthalten, ist die Verwitterung eines Gesteins fast immer von einer Braun- oder Rotfärbung begleitet. Bei höheren Mn^{2+}-Gehalten treten außerdem Schwarzfärbungen durch Mn-Oxide auf.

Bei Eisensulfiden, FeS und FeS_2, werden außer Fe^{2+} auch die Sulfidionen oxidiert. Diese Oxidation führt zu Fe(III)-Sulfat (Reaktion 9), das zu FeOOH und H_2SO_4 hydrolysieren kann (Reaktion 10):

$$4FeS_2 + 15O_2 + 2H_2O \rightarrow 2Fe_2(SO_4)_3 + 2H_2SO_4 \quad (9)$$

$$2Fe_2(SO_4)_3 + 8H_2O \rightarrow 4FeOOH + 6H_2SO_4 \quad (10)$$

Wird die gebildete Schwefelsäure nicht neutralisiert, so sinkt der pH-Wert in den stark sauren Bereich, der das Pflanzenwachstum erschwert (Haldenvergiftung). Statt der Fe(III)-Oxide entsteht unter den stark sauren Bedingungen mit dem K aus Feldspäten oder Glimmern der gelbe Jarosit K $Fe_3(OH)_6(SO_4)_2$, der bei pH-Anstieg (analog Gleichung 10) zu Fe(III)-Oxiden (und K_2SO_4) hydrolysiert.

Bei der Verwitterung von Biotit wird außer K – wie beim Muskovit – auch Fe^{2+} freigesetzt und als Fe(III)-Oxid ausgefällt. Der Biotit verliert hierdurch seine schwarze Farbe und wird gebleicht. Wie beim FeS_2, so ist auch an der oxidativen Verwitterung der Fe(II)-Silicate die Hydrolyse beteiligt, wie die folgende Verwitterungsreaktion eines Pyroxens (Hedenbergit) zeigt (Reaktion 11):

$$4CaFeSi_2O_6 + 6H_2O + 8H_2CO_3 + O_2 \rightarrow 4Ca(HCO_3)_2 + 4FeOOH + 8H_2SiO_3 \quad (11)$$

Die Oxidation des Magnetits, Fe_3O_4, führt häufig zum Maghemit, γ-Fe_2O_3 (Reaktion 12), die des Titanomagnetits zu Titanomaghemit.

$$4Fe_3O_4 + O_2 \rightarrow 6Fe_2O_3 \quad (12)$$

d) Komplexierung

Die Freisetzung solcher Metalle, die mit einfachen organischen Liganden (z. B. Citrat) stabile Komplexe bilden, wird durch organische Komplexbildner gefördert. Durch sie werden vor allem Al, Fe und Mn sowie Schwermetalle wie z. B. Cu und Pb komplexiert. Auch die Huminstoffe, insbesondere die Fulvosäuren, beteiligen sich an der Komplexierung obiger Metalle. Verwitterungsfördernd sind solche biochemischen Prozesse deshalb, weil die aus den Mineralen freigesetzten Metalle auf diese Weise dem Verwitterungsgleichgewicht entzogen werden.

3. Rolle der Pflanzen und Bodenorganismen[8]

Im belebten, durchwurzelten Bereich der Böden ist die Verwitterung meist intensiver als im unbelebten. Insbesondere tragen Pflanzenwurzeln und niedere Vertreter der Bodenflora (Bakterien, Algen, Pilze) zur Verwitterung bei.

Die Kristalloberflächen primärer Silicate aus Böden sind häufig dicht mit Pilzhyphen oder Algen bedeckt, so daß ein enger Kontakt zwischen Organismen und Mineraloberflächen entsteht. An diesem Kontakt kann es durch Ausscheidung von organischen Säuren und Komplexbildnern zu verstärkter Verwitterung kommen. So wurde Ca- und Mg-Oxalat in Gesteinsflechten beobachtet, das durch Reaktion von ausgeschiedener Oxalsäure mit Ca und Mg aus dem Gestein entstand[9]. In ähnlicher Weise verloren Biotite Kalium, wenn sie längere Zeit im A-Horizont saurer Waldböden gelagert wurden, wobei die Hyphen zwischen die sich aufblätternden Biotitkristalle eindrangen. Aus Granitbruchstücken lösten sich in 30 Tagen in Gegenwart einer komplexen Bodenmikroflora 160 mg/kg Fe, 100 mg Al und 220 mg Mn, im sterilen Ansatz dagegen nur 0,2 mg Fe, 0,5 mg Al bzw. 10 mg Mn[8]. Besonders wichtig sind diese Auflösungsprozesse für die Mobilisierung von Phosphat aus schwerlöslichen Ca-Phosphaten, z. B. Apatit. Ähnliche Auflösungserscheinungen wurden auch in der Rhizosphäre beobachtet.

Die bei dieser *biochemischen Verwitterung* ablaufenden Mechanismen sind im Prinzip die gleichen wie die der chemischen Verwitterung. Die Hauptwirkung geht sicher von den biologisch, z. B. beim Streuabbau, produzierten Säuren aus, außer Kohlensäure vor allem niedermolekulare organische Säuren wie Oxalsäure, Weinsäure, Äpfelsäure und Zitronensäure, aber auch aromatische Säuren wie Benzoesäure. Durch mikrobielle Oxidation entstehen außerdem vor allem H_2SO_4 und HNO_3, die als starke Säuren besonders verwitterungswirksam sind. Schließlich gehört hierzu auch die Protonenausscheidung der Pflanzenwurzeln im Austausch gegen aufgenommene Metallkationen (Kap. XII 2 b).

Ein zweiter Beitrag zur biochemischen Verwitterung resultiert aus der Produktion solcher organischer Verbindungen, die, wie im vorigen Kapitel erwähnt, Metalle zu stabilen Komplexen binden und sie so aus dem Verwitterungsgleichgewicht nehmen. In die gleiche Richtung wirkt die Bildung schwerlöslicher Verbindungen wie Ca- und Mg-Oxalat, $CaCO_3$ und Fe- und Mn-Oxide, die sämtlich Produkte von Organismentätigkeit sein können.

4. Verwitterungsstabilität von Mineralen

Die Verwitterungsstabilität der Minerale ist abhängig von ihren physikalischen, chemischen und kristallstrukturellen Eigenschaften. Unter den physikalischen Eigenschaften ist die Spaltbarkeit von Bedeutung. Leichter spaltbare Minerale (Feldspäte, Glimmer) werden schneller zerkleinert als nichtspaltbare (Quarz).

Für die Stabilität bei der chemischen Verwitterung ist zunächst die Wasserlöslichkeit bedeutsam. Die hohe Löslichkeit der sog. Salze (z. B. Steinsalz), aber auch die relativ hohe des Gipses verursacht deren geringe Verwitterungsstabilität. Es folgen ihnen die Carbonate (Calcit > Dolomit).

Die Verwitterungsstabilität der primären Silicate ist von zahlreichen Faktoren abhängig, die häufig ineinandergreifen. Im allgemeinen steigt sie mit steigendem *Kondensationsgrad* der Silicatstruktur (Anteil der Si – O – Si-Bindungen) in der Reihenfolge Inselsilicate < Di- und Ringsilicate < Kettensilicate < Blattsilicate < Gerüstsilicate. In der gleichen Strukturgruppe sinkt die Stabilität mit steigendem Ersatz von Si durch Al, also in der Reihenfolge Quarz > Orthoklas > Nephelin und bei den Plagioklasen von Albit zum Anorthit. Dies liegt daran, daß die 4 Sauerstoffatome der Tetraeder durch das im Vergleich zum Si- größere Al-Ion (Kristallradius von Al 0,39 Å, von Si 0,26 Å) etwas auseinandergedrängt werden und dadurch die Stabilität gesenkt wird.

Auch die Art der Kationen, die die SiO_4-Tetraeder verknüpfen, beeinflussen die Stabilität. Offenbar steigt die Stabilität mit der Ladung und sinkt mit der Größe des verknüpfenden Kations. Daher sind Strukturen, in denen Mg, Ca und Fe^{2+} die Tetraeder verknüpfen weniger stabil als durch Al verknüpfte, also z. B. Biotit gegenüber Muskovit. Dieser Einfluß kann jeden anderen strukturbedingten Einfluß überlagern. So gehört Zirkon ($ZrSiO_4$) zu den stabilsten Silicaten, obgleich es wie der Olivin aus isolierten SiO_4-Tetraedern aufgebaut, also ein Inselsilicat ist. Hohe Stabilität besitzen auch die reinen Al-Silicate Andalusit und Staurolith, die ebenfalls Inselsilicate sind.

Ein weiterer Faktor, der die Verwitterungsstabilität der Minerale bestimmt, ist ihr Gehalt an Elementen, die durch Luftsauerstoff oxidiert werden können, nämlich Fe^{2+}, Mn^{2+} und S^{2-}. Ihre Oxidation schwächt die Kristallstruktur und fördert so ihren Zerfall. Daß der Biotit leichter verwitterbar ist als der Muskovit, hängt daher sehr stark mit seinem meist hohen Gehalt an Fe^{2+} zusammen. Besonders leicht verwitterbar ist daher auch der Pyrit, FeS_2, obwohl er schwerlöslich ist.

Insgesamt ergibt sich aus diesen Betrachtungen für die wichtigsten gesteinsbildenden Silicate etwa folgende Reihe steigender Verwitterungsstabilität: Olivine < Granate < Pyroxene < Amphibole < Biotit < Plagioklase < Orthoklas < Muskovit < Quarz. Auf die Verwitterungsstabilität der Tonminerale wird später näher eingegangen. Daß sie eher Produkte als Ausgangsminerale der Verwitterung sind, deutet bereits auf ihre hohe Stabilität hin. Sie ist ähnlich hoch wie die des strukturell verwandten Muskovits, in dem die SiO_4-Tetraeder ebenfalls vorwiegend durch oktaedrisches Al verknüpft sind.

Eine quantitative Betrachtung der Verwitterungsstabilität ist mit Hilfe sog. *Stabilitätsdiagramme* möglich, in denen die Stabilitätsfelder der einzelnen Minerale als Funktion der Zusammensetzung der Verwitterungslösung dargestellt sind. Diese Diagramme lassen sich aus den Löslichkeitsprodukten der Minerale konstruieren, die experimentell bestimmt oder aus den freien Energien der Reaktionspartner errechnet werden können[10].

Ein für die chemische Verwitterung wichtiges Stabilitätsdiagramm ist in Abb. 6 dargestellt. In ihm sind die Stabilitätsbereiche der häufigsten Minerale im System $K_2O - Al_2O_3 - SiO_2 - H_2O$, nämlich Orthoklas, Muskovit, K-Smectit, Kaolinit und Gibbsit als Funktion der Konzentration an Kieselsäure (Abszisse) und des Konzentrationsverhältnisses von K^+ zu H^+ (Ordinate) dargestellt. Quantitative Aussagen lassen sich aus diesem und ähnlichen Diagrammen allerdings deswegen nur beschränkt ableiten, weil (1) die freien Energien der einzelnen Minerale sich nur sehr wenig voneinander unterscheiden und sich daher die der Umwandlungsreaktionen nicht mit ausreichender Genauigkeit bestimmen lassen, (2) die Gleichgewichte im Verwitterungsmilieu, d. h. bei niedriger Temperatur und niedrigem Druck nur selten erreicht werden und (3) sich bevorzugt metastabile Phasen bilden, die sich nur sehr langsam in die stabilen umwandeln. Ein Beispiel: Die Si-Konzentration in vielen Verwitterungslösungen liegt zwar weit über der des Gleichgewichtes mit Quarz; dieser bildet sich aber wenn überhaupt nur äußerst langsam. Dies hat zur Folge, daß sich Orthoklas direkt in Kaolinit umwandeln kann, zu dessen Bildung die Gleichgewichts-Si-Konzentration des Quarzes nicht ausreichen würde. Das Diagramm muß daher um die metastabilen Phasen wie z. B. amorphes SiO_2 (Abb. 6) erweitert werden.

Trotzdem lassen sich aus dem Diagramm in Abb. 6 wichtige *Trends der Mineralumbildung* ablesen. So werden Orthoklas und Muskovit um so eher verwittern, je niedriger die K- und Si-Konzentration und je höher die H-Konzentration in der Verwitterungslösung ist. Je

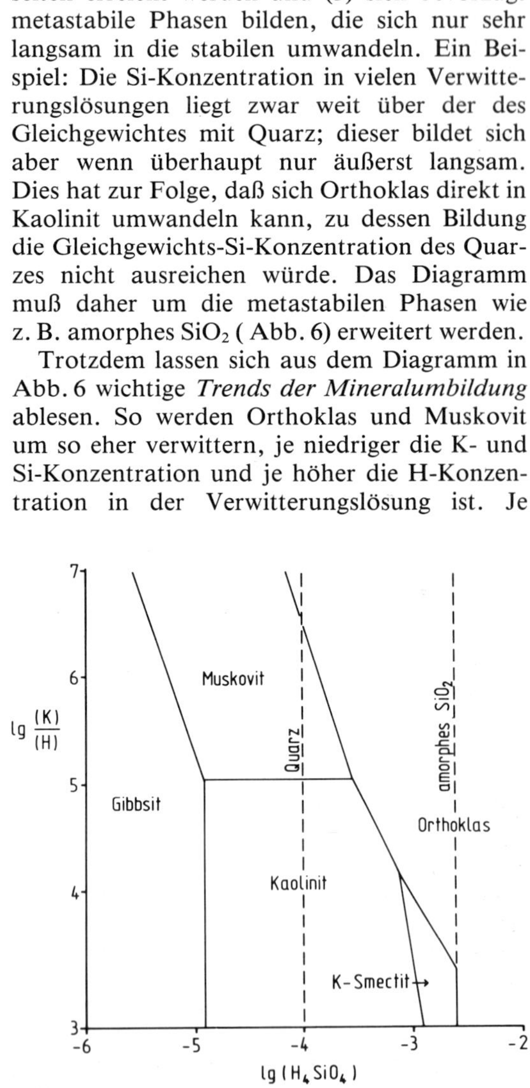

Abb. 6 Stabilitätsbereiche von Muskovit, Orthoklas, K-Smectit, Kaolinit und Gibbsit als Funktion der Konzentration an K^+, H^+ und H_4SiO_4 bei 25 °C und 0,1 MPa Gesamtdruck. Die beiden gestrichelten Linien markieren die H_4SiO_4-Sättigungskonzentration von Quarz und amorphem SiO_2

schneller also freigesetztes K und Si durch Sikkerwasser abgeführt werden, desto intensiver zersetzen sich die primären K-Minerale. Auch die Bedingungen, unter denen die verschiedenen Verwitterungsneubildungen entstehen, lassen sich dem Diagramm entnehmen. So bilden sich bei hoher Si-Konzentration der Si-reiche Smectit, bei mittlerer der Si-haltige Kaolinit und bei niedriger der Si-freie Gibbsit (s. a. Tonmineralbildung).

Entsprechend der Verwitterungsstabilität der Minerale verändern sich im Laufe der Verwitterung der Mineralbestand und die chemische Zusammensetzung der Böden.

Der jeweils erreichte Verwitterungsgrad läßt sich daher mineralogisch oder chemisch kennzeichnen. *M. L. Jackson* verwendet z. B. zur mineralogischen Kennzeichnung sog. *Leitminerale*. Hiernach wird im humiden Klima schwache Verwitterung durch Gips, Calcit und Olivin angezeigt, eine mäßige durch Biotit, Illit und Smectit, eine starke durch sekundären Chlorit und Kaolinit und eine sehr starke durch Gibbsit, Hämatit, Goethit und Anatas. Abweichungen hiervon sind jedoch je nach lokalen Verwitterungsbedingungen möglich.

Die chemische Zusammensetzung ändert sich generell wie folgt: Elemente leicht verwitterbarer Minerale werden dann ausgewaschen, wenn sie nicht als schwerlösliche sekundäre Minerale wieder ausgefällt werden. Der Verwitterungsbereich verarmt also zuerst vor allem an Na, Ca und Mg, während der K-Gehalt wegen der Schwerverwitterbarkeit der Kalifeldspäte, des Muskovits und Illits langsamer abnimmt. Unter den Anionen gehen insbesondere Cl und SO_4 schnell verloren, während Phosphat zwar aus dem Apatit freigesetzt, aber dann meist in anderer Form relativ fest gebunden wird. Silicat geht zwar auch bereits in den Anfangsphasen der Verwitterung verloren, hauptsächlich jedoch erst in einem fortgeschrittenen Verwitterungsstadium. Diese *Desilifizierung* erfolgt stufenweise, da sich zunächst Si-reiche sekundäre Minerale (Illit, Smectit) und dann Si-ärmere (Kaolinit) bilden, bis schließlich im Extremfall nahezu alles Si verloren geht. In diesem Zustand haben sich die Elemente Al, Fe, Ti und einige Spurenelemente wie Ni und Cr sehr stark relativ angereichert, da diese sehr schwerlösliche Oxide und Hydroxide (Kap. V) bilden oder von den Oxiden gebunden werden. Durch organische Komplexierung kann aber die Oxidbildung verhindert werden.

Die Geschwindigkeit, mit der die Silicatverwitterung in Böden abläuft, wurde aus den Verlusten an Na, K, Ca und Mg in Bodenprofilen erschlossen. Für Böden gemäßigt-humider Gebiete ergaben sich dabei Werte zwischen 0,2 – 0,8 kval/ha · a[11].

5. Verwitterungsstabilität von Gesteinen

Die Stabilität von Gesteinen gegenüber physikalischer und chemischer Verwitterung ist außer von der Stabilität ihrer Minerale noch von zahlreichen Gesteinseigenschaften abhängig. Grobkörnige, saure Tiefengesteine wie z. B. Granit verwittern vor allem physikalisch leichter und daher tiefergründiger als feinkörnige, basische Ergußgesteine wie z. B. Basalt. Umgekehrt ist es bei der chemischen Verwitterung. Hier verwittern basische Magmatite insbesondere feinkristalline Ergußsteine wegen ihres höheren Gehaltes an leicht verwitterbaren Mineralen (Olivin, Pyroxene, Amphibole und Ca-reiche Plagioklase) schneller und durchgreifender als saure Magmatite. Aus Graniten entstehen daher im gemäßigt-humiden Klima tiefgründige, aber im Mineralbestand (mit Ausnahme des Biotits) gegenüber dem Gestein wenig veränderte Böden, aus Basalten dagegen flachgründige, aber mineralogisch stark veränderte Böden. Sind die Magmatite sehr porös und enthalten sie große Anteile vulkanischer Gläser, wie z. B. die Tuffe, so verwittern sowohl saure als auch basische Gesteine leicht.

Bei den geschichteten und geschieferten Gesteinen ist die Verwitterung von der Lage der Schicht- und Schieferungsflächen abhängig. Aus dem gleichen Gestein ergeben sich bei waagrechter Schichtung und Schieferung flachgründige, bei schräger und senkrechter Schichtung und Schieferung tiefgründige Verwitterungsdecken (s. a. Kap. XXVI 2). Lockergesteine verwittern bei gleicher Zusammensetzung chemisch leichter als Festgesteine.

Literatur

Übersichten[1–6]

[1] *Caroll, D.* (1970): Rock weathering. Plenum Press, New York/London.

[2] *Ollier, C.* (1984): Weathering. 2. Aufl., Oliver a. Boyd, Edinburgh.

[3] *Nahon, D. & Y. Noack* (Eds.) (1983): Petrology of weathering and soils. Sci. Géol. Mém. *71, 72, 73.* 540 S. Strasbourg.
[4] *Drever, J.* (Ed.) (1985): The chemistry of weathering. 324 S. Reidel, Dordrecht.
[5] *Barshad, I.* (1964): In: *Bear, F. E.* (Ed.). Chemistry of the soil. Reinhold, New York.
[6] *Loughnan, F. C.* (1969): Chemical weathering of the silicate minerals. Elsevier New York/London/Amsterdam.
[7] *Robert, M., Y.-M. Cabidoche & J. Berrier* (1980): Sci. du Sol. *4*, 313 – 336.
Berner, R. A. & G. R. Holden (1979): Geology *5*, 369.
Berner, R. A., E. L. Sjöberg, M. A. Velbel & M. D. Krom (1980): Science *207*, 1205 – 1206.
[8] *Robert, M. & J. Berthelin* (1986): In: *Huang, P. M. & M. Schnitzer* (Eds.). Interactions of soil minerals with natural organics and microbes. 453 – 495, Soil Sci. Soc. Am., Madison (Wisc.).
[9] *Wilson, M. J. & J. D. Russell* (1980): Mineral. Mag. *43*, 837 – 840.
[10] *Garrels, R. M. & C. L. Christ* (1965): Solutions, minerals and equilibria. Harper & Row, New York.
Lindsay, W. L. (1979): Chemical equilibria in soils. Wiley, New York.
Velde, B. (1985): Clay minerals. A physico-chemical explanation of their occurrence. Elsevier.
Ray, D. & J. A. Kittrick, (1989): In: *Dixon, J. B. & S. B. Weed* (Eds.). Minerals in soil environments. Soil Sci. Soc. Am., Madison (Wisc.)
[11] *Fölster, H.* (1985): In: Zit. *4*, 197 – 209.

III. Körnung (Textur)[1-3]

Die Feststoffe der Böden sind Gemische aus Mineralkörnern, Gesteinsbruchstücken und Humuspartikeln unterschiedlicher Form und Größe. Man unterscheidet nach der Größe verschiedene Korngrößenfraktionen; deren Mengenanteile im Boden werden als dessen *Korngrößenverteilung* oder *Körnung* bezeichnet. Der Begriff Körnung wird in der Regel und auch in diesem Buch auf diskrete Körner des Mineralkörpers bezogen, ausschließlich Organische Substanz und Aggregate. Die Körnung ist eine der wichtigsten Eigenschaften für die Bodenentwicklung, die Ertragsfähigkeit und die Puffer- und Filtereigenschaften der Böden.

Tabelle 7 Beziehung zwischen Korngröße, Kornzahl und Oberfläche bei Zerteilung einer Kugel von 1 cm Radius in kugelförmige Teilchen

Kugelradius	Kugelzahl	Gesamtoberfläche
1 cm	1	12,6 cm²
1 mm	10^3	126 cm²
0,1 mm	10^6	1260 cm²
0,01 mm	10^9	12600 cm²
0,001 mm = 1 μm	10^{12}	126000 cm² = 12,6 m²
0,1 μm	10^{15}	126 m²

1. Kornformen, Oberfläche, Korngrößenfraktionen

Die Körner haben verschiedene *Formen*, die von der Mineralart abhängen und durch Verwitterung und Verlagerung verändert sein können. Die Körner der gröberen Fraktionen sind je nach Intensität der Verwitterung und/oder Verlagerung (durch Wasser bzw. Wind) kantig bis abgerundet, die der feineren Fraktionen soweit es sich um Schichtsilicate (Glimmer, Tonminerale) handelt, blättchenförmig.

Unterschiedliche *Korngrößen* der Bodenteilchen erklären sich aus unterschiedlicher Größe der Minerale und Gesteinsbruchstücke im Ausgangsgestein, dem Ausmaß der Beanspruchung durch physikalische und chemische Verwitterung und der Größe der neugebildeten Minerale. Mit abnehmender Korngröße nehmen Kornzahl und Oberfläche bei gleicher Gesamtmasse der Teilchen stark zu. Die in Tab. 7 angegebenen Oberflächen beziehen sich auf kugelförmige Teilchen: Die Oberfläche der Tonfraktion kann wegen hoher Anteile blättchenförmiger und teilweise quellfähiger (mit dann größerer innerer Oberfläche) Tonminerale bis 400 m²/g betragen (s. Kap. X 2 a).

Hauptkorngrößenfraktionen sind der Feinboden mit unter 2 mm Korndurchmesser und das Bodenskelett mit über 2 mm. Die weitere Untergliederung des Feinbodens in Sand (2000 – 63), Schluff (63 – 2) und Ton (< 2 μm) erfolgt in Deutschland mit den Grenzwerten 2, 6,3, 20 usw. (s. Abb. 7), da sich dann gleichgroße Abstände auf einer logarithmischen Skala ergeben; in den USA sind andere Grenzen gebräuchlich (Abb. 7). Bei Unterteilung des Bodenskeletts (bzw. Grobbodens) wird auch die äußere Form berücksichtigt, z. B. 63 – 200 mm ∅ Steine (kantig) und Geröll (gerundet).

Die Bestimmung der Skelettfraktionen erfolgt durch Siebung. Vor Analyse des Feinbodens werden meist leicht lösliche Salze (incl. Gips) mit Wasser entfernt, Kalk mit Salzsäure zerstört und die organische Substanz mit Wasserstoffperoxid oxidiert. Für Spezialuntersuchungen werden auch die Eisenoxide mit Na-Dithionit/Citrat/Hydrogencarbonat entfernt. Anschließend wird mit einem Dispergierungsmittel wie Natriumpyrophosphat in wäßriger Lösung geschüttelt (Pyrophosphate komplexieren koagulierend wirkende Al^{3+}-, Ca^{2+}- und Mg^{2+}-Ionen, die dann durch die stark peptisierenden Na^+-Ionen ersetzt werden). Die Sandfraktionen werden dann durch Siebung ermittelt, die Schluff- und Tonfraktionen durch Sedimentation (Pipett- oder Aräometermethode). Bei Sedimentation in wäßriger Suspension ist die Sinkgeschwindigkeit (v) der Teilchen bei gegebener Dichte (d_2) und Viskosität (η) des Wassers sowie einheitlicher Dichte der Teilchen (d_1) und Temperatur nur vom Teilchendurchmesser abhängig, wie aus dem *Stokes'schen Gesetz* ersichtlich ist:

$$v = \frac{2}{9} \cdot \frac{r^2(d_1 - d_2) \cdot g}{\eta}$$

Das Gesetz gilt streng nur für kugelförmige Teilchen; da dies insbesondere in der Tonfraktion mit blättchenförmigen Tonmineralen nicht gegeben ist, wird

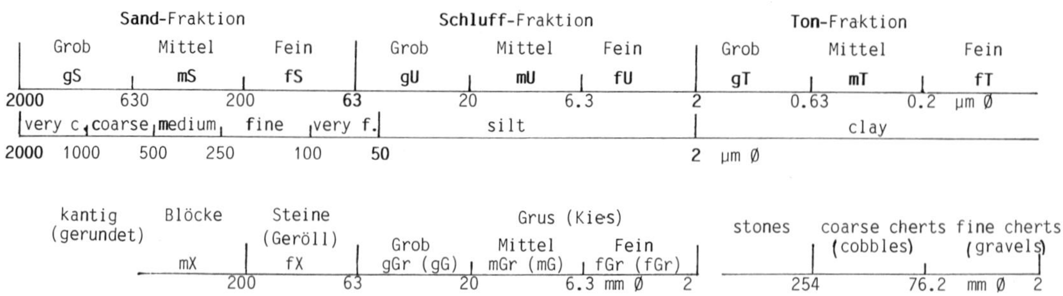

Abb. 7 Korngrößenfraktionen (deutsch: deutsche Nomenklatur, englisch: US-Nomenklatur)

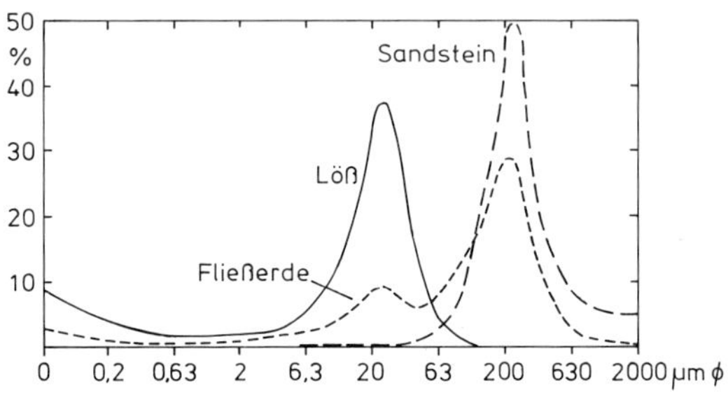

Abb. 8 Häufigkeitsverteilungskurven des Feinbodens einer Fließerde und ihrer Mischungskomponenten Löß- und Sandstein-Verwitterung (n. *Blume*)

bei der Analyse ein Durchmesser ermittelt, der dem von kugelförmigen Teilchen gleicher Fallgeschwindigkeit entspricht (Äquivalentdurchmesser). Als Dichte wird mit 2,65 g/cm³ die des Quarzes angenommen, da Quarz oft dominiert. Die Sinkzeit für 10 cm beträgt dann bei 20 °C für Teilchen mit 2 µm Äquivalentdurchmesser 7 h 43 min, für solche mit 63 µm 31 s (methodische Einzelheiten s. [3]).

Die Körnung kann in Form eines Säulendiagramms, einer entsprechenden Häufigkeitsverteilungskurve (Abb. 8) oder als Summenkurve (Abb. 9) dargestellt werden. Aus der Häufigkeitsverteilungskurve kann u. a. der Sortierungsgrad eines Sediments ersehen werden: Die Kurve des (zerkleinerten) Sandsteins in Abb. 8 ist steiler, dieser daher besser sortiert als der Löß; Mischungen aus verschiedenen Sedimenten ergeben oft mehrgipflige Kurven, wie die einer Fließerde aus ca. ⅓ Löß und ⅔ Sandstein-Verwitterung in Abb. 8.

Die Summenkurve wird durch Summieren der Fraktionsanteile, die der Größe nach aufeinanderfolgen, erhalten. Ein steiler Verlauf

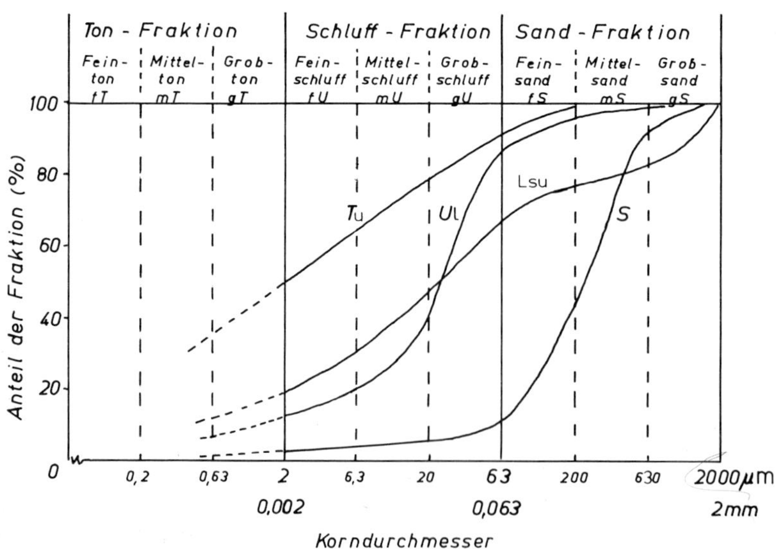

Abb. 9 Körnungs-Summenkurve von Feinböden aus Sand (S), Löß (Ul), Geschiebelehm (Lsu) und tonreichem Schlick (Tu)

der Kurve kennzeichnet einen hohen Anteil einer Fraktion (z. B. von mU und gU beim Schluffboden und mS beim Sandboden); die Summenkurve ermöglicht das Ablesen der Summe aller Fraktionen unterhalb einer bestimmten Korngröße, sowie den Anteil einzelner Fraktionen (Abb. 9).

2. Bodenarten

Gemische von Sand, Schluff und Ton werden als Bodenarten bezeichnet und mit Buchstabensymbolen signiert. Bei Vorherrschen von Sand, Schluff und Ton spricht man von Sand (S)-, Schluff (U)- bzw. Ton (T)-Boden. Dominiert eine Fraktion weniger stark, geht auch die Fraktion mit dem zweithöchsten Mengenanteil adjektivisch in den Namen ein (z. B. schluffiger Ton oder Tu). Lehme (L) enthalten alle 3 Fraktionen in nennenswerten Anteilen. Auch hier erfolgt eine Untergliederung mit Adjektiven. Die in der BRD gebräuchlichen Bezeichnungen für die Bodenarten sind Abb. 10, die in den USA gebräuchlichen Abb. 11 zu entnehmen.

Die Klassierung verschiedener Bodenskelettanteile am Gesamtboden geht aus Tab. 8 hervor: Ein stark kiesiger, lehmiger Sand wäre

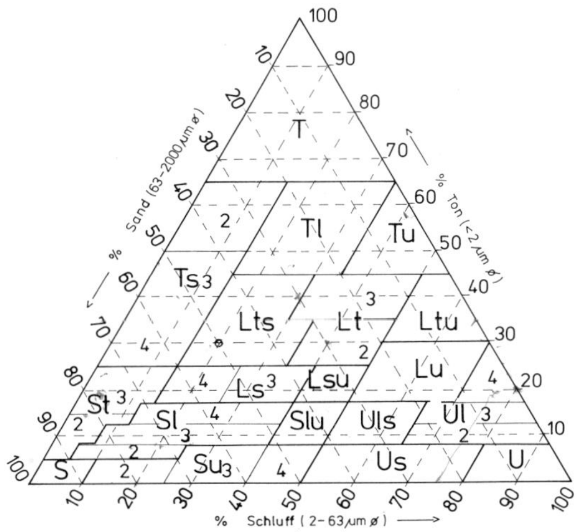

Abb. 10 Bodenarten des Feinbodens nach DIN 4220 im Dreieckskoordinatensystem (S = Sand, s = sandig, U = Schluff, u = schluffig, L = Lehm, l = lehmig, T = Ton, t = tonig, 2 = schwach, 3 = mittel, 4 = stark; veraltet: Voranstellen der Kleinbuchstaben und ·· ¯ anstelle von 2 3 4); Beispiel: Der Punkt O entspricht Anteilen von 50 % Sand, 20 % Schluff und 30 % Ton

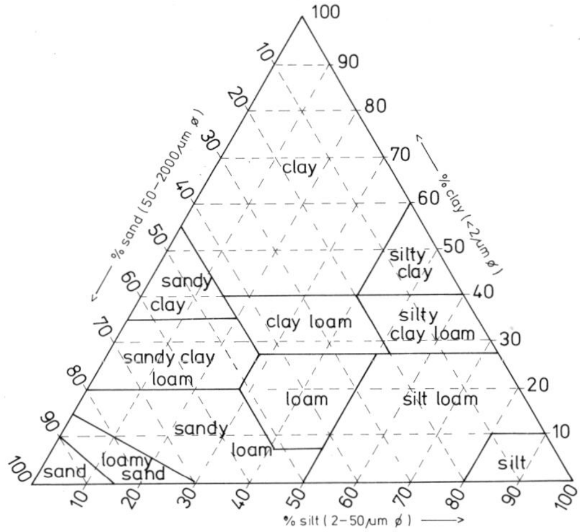

Abb. 11 Bodenarten des Feinbodens nach der US-Soil Taxonomy

Tabelle 8 Klassierung der Bodenskelettanteile nach DIN 4220; x steinig (>63 mm ∅), g kiesig bzw. gr grusig (2 – 63 mm ∅).

Vol.-%	Gew.-%	Bezeichnung	Zeichen
<1	<2	sehr schwach	x1, g1, gr1
1 – 10	2 – 15	schwach	x2, g2, gr2
10 – 30	15 – 45	mittel	x3, g3, gr3
30 – 50	45 – 60	stark	x4, g4, gr4
50 – 75	60 – 85	sehr stark	x5, g5, gr5
>75	>85	Skelettboden	X, G, Gr

dann mit Sl g4 zu signieren. Im Gelände wird der Flächenanteil des Bodenskeletts an der Profilwand abgeschätzt: Er ist gleich dem Volumenanteil. Die Bodenart läßt sich mit der Fingerprobe schätzen[2, 4].

Bei der *Fingerprobe* dienen als Kriterien die Plastizität, Rollfähigkeit, Schmierfähigkeit und Rauhigkeit einer feuchten Bodenprobe: Die Kornfraktion Ton ist gut formbar, schmutzt, zeigt glänzende Gleitfläche; Schluff ist mäßig formbar, mehlig, schmutzt nicht, zeigt rauhe Gleitfläche; Sand ist nicht formbar, schmutzt nicht, ist körnig. Danach können die einzelnen Mengenanteile geschätzt werden, und zwar bei 0 – 20 % Ton von geübten Kräften mit einer Genauigkeit von ca. 5 %. Bei humosen Proben ist der (z. B. aus der Bodenfarbe abgeleitete) Humusgehalt von der Tonfraktion abzuziehen.

In Abb. 12 sind einige Beispiele für die Körnung von Böden weiter Verbreitung in Mitteleuropa angegeben.

Zur näheren Charakterisierung der Nährstoffreserven von Böden wird oft nur eine

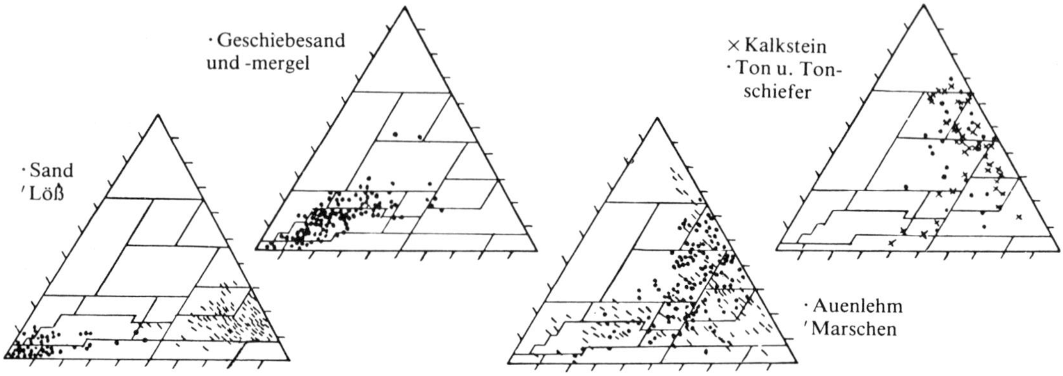

Abb. 12 Körnung verbreiteter Böden unterschiedlicher Ausgangsgesteine Mitteleuropas[5]

Korngrößenfraktion herangezogen, meist die Tonfraktion $<2\,\mu m$, aber auch die Fraktion $<6\,\mu m$ oder $<10\,\mu m$ (z. B. Reichsbodenschätzung). Die Bezeichnung stimmt dann nicht mehr mit der in Abb. 10 überein.

Sandböden sowie kies- bzw. steinreiche Böden werden auch als grobkörnige Böden bezeichnet, die übrigen als feinkörnige.

Die im Landbau gebräuchlichen, nicht genau definierten Begriffe leichte (Sandböden), mittelschwere (Schluff- und Lehmböden) und schwere (Tonböden) beziehen sich auf die Bearbeitbarkeit.

Nach *E. Mückenhausen* beträgt der flächenmäßige Anteil der (Oberboden-)Bodenarten an der Gesamtfläche der BR-Deutschland: 20 % Sande bis lehmige Sande, 13 % Schluffe, 27 % sandige Lehme bis Lehme, 6 % tonige Lehme bis Tone, 34 % kies- und steinreiche Böden.

3. Einfluß der Körnung auf Ökologie und Ertragfähigkeit der Böden

Die Einteilung der Böden nach ihrer Körnung erfolgt aufgrund der unterschiedlichen Eigenschaften, die die einzelnen Kornfraktionen den Böden verleihen. Seit *A. Thaer* wird die Bodenart als gute Grundlage für die Beurteilung der Ertragsfähigkeit eines Bodens verwendet und ist daher auch bei der Bodenschätzung herangezogen worden (s. Kap. XXXIII 3). Viele der ertragsbestimmenden Faktoren wie Durchwurzelbarkeit sowie Wasser-, Wärme-, Sauerstoff- und Nährstoffangebot im Wurzelraum hängen nämlich entscheidend von der Körnung ab. Da aber auch andere Bodeneigenschaften wie Gefüge und Lagerungsdichte, Humusgehalt und -qualität, Mineralart und Bodenacidität ertragsbestimmend sind, kann die Ertragsfähigkeit bei gegebener Körnung beträchtlich variieren. Das geht auch aus dem großen Unterschied zwischen niedrigster und höchster Bodenzahl bei gleicher Bodenart hervor (Tab. 95 in Kap. XXXIII 3). Schließlich beeinflussen Klima und Witterung nachhaltig den Ertrag. Die folgenden Ausführungen können daher nur als Orientierung dienen.

Sandböden sind bei jedem Feuchtezustand leicht bearbeitbar. Ein hoher Anteil grober Poren bewirkt gute Durchlüftung aber auch geringes Speicherver-

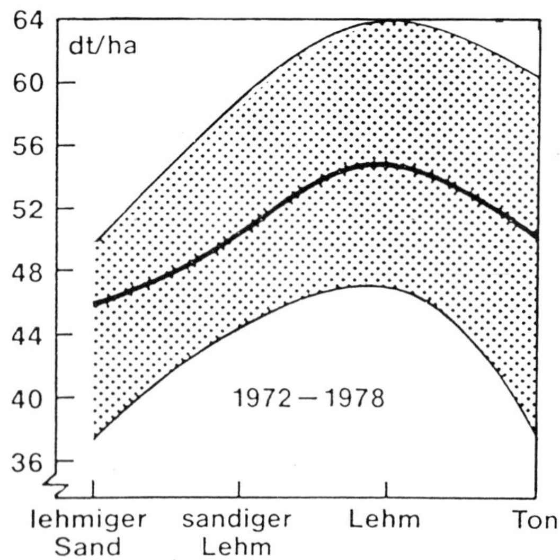

Abb. 13 Einfluß der Bodenart auf die Kornerträge beim Winterweizen in Hessen (dicke Kurve: 7jähriges Mittel von insgesamt 1646 Schlägen; gerastert: räumliche und zeitliche Streuung)[6]

mögen für nutzbares Wasser (zumal infolge geringer Kapillarität der effektive Wurzelraum nur klein ist, Tab. 63 in Kap. XVI 6). Eine hohe Wasserdurchlässigkeit verhindert im humiden Klima zwar einen Wasserstau, fördert aber die Nährstoffauswaschung, während im ariden Klima bei Bewässerungslandbau die Gefahr schädlicher Versalzung gering ist. Eine geringe Wärmekapazität fördert die Frühjahrserwärmung, die auch eine intensive Mikroorganismentätigkeit zur Folge hat, solange der Boden feucht ist. Dies intensiviert den Abbau organischer Substanz, so daß die Humusgehalte relativ niedrig sind und die Praxis von „Stallmistfressern" spricht. Auch die Nährstoffreserven und das Nährstoffbindungsvermögen sind gering. Vor allem dieses und das geringe Wasserhaltevermögen sind die wesentliche Ursache für die geringe Ertragsfähigkeit der Sandböden (Abb. 13). Meist hohe Erträge bei hohem Grundwasserstand bzw. künstlicher Bewässerung erhellen den Einfluß der Bodenfeuchte als Minimumfaktor. Böden mit hohem Feinsandanteil oder Sl, Su oder St als Bodenart sind deutlich günstiger. Gelegentlich wird bei reinen Sandböden versucht, Wasser- und Nährstoffbindung durch Tonzusatz zu verbessern[7].

Tonböden haben zwar von allen Bodenarten das höchste Porenvolumen, aber nur einen geringen Anteil an Grobporen, mithin eine mäßige bis schlechte Durchlüftung. Auch der Anteil an Mittelporen ist gering und damit die nutzbare Feldkapazität. Besonders bei dichter Lagerung sind sie zudem infolge geringer Wasserleitfähigkeit in humiden Klimaten häufig vernäßt. Das alles bedingt ihre oft nur mäßige Ertragsfähigkeit (Abb. 13). Der hohe Tongehalt bewirkt außerdem im nassen ebenso wie im trockenen Zustand einen so starken Pflugwiderstand, daß nur in einem eng begrenzten Feuchtezustand erfolgreich bearbeitet werden kann. Sie gelten daher als „schwere" Böden oder auch als „Minutenböden", da der Zeitpunkt der Bearbeitung genau abgepaßt werden muß. Aus diesem Grund werden sie vielfach als Grünland genutzt. Nährstoffbindungsvermögen und die Reserven zahlreicher Nährstoffe sind in der Regel dagegen hoch. Das ungünstige Gefüge entkalkter, tonreicher Marschen hat man früher durch Vermischen des Oberbodens mit kalkhaltigem Sand aus dem Unterboden verbessert. Heute werden dichte Tonböden oft durch Tiefenlockerung melioriert; das geht aber nur in Zeiten, in denen auch der Unterboden ausreichend trocken ist[8].

Lehmböden und Schluffböden mittleren Tongehaltes besitzen bei nicht zu dichter Lagerung sowohl eine ausreichende Durchlüftung als auch ein hohes Speichervermögen für nutzbares Wasser. Da auch ihre Nährstoffreserven mittel bis hoch sind, gehören sie zu den ertragreichsten Böden mit Erträgen von derzeit bis zu 120 dt Weizen und 600 dt Zuckerrüben je ha in Mitteleuropa. Schluffböden neigen allerdings bei Tongehalten unter 17 % zur Verschlämmung der Krume und werden dann auch leicht durch Wasser erodiert.

Skelettböden sind infolge hoher Steingehalte von geringer Qualität, da Wurzelraum, Wasser- und Nährstoffbindungsvermögen sowie Bearbeitbarkeit schlecht sind. Sollen sie dennoch ackerbaulich genutzt werden, ist nach *B. Meyer* Minimalbodenbearbeitung ratsam, damit die Steine nicht nach oben gepflügt, sondern durch Bioturbation von Feinboden überdeckt werden.

Literatur

[1] *Hartge, K. H.* (1978): Einführung in die Bodenphysik. Enke, Stuttgart.
[2] *Schlichting, E. & H.-P. Blume* (1989): Bodenkundliches Praktikum. 2. Aufl., Parey, Hamburg.
[3] *Klute, A.* (Ed.) (1986): Physical and mineralogical methods. Agronomy No. 9 (Part 1), Madison, Wisc., USA.
[4] *Arbeitsgemeinschaft Bodenkunde* der Geologischen Landesämter (1982): Kartieranleitung, Schweizerbart, Stuttgart.
[5] *Hartge, K. H.* (1964): Z. Pflanzenernähr. Bodenkd. *107*, 1.
[6] *Reiner, L.* et al. (1981): Weizen aktuell. DLG-Verlag, Frankfurt.
[7] *Reuter, G.* (1976): Archiv Acker-, Pflanzenbau Bodenk. *20.*
[8] *Müller, W.* (Ed.) (1985): Die Gefügemelioration durch Tieflockerung. DVWK-Schriften *70.*

IV. Tonminerale[1-6]

1. Allgemeine Eigenschaften

Zu den wichtigsten bei der Verwitterung entstehenden Mineralen gehören die Tonminerale. Sie sind daher wesentliche Bestandteile vieler Böden und Sedimente, während sie in Magmatiten fehlen. Die Tonminerale sind mehr oder weniger gut kristallisierte OH-haltige Alumosilicate. Sie bilden meist blättchenförmige Kristalle und gehören daher wie die Glimmer zu den Schicht- oder Phyllosilicaten. Der Durchmesser der Blättchen liegt meist unter 2 μm, die Dicke bei 2 – 50 nm. Die Tonminerale gehören daher vorwiegend der Tonfraktion an. Sie verleihen tonigen Böden ihre Plastizität, ihre Quell- und Schrumpffähigkeit und ihr Vermögen, Ionen und Moleküle zu adsorbieren und zu desorbieren.

Tabelle 9 Einteilung der in Böden verbreiteten Tonminerale mit Schichtstruktur

Schichttyp	Zwischenschichtbesetzung	Negative Ladung[1]	Gruppenbezeichnung
1 : 1 – oder Zweischicht-Minerale $Si_2O_5(OH)_4$	keine	≈ 0	Kaolinit
2 : 1 – oder Dreischicht-Minerale	Einzelkationen nackt oder hydratisiert	0,2 – 0,6 0,6 – 0,9 1,0	Smectit Vermiculit Glimmer**
$Si_4{}^*O_{10}(OH)_2$	Hydroxidschicht	variabel	Chlorit

* z. T. Al; **bezüglich der Illite s. Kap. IV 2 b (1)
[1] pro halber Formeleinheit

Die Tonminerale werden, soweit sie Schichtsilicate sind, nach dem Schichttyp, der Art der Zwischenschichtbesetzung und der Höhe der negativen Nettoladung pro Formeleinheit in die Kaolinit-, Smectit-, Vermiculit-, Glimmer- und Chloritgruppe unterteilt (Tab. 9). Ihre chemische Zusammensetzung, insbesondere ihr Gehalt an Nebenbestandteilen, kann auch bei gleichem Mineraltyp in weiten Grenzen variieren (Tab. 10)[5]. Die chemische Zusammensetzung kommt auch in den Strukturformeln zum Ausdruck, von denen typische Vertreter in Tab. 11 aufgelistet sind.

Tabelle 10 Variationsbereiche der chemischen Zusammensetzung (Gew.-%) einiger Tonminerale

Tonminerale	SiO_2	Al_2O_3	Fe_2O_3	TiO_2	CaO	MgO	K_2O	Na_2O
Kaolinite	45 – 48	38 – 40	0 – 0,2	0 – 0,3	–	–	–	–
Smectite	42 – 55	0 – 28	0 – 30	0 – 0,5	0 – 3	0 – 2,5	0 – 0,5	0 – 3
Illite	50 – 56	18 – 31	2 – 5	0 – 0,8	0 – 2	1 – 4	4 – 7	0 – 1
Vermiculite	33 – 37	7 – 18	3 – 12	0 – 0,6	0 – 2	20 – 28	0 – 2	0 – 0,4
Chlorite	22 – 35	12 – 24	0 – 15	–	0 – 2	12 – 34	0 – 1	0 – 1

Tabelle 11 Mittlere Strukturformeln verbreiteter Tonminerale (X = austauschbare Kationen in Äquivalenten, y = wechselnde Anteile von H_2O, diokt. = dioktaedrisch, triokt. = trioktaedrisch)

	Zwischenschicht-besetzung*	Zentralkationen der Oktaeder	Zentralkationen der Tetraeder	Anionen und Wasser
Kaolinit[6]	$X_{0,04}$	$(Al_{1,91}Fe^{3+}{}_{0,04}Ti_{0,04})$	$(Si_{1,95}Al_{0,05})$	$O_5(OH)_4$
Halloysit[6]	$X_{0,04}$	$Al_{1,96}$	$(Si_{1,95}Al_{0,05})$	$O_5(OH)_4 \cdot 2H_2O$
Illit (diokt.)[8]	$K_{0,64}X_{0,10}$	$(Al_{1,46}Fe^{3+}{}_{0,21}Fe^{2+}{}_{0,08}Mg_{0,28})$	$(Si_{3,55}Al_{0,45})$	$O_{10}(OH)_2 \cdot H_2O$
Glaukonit[8]	$K_{0,72}X_{0,06}$	$(Al_{0,48}Fe^{3+}{}_{0,96}Fe^{2+}{}_{0,17}Mg_{0,41})$	$(Si_{3,74}Al_{0,26})$	$O_{10}(OH)_2 \cdot yH_2O$
Vermiculit (triokt.)[8]	$X_{0,71}$	$(Mg_{2,40}Fe^{3+}{}_{0,34}Fe^{2+}{}_{0,09}Al_{0,14})$	$(Si_{2,87}Al_{1,13})$	$O_{10}(OH)_2 \cdot yH_2O$
Montmorillonit (diokt.)[8]	$X_{0,39}$	$(Al_{1,50}Fe^{3+}{}_{0,12}Fe^{2+}{}_{0,01}Mg_{0,38})$	$(Si_{3,95}Al_{0,05})$	$O_{10}(OH)_2 \cdot yH_2O$
Chlorit[9]	$Mg_{1,23}Fe^{2+}{}_{0,63}Al_{1,09}$	$(Mg_{1,62}Fe^{2+}{}_{0,90}Fe^{3+}{}_{0,22}Al_{0,23})$	$(Si_{2,62}Al_{1,38})$	$O_{10}(OH)_8$
Palygorskit[10]	$X_{0,08}$	$(Mg_{1,35}Al_{0,46}Fe^{3+}{}_{0,24}Ti_{0,03})$	Si_4	$O_{10}(OH)(OH_2)_2 \cdot 2H_2O$

* X = austauschbare Kationen; K = Strukturelles Zwischenschicht-Kalium

a) Kristallstruktur

Um Bildung, Umwandlung und Eigenschaften der Tonminerale zu verstehen, muß man ihre Kristallstruktur kennen. Die Kristallbausteine werden im folgenden der Einfachheit halber als Ionen bezeichnet, obwohl bei den Tonmineralen neben Ionenbindung auch Atombindung (= kovalente Bindung) vorliegt. Da die Beteiligung verschiedener Ionen wesentlich von ihrer Größe abhängt, sind in Tab. 12 diejenigen Radien angegeben, die die häufigsten Ionen in Kristallen haben.

Die Kristalle der Tonminerale bestehen aus Schichten dichtgepackter O- und OH-Ionen (Liganden), in deren Zwischenräumen – im Vergleich zum O – kleine Kationen (Zentralkationen) wie Si, Al, Fe und Mg eingelagert sind. Die Zentralkationen neutralisieren die negative Ladung der O- und OH-Ionen. Die kleineren unter den Zentralkationen, wie Si (z. T. aber auch das etwas größere Al), haben 4 O-Ionen als nächste Nachbarn (Koordinationszahl Kz = 4), die größeren wie Al, Fe und Mg dagegen 6 O- oder OH-Ionen (Kz = 6). Verbindet man die Mittelpunkte der O- und OH-Ionen miteinander, so ergeben sich zwei unterschiedliche Körper; bei der Kz 4 ergibt sich ein *Tetraeder* der Formel $(Si, Al)O_4$ und bei der Kz 6 ein *Oktaeder* der Formel $(Al, Mg, Fe)(O, OH)_6$ (Abb. 14).

Alle Tetraederzentren sind durch Zentralionen besetzt. Von den Oktaederzentren können entweder ebenfalls alle (3/3) oder nur 2/3 besetzt sein. In letzterem Fall fehlt also jedes 3. Zentralion (s. z. B. Abb. 17). Minerale, in denen alle Oktaeder besetzt sind, bezeichnet man als *trioktaedrisch*, solche mit 2/3-Besetzung als *dioktaedrisch*. Zwischen diesen beiden Endgliedern bestehen jedoch Übergänge.

In den Schichtsilicaten sind die Tetraeder und die Oktaeder über gemeinsame O- und OH-Ionen zu Schichten verbunden. In Abb. 15 ist die Vernetzungsweise der O-Ionen in der Tetraederschicht abgebildet. Man erkennt eine kleinere Lücke zwischen je 3 O-Ionen – sie bilden die Basis des Tetraeders –, die das kleine Si-Ion aufnimmt, und eine größere, freie Lücke, die von 6 O-Ionen ringförmig umgeben ist. Das vierte O-Ion, das die Spitze des Tetraeders bildet, ist der Übersichtlichkeit wegen weggelassen worden.

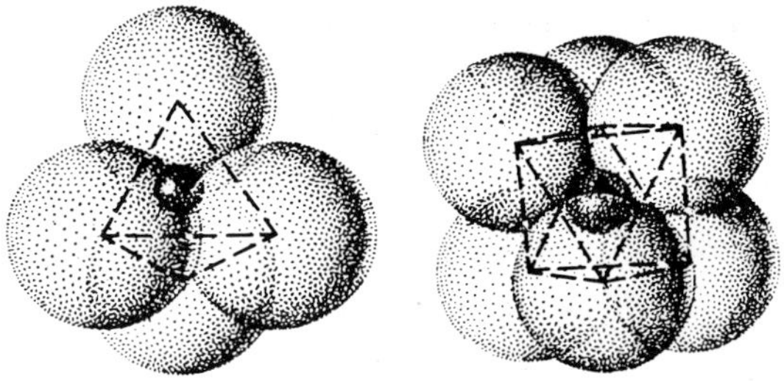

Abb. 14 Strukturmodell eines SiO_4-Tetraeders (links) und eines $Al(O, OH)_6$-Oktaeders (rechts). Die großen Kugeln sind die O- und OH-Ionen, die kleinen die Zentralkationen: Si im Tetraeder und Al im Oktaeder

Die Tetraeder- und Oktaederschichten sind über gemeinsame O-Ionen miteinander verknüpft (Abb. 16). Je nach der Art der Stapelfolge von Tetraeder- und Oktaederschichten (Abb. 16 und 17) unterscheidet man *Zweischicht-* oder *1:1-Minerale* mit einer regelmäßigen Folge von je einer Oktaeder- und einer Tetraederschicht und *Dreischicht-* oder *2:1-Minerale* mit einer Folge Tetraeder-Oktaeder-Tetraederschicht.

Jeweils eine solche Folge wird als *Silicatschicht* bezeichnet. Die 1 : 1-Silicatschicht besteht demnach aus 3 (O,OH)-Schichten (Abb. 17) von denen die eine der beiden äußeren ausschließlich der Tetraeder-, die andere ausschließlich der Oktaederschicht, die mittlere dagegen beiden Schichten angehört. Bei den 2 : 1-Mineralen sind es 4 (O,OH)-Schichten (Abb. 17), von denen die beiden äußeren ausschließlich den beiden Tetraederschichten, die beiden mittleren sowohl den Tetraederschichten als auch der Oktaederschicht angehören. Die Anordnung der O- und OH-Ionen in Schichten ist die Ursache für die blättchenförmige Gestalt der Tonminerale (Phyllosilicate).

Tabelle 12 Effektive Radien verschiedener Ionen in Kristallen (Å) (falls nicht angegeben, bezogen auf die Koordinationszahl IV [C, Si, Ti, S] oder VI [alle übrigen]) (nach *Shannon*[7])

Na	1,02	Al^{IV}	0,39	C^{4+}	0,15	P^{5+}	0,38
K	1,38	Al^{VI}	0,535	Si	0,26	O	1,40
NH_4	1,47	Fe^{2+}	0,78	Ti	0,42	OH	1,37
Mg	0,72	Fe^{3+}	0,645			S^{6+}	0,12
Ca	1,00	Mn^{2+}	0,83			Cl	1,53
		Mn^{4+}	0,53				

Aufgrund der Unterschiede in der Massendichte zwischen den Silicatschichten und dem Raum zwi-

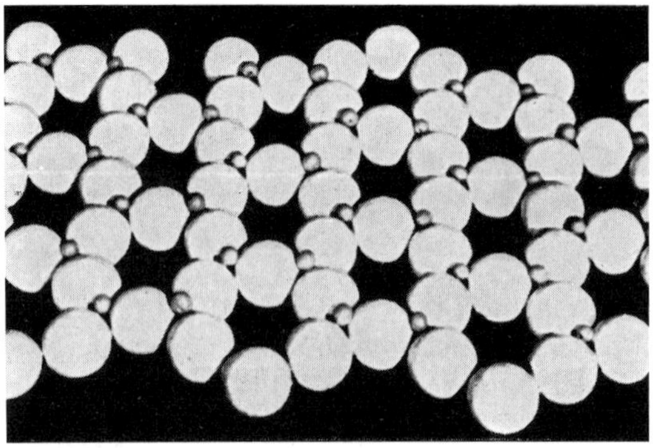

Abb. 15 Idealisierte flächenhafte Vernetzung des Sauerstoffs in einer Tetraederschicht. Die großen Kugeln stellen die Sauerstoffe, die kleinen Kugeln die Zentralkationen (Si, Al) der Tetraeder dar (n. *C. E. Marshall*)

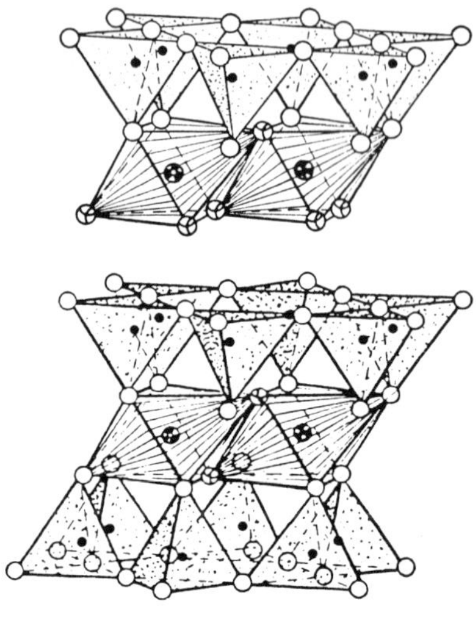

Abb. 16 Anordnung der Tetraeder- und Oktaederschichten in Zweischichtmineralen (oben) und Dreischichtmineralen (unten) (n. *K. Jasmund*). Die O- und OH-Ionen wurden stark verkleinert, um die Tetraeder und Oktaeder sichtbar zu machen. In Wahrheit sind sie so groß, daß sie die Zentralkationen vollständig verdecken (s. Abb. 14)

schen ihnen wird der Schichtaufbau der Tonminerale bei sehr starker Vergrößerung im Elektronenmikroskop sichtbar (s. Abb. 18 b).

Der Schichtaufbau wiederholt sich periodisch, und zwar nicht nur in Richtung senkrecht zu den Schichten (Abb. 18 b), sondern auch innerhalb der Schichten in den beiden anderen Richtungen des Raumes (Abb. 18 a). Die kleinsten, sich in allen Richtungen periodisch wiederholenden Einheiten des Kristalls nennt man *Elementarzellen*, durch deren Zusammensetzung und Größe ein Mineral definiert ist. Die Formeln in Tab. 11 entsprechen der Zusammensetzung einer halben Elementarzelle.

Der Zusammenhalt zwischen den Schichten erfolgt bei den 1 : 1-Mineralen über Wasserstoffbrückenbindungen (OH...O), bei den 2 : 1-Mineralen durch Einlagerung von Kationen oder von positiv geladenen Hydroxidschichten (Tab. 9) zwischen die negativ geladenen 2 : 1-Silicatschichten (s. nächstes Kap.).

Das eigentliche Kristallblättchen wird also durch mehrere (häufig 10 – 40) solcher Silicatschichten gebildet (Abb. 18). Den Abstand zwischen den *Basisflächen* zweier Silicatschichten (s. Abb. 17 und 19) bezeichnet man als Basisab-

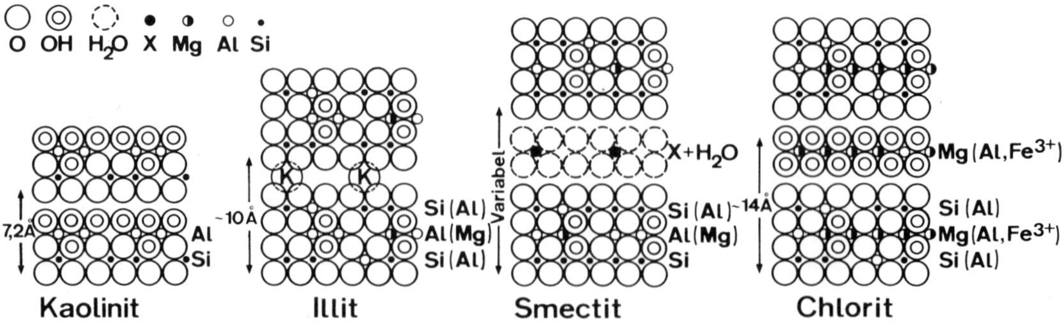

Abb. 17 Strukturmodelle von Kaolinit, Illit, Smectit, und Chlorit und ihre Schichtabstände (X = hydratisierte, austauschbare Kationen zwischen den Silicatschichten)

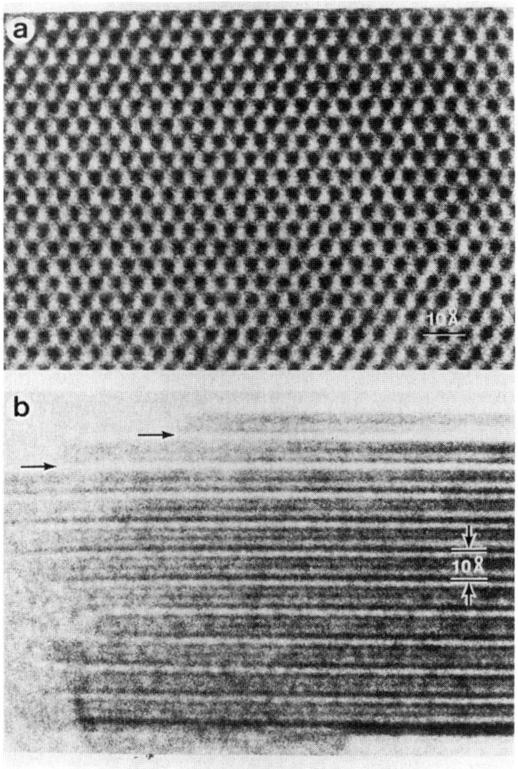

Abb. 18 Struktur des Muskovits: a zeigt die Sechserringkonfiguration der Basis-Sauerstoffschicht bei sehr hoher Vergrößerung, b zeigt einen Schnitt durch den Elementarschichtstapel mit einem Schichtabstand von 10 Å. Die Struktur innerhalb der Elementarschicht entspricht vermutlich der Tetraeder-Oktaeder-Tetraeder-Folge (Aufn. *P. R. Buseck* und *S. Iigima*[12a], mit freundl. Genehmigung des Autors und der Mineral. Soc. of America)

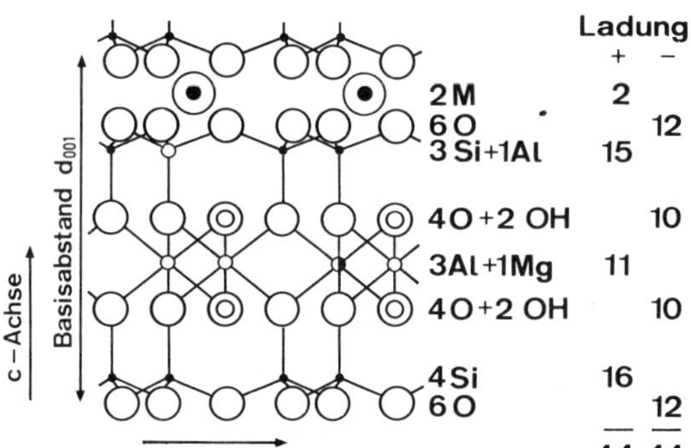

Abb. 19 Modell der Elementarzelle eines dioktaedrischen Dreischichtminerals der Zusammensetzung $M_2(Al_3Mg)$ $(Si_7Al)O_{20}(OH)_4$ (M = einwertige Zwischenschichtkationen)

stand (d_{001}); er kann röntgenographisch ermittelt werden und ermöglicht den Mineraltyp zu bestimmen (s. Kap. VI 2.). Da die Bindung zwischen den Silicatschichten schwächer ist als innerhalb der Silicatschichten, sind die Tonminerale wie die Glimmer leicht parallel zu den Schichten spaltbar.

b) Ladung der Silicatschichten

Dort, wo innerhalb einer Silicatschicht die positive Ladung aller Zentralkationen gleich der negativen Ladung aller Anionen (O und OH) ist, ist die Silicatschicht ungeladen. Dies ist z. B. beim dioktaedrischen Dreischichtmineral *Pyrophyllit* ($Al_2Si_4O_{10}(OH)_2$) und beim trioktaedrischen Dreischichtmineral *Talk* ($Mg_3Si_4O_{10}(OH)_2$) der Fall, die jedoch selten in Böden auftreten.

Meist wurden demgegenüber schon bei der Bildung des Tonminerals auch Zentralkationen eingelagert, die zwar ihrer Größe nach in die Tetraeder- oder Oktaederlücken passen (*isomorpher Ersatz*), jedoch eine andere Ladung haben. Tritt hierbei ein Kation niederer Wertigkeit an die Stelle, an die aus Neutralitätsgründen ein solches mit höherer Wertigkeit gehört, so entsteht in diesem Tetraeder oder Oktaeder ein Defizit an positiver Ladung. Dies führt, da die Zahl der O- bzw. OH-Ionen und damit die negative Ladung fixiert ist, zu einer *negativen Überschußladung*. Beispiele hierfür sind der Ersatz von Si^{4+} durch Al^{3+} in den Tetraedern und von Al^{3+} durch Mg^{2+} in den Oktaedern. Umgekehrt erzeugt der Ersatz eines niederwertigen Kations durch ein höherwertiges, z. B. Mg^{2+} durch Al^{3+}, eine positive *Überschußladung*. Die Nettoladung der Silicatschicht (*Schichtladung*) richtet sich nach Art und Ausmaß des jeweiligen isomorphen Ersatzes. Bei den Tonmineralen der Böden ist die Nettoladung stets negativ. (Kaolinit ?)

Die negative Überschußladung wird durch die positive Ladung von Kationen oder von positiv geladenen Hydroxidschichten ausgeglichen, die zwischen die Silicatschichten plaziert werden und sie auf diese Weise zusammenhalten. Die Stärke des Zusammenhaltes benachbarter Silicatschichten steigt mit zunehmender Ladungshöhe, weil in gleichem Maße die Dichte der Zwischenschichtkationen zunimmt. Bei manchen Dreischichtmineralen ist der Zusammenhalt jedoch so schwach, daß sich die Zwischenschicht-Kationen mit einer Wasserhülle umgeben (*Hydratation*), und die Silicatschichten auf diese Weise auseinanderdrängen (*innerkristalline Quellung*). Dies zeigt, daß die Hydratationsenergie der Zwischenschicht-Kationen ähnlich hoch ist wie die Energie, mit der die Schichten zusammengehalten werden. In Gegenwart von Wasser ist der hydratisierte Zustand also energetisch günstiger. Das Ausmaß der Quellung ist von der Höhe der Schichtladung und der Art der Zwischenschicht-Kationen abhängig und neben der Schichtladung ein wesentliches Merkmal zur Unterscheidung der Dreischichtminerale (s. Tab. 13, S. 48). Sind zwischen den Silicatschichten keine hydratisierbaren Kationen sondern eine Hydroxidschicht eingelagert, wie bei den Chloriten (Abb. 17), so ist das Mineral nicht quellbar.

Ein Beispiel für die Ladungsverhältnisse eines Dreischichtminerals erläutert Abb. 19. Die Silicatschicht hat pro halber Elementarzelle 44 negative und 42 positive Ladungen. Der Überschuß von 2 negativen Ladungen wird durch 2 einwertige Kationen ($2\,M^+$) neutralisiert, die zwischen die Silicatschichten eingelagert sind.

2. Tonminerale der Böden

Generell gilt für die pedogenen Tonminerale der Böden, daß ihre Kristalle meist kleiner und weniger perfekt ausgebildet sind als die reiner Vorkommen. Die Kristalle sind von Fehlstellen durchsetzt und variieren häufig in der chemischen Zusammensetzung, in der Schichtladung und im Basisabstand auf kurze Entfernung z. T. sogar von Schicht zu Schicht[11] (s. Abb. 25); sie sind also von geringer *Kristallinität*. Die Ursache hierfür liegt vor allem in der Art des Milieus, in dem sie sich bilden (Kap. IV 3). Die geringe Teilchengröße und Kristallinität ist neben der Schichtladung die Ursache für die hohe Reaktionsfähigkeit der Tonminerale von Böden.

a) Zweischichtminerale

Die am weitesten verbreiteten Zweischichtminerale sind die dioktaedrischen Minerale *Kaolinit* und *Halloysit*, während die trioktaedrische Mg-Form *Serpentin* $Mg_6Si_4O_{10}(OH)_8$ und die Fe(II)-reiche Form *Berthierin* seltener auftreten. Der Kaolinit ist der Hauptbestandteil der *Kaoline*, die als Füllstoffe und keramische Tone verwendet werden.

Beim Kaolinit und Halloysit ist jede Silicatschicht auf der einen Seite von O-, auf der anderen von OH-Ionen begrenzt. Die Silicatschichten des Kaolinits werden durch Wasserstoffbrücken OH. . . O zwischen den OH-Ionen der Oktaeder und den O-Ionen der Tetraeder in der benachbarten Silicatschicht zusammengehalten. Beim Halloysit ist dagegen eine H_2O-Schicht zwischen den Silicatschichten eingelagert. Der Basisabstand des Kaolinits beträgt ≈ 7 Å (Abb. 17), der des Halloysits wegen der eingelagerten H_2O-Schicht ≈ 10 Å. Beim Erhitzen, z. T. aber auch schon bei Lufttrocknung verliert der Halloysit das Zwischenschichtwasser und kontrahiert auf einen Basisabstand von ≈ 7 Å (Metahalloysit).

Die Höhe des isomorphen Ersatzes von Si durch Al in den Tetraedern und damit die Ladung der Silicatschichten sind beim Kaolinit und Halloysit meist sehr gering. In den Oktaedern ist meist ein wenig Al durch Fe^{3+} ersetzt[12], das jedoch wegen der gleichen Wertigkeit dieser beiden Kationen keine Schichtladung erzeugt (s. Formeln in Tab. 11).

Der Kaolinit bildet meist sechseckige Blättchen (Abb. 20 a), der Halloysit Röhren, aufgerollte Blättchen (Abb. 20 b) aber auch Hohlkugeln. Die in Böden durch Verwitterung gebildeten Kaolinitkristalle sind meist deutlich kleiner (einige Zehntel μm) und unschärfer begrenzt (s. Abb. 20 a), und Fe-reicher als die vieler Kaolinlagerstätten. Mit steigendem Fe-Einbau sinken Kristallgröße und Kristallinität[12]. Kaolinite geringer Kristallinität werden auch Fireclay-Minerale genannt.

b) Dreischichtminerale

Die verschiedenen Dreischichtminerale unterscheiden sich vor allem durch Art und Umfang des isomorphen Ersatzes und der Zwischenschichtbesetzung (s. Tab. 9). Mit ihnen variieren die chemische Zusammensetzung, die Höhe der negativen Ladung und das Aufweitungsverhalten.

(1) Illite

Die Illite sind mit den beiden Glimmern, dem dioktaedrischen *Muskovit* und dem trioktaedrischen *Biotit* eng verwandt. In beiden Glimmern

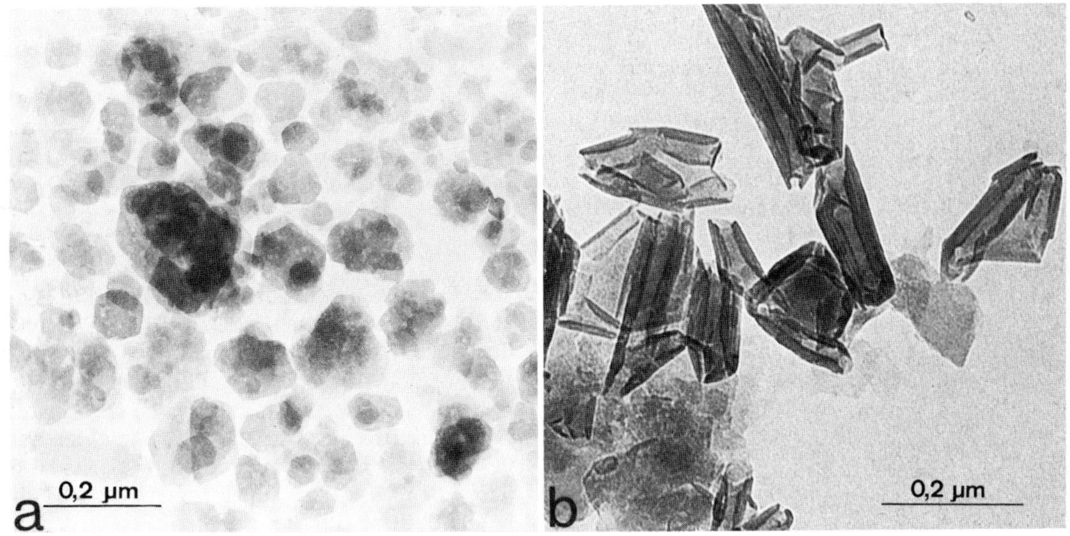

Abb. 20 a: Kaolinit aus einem tropischen Boden; b: Halloysit aus einer Granitverwitterung (Aufn. *H.-Chr. Bartscherer*)

kommt in den Tetraederschichten im Idealfall auf 3 Si-Ionen 1 Al. Die negative Überschußladung der Silicatschichten beträgt daher 1,0 pro halber Formeleinheit und wird durch K-Ionen ausgeglichen, die zwischen den Silicatschichten eingelagert sind. Die Oktaederzentren sind im Muskovit mit Al^{3+}, im Biotit mit Fe^{2+} und Mg^{2+} besetzt. Daraus ergibt sich für den Muskovit die Formel $KAl_2(Si_3Al)O_{10}(OH)_2$ und für den Biotit die Formel $K(Mg, Fe^{2+}, Mn^{2+})_3$ $(Si_3\text{-}Al)O_{10}$ $(OH)_2$. Der Basisabstand der Glimmer beträgt ≈ 10 Å. In Abb. 18 b ist der 10 Å Basisabstand deutlich zu sehen, und Abb. 18 a zeigt die Sechserringkonfiguration der Basisfläche.

Der starke *Zusammenhalt der Silicatschichten* ist in der hohen Schichtladung und außerdem darin begründet, daß das K-Ion nur wenig größer ist als die Lücke im Zentrum der Sauerstoff-Sechserringe (Abb. 15, 18 a) und überdies relativ leicht polarisiert werden kann (Tab.45). Je höher nämlich die Polarisierbarkeit eines Kations ist, d. h. je leichter seine positive Ladung unter dem Einfluß eines elektrischen Feldes verschoben werden kann, um so stärker wird es angezogen.

Die Stärke des Zusammenhaltes der Schichten ist beim trioktaedrischen Biotit geringer als beim dioktaedrischen Muskovit, die Verfügbarkeit der K-Ionen für die Pflanzen daher beim Biotit höher als beim Muskovit. Dieser Unterschied kann wie folgt erklärt werden: (a) In trioktaedrischen Mineralen ist die K – O-Bindung etwas länger und damit schwächer als bei dioktaedrischen Mineralen, (b) bei den trioktaedrischen Dreischichtmineralen steht der Vektor der OH – Bindung annähernd senkrecht zur Schichtebene, während er bei den dioktaedrischen Mineralen einen Winkel von 74 °C bildet. Infolgedessen sind bei den trioktaedrischen Glimmern die H-Ionen den K-Ionen näher, daher die Abstoßung zwischen beiden stärker und die K-Bindung schwächer als bei den dioktaedrischen. So ist es auch zu erklären, daß K sehr viel schwerer abgegeben wird, wenn die Fe^{2+} – OH-Gruppen durch Oxidation in Fe^{3+} – O-Gruppen umgewandelt werden (zusammenfassende Literatur[13]).

Auch bei den *Illiten* entsteht die negative Ladung der Silicatschichten vorwiegend durch Si-Al-Ersatz in den Tetraedern, und auch hier werden die Schichten durch K-Ionen sehr fest zusammengehalten, und der Basisabstand beträgt wie bei den Glimmern ≈ 10 Å (Abb. 18 b). Obwohl zwischen den Glimmern und Illiten kontinuierliche Übergänge bestehen, unterscheiden sie sich doch in einigen Eigenschaften von diesen. Die meist dioktaedrischen Illite sind von kleinerer Teilchengröße ($< 2\,\mu m$) und geringerer Kristallinität. Ihr isomorpher Ersatz und damit ihre Ladung und ihr K-Gehalt (4 – 6 % K) sind geringer und ihr H_2O-Gehalt höher. Im Kristallblättchen treten außerdem K-freie und damit aufgeweitete Randzonen oder Einzelschichten auf (s. Abb. 22), wodurch der K-Gehalt weiter gesenkt wird*. Unter dem Elek-

* Wegen ihrer hierdurch bedingten chemischen und strukturellen Variabilität gilt der Illit nicht als definiertes Mineral.

tronenmikroskop erscheinen die Illite als unregelmäßig begrenzte Blättchen. Ihre Kristalle bestehen häufig nur aus 10 – 30 Silicatschichten.

Enthalten die Illite vollkommen aufgeweitete Schichten, so spricht man von einer Wechsellagerung von Illit und Vermiculit oder Smectit. Die aufgeweiteten Schichten können, sofern ihre Ladung bei der Aufweitung nicht zu stark abgenommen hat, durch *Zufuhr von K-Ionen* (z. B. Düngung) wieder auf einen Basisabstand von 10 Å kontrahieren. Dabei werden Ca, Mg- und andere Kationen der Zwischenschichten gegen K-Ionen ausgetauscht, so daß kein Wasser mehr eindringen kann. Die zugesetzten K-Ionen gehen in den schwer austauschbaren Zustand über, sie werden „fixiert" (s. Kap. XX 8).

Mit den Illiten verwandt sind die grün gefärbten *Glaukonite*. Sie sind in marinen Sedimenten und deren Böden verbreitet und unterscheiden sich von Illiten durch einen höheren Fe-Gehalt in den Oktaederschichten. Auch die Glaukonite enthalten meist K-verarmte, aufgeweitete Schichten.

(2) Vermiculite

Die Vermiculite sind grünlich-braune, aufweitbare Dreischichttonminerale mit einer Schichtladung von 0,6 – 0,9 pro halber Formeleinheit, die durch austauschbare Kationen im Zwischenschichtraum neutralisiert wird (Tab. 9). Wegen ihrer hohen Schichtladung kontrahieren sie bei K-Zufuhr auf 10 Å. Feinkörnige Vermiculite ($<2\,\mu m$) mit einer Schichtladung von 0,6 – 0,8 verursachen in süddeutschen Lößböden daher die K-Fixierung dieser Böden[14]. Die Wassermoleküle in den Zwischenschichten sind ähnlich wie die Sauerstoffionen in den Silicatschichten (s. Abb. 15) in Form von Sechserringen angeordnet und untereinander als auch mit den O-Ionen der Silicatschichten durch Wasserstoffbrücken verbunden. In die H_2O-Sechserringe sind die austauschbaren Zwischenschicht-Kationen eingebettet. Da Vermiculite häufig aus Biotiten entstanden sind, ist ihre negative Schichtladung dem tetraedrischen Al zuzuschreiben. Die trioktaedrische Oktaederschicht ist dagegen meist positiv geladen, weil ein Teil des Fe^{2+} bei der Umwandlung zu Fe^{3+} oxidiert wurde. So ergeben z. B. die 2,97 oktaedrischen Kationen des Vermiculits von Tab. 9 einen positiven Ladungsüberschuß von + 0,42, der zu einem Teil durch die negative der Tetraeder (1,13) und zum anderen Teil (1,13 – 0,42 = 0,71) durch austauschbare Kationen ausgeglichen wird.

Beim Erhitzen blättern Vermiculite bis zum Vielfachen ihres ursprünglichen Volumens auf und werden in diesem Zustand als Isolier- und Verpackungsmaterial verwendet.

(3) Smectite

Die Smectite sind neben den Vermiculiten die zweite Gruppe aufweitbarer 2 : 1-Minerale; ihre Schichtladung ist jedoch mit 0,2 – 0,6 pro halber Formeleinheit geringer als jene. Sie lagern daher mehr Wasser ein und weiten stärker auf. Die Struktur eines durch 2 H_2O-Schichten aufgeweiteten Smectits zeigt Abb. 17. Die Höhe der *Aufweitung* ist außer von der Höhe der Schichtladung und des relativen Wasserdampfdruckes auch von der Art der Zwischenschicht-Kationen abhängig. Ein mit Ca oder Mg gesättigter Smectit lagert stufenweise bis 4 jeweils ca. 2,5 Å dicke Wasserschichten zwischen die 10 Å dicken Silicatschichten ein, so daß sein Basisabstand auf ca. 20 Å steigt ($10 + 4 \times 2{,}5$). Ein Na-Smectit weitet dagegen sehr viel weiter auf und kann bei hohem Wasserangebot in seine einzelnen Elementarschichten aufblättern. Dies beruht darauf, daß adsorbierte Na-Ionen stärker hydratisieren und weniger stark gebunden werden als adsorbierte Ca- und Mg-Ionen. Dadurch werden die anziehenden Kräfte zwischen den Silicatschichten so schwach, daß schließlich der Schichtzusammenhalt verloren geht. Dies führt in Natriumböden bei Wasserzufuhr zum Gefügezerfall. Die Wassereinlagerung zwischen den Schichten bewirkt, daß smectitreiche Böden bei Wasserzufuhr stark quellen und beim Austrocknen ebenso stark schrumpfen.

Smectite verschiedener Herkunft unterscheiden sich in der Höhe der Schichtladung, dem Anteil tetraedrischer und oktaedrischer Ladung und der chemischen Zusammensetzung. Mg-reiche Formen mit vorwiegend oktaedrischer Ladung heißen *Montmorillonit*, während Al-reiche mit vorwiegend tetraedrischer Ladung *Beidellit*, Fe^{3+}-reiche *Nontronit* genannt werden. Die Smectite reiner Lagerstätten sind meist Montmorillonite. Smectite aus Böden haben höhere Fe- und niedrigere Mg-Gehalte als Montmorillonite aus Lagerstätten. Ihre Ladung liegt bei 0,3 – 0,4 pro halber Formeleinheit und ist zu 40 – 80 % tetraedrisch lokalisiert. Sie sind also als Fe-reiche, beidellitische Smec-

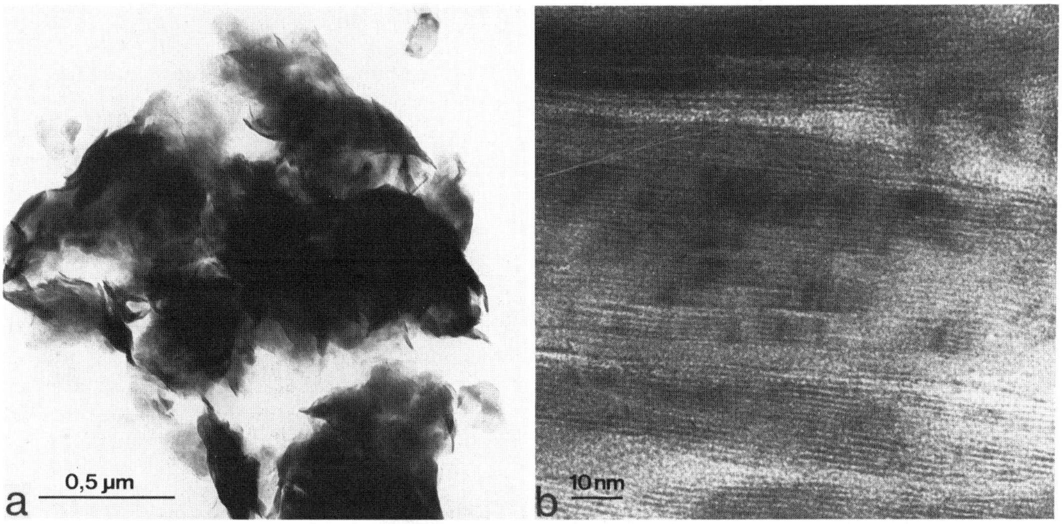

Abb. 21 a: Smectitblättchen aus einer Basalt-Braunerde, Eisenach, Thüringen (Aufn. *H.-Ch. Bartscherer*). b: Schnitt durch den Kristall eines auf ca. 14 Å aufgeweiteten Boden-Smectits[16]. Die starke Unregelmäßigkeit der Schichtfolge ist deutlich erkennbar

tite anzusehen[15]. Unter dem Elektronenmikroskop erscheinen die Kristalle der Smectite als sehr dünne, gefaltete oder randlich aufgerollte, biegsame Blättchen (Abb. 21 a), die unregelmäßig begrenzt und von vielen Strukturfehlern durchsetzt sind (Abb. 21 b).

Smectite sind die Hauptminerale der wirtschaftlich bedeutsamen Bentonite, die in Deutschland in Niederbayern, in den USA z. B. in Wyoming und Mississippi vorkommen und vielseitige technische Verwendung finden (z. B. als Adsorbentien, Klebemittel bei Gießereisanden, Spülmittel bei Tiefbohrungen).

(4) Chlorite

Die Chlorite umfassen eine Gruppe meist grünlich gefärbter Dreischichtminerale, zwischen deren Silicatschichten eine trioktaedrische Hydroxidschicht eingelagert ist (Abb. 17).

In den Tetraederschichten der Chlorite ist Si zum Teil durch Al ersetzt. Die dadurch entstehende negative Ladung wird durch eine positive Ladung ausgeglichen, die durch Ersatz von Mg und Fe^{2+} durch Al und Fe^{3+} in der trioktaedrischen Oktaederschicht der Silicatschicht und in der Hydroxidzwischenschicht entsteht. Im Formelbeispiel von Tab. 11 beträgt die Ladung der Tetraederschicht $-1{,}38$, die der Oktaederschicht $+0{,}39$ und der Hydroxidschicht $+0{,}99$ also zusammen $+1{,}38$, so daß die Ladung insgesamt ausgeglichen ist und daher keine austauschbaren Kationen gebunden werden. Der relativ feste Zusammenhalt zwischen den Silicatschichten und der Hydroxidschicht wird außer durch die gegensinnige Ladung auch durch H-Brücken zwischen den OH-Gruppen der Hydroxidschicht und den O-Ionen der benachbarten Tetraederschichten bewirkt. Die Chlorite sind daher in Wasser nicht aufweitbar. Ihr Basisabstand ist auf 14 Å fixiert.

Chlorite mit der geschilderten Struktur treten in primärer Form vor allem in Metamorphiten, z. B. den Chloritschiefern, auf. Chlorite entstehen jedoch auch in Böden (sog. sekundäre oder Al-Chlorite[17]). Ihre Silicatschichten sind vermiculitischer oder smectitischer Natur, und zwischen ihnen sind inselartig Al-Hydroxid-Schichten eingelagert worden (Abb. 22). Diese

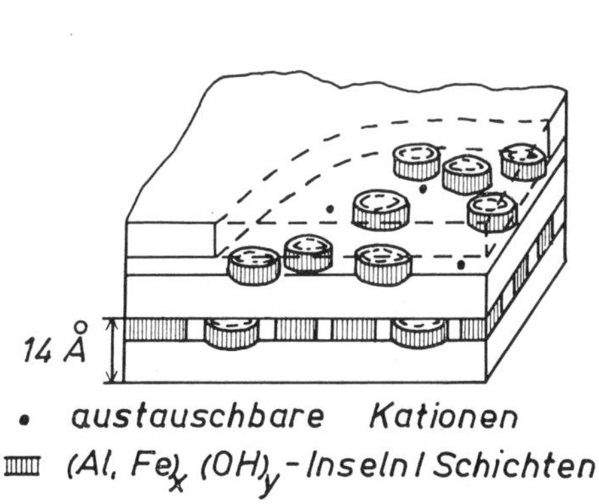

Abb. 22 Strukturmodell eines sekundären Chlorits[18]

Inseln bestehen aus polymeren Al-Hydroxykationen mit einem OH/Al-Verhältnis unter 3($[Al_x(OH)_{3x-y}]^{y+}$), sind dadurch positiv geladen und neutralisieren so die negative Ladung der Silicatschichten in gleicher Weise wie bei den primären Chloriten.

Durch die Einlagerung der Al-Hydroxid-Inseln verändern sich die Eigenschaften der ehemals aufweitbaren Dreischichtminerale: Sie verlieren Aufweitbarkeit und Kontrahierbarkeit bei K-Zufuhr, und ihr Basisabstand wird auf 14 Å fixiert. Hierzu genügen bereits geringe Mengen an Al-Hydroxid (ca. ⅙ der Austauschkapazität). Mit steigender Einlagerung sinkt die Austauschkapazität.

Durch Behandlung mit NaOH, NaF oder Na-Citrat (100 °C) können die Al-Hydroxid-Inseln gelöst und die oben geschilderten Veränderungen rückgängig gemacht werden. Ähnliches bewirkt eine Kalkung, falls die Tonteilchen nicht zu groß (Feinton) und der Chloritisierungsgrad nicht zu hoch ist. Durch die pH-Erhöhung werden die polymeren Al-Hydroxykationen neutralisiert (OH/Al = 3; y in obiger Formel = 0) und können daher nicht mehr von den negativ geladenen Silicatschichten gebunden werden.

Sekundäre Chlorite treten naturgemäß nur in sauren Böden auf, in denen durch H-Ionen genügend Al aus den Tonmineralen freigesetzt wird. Die günstigsten Bedingungen für die Einlagerung ist ein pH-Bereich von 4 – 5 und ein nicht zu hoher Gehalt an organischer Substanz, da diese das Al komplex bindet und so an der Einlagerung als Hydroxid zwischen den Silicatschichten hindert. Bei noch tieferem pH vermag das Al auch zwischen den Silicatschichten nicht mehr zu hydroxylieren.

c) Palygorskit und Sepiolit

Die beiden Mg-reichen trioktaedrischen Tonminerale *Palygorskit* (früher Attapulgit) und *Sepiolit* bestehen aus kurzen 2:1-Silicatschichtstücken, die um eine Schichtdicke senkrecht zur Schichtebene gegeneinander versetzt sind, so daß Silicatbänder ähnlich wie bei den Amphibolen entstehen. Die beiden Minerale unterscheiden sich lediglich durch die Breite der Bänder (Palygorskit 5 Oktaeder, Sepiolit 8 Oktaeder pro Band). Diese Bandstruktur kommt äußerlich in der Nadelform der Kristalle zum Ausdruck. Zwischen den Bändern liegen Kanäle, die mit H_2O-Molekülen gefüllt sind, z. T. zur Vervollständigung der Koordination der oktaedrischen Kationen, z. T. als freies H_2O. Die Oktaeder sind vorwiegend mit Mg besetzt, z. T. jedoch auch mit Al, Fe und Ti. Der negative Ladungsüberschuß ist gering.

d) Allophan und Imogolit[19]

Allophane sind wasserreiche, sekundäre Aluminiumsilicate mit einem Si/Al-Molverhältnis von 0,5 – 1,0, die vor allem bei der Verwitterung vulkanischer Gläser (s. S. 4) entstehen. Sie bestehen aus winzigen Hohlkugeln mit 3,5 – 5 nm äußerem Durchmesser (Abb. 23). Die Wände der Hohlkugeln bestehen aus einer gebogenen Al – O – OH-Oktaederschicht, an deren Innen- und Außenseite Si – O – OH-Tetraeder über O-Brücken gebunden sind. Das Ausmaß der Tetraederbesetzung der Außenseite ist variabel und erklärt so die Variation des Si/Al-Molverhältnisses. Die Ordnung der Kristallbausteine erstreckt sich demnach im Gegensatz zu den anderen Tonmineralen nur über den Bereich der sehr kleinen Einzelteilchen (Nahordnung), so daß die Allophane lange Zeit als amorph angesehen wurden.

Der häufig mit Allophanen vergesellschaftete *Imogolit* besteht aus feinsten Röhren mit 1 nm innerem und 2 nm äußerem Durchmesser und mehreren μm Länge (Abb. 23). Die Außenseite der Röhren bildet eine dioktaedrische Al-Hydroxid-Schicht, die nach innen über O-Brücken mit isolierten $Si\text{-}O_3OH$-Tetraedern verknüpft ist. Die äußere Oberfläche der Röhren wird daher von Al-OH-Gruppen, die innere durch Si – OH-Gruppen gebildet (Abb. 24). Hieraus ergibt sich die Strukturformel zu $(HO)_3Al_2O_3$ SiOH, entsprechend der Abfolge von außen nach innen. Auch analytisch ergibt sich meist ein Si/Al-Verhältnis von ca. 0,5. Schlecht geordnete Imogolite werden als *Protoimogolite* bezeichnet. Ihre Zusammensetzung ist denen der Imogolite ähnlich aber variabler, sie haben

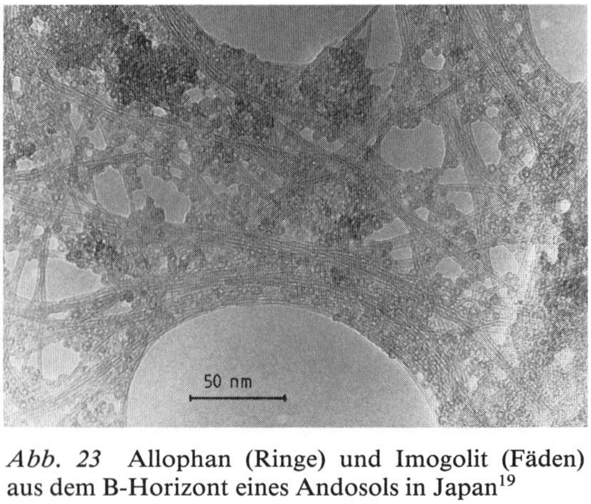

Abb. 23 Allophan (Ringe) und Imogolit (Fäden) aus dem B-Horizont eines Andosols in Japan[19]

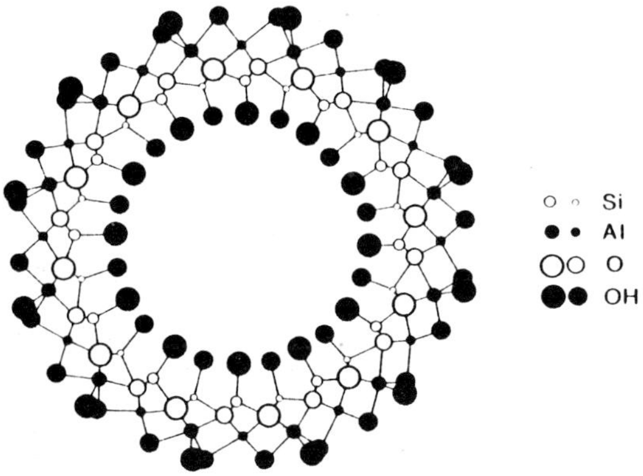

Abb. 24 Struktur des Imogolits[20]: Querschnitt durch eine Imogolitröhre. Die jeweils kleineren Symbole der einzelnen Bausteine liegen etwas unterhalb, die größeren oberhalb der Zeichenebene

ein ähnliches IR-Spektrum und gehen bei pH < 5 in den Solzustand über.

e) Wechsellagerungsminerale

Die Tonmineralkristalle der Böden haben häufig keine homogene sondern eine unterschiedliche Schichtenfolge. Solche Minerale nennt man *Wechsellagerungsminerale*. In ihnen können die verschiedenen Einzelschichten in unterschiedlichen Anteilen in regelmäßiger oder unregelmäßiger Weise aufeinanderfolgen (Abb. 25). Regelmäßige Wechsellagerungen im Verhältnis 1 : 1 bilden sich als Übergang zwischen Biotit und Vermiculit (sog. *Hydrobiotit*) oder zwischen Chlorit und Smectit (*Corrensit*). Wechsellagerungen entstehen aber nicht nur durch partiellen Verlust der Zwischenbesetzung, d. h. durch Abbau. Es können sich auch bereits bei der Bildung der Tonminerale aus der Lösung Silicatschichten unterschiedlicher Ladung zu einem Kristall zusammenfügen. Auch im Elektronenmikroskop kann man in Dünnschnitten senkrecht zur Schichtfläche solche regelmäßigen (Abb. 25 a) und unregelmäßigen (Abb. 25 b) Wechsellagerungen erkennen. In Böden häufiger auftretende, meist unregelmäßige Wechsellagerungen sind solche zwischen Chlorit oder Illit einerseits und Vermiculit oder Smectit andererseits, die meist durch partielle Verwitterung von Chlorit und Illit entstehen. Auch zwischen Kaolinit und Smectit kommen Wechsellagerungen vor. Die Eigenschaften der Wechsellagerungsminerale ergeben sich aus der Art und dem Anteil der Komponenten.

3. Bildung und Umwandlung der Tonminerale

Tonminerale können entweder aus Dreischichtsilicaten, vor allem aus Glimmern und Chloriten, durch Veränderung ihrer Zwischenschichtbesetzung oder aber generell durch Neuaufbau aus Zerfallsprodukten von Silicaten (s. a. Kap. II 2) gebildet werden.

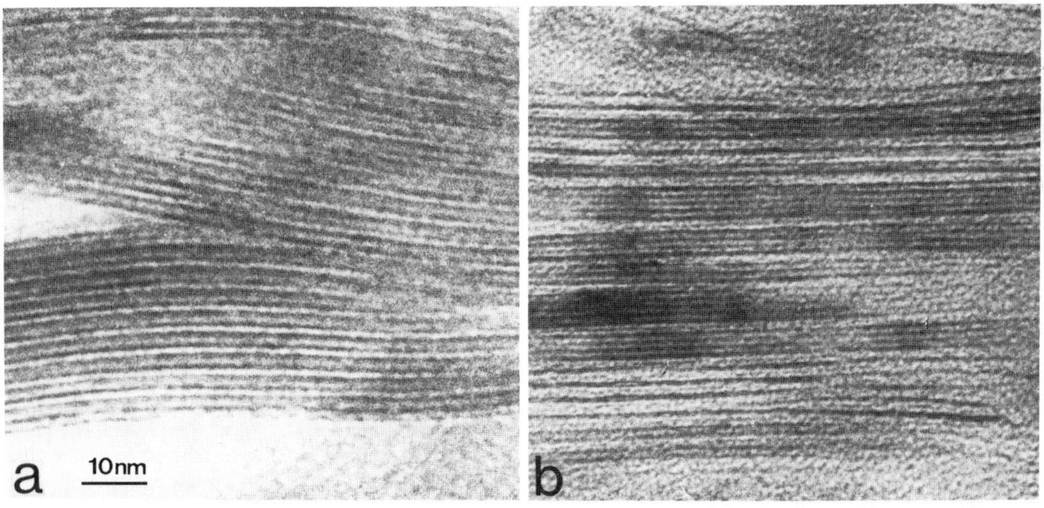

Abb. 25 Schnitt durch einen Tonmineralkristall mit (a) regelmäßiger 14 – 18 Å-Wechsellagerung (Corrensit) und (b) mit unregelmäßiger Wechsellagerung[16]

a) Bildung aus Schichtsilicaten durch Veränderung der Zwischenschichtbesetzung

Unter den Schichtsilicaten sind die beiden Glimmer Muskovit und Biotit wegen ihres häufigen Vorkommens für die Tonmineralbildung am wichtigsten. Durch physikalische Verwitterung, insbesondere durch Frost, werden die größeren Glimmerblättchen zunächst soweit zerkleinert, daß sie die Korngröße der Tonfraktion erreichen. Diese „Tonglimmer" können bereits zur Gruppe der Illite gezählt werden. An diesen kleinen Teilchen werden nun verstärkt vom Rand her K-Ionen durch Verwitterung herausgelöst und durch andere Kationen wie Ca und Mg ersetzt. Diese Kationen werden nicht wie das K-Ion in die napfartigen Vertiefungen der O-Sechserringe hineingezogen, sondern umgeben sich mit einer Wasserhülle. Am Rand der Kristalle entstehen dadurch zunächst teilweise aufgeweitete (s. Abb. 26, mittlere Schicht) und bei stärkerem K-Verlust auch vollkommen aufgeweitete Schichten (s. Abb. 26, oberste Schicht).

Die Aufweitung wird dadurch erleichtert (oder sogar erst ermöglicht), daß die *negative Schichtladung* abnimmt. Bei den Fe^{2+}-haltigen Glimmern (Biotit) erfolgt dies durch Oxidation von Fe^{2+} zu Fe^{3+}, d. h. durch Zunahme der positiven Ladung. Die Ladungsabnahme ist in der Regel jedoch geringer als das Ausmaß der $Fe^{2+} \rightarrow Fe^{3+}$-Oxidation, weil sich Fe^{2+} – OH-Gruppen z. T. durch H-Abgabe in Fe^{3+} – O-Gruppen umwandeln (also nicht nur die positive sondern auch die negative Ladung ansteigt) und/oder ein Teil des Fe^{3+} und Mg^{2+} der Oktaeder vom Mineral ausgestoßen und an seiner Oberfläche als Hydroxid ausgefällt (Fe) oder austauschbar gebunden (Mg) wird[13]. Bei den dioktaedrischen Glimmern nimmt die Ladung wahrscheinlich durch Anlagerung von Protonen an O-Ionen ab.

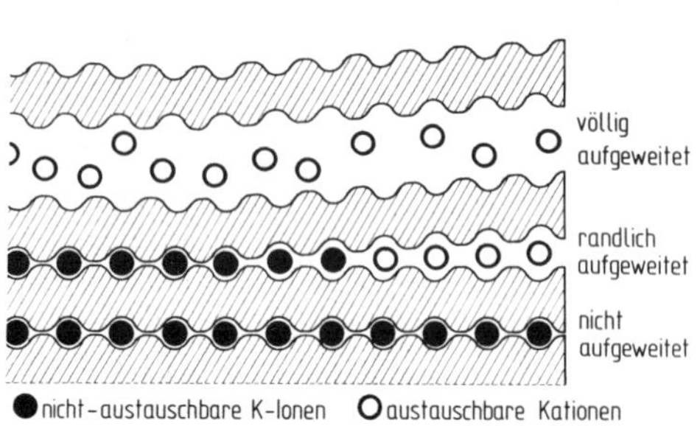

Abb. 26 Schema eines Glimmers mit einer nicht aufgeweiteten, einer randlich aufgeweiteten und einer durchgehend aufgeweiteten (vermiculitischen oder smectitischen) Schicht

Am Ende dieses Prozesses steht dann ein vollkommen K-freies und aufgeweitetes Dreischichtmineral, das je nach Ladungshöhe ein Vermiculit oder ein Smectit ist. In analoger Weise wandeln sich primäre Chlorite dadurch in Vermiculit oder Smectit um, daß ihre Hydroxidschicht durch Reaktion mit Protonen herausgelöst wird. Das Charakteristische an diesen Umwandlungen ist, daß die Silicatschichten selbst erhalten bleiben.

Die Umwandlung der Glimmer in aufweitbare Dreischichtminerale verläuft in Böden um so rascher, je weiter die K-Konzentration der Bodenlösung unterhalb der Gleichgewichts-K-Konzentration der Glimmer liegt, die beim Biotit bei ca. 10 – 15 mg/l, beim Muskovit bei ca. 0,01 mg/l anzusetzen ist. Laborversuche haben gezeigt, daß sowohl K-entziehende Pflanzenwurzeln[21] als auch K-fixierende Tonminerale[22] die K-Konzentration so stark absenken können, daß Biotit in relativ kurzer Zeit in Vermiculit umgewandelt wird.

b) Bildung aus Zerfallsprodukten von Silicaten

Bei der Bildung von Tonmineralen aus Zerfallsprodukten von Feldspäten, Pyroxenen, Amphibolen aber auch von Schichtsilicaten bleibt die Grundstruktur nicht erhalten sondern zerfällt weitgehend in seine Einzelbestandteile, aus denen sich dann Tonminerale neu aufbauen. Die Neubildungen können entweder innerhalb (Pseudomorphose) oder in unmittelbarer Nähe des Ausgangsminerals, aber auch nach Verfrachtung der Verwitterungsprodukte z. B. in die Gewässer (Flüsse, Seen, Meere) entstehen. So kann die Bildung von glimmerartigen Mineralen (Illite, Glaukonite) im Meerwasser aus der Abnahme des mittleren K/Na-Verhältnisses von 0,37 im Flußwasser auf 0,04 im Meerwasser gefolgert werden.

Die Bildung der Tonminerale und Oxide am Ort des verwitternden Ausgangsminerals läßt sich im Rasterelektronenmikroskop gut beobachten. Abb. 27 zeigt z. B., daß Feldspatoberflächen von den drusigen Aufwachsungen der neugebildeten Minerale bedeckt sein können (s. a. Abb. 30), die allerdings allein aus der Morphologie meist nicht sicher zu identifizieren sind. Bei starker Vergrößerung an sehr dünnen

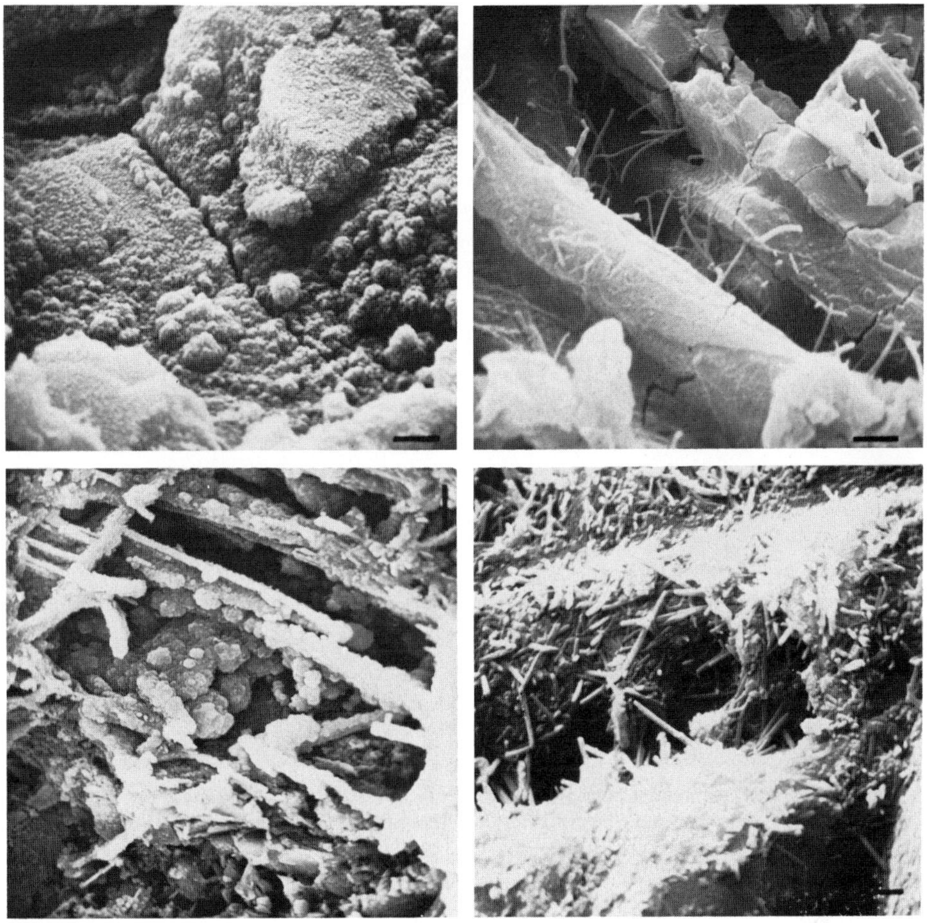

Abb. 27 Aufwachsungen von Allophan (6000 ×) (oben links), Imogolit (2500 ×) (oben rechts), Kaolinit (1500 ×) (unten links) und Halloysit (2500 ×) (unten rechts) auf der Oberfläche eines verwitterten Feldspats (Aufn. *H. Eswaran*)

Präparaten erkennt man nicht nur die neugebildeten Minerale an deren Struktur, sondern auch, daß diese nahezu unmittelbar an das unzersetzte Ausgangsmineral anschließen können. Abb. 28 zeigt als Beispiel, daß bei der Verwitterung des Inselsilicats Olivin die neugebildeten Minerale Smectit und Goethit unmittelbar an den verwitternden Olivin anschließen, dieser also pseudomorph durch jene ersetzt wird. Dies läßt vermuten, daß generell strukturverwandte Teile des Ausgangsminerals, wie z. B. das oktaedrisch angeordnete Mg und Fe des Olivins, direkt vom Smectit bzw. Goethit übernommen wird[8]. Ein solcher Prozeß ist dagegen bei den Feldspäten als Gerüstsilicat unwahrscheinlich, weil bei dessen Umwandlung z. B. in Kaolinit tetraedrisches Al in oktaedrisches übergehen und hierdurch der (Si,Al)-Tetraederverband aufgelöst werden muß; die strukturelle Verwandtschaft ist also gering. Eine besonders hohe strukturelle Verwandtschaft besteht dagegen, wie im vorigen Kap. beschrieben, zwischen den primären Phyllosilicaten (Glimmer und Chlorite) und den Tonmineralen.

Welche Tonminerale sich jeweils bilden, hängt im wesentlichen vom pH und der Zusammensetzung der Lösung sowie dem Löslichkeitsprodukt der einzelnen Minerale ab. Aus letzterem lassen sich diejenigen Konzentrationsbereiche ihrer Bestandteile (Si, Mg, K, H) in der Lösung errechnen, in denen ein bestimmtes Mineral gegenüber anderen stabil ist. Solche Stabilitätsdiagramme (s. Abb. 6) lassen erwarten, daß sich z. B. im neutralen bis schwach alkalischen Milieu und hoher Konzentration an Si und Mg Smectit, bei höherer K-Konzentration Illit, im sauren Bereich bei mäßiger Si-Konzentration Kaolinit und bei sehr geringer Si-Konzentration (ca. 10^{-5} M) Gibbsit bildet.

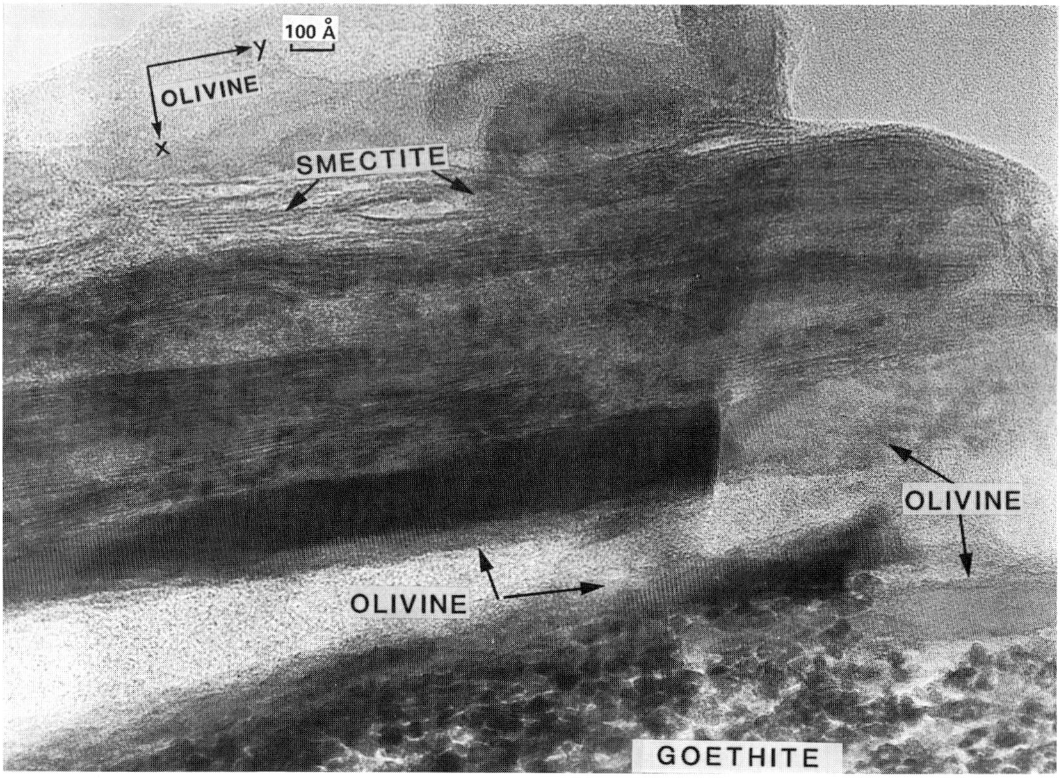

Abb. 28 Hochauflösungs-elektronenmikroskopische Aufnahme des Kontaktes zwischen verwitterndem Olivin und den Verwitterungsprodukten Smectit und Goethit (Aufn. *R. A. Eggleton*[22a]; mit freundl. Genehmigung des Autors. Copyright: Academic Press)

Smectit und Gibbsit schließen sich demnach gegenseitig aus.

Dies stimmt mit den Beobachtungen in der Natur häufig überein. Bei Abweichungen ist zu bedenken, daß solche thermodynamischen Betrachtungen den Zustand nach Erreichen des Gleichgewichts beschreiben. Unter den Bedingungen der Böden oder generell der Erdoberfläche stellen sich die Gleichgewichte wegen der tiefen Temperatur und des tiefen Drucks jedoch häufig nur sehr langsam ein. Anstelle der stabilen Endprodukte werden daher kinetisch begünstigte meta- oder instabile Zwischenprodukte mit höherem Löslichkeitsprodukt gebildet, die sich nur sehr langsam in die stabilen Endprodukte umwandeln. Aus dem gleichen Grund verzögert sich die Umwandlung von einmal gebildeten Mineralen auch dann, wenn sich z. B. durch Klimaänderung die Bedingungen ändern. Thermodynamische Betrachtungen geben daher meist nur Auskunft über die Richtung der Veränderungen.

c) Tonmineralumwandlung

Die an der Verwitterungsfront vom Gestein zum Boden entstandenen Tonminerale können sich weiter umwandeln, weil sich bei fortschreitender Verwitterung die Bedingungen gerichtet ändern. So nimmt z. B. in Böden humider Gebiete der Versauerungsgrad naturbelassener Böden zur Oberfläche hin zu. Dies hat zur Folge, daß Aluminium aus verschiedenen Mineralen freigesetzt wird, zwischen die Schichten aufgeweiteter Dreischichtminerale eingelagert werden kann und diese so zu sekundären Chloriten macht. Enthält das Ausgangsgestein Vermiculite neben Biotit, so können erstere Kalium aus dem entkalisierenden Biotit aufnehmen und zu Illiten werden (Illitisierung)[23].

In tropischen Böden wird die Abfolge der Tonminerale während der Bodenentwicklung mehr durch die Si-Konzentration der Bodenlösung bestimmt. In der Nähe basischer Gesteine bildet sich zunächst Smectit, der höher im Bo-

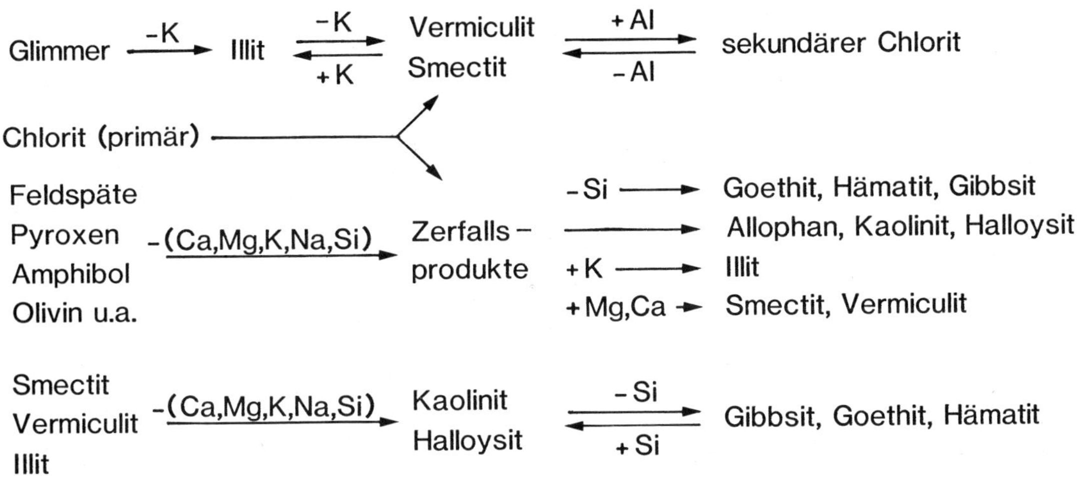

Abb. 29 Bildungs- und Umbildungspfade der Tonminerale

denprofil nach stärkerer Si-Abfuhr zu Kaolinit wird (Desilifizierung) und schließlich bei sehr geringer Si-Konzentration z. T. in Gibbsit ($Al(OH)_3$) übergeht. Wird erneut, z. B. lateral, Si zugeführt, so kann der Gibbsit wahrscheinlich zu Kaolinit resilifiziert werden.

Zusammenfassend sind in Abb. 29 die wichtigsten Bildungs- und Umbildungspfade von Tonmineralen an einigen Entwicklungsreihen dargestellt.

4. Vorkommen in verschiedenen Böden

Die im vorigen Kapitel geschilderten Bildungsweisen der Tonminerale geben Hinweise auf ihr Vorkommen in verschiedenen Böden. Faktoren wie das Ausgangsgestein, das Bildungsmilieu im Boden und sein Entwicklungsgrad und damit sein Alter, bestimmen weitgehend, aus welchen Tonmineralen die Tonfraktionen der Böden zusammengesetzt sind. Böden aus *tonmineralhaltigen Gesteinen* (Sedimenten) spiegeln deren Tonmineralzusammensetzung um so deutlicher wider, je schwächer sie entwickelt sind. Dies gilt insbesondere für Böden gemäßigt-humider Gebiete aus Löß, Geschiebemergel, Auensedimenten und Marschen sowie aus Ton- und Kalkgesteinen. Meist herrschen in ihnen Dreischichttonminerale, vor allem Illit und Smectit vor.

Auf *tonmineralfreien Ausgangsgesteinen*, wie den Magmatiten, sind die Tonminerale dagegen stets pedogen. Ihre Assoziationen werden von der *Mineralzusammensetzung* der Magmatite und dem *Verwitterungsgrad* der Böden bestimmt. Bei geringem Verwitterungsgrad findet man auf basischen Magmatiten (Basalt u. a.) häufig smectitreiche Böden, so z. B. in Braunerden aus Basalt. Auf sauren Magmatiten (Granit u. a.) herrschen dagegen Illit und Vermiculit vor. Auf jungen, vulkanischen Aschen, die sehr porös und reich an leicht verwitterbaren vulkanischen Gläsern (Kap. I 1) sind, enthalten die Böden bei höherer Si-Konzentration Allophan und bei geringerer Si-Konzentration Imogolit; im späteren Entwicklungsstadium entsteht aus diesem Halloysit. In oberen, humusreichen Horizonten wird die Allophanbildung jedoch verhindert, weil das freigesetzte Al vorwiegend durch Huminstoffe gebunden wird. Allophan und Imogolit kommen jedoch auch im B-Horizont von Podsolen aus verschiedenen Gesteinen vor[19, 24].

Je weiter die Verwitterung fortschreitet, desto mehr tritt der Einfluß des Ausgangsgesteins zurück. In gemäßigt humiden Gebieten treten an die Stelle von Illiten und Chloriten mit zunehmender Versauerung Smectite und Vermiculite und schließlich sekundäre Chlorite. In tropisch-humiden Gebieten wird der Tonmineralbestand der Böden dagegen mehr durch die starke Verarmung an Alkali- und Erdalkaliionen, insbesondere aber an Si bestimmt. Bei ausreichender Wasserdurchlässigkeit sind Si-reiche Tonminerale (z. B. Smectit) nicht mehr beständig, und Kaolinite nehmen ihren Platz ein.

Das pedogene Bildungsmilieu für Tonminerale wird sehr stark vom Klima bestimmt.

Gloßklimatische Zonierung führt von immerfeuchten über wechselfeuchte zu mehr oder weniger trockenen Gebieten von kaolinitischen Böden über smectitische zu solchen mit Palygorskit im trockensten Bereich, da in gleicher Richtung pH-Werte, Si- und Mg-Konzentrationen in der Bodenlösung zunehmen.

Auch innerhalb begrenzter Landschaften können bei gleichem Klima unterschiedliche Bildungsbedingungen für Tonminerale in Böden herrschen. Diese sind dann meistens an den Wasserhaushalt geknüpft. So können sich in den Tropen und Subtropen in tiefergelegenen feuchten Akkumulationslagen oder über undurchlässigem Untergrund smectitreiche Böden bilden, die mit kaolinitreichen Böden an den Hängen und auf den Plateaus vergesellschaftet sind.

Literatur

[1] *Grim, R. E.* (1968): Clay mineralogy. McGraw-Hill, London. Applied clay mineralogy (1962). McGraw-Hill, London.

[2] *Brindley, G. B. & G. Brown* (Eds.) (1980): Crystal structures of clay minerals and their x-ray identification. Min. Soc., London.

[3] *Marshall, C. E.* (1964): The physical chemistry and mineralogy of soils Bd. I, Soil materials. Wiley, New York.

[4] *Gieseking, J. E.* (Ed.) (1975): Soil components Vol. 2, Inorganic components. Springer Verlag, Berlin/Heidelberg/New York.

[5] *Newmann, A. C. D.* (Ed.) (1987): Chemistry of clays and clay minerals. Min. Soc., London.

[6] *Dixon, J. B. & S. B. Weed* (Eds.) (1989): Minerals in soil environments. Soil Sci. Soc. Am., Madison (Wisc.).

[7] *Shannon, R. D.* (1976): Acta Cryst. *A 32*, 751 – 767.

[8] *Köster, H.-M.* (1981): Proc. 7th Int. Clay Conf., 41 – 72.

[9] *Rule, A. C. & S. W. Bailey* (1987): Clays Clay Min. *35*, 129 – 138.

[10] *Singer, A. & K. Norrish* (1974): Amer. Min. *59*, 508 – 517.

[11] *Lagaly, G.* (1981): Clay Min. *16*, 1 – 21.

[12] *Mestdagh, M. M., L. Vielvoye & A. J. Herbillon* (1980): Clay Min. *15*, 1 – 14.

[12a] *Buseck, P. R. & S. Iigima* (1974): Amer. Min. *59*, 1 – 21.

[13] *Robert, M.* (1986): Trans. XIII. Int. Congr. Soil Sci. *4*, 1122 – 1132; *Scott, A. D.* (1986): ebenda *4*, 1144 – 1154; *Ders. & J. Amonette* (1988): In: *J. Stucki, B. A. Goodman & U. Schwertmann* (Eds.), Iron in soils and clay minerals, 537 – 623. Reidel, Dordrecht.

[14] *Rühlicke, G. & E. A. Niederbudde* (1985): Clay Min. *20*, 291 – 300.

[15] *Wilson, M. J.* (1987): Proc. Int. Clay Conf. Denver 1985, 167 – 173.

[16] *Vali, H. & H.-M. Köster* (1986): Clay Min. *21*, 827 – 859.

[17] *Barnhisel, R. I. & P. M. Bertsch* (1989): In: *J. B. Dixon & S. B. Weed* (Eds.), Minerals in soil environments. Soil Sci. Soc. Am., Madison (Wisc.).

[18] *Dixon, J. B. & M. L. Jackson* (1962): Soil Sci. Soc. Am. Proc. *26*, 358.

[19] *Wada, K.*: In: *J. B. Dixon & S. B. Weed* (Eds.) (1989): Minerals in soil environments. Soil. Sci. Soc. Am., Madison (Wisc.).

[20] *Farmer, V. C., M. J. Adams, A. R. Fraser & F. Palmieri* (1983): Clay Min. *18*, 459 – 472.

[21] *Mortland, M. M., K. Lawton & G. Uehara* (1956): Soil Sci. *82*, 477 – 481.

[22] *Niederbudde, E. A. & W. R. Fischer* (1980): Soil Sci. *130*, 225 – *231*.

[22a] *Eggleton, R. A.* (1986): In: *S. M. Colman & D. P. Dethier* (Eds.), Rates of weathering of rocks and minerals, 21 – 40. Academic Press, London.

[23] *Niederbudde, E. A.* (1986): Trans. Int. Congr. Soil Sci. *4*, 1155 – 1167.

[24] *Farmer, V. C., J. D. Russell & M. L. Berrow* (1980). J. Soil Sci. *31*, 673 – 684. *Wada, K.* (1987): Chem. Geol. *60*, 17 – 28.

V. Oxide und Hydroxide[1]

Zu den typischen Verwitterungsneubildungen in Böden gehört die überwiegende Menge der Oxide und Hydroxide des Al, Fe und Mn sowie ein Teil der Oxide* des Si und Ti. Da diese Elemente (M) in primären Mineralen überwiegend in Silicaten gebunden sind, werden sie bei der Verwitterung dadurch freigesetzt, daß die silicatische Bindung in Gegenwart von Wasser in eine oxidische Bindung übergeht, die Silicat-(SiO_4) Liganden also gegen O- und OH-Liganden ausgetauscht werden.

$$M{-}O{-}\underset{|}{\overset{|}{Si}}{-}O{-} + H_2O \rightarrow MOH + HO{-}\underset{|}{\overset{|}{Si}}{-}O{-}$$

Die Affinität zu den neuen Liganden steigt mit steigender Ladung des Metalls. Werden die Metalle also bei der Freisetzung aus silicatischer Bindung oxidiert, wie Fe und Mn, so wird ihre Neigung zur Oxidbildung verstärkt (und diejenige zur Bildung von Tonmineralen geschwächt).

1. Siliciumoxide[2]

a) Formen und Vorkommen

Das im Boden vorhandene Silicium nichtsilicatischer Bindung liegt vorwiegend als Quarz, SiO_2, vor (s. Kap. I). Dieser entstammt zum Teil Magmatiten und Metamorphiten (primärer Quarz), zum Teil der Verwitterung von Silicaten (sekundärer Quarz). Als weitere SiO_2-Modifikation findet sich weit verbreitet in Böden aus vulkanischen Gesteinen der *Cristobalit*, der allerdings meist dem Gestein entstammt.

Der in Böden und Sedimenten häufig auftretende *Opal* ist ein Gemisch von amorphem Si-Oxid und schlecht kristallisiertem Cristobalit oder Tridymit. Der H_2O-Gehalt des Opal beträgt je nach Alterungsgrad meist 4 – 9 %, seine Dichte 2,1 – 2,2 g/cm^3. In den A_h-Horizonten von Böden aus vulkanischen Aschen kommen runde 0,2 – 0,5 μm große Opalscheibchen vor, die aus dem bei der Verwitterung vulkanischer Gläser freigesetzten Si entstehen, wenn das gleichzeitig freigesetzte Al an Huminstoffe gebunden wird[3]. In den feuchten Tropen können sich große Mengen des aus der Verwitterung stammenden Si als Quarz und Opal in Form verhärteter Horizonte in ehemals tieferen Teilen der Landschaft anreichern; sie werden *Silcret*[4] genannt. In vielen anderen Böden ist der Opal biogenen Ursprungs. Er liegt in Oberböden in Konzentrationen bis zu mehreren Prozenten vor und ist mannigfaltig geformt (z. B. Leisten oder Spieße). Dieser sog. *Bioopal* entstammt entweder dem Stützgewebe von Pflanzen, vor allem Gräsern (*Phytolithe*) oder den Nadeln von Schwämmen. Getreidestroh enthält 1 – 1,5 % und Gräser ≈ 5 % Si. Die Form der Bioopalteilchen gibt oft wertvolle Hinweise auf die Entstehungsgeschichte der Böden. Der C-Gehalt des Pflanzenopals betrug bis zu ca. 5 % und ist eingeschlossenen, organischen Stoffen zuzuschreiben, die der Altersbestimmung des Pflanzenopals nach der ^{14}C-Methode dienen können.

b) Entstehung

Von dem bei der Verwitterung primärer Silicate freiwerdenden Silicium wird der größte Teil zur Bildung sekundärer Silicate verwendet. Nur ein kleiner Teil fällt als pedogenes, freies Si-Oxid aus. Es entsteht aus dem gelösten Si, das als Orthokieselsäure H_4SiO_4 [auch als $Si(OH)_4$ formuliert] in der Lösung vorliegt. Die Orthokieselsäure ist eine sehr schwache Säure (Dissoziationskonstante der 1. Dissoziationsstufe $k_s = 10^{-9} - 10^{-10}$) und daher unterhalb pH 8 praktisch undissoziiert. Mit steigender Konzentration steigt ihre Neigung zur Polymerisation, bei der sich die Monomere über Sauerstoffbrücken miteinander verbinden. Die Neigung hierzu ist besonders ausgeprägt bei pH 5 – 7. Gleichzeitig nimmt die Löslichkeit dieser Polykieselsäuren ab, so daß sich schließlich wasserreiches, amorphes Si-Oxid bildet, das sehr langsam zu mehr

---

* Unter dem Begriff „Oxide" sollen nicht nur die reinen Oxide, sondern auch die Hydroxide und Oxidhydroxide zusammengefaßt werden, also z. B. Al_2O_3, $Al(OH)_3$ und AlOOH.

oder weniger gut geordnetem Cristobalit, Tridymit oder Quarz wird. Die Polymerisation kann allerdings durch Adsorption des Si an anderen Mineralen, z. B. Fe- und Al-Oxiden, verhindert werden.

c) Löslichkeit

Die Löslichkeit der freien Si-Oxide ist sehr gering. Frisch ausgefälltes, amorphes Si-Oxid hat eine Löslichkeit von ca. 60 mg Si/l. Dieser Wert steigt mit zunehmender Temperatur und ist im Bereich von pH 2 – 8 annähernd unabhängig vom pH. Ab pH 8 – 9 bilden sich Silicat-Anionen, und die Löslichkeit steigt stark an.

Im Laufe der Kristallisation amorpher Si-Oxide nimmt die Löslichkeit ab. Die Löslichkeit von Bioopal in destilliertem Wasser lag bei 2 – 9 mg Si/l und sank mit abnehmendem H_2O-Gehalt und steigendem Al-Gehalt[2]. Quarz hat je nach Korngröße eine Löslichkeit von 1,4 – 3,3 mg Si/l (25 °C). Die Löslichkeit sinkt also in der Reihenfolge amorphes Si-Oxid > Opal > Quarz.

Die Si-Konzentration der Bodenlösung ist in der Regel geringer als der Löslichkeit des amorphen Si-Oxids entspricht, so daß sich dieses nur bei hohem Si-Angebot aus der Lösung bildet. Dagegen ist die Bodenlösung hinsichtlich Quarz meist übersättigt. Seine direkte Bildung aus der Lösung ist daher zwar möglich, jedoch kinetisch wegen der hohen Kristallisationsenergie gehemmt und daher in Böden nicht sehr verbreitet.

2. Aluminiumoxide[5]

Unter den kristallisierten Al-Oxiden, die in Böden auftreten, herrscht der *Gibbsit*, γ-$Al(OH)_3$, bei weitem vor. In ihm bilden die Al^{3+}-Ionen mit 6 OH-Ionen Oktaeder, die über gemeinsame OH-Ionen zu Schichten verbunden sind, in denen ⅔ der Oktaederzentren mit Al besetzt sind. Gibbsit bildet häufig 6eckige Täfelchen von Ton- oder Schluffgröße (Abb. 30).

Als weitere $Al(OH)_3$-Formen werden vereinzelt *Nordstrandit* und *Bayerit*, α-$Al(OH)_3$, sowie die beiden AlOOH-Formen *Böhmit*, γ-AlOOH, und *Diaspor*, α-AlOOH, gefunden, insbesondere in Bauxiten (Al-Erze) und hochverwitterten Böden. Ein Teil des oxidisch gebundenen Al liegt im Kristall der Fe-Oxide vor, in dem es Fe ersetzt.

Abb. 30 Gibbsitkristalle auf einer mit Goethit bedeckten Porenoberfläche aus einem Laterit, Kamerun, Vergr. 4000fach (Rasterelektronenmikroskopische Aufn. *G. Boquier*)

Gibbsit bildet sich durch langsame Hydrolyse des bei der Verwitterung von Al-haltigen Silicaten (Feldspäte, Glimmer, Tonminerale u. a.) freigesetzten Al, wenn durch einen starken Sickerwasserdurchzug die Si-Konzentration der Verwitterungslösung unter ca. 0,5 mg Si/l absinkt und daher nicht mehr zur Tonmineralbildung ausreicht (s. Abb. 6). Hierbei können z. B. Plagioklase direkt in Gibbsit umgewandelt werden, dessen Kristalle dann das Volumen des ehemaligen Plagioklaskristalls ausfüllen (*Pseudomorphose*). In stark verwitterten Böden der Tropen und Subtropen tritt der Gibbsit dagegen dann auf, wenn die zunächst gebildeten Zwei- und Dreischichttonminerale durch Desilifizierung aufgelöst worden sind. Aufweitbare Tonminerale können die Gibbsitbildung verhindern, weil sie freigesetztes Al statt dessen als Hydroxy-Al-Polymere zwischen den Silicatschichten binden (s. Kap. IV 2 b 4), und organische Substanzen, weil sie Al komplexieren.

Über amorphe Al-Hydroxide in Böden ist bisher wenig sicheres bekannt. Es ist jedoch wahrscheinlich, daß ein Teil des in stark sauren Böden aus Silicaten freigesetzten Al als Al-Hydroxid ausfallen kann[6]. In Laborversuchen ergab sich, daß sich in Gegenwart einfacher organischer Anionen kein Gibbsit sondern amorphe Al-Hydroxide bilden[7]. Bei höherer Sulfatkonzentration kann im sauren Bereich ein Teil des OH durch SO_4 ersetzt werden; es entstehen kristalline oder amorphe Al-Hydroxysulfate[8] (z. B. Jurbanit, $AlOHSO_4$).

Die Löslichkeit des Gibbsits ist sehr gering [Löslichkeitsprodukt (Al) · $(OH^3$ = 10^{-34}]; bei pH 5 beträgt sie ca. 3 μg Al/l, steigt jedoch mit sinkendem pH um 3 Zehnerpotenzen pro pH an, so daß der Gibbsit im stark sauren Bereich nicht stabil ist.

3. Eisenoxide[9]

Im Gegensatz zum Al wird nur der kleinere Teil des bei der Verwitterung aus Fe-haltigen Silicaten (Biotite, Pyroxene, Amphibole, Olivin) freigesetzten Fe in Tonminerale eingebaut. Der größere Anteil wird am Ort der Verwitterung oder nach Verlagerung in Form von Fe(III)-Oxiden ausgeschieden. Daher kennzeichnet das Verhältnis von oxidischem zum Gesamt-Fe den Verwitterungsgrad der Böden. Die stets stark färbenden Fe(III)-Oxide treten in Böden gleichmäßig verteilt oder akkumuliert in Form von Aggregatüberzügen (Ferrans), Flecken, Konkretionen und Horizonten auf. Ein durch Fe-Oxide zementierter Horizont wird *Ferricret* genannt.

a) Formen und Eigenschaften

Die beiden häufigsten Fe(III)-Oxide der Böden sind der meist gelbbraune (7,5 – 10 YR*), nadelförmig ausgebildete *Goethit* α-FeOOH und der blutrote (2,5 YR – 5 R), in sechseckigen Blättchen kristallisierende *Hämatit* α-Fe_2O_3 (Abb. 31). Weniger häufig, aber keineswegs selten, sind der orangefarbene (5 – 7,5 YR) *Lepidokrokit*, γ-FeOOH, der meist stark gelappte oder gezähnte Blättchen oder Leisten bildet, der rotbraune *Maghemit*, γ-Fe_2O_3, die ferrimagnetische Form des Fe_2O_3 und der sehr schlecht kristallisierte, wasserhaltige *Ferrihydrit* [früher: amorphes Fe(III)-Hydroxid] mit der Zusammensetzung $5Fe_2O_3 \cdot 9H_2O$. Seltener sind zwei weitere FeOOH-Formen, das δ-FeOOH, das, schlecht kristallisiert, als *Feroxyhit* (δ'-FeOOH, *Chukhrov*) bezeichnet wird, und Akaganeit (β-FeOOH), der nur bei höheren Cl-Konzentrationen entsteht.

Unter reduzierenden nicht zu sauren Bedingungen bilden sich blaugrün gefärbte Fe(II, III)-Hydroxide, sog. Grüner Rost[13], der die entsprechende Farbe von Gr-Horizonten in Gleyen verursachen mag, bisher jedoch noch nicht identifiziert wurde.

Der einzige Strukturbaustein der Fe(III)Oxide ist ein Oktaeder (Ausnahme Maghemit, der auch tetraedrisches Fe enthält) aus 6 O- oder 3 O- und 3 OH-Ionen, in dessen Zentrum das Fe^{3+}-Ion sitzt. Die einzelnen Minerale unterscheiden sich lediglich durch die Art, wie die Oktaeder räumlich verknüpft sind. Der Hämatit besteht aus Oktaederschichten, die über gemeinsame Oktaeder*flächen* (d. h. je 3 O-Ionen)

* Munsell Farbton, s. Kap. XIX.

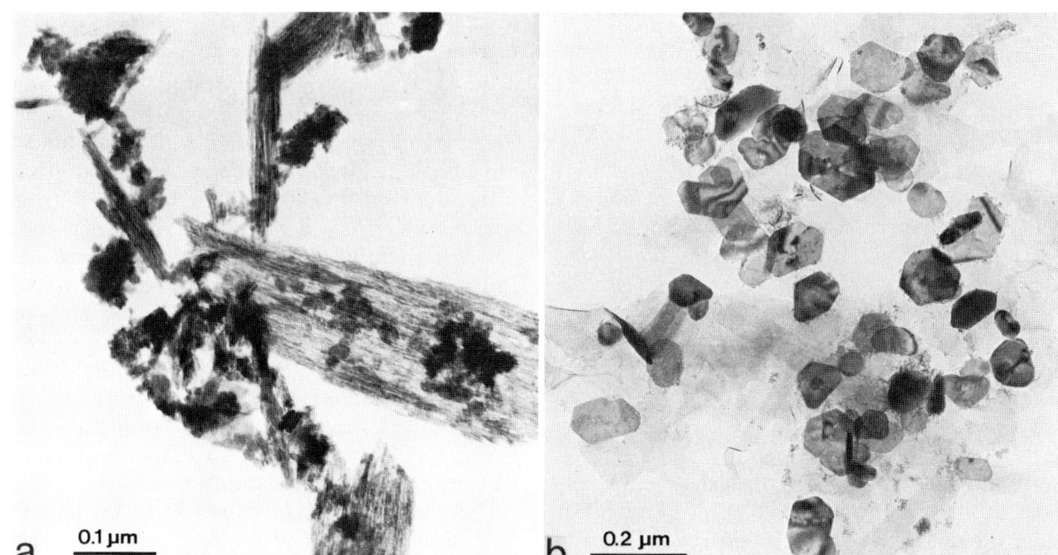

Abb. 31 a: Nadelförmige Kristalle von Goethit aus einem Oxisol auf Peridotit in Neukaledonien. b: Sechseckige Kristalle von Hämatit. Die dünnen größeren Blättchen sind Tonminerale (Aufn. *H.-Chr. Bartscherer*)

verbunden sind. Im Goethit sind die Oktaeder über Kanten (d. h. je 2 gemeinsame O-Ionen) zu Doppelketten und diese über Oktaederecken (d. h. 1 gemeinsames O-Ion) und H-Brücken verknüpft. Im Lepidokrokit bilden die Doppelketten über Oktaederkanten Zick-Zack-Schichten, die durch H-Brücken zusammengehalten werden.

Im Goethit und Hämatit von Böden ist sehr häufig ein Teil der Fe-Ionen durch Al-Ionen ersetzt (beim Goethit bis zu ⅓, beim Hämatit bis zu ⅙ des Fe). Da die Al-Ionen kleiner sind als die Fe^{3+}-Ionen (s. Tab. 12), ist auch die Elementarzelle der Al-substituierten Fe(III)-Oxide etwas kleiner als die der reinen.

Charakteristisch für die Fe-Oxide in Böden ist, daß sie, wohl wegen ihrer hohen Kristallisationsenergie und wegen kristallisationsbehindernder Substanzen in der Bodenlösung nur sehr kleine Kristalle bilden (Goethit und Hämatit 10 – 100 nm, Ferrihydrit 2 – 5 nm). Sie haben daher eine sehr große spezifische Oberfläche (Kap. X 2 a) und können auch bei geringen Gehalten erheblich zur Gesamtoberfläche der Böden beitragen.

Fe(III)-Oxide sind sehr schwerlösliche Verbindungen. Die Löslichkeitsprodukte (Fe) · $(OH)^3$ liegen bei $10^{-42} - 10^{-44}$ für Goethit und Hämatit, bei ca. 10^{-40} für Lepidokrokit und bei $10^{-37} - 10^{-39}$ für Ferrihydrit. Die Fe(III)-Oxide können jedoch leicht aufgelöst werden, wenn reduzierende Bedingungen vorliegen (Kap. XIII). Die Gleichgewichts-Fe^{2+}-Konzentration steigt mit sinkendem Redoxpotential und steigender Löslichkeit des Fe(III)-Oxids.

b) Entstehung, Vorkommen und Gehalt

Wegen seiner hohen Stabilität ist der Goethit unter den Fe-Oxiden der Böden aller Klimate am weitesten verbreitet. In Abwesenheit von Hämatit gibt er den Böden die typisch gelb- bis rostbraune Farbe. Goethit entsteht im Boden dann, wenn Fe(III)-Ionen aus einer beliebigen Fe-haltigen Verbindung in geringer Konzentration angeliefert werden und – bei Fe(II)-Verbindungen nach Oxidation des Fe – in Gegenwart von Wasser langsam hydrolysieren. Da reine Fe(III)-Lösungen nur im stark sauren Bereich sehr langsam hydrolysieren, ist die Goethitbildung im schwach sauren Bereich nur dann möglich, wenn das Fe entweder langsam z. B. durch Verwitterung nachgeliefert oder wenn die Konzentration an Fe(III)-Ionen durch Komplexbildner niedrig gehalten wird. Aus den partiell hydrolysierten Fe-Ionen, insbesondere aus $Fe(OH)_2^+$-Ionen, bilden sich zunächst Goethitkeime, deren Wachstum dann durch Fe(III)-Ionen aus der Fe-Quelle genährt wird. Bei der Oxidation fester Fe(II)-Verbindungen wird Goethit gegenüber Lepidokrokit durch Carbonationen gefördert.

Erfolgt dagegen die Hydrolyse der Fe(III)-Ionen relativ rasch, wie z. B. bei höherem pH und schneller Oxidation von Fe^{2+}-haltigen Lösungen, so steigt die Rate der Fe(III)-Ionen-Anlieferung so stark an, daß sich keine gut geordneten Kristalle mehr bilden können. Es wird dann das im Vergleich zum Goethit viel höhere Löslichkeitsprodukt des Ferrihydrits überschritten und dieser fällt aus. Er bildet sich z. B. in größeren Mengen als braunroter Schlamm, wenn Fe^{2+}-haltige Quell-, Sicker- oder Grundwässer plötzlich mit der Luft in Berührung kommen. Gelöstes Silicat, Phosphat und organische Bestandteile werden dabei durch den Ferrihydrit adsorbiert und verzögern oder verhindern, daß er sich zu stabileren, besser kristallisierten Oxiden, im gemäßigten Klimabereich vor allem zu Goethit umwandelt. Ferrihydrit tritt auch in Böden auf, und zwar in Fe-Oxid-Anreicherungen von Gleyen (Konkretionen, Raseneisenstein) und in B-Horizonten von Podsolen. Generell kann der Ferrihydrit demnach als junges Fe-Oxid angesehen werden; in älteren, stärker entwickelten Böden fehlt er meistens.

Der Ferrihydrit kann sich außer über die Lösung in Goethit auch in Hämatit umwandeln. Die Hämatitkristalle entstehen jedoch nicht über die Lösung sondern durch Entwässerung und Verbesserung der Ordnung innerhalb der Ferrihydritaggregate. Daher wird der Hämatit mit steigender Bodentemperatur und (dadurch) sinkender Wasseraktivität (= höhere Wasserspannung) gegenüber Goethit gefördert und tritt vor allem in Böden wärmerer Klimate auf. Ihnen verleiht er die roten Farbtöne, die je nach seiner Konzentration zwischen 5 YR und 5 R liegen.

Wegen der hohen Stabilität von Goethit und Hämatit wandeln sich diese in Böden nicht direkt durch De- bzw. Rehydroxylierung ineinander um. Hämatit entsteht also nicht durch Entwässerung aus Goethit sondern aus Ferrihydrit. In zahlreichen Gebieten der Erde beobachtet man jedoch, daß sich rote, hämatithaltige, ältere Böden von oben her in gelb-braune Böden umwandeln. Hierbei wird der Hämatit durch Reduktion oder Komplexierung unter Mitwirkung organischer Substanz bevorzugt aufgelöst, und der Goethit bleibt zurück.

Lepidokrokit entsteht vorwiegend bei der nicht zu schnellen Oxidation von Fe(II) bei geringer Carbonationen-Konzentration. Er ist gegenüber dem Goethit zwar metastabil, wandelt sich aber nur sehr langsam in diesen um, so daß er über längere Zeiten beständig sein kann. Er tritt vor allem in tonigen, carbonatfreien, staunassen Böden auf.

Maghemit entsteht entweder durch Oxidation von gesteinsbürtigem Magnetit ($Fe_3O_4 \rightarrow Fe_2O_3$) oder durch Hitzeeinwirkung (Brände) auf andere Fe(III)-Oxide in Gegenwart organischer Stoffe. Er ist vor allem in Böden der Tropen und Subtropen, feinverteilt oder in Konkretionen, weit verbreitet.

Die Fe-Oxide spiegeln somit in mannigfaltiger Weise die Bedingungen der Pedogenese wider[10]. Insbesondere gilt dies für das Goethit-Hämatit-Verhältnis in Böden. So sind die Böden der gemäßigten und kühlen Klimate meist hämatitfrei, während subtropische und tropische Böden neben Goethit auch Hämatit enthalten. Bodenhydrosequenzen solcher Gebiete enthalten um so weniger Hämatit je feuchter sie sind; sind sie gleichzeitig Toposequenzen, so sind die höher gelegenen, trockeneren Böden rot, die tiefer gelegenen, feuchten gelb. Auch innerhalb der Profile selbst findet man häufig gelbe Oberböden über roten Unterböden, ein Zeichen dafür, daß sich im humosen Oberboden kein Ferrihydrit und damit kein Hämatit bilden kann. Der Lepidokrokit zeigt in Böden der gemäßigten Zone meistens ein redoxomorphes, $CaCO_3$-freies Milieu an.

Auch das Ausmaß der Fe-Substitution durch Al hängt mit dem Milieu der Pedogenese zusammen. In sauren, stark verwitterten Böden (z. B. Oxisolen) ist die Al-Substitution des Goethits meist hoch (bis zu ⅓), in neutralen oder redoxomorphen Böden dagegen meist deutlich tiefer (< ⅙). Schließlich spiegelt auch die Kristallinität das pedogene Milieu wider. So enthalten humose Böden des kühl-feuchten Klimas eher schlechtkristallisierten mit Ferrihydrit vergesellschafteten Goethit, humusfreie, stark desilifizierte oxidreiche Böden der Tropen dagegen eher gut kristallisierten Goethit.

Der Gehalt an Fe-Oxiden liegt in Böden, in denen die Fe-Oxide gleichmäßig verteilt sind, meist im Bereich von 0,2 – 20 %; er hängt insbesondere von der Körnung (S < T), vom Ausgangsgestein und vom Stadium der Pedogenese ab. In Anreicherungszonen, wie Rostflecken, Konkretionen und Raseneisen-Horizonten kann er jedoch bis auf 80 – 90 % ansteigen.

4. Titanoxide[11]

Das bei der Verwitterung der Minerale freigesetzte Ti kann einer Reihe von primären, leicht (Biotit, Amphibol) oder schwer verwitterbaren (Ilmenit, Titanit, Titanomagnetit) Mineralen entstammen. Letztere reichern sich daher bei der Verwitterung an. Titan wird bei der Verwitterung nur untergeordnet in Tonminerale eingebaut, sondern meist als TiO_2 ausgefällt. Von den TiO_2-Modifikationen ist allerdings nur der *Anatas* als pedogene Neubildung sicher nachgewiesen, während der *Rutil* dem Gestein entstammt. Anatas läßt sich bei Raumtemperatur leicht synthetisieren. Bei der Verwitterung von Ilmenit (Fe_2TiO_4) entsteht ein Fe – Ti-Oxid variabler Zusammensetzung, das *Pseudorutil* ($Fe_2Ti_3O_9$) genannt wird und weiter zu Anatas und Fe(III)-Oxid zerfällt[12]. Titanomagnetite (z. B. $Fe^{2+}_{1,6}\ Fe^{3+}_{0,8}\ Ti_{0,6}O_4$) verwittern (oxidieren) zu Titanomaghemiten (z. B. $Fe^{3+}_{1,5}\ Ti_{0,375}O_3$). Der Ti-Gehalt in stark verwitterten Böden kann bis über 1 %, in manchen tropischen Böden auf Ti-reichen Gesteinen sogar bis über 10 % ansteigen, während er in den jungen Böden des gemäßigten Klimas meist nur bei 0,1 – 0,6 % liegt. Hohe Ti-Gehalte wurden in Fe-Konkretionen von Marschen gefunden[13].

5. Manganoxide[14]

Bei der Verwitterung Mn-haltiger Silicate (z. B. Biotite, Pyroxene, Amphibole), die Mn stets als Mn^{2+} enthalten, wird dieses unter aeroben Bedingungen überwiegend als schwarzbraun bis schwarz gefärbtes, schwerlösliches Mn(IV) Oxid gefällt. Mn-Oxide treten in Böden, wie Fe(III)-Oxide, in Flecken, Aggregatüberzügen (Mangans), Konkretionen und Krusten auf.

Die Mineralogie und der Chemismus der Mn-Oxide sind vielfältiger als die der Al- und Fe-Oxide, weil sie neben vierwertigem Mn auch Mn^{3+} und Mn^{2+} enthalten können und zum Ladungsausgleich Kationen, wie Li, Na, K, Ca, Ba, Al und Fe in die Struktur aufnehmen. Die Mn-Oxide sind daher häufig, wie die Tonminerale, nicht stöchiometrisch zusammengesetzt.

Von diesen Oxiden wurden bisher nur wenige in Böden sicher identifiziert. Sie gehören den aus MnO_6-Oktaederschichten bestehenden Phyllomanganaten an, deren Basisabstand wie bei den Tonmineralen 7 und 10 Å betragen kann. Das 7 Å-Mineral heißt *Birnessit* (Na, Ca, K) (Mg, Mn^{2+}) $Mn^{4+}_6O_{14} \cdot 5H_2O$, seine durch Einlagerung einer H_2O-Schicht auf 10 Å aufgeweitete Form *Buserit*. Durch Ersatz von Mn^{4+} durch Mn^{2+} sind deren MnO_6-Schichten negativ geladen. Zum Ladungsausgleich binden sie andere Kationen wie Na, K, Mg und Ca zwischen den Schichten. Beim *Lithiophorit* ($LiAl_2Mn^{2+}Mn_2^{4+}O_9 \cdot 3H_2O$) ist zwischen den Schichten eine Li-Al-Hydroxidschicht eingelagert. Schlecht kristallisierte Formen des Schichttyps sind als *Vernadit* bezeichnet worden. Seltener treten in Böden die sog. Tunnelmanganate auf, in denen die MnO_6-Oktaeder-Ketten Tunnel verschiedener Größe bilden, die austauschbare Kationen und Wasser aufnehmen. Hierzu gehören die MnO_2-Formen *Pyrolusit* und *Todorokit* sowie der K-haltige *Kryptomelan* ($K_2Mn_8O_{16}$) und der Ba-haltige *Hollandit* ($BaMn_8O_{16}$).

Die Mn-Oxide haben wie die Fe-Oxide eine geringe Löslichkeit, können aber wie diese mikrobiell reduziert und so gelöst werden. Dadurch kann das Mn umverteilt werden.

Literatur

[1] *Taylor, R. M.* (1987): In: *A. C. D. Newman* (Ed.). Chemistry of clays and clay minerals. Min. Soc. GB, Monograph *6*, 129 – 201.

[2] *Dress, L. R., L. P. Wilding, N. E. Smeck & A. L. Senkayi* (1989): In: Zit. 6 von Kap. IV.

[3] *Shoji, S. & J. Masui* (1971): J. Soil Sci. *22*, 101 – 108.

[4] *Milnes, A. R. & C. R. Twidale* (1983): Austr. J. Soil Res. *21*, 387 – 410.

[5] *Hsu, P. H.* (1989): In: Zit. 6 von Kap. IV.

[6] *Süsser, P.* (1987): Diss. T. U. München.

[7] *Huang, P. M. & A. Violante* (1986): In: *P. M. Huang & M. Schnitzer* (Eds.), Interaction of soil minerals with natural organics an microbes. Soil Sci. Soc. Am., Spec. Publ. *17*, 160 – 222.

[8] *Prenzel, J.* (1982): Gött. Bodenkdl. Ber. *72*, 1 – 113.

[9] *Schwertmann, U. & R. M. Taylor* (1989): In: Zit. 6 von Kap. IV – *J. W. Stucki, B. A. Goodman & U. Schwertmann* (Eds.) (1987): Iron in soils and clay minerals, 893 S. Reidel, Dordrecht.

[10] *Schwertmann, U.* (1985): Adv. Agron. *1*, 172 – 200.

[11] *Milnes, A. R. & R. W. Fitzpatrick* (1989): In: Zit. 6 von Kap. IV.

[12] *Anand, R. R. & R. J. Gilkes* (1984): Clays Clay Min. *32*, 363 – 374.

[13] *Hiller, D. A., G. W. Brümmer & D. Ackermand* (1988): Z. Pflanzenernähr. Bodenk. *151*: 47 – 54.

[14] *McKenzie, R. M.* (1989): In: Zit. 6 von Kap. IV – *Burns, R. G. & V. M. Burns* (1979): In: Marine Minerals. AMS Short Course Notes 6. – *Giovanoli, R.* (1987): Trans. *13*, Congr. Int. Soil Sci. Soc., Hamburg *5*, 335 – 345.

VI. Mineralzusammensetzung von Böden und Mineralbestimmung

1. Mineralzusammensetzung von Böden

Die meisten Böden enthalten Gemische aus Mineralen, die entweder chemisch unverändert aus dem Ausgangsgestein übernommen wurden oder sich bei der Bodenbildung verändert oder neugebildet haben (pedogene Minerale).

Der Gehalt an *magmatischen* Mineralen hängt vom Gehalt des Ausgangsgesteines an diesen Mineralen, von deren Verwitterungsstabilität sowie vom Verwitterungsgrad des Bodens ab. Die Sand- und Schlufffraktion bestehen vorwiegend aus den bei der Verwitterung relativ angereicherten stabileren magmatischen Mineralen wie Quarz, Kalifeldspäte, Glimmer (vor allem Muskovit) und zahlreiche Schwerminerale, während die Tonfraktion überwiegend Verwitterungsprodukte, vor allem Tonminerale und Oxide enthält (Abb. 32).

Der *Quarz* entstammt zum Teil Magmatiten und Metamorphiten, aus denen er durch Verwitterung freigelegt wurde, zum Teil wurde er bei der Silicatverwitterung neugebildet. Wegen seiner hohen Verwitterungsresistenz ist er in den Sedimenten stark angereichert. Autochthone Böden aus sauren Magmatiten und Metamorphiten bestehen meist zu über 60 % aus Quarz. Bei Böden aus Sandsteinen, Fluß- und Flugsanden kann der Quarzgehalt bis auf etwa 95 % ansteigen. Böden aus basischen Magmatiten, Löß, Kalk- und Tongesteinen sind dagegen quarzärmer (< 60 %). Der Anteil des Quarzes ist in der Sandfraktion am größten und nimmt zu den feineren Fraktionen hin ab (Abb. 32). Auch die Tonfraktion enthält oft noch um 10 % Quarz. In stark verwitterten Böden des gemäßigt-humiden Klimabereichs, wie Podsolen, reichert sich der Quarz im A-Horizont relativ an, weil ein Teil der Silicate zerfällt.

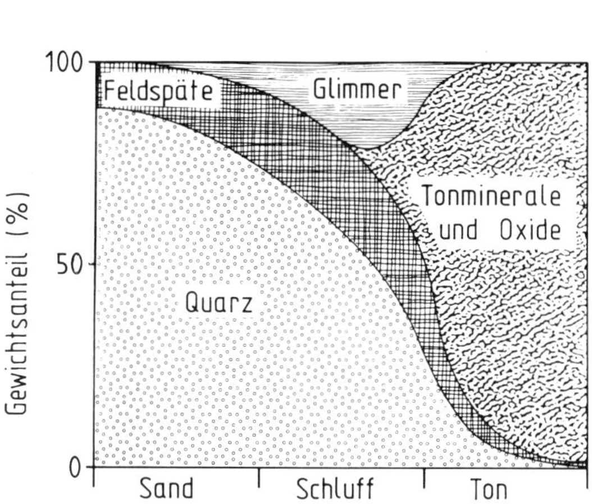

Abb. 32 Mittlere Gehalte der verbreitetsten Minerale in den Kornfraktionen Sand, Schluff und Ton von Böden des gemäßigt-humiden Klimabereiches

Der Gehalt an *Feldspäten* liegt in Böden des gemäßigt-humiden Klimabereichs häufig zwischen etwa 5 und 30 %; sie bestehen zu über 80 – 90 % aus Alkalifeldspäten. Der Einfluß des Verwitterungsgrades geht z. B. daraus hervor, daß Böden aus altpleistozänen Sanden meist weniger als 10 % Feldspäte enthalten, solche aus jungpleistozänen Sanden im Mittel 15 – 20 %. Böden aus Löß, Ton und Tonschiefer haben Feldspatgehalte von 10 – 15 %. Der Feldspatgehalt sinkt zu den feineren Fraktionen hin ab (Abb. 32). In Böden aus Gesteinen mit hohem Gehalt an Alkalifeldspäten können diese jedoch auch noch in der Tonfraktion auftreten. In vielen Böden der feuchten Tropen sind die Feldspäte dagegen weitgehend in Tonminerale oder Gibbsit umgewandelt.

Plagioklase, *Pyroxene*, *Amphibole* und *Olivine* sind nur in den gröberen Fraktionen in geringer Menge vorhanden, da sie im Vergleich zu Alkalifeldspäten leichter verwittern. Ihr Anteil steigt innerhalb eines Profils in der Regel von oben nach unten, weil die Verwitterung in den oberen Horizonten am weitesten fortgeschritten ist. In stark verwitterten Böden der feuchten Tropen fehlen sie meist ganz. Der Gehalt an *Glimmern*, vorwiegend Muskovit und gebleichter (= verwitterter) Biotit, die bei der Verwitterung magmatischer Gesteine freigesetzt und in Sedimenten bereits erheblich angereichert werden, ist in der Schlufffraktion der Böden am höchsten (Abb. 32).

Die *Tonminerale und Oxide des Fe und Al* sind die Hauptbestandteile der Tonfraktion. In

Böden des gemäßigt-humiden Klimas herrschen unter den Tonmineralen *Illite, Smectite* und *Vermiculite* vor, während in den stärker verwitterten Böden alter Landoberflächen der feuchten Tropen *Kaolinit* und Oxide dominieren. Böden aus vulkanischen Aschen sind häufig reich an *Allophan* und *Imogolit*.

Fast alle Böden enthalten geringe Mengen von *Schwermineralen*, z. B. Apatit, Magnetit, Ilmenit, Granat, Rutil, Zirkon, Turmalin u. a. Die schwer verwitterbaren Schwerminerale sind um so stärker angereichert, je stärker die Böden verwittert sind; ihr Gehalt liegt jedoch meist unter 1 – 2 %.

Zahlreiche Böden des gemäßigt-humiden Klimabereiches, wie z. B. Rendzinen, junge Auenböden und Marschen, enthalten selbst noch im A-Horizont *Calcit* und *Dolomit*. Mit zunehmender Trockenheit wird Calcit in Böden auch neu gebildet, zunächst im Unterboden, bei stärkerer Trockenheit im semiariden Bereich auch im Oberboden. In Böden semiarider und vor allem arider Gebiete sind Sulfate (z. B. Gips), Chloride, Nitrate und Borate sowie unter den Tonmineralen Palygorskit weit verbreitet. Im Bereich des sauerstoffarmen Grundwassers kommen Eisensulfide, Siderit und Vivianit vor.

2. Mineralbestimmung

Zur Identifizierung und Charakterisierung der Minerale in den gröberen Kornfraktionen, insbesondere der primären Minerale der Sandfraktion, werden *lichtmikroskopische* Verfahren verwendet[1]. Sie gestatten die Bestimmung morphologischer und optischer Eigenschaften einzelner Mineralkörner u. U. unter Verwendung von Anfärbemethoden.

Lichtmikroskopische Verfahren scheiden jedoch wegen der geringen Teilchengröße zur Bestimmung der Minerale der Tonfraktion von Böden praktisch aus. Am meisten wird hierfür die *Röntgenbeugungsanalyse* nach der Methode von *Debye-Scherrer* angewandt[2]. Hierbei werden die auf die pulverförmige Probe fallenden monochromatischen Röntgenstrahlen durch die Netzebenen der Kristalle reflektiert und auf einem Film oder mit Hilfe eines Zählrohrs registriert. Aus der Lage der Reflexe werden die d-Werte berechnet und mit ihrer Hilfe die einzelnen Minerale identifiziert. Die Erkennung der Minerale mit der Röntgenbeugung beruht also auf der Ordnung der Kristallbausteine. Sie wird dann schwieriger, wenn sich die Ordnung nur über wenige Einheitszellen ausdehnt (Nahordnung), die Kristalle also sehr klein sind (einige nm), z. B. beim Allophan und Ferrihydrit.

Bei den Schichtsilicaten unter den Tonmineralen erfolgt die Identifizierung meist aus den d-Werten der Basisflächen (d_{001}-Werte), da diese für die einzelnen Tonminerale charakteristisch sind. Aus der Intensität der Reflexe können auch die Mengenanteile abgeschätzt werden. Da der Basisabstand bei den aufweitbaren Mineralen von Art und Menge der Quellflüssigkeit und der Art der Zwischenschicht-Kationen abhängig ist, wird die Probe vor der Untersuchung meist mit Mg- oder K-Ionen belegt und anschließend Glycerin oder Glykol zwischen die Silicatschichten eingelagert oder auch erhitzt. Die dabei entstehenden diagnostischen Basisabstände sind in Tab. 13 zusammengestellt. Wegen der Variabilität der einzelnen Mineraltypen können Meßwerte von den Werten der Tab. 13 abweichen.

Die Höhe der Schichtladung, nach der die Tonminerale z. T. klassifiziert werden (s. Tab. 9), läßt sich bestimmen, indem man zwischen die Schichten langkettige, aliphatische Amine ($CH_3(CH_2)_nNH_2$) einlagert[3, 4]. Ihre Anordnung im Zwischenschichtraum, von der der Basisabstand abhängt, ist eine Funktion der Schichtladung.

Auch die anderen Bestandteile der Tonfraktion, z. B. die Oxide des Al und Fe, lassen sich röntgenographisch identifizieren. Allerdings ist deren Konzentration und/oder Kristallinität häufig so gering, daß die Interferenzen nur sehr schwach sind. In solchen Fällen kann es von Vorteil sein, die Probe vor und nach Herauslösung der zu bestimmenden Komponente zu röntgen und diese beiden Diagramme voneinander abzuziehen (*Differentielle Röntgenographie*[5]). Das Differenzdiagramm zeigt dann nur die Interferenzen der extrahierten Komponenten. Verbessern lassen sich die Ergebnisse der Röntgenogra-

Tabelle 13 Basisabstand (in Å) der Tonminerale unter verschiedenen Bedingungen

Mineral	Mg-gesättigt	Mg-gesättigt + Glyzerin	K-gesättigt	K-gesättigt auf 560°C erhitzt
Illit	10	10	10	10
Smectit	14	18	12	10
Vermiculit	14	14 od. 18	10	10
Chlorit, primär	14	14	14	14*
Chlorit, sekundär	14	14	14	10 – 14
Kaolinit	7	7	7	**

* verstärkt ** Kaolinit zerstört

phie weiterhin durch Schrittzählen, Kurvenanpassung und Kurvenkorrekturen, letztere insbesondere im Bereich hoher d-Werte[6].

Minerale mit charakteristischen Kristallformen können im *Elektronenmikroskop*[7] identifiziert werden, z. B. Kaolinit, Allophan, Imogolit und Goethit. Da die Auflösung moderner Elektronenmikroskope im Å-Bereich liegt, lassen sich Minerale auch an ihren Strukturbildern erkennen (Abb. 28) und wichtige Details, wie z. B. Strukturfehler ermitteln. Die *Elektronenbeugung* eignet sich im Gegensatz zur Röntgenbeugung auch für sehr kleine Einzelkristalle. Zusätzliche Information über die Gestalt und Oberflächen der Teilchen und ihre räumliche Anordnung im Boden erhält man, wenn auch in geringerer Auflösung als bei der Elektronenmikroskopie, mit der *Rasterelektronenmikroskopie* (Abb. 27).

Bei der *Differentialthermoanalyse*[8] (DTA) wird die Probe kontinuierlich erhitzt und die Wärmetönung der dabei auftretenden Reaktionen (z. B. H_2O-Abgabe) im Vergleich zu einer inerten Probe mit Hilfe eines Differenzthermoelements registriert. Lage und Größe einiger dieser Effekte sind spezifisch für manche Minerale. Die *Thermogravimetrie* registriert Gewichtsveränderungen während der Erhitzung.

Die Absorption im Langwellenbereich (2,5 – 50 μm) (*Infrarotabsorptionsspektrometrie*[9]) erlaubt die Erkennung von Bindungstypen im Molekül, von denen M – O und M – OH (M = Al, Si, Fe u. a.) für die Identifizierung und Charakterisierung von Bodenmineralen besonders wichtig sind. Die Bedeutung der *Mössbauerspektroskopie* (resonante Absorption von γ-Strahlen) für die Bodenkunde liegt in ihrer Spezifität für Fe. Sie erlaubt die zerstörungsfreie Quantifizierung von Fe^{2+} und Fe^{3+} und die Charakterisierung der Ligandenumgebung des Fe in verschiedenen Mineralen und damit deren Identifizierung und Charakterisierung auch in sehr geringer Konzentration[10].

Nach wie vor nimmt die *chemische Analyse* einen breiten Raum ein. Die Gesamtelementgehalte sind allerdings wegen der ähnlichen Zusammensetzung der Tonminerale nicht ausreichend, geben jedoch wertvolle Hinweise (z. B. Si/Al-Verhältnis, K-Gehalt etc.). Haben Minerale eine unterschiedliche Löslichkeit in bestimmten Lösungsmitteln, so lassen sie sich differentiell extrahieren (z. B. Kaolinit und Al-Oxide mit heißer NaOH, Fe-Oxide mit Na-Dithionit, Allophan, Ferrihydrit und Mn-Oxide mit saurer Oxalatlösung, Mn-Oxide auch mit saurer Hydroxylaminlösung). Zerstörungsfrei läßt sich die chemische Zusammensetzung mit der *Röntgenfluoreszenzanalyse* untersuchen, die an Pulvern, aber auch an Einzelkörnern durch Ausblendung der Röntgenstrahlen (*Mikrosonde*) ausführbar ist. Zur chemischen Charakterisierung der Minerale gehören schließlich die Austauschkapazität, die Ladungsverhältnisse, die K-Fixierung u. v. a. Eigenschaften.

Eine *quantitative Bestimmung* der Tonminerale und Oxide ist selbst bei Kombination mehrerer Methoden nur begrenzt möglich. Dies ist vor allem darauf zurückzuführen, daß Chemismus, Kristallqualität und -größe der Tonminerale von Böden stark variieren und daher nur teilweise mit den zur Eichung herangezogenen Standardmineralen reiner Vorkommen übereinstimmen. Je mehr der erwähnten Methoden herangezogen werden, um so weitgehender kann die Auswertung erfolgen.

Literatur

[1] *Müller, G.* (1964): Methoden der Sedimentuntersuchung, 303 S. Schweizerbart, Stuttgart.

[2] *Brindley, G. B. & G. Brown* (Eds.) (1980): 495 S. Min. Soc., London.

Klug, H. P. & L. E. Alexander (1973): 966 S. Wiley, New York.

[3] *Lagaly, G. & A. Weiss* (1971): Z. Pflanzenernähr. Bodenk. *130*, 9 – 24.

[4] *Rühlicke, G. & E. E. Kohler* (1981): Clay Min. *16*, 305 – 307.

[5] *Schulze, D. G.* (1981): Soil Sci. Soc. Am. J. *45*, 437 – 440.

[6] *Stanjek, H. & R. Friedrich* (1986): Clay Min. *21*, 183 – 190.

[7] *Beutelspacher, H. W. & H. W. v. d. Marel* (1968): Atlas der Elektronenmikroskopie der Tonminerale und ihrer Beimengungen. Elsevier, Amsterdam.

Gard, J. A. (Ed.) (1971): The electron optical investigation of clays. Min. Soc., London.

[8] *Mackenzie, R. C.* (Ed.) (1957): The differential thermal investigation of clays. Min. Soc., London.

[9] *Farmer, V. C.* (Ed.) (1975): The infrared spectra of minerals. Min. Soc., London.

[10] *Murad, E.* (1988): In: *J. Stucki, B. A. Goodman & U. Schwertmann* (Eds.) Iron in soils and clay minerals, 309 – 350. Reidel, Dordrecht.

VII. Organische Substanz[1–4]

1. Definition und Einteilung

Zur organischen Substanz der Böden gehören alle in und auf dem Mineralboden befindlichen abgestorbenen pflanzlichen und tierischen Stoffe sowie deren organische Umwandlungsprodukte. Auch die durch menschliche Tätigkeit eingebrachten synthetischen organischen Stoffe (z. B. Pestizide, organische Abfälle) werden zweckmäßigerweise dazu gerechnet. Die lebenden Organismen (das aus Bodenflora und -fauna bestehende Edaphon), sowie Wurzeln gehören nicht zur organischen Substanz der Böden.

Nach dem Grad ihrer Umwandlung im Boden unterteilt man die organische Substanz des Bodens in

– *Streustoffe*, die nicht oder nur schwach umgewandelt sind und in denen die Gewebestrukturen großenteils noch morphologisch sichtbar sind. Hierzu gehören sowohl oberirdisch abgestorbene Pflanzenreste wie auch tote Wurzeln und Bodenorganismen bzw. deren Bestandteile. Diese oft auch als *Nichthuminstoffe* bezeichneten Substanzen enthalten im wesentlichen Lipide, Lignin- und Polysaccharid-Bruchstücke.

– *Huminstoffe*, stark umgewandelte, hochmolekulare Substanzen ohne erkennbare Gewebestrukturen.

Die Gesamtheit der organischen Substanzen des Bodens bildet den *Humus*, wenngleich von anderen Autoren dieser Begriff z.T. auf die Huminstoffe beschränkt wird. Der Humus ist einerseits im Boden mit dem Mineralkörper vermischt und bildet andererseits zusammen mit den Streustoffen den Auflagehumus vieler Böden. Die Begriffe *org. Substanz* und *Humus* bilden in diesem Buch Synonyme.

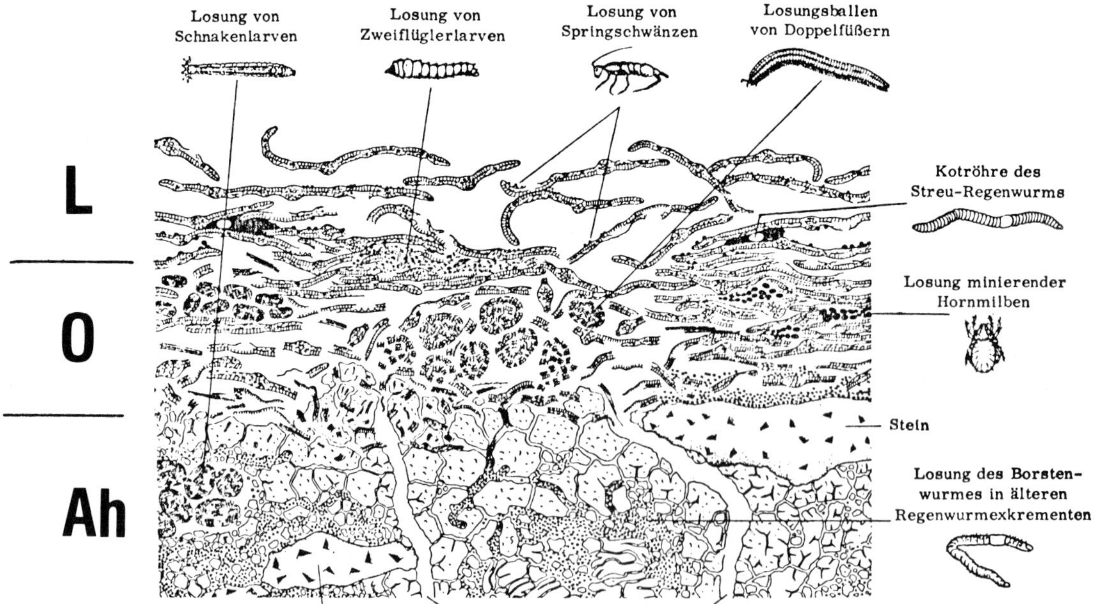

Abb. 33 Humuskörper eines Waldbodens günstiger Zersetzungsbedingung mit den Losungsspuren der im Bild vereinigten Bodentiere (L: frische Buchenstreu, O: Humusauflage, Ah: humoser Mineralboden; n. *Zachariae*[5], Tiere [nicht maßstabsgerecht] von *Böhlmann* ergänzt)

Tabelle 14a Klassifikation des Humusgehalts von Bodenhorizonten[6]

Bezeichnung	Symbol alt	Symbol neu	Humusgehalt %
humusarm	h''	h1	<1
schwach humos	h'	h2	1– 2
mittel humos	h	h3	2– 4
stark humos	$\bar{h}$	h4	4– 8
sehr stark humos	$\bar{\bar{h}}$	h5	8–15
humusreich	hh	h6	15–30

Den Abbau organischer Substanzen nennt man *Zersetzung*, deren Umwandlung in Huminstoffe *Humifizierung*. Als *Mineralisierung* bezeichnet man einen (nahezu) vollständigen mikrobiellen Abbau zu anorganischen Stoffen (CO_2, H_2O), bei dem auch die in den organischen Stoffen enthaltenen Pflanzennährstoffe freigesetzt werden (z. B. Mg, Fe, N, S).

Der Gehalt an organischer Substanz (bzw. der Humusgehalt) der einzelnen Horizonte eines Bodens und der mittlere Gehalt verschiedener Böden variieren in weiten Grenzen und unterliegen außerdem einem jahreszeitlichen Rhythmus[5]. Auflagehorizonte (s. Abb. 33) haben im allgemeinen Humusgehalte nahe 100 %, während Ah-Horizonte von Wald- und Ackerböden oft nur wenige Prozent (1,5 – 4 %) Humus enthalten. Höhere Gehalte findet man im obersten Horizont von Böden unter Dauergrünland (bis gegen 15 %). In redoximorphen Böden kommen besonders hohe Humusgehalte vor, so z. B. in Anmoorgleyen 15 – 30 %, in Niedermooren über 30 % und in Hochmooren bis nahezu 100 %. Der Humusgehalt von Bodenhorizonten wird, wie in Tab. 14a angegeben, klassifiziert.

Die stoffliche *Zusammensetzung* der organischen Substanz ist sehr heterogen, da sowohl pflanzliche wie auch tierische Ausgangsstoffe in den verschiedenen Stadien ihrer Umwandlung zu Huminstoffen vorhanden sind.

Der Kohlenstoffgehalt der organischen Substanz variiert entsprechend stark, liegt aber meist um 50 % (Tab. 28). Außer den Nichtme-

Tabelle 14b Häufige Zusammensetzung verschiedener Organismen(teile) in % der Trockensubstanz (aus *Lieth*[7], ergänzt)

	Cellulose	Lignin	Hemicell.	Zuck. Stärke[1]	Eiweiß[2]	Fette Wachse Harze[3]	Asche	C/N
Nadelhölzer								
Holz	44	30	15	1,1	1,3	7,7	0,3	100 – 400
Zuwachs[4]	44	18	9	16	4,0	5,8	4,2	40 – 80
Laubhölzer								
Holz	47	20	24	0,8	2,5	1,8	0,3	100 – 400
Zuwachs[4]	37	12	14	23	6,4	2,8	4,2	30 – 50
Wurzelholz[5]	33	22	18		1,6	1,3	1,3	190
Feinwurzeln[5]	19	33	10	>3	5,4	3,1	3,4	55
Wiesen								
Sprosse		31		50	8,7	2,7	7,6	10 – 40
Wurzeln	28	18	27		7,5	8,5		10 – 40
Getreide								
Stroh	39	24	25		2,0	(2)	5,0	50 – 100
Seen								
Phytoplankton		18		50	17	1,5	14	5 – 12
Konsumenten (Beispiele)		Chitin[6]						
Isopoden		9		19	63	3	6	
Insekten		6		23	65	3	3	
Zooplankton		9		16	50	10	15	
Zersetzer (Beispiele)								
Regenwürmer			17		58	6	19	4 – 6
Pilzmycel		10		32	25	10	6	10 – 15

[1] und andere nichtstrukturelle Kohlehydrate
[2] und andere N-haltige Verbindungen
[3] und andere ätherlösliche Verbindungen, z. B. Chlorophyll
[4] vornehmlich Nadeln bzw. Blätter
[5] von Buchen, n. *Bornkamm*
[6] und ähnliche Gerüststoffe

tallen C, H, O, N, S und P enthält die organische Substanz der Böden auch Metalle. Diese liegen entweder in austauschbarer Form vor (vor allem Ca und Mg) oder sind in Form von Komplexen meist sehr fest gebunden (z. B. Cu, Mn, Zn, Al und Fe, s. Kapitel VII 3 e).

Auf die überwiegend nach morphologischen Gesichtspunkten erfolgende Gliederung des Humuskörpers („Humusform“) wird in Kapitel XXVII 2 eingegangen, auf ihr Sorptionsvermögen für Kationen in Kapitel X 2 e und auf ihr Verhalten als Säuren in Kapitel XII 2 a.

2. Organische Ausgangsstoffe und ihre Umwandlung

Organische Ausgangsstoffe sind neben der von grünen Pflanzen durch Photosynthese produzierten Biomasse (Blätter, Nadeln, Zweige), die nach dem Abfallen bzw. Absterben als Streu *auf* den Boden fällt, abgestorbene Wurzeln, organische Ausscheidungsprodukte der Pflanzenwurzeln und Mikroorganismen sowie die Leichen von Bodentieren und Mikroorganismen. Diese Wurzel- und Edaphonrückstände fallen laufend *in* den belebten Horizonten eines Bodens an. In landwirtschaftlich genutzten Böden, vor allem in Ackerböden, werden neben eingepflügten Ernterückständen organische Stoffe auch durch Düngung (z. B. Gülle) und Abfallbeseitigung zugeführt.

Der Anteil der einzelnen Stoffgruppen schwankt bei den verschiedenen Ausgangsstoffen sehr stark (s. Tab. 14 b). Besonders wichtig für die Humifizierung sind Pektine, Cellulosen, Hemicellulosen und Lignine als Zellwandbestandteile, Proteine und verwandte N-haltige Verbindungen, Zucker und Polysaccharide als Zellinhaltsstoffe, sowie Mineralstoffe. Außerdem können in kleinen Mengen Fette, Wachse, Harze, Gerb- und Farbstoffe vorhanden sein.

Im Bodenprofil steigt der Zersetzungs- bzw. Humifizierungsgrad von oben nach unten hin an. Abb. 33 zeigt schematisch den Humuskörper eines Waldbodens mit frischer Laubstreu über zerkleinerten Blättern und Huminstoffen in Kotballen von Bodentieren. Eine Ausnahme von dieser Abfolge bilden Hoch- oder Niedermoore nach einer Entwässerung. Hier wird im oberen, belüfteten Teil des Bodens der Abbau des Torfes stark beschleunigt, so daß dann stärker humifizierte über schwächer umgewandelten Torfen liegen.

Die Mineralisierung und Humifizierung der Biomasse verläuft in drei Phasen, die aber eng ineinandergreifen:

Die *erste Phase* beginnt kurz vor oder unmittelbar nach dem Absterben der Pflanzenorgane oder Tiere und besteht in enzymatischen Reaktionen organismeneigener Stoffe. Hierbei werden im Zellinneren durch Hydrolyse- und Oxidationsvorgänge unter dem Einfluß von Enzymen hochpolymere Verbindungen in Einzelbausteine zerlegt (z. B. Stärke in Zucker); von Eiweißen werden Aminosäuren abgespalten, oder Chlorophyll wird zu Phäophytin umgesetzt. Bei diesen Reaktionen entstehen auch Anthocyane, die die herbstliche Verfärbung der Blätter bewirken. Außerdem wird ein großer Teil der vorhandenen mineralischen Nährstoffe (Fe, K, Mg u. a.) freigesetzt und kann mit dem Regenwasser ausgewaschen werden.

In der *zweiten Phase* findet zunächst eine mechanische Zerkleinerung statt, wobei Organismen der Makro- und Mesofauna (Abb. 33) die abgestorbene Biomasse zernagen oder zerbeißen, dabei aber chemisch nicht wesentlich verändern. Dabei werden zerkleinerte oberirdische Pflanzenrückstände tiefer in den Boden eingearbeitet („Bioturbation“, s. Kap. XXVII 9 a). Beim Passieren des Darmtraktes besonders von Regenwürmern und Borstenwürmern werden die zerkleinerten Rückstände dann unter Mitwirkung der Darmflora verdaut und intensiv mit den Bodenpartikeln vermischt.

In der *dritten Phase* werden die zerkleinerten Pflanzen- und Tierrückstände sowie die Exkremente der Bodentiere durch Mikroorganismen umgesetzt. Am leichtesten zersetzbar sind niedermolekulare Kohlenhydrate, Pektine und Eiweiße. Da die Bodentiere (bis auf Gerüstsubstanzen wie Chitine) vornehmlich aus solchen Stoffen bestehen, werden deren Leichen besonders rasch abgebaut. Bei Pflanzenrückständen hingegen dauert der Abbau cellulose- und ligninreicher Organismenteile wesentlich länger. Hier wird zunächst die Cellulose durch Pilze und spezialisierte Bakterien abgebaut. Lignin wird möglicherweise nur dann weitgehend abgebaut (z. B. durch Basidiomyceten), wenn leichter verwertbare Stoffe wie Kohlenhydrate fehlen. Während dieser Abbauphase geht schließlich die ursprüngliche Molekülstruktur der Biomasse vollständig verloren.

Die beim Abbau der Biomasse entstehenden Spaltprodukte werden auf unterschiedliche Weise durch die Bodenmikroorganismen genutzt: Ein bedeutender Teil der Produkte wird von heterotrophen Bakterien zur Energiegewinnung oxidiert („Betriebsstoffwechsel“).

Hierbei entstehen als Endprodukte im aeroben Milieu H_2O und CO_2, während die gebundenen Mineralstoffe von den Bakterien aufgenommen oder in die Bodenlösung abgegeben werden. Im anaeroben Bereich können die gleichen Produkte entstehen, sofern noch andere Oxidationsmittel (Elektronenakzeptoren) wie NO_3^-, Mn^{4+} oder Fe^{3+} zur Verfügung stehen. Der Abbau ist dann aber meist unvollständig und führt unter wesentlich geringerer Energieausbeute zu organischen Substanzen wie Fettsäuren oder Methan oder auch zu Wasserstoff (s. Kap. XIII). EinTeil der Spaltprodukte wird auch von Bakterien direkt aufgenommen und zur Bildung von Körpersubstanz verwendet („Baustoffwechsel").

Die *Abbaugeschwindigkeit* der Biomasse hängt einmal stark von ihrer stofflichen Zusammensetzung ab (endogene Faktoren). Je höher die Gehalte an Lignin und Cellulose, um so langsamer erfolgt im allgemeinen der mikrobielle Abbau, während ein hoher Gehalt an leicht zersetzbaren und N-haltigen Stoffen den Abbau beschleunigt. Da mit zunehmendem Alter der Pflanzen auch der Anteil cellulosehaltiger Zellwandbestandteile zunimmt („Verholzen"), werden Rückstände älterer Pflanzen langsamer als die der jüngeren abgebaut. Auch verschiedene Pflanzenteile unterscheiden sich in ihrer Zersetzbarkeit. So werden das Xylem der Wurzeln, die Epidermis und die Adern der Blätter langsamer abgebaut, weil sie ligninreicher sind. Auch Gerbstoffe (z. B. Tannine) hemmen den Abbau, so daß ihr Vorhandensein (z. B. bei Heidekraut) die Zersetzung stark verzögern kann. Pflanzen bzw. Pflanzenteile, die viel mineralische Nährstoffe enthalten, werden im allgemeinen schneller abgebaut als nährstoffarme, und die Mikroorganismen können diese Elemente für ihren eigenen Stoffwechsel verwerten.

Vor allem aber hängt die Abbaugeschwindigkeit entscheidend von den Lebensbedingungen der Bodenorganismen ab:

Temperatur: Im gemäßigten Klimabereich haben die meisten Bodenorganismen ein Temperaturoptimum von 25 – 30 °C; daher bringt eine Temperaturerniedrigung meist auch eine Verringerung der Abbaurate mit sich.

Wasser- und Sauerstoffgehalt: Der Biomasse-Abbau geht in sauerstoffreichen Böden wesentlich schneller voran als unter Sauerstoffmangel, da er energetisch günstiger abläuft. Bei zu hohen Wasserspannungen dagegen stagnieren die mikrobiellen Umsetzungen weitgehend, so daß ein Maximum der Abbaugeschwindigkeit in einem Bereich existiert, in dem die Bodenporen zu etwa 40 – 60 % mit Luft gefüllt sind. Da Sandböden bei mittleren Wasserspannungen oft zuwenig, Tonböden oft zuviel Wasser haben (s. Kap. XVI 2), ist in ihnen der Humusabbau gegenüber dem in Schluffböden mit ausgeglichenen Porenverteilungen im Mittel verlangsamt.

Nährstoffgehalte: Nährstoffmangel, der in Böden oft mit tiefem pH-Wert verbunden ist, kann die Zersetzung entscheidend hemmen. Dies trifft insbesondere dann zu, wenn auch die Biomasse wenig Nährstoffe besitzt (z. B. Streu von Coniferen), so daß bei solchen Waldstandorten die Zeit bis zum nächsten Streufall nicht für eine vollständige Zersetzung ausreicht und sich mächtige Humuslagen teilweise zersetzter Streu bilden. Standorte mit hoher Produktion an Biomasse zeichnen sich hingegen im allgemeinen auch durch einen besonders intensiven Abbau aus, da die optimalen Bedingungen gleichermaßen Pflanzen wie zersetzenden Organismen zugute kommen. Der Humusgehalt ist dann oft entsprechend niedrig.

Hemmstoffe in Streu und Ernterückständen können die Umsetzungen verzögern, so daß erst nach Auswaschung oder Umwandlung solcher Stoffe die Abbaurate zunimmt. Werden dagegen mit den Pflanzenrückständen Hemmstoffe (die oft phenolischen Charakter haben, wie Tannine, s. o.) nachgeliefert, so kann der mikrobielle Abbau langfristig unterbunden werden, wie es bei Rohhumus-liefernden Pflanzen (z. B. Fichten, Kiefern, Heidekraut) vermutet wird. Auch die aromatischen Verbindungen, die in der Anfangsphase des Abbaus mit dem Eiweiß reagieren können, haben wahrscheinlich teilweise Hemmstoffcharakter. Manche Hemmstoffe können nur von spezialisierten Organismen abgebaut werden. So wurde in Australien der Kot eingeführter Rinder erst abgebaut, nachdem auch auf diesen Kot spezialisierte Mistkäfer aus Übersee eingeführt und ausgesetzt worden waren.

Pflanzenrückstände gelangen normalerweise zunächst in den Oberboden; deswegen ist ihr Anteil an der organischen Substanz dort meist auch am höchsten. Im Waldboden sinkt daher der Anteil an Cellulose und Lignin von oben nach unten, während der Anteil an Huminstoffen steigt (Abb. 34). In dem hier dargestellten Boden ist die Eiweißfraktion auch im Unterboden relativ stark vertreten. Grund hierfür sind einmal die lebenden und toten Bodenorganismen, die bei der Analyse mit erfaßt werden, zum anderen auch die in den Huminstoffen enthaltenen Aminosäuren, die höhere Eiweißgehalte vortäuschen.

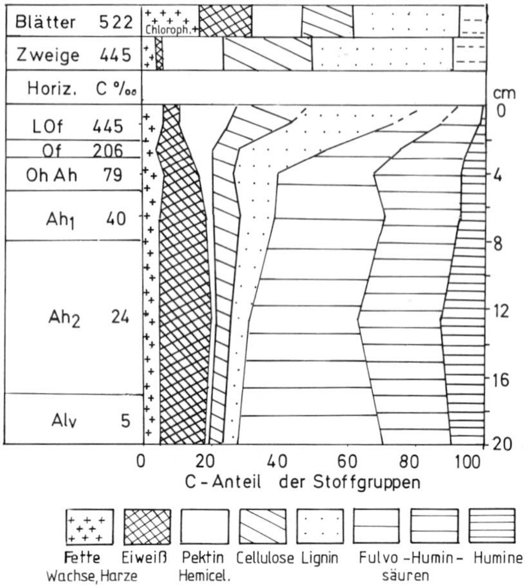

Abb. 34 Streu- und Humin-Stoffgruppen einer Geschiebemergel-Parabraunerde mit moderartigem Mull unter Buche/Eiche.
Wegen begrenzter Selektivität der Methoden konnte nur eine mögliche Zusammensetzung dargestellt werden; außerdem wurde angenommen, daß Streu-Stoffgruppen wie Aminosäuren nicht in Huminstoffen enthalten sind. Fraktionierende Extraktion: Alkohol-Benzol-lösl. = Fette, Wachse, Harze (+ Chlorophyll d. Blätter); 0,025 M H_2SO_4-lösl. reduz. Zucker = Pektin, Hemicellulose (+ Zucker, Stärke); 72 % H_2SO_4-lösl. reduz. Zucker = Cellulose; α-Amino-N × 6,25 = Eiweiß, Methoxyl × 6,7 = Lignin; Differenzierung der Huminstoffe s. Kap. VII 3c; n. *Blume*[8], verändert

Tabelle 15 Typische Produkte des anaeroben Abbaus („Fermentation") von organischen Substanzen

Substrat	Produkte
Aminosäuren	R – CH = CH – COOH
Zucker	Säuren mit 1 bis 5 C-Atomen, Fumarsäure, Alkohole, H_2, CH_4
Cellulose	Fettsäuren, Milchsäure, Bernsteinsäure, Alkohole, H_2, CH_4
Fette, Wachse	Fettsäuren

Zu den Abbauprodukten der Streu gehören neben anorganischen Stoffen (CO_2, H_2O usw.) auch niedermolekulare organische Säuren (Ameisensäure, Essigsäure, Oxalsäure) in geringer Menge. Im anaeroben (anoxischen) Bereich ist die Freisetzung solcher Säuren z. T. erheblich verstärkt (Tab. 15). Außerdem werden dann auch Kohlenwasserstoffe und sogar Wasserstoff gebildet.

3. Huminstoffe[2, 4, 9–13]

Huminstoffe sind hochmolekulare organische Verbindungen von meist dunkler Farbe. Sie bilden Teilchen von geringer Größe (< 2 μm), haben eine große spezifische Oberfläche und vermögen Wasser und andere Moleküle sowie Ionen reversibel anzulagern, Schwermetalle z. T. auch irreversibel als Komplex. Im Boden liegen sie z. T. als Einzelteilchen vor, evtl. mit Streuresten und Mineralen zu größeren Aggregaten verklebt (z. B. als Losung der Bodentiere, Abb. 33), z. T. sind sie an Tonminerale und Oxide sorbiert. Resistente Substanzen werden beim mikrobiellen Abbau selektiv angereichert.

a) Bildung von Huminstoffen

Die Huminstoffe entstehen aus Spaltprodukten des Streuabbaus. Vor ihrer Synthese werden oft größere Moleküle der Pflanzenrückstände in einfachere Verbindungen zerlegt: Polysaccharide zu Oligo- oder Monosacchariden, Eiweiße zu Peptiden oder zu Aminosäuren und aromatische Zellbestandteile wie Lignine zu einfachen phenolischen Verbindungen. Außerdem sind auch kleinere Moleküle wie Triosen, Amine oder Ammonium an der Huminstoffbildung beteiligt. Die Molekülstruktur der Pflanzenrückstände, aus denen die Huminstoffe gebildet werden, wird dabei tiefgreifend verändert. Durch langsame Oxidation vergrößert sich in charakteristischer Weise der Anteil an Carboxyl- und phenolischen OH-Gruppen an der Festsubstanz und damit die Kationenaustausch-Kapazität (KAK, s. Kap. X) der Huminstoffe.

(1) Abiotische Syntheseversuche

Über die Bildungsweise der Huminstoffe in Böden ist man vielfach auf Vermutungen und Analogieschlüsse angewiesen, die aus Syntheseversuchen in einfachen Systemen abgeleitet werden. Hierbei wird meist von niedermolekularen reaktionsfähigen Stoffen ausgegangen, die als Abbauprodukte der Pflanzenbestandteile bzw. Stoffwechselprodukte der Bodenlebewesen bekannt sind und die unter bodennahen Bedingungen mit entsprechenden Reaktionspartnern umgesetzt werden. Tab. 16 faßt einige der Mechanismen zusammen, die meist durch Radikalreaktionen zu Huminstoff-ähnlichen Produkten („Synthese-Huminstoffen") führen.

So werden Monosaccharide besonders im sauren Bereich in Furanderivate überführt, die eine große Neigung zur Polymerisation zeigen. Cyclische Ami-

Tabelle 16 Übersicht über verschiedene chemische Reaktionen bei der Bildung von huminstoffähnlichen Substanzen

Pflanzliche Ausgangsstoffe	Abbauprodukte	Reaktion und Zwischenprodukte	Mögliche Polymerisate
Stärke, Cellulose Pektine, Uronsäuren	Monosaccharide	1. Zuckerspaltung, Ringschluß	verschiedene cyclische Körper
		2. Ringschluß zu Furanderivaten	Furfurol-Polymerisate
Eiweißstoffe	Aminosäuren	1. Mit Zuckerspalt-produkten Ringschluß	Heterocyclen, teils aromatisch
		2. Tyrosin, Ringschluß der Seitenkette	Melanine
		3. Mit Naphthochinon	4-Amino-naphthochinon
N-freie Aromaten, z. T. mit glycosidischer Seitenkette	substituierte Phenole	Oxyphenole, Chinone	Phenol- und Chinon-Polymerisate
		Mit Aminen über 3-Oxyanthranilsäure	3-Oxyphenoxazoncarbon-säure

nosäuren wie Tyrosin gehen nach ihrer Oxidation zu Dioxyindolen in Melanine über, die huminstoffähnliche Eigenschaften haben. Die aromatischen Zellbestandteile wie Lignin werden durch Hydrolyse oder Abspaltung der Seitenketten und Oxidation in Phenole übergeführt. Über Oxyphenole und Oxychinone polymerisieren sie zu huminstoffähnlichen Substanzen.

Der heterocyclische Einbau des Stickstoffs in polymerisationsfähige aromatische Verbindungen ist dadurch möglich, daß Aminosäuren und auch Ammoniak sehr leicht mit z. B. Aldehyden und Furanderivaten reagieren. Werden Aminosäuren an Chinone angelagert, so entsteht zunächst ein Aminochinon. Ist eine Umlagerung in die Orthoform möglich, so kann die aliphatische Seitenkette der Aminosäure abgespalten werden, und das entstehende Aminochinon oder Aminophenol ist polymerisationsfähig. Ist diese Umlagerung nicht möglich, so bleibt die Aminoverbindung erhalten. Beide Reaktionswege sind wahrscheinlich in Böden von Bedeutung: der eine führt zum Einbau von heterocyclischem oder Brückenstickstoff in Huminstoffe, der andere zu Anlagerungen von Aminosäuren an Huminstoffe.

Allerdings läßt sich mit Hilfe von Kernresonanz- und Elektronen-Spinresonanz-Spektroskopie zeigen, daß eine völlige Übereinstimmung in allen Eigenschaften zwischen natürlichen und synthetischen Huminstoffen bisher nicht erreicht werden konnte.

(2) Syntheseversuche mit Hilfe von Organismen

Ein Schritt von der rein chemischen Synthese zur tatsächlichen Huminstoffbildung im Boden stellen Versuche dar, bei denen aus definierten chemischen Substanzen durch Enzyme oder die Tätigkeit von Mikroorganismen (Bakterien oder Pilze) Huminstoffe produziert werden. Die Bildung von N-haltigen Huminstoffen kann durch Enzyme erheblich gefördert werden. So bewirkte eine extrazelluläre Phenoloxidase („Laccase") den Einbau von Aminosäuren in Ligninspaltstücke unter Bildung einer kovalenten C – N-Bindung[14]. Die Einwirkung von Phenolasen und Peroxidasen auf ein Gemisch verschiedener niedermolekularer Stoffe (Aminosäuren, Amine, Proteine) lieferte hochpolymere, huminstoffähnliche Substanzen[15]. Huminstoffartige Verbindungen entstanden auch, wenn Glucose-Aminosäure-Gemische, verschiedene Phenole und Lignine mit Stachybotrys- und Epicoccum-Arten, ebenso verschiedene Kohlenhydrate mit Aspergillus inkubiert wurden. Auch im Substrat verschiedener Bakterienarten (Micrococcus, Bacterium, Azotobacter u. a.) wie auch von Actinomyceten wurde die Bildung von Huminstoffen beobachtet[16], ebenso durch Mycorrhiza-Pilze.

Die Übereinstimmung dieser Substanzen mit Bodenhuminstoffen erstreckte sich über sehr weite Bereiche chemischer und physikalischer Eigenschaften, wie Elementarzusammensetzung, funktionelle Gruppen, Infrarotspektren, Abbaubarkeit, Aggregationswirkung auf anorganische Bodenbestandteile und andere.

(3) Huminstoffbildung im Boden

In der Natur erfolgt die Huminstoffbildung, die Humifizierung, fast immer unter Mitwirkung des Edaphons (s. Kap. IX 4). Das Edaphon überführt mit Hilfe seiner Enzyme die hochpolymeren Ausgangsstoffe (Cellulose, Lignin usw.) in reaktionsfähigere, meist einfachere Verbindungen, aus denen dann, wiederum unter Mitwirkung von Mikroorganismen, die

Huminstoffe aufgebaut werden können. So konnte durch Markierung mit radioaktiven oder seltenen Isotopen (meist ^{14}C und ^{15}N) nachgewiesen werden, daß die Bausteine eingebrachter niedermolekularer Substanzen, wie z. B. Glucose, in sehr kurzer Zeit in die Huminsäurefraktion eingebaut worden waren.

Diese *biologische Humifizierung* verläuft besonders rasch und weitgehend bei pH-Werten um den Neutralpunkt und bei einem Überschuß von Eiweiß gegenüber löslichen phenolischen Verbindungen, da sich nur unter diesen Bedingungen das Edaphon im Boden optimal entwikkelt. Hierbei sind neben den Mikroorganismen auch kleinere Bodentiere (z. B. Regenwürmer und Enchytraeiden) von Bedeutung, die die organischen Stoffe einschließlich der Mikroorganismen zusammen mit den anorganischen Bestandteilen aufnehmen und im Darm die verdauten, chemisch z. T. umgebildeten organischen Stoffe innig mit den Mineralteilchen vermischen. Auf diese Weise können Verbindungen der organischen Stoffe mit anorganischen Bestandteilen entstehen, in denen die Huminstoffe gegen Zersetzung (Abbau) besonders stabilisiert sind (s. Kap. VIII). In sauren Böden mit der Humusform Rohhumus (s. Kap. XXVII 2) fehlen diese Bodentiere weitgehend. Dadurch unterbleibt auch die Vermischung der Huminstoffe mit den Mineralteilchen, was sich durch das Auftreten weißer Quarzkörner in den entsprechenden Ah-Horizonten zu erkennen gibt. Einzelne Schritte der Humifizierung können durch Antibiotika selektiv gehemmt werden, so z. B. der Einbau von Sulfat-Schwefel in die Huminstoffe[17].

Bei der *abiologischen Humifizierung* ist das Edaphon nur durch die Bildung der Ausgangsstoffe beteiligt; sie verläuft langsamer als die biologische Huminstoffbildung. Aus den Ergebnissen der Syntheseversuche kann geschlossen werden, daß sie vorwiegend dort Bedeutung besitzt, wo aus Pflanzenmaterial durch die Wirkung von Bodenpilzen reaktionsfähige, niedermolekulare Verbindungen freigesetzt werden, die häufig organische Radikale in hohen Konzentrationen enthalten. Dies ist besonders bei niedrigem pH und geringem N-Gehalt (hohes C/N-Verhältnis) der organischen Stoffe der Fall. Ein typisches Beispiel ist die Bildung der Hochmoore, in denen die biologische Aktivität durch die anaeroben Verhältnisse, ein niedriges pH, Nährstoffmangel und wahrscheinlich auch durch die Anwesenheit von Hemmstoffen fast ganz unterbunden ist. Auch in den Podsolen ist vermutlich der Anteil der abiologischen Humifizierung relativ hoch. Sie führt vorwiegend zur Bildung niedermolekularer Verbindungen, wie sie z. B. in den Fulvosäuren vorliegen.

b) Zusammensetzung und Eigenschaften

Huminstoffe enthalten eine Reihe von Bausteinen, wobei neben größeren Spaltstücken von Lignin, Polysacchariden und Proteinen vor allem OH-haltige aromatische (Poly-)Carbonsäuren, Chinone, Zuckerbruchstücke, O- und N-haltige Heterocyclen sowie verschiedene Aminosäuren beteiligt sind. Diese Moleküleinheiten sind durch verschiedene Brücken (-O-, -NH-, -N=, $-CH_2-$, -C=O-, -S-, auch längere Kohlenwasserstoffketten) in unterschiedlichen Mengenverhältnissen miteinander verknüpft.

Die Eigenschaften der Huminstoffe werden wesentlich von funktionellen (polaren) Gruppen bestimmt, die entweder Protonen abdissoziieren oder aufnehmen können (Tab. 17). In den meisten Fällen erhalten die Huminstoffe

Tabelle 17 Funktionelle Gruppen von Huminstoffen und ihre Herkunft (abgewandelt nach[9])

Funktionelle Gruppe	wichtigste Herkunft	Wirkung
– OH Hydroxyl (Phenol)	Phenole, Lignin	Säure
– OH Hydroxyl (Alkohol)	Alkohole, Coniferylalkohol, (Stoffwechselprodukte)	Komplexbildung
– COOH Carboxyl	Carbonsäure, Aminosäuren, (meist Oxydationsprodukte von Kohlenhydraten und ähnl. Verbindungen)	Säure
>C=O Carbonyl (oft Chinon)	Oxidation von Phenolen	Komplexbildung
R-O-R Äther	Kohlenhydrate, Lignine	
$-OCH_3$ Methoxyl	Lignine	
$-NH_2$ Amino	Aminosäuren, Aminozucker, Proteine	Komplexbildung, Base
heterocyclischer Stickstoff	Heterocyclen, Melanine	

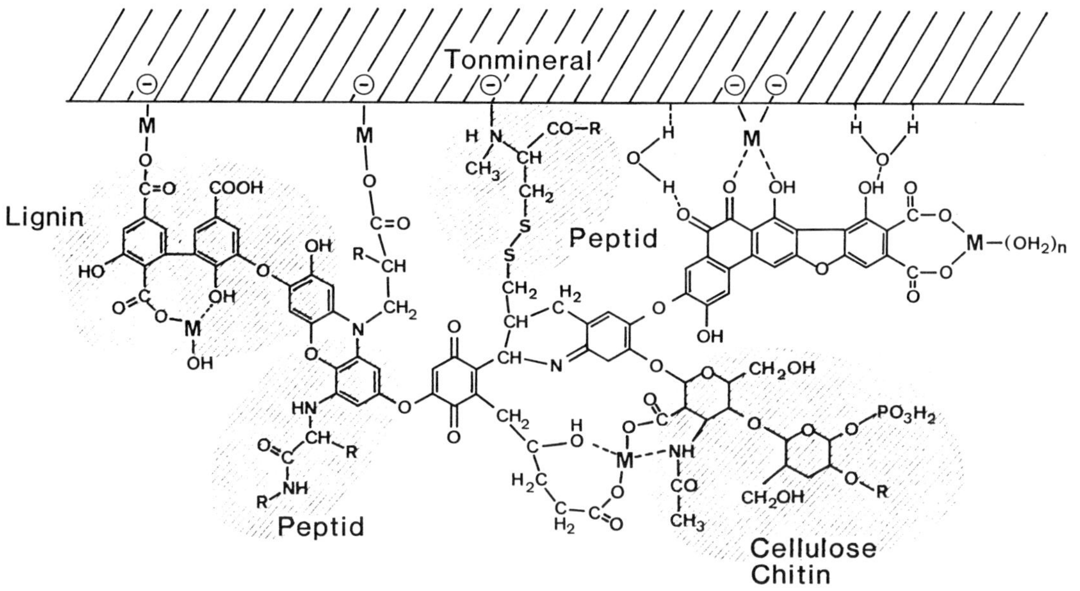

Abb. 35 Strukturschema eines Huminstoffmoleküls und seiner Bindung an die Oberfläche eines Tonminerals. Einzelne Reststücke größerer Moleküle sind erkennbar. M = Metallkationen (abgewandelt nach[13])

dadurch Säurecharakter, und auch der Ersatz von Protonen durch Metallkationen (austauschbar oder in Form stabiler Komplexe) ist für die Reaktionen im Boden von großer Bedeutung. Auf die Fähigkeit des Kationenaustausches wird in Kap. X 2e näher eingegangen.

Die Zusammensetzung der Huminstoffe variiert aufgrund unterschiedlicher Bildungsbedingungen (Bodentyp, Vegetation, Bodenleben) sehr stark. Nach neueren Untersuchungen mit ^{13}C-Festkörper-NMR an unveränderten Proben stellt die Polysaccharidkomponente in der org. Substanz von Waldböden den größten Teil, während der Anteil an Aromaten geringer (< 25 %) zu sein scheint als bisher angenommen[18].

Neben Kohlenstoff, Wasserstoff und Sauerstoff kommen selbst in chromatographisch gereinigten Humin- und Fulvosäuren bestimmte, meist aus Eiweißspaltstücken stammende Elemente in geringen Konzentrationen stets vor:

Stickstoff ist ein wichtiger Bestandteil aller Huminstoffe. Aminosäuren und Aminozucker bilden mit zusammen etwa 30 – 70 % des gesamten organischen Stickstoffs den Hauptteil der N-haltigen Molekülbausteine[19]. Das C/N-Verhältnis der einzelnen Fraktionen schwankt zwischen 7 – 15 für Huminsäuren und 20 – 100 für gereinigte Fulvosäuren (Tab. 18).

Auch *Schwefel* ist in Huminstoffen stets enthalten (C/S ≈ 100 – 200). In landwirtschaftlich genutzten Böden sind bis zu 90 % des Schwefels in Huminstoffen gebunden, etwa die Hälfte davon in esterartiger Bindung[17].

Auch *Phosphor* kommt in Huminstoffen häufig vor. Durch Kernresonanzspektroskopie (^{31}P) an Huminstoffextrakten alpiner Böden wurde gefunden, daß die wichtigsten Bindungsformen Orthophosphatmono- und -diester sind; beide Fraktionen zusammen machen etwa 60 – 90 % des gesamten Phosphors dieser Bodenfraktion aus, entsprechend 25 – 35 % des Gesamtphosphors[20].

Die wechselnden Mengenverhältnisse, die unregelmäßige Verknüpfung sowie die unterschiedlichen Substituenden an den aromatischen oder heterocyclischen Kernen lassen es nicht zu, ein allgemein gültiges Humin- oder Fulvosäure-Molekül oder ein „Monomeres“ einer polymeren Huminstoffverbindung zu definieren. Ein mögliches Molekülmodell, das die wichtigsten der bisher nachgewiesenen Atomgruppierungen wie auch ihre ungefähren Mengenverhältnisse widerspiegelt, ist in Abb. 35 in adsorptiver Bindung an einem Tonmineral dargestellt. Statistische Überlegungen weisen darauf hin, daß in 1 kg Huminstoff nur etwa zwei identische Huminsäure-Moleküle zu erwarten sind. Allerdings kann man oft nicht klar zwischen Huminstoffen und unveränderten Resten der Streustoffe unterscheiden.

c) Huminstoff-Fraktionen

Eine Unterteilung der Huminstoffe nach strukturchemischen Gesichtspunkten ist wegen ihrer heterogenen Zusammensetzung nicht durchführbar. Trotz der bekannten Unzulänglichkeiten der Auftrennung auf der Basis der Lauge- bzw. Säurelöslichkeit wird daher die Unterteilung in Fulvosäure, Huminsäure und Humin aus praktischen Gründen beibehalten (s. Kap. VII 6). Die Gruppe der Huminsäuren wurde verschiedentlich weiter unterteilt in *Grauhuminsäuren*, die in alkalischer Lösung durch eine hohe Elektrolytkonzentration ausgeflockt werden, und *Braunhuminsäuren*, die dabei in Lösung bleiben. Weiterhin können die in Ethanol und Acetylbromid löslichen *Hymatomelansäuren* abgetrennt werden.

In Tab. 18 sind verschiedene Eigenschaften von Huminstoff-Fraktionen zusammengestellt. Diese Eigenschaften variieren jedoch stark, da sie wesentlich von den Bildungsbedingungen der Huminstoffe (Bodentyp, Vegetation, Bodenbiologie) abhängen.

(1) Fulvosäuren

Die Fulvosäuren (früher z. T. auch als Krensäuren bezeichnet) sind der alkalilösliche, nicht säurefällbare Teil der organischen Substanz. Sie unterscheiden sich von den Huminsäuren vor allem durch ihr niedrigeres Molekulargewicht und durch den meist höheren Gehalt an funktionellen Gruppen (hauptsächlich Carboxylgruppen, Tab. 19). Der Anteil von Polysaccharid-Bausteinen kann bis zu 30 % betragen; aromatische Komponenten sind kaum vorhanden. Fulvosäuren sind ebenso wie ihre Salze, die Fulvate, teilweise wasserlöslich und vermögen Mangan- und Eisenoxide durch Reduktion zu lösen und Metallionen komplex zu binden (s. Kap. VII 3 e).

In Böden liegen die Fulvosäuren oft in adsorbierter Form vor, gebunden z. B. an Eisen- und Aluminiumoxide, Tonminerale und höhermolekulare organische Verbindungen.

Die Fulvosäuren entstehen besonders bei niedriger biologischer Aktivität bzw. niedrigem pH aus dem Abbau von Polysacchariden und bilden daher in Podsolen den Hauptteil der Huminstoffe. Außerdem können sie auch durch Aufspaltung größerer Huminstoff-Moleküle entstehen, wie z. B. bei der Versauerung von Schwarzerden nachgewiesen wurde.

(2) Huminsäuren

Als Huminsäuren werden die organischen Stoffe bezeichnet, die aus dem alkalischen Boden-

Tabelle 18 Allgemeine Eigenschaften von Huminstoff-Fraktionen

Merkmal	Fulvosäuren	Huminsäuren: Hymatomelansäuren	Huminsäuren: Braunhuminsäuren	Huminsäuren: Grauhuminsäuren	Humine
Farbe	gelb – gelbbraun	braun	tiefbraun	grauschwarz	schwarz
C-Gehalt (%)	43 – 52	58 – 62	50 – 60	58 – 62	>60
N-Gehalt (%)	0,5 – 2	4 – 5	3 – 5	5 – 8	unterschiedlich
Molekulargewicht	800 – 9000	zunehmend bis 10^5 ⟶			unterschiedlich
Molekülbausteine	mehr Polysaccharide ⟷ mehr Aromaten				
innere Vernetzung		zunehmend ⟶			
Löslichkeit, funktionelle Gruppen, O-Gehalt, Säurestärke		abnehmend ⟶			

Tabelle 19 Sauerstoffhaltige funktionelle Gruppen von Fulvo- und Huminsäuren aus Böden unterschiedlicher Klimazonen (arktisch bis tropisch) (Schwankungsbereiche in Milliäquivalenten/kg, Mittelwert in Klammern) nach[13]

Funktionelle Gruppe	Fulvosäuren (mval/kg)	Huminsäuren (mval/kg)
Gesamtacidität	640 – 1420 (1030)	560 – 890 (670)
– COOH	520 – 1120 (820)	150 – 570 (360)
– OH (sauer)	30 – 570 (300)	210 – 570 (290)
– OH (alkoholisch + schwach sauer)	260 – 950 (610)	20 – 490 (260)
= C = O (Keton + Chinon)	120 – 420 (270)	10 – 560 (290)
– O – CH_3	30 – 120 (80)	30 – 80 (60)

extrakt durch starke Säuren (H_2SO_4, HCl) wieder ausgefällt werden. Sie besitzen ein höheres Molekulargewicht, enthalten mehr aromatische Anteile und -CH_2-Gruppen, aber weniger Polysaccharidfragmente als die Fulvosäuren.

Huminsäuren sind in Wasser schwerlöslich und bilden auch mit mehrwertigen Kationen (Ca, Mg, Fe, Al) schwerlösliche Verbindungen (Humate). Die höhere Löslichkeit in Natronlauge beruht neben der Wirkung des Na^+ darauf, daß durch Dissoziation von schwach sauren Gruppen die pH-abhängige Ladung der Huminsäuren erhöht und damit die Hydratisierung erleichtert wird. Ferner werden durch die pH-Erhöhung bestehende Bindungen zu anderen Humaten gelöst. In organischen Lösungsmitteln sind Huminsäuren dann relativ gut löslich, wenn sie mit den Huminstoffen Elektronenübertragungskomplexe („charge transfer complexes") eingehen können. Das gilt besonders für Lösungsmittel, die polar sind und auch als Elektronenakzeptoren oder -donatoren auftreten können, z. B. Dimethylformamid, Phenol, Dimethylsulfoxid.

Der Säurecharakter der Huminsäuren und damit auch die Fähigkeit zum Kationenaustausch beruht wie bei den Fulvosäuren vorwiegend auf der Anwesenheit von COOH- und phenolischen OH-Gruppen. Die Anzahl dieser sorbierenden Gruppen ist bei den Huminsäuren jedoch geringer als bei den Fulvosäuren (Tab. 19).

Das Röntgenbeugungsdiagramm isolierter Huminsäuren weist breite Interferenzen auf, die auf eine graphitähnliche Struktur oder auf ein schlecht geordnetes System aromatischer Strukturen hindeuten.

Die *Hymatomelansäuren* sind in verrottendem organischen Material angereichert, so z. B. in faulem Holz und Stallmist.

Im Elektronenmikroskop unterscheiden sich Humin- und Fulvosäuren nicht wesentlich; sie zeigen je nach Probenherkunft und Art der Probenbehandlung (Dispergierung, Trocknung) kugelige Partikel mit einem meist schwammigen Gefüge aus faserartigen Elementen, deren Dicke zwischen 0,02 und 5 μm variieren kann[21, 22].

(3) Humine

Als Humine werden die in kalter Natronlauge unlöslichen Anteile der Huminstoffe bezeichnet. In die Huminfraktion fallen jedoch auch diejenigen Humin- und Fulvosäuren, die so fest an Tonminerale gebunden sind, daß sie nicht mit kalter Natronlauge extrahiert werden können. Ein großer Teil der Huminfraktion besteht aus wenig zersetzten Tier- und Pflanzenresten, die strenggenommen nicht zu den Huminen zu rechnen sind, methodisch aber nur schwer oder gar nicht abgetrennt werden können.

d) Alter der Huminstoffe

Das durch ^{14}C-Datierungen bestimmte Alter der einzelnen Huminstofffraktionen ist unterschiedlich. Kleinere, noch wenig veränderte Bruchstücke von Lignin und Polysacchariden haben erwartungsgemäß meist ein Alter von wenigen (10 – 100) Jahren. Für leichtbewegliche und niedermolekulare organische Substanzen werden zwischen 25 und einigen hundert Jahren angegeben. Unter den immobilen Huminstoffen haben oft diejenigen Anteile das geringste Alter (wenige hundert Jahre), die an die Feintonfraktion der Bodenminerale gebunden sind[23], während Fulvosäuren, Huminsäuren und Humine wesentlich älter sein können (Tab. 20). Oft haben hierbei nicht die am schwersten löslichen Humine, sondern die Huminsäuren das größte ^{14}C-Alter, was auf den großen Anteil gering zersetzter Pflanzenreste in der Huminfraktion hinweist. Dies beruht auf der hohen Abbauresistenz der Huminsäuren: die Abbaugeschwindigkeit durch Bodenbakterien sinkt allgemein in der Reihenfolge Fulvosäure > Hymatomelansäure > Grauhuminsäure > Braunhuminsäure. So wurden in 120 Tagen bei 25 °C nur etwa 2 % des als Braunhuminsäure eingesetzten Kohlenstoffs, hingegen nahezu das gesamte Fulvosäure-C umgesetzt[24].

Mit zunehmender Profiltiefe steigt das ^{14}C-Alter der organischen Substanz wie auch von einzelnen Huminstofffraktionen an (Tab. 21). Da die Zusammensetzung der stabilen C-Isotope ($\delta^{13}C$) im unter-

Tabelle 20 ^{14}C-Alter verschiedener Huminstofffraktionen einer Schwarzerde (Agh-Horizont) und eines Moorbodens[24]

	ungefähres Alter in Jahren Schwarzerde	Moorboden
Fulvosäuren	1800	4300
Hymatomelansäuren	1400	4500
Huminsäuren	4900	5400
Humine	2900	3500

Tabelle 21 ^{14}C-Alter der gesamten organischen Substanz sowie von Huminsäure- und Huminfraktion eines Mollisols (China)[25]

Horizont	Tiefe (cm)	Org. Substanz (%)	Alter (Jahre vor heute) Org. Subst.	Huminsäuren	Humine
Ah_1	0 – 19	3,9	290 ± 60	710 ± 60	480 ± 60
Ah_2	25 – 40	3,1	2050 ± 70	2860 ± 70	2360 ± 90
Ach_1	45 – 65	2,5	3130 ± 70	4470 ± 110	3840 ± 80
Ach_2	65 – 105	1,6	5660 ± 80	5120 ± 80	4000 ± 80

suchten Profil konstant war und sich nicht von der des frischen Pflanzenmaterials unterschied, weist der Alters-Gradient (ca. 70 Jahre/cm Bodentiefe) auf eine langsame, gleichmäßige Einarbeitung der Huminstoffe hin.

e) Metallorganische Komplexe

Zwischen organischen Substanzen und mineralischen Bodenkomponenten bestehen eine Vielzahl sehr enger Wechselwirkungen (s. Kap. VIII). Von besonderer Bedeutung ist der Einfluß löslicher, komplexierend wirkender organischer Stoffe auf die Löslichkeit von Metallen. Vor allem die Löslichkeit von Eisen und Aluminium sowie von essentiellen Schwermetallen (Mn, Cu, Zn u. a.) und potentiell toxischen (Hg, Cd, Pb u. a.) kann durch Bildung löslicher metallorganischer Komplexe beträchtlich erhöht werden. Damit beeinflussen organische Komplexbildner die Mineralverwitterung (Kap. II 2d) und die Verlagerung von Metallen im Boden (Kap. XXVII 5). Auch die Versorgung der Pflanzen mit Mikronährstoffen und die ökologische Wirksamkeit potentiell toxischer Schwermetalle in Böden (Kap. XXII) steht in enger Beziehung zur Dynamik organischer Komplexbildner.

(1) Organische Komplexbildner

Als Komplexbildner wirken Fulvo- und Huminsäuren sowie niedermolekulare organische Stoffe, die beim Abbau von Vegetationsresten und organischen Abfällen freigesetzt, bei mikrobiellen Stoffwechselvorgängen neu gebildet und von Pflanzenwurzeln ausgeschieden werden. Zu diesen Stoffgruppen gehören vor allem einfache aliphatische Carbonsäuren (z. B. Oxalsäure, Fumarsäure), Hydroxycarbonsäuren (z. B. Citronensäure, Weinsäure, Gluconsäure) und Ketosäuren (Oxalessigsäure, Ketoglutarsäure u. a.) sowie aromatische Hydroxycarbonsäuren (Salicylsäure, Protocatechusäure, Gallussäure), Dihydroxybenzole (z. B. Brenzcatechin, Hydrochinon) und verschiedene Aldehyde (z. B. Salicylaldehyd), Polyphenole und Aminosäuren. Die Konzentration dieser Komplexbildner in der Bodenlösung wird in starkem Maße vom Gehalt an zersetzbarer organischer Substanz und von der Mikroorganismentätigkeit beeinflußt. Sie kann mehr als 10^{-3} Mol/l betragen[26] und eine stärker komplexierende Wirkung als eine 10^{-4} M EDTA- oder Salicylat-Lösung aufweisen. Der Gehalt der Bodenlösung an organischen Verbindungen beträgt in A-Horizonten verschiedener Böden weniger als 10 bis mehr als 400 mg C/l.

Weiterhin können auch synthetische Komplexbildner [z. B. Ethylendiamintetraessigsäure (EDTA), Nitrilotriacetat (NTA), Detergentien u. a.] durch die Ausbringung von Klärschlamm und anderen Siedlungsabfällen sowie die Verrieselung von Abwasser in die Böden gelangen und dort z. B. eine Mobilisierung von Schwermetallen bewirken.

Die Bindung der Metalle an die organischen Komplexbildner findet durch funktionelle Gruppen statt. Hierbei handelt es sich vor allem um Carboxyl-(-COOH), Carbonyl-(=CO), phenolische Hydroxyl-(Aromat-OH), Methoxyl-(-OCH_3), Amino-(-NH_2), Imino-(=NH) und Sulfhydryl-(-SH)-Gruppen[4, 13]. Die Bindung zwischen Metall und organischen Liganden kann dabei durch elektrostatische Kräfte zwischen positiv geladenen Metallionen und negativ geladenen funktionellen Gruppen oder durch kovalente Bindung mit gemeinsamen Elektronenpaaren zwischen Metall und O- oder N-Atomen der funktionellen Gruppen und auch durch beide Bindungsarten gleichzeitig erfolgen. Die Bindung der Metalle an die organischen Liganden erfolgt bei COOH-Gruppen und z. T. auch bei phenolischen OH-Gruppen unter Abgabe von Protonen. Wird das Metall durch zwei oder mehrere funktionelle Gruppen der Komplexbildner unter Bildung von 5- oder 6gliedrigen Ringen eingeschlossen, dann entstehen Komplexe sehr hoher Stabilität, die als Chelate (Scherenverbindungen) bezeichnet werden. In Abb. 36 sind verschiedene Chelatkomplexe dargestellt.

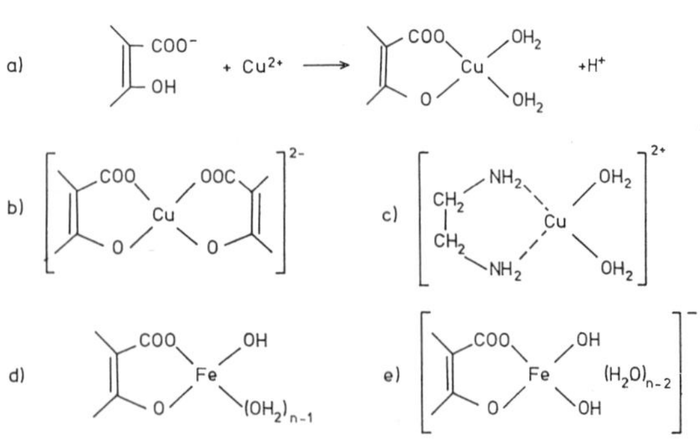

Abb. 36 Chelatkomplexe von Kupfer bzw. Eisen mit Carboxyl- und phenolischen OH-Gruppen von Fulvosäure sowie Beispiel für ein Kupfer-Diamin-Chelat (c)

(2) Eigenschaften metallorganischer Komplexe

In Abhängigkeit von den Eigenschaften und der Konzentration der jeweiligen Metalle und Komplexbildner sowie der Bodenreaktion entstehen lösliche metallorganische Komplexe sehr unterschiedlicher Art und Stabilität, die positiv, negativ oder ungeladen sein können (Abb. 36). Schwermetalle liegen in der Bodenlösung offenbar vorwiegend als anionische Komplexe mit Chelat-Strukturen vor (Abb. 36 b, e).

Neben Eisen kann auch Aluminium – vor allem mit Dicarbon- und Hydroxycarbonsäuren (z. B. Citronensäure, Salicylsäure) sowie Hydroxybenzolen – negativ geladene Komplexe bilden[4, 28]. Dadurch wird die Löslichkeit der Metalle vor allem bei pH-Werten oberhalb 5 bis 6 im Vergleich zu anorganischen Lösungsgleichgewichten beträchtlich erhöht[27]. In Abb. 37 ist die unterschiedliche Löslichkeit von Zink und Kupfer in einem mineralischen Boden mit und ohne Zusatz an organischen Komplexbildnern dargestellt. Unterhalb von pH 5 – 6 kann die Metallöslichkeit durch Adsorption der negativ geladenen metallorganischen Komplexe an positiv geladenen Eisen- und Aluminiumoxiden erniedrigt werden. Auf diese Weise können bei der Podsolierung organische Fe- und Al-Komplexe aus dem Oberboden im Unterboden an Oxiden ausgefällt werden und u. a. damit die Entstehung von Bhs-Horizonten bewirken (Kap. XXVII 5). Bei pH-Werten unterhalb von 3 – 4 werden schwächere Komplexe durch die erhöhte Protonenkonzentration wieder aufgespalten und die gebundenen Metallionen freigesetzt (vgl. Abb. 37 b).

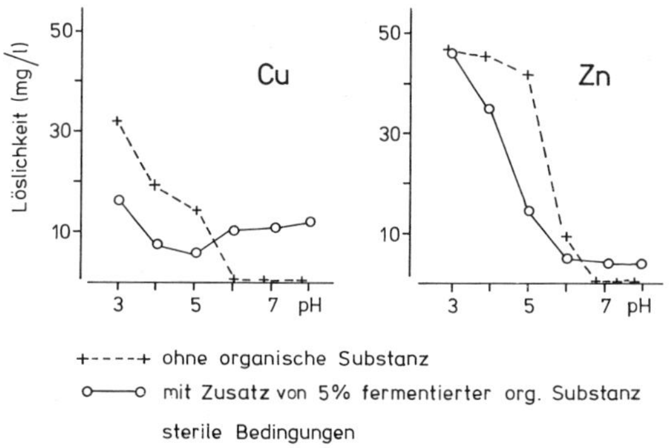

Abb. 37 Einfluß von pH-Wert und organischen Komplexbildnern auf die Löslichkeit von Kupfer und Zink in einem belasteten Sandboden (Cu_t: 115 mg/kg, Zn_t: 123 mg/kg)[27]

Die Löslichkeit metallorganischer Komplexe wird in starkem Maße vom Mol-Verhältnis zwischen Komplexbildner und Metall bestimmt. Bei einem Überschuß an Fulvosäuren oder anderen löslichen Komplexbildnern können Verbindungen hoher Löslichkeit mit einem Mol-Verhältnis von Komplexbildner zu Metall von 2 : 1 bei zweiwertigen Kationen (Abb. 36 b) und von 3 : 1 bei dreiwertigen Kationen gebildet werden. Mit zunehmendem Metallangebot entstehen Komplexe mit einem Mol-Verhältnis von 1 : 1 (Abb. 36 a) und schließlich unlösliche Komplexe mit einem Mol-Verhältnis < 1[4]. Neben Chelaten können bei hohem Metallangebot auch einfache Komplexe zwischen Metallen (M) und Carboxyl-Gruppen, z. B. des Typs -COOM(OH), gebildet werden. Das Mol-Verhältnis von Komplexbildner zu Metall ist außerdem meist vom pH abhängig und steigt mit zunehmendem pH. Damit nehmen gleichzeitig Löslichkeit und Stabilität der metallorganischen Komplexe zu [27, 28]. Beim Kupfer steigt ab pH 5,5, beim Zink ab pH 6,5 der komplexierte Anteil in der Bodenlösung stark an (Abb. 37). Bei pH-Werten um oder über 7 liegen viele Schwermetallionen fast zu 100 % komplexiert in der Bodenlösung vor.

Als Maß für die Stabilität metallorganischer Komplexe werden meist Stabilitätskonstanten verwendet.

Wenn a Mole eines Metalls M mit b Molen eines organischen Komplexbildners (= Ligand) L einen Komplex der Zusammensetzung M_aL_b bilden, dann gibt die Stabilitätskonstante K – nach dem Massenwirkungsgesetz

$$K = \frac{[M_aL_b]}{[M]^a\,[L]^b}$$

– das Verhältnis der Konzentrationen (Aktivitäten) von gebildeten Komplexen zu nicht umgesetzten Ausgangssubstanzen an und ist damit ein Maß für die Stabilität der jeweiligen Komplexe. Die Höhe der Stabilitätskonstanten K hängt dabei weitgehend von der Stöchiometrie der Komplexe und damit von der Zahl der Mole a und b ab. Da diese in der Regel nicht bekannt ist, werden die Komplexstabilitäten meist für einen hypothetischen 1 : 1-Komplex der Zusammensetzung ML angegeben[29, 30].

Für die in Böden gebildeten metallorganischen Komplexe ist die Ermittlung von Stabilitätskonstanten besonders schwierig, da in der Bodenlösung viele, z. T. noch unbekannte Komplexbildner nebeneinander vorliegen, die wiederum meist mehrere verschiedene funktionelle Gruppen aufweisen und damit mehrere Arten von Komplexen bilden können[29, 30]. Die in der Literatur angegebenen Stabilitätskonstanten für Fulvo- und Huminsäure-Metall-Komplexe sind damit stark von den Untersuchungsbedingungen und Auswerteverfahren abhängig und werden deshalb als „konditionelle“ Stabilitätskonstanten bezeichnet. Im allgemeinen nimmt die Stabilität der Komplexe in folgender Reihe ab[4, 26]: $Hg^{2+} > Fe^{3+} > Al^{3+} > Cu^{2+} > Pb^{2+} > Fe^{2+} > Ni^{2+} > Co^{2+} > Cd^{2+} > Zn^{2+} > Mn^{2+} > Ca^{2+} > Mg^{2+}$.

Für konditionelle Stabilitätskonstanten von Cu-, Pb-, Cd- und Zn-Huminsäure-Komplexen werden für pH 5 – 5,5 log K-Werte von 8,65, 8,35, 6,25 und 5,72 angegeben[11], für Cu-, Pb- und Zn-Fulvosäure-Komplexe Werte von 4,0, 4,0 und 3,6[4]. Die ermittelten Werte steigen in der Regel mit dem pH an und nehmen mit steigender Elektrolytkonzentration ab. Sie sind deutlich niedriger als die entsprechenden Stabilitätskonstanten von EDTA- und DTPA-Metallkomplexen. Damit sind die durch Humin- und Fulvosäuren komplexierten Metalle leichter pflanzenverfügbar als durch EDTA und DTPA gebundene Metalle und können außerdem durch beide Chelatoren aus dem Boden extrahiert werden. EDTA- und DTPA-Lösungen stellen gebräuchliche Extraktionsmittel zur Bestimmung der Gehalte an pflanzenverfügbaren essentiellen wie auch potentiell toxischen Schwermetallen in Böden dar.

Der Anstieg der Stabilitätskonstanten mit dem pH ist für die verschiedenen Elemente unterschiedlich und wird durch die Bildung von organischen Hydroxo-Metall-Komplexen beeinflußt sowie durch die Ausfällung von Metallhydroxiden begrenzt. So findet man z. B. beim Eisen mit steigendem pH zunächst die Bildung von Mono-, dann von Dihydroxo-Komplexen mit Huminsäure-Molekülen[4] (Abb. 36 d, e) und zuletzt von Eisen(III)-Oxiden. Anstelle von OH-Ionen oder zusätzlich zu diesen können auch Phosphate und andere Anionen an das Metallion angelagert werden, so daß dann z. B. organische Metall-Phosphat-Komplexe entstehen.

(3) Rhizosphäreneffekt

In stark durchwurzelten Oberböden und insbesondere in der direkten Umgebung der Pflanzenwurzeln – der Rhizosphäre – werden besonders viele lösliche Komplexbildner durch Wurzelexsudate und mikrobielle Neubildung, Umbildung oder Freisetzung aus abgestorbenen Wurzelresten gebildet. Dadurch können Makro- und vor allem Mikronährelemente mobilisiert und verfügbar werden. So vermögen Pflanzen z. B. bei Eisenmangel durch erhöhte Ausscheidung von Protonen sowie von komplexierend und z. T. auch reduzierend wirkenden organischen Substanzen Eisen durch Säureangriff sowie z. T. durch Reduktion und durch Komplexierung aus Fe(III)-Oxiden freizusetzen und in verfügbare Fe(III)- und Fe(II)-Komplexe umzuwandeln[31]. In gleicher Weise können weitere essentielle Schwermetalle mobilisiert werden. Wurzelexsudate und Mikroorganismen-Ausscheidungen bestehen u. a. aus niedermolekularen organischen Substanzen wie Citronensäure, Ketogluconsäure, Hydroxamsäure, verschiedenen Hydroxycarbonsäuren u. a. sowie aus höhermolekularen Verbindungen wie Polygalacturonsäuren und Polysacchariden[31, 32]. Durch solche Substanzen können auch potentiell toxische Schwermetalle (Hg, Pb, Cd u. a.) mobilisiert werden; die gebildeten Schwermetallkomplexe sind jedoch in der Regel wesentlich weniger toxisch als freie Schwermetallkationen. Durch organische Komplexbildner kann damit z. T. Schwermetalltoxizität verringert werden. In stark sauren Böden können auf diese Weise auch toxisch wirkende Al-Ionen (s. Kap. XII und Kap. XXII) in der Rhizosphäre zum beträchtlichen Teil in eine nichttoxische Form überführt werden. Auch die wechselseitigen Einflüsse verschiedener Pflanzen auf Keimung und Wachstum anderer Pflanzen (Allelopathie) sowie derselben Pflanzenart in folgenden Vegetationsperioden (Bodenmüdigkeit) sind z. T. auf die Wirkung von Wurzelexsudaten und mikrobiellen Umwandlungsprodukten abgestorbener Wurzeln zurückzuführen. Höhere Gehalte an Fulvosäuren und Huminsäuren in der Bodenlösung beeinflussen ebenfalls das Pflanzenwachstum und wirken meist wachstumsstimulierend.[33]

(4) Einfluß der Redoxbedingungen

Unter reduzierenden Bedingungen, wie sie in Grund- und Stauwasserböden sowie Unterwasserböden und -sedimenten herrschen, findet im Vergleich zu oxidierenden Bedingungen eine wesentlich stärkere Bildung von metallorganischen Komplexen statt, da fakultativ und obligat anaerobe Mikroorganismen verstärkt komplexierend und reduzierend wirkende organische Stoffe produzieren[34]. So können aromatische Polyhydroxycarbonsäuren (z. B. Gallus- und Protocatechusäure) und deren Aldehyde sowie eine Reihe anderer organischer Komplexbildner sowohl Protonen als auch Elektronen abgeben und damit z. B. Mangan- und Eisenoxide durch Reduktion und Komplexierung in Mn^{2+}- und Fe^{2+}-Komplexe überführen (s. Kap. XIII). Auch in Böden mit vorwiegend oxidierenden Bedingungen kann auf diese Weise in Nässephasen eine Mn- und Fe-Mobilisierung stattfinden.

Von einer verstärkten Komplexierung durch lösliche organische Stoffe unter reduzierenden Bedingungen können auch die meisten Schwermetalle betroffen sein, wenn sie nicht als Schwermetallsulfide ausgefällt werden. Dadurch kann es vor allem in starkbelasteten fluvialen und limnischen Unterwasserböden und -sedimenten zu so hohen Schwermetallgehalten in der Porenlösung und in bodennahen Wasserschichten kommen, daß Schadwirkungen durch Schwermetalle ausgelöst werden können. Bekannt ist vor allem die Mobilisierung von Quecksilber unter reduzierenden Bedingungen. Dabei werden durch mikrobielle Alkylierung leichtlösliche und gasförmige Quecksilberalkylverbindungen [$HgCH_3Cl$ und $Hg(CH_3)_2$ u. a.] gebildet. In gleicher Weise, aber in geringerem Ausmaß können auch Alkyle des Bleis und einiger anderer Schwermetalle entstehen. Da solche Schwermetallalkyle in hohem Maße mobil sind, können sie – vor allem unter aquatischen Bedingungen – in der Nahrungskette angereichert werden (s. Kap. XXII 4 d).

4. Gleichgewicht zwischen Anlieferung und Abbau der organischen Substanz

Organische Stoffe werden dem Boden in Form von Bestandsabfall, Wurzeln, Ernterückständen, abgestorbenem Edaphon und als organische Düngung zugeführt.

Die jährliche Streuerzeugung hängt vom Klima und von den Bodenverhältnissen sowie vom Vegetationstyp ab[35]. In Wäldern wird allgemein mehr Biomasse produziert als in Steppen oder gar Tundren und Wüsten (Tab. 22).

Bei mitteleuropäischen Ackerböden verbleiben mit den Ernterückständen im Mittel 1 – 2 t/ha/Jahr Trockenmasse im Boden, bei Hackfrüchten weniger, bei Leguminosen mehr, und zwar teilweise überwiegend als Wurzelstreu (Tab. 24). Diese Menge entspricht in Deutschland etwa einer durchschnittlichen Stallmistdüngung.

Die in den Boden gelangenden organischen Stoffe unterliegen z. T. einer schnellen Mineralisierung, während ein anderer Teil humifiziert und erst im Lauf von Jahren bzw. Jahrzehnten zersetzt wird. Der Humusgehalt eines Bodens wird daher durch die Anlieferungsrate von Biomasse und bereits vorhandener organischer Substanz bestimmt. Die Geschwindigkeit beider Reaktionen hängt von den Lebensbedingungen der Bodenorganismen ab. Außerdem wird die Mineralisierung durch einen häufigen Wechsel zwischen Austrocknen und Befeuchten des Bodens gefördert. Dies ist darauf zu-

Tabelle 22 Pflanzliche Biomasse, Netto-Primärproduktion und Mengen an org. Substanz sowie Streuabbau von Ökosystemen unterschiedlicher Klimate

Ökosystem	Biomasse[36] (kg Tr.S./m²)	jährl. Nettozuwachs[36] (kg Tr.S./m²)	Abbau im Erstjahr[37] (%)	org. S. im Boden[38] (kg/m²)
Tundren	0,1 – 3	0,004 – 0,4	10 – 20	3 – 50
Vollwüsten	0 – 0,2	0 – 0,01	50	0 – 1
Halbwüsten	0,1 – 4	0,01 – 0,25	50	0,1 – 10
Temperate Steppen	0,2 – 5	0,2 – 1,5	120	13 – 26
Tropische Savannen	0,2 – 15	0,2 – 2	120	0,3 – 9
Boreale und temperate Nadelwälder	6 – 40	0,4 – 2	11 – 58	5 – 32
Temperate Laubwälder	6 – 60	0,6 – 2,5	37 – 85	7 – 24
Regengrüne Monsunwälder	6 – 60	1 – 2,5	100 – 400	4 – 21
Tropische Regenwälder	6 – 80	1 – 3,5		
Kulturland	0,4 – 12	0,1 – 3,5		

rückzuführen, daß (a) durch diese Prozesse Aggregate zerfallen und die eingeschlossenen organischen Stoffe nunmehr den Mikroorganismen zugänglich sind, (b) organische Stoffe durch Desorption freigesetzt werden.

Unter langjährig gleicher Vegetation besteht für jeden Boden zwischen Anlieferung und Abbau der organischen Substanz ein Gleichgewicht, so daß sich unter bestimmten Umweltbedingungen ein charakteristischer Humusgehalt einstellt. In ackerbaulich genutzten deutschen Böden beträgt die Menge an organischer Substanz im Ah-Horizont (bei etwa 2–5 % Humus) 100–200 t/ha, bei Schwarzerden mit Humusgehalten bis gegen 6 % bis 300 t/ha.

Eine globale Zusammenstellung (Tab. 22) zeigt, daß Humusmengen wie auch -umsetzungen wesentlich von den klimatischen Bedingungen abhängen.

a) Einfluß der Umweltbedingungen

Gehalt und Eigenschaften der organischen Substanz werden maßgeblich vom Klima beeinflußt.

Unter den Bedingungen des gemäßigt-humiden Klimas erhöht sich mit dem Anstieg der Temperatur nicht nur die Produktion, sondern auch der mikrobielle Abbau von organischer Substanz. Da der Abbau jedoch stärker gefördert wird, sinkt in diesem Klimabereich mit steigender mittlerer Jahrestemperatur der Gehalt der Böden an organischer Substanz.

Der abbaufördernde Einfluß einer erhöhten Temperatur kann durch den abbauhemmenden Einfluß höherer Niederschläge und der dadurch bedingten anaeroben Verhältnisse überdeckt werden. So haben die hohen Temperaturen in den Tropen nicht immer eine Verarmung an organischer Substanz zur Folge, auch wenn hier das häufige Fehlen einer deutlich sichtbaren Braun- oder Schwarzfärbung der Böden darauf hindeuten könnte. In ostafrikanischen Böden wurden daher mit zunehmender Niederschlagsmenge (430–1 800 mm) im Boden eine beträchtliche Zunahme des Gehaltes an organischer Substanz gefunden[39]. Die Unterschiede in der Jahresmitteltemperatur (12–27 °C) sowie in Kulturzustand, Tongehalt und Bodentyp hatten demgegenüber nur einen untergeordneten Einfluß. In Böden des Schwarzwaldes stieg der Gehalt an organischer Substanz mit zunehmender Höhenlage[40]. Auch für diesen Anstieg ist neben der Abnahme der Temperatur die Zunahme der Niederschläge verantwortlich.

Im semiariden Klima einer Steppe ermöglicht die eiweißreiche Streu von Gräsern und Kräutern einen raschen Abbau der Biomasse, während Huminstoffe angereichert werden, weil die biologische Aktivität zeitweilig durch Trockenheit gehemmt wird. Das gilt besonders für Schwarzerden. In Halbwüsten- und besonders Wüstenböden schließlich findet man allenfalls sehr geringe Humusgehalte, weil dort anhaltende Trockenheit kaum noch Vegetation und damit Streu entstehen läßt (Tab. 22).

Kleinräumige Unterschiede im Klima haben zur Folge, daß an Südhängen infolge höherer Bodentemperaturen ein stärkerer Abbau erfolgt als an Nordhängen und daß demzufolge die Böden der Nordhänge im allgemeinen einen höheren Humusgehalt aufweisen. An Südhängen kann es dagegen dann zu höheren Humusgehalten kommen, wenn wegen der höheren Verdunstung der Humusabbau durch zeitweiligen Wassermangel gehemmt ist (z. B. Trockenrasen auf mittel- bis flachgründigen Rendzinen). Außerdem kann in Hanglagen der Humusgehalt der Böden durch Erosion beeinflußt werden: Aus dem Ah-Horizont des Oberhanges wird Material zum Hangfuß verlagert, so daß der humose Horizont von der Hangkuppe zum Hangfuß hin mächtiger wird.

Unter dem Einfluß von hoch anstehendem Grundwasser findet eine stärkere Humusanreicherung statt, weil dann Sauerstoffmangel den Streuabbau hemmt (Moore, Anmoore): die Abbaugeschwindigkeit ist bei abnehmenden Sauerstoffgehalten der Bodenluft deutlich geringer (Abb. 38).

Geringe Nährstoffgehalte, wie sie häufig bei sauren Sandböden (z. B. Podsolen) gegeben sind, aber auch niedrige Bodentemperaturen hemmen ebenfalls den Abbau und führen zu einer Anreicherung nur mäßig zersetzter organischer Substanz auf der Bodenoberfläche (Auflagehumus), weil die Tätigkeit der Mikroorganismen und besonders der Bodentiere gehemmt ist.

Unter gleichen klimatischen Bedingungen haben feinkörnige Böden oft einen höheren Humusgehalt als Sand- oder Schluffböden. Dies beruht in erster Linie (a) auf den häufiger auftretenden anaeroben Verhältnissen, (b) auf dem höheren Gehalt an Aggregaten, in denen die eingeschlossenen organischen Stoffe vor der Zersetzung durch die Mikroorganismen geschützt sind und (c) auf der Eigenschaft von Tonmineralen, Aluminium- und Eisenoxiden, orga-

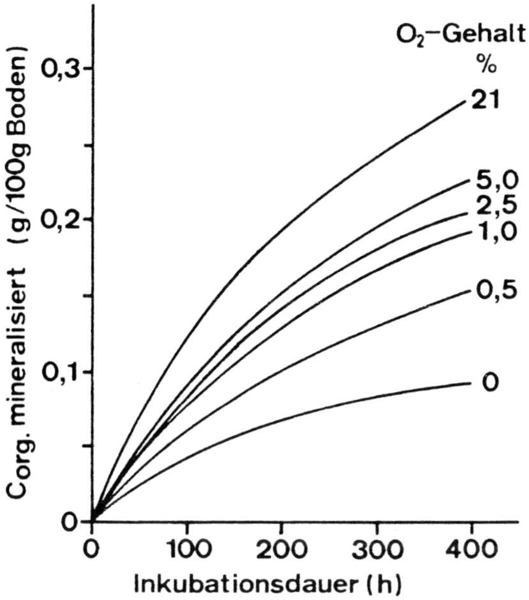

Abb. 38 Mineralisierung von Weizenstroh (Zusatz 1,25 %) bei unterschiedlichen Sauerstoffgehalten der Bodenluft[41]

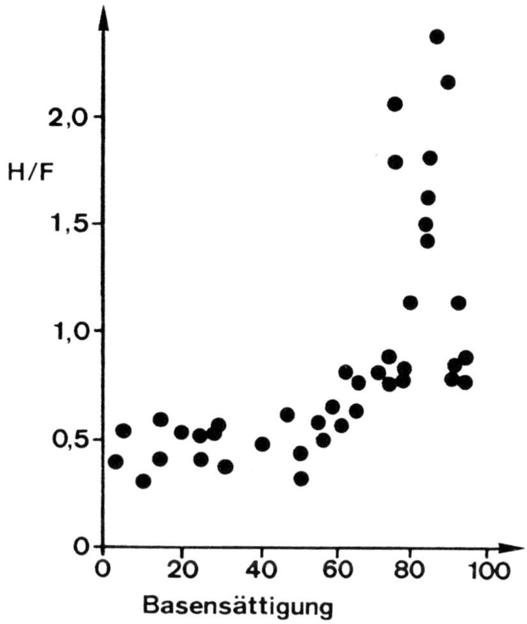

Abb. 39 Verhältnis der Gehalte an Humin- (H) und Fulvosäure (F) unterschiedlicher Böden als Funktion der Basensättigung[44]

nische Stoffe zu adsorbieren oder im Zwischenschichtraum einzulagern (Tonminerale) und damit den mikrobiellen Abbau zu verlangsamen. So wurde ein, linearer Anstieg des C-Gehalts der Böden mit zunehmendem Tongehalt festgestellt (0.05 % C je 1 % Ton)[42]. Auf den möglichen Einfluß amorpher Aluminiumsilicate auf die C-Anreicherung weisen die hohen C-Gehalte von Andosolen hin (s. Kap. XXXI 10).

Auch die Eigenschaften der Huminstoffe werden stark von den ökologischen Standortbedingungen bestimmt und unterscheiden sich daher bei verschiedenen Bodentypen, Entwicklungsstadien und Vegetationsarten. So hängt das Verhältnis von Humin- zu Fulvosäuren u. a. mit der Basensättigung der Bodenaustauscher zusammen. Wie Abb. 39 zeigt, überwiegen bei hohen Anteilen saurer Kationen Fulvosäuren, während oberhalb einer Basensättigung von etwa 80 % der Gehalt an Huminsäuren größer ist. Unter Waldnutzung werden oft verstärkt Fulvosäuren gebildet, so daß in solchen Böden entsprechend mehr Fulvosäuren gefunden werden.

Da die Fulvosäuren aufgrund ihrer höheren Löslichkeit leichter im Boden verlagert werden als die Huminsäuren, besitzen Bs- und Bh-Horizonte von Podsolen meist ein kleineres Huminsäure/Fulvosäure-Verhältnis als die zugehörigen Ah- und Ae-Horizonte.

b) Einfluß der Nutzungsform

Die Bodennutzung im Bereich warmer Klimate unterscheidet sich oft grundlegend von der in Mitteleuropa üblichen Bewirtschaftungsart. Daher ist auch die Auswirkung landwirtschaftlicher Kulturmaßnahmen auf Humusgehalt und -eigenschaften unterschiedlich. Im folgenden wird nur auf den Einfluß der Nutzung bei mitteleuropäischen Böden eingegangen. Weiterführende Literatur findet sich in den FAO-Bulletins Bd. 27, 35, 36 und 42. Unter natürlicher Vegetation oder bei langjährig gleicher Nutzung stellt sich ein Gleichgewicht zwischen Anlieferung und Abbau der organischen Stoffe in Böden ein (Abb. 40.) Dieses Gleichgewicht wird gestört, wenn die Nutzungsform geändert wird. Solche Änderungen geschehen durch Rodung und Inkulturnahme bisher forstlich genutzter Standorte sowie durch Umwandlung von Steppe und Grünland in Ackerland und umgekehrt. Die hierbei auftretenden zeitlichen Änderungen des C-Gehalts der Böden nehmen den gleichen Verlauf wie die des organisch ge-

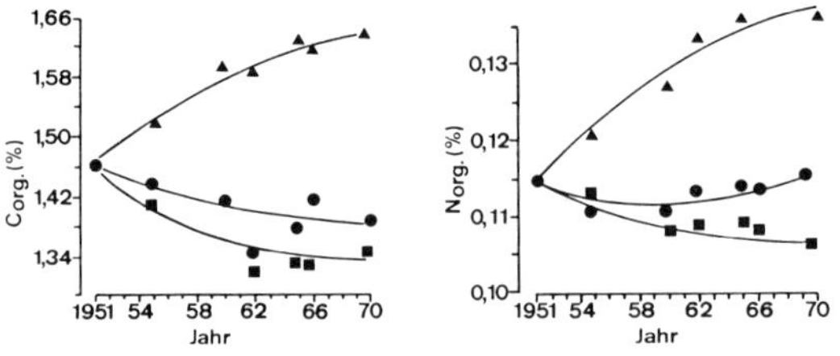

Abb. 40 C- und N-Gehalte im Ap-Horizont einer Kalkmarsch bei unterschiedlicher Humuswirtschaft[45]. ■ nur Ernterückstände, ● 50 % Zwischenfrucht, ▲ 25 % Feldgras + Stallmist

Tabelle 23 C_{org}- und N-Gehalte sowie Mengen an org. Substanz (bis 1 m) eines Pseudogley aus Löß in Abhängigkeit von der Nutzung (ursprüngl. Eichen-Hainbuchenwald; Wichtringhausen b. Hannover), (n. *D. Schroeder*)

Nutzung	Dauer (Jahre)	Tiefe (cm)	pH (KCl)	C_{org} (%)	N ‰	org. S. (kg/m²)
Eiche	2700	0 – 15	3,5	2,5	1,8	17
Hainbuche		– 60	5,3	0,5		
Fichte	80	0 – 20	3,3	3,8	2,8	21
		– 60	4,8	0,3		
Weide	400	0 – 25	7,0	4,1	4,1	30
		– 50	6,6	0,6		
Acker	1000	0 – 28	7,4	1,2	1,3	15
		– 45	7,3	0,8		

bundenen Stickstoffs in Abb. 154 und 155 (Kap. XX 11).

Böden von Dauergrünland und Wald enthalten meist mehr organische Substanz als benachbarte Ackerböden, weil mehr Streu anfällt und die Krume nicht bearbeitet wird (Tab. 23). So erklärt sich die deutliche Zunahme von C_{org} bei der Variante mit 25 % Feldgras + Stallmist in Abb. 40 aus der hohen Biomassezufuhr und der eingeschränkten Durchlüftung während der Grünland-Perioden. Je häufiger ein Boden im Laufe eines Jahres bearbeitet wird und je mehr wendende Geräte eingesetzt werden (besonders bei Hackfrucht), um so stärker wird das Gleichgewicht zu geringeren Humusgehalten hin verschoben. Dieser durch die intensive Belüftung verursachte Abbau kann vermindert werden, wenn anstelle des Pfluges lockernde Geräte bei der Bodenbearbeitung verwendet werden. Auch Brache erhöht den Humusgehalt.

Einen großen Einfluß auf den Humusgehalt der Böden hat die Menge der Ernterückstände und damit die Fruchtfolge. Aus Tab. 24 ist ersichtlich, daß (a) bei Kartoffeln und Rüben die geringste Menge (< 10 dt/ha), bei Getreide eine

Tabelle 24 Wurzelrückstände (ohne Wurzelhaare) in einer lehmigen Parabraunerde (L) und einem sandigen Podsol (S) in Abhängigkeit von der Pflanzenart[46] zum Zeitpunkt der Ernte

Bodentiefe	0 – 23 cm		23 – 45 cm	
Boden	L	S	L	S
	Trockensubstanz (dt/ha)			
Wintergerste	11	–	1,1	–
Winterweizen	8,6	–	0,8	–
Winterroggen	6,9	9,9	0,7	1,2
Mais	11	–	–	–
Kleegras				
2jährig	–	41	–	3,3
1jährig	19	31	1,3	2,9
Luzerne	36	–	6,7	–
Rotklee	13	18	1,0	0,7
Weißklee	8,2	15	0,7	2,4
Weiße Lupine	6,1	14	0,3	2,8
Gelbe Lupine	15	8,8	1,7	2,0
Sommerraps	3,3	4,5	0,8	1,5
Roggen/Wicke	14	14	0,6	1,4
Landsberger G.	18	22	1,9	4,8
Kartoffeln	3,5	–	0,7	–
Futterrüben	5,7	–	0,6	–

mittlere Menge (12 – 17 dt/ha) und bei Kleegras und Luzerne mit 25 – 60 dt/ha die höchste Menge an Wurzelrückständen im Boden belassen werden; ein mehrjähriger Anbau dieser Leguminosen ist daher ein wirksames Mittel, den C-Gehalt der Böden auf einem bestimmten Niveau zu halten und die Fruchtbarkeit der Böden zu steigern, (b) die Menge der Wurzelrückstände bei Sandböden meist höher ist als bei Lehmböden, (c) die Hauptmenge der Wurzelrückstände (≈ 90 %) in der Schicht 0 – 23 cm angereichert ist. Diese Werte sind noch durch die Menge an Wurzelhaaren (5 – 20 dt/ha) zu ergänzen, die während der Vegetationsperiode laufend abgestoßen werden. Nach Untersuchungen mit ^{14}C-markierten Pflanzen ist sogar davon auszugehen, daß der Anfall an organischer Substanz in der Rhizosphäre während der Vegetationsperiode 3 – 4 mal so hoch ist, wie zum Erntezeitpunkt durch Siebung erfaßt wird[43].

Bei hohem Anteil an Rüben in der Fruchtfolge ist der etwas niedrigere C-Gehalt der Böden nicht nur eine Folge der stärkeren Bodenbearbeitung, sondern auch der geringeren Wurzelrückstände. Auch bei Monokulturen von Mais und Weizen sinkt der Humusgehalt der Böden, während er durch Einschaltung von Leguminosen in die Fruchtfolge annähernd aufrechterhalten wird, wie das folgende Beispiel aus den

USA nach einer Versuchsdauer von 30 Jahren zeigt[47]. Der C-Gehalt in der Schicht von 0 – 17 cm betrug:

- am Anfang des Versuchs 230 dt/ha,
- nach Monokultur von Mais 83 dt/ha,
- nach Monokultur von Weizen 144 dt/ha,
- nach Fruchtfolge Weizen – Klee – Mais 191 dt/ha.

c) Einfluß der Düngung

Der Humusgehalt der Böden kann sowohl direkt durch die Zufuhr organischer Stoffe beeinflußt werden als auch indirekt durch anorganische Dünger, weil mit steigenden Erträgen auch die Wurzelrückstände zunehmen.

(1) Stallmist

Die in Deutschland im Mittel angewendete Stallmistdüngung beträgt etwa 70 – 80 dt/ha · a (Trockenmasse 17 – 20 dt). Bei dieser Düngung liegt der Humusgehalt der Böden im Mittel etwa 0,1 – 0,2 % höher als derjenige der gleichen Böden bei ausschließlicher NPK-Düngung. Langjährige Feldversuche haben ergeben, daß in ackerbaulich genutzten Böden nur bei höheren Stallmistgaben eine weitere Erhöhung in geringem Ausmaß möglich ist (Tab. 25). Aus diesen und anderen Versuchen geht weiterhin hervor, daß auch die Erträge der Stallmist-Parzellen auf gleicher Höhe liegen wie die der NPK-Parzellen, sofern bei längerer Versuchsdauer wiederholt eine Gründüngung in die Fruchtfolge eingeschaltet wird.

Tabelle 25 C_{org}-Gehalt der Ackerkrume langjähriger Feldversuche in Abhängigkeit von der Düngung (n. *Schmalfuß* u. *Kolbe, Iverson, Ansorge, Dhein* u. *Mertens*)

Ort	Halle	Askow		Lauchstädt	Bonn
Versuchsdauer (Jahre)	80	50	50	52	52
Ton (%)	13	4	9	26	17
pH (KCl)	6,4	5,9	7,2	7,0	7,0
Stallmist (dt/ha/Jahr)	120	95	95	100	108
C-Gehalt (%)					
ungedüngt	1,14	0,79	1,30	1,49	1,12
PK	–	–	–	1,48	–
NPK	1,26	0,96	1,43	1,61	1,18
Stallmist	1,69	1,09	1,52	1,77	1,21
NPK + Mist	–	–	–	1,86	1,29

(2) Stroh[48]

Der Rückgang der Rindviehbestände und die Einführung des Mähdrusches haben auch in Deutschland der Strohdüngung eine größere Bedeutung gegeben. Die Mikroorganismen benötigen für den Abbau des Strohs wegen dessen hohen C/N-Verhältnisses (s. Kap. XX 11) zusätzlichen Stickstoff. Ob aber eine zusätzliche N-Düngung notwendig ist, hängt von der Menge des noch im Boden vorhandenen NH_4- und NO_3-Stickstoffs in der Ackerkrume ab, sowie vom Ausmaß der N-Mineralisierung, die ihrerseits von der leicht umsetzbaren N-Reserve im Boden sowie von klimatischen Faktoren beeinflußt wird. Bei geringer N-Menge im Boden wird eine N-Düngung von 0,5 – 1 kg N/dt Stroh empfohlen; bei hoher N-Anlieferung durch Mineralisierung kann eine N-Düngung unterbleiben. Je feuchter und wärmer der Boden ist, um so schneller wird das Stroh abgebaut, vor allem, wenn es nach der Ernte möglichst bald in zerkleinertem Zustand flach in den Boden eingearbeitet wurde.

Beim Einarbeiten von leicht abbaubarer Biomasse in Lehm- und Tonböden muß aber beachtet werden, daß ein zu nasser Boden leicht plastisch verformt wird. Dadurch können luftführende Poren verschmiert werden, so daß im Pflugbereich wegen des hohen Sauerstoffbedarfs der Mikroorganismen dann Sauerstoffmangel (Anaerobie) auftritt und Wurzelwachstum und Bodenleben behindert.

Die Strohrotte verläuft besonders intensiv, wenn sie mit einer Gründüngung gekoppelt wird, z. B. von Klee, Raps oder Gras. Bei gemeinsamem Einpflügen von N-reichen Leguminosen und N-armem Stroh wird der Aufbau N-reicher organischer Stoffe begünstigt und eine zusätzliche anorganische N-Düngung unnötig. So werden z. B. durch eine Gründüngung mit Rotklee 110 kg N/ha zugeführt, während die Rückstände von Winterweizen bei 8 dt/ha Wurzeln und 48 dt/ha Stroh nur etwa 30 kg N/ha enthalten. Der in die organische Substanz eingebaute Stickstoff wird im Lauf der Jahre wieder mineralisiert. Die durch eine Stoppelsaat im Boden verbleibenden Wurzeln besitzen eine Trockenmasse von 20 – 40 dt/ha, entsprechen also 100 – 200 dt Stallmist.

Zahlreiche Feldversuche haben ergeben, daß der Humusgehalt der Böden bei Zufuhr von Stroh auf gleicher Höhe bleibt wie bei Zufuhr von Stallmist, sofern auch beim Stallmist die gleiche C-Menge zugrunde gelegt wird. Diese

Voraussetzung muß gegeben sein, weil bei der Stallmistrotte bis 50 % der organischen Stoffe mineralisiert werden können, während beim unverrotteten Stroh dieser Abbauprozeß erst im Boden erfolgt. Selbst bei kontinuierlichem Anbau von Getreide ist eine jährliche Strohdüngung möglich, ohne daß bei Wintergetreide Schäden auftreten[49].

Verschiedentlich wurde Stroh durch Verbrennen auf dem Felde vernichtet. In der BRD fielen im Jahr 1974 etwa 30 Mio. t Stroh an. Davon wurden 5–8 % auf dem Acker verbrannt, etwa ⅓ in den Boden eingearbeitet und der Rest geborgen. Die durch das Verbrennen bedingte Erwärmung des Bodens bleibt auf die obersten 5 cm beschränkt und verursacht dort eine Temperaturerhöhung auf bis zu 50–75 °C. Zwar wird in dieser Bodenschicht die Bakterienzahl kurzfristig auf etwa 25 % erniedrigt, jedoch wird diese Abnahme bereits nach 2 Monaten durch neues Wachstum überlebender Populationen ausgeglichen. Auch die Bodenfauna wird durch die Strohverbrennung nicht dauerhaft geschädigt; selbst bei jahrelang durchgeführter Strohverbrennung (Getreidemonokultur) wurde die Besatzdichte mit Regenwürmern nicht reduziert, wenn durch anschließende Gründüngung ihre Ernährung sichergestellt war[50]. Aus bodenkundlicher Sicht gibt es allerdings keine wichtigen Gründe für das Abbrennen des Strohs; außerdem ist es aus Gründen des Umweltschutzes wie auch der Erhaltung der organischen Substanz abzulehnen.

(3) Mineraldüngung

Die anorganische Düngung beeinflußt den Gehalt der Böden an organischer Substanz über die Höhe der Erträge und damit der Ernterückstände. Je höher bei vergleichbarer Fruchtfolge die Erträge durch die Düngung gesteigert werden, desto stärker wird der Humusgehalt der Böden angehoben. Nach Tab. 25 liegt bei den NPK-Parzellen der C-Gehalt um 0,6–1,7 mg/g höher als bei den ungedüngten Parzellen. Der geringste Unterschied besteht bei dem tonigen Schluffboden Bonn, der größte bei dem Sandboden Askow. Die stärkste Humusanreicherung wird im allgemeinen durch die N-Düngung bewirkt, wie am Beispiel des Versuchs Lauchstädt zu ersehen ist (Vergleich zwischen NPK- und PK-Parzelle).

Während bei Kulturböden eine weitere Steigerung des Humusgehaltes sehr schwierig ist, wurde bei den Neukultivierungen in der Ville (nahe Köln) eine sehr schnelle Steigerung festgestellt, wenn Löß aus dem Untergrund in einer Mächtigkeit von etwa 1 m auf Sand und Kies aufgeschüttet wurde. Bei den ackerbaulich genutzten Böden nahm der Humusgehalt pro Jahr um 0,04 % zu, wobei neben einer starken NPK-Düngung eine mehrmalige Gründüngung vorgenommen wurde[51].

Tabelle 26 C- und N-Gehalte einer Parabraunerde nach unterschiedlicher organischer Düngung (Versuchsdauer 19 Jahre)[45]

Behandlung je ha	% C	‰ N	C/N
Anfangswert	0,94	0,99	9,5
Mineraldüngung	0,87	0,93	9,4
Strohdüngung	0,97	0,99	9,8
Stroh + 368 t Klärschlamm	1,04	1,12	9,3
Stroh + 736 t Klärschlamm	1,11	1,16	9,6
736 t Klärschlamm	1,06	1,17	9,1
400 t Stallmist	1,22	1,32	9,2

(4) Organische Siedlungsabfälle

Klärschlämme und viele andere Siedlungsabfälle enthalten oft große Mengen organischer Substanz, meist verbunden mit hohen Nährstoff-, besonders Stickstoffgehalten. Bei sorgfältiger und verantwortungsbewußter Überwachung und Berücksichtigung evtl. vorhandener Schadstoffe (z. B. Schwermetalle) können daher auch solche Substrate zur Erhöhung der Humusgehalte von Böden verwendet werden. Wie Tab. 26 zeigt, kann dadurch neben dem C-Gehalt auch der Stickstoffgehalt erhöht und damit das C/N-Verhältnis meßbar gesenkt werden.

d) pH-Wert

Zwischen dem pH-Wert eines Bodens und dem Humusgehalt besteht nur eine indirekte Beziehung: Im *stark sauren Bereich* (z. B. in Podsolen oder basenarmen Braunerden) kann eine Anreicherung mäßig zersetzter Vegetationsrückstände als Auflagehumus stattfinden. Hier liefert einerseits die anspruchslose Vegetation eine nährstoffarme, schwer zersetzbare Streu, andererseits ist die Tätigkeit von Bodentieren und Bakterien in diesem Milieu eingeschränkt, so daß die Humifizierung bzw. die Mineralisierung der abgestorbenen Biomasse langsamer verläuft als deren Anlieferung.

Die häufig beobachtete starke Anreicherung von organischer Substanz im A-Horizont *carbonatgeprägter Böden* bzw. im *schwach alkalischen Bereich* beruht dagegen auf zeitweise zu geringen (z. B. Rendzina) oder zu hohen Wassergehalten (Sauerstoffmangel, z. B. Gley, Pseudogley) oder auf einer Kombination ver-

Tabelle 27 Einfluß einer Kalkung auf den C_{org}-Gehalt von Böden nach Feldversuchen[52]

Boden (Körnung)	Ort	Versuchsdauer Jahre	Kalkzufuhr (dt CaO/ha)	pH (KCl) nach Versuchsende ohne CaO	pH (KCl) nach Versuchsende mit CaO	C_{org} (%) ohne CaO	C_{org} (%) mit CaO	Mehrertrag im Mittel der Versuchsdauer %
Podsol (S)	Oldenburg	7	70 + 30	5,1	6,4	2,64	2,64	16
Plaggenesch	Lingen	7	70 + 30	4,9	5,9	2,91	2,87	18
Pseudogley (uL)	Oldenburg	7	70 + 30	4,5	4,9	2,75	2,89	29
Flußmarsch (tL)	Berne (Weser)	7	70 + 30	5,4	6,8	2,04	2,04	4
Schwarzerde (tU)	Lauchstädt	30	7 × 10	6,7	7,1	1,56	1,71	n.b.

schiedener klimatischer und pedologischer Faktoren (z. B. Schwarzerde). Näheres hierzu s. Kap. XXX.

Bei ackerbaulich genutzten Mineralböden besteht zwischen dem Humusgehalt und ihrem pH keine Beziehung; auch bei einer pH-Erhöhung saurer Böden wird der C_{org}-Gehalt nicht verringert (s. Tab. 27).

Wie aus zahlreichen Untersuchungen hervorgeht, bewirken selbst hohe Kalkgaben keine Verminderung der organischen Substanz im Boden, häufig sogar eine geringe Erhöhung. Dies ist darin begründet, daß der C_{org}-Gehalt der Böden von vielen Faktoren bestimmt wird (s. Kap. VII 4a und b) und daß die durch pH-Erhöhung verstärkte Mineralisierung durch höhere Vegetationsrückstände infolge höherer Erträge kompensiert wird. Die erhöhte Mineralisierung bei der Kalkung saurer Böden ist im übrigen nur vorübergehend und ebbt nach einigen Monaten wieder ab.

5. Bedeutung der organischen Substanz für Boden und Pflanze

a) Chemische und bodenbiologische Wirkungen

Für das Pflanzenwachstum ist vor allem in ungedüngten Böden der Nährstoffgehalt der organischen Substanz bedeutungsvoll. Die in ihr festgelegten Nährstoffe werden durch die Bodenflora unter Mithilfe der Bodenfauna in eine pflanzenverfügbare Form übergeführt, häufig auf dem Umweg über körpereigene Stoffe, so daß die organische Substanz zur langsam fließenden Nährstoffquelle wird. Je höher die biologische Aktivität in einem Boden ist, um so intensiver erfolgt die Nachlieferung von Nährstoffen aus der organischen Substanz. In erster Linie betrifft dies den Stickstoff, der in den meisten Böden zu über 95 % in organischer Bindung vorliegt.

Das Adsorptionsvermögen der Huminstoffe ist für die Bindung vieler Nährstoffe von Bedeutung, insbesondere in Mooren und tonarmen Mineralböden. Das Ausmaß dieser Bindung ist aber stark pH-abhängig (s. Kap. X 2e). Neben einer Bindung in austauschbarer Form können viele Metallkationen von Huminstoffen auch in festere Bindungen überführt werden, z. B. in Chelate (Kap. VII 3e). Auch durch wasserlösliche Huminstoffe (Fulvosäuren) können die Metallionen chelatisiert und dann mit dem Sickerwasser im Boden transportiert werden (z. B. bei der Podsolierung).

Da die organische Substanz die Lebensgrundlage der heterotrophen Bodenorganismen ist, besteht unter sonst gleichen Verhältnissen eine enge Beziehung zwischen dem Humusgehalt von Mineralböden oder Bodenhorizonten und deren Zusammensetzung einerseits und der Art und Menge der Bodenorganismen andererseits. Gleiches gilt auch für die Leistungen der Bodenorganismen, zu denen neben der Mineralisierung u. a. auch die Bindung von Luftstickstoff und die Gefügestabilisierung gehören (Näheres s. Kap. IX). Hohe Humusgehalte begünstigen das Wachstum saprophytischer Organismen und unterdrücken dadurch das Wachstum von Parasiten bzw. verhindern den Übergang von Saprophyten zur parasitären Ernährung. Die Aufrechterhaltung einer permanent hohen biologischen Aktivität erfordert einen ständigen Ersatz der verbrauchten organischen Substanz durch laufende Zufuhr organischer Stoffe zum Boden.

b) Physikalische Wirkungen

Die organische Substanz begünstigt in hohem Maße die Bildung und Stabilität eines grobporigen Aggregatgefüges. Dieses ist für Schluff-,

Lehm- und Tonböden von Bedeutung, weil es deren Wasser- und Lufthaushalt verbessert. Darüber hinaus besitzt Humus selbst eine hohe Wasserkapazität; er vermag etwa das 3 – 5fache seines Eigengewichtes an Wasser festzuhalten. Daher hängt bei Sandböden die Feldkapazität überwiegend vom Humusgehalt ab. Demgegenüber wirkt sich die laufende organische Düngung auf die Feldkapazität der Böden nur sehr wenig aus, weil die zugeführte Menge organischer Stoffe im Vergleich zur bereits im Boden vorhandenen relativ gering ist. Immerhin konnte bei einem schluffigen Sandboden durch sehr hohe Stallmistgaben der Humusgehalt in 18 Jahren von 0,93 auf 1,38 % erhöht werden, wodurch das Porenvolumen von 38,4 auf 41,4 % zunahm[53]. Die Huminstoffe bewirken die dunkle Farbe im Ah-Horizont und begünstigen damit die Erwärmung der Böden im Frühjahr (längere Vegetationszeit). Die Konsistenzgrenzen der Böden werden durch Humus zu höheren Wassergehalten verschoben, so daß die Bodenbearbeitung in einem größeren Feuchtebereich der Böden ohne Gefügeschäden möglich ist.

c) Wirkstoffe

Zur organischen Substanz der Böden gehören auch zahlreiche Verbindungen mit Wirkstoffcharakter, die mit dem Bestandsabfall in den Boden gelangen oder während des mikrobiellen Abbaus als Zwischenprodukte der vollständigen Mineralisierung gebildet werden. In Böden wurden u. a. Vitamine, Wuchsstoffe und Antibiotica nachgewiesen, Verbindungen, die schon in geringen Mengen positive oder negative Wirkungen auf Organismen ausüben können[54]. Da die Pflanzen diese Stoffe teilweise aufzunehmen vermögen (bis zu einem Molekulargewicht von 200 – 500), können sie u. U. von entscheidender Bedeutung für das Pflanzenwachstum sein. Es ist anzunehmen, daß z. B. die Bodenmüdigkeit wenigstens zum Teil auf eine Anreicherung derartiger Stoffe mit toxischen Wirkungen zurückzuführen ist. Niedermolekulare Phenole und Säuren können besonders in sauren Böden wachstumshemmend wirken[55]. Was für die organische Substanz der Böden insgesamt gilt, gilt wahrscheinlich auch für ihren Wirkstoffanteil: es stellt sich bei langer gleichartiger Nutzung ein für jeden Boden typisches Gleichgewicht ein, das nur vorübergehend gestört werden kann. Die Kenntnisse über Vorkommen und Verhalten organischer Wirkstoffe in Böden und ihren Einfluß auf die Pflanzen sind noch unzureichend; derartige Untersuchungen sind u. a. wegen der Labilität dieser Verbindungen und ihrer geringen Konzentrationen sehr schwierig.

Insgesamt ist die Krankheitsanfälligkeit von Kulturpflanzen bei höheren Humusgehalten meist geringer. Dies kann sowohl durch eine direkte Wirkung organischer Stoffe verursacht sein als auch über eine Beeinflussung des gesamten Bodenlebens (z. B. Konkurrenz zwischen saprophytischen und parasitischen Organismen) erklärt werden[56].

6. Analytische Bestimmung und Auftrennung der Huminstoffe

Die *quantitative Bestimmung* der organischen Substanz kann auf verschiedene Weise erfolgen:

1. Oxidation durch Verbrennen in Sauerstoff und Bestimmung des dabei gebildeten CO_2. Bei carbonathaltigen Böden muß dann das durch thermische Dissoziation von Carbonaten freigesetzte CO_2 abgezogen werden.
2. Oxidation der organischen Substanz durch Cr(VI) (Dichromat) in schwefelsaurer Lösung und photometrische Bestimmung des gebildeten Cr(III).
3. Bei Böden mit über 80 % Sand liefert die Bestimmung des Glühverlustes bei 400 °C ausreichend genaue Werte.

Mit der Methode (1) wird der C-Gehalt bestimmt; der Humusgehalt wird daraus durch Multiplikation mit 2,0 berechnet. Teilweise wird auch der Faktor 1,724 verwendet, der sich aus einem angenommenen mittleren C-Gehalt der organischen Substanz von Ackerböden von 58 % ergibt. Dies entspricht dem Mittelwert von isolierten Huminsäuren. Da bei der Analyse aber auch Streustoffe erfaßt werden und diese relativ C-arm sind, liegen die Gehalte eher um 50 % (Tab. 28). Bei der Dichromat-Oxidation (2) werden auch andere oxidierbare Stoffe erfaßt, z. B. Fe(II)-Sulfide.

Tabelle 28 C-Gehalt der organischen Substanz in Abhängigkeit vom C-Gehalt belgischer Böden (Tongehalt 1 – 70 %, n. *De Leenheer*)

Probenzahl	C-Gehalt der Bodenhorizonte (%)	C-Gehalt der org. Substanz (%)
34	0 – 2,5	54,9
82	2,5 – 5	51,5
50	5 – 10	45,2
38	>10	49,8

Bei der Bestimmung der organischen Substanz wird das Edaphon teilweise mit erfaßt, weil es sich (bis auf größere Tiere oder Wurzeln) vor der Analyse kaum abtrennen läßt. Der dadurch bedingte Fehler beträgt aber selten mehr als 10 %.

a) Isolierung

Die komplexe und unregelmäßige Struktur der Huminstoffe erschwert die Analyse ihrer Zusammensetzung. Die klassische Untersuchungsmethode beruht zunächst auf einer Extraktion mit wäßrigen alkalischen Lösungen möglichst unter Luftabschluß, wobei oft über 80 % der Huminstoffe erfaßt werden. Nachteilig ist jedoch, daß auch Streustoffe und Bestandteile der lebenden Biomasse aufgelöst werden. Außerdem verändern sich die Huminstoffe bei der Extraktion chemisch, so daß die Extraktionsprodukte nicht mehr als direkte Bausteine der Huminstoffmoleküle angesehen werden können. Bei pH-Werten über 10 setzt eine alkalische Hydrolyse z. B. von Esterbindungen ein, die die Molekülstruktur irreversibel verändert. Besonders empfindlich sind die Huminstoffe in alkalischer Lösung gegenüber Oxidationsmitteln. Schon durch Luftsauerstoff kann eine oxidative Umwandlung der Moleküle ausgelöst werden.

Bei einer Extraktion mit organischen Lösungsmitteln (besonders wirksam sind z. B. Ameisensäure, Dimethylsulfoxid, Dimethylformamid, Tetrahydrofuran) sind die chemischen Veränderungen i. allg. geringer, doch werden hierbei meist nur wenige Prozent der Huminstoffe gelöst. Außerdem werden auch chemische Reaktionen mit dem Lösungsmitttel beobachtet, wie z. B. Methylierung (mit Methanol) und Veresterung (mit Ameisensäure oder Phenol). Auch mit stickstoffhaltigen Lösungsmitteln (Dimethylformamid, Pyridin) kann eine Veränderung nicht ausgeschlossen werden, da die extrahierten Huminstoffe oft wesentlich höhere Stickstoffgehalte aufweisen als die Extrakte mit anderen Lösungsmitteln.

Außerdem können Huminstoffe auch durch Lösungen solcher Salze extrahiert werden, deren Anionen mit Ca-, Mg-, Fe- oder Al-Ionen Komplexe oder schwerlösliche Salze bilden und deren Kationen mit den Huminsäuren wasserlösliche Verbindungen eingehen, wie z. B. wäßrige Lösungen von Na- und NH_4-Fluorid, -Polyphosphat oder -Oxalat. Hier ist jedoch oft nicht sauber zwischen einer echten Lösung und einer weitgehenden Dispergierung fester Teilchen zu trennen.

b) Fraktionierung

Vor der Fraktionierung der Huminstoffe im engeren Sinn werden Lipide, Wachse und andere Streustoffe durch eine Extraktion mit Benzol/Methanol abgetrennt. Anschließend wird der Boden nach der klassischen Methode mit verdünnter kalter Natronlauge unter Luftausschluß extrahiert. Die dabei gelösten Huminstoffe können dann nach folgendem Schema weiter aufgetrennt werden:

Huminstoffe
+ NaOH

löslich + HCl | unlöslich Humine

nicht gefällt *Fulvosäure-Fraktion* → Reinigung → Fulvosäuren

gefällt *Huminsäure-Fraktion* → Reinigung → Huminsäuren

Als „Reinigung" wird hier die Entfernung identifizierbarer Spaltstücke von Streustoffen bezeichnet, z. B. Lignin, Polysaccharide usw. Eine einigermaßen klare Vorstellung über den Anteil der Fraktionen erhält man aber nur, wenn der Humuskörper auch einer Streustoff-Fraktionierung unterworfen wird (s. Abb. 34), wobei allerdings auch Huminstoffe teilweise mit erfaßt werden.

c) Methoden zur Identifizierung und Strukturaufklärung

Neben den quantitativ-analytischen Methoden der klassischen organischen Chemie wie Elementaranalyse, Bestimmung der funktionellen Gruppen oder Säure/Base-Titrationen werden vor allem folgende Verfahren herangezogen, um die Struktur und Eigenschaften von Huminstoffen zu erhellen:

Spektroskopie im *sichtbaren* und *infraroten Spektralbereich*, mit der die Bindungsverhältnisse der Moleküle und einzelner Gruppen untersucht werden können.

Kernresonanzspektroskopie (NMR) oder *Elektronenspinresonanz-Spektroskopie* (ESR, EPR), die aufgrund der Wechselwirkung von elektromagnetischen Feldern mit bestimmten Atomen (z. B. ^{13}C bei NMR, ^{1}H bei ESR) Aussagen über die Umgebung der entsprechenden Kerne bzw. über die Molekülstruktur zulassen.

Massenspektrometrie, mit deren Hilfe Bruchstücke von Huminstoff-Molekülen anhand des Verhältnisses zwischen Ionenladung und Molekulargewicht näher gekennzeichnet werden können.

Die Anwendung dieser physikalischen Meßverfahren setzt meist eine sorgfältige Auftrennung der komplizierten Stoffgemische des Streu- und Huminstoffsystems voraus, da es sonst oft nicht möglich ist, die Spektren hinreichend genau zu interpretieren. Hier eignen sich besonders Verfahren der *Chromatographie*, die eine Isolierung definierter Bruchstücke erlauben. Voraussetzung ist allerdings, daß sich die Huminstoffe in gelöste Form (für Papier- oder Säulenchromatographie oder HPLC = high performance liquid chromatography) oder in gasförmige Verbindungen (für Gaschromatographie) überführen lassen. Letzteres wird durch Methylierung oder Silylierung (Erhöhung der Flüchtigkeit durch Einführung von -CH_3- oder -$Si(CH_3)_3$-Gruppen, erzielt. Die Entwicklung neuerer Analysentechniken zielt einerseits in Richtung einer Untersuchung unveränderter Proben (z. B. Festkörper-NMR mit ^{13}C) oder der schonenden Extraktion von Huminstoffen (z. B. Extraktion mit überkritischen Flüssigkeiten), andererseits auf die direkte Verknüpfung von Analysenverfahren mit automatischer Auswertung (z. B. Pyrolyse-Gaschromatographie-Massenspektrometrie).

Literatur

[1] *Scheffer, F. & B. Ulrich* (1960): Humus. Enke, Stuttgart.
[2] *Kononova, M. M.* (1966): Soil organic matter. 2. Aufl., Pergamon, Oxford.
[3] *Gieseking, J. E.* (Ed.) (1975): Organic components. Springer, Heidelberg.
[4] *Schnitzer, M. & S. U. Khan* (1978): Soil organic matter. Elsevier, Amsterdam.
[5] *Zachariae, G.* (1965): Spuren tierischer Tätigkeit im Boden des Buchenwaldes. Parey, Hamburg.
[6] Arbeitsgemeinschaft Bodenkunde der Geologischen Landesämter (1982): Bodenkundliche Kartieranleitung. Schweizerbart, Stuttgart.
[7] *Lieth, H.* (1978): Ecological Studies *14*.
[8] *Blume, H.-P.* (1965): Z. Pflanzenernähr. Bodenk. *111*, 95.
[9] *Ottow, J. C. G.* (1978): Naturwissenschaften *65*, 413 – 423.
[10] *Ziechmann, W.* (1980): Huminstoffe. Verlag Chemie, Weinheim.
[11] *Hayes, M. H. B. & R. S. Swift* (1978/81): In: *Greenland, D. J. & M. H. B. Hayes* (Eds.): The chemistry of soil constituents. The chemistry of soil processes. Wiley, Chichester.
[12] *Aiken, G. R.* et al. (Ed.) (1985): Humic substances in soil, sediment, and water. Wiley, New York.
[13] *Stevenson, F. J.* (1982): Humus chemistry. Wiley, New York.
[14] *Liu, S.-Y., A. J. Freyer, R. D. Minard & J.-M. Bollag* (1985): Soil Sci. Soc. Am. J. *49*, 337 – 342.
[15] *Martin, J. P. & K. Haider* (1980): Soil Sci. Soc. Am. J. *44*, 983 – 988.
[16] *Haider, K. M. & J. P. Martin* (1968): IAEA-Symposium, Wien, S. 189.
[17] *Fitzgerald, J. W., T. C. Strickland & J. T. Ash* (1985): Biogeochemistry *1*, 155 – 167.
[18] *Kögel, I.* (1987): Bayreuther Bodenkundl. Ber. *1*, 1 – 131.
[19] *Zucker, A. & W. Zech* (1987): Z. Pflanzenernähr. Bodenk. *150*, 228 – 234.
[20] *Zech, W., H.-G. Alt, L. Haumaier & R. Blasek* (1987): Z. Pflanzenernähr. Bodenk. *150*, 119 – 123.
[21] *Chen, Y., N. Senesi & M. Schnitzer* (1978): Geoderma *20*, 87 – 104.
[22] *Tan, K. H.* (1985) Soil Sci. Soc. Am. J. *49*, 1185 – 1191.
[23] *Anderson, D. W. & E. A. Paul* (1984): Soil Sci. Soc. Am. J. *48*, 298 – 301.
[24] *Scharpenseel, H.-W., C. Ronzani & F. Pietig* (1968): Proc. IAEA-Symposium Wien, S. 67.
[25] *Becker-Heidmann, P., L. Liang-wu & H.-W. Scharpenseel* (1988): Z. Pflanzenernähr. Bodenk. *151*, 37 – 39.
[26] *Stevenson, F. J. & M. S. Ardakani* (1973): In: *Mortvedt, J. J.* et al.: Micronutrients in Agriculture. Soil Sci. Soc. Am., Madison (Wisc.).
[27] *Herms, U. & G. Brümmer* (1980, 1984): Landw. Forsch. *33*, 408 – 423, Z. Pflanzenernähr. Bodenk. *147*, 400 – 424.
[28] *Sanders, J. R. & C. Bloomfield* (1980): J. Soil Sci. *31*, 53 – 63.
[29] *Fischer, W. R.* (1986): Z. Pflanzenernähr. Bodenk. *149*, 120 – 129.
[30] *Blaser, P. & G. Sposito* (1987): Soil Sci. Soc. Am. J. *51*, 612 – 619.
[31] *Marschner, H.* (1986): Mineral Nutrition in Higher Plants. Academic Press, London.
[32] *Lehmann, R. G., H. H. Cheng & J. B. Harsh* (1987): Soil Sci. Soc. Am. J. *51*, 352 – 356.
[33] *Tan, K. H. & D. Tantiwiramanond* (1983): Soil Sci. Soc. Am. J. *47*, 1121 – 1124.
[34] *Sims, J. L. & W. H. Patrick* (1978): Soil Sci. Soc. Am. J. *42*, 258 – 268.
[35] *Etherington, J. R.* (1976): Environment and plant ecology. Wiley, New York.
[36] *Straßburger, F.* et al. (1983): Lehrbuch der Botanik, 32. Aufl., Fischer, Stuttgart.
[37] *Ugolini, F. C. & R. L. Edmonds* (1983): Soil Biology. In: *Wilding, L. P.* et al.: Pedogenesis and soil taxonomy, 193 – 232. Elsevier, Amsterdam.
[38] *Schlesinger, W. H.* (1977): Annual Rev. Ecol. Syst. *8*, 51 – 81.
[39] *Birch, H. F. & M. T. Friend* (1956): J. Soil Sci. *7*, 156.
[40] *Ganssen, R.* (1957): Z. Pflanzenernähr. Bodenk. *79*, 107.
[41] *Parr, J. F. & H. W. Reuszer* (1962): Soil Sci. Soc. Am. Proc. *26*, 552.
[42] *Heinonen, R.* (1962): J. Sci. Agric. Soc. Finland *34*, 26.
[43] *Sauerbeck, D. & B. Johnen* (1976): Z. Pflanzenernähr. Bodenk. *139*, 315 – 328.
[44] *Cernescu, N. & M. Cicotti* (1964): Stiinta Sol *2*, 27 (zit. nach Zit. 3).
[45] *Sauerbeck, D.* (1985): Funktion und Belastbarkeit des Bodens. Kohlhammer, Stuttgart.
[46] *Köhnlein, J. & H. Vetter* (1953): Ernterückstände und Wurzelbild. Parey, Hamburg.

[47] *Russel, E. W.* (1973): Soil conditions and plant growth. Longmans, Green & Co., London.
[48] *Boguslawski, E. v.* (1981): Ackerbau. DLG-Verlag, Frankfurt.
[49] *Kick, H. & H. Poleschny* (1973): Landw. Forsch. 30/II. Sonderh. 146.
[50] *Jagnow, G. & O. Graff* (1974): DLG-Mitt. *34*, 983.
[51] *Schulze, E. & H. Engels* (1962): Z. Acker- u. Pflanzenbau *115*, 115.
[52] *Nieschlag, F., M. Müller & H. Westerhoff* (1956): Landw. Forsch. *8*, 163.
[53] *Asmus, F., G. Kittelmann & H. Görlitz* (1987): Archiv Acker-Pflanzenbau Bodenk. *31*, 41 – 46.
[54] *Kloke, A.* (1963): Die Humusstoffe des Bodens als Wachstumsfaktoren. Parey, Hamburg.
[55] *Harper, S. & J. Lynvh* (1982): Plant a. Soil *65*, 11.
[56] *Alexander, M.* (1977): Introduction to soil microbiology. Wiley, New York.

VIII. Organo-mineralische Verbindungen[1, 2]

In Böden ist ein Teil der mineralischen Komponente mit organischen Stoffen molekularer bis kolloider Größe zu stabilen organo-mineralischen Verbindungen vereinigt. Hierbei ist besonders die sorptionsaktive Feintonfraktion beteiligt. Daher wächst der Huminstoffgehalt innerhalb der Tonfraktion vom Grob- zum Feinton, d. h. mit steigender spezifischer Oberfläche der Tonsubstanz an. In den A-Horizonten dunkel gefärbter Böden wie Schwarzerden, Vertisolen und Andosolen ist die so gebundene organische Substanz auch in der Hitze nicht mehr durch chemische Oxidationsmittel (H_2O_2) völlig zu zerstören. Auch mit NaOH ist nur ein Teil der organischen Substanz extrahierbar; ein weiterer Teil wird extrahierbar, wenn man vorher die Tonminerale mit Flußsäure herauslöst. Auch die Temperatur der thermischen Zersetzung der organischen Substanz wird bei gleichzeitiger Anwesenheit von Ton erhöht[3]. Der Anteil an organischem C, der durch Ultraschall-Behandlung und Dichtetrennung (bis $2\,g/cm^3$) nicht vom Ton abtrennbar war, lag bei verschiedenen Böden zwischen 52 und 98 %[4, 5].

Art und Eigenschaften der organo-mineralischen Verbindungen in Böden sind nur sehr unzureichend bekannt. Aus Modellversuchen und Bodenanalysen ist bekannt, daß neben Huminstoffen eine Vielzahl einfacherer organischer Verbindungen an Tonminerale gebunden werden kann. Hierzu gehören Alkohole, Zucker, Aminosäuren und Amine[6], sowie einfache aromatische Verbindungen wie Benzol, Phenole u. a.. Auch Enzyme können offensichtlich an Tonmineralen sorbiert werden, da ihre Aktivität wie auch die Geschwindigkeit ihres Abbaus in Gegenwart von Tonmineralen herabgesetzt ist[7].

Folgende Bindungsmechanismen treten zwischen Tonmineralen und Huminstoffen auf:

a) *Ionenbindung* zwischen organischen *Kationen* und den negativen Ladungen von Tonmineralen. Als organische Kationen kommen vor allem Amine (Alkyl- u. a.), Aminozucker und Aminosäuren in Betracht, die unterhalb des isoelektrischen Punktes ein Proton aufnehmen und damit eine positive Ladung erhalten. Sie werden anstelle der austauschbaren anorganischen Kationen durch Coulombsche Kräfte gebunden. Aber auch *Metallkomplexe* von Humin- und Fulvosäuren können sorbiert werden. Dabei bildet ein mehrwertiges Metallkation eine Brücke und neutralisiert gleichzeitig negative Ladungen des Tonminerals und der dissoziierten sauren Gruppen des Huminstoff-Moleküls (s. Abb. 35). An den Seitenflächen von Tonmineralen und an der Oberfläche von Al- und Fe-Oxiden können auch organische *Anionen* (z. B. Citrat, Fulvat) gebunden werden.

b) *Wasserstoffbrücken* spielen eine besonders große Rolle bei der Bindung von größeren organischen Molekülen (z. B. von Polymeren), die dann auch trotz der im Vergleich zu a) schwächeren und weniger weit reichenden Einzelbindung sehr fest sein kann. Nach *Mortland* bilden sich H-Brücken besonders über H_2O-Moleküle der austauschbaren Kationen oder zwischen bereits sorbierten und noch nicht sorbierten Molekülen (auch van-der-Waals-Kräfte), dagegen weniger zwischen diesen und der Mineraloberfläche.

c) *Organische Moleküle* mit hohem Dipolmoment (z. B. Glycerin, Harnstoff, Pyridin) können an die Stelle von H_2O-Molekülen in der Hydrathülle der austauschbaren Kationen treten und so eine Ion-Dipol-Bindung (oft über O-Brücken) eingehen. Diese Bindung ist um so bedeutender, je geringer der Wassergehalt des Systems ist.

In Böden weist die im Elektronenmikroskop sichtbare Assoziation von Huminstoffen und Tonmineralen auf die Existenz organo-mineralischer Verbindung hin. Dabei sind, wie Abb. 35 schematisch zeigt, sicher mehrere Bindungsarten gleichzeitig wirksam. Auch die austauschbaren Kationen der Tonminerale (M in Abb. 35), insbesondere mehrwertige wie Ca, Al und Fe, können die Bindungsfestigkeit der organo-mineralischen Verbindungen beeinflussen. So stieg die Adsorption einer Huminsäure an einen Smectit, der mit verschiedenen Kationen gesättigt war, in der Reihenfolge $Na < K < Ca < Al < Fe^{3+}$ an[8]. Extraktionsmittel, die Fe, Al und Ca in lösliche Komplexe umwandeln, extrahieren daher auch relativ viel organische Substanz aus Böden.

Größere Moleküle von Huminstoffen werden vorwiegend an den äußeren Oberflächen der Tonminerale gebunden. Bei tiefem pH (4,0) konnten im Laborversuch *Fulvosäuren* aus dem B-Horizont eines Podsols zwischen Smectitschichten eingelagert werden[9]. Dabei wurde der Basisabstand um 0,4 nm erhöht; die eingelagerten Molekülteile bestanden hauptsächlich aus Polymethylen-Ketten und enthielten kaum aromatische Anteile. Aus der thermischen Stabilität solcher Komplexe, die bis zu 40 % organische Anteile enthielten, wurde geschlossen, daß die an der Oberfläche des Minerals sorbierten organischen Moleküle ähnlich gut gegen Oxidation geschützt sind wie die zwischen den Schichten eingelagerten.

In Böden wird die Bildung organo-mineralischer Verbindungen durch eine hohe biologische Aktivität gefördert, da hierdurch ständig reaktionsfähige organische Stoffe (z. B. Schleimstoffe) gebildet und mit den Mineralteilchen innig vermischt werden. Beim Zusammenbringen von schwer abbaubaren organischen Stoffen (z. B. Torf) mit Tonmineralen unter sterilen Bedingungen werden dagegen selbst nach längerer Einwirkungsdauer keine stabilen organo-mineralischen Verbindungen gebildet.

Die Bedeutung organo-mineralischer Verbindungen für den Boden liegt vor allem darin, daß die organischen Stoffe Mineralpartikel aneinander binden und so ein stabiles Aggregatgefüge im Boden erzeugen. Die Bindung an die Tonminerale macht die organischen Stoffe resistenter gegen mikrobiellen Abbau. So wurden in einem smectitreichen Boden peptidartige Verbindungen im Zwischenschichtraum des Smectits gefunden[10], obwohl im Boden freie Peptide meist sehr rasch abgebaut werden. Auch die dadurch gebildeten Aggregate besitzen eine entsprechend höhere Lebensdauer. Zur mikrobiellen Resistenz trägt weiterhin bei, daß auch die mikrobiell erzeugten Enzyme gebunden werden und dadurch deren Aktivität gehemmt wird. Dies gilt in gleicher Weise für viele der heute verwendeten Biozide (Kap. XXIV). Die Kationenaustauscheigenschaften der Tonminerale werden durch die Verbindung mit Huminstoffen offenbar kaum verändert. Dagegen können organische Stoffe wirksam mit der Sorption anorganischer Anionen an Tonmineralen und Oxiden konkurrieren. Darüber hinaus kann die Rekristallisation („Alterung“) der peptogenen Al- und Fe-Oxide verzögert oder verhindert werden, wenn sorbierte Huminstoffe die Wachstumspositionen (Kristallisationskeime) der Kristalle blockieren oder mit den Al- und Fe-Ionen sehr stabile Komplexe eingehen. Schließlich fördern die Polarisation der sorbierten organischen Moleküle und die hohe Ladungsdichte der Tonminerale katalytische Reaktionen[11] (Protonierung, Oxidation, Polymerisation). Besonders wichtig ist hier eine Protonendonator-Funktion (entsprechend einer hohen H^+-Aktivität), die in der Hydrathülle mehrwertiger sorbierter Kationen lokalisiert ist.

Die Bestimmung des Anteils an organischer Substanz, die in Form organo-mineralischer Komplexe vorliegt, ist schwierig, weil die Bindungsintensität zwischen den organischen Stoffen und den Tonteilchen in einem weiten Bereich schwankt. Zweckmäßig ist hier eine Dichtetrennung der vorher dispergierten Böden in Flüssigkeiten, deren Dichte zwischen der der spezifisch leichteren freien organischen Substanz und derjenigen der organo-mineralischen Verbindungen liegt[5]. Hierbei haben sich Flüssigkeiten mit Dichten zwischen 1,8 und 2,0 g/cm^3 bewährt. Vorherige Dispergierung der Böden, am besten mit Ultraschall, ist notwendig, um die in Aggregaten mechanisch eingeschlossene organische Substanz freizusetzen. Behandlungen mit chemischen Dispergierungsmitteln liefern dagegen unbefriedigende Ergebnisse, weil ein Teil der organo-mineralischen Verbindungen durch das Extraktionsmedium zerstört werden kann. So werden durch Extraktion des Bodens mit NaCl-Lösung die Ca-Brücken der organo-mineralischen Verbindungen teilweise gelöst, und die organische Komponente geht in Lösung. Ebenso werden durch verdünnte Alkalilauge organische Stoffe extrahiert, die an Al- und Fe-Oxide gebunden waren.

Literatur

1 *Burdille, S., M. H.B. Hayes & D. J. Greenland* (1981): In: The chemistry of soil processes, 221 – 400. Wiley, Chichester.

2 *Theng, B. K. G.* (1979): Formation and properties of clay-polymer complexes. Elsevier, Amsterdam/New York.

3 *Kodama, H. & M. Schnitzer* (1969): Proc. Int. Clay Conf., Tokyo *1*, 765.

4 *Stevenson, F. J.* (1982): Zit. 13 in Kap. VII.

5 *Turchenek, L. W. & M. J. Oades* (1979): Geoderma *21*, 311.

[6] *Weiss, A.* (1963): Clays Clay Miner. 10th Conf., 191.
[7] *Makboul, H. E. & J. C. G. Ottow* (1979): Soil Sci. *128*, 129 – 135.
[8] *Theng, B. K. G. & H. Scharpenseel* (1975): Int. Clay Conf. Mexico, 643.
[9] *Kodama, H. & M. Schnitzer* (1968): Soil Sci. *106*, 73.
[10] *Lagaly, G., A. Weiss, J. L. Pérez & F. Gonzales Garcia* (1975): Int. Clay Conf. Mexico, 659.
[11] *Theng, B. K. G.* (1981): Proc. 7th Clay Conf. Bologna & Pavia, Italien.

IX. Bodenorganismen[1–12]

In Böden leben zahlreiche Organismen. Für manche sind sie der alleinige Lebensraum (Biotop), und somit Ort der Nahrungsaufnahme und Vermehrung, Zufluchts- und Rückzugsgebiet für Ruhe, bei Gefahr und ungünstigen Lebensbedingungen wie Kälte, Hitze, Trockenheit. Für andere sind sie nur der Ort für einen oder mehrere der erwähnten Lebensvorgänge. Unterschiedliche Bodeneigenschaften bedingen eine große Vielfalt der Bodenlebewelt. Gleichzeitig beeinflussen die Organismen viele Bodeneigenschaften sowie Umwandlungs- und Verlagerungsprozesse und damit die Entwicklung von Böden.

1. Einteilung und Beschreibung

Die Bodenlebewelt, das Edaphon, setzt sich aus Bodenflora und Bodenfauna zusammen. Die im Boden wurzelnden höheren Pflanzen werden nicht dazu gerechnet; da sie aber die übrige Lebewelt stark beeinflussen, sollen auch sie mit der sie umgebenden Rhizosphäre kurz betrachtet werden. Edaphon und lebende Wurzeln bilden die (lebende) Biomasse.

a) Flora

Innerhalb des Edaphons dominieren die pflanzlichen Organismen der Zahl und dem Umfang ihrer Tätigkeit nach, unter ihnen wiederum die arten- und formenreiche Gruppe der *Bakterien.* Die Bakterien sind kleinste (0,5 – 3 μm), einzellige, schleimumgebene Organismen. Sie werden nach morphologischen (z. B. Kokken, Stäbchen, Spirillen, Abb. 41), physiologischen oder ökologischen Merkmalen eingeteilt. Die in Böden häufigsten Bakteriengattungen sind *Pseudomonas*, *Arthrobacter*, *Clostridium* und *Flavobacterium*, die bekanntesten die N-bindenden Gattungen *Azotobacter*, *Beijerinckia*, *Clostridium* und *Rhizobium*, und die nitrifizierenden Gattungen *Nitrosomonas* und *Nitrobacter.* Die Bakterien sind durch ihre Vielzahl und Verschiedenartigkeit zu umfangreichen und mannigfachen Stoffumsetzungen befähigt. Auf ihre Tätigkeit sind in sauerstoffarmer Umgebung nahezu alle biochemischen Veränderungen zurückzuführen.

Die einzelligen, mycelbildenden *Strahlenpilze* (*Actinomyceten*) sind Übergangsformen zwischen Bakterien und Pilzen. Sie bilden nämlich wie Pilze oft ein weit verzweigtes Mycel (mit ca. 1 μm ∅ der Hyphen, Abb. 41); ihre Zellstruktur ist aber wie die der Bakterien. In Böden sind besonders die Gattungen *Streptomyces* und *Nocardia* vertreten. Die Actinomyceten beteiligen sich an Zersetzung und Humifizierung, können Pflanzenkrankheiten verursachen, Antibiotica (z. B. Streptomycin) bilden und verleihen Böden den charakteristischen frischen Erdgeruch. In Symbiose mit Holzgewächsen (z. B. Erle, Sanddorn) bindet die Gattung *Frankia* elementaren Stickstoff.

Eine weitere Gruppe der Bodenflora umfaßt die *Pilze.* Sie durchziehen den Boden mit ihrem *Mycel* (Pilzfäden), das aus zylindrischen Hyphen von 3 – < 10 μm Durchmesser besteht, und bilden sporentragende Organe (Abb. 41). Als wichtige Vertreter der Schimmelpilze befinden sich in Böden die Gattungen *Mucor*, *Penicillium*, *Trichoderma* und *Aspergillus*, die zum Teil Antibiotica (z. B. Penicillin) erzeugen. Einige leben von Protozoen oder Nematoden. An der Streuzersetzung sind besonders Lignin-angreifende *Basidiomyceten* (z. B. Collybia, Marasmius) beteiligt. Den höheren Pflanzen können die Pilze als Symbionten (Mykorrhiza) nützlich oder als Krankheitserreger schädlich sein.

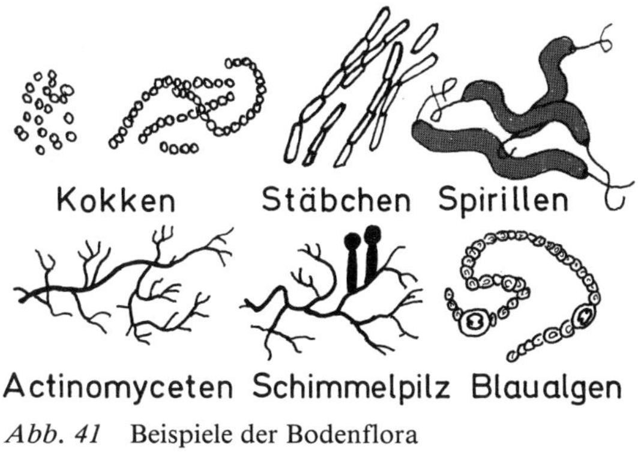

Abb. 41 Beispiele der Bodenflora

Schließlich kommt auch den chlorophyllhaltigen Algen eine Bedeutung zu, von denen im Boden vor allem einzellige oder kurzfädige *Grünalgen* (Chlorophyceen), *Blaualgen* (Cyanophyceen) und *Kieselalgen* (Diatomeen) vorkommen. Da sie mit einfachen anorganischen Verbindungen als Nahrung auskommen können, spielen sie als Erstbesiedler von Gesteinen (zum Teil in Symbiose mit Pilzen als Flechten) und extremen Standorten (z. B. Wüstenböden) eine Rolle. Manche Blaualgen vermögen N_2 zu binden; z. B. kann *Azolla* auf überfluteten Reisfeldern zu einem beachtlichen Stickstoffangebot führen.

b) Fauna

Innerhalb der Bodenfauna (Abb. 42) dominieren zahlenmäßig die einzelligen *Protozoen* mit den Wurzelfüßern (Rhizopoden, mit Amöben und Schal-Amöben), *Wimpertieren* (Ciliaten) und *Geißeltieren* (Flagellaten). Sie ernähren sich nicht nur von gelösten organischen Stoffen und Detritus, sondern auch von Bakterien, was deren Vermehrung (durch Teilung) stimuliert.

Von den *Mehrzellern* haben *Rädertiere* (Rotatorien) und *Bärtierchen* (Tardigraden) nur untergeordnete Bedeutung. Die *Fadenwürmer* (Nematoden) treten in großer Zahl auf – häufig als Pflanzenparasiten. Von den *Borstenwürmern* (Oligochaeten) bilden neben den *kleinen* Borstenwürmern (Enchytraeiden) vor allem die Erdwürmer eine bodenbiologisch bedeutsame Gruppe. Von diesen sind die *Regenwürmer* (Lumbriciden) mit den Gattungen *Dendrobaena*, *Lumbricus* (m. *L. terrestris*, dem großen Regenwurm), *Alolobophora* und *Octolasium* in Europa heimisch und wurden vom Menschen in den gemäßigten Breiten anderer Kontinente angesiedelt. In den Niederen Breiten sind andere, überwiegend kleinere Gattungen vertreten, aber auch die Glossoscoleciden mit *G. giganteus*, dem größten Regenwurm (bis 1,5 m lang).

Innerhalb des großen Tierstammes der *Gliederfüßer* (Arthropoden) sind von den *Krebstieren* (Crustaceen) die Asseln (Isopoden), von den *Spinnentieren* (Arachniden) die Milben (Acarinen) mit den Hornmilben (Oribatiden), weiter die *Vielfüßer* (Myriapoden) besonders mit den *Doppelfüßern* (Diplopoden) und schließlich viele Insekten wichtige Streuzersetzer. Unter den letzteren gilt das für die *Springschwänze* (Collembolen, Abb. 43), die Larven der *Zweiflügler* (Dipteren) – soweit sie sich in Böden entwickeln –, in Böden lebende Käfer(larven) – sowie die Ameisen und in den warmen Klimaten (bis 45° N, S) für die Termiten. Auch viele der zu den Mollusken gehörenden Schnecken (Gastropoden) und im Schlickwatt der Küsten viele *Muscheln*, *Krebse*, *Schnurwürmer* und *Meeresborstenwürmer* beeinflussen die Bodenbildung. Schließlich leben auch einige *Wirbeltiere* ganz bzw. größtenteils in Böden, z. B. die *Maulwürfe* und *Nagetiere* (Wühlmaus,

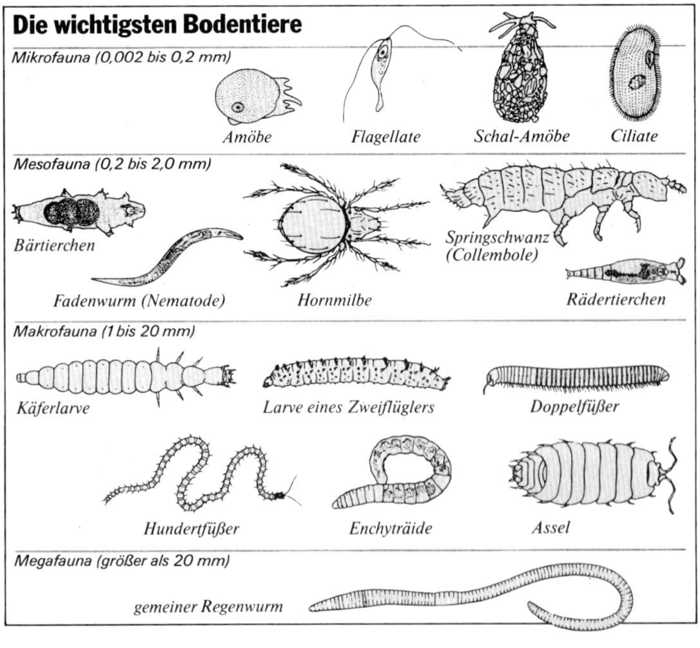

Abb. 42 Beispiele der Bodenfauna (aus: *Ottow*[13a])

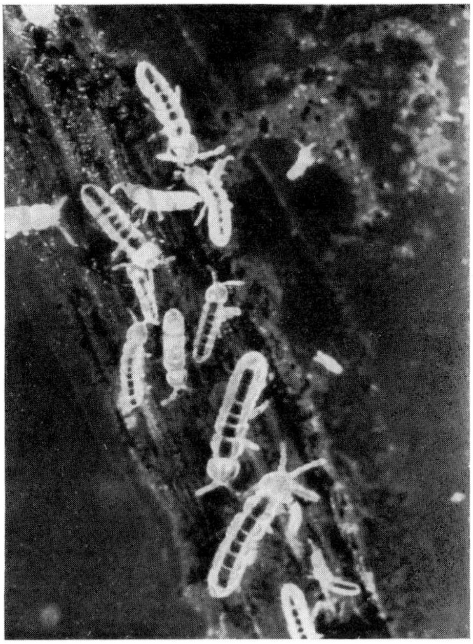

Abb. 43 Collembolen auf einem Strohhalm (dunkel: durchscheinender Darminhalt), 10fach vergrößert (Aufn. *O. Graff*)

Hamster, Kaninchen, in Steppengebieten Ziesel und Erdhörnchen). In Subtropen und Tropen gibt es bodenbewohnende *Schlangen* und schleichenähnliche Reptilien.

Von den submikroskopischen, weder zur Flora noch zur Fauna gehörenden *Viren* sind für das Bodenleben vor allem die von Bakterien und Actinomyceten lebenden Bacteriophagen von Interesse. Ihre Bedeutung läßt sich jedoch noch nicht abschätzen.

2. Lebensbedingungen

Die Lebensweise aller angeführten Bodenorganismen ist den besonderen Eigenschaften der Böden als Lebensraum angepaßt. Bodenleben ist außer in den toten Pflanzen- und Tierresten nur in den mit Wasser bzw. Luft gefüllten Bodenhohlräumen möglich. Deren Größe und Zahl – soweit sich die Organismen keine eigenen Hohlräume schaffen – und die zur Verfügung stehende Nahrung sowie die Wasser-, Luft- und Wärmeverhältnisse bestimmen das Organismenleben in Böden.

a) Nahrung und Nährelemente

Zum Aufbau von Körpersubstanz und zur Aufrechterhaltung der Lebensprozesse müssen den Organismen Nährstoffe und Energieträger zur Verfügung stehen. Hierzu dient den meisten *heterotroph* lebenden Bodenorganismen die auf die Böden fallende Streu und die in den Böden vorhandene tote und lebende organische Substanz. Im einzelnen leben diese Organismen als *Phytophagen* von lebenden Pflanzenteilen (Engerlinge z. B. von Wurzeln, manche Protozoen von Bakterien), als *Zoophagen* von gefangenen Tieren und als *Saprophagen* von toten Pflanzenresten, Tierleichen und Huminstoffen. Sie decken dabei ihren C- und Energiebedarf durch den Abbau der energiereichen organischen Stoffe zu energieärmeren. Welche Verbindungen ein Organismus verwenden kann, wird durch die Art der extra- und intrazellulären Enzyme bestimmt, die er zu erzeugen vermag. Das Spektrum der verwendbaren organischen Verbindungen ist bei den größeren Lebewesen meistens breiter als bei den kleineren. Am engsten ist es bei manchen Bakterien. Viele Termiten vermögen Cellulose selbst zu zersetzen, während sie für den Ligninabbau Pilze kultivieren. Von vielen Organismen wird die aufgenommene Nahrung nur unvollständig verdaut. Andere Organismen ernähren sich von diesen Rückständen und Abbauprodukten, oder sie verzehren als Räuber lebende Organismen. Das ergibt eine *Nahrungskette*. Das Endergebnis dieser Abbauvorgänge sind Mineralisierung (Bildung von H_2O, CO_2, SO_2) und Bildung bodeneigener Restprodukte (Huminstoffe), deren weiterer Abbau nur noch langsam vor sich geht (s. Kap. VII 2). Insbesondere den Einzellern wird die Nahrungsaufnahme und damit der weitere Abbau durch die Tätigkeit größerer Lebewesen sehr erleichtert, die die anfangs kompakt vorliegende organische Substanz mechanisch zerkleinern.

Nur wenige Bodenorganismen vermögen wie die grünen Pflanzen organische Verbindungen aus CO_2 und H_2O zu bilden, sind also *C-autotroph*. Von diesen erhalten die *fotoautotrophen* Organismen (Algen, einige chlorophyllhaltige Bakterien und Geißeltiere) die dafür nötige Energie durch das Sonnenlicht, die *chemoautotrophen* Organismen (manche Bakterien) durch Oxidation anorganischer Verbindungen, z. B. von Ammonium in Nitrit durch *Nitrosomonas*, von Nitrit zu Nitrat durch *Nitrobacter*, von Schwefelwasserstoff und Schwefel in Sulfat durch *Thiobacillus* und von Fe(II)- in Fe(III)-Verbindungen u. a. durch *Leptothrix* und *Thiobacillus*.

Bei der Freisetzung chemisch gebundener Energie durch Oxidation, d. h. bei der Atmung, werden Elektronen abgegeben. Als *Elektronenakzeptor* benötigen die *aeroben* Organismen molekularen Sauerstoff, die anaeroben organische oder anorganische (z. B. NO_3, SO_4^{2-}, CO_2, Fe^{3+}, Mn^{4+}) Verbindungen, die sie hierdurch reduzieren.

An *mineralische* Nährstoffe stellen die Mikroorganismen und Bodentiere ähnliche Ansprüche wie die höheren Pflanzen: N, P, K, Mg, S, Mn, Fe, Ca, Cu und Zn sind für sie notwendig, außerdem z. T. B, Co, Mo und V. Hierauf beruhen die mikrobiologischen Methoden, die das Wachstum bestimmter Mikroben als Kriterium für die Verfügbarkeit des jeweiligen Nährstoffes benutzen (z. B. *Aspergillus niger* für P, K, Mg und verschiedene Mikronährstoffe).

Unterschiedliche Nährstoffansprüche spiegeln sich in Beziehungen zur Bodenreaktion wider. Die überwiegende Zahl der Bakterien und Strahlenpilze, Blaualgen und Kieselalgen gedeihen optimal bei pH-Werten zwischen 6 und 8 und dominieren dann gegenüber Pilzen. Diese haben ebenso wie die Grünalgen geringere Nährstoffansprüche oder vermögen sich Nährstoffe besser anzueignen und überwiegen daher in sauren Waldböden. Ähnliche Unterschiede bestehen bei den Bodentieren. Die großen Regenwürmer (z. B. L. terrestris) und auch die Weinbergschnecken sind vor allem wegen ihres Ca-Bedarfs an Ca-reichere Standorte gebunden, während manche kleinen Regenwürmer sowie die kleinen Borstenwürmer und viele Gliederfüßer mit stark sauren, nährstoffarmen Böden vorlieb nehmen.

b) Wasser und Luft

Die Mikrofauna und der überwiegende Teil der Mikroflora leben aerob. Sie benötigen also molekularen Sauerstoff zur Atmung. Ein für sie ausgewogenes Angebot von Sauerstoff und Wasser ist in lockeren Sandböden etwa bei Feldkapazität, bei dichten Tonböden hingegen bei halber Feldkapazität gegeben. Die einzelnen Organismengruppen besitzen jedoch unterschiedliche Optima. So kommen viele Strahlenpilze und Pilze mit weniger Wasser aus als die aeroben Bakterien, so daß ihre Zahl mit zunehmender Austrocknung eines Bodens relativ ansteigt. Zu hohe Wassergehalte schädigen andererseits die meisten Pilze stärker als andere Organismen, von denen die *Bodenschwimmer* (z. B. geißeltragende Bakterien, Geißeltiere, Wimpertiere und Fadenwürmer) auf Porenwasser angewiesen sind. Viele Mikroben können allerdings in Form ruhender *Cysten* (z. B. Bakterien, Protozoen) oder *Sporen* (Pilze) Trocken- oder Nässeperioden oft jahrelang überstehen.

Außer den aeroben Organismen gibt es einige Organismengruppen, die zeitweilig ohne molekularen Sauerstoff leben können (fakultativ anaerob) oder nur in vollständiger Abwesenheit von molekularem Sauerstoff gedeihen (obligat anaerob). Zu diesen Gruppen gehören die Bakterien *Clostridium butyricum* (Pektinzersetzer, Stickstoffbinder), *C. cellulosolvens* (Zellulosezersetzer), *C. putrificus* (Eiweißzersetzer) u. a. sowie die Hefepilze, die zwar anaerob leben können, jedoch zur Bildung und Keimung ihrer Sporen Sauerstoff benötigen.

Auch größere *Bodentiere* benötigen molekularen Sauerstoff zum Atmen, vermögen mithin in Bodenlagen mit stagnierender Nässe nicht zu leben. Bei Regenfällen treibt Luftmangel manche Bodentiere an die Oberfläche, wo Regenwürmer oft durch ultraviolette Strahlung getötet werden, während Collembolen überleben. Andererseits muß für viele Tiere die Bodenluft nahezu wassergesättigt sein: Regenwürmer und Tausendfüßer suchen daher bei Trockenheit tiefere Bodenhorizonte auf und verharren dort in Trockenstarre. Termiten transportieren hingegen Grundwasser zum Nest, z. T. aus einer Tiefe von mehreren Dekametern.

c) Wärme

Der weitaus überwiegende Teil der Bodenmikroorganismen hat sein Temperaturoptimum zwischen 10° und 35 °C. Höhere Temperaturen als 80 °C töten die Mehrzahl der Bodenlebewesen ab. Doch können Endosporen der Bakterien und Pilzsporen auch höhere Temperaturen überstehen. Gegen Kälte sind insbesondere die Bakterien und Pilze sehr widerstandsfähig. Wärmeliebend sind z. B. viele Strahlenpilze und unter den Pilzen die Vertreter der Gattungen *Aspergillus* und *Trichoderma*, während die der Gattungen *Penicillium* und *Mucor* gemäßigte Temperaturen vorziehen. Besonders wärmebedürftige Tiergruppen sind die Ameisen, die Termiten und die Bärtierchen; die meisten Bodentiere lieben jedoch Temperaturen unter 20 °C. Ganz allgemein gilt aber für die meisten Klimabereiche, daß die biochemische Aktivität in Böden mit steigender Temperatur zunimmt. Besonders kälteresistent sind Borstenwürmer: sie sind selbst bei 0 °C unter vereister Oberfläche oder Schneedecke noch aktiv, solange der Boden feucht ist.

Bodengefrieren führt zum Erliegen der Organismentätigkeit. Die Lebewesen können aber Kälteperioden überwiegend als Sporen, Cysten oder als von Kokons umgebene Eier (Würmer) überdauern, oder suchen tiefere, frostfreie Bodenhorizonte auf (Regenwürmer, Wirbeltiere).

Tabelle 29 Zahl und Frischgewicht von Regenwürmern in verschiedenen Böden (nach *Lee*[10])

Gebiet	Nutzung	Anzahl pro m^2	Frischgewicht (g/m^2)
UdSSR	Taiga	3 – 23	1,0 – 8,4
Europa	Laubwald	10 – 140	10 – 100
	Weiden	100 – 650	60 – 200
	Wiesen	20 – 200	8 – 60
	Äcker	5 – 100	0,5 – 20
Neuseeland	Weiden	210 – 2000	60 – 300
Trop. Afrika*	Regenwald	30 – 130	1 – 10
	montaner Wald	2 – 110	0,2 – 3

* keine Lumbiciden, vorwiegend kleinere Erdwürmer

3. Bodenorganismen als Lebensgemeinschaft

Den jeweils herrschenden Lebensbedingungen entspricht eine bestimmte Zusammensetzung des Edaphon: Je nach Klima, Relief, Vegetation, Bodenform, Bodentiefe und Jahreszeit findet man quantitativ und qualitativ sehr unterschiedliche Lebensgemeinschaften (Biozönosen; s. a. Kap. XXV).

a) Wechselbeziehungen

Entscheidenden Einfluß auf die Zusammensetzung der Bodenlebewelt haben die mannigfaltigen Beziehungen der Organismen untereinander. So kann ein Organismus einen anderen unbeeinflußt lassen, fördern, hemmen oder sogar vernichten. Während des Abbaus organischer Stoffe treten nacheinander verschiedene Organismen hervor (sog. *Sukzessionen*), da jeder Mikroorganismus auf die Verwertung einer bestimmten Stoffgruppe spezialisiert ist; nach deren Verbrauch wird er durch Organismen abgelöst, die die entstandenen Umwandlungsprodukte, oder die toten oder lebenden Zellen ihrer Vorgänger zum Leben benötigen, bis auch sie wieder abgelöst werden.

Bisweilen sind die Abhängigkeiten besonders eng. Viele Tiere werden beim Celluloseabbau durch eine spezielle Darmflora unterstützt; Termitenstaaten halten sich Pilzkolonien, die für sie das sonst kaum verdauliche Lignin abbauen.

Eine Förderung kann auch durch Wuchsstoffe erfolgen, die von einem Organismus erzeugt und von einem anderen gebraucht werden, eine Hemmung durch die Konkurrenz um Nahrung und Raum oder durch Toxine, eine Vernichtung durch räuberische Organismen. Ein fremder Organismus, der in eine mehr oder weniger stabilisierte Biozönose eingeführt wird, z. B. durch Impfung, vermag sich hingegen nicht darin zu halten. Findet er allerdings keine natürlichen Feinde vor, kann er sich auch besonders stark vermehren. So liegen die Böden mit dem höchsten (bekannten) Regenwurmbesatz in Neuseeland (bis 2 000/m^2: Tab. 29), dorthin wurden Lumbricidee erst durch Europäer eingeführt.

b) Besatz europäischer Böden

Entsprechend den jeweils vorhandenen wechselnden Lebensbedingungen ist der Organismenbesatz der Böden auf engstem Raum und in kürzester Zeit großen Schwankungen unterworfen. Es ist daher schwierig, feststehende Zahlen anzugeben, zumal auch verschiedene Zählmethoden unterschiedliche Werte ergeben.

Bei dem seit Robert Koch üblichen Plattenkulturverfahren wird eine Bodensuspension in eine Petrischale mit Agar- oder Gelantine-Nährlösung gegeben. Die sich entwickelnden Mikrobenkolonien werden gezählt. Dabei lassen sich nur Organismen erfassen, die auf dem gewählten Nährmedium gedeihen. Die unmittelbare *Mikroskopie* von *Bodenpräparaten* (z. B. nach Aufschlämmen und Anfärben mittels Phasenkontrastmikroskop) ermöglicht eine Quantifizierung, läßt aber nicht zwischen lebenden und toten Organismen unterscheiden. Werden Objektträger einige Zeit im Boden deponiert, lassen sich auch räumliche Verteilung und Umweltbezug der Mikroben erfassen. Mit *physiologischen* Methoden (z. B. CO_2-Entbindung oder O_2-Aufnahme im Brutversuch) läßt sich die Summenleistung aller Mikroben (nach Ausschluß anderer durch spezifische Hemmstoffe) oder bestimmter Gruppen ermitteln; ähnliches wird durch Messung der *Enzymaktivität* erreicht.

Um größere Bodentiere zu zählen, benutzt man Fallen-, Schlämm-, Sieb- und Ausleseverfahren.

Tab. 30 gibt Beispiele für Zahl und Gewicht wichtiger Organismengruppen in europäischen Böden. *Zahlenmäßig* dominieren stets Mikro-

Tabelle 30 Mittlere (m) und hohe (h) Anzahl sowie Lebendgewichte der wichtigsten Bodenorganismen in Böden Mittel- und Nordeuropas (nach *Dunger*[6])

Gruppe	Anzahl der Individuen pro m^2		Gewicht (g/m^2)	
	m	h	m	h
Mikroflora				
Bakterien	10^{14}	10^{16}	100	700
Strahlenpilze	10^{13}	10^{15}	100	500
Pilze	10^{11}	10^{14}	100	1000
Algen	10^{8}	10^{11}	20	150
Mikrofauna (0,002 – 0,2 mm)				
Geißeltiere	10^{8}	10^{10}		
Wurzelfüßer	10^{7}	10^{10}	5	150
Wimpertiere	10^{6}	10^{8}		
Mesofauna (2 – 20 mm)				
Rädertiere	10^{4}	10^{6}	0,01	0,3
Fadenwürmer	10^{6}	10^{8}	5	50
Bärtierchen	10^{3}	10^{5}	0,01	0,5
Milben	$7 \cdot 10^{4}$	$4 \cdot 10^{5}$	0,6	4
Springschwänze	$5 \cdot 10^{4}$	$4 \cdot 10^{5}$	0,5	4
Makrofauna (2 – 20 mm)				
Kl. Borstenwürmer	$3 \cdot 10^{4}$	$3 \cdot 10^{5}$	5	50
Schnecken	50	1 000	1	30
Spinnen	50	200	0,2	1
Asseln	30	200	0,4	1,5
Doppelfüßer	100	500	4	10
übr. Vielfüßer	130	2 000	0,5	3
Käfer m. Larven	100	600	1,5	20
Zweiflüglerlarven	100	1 000	1	15
übr. Insekten	150	15 000	1	15
Megafauna (20 – 200 mm)				
Regenwürmer	100	500	30	200
Wirbeltiere	0,01	0,1	0,1	10

(Weights 5 and 150 for Mikrofauna apply jointly to Geißeltiere, Wurzelfüßer and Wimpertiere, grouped by a brace.)

flora und -fauna gegenüber größeren Organismen. Die hohen Werte in Tab. 30 sind allerdings nie in ihrer Gesamtheit in einem Boden verwirklicht, da kein Boden allen Organismengruppen gleichzeitig optimale Lebensbedingungen bietet. Sind z. B. viele Bakterien oder viele Regenwürmer vorhanden, so sind die Pilze oder Kleinarthropoden meist schwächer vertreten. Minimalwerte liegen bei den Mikroorganismen noch um mehrere Zehnerpotenzen niedriger als die angegebenen mittleren Werte, während einzelne Gruppen der Makro- und Megafauna völlig fehlen können.

Die Gewichte der Biomasse ergeben einen genaueren Eindruck von der Leistungsfähigkeit einzelner Organismengruppen. Wie bei der Zahl, dominiert auch beim Gewicht in der Regel die Mikroflora. Das Gesamtgewicht lebender Bodenorganismen kann 2,5 kg/m^2 Bodenfläche betragen; hier ist die Mikroflora meist mit ca. 80 % beteiligt. Da kleine Organismen relativ stärker atmen als große, liegt die Zersetzerleistung der Mikroflora sogar über 80 %. Auch Regenwürmer können gewichtsmäßig stark vertreten sein (Tab. 29); wo sie fehlen, sind Abbau und Mischleistung der Bodenfauna sehr viel niedriger. In stärker belebten Mineralböden beträgt der Gewichtsanteil der lebenden Bodenorganismen an der gesamten organischen Substanz 5 – 8 %, die der lebenden Pflanzenwurzeln ebensoviel.

c) Bodenorganismen anderer Klimate

Böden der Tundra und der Wüste enthalten wenig Organismen, weil wenig Nahrung sowie Wärme bzw. Wasser vorhanden sind (Tab. 31). Außerdem bestehen in verschiedenen Klimaten große Unterschiede im Artenbestand. So fehlen in den Tropen und Subtropen die Lumbriciden, so daß dort trotz oft hoher Zahl kleinerer Gattungen die Wurm-Biomasse selbst in Böden des Regenwaldes nur gering ist (Tab. 29). In den Niederen Breiten dominieren oft die Termiten: z. B. wurden in Nigeria 1 000 – 100 000 Termiten je m^2 mit 5 – 50 g Biomasse festgestellt[12].

d) Einfluß von Bodentiefe und Jahreszeit

Verschiedene Horizonte eines Bodens sind unterschiedlich stark belebt. Algen sind in den obersten cm eines Bodens besonders stark konzentriert, da sie zur Assimilation Licht benötigen. Gleiches gilt für viele *Erstzersetzer* unter den Bodentieren, die sich von der frischen Laubstreu auf der Bodenoberfläche ernähren (z. B. Asseln, Tausendfüßer, Abb. 42).

In der Umgebung lebender Pflanzenwurzeln, in der *Rhizosphäre*, bildet sich eine Lebensgemeinschaft mit höherer Besatzdichte und anderer Zusammensetzung als im umgebenden Boden; dies gilt besonders für Bakterien, während der Einfluß der Pflanzenwurzel auf Pilze, Strahlenpilze, Protozoen und vor allem Algen schwächer ist (Tab. 32). Die Zusammensetzung

Tabelle 31 Frischgewicht der Bodenbiomasse in verschiedenen Landschaftszonen[13]

	Pilze (g/m^2)	Bakterien (g/m^2)	Mikrofauna (g/m^2)
Tundra, Taiga	2 – 8	0,3 – 0,9	0,8 – 3,6
(Halb)wüste	13	0,4	0,7
Steppe	400	300	23
Boreale u. temperate Nadelwälder	80 – 460	0,1 – 11	8 – 28
Temperate Laubwälder	90 – 130	1 – 27	8 – 80
Warme Monsun- u. Regenwälder	450	110	8

Tabelle 32 Verhältnis zwischen der Anzahl verschiedener Organismengruppen in der Rhizosphäre von Mangold (R) und in Kontrollböden (S) mit und ohne Düngung[14]

Organismen	R/S ungedüngt	R/S gedüngt
Bakterien (gesamt)	45	120
anaerobe B.	40	46
ammonifizierende B.	9	170
denitrifizierende B.	15	230
Strahlenpilze		23
Pilze	6	19
Algen	1,5	2,3
Protozoen	4	23

der Biozönose wird von der Pflanzenart, ihrer Wurzelausbreitung, ihren Wurzelausscheidungen und von der Art ihrer zerfallenden, den Organismen als Nahrung dienenden Biomasse bestimmt (s. a. Kap. IX 5). Die Rhizosphärenorganismen konkurrieren mit der Pflanze um Nährstoffe und Sauerstoff, können aber andererseits auch Bodennährstoffe freisetzen und den Pflanzen dadurch zugängig machen. Sie synthetisieren Wuchsstoffe, die die Pflanzen aufnehmen können. Pathogene Organismen, die meist außerhalb der Rhizosphäre leben, müssen diese durchqueren, um in die Pflanzen einzudringen, und können durch die dort lebenden Organismen gehemmt oder gelegentlich auch gefördert werden.

Vor allem das bessere Nahrungsangebot durch stärkere Durchwurzelung und Streuzufuhr von oben bewirken, daß in vielen Böden die humosen Oberbodenhorizonte insgesamt einen sehr viel stärkeren Mikroorganismenbesatz aufzuweisen haben als tiefer gelegene (Tab. 33). Enthalten tiefer gelegene Horizonte hingegen mehr Nahrung als höhere, kann hier ein höherer Besatz vorliegen. So hatte der mit verlagertem Humus angereicherte Bh-Horizont eines Podsols (s. Kap. XXVII 5) höhere Bakterienzahlen als der höher gelegene humusarme Ae-Horizont[15]. Bisweilen ist auch der oberste Bodenhorizont infolge stark wechselnder Temperatur und Feuchte schwächer besiedelt als tiefere Horizonte.

Die Temperatur- und Feuchtigkeitsabhängigkeit des Organismenlebens führt zu einer jahreszeitlichen Veränderung der Bestandsdichte. Im gemäßigt humiden Klima ist sie in der Regel bei steigender Temperatur und ausreichender Feuchte im Frühjahr am größten; im Sommer sinkt sie infolge Trockenheit, während sie im Herbst aufgrund neu anfallender Streu und besserer Wasserversorgung wieder steigt, und schließlich im Winter, bedingt durch niedrige Temperatur, auf ein Minimum sinkt[5].

e) Mykorrhiza[5, 16]

Besonders enge Wechselbeziehungen bestehen zwischen Bodenpilzen und höheren Pflanzen. Die Feinwurzeln von über 90 % der Blütenpflanzen leben in Symbiose mit Pilzen. Dies heißt Mykorrhiza (oder Pilzwurzel).

Oft sind in der Mykorrhiza keine Wurzelhaare ausgebildet, denn die von der Mykorrhiza ausstrahlenden Pilzfäden vergrößern die Kontaktfläche mit dem Boden. Darüber hinaus vermögen die Pilzfäden dank ihres im Vergleich zu Wurzelhaaren kleinen Durchmessers (2 – 12 μm) in engere Poren vorzudringen und diese für die höhere Pflanze zu erschließen. Die Pilzsymbiose kann daher die Stoffaufnahme durch die Wurzel erheblich steigern. Das gilt besonders für den Aufschluß schwerer löslicher Phosphate. In alkalischen Böden können Mykorrhizen Eisenchlorose und Mn-Mangelerscheinungen verhindern. Die Mykorrhiza ist ein „Antistreßfaktor" für die höhere Pflanze, der sich besonders bei erschwerter Wasser- und Nährsalzversorgung positiv auswirkt. Viele Waldbäume (Buche, Eiche, Fichte, Kiefer, Tanne) sind ohne eine die Wurzeln völlig um-

Tabelle 33 Mikroorganismenbesatz eines lehmigen dystrophen Cambisol unter Wiese Kroatiens (aus *Starc* 1942, zitiert in [4])

Horizont	Tiefe (cm)	pH (KCl)	org. S. (%)	Bakterien* aerobe	Bakterien* anaerobe	Strahlenpilze*	Pilze*	Algen*
Ah1	3 – 8	4,1	3,0	7800	2000	2100	120	25
Ah2	20 – 25	4,0	1,3	1800	380	250	50	5
Ahv	30 – 40	3,7	0,9	470	98	49	14	0,5
Bv1	65 – 75	3,5	0,4	10	1	5	6	0,1
Bv2	135 – 145	4,5	0,4	1	0,4	–	3	

* ($\times 10^3$ pro g Boden)

mantelnde *Ektomykorrhiza* nicht lebensfähig, da diese nicht nur Nährstoffe und Wasser für den Wirt aufnimmt, sondern auch vor bodenbürtigen Krankheitserregern schützt. Pilzpartner der Ektomykorrhiza sind die meisten Hutpilze des Waldes wie *Röhrlinge*, *Täublinge* und *Milchlinge*.

In Kulturböden ist die vesicular-arbuscular *(VA)-Mykorrhiza* weit verbreitet. Sie erleichtert die P-Aufnahme in P-armen und in stark phosphatfixierenden Böden der Tropen und Subtropen.

In den meisten Mykorrhizen sind die Pilzpartner als heterotrophe Organismen auf organische Stoffe ihrer Wirtspflanze angewiesen und entnehmen den Wurzeln Kohlenhydrate. Diese Belastung ist für die Wirtspflanze im Vergleich zum Nutzen der Mykorrhiza bei der Nährstoff- und Wasseraufnahme aber gering. Dennoch besteht nicht immer eine Symbiose zwischen Pilz und Wirt, sondern der eine parasitiert den anderen, was bis zum Abtöten von Pilz oder Wirt führen kann.

f) Unterschiede zwischen Böden

Zwischen Böden als Summe unterschiedlicher Standortfaktoren bestehen naturgemäß beträchtliche Unterschiede im Organismenbesatz. Die Differenzen im Besatz aerober Bakterien (bei pH 3 wenig Bakt., bei pH 7 viele) in Tab. 34 beruhen bei ähnlichen Klima- und Vegetationsverhältnissen vor allem auf Nährstoffunterschieden. Beim Pseudogley hat zudem Luftmangel den Besatz in 40–50 cm Tiefe beschränkt, beim Pelosol hat Ton, der infolge großer Oberfläche insbesondere Bakterien als Ansatzpunkt dient, Nährstoffe konzentriert und evtl. auch Toxine durch starke Bindung unschädlich gemacht und damit einen hohen Bakterienbesatz ermöglicht.

Strahlenpilze sind wegen hoher Trockenresistenz in sommertrockenen Steppenböden stark vertreten. Die Pilze weisen die größte Variationsbreite in den Standortansprüchen auf und sind daher in Extremstandorten relativ häufig, z. B. in den nährstoffarmen Podsolen und den Salzböden, während sie unter günstigen Bedingungen von den vitaleren Bakterien zurückgedrängt werden. Große Lumbriciden kommen in grobkörnigem Boden nicht vor, weil Bau und Erhaltung ihrer Röhren hier sehr erschwert sind. Sie fehlen aber auch weitgehend in sehr sauren lehmigen Böden. Statt ihrer sind dann andere Tiergruppen stärker vertreten, z. B. Milben, Enchyträen und Springschwänze (vgl. in Tab. 35 Rendzina und Braunerde unter Buche).

Tabelle 35 Saprophage Tiere (Tr.S. in g/m^2) einer Kalkstein-Rendzina unter Buche (KBu), Göttingen, sowie saurer, schluffiger Braunerden des Solling unterschiedlicher Nutzung (Bu: Hainsimsen-Buche-Altholz, Fi: Siebenstern-Fichten-Altholz, Wi: Goldhaferwiese)[5]

Nutzung Humusform	KBu Mull	Bu Moder	Fi Moder	Wi Mull
Schalamöben	0,14	0,6	1,0	1,0
Nematoden	2,1	0,9	0,12	1,2
Milben	0,18	2,2	0,9	0,3
Borstenwürmer	0,7	1,6	3,0	1,4
Springschwänze	0,15	0,3	0,26	0,21
Regenwürmer	9,8	0,25	0	16
Mückenlarven	k.A.	0,6	0,4	0,8
Fliegenlarven	k.A.	0,1	0,07	0,2
Summe	13,1	6,5	5,7	20,1

k.A.: Keine Angaben

Tabelle 34 Aerobe Bakterien in deutschen Böden unter Laubwald (Mittelwert mehrerer Probenahme-Termine; n. *Dutzler-Franz*[17], verändert)

Bodentyp	Horizont	Tiefe (cm)	Niederschl. (mm)	Temp. (°C)	Körnung	pH (KCl)	org. S. (%)	Bakterien (Mio./g Boden)
Pseudogley	Oh	5–8	770	9,0		2,4	88	3,9
– Podsol	Ae	30–35			S	3,5	0,6	
Pseudogley	Ah	5–10	650	9,0	Ul	3,6	12	7,6
	Alg	40–50			Ul	3,6	0,8	0,009
Sauer-	Ah	5–10	680	8,5	xLsu	4,4	4,4	7,0
braunerde	Bv	35–40			Lu	3,9	1,0	0,55
Rendzina	Ah1	3–10	600	8,5	xLu	7,0	9,6	36
	Ah2	20–25			Lu	7,2	6,6	27
Pelosol	Ap	2–10	600	8,5	Tl	6,9	3,9	42
(unter Acker)	Ba	40–45			T	6,7	1,2	7,0

In Böden mit lockerem Krümelgefüge leben große Ameisenarten, in dichten Böden kleine.

4. Einfluß der Bodenorganismen auf Bodeneigenschaften

Bodenorganismen sind an vielen in Böden ablaufenden Prozessen beteiligt: sie beeinflussen damit Intensität und Richtung der Bodenentwicklung ebenso wie die Eigenschaften der Böden als Pflanzenstandort.

a) Mikroorganismen

Die Mikroorganismen bauen organische Substanz ab und setzen dabei pflanzenverfügbare Nährstoffe frei. Die Mineralisierung ergänzt dabei die zum Teil – z. B. bei N und P – nur geringe Nährstoffnachlieferung durch chemische und physikalische Verwitterung. Die Mineralisierung erfolgt schrittweise über Zwischenprodukte (s. Organische Substanz), darunter auch toxisch wirkende, die, wenn sie angereichert werden, die Ertragsfähigkeit beeinflussen können.

Das für Pflanzen lebenswichtige *Kohlendioxid* wird im Boden zu ⅔ durch Mikroorganismen beim Abbau organischer Substanz als Endprodukt aerober Atmung gebildet, zu ⅓ durch Wurzel- und Tieratmung. Dies gilt vor allem für Bakterien, weil sie etwa 80 % der aufgenommenen Nahrung veratmen, während Pilze 40 – 60 % in körpereigene Verbindungen umwandeln. Besonders Pilze und Strahlenpilze sind vielfach auf die Zersetzung schwerer verdaulicher Stoffe (z. B. Cellulose, Lignin, Huminstoffe) spezialisiert. Die im Boden erzeugte CO_2-Menge kann (bei starker Streuzufuhr) über 10000 kg/ha · Jahr betragen. Die Atmungstätigkeit der Mikroorganismen ermöglicht daher in entscheidender Weise das Wachstum höherer Pflanzen, das auf CO_2 als einzige C-Quelle angewiesen ist. Eine Reihe von Bakterien und Algen vermag Luftstickstoff als N-Quelle zu nutzen und damit den N-Haushalt eines Bodens nachhaltig zu beeinflussen (s. Kap. XX 11).

Mikroorganismen legen weiterhin Nährstoffe durch Einbau in die Körpersubstanz vorübergehend fest, was zu einem zeitweiligen Engpaß bei der Versorgung von Kulturpflanzen führen kann (z. B. *N-Sperre*), andererseits aber eine Nährstoffauswaschung vermindert. Protozoen vermögen eine bakterielle N-Sperre zu verkürzen, indem sie sich von Bakterien ernähren und hierdurch sowohl deren Vermehrung stimulieren als auch den Wuchs höherer Pflanzen[18]. Eisen und Mangan werden von chemoautotrophen Mikroben auch durch Oxidation immobilisiert, oder sie dienen bei O_2-Mangel als Elektronenakzeptor für die Atmung und werden dann mobilisiert. Diese mikrobiellen Vorgänge verändern Konzentration und Verwertbarkeit der Nährstoffe.

Mikrobielle Stoffwechselprodukte, zu denen organische und anorganische Säuren und CO_2 gehören, vermögen schwer lösliche Verbindungen durch Protolyse und Komplexbildung zu *lösen* und so deren Bestandteile für die höheren Pflanzen freizusetzen und die *Bodenreaktion* zu verändern. Neuerdings werden P-mobilisierende wie auch N-bindende Mikroorganismenstämme als *Biodünger* angeboten.

Eine Reihe von Bakterien wie *Thiobacillus*-Arten können elementaren *Schwefel* zu Schwefelsäure oxidieren. Hierauf beruht die pH-Erniedrigung durch Schwefeldüngung, die z. B. zur Behebung von Manganmangel und zur Bekämpfung von Kartoffelschorf sowie zur pH-Senkung von alkalischen Böden angewendet wird. Bei der Entwässerung sulfidreicher Böden (z. B. einige Marschen) kann die Schwefelsäurebildung so stark sein (pH-Werte ≈ 2), daß ein Wachstum von Kulturpflanzen unmöglich ist.

Unter anaeroben Verhältnissen werden Sulfate mikrobiell zu Sulfiden, Mangan(III,IV)-oxide zu Mn^{2+}, Eisen(III)-oxide zu Fe^{2+} reduziert und unter aeroben Verhältnissen unter Mitwirkung anderer Bakterien wieder oxidiert (s. Kap. XIII). So wurden z. B. in vergleyten Böden bis zu 10 Millionen Fe-reduzierende Bakterien pro g Boden nachgewiesen, und bei Mn-Mangel bestand eine Beziehung zwischen Dörrfleckenkrankheit des Hafers und der Zahl der Mn-oxidierenden Mikroorganismen in der Rhizosphäre.

Die *Humifizierung* (s. Kap. VII) erfolgt überwiegend durch Strahlenpilz- und Pilzarten, während Bakterien die abgestorbene Biomasse häufig vollständig oxidieren. Auf die gefügestabilisierende Wirkung der Mikroorganismen wird in Kapitel XV (Bodengefüge) eingegangen.

b) Bodentiere

Bodentiere zerkleinern abgestorbene Pflanzenstreu und Tierleichen und fördern damit sehr

Tabelle 36 Ausgeworfene Regenwurmexkremente in dt/ha · Jahr (Mittel zweier Jahre)[21]

Garten	100
Wiese	344
Waldwiese	754
Obstgarten	254
Mischwald	171
Fichtenwald	194

wesentlich die Zersetzung durch Mikroorganismen. Die oft sperrige, meist bereits am Stengel oder auf dem Boden von Mikroorganismen befallene tote Biomasse wird durch Beiß-, Schabe- und Kautätigkeit der *Erstzersetzer* (viele Insektenlarven, Diplopoden, Asseln, Regenwürmer, Schnecken: s. Abb.33) zerkleinert, und so, zum Teil in Form von Exkrementen, den Mikroben zugänglich gemacht. Die Leistung verschiedener Tierarten variiert dabei stark mit den Standortverhältnissen. In Böden kalkreicher Auenwälder beherrschen Schnekken und Regenwürmer den Streuabbau. In nassen Böden spielen Schnakenlarven eine bedeutende Rolle und auch in einem sauren Buchenwald werden überwiegend Insektenlarven tätig und allein die Trauer- und Pilzmücken zerkleinern fast 30 % der Streu[19]. In den Niederen Breiten obliegt die Zerkleinerung vor allem den Termiten[12]. Vielfach werden frische Eichen- und Buchenblätter von Regenwürmern und Gliederfüßern erst nach Auswaschen wasserlöslicher Polyphenole gefressen[9].

Manche Tiere verlagern die Streu. Regenwürmer ziehen z. B. Blätter in ihre Röhren oder bedecken sie mit aufgewühltem Bodenmaterial oder Kot, wodurch sie in Zonen hoher Mikrobenaktivität gelangt. Viele Tiere (z. B. Collembolen, Hornmilben, Schnecken, Termiten, manche Regenwürmer) scheiden selbst Enzyme aus oder besitzen eine Darmflora mit Enzymen zur Spaltung von Zellulose und Lignin: sie tragen daher auch direkt zum biochemischen Abbau der Streu bei. Durch Zerkleinerung und mischende Tätigkeit der Bodentiere wird auch verhindert, daß die Bodenoberfläche mit einer wachsenden Schicht unzersetzter Abfallstoffe bedeckt ist, die für Keimlinge kaum zu durchdringen wäre: Humusauflagen sind Zeichen schlechter Lebensbedingungen für Bodentiere, und zwar vor allem für Regenwürmer. Intensive Regenwurmtätigkeit schafft mächtige humose Oberböden ohne Humusauflage, mithin die Humusform *Mull*; fehlen Regenwürmer, während Enchyträen, Milben und Springschwänze noch ausreichende Lebensbedingungen vorfinden, bleibt der Boden mit einer Humusauflage, dem *Moder* bedeckt (Tab. 35); fehlen auch diese Bodentiere weitgehend, dann können mächtige, scharf abgesetzte *Rohhumus-* oder *Torf*auflagen beobachtet werden (s. Kap. XXVII 2).

Die *physikalischen* Bodeneigenschaften werden vor allem durch die wühlende Makrofauna beeinflußt[20]. Bodenwühler (z. B. Regenwürmer) schaffen als *Erdfresser* (Geophagen), *Bohrgräber* (z. B. Regenwürmer, Larven von Schnellkäfern, Schlangen), *Schaufelgräber* (z. B. Maulwürfe, Maikäfer, Mistkäfer), *Scharrgräber* (z. B. Hamster, Ziesel, Mäuse) oder *Mundgräber* (z. B. Ameisen, Termiten) Röhren, die mehrere Meter tief reichen können (besonders Lumbricus terr., Allolobophora rosa, große Termiten- und Ameisenarten). Da das Bodenmaterial dabei vorrangig auf der Bodenoberfläche abgelegt wird, führt das Wühlen zu einer *Lockerung* des Bodens. Hierdurch wird vor allem die *Belüftung* der Böden begünstigt, was besonders für dichte Böden wie Pelosole und Pseudogleye bedeutsam ist. Die drainierende Wirkung von Tiergängen ist demgegenüber gering, da diese blind enden und oft so angelegt werden, daß sie nicht bei jedem Regen voll Wasser laufen. Trotzdem wirkt das Wühlen der Tiere auch einem *Wasserstau* entgegen, weil durch die Lockerung die Wasserkapazität erhöht wird. Unter den Wühlern leisten diejenigen besonders viel, die im Boden nicht nur Behausungen schaffen (z. B. Hamster, Ziesel, Schnecken), sondern dabei als Erdfresser auch Nahrung gewinnen (z. B. Regenwürmer, s. Tab. 36) oder Würmer fangen (z. B. Maulwürfe, s. Tab. 37); weil dies häufiger geschieht.

Die Regenwürmer schaffen durch ihre Kotablage auf dem Boden eine meist gleichförmige Lage von Aggregaten, die durch Schleimstoffe stabilisiert sind, mithin der Verschlämmung und der Erosion entgegenwirken. Maulwürfe, Ameisen und Termiten schaffen demgegenüber Hügel, was eine Nutzung erschwert und zudem Pflanzenkeime unregelmäßig auflaufen läßt. Termitenhügel, die bis zu 9 m hoch sein können, bieten dem Wind gute Angriffsmöglichkeit und fördern so die Winderosion. Umgelagertes Bodenmaterial ist oft mit verfügbaren Pflanzennährstoffen angereichert; Kotballen der Regenwürmer, Ameisenhaufen und die Nester der Termitenbauten.

Mit der Umlagerung ist eine Mischung organischer und feinkörniger Mineralpartikel ver-

Tabelle 37 Bodenumlagerung durch Tiere[6, 20]

Tier	Ökotyp	Menge ($kg/m^2 \cdot a$)	Autor
Ameise	temperater	bis 5	*Dunger*
Maulwurf	Wald	0,7 – 12	*Abaturov* u. *Imeson*
Regenwurm	temperates Grünland	0,5 – 12	*Darwin* *Guild*
Erdwurm	Tropen	5 – 260	*Nye*
Termite	Tropen	0,07 – 0,6	*Lee* u. *Wood*
Nagetiere	Steppe	5 – 10	*Matelski*
Ziesel	Halbwüste	0,15	*Abaturov* u. *Zubkova*
Landassel	Halbwüste	0,15	*Schmalfuß*

Abb. 44 Kiesschicht, die von Regenwürmern im Laufe von 11 Jahren mit Boden überdeckt wurde (Aufn. *O. Graff*)

bunden: Der Feinboden wird durch die Bodenwühler also *homogenisiert* (= Bioturbation). Die Mischung erfolgt im Regenwurmdarm besonders intensiv und fördert die Bildung von Tonhumusverbindungen. Da grobe Bodenpartikel (bes. Kies und Steine) nicht transportiert werden können, führt die Umlagerung des Feinmaterials gleichzeitig zu einer Entmischung. Bei steinigen Standorten können auf diese Weise Steinsohlen im Unterboden entstehen (Abb. 44), was auch häufig als Folge intensiver Termitentätigkeit beobachtet wurde[22].

5. Einfluß von Kulturmaßnahmen

Alle Kulturmaßnahmen des Menschen stellen einen mehr oder weniger tiefen Eingriff in den Lebensraum der Organismen dar. Das gilt bereits, wenn der natürliche Wald in einen Forst oder eine Wiese umgewandelt wird. Besonders stark sind die Veränderungen in Ackerböden, und zwar durch Bodenbearbeitung, den Anbau gleichartig zusammengesetzter Pflanzenbestände mit Unterdrückung der Wildpflanzen, den Dünge- und vor allem den Biozideinsatz sowie teilweise durch Ent- oder Bewässerung.

Im Solling wurden Unterschiede im Regenwurmbesatz festgestellt: Hohe Werte unter Wiese, mäßige unter Buche und völliges Fehlen unter Fichte (Tab. 35), was auf Unterschiede in der Verdaulichkeit der Streu zurückzuführen ist. Außerdem bietet der zeitweilig gedüngte Wiesenboden den Ca-bedürftigen Würmern bessere Lebensbedingungen, während der durch Eintrag anthropogener Säuren extrem versauerte Fichtenboden Regenwürmern offensichtlich kein Überleben ermöglicht.

Auf die Bodenflora wirkt sich die Bodenbearbeitung allgemein fördernd aus. Die aeroben Bakterien und Pilze erhalten günstigere Lebensbedingungen; der Umsatz an organischer Substanz und damit die CO_2-Produktion steigen an. Anders jedoch bei der Bodenfauna. Hier bedeutet jede Bodenbearbeitungsmaßnahme einen äußerst starken Eingriff, dem zahlreiche tierische Lebewesen durch Verschüttung, Quetschung usw. zum Opfer fallen. Daher ist der Tierbesatz in Ackerböden stets geringer und artenreicher als in vergleichbaren Grünlandböden. Ein Beispiel liefert Tab. 38: Unter Wiese sind vor allem Würmer, Milben und viele Insekten deutlich stärker vertreten, und zwar vor allem die Zersetzer. Allerdings enthielt der Acker relativ mehr Jungtiere und kleinere Tierarten, so daß der Unterschied in der Atmungs- und damit Zersetzerleistung kleiner ist.

Unter den Regenwürmern vermindert Bodenbearbeitung vor allem die Flachwühler, während die Tiefwühler teilweise erhalten bleiben (Tab. 39). Verzicht auf regelmäßiges Pflügen bei *Minimalbodenbearbeitung* und Direktsaat hat in Lehmböden zu einem erhöhten Regenwurmbesatz und erhöhter Unterbodenporung[25] geführt. Verzicht auf Pflugarbeit fördert auch den Mikroorganismenbesatz in den obersten cm eines Bodens, was aber durch einen geringeren Besatz weiter unten kompensiert und mit erhöhter Denitrifikation verbunden sein kann (Tab. 40).

Durch Düngung werden die Bodenorganismen oft gefördert. Die organischen Dünger erhöhen das Nährstoffangebot für die heterotrophen Organismen direkt, die anorganischen auf dem Umweg über einen vermehrten Anfall von

Tabelle 38 Körpergewicht und Atmung (bei 15 °C) wichtiger Bodentiergruppen unter Acker (A; Weizen) und Wiese (W) in Turew, Polen[23]
(A auf Fahlerde-Kolluvium, NPK-Düng. 260 kg/ha · Jahr, Herbizid- u. Nematodizideinsatz; W auf entwäss. Gley-Kolluvium)

Tiergruppe	Atmung ($\mu l\ O_2/h \cdot m^2$)		Trocken-gew. (mg/m^2)		Anteil (%) Pflanzen-fresser		Anteil (%) Zersetzer		Anteil (%) Räuber	
	A	W	A	W	A	W	A	W	A	W
Nematoden	2 630	3 700	557	817	70	69	30	31	0	0
kl. Borstenwürmer	197	743	51	199			100	100		
Regenwürmer	524	2 338	940	3 840			100	100		
Milben	24	634	11	305	2	0,8	36	90	62	9
Colembolen	113	155	47	66	0,2	8	100	87	0	5
sonst. Insekten	40	2 160	62	4 883	35	24	31	73	34	3
Summe	3 528	9 730	1 668	10 110	25	16	73	82	2	2

Tabelle 39 Artenspektrum der Lumbricidenpopulationen (Zahl erwachsener Tiere pro m^2) und Streuzufuhr einer Pseudogley-Parabraunerde unter Apfel unterschiedlicher Bodenpflege[24]

	Gras-mulch	Gras-abfuhr	Stroh-mulch	Bear-beit.
Sproßstreu (kg/m^2)	1,1	0,3	1,3	0,5
Wurzelstreu* (kg/m^2)	0,5	0,5	–	0,1
Lumbricus terr.	21	8	10	4
Allolobophora ros.	12	4	16	0
übrige Tiefwühler	0,5	2,5	2,4	0
Flachwühler	0,9	1,2	4,2	0
Summe	34	16	33	4

* von *Weller* geschätzt und ohne Baumwurzeln

Tabelle 40 Verhältnis (o/m) des Mikroorganismenbesatzes von Böden ohne (o) und mit (m) Pflugarbeit (Mittelwerte von 7 lehm. Schwarzerden und Parabraunerden der USA).[26]

Bodentiefe	0 – 7,5	– 15 cm
Alle Aerobier	1,35	0,71
Pilze	1,57	0,76
Actinomyceten	1,14	0,98
Bakterien	1,41	0,68
NH_4-oxidierer	1,25	0,55
NH_2-oxidierer	1,58	0,75
Fakultative Anaerobier	1,57	1,23
Denitrifizierer	7,31	1,77

Ernterückständen und Wurzeln und unmittelbar durch Zufuhr lebensnotwendiger anorganischer Nährstoffe (Tab. 41).

Die Größe der Wurmpopulation eines Standortes wird besonders stark vom Angebot organischer Nahrung bestimmt (Tab. 39), das bei ackerbaulicher Nutzung meist geringer als bei Grünlandnutzung ist[9]. Entscheidenden Einfluß hat auch die pH-Verschiebung durch Düngung, worauf im Kap. IX 2a bereits hingewiesen wurde.

Über den Einfluß, den der Ersatz von natürlichen Pflanzengesellschaften durch *Rein-* und *Monokulturen* auf das Bodenleben ausübt, ist unser Wissen gering. Es ist jedoch anzunehmen, daß an den Ursachen der *Bodenmüdigkeit* und der Unverträglichkeit, die beim häufigen Anbau der gleichen Kulturpflanze in kurzen Abständen oder unmittelbar „nach sich selbst" auftritt, auch die Bodenorganismen einschl. der größeren Tiere beteiligt sind. Durch den wiederholten Anbau bestimmter Pflanzen kann es zu einem einseitigen Anfall organischer Nahrung sowie einer Anhäufung toxisch wirkender Wurzelausscheidungen kommen, was sich in einer Störung des Gleichgewichtes der natürlichen, vielseitigen Lebensgemeinschaften der Böden auswirken kann[28]. Ein Beispiel für den

Tabelle 41 Einfluß 10jähriger ackerbaulicher Maßnahmen auf den relativen Mikroorganismenbesatz der Krume eines Braunerde-Pseudogley (Ls, schw. sauer, semihumid, Leipzig) und einer Braunerde (Ls, neutral, semiarid, Ungarn) im Nachfruchtjahr mit Hafer[27]

Maßnahme je ha	Leipzig 1977 Bakt.	Leipzig 1977 Pilze	Leipzig 1977 Ertrag	Ungarn 1976 Bakt.	Ungarn 1976 Pilze	Ungarn 1976 Ertrag
Düngung (bei 25 cm Pflugtiefe)						
keine	100	100	100	100	100	100
120 N, 49 P, 150 K kg	126	173	173	195	153	129
240 dt org. Düng.	162	128	147	319	174	179
1/2 NPK + 1/2 org. Düng.	168	154	219	315	197	180

Tabelle 42 Einfluß von Monokulturen auf den Pilzbestand[29]

	*Aspergillus fumigatus**	*Penicillium funiculosum**	*Trichoderma* sp.*	*Fusarium* sp.*	andere Pilze*
Hafer	45	0,5	0	4	21
Weizen	4	1	7	5	18
Mais	1	31	6	4	13

* Anzahl der Individuen $\times 10^3$ pro g Boden

Einfluß eines kontinuierlichen Anbaus der gleichen Pflanze auf Art und Zahl der Pilze in Böden gibt Tab. 42. Hinzu kommen andere Erklärungsmöglichkeiten, wie einseitiger Nährstoffentzug, Mangel an Spurenelementen, Vermehrung bestimmter Schädlinge u. a. Erwähnt seien weiter Umbruch von Grünland, Rodung sowie Maßnahmen des Pflanzenschutzes und der Unkrautbekämpfung, die sich alle mehr oder weniger stark auf das Bodenleben auswirken, hier jedoch nicht im einzelnen besprochen werden können. Intensive Landwirtschaft hat aber sicher mit dazu beigetragen, daß viele Tierarten in Ackerböden nicht mehr anzutreffen sind[30].

Literatur

[1] *Müller, G.* (1965): Bodenbiologie. Fischer, Jena.

[2] *Beck, Th.* (1968): Mikrobiologie des Bodens. Bayer. Landwirtschaftsverlag, München.

[3] *Buckner, G. & D. Kaluschel* (1976): Bodenbiologisches Praktikum. Quelle und Meyer, Heidelberg.

[4] *Alexander, M.* (1977): Introduction to soil microbiology. Wiley, New York.

[5] *Ellenberg, H., K. Mayer & J. Schauermann* (Red.) (1986): Ökosystemforschung-Ergeb. Solling-projekt, 2. Aufl. Ulmer, Stuttgart.

[6] *Dunger, W.* (1983): Tiere im Boden. 2. Aufl. Ziemsen, Wittenberg.

[7] *Wallwork, J. A.* (1976): The distribution and diversity of soil fauna. Academic Press, London.

[8] *Hole, F. D.* (1981): Effects of animals on soil. Geoderma *25*, 75 – 112.

[9] *Edwards, C. A. & J. R. Lofty* (1977): Biology of earthworms. Chapman and Hall, New York.

[10] *Lee, K. E.* (1985): Earthworms. Academic Press, London.

[11] *Eisenbeis, G. & W. Wirchard* (1985): Atlas zur Biologie der Bodenanthropoden. Fischer, Stuttgart.

[12] *Lee, K. E. & T. G. Wood* (1971): Termites in soils. Academic Press, London.

[13] *Ugolini, F. C. & R. L. Edmonds* (1983): In: *Wilding, L. P., N. E. Smeck & G. F. Hall* (Eds.): Pedogenesis and Soil taxonomy I, 193 – 232. Elsevier, Amsterdam.

[13a] *Ottow, J. C. G.* (1985): Bild der Wissenschaft *3*, 44 – 61.

[14] *Katznelson, H.* (1946): Soil Sci. *62*, 346.

[15] *Friesel, P. & K. Hausschildt* (1979): Mitt. Dtsch. Bodenkdl. Ges. *29*, 399 – 406.

[16] *Barea, J. M. & C. Azeón-Agulilar* (1983): Adv. Agron. *36*, 1 – 54.

[17] *Dutzler-Franz, G.* (1977): Z. Pflanzenernähr. Bodenk. *140*, 329, 351.

[18] *Elliot, E., D. C. Coleman & C. Cole* (1979): In: *Harley, I. & R. S. Russel* (Eds.), The soil root interface, 221 – 229. Academic Press, New York.

[19] *Altmüller, R.* (1979): Pedobiologia *19*, 245.

[20] *Graff, O. & F. Makeschin* (1979): Z. Pflanzenernähr. Bodenk. *142*, 479.

[21] *Stöckli, A.* (1950): Z. Pflanzenernähr. Bodenk. *48*, 264.

[22] *Wielemaker, W. G.* (1984): Soil formation by termites. Diss. Wageningen, Niederlande.

[23] *Ryszkowski, L.* (1985): In: *Cooley, I.* (Ed.): Soil ecology and management. Intcol. Bull. *12*, 7 – 18.

[24] *Niklas, J., F. Weller & W. Kemmel* (1979): Z. Pflanzenernähr. Bodenk. *142*, 411.

[25] *Ehlers, W.* (1975): Soil Sci. *119*, 242 – 249.

[26] *Doran, Y. W.* (1980): Soil Sci. Soc. Am. Proc. *44*, 765 – 771.

[27] *Müller, G.* (1984): In: *Szegi, I.* (Ed.): Soil biology and conservation in the biosphere, 3 – 28. Akadem. Kiado, Budapest.

[28] *Edwards, C. A. & A. R. Thompson* (1973): Residue Reviews *45*, 1.

[29] *Herr, L. J.* (1957): OHIO J. Sci. *57*, 203.

[30] *Heydemann, B. & H. Meyer* (1986): Landespflege und Landwirtschaft *42*, 174 – 191.

X. Kationenadsorption[1–4b]

1. Allgemeines

Viele feste Stoffe des Bodens sind in der Lage, gasförmige und gelöste Stoffe an ihrer Oberfläche anzulagern, zu adsorbieren. Diese adsorbierenden Stoffe nennt man *Adsorbentien*, die absorbierten Stoffe *Adsorbate*. Adsorbiert werden sowohl neutrale Moleküle, wie z. B. Wasser und viele Organika, als auch geladene Atome und Moleküle, also Kationen und Anionen. Die Art der Adsorption ist vielfältig. Sie kann sowohl durch elektrostatische als auch durch kovalente Kräfte oder durch beide sowohl an geladenen als auch an ungeladenen Oberflächen erfolgen, und zwar mit oder ohne gleichzeitiger Desorption eines adsorbierten Moleküls oder Ions.

Ein verbreiteter Typ der Adsorption in Böden ist die Adsorption von Kationen an negativ geladenen Bodenbestandteilen. Sie ist stets mit der Desorption einer äquivalenten Menge anderer Kationen verbunden, die in die Bodenlösung übertreten. Dieses Phänomen heißt *Kationenaustausch*, die hierzu befähigten Substanzen des Bodens sind die *Kationenaustauscher*. Der Kationenaustausch läßt sich demnach wie folgt skizzieren:

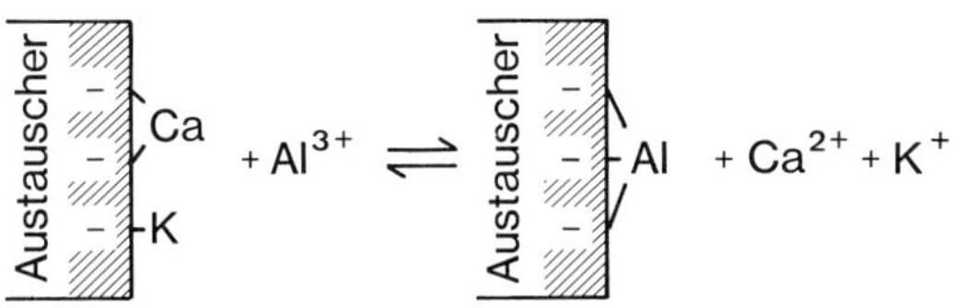

In diesem Beispiel werden Ca^{2+} und K^+ gegen Al^{3+} ausgetauscht (desorbiert) und gehen in die Bodenlösung über. Ca, K und Al u. a. Kationen sind also *austauschbare Kationen*.

Der Kationenaustausch von Böden ist seit 1850 bekannt. Er ist für den Stoffhaushalt terrestrischer Ökosysteme von zentraler Bedeutung. Kationen werden auf diese Weise in Böden in einer Form gehalten, aus der sie nur durch Austausch gegen andere Kationen in die Bodenlösung übertreten und erst dann verlagert oder von den Pflanzenwurzeln aufgenommen werden können.

Die Böden bekommen hierdurch die Fähigkeit, Kationen, aber auch viele andere Stoffe im Kreislauf Boden – Pflanze zu halten oder zumindest verzögert an benachbarte Ökosysteme (z. B. Gewässer) weiterzugeben. Der Kationenaustausch greift damit unmittelbar in die Nährstoffversorgung der Pflanze und den Stoffhaushalt von Landschaften ein. Darüber hinaus beeinflussen die austauschbaren Kationen wichtige Bodeneigenschaften wie das Gefüge, den Wasser- und Lufthaushalt, die Bodenreaktion und die biologische Aktivität. Diese vielfältigen Wirkungen schlagen sich auch in der Entstehung der Böden nieder.

Die austauschbaren Kationen (s. Kap. X 5 b) bilden den *Kationenbelag* der Böden, ihre Summe die *Kationenaustauschkapazität* (KAK, ausgedrückt in mval/kg*). Die Höhe der KAK ist von der Zusammensetzung der zu ihrer Bestimmung angewandten Austauschlösung abhängig. Insbesondere steigt sie meist mit deren pH an (Erklärung s. Kap. X 2), so daß die KAK hinsichtlich des pH-Wertes der Austauschlösung definiert werden muß. Gewöhnlich bezeichnet man die KAK bei pH 7 – 7,5 als *potentielle* KAK (KAK_{pot}), da dies der maximale pH-Wert ist, der in Böden humider Klimate – wegen Anwesenheit von $CaCO_3$ – erreicht wird. Die KAK beim jeweiligen pH des Bodens wird dagegen als *effektive* KAK (KAK_{eff}) bezeichnet. KAK_{pot} und KAK_{eff} sind demnach nur in carbonathaltigen Böden identisch, in sauren Böden ist dagegen KAK_{eff} niedriger als KAK_{pot}.

Die austauschbaren Ca-, Mg-, K- und Na-Ionen werden gewöhnlich als *austauschbare Basen* bezeichnet (früher S-Wert), weil der pH-Wert der Böden häufig mit steigendem Anteil dieser Kationen am Ionenbelag ansteigt. Sie sind also ein Maß für die Basizität eines Bodens, sind aber selbst keine Basen (s. Kap. XII); die Bezeichnung „Basen" ist also inkorrekt. Den prozentualen Anteil der Summe von austauschbarem Ca, Mg, Na und K an der KAK nennt man *Basensättigung* (BS) (früher V-Wert):

$$BS\ (\%) = \frac{Ca + Mg + Na + K}{KAK} \cdot 100$$

---

* Neuerdings wird statt dessen $mmol_c$ (c von charge = Ladung) verwendet, (s. z.B. S. 479).

Den prozentualen Anteil eines einzelnen Kations an der KAK bezeichnet man als Sättigung dieses Kations, z. B. K-Sättigung. Alle Sättigungswerte können sowohl auf KAK_{pot} als auch auf KAK_{eff} bezogen werden.

2. Ursachen und Ausmaß des Kationenaustausches

Die wichtigsten Kationenaustauscher der Böden sind die Tonminerale und die Huminstoffe, während die Oxide und Hydroxide bedeutender für die Anionensorption sind. Vom Gehalt an Tonmineralen und Huminstoffen, der Größe ihrer zugänglichen Oberfläche und der Art und Höhe ihrer Ladung hängt daher die KAK der Böden ab.

a) Spezifische Oberfläche

Als spezifische Oberfläche der festen Bodensubstanzen (m^2/g) bezeichnet man die Summe aller Grenzflächen fest-flüssig und fest-gasförmig. Sie bestimmt das Ausmaß der vielfältigen Reaktionen zwischen beiden Phasen, wie z. B. das des Ionenaustausches. Die aufweitbaren Tonminerale (Smectite, Vermiculite) haben nicht nur eine *äußere*, sondern auch eine *innere* Oberfläche. Die innere Oberfläche befindet sich zwischen den Silicatschichten der Tonmineralkristalle. Alle anderen Bodenminerale besitzen lediglich äußere Oberfläche. Ihre Größe hängt von der Größe der Teilchen ab. Sie beträgt bei der Sandfraktion weniger als 0,1 m^2/g, bei der Schlufffraktion 0,1 – 1 m^2/g und bei der Tonfraktion 5 – 500 m^2/g. Die Größe der inneren Oberfläche ist unabhängig von der Teilchengröße. Der Anteil der Seitenflächen an der Gesamtoberfläche der Schichtminerale beträgt meist weniger als 20 %.

Die Höhe der spezifischen Oberfläche wichtiger Bodenaustauscher ist in Tab. 43 angegeben. Unter den Tonmineralen haben Smectite und Vermiculite mit 600 – 800 m^2/g die größte spez. Oberfläche. Sie ist je nach der Dicke der Kristallblättchen (5 – 10 Silicatschichten) zu 80 – 90 % innere Oberfläche. Wesentlich geringer ist die spez. Oberfläche von Illiten mit 50 – 200 m^2/g. Werte zwischen denen der Smectite und Illite kommen bei Wechsellagerungen (s. Kap. IV 2 e) zwischen beiden Mineralen vor. Die spez. Oberfläche von Kaoliniten variiert je nach Teilchengröße in weiten Grenzen. Während die durch Pseudomorphose nach Feldspäten und Glimmern entstandenen Kaolinite spez. Oberflächen von einigen Zehner m^2/g haben, findet man in tropischen Böden häufig sehr kleine Kaolinitkristalle (ca. 0,1 μm Durchmesser), deren spez. Oberfläche bei 100 – 200 m^2/g liegt. Allophane und Imogolite haben wegen ihrer sehr kleinen Teilchen mit 700 bis 1 100 m^2/g eine sehr große Oberfläche. Die Oberfläche von Goethiten und Hämatiten liegt bei 50 – 150 m^2/g, die von Ferrihydriten wegen der geringen Teilchengröße bei 300 – 500 m^2/g. Die spez. Oberfläche der organischen Substanz ist wegen der porösen Natur ihrer Teilchen mit 800 – 1 000 m^2/g hoch. Eine Trennung von äußerer und innerer Oberfläche ist hier nicht möglich.

Tabelle 43 Potentielle Kationenaustauschkapazität, spezifische Oberfläche und Ladungsdichte von Austauschern in Böden

Austauscher	Spezifische Oberfläche (m^2/g)	Kationenaustauschkapazität (mval/g)	Mittlere Ladungsdichte ($mval/m^2 \cdot 10^3$)
Kaolinite u. Halloysite	10 – 150	0,03 – 0,15	2
Illite	50 – 200	0,2 – 0,5	3
Vermiculite	600 – 700	1,5 – 2,0	2,5
Smectite	600 – 800	0,7 – 1,3	1,4
Chlorite	–	0,1 – 0,4	–
Allophane	700 – 1100	0,1 – 0,5	0,3
Huminstoffe	800 – 1000	1,8 – 3,0	–

Die spez. Oberfläche von Böden liegt im Bereich von wenigen m^2 bis etwa 500 m^2/g. Sie steigt mit dem Gehalt an Ton, aufweitbaren Mineralen und organischer Substanz und geht daher bei Böden gemäßigter Klimate mit der Höhe der KAK annähernd parallel.

Die *Bestimmung* der spez. Oberfläche eines Bodens oder Austauschers erfolgt meist durch Belegung der Probe mit einer monomolekularen Schicht eines Gases, meistens N_2 oder eines organischen Dipolmoleküls (Äthylenglykol, Glyzerin, Äthylenglykolmonoäthyläther). Aus der adsorbierten Menge und dem Platzbedarf eines Moleküls des Adsorbats läßt sich die spez. Oberfläche berechnen.

b) Ladungsart und Ladungsdichte

Die Bindung austauschbarer Kationen setzt voraus, daß die Oberfläche der Austauscher negativ geladen ist. Eine solche negative Ladung kann auf zwei verschiedene Weisen entstehen: durch isomorphen Ersatz von höherwertigen durch niederwertige Kationen in der Kristallstruktur und durch Dissoziation von H-Ionen oberflächennaher OH- und OH_2-Gruppen. Der *isomorphe Ersatz* in den Silicatschichten und die dadurch bedingte *Schichtladung* ist in Kap. IV näher beschrieben; sie wird als *permanente* Ladung bezeichnet. Dieser Ausdruck soll verdeutlichen, daß ihre Höhe und damit die durch sie bedingte Austauschkapazität von äußeren Bedingungen unabhängig ist.

Dies gilt nicht für die zweite Ladungsart. Sie entsteht, wenn (z. B. durch Anstieg der OH-Ionen-Konzentration in der Bodenlösung) Protonen von der Oberfläche der Austauscher dissoziieren und hier eine negative Ladung hinterlassen, die durch ein Kation abgesättigt wird. Solche *funktionellen Gruppen* reagieren also wie eine schwache Säure nach dem Schema:

$$(Si,Al,Fe,C){-}OH_n]^{\pm 0} + MOH \rightleftarrows (Si,Al,Fe,C){-}OH_{n-1}]^{-}M^{+} + H_2O \quad (1)$$

Si, Al, Fe und C sind hierbei die wichtigsten Atome der Austauscher, die in oberflächennaher Position Träger von OH- und OH_2-Gruppen sind. M^+ ist ein Kation der Bodenlösung, das nach Dissoziation des H-Ions vom Austauscher adsorbiert wird. Der Wert für n ist 1 oder 2.

Diese funktionellen Gruppen beteiligen sich am Kationenaustausch um so eher, je leichter das H-Ion abdissoziiert, je höher also ihre Säurestärke* ist. Mit steigendem pH der Bodenlösung werden also zunehmend schwächer saure Gruppen erfaßt und nehmen am Kationenaustausch teil. Daher steigt die KAK in den meisten Böden mit steigendem pH an. Die Dissoziation der H-Ionen steigt außerdem mit steigender Salzkonzentration der Gleichgewichtslösung und mit zunehmender Wertigkeit ihrer Kationen. Man nennt die negative Ladung an diesen Gruppen daher auch *pH-abhängige* oder allgemeiner *variable Ladung*. Funktionelle Gruppen dieser Art sind vor allem SiOH, AlOH, $AlOH_2$, FeOH, $FeOH_2$ und COH.

Während die funktionellen Gruppen AlOH und FeOH bei höherem pH ein Proton abspalten, lagern sie umgekehrt bei tieferem pH, also hoher H-Ionenkonzentration, ein zusätzliches Proton an und werden dadurch positiv geladen. Zum Ausgleich dieser Ladung wird ein Anion (A) adsorbiert:

$$(Al,Fe)OH]^{\pm 0} + H^+ + A^- \rightleftarrows (Al,Fe)OH_2]^+ A^- \quad (2)$$

Während also die Kationensorption mit steigendem pH ansteigt, steigt die Anionensorption mit sinkendem pH. Außerdem nimmt sie wie auch die Kationensorption mit steigender Salzkonzentration zu.

Je nach der Art und Zahl der Gruppen können daher manche Austauscher bei einem gegebenen pH negativ *und* positiv geladene Gruppen haben. Der Punkt, bei dem die Zahl negativ geladener Gruppen gleich der positiv geladener Gruppen ist, heißt *Ladungsnullpunkt*. In ihm sind Nettoladung und elektrisches Potential der Oberfläche gleich Null, und der Austauscher hat in diesem Zustand minimale chemische Aktivität (z. B. Löslichkeit) und daher maximale Stabilität. Der pH-Wert des Ladungsnullpunkts ist charakteristisch für einen bestimmten Austauscher.

Höhe und pH-Abhängigkeit der Ladung eines Austauschers lassen sich dadurch ermitteln, daß man ihn mit einer Neutralsalzlösung (z. B. NH_4Cl) verschiedenen pH-Wertes ins Gleichgewicht bringt und dann die adsorbierten Kationen- und Anionenmengen bestimmt. Man trägt diese gegen den pH-Wert auf und erhält so aus der Menge der sorbierten Kationen die negative und aus der Menge der sorbierten Anionen die positive Ladung als Funktion des pH. Der Ladungsnullpunkt liegt dort, wo beide gleich sind. Dies ist für verschiedene Austauscher und Böden in Abb. 45 und 46 aufgezeichnet und wird bei den jeweiligen Austauschern näher erläutert. Der Ladungsnullpunkt läßt sich außerdem durch Messung der Adsorption von H^+- und OH^--Ionen, d. h. durch potentiometrische Titration ermitteln. Der pH-Wert des Ladungsnullpunktes, der sich aus der Kationen- und Anionensorption ergibt, ist nur bei solchen Austauschern gleich dem aus der potentiometrischen Titration, die ausschließlich variable Ladung haben.

Bezieht man die jeweilige, der Ionensorption zugrundeliegende Ladung eines Austauschers auf seine spezifische Oberfläche, so erhält man die (Flächen)-*Ladungsdichte* (mval/m^2). Austauscher mit niedriger Ladung können durchaus eine relativ hohe Ladungsdichte haben,

* Die Anwendung des Konzepts schwacher Säuren auf die OH- und OH_2-Gruppen der Oberfläche ist nur begrenzt möglich, da die Abspaltung von Protonen von diesen Gruppen wesentlich stärker von der Salzkonzentration der Lösung abhängig ist (verstärkte Abspaltung bei erhöhter Konzentration).

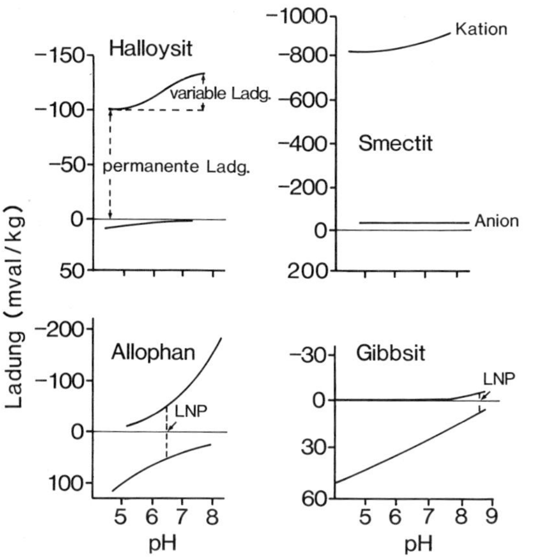

Abb. 45 Ladungsverhältnisse von Halloysit, Smectit, Allophan und Gibbsit ermittelt aus der Kationen-(NH_4^+, Na^+) und Anionen-(Cl^-)Adsorption bei verschiedenen pH. LNP = Ladungsnullpunkt. (Daten n. *Wada & Okamura*[5] und *Hingston* et al.[6])

wenn ihre spez. Oberfläche nur gering ist, wie z. B. bei den Kaoliniten.

c) Tonminerale

Je nach ihrer Kristallstruktur und Kristallchemie haben die silicatischen Tonminerale sehr unterschiedliche Ladungsverhältnisse. Bei den Schichtsilicaten herrscht die permanente Ladung vor, so daß ihre Nettoladung im gesamten pH-Bereich der Böden negativ und unterhalb ≈ pH 5 relativ konstant ist. Umfang und Zugänglichkeit der permanenten Ladungen sind jedoch bei den verschiedenen Tonmineralen unterschiedlich.

Neben der permanenten Ladung treten an den Seitenflächen der Tonminerale variable Ladungen auf, die durch Dissoziation der Protonen von SiOH-, AlOH- und $Al(OH)_2$-Gruppen entstehen. Diese Gruppen kommen dadurch zustande, daß die randständigen Zentralatome, wie Si, Al u. a., nach außen hin ihre Ligandenhülle entsprechend ihrer Koordinationszahl (4 bei Si, 4 oder 6 bei Al) mit OH- und OH_2-Gruppen vervollständigen. Die O-Ionen der OH- und OH_2-Gruppen werden durch das Zentralkation polarisiert (s. S. 31) und ihre Protonen hierdurch gelockert, so daß sie leichter abdissoziieren können. Allerdings ist die Dissoziationsfähigkeit, d. h. die Säurestärke dieser Gruppen immer noch relativ gering, so daß sie erst oberhalb pH 5 – 7 und dann meist auch nur wenig zur KAK beitragen.

Die einzelnen Tonminerale haben folgende Ladungsverhältnisse: Die Austauschkapazität der *Kaolinite* und *Halloysite* ist meist sehr niedrig. Sie beruht z. T. auf isomorphem Ersatz (Tab. 11), z. T. auf variabler Ladung an den Seitenflächen der Kristalle. Als Beispiel dient der Halloysit (Abb. 45). Er adsorbiert im gesamten pH-Bereich Kationen, deren Menge jedoch oberhalb pH 5 deutlich ansteigt, weil sich dann variable negative Ladung entwickelt. Unterhalb pH 6 hat er positive Ladung und adsorbiert dementsprechend zunehmend Anionen, jedoch stets weniger als Kationen. Bei pH 8 besteht die KAK aus ca. 100 mval/kg permanenter und ca. 30 mval/kg variabler Ladung.

Bei den voll aufweitbaren Dreischichtmineralen, den *Smectiten* und *Vermiculiten*, sind alle durch die permanente Ladung gebundenen Kationen austauschbar, so daß die permanente Ladung etwa gleich der KAK ist. So hat z. B. der Montmorillonit in Tab. 11 (S. 26) mit einer permanenten Ladung von 0,39 pro halber Formeleinheit und einem Gewicht der halben Formeleinheit von 363 g eine KAK von 1,07 mval/g (390/363), der Vermiculit wegen des sehr viel höheren isomorphen Ersatzes sogar von 1.82 mval/g. Der relative Beitrag der variablen Ladung zur KAK ist dagegen sehr gering. Dies geht aus der Kationenadsorption des in Abb. 45 gezeigten Smectits hervor, die erst oberhalb pH 6 geringfügig ansteigt. Weiterhin zeigt Abb. 45, daß Anionen wie Cl^- wegen der hohen negativen Ladung des Smectits im pH-Bereich von 5 – 8 abgestoßen statt adsorbiert werden (negative Anionenadsorption, s. Kap. X 3). Die Kurve für die Anionensorption ist daher im negativen Bereich gezeichnet. Die Ladungsdichte der aufweitbaren Dreischichtminerale ist wegen ihrer großen spez. Oberfläche eher etwas niedriger (Smectite < Vermiculite) als die der 1 : 1-Minerale und des Illits (Tab. 43).

Eine deutlich höhere permanente Ladung als die aufweitbaren Dreischichtminerale haben die *Illite* (Tab. 11). Da diese jedoch nicht aufweiten, sind die zwischen den Schichten gebundenen Kationen nicht austauschbar, so daß sich der Kationenaustausch auf die äußeren Basisflächen beschränkt und die KAK demzufolge wesentlich unter der der aufweitbaren Dreischichtminerale liegt. Dagegen ist die Ladungsdichte der dem Austausch zugänglichen Oberflächen wegen der geringen spez. Oberfläche deutlich höher (Tab. 43). Werte zwischen denen der Smectite und Illite kommen bei den Dreischichtmineralen in Böden sehr häufig vor; sie sind durch wechselnde Anteile aufgeweiteter Schichten in den Illiten erklärbar.

Die KAK der *Chlorite* wird von den gleichen Faktoren beeinflußt wie die der Illite. Bei *sekundären Chloriten* wird ein wechselnder Anteil der permanenten Ladung durch die positive Ladung der eingelagerten Hydroxy-Al-Polymeren neutralisiert. Da die Polymeren nicht austauschbar sind, geht dieser Anteil der KAK verloren. Bei starker Einlagerung von Polymeren im sauren Bereich kann die KAK daher auf geringe Werte absinken. Löst man die Polymeren heraus, z. B. durch Komplexieren des Al mit Citrat oder NaF oder durch Neutralisation ihrer positiven Ladung durch pH-Erhöhung, z. B. bei der Aufkalkung, so erhöht sich die KAK, da die negative Schichtladung der Tonminerale auf diese Weise wieder für den Kationenaustausch freigegeben wird.

Im Gegensatz zu den Schichtsilicaten haben *Allophane* und *Imogolite* lediglich variable Ladung, so daß ihre Kationensorption im gesamten pH-Bereich der Böden mit steigendem pH zunimmt (Abb. 45). Aber auch die positive Ladung ist relativ hoch. Im sauren pH-Bereich sind sie daher wichtige Anionensorbentien, z. B. auch für NO_3^-. Zwischen pH 6 und 7 sind Anionen- und Kationensorption ungefähr gleich; im Gegensatz zu den Schichtmineralen liegt der Ladungsnullpunkt der Allophane daher im häufigsten pH-Bereich der Böden. Als Austauscher mit ausschließlich variabler Ladung hängt diese außer vom pH auch stark von der Salzkonzentration ab[5].

d) Oxide des Si, Al und Fe

Die Oxide und Hydroxide des Si, Al und Fe besitzen wie die Allophane ausschließlich variable Ladung, d. h. sie tragen zum Kationenaustausch lediglich durch Protonendissoziation von M – OH- und M – OH_2-Gruppen bei (M = Si, Al, Fe). Wie bei Tonmineralen werden auch hier zur Vervollständigung der Koordination OH- und OH_2-Gruppen angelagert. Dies gilt auch für die reinen Oxide, wie z. B. den Hämatit, α-Fe_2O_3, deren Oberfläche ebenfalls mit OH- und OH_2-Gruppen bedeckt ist.

Der Ladungsnullpunkt von amorphem Si-Oxid liegt bei pH 3 – 4, der reiner Fe- und Al-Oxide bei pH 8 – 9; letztere entwickeln daher im pH-Bereich der Böden vorwiegend positive Ladung und sind demzufolge Anionenaustauscher. Die Ladungsverhältnisse des Gibbsits, $Al(OH)_3$, zeigt Abb. 45. In Böden wird der Ladungsnullpunkt der Al- und Fe-Oxide allerdings durch spezifische Adsorption (s. Kap. XI 1) mehrwertiger Anionen (z. B. Silicat, org. Anionen), die die Oberfläche „negativer machen", z. T. um einige pH-Einheiten gesenkt.

e) Organische Substanz

Huminstoffe verdanken ihre negative Ladung und damit ihre Fähigkeit zur Kationenadsorption der Dissoziation von Protonen an Carboxyl-(COOH) ($-COOH \rightarrow -COO^- + H^+$), phenolischen OH-, Enol- und vielleicht auch anderen alkoholischen Gruppen. Diese Ladung ist ausschließlich variabler Natur und stets negativ. Die Säurestärke der einzelnen Gruppen sinkt in der oben angegebenen Reihenfolge. Die Säurestärke der Carboxylgruppen variiert allerdings in einem weiten Bereich (pKs ca. 3 – 8). Ihre mittlere Säurestärke liegt ähnlich der Essigsäure meist bei pKs von 4 – 5, während die der anderen Gruppen beträchtlich geringer ist. Infolgedessen sind die COOH-Gruppen an der KAK der organischen Substanz von Böden am stärksten beteiligt.

Die KAK_{pot} gut zersetzter organischer Substanz in Böden liegt meist im Bereich von 1,8 – 3 mval/g (s. Tab. 47 u. Abb. 53) und ist damit deutlich höher als die der Tonminerale. Noch höher ist die KAK_{pot} isolierter Huminstofffraktionen; sie liegt bei Fulvosäuren (5 – 7,5 mval/g) meist höher als bei Huminsäuren (3 – 5 mval/g). Außer vom pH ist die KAK auch von der Bindungsstärke und damit von der Art der Kationen abhängig.

f) Böden

Die Ladungsverhältnisse von Böden ergeben sich im wesentlichen aus der Art und Menge der verschiedenen Austauscher und ihren Wechselwirkungen. Die Nettoladung von Böden, in denen Dreischichttonminerale vorherrschen (Ultisol, Abb. 46 a), wie es für Böden der gemäßigten Klimagebiete zutrifft, ist im gesamten vorkommenden pH-Bereich (3 – 8) negativ, da die negative Ladung stets größer ist als die positive. Ihre variable negative Ladung erhalten diese Böden im wesentlichen durch die organische Substanz; die variable Ladung ist daher meist nur im Oberboden beträchtlich, so daß dessen KAK_{eff} deutlich ansteigt, wenn man seinen pH-Wert erhöht.

Im Gegensatz hierzu stehen allophanreiche Böden, wie die Andisole und kaolinit- und Fe-Oxid-reiche Böden, wie die Oxisole. Gemeinsam ist diesen Böden, daß ihr Ladungsnullpunkt, besonders im Unterboden im mäßig bis schwach sauren Bereich liegt (Abb. 46 b, c). Sie adsorbieren daher im sauren Bereich mehr Anionen (z. B. NO_3^-; s. Abb. 57) als Kationen. Im Oberboden wird der Ladungsnullpunkt durch die negativ geladene organische Substanz gesenkt (Abb. 46 d), und erst hierdurch können Kationen in meßbarer Menge adsorbiert werden, im Unterboden dagegen kaum.

Die Höhe der Ladung ist bei den beiden Bodengruppen jedoch unterschiedlich. Die KAK_{pot} allophanreicher Böden kann wegen der hohen Zahl funktioneller Gruppen des Allophans bis auf 500 mval/kg ansteigen, während bei den Oxisolen selten 100 mval/kg erreicht werden, weil die permanente Ladung der Zweischichttonminerale und die negative variable Ladung bei diesen und den Oxiden sehr gering sind, denn der pH-Wert in diesen Böden liegt meist in der Nähe des Ladungsnullpunkts. Eine pH-Erhöhung erhöht daher in solchen Böden die KAK_{eff} und somit die Bindungsfähigkeit für kationische Nährstoffe (K, Mg, Ca).

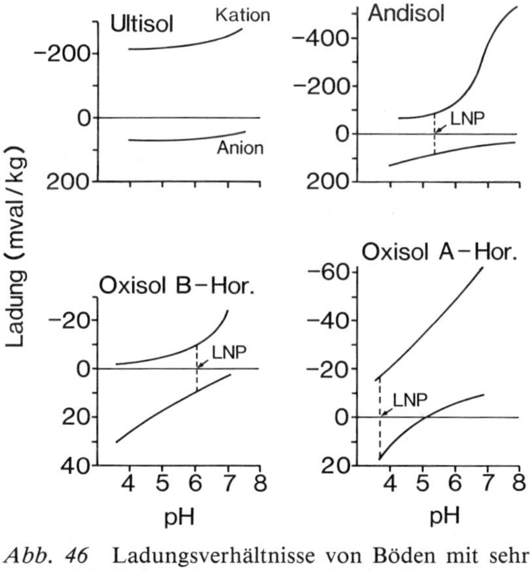

Abb. 46 Ladungsverhältnisse von Böden mit sehr unterschiedlichen Austauschern in der Tonfraktion: a) Ultisol aus Grauwacke, Neuseeland, Unterboden mit je 50 % 2 : 1- und 1 : 1-Mineralen[7]; b) Andisol aus Rhyolit, Neuseeland, Unterboden mit 100 % Allophan[7]; c) Oxisol aus Basalt, Brasilien, Unterboden mit 0,7 % $C_{org.}$ und ca. 90 % Gibbsit, Goethit und Hämatit und 10 % Kaolinit[8]; d) wie c), jedoch Oberboden mit 2,5 % $C_{org.}$

3. Elektrische Doppelschicht der Kationenaustauscher

Die negative Ladung der Austauscher wird durch eine äquivalente Menge an Kationen (= *Gegenionen*) neutralisiert. Diese sind gemeinsam mit H_2O-Molekülen als positiv geladene Schicht an der Austauschoberfläche angereichert. Diese Schicht bildet zusammen mit der negativen Ladung der Oberfläche eine *elektrische Doppelschicht*, in der ein elektrisches Feld besteht. Ihr positiv geladener Teil, d. h. der *Kationenbelag*, steht mit demjenigen Teil der wäßrigen Phase des Bodens in Wechselwirkung, der nicht mehr von der Ladung des Austauschers und damit von seinem elektrischen Feld beeinflußt wird (*Gleichgewichtslösung*). In Böden entspricht die Gleichgewichtslösung meistens der sog. *Bodenlösung* (s. Kap. XX 3).

Die Kationenkonzentration ist in der Doppelschicht je nach Ladungsdichte um 2 – 3 Zehnerpotenzen höher (bis ≈ 2 Val/l) als in der Gleichgewichtslösung (0,001 – 0,02 Val/l). Die adsorbierten Kationen sind daher bestrebt, in die Gleichgewichtslösung zu diffundieren, um den Konzentrationsunterschied auszugleichen. Diesem Bestreben wirkt die Anziehung durch die geladene Oberfläche entgegen. So entsteht ein Ionenschwarm um den Austauscher herum, dessen Dichte nach außen abnimmt. In Analogie zur Gashülle der Erde spricht man daher auch von einer *Ionenatmosphäre*.

Im Gegensatz zu den Kationen werden die Anionen von der negativ geladenen Austauschoberfläche abgestoßen. Daher ist ihre Konzentration in der Doppelschicht geringer als in der Gleichgewichtslösung. Die sich daraus ergebende Konzentrationsverteilung von Kationen und Anionen in der Doppelschicht ist in Abb. 47 (ohne Hydratwasser der Ionen) illustriert. Nach dem Modell von *Gouy* und von *Stern* besteht die Kationenschicht aus zwei Teilen, nämlich einem fester haftenden, geordneten Teil unmittelbar an der Oberfläche des Austauschers

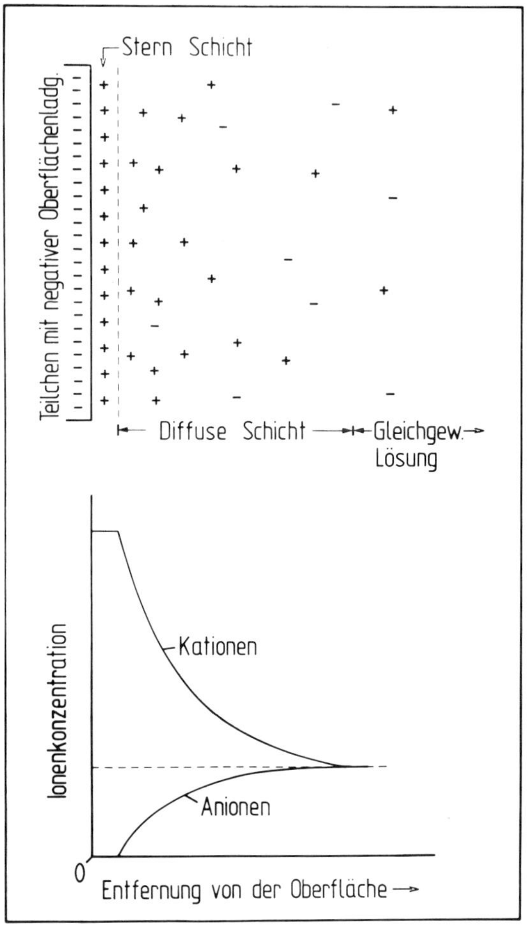

Abb. 47 Ionenverteilung oben und Konzentrationsverlauf unten in der elektrischen Doppelschicht eines Kationenaustauschers nach dem Modell von *Gouy* und *Stern*

(*Stern-Schicht*) mit hoher Konzentration und einem lockerer haftenden, diffusen Teil (*diffuse Schicht*) im Anschluß daran, dessen Kationen-Konzentration exponentiell nach außen hin abnimmt. Die Anionenkonzentration ist demgegenüber in der Stern-Schicht praktisch null und steigt in der diffusen Schicht mit abnehmender Entfernung von der Oberfläche allmählich an (*negative Anionensorption*). Wo Kationen- und Anionenkonzentration den gleichen Wert erreichen, beginnt die Gleichgewichtslösung. Zum Ladungsausgleich für die Anionen befindet sich in der diffusen Schicht eine äquivalente Menge Kationen (Salzadsorption), die keine Gegenionen sind. Die Summe der Gegenionen (= Austauschkapazität) ergibt sich somit aus der Differenz zwischen Kationen und Anionen in der Doppelschicht (entspr. der Fläche unter der Kationenkurve minus der Fläche unter der Anionenkurve).

Die Dicke der Doppelschicht ist variabel. Sie sinkt mit steigender Konzentration der Gleichgewichtslösung. Bei gleicher Konzentration ist sie bei mehrwertigen Kationen dünner als bei einwertigen. Mehrwertige Kationen reichern sich, da sie fester adsorbiert werden als einwertige (bes. Na^+), in der Stern-Schicht an. Fehlt daher Na im Ionenbelag, so ist der diffuse Teil der Doppelschicht kaum ausgebildet. Die diffuse Schicht schrumpft auch dann, wenn im Boden nicht genügend Wasser zur vollen Hydratation der Kationen zur Verfügung steht. Ausdehnung und Schrumpfung der Doppelschicht sind in der Regel voll reversibel und z. T. die Ursache für die Quellung und Schrumpfung und für die Flockung und Peptisation von Böden (s. Kap. XIV).

4. Beziehungen zwischen der Zusammensetzung des Kationenbelags und der Gleichgewichtsbodenlösung

a) Allgemeines

Im Zustand des Gleichgewichts ist die Zusammensetzung des Kationenbelags nach bestimmten Regeln mit der der Gleichgewichtslösung verknüpft. Für ein einzelnes Kation gilt, daß sein Anteil am Kationenbelag mit seiner Konzentration in der Gleichgewichtslösung ansteigt. Setzt man also z. B. einen Boden mit NH_4Cl-Lösungen steigender Konzentration ins Gleichgewicht, so wird, wie Abb. 48 zeigt, mehr und mehr NH_4 gegen die Kationen des Bodens eingetauscht. Allerdings nimmt mit steigender Konzentration der Gleichgewichtslösung der relative Eintausch immer mehr ab. Der Gesamteintausch nähert sich asymptotisch einem Endwert, der gleich der KAK_{eff} ist.

Dieser Versuch zeigt bereits, daß beim Kationenaustausch jedes Kation mit anderen, gleichzeitig anwesenden Kationen um die Austauschplätze konkurriert, eine Situation, wie sie auch in Böden stets vorliegt. Die Konkurrenzfähigkeit der verschiedenen Kationen ist nun je nach ihren Eigenschaften und nach der Art der Austauscher (s. u.) sehr unterschiedlich und bewirkt, daß der Anteil eines Kations am Kationenbelag nicht nur von seinem Anteil in der

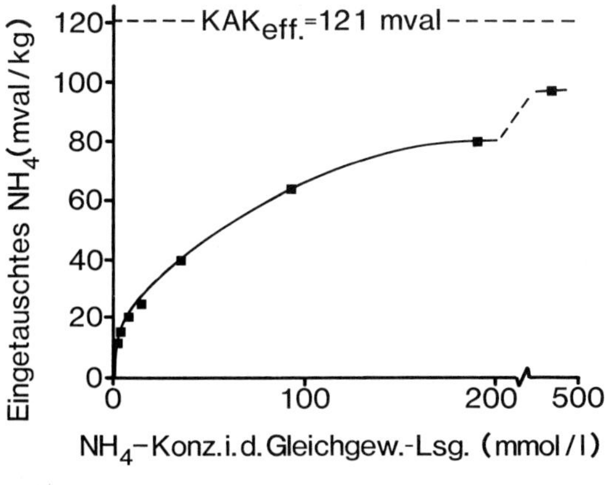

Abb. 48 NH_4-Eintausch in Abhängigkeit von der NH_4-Konzentration in der Gleichgewichtslösung bei einem Ap-Horizont einer Löß-Parabraunerde mit einer KAK_{eff} von 121 mval/kg bestehend aus 115 mval Ca, 3.0 mval Mg, 2.5 mval K und 0.9 mval Na

Gleichgewichtslösung (s. o.), sondern auch von der Konkurrenzfähigkeit gegenüber anderen Kationen bestimmt wird. Man kann dies leicht daran erkennen, daß sich die Anteile der einzelnen Kationen im Kationenbelag von denen in der Gleichgewichtslösung unterscheiden: Der Austauscher bevorzugt oder benachteiligt verschiedene Kationen, er selektiert.

Dies wird durch die Werte der Tab. 44 bestätigt. In der schwach sauren Mullrendzina ist der Ca-Anteil am Kationenbelag höher als in der Bodenlösung, Ca wird also bevorzugt adsorbiert. Dagegen beträgt der Na-Anteil am Kationenbelag nur 0,2 %, obwohl Na zu etwa 10 % an den Kationen der Bodenlösung beteiligt ist. In der stark sauren Braunerde wird der Kationenbelag dagegen vom Al beherrscht, das so stark bevorzugt wird, daß sogar die Ca-Sättigung sinkt.

Die Austauschgleichgewichte sind voll reversibel und stellen sich an den äußeren Oberflächen und, bei Smectiten, auch an den inneren Oberflächen meist sehr schnell ein, sofern dieser genügend gequollen, also ausreichend Wasser vorhanden ist[10]. Im Freiland kann der Austausch daher durch Wassermangel verzögert werden. Bei begrenzt quellbaren Austauschern wie Vermiculiten und partiell aufgeweiteten Illiten ist der Austausch verzögert, weil die Kationen in den engen Zwischenschichträumen nur langsam zu den Austauschplätzen hin diffundieren. Dies gilt insbesondere für festhaftende Ionen wie K[11] und Cs.

b) Kationenaustausch-Gleichungen

Das chemische Gleichgewicht zwischen Gleichgewichtslösung und Kationenbelag ist wie andere Reaktionsgleichgewichte einer mathematischen Formalisierung zugänglich. Sie hat u. a. das Ziel, aus der (einfach zu bestimmenden) Zusammensetzung der Gleichgewichtslösung die Zusammensetzung des Kationenbelags vorherzusagen. Dies hat dort große praktische Bedeutung, wo sich, wie z. B. in Bewässerungsgebieten, der Kationenbelag auf die Zusammensetzung des Bewässerungswassers einstellt und

Tabelle 44 Absolute und relative (%) Zusammensetzung der Gleichgewichtsbodenlösung (mmol/l) und des Kationenbelages (mval/kg, Extraktion mit M NH_4Cl) von Ah-Horizonten einer schwach sauren (pH 6,1) Mullrendzina und einer stark sauren (pH 3,2) Braunerde[9]

Kation:	Al	Ca	Mg	Na	K	H	Summe
Mullrendzina							
Bodenlösung (mmol/l)							
absolut	0	1,43	0,08	0,17	0,04	0	1,72
relativ	0	83	5	10	2	0	100
Kationenbelag (mval/kg)							
absolut	0	429	17	1	6	0	453
relativ	0	95	3,5	0,2	1,3	0	100
Braunerde							
Bodenlösung (mmol/l)							
absolut	0,06	0,47	0,11	0,30	0,33	2,24	1,51
relativ	2	20	5	25	28	20	100
Kationenbelag (mval/kg)							
absolut	102	22	3	1	4	11	143
relativ	72	15	2	1	3	7	100

sich damit die Eigenschaften des Bodens, z. B. sein Gefüge, ändern können.

Betrachtet man nur ein Kation, so läßt sich die Beziehung zwischen der adsorbierten Menge und der Konzentration in der Gleichgewichtslösung durch Adsorptionsgleichungen beschreiben, z. B. durch die nach *Freundlich* (s. Kap. XI). Bezieht man zwei (oder mehr) konkurrierende Kationen ein, so kann man den Austausch als eine einfache chemische Reaktion betrachten, wendet auf sie, wie bei Reaktionen in wäßriger Lösung, das Massenwirkungsgesetz (MWG) an und erhält so eine Gleichgewichtskonstante. Die Gleichgewichtskonstante wird im folgenden stets mit k bezeichnet, obwohl ihr Zahlenwert je nach der Formulierung unterschiedlich ist. Für den Umtausch zweier ein(gleich)wertiger Kationen, z. B. Na^+ und K^+ (s = sorbiert, l = i. d. Lösung):

$$-]K_s + Na_l + \rightarrow -]Na_s^+ K_l^+$$

gilt dann für den Gleichgewichtszustand:

$$\left(\frac{c_{Na}}{c_K}\right)_s = k_{\frac{Na}{K}} \cdot \left(\frac{c_{Na}}{c_K}\right)_l \qquad (3)$$

Hierin ist c die Konzentration und $k_{\frac{Na}{K}}$ die Gleichgewichtskonstante. Ein $k_{\frac{Na}{K}}$ -Wert >1 zeigt eine bevorzugte Adsorption von Na^+, ein Wert <1 eine Bevorzugung von K^+ an. Ist $k_{\frac{Na}{K}} = 1$, so werden Na^+ und K^+ gleich stark adsorbiert.

Bei Konzentrationen über ca. 10^{-3} Mol/l ist anstelle der Konzentration der Ionen deren Aktivität a einzusetzen.

$$\left(\frac{a_{Na}}{a_K}\right)_s = k_{\frac{Na}{K}} \cdot \left(\frac{a_{Na}}{a_K}\right)_l \qquad (4)$$

Die Aktivität ist bei $> 10^{-3}$ Mol/l kleiner als die Konzentration, weil die Ionen, vor allem mehrwertige, sich mit steigender Konzentration mehr und mehr gegenseitig behindern. Der Unterschied zwischen Aktivität a (= effektive Konzentration) und Konzentration c, dem man mit Hilfe des Aktivitätskoeffizienten f Rechnung trägt ($a = f \cdot c$; $0<f<1$), steigt mit zunehmender Ionenstärke I der Lösung, die wiederum mit steigender Konzentration und Wertigkeit z aller beteiligten Ionen i ansteigt: $I = \frac{1}{2}\Sigma\, c_i z_i^2$. So beträgt z. B. der Aktivitätskoeffizient einer 10^{-3} M KCl-Lösung 0,94, der einer 0,1 M Lösung 0,75. Für $CaCl_2$-Lösungen lauten die entsprechenden Werte 0,88 und 0,32. Die Aktivität einer 0,1 M $CaCl_2$-Lösung ist also nur etwa ⅓ so groß wie ihre Konzentration.

Die Anwendung dieser thermodynamisch exakten Austauschgleichung (4) scheitert allerdings daran, daß sich die Aktivitäten nur für die Kationen der Gleichgewichtslösung, nicht dagegen für die adsorbierten Kationen berechnen lassen. Anstelle der Aktivitäten für die adsorbierten Kationen werden daher meist die adsorbierten Mengen (in mval/kg) verwendet:

$$\left(\frac{Na}{K}\right)_s = k_{\frac{Na}{K}} \left(\frac{a_{Na}}{a_K}\right)_l \qquad (5)$$

Da dieser Ausdruck die Aktivitäten jedoch nur unzureichend ersetzen kann, ist k in Gleichung (4) meist auch nicht konstant, sondern ändert sich u. a. mit dem Sättigungsgrad der beteiligten Kationen mehr oder weniger stark und ist damit nur bei gleichem Sättigungsgrad annähernd bodenspezifisch. Ihre Variation kommt hauptsächlich durch die unterschiedlichen Eigenschaften der Kationen (Wertigkeit, Größe) und der Austauscher zustande; beide beeinflussen z. B. die Verteilung der Kationen auf die Stern- und diffuse Schicht. Wegen dieser Variation bezeichnet man k besser als Austausch- oder Selektivitäts*koeffizient*; er ist dimensionslos.

Da in Böden meist Austauschreaktionen von Kationen unterschiedlicher Wertigkeit ablaufen, sind zahlreiche Versuche gemacht worden, die Austauschgleichungen für heterovalente Kationenpaare so zu verbessern, daß die Gleichgewichtskonstante über einen möglichst weiten Bereich konstant ist. Hierzu gehört z. B. der Ersatz der Aktivität der adsorbierten Kationen durch ihren Äquivalentanteil, der als Funktion der Aktivität angesehen wird. Häufig angewandt wird die Gleichung von *Gapon*, bei der die Aktivität der mehrwertigen Kationen in der Lösung zur reziproken Potenz ihrer Wertigkeit erhoben (*sog. reduziertes Aktivitätenverhältnis*) und die adsorbierten Mengen pro Gewichtseinheit Austauscher angegeben werden. Für den Kationenaustausch $=]Ca_s + 2Na_l^+ \rightarrow\;]\, 2Na_s + Ca_l^{2+}$ lautet die Gapon-Gleichung demnach:

$$\left(\frac{Na}{Ca}\right)_s = k_{\frac{Na}{ca}} \cdot \left(\frac{a_{Ca}}{\sqrt{aCa}}\right)_l \qquad (6)$$

Der Gapon-Koeffizient für Na – Ca (Dimension $(mol/l)^{-\frac{1}{2}}$) ist für den Bereich des Kationenbelages Na-haltiger Böden relativ konstant, so daß mit ihm z. B. die Na-Sättigung bewässerter kalifornischer Böden aus der Na- und (Ca + Mg)Konzentration des Bewässerungswassers hinreichend genau vorausgesagt werden kann. Für das Ionenpaar K – Ca ist dagegen der Gapon-Koeffizient im K-Sättigungsbereich vieler Böden mit 2 : 1-Mineralen, insbes. randlich aufgeweitete Illite und deren Abkömmlinge, sehr stark von der K-Sättigung abhängig (Abb. 51), weil diese Minerale Austauschpositionen mit hoher Affinität für K besitzen. Daher wird K in diesem Sättigungsbereich bevorzugt gegenüber Ca adsorbiert. Ähnliches gilt für Ionenpaare mit dreiwertigen Kationen. Mit Gapon- und anderen Koeffizienten sind in großem Umfang die spezifischen Kationenaustauscheigenschaften verschiedener Austauscher und Böden gekennzeichnet worden[2].

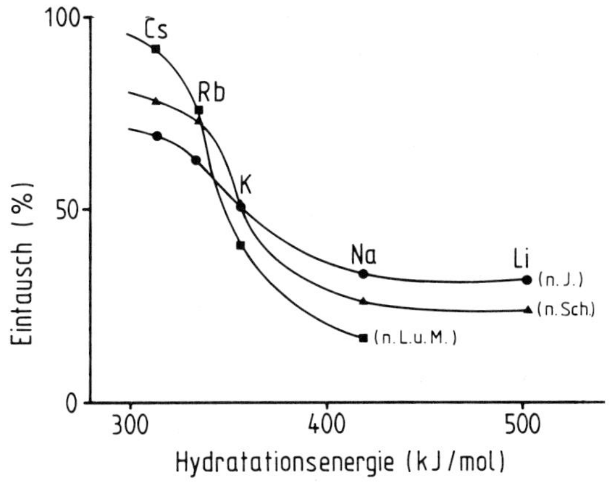

Abb. 49 Relativer Eintausch von Alkalikationen in NH_4-Smectit in Abhängigkeit von ihrer Hydratationsenergie (Daten s. Tab. 45)

c) Einfluß von Wertigkeit und Hydratation der Kationen

In Tab. 45 ist der relative Eintausch von 1-, 2-, 3- und 4-wertigen Kationen in einen NH_4-Smectit aus 3 Versuchsreihen enthalten. Hieraus läßt sich die Eintauschstärke der verschiedenen Kationen ableiten: Sie steigt 1. innerhalb der gleichen Elementperiode mit steigender Wertigkeit an, also z. B. $Na^+ < Mg^{2+} < Al^{3+}$ ($< Th^{4+}$), und 2. innerhalb der gleichen Element*gruppe*, also bei gleicher Wertigkeit, mit steigendem Radius des nackten Ions, also $Li^+ < Na^+ < K^+ < Rb^+ < Cs^+$. Der Einfluß der Wertigkeit (*Wertigkeitseffekt*) erklärt sich daraus, daß die Anziehung des Kations durch die negative Ladung der Austauscheroberfläche mit steigender Kationenladung anwächst.

Der Einfluß der Ionengröße läßt sich wie folgt begründen: Bei gleicher Ladung wird ein Kation um so fester gebunden, je weiter es sich der Oberfläche nähern kann, weil es dann in ein immer stärkeres elektrisches Feld gerät. Ein Kation kann aber der negativen Ladung des Austauschers um so näher kommen, je kleiner es in wäßriger Lösung ist. Kationen sind in verdünnten wäßrigen Lösungen im Effekt um ein Mehrfaches größer als in einem Kristall (s. Tab. 12), weil sie H_2O-Dipole anziehen und sich so mit einer Wasserhülle umgeben (*Hydratation*). Die Dicke der Wasserhülle und damit die effektive Größe des Kations ist abhängig von der Ladungsdichte an der Oberfläche des nackten Ions. Diese Ladungsdichte steigt mit steigender Ladung und sinkendem Durchmesser des nackten Ions. Kleine und hochgeladene Ionen sind daher stark hydratisiert, große und niedrig geladene schwach. Als energetisches Maß für die Hydratation dient diejenige Energie, die bei der Hydratation eines Moles des Ions frei wird (*Hydratationsenergie*): Mit zunehmender Wertigkeit steigt demnach die Hydratationsenergie, während sie bei gleicher Wertigkeit mit zunehmendem Radius sinkt (Tab. 45). Entsprechend sinkt der Eintausch, wie in Abb. 49 für die Alkalikationen gezeigt, mit steigender Hydratationsenergie vom Cs zum Li und erklärt so die lyotrope Reihe.

Bei gleicher Wertigkeit werden die Kationen daher um so stärker adsorbiert, je dünner ihre Hydrathülle ist (*Hydratationseffekt*). Bei der Adsorption wird ein Teil der Hydrathülle zwischen Austauschoberfläche und Kation abge-

Tabelle 45 Größe, Polarisierbarkeit und Hydratationsenergie der Kationen und ihr relativer Eintausch in NH_4-Smectit [Daten von *Schachtschabel*[12] (Sch.), *Martin & Laudelot*[13] (M. & L.), *Jenny*[14] (J.)]

	Li^+	Na^+	K^+	Rb^+	Cs^+	Mg^{2+}	Ca^{2+}	Sr^{2+}	Ba^{2+}	Al^{3+}	La^{3+}	Th^{4+}
Ionenradius (Å)	0,76	1,02	1,38	1,52	1,67	0,72	1,00	1,18	1,35	0,54	1,03	0,94
Polarisierbarkeit (cm^3)	0,025	0,17	0,80	1,42	2,35	0,10	0,54	0,87	1,68	–	–	–
Hydratationsenergie (kJ/Mol)	503	419	356	335	314	1802	1571	1425	1341	4647	3268	–
Relativer Eintausch* (%) (Sch.)	24	26	41	74	78	72	74	74	75	–	–	–
Relativer Eintausch* (%) (M. & L.)	–	17	41	76	92	–	–	–	–	–	–	–
Relativer Eintausch* (%) (J.)	32	33	51	63	69	69	71	74	73	85	86	98

* in NH_4-Smectit bei M/NH_4 i. d. Gleichgewichtslösung oder i. System von 1 : 1

streift, und zwar besonders bei den schwach hydratisierten, stark adsorbierten, mehrwertigen Kationen. Aus diesem Grund können, umgekehrt wie in freier Lösung, zweiwertige Ionen im adsorbierten Zustand weniger hydratisiert sein als einwertige, und die unterschiedliche Hydratation macht sich bei den mehrwertigen Ionen kaum bemerkbar. Auch sind die Kationen in der Stern-Schicht weniger hydratisiert als die in der diffusen Schicht.

Bei Smectiten, deren Ionenbelag aus Na und Ca besteht, befindet sich Ca vorwiegend *zwischen* den Schichten und Na an den *äußeren Oberflächen*. Dies liegt daran, daß das zweiwertige Ca im Zwischenschichtraum durch gegenüberliegende negative Ladungen vollständiger neutralisiert wird, was energetisch günstiger ist, und somit Na aus dem Zwischenschichtraum an die äußere Oberfläche verdrängt. Solche Smectite zeigen daher Eigenschaften von Na-Smectiten, obwohl Na nur einen geringen Anteil an der KAK einnimmt.

Die für Smectite ermittelten Reihen der Eintauschstärke gelten für andere Austauscher nicht ohne weiteres in gleicher Weise (s. X 4 d). Generell findet man jedoch bei Böden für die wichtigsten Kationen folgende Reihe steigender Adsorbierbarkeit: Na < K < Mg < Ca < Al. Dies geht aus Abb. 50 hervor: Bei diesem Lößboden wurden die Kationen durch NH_4 in der Reihenfolge Na > K > Mg > Ca ausgetauscht. Der im Vergleich zum Smectit stärkere

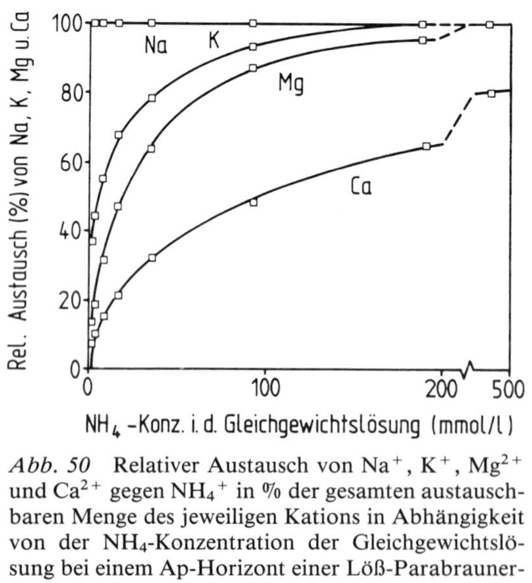

Abb. 50 Relativer Austausch von Na^+, K^+, Mg^{2+} und Ca^{2+} gegen NH_4^+ in % der gesamten austauschbaren Menge des jeweiligen Kations in Abhängigkeit von der NH_4-Konzentration der Gleichgewichtslösung bei einem Ap-Horizont einer Löß-Parabraunerde (Bodendaten wie in Abb. 48)

Tabelle 46 Ca-Sättigung einer Huminsäure im Gleichgewicht mit Mischlösungen der Acetate von $Ca-NH_4$ und Ca – Mg (pH 7,0)[12]

	$Ca-NH_4$	$Ca-NH_4$	$Ca-NH_4$	Ca – Mg
Gesamtkonz. (N)[1]	0,1	0,01	0,1	0,1
Äquivalentverhältnis[1]	1,0	0,11	0,11	1,0
Ca-Sättigung (%)	92	95	81	76

[1] in der Gleichgewichtslösung

Unterschied zwischen Mg und Ca in diesem Boden beruht auf der ausgeprägten Selektivität der organischen Substanz für Ca (s. Tab. 46).

Wasserstoffionen können im stark sauren Bereich kurzfristig (s. Kap. XII) als hydratisierte H_3O^+-Ionen an permanenten Ladungen gebunden werden; sie liegen in der Eintauschstärke etwa zwischen Na^+ und K^+, werden also nur schwach gebunden. In weit stärkerem Ausmaß wird H jedoch als Proton an O- oder OH-Gruppen angelagert, die dadurch zu OH- bzw. OH_2-Gruppen werden (s. Kap. X 2 b). Da sie in diesem Zustand nicht wie die Alkali- und Erdalkalikationen durch Kationen von Neutralsalzlösungen ausgetauscht werden können, werden diese Protonen nicht zu den austauschbaren Kationen gerechnet.

In salzhaltigen Böden spielt bei gleichen Kationenverhältnissen in der Gleichgewichtslösung die Salzkonzentration eine Rolle für die Kationen-Selektivität. Wird die Bodenlösung z. B. durch Niederschlagswasser verdünnt, so werden mehrwertige Kationen eingetauscht und einwertige dafür ausgetauscht. Das Na/Ca-Verhältnis am Austauscher nimmt also ab. Die Ursache hierfür liegt darin, daß die Differenz des elektrischen Potentials zwischen Kationenbelag und Gleichgewichtslösung steigt und hierdurch die Anziehung höherwertiger Kationen verstärkt wird. In salzarmen Böden spielt dieser Vorgang allerdings deswegen kaum eine Rolle, weil der Gehalt an Kationen in der Bodenlösung im Vergleich zu dem des Kationenbelags (≈ 1 : 50) zu gering ist, um einen Kationenaustausch in meßbarem Umfang zu ermöglichen.

d) Spezifische Adsorption von Kationen

Die besondere Struktur verschiedener Austauscher bewirkt, daß einzelne Kationen weitgehend unabhängig von ihrer Ladung und Hydratation stark bevorzugt werden. Diese Bevorzugung läßt sich nicht mehr wie bisher beschrieben allein mit der Wechselwirkung elektrostatischer Kräfte zwischen der negativ geladenen Oberfläche und der positiven Ladung der Kationen erklären. Es treten zusätzliche Kräfte auf (*van der Waalssche* Kräfte, kovalente Kräfte), die im Gegensatz zu den elektrostatischen Kräften zwar ähnlich hoch, aber viel weniger weitreichend sind. Sie kommen daher besonders dann zur Wirkung, wenn sich ein Kation der Austauschoberfläche stark nähern kann. Dieser Typ der Adsorption, der besonders auch für die Anionenadsorption bedeutsam ist, wird *spezifische Adsorption* genannt, der durch reine elektrostatische Kräfte entsprechend *unspezifische* Adsorption.

Das bekannteste und wichtigste Beispiel für eine spezifische Adsorption von Kationen ist die auffallend starke *Selektivität einiger Tonminerale für K und* NH_4, aber auch für Rb und Cs, die erstmals von *P. Schachtschabel* aufgezeigt wurde[15]. Die spezifische Adsorption dieser einwertigen Kationen beruht darauf, daß diese relativ großen Kationen (Tab. 45) leicht dehydratisiert werden und dann relativ gut in die napfförmigen Vertiefungen der Sauerstoff-Sechserringe der Tetraederschicht hineinpassen (s. Abb. 15 und 18 a). Auf diese Weise gelangen sie sehr dicht an den Sitz der negativen Ladung der Silicatschichten und werden daher sehr fest gebunden. Man spricht daher von *Stereospezifität*. Werden genügend K- und/oder NH_4-Ionen zwischen den Schichten eingelagert, so kontrahieren die Elementarschichten auf 10 Å, d.h. auf den Abstand des Illits, und die K-Ionen werden fixiert (*K-Fixierung*), denn sie sind dann mit einer Neutralsalzlösung nicht mehr austauschbar (s. Kap. XX 8).

Zwischen diesen Fixierungspositionen und solchen, an denen keine spezifische K-Bindung erfolgt, gibt es vermutlich Übergänge, bei denen eine spezifische Bindung, jedoch ohne

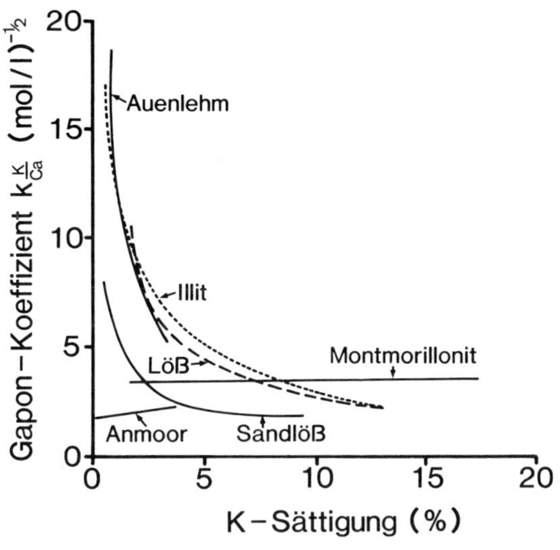

Abb. 51 Gapon-Koeffizient für das Kationenpaar K – Ca $\left(k_{\frac{K}{Ca}}\right)$ in Abhängigkeit von der K-Sättigung (K + Ca = 100) bei verschiedenen Tonmineralen und Böden

Fixierung, möglich ist. Diese K-spezifischen Austauschpositionen treten vor allem an den keilförmig aufgeweiteten Rändern von Illiten (s. Abb. 26) und an hoch geladenen aufgeweiteten Dreischichttonmineralen auf. Ihre Menge liegt meist nur bei < 3 % der KAK. Da der K-Anteil an der KAK ebenfalls in diesem Bereich liegt (Tab. 47), ist das austauschbare K in Böden mit vorwiegend Illiten, Vermiculiten und/oder hochgeladenen Smectiten fast vollständig an K-spezifischen Positionen gebunden. Dies ist für die K-Düngung und K-Auswaschung von großer Bedeutung (s. Kap. XX 8).

Menge und Spezifität der K-spezifischen Positionen ergeben sich aus der Abhängigkeit des

Tabelle 47 Kationenaustauschkapazität (KAK bei pH 8,1) von Oberböden sowie der organischen und anorganischen Komponente (berechnete Mittelwerte)[17]

Bodentyp	Körnung	Zahl der Böden	C (%)	Ton (%)	KAK der Böden (mval/kg)	Anteile an der Gesamt-KAK (%) org.	anorg.	KAK (mval/g) Org. Subst.	Ton	Fein-Schluff	Mittel-Schluff
Schwarzerden aus Löß	tU	18	1,74	16,8	200	46	54	3,0	0,49	0,15	0,06
Parabraunerden aus Löß	tU	51	1,16	19,5	169	24	76	2,1	0,55		
Pseudogleye und Gleye aus Löß	tU	22	1,28	25,0	190	23	77	2,0	0,53	0,12	0,03
Kalkmarschen	utL	296*	2,38	32,3	278	33	67	2,2	0,47	0,28	0,10
Kleimarschen	utL	123	2,72	39,5	303	34	66	1,8	0,41	–	–
Podsole	S	18	3,02	4,4	119	78	22	1,8	0,53	0,08	0
Plaggenesche	S	68	2,50	4,5	144	73	27	2,2	0,52	–	–

* bei den KAK-Werten für Schluff 59 Böden

Selektivitäts(Gapon-)Koeffizienten von der K-Sättigung (Abb. 51): Steigt z. B., wie beim Illit und den illitisch-vermiculitischen Böden aus Auenlehm und Löß der Gapon-Koeffizient unterhalb 5 – 10 % K-Sättigung stark an, wird also K gegenüber Ca mehr und mehr bevorzugt, so ist es an spezifischen Positionen gebunden. Beim niedrig geladenen Montmorillonit (Schichtladung 0,42 pro halber Formeleinheit) und beim Anmoor, d. h. bei den Huminstoffen, fehlt dagegen dieser Anstieg; sie besitzen demnach keine spezifischen Positionen im untersuchten Bereich. Dies trifft auch für Kaolinit und damit für kaolinitische Böden zu.

Auch die *organische Substanz* zeigt Besonderheiten bei der Kationenadsorption. Zum einen werden Protonen an funktionellen Gruppen bevorzugt gebunden, und zwar um so stärker, je geringer ihre Säurestärke ist. Gruppen geringer Säurestärke binden Protonen deutlich stärker als Erdalkali- und besonders Alkaliionen. Zum anderen werden Erdalkaliionen und in noch stärkerem Maße Al- und Schwermetallionen (z. B. Cu, Pb) bevorzugt, weil diese nicht nur elektrostatisch sondern zusätzlich durch kovalente u. a. Kräfte, also spezifisch in Form von stabilen Komplexen gebunden werden (Kap. VII, 3 e).

Die Werte der Tab. 46 belegen die starke Bevorzugung von Ca gegenüber NH_4 durch eine Huminsäure. Im Gleichgewicht mit einer 0,1 N-Acetatlösung (pH 7,0) eines $Ca - NH_4$-Äquivalentverhältnisses von 1,0 wurden Ca und NH_4 im Verhältnis 92 : 8 eingetauscht, und auch bei dem weiten $Ca - NH_4$-Verhältnis von 0,11 betrug die Ca-Sättigung noch 81 %. In ähnlicher Weise wie NH_4 wird auch K gegenüber Ca benachteiligt, so daß in Böden, die nur organische Austauscher enthalten, K nur in geringem Umfang gebunden wird. Auch noch gegenüber Mg macht sich die Bevorzugung des Ca durch die organischen Austauscher im Vergleich zu den Tonmineralen bemerkbar (vgl. Tab. 45 mit Tab. 46).

Spezifische Adsorption, an der kovalente Kräfte beteiligt sind, tritt auch bei den Schwermetallen auf[15]. Viele der Schwermetalle hydrolysieren partiell im pH-Bereich der Böden, so daß sie in der Bodenlösung nicht nur als M^{2+}-Ionen sondern auch – mit steigendem pH in zunehmendem Maße – als MOH^+-Ionen vorliegen. Diese Ionenform wird spezifisch und daher bevorzugt adsorbiert. Dabei werden meist Protonen freigesetzt:

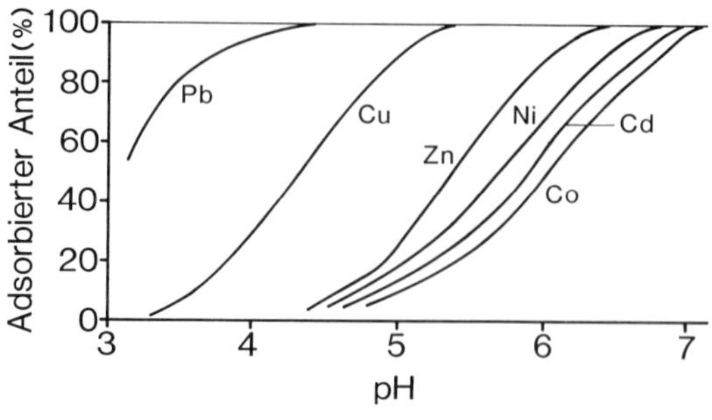

Abb. 52 Adsorption verschiedener Schwermetalle durch frischgefälltes Fe-Oxid in Abhängigkeit vom pH[15a]

$$> Fe - OH + MOH^+ = Fe - O - MOH + H^+ \quad (7)$$

Die Adsorption der verschiedenen Schwermetalle steigt mit ihrer Neigung zur Bildung von Hydroxo-Komplexen (MOH^+ u. a.). Diese kann entsprechend der Reaktion

$$M^{++} + H_2O = MOH^+ + H^+ \quad (8)$$

durch die Hydrolysekonstante K_1 entsprechend:

$$K_1 = \frac{(MOH^+) \cdot (H^+)}{(M^{++})} \quad (9)$$

mit den pK_1-Werten der verschiedenen Schwermetalle beschrieben werden. Ein niedriger pK_1-Wert besagt dabei, daß bereits bei entsprechend niedrigen pH-Werten Hydroxo-Komplexe gebildet werden. Damit nimmt die spezifische Adsorption der Schwermetalle mit abnehmenden pK_1-Werten (in Klammern) meist in der Reihenfolge Cd (10,1) < Ni (9,9) < Co (9,7) < Zn (9,0) << Cu (7,7) < Pb (7,7) << Hg (3,4) stark zu (Abb. 52). Bei gleichen pK_1-Werten – wie bei Cu und Pb – wird das größere Ion (Pb) meist stärker adsorbiert. Cd, Ni, Co und Zn werden daher erst bei relativ hohen pH-Werten spezifisch adsorbiert, Cu, Pb und vor allem Hg dagegen bereits bei deutlich niedrigeren pH-Werten (s. Kap. XXII, Schadstoffe).

5. Kationenaustauschverhältnisse in Böden

a) Kationenaustauschkapazität (KAK)

Die potentielle Kationenaustauschkapazität (KAK_{pot}) der Böden wird durch Art und Gehalt an Tonmineralen und organischer Substanz bestimmt und variiert daher in einem weiten Be-

Tabelle 48 Sorptionsverhältnisse im Oberboden einiger Böden unter Acker und Wald

	pH ($CaCl_2$)	C_{org} (%)	KAK_{pot} (mval/kg)	KAK_{eff} (mval/kg)	Sättigung (% von KAK_{eff}) Al	Ca	Mg	K	Na
Böden unter Acker (Mitteleuropa)									
Parabraunerde (Löß, Straubing)	6,3	1,4	170	140	0	80	15	5	<1
Schwarzerde (Löß, Hildesheim)	7,2	1,6	180	180	0	90	9	0,5	0,4
Kleimarsch (Wesermarsch)	5,1	2,7	370	250	0	50	42	3	5
Pelosol (Liaston, Franken)	6,7	2,4	220	170	0	83	8	9	0
Podsol (Sand, Celle)	5,2	2,5	120	30	0	86	6	7	1
Böden unter Wald (Mitteleuropa)									
Podsol (Granit, Bayer. Wald)	2,6	11,7	–	68	65	22	6	4,6	2,6
Pseudogley (Löß, Bonn)	3,8	5,7	184	54	69	13	<2	6	11
Braunerde (Löß/Bims, Vogelsberg)	2,9	19,8	600	120	85	5,8	4,2	5,0	0
Böden anderer Klimate									
Vertisol (Sudan)	6,8	0,9	452	470	0	71	25	0,4	3,8
Andisol (Hawaii)	4,5	11,7	531	133	3,7	71	20	3,8	2,2
Oxisol (Brasilien)	3,5	2,8	130	26	89	2,7	3,5	3,1	1,2
Ultisol (Puerto Rico)	3,5	3,3	256	72	72	15	8,3	2,8	1,4
Aridisol (Arizona, USA)	9,9	0,4	364	–	0	45	5,5	2,5	47

reich. Dies gilt auch für die effektive Kationenaustauschkapazität (KAK_{eff}), die jedoch zusätzlich vom pH der Böden abhängt. Sie liegt um so weiter unterhalb der KAK_{pot}, je tiefer das pH und je höher der Anteil variabler Ladung sind. Da der stärkste Beitrag zur pH-abhängigen Ladung von den Huminstoffen kommt, liegt die KAK_{eff} z. B. bei sauren, humosen Sandböden in der Regel weit unter der KAK_{pot}. Das gleiche gilt für allophanreiche Böden. Da Sandböden ihr optimales pH im sauren Bereich haben (s. Kap. XII), wird ihre KAK_{pot} nie erreicht und ist daher kaum von praktischer Bedeutung. Wird der pH-Wert saurer Böden erhöht, so steigen je nach dem Anteil variabler Ladung die KAK_{eff} und damit die Menge austauschbarer Kationen wie K, Mg und Ca an.

(1) Anteil der organischen Substanz

Der Anteil der organischen Komponente an der KAK_{pot} der Böden liegt im A_p-Horizont ackerbaulich genutzter Lehm-, Schluff- und Tonböden meist im Bereich von 25 – 35 %, bei Schwarzerden von 40 – 50 % (Tab. 47). Bei Sandböden ist der Anteil naturgemäß höher (s. Podsole und Plaggenesche) und kann in manchen Hochmooren und Niedermooren bis 100 % betragen. Auch in O-Horizonten, im A_h-Horizont von Böden unter Grünland, Wald und Heide und im B_h-Horizont von Podsolen findet man einen Anteil über 50 %, der, da diese Böden meist sauer sind, nur z. T. am Kationenaustausch teilnimmt.

Die KAK_{pot} der organischen Substanz von Böden liegt bei den Schwarzerden, Mullrendzinen und Plaggeneschen mit ≈ 2,5 bis 3,0 mval/g organischer Substanz am höchsten und variiert bei den übrigen Böden der Tab. 48 zwischen ≈ 1,8 und 2,2 mval. Als Mittelwert terrestrischer Böden des gemäßigt-humiden Klimas kann man etwa 2,0 mval/g zugrundelegen, wenn man die KAK_{pot} eines Bodens aus seinen Gehalten an organischer Substanz und Ton überschlägig berechnet. Niedrigere Werte von ≈ 1,5 mval treten vor allem in Böden auf, bei denen die organische Substanz nicht so stark zersetzt ist, z. B. in O-Horizonten von Podsolen und in Hochmooren.

Wegen des hohen Anteils an variabler Ladung steigt die KAK der organischen Substanz von Böden stark mit dem pH-Wert an. Bei den Böden der Abb. 53 beträgt dieser Anstieg zwischen pH 2,5 und 8 ca. 0,5 mval/g C_{org} pro pH-Einheit (s. Regressionsgerade).

(2) Anorganische Substanz

Die KAK_{pot} der anorganischen Komponente der Böden ist vor allem der Tonfraktion zuzuschreiben; sie beträgt bei den vorwiegend illitisch-vermiculitisch-smectitischen Böden gemäßigter Zonen im Mittel 0,40 – 0,55 mval/g Ton (Tab. 47). Wesentlich andere KAK_{pot}-Werte der Tonfraktion findet man bei Böden der Tropen und Subtropen. Während z. B. bei den smectitreichen Vertisolen hohe Werte bis 0,8 mval/g Ton auftreten, liegen die Werte kaolinitisch-

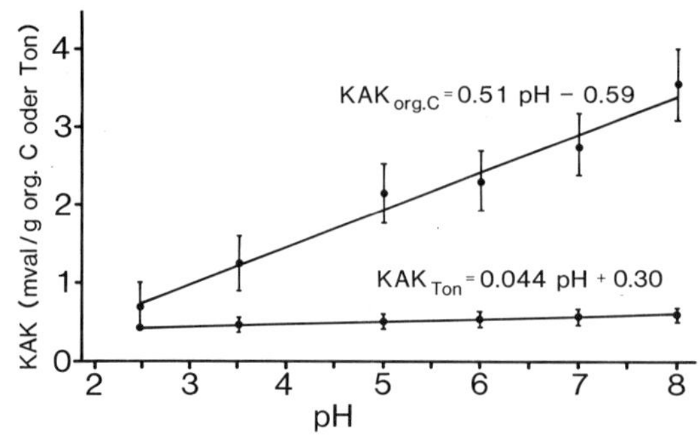

Abb. 53 Austauschkapazität der Tonfraktion und der organischen Substanz von 60 Böden Wisconsins (Ap-Horizonte mit 0 – 4 % org. C) in Abhängigkeit vom pH (die senkrechten Linien geben Mittelwert und Standardabweichung an)[16]

oxidischer Ultisole und Oxisole meist nur bei 0,05 bis 0,2 mval/g Ton. Die Fraktionen des Fein- und Mittelschluffs haben nach Tab. 48 eine mittlere KAK_{pot} von ca. 0.15 bzw. 0,05 mval/g der Fraktion.

Im Gegensatz zur organischen Substanz haben die Dreischichttonminerale der Böden im gemäßigten Klima vorwiegend permanente Ladung. Wie Abb. 53 zeigt, steigt daher die KAK der Tonfraktion nur geringfügig an.

(3) Austauschkapazität von Böden

Da Art und Gehalt an Tonmineralen und Huminstoffen in verschiedenen Böden erheblich variieren, kann man den einzelnen Bodenarten nur grobe KAK_{pot}-Bereiche zuordnen. Im gemäßigt-humiden Klima haben Sande mit 2 – 3 % Humus meist Werte von 50 – 100, sandige Lehme, Lehme und tonige Schluffe von 100 – 250 und tonige Lehme und Tone von 200 – 400 mval/kg Boden. Auch bei Böden wärmerer Klimate steigt die KAK meist mit dem Tongehalt an. Sie liegt jedoch generell bei vielen Ultisolen und Oxisolen trotz höheren Tongehalts wegen des kaolinitisch-oxidischen Tonmineralbestandes in Oberböden meist unter 100 mval/kg, in humusfreien Unterböden sogar unter 30 mval/kg; der Humus trägt also wesentlich zur KAK bei. Diese Böden besitzen zwar meist einen hohen Anteil variabler Ladung, doch wird dieser für die Kationensorption erst dann wirksam, wenn der meist tiefe pH-Wert durch Kalkung erhöht wird. Höhere KAK-Werte von > 500 mval/kg treten bei den tonreichen, smectitischen Vertisolen auf (Tab. 48). Allophanreiche Böden (Andisole) haben mittlere Tongehalte und KAK_{pot}-Werte von 100 – 500 mval/kg, von denen 80 – 90 % variabler Natur sind.

b) Kationenbelag

In Tab. 48 ist die Zusammensetzung des Kationenbelags einiger Böden angeführt. Bei den Böden unter Acker herrscht im humid-gemäßigten Klimabereich Ca im Kationenbelag vor, solange der pH-Wert über 5 liegt. Ihm folgt Mg. Der K-Anteil liegt entsprechend der Menge K-spezifischer Positionen (s. Kap. X 4 d) oft unter 3 %, in tonreichen Böden (Pelosol in Tab. 48) z. T. jedoch auch höher. Na beteiligt sich am Kationenbelag meist nur zu < 1 %, weil es sehr schwach gebunden wird. Eine Ausnahme sind die küstennahe Kleimarsch, aber auch Böden im Streusalzbereich der Straßen (s. Kap. XXII, 6).

Sinkt der pH-Wert unter ca. 5, wie z. B. in vielen Waldböden, so erscheint Al, aber auch Mn^{2+} und Fe^{2+} zunehmend im Kationenbelag (s. Abb. 55 und 67). Zweiwertiges Mn und Fe treten besonders in humusreichen Horizonten auf, weil in ihnen häufiger reduktive Verhältnisse herrschen. In sehr sauren Auflagehorizonten findet man auch elektrolyt-extrahierbare H-Ionen, die vermutlich von den Huminstoffen stammen. H-Ionen (richtiger H_3O^+) treten dagegen in sauren Mineralböden höchstens kurzfristig auf, da sie relativ schnell mit den Tonmineralen unter Freisetzung von Al reagieren. In extrem sauren Mineralbodenhorizonten kann auf diese Weise die Al-Sättigung auf über 90 % der KAK_{eff} ansteigen.

Die Basensättigung (BS) der Böden steigt mit steigendem pH an. In Abb. 54 ist dies für die auf die KAK_{pot} bezogene Basensättigung einer größeren Zahl von Lößböden und Marschen gezeigt. Die Abbildung zeigt außerdem, daß die BS der organischen Austauscher bei gleichem pH stets geringer ist als die der anorganischen Austauscher, weil sie einen hohen Anteil schwach saurer Gruppen hat, die erst bei höherem pH durch Ca und andere Kationen ersetzt werden. Als Gemische zwischen organischen und anorganischen Austauschern liegt die BS der Böden zwischen den Linien der anorganischen und organischen Komponente. Ökologisch gesehen ist es häufig sinnvoller, die Basensättigung auf die KAK_{eff} zu beziehen (BS_{eff}), da in vielen Böden die KAK_{pot} und damit eine BS von 100 % nie erreicht wird und Erträge

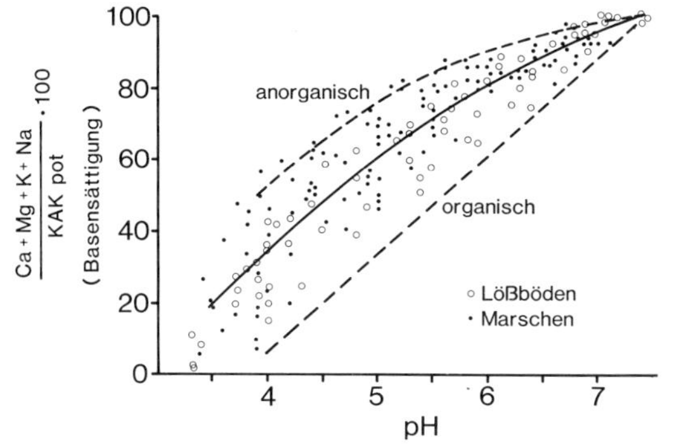

Abb. 54 Beziehung zwischen der Summe an austauschbarem Ca, Mg, K und Na in % der KAK_{pot} (Basensättigung) und dem pH-Wert von Lößböden und Marschen. Die Linien für den anorganischen und organischen Anteil wurden aus multipler Korrelation errechnet[17]

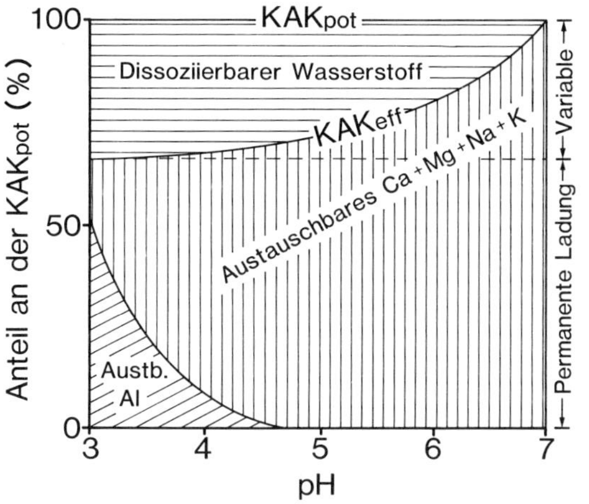

Abb. 55 Schematische Darstellung der Abhängigkeit von KAK_{eff} und Kationenbelag (in % von KAK_{pot}) vom pH-Wert in einem Boden mit ca. 20 – 30 % Ton, vorwiegend Dreischichttonminerale und 2 – 3 % Humus

enger mit BS_{eff} korreliert zu sein scheinen. Da unterhalb pH 7 die KAK_{eff} geringer ist als die KAK_{pot}, ist die auf KAK_{eff} bezogene BS bei gleichem pH stets höher als die auf KAK_{pot} bezogene.

In Böden trockener Klimate ist häufig der Na-Anteil deutlich höher als der K-Anteil, in sog. Natriumböden (in Tab. 48 Aridisol) kann er sogar dominieren (s. Abb. XXXI, 8), da hier das schwach gebundene Na nicht ausgewaschen wird.

Charakteristisch für Andisole, Ultisole und Oxisole ist wie bei sauren Waldböden des gemäßigten Klimas die große Differenz zwischen KAK_{eff} und KAK_{pot}. Dies liegt an dem hohen Anteil variabler Ladung, der in den A-Horizonten saurer Waldböden den Huminstoffen, in den Andisolen diesen und den Allophanen und in den Ulti- und Oxisolen dem kaolinitisch-oxidischen Tonmineralbestand zuzuschreiben ist.

Zusammenfassend ergibt sich für die Austauschverhältnisse der meisten Böden mit gemischter Austauscherausstattung folgendes vereinfachte Bild (Abb. 55): Bei pH 7 ist die gesamte KAK_{pot} durch Ca, Mg, K und Na gesättigt und $KAK_{eff} = KAK_{pot}$. Nimmt der pH-Wert ab, so wird zunächst nur die variable Ladung protoniert und hierfür werden Ca, Mg, K und/oder Na ausgetauscht. Die KAK_{eff} sinkt dadurch ab, da die eingetauschten Protonen nicht mehr austauschbar sind (dissoziierbarer Wasserstoff in Abb. 55). Sinkt der pH-Wert unter ca. 5, so beteiligt sich zunehmend Al am Ionenbelag, wiederum auf Kosten von Ca, Mg, K und/oder Na. Im sauren bis stark sauren Bereich (je nach Säurestärke der funktionellen Gruppen) erreicht die KAK_{eff} ihr Minimum und besteht dann praktisch nur noch aus permanenter Ladung, da die variable Ladung nahezu vollständig protoniert ist.

c) Sorptionsverhältnisse in Bodenprofilen

Wie von Boden zu Boden, so können auch innerhalb eines Bodenprofils erhebliche Unterschiede in der KAK auftreten, die oft sehr eng mit der Bodenentwicklung zusammenhängen. So sind die Bildung von Tonmineralen und Humus die Ursache dafür, daß ein Boden meist eine höhere KAK hat als sein Ausgangsmaterial. Höhere KAK-Werte in A_h-Horizonten sind auf den höheren Gehalt an Huminstoffen zurückzuführen (s. Abb. 197), ebenso solche in B_h-Horizonten von Podsolen (s. Abb. 198).

Zur Veränderung der KAK kommt es auch, wenn sich die Tonminerale im Verlaufe der Bodenbildung verändern. Die KAK nimmt z. B. ab, wenn (a) aufweitbare Dreischichtminerale Hydroxy-Al-Polymere zwischen den Schichten einlagern, (b) Dreischichtminerale zu Zweischichtmineralen desilifizieren und (c) Tonminerale sich im stark sauren Bereich zersetzen. Aus Höhe und Verlauf der KAK innerhalb des Bodenprofils kann somit auf bodengenetische Vorgänge, wie die Neubildung, Umbildung, Zersetzung und Verlagerung von Mineralen und organischen Stoffen geschlossen werden.

Auch der Kationenbelag variiert im Bodenprofil mit der Tiefe. In ungedüngten, sauren Böden nehmen der Anteil an dissoziierbarem Wasserstoff und an Al meist von unten nach oben zu, der von Ca und Mg und damit die Basensättigung ab. Dies zeigt, daß die dem Oberboden zugeführten H-Ionen zunächst dort gebunden und Ca und Mg verdrängt werden. Allmählich dringt die Versauerungsfront weiter nach unten vor, und viele Waldböden haben heute auch im Unterboden bereits eine hohe Al-Sättigung. Die obersten organischen Auflagenhorizonte enthalten jedoch meist mehr Ca, Mg und andere Nährstoffkationen als der obere Mineralboden und haben ein höheres pH, weil diese Kationen hier zusammen mit Basen (Anionen schwacher organischer Säuren; s. Kap. XIII) aus der Streu akkumuliert werden (*Bioakkumulation*). Durch Kalkung sinkt der Anteil an dissoziierbarem Wasserstoff und an Al, während der an Ca und Mg steigt, durch K-Düngung steigt die K-Sättigung. Diese Änderungen wirken sich besonders im A_p-Horizont von Ackerböden aus, bei höheren Kalk- und Düngergaben aber auch im Unterboden.

Andere Verhältnisse liegen wiederum in Profilen von Böden anderer Klimate vor. So kann z. B. der Na-Anteil in Böden trockener Klimate von oben nach unten sowohl abnehmen (Solontchak, Abb. 208) als auch zunächst zu- und erst in größerer Tiefe wieder abnehmen (Solonetz, Solod, Abb. 209). Bei den tief verwitterten Oxisolen nimmt die BS auch in größerer Tiefe nicht wieder zu; ihr geringer Vorrat an austauschbarem Ca, Mg etc. ist auf den obersten Horizont konzentriert.

Weitere Mikrokompartimente mit vom Mittel abweichendem Kationenbelag sind der Bereich des Nährstoffentzugs durch die Pflanzenwurzeln, also die Rhizosphäre, und der Mikrobereich von Düngerkörnern. Solche Unterschiede gleichen sich in Böden meist nur langsam aus, weil die Bewegung von gelösten Stoffen durch Diffusion und Massenfluß (s. Kap. XX) durch die adsorbierenden Festsubstanzen und durch luftgefüllte Poren häufig stark behindert ist. Dies hat zur Folge, daß Kalk und Dünger (Ausnahme Nitrat), dem Oberboden zugefügt, meist nur sehr langsam in den Unterboden gelangen (s. Abb. 68). Im Weinbau hat dies zu einer K- und P-Vorratsdüngung in Unterböden vor Anlage der Rebenpflanzung Anlaß gegeben. Auch plazierte statt breitwürfiger Düngung trägt dieser Tatsache Rechnung.

d) Selektivitätsverhältnisse in Böden

Die Selektion zwischen Paaren miteinander konkurrierender Kationen lassen sich durch Gapon-Koeffizienten (s. S. 98) kennzeichnen. Einige Beispiele seien angeführt. Wie Abb. 51 zeigt, können die $k_{K/Ca}$-Werte im Bereich normaler K-Sättigungen der Böden mit sinkender K-Sättigung von 1 – 2 bis auf 15 – 20 ansteigen, falls, wie bei vielen Böden des gemäßigt-humiden Klimas, genügend K-spezifische Positionen vorliegen. Die mittleren Selektivitäts- und Gapon-Koeffizienten einer größeren Zahl nordwestdeutscher Böden unter Wald[18] betrugen für Na/K ≈ 0,2, für Na/Ca ≈ 0,6, für K/Ca 4 – 8, für Na/Al ≈ 2, für Mg/Ca ≈ 0,4. Wie Abb. 56 zeigt, sinken die Gaponkoeffizienten für Ca/Al und Mg/Al in sauren Waldböden sehr stark mit der Al-Sättigung ab, und die Werte für Mg/Al sind stets kleiner als die für Ca/Al. Dies bedeutet, daß Mg stärker von Al verdrängt wird als Ca, wenn die Böden zunehmend versauern, und so zum Mangelnährstoff werden kann.

Die meist stark ausgeprägte Selektivität der verschiedenen Austauschersubstanzen und ihre intensive Mischung in den Böden bewirkt, daß der Kationenbelag in Böden von Teilchen zu

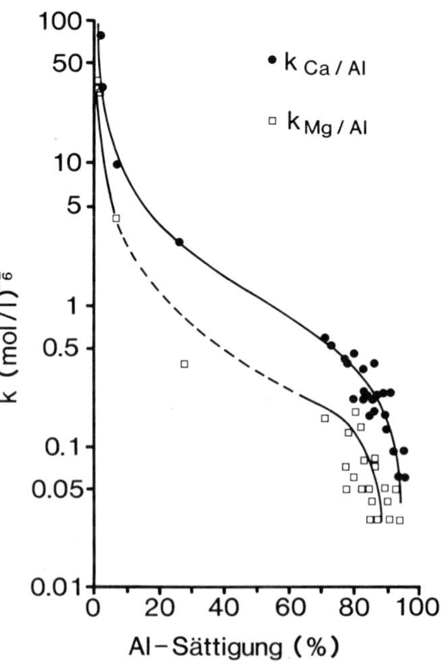

Abb. 56 Die Abhängigkeit der Gapon-Koeffizienten für die Kationenpaare Ca – Al und Mg – Al in stark sauren podsolierten Braunerden unter Wald[19]

Teilchen variiert. So sind bei schwach saurer Reaktion die H-Ionen an den organischen Austauschern und den Seitengruppen der Tonminerale gebunden. Ca- und Mg- sowie Al-Ionen finden sich hauptsächlich an den organischen Austauscherteilchen sowie zwischen den Schichten der aufweitbaren Tonminerale. Keilförmig aufgeweitete Randzonen von Illiten und hochgeladene Dreischichtminerale sind der bevorzugte Sitz der K- und NH_4-Ionen, während Schwermetallionen, wie Cu und Pb, bevorzugt von Fe-, Al- und Mn-Oxiden und von der organischen Substanz komplex gebunden werden (s. Kap. VII und XXII). Hierdurch entsteht eine mosaikartige Heterogenität des Kationenbelags in Böden, die, da sie auf der Selektivität der Austauscher beruht, auch im Gleichgewicht vorliegt.

6. Bestimmung

Zur Bestimmung der *potentiellen Austauschkapazität* wird der Boden mehrfach mit einer auf pH 7 – 8 eingestellten, *gepufferten* Salzlösung behandelt, deren Kation im Boden nicht (z. B. 0,1 M $BaCl_2$-Triäthanolamin-Lösung pH 8,2 n. *Mehlich*) oder kaum (z. B. M NH_4-Acetat-Lösung pH 7,0) vorkommt. Nach vollständigem Austausch und Entfernung der überschüssigen Lösung werden die eingetauschten Ba- bzw. NH_4-Ionen wieder gegen ein anderes Kation (z. B. Mg) ausgetauscht und im Filtrat bestimmt. In der Austauschlösung werden die *austauschbaren Kationen* Ca, Mg, K und Na einzeln, die Gesamtacidität (vorwiegend dissoziierbares H plus austauschbares Al) durch Titration bestimmt. Von den Kationen sind die Kationen der beim Austausch gelösten Salze des Bodens einschl. $CaCO_3$ abzuziehen. Zur Bestimmung der *effektiven Austauschkapazität* wird der Boden mehrfach mit einer *ungepufferten* Salzlösung (meist NH_4Cl) extrahiert, und die extrahierten Kationen werden aufaddiert.

Da die KAK_{eff} stark verwitterter Böden mit vorwiegend variabler Ladung (z. B. Oxisole) auch von der Salzkonzentration abhängt und diese im Freiland meist sehr gering ist, muß hierbei eine Austauschlösung sehr viel geringerer Konzentration verwendet werden, z. B. 0,002 M $BaCl_2$[20].

Literatur

[1] *Bohn, H. L., B. L. McNeal & G. A. O'Connor* (1979): Soil chemistry. Wiley, New York.
[2] *Bolt, G. H. & M. G. M. Bruggenwert* (1976/1982): Soil chemistry. A. Basic elements. B. Physicochemical models. Elsevier, Amsterdam.
[3] *McBride, M. B.* (1989): In: *Dixon, J. B. & S. B. Weed* (Eds.), Minerals in soil environments. Soil Sci. Soc. Am. Madison (Wisc.).
[4] *Talibudeen, O.* (1981): In: *Greenland, D. J. & M. B. H. Hayes* (Eds.), The chemistry of soil processes. Wiley, 115 – 177.
[4a] *Sposito, G.* (1984): The surface chemistry of soils. Oxford University Press.
[4b] *Sparks, D. L.* (Ed.) (1986): Soil physical chemistry. CRC Press. Inc. Boca Raton, Florida.
[5] *Wada, K. & N. Okamura* (1977): Proc. Sefmia Seminar, 811.
[6] *Hingston, F. J., M. Posner & J. P. Quirk* (1972): J. Soil Sci. *23*, 177 – 192.
[7] *Fieldes, M. & R. K. Schofield* (1969): N. Z. J. Sci. *3*, 563.
[8] *Van Raij, B. & M. Peech* (1972): Soil Sci. Soc. Am. Proc. *36*, 587.
[9] *Ulrich, B.*: unveröffentlicht.
[10] *Sparks, D. L.* (1985): Adv. Agron. *38*, 231 – 266.
[11] *Sparks, D. L.* (1987): Adv. Soil Sci. *6*, 1 – 63.
[12] *Schachtschabel, P.* (1940): Kolloidbeih. *51*, 199 – 276.
[13] *Martin, H. & H. Laudelot* (1963): J. Chim. Phys. 1086.
[14] *Jenny, H.* (1936): J. Phys. Chim. *40*, 501.
[15] *Herms, U. & G. Brümmer* (1984): Z. Pflanzenernähr. Bodenk. *147*, 400 – 424.
[15a] *Kinniburgh, D. G., M. L. Jackson & J. K. Syers* (1976): Soil Sci. Soc. Am. J. *40*, 796 – 799.
[16] *Helling, Ch. S., G. Chesters & R. B. Corey* (1964): Soil Sci. Soc. Am. Proc. *28*, 517 – 520.
[17] *Renger, M.* (1965): Z. Pflanzenernähr. Bodenk. *110*, 10 – 26. Diss. Univ. Hannover 1964.
[18] *Ulrich, B.* (1966): Z. Pflanzenernähr. Bodenk. *113*, 141 – 159.
[19] *Süsser, P.* (1987): Diss. Techn. Univ. München.
[20] *Gillman, G. P.* (1979): Austr. J. Soil Res. *17*, 129 – 139, – *E. A. Sumpter* (1986): *24*, 61 – 66.

XI. Anionenadsorption

Böden adsorbieren nicht nur Kationen, sondern auch Anionen. Da es sich bei den Anionen ebenfalls z. T. um Nährstoffe (z. B. Sulfat, Phosphat, Molybdat, Borat) oder umweltrelevante Stoffe (z. B. Fluorid, Arsenat) handelt, ist auch die Anionenadsorption für die Nährstoffversorgung der Pflanze und den Stoffhaushalt der Böden und damit auch der Landschaft von großer Bedeutung. So führt die starke Adsorption der Phosphatanionen einerseits dazu, daß diese kaum ausgewaschen und so in die Flüsse transportiert werden, sie schränkt andererseits aber ihre Verfügbarkeit für die Pflanze ein. Dagegen ist das kaum adsorbierte Nitrat zwar leicht pflanzenverfügbar, kann aber auch entsprechend schnell den Boden verlassen und in das Grundwasser gelangen. Weitere wichtige Anionen, die von Böden adsorbiert werden, sind Silicat und eine Vielfalt von organischen Anionen aus dem natürlichen Kohlenstoffkreislauf und aus anthropogenen Quellen.

1. Wesen und Ausmaß der Anionenadsorption

a) Unspezifische Adsorption

In gleicher Weise wie in Kap. X beschrieben unterscheidet man auch bei der Anionenadsorption eine unspezifische und eine spezifische Adsorption. Die *unspezifische* Adsorption erfolgt durch positive Ladungen an der Oberfläche der Adsorbentien. Die positive Ladung entsteht jedoch nicht wie die negative bei den Tonmineralen durch isomorphen Ersatz von Zentralkationen, sondern durch Anlagerung eines zusätzlichen Protons an eine (Al, Fe) – OH-Gruppe der Oberfläche, d. h. an Positionen variabler Ladung (s. Kap. X 2 b). Die entstandene positive Ladung wird durch die Adsorption eines Anions (A^-) neutralisiert entsprechend

$$(Al, Fe)-OH]^{\pm 0} + H^+ + A^- \rightleftarrows (Al,Fe) - OH_2]^+ A^- \quad (1)$$

Diese durch rein elektrostatische Kräfte bedingte Adsorption des Anions, bei der äquivalente Mengen an H-Ionen mitadsorbiert werden, ist unspezifisch, denn an ihr nehmen die verschiedenen Anionen lediglich entsprechend ihrer Konzentration in der Gleichgewichtslösung und ihrer Wertigkeit teil. Die adsorbierten Anionen befinden sich wie die Kationen bei der Kationenadsorption in der elektrischen Doppelschicht und können wie diese gegen andere Anionen leicht ausgetauscht werden. Sie werden desorbiert, sobald das pH steigt, da hierdurch das absorbierte H-Ion desorbiert und so die positive Ladung beseitigt wird. Eine Adsorption erfolgt also nur unterhalb des Ladungsnullpunktes (s. Kap. X 2 b) des Adsorbens, d. h. im sauren Bereich.

Da der Ladungsnullpunkt (LNP) vieler Böden gemäßigter Klimate, in denen meist Dreischichtminerale vorherrschen und der Gehalt an Austauschern mit hohem LNP gering ist, im sehr stark sauren Bereich liegt, spielt die unspezifische Adsorption, also die von Cl^-, NO_3^- und meist auch die von SO_4^{2-} kaum eine Rolle. Dagegen können in allophanreichen (Andisole) und in kaolinitisch-oxidischen Böden (Oxi- und Ultisole) unterhalb pH 6 meßbare Mengen an diesen Anionen gebunden werden. Mit steigender Menge an organischer Substanz sinkt allerdings auch bei diesen Böden die Anionenadsorption, weil der Ladungsnullpunkt der Oxide durch Huminstoffe erniedrigt wird, so daß Anionen meist nur in Unterböden adsorbiert werden (vgl. Abb. 46). Die Kapazität solcher Böden für die unspezifische Anionenadsorption liegt bei natürlicher Konzentration der unspezifisch gebundenen Anionen nur im Bereich von ca. 1 – 30 mval/kg[1]. Bei reinen Oxiden des Fe und Al liegen diese Werte deutlich höher[1] (z. B. bei pH 3,5 in 0,01 M KNO_3-Lösung bei bis zu mehreren hundert mval/kg); sie steigt mit steigender Anionenkonzentration und sinkendem pH. Dies ist für die NO_3-Adsorption eines Andisols in Abb. 57 gezeigt.

b) Spezifische Adsorption

Die *spezifische* Adsorption beruht im Gegensatz zur unspezifischen auf einer spezifischen Wechselwirkung zwischen bestimmten Anio-

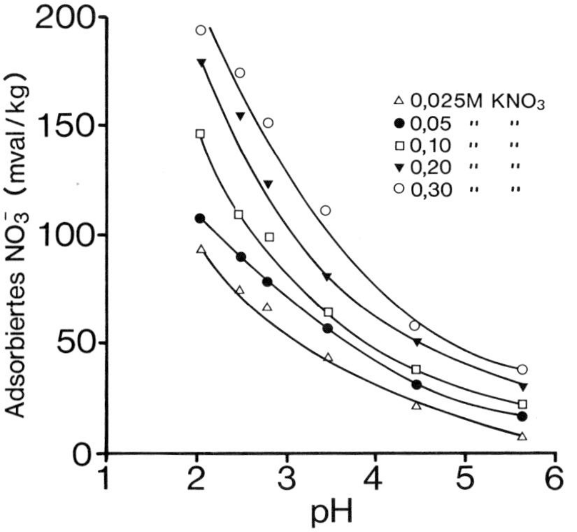

Abb. 57 Beziehung zwischen der Nitrat-Adsorption eines Andisols aus Chile und dem pH-Wert bei verschiedener KNO_3-Konzentration der Gleichgewichtslösung[5]

nen und Adsorbentien. Zu diesen gehören vor allem die Oxide des Al und Fe und einige Tonminerale, mit deren oberflächennahen Al- und Fe-Atomen die Anionen reagieren. Spezifisch adsorbiert werden Phosphat, Molybdat, Silicat, Arsenat, z. T. aber auch Sulfat und Borat. Die starke Affinität dieser Anionen zu den Al- und Fe-Atomen hat zur Folge, daß sie in die Koordinationshülle dieser Atome eindringen, OH- und OH_2-Liganden aus ihr verdrängen (*Ligandenaustausch*) und eine (Gl. 2) oder zwei (Gl. 3) Sauerstoffbrücken zu den Al- oder Fe-Atomen schlagen. Wenn, wie in der Reaktion (3), OH gegen das Anion ausgetauscht wird, so steigt das pH der Reaktionslösung an.

Anionen deutlich fester an der Oberfläche als die unspezifisch gebundenen und werden durch unspezifisch adsorbierte Anionen wie Cl^- und NO_3^- auch bei hoher Konzentration in der Lösung nicht verdrängt.

Im Gegensatz zur unspezifischen Anionenadsorption, die eine positiv geladene Oberfläche erfordert, ist die spezifische Adsorption hiervon nicht abhängig (s. z. B. Gl. 3), obwohl sie mit steigender negativer Ladung, d. h. mit steigendem pH meist abnimmt.

Die Adsorption von Phosphat hat zur Folge, daß die negative Ladung der Oberfläche steigt. Dies erschwert die Adsorption weiterer Anionen und erklärt, daß mit steigender P-Konzentration der Lösung *relativ* immer weniger Phosphat adsorbiert wird. Die negative Ladung entsteht durch Dissoziation des H-Ions einer P – OH-Gruppe (s. Gl. 2 und 3) und wird durch Adsorption eines Kations neutralisiert, so daß die Austauschkapazität für Kationen durch spezifische Adsorption von mehrwertigen Anionen ansteigt. Dies erniedrigt den LNP und ermöglicht besonders bei oxidreichen Böden (Oxisole) mit sehr niedriger KAK die Bindung von Nährstoffkationen.

Der sehr schnellen Hauptreaktion folgt bei der Anionenadsorption häufig eine langsame Restreaktion, die auch nach Wochen noch nicht abgeschlossen ist. Vermutlich diffundiert das Anion hierbei in das poröse Innere des Adsorbens und ist dann besonders schwer wieder in die Lösung überführbar, auch wenn deren Konzentration sehr stark gesenkt wird. Hierin liegt z. T. die Ursache für den allmählichen Verlust der Pflanzenverfügbarkeit, z. B. des Phosphats, in stark adsorbierenden Böden.

$$(Al, Fe){-}OH_2^+ + H_2PO_4^- \rightleftarrows (Al,Fe){-}O{-}PO(OH)_2 + H_2O \qquad (2)$$

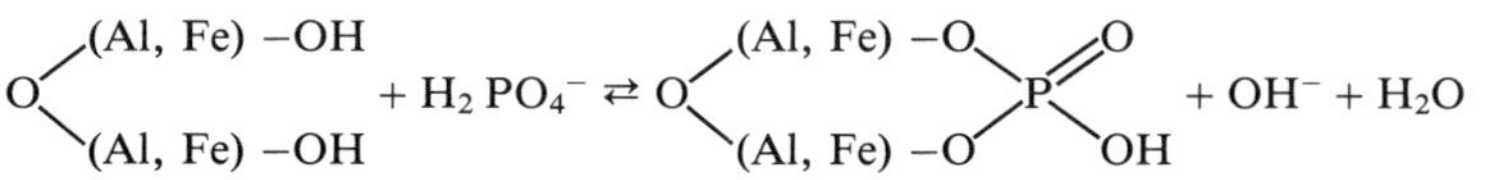

(3)

Bei den Fe-Oxiden reagiert das Phosphat bevorzugt mit einfach koordinierten, d. h. an ein Fe-Atom gebundenen OH-Gruppen, und zwar entsprechend Gleichung (3) mit je zwei solcher Gruppen. Beim Goethit (α-FeOOH) werden auf diese Weise maximal ein Phosphat pro 0,66 nm^2 oder ca. 2,5 μmol P/m^2 Oberfläche adsorbiert[4].

Durch das Eindringen in die Koordinationshülle des Metallatoms werden die Anionen Teil der Oberflächen und teilen dieser ihre Ladung mit. Daher haften die spezifisch adsorbierten

c) Adsorbentien und Adsorptionskapazität

Als Adsorbentien für beide Adsorptionstypen fungieren vor allem die Hydroxide und Oxide des Fe und Al und Tonminerale mit zahlreichen (Al, Fe) – OH und – OH_2-Gruppen an der Oberfläche, z. B. Allophan. Die Höhe der Adsorption steigt mit der Zahl solcher Gruppen, d. h. mit der Größe der Oberfläche, die der Teilchengröße entgegenläuft. Dementsprechend lassen sich die verschiedenen Sorbentien nach der Höhe der Anionenadsorption grup-

Tabelle 49 Relative Phosphatsorption verschiedener Sorbentien des Bodens (n. *Parfitt*[1]).

hoch	amorphe Al-Oxide Ferrihydrit Allophan
hoch – mittel	Goethit, Hämatit Al u. Fe an Huminstoffen
mittel	Imogolit
tief	Gibbsit, Calcit Schichtsilicate
keine	Opal, Quarz, Feldspäte u. a.

pieren, wie es in Tab. 49 für Phosphat erfolgt ist. Danach adsorbieren besonders allophan- und Fe-oxidreiche Böden größere Mengen an Phosphat. Bei den Fe-Oxiden ist das leicht extrahierbare Fe, z. B. mit Oxalat (~ Ferrihydrit) oder EDTA, besonders reaktiv. Löst man die gesamten pedogenen Fe-Oxide z. B. mit Dithionit heraus, so sinkt die Adsorption stark ab.

Von den Tonmineralen adsorbiert besonders Allophan größere Anionenmengen, weil er eine große Oberfläche und bei hoher variabler Ladung einen im Vergleich zu den anderen Tonmineralen hohen Ladungsnullpunkt hat (s. Abb. 45). Saure allophanreiche Böden wie z. B. Andisole adsorbieren daher unterhalb von pH 5 Cl^- und NO_3^- (Abb. 57), im ganzen pH-Bereich aber größere Mengen an Sulfat und besonders Phosphat. Kaolinite adsorbieren bei gleichem pH meist geringere Anionenmengen als die Oxide und Allophane, jedoch höhere als Illite und Smectite. Ihre P-Sorption steigt mit sinkender Kristallgröße, so daß sie in tropischen Böden, in denen die Kristalle häufig sehr klein und ihre spez. Oberfläche daher sehr hoch ($100-200\,m^2/g$) ist, deutlich zur P-Sorption beitragen können.

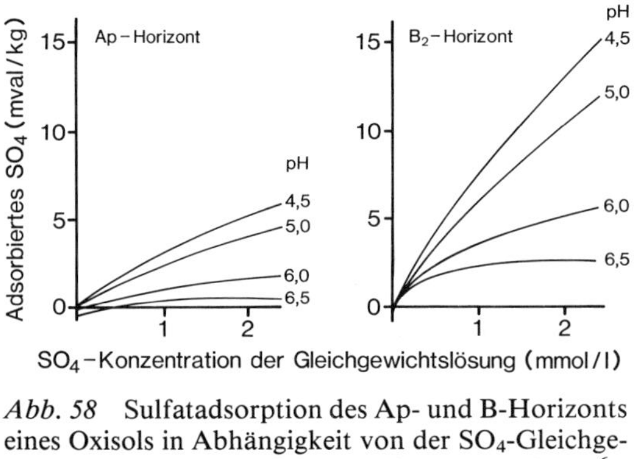

Abb. 58 Sulfatadsorption des Ap- und B-Horizonts eines Oxisols in Abhängigkeit von der SO_4-Gleichgewichtskonzentration bei verschiedenen pH-Werten[6]

Da die Huminstoffe stets negativ geladen sind, senken sie den LNP der Fe- und Al-Oxide, machen also die Oberflächen bei gleichem pH negativer und verringern damit die Anionenadsorption. Daher ist die SO_4-Adsorption, wie Abb. 58 zeigt, im Oberboden (Ap) geringer als im Unterboden (B_2). An den Huminstoffen werden vermutlich nur dann Anionen spezifisch adsorbiert, wenn an ihren funktionellen Gruppen Al oder Fe komplex gebunden ist. Das Anion wird dann in ähnlicher Weise durch Al und Fe adsorbiert wie bei den anorganischen Sorbentien.

Eine Anionenaustauschkapazität (AAK) analog zu derjenigen der Kationen wird meistens nur für unspezifisch adsorbierte Anionen verwendet. Noch stärker als bei den Kationen ist die AAK von der Konzentration und dem pH-Wert der Austauschlösung abhängig, da die Anionenadsorption ausschließlich an Plätzen variabler Ladung erfolgt. Auch in kaolinit- und oxidreichen tropischen Böden liegt die AAK für unspezifisch adsorbierte Anionen meist nur bei einigen mval/kg. Bei spezifisch adsorbierten Anionen ist die Adsorptionsmenge stark vom Anion abhängig und muß daher für jedes Anion getrennt bestimmt werden. Beim Phosphat wird dies häufig bei einer bestimmten Gleichgewichts- und Elektrolytkonzentration (z. B. 10^{-3} M $CaCl_2$) oder bei einer bestimmten P-Zugabe zum Boden gemacht, wenn man die Sorptionskapazität verschiedener Böden miteinander vergleichen will. Ein vollständiges Bild erhält man aus den Parametern von Sorptionsisothermen oder Phosphat-Pufferkurven. Bei Anionen, die in Böden schwerlösliche Salze bilden, wie z. B. Phosphat, ist es allerdings häufig nicht möglich, die Adsorption von der Fällung solcher Salze zu unterscheiden.

2. Faktoren der Anionenadsorption

a) Konzentration der Gleichgewichtslösung

Wie bei den Kationen steigt die Adsorption eines Anions mit steigender Konzentration in der Gleichgewichtslösung nicht-linear an. Gleichzeitig nimmt jedoch die relative Adsorption ab, da sich die Oberfläche mehr und mehr sättigt (Abb. 58). Die mathematische Beschreibung dieser Beziehung erfolgt meist mit Hilfe der Adsorptionsisothermen nach *Freundlich*

$$x/m = kc^{1/n} \quad (4)$$

oder nach *Langmuir*

$$\frac{x}{m} = \frac{kbc}{1 + kc}, \quad (5)$$

die sich beide für praktische Zwecke bewährt haben. In diesen Gleichungen sind x/m die je Gewichtseinheit des Adsorbens adsorbierte Stoffmenge bei der Gleichgewichtskonzentration c, b die maximale Adsorption und k und n Konstanten. Die Langmuir-Isotherme enthält also im Gegensatz zu der nach *Freundlich* einen errechenbaren Wert für ein Adsorptionsmaximum (b). Wenn sich aus der Anwendbarkeit solcher Gleichungen auch wenig über den Mechanismus der Adsorption ableiten läßt, so sind sie doch gut dazu geeignet, das Adsorptionsverhalten verschiedener Böden miteinander zu vergleichen und die Wirkung zahlreicher Maßnahmen und Prozesse wie Düngung, Kalkung und Pflanzenentzug auf die Anionenadsorption zu beschreiben.

Neuere Gleichungen verwenden das Modell des Ligandenaustausches in Form von Dissoziations- und Komplexierungskonstanten der funktionellen Gruppen und der Anionen mit diesen. Sie berücksichtigen außerdem die Ladung der Oberfläche und des Anions, die bei polyvalenten Anionen mit dem pH-Wert steigt. Sie sind daher in der Lage, auch die Wirkung des pH auf die Adsorption zu beschreiben[2, 3].

b) Art der Anionen

Unter den verschiedenen Anionen werden Chlorid, Nitrat und z. T. auch Sulfat (HSO_4^- wird vermutlich spezifisch adsorbiert) unspezifisch und daher relativ locker gebunden. Phosphat, Molybdat, Silicat und Arsenat, vermutlich auch Borat und eine Reihe von organischen Anionen werden dagegen spezifisch adsorbiert und daher in größerer Menge und mit höherer Festigkeit als die unspezifisch adsorbierten. Im allgemeinen zeigt die Bindungsfestigkeit und damit das Ausmaß der Adsorption unter sonst gleichen Bedingungen etwa die Reihenfolge: Phosphat = Arsenat > Silicat > Molybdat >> Sulfat > Chlorid = Nitrat. Da die Form des Anions, d. h. sein Protonierungsgrad, stark vom pH-Wert abhängig ist, ist es auch diese Reihenfolge.

Entsprechend dieser Reihe konkurrieren die Anionen miteinander. Die Phosphatadsorption wird durch Silicationen und durch einfache organische Anionen (Citrat, Oxalat) und durch Fulvosäuren, die Molybdatsorption durch Phosphat verringert. Die Zugabe von Silicat kann daher in stark-phosphatadsorbierenden Böden die P-Verfügbarkeit für die Pflanze erhöhen, allerdings vermutlich nur im neutralen Bereich.

c) pH-Wert

Aus Gleichung (1) (S. 108) folgt, daß die unspezifische Adsorption der Anionen mit steigender H-Konzentration, d. h. mit sinkendem pH-Wert zunimmt, da hierbei zunehmend positive Ladungsstellen durch Protonierung der Oberfläche entstehen. Chlorid (s. Abb. 45, 46 und 59) und Nitrat (Abb. 57) werden daher unterhalb des Ladungsnullpunktes mit sinkendem pH in steigendem Maße adsorbiert.

Das gleiche gilt im Prinzip auch für die spezifisch adsorbierten Anionen (Abb. 58 und 59) wie Phosphat, Arsenat, Molybdat u. a. Wie erwähnt, werden diese Anionen jedoch auch noch bei negativer Nettoladung der Oberfläche, d. h. oberhalb des Ladungsnullpunktes gebunden. Auch hier läßt sich die Abnahme der Adsorption mit steigendem pH durch eine Abnahme der positiven Ladung der Oberfläche und eine zunehmende negative Ladung der polyvalenten Anionen (z. B. $H_2PO_4^-$ + OH →

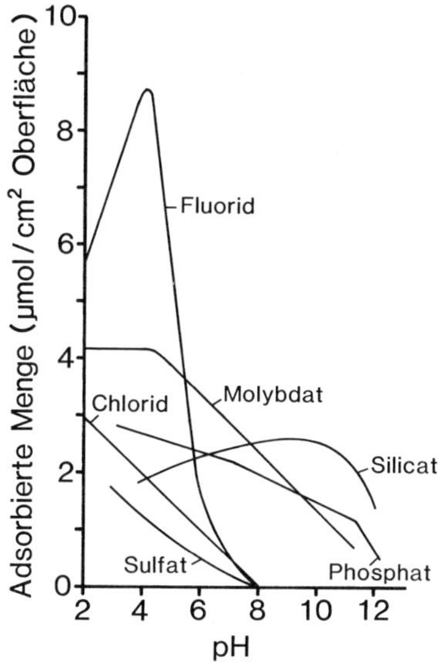

Abb. 59 Adsorption verschiedener Anionen durch Goethit (FeOOH) in Abhängigkeit vom pH[7]

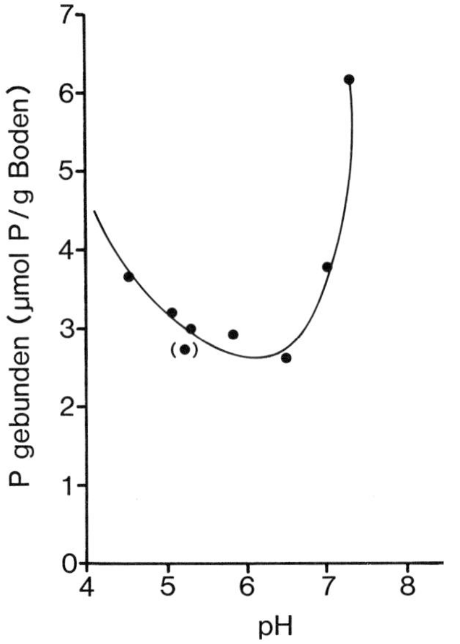

Abb. 60 Phosphatadsorption eines Lößbodens, dessen pH (5,2) durch Zugabe von HCl oder $Ca(OH)_2$ erniedrigt bzw. erhöht wurde [Konz. der P-Gleichgewichtslösung 0,2 mmol/l; (●) = ursprünglicher Boden] (*Schwertmann, U. & H. Amann*, unveröff.)

HPO_4^{2-} + H_2O), aber auch durch eine zunehmende Konkurrenz der OH-Ionen erklären, die das Anion in Umkehrung der Reaktion (3) ersetzen können.

Diese Zusammenhänge sind vor allem an reinen Sorbentien wie z. B. Goethit (FeOOH) und Gibbsit [$Al(OH)_3$] ermittelt worden. Abb. 59 zeigt als Beispiel die Anionenadsorption durch Goethit. Es wird daraus ersichtlich, daß die adsorbierte Menge bei den spezifisch adsorbierten Anionen Phosphat, Molybdat, Silicat und Fluorid höher ist als bei Cl^- und SO_4^{2-} und im Gegensatz zu diesen auch oberhalb des Ladungsnullpunktes (pH $\approx$ 8) noch bedeutsam ist. Stets nimmt die adsorbierte Menge jedoch mit steigendem pH ab. Die pH-Werte der beiden Knicke in der Kurve für Phosphat entsprechen den pK_2- und pK_3-Werten der Phosphorsäure, an denen die nächst höher geladene Anionenform zu dominieren beginnt. Die Silicatadsorption nimmt bei pH < 9 wieder ab, weil dann ein immer größerer Anteil der Kieselsäure als neutrales Molekül H_4SiO_4 vorliegt (pK_1 = 9 – 10) und dieses wesentlich schwächer adsorbiert wird als das $H_3SiO_4^-$-Anion. Ähnlich wie Silicat verhält sich auch Borat, das sein Adsorptionsmaximum bei etwa pH 9 hat und hier als $B(OH)_4^-$-Anion vorliegt. Die pH-Abhängigkeit der Adsorption der spezifisch adsorbierten Anionen ändert sich also bei den pK-Werten der dazugehörigen Säure besonders stark.

Auch bei Böden nimmt die Anionenadsorption meist unterhalb pH 7 zu. Die Phosphatbindung kann jedoch im schwach alkalischen Bereich wieder zunehmen (Abb. 60), und zwar vermutlich wegen der Bildung schwerlöslicher Ca-Phosphate, die durch eine hohe Ca-Konzentration in diesem pH-Bereich gefördert wird. Dieses Ergebnis stimmt mit langjährigen Kalkungsversuchen überein.

Bei Böden mit Dreischichttonmineralen fördert offenbar auch das austauschbare Ca die Phosphatbindung, denn der Ersatz von Ca z. B. durch K vermag meßbare P-Mengen in Lösung zu bringen. Dieser Befund wird so gedeutet, daß das festhaftende Ca die negative Ladung der Tonmineralbasisflächen besser abschirmt als ein einwertiges Kation und daher die Adsorption von Phosphat an den Seitenflächen erleichtert[8].

Literatur

1 *Parfitt, R. L.* (1978): Adv. Agron. *30*, 1. s. a. In: *Theng, B.* (Ed.), Soils with variable charge. NZ Soil Sci. Soc. 1980.

2 *Barrow, N. J.* (1985): Adv. Agron. *38*, 183 – 230.

3 *Uehara, G. & G. Gilman* (1981): The mineralogy, chemistry, and physics of tropical soils with variable charge clays. Westview Press, Boulder (Col.).

4 *Goldberg, S. & G. Sposito* (1984): Soil Sci. Soc. Am. J. *48*, 772 – 783.

5 *Espizoza, W., R. G. Gast & R. S. Adams* (1975): Soil Sci. Soc. Am. Proc. *39*, 842 – 846.

6 *Couto, W., D. J. Lathwell & D. R. Bouldin* (1979): Soil Sci. *127*, 108 – 116.

7 *Hingston, F. J., M. Posner & J. P. Quirk* (1972): J. Soil Sci. *23*, 177 – 192.

8 *Nätscher, L. & U. Schwertmann* (1987): Z. Pflanzenernähr. Bodenk. *150*, 42 – 46.

XII. Bodenacidität[1-3]

Die Bodenacidität beeinflußt die chemischen, physikalischen und biologischen Bodeneigenschaften und das Pflanzenwachstum direkt oder indirekt. Sie wirkt sich z. B. auf die Verfügbarkeit von Nährstoffen, die Nitrifikation und das Auftreten toxisch und antagonistisch wirkender Al- und Schwermetallionen, auf das Bodengefüge und damit auch den Wasser- und Lufthaushalt und auf die Lebensbedingungen der Bodenorganismen aus.

1. Wesen der Bodenacidität

Die Bodenacidität beruht auf dem Gehalt der Böden an dissoziationsfähigem Wasserstoff und an austauschbaren Al-Ionen. Von ersteren gehen H-Ionen durch Dissoziation, von letzteren durch Hydrolyse in die Bodenlösung über, die hierdurch sauer wird. In der wäßrigen Bodenlösung liegen die H-Ionen in hydratisierter Form als H_3O^+(*Hydronium*)-Ionen vor und nicht in nackter Form (= *Protonen*). Der Einfachheit halber werden die H_3O^+-Ionen ebenfalls als H-Ionen bezeichnet und in Reaktionsgleichungen meist als H^+ ausgedrückt.

a) Dissoziation funktioneller Säuregruppen

Der dissoziationsfähige Wasserstoff ist an Gruppen variabler d. h. pH-abhängiger Ladungen (s. Kap. X 2 b) gebunden, die auch funktionelle Säuregruppen genannt werden. An organischen Substanzen sind dies Carboxyl-(COOH)-Gruppen und phenolische OH-, Enol- und möglicherweise andere alkoholische Gruppen sowie Aminogruppen. An der Oberfläche von Tonmineralen und Oxiden können H-Ionen von (Al, Fe)OH- und (Al, Fe)OH_2-Gruppen abdissoziieren (Kap. X 2 c, d). Hierzu gehören auch die Al-Hydroxo-Polymere z. B. im Zwischenschichtraum der sekundären Chlorite (s. Kap. IV 2 b 4). Außerdem können Wasserstoffionen an permanenten Ladungen der Tonminerale gebunden werden.

Das Ausmaß, in dem H-Ionen von diesen Säuregruppen dissoziieren, steigt mit steigendem pH-Wert der Bodenlösung. Bei gleichem pH-Wert ist es um so höher, je höher die Säurestärke der Gruppe. Die Säurestärke wird meist als negativer Logarithmus der Dissoziationskonstanten der Säure K_s angegeben (pK_s). Ein pK_s-Wert von 4,7 besagt z. B., daß die Säure (-gruppe) bei pH 4,7 zu 50 % dissoziiert ist, d. h. die Konzentration der undissoziierten Säure (HA) ist gleich der der dissoziierten (A^-) [(HA) = (A^-)]. Die pK_s-Werte der Säuregruppen an Huminstoffen variieren stark und die der COOH-Gruppen reichen bis in den stark sauren Bereich hinein (pK_s ca. 3 – 8). Wegen ihrer geringen Haftfestigkeit reagieren auch die an permanenten Ladungen der Tonminerale gebundenen H-Ionen stark sauer. Daher setzen sie sich relativ schnell mit den Tonmineralen um (Silicatpufferung) und treten so, wenn überhaupt, nur sehr kurzfristig auf. Demgegenüber sind die phenolischen OH-Gruppen sowie die Al – OH- und Si – OH-Gruppen der Tonminerale schwach bis sehr schwach sauer (pK_s > 6).

b) Hydrolyse von Al- und Fe-Ionen

Eine zweite Quelle dissoziationsfähiger Wasserstoffionen sind die austauschbaren Al-Ionen, die durch Kationenaustausch in die Bodenlösung übergeführt werden können.

In der wäßrigen Bodenlösung (aber auch bereits im austauschbaren Zustand) ist das Al^{3+}-Ion von 6 H_2O-Molekülen umgeben (hydratisiert), deren Sauerstoff von dem sehr kleinen und hochgeladenen Al so stark polarisiert wird, daß Wasserstoffionen hydrolytisch abdissoziieren und die Ladung des Al-Kations entsprechend sinkt:

$$[Al(OH_2)_6]^{3+} + H_2O \underset{\text{Protonierung}}{\overset{\text{Deprotonierung (Hydrolyse)}}{\rightleftharpoons}} [Al(OH_2)_5OH]^{2+} + H_3O^+ \quad (1)$$

Das Al-Kation reagiert also sauer und wird daher als Kationensäure bezeichnet. Seine Säurestärke ist mittel (pK_s = 4,9) und annähernd gleich derjenigen der Essigsäure (pK_s = 4,76).

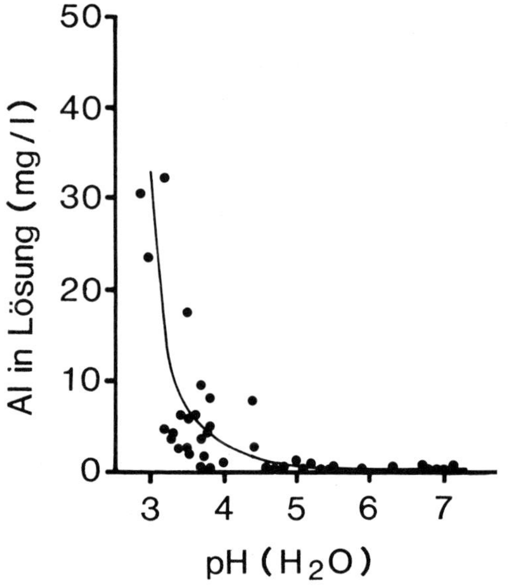

Abb. 61 Beziehung zwischen pH und Al-Gehalt im Sättigungsextrakt von Böden aus Löß (*Schachtschabel, P. & C. G. Heinemann*, unveröff.)

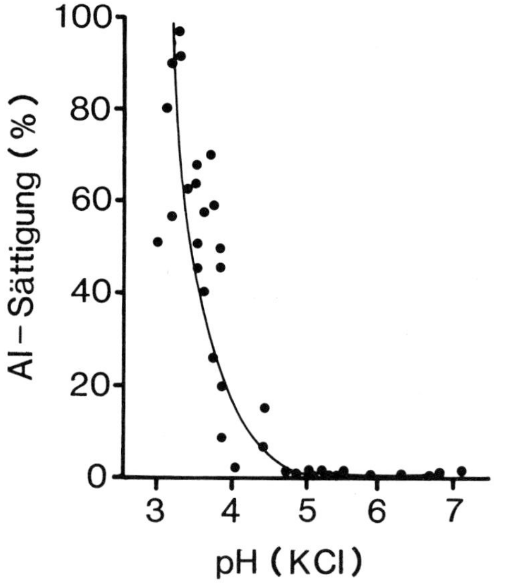

Abb. 62 Beziehung zwischen pH(M KCl) und Al-Sättigung von Böden aus Löß, bezogen auf die effektive Austauschkapazität (*Schachtschabel, P. & C. G. Heinemann*, unveröff.)

Als $[Al(OH_2)_6]^{3+}$ ist das Al voll protoniert und wird mit steigendem pH immer stärker deprotoniert (s. a. Gl. 20).

Al-Ionen treten in der Bodenlösung in meßbarer Menge daher erst unterhalb pH 5,0 auf (Abb. 61). Al liegt bei pH < 5 vorwiegend als $[Al(OH_2)_6]^{3+}$-Ion vor, während die deprotonierten (hydrolysierten) Formen des Al oberhalb dieses pH-Wertes zu Al-Hydroxid polymerisieren, das dann ausfällt. Die Al-Zunahme mit abnehmendem pH-Wert geht, wie Abb. 62 zeigt, mit einer Zunahme des Al-Anteils am Kationenbelag (Al-Sättigung) der Böden einher. Auch das austauschbare Al ist wie das der Bodenlösung vorwiegend dreiwertig, d. h. voll protoniert. Die Al-Konzentration der Bodenlösung wird erhöht, wenn dem Boden nicht-puffernde Salze (Chloride, Sulfate, Nitrate) zugefügt werden, weil hierdurch Al-Ionen ausgetauscht werden.

Ähnlich wie Al-Ionen reagieren auch *Fe^{3+}-Ionen*; jedoch ist deren Säurestärke um nahezu 3 Zehnerpotenzen größer ($pK_s = 2{,}2$). Sie treten daher erst im sehr stark sauren Bereich in der Bodenlösung auf. So beträgt die Fe^{3+}-Konzentration im Gleichgewicht mit dem relativ leicht löslichen Ferrihydrit (Löslichkeitsprodukt $\approx 10^{-39}$) bei pH 3 erst $\approx 1\,\mu$mol/l. Dagegen findet man besonders in humusreichen Horizonten und im sauren Bereich meßbare Konzentrationen an Fe^{2+}- und Mn^{2+}-Ionen, die jedoch nicht hydrolysieren (pK_s 9,5 bzw. 10,6) und daher nicht zur Acidität beitragen.

2. H-Ionen-Quellen

H-Ionen gelangen in die Böden oder entstehen in ihnen auf folgende Weisen[3]:

a) Bildung von Kohlensäure und organischen Säuren bei der mikrobiellen Oxidation von Biomasse und bei der Wurzelatmung

Das hierbei freigesetzte CO_2 reagiert mit dem Bodenwasser oberhalb pH 5 – 5.5 zu Kohlensäure. Die CO_2-Löslichkeit und damit auch die Kohlensäure-Konzentration im Wasser steigt mit zunehmendem CO_2-Partialdruck und sinkt ebenso wie die Dissoziation der Kohlensäure mit abnehmendem pH-Wert. Der CO_2-Partialdruck der Bodenluft in durchlebten Bodenräumen beträgt meist 0,2 – 0,7 kPa. Demgegenüber ist die Menge der Kohlensäure aus dem Regenwasser zu vernachlässigen, denn der CO_2-Partialdruck der Atmosphäre liegt nur bei 0,032 kPa (= 0,032 Vol.-%). Die Menge des auf diese Weise jährlich gebildeten CO_2 beträgt ca. 10 kmol/ha. Da das CO_2 nur oberhalb pH

≈ 5 Kohlensäure bildet, sind deren H-Ionen bei den meisten landwirtschaftlich genutzten Böden von erheblich größerer Bedeutung für die Versauerung und die Kationenauswaschung als bei den häufig stärker sauren, forstlich genutzten Böden.

Als Zwischenprodukte können beim Abbau der Biomasse einfache organische Säuren wie Citronensäure, Oxalsäure u. a. gebildet werden. Ob diese Säuren den pH-Wert senken oder anheben, hängt von ihrer Säurestärke in bezug zum pH-Wert des Bodens ab. Ist der pH-Wert höher als pK_s der Säure, so wird der pH-Wert sinken, ist er tiefer, so wird er steigen[3a]. In nicht zu sauren Böden spielen die niedermolekularen Säuren aber vermutlich kaum eine Rolle für die Versauerung, weil sie sehr schnell mikrobiell abgebaut werden. Beim Abbau N- und S-haltiger organischer Substanzen werden N und S freigesetzt (z. B. $R-NH_2 + H_2O \rightarrow R-OH + NH_3$), und es entstehen durch deren Oxidation starke Säuren, nämlich HNO_3 und H_2SO_4. In P-haltigen organischen Substanzen liegt der Phosphor dagegen bereits als Orthophosphat, d. h. oxidiert vor, so daß bei deren Abbau keine Säure entsteht. Organische Säuren (Fulvo- und Huminsäuren) (Kap. VII, 3 c) bilden sich auch im Zuge der Huminstoffsynthese.

b) Abgabe von H-Ionen durch die Wurzel bei der Kationenaufnahme

Für die aufgenommenen Metallkationen scheidet die Wurzel äquivalente Mengen H-Ionen, für die aufgenommenen Anionen äquivalente Mengen OH- und/oder HCO_3-Ionen aus. Werden also gleich viel Kationen und Anionen aufgenommen, so verändert sich der pH-Wert nicht, da H- mit OH- oder mit HCO_3-Ionen zu Wasser bzw. $CO_2 + H_2O$ reagieren. Werden dagegen mehr Kationen als Anionen aufgenommen (z. B. bei vorwiegender NH_4-Ernährung), so bilden sich dem Kationenüberschuß entsprechende H-Ionenmengen, die den Boden versauern können. Die Pflanze kompensiert jedoch, wiederum aus Gründen der Elektroneutralität, das Mehr an Kationen durch interne Bildung von Anionen schwacher organischer Säuren. Da diese Anionen H-Ionen binden können ($COO^- + H^+ \rightarrow COOH$) und in natürlichen Systemen über die Streu in den Boden zurückkehren, ist auch jetzt die H-Ionenbilanz ausgeglichen. Erst wenn Biomasse in Form von Erntegut den Boden verläßt, tritt hier ein Basenverlust auf, dem ein äquivalenter Säureüberschuß im Boden entspricht. Hinzu kommt, daß Kationenaufnahme und Basenrückfuhr im Boden räumlich und zeitlich entkoppelt sein können und daher deutliche pH-Unterschiede in Zeit und Raum entstehen.

Die jährliche Menge an H-Ionen, die durch die Mehraufnahme von Kationen gegenüber Anionen entsteht, wird auf ca. 1 – 10 kmol/ha geschätzt.

c) Eintrag saurer Niederschläge

Ihre pH-Werte liegen in der BRD im Jahresmittel bei 4,3. Sie enthalten vor allem Schwefelsäure und Salpetersäure (Kap. XXII, 4 a). In Mitteleuropa beträgt diese H-Ionen-Zufuhr je nach Lage und Vegetationsform pro Jahr zwischen 0,8 und 7 kmol/ha[2]. Besonders hohe Einträge findet man unter Fichte, da diese die Säuren aus der Luft besonders wirksam herausfiltriert (Interzeption).

Durch den verstärkten Säureeintrag aus der Atmosphäre ist der pH-Wert in vielen Waldböden Nord- und Mitteleuropas in den letzten 3 – 6 Jahrzehnten um bis zu ca. eine pH-Einheit gesunken[4]. Auf einem natürlichen Standort in England sank der pH-Wert von 1883 – 1983, von 7,1 im gesamten Bodenprofil auf 4,2 in 0 – 23 cm, auf 4,7 in 23 – 46 cm und auf 5,8 in 46 – 69 cm[5].

d) Oxidation von NH_4 und NH_3 aus Düngern und aus der Atmosphäre

Diese Oxidation erfolgt mikrobiell (s. Kap. XX, 11 e). Dabei laufen folgende Reaktionen ab:

$$NH_4^+ + 2O_2 \rightarrow NO_3^- + 2H^+ + H_2O \quad (2)$$
$$NH_3 + 2O_2 \rightarrow NO_3^- + H^+ + H_2O \quad (3)$$

Wird das NO_3^- ausgewaschen, so trägt das H-Ion zur Bodenacidität bei. Wird das NO_3^- dagegen von der Pflanze aufgenommen, so wird hierfür (wegen der Elektroneutralität) eine Base (OH^-, HCO_3^-) abgegeben, und das gebildete H-Ion wird neutralisiert. Es taucht daher in der Protonenbilanz des Gesamtbodenprofils nicht auf. Die Oxidation von NH_3 wirkt dann nicht versauernd. Bei der Oxidation von NH_4 werden dagegen doppelt so viele H-Ionen gebildet, von denen nur die Hälfte durch NO_3-Aufnahme neutralisiert werden kann. Daher wirken NH_4-Dünger versauernd auf Böden, falls die H-Ionen nicht anderweitig neutralisiert werden. Die durch N-Eintrag bedingten jährlichen H-Ionenmengen betragen in Mittel- und Westeuropa ca. 1 – 3 kmol/ha, können jedoch in Gebieten mit starker Gülleproduktion bis 7 kmol ansteigen[6].

e) Oxidation von löslichen Fe^{2+}- und Mn^{2+}-Ionen und von Fe-Sulfiden

Wie Gleichung 4 a zeigt, werden bei der Oxidation von Fe^{2+} zu Fe^{3+} H-Ionen verbraucht. Da das gebildete Fe^{3+}-Ion jedoch im pH-Bereich der Böden, d. h. bei pH > 3 nicht beständig ist, sondern sofort hydrolysiert (Gl. 4 b), werden für die Bruttoreaktion der Oxidation (Gl. 4 c) H-Ionen gebildet.

$$Fe^{2+} + \tfrac{1}{4}O_2 + H^+ \rightarrow Fe^{3+} + \tfrac{1}{2}H_2O \qquad (4\,a)$$
$$Fe^{3+} + 2H_2O \rightarrow FeOOH + 3H^+ \qquad (4\,b)$$
$$Fe^{2+} + \tfrac{1}{4}O_2 + \tfrac{3}{2}H_2O \rightarrow FeOOH + 2H^+ \qquad (4\,c]$$

Analoges gilt für Mn^{2+}-Ionen, die durch Oxidation und Hydrolyse zu MnO_2 umgesetzt werden.

Eisensulfide kommen als FeS_2 (Pyrit) und als FeS vor. Wird sowohl das Fe(II) als auch das Sulfid oxidiert, so entstehen bei der Oxidation von FeS_2 4 H-Ionen (Gl. 5) und von FeS zwei H-Ionen (Gl. 6):

$$FeS_2 + 3\tfrac{3}{4}O_2 + 2\tfrac{1}{2}H_2O \rightarrow FeOOH + 2H_2SO_4 \qquad (5)$$
$$FeS + 2\tfrac{1}{4}O_2 + 1\tfrac{1}{2}H_2O \rightarrow FeOOH + H_2SO_4 \qquad (6)$$

Kommen daher Fe-sulfidhaltige Böden mit Luftsauerstoff in Berührung, so werden sie stark versauern (acid sulphate soils). Dasselbe gilt für pyrithaltige Abraummassen (Haldenvergiftung), die daher durch Abdeckung vor Luftzutritt zu schützen sind.

3. Puffersubstanzen und -reaktionen

Da in humiden Klimaten die Menge an H-Ionen, die die Böden im Laufe ihrer Entwicklung erhalten, größer ist als diejenige, die von ihnen neutralisiert werden können, nimmt ihr pH-Wert allmählich ab. Dies hat zur Folge, daß sowohl die Kapazität der Böden, Säuren zu neutralisieren als auch der pH-Wert allmählich abnehmen; es kommt zur *Versauerung*. Die Versauerungsgeschwindigkeit hängt außer vom H-Ionen-Anfall vor allem vom Versauerungswiderstand des Bodens ab, der sich in der Säureneutralisationskapazität (SNK, s. Kap. XII 4) quantifizieren läßt. Der Versauerungswiderstand beruht auf einer Reihe von chemischen Reaktionen, bei denen die H-Ionen reversibel oder irreversibel in eine undissoziierte Form übergeführt werden: Sie werden abgepuffert. Diese Pufferung wird durch feste oder gelöste Substanzen, sog. Puffersubstanzen[7] bewirkt, an denen die Pufferreaktionen ablaufen (Puffersysteme). SNK und pH nehmen daher nicht mit gleicher Rate ab: Bei gleichem H-Ionenanfall nimmt der pH-Wert um so langsamer ab, je besser ein Boden gepuffert ist. Um so stärker nimmt aber die SNK ab.

Die Puffersysteme der Böden sind nach Art, Menge und Reaktionsrate sehr verschieden. Ihre Puffereigenart läßt sich durch die Säurestärke ihrer protonierten funktionellen Säuregruppen kennzeichnen (pK_s-Werte). Sie bestimmt, in welchem pH-Bereich des Bodens die jeweiligen Pufferreaktionen ablaufen: Je schwächer sauer die protonierte Gruppe ist, d. h. je stärker das Proton gebunden wird, bei desto höherem pH ist das System wirksam. *B. Ulrich*[8] ordnet diesen Reaktionen daher bestimmte pH-Werte der Pufferung (Pufferbereiche) zu, denen er überdies spezifische ökologische Funktionen zuschreibt.

a) Pufferung durch Carbonate

In einem carbonathaltigen Boden werden H-Ionen nach folgender Reaktion abgepuffert:

$$CaCO_3 + H^+ \rightleftarrows Ca^{2+} + HCO_3^- \qquad (7)$$

Die H-Ionen reagieren also mit dem CO_3-Anion des Carbonats unter Bildung des HCO_3^- (Hydrogencarbonat)-Anions. Für den häufigen Fall, daß die H-Ionen aus der Kohlensäure stammen:

$$CO_2 + H_2O \rightleftarrows H_2CO_3 \rightleftarrows H^+ + HCO_3^- \qquad (8)$$

lautet die Reaktion vereinfacht:

$$CaCO_3 + CO_2 + H_2O \rightleftarrows Ca^{2+} + 2HCO_3^- \qquad (9)$$

Der pH-Wert, der sich im Boden einstellt, solange $CaCO_3$ (Calcit) anwesend ist, wird daher nur von der (konstanten) Löslichkeit des Calcits und dem CO_2-Partialdruck bestimmt (Kap. XII 5 b).

Wird ein stärker saurer Boden gekalkt, wie es z. B. derzeitig bei sauren forstlich genutzten Böden geschieht, so reagiert das $CaCO_3$ bis zum CO_2; es werden also zwei Mol H-Ionen pro Mol $CaCO_3$ abgepuffert:

$$CaCO_3 + 2H^+ \rightarrow Ca^{2+} + CO_2 + H_2O \quad (10)$$

Dabei wird auch das HCO_3^--Anion protoniert:

$$HCO_3^- + H^+ \rightarrow CO_2 + H_2O \quad (11)$$

Diese Reaktion ist je nach dem CO_2-Partialdruck etwa bei pH 5 vollständig nach rechts verlaufen und nicht umkehrbar, weil CO_2 gasförmig entweicht. Unterhalb pH 5 ist demnach die HCO_3-Konzentration nur noch sehr gering.

Da der pH-Wert in $CaCO_3$-haltigen Böden meist nicht unter ca. pH 7 sinkt (s. Gl. 21) bevor nicht alles $CaCO_3$ aufgelöst worden ist, muß man folgern, daß die Geschwindigkeit, mit der das $CaCO_3$ mit den H-Ionen reagiert ausreicht, um den gesamten H-Ionen-Anfall zu neutralisieren; das Gleichgewicht wird also meistens erreicht. Erst wenn nur noch gröbere Kalksteinreste vorliegen, kann der pH-Wert niedriger sein als es dem Gleichgewicht entspricht, weil die reaktive Oberfläche nur noch sehr klein und das Carbonat unregelmäßig verteilt ist.

b) Pufferung an variablen Ladungen

Diese Pufferung besteht im ersten Schritt in der Protonierung kationenbesetzter, schwach saurer Austauschpositionen an *variablen (pH-abhängigen) Ladungen* von Huminstoffen (COOH-Gruppen) und anorganischen Austauschern (Tonmineralen und Oxiden) (s. Kap. X 2 c – e). Sie sind im Neutralbereich mit Ca^{2+} und anderen Kationen besetzt und binden H-Ionen nach dem Schema:

$$-(COO)_2Ca + 2H^+ \rightleftarrows -(COOH)_2 + Ca^{2+} \quad (12)$$

$$-(AlOH)_2Ca + 2H^+ \rightleftarrows -(AlOH_2)_2 + Ca^{2+} \quad (13)$$

Da die Säurestärke der Säuregruppen an den Huminstoffen in weitem Bereich variiert, erstreckt sich ihre Protonierung auf einen entsprechend weiten pH-Bereich von 8 – 3 (s. Abb. 53, S. 104), während die funktionellen Gruppen der Tonminerale und Oxide, wie aus Abb. 45 (S. 93) und 46 (S. 93) hervorgeht, hauptsächlich zwischen pH 8 und 5,5 protoniert werden.

Wegen ihres schwach sauren Charakters können die anorganischen Gruppen unterhalb ihres Ladungsnullpunkts ein weiteres H-Ion anlagern und sind dann positiv geladen (s. Kap. X 2 b). Aus diesem Grund ist mit der H-Anlagerung die Adsorption äquivalenter Mengen von Anionen verbunden (s. Kap. XI 1 a) und nicht wie bei der Anlagerung des ersten H-Ion die Desorption von Kationen. Dieser Vorgang findet z. B. in sauren Waldböden bei Schwefelsäurezufuhr statt. Dabei wird sowohl das H-Ion als auch das SO_4-Anion adsorbiert, z. B. durch Fe- und Al-Oxide

$$-Fe{-}OH + H^+ + \tfrac{1}{2}SO_4^{2-} \rightarrow -Fe{-}OH_2(SO_4)_{1/2} \quad (14)$$

Falls das Sulfat jedoch spezifisch, d. h. durch Ligandenaustausch adsorbiert wird, so kann hierbei OH^- frei werden, das ebenfalls ein H-Ion neutralisiert:

$$-Fe{-}OH + SO_4^{2-} + H^+ \rightarrow -Fe{-}SO_4^- + H_2O \quad (15)$$

Das Sulfat reichert sich hierdurch vor allem in Unterböden an und kann sowohl bei weiterer Versauerung als auch bei pH-Erhöhung desorbiert werden.

Die Pufferreaktionen an variablen Ladungen verlaufen schnell und sind praktisch voll reversibel. Böden, die reich sind an Huminstoffen, Allophanen und Oxiden, verdanken einen wesentlichen Teil ihrer Pufferfähigkeit deren funktionellen Gruppen. Die Pufferkapazität der Huminstoffe ist häufig so hoch, daß die Pufferkapazität der Böden im pH-Bereich zwischen 5 und 7 mit deren Kohlenstoffgehalt eng korreliert ist.

c) Pufferung durch Silicate

Die Pufferung durch Silicate besteht in der Protonierung der Si – O – M-Gruppen. Dabei bilden sich Silanol (Si – OH)-Gruppen, und Metallkationen werden aus silicatischer Bindung freigesetzt z. B. (M = Metallkationen, z. B. K^+, Mg^{2+}, Ca^{2+}, Fe^{2+}):

$$-Si{-}O{-}M{-}O{-}Si- + 2H^+ \rightarrow -(SiOH)_2 + M^{2+} \quad (16)$$

Die Kationen werden in austauschbare Form oder in die Bodenlösung überführt. Die Freisetzung von Alkali- und Erdalkaliionen beginnt bereits im schwach alkalischen Bereich. Ihre Rate und damit die der Pufferung nimmt mit abnehmendem pH zu.

Um nicht nur die – Si – O – M-Bindungen zu sprengen, sondern auch die – Si – O – Al – O – Si-Bindungen und dabei lösliche Al-Ionen zu produzieren, bedarf es höherer H-Ionenkonzentration, entsprechend ca. $pH < 5$. Daher vermag die Kohlensäure kaum Al-Ionen freizusetzen, sondern es sind stärkere Säuren wie Schwefelsäure, Salpetersäure und auch organische Säuren hierzu erforderlich.

Die freigesetzten Al^{3+}-Ionen besitzen wegen ihrer hohen Ladung (s. Kap. X 4c) eine starke Eintauschfähigkeit an Tonmineralen und ersetzen daher unterhalb pH 5 zunehmend Alkali- und Erdalkalikationen. Diese werden also bei zunehmender Versauerung nicht durch die wesentlich schwächer eintauschenden H_3O^+-Ionen verdrängt, sondern durch Al (s. Abb. 62). Der Austausch von Ca, Mg etc. durch Al ist daher keine Pufferreaktion, sondern die Folge einer solchen. Aus diesem Grund sollten die austauschbaren Alkali- und Erdalkaliionen nicht als austauschbare „Basen" bezeichnet werden.

Ein Teil der Al-Ionen kann zu positiv geladenen Hydroxo-Al-Polymeren z. B. $[(Al_6(OH)_{15})]^{3+}$ rückhydrolysieren und zwischen den Schichten aufweitbarer Tonminerale permanente negative Ladungen neutralisieren [sekundäre Chlorite, s. Kap. IV 2 b (4)]. Da die Polymere auch schwach saure $AlOH_2$-Gruppen besitzen, wird auf diese Weise eine stärkere Säure in eine schwächere umgewandelt.

Die Geschwindigkeit der Silicatpufferung ist generell deutlich geringer als die durch Carbonate und die an variablen Ladungen. Dies gilt insbesondere für die meist grobkörnigen primären Silicate wie Feldspäte und Glimmer. Der jährliche Umsatz der Silicate mit Protonen beträgt im gemäßigt-humiden Klima ca. 1 – 2 kmol/ha. Da die Silicate hierbei aufgelöst werden, ist die Reaktion irreversibel (Protolyse; s. Kap. II 2 b).

Ökologisch ist die Silicatpufferung von großer Bedeutung. Einerseits führt sie zur Freisetzung von Nährstoffen, andererseits läßt sie unterhalb pH 5 phytotoxisches Al^{3+} entstehen (Al-Pufferbereich n. *Ulrich*) und läßt hierdurch die Böden an austauschbar gebundenen Nährstoffkationen verarmen. Letzteres spielt insbesondere bei Mg eine Rolle bei der Entstehung mancher neuartiger Waldschäden[9].

d) Pufferung durch Oxide, Hydroxide und Hydroxysalze

Diese Pufferung besteht in der Protonierung von OH-Gruppen obiger Verbindungen. Hierbei werden diese Verbindungen aufgelöst und Kationen in äquivalenten Mengen freigesetzt. So reagieren z. B. Al-Hydroxide wie folgt:

$$Al(OH)_3 + 3H^+ + 3H_2O \rightarrow Al(OH_2)_6^{3+} \quad (17)$$

Das gleiche gilt für die Hydroxy-Al-Polymere (Kap. XII 4) an den Tonmineralen, die wie folgt mit Protonen reagieren:

$$[Al_6(OH)_{15}]^{3+} + 15H^+ \rightarrow 6Al^{3+} + 15H_2O \quad (18)$$

Wie bei Tonmineralen führen auch diese Pufferreaktionen zu austauschbaren oder löslichen Al-Ionen. In gleicher Weise reagieren Al-Hydroxysalze wie z. B. $AlOHSO_4$, die vermutlich in sauren Böden mit Sulfatzufuhr auftreten[10]. Hierbei entsteht außer Al^{3+} auch lösliches SO_4^{2-}. Das im stark sauren Bereich in dieser Weise gebundene SO_4^{2-} wird hierdurch im sehr stark bis extrem sauren Bereich wieder freigesetzt[10].

Die analoge Protonierungsreaktion bei den Fe(III)-Oxiden und -Hydroxiden ist wegen ihrer extrem geringen Löslichkeit erst bei sehr tiefem pH (< 3) von Bedeutung. Dagegen werden durch Fe(III)-Oxide dann Protonen verbraucht, wenn diese reduziert werden:

$$4FeOOH + CH_2O + 8H^+ \rightarrow 4Fe^{2+} + CO_2 + 7H_2O \quad (19)$$

CH_2O steht hier als Modellformel für die Biomasse, die für die Reduktion erforderlich ist, weil sie in der Regel mikrobiell erfolgt. Falls das Fe^{2+} wieder oxidiert wird, bildet sich das Fe(III)-Oxid und eine äquivalente Menge an H-Ionen und damit die Pufferkapazität zurück. Diese geht also nur verloren, wenn das Fe^{2+} ausgewaschen wird.

4. SNK und BNK von Böden – Kalkbedarf

Die Kapazität eines Bodens, Säuren zu neutralisieren, wird neuerdings als *Säureneutralisationskapazität* (SNK) bezeichnet, diejenige, Basen zu neutralisieren entsprechend als *Basenneutralisationskapazität* (BNK). SNK und BNK hängen von der Menge der im vorigen Kapitel beschriebenen Puffersubstanzen der Böden ab und sind ein quantitativer Ausdruck für ihre *Pufferkapazität* gegenüber Säuren und Basen.

Im Verlauf der Bodenentwicklung in humiden Klimaten nimmt die SNK durch die ständige Zufuhr von Wasserstoffionen allmählich ab. Gleichzeitig verlieren die Böden Metallkationen (Na^+, K^+, Mg^{2+}, Ca^{2+}, Al^{3+} u. a.), die durch Protonen ersetzt werden. Die hierbei gebildeten Säuregruppen (z. B. COOH) und Säuren (z. B. Al^{3+}) können durch Zufuhr von Basen (OH^-,

CO_3^{2-}, HCO_3^-) in teilweiser Umkehrung der Versauerungsreaktionen wieder neutralisiert (deprotoniert) werden: Mit zunehmender Versauerung, d. h. Verlust von SNK, baut sich also BNK auf. Nach ihr bemißt sich z. B. die Menge an Kalk als Base, die notwendig ist, um die bei der Versauerung gebildete Bodenacidität zu neutralisieren und so den pH-Wert anzuheben (*Kalkbedarf*).

Da in industrialisierten Ländern den Böden in den letzten 100 Jahren verstärkt H-Ionen über die Atmosphäre zugeführt wurden, ist ihre noch vorhandene SNK von großer Wichtigkeit für ihre Säurebelastbarkeit. Die SNK eines Bodens ist gleich der Summe aller Metallkationen, die durch Anionen schwacher Säuren oder schwach saurer funktioneller Gruppen gebunden sind. Sie ist also identisch mit der Summe der nicht protonierten Puffersubstanzen. Wie im vorigen Kapitel erläutert, variiert die Reaktionsgeschwindigkeit der Puffersubstanzen in weiten Grenzen. Läßt man einen Boden im Labor mit Säure oder Base reagieren (Titration), so erfaßt man lediglich die schnellreagierenden Anteile der SNK (unterhalb des Ausgangs-pH) bzw. BNK (oberhalb des Ausgangs-pH).

Solche *Titrationskurven* sind für 3 Böden in Abb. 63 dargestellt. Es handelt sich um 3 stark saure bis extrem stark saure Böden mit wechselndem Gehalt an Ton und Huminstoffen. Auf letztere lassen sich die Unterschiede in Höhe und Art der Pufferung zurückführen. Der huminstoffreiche O_h-Horizont (27,2 % Gesamtkohlenstoff) hat eine sehr viel höhere Pufferkapazität (ausgedrückt in mval pro kg und pH-Einheit) als die beiden Mineralbodenhorizonte (beachte die verschiedenen Abszissenmaßstäbe!), von denen der tonreichere B_v-Horizont mit 22 % Ton wiederum stärker puffert als der tonärmere C_v-Horizont mit 16 % Ton.

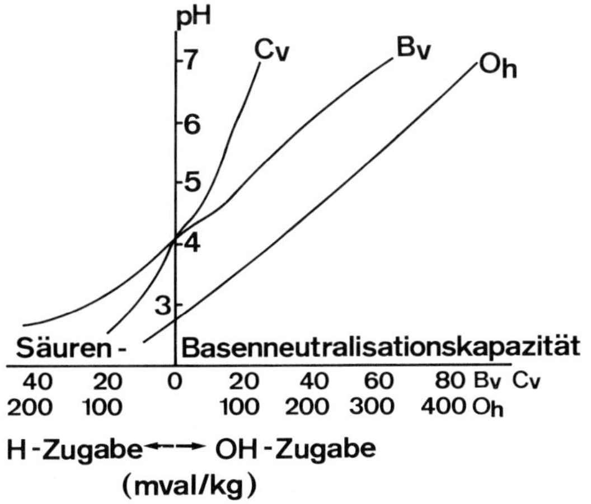

Abb. 63 Pufferkurven eines O_h (47 % org. Subst.)- und eines B_v (22 % Ton)-Horizontes einer Podsol-Braunerde aus Phyllitschutt und eines C_v (16 % Ton) eines Podsol aus Granitschutt aus dem Fichtelgebirge (n. *P. Süsser*)

Die unterschiedliche Art der Pufferung äußert sich in der Form der Titrationskurve: Die Kurve des O_h-Horizonts ist nahezu linear, ein Zeichen dafür, daß die Pufferkapazität in dem weiten pH-Bereich von 2,5 – 7 nahezu konstant ist. Da die Pufferung hier im wesentlichen durch funktionelle Gruppen an Huminstoffen bewirkt wird, zeigt dies, daß die Säurestärke dieser Gruppen offenbar nahezu gleichmäßig über den ganzen pH-Bereich verteilt ist. Die Titrationskurven des huminstoff-ärmeren B_v- und C_v-Horizontes zeigen dagegen Wendepunkte: Sie haben zwischen pH 4 und 5 eine etwas höhere Pufferkapazität als darüber und darunter. Diese Pufferung ist auf austauschbares Al zurückzuführen, das, da die Titration in 0,1 M KCl erfolgte, ausgetauscht wurde und nach

$$Al(OH_2)_6^{3+} + 3OH^- \rightarrow Al(OH)_3 + 6H_2O \quad (20)$$

Base verbraucht. Bei pH-Werten über 5 werden dann Protonen variabler Ladungen, d. h. schwach saure Gruppen an den Seitenflächen der Tonminerale und an Hydroxy-Al-Polymeren, aber auch an protonierten Huminstoffen neutralisiert. Der H^+-Verbrauch im stark bis extrem sauren Bereich, d. h. unterhalb des Ausgangs-pH der 3 Böden (SNK) ist vermutlich durch Protonierung von Al-Hydroxiden und Tonmineralen zu erklären.

Aus den Titrationskurven läßt sich auch die Kalkmenge entnehmen, die ein saurer Boden benötigt, um seinen pH-Wert um einen bestimmten Betrag zu erhöhen. Dieser, sog. *Kalkbedarf*, eine auf die Base CaO oder $CaCO_3$ bezogene BNK, läßt sich dagegen nicht aus dem pH-Wert des Bodens ableiten, da dieser nur einen kleinen Teil der Gesamtacidität erfaßt. So haben die beiden Mineralbodenhorizonte in Abb. 63 zwar etwa den gleichen pH-Wert (≈ 4), der tonreichere B_v-Horizont hätte jedoch im ganzen Bereich oberhalb 4 einen etwa doppelt so hohen Kalkbedarf wie der tonärmere C_v-Horizont. Einen wesentlich höheren Kalkbedarf hätte der O_h-Horizont. Daher würde der pH-Wert bei Oberflächenkalkung stark versauerter Waldböden mit geringen Kalkgaben nur sehr wenig ansteigen.

Tabelle 50 Einstufung der Böden nach dem pH ($CaCl_2$)-Wert

Reaktionsbezeichnung	pH	Reaktionsbezeichnung	pH
neutral	7,0		
schwach sauer	6,9 – 6,0	schwach alkalisch	7,1 – 8,0
mäßig sauer	5,9 – 5,0	mäßig alkalisch	8,1 – 9,0
stark sauer	4,9 – 4,0	stark alkalisch	9,1 – 10,0
sehr stark sauer	3,9 – 3,0	sehr stark alkalisch	10,1 – 11,0
extrem sauer	< 3,0	extrem alkalisch	> 11,0

5. pH-Werte von Böden

Der pH-Wert eines Bodens, der mit vielen Eigenschaften der Böden in mehr oder weniger enger Beziehung steht und überdies leicht gemessen werden kann, ist einer der wichtigsten und am häufigsten verfügbaren Kenngrößen der Böden, die daher, wie Tab. 50 zeigt, auch zur Einteilung der Böden verwendet wird. Im folgenden wird erörtert, wie verschiedene pH-Werte in Böden aus deren Zusammensetzung erklärbar sind.

a) Alkalische Böden

Böden arider und semiarider Gebiete, in denen die Auswaschung gering ist oder gänzlich fehlt, haben meist alkalische pH-Werte. Dies beruht z. T. darauf, daß hier das durch die Niederschläge zugeführte Na im Ionenbelag oder sogar als alkalisch reagierendes Na_2CO_3 im Boden verbleibt. Wird der pH-Wert in einem Boden mit austauschbarem Na in Wasser gemessen, so findet folgende Reaktion statt:

$$-]Na + H_2O \rightarrow -]H + Na^+ + OH^- \qquad (21)$$

Dieser hydrolytische Austausch von Na führt zur Spaltung von H_2O, da die H-Ionen an variablen Ladungen sehr viel stärker gebunden werden als das Na. Das verbleibende OH^- erhöht den pH-Wert der Bodenlösung, und zwar um so mehr, je mehr austauschbares Na vorliegt. Auch das Na aus Streusalzen kann örtlich zu pH-Werten über 8 führen (s. Kap. XXII, 6).

Da meist CO_2 anwesend ist, entsteht statt NaOH (s. oben) Na_2CO_3, auf dessen Hydrolyse ($Na_2CO_3 + H_2O \rightarrow NaHCO_3 + NaOH$) der hohe pH-Wert Na_2CO_3-haltiger Böden (bis pH 11) zurückzuführen ist. Je salzhaltiger solche Böden sind, desto geringer ist der Na-Austausch durch H-Ionen, desto weniger alkalisch ist daher die Bodenlösung. Umgekehrt steigt der pH-Wert stark an, wenn in diesen Böden durch Zufuhr von salzarmem oder -freiem Wasser die Hydrolyse verstärkt wird.

b) $CaCO_3$-haltige Böden

Der pH-Wert *$CaCO_3$-haltiger Böden* wird ausschließlich durch die Löslichkeit des $CaCO_3$ und den CO_2-Partialdruck (p_{CO_2} bestimmt. Der pH-Wert ergibt sich für das System $CaCO_3 - CO_2 - H_2O$ bei 25 °C (p_{CO_2} in kPa) zu:

$$pH = -0{,}67 \lg p_{CO_2} + 7{,}23 \qquad (22)$$

Gleichung (22) ist auch für carbonathaltige Böden gültig (Tab. 51). Für den Bereich des in ihnen vorkommenden CO_2-Partialdrucks von 0,032 bis 1 kPa ergibt sich daraus ein pH-Bereich von 8,2 – 7,2. Ein pH-Wert von ca. 7 wird demnach in Böden erst dann unterschritten, wenn alles reaktionsfähige Carbonat aufgebraucht, d. h. gelöst worden ist. Da Dolomit weniger löslich ist als Calcit, liegen die Gleichgewichts-pH-Werte etwas tiefer.

c) Schwach saure Böden

Der pH-Wert schwach saurer Böden hängt zwar ebenfalls vom CO_2-Partialdruck ab, ist jedoch meist höher als der in reinem Wasser. Für reines Wasser ergibt sich in Abhängigkeit von CO_2-Partialdruck der pH-Wert zu:

$$pH = -0{,}5 \lg p_{CO_2} + 4{,}9 \qquad (23)$$

Tabelle 51 pH (H_2O)-Werte von Böden und Wasser in Abhängigkeit vom CO_2-Partialdruck der Luft (1 kPa ≡ 1 Vol.-%)[11]

	CO_2-Partialdruck (kPa)			
	0,03	0,1	1	10
Solonetz	9,0	8,6	7,9	7,2
Boden mit 9 % $CaCO_3$	8,3	8,0	7,35	6,7
Boden ohne $CaCO_3$	6,9	6,7	6,35	6,0
Dest. Wasser	5,65	5,4	4,9	4,4

während für einen carbonatfreien Boden folgende Beziehung gefunden wurde[11]:

$$pH = -0{,}36 \lg p_{CO_2} + 6{,}4 \qquad (24)$$

Der höhere pH-Wert des Bodens gegenüber dem des reinen Wassers beruht vorwiegend auf der Pufferung durch variable Ladungen.

d) Saure und stark saure Böden

Unterhalb pH 5,5 wird der pH-Wert von Böden kaum noch vom CO_2-Partialdruck beeinflußt. Die pH-Wert-bestimmende Säure wird jetzt das in der Bodenlösung zunehmend auftretende Al (s. Gl. 2). Da es mit dem austauschbaren Al im Gleichgewicht steht, sinkt der pH-Wert, wie Abb. 62 zeigt, mit steigender Al-Sättigung.

pH-Werte unterhalb von ca. pH 3,5 können nicht mehr durch Hydrolyse von Al nach Gl. 2 erklärt werden, da hierzu die Al-Konzentrationen der Bodenlösung nicht mehr ausreichen. Solch tiefe pH-Werte entstehen entweder durch freie starke Säuren, wie z. B. H_2SO_4 aus der Oxidation von Pyrit oder durch organische Säuren. Sie kommen daher hauptsächlich in eisensulfidhaltigen Böden (z. B. Saure Sulfatböden) und in O-Horizonten vor.

e) Zeitliche und räumliche Veränderungen

Der pH-Wert in verschiedenen Böden variiert entsprechend ihrer Zusammensetzung zeitlich und örtlich. So nimmt in humiden Klimaten der pH-Wert im Laufe der *Bodenentwicklung*, aber auch schon in kürzeren Zeiträumen ab und mit ihm der Anteil von Alkali- und Erdalkaliionen am Kationenbelag (Abb. 64), die durch nicht austauschbaren Wasserstoff an variablen Ladungen und durch das sauer reagierende Al^{3+} an permanenten Ladungen ersetzt werden, so daß der pH-Wert sinkt. Der Anteil an Alkali- und Erdalkalikationen ist daher meist mit dem pH-Wert korreliert (s. Kap. X 5 b).

Je nach Art und Menge der Puffersubstanzen variiert die Rate der pH-Abnahme mit der Zeit. Im Pufferbereich bestimmter Puffersubstanzen, z. B. Carbonate oder Tonminerale, ist die pH-Abnahme langsamer als zwischen diesen Bereichen. Dies kommt in der Häufigkeitsverteilung der pH-Werte von Böden zum Ausdruck (Abb. 65): Maxima finden sich im pH-Bereich von 6 – 7 und von 3.6 – 4.6. Der erste Bereich ist der Pufferung vor allem variabler

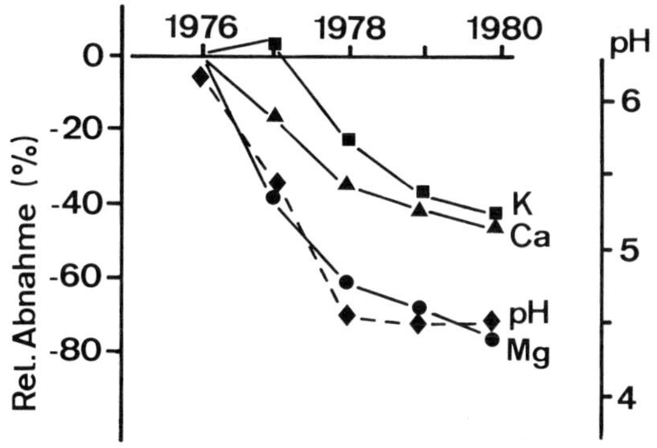

Abb. 64 Abnahme des $pH(H_2O)$ und relative Abnahme des austauschbaren K, Mg und Ca in einem Alfisol Südnigeriens unter einer Mais-Kichererbse-Fruchtfolge innerhalb von 4 Jahren[12]

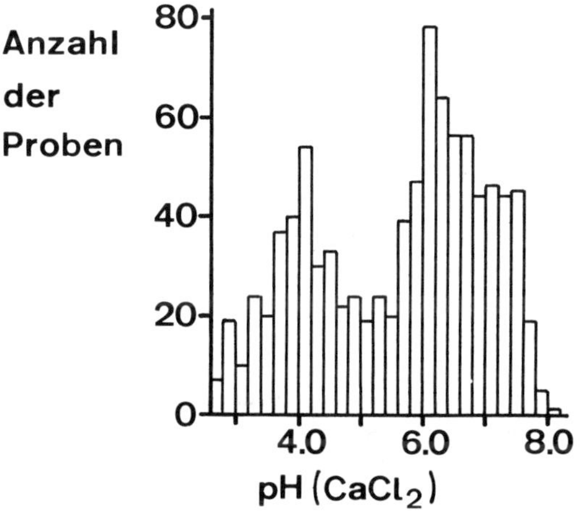

Abb. 65 Häufigkeitsverteilung der $pH(CaCl_2)$-Werte von 927 Wald- und Ackerböden der BRD[13]

Ladung zuzuschreiben, der zweite der Freisetzung von Al aus Tonmineralen und Hydroxiden.

Da die meisten H-Ionen durch die mikrobielle Zersetzung der toten Biomasse entstehen und dies vor allem im Oberboden erfolgt, sinkt in einem Bodenprofil der pH-Wert zur Oberfläche hin im allgemeinen ab. Eine Ausnahme bildet jedoch in sauren Waldböden der L-Horizont, der, obwohl oberster Horizont, häufig weniger sauer ist als die darunter folgenden O- und A_h-Horizonte. Dies wird durch den Basengehalt der Streu verursacht, insbesondere durch organische und HCO_3-Anionen, die beim Abbau der organischen Anionen frei werden. Beide neutralisieren H-Ionen (s. Kap. XII 2 b).

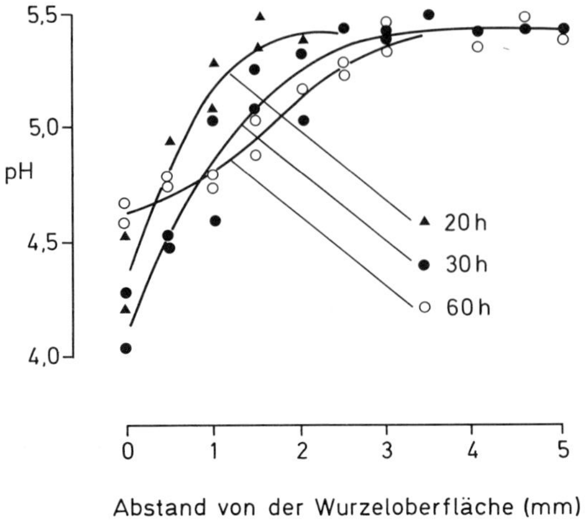

Abb. 66 Ausdehnung der pH-Änderung mit der Zeit in der Umgebung einer Erdnußwurzel in einen Ap-Horizont[14]

Werden die Böden unter natürlicher, meist Waldvegetation, in Ackerkultur genommen, so wird ihr pH-Wert zumindest im Oberboden durch Kalkung meist auf pH 5 – 7 angehoben, während die Unterböden noch den ursprünglichen sauren pH-Wert anzeigen.

Zeitliche Fluktuationen des pH-Wertes findet man in Böden, in denen abwechselnd reduzierende und oxidierende Bedingungen auftreten (z. B. Reisböden). Ihr pH-Wert ist höher während der reduktiven Phase, da bei der Reduktion H-Ionen verbraucht werden (s. Gleichung 19), während die H-Ionen der Oxidation den pH-Wert sinken lassen.

Größere räumliche pH-Unterschiede von bis zu zwei pH-Einheiten treten, wie Abb. 66 zeigt, im mm-Bereich der *Rhizosphäre* auf. Der pH-Wert der Rhizosphäre ist tiefer als im Boden selbst, wenn mehr Kationen als Anionen aufgenommen werden, z. B. bei vorwiegender NH_4-Ernährung; er ist höher, wenn mehr Anionen als Kationen aufgenommen werden, z. B. bei vorwiegender NO_3-Ernährung[15]. Diese pH-Unterschiede sind um so größer und reichen um so weiter in den Boden hinein, je schwächer der Boden gepuffert ist[14].

Auch in der Nähe von *Düngerkörnern* kann das pH deutlich von dem des sonstigen Bodens abweichen, falls bei der Umsetzung des Düngers Säure entsteht. Sehr tiefe pH-Werte treten z. B. auf, wenn sich Monocalciumphosphat (z. B. im Superphosphat) zu Dicalciumphosphat und Phosphorsäure umsetzt (Kap. XX 10 c) oder wenn NH_4-Salze zu HNO_3 oxidiert werden (s. Gleichung 2).

6. Anzustrebender pH-Wert von Kulturböden

Zwischen Ertrag und pH-Wert der Böden werden Beziehungen gefunden, von denen sich die anzustrebenden optimalen pH-Werte für einen wirtschaftlichen Optimalertrag ableiten lassen. Das optimale pH hängt von einer Reihe von ökologisch wirksamen Bodeneigenschaften ab, die unterschiedlich auf die Veränderung des pH-Wertes reagieren. Hierzu gehören die toxische Wirkung von Al und Mn, die Verfügbarkeit von Makro- und Mikronährstoffen sowie von Schwermetallen, der Humusabbau und das Bodengefüge.

In jedem Fall sollte der pH-Wert so hoch liegen, daß keine toxisch und antagonistisch wirkenden Konzentrationen an Al und Mn auftreten. Mit steigendem pH werden aber manche Mikronährstoffe wie Mn, Cu, Zn und B weniger pflanzenverfügbar (s. Kap. XX). Ähnliches gilt für Phosphat, dessen Konzentration in der Bodenlösung bei pH-Werten über 6 abnimmt (s. Abb. 60), weil dieses in Wechselwirkung mit zunehmend schwerer löslichen Calciumphosphaten steht. Da mit steigendem pH-Wert die Mikroorganismentätigkeit angeregt wird, können in stärker sauren Waldböden Huminstoffe verstärkt abgebaut werden. Schließlich wird die Aggregation toniger Böden durch einen höheren Anteil an austauschbarem Ca, vor allem auch an den variablen Ladungen und insbesondere durch eine höhere Ca-Konzentration in der Bodenlösung gefördert (s. a. Kap. XV).

Diese Zusammenhänge schlagen sich in der Berücksichtigung des Ton- und Humusgehalts (als einfach zu bestimmende Größen) für die Wahl des optimalen pH-Wertes von ackergenutzten Böden nieder. In der *BRD* wird z. B. für Böden mit $< 5\%$ Ton (und $< 4\%$ org. Substanz) ein pH($CaCl_2$)-Wert von nur 5,5 empfohlen (Tab. 52), weil dann sowohl Al-Toxizität (pH hoch genug) als auch Mn-Mangel (pH tief genug) in solchen, meist Mn-armen Böden vermieden wird. Vorwiegend aus Gründen der Gefügeverbesserung steigt der optimale pH-Wert mit steigendem Tongehalt an (Tab. 52). Mikronährstoffmangel ist bei tonigen deutschen Böden weniger wahrscheinlich, weil

Tabelle 52 Richlinien in der BRD für den anzustrebenden pH ($CaCl_2$)-Wert in Abhängigkeit von der Bodenart. Gehalt an organischer Substanz < 4 %

Bodenart⁺	Tongehalt %	pH ($CaCl_2$)
S, U	< 5	5,5
Sl_2, Ut_1	5 – 12	6,0
Sl_3, Ut_2	13 – 17	6,5
Ls_2 – T; Ut_3	>17	7,0

⁺ Abkürzungen s. Abb. 10 in Kap. III

deren Gesamtgehalt an Mikronährstoffen meist hoch genug ist.

In der *DDR*[16] werden für die Bodenarten (n. d. Reichsbodenschätzung s. Kap. XXXIII 3) S; Sl und lS; SL und sL; L; und T optimale pH-Werte (0,1 M KCl) entsprechend pH($CaCl_2$)-Werten von 5,5; 5,8; 6,1; 6,3 bzw. 6,4 empfohlen. In *England*[17] wird für alle Böden, wenn Kartoffeln und Roggen einen wesentlichen Anteil an der Fruchtfolge bilden, ein pH(H_2O)-Wert von 5,5 als ausreichend angesehen, bei Hafer, Weizen und Raps von 6,0 und bei Zuckerrüben, Gerste, Bohnen und Erbsen von 6,5. In den *Niederlanden*[18], wo die Böden teilweise durch einen hohen Grundwasserstand geprägt sind, richtet sich der optimale pH-Wert nach der Körnung (Fraktion < 16 μm), dem Ausgangsmaterial der Böden, dem Gehalt an organischer Substanz und z. T. der Fruchtfolge. Als optimaler pH (1 M KCl)-Wert wird bei tonarmen Sandböden (organische Substanz < 5 %) 5,1 (je 50 % Kartoffeln und Getreide) und 5,7 (25 % Zuckerrüben und 75 % Getreide) und bei tonreichen Auenböden und Lößböden, unabhängig von der Fruchtfolge 6,4 bzw. 6,6 empfohlen.

Insgesamt zeigt dieser Vergleich, daß für tonärmere Böden ähnliche, für tonigere Böden jedoch niedrigere pH-Werte empfohlen werden als in der BRD. So ist vor allem auch die Empfehlung in der BRD, Böden mit > 17 % Ton (z. B. Böden aus Löß) auf pH 7,0 (Tab. 52) oder sogar bis zu einem $CaCO_3$-Gehalt von 0,2 – 1 % zu kalken, nicht durch Feldversuche untermauert. Ein pH ($CaCl_2$) von 6.5 ist für diese Böden als ausreichend anzusehen.

Liegt der Gehalt der Böden an organischer Substanz über 4 %, so wird in der BRD ein geringerer pH-Wert empfohlen, als in Tab. 52 angegeben ist, z. B. bei 9 – 15 % ein pH-Wert von 5,0 – 6,0 (S – T) und bei ackerbaulich genutzten Hochmoorböden von 4.0.

Bei stark verwitterten Böden der Tropen und Subtropen (Ferralsole, Acrisole, Nitosole) wird meist nur ein pH-Wert angestrebt, durch den das pflanzenverfügbare Al auf ein unschädliches Maß abgesenkt wird, zumal Kalk nicht immer ausreichend zur Verfügung steht.

Bei *Grünland* sind auf Mineralböden pH-Werte im Oberboden von 5,0 – 5,5 ausreichend zur Erzeugung von Futter guter Qualität (Zusammensetzung der Gräser, Gehalt an Mikronährstoffen), bei als Grünland genutzten Hochmoorböden von 4,5.

7. Kalkung

Sinkt der pH-Wert eines Bodens unter sein Optimum, so kann er durch Zufuhr neutralisationsfähiger basischer Stoffe angehoben werden. Solche basischen Stoffe stehen in Form von Kalksteinen, Mergeln und Dolomiten mit wechselnden Gehalten an Carbonaten des Ca und Mg in großer Menge in der Natur zur Verfügung und sind von alters her vom Landwirt verwendet worden. Ein weiterer Kalkdünger ist Branntkalk (CaO), der durch Erhitzen von $CaCO_3$ hergestellt wird.

Fügt man einem sauren Boden Kalk zu, so werden dessen H-Ionen durch Reaktion mit CO_3^{2-} zu HCO_3^- und (bei pH-Werten unter ca. 6) zu CO_2 + H_2O neutralisiert. Dabei werden H-Ionen der Bodenlösung, des austauschbaren Aluminiums und dissoziierbarer Wasserstoff an schwach sauren funktionellen organischen und anorganischen Gruppen erfaßt. Ein Teil der bei der Versauerung abgelaufenen Reaktionen insbesondere die reversiblen, werden hierdurch rückgängig gemacht:

$$\text{(Aust.)}\genfrac{}{}{0pt}{}{\text{Al}}{\text{H}} + 2CaCO_3 + H_2O \rightarrow \text{(Aust.)}Ca_2 + Al(OH)_3 + 2CO_2 \qquad (25)$$

CaO reagiert im Boden zunächst mit Wasser zu $Ca(OH)_2$, das sich analog Gleichung (26) mit dem Boden umsetzt (soweit es nicht vorher mit CO_2 $CaCO_3$ bildet).

$$\text{(Aust.)}\genfrac{}{}{0pt}{}{\text{Al}}{\text{H}} + 2Ca(OH)_2 \rightarrow \text{(Aust.)}Ca_2 + Al(OH)_3 + H_2O \qquad (26)$$

Das pH steigt auf diese Weise an, während austauschbares Al und Mn auf nahe Null absinken (Abb. 67). Der starke Anstieg des austauschbaren Ca oberhalb pH 6 beruht auf dem Ersatz dissoziierbaren Wasserstoffs, vorwiegend an Huminstoffen.

Die *Neutralisationsgeschwindigkeit* der Kalke steigt insbesondere mit ihrer Feinkörnigkeit an, seitens der Böden mit sinkendem pH, da hiermit der pH-Gradient zwischen dem Boden-pH und dem pH an der Oberfläche der Kalkteilchen zunimmt. Oberhalb pH 6,0 – 6,5

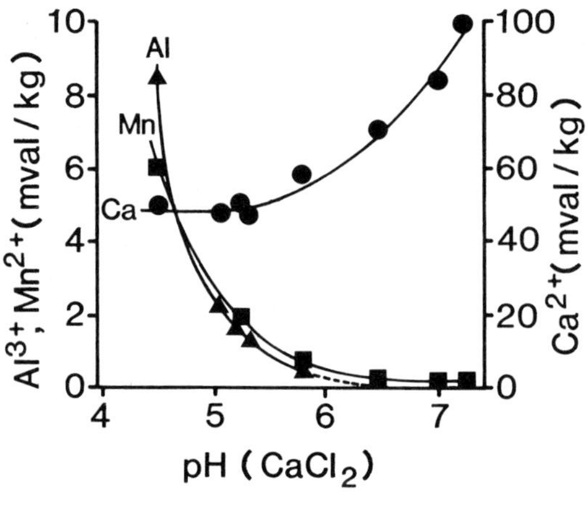

Abb. 67 Austauschbares Aluminium, Mangan und Calcium als Funktion der pH-Veränderung durch Aufkalkung oder Ansäuerung [Boden: Ap-Horizont einer Braunerde aus Lößlehm-Fließerde, Niederbayern. Ausgangs-pH($CaCl_2$): 5,3] (n. *Schwertmann, U. & H. Amann*, unveröff.[20])

reagiert Carbonatkalk so langsam, daß dieser selbst nach Jahren noch nicht aufgelöst sein kann. Der Ausgleich mit sauren Unterböden, d. h. die Tiefenwirkung, erfolgt meist langsam (Abb. 68) und kann durch hohe Kalkmengen im Oberboden (hoher pH-Gradient zwischen Ober- und Unterboden) beschleunigt werden. Unterbodenkalkung ist eine weitere Möglichkeit, auch im Wurzelbereich unterhalb der Akkerkrume bessere Wuchsbedingungen herzustellen. Dies ist besonders dann nötig, wenn dort austauschbares Al vorliegt.

Die Höhe der notwendigen Kalkzufuhr hängt außer von der BNK stark vom optimalen pH-Wert ab. Bei intensiv landwirtschaftlich genutzten Böden sind meist nur geringe Kalkmengen nötig, um das austauschbare Al und die aus der Atmosphäre eingetragenen starken Säuren zu neutralisieren (in der BRD ca. 50 kg CaO/ha · Jahr). Soll dagegen ein pH-Wert von > 6 gehalten werden, so steigt der Kalkbedarf exponentiell an (s. a. Abb. 67). Dies liegt daran, daß jetzt auch die schwach sauren Gruppen zunehmend neutralisiert werden müssen, die im wesentlichen durch die bodenintern produzierte Kohlensäure protoniert werden. Da jedoch oberhalb pH($CaCl_2$) 6 in der Regel keine gesicherten Mehrerträge mehr erzielt werden[21], ist die vollständige Deprotonierung dieser Positionen meist nicht erforderlich, zumal oberhalb dieses pH-Bereichs auch die Phosphatverfügbarkeit wieder sinkt. Dagegen führt die Kalkung, die das austauschbare Al neutralisiert, meist zu erheblichen Mehrerträgen.

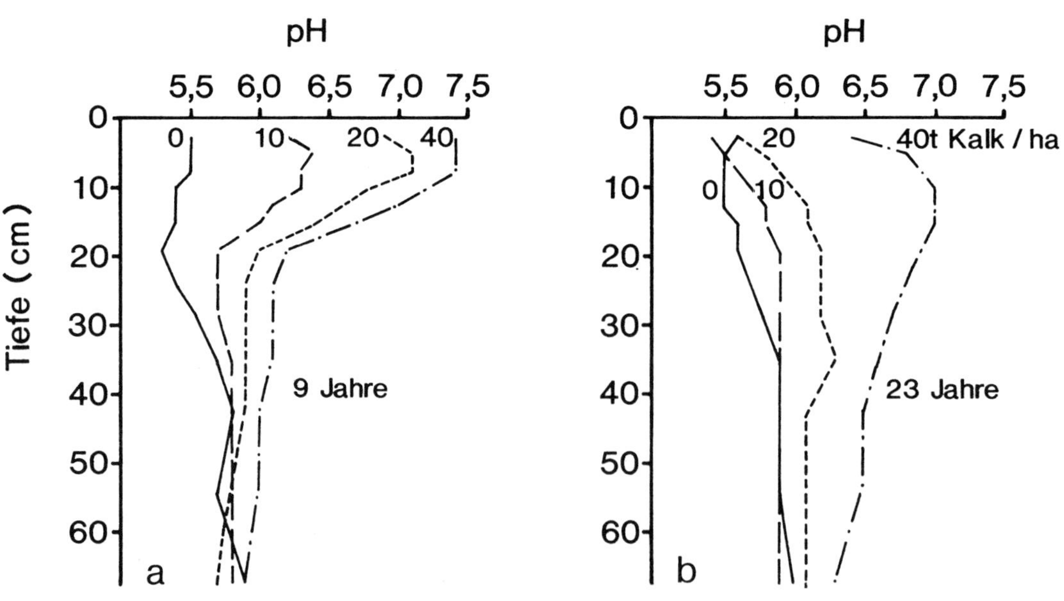

Abb. 68 pH-Werte eines feinsandigen Lehmbodens in verschiedener Tiefe 9 (a) und 23 Jahre (b) nach einer Oberflächenkalkung mit 0, 10, 20 und 40 t Kalk/ha. Nutzung: Dauergrünland, Niederschläge: 1130 mm/Jahr[19]

Bei versauerten *Waldböden* wird in der BRD in jüngerer Zeit eine Kompensationskalkung für den Säureeintrag aus der Luft (berechnet auf ca. 5 Jahre) von 20 – 30 dt/ha Mergel vorgenommen. Höhere einmalige Gaben sind nicht angebracht, weil dann der organisch gebundene Stickstoff zu schnell mineralisiert und ausgewaschen werden kann.

8. Bestimmungsmethoden

Der *pH-Wert* wird entweder in einer Bodenaufschlämmung mit dest. Wasser [pH (H_2O)] oder mit einer Salzlösung (meist 0,01 M $CaCl_2$ wie in der BRD; 1 : 2,5; aber auch 1 M oder 0,1 M KCl) mit einer Glaselektrode bestimmt. Mit der 0,01 M $CaCl_2$-Lösung wird eine Bodenlösung simuliert, wie sie ähnlich in landwirtschaftlich genutzten Böden des gemäßigt-humiden Bereichs vorherrscht (Kap. XX 3 a). Dagegen sind die Bodenlösungen sehr saurer sowie stark verwitterter Böden (z. B. in den Tropen) ärmer an Salzen und besonders an Ca ($< 10^{-3}$ M), so daß hier meist in H_2O gemessen wird. Die bei konstanter Salzkonzentration gemessenen pH-Werte bringen jahreszeitliche und andere Schwankungen des pH-Wertes im Feld weniger zum Ausdruck.

Der pH($CaCl_2$)-Wert war bei deutschen Böden aus Löß und Sand mit pH-Werten von 3,0 bis 7,5 im Mittel um 0,6 ± 0,2 pH-Einheiten tiefer als der pH(H_2O)-Wert[22]. Dies beruht darauf, daß H- und Al-Ionen durch Ca ausgetauscht werden. Die Salzlösung verhindert überdies den sog. *Suspensionseffekt*. Er äußert sich darin, daß der pH-Wert beim Eintauchen der Glaselektrode in die Bodensuspension durch Diffusionspotentiale an der Vergleichselektrode etwas tiefer liegt als in der überstehenden, klaren Lösung.

Im Gegensatz zum pH-Wert ist der Ausdruck pH – ½ pCa das sog. *Kalkpotential* (*Schofield & Taylor*), weitgehend unabhängig von der Salzkonzentration der Bodenlsöung. Seine wesentlich geringere Variation als die des pH-Wertes beruht darauf, daß der Gaponkoeffizient für das Kationenpaar H – Ca in gewissen Bereichen annähernd konstant ist und der Ca-Austausch bei Änderung der Salzkonzentration vernachlässigbar klein ist.

Das *austauschbare Al* wird durch (wiederholte) Extraktion mit einer Neutralsalzlösung (meist M KCl oder M NH_4Cl) bestimmt. Im Gegensatz hierzu wird mit $BaCl_2$ oder, noch stärker, mit $CuCl_2$ auch ein Teil des durch Huminstoffe komplexierten Al extrahiert.

Die *Säure- und Basenneutralisationskapazität* und damit auch der *Kalkbedarf* ergibt sich aus Titrationskurven (s. Kap. XII 4). Im Gegensatz zu der Extraktion mit Neutralsalzlösungen werden bei der Titration mit einer Lauge auch die H-Ionen der schwach sauren Gruppen erfaßt. Der Basenverbrauch ist gleich der BNK. Ein einfacheres Verfahren zur Bestimmung dieses dissoziierbaren Wasserstoffes besteht darin, den Boden mit einer gepufferten Salzlösung reagieren zu lassen, deren pH-Wert über der des Bodens liegt. Die dabei extrahierten Protonen erniedrigen den pH-Wert der Pufferlösung und können durch seine Titration quantifiziert werden.

Auf diesem Prinzip beruht die von *A. Mehlich* eingeführte Methode zur Bestimmung der Gesamtacidität von Böden durch Extraktion mit einem Gemisch aus $BaCl_2$ (Extraktion der austauschbaren Kationen) und Triäthanolamin, das die Lösung bei pH ≈ 8 puffert und auf diese Weise mit dissoziierbarem Wasserstoff reagiert.

Auch die weltweit angewandten Methoden zur *Kalkbedarfsbestimmung* verwenden solche Puffergemische. In der BRD und einigen anderen Ländern wird hierzu 0,5 M Ca-Acetat-Lösung pH ≈ 7,5 nach *P. Schachtschabel* verwendet, das das austauschbare Al und einen Teil des dissoziierbaren Wasserstoffs in folgender Weise bindet:

$$\text{(Aust.)}\,{}^{\text{H}}_{\text{Al}} + 2(CH_3COO)_2Ca + 3H_2O \rightarrow \qquad (27)$$

$$\text{(Aust.)}Ca_2 + 4CH_3COOH + Al(OH)_3$$

Die pH-Senkung durch die gebildete Essigsäure ist dem Basen- und damit dem Kalkbedarf des Bodens proportional. Wegen des im pH-Bereich von etwa 4 – 7 annähernd geradlinigen Verlaufs der Neutralisationskurve (Abb. 63) kann aus dem Ausgangs-pH des Bodens und seinem Kalkbedarf für pH 7,0 mit für praktische Zwecke genügender Genauigkeit auf den Kalkbedarf für jedes andere pH des Bodens umgerechnet werden.

Eine ähnliche Methode, jedoch mit einem anderen Puffergemisch, nämlich p-Nitrophenol-K_2CrO_4 in $CaCl_2$-Lösung, wurde in den USA (neben weiteren Methoden) entwickelt[23]. Für stark verwitterte Böden der Tropen und Subtropen wurde eine Methode entwickelt, die den Kalkbedarf nach der Menge des austauschbaren Al und der kulturartenspezifischen Al-Verträglichkeit ausrichtet[24].

Literatur

[1] *Adams, F.* (Ed.) (1984): Soil acidity and liming. Agronomy Series No. *12*, Agron. Soc. Am. Madison (Wisc.).

[2] *Ulrich, B., R. Mayer & P. K. Khanna* (1979): Deposition von Luftverunreinigungen und ihre Auswirkungen in Waldökosystemen im Solling. Schriften Forstl. Fak. Univ. Göttingen *58*. Sauerländer Verlag, Frankfurt.

[2a] Acid sources and acidification processes. Ecological effects of soil acidification. Symposien in: Trans. 13th Int. Congr. Soil Sci. Hamburg. *5*, 49 – 136, 1987.

[3] *Van Breemen, N., C. T. Driscoll & J. Mulder* (1984): Nature *307*, 599. *Ulrich, B. & J. Pankrath*

(Eds.) (1982): Effects of accumulation of air pollutants in forest ecosystems. Reidel, Dordrecht.
[3a] *Richie, G. S. P. & P. J. Dolling* (1985): Austr. J. Soil Res. *23*, 569 – 576.
[4] *Zezschwitz, E. v.* (1985): Geol. Jb., Reihe F *20*, 3 – 41. *Wittmann, O. & K. D. Fetzer* (1982): Bayer. Staatsmin. Landesentw. Umweltfr. 71 S. *Butzke, H.* (1981): Forst- und Holzwirt *36*, 542 – 548. *Hallbäkken, L. & C. O. Tamm* (1986): Scand. J. For. Res. *1*, 219 – 232.
[5] *Johnston, A. E., K. W. T. Goulding & P. R. Poulton* (1986): Soil Use and Management *2*, 3 – 10.
[6] *Van Breemen, N., P. H. B. De Visser & J. J. M. van Grinsven* (1986): J. Geol. Soc. London *143*, 659 – 666.
[7] *Schwertmann, U., P. Süsser & L. Nätscher* (1987): Z. Pflanzenernähr. Bodenk. *150*, 174 – 178.
[8] *Ulrich, B.* (1986): Z. Pflanzenernähr. Bodenk. *149*, 702 – 717.
[9] *Zech, W. & E. Popp* (1983): Forstw. Cbl. *102*, 50 – 55.
[10] *Prenzel, J.* (1982): Gött. Bodenkdl. Ber. *72*, 1 – 113. *Süsser, P.* (1987): Diss. T. U. München.
[11] *Whitney, R. S. & R. Gardner* (1943): Soil Sci. *55*, 127 – 141.
[12] *Grimme, H.* (1979): Int. Inst. Trop. Agric. Ibadan, Nigeria. Ann. Rep. 1979.
[13] *Schwertmann, U. & W. R. Fischer* (1982): Z. Pflanzenernähr. Bodenk. *145*, 221 – 223.
[14] *Schaller, G. & W. R. Fischer* (1985): Z. Pflanzenernähr. Bodenk. *148*, 306 – 320.
[15] *Marschner, H. & V. Römheld* (1983): Z. Pflanzenphysiologie *111*, 524 – 527. *Riley, D. & S. A. Barber* (1971): Soil Sci. Soc. Am. Proc. *35*, 301 – 306. *Kuchenbuch, R.* (1983). Diss. Universität Göttingen.
[16] *Kerschberger, M. & D. Richter* (1982): Archiv Acker-, Pflanzenbau Bodenk. *26*, 153 – 158.
[17] Fertilizer recommendations 1985 – 86. Ministry of Agriculture, Fisheries and Food. Reference Book 209, England.
[18] Adviesbasis voor Bemesting van Landbouwgronden. Ministerie van Landbouw en visserij, Wageningen (NL), 1986.
[19] *Brown, B.* et al. (1956): Soil Sci. Soc. Am. Proc. *20*, 518.
[20] *Schwertmann, U. & E. Attenberger* (1979): Landw. Forsch. *32*, 119 – 128.
[21] *Gaese, D., M. A. Mushtag & E. Schlichting* (1971): Landw. Forsch. *24*, 316 – 327. *Janik, V. & R. Schache* (1973): Die Bodenkultur *24*, 31. *Bachthaler, G., G. Sommer & A. Stritesky* (1975): Landw. Forsch. *28*, 135 – 146.
[22] *Schachtschabel, P.* (1971): Z. Pflanzenernähr. Bodenk. *130*, 37 – 43.
[23] *Shoemaker, H. E., E. O. McLean & P. F. Pratt* (1962): Soil Sci. Soc. Am. Proc. *25*, 274 – 277.
[24] *Cochrane, T. T., P. A. Sanchez & J. G. Salinas* (1980): Trop. Agric. *57*, 133 – 140.

XIII. Redoxreaktionen[1-5]

Reduktions-Oxidationsreaktionen (Redoxreaktionen) der Elemente Fe, Mn, C, N und S sind an einer Vielzahl chemischer und biologischer Vorgänge im Boden beteiligt.

1. Allgemeines

Als *Oxidation* bezeichnet man die Abgabe von Elektronen, als *Reduktion* die Aufnahme von Elektronen. So handelt es sich bei den Reaktionen 1 – 4, wenn sie von links nach rechts ablaufen, um Oxidationsvorgänge, in umgekehrter Richtung um Reduktionsvorgänge:

$$E^0(V)$$

$$H_2\overset{-2}{S}_{aq} = \overset{0}{S^0} + 2H^+ + 2e^-; \quad +\ 0{,}142 \quad (1)$$

$$\overset{+2}{Fe^{2+}} + 3H_2O = \overset{+3}{Fe}(OH)_3 + 3H^+ + e^-; \quad +\ 1{,}058 \quad (2)$$

$$\overset{+2}{Mn^{2+}} + 2H_2O = \overset{+4}{Mn}O_2 + 4H^+ + 2e^-; \quad +\ 1{,}225 \quad (3)$$

$$2H_2\overset{-2}{O} = \overset{0}{O_2} + 4H^+ + 4e^-; \quad +\ 1{,}229 \quad (4)$$

Diese Gleichungen stellen sogenannte Halbreaktionen von Redoxpaaren dar (z. B. $H_2S - S^0$). Auf der rechten Seite steht die oxidierte Stufe (Ox) und die Anzahl (n) der freigesetzten Elektronen (e^-), auf der linken Seite die reduzierte Stufe: Red = Ox + ne^-.

Werden 2 Halbreaktionen miteinander kombiniert (z. B. Gleichungen 1 + 2 bzw. 2 + 4), so erhält man eine vollständige Reaktionsgleichung, z. B. für die Reduktion von $Fe(OH)_3$ durch H_2S bzw. die Oxidation von Fe^{2+} durch O_2:

$$2\overset{+3}{Fe}(OH)_3 + H_2\overset{-2}{S} + 4H^+ = 2\overset{+2}{Fe^{2+}} + \overset{0}{S_0} + 6H_2O \quad (5)$$

$$4\overset{+2}{Fe^{2+}} + \overset{0}{O_2} + 10H_2O = 4\overset{+3}{Fe}(\overset{-2}{O}H)_3 + 8H^+ \quad (6)$$

Aus den Gleichungen 5 und 6 ist ersichtlich, daß die Oxidation eines Stoffes stets mit der Reduktion eines anderen gekoppelt ist. Deshalb werden diese Reaktionen als Redoxreaktionen bezeichnet.

Als Maß für das Verhältnis der Konzentration (richtiger Aktivität) der oxidierten und reduzierten Stoffe in einem System dient das Redoxpotential E (in Volt). Dieses wird in einer Lösung, die verschiedene Oxidationsstufen eines Stoffes enthält, als elektrisches Potential (Spannung) zwischen einer elektronenübertragenden, inerten Edelmetallelektrode (meistens Platinelektrode) und einer Bezugselektrode (meistens Kalomelelektrode) gemessen. Da Redoxpotentiale nur als Potentialdifferenzen meßbar sind, ist die Verwendung einer Bezugselektrode erforderlich. Als international anerkannte Bezugselektrode dient die Standard-Wasserstoffelektrode, deren Potential gleich Null gesetzt wird. Auf die Kalomelektrode bezogene Redoxpotentialmessungen müssen deshalb durch Addition von + 0,244 V (bei 25 °C) auf die Standard-Wasserstoffelektrode als Bezugssystem umgerechnet werden. Das auf diese Bezugselektrode bezogene Redoxpotential wird als E_h bezeichnet.

Eine quantitative Beziehung zwischen dem Redoxpotential und der Aktivität der Reaktionspartner wird durch die Nernstsche Formel hergestellt:

$$E_h = E^0 + \frac{RT}{nF} \ln \frac{a_{Ox}}{a_{Red}} \quad (7)$$

E^0 = Standardpotential, R = Gaskonstante, T = absolute Temperatur, n = Zahl der an der Reaktion beteiligten Elektronen, F = Faradaykonstante, a_{Ox} = Aktivität der oxidierten Stufe, a_{Red} = Aktivität der reduzierten Stufe in Mol/l.

Nach dem Einsetzen der Zahlenwerte für die Konstanten und Umrechnung auf dekadische Logarithmen erhält man für 25 °C:

$$E_h = E^0 + \frac{0{,}059}{n} \lg \frac{a_{Ox}}{a_{Red}} \quad (8)$$

Anstelle des Redoxpotentials wird in zunehmendem Maße der negative Logarithmus der Elektronenaktivität pe = $-\lg(e)$ verwendet[4]. Dabei sind pe und E (Volt) in folgender Weise miteinander verknüpft:

$$pe = \frac{E_h}{2{,}3\ RT/F}; \quad pe = \frac{E_h}{0{,}059} \text{ bei } 25\ °C \quad (9)$$

Außerdem wird z. T. der rH-Wert als Maß für die jeweils vorliegenden Redoxbedingungen verwendet. Der rH-Wert ist als negativer dekadischer Logarithmus des Wasserstoff-Partialdrucks definiert:

$$rH = -\log P_{H_2} \qquad (10)$$

und wird aus der Nernstschen Gleichung für die Redoxreaktion

$$H_2 = 2H^+ + 2e^- \qquad (11)$$

abgeleitet:

$$rH = \frac{2E_h}{0{,}059} + 2\ pH. \qquad (12)$$

Damit stellt der rH-Wert nach Gleichung (12) eine kombinierte Größe der gemessenen Redoxpotentiale und pH-Werte dar. Er kann Werte von 0 (in reinem Wasserstoffgas) bis 41 (in reinem Sauerstoff) annehmen; bei rH = 27,7 sind Wasserstoff- und Sauerstoffpartialdruck gleich. rH-Werte unter 20 kennzeichnen deutlich reduzierende, Werte über 30 deutlich oxidierende Bedingungen. Anstelle des rH-Wertes wird als kombinierte Größe z. T. auch pe + pH verwendet (s. Gl. 9). Die Summe von pe + pH entspricht 0,5 rH.

Die Verwendung des rH-Wertes ist jedoch nur dann richtig, wenn die in Gleichung (11) beschriebene Reaktion das gemessene Redoxpotential bestimmt. Für organische Redoxsysteme, die – wie in Gleichung (11) – meist ebenfalls durch äquivalente Protonen- und Elektronenabgabe bzw. -aufnahme gekennzeichnet sind (Faktor: 0,059 V pro pH) und in natürlichen Systemen oft die Redoxpotentiale bestimmen, ist der rH-Wert ebenfalls verwendbar. Für Redoxsysteme mit einem von eins abweichenden Verhältnis von abgegebenen bzw. aufgenommenen Protonen und Elektronen (s. Gl. 2 und 3) und einem damit von 0,059 V pro pH abweichenden Faktor (s. Gl. 13) ist die Verwendung des rH-Wertes dagegen in strengem Sinn nicht möglich.

Wie sich aus Gleichung (8) ergibt, wirken oxidierte Stoffe potentialerhöhend und reduzierte potentialerniedrigend. Ist die Aktivität der beteiligten Reaktionspartner gleich ($a_{Ox} = a_{Red}$), so entspricht das Redoxpotential dem Standardpotential E^0. Dieses ist in den Gleichungen 1 – 4 für die aufgeführten Redoxpaare angegeben.

Vereinfacht ausgedrückt ist das Standardpotential der zahlenmäßige Ausdruck für die Oxidationskraft der oxidierten Stufe bzw. die Reduktionskraft der reduzierten Stufe eines Redoxpaares; es gibt an, in welcher Richtung eine Redoxreaktion abläuft, sofern keine kinetischen Hemmungen vorliegen.

Die oxidierte Stufe eines Redoxpaares mit dem höheren Standardpotential ist ein besseres Oxidationsmittel als die oxidierte Stufe eines Redoxpaares mit niedrigerem Standardpotential und vermag deshalb dessen reduzierte Stufe zu oxidieren. Entsprechend ist die reduzierte Stufe des Redoxpaares mit dem niedrigeren Standardpotential das bessere Reduktionsmittel. Ein Vergleich der Standardpotentiale der Gleichungen 1, 2 und 4 zeigt, daß die Reaktionen 5 und 6 tatsächlich von links nach rechts ablaufen müssen. Für Reaktion 6 ist dafür außerdem ein pH von über 3 zur Bildung von $Fe(OH)_3$ erforderlich.

Die anhand der *Nernstschen* Formel (8) für das Redoxpaar $Fe^{2+} - Fe(OH)_3$* (2) abgeleitete Redoxgleichung lautet:

$$Eh = 1{,}058 + 0{,}059 \lg \frac{a^3_{H^+}}{a_{Fe^{2+}}} \text{ bzw. umgeformt:}$$

$$Eh = 1{,}058 - 0{,}177\ pH - 0.059 \lg a_{Fe^{2+}} \qquad (13)$$

Diese Ableitung zeigt, daß bei konstanter Temperatur das Redoxpotential dieses Systems außer vom Standardpotential und von der Aktivität der Fe^{2+}-Ionen auch vom pH-Wert bestimmt wird. Nach Auflösung von Gleichung (13) nach $\lg a_{Fe^{2+}}$ (Gl. 14) ist ersichtlich, daß die Aktivität von Fe^{2+} in Gegenwart von $Fe(OH)_3$ aus E_h- und pH-Werten berechnet werden kann:

$$\lg a_{Fe^{2+}} = 17{,}93 - 16{,}95\ E_h - 3\ pH \qquad (14)$$

Mit abnehmenden E_h- und pH-Werten steigt die Fe^{2+}-Konzentration an. Je höher der pH-Wert ist, um so niedriger muß das Redoxpotential sein, um eine bestimmte Fe^{2+}-Löslichkeit zu ergeben. So wurden meßbare Fe^{2+}-Konzentrationen (einige mg/l) im Boden bei pH 5 bereits bei E_h = +300 mV, bei pH 6 – 7 zwischen +300 und +100 mV und bei pH 8 erst bei –100 mV erreicht[15]. Hieraus folgt, daß die Fe^{2+}-Konzentration in gut durchlüfteten, neutralen bis alkalischen Böden sehr gering ist, mit abnehmenden pH-Werten bis zu extrem saurer Bodenreaktion ansteigt (z. B. in Podsolen unter Wald) und vor allem unter anaeroben Bedingungen in hydromorphen Böden höhere Werte aufweisen kann. Außerdem wird die Fe^{2+}-Löslichkeit auch von der Stabilität des jeweils vorliegenden Fe(III)-Oxids bestimmt. So ist die Fe^{2+}-Konzentration z. B. im Gleichgewicht mit dem sehr viel stabileren Goethit bei gleichen E_h- und pH-Werten um 3 – 5 Zehnerpotenzen niedriger als im Gleichgewicht mit $Fe(OH)_3$ bzw. Ferrihydrit. Bei Anwesenheit organischer Komplexbildner wird die Fe^{2+}-Löslichkeit dagegen beträchtlich erhöht (s. Kap. XIII 3 u.4)[6].

In ähnlicher Weise können die Stabilitätsbeziehungen zwischen anderen Eisenverbindungen und Fe-Ionen sowie zwischen den verschiedenen Verbindungen und Ionen anderer

---

* $Fe(OH)_3$ für Ferrihydrit verwendet.

Elemente in Abhängigkeit von E_h- und pH-Werten oder auch pe- und pH-Werten abgeleitet werden.

2. E_h – pH-Stabilitätsdiagramme[1, 3, 4]

Eine zusammenfassende Darstellung der Stabilitätsbeziehungen zwischen den Ionen und Verbindungen eines in mehreren Oxidationsstufen auftretenden Elementes ist anhand von E_h – pH-Diagrammen möglich. In Abb. 69 und 70 sind diese Beziehungen exemplarisch für Eisen und Mangan dargestellt.

Alle Prozesse der Bodenbildung sind an die Anwesenheit von Wasser gebunden und finden damit innerhalb des Stabilitätsfeldes vom Wasser statt, das durch die Zersetzung von H_2O in H_2 (unter stark reduzierenden Bedingungen) und in O_2 (unter stark oxidierenden Bedingungen) begrenzt wird.

Die innerhalb des Wasser-Stabilitätsfeldes in Abhängigkeit von Redoxpotential, pH-Wert und Stoffbestand des Bodens möglichen Veränderungen in der Oxidationsstufe und Bindungsform des Eisens betreffen vor allem eine Umwandlung amorpher und kristalliner Eisen(III) oxide in Fe^{3+}- und Fe^{2+}-Ionen sowie in Eisen (II,III)oxide und -hydroxide. Bei Anwesenheit von genügend Schwefel, Phosphat oder erhöhtem CO_2-Partialdruck können unter reduzierenden Bedingungen auch Eisen(II)sulfide (FeS, FeS_2 u. a.), -phosphate ($Fe_3(PO_4)_2 \cdot 8H_2O$, Vivianit) oder -carbonate ($FeCO_3$, Siderit) sowie Eisen(II,III)hydroxy-carbonate[7] gebildet werden.

Damit ergibt sich eine Vielzahl möglicher Reaktionen, von denen die Umwandlung von Goethit (α-FeOOH) in Fe^{3+}- und Fe^{2+}-Ionen sowie in Magnetit (Fe_3O_4) (nach vorheriger Goethitauflösung) in einem E_h-pH-Diagramm (Abb. 69) dargestellt ist. Die Grenze zwischen den festen Phasen α-FeOOH und Fe_3O_4

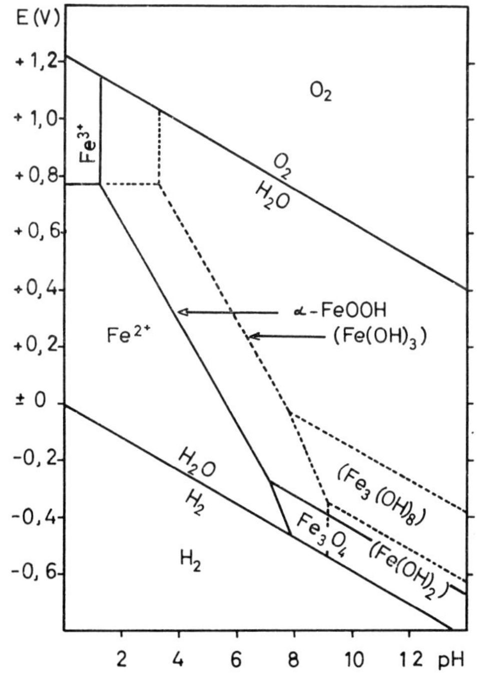

Abb. 69

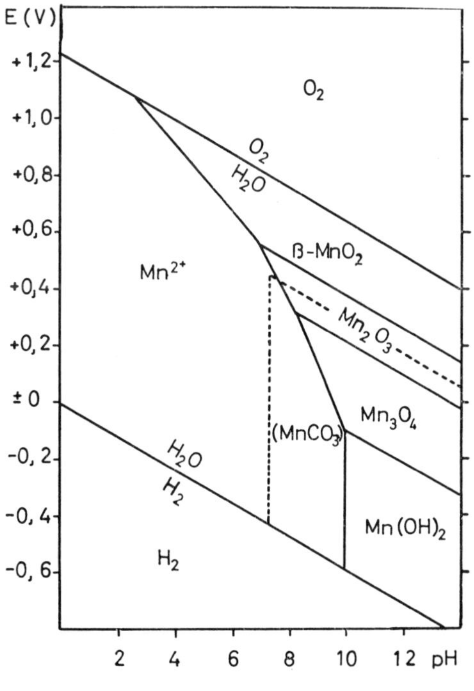

Abb. 70

Abb. 69 Stabilitätsfelder von Fe^{3+}, Fe^{2+}, α-FeOOH und Fe_3O_4 (mit gestrichelten Linien von $Fe(OH)_3$, $Fe_3(OH)_8$ und $Fe(OH)_2$) in Abhängigkeit von Redoxpotential, pH-Wert und Ionenaktivitäten von 10^{-5} Mol/l unter Standardbedingungen (10^5 Pa, 25 °C)

Abb. 70 Stabilitätsfelder von Mn^{2+}, β-MnO_2, Mn_2O_3, Mn_3O_4 und $Mn(OH)_2$ in Abhängigkeit von Redoxpotential, pH-Wert und Ionenaktivitäten von 10^{-5} Mol/l unter Standardbedingungen (10^5 Pa, 25 °C). Mit gestrichelten Linien Stabilitätsfeld für $MnCO_3$ bei einem CO_2-Gehalt der Bodenluft von 1 % ($P_{CO_2} = 10^3$ Pa) ergibt sich aus der für diese Umwandlung geltenden Redoxgleichung als die Gerade, bei der beide Substanzen mit der Aktivität 1 vorliegen. Das Fe^{2+}-Feld kann gegen das Feld von α-FeOOH (und in ähnlicher Weise gegen das Fe_3O_4-Feld) in Abhängigkeit von E_h- und pH-Werten abgegrenzt werden, wenn in der entsprechenden Redoxgleichung (s. Gleichung 13) für $a_{Fe^{2+}}$ ein Wert eingesetzt wird, der den in der Bodenlösung auftretenden Fe^{2+}-Aktivitäten entspricht ($a_{Fe^{2+}} = 10^{-5}$ Mol/l). Somit gilt das in Abb. 69 abgegrenzte Fe^{2+}-Feld für Fe^{2+}-Aktivitäten $\geq 10^{-5}$ Mol/l.

In Abb. 69 sind außerdem durch gestrichelte Linien die Stabilitätsfelder für amorphe bzw. schlecht kristalline Eisenoxide aufgeführt. Diese weisen im Vergleich zu den kristallinen Oxiden eine deutlich geringere Stabilität auf. Die in Böden ablaufenden Reduktionsvorgänge erfassen deshalb zunächst vor allem „amorphe" Eisen(III)hydroxide bzw. Ferrihydrit[8] ($Fe(OH)_3$ in Abb. 69), die zu Fe^{2+}-Ionen reduziert bzw. bei höheren pH-Werten zu „amorphen" Eisen(II,III)hydroxiden (z. B. $Fe_3(OH)_8$) umgewandelt werden. Erst bei stärkerer Erniedrigung des Redoxpotentials findet eine Umwandlung kristalliner Eisen(III)oxide zu Fe^{2+} bzw. Eisen(II,III)oxiden statt (siehe Grenze zwischen α-FeOOH und Fe_3O_4 in Abb. 69).

In Abb. 70 sind die Stabilitätsfelder für Manganoxide und Mn^{2+}-Ionen dargestellt. Außerdem ist das für einen CO_2-Gehalt der Bodenluft von 1 % berechnete Stabilitätsfeld von $MnCO_3$ aufgeführt, das die Stabilitätsfelder der unter diesen Bedingungen instabilen Verbindungen Mn_3O_4 und $Mn(OH)_2$ überdeckt. Ein Vergleich mit Abb. 69 zeigt, daß Mn^{2+}-Ionen ein größeres Stabilitätsfeld besitzen als Fe^{2+}-Ionen. Damit werden bei abnehmenden Redoxpotentialen im Boden Manganoxide bereits bei höheren Potentialen zu Mn^{2+}-Ionen reduziert als Eisenoxide zu Fe^{2+}-Ionen. Bei wieder ansteigenden Redoxpotentialen werden dann zuerst Fe^{2+}- und später Mn^{2+}-Ionen oxidiert und als Oxide ausgefällt. Mangan ist damit mobiler als Eisen und unterliegt in höherem Maße der Verlagerung und Auswaschung. Das unterschiedliche Redoxverhalten von Eisen und Mangan kann zur Entstehung räumlich voneinander getrennter Anreicherungshorizonte oder -zonen für diese Elemente und zur getrennten Ablagerung in Konkretionen führen[9–11]. So findet z. B. in Gleyen durch einen Transport von ascendierenden Porenlösungen (in Trockenzeiten aus dem Gr- in den Go-Horizont) oft im Go eine Akkumulation von Manganoxiden oberhalb der Eisenoxid-Anreicherungszone statt.

E_h – pH- oder auch pe – pH-Stabilitätsdiagramme können für eine Vielzahl von Elementen aufgestellt werden. Begrenzend für ihre Aussagekraft wirkt, daß realistische Interpretationen nur dann möglich sind, wenn alle tatsächlich in Böden auftretenden Verbindungen eines Elementes bekannt sind und bei der Berechnung der Diagramme berücksichtigt werden. Liegen z. B. größere Anteile eines Elementes in unbekannten oder nicht exakt definierten mineralischen, organischen oder organomineralischen Bindungsformen vor, so ist die Berechnung eines E_h – pH-Diagrammes nicht mehr sinnvoll. Außerdem gelten die erhaltenen Stabilitätsbeziehungen nur für Gleichgewichtsbedingungen, die für reaktionsträge Verbindungen oder in Böden mit häufig wechselnden Naß- und Trockenphasen nicht immer erreicht werden.

3. Redoxsysteme in Böden

Mit eintretender Wassersättigung – bedingt durch Stauwassereinfluß, Grundwasseranstieg oder Überflutung – wird die Sauerstoffdiffusion aus der Atmosphäre in den Boden fast vollständig unterbunden, da die Diffusion in wassergefüllten Poren etwa um das 10000fache langsamer ist als in luftgefüllten. Der noch vorhandene Sauerstoff wird innerhalb weniger Stunden bis zu zwei Tagen durch aerobe Mikroorganismen für den oxidativen Abbau organischer Substanzen verbraucht. Fakultativ und obligat anaerobe Mikroorganismen treten dann milieubeherrschend auf. Diese verwenden ebenfalls die im Boden vorhandene organische Substanz als Elektronendonator, wobei anstatt des Sauerstoffs anorganische und organische Verbindungen hoher Oxidationsstufe als Elektronenakzeptoren fungieren. Durch die Tätigkeit der Mikroorganismen werden damit NO_3^- zu N_2O und N_2 sowie unter stark reduzierenden Bedingungen zu NH_4^+, Mn(III,IV) zu Mn(II), Fe(III) zu Fe(II), SO_4^{--} zu H_2S, CO_2 zu CH_4 und H^+ zu H_2 reduziert[3]. Zersetzbare organische Substanzen werden zu CO_2 und H_2 sowie zu niedermolekularen aliphatischen Säuren (Essig-, Butter-, Milchsäure u. a.), Polyhydroxycarbonsäuren, Aldehyden, Aminen, Mercaptanen, NH_4^+, H_2S, C_2H_4 und CH_4 abgebaut. Unter reduzierenden Bedingungen verläuft der Abbau der organischen Substanz allerdings sehr viel langsamer als unter oxidierenden Bedingungen.

Die Reduktion der verschiedenen Substanzen findet dabei in definierter, durch die Redoxeigenschaften der verschiedenen Verbindungen bestimmter Reihenfolge statt. Bereits bevor der Sauerstoff im Boden vollständig verbraucht ist, beginnt als erstes in Mikrobereichen die Reduktion der Nitrate zu N_2 sowie zu metastabilem NO_2^-, NO und N_2O. Dieser Prozeß kann in landwirtschaftlich genutzten Böden nach einer Nitrat-Düngung bei feuchten Witterungsverhältnissen zu beträchtlichen Verlusten an gasförmigem Stickstoff führen (s. Kap. XX 11 f).

Bei nur wenig niedrigeren Redoxpotentialen folgt dann die Umwandlung der Mangan(III)- und -(IV)-Oxide zu Mn^{2+}. Hierdurch wird die Mn-Mobilität und -Verfügbarkeit beträchtlich erhöht. Erst wenn O_2 und NO_3^- nicht mehr nachweisbar sind, findet bei weiter erniedrigten Redoxpotentialen die Reduktion von Eisen(III)oxiden zu Fe^{2+} statt. Dieser Prozeß kann – ebenso wie die Reduktion der Mangan(III, IV)oxide – entweder direkt durch Mikroorganismen[12] oder indirekt durch mikrobiell gebildete, reduzierend und komplexierend wirkende lösliche organische Substanzen wie Polyhydroxycarbonsäuren[13], einige Aldehyde, Mercaptane, H_2S (s. Gl. 5) u. a. bewirkt werden. Durch eine Beteiligung organischer Komplexbildner wird die Reduktion von Mn(III,IV) und Fe(III) bereits bei höheren Redoxpotentialen ermöglicht[6]. Mn^{2+} und besonders Fe^{2+} liegen in der Regel als lösliche metallorganische Komplexe in der Bodenlösung vor[14] und können als solche im Boden verlagert werden. Mit der Reduktion der Oxide werden die oft in ihnen festgelegten Elemente P, Mo, Co, Cu, Zn u. a.[11] in eine mobilere und z. T. pflanzenverfügbare Form überführt. Beim Anbau von Reis mit Bewässerung wird hierdurch die Nährstoffversorgung der Reispflanzen beträchtlich erhöht[5].

Mit weiterem Absinken des Redoxpotentials beginnt dann die Reduktion von SO_4^{2-} zu H_2S und HS^- sowie unter extrem reduzierenden Bedingungen von CO_2 zu CH_4. Die Reduktion von SO_4^{2-} – wie auch von NO_3^- und CO_2 – wird direkt durch Mikroorganismen bewirkt und verläuft nach folgendem Schema:

$$2(CH_2O) + SO_4^{2-} + H^+ = HS^- + 2CO_2 + 2H_2O \quad (15)$$

CH_2O stellt dabei in vereinfachter Form die organische Substanz des Bodens dar. Mit der Bildung von HS^--Ionen oder H_2S findet eine Fällung von Fe^{2+} (vgl. Abb. 71) und anderen

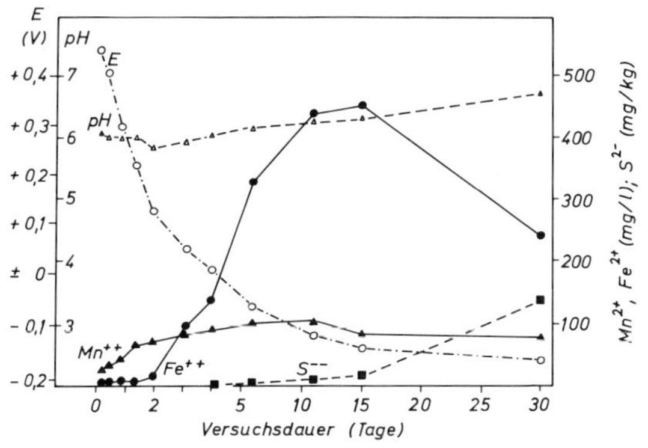

Abb. 71 Redoxpotentiale, pH-Werte, Gehalte an wasserlöslichen und austauschbaren Mn^{2+}- und Fe^{2+}-Ionen und Monosulfidgehalte eines mit Meerwasser gesättigten Bodens in Abhängigkeit von der Versuchsdauer[8]

Tabelle 53 Experimentell ermittelte Redoxpotentiale für verschiedene Redoxreaktionen[8, 15]

Redoxreaktion	E_7 (V)
Beginn der NO_3-Reduktion	0,45 – 0,55
Beginn der Mn^{2+}-Bildung	0,35 – 0,45
O_2 nicht mehr nachweisbar	0,33
NO_3^- nicht mehr nachweisbar	0,22
Beginn der Fe^{2+}-Bildung	0,15
Beginn der SO_4^{--}-Reduktion und Sulfid-Bildung	– 0,05
Beginn der CH_4-Bildung	– 0,12
SO_4^{--} nicht mehr nachweisbar	– 0,18

Schwermetallen als Sulfid statt. H_2S stellt ein für Bodenorganismen und höhere Pflanzen toxisches Gas dar. Bei Bildung von großen Mengen an H_2S kann dieses an der Boden- bzw. Sedimentoberfläche austreten und zu elementarem Schwefel (Schwefelmilch) oxidiert werden.

In Abb. 71 ist der unterschiedliche Beginn der Mn^{2+}-, Fe^{2+}- und Sulfid-Bildung sowie der E_h- und pH-Verlauf für einen wassergesättigten Boden in Abhängigkeit von der Versuchsdauer dargestellt. Eine Übersicht über experimentell ermittelte Beziehungen zwischen Redoxpotentialen und Redoxreaktionen in Böden ist in Tab. 53 aufgeführt. Da das Redoxpotential pH-abhängig ist, sind die angegebenen Werte unter Verwendung des Faktors 0,059 V pro pH (s. Gl. 8) auf pH 7 umgerechnet und als E_7-Werte angegeben.

4. Redoxpotentiale von Böden

Während gut durchlüftete, stark saure Böden hohe positive Redoxpotentiale aufweisen (bis + 0,8 V), treten unter anaeroben Bedingungen bei neutraler bis alkalischer Reaktion niedrige und z. T. sogar negative Werte (bis −0,35 V) auf. Die Redoxeigenschaften der Böden ändern sich jahreszeitlich unter Umständen beträchtlich, wobei Potentialunterschiede von 0,1−0,8 V festgestellt werden können. Die stärksten Schwankungen treten in grund- und stauwasserbeeinflußten Horizonten auf. Die niedrigsten Redoxpotentiale werden in niederschlagsreichen Perioden gemessen.

Da die Intensität der mikrobiell ausgelösten Redoxprozesse vor allem vom Gehalt des Bodens an zersetzbarer organischer Substanz abhängt, findet in humusreichen Ah-Horizonten bereits nach wenigen Stunden Wassersättigung eine starke Abnahme der Redoxpotentiale statt. In Unterbodenhorizonten mit geringen Gehalten an organischer Substanz tritt dagegen nach Wassersättigung nur eine langsame und insgesamt geringere Veränderung der Redoxbedingungen ein. Die nach starken Niederschlägen auch in humusreichen Ah-Horizonten von terrestrischen Böden ablaufenden Reduktionsprozesse führen – vor allem bei saurer Bodenreaktion und in Kombination mit der Wirkung organischer Komplexbildner – zur Naßbleichung der Oberböden von Stagnogleyen und sind wahrscheinlich ebenfalls bei der Podsolierung von Bedeutung. Das im A-Horizont durch Reduktion und Komplexbildung aus den Eisen(III)oxiden freigesetzte Eisen kann in den Unterboden verlagert und dort wieder oxidiert und ausgefällt werden.

Mit abnehmenden Redoxpotentialen treten charakteristische pH-Veränderungen der Böden auf. In schwach bis mäßig sauren Böden steigen die pH-Werte mit zunehmender Reduktion bis zu neutraler Reaktion hin an (s. Abb. 71), da für die Reduktion oxidierter Substanzen H-Ionen verbraucht werden. Umgekehrt führt die Oxidation reduzierter Stoffe zu einer pH-Erniedrigung (s. Gl. 1 bis 4). In alkalischen Böden findet durch mikrobielle Produktion von CO_2 und organischen Säuren unter reduzierenden Bedingungen in der Regel eine pH-Erniedrigung bis zu neutraler Reaktion statt[3].

Obwohl die Nernstsche Formel eine quantitative Beziehung zwischen Redoxpotential und den beteiligten Stoffen herstellt, ist eine Auswertung der in Böden gemessenen Potentiale meist nur in qualitativer Hinsicht möglich, da im Boden eine Vielzahl von Redoxpaaren auftreten. Das gemessene Potential setzt sich dann aus den Einzelpotentialen der beteiligten organischen und anorganischen Redoxsysteme zusammen, von denen zum großen Teil weder die Standardpotentiale noch die Konzentration der einzelnen Bestandteile bekannt sind[2]. So sind bisher Versuche, quantitative Beziehungen für die Redoxsysteme $Mn^{2+} \rightleftharpoons$ Mangan(III,IV)-oxide und $Fe^{2+} \rightleftharpoons$ Eisen(III)oxide aufzustellen, wenig erfolgreich verlaufen, da an der Reduktion der Oxide ganz wesentlich reduzierend und komplexierend wirkende organische Substanzen beteiligt sind. Auch die in Böden gemessenen Redoxpotentiale werden z. T. durch organische Redoxsysteme bestimmt[5]. Darüber hinaus können auch Redoxreaktionen des Eisens, Stickstoffs und Schwefels potentialbestimmend wirken[8, 16].

Die *Messung* der Redoxpotentiale in Bodenproben oder -suspensionen im Labor wie auch in natürlich gelagerten Böden im Gelände ist oft mit Problemen behaftet, weil die Pt-Elektrode nicht auf alle Redoxpaare reagiert und insbesondere bei geringen Konzentrationen der oxidierten und/oder reduzierten Stufen der vorliegenden Redoxpaare nur träge oder gar nicht anzeigt. Außerdem wird die Pt-Elektrode durch manche Substanzen vergiftet (z. B. durch H_2S) oder inaktiviert (z. B. durch Oxid- oder Carbonatabscheidungen). Eine mechanische und chemische Reinigung ist dann erforderlich. Auch die als Bezugselektrode meistens verwendete Kalomelelektrode (enthält Hg_2Cl_2) kann durch H_2S infolge Quecksilbersulfid-Fällung zerstört werden. In sulfidhaltigen Proben muß die Kalomelelektrode deshalb durch eine Elektrolytbrücke vor dem Kontakt mit der Probe geschützt werden. Vor allem E_h-Messungen im Gelände zeigen oft große Schwankungen, weil einerseits die Redoxbedingungen in Mikrobereichen der Böden sehr unterschiedlich sein können und weil zum anderen Fehler durch Verschleppung von Sauerstoffspuren beim Einstechen der Pt-Elektrode sowie durch schlechten oder fehlenden Elektrodenkontakt (vor allem bei trockenem Boden) entstehen können.

Literatur

[1] *Garrels, R. M. & Ch. L. Christ* (1965): Solutions, Minerals and Equilibria. Harper & Row, New York.
[2] *Bohn, H. L.* (1971): Soil Sci. *112*, 39−45.
[3] *Ponnamperuma, F. N.* (1972): Adv. Agron. *24*, 29−96.

[4] *Lindsay, W. L.* (1979): Chemical Equilibria in Soils. Wiley, New York.
[5] *Yu Tian-ren* (1985): Physical Chemistry of Paddy Soils. Springer, Berlin.
[6] *Fischer, W. R.* (1983): Z. Pflanzenernähr. Bodenk. *146*, 611 – 622.
[7] *Taylor, R. M., U. Schwertmann & H. Fechter* (1985): Clay Minerals *20*, 147 – 151.
[8] *Brümmer, G.* (1974): Geoderma *12*, 207 – 222.
[9] *Schlichting, E.* (1965): Chemie der Erde *24*, 11 – 26.
[10] *Blume, H.-P.* (1968): Z. Pflanzenernähr. Bodenk. *119*, 124 – 134.
[11] *Hiller, D. A., G. W. Brümmer & D. Ackermand* (1988): Z. Pflanzenernähr. Bodenk. *157,* 47 – 54.
[12] *Munch, Y. C. & J. C. G. Ottow* (1982): Z. Pflanzenernähr. Bodenk. *145*, 66 – 72.
[13] *Lehmann, R. G., H. H. Cheng & J. B. Harsh* (1987): Soil Sci. Soc. Am. J. *51*, 352 – 356.
[14] *Sims, J. L. & W. H. Patrick* (1978): Soil Sci. Soc. Am. J. *42*, 258 – 262.
[15] *Gotoh, S. & W. H. Patrick* (1974): Soil Sci. Soc. Am. J. *38*, 66 – 71.
[16] *Böttcher, J. & O. Strebel* (1985): Geol. Jb. C *40*, 3 – 34.

XIV. Flockung und Peptisation[1–4]

Die Vorgänge der Flockung (= Koagulation) und der Peptisation betreffen Teilchen von der Größenordnung der *Kolloide*. Die Grenze zwischen grobdispersen und kolloiddispersen Stoffen wird in der Chemie bei einem Teilchendurchmesser von 0,1 μm gezogen. In der bodenkundlichen Forschung hat man dagegen den Bereich der Kolloidfraktion der Böden mit dem Bereich der Tonfraktion zusammengelegt, weil auch die Bodenteilchen mit einem Durchmesser bis etwa 2 μm kolloide Eigenschaften zeigen.

Dies ist unter anderem eine Folge der Teilchenform. Je dünner die Blättchen der Tonminerale, desto mehr treten die durch die Masse verursachten Eigenschaften hinter den durch die Oberflächen verursachten Eigenschaften zurück und desto deutlicher wird daher das kolloidähnliche Verhalten.

In einer Bodensuspension unterliegen die Teilchen einerseits der Schwerkraft, die auf ein Absetzen (Sedimentieren) hinwirkt, andererseits den Einflüssen der Diffusion infolge *Brown*scher Wärmebewegung, die dem Absetzen entgegenwirkt. Läßt man eine elektrolytfreie, stark verdünnte Tonsuspension ruhig stehen, so können die Tonteilchen lange Zeit im Solzustand verbleiben, bevor sie ausflocken.

Die durch die Brownsche Bewegung verursachten Kollisionen der Teilchen führen unter diesen Bedingungen nur selten zum Aneinanderhaften, weil die relativ große Dicke der elektrischen Doppelschicht nur bei besonders energiereichen Kollisionen (hohem kinetischem Potential) zu hierfür hinreichend starker Annäherung führt.

Die Häufigkeit des Aneinanderhaftens nach einer durch die Brownsche Bewegung herbeigeführten Kollision zweier Teilchen wird größer, (a) wenn die elektrische Doppelschicht dünner wird, also wenn die Salzkonzentration in der Außenlösung ansteigt und (b) wenn die Wucht der Kollision zunimmt, also mit zunehmender Temperatur des Systems. Den Vorgang der Entstehung größerer Einheiten aus aneinanderhaftenden Primärteilchen nennt man *Flockung* oder *Koagulation*. Die neuentstandenen größeren Einheiten (Flocken, Koagulate) sinken schneller aus der Suspension zu Boden, da sie weniger als die Einzelteilchen von der Brownschen Bewegung beeinflußt werden.

Bei Abnahme der Salzkonzentration in der Bodenlösung geht der geflockte Zustand wieder verloren. Die Primärteilchen sind dann schon durch geringes Kneten oder Rühren wieder voneinander trennbar. Dieser Vorgang der Trennung unter Wiederherstellung des ungeflockten suspendierten Zustandes heißt *Peptisation*.

Da die geflockten Teilchen unregelmäßig aneinanderhängen, sind Sedimente, die aus geflockten Suspensionen entstehen, voluminöser als solche aus ungeflockten (peptisierten). Sie haben ein größeres Porenvolumen und hemmen daher die Wasserperkolation weniger als Sedimente aus ungeflockt sedimentierten Teilchen. Daher lassen sich Schichten aus ungeflockt sedimentiertem Ton z. B. zur Dichtung von Bewässerungskanälen verwenden. Umgekehrt wird die Abtrennung ungeflockter Kolloide aus Wasser durch Entstehung eines wenig durchlässigen Filterkuchens, z. B. an der Bodenoberfläche, behindert.

Geflockt und peptisiert vorliegende Sedimente verhalten sich wegen der verschiedenartigen Verknüpfung ihrer Einzelteilchen bei verschiedenartiger Beanspruchung unterschiedlich. Im geflockten Zustand ist die freie Beweglichkeit einzelner Teilchen kleiner als im peptisierten Zustand und daher ist ihre Verlagerung im Rahmen der Verschlämmung geringer. Die plastische Verformbarkeit ist im geflockten Zustand bei gleichem Wassergehalt jedoch größer als im peptisierten, weil infolge der offeneren Struktur der Flocken mehr leichtbewegliches Wasser vorhanden ist.

Vielfach tritt bei knetender Beanspruchung anfangs ein hoher Widerstand auf, der bei fortschreitender Verformung rasch absinkt. Diese Widerstandsschwelle wird auch als *Thixotropie* bezeichnet. Sie wird durch reversible Störung schwacher Verknüpfungen beim Kneten, Rühren oder Schütteln verursacht.

1. Energetische Wechselwirkung zwischen Bodenkolloiden

Bodenkolloide wirken aufeinander ein über die adsorbierten Kationen, das adsorbierte Wasser und durch unmittelbaren Kontakt, indem elektrostatische Wechselwirkungen zwischen positiv und negativ geladenen Stellen der Oberflächen auftreten. Da die positive Ladung an den Stirnkanten der Tonminerale und Oxide ebenso wie die negative Ladung der organischen Substanz stark pH-abhängig ist, werden diese elektrostatischen Wechselwirkungen vom pH der Böden beeinflußt. Zwischen den Bodenkolloiden können anziehende und abstoßende Kräfte auftreten.

Die *Abstoßung* zwischen zwei sich nähernden Tonteilchen beruht (a) auf der gleichsinnigen elektrischen Ladung der Gegenionen, (b) der Bindungsfestigkeit adsorbierter Moleküle des umgebenden Mediums und (c) der konzentrierten Lösung im Bereich der elektrischen Doppelschicht, weil sich infolge des starken osmotischen Druckgefälles in Richtung Bodenlösung die Lösung der Doppelschicht zu verdünnen sucht, so daß benachbarte Teilchen auseinander gedrängt werden. Die Wirksamkeit der osmotischen Kräfte äußert sich z. B. in der Quellung und dem Quellungsdruck bei stark entwässerten Tonen.

Die *Anziehung* zwischen zwei Teilchen wird wirksam, wenn sich diese auf weniger als etwa 15 Å nähern. Sie ist durch verschiedene Kräfte bedingt (s. a. Organo-mineralische Verbindungen): (a) Van-der-Waalssche-Kräfte zwischen Molekülen und Atomen, (b) Brückenbildung durch Kettenmoleküle [Polyelektrolyte s. Kap. XV 4 b(5)], (c) Coulombsche Kräfte zwischen positiven und negativen Oberflächenladungen, (d) Grenzflächenkräften zwischen nicht mischbaren Komponenten (z. B. Wasser-Luft-Meniskenkräfte).

Nähern sich daher zwei Tonteilchen auf weniger als ≈ 15 Å, so überlappen die diffusen Schichten, gehören also nunmehr beiden Teilchen gemeinsam an, und die Anziehungskräfte überwiegen die Abstoßungskräfte. Alle Faktoren, die eine Verringerung der Dicke der Doppelschicht zur Folge haben, begünstigen daher die Bildung von Flocken und größeren Aggregaten. Dies sind vor allem die Konzentration der Lösung und die Wertigkeit der adsorbierten Kationen.

In Abb. 72 ist der Einfluß der Salzkonzentration auf die bei Annäherung von Kolloiden auftretenden Potentiale schematisch dargestellt. Das Potential ist hierbei die Arbeit bzw. Energie, die aufgewendet werden muß, um eine Annäherung gegen die abstoßenden Kräfte zu erzwingen. Die Abbildung zeigt (a) die Einzelkurven für die positiven Potentiale, die durch die abstoßenden Kräfte bedingt sind (gestrichelte Kurve oberhalb der Abszisse), (b) die Einzelkurven für die negativen Potentiale, die durch die anziehenden Kräfte bedingt sind (gestrichelte Kurven unterhalb der Abszisse), (c) die Resultante, die sich durch Addition der positiven und negativen Potentiale bei den einzelnen Teilchenabständen ergibt. Legt man den Betrachtungen jeweils gleiche Teilchen zugrun-

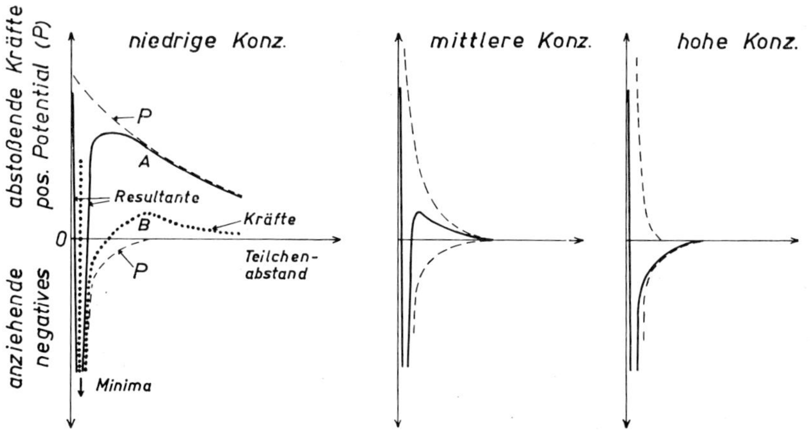

Abb. 72 Schematische Darstellung der Potentiale (P) und der Kräfte zwischen 2 Teilchen einer Suspension in Abhängigkeit vom Teilchenabstand bei 3 verschiedenen Salzkonzentrationen (nach *Olphen*[4], ergänzt)

de, so kann man die Potentialkurven auch als Energiekurven betrachten. Die Steigung der Kurven bei den verschiedenen Teilchenabständen ist ein Maß für die dann wirksamen anziehenden oder abstoßenden Kräfte, deren Größe und Richtung in Abhängigkeit von der Entfernung von der Teilchenoberfläche in Abb. 72 ebenfalls dargestellt ist (punktierte Kurve).

Aus der Abbildung ist ferner ersichtlich, daß die Resultante bei sehr geringem Teilchenabstand steil ansteigt. Dieser Anstieg ist durch Unebenheiten der sich nähernden Partikeloberflächen bedingt (Abstoßung nach *Born*).

Die Potentialkurven sind für 3 verschiedene Salzkonzentrationen dargestellt. Aus dem Verlauf der Resultante ist folgendes zu ersehen:

Bei *niedriger Salzkonzentration* steigt mit der Annäherung der Teilchen das Potential, d. h. die Energie, die zur weiteren Annäherung aufgewendet werden muß, zunächst annähernd exponentiell an. Mit der bei weiterer Annäherung zunehmenden Wirksamkeit der anziehenden Kräfte wird die Kurve flacher. Die zur weiteren Annäherung notwendigen Energiebeträge werden immer kleiner und erreichen im Maximum der Kurve den Wert Null. Diese Energiebarriere bzw. der Abstand, zu dessen Erreichung dieser maximale Energiebetrag erforderlich ist, muß unterschritten werden, wenn sich Teilchen zu Flocken vereinigen sollen. Die Abbildung zeigt außerdem, daß bei dem Teilchenabstand, bei dem die Steigung der Potentialkurve am größten ist (Punkt A), die abstoßende Kraft ein Maximum erreicht (Punkt B). Beim Erreichen des Potentialmaximums wird die abstoßende Kraft gleich Null (Schnittpunkt der Kräftekurve mit der Abszisse). Bei weiterer Annäherung ziehen sich die Teilchen gegenseitig an.

Bei *niedriger Salzkonzentration* tritt dies nur selten ein, so daß die Flockung erst nach Wochen oder Monaten ein höheres Ausmaß erreicht. Sole mit diesen Eigenschaften bezeichnet man als stabil.

Aus den beiden gestrichelten Potentialkurven für Suspensionen mit *mittlerer Salzkonzentration* kann man folgern, daß die Anziehung durch die Elektrolytkonzentration praktisch nicht verändert wird, die abstoßenden Kräfte jedoch im Vergleich zu einer Suspension niedriger Salzkonzentration erst bei viel geringerem Teilchenabstand wirksam werden. Die Ursache ist die Verringerung der Dicke des diffusen Teils der Doppelschicht bei Erhöhung der Konzentration der Lösung. Es muß zwar auch noch bei mittlerer Konzentration eine Energiebarriere überwunden werden (s. Resultante), diese ist aber geringer als bei niedriger Salzkonzentration. Man spricht in diesem Fall von langsamer Flockung.

Bei *hoher Salzkonzentration* überwiegen außer bei größter Annäherung bei jedem Teilchenabstand die anziehenden Kräfte, wie aus dem Verlauf der Resultante gefolgert werden kann. Es ist daher auch keine Energiebarriere zu überwinden. Die Flockungsgeschwindigkeit erreicht bei hoher Salzkonzentration ein Maximum. Die Zunahme der Flockungsgeschwindigkeit beruht sowohl bei der Erhöhung der Salzkonzentration als auch unter dem Einfluß mehrwertiger Kationen im Vergleich zu einwertigen auf der gleichen Ursache, nämlich auf der Verringerung der Dicke des diffusen Teils der Doppelschicht. Man spricht in diesem Fall von schneller Flockung.

2. Einfluß von Kationenbelag und Wertigkeit auf die Flockung

Die Flockungsempfindlichkeit von Austauschern, also die Neigung, in den geflockten Zustand überzugehen, steigt mit der Wertigkeit der Gegenionen, bei *negativ* geladenen Austauschern also in der Reihenfolge

$M^+ < M^{2+} < M^{3+}$ (M = Metallionen)

Wird z. B. ein mit Na gesättigtes Tonmineral in Wasser aufgeschlämmt, so bildet sich ein sehr beständiges Sol. Von dieser peptisierenden Wirkung der Na-Ionen macht man bei der Körnungsanalyse Gebrauch. Demgegenüber sind Sole von Austauschern, die mit mehrwertigen Kationen gesättigt sind, z. B. mit Ca^{2+} oder Al^{3+}, sehr instabil und flocken nach relativ kurzer Zeit. Die Flockung wird beschleunigt, wenn dem Sol eine Salzlösung zugesetzt wird. Bei *hoher* Salzkonzentration erfolgt eine *schnelle Flockung*, die unabhängig von der Wertigkeit der austauschbaren Ionen und der Kationen der Lösung ist. Bei *geringer* Konzentration, wie sie z. B. in der Bodenlösung im Freiland vorliegt, erfolgt eine *langsame Flockung*, die von der Wertigkeit der Ionen stark beeinflußt wird.

a) Teilchen mit negativer Ladung (Kationenaustauscher)

Nach der Regel von *Schulze-Hardy* ist die flokkende Wirkung von Elektrolyten, die nicht mit dem Kolloid chemisch reagieren, um so größer, je höher die Wertigkeit der Gegenionen ist, also im Fall der Tonminerale die der Kationen. So betrugen nach Untersuchungen an verschiedenen Kolloiden [Arsen(III)sulfid, Silberjodid, Gold] die *Flockungswerte*, d.h. die Salzkonzentration, bei der die schnelle Flockung der Sole einsetzte, für

einwertige Kationen	25	bis 150	mmol/l
zweiwertige Kationen	0,5	bis 2	mmol/l
dreiwertige Kationen	0,01	bis 0,1	mmol/l

An Proben eines mit Na^+ bzw. Ca^{2+} gesättigten Montmorillonits wurden die in Tab. 54 angeführten Ergebnisse erhalten. Der geringe Unterschied der Flockungswerte zwischen ein- und zweiwertigen Kationen bei beiden Montmorilloniten ($\approx$ 10 : 1) in der Tab. 54 im Vergleich zu obigen Werten (Schwankungsbereich 50 bis 100 : 1) ist darin begründet, daß zwischen Na-Montmorillonit und $CaCl_2$ ebenso wie zwischen Ca-Montmorillonit und NaCl ein Kationenaustausch stattfand, so daß in den Lösungen ein Gemisch von $CaCl_2$ und NaCl vorlag. Vergleicht man dagegen die Systeme Na-Montmorillonit – NaCl und Ca-Montmorillonit – $CaCl_2$, in denen Austauschvorgänge ausgeschlossen sind, so ergibt sich ein Verhältnis der Flockungswerte zwischen ein- und zweiwertigen Kationen von $\approx$ 130 : 1.

Bei dem Ca-Montmorillonit genügt schon die geringe Menge von 0,1 mmol $CaCl_2$/l, um eine Flockung zu erzielen. In Böden wird diese Ca-Konzentration von 4 mg Ca/l nur selten (und dann nur vorübergehend) unterschritten, wie aus laufenden Messungen der Ca-Konzentration in der Bodenlösung im Feld zu folgern ist (Tab. 70, Kap. XX 3 a).

Wird aber der Schwellenwert, der für verschiedene Bodenkolloide auf unterschiedlicher Höhe liegt und auch vom Kationenbelag abhängig ist, dennoch längere Zeit unterschritten, so können Aggregate geringer Stabilität peptisiert werden, so daß Verschlämmungs- und Verlagerungsvorgänge begünstigt werden. Eine hohe Ca-Konzentration begünstigt daher die Aggregatstabilität.

Tabelle 54 Flockungswerte der wäßrigen Suspension eines Na- und Ca-Montmorillonits bei Zusatz von NaCl und $CaCl_2$[5]

	NaCl (mmol/l)	$CaCl_2$ (mmol/l)
Na-Montmorillonit	12 – 16	1,2 – 1,7
Ca-Montmorillonit	1,0 – 1,3	0,09 – 0,12

Bei Böden hoher Na-Sättigung ist eine besonders hohe Salzkonzentration zur Flockung notwendig, wie aus Tab. 54 zu folgern ist. Na-reiche Böden sind daher nur bei Gegenwart relativ hoher Salzgehalte in der Bodenlösung geflockt und gehen bei Entsalzung leicht in den peptisierten Zustand über. In diesem Zustand sind sie stark quellfähig, Dränbarkeit und Infiltration sind wegen der jetzt oft relativ dichten Lagerung stark gehemmt. Es wird daher bei Böden mit hoher Na-Sättigung ein Umtausch von Na^+ durch Ca^{2+} angestrebt (Gefügemelioration von Salz- und Natriumböden).

Zwischen Kationen *gleicher* Wertigkeit sind im Vergleich zu Kationen *verschiedener* Wertigkeit nur sehr geringe Unterschiede in den Flokkungswerten vorhanden. Häufig wurde festgestellt, daß diese im Sinne der lyotropen Reihen (= *Hofmeister*sche Ionenreihen) steigen:

$Li^+ < Na^+ < K^+ < NH_4^+ < Rb^+ < Cs^+$;
$Mg^{2+} < Ca^{2+} < Sr^{2+} < Ba^{2+}$.

Die *Wertigkeit der Anionen* von Salzen ist bei Kationenaustauschern nur von sehr geringem Einfluß auf die Flockungswerte, sofern die Anionen mit den Teilchen nicht chemisch reagieren. Bei gleichem Kation ergeben Chloride, Nitrate und Sulfate also sehr ähnliche Flokkungswerte. Die flockende Wirkung von Phosphationen ist schon wegen ihrer sehr geringen Konzentration in der Bodenlösung von sehr untergeordnetem Einfluß.

b) Teilchen mit positiver Ladung (Anionenaustauscher)

Bei positiv geladenen Kolloiden und damit Anionen als Gegenionen (z.B. bei Eisen- und Aluminium-oxiden unterhalb ihres Ladungsnullpunktes) ist die Wertigkeit der Anionen für die Flockung entscheidend. Auch für Anionen gilt die Schulze-Hardy-Regel. Wie an Solen von Eisen- und Aluminium-oxiden nachgewiesen wurde, haben bei gleichem Kation zweiwertige Anionen wie SO_4 das 60- bis 80fache Flokkungsvermögen von einwertigen Anionen (Cl^-, NO_3^-). Die Wirkung von OH-Ionen ist bei Bodenkolloiden kaum gesondert zu erfassen, weil bei Zusatz von löslichen Hydroxiden chemische Reaktionen auftreten. So werden bei Tonmineralen Al-Ionen gefällt und die pH-abhängige Ladung erhöht.

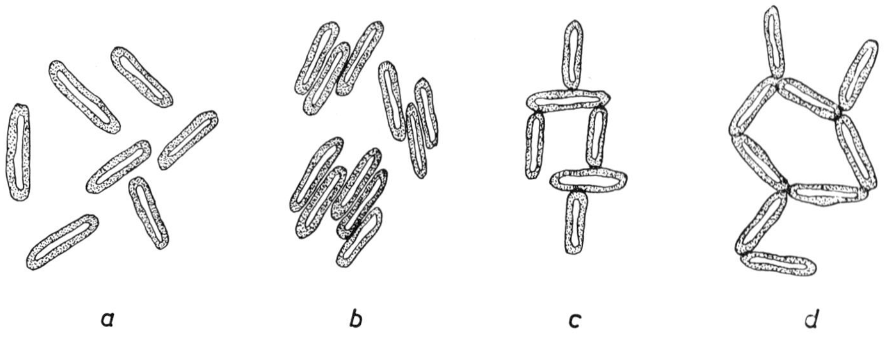

Abb. 73 Aggregatbildung bei blättchenförmigen Mineralen: a) peptisiert, b) aggregiert Fläche – Fläche, c) aggregiert Fläche – Kante, d) aggregiert Kante – Kante (punktiert: Wasserhülle der Doppelschicht)

3. Aufbau der Flocken[5]

Wenn blättchenförmige Teilchen Flocken bilden, so können bei der Vereinigung drei verschiedene Berührungsarten auftreten (Abb. 73): Fläche an Fläche, Fläche an Kante und Kante an Kante. Bei der Flockenbildung Fläche – Fläche entstehen durch Parallelanlagerung dickere Blättchen, während im Fall Fläche – Kante und Kante – Kante eine hohlraumreiche Kartenhausstruktur gebildet wird (Abb. 73 c und d). Die Bildung der *Kartenhausstruktur* wird dadurch ermöglicht, daß an den Seitenkanten der Oktaederschichten positive Ladungen auftreten können, die durch negative Ladungen des anderen Tonminerals neutralisiert werden. Außerdem kann eine Bindung zwischen 2 Tonmineralen auch über Kationen erfolgen, die an der Oberfläche der Austauscher gebunden sind. Als Brücke zwischen den beiden Oberflächen besitzen mehrwertige Kationen (z. B. Ca^{2+}, Al^{3+}) eine höhere Vernetzungsfähigkeit als einwertige Kationen, weil sie die negative Ladung der Oberfläche nicht so vollständig abschirmen können (ein zweiwertiges Kation muß 2 negative Ladungen abschirmen, s. Abb. 46, Kap. X 2 f). Flocken der Art Fläche – Kante treten vor allem im sauren Bereich auf, während im alkalischen Bereich infolge der Abnahme der positiven Ladung der Seitenkanten mit steigendem pH Flocken von der Art Fläche – Fläche vorherrschen[6].

Ähnliche Betrachtungen wie für blättchenförmige Teilchen können auch für stäbchenförmige Teilchen angestellt werden. Liegen, wie in Böden, neben blättchen- und stäbchenförmigen Teilchen auch gleichzeitig sphärische oder polyedrische Teilchen vor (z. B. Quarz, Feldspäte usw.), so lagern sich diese zwischen die Blättchen und Stäbchen und verhindern dadurch die Vereinigung der Teilchen in der Berührungsart Fläche – Fläche.

4. Einfluß des elektrokinetischen Potentials

Die Flockung wurde früher meist mit der Abnahme des Zeta- oder elektrokinetischen Potentials erklärt. Das Zeta-Potential ist das elektrische Potential, das sich im Grenzbereich zwischen der Doppelschicht eines Austauschers und der umgebenden Lösung einstellt, wenn an die Suspension ein elektrisches Feld angelegt wird (Vorgang der Elektrophorese). Hierbei wird bei Kationenaustauschern (z. B. Tonmineralen) ein Teil der Kationen des diffusen Teils der Doppelschicht abgestreift, so daß die Teilchen eine negative Ladung annehmen und in Richtung der positiven Elektrode wandern. Aus der *elektrophoretischen Mobilität* der Teilchen kann das Zeta-Potential berechnet werden. Die Größe des Potentials wurde als Maß für die abstoßende Kraft zwischen zwei Teilchen angesehen. Unter dem Einfluß eines Elektrolytzusatzes zur Lösung sinkt das Zeta-Potential der Teilchen und beim Unterschreiten eines sog. „kritischen Potentials“ flockt das Sol.

Da nicht bekannt ist, welcher Teil der Kationen im diffusen Teil der Doppelschicht bei der Elektrophorese abgestreift wird bzw. wie sich die Dicke der Doppelschicht hierbei ändert, kann das Zeta-Potential auch keiner bestimmten Entfernung von der Oberfläche innerhalb der Doppelschicht zugeordnet werden. Wegen seines schlecht definierten Charakters – auch im Hinblick auf die Berechnung aus der elektrophoretischen Mobilität – hat es seine Bedeutung als *quantitatives* Maß für die Flockungsempfindlichkeit verloren. Dennoch steht außer Frage, daß die Flockung hydrophober Kolloide mit einer Erniedrigung des Oberflächenpotentials verbunden ist. Niedrige Potentiale und damit auch niedrige Flockungswerte treten dann auf, wenn der Kationenbelag aus Kationen hoher Haftfestigkeit besteht, die also im inneren Teil der Doppelschicht angereichert sind. Es liegen jedoch keine allgemein gültigen Regeln für das kritische Potential vor, bei dem die Flockung bei den verschiedenen Kolloiden erfolgt.

Literatur

[1] *Kruyt, H. R.* [1949 (II), 1952 (I)]: Colloid Science I. u. II. Elsevier, Amsterdam.
[2] *Kuhn, A.* (1960): Kolloidchemisches Taschenbuch. Akad. Verlagsges., Leipzig.
[3] *Koenigs, F. F. R.* (1961): The Mechanical Stability of Clay Soils as Influenced by the Moisture Conditions and some other Factors. Diss. Wageningen.
[4] *Olphen, H. v.* (1977): An Introduction to Clay Colloid Chemistry. Interscience Publ., New York.
[5] *O'Brien, N. R.* (1971): Clays and Clay Min. *19*, 353–361.
[6] *Susumu, O. & W. O. Williamson* (1964): Clays and Clay Min. Proc. 12. Conf. 223–233.

XV. Bodengefüge[1-8]

Der Boden ist ein dreidimensionaler Körper. Sein Gewicht und sein Volumen sind daher Eigenschaften, die zuerst ins Auge fallen. Meßergebnisse von Bodeneigenschaften werden daher in der Regel auf bestimmte Gewichts- oder Volumeneinheiten bezogen.

Das Verhältnis von Gewicht zum Volumen ist bei verschiedenen Böden, aber auch bei einem Boden in verschiedenen Tiefen oder im Verlauf der Zeit nicht gleich. Es verändert sich im Verlaufe der natürlichen Bodenentwicklung, aber auch infolge von Eingriffen des Menschen. In beiden Fällen gibt es sowohl Lockerungs- als auch Verdichtungsvorgänge.

Eine wesentliche Ursache für die Veränderbarkeit des Volumens eines Bodens besteht darin, daß seine feste Phase aus voneinander mehr oder weniger unabhängig beweglichen Körnern besteht. Die Lagerung dieser Körner zueinander ist von einer Vielzahl von Faktoren abhängig. Dazu gehören: Korngrößenverteilung und Kornform der Mineralteilchen, Menge und Art der organischen Substanz, äußere Einflüsse wie Lasten von Bodenschichten oder Fahrzeugen, Entwässerungsmöglichkeiten bei mechanischer Belastung, Wassergehalte, Wasserbindung und Verteilung des Wassers bei früheren Maximalbelastungen.

Die Betrachtung eines Bodens als Naturkörper im Raum ist nicht neu. Sie bildet schon bei der 1838 herausgegebenen „Lehre von den Urbarmachungen und Grundverbesserungen" von *C. Sprengel* den gedanklichen Hintergrund[1].

1. Gefügemorphologie

a) Makrogefüge

Die mit dem bloßen Auge erkennbaren Gefügeformen werden als Makrogefüge bezeichnet.

Ein Vergleich der Gefüge verschiedener Böden zeigt, daß bei manchen die Körner einzeln leicht aus dem Gefügeverband herausfallen, dagegen bei anderen nur größere oder kleinere Brocken abgelöst werden können. Nach dieser Eigenschaft wird das Bodengefüge in drei Hauptgruppen unterteilt, die auch im Freiland deutlich zu unterscheiden sind: Einzelkorn-, Kohärent- und Aggregatgefüge.

(1) Einzelkorngefüge

Beim Einzelkorngefüge (Abb. 74) sind die Primärteilchen (Minerale, organische Teilchen) nicht miteinander verklebt. Ihre Lage zueinander ist durch die Form der Teilchen, die Körnung, die Reibung an den Berührungspunkten, sowie die vor dem Zeitpunkt der Beschreibung abgelaufenen Lockerungs- und Verdichtungsvorgänge bedingt. Eine dichteste Lagerung im Sinne einer geordneten Kugelpackung wird nie erreicht. Bei mittlerem Wassergehalt erzeugen die Wassermenisken zwischen den Körnern eine Kohäsion, die jedoch beim Austrocknen wie auch beim Überfluten verschwindet. Diese Eigenschaft hat zur Folge, daß steile Böschungen und Profilwände leicht zerrieseln, bis sich der natürliche Böschungswinkel eingestellt hat. Einzelkorngefüge kommt in ton- und eisenoxidarmen Sanden und Kiesen vor sowie in frisch abgelagerten schluffreichen Sedimenten.

(2) Kohärentgefüge

Beim Kohärentgefüge werden die Primärteilchen durch Kohäsionskräfte zusammengehalten und bilden eine ungegliederte Masse.

Böschungen und Profilwände zerrieseln daher nicht beim Austrocknen, sondern bleiben als mehr oder weniger steile Wände stehen. Ko-

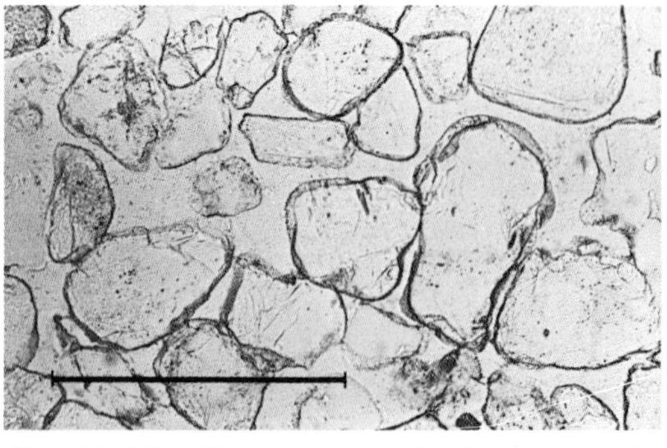

Abb. 74 Einzelkorngefüge aus Sand. Die Länge des Balkens entspricht 1 mm (Aufn. *H. J. Altemüller*)

härentgefüge kommt in Schluff-, Lehm- und Tonböden vor, und zwar vor allem in frisch abgelagerten, noch nicht geschrumpften sowie in solchen, die durch Knetung homogenisiert wurden, wie z. B. Fahrspuren, Bearbeitungssohlen.

Eine besondere Art des Kohärentgefüges findet sich auch bei Sandböden, deren Primärteilchen durch Hüllen aus Eisenoxiden, Carbonaten oder organischen Stoffen an den Berührungsstellen verkittet werden. Diese als Kittgefüge bezeichnete Form der Kohärenz[10] liegt als Ortstein in Podsolen, Raseneisensteinen in Gleyen, Laterit und Silcret in Ferralsolen sowie als Calcrete in Castanozemen vor (s. Kap. XXIX und XXX).

Eine wesentliche Ursache für die Kohärenz von Böden ist die Kontraktion durch Wassermenisken. Daher ist das Ausmaß einer vorgefundenen Kohärenz stark vom Wassergehalt abhängig. Dies ist vor allem bei feinkörnigen Böden deutlich, bei denen die unterschiedliche Klebfähigkeit bei verschiedenen Wassergehalten stark ins Auge fällt.

Kohärenz, die auf Wassermenisken beruht, ist schnell reversibel. Kittgefüge verlieren, wenn sie einmal zerbrochen wurden, die Kohärenz und werden zu Einzelkorngefügen, wenn die Primärteilchen im Größenbereich der Sandfraktion liegen, weil dann die meniskenbedingte Kohärenz gering bleibt.

(3) Aggregatgefüge

Beim Aggregatgefüge sind Teile der Bodenmatrix von ihrer Umgebung deutlich abgesetzt und bilden separate Körper – die Aggregate. Die Formen der Aggregate sind je nach der Entstehungsart sehr verschieden, ebenso der Grad ihrer Ausbildung. Die Aggregierung kann so stark ausgeprägt sein, daß feinkörnige Böden die Eigenschaften grobkörniger Böden annehmen (Entstehung von Pseudosanden oder Pseudokiesen), was für die Dränung und Erodierbarkeit von Bedeutung ist.

Die Aggregatbildung ist in der Regel eine Folge der Bodenentwicklung. Aggregatgefüge entsteht sowohl aus Böden mit Kohärent- als auch Einzelkorngefüge. Die Form der Aggregate ist für bestimmte Horizonte und auch für bestimmte Entstehungsarten charakteristisch. Bei Einteilungen der Aggregatgefüge stehen deswegen in der Regel neben morphologischen Elementen vor allem bodengenetische im Vordergrund.

Bei rein morphologischer Ansprache stehen Form (ausgedrückt durch das Verhältnis der Achsenlängen), Abrollungsgrad (Abrundung von Kanten), Größe und Festigkeit im Vordergrund.

Von *E. Mückenhausen* wird das Aggregatgefüge unterteilt in die Gruppen (a) Aufbaugefüge (Krümel, Wurmlosung), das durch biologische Vorgänge entsteht, (b) Absonderungsgefüge (entsteht durch Schrumpfung: Prismen, Polyeder, Säulen) und (c) Fragmentgefüge, das durch Bodenbearbeitung entsteht. Hier steht der genetische Aspekt im Vordergrund.

Krümelgefüge (Abb. 75 a):

Krümel entstehen unter dem Einfluß einer hohen biologischen Aktivität und intensiver Durchwurzelung. Sie sind meist rundlich und unregelmäßig begrenzt, haben einen Durchmesser von 1 – 10 mm und besitzen eine hohe Porosität.

Das Krümelgefüge ist besonders charakteristisch für den Oberboden unter Grünland und A-Horizonte mit Mull als Humusform, z. B. von Mull-Rendzinen. Wenn die Krümel miteinander verklebt sind, bezeichnet man dieses Gefüge auch als *Schwammgefüge*.

Der Übergang vom Krümel- zum Subpolyedergefüge ist – morphologisch betrachtet – fließend (Abb. 75 a). Krümel liegen oft neben abgerundeten Polyedern (Subpolyeder) vor (Abb. 76 a).

Wurmlosungsgefüge:

Wurmlosungsaggregate bestehen aus feinen Bodenteilchen, die durch Schleimstoffe der Darmflora von Würmern (Erdfresser s. Kap. IX,4) miteinander verklebt sind; sie haben einen hohen Gehalt an organischer Substanz und bilden unregelmäßig geformte, oft traubenförmig ausgebildete Anhäufungen bis zu einigen cm Größe.

Wurmlosungsgefüge ist in den Schwarzerden Südosteuropas vorherrschend, während es in Mitteleuropa mit anderen Gefügeformen vergesellschaftet ist.

Polyedergefüge:

Polyeder sind Aggregate mit ähnlicher Länge der drei Hauptachsen, mit überwiegend scharfen Kanten und im Vergleich zu Krümeln meist geringerem Porenanteil; ihr Durchmesser beträgt 2 – 50 mm. Durch Bewegungen im Boden

Abb. 75 a

Abb. 75 c

Abb. 75 b

Abb. 75 Gefügeformen: a) Krümelgefüge, vergesellschaftet mit Subpolyedern), Schwarzerde aus Löß, Wald, 15 cm Tiefe; b) Polyedergefüge, Pelosol aus Kreideton, Grünland, 25 cm Tiefe; c) Plattengefüge, Pseudogley aus Geschiebelehm, Grünland, 10 cm Tiefe. Die Länge des Balkens entspricht in jedem Bild 1 cm (Aufn. *R. Tippkötter*)

(biologische Vorgänge, Bearbeitung) werden die Kanten abgerundet, die morphologische Ähnlichkeit zu Krümeln wird größer. Diese Aggregate bezeichnet man als Subpolyeder, Durchmesser 5 bis ≈ 30 mm (Abb. 75 b).

Polyedergefüge ist besonders in tonreichen Böden ausgeprägt wie z. B. in Pelosolen, im B_t-Horizont von Parabraunerden und in degradierten Schwarzerden. Polyeder in A_h-Horizonten (z. B. braunen Rendzinen) sind meist kleiner als die in B_t-Horizonten. Subpolyedergefüge ist infolge seiner biogenen Entstehungsweise meist auf die Oberflächennähe beschränkt.

Prismengefüge:

Prismen sind von 3 bis 6 meist rauhen Seitenflächen begrenzte, vertikal gestreckte Aggregate, ihr Durchmesser beträgt 10 bis 300 mm. Die prismatische Absonderung entsteht durch Schrumpfen.

Im oberen Profilbereich können die Prismen in Polyeder und Subpolyeder zerfallen. Mit zunehmender Profiltiefe werden die Schrumpfungsrisse seltener und damit auch die Durchmesser der Prismen größer.

Das Prismengefüge findet sich oft unterhalb der Polyederzone, es ist charakteristisch für Pelosole, Staukörper von tonreichen Pseudogleyen, sowie für tonreiche Gleye und Marschen im Schwankungsbereich des Grundwassers.

Säulengefüge:

Säulen sind vertikal gestreckte 4- bis 6seitige, kantige Aggregate, die im Gegensatz zu Prismen kantengerundet sind und eine kappenartig abgerundete Kopffläche aufweisen. Das Säulengefüge ist charakteristisch für die infolge hoher Na-Sättigung stark quellfähigen Solonetze, wobei die Kopfflächen am Unterrand des A_h-Horizontes eine Ebene bilden können. Manchmal ist Säulengefüge auch in Knickmarschen anzutreffen.

Plattengefüge (Abb. 75 c):

Horizontal gelagerte Platten, entstehen als Folge von Pressungen, vor allem bei wiederholtem schnellem Wechsel der Belastung. Die Dicke der Platten beträgt 1 – 50 mm.

Plattengefüge findet sich unter Fahrspuren, Trampelpfaden, in Pflug- und sonstigen Bearbeitungssohlen. Es tritt auch in schluff- und feinsandreichen Staunässeböden unter Wald auf. Auch im Bereich von Eislinsenbildungen können Plattengefüge entstehen.

Fragmentgefüge:

Fragmente wie Klumpen und Bröckel sind unregelmäßig begrenzte Aggregate, die in A_p-Horizonten mit Kohärent- oder Aggregatgefüge als Folge der Bodenbearbeitung entstehen. Das *Bröckelgefüge* wird gebildet aus Aggregaten mit rauhen Oberflächen und entsteht vorwiegend bei der Bearbeitung von Böden mittleren Tongehaltes bei optimaler Bodenfeuchte (Durchmesser der Bröckel < 50 mm). Das Bröckelgefüge stellt das günstigste durch Bodenbearbeitung zu erreichende Gefüge dar und ist neben dem meist vorhandenen integrierten Bröckel-Krümel-Gefüge ein wesentliches Ziel ackerbaulicher Maßnahmen.

Klumpengefüge entsteht vor allem bei der Bearbeitung von Lehm- und Tonböden in zu feuchtem oder zu trockenem Zustand. Die Klumpen haben einen größeren Durchmesser als die Bröckel und sind an der Oberfläche oft verschmiert.

b) Mikrogefüge[11–14]

Die große Breite der Korngrößenskala, die von Blöcken über Kies, Sand, Schluff bis zum Ton reicht, hat zur Folge, daß zur Beschreibung des Gefüges auch mehrere Größenordnungen getrennt behandelt werden müssen. Neben dem bisher beschriebenen mit dem bloßen Auge erkennbaren Gefüge wird daher seit den Arbeiten von *Kubiena* (1967)[14] derjenige Größenbereich, der nur unter Zuhilfenahme eines Mikroskopes beschrieben werden kann, gesondert behandelt. Es wird daher zwischen dem im Gelände erkennbaren Makrogefüge und dem nur mikroskopisch erkennbaren Mikrogefüge unterschieden.

Untersuchungen des ungestörten Mikrogefüges verlangen oft spezielle und umfangreiche Präparationen[15]. Für lichtmikroskopische Arbeiten sind meist 20 – 30 μm dicke Bodendünnschliffe erforderlich, bei denen der Boden zunächst mit flüssigem Kunstharz eingebettet und nach dem Aushärten des Harzes geschliffen und poliert wird. Im Rasterelektronenmikroskop kann die Oberfläche der festen Bestandteile des Bodens nach wenig aufwendiger Vorbehandlung direkt abgebildet werden.

Im Mikrobereich sind viele pedologische Vorgänge an ihren mikromorphologischen Merkmalen erkennbar, die bei makroskopischer Betrachtung nicht erfaßt werden können. Hierzu gehören Verwitterungs- und Zersetzungsvorgänge an Primärteilchen sowie Verlagerungsfolgen und biogene Prozesse wie z. B. die Bildung von Aggregaten aus Regenwurm- und Enchytraeenausscheidungen.

Für die Beschreibung der beobachteten Phänomene wurden verschiedene Systematiken entwickelt, die in den Oberbegriffen annähernd übereinstimmen, in den Details aber oft verschiedenen Ansätzen folgen.

Die wichtigsten Einheiten mikromorphologischer Beschreibung sind Festphase und Hohlräume, wobei die letzteren im Dünn- oder Anschliff mit dem Einbettungsmittel (Kunstharz) ausgefüllt sind (hell in Abb. 76). Beide Phasen lassen sich durch Größe und Häufigkeit (≃ Sortierung), Form (≃ Rundungsgrad), Oberflächenbeschaffenheit (≃ Rauhigkeit, Kanteneigenschaften), Orientierung und die Variabilität dieser Eigenschaften beschreiben. Ihre volumetrischen Anteile können mit Hilfe der elektronischen Bildverarbeitung angegeben werden.

Wichtige Grundbestandteile (Basic components) der Festphase sind Mineralpartikel (z. B. Quarz, Feldspat, Calcit), Pflanzengewebe (z. B. Wurzeln, Blatt- und Stengelfragmente)[16] sowie Feinmasse (≃ Plasma), die ihrerseits im wesentlichen aus lichtoptisch nicht mehr auflösbaren Tonteilchen, metallischen Oxiden und organischer Substanz besteht. Das Mengenverhältnis von Grobmasse (≃ Skelett, coarse) zu Feinmasse (≃ Plasma, fine) ist ein wichtiger Oberbegriff. Es wird als C/F-Ratio bzw. -Verhältnis bezeichnet.

Innerhalb der Grundmasse (≃ Matrix) können pedologische Einzelheiten (≃ Pedofeatures) durch Konzentrations- oder Verteilungsunterschiede einer oder mehrerer Komponenten organischen oder mineralischen Ursprungs mit unterschiedlichen Techniken (z. B. gekreuzte Polarisatoren, Phasen- und Interferenzkontrast, Fluoreszenz) beobachtet werden.

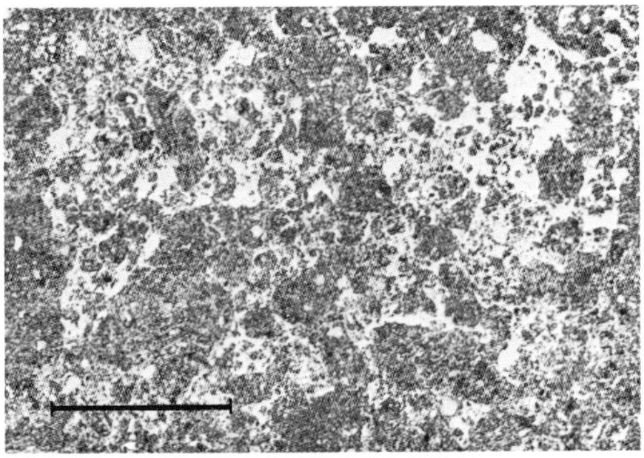

Abb. 76a

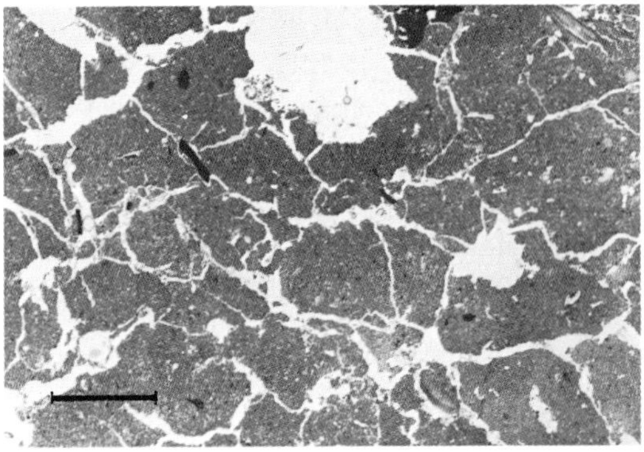

Abb. 76c

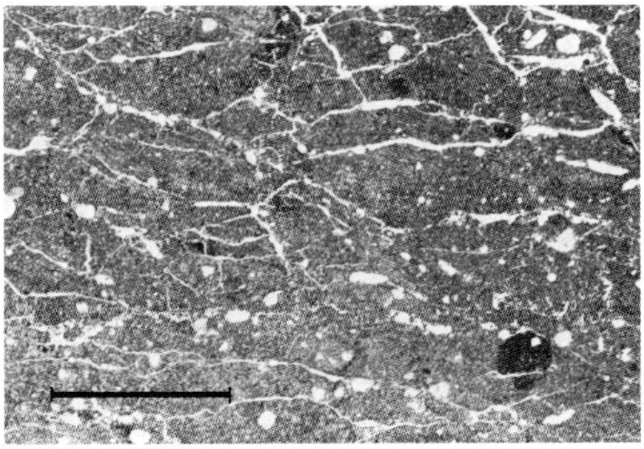

Abb. 76b

Abb. 76 Mikrogefüge von a) Krümeln einer Schwarzerde aus Löß, Acker, 15 cm Tiefe; b) Polyedern einer Mullrendzina aus 10 cm Tiefe; c) Platten einer Schwarzerde aus Löß, Pflugsohle, 25 cm Tiefe. Die Länge des Balkens entspricht in jedem Bild 0,5 cm (Aufn. *R. Tippkötter*)

In dem Dünnschliff Abb. 74 besteht die Grundmasse aus mäßig gerundeten Quarzkörnern der Sandfraktion mit geringen Überzügen (Kutanen) aus Feinmasse, die aus Ton, Oxiden und organischen Stoffen besteht. Da die Körner nur punktförmige Kontakte miteinander haben, die oft vor oder hinter der Schliffebene liegen, scheinen sie unabhängig voneinander im Raum zu schweben.

In Abb. 76 ist die feine Aufteilung der festen Phase zu erkennen, die das verzweigte Porensystem eines Krümelgefüges stützt. Die einzelnen Krümel mit ≤ 3 mm Durchmesser liegen in den verschiedenen Erhaltungszuständen vor, teils auch als Bruchstücke bzw. zusammengefügt zu Klumpen.

Im Vergleich zu diesem Gefüge ist die Grundmasse im Polyeder- bzw. Plattengefüge viel dichter, somit porenärmer. Die gestreckten Poren sind Risse, die im Verlaufe von Spannungsänderungen in der Matrix entstanden sind. Die abgerundeten Poren (vor allem in Abb. 76) sind verschieden angeschnittene Feinwurzel- oder Tiergänge. Unter dem Rasterelektronenmikroskop sind Pilzhyphen zu erkennen (Abb. 77 a), die sich zwischen den Mineralpartikeln hinziehen und zur Lebendverbauung beitragen. Abb. 77 b zeigt Kutane auf Sandpartikeln. Schichtförmig aufgebaute Kutane weisen auf Einwaschungen, vollständig fehlende Überzüge auf Mineralteilchen auf Auswaschungsvorgänge hin (Podsolierung, Lessivierung).

c) Riß- und Röhrensysteme

Im ungestörten Bodenverband sind Aggregate durch Spalten voneinander abgetrennt, die um so deutlicher flächig ausgeprägt sind, je glatter die Aggregatflächen und je schärfer deren Kanten sind.

Die Beschreibung dieser Systeme an einer Profilwand spiegelt die Aggregatformen wieder, erlaubt aber darüber hinaus Aussagen über Lagerung der Aggregate zueinander. Schmale gerade Spalten deuten auf dichte Packung hin (Abb. 76), unregelmäßige Spalten entstehen durch Verkanten bei Störung des Gefüges. Risse sind entweder Folgen von Zug oder Scherung also Entlastungsbrüche (Abb. 78). Sie ent-

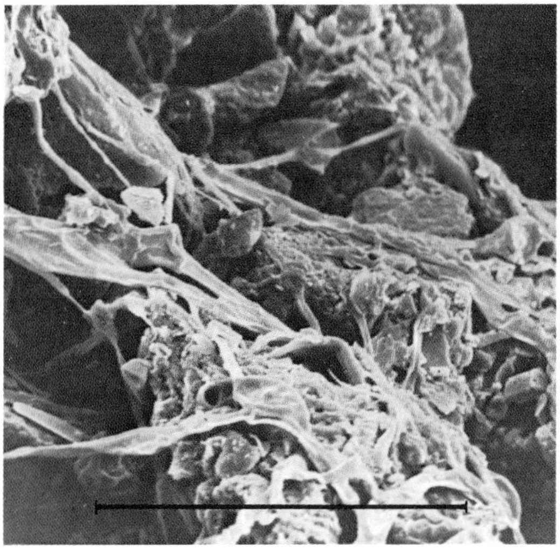

Abb. 77a

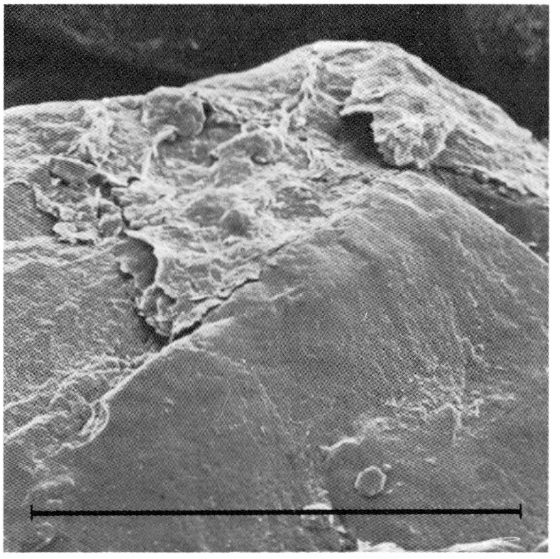

Abb. 77b

Abb. 77 Rasterelektronenmikroskopische Aufnahmen: a) Pilzhyphen, zwischen Sandkörnern, b) Kutan aus Feinmaterial auf einem Sandkorn. Die Länge der Balken entspricht 50 μm (Aufn. *R. Tippkötter*)

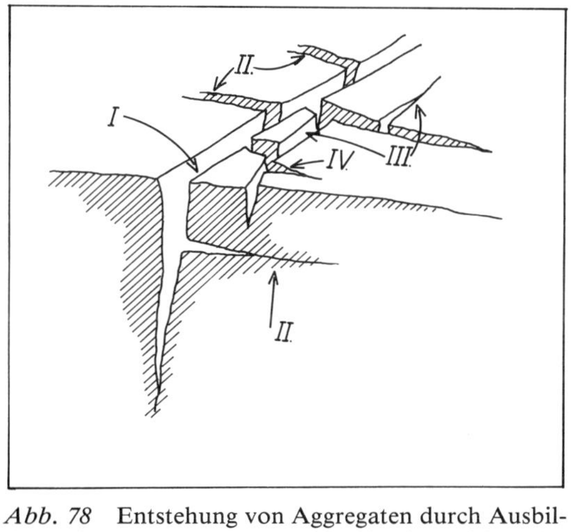

Abb. 78 Entstehung von Aggregaten durch Ausbildung eines Systems aus Zugrissen in vier aufeinander folgenden Generationen (I bis IV)

stehen beim Schrumpfen als Zugrisse, wenn die kohärente Matrix der Kontraktion nicht folgen kann. Da über einen Riß hinweg keine Spannungen übertragen werden, baut sich nach dem Reißen ein neues Spannungssystem auf. Die nächste Rißgeneration beginnt daher meistens rechtwinklig zur vorhergehenden. Da die ersten Risse in einer homogenen Sedimentschicht senkrecht verlaufen, bilden sie ein System aus senkrecht stehenden länglichen Aggregaten (Prismen), das in der Aufsicht auf die Bodenoberfläche als Polyedersystem in Erscheinung tritt. Durch Risse höherer Generationen, die horizontal verlaufen, werden diese Prismen in Polyeder aufgeteilt.

Außer Zugrissen gibt es noch Scherrisse, die durch ungleichmäßige Wassergehaltsänderungen (Befeuchtung und Trocknung) entstehen. Sie bilden mit den Rissen der vorigen Generation Winkel, die um den Betrag des halben Winkels der inneren Reibung im Augenblick des Reißens von 45° abweichen. In der Regel treten die Scherbrüche erst nach der Erstschrumpfung auf. Daher ist der Anteil der nicht rechtwinkligen Kantenwinkel an Polyedern um so größer, je weiter die Bodenentwicklung fortgeschritten ist, d. h. je mehr Schrumpfungs- und Quellungszyklen seit der Erstschrumpfung abgelaufen sind.

Die meisten Tonböden werden von mehr oder weniger deutlich ausgeprägten Rißsystemen durchzogen. Sie erscheinen dann als aggregiert, wenn der Abstand der Risse voneinander weniger als z. B. 10 – 20 cm beträgt. Bodenzonen mit weit voneinander entfernten Rissen werden meist als kohärent angesprochen. Am stärksten ist die Kohärenz bei frisch gekneteten Bodenzonen ausgebildet, bevor sie erstmalig schrumpfen.

Kohärente Böden werden oft von röhrenförmigen Gängen durchzogen. Es kann sich dabei um Tier- oder Wurzelgänge handeln. Besonders auffallend sind die mehr oder weniger senkrecht bis in > 1 m hinabreichenden Gänge von Regenwürmern und von Pfahlwurzeln. In kohärenten Böden vor allem der Schlufffraktion werden darüber hinaus oft feine (< 1 mm ∅) unregelmäßig verlaufende Poren beobachtet, die ein unregelmäßig verzweigtes System bilden. Diese „Nadelstichporen" sind vor allem für Löß typisch, der nicht verknetet oder verschwemmt ist[17]. Sie sind in der Regel Wurzelgänge (vgl. Abb. 76). Die röhrenförmigen Poren des Unterbodens stellen wirkungsvolle Leiter für Niederschlagswasser dar. Wenn sie mehrere Millimeter Durchmesser aufweisen, sind sie außerdem die wichtigsten Luftkanäle. Daher ist die Anzahl grober senkrechter Röhren eine für den Wasser- und Lufthaushalt wichtige Bodeneigenschaft. Das gleiche gilt, wenn auch in geringerem Maße für das Nadelstichporensystem.

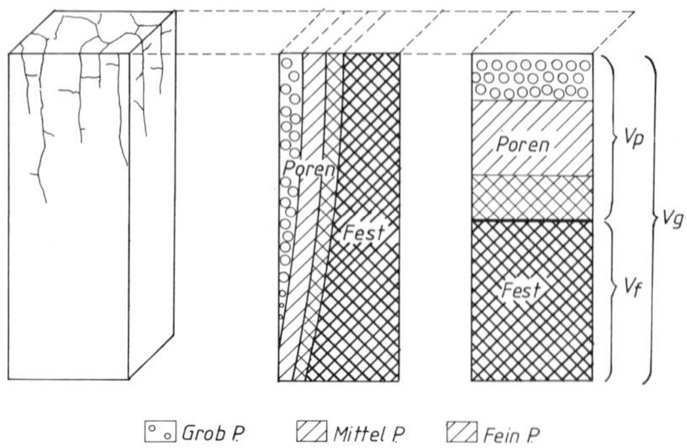

Abb. 79 Anteile des Porenraumes am Gesamtvolumen als Basis für die Berechnung von Porenvolumen (= Porosität) und Porenziffer; V_p = Volumen der Poren, V_f = Feststoffvolumen, V_g = Gesamtvolumen

2. Das Gefüge im Raum

Die Böden bestehen aus Körnern verschiedener Größe und Form, die ein gegebenes Volumen mit ihrer Masse nie vollständig ausfüllen. Die verschiedenen Ausfüllungsgrade kann man entweder durch den Anteil an Hohlräumen (= Poren) beschreiben oder durch die ebenfalls unterschiedliche Bodendichte (einschließlich der Poren). Da die Poren wechselnde Anteile an Wasser und Luft enthalten, werden Lagerungsdichten und Porenanteile, wenn nicht anders vermerkt, auf bei 105 °C getrockneten (= ofentrockenen) Boden bezogen.

a) Kennwerte des Bodengefüges

(1) Dichte des Bodens

Bezieht man die Masse an festen Bestandteilen (m_f) auf das gesamte Bodenvolumen (V_g), so erhält man eine Verhältniszahl d_B ($\triangleq \varrho_B$)

$$\frac{m_f}{V_g} = d_B \, [m \cdot l^{-3}], \qquad (1)$$

die als *Dichte des Bodens* oder *Bodendichte* bezeichnet wird. Andere Bezeichnungen sind Raumgewicht, Volumengewicht, scheinbare Dichte, Schüttgewicht oder Lagerungsdichte.

Von dem Begriff Dichte des (Gesamt-)Bodens d_B muß die *Dichte der festen Bestandteile* d_F unterschieden werden. Diese Dichte beträgt z. B. für Quarz 2,65, Tonminerale 2,2 – 2,9, Schwerminerale 2,9 – 4,0, Calcit 2,7, organische Substanz wie auch Rohhumus und Torf ≈ 1,4. Da der Quarz in der Regel den Hauptanteil der Festsubstanz bildet, kann für Böden mit geringem Gehalt an organischer Substanz eine mittlere Dichte von 2,65 angenommen werden. Ausnahmen sind Böden bzw. Bodenhorizonte mit höherem Gehalt an Schwermineralen wie z. B. Raseneisenstein oder an Carbonaten.

(2) Porenvolumen (PV)

Anstelle der Masse der festen Bestandteile kann auch das Volumen der Poren (V_p) auf das Gesamtvolumen (V_g) bezogen und als Prozentzahl ausgedrückt werden; man erhält dann das Porenvolumen, exakter den Porenanteil (Abb. 79).

$$PV = \frac{V_p}{V_g} \cdot 100 \qquad (2)$$

Das Porenvolumen wird auch als *Porosität* bezeichnet und als Bruch angegeben (z. B. 0,45 anstelle 45 %).

Die Aussage der beiden Kenngrößen d_B und PV ist identisch, wenn PV mit Hilfe von d_B und einem separat bestimmten Wert für die Dichte der Festsubstanz (d_F) errechnet wird. Für den Zusammenhang gilt:

$$PV = 1 - \frac{d_B}{d_F} \qquad (3)$$

Die Verwendung des Parameters „Porenvolumen" ist überall dort angebracht, wo Vorgänge beschrieben werden, die volumenabhängig sind, dieses selbst aber nicht verändern. Hierzu gehören unter anderem alle Vorgänge des Wasser-Luft- und Wärmehaushaltes.

In allen Fällen in denen Volumenveränderungen im Zentrum der Untersuchung stehen, ist dieser Parameter ungeeignet, weil die Bezugsbasis nicht konstant bleibt. Hier ist es notwendig, das Festsubstanzvolumen als Bezugsbasis zu nehmen.

(3) Porenziffer (PZ)

Die Porenziffer (ϵ) gibt den Volumenanteil der Poren (V_p) an, bezogen auf das Feststoffvolumen (V_f)

$$\epsilon = \frac{V_p}{V_f} \tag{4}$$

Da das Feststoffvolumen sich bei Lockerungs- oder Verdichtungsvorgängen nicht ändert, ist die Porenziffer bei der Untersuchung und Beschreibung von Gefügeänderungen gegenüber dem Porenvolumen (PV) oft vorzuziehen. Im Grundbau ist die PZ daher seit langem eine vielverwendete Größe.

Die Porenziffer ist mit dem Porenvolumen (PV) und der Lagerungsdichte (d_B) durch die folgenden Beziehungen verknüpft:

$$\epsilon = \frac{PV}{1-PV}; \ \epsilon = \frac{d_F}{d_B} - 1 \tag{5}$$

Wegen dieser Beziehungen ist mit der Angabe einer zweiten dieser Verhältniszahlen in den meisten Fällen keine zusätzliche Information gegenüber der Angabe nur einer Zahl verbunden.

b) Porenanteile in Böden

Die Größe des Porenvolumens (ebenso die der Dichte des Bodens und der Porenziffer) ist von Körnung und Kornform, dem Gehalt der Böden an organischer Substanz sowie von der Bodenentwicklung abhängig.

Betrachtet man als Ausgangspunkt eine *dichteste* Packung gleich großer Kugeln, dann findet man unabhängig von der Kugelgröße ein Porenvolumen von 26 %, eine Porenziffer von 0,35 bzw. bei Quarz eine Dichte der Lagerung von d_B = 1,96. Ist die Packung weniger gut geordnet, dann werden die erhaltenen Porenvolumina größer. So erhält man beim Einfüllen gleichgroßer Kugeln (z. B. Glasperlen) in ein Gefäß Porenvolumina von 38 – 42 % (d_B = 1,65 – 1,54). Im gleichen Bereich liegen die Porenvolumina bzw. die Bodendichten, die man in Sandböden unterhalb der A_h-Horizonte antrifft. Vergleicht man Packungen aus Kugeln verschiedener Größen, so nimmt das Porenvolumen ab, wenn die Unterschiede in den Kugelgrößen zunehmen. Abweichungen von der Kugelform, z. B. in Richtung auf blättchenartige Form bewirken meist eine Zunahme des Porenvolumens.

Im allgemeinen findet man eine Zunahme des Porenvolumens mit abnehmender Korngröße (Tab. 55), die teils auf zunehmende Abweichungen von der Kugelform, teils auf zunehmende Einflüsse von Oberflächenkräften zurückzuführen ist.

Tabelle 55 Schwankungsbereiche von Bodendichte, Porenvolumen und Porenziffer in Mineralböden (C-Gehalt ≤ 2 %)

Bodendichte (d_B) (g cm^{-3})	Porenvolumen (PV) (%)	Porenziffer (ε) (–)
S 1,16 – 1,7	56 – 36	1,27 – 0,56
U 1,17 – 1,63	56 – 38	1,27 – 0,62
L 1,20 – 1,80	55 – 30	1,22 – 0,54
T 0,93 – 35	65 – 35	1,85 – 0,54

Dies gilt in besonders hohem Maße für die feinste Korngrößenfraktion, den Ton. Wären seine meist blättchenförmigen Partikel in gleicher Richtung orientiert, so müßte sein Porenvolumen viel kleiner sein als das zwischen den kugelähnlichen Teilchen der Sande.

Tatsächlich findet man aber in den Tonböden fast stets größere Porenvolumina (s. Tab. 55). Dies beruht auf der ungeregelten kartenhausähnlichen Lagerung der Tonminerale, deren Oberflächenkräfte die massenbedingten Kräfte überwiegen. Frisch abgelagerte tonige Sedimente, bei denen die Zwischenräume der Teilchen mit Wasser gefüllt sind, haben Porenvolumina von 70 – 90 %. Die Salzkonzentration dieses Wassers sowie die Art der austauschbaren Kationen beeinflussen die Größe des Porenvolumens.

Dieses große Porenvolumen von Tonen ist jedoch nicht stabil. Rücken die Teilchen aneinander, wenn dem ganzen System Wasser entzogen wird oder wenn darüber lagernde Schichten sie zusammenpressen (s. Kap. XV 3 c, Schrumpfung), so vermindert sich das Porenvolumen bis auf 40 – 50 %. Auch in diesem Größenbereich ist das Porenvolumen von Tonböden jedoch nie so stabil wie das der Sandböden, sondern kann bei Wasserzufuhr wieder zunehmen.

Die Porenvolumina der meisten anderen Körnungsklassen wie z. B. der Schluffböden liegen zwischen denen der Sand- und der Tonböden (Tab. 55). Dies gilt vor allem für die landwirtschaftlich wichtigen Lößböden.

Die wesentlichsten Ausnahmen bilden Böden, bei denen die Zwischenräume zwischen großen Teilchen durch feinere weitgehend ausgefüllt werden können. Dies kommt z. B. in Geschiebelehmen vor, vor allem, wenn sie belastet worden sind (Stauchmoränen). Hier wurden Porenvolumina bis 26 – 30 % (d_B = 1,96 bis 1,78) festgestellt.

Das andere Extrem bilden Hochmoorböden mit einem Porenvolumen bis zu 90 % (d_B = 0,13) und Böden aus vulkanischen Aschen und Tuffen (Ando-Böden in Japan, Trumaos in Chile), die ebenfalls Porenvolumina von 70 – 80 % (d_B = 0,8 – 0,5) aufweisen.

Porenvolumen (PV) und Porenziffer (ϵ) können durch Probenentnahme mit Stechzylindern bekannten Volumens und getrennte Bestimmung der Volumenanteile von Wasser und Luft unter Verwendung der Gleichungen in Kap. a erfaßt werden. Das Volumen des Wassers erhält man durch Trocknen des Bodens bei 105 °C (Dichte des Wassers ≈ 1), das Volumen der Luft z. B. auf direktem Wege mittels Luftdruckpyknometer.

Die Bestimmungen können auch über die Lagerungsdichte und die Dichte der Festzubstanz erfolgen (s. Gleichungen in Abschnitt a und Lit.[18, 19]).

c) Porenformen

Die Form der Poren in einem Unterboden aus dichtest gepacktem Sand läßt sich durch ineinander übergehende Tetraeder und Oktaeder mit bauchig zur Porenmitte hin gebogenen Flächen beschreiben. Diese Poren nennt man *Primärporen* oder auch *körnungsbedingte Poren* (s. z. B. Abb. 74).

Im Bereich der Tonböden ist es schwierig, die Formen von Primärporen zu beschreiben, weil sie von der Orientierung der Tonblättchen (d. h. der Art der Kartenhausstruktur s. Abb. 73) und von dem gegenseitigen Abstand abhängig sind (Abb. 75 b u. 76).

Der Aufbau dieser Kartenhausstrukturen ist auch heute noch im einzelnen wenig bekannt. Er ist stark von der Zusammensetzung der austauschbaren Ionen, dem Salzgehalt der Bodenlösung und dem Ausmaß der maximalen früheren Entwässerung abhängig. Er ist in der Regel so empfindlich, daß alle Präparationen, die für Aufnahmen mit dem Rasterelektronenmikroskop notwendig sind, ihn verändern, und somit zu methodenbedingt unterschiedlichen Artefakten führen[20].

Neben diesen körnungsbedingten Poren gibt es im Boden auch noch eine andere Gruppe, die *Sekundärporen*. Zu ihnen gehören vor allem die spaltförmigen Schrumpfungsrisse sowie Wurzel- und Tierröhren (Wurmgänge), ferner unregelmäßige Hohlräume, die z. B. durch Lockern und Wühlen von Tieren, durch Baumwurf oder Bearbeitungsmaßnahmen entstehen.

Diese Sekundärporen zeichnen sich oft durch stark ausgeprägte Kontinuität und ihre im Vergleich zu den Primärporen meist bedeutende Größe (Äquivalentdurchmesser > 60 µm) aus. Ihr Anteil und ihre vertikale Länge üben oft einen starken Einfluß auf den Wasser- und Lufthaushalt des Bodens aus. Die Sekundärporen unterscheiden sich von den Primärporen weiterhin dadurch, daß sie relativ leicht zerstört werden können, z. B. durch Wasserüberschuß, Regenschlag, Pressungen durch Viehtritt oder Befahren.

Das Sekundärporensystem ist die Hohlformmatrix zu den Aggregaten. Die Intensität seiner Ausprägung ist daher auch durch die Art der Aggregate beschreibbar (s. Kap. XV 1 a). Sie nimmt im Profil in der Regel von oben nach unten ab. Dies äußert sich sehr deutlich in der Verteilung der Wasserleitfähigkeiten, bei der mit zunehmender Tiefe dann der Einfluß des Primärporensystems zunimmt (Abb. 100).

In Böden mit Aggregatstrukturen findet man also zwei Porensysteme, die einander durchdringen: ein gröberes Sekundärporensystem und ein feines Primärporensystem.

d) Porengrößenverteilung (Porung)

Wie die Körnung, so stellt auch die Porengrößenverteilung ein Kontinuum dar, das in konventionell festgelegte Bereiche unterteilt werden kann. Die in diesem Buch verwendete Einteilung geht auf Arbeiten von *F. Sekera* und *M. De Boodt* zurück und ist in Tab. 56 angegeben. Die Grenzen zwischen den Porengrößenbereichen sind an charakteristische Kennwerte

Tabelle 56 Einteilung der Porengrößenbereiche nach dem Porendurchmesser und der Wasserspannung (cm Wassersäule bzw. pF-Wert)

Porengrößenbereiche	Poren-durchmesser (µm)	Wassersäule (cm)	pF
Grobporen, weite	>50	1 – 60	0 – 1,8
Grobporen, enge	50 – 10	60 – 300	1,8 – 2,5
Mittelporen	10 – 0,2	300 – 15 000	2,5 – 4,2
Feinporen	< 0,2	>15 000	>4,2

des Wasserhaushaltes angelehnt. Die Äquivalentdurchmesser von 50 μm und 10 μm entsprechen der Entwässerungsgrenze bei verschiedenen Wasserspannungen der Feldkapazität (z. B. pF 1,8 und 2,5) (s. Kap. XVI) und 0,2 μm der Entwässerungsgrenze beim permanenten Welkepunkt (pF 4,2).

Aus dieser Einteilung ergibt sich, daß das Wasser in den Feinporen in der Regel nicht pflanzenverfügbar ist, in den Mittelporen ist es dagegen pflanzenverfügbar. Die Grobporen sind in terrestrischen Böden in der Regel wasserfrei, ihr Anteil ist daher für die Belüftung des Bodens ausschlaggebend. Die Porengröße ist auch für Wurzelwachstum und mikrobielle Aktivität wichtig, denn Wurzelhaare (Durchmesser > 10 μm) vermögen nur in Grobporen einzudringen, während Pilzmyzele (Durchmesser ≈ 3 – 6 μm) und Bakterien (Durchmesser 0,2 – 1 μm) auch noch in Mittelporen leben können. Die Feinporen sind für Mikroorganismen nicht zugänglich.

Neben den hier erwähnten gibt es noch andere Unterteilungen. So werden z. B. gelegentlich auch kapillare bzw. Mikro-Poren und nichtkapillare bzw. Makro-Poren unterschieden, jedoch besteht keine einheitlich festgelegte Grenze zwischen beiden Bereichen.

Die Porengrößenverteilung ist hinsichtlich der Primärporen von Körnung und Kornform und hinsichtlich der Sekundärporen vom Bodengefüge und damit von der Bodenentwicklung abhängig. Deshalb ist der Anteil an Grobporen in der Regel um so größer, je grobkörniger, d. h. je sand- oder kiesreicher die Böden sind. Der Anteil an Feinporen ist dagegen um so größer, je feinkörniger die Böden sind.

Wie Tab. 57. zeigt, ist der Anteil der Grobporen mit 30 ± 10 % bei den Sandböden am höchsten und sinkt mit dem Tongehalt der Böden. Bei Tonböden beträgt er manchmal nur 2 – 3 % und ist ebenso wie bei den Schluff- und Lehmböden entscheidend vom Gefüge abhängig. Dagegen besteht zwischen dem Anteil der Feinporen und dem Tongehalt eine enge Beziehung, die sich, wenn auch weniger stark ausgeprägt, im Porenvolumen widerspiegelt. Dieses kann bei frisch abgelagerten Tonen im Extrem 70 % und mehr betragen. Der Anteil der Mittelporen korreliert in der Regel am engsten mit dem Grobschluff (20 – 60 μm) und erreicht bei den Schluffböden (Lößböden) mit 15 ± 7 % ein Maximum. Die Beziehung zwischen den Grobporen und der Körnung ist nicht sehr eng, denn bei ihnen ist der kaum körnungsabhängige Sekundärporenanteil mit erfaßt.

Tabelle 57 Anteil des Porenvolumens und Volumens der Porengrößenbereiche am gesamten Bodenvolumen in Mineralböden (C-Gehalt < ≈2 %) und organische Böden

	Porenvolumen (%)	Grobporen (%)	Mittelporen (%)	Feinporen (%)
Sandböden	46 ± 10	30 ± 10	7 ± 5	5 ± 3
Schluffböden	47 ± 9	15 ± 10	15 ± 7	15 ± 5
Tonböden	50 ± 15	8 ± 5	10 ± 5	35 ± 10
Anmoor	70 ± 10	5 ± 3	40 ± 10	25 ± 10
Hochmoor	85 ± 10	25 ± 10	40 ± 10	25 ± 10

Ein zunehmender Gehalt der Böden an organischer Substanz führt besonders bei Sandböden zu einer Erhöhung des Anteiles der Mittel- und Feinporen, das Ausmaß ist von der Form und dem Zersetzungsgrad der organischen Stoffe abhängig (s. Abb. 91). Böden mit hohem Gehalt an organischer Substanz, vor allem Moorböden, haben meist sehr große Porenvolumina. Ihr Grobporenanteil sinkt, wenn der Zersetzungsgrad der organischen Substanz zunimmt, gleichzeitig steigt der Feinporenanteil an.

Die Porengrößenverteilung wird aufgrund der Wassergehalte für verschiedene Wasserspannungen errechnet. Hierfür benutzt man die Gleichung für den kapillaren Aufstieg:

$$r = \frac{2\gamma \cos \alpha}{h \varrho g} \qquad (6)$$

Hierbei bedeuten r den Kapillarradius, γ die Oberflächenspannung des Wassers, α den Benetzungswinkel, h die kapillare Aufstiegshöhe, ϱ die Dichte des Wassers und g die Erdbeschleunigung. Da die Formel streng nur für kreiszylindrische Poren gilt, wird ähnlich wie bei der Bestimmung der Korngrößen (s. Kap. III) ein Äquivalentdurchmesser definiert. Hierbei werden alle Poren erfaßt, deren kapillare Aufstiegshöhe gleich der in kreiszylindrischen Kapillaren mit dem Radius r ist.

Die kapillare Aufstiegshöhe (h) wird meist mit Hilfe des Druckes ($h \cdot \varrho \cdot g$) bestimmt, der notwendig ist, um diese Kapillaren zu entwässern. Im Prinzip handelt es sich dabei um die gleichen Methoden, wie sie zur Bestimmung der Bindungsstärke verschiedener Wasseranteile im Boden verwendet werden (vgl. Wasserspannungskurve). Die Umrechnung auf Kapillarradien setzt neben der Annahme kreisförmiger Menisken noch die Annahme voraus, daß der Boden ein starres Porensystem hat. Dies ist jedoch, von der Spannungssituation (s. Kap. XV 3) abhängig, nur bedingt der Fall. Da jedem Druck ein bestimmter Porendurchmesser zugeordnet werden kann, entspricht der Wasserverlust zwischen zwei Drücken dem Volumen eines bestimmten Porenbereiches. Drückt man den Druck als pF = log cm Wassersäule aus, so ergeben sich zwischen Porendurchmesser und pF die in Tab. 56 angegebenen Beziehungen[18, 19].

3. Spannungen und Verformungen

Veränderungen der Dichte des Bodens und daher auch des Porenvolumens oder der Porenziffer, sind eine Folge davon, daß das Volumen, das eine Masseneinheit festen Bodenmaterials einnimmt, von der Drucksituation der Umgebung abhängig ist. Diese Abhängigkeit ist kompliziert. Sie enthält alle drei Elemente der

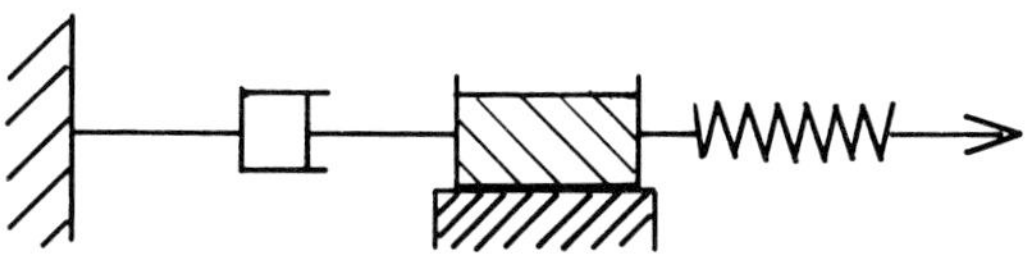

Abb. 80 Rheologisches Modell aus einem Stoßdämpfer (links), einem Schleifklotz (Mitte) und einer Feder (rechts) zur Darstellung des komplexen Verhaltens eines Bodens bei Verformung

Rheologie (die elastische Feder, den Gleitkörper, den Druckkolben), die in verschiedenen Kombinationen parallel und hintereinander angeordnet benutzt werden, um das Verhalten eines Bodens gegenüber einer Spannungsänderung zu beschreiben. Es existiert keine alle möglichen Fälle gleichzeitig abdeckende Kombination, aber schon ein einfaches Modell (Abb. 80) veranschaulicht die wichtigsten Reaktionsmechanismen. Es zeigt die elastische, die viskositätsbedingte sowie die plastische Komponente, deren Kombination vom Wassergehalt, Eigenschaften der festen Komponente und früheren Belastungen abhängig ist.

a) Kräfte an einem Korn

Auf jedes einzelne Primärteilchen im Boden wirken Kräfte von außen ein, die hier vereinfacht in vier Gruppen zusammengefaßt seien: die Gewichtskraft, Ko- bzw. Adhäsion, über benachbarte Festteilchen übertragene Kräfte (= Auflast), durch die Bewegung der Bodenlösung übertragene Kräfte (Strömungsdruck) (Abb. 81). Die dabei auftretenden Kombinationen von Richtung, Angriffspunkt und Größe ergeben ein Kräftesystem, dessen Resultierende für den in der Abbildung dargestellten einfachsten Fall eines ebenen zentralen Kräftesystemes Gegenkräfte mobilisiert, die für jede Kontaktstelle zwischen zwei Körnern in eine tangentiale

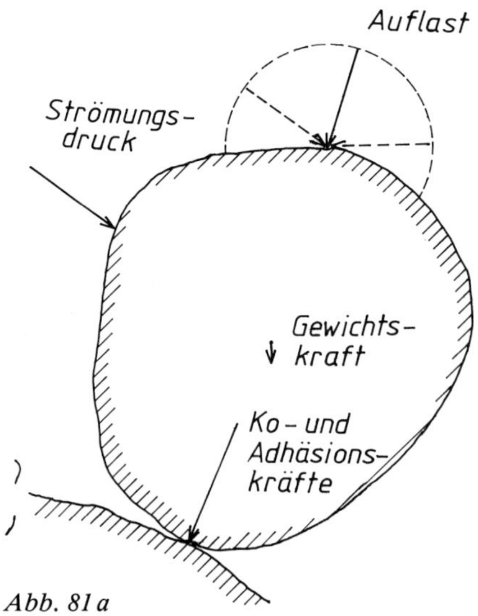

Abb. 81 a

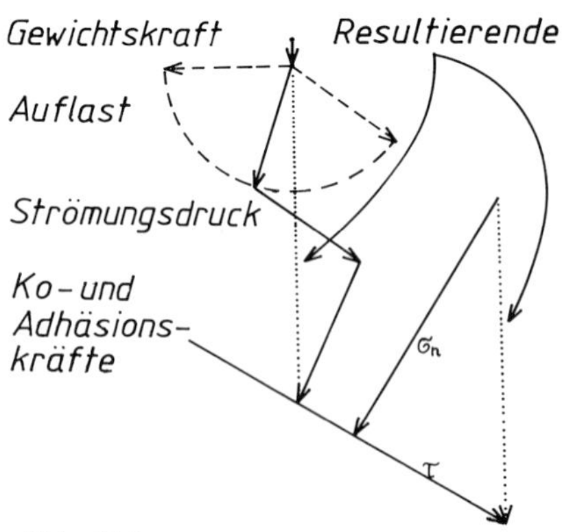

Abb. 81 b

Abb. 81 Schema der auf ein Bodenteilchen bzw. Aggregat einwirkenden Kräfte: Bildliche Darstellung (a) und Vektordarstellung (b)

und eine normale Komponente aufgeteilt werden kann. Je nach dem Ausmaß dieser mobilisierbaren Gegenkräfte ist das System bei Veränderungen jeder der beteiligten vier Komponenten entweder stabil oder nicht. Wenn eine Verschiebung der Körner gegeneinander zustande kommt, weil die Größe der mobilisierbaren Gegenkräfte überschritten wurde, dann ist damit in einem Boden in der Regel eine Volumenveränderung, und mithin eine Veränderung der Kontaktzahl der Körner verbunden.

Die Reaktionskraft (= Gegenkraft), die mobilisiert werden kann, besteht aus einer tangentialen Komponente (τ, Scherwiderstand) und einer normalen Komponente (σ), die an den Berührungsstellen der Partikel angreifen. Die letztere wird durch die angrenzenden Partikel aufgebracht. Sie ist daher eine Auflagerkraft (Widerlager).

b) Kräfte und Spannungen im Bodenverband

Die an jedem einzelnen Korn angreifenden Kräfte sind auch innerhalb des Gesamtverbandes eines Bodens wirksam. Ihr auf eine Flächeneinheit bezogener Anteil wird als Spannung bezeichnet, im Gegensatz zu einem von außen auf das System wirkenden Druck.

In bezug auf den Gesamtboden ist die Gewichtskraft die wichtigste Komponente. Sie ist gleichmäßig auf das Erdinnere gerichtet und führt dazu, daß jede horizontale Ebene in einem Profil unter Spannung steht, die durch das Gewicht des darüberliegenden Bodenpaketes verursacht wird. Da jede Last letztenendes von der darunterliegenden Zone getragen werden muß, wird diese zusammengepreßt und dabei gleichzeitig das Volumen – wegen der geringen Komprimierbarkeit der festen Teilchen also das Porenvolumen – verkleinert. Gleichzeitig wird die Anzahl der Kontakte mit den Nachbarkörnern für jedes einzelne Korn erhöht.

Die Gesamtlast auf jeder horizontalen Ebene im Bodenkörper wird, auf die Flächeneinheit bezogen, als Vertikalspannung bezeichnet (σ_Z). Sie ergibt sich aus der Tiefe (z), der Dichte des Bodens (d_B) und der Erdbeschleunigung (g)

$$\sigma_z = z \cdot d_B \cdot g \qquad (7)$$

(1) Die unbegrenzte Last

Das Gewicht der „hangenden" Bodenbereiche an jedem beliebigen Ausschnitt aus der horizontalen Ebene kann innerhalb der hier interessierenden Grenzen als gleich angenommen werden. Daher läßt sich das Verhalten durch den experimentell bestimmten Zusammenhang zwischen Last und Volumen darstellen, wenn seitliches Ausweichen unterbunden wird. Das geschieht durch den „einachsialen Druckversuch mit seitlich begrenzter Ausdehnung" (auch Verdichtungsversuch).

Das Ergebnis, die *Drucksetzungskurve* (auch Verdichtungskurve), ist abhängig von Reibung, Ko- und Adhäsionskräften in der festen Phase sowie von ihrer Beeinflussung durch den Wassergehalt. Sie ist daher ein Charakteristikum des Materials jeder Zone, also auch jeder Schicht bzw. jedes Horizontes (Abb. 82). Abgesehen von Materialeigenschaften gibt die Drucksetzungskurve auch Auskunft über die Belastungsgeschichte des untersuchten Bodens. Wenn eine Auflast nämlich teilweise entfernt wird, dann hebt sich die entlastete Bodenoberfläche zwar geringfügig um den Betrag der elastischen Verformung. Die plastische Verformung, die durch Verschiebung der Primärteilchen unter Erhöhung der Anzahl der Korn-Korn-Kontakte erfolgt ist, bleibt jedoch erhalten.

Man unterscheidet daher für die Bodenprobe und dementsprechend auch für jede Zone, bzw. jeden Horizont im Profil zwei Zustände: die *Normalverdichtung,* deren Komprimierungszustand der augenblicklich vorhandenen Auflast entspricht, und die *Überverdichtung*, bei der der Boden stärker komprimiert ist als es der zur Zeit der Bestimmung vorhandenen Auflast entspricht.

Einen „unverdichteten" Zustand gibt es in diesem Konzept nicht. Die Drucksetzungskurve

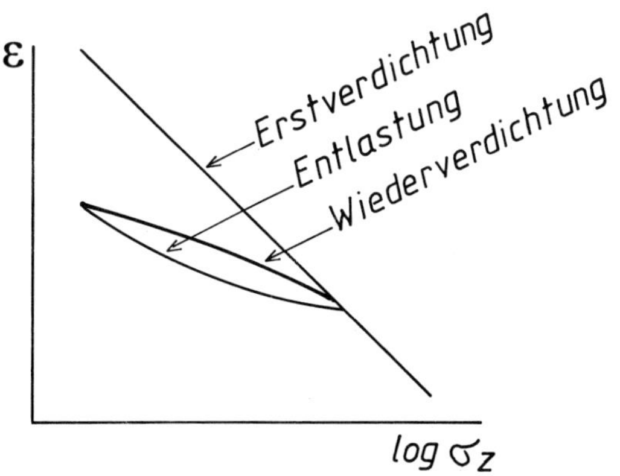

Abb. 82 Drucksetzungskurve einer Bodenprobe

zeigt Normalverdichtungen auf dem Erstverdichtungsast an, Überverdichtungen (auch Vorverdichtungen genannt) finden sich auf dem Entlastungs- und dem Sekundärverdichtungsast (Abb. 82). Je nach der Belastungsvorgeschichte kann dieser Ast bei verschiedenen vertikalen Spannungen in den Erstverdichtungsast einmünden. Die Spannung an der Einmündungsstelle gibt dann die höchste früher einmal eingetretene Belastung an. Da sie nicht immer aus dem Kurvenverlauf genau zu erkennen ist, sind zu ihrer Ermittlung verschiedene Techniken entwickelt worden (z. B. *Casagrande*)[21].

Veränderungen der Last wirken sich nicht nur auf die vertikale Spannungskomponente aus, sondern beeinflussen auch die anderen Richtungen im Boden. Dabei ist die Fortpflanzung bzw. Übertragung richtungsabhängig verschieden. Am geringsten ist die Spannungszunahme bei vertikaler Belastung in der horizontalen Ebene. Sie ist deutlich kleiner als in der Vertikalen.

Wird die vertikale Komponente verkleinert – z. B. durch Wegräumen einer Bodenschicht – dann vermindert sich auch die horizontale Spannung, aber nur um einen so geringen Betrag, daß der verbleibende Rest größer sein kann als die restliche Vertikalspannung. Eine solche Spannungsverteilung kennzeichnet den überverdichteten Zustand.

Dieser Zustand wird anschaulich durch die Möglichkeit, Boden in einem unten offenen Rohr (Stechzylinder) festzuklemmen, indem man ihn vor dem Anheben des Rohres von oben her verdichtet (Abb. 83). Die Ursache für dieses Verhalten liegt darin, daß beim Komprimieren infolge der Lastzunahme mehr Kraft auf alle Kontaktpunkte zwischen den Primärteilchen aufgebracht wird. Der dabei auch in der Horizontalen vergrößerte Kraftanteil kann nur wieder reduziert werden, wenn die Körner um den Betrag der plastischen Verformung bei der Belastung wieder angehoben werden, also wenn die durch die Belastung erzeugte Verformung (Verdichtung) wieder rückgängig gemacht wird.

Eine solche Lockerung, mithin also Anhebung, erfolgt nur durch Tiertätigkeit und Wurzeldruck (= Bioturbation), durch Baumwurf (Arboturbation)[22], durch Eisbildung und Tauen (Cryoturbation)[23], Quellung und Schrumpfung, oder schroffe Temperaturwechsel auf engem Raum[24] (s. Abschnitt 5 b[3]). Alle diese Vorgänge werden unter dem Begriff Pedoturbation[25] zusammengefaßt (s. auch Kap. XXVII 9). Im Bereich menschlicher Einwirkungen werden Lockerungen überwiegend durch Pflügen, Fräsen oder spezielle Untergrundlockerung[26] erzeugt.

(2) Die seitlich begrenzte Last

Einen Spezialfall im Drucksetzungskonzept für Böden bildet die seitlich begrenzte Last. Hierunter werden Lasten verstanden, die nur einen Teil der vorhandenen Bodenoberfläche abdekken. Zu diesen gehören Trittlasten von Mensch und Tier, Fahrlasten aber auch Fundamente von Gebäuden aller Art. Die seitlich begrenzte Last wurde schon früh für die mathematische Behandlung auf eine punktförmige Last reduziert (*Boussinesq*)[7].

In allen diesen Fällen entfällt die seitliche Ausdehnungsbegrenzung. Der Boden kann daher zur Seite ausweichen. Ob eine Last unter diesen Umständen getragen werden kann, hängt davon ab, ob die der Last innewohnende Kraft so auf die Berührungspunkte zwischen den Körnern verteilt werden kann, daß die Reaktionskräfte (Scherwiderstand und Auflagerkraft) ausreichen, um ein Versinken der Last zu verhindern.

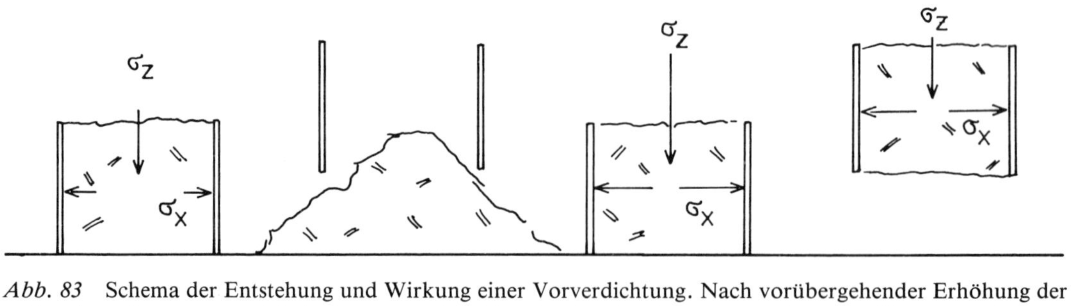

Abb. 83 Schema der Entstehung und Wirkung einer Vorverdichtung. Nach vorübergehender Erhöhung der senkrechten Spannung (σ_z) hält der irreversible Teil der Horizontalspannung (σ_x) den Boden im Behälter (Stechzylinder) fest

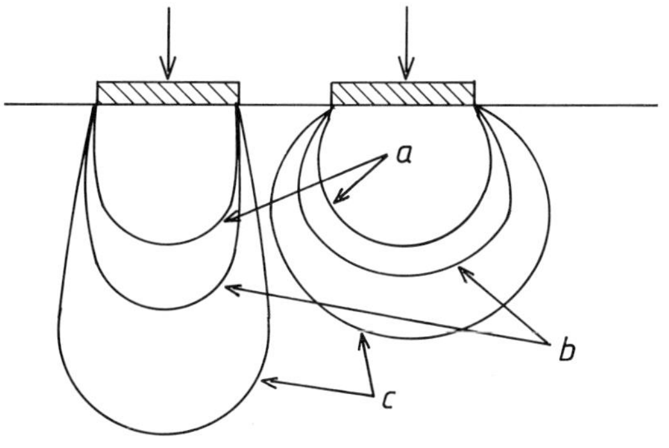

Abb. 84 Druckzwiebeln: Linien gleicher Vertikalspannung (a, b, c) in einem weichen (links) und einem harten Boden (rechts) (verändert nach *Söhne*)[27]

Je größer die Last und damit die Spannung im belasteten Bodenkörper ist, desto mehr Kontaktpunkte zwischen Körnern müssen wirksam werden, um die benötigte Tragfähigkeit herzustellen. Dies geschieht teilweise durch Verteilen der Kraft auf einen größeren Raum im Boden, teilweise durch Erhöhung des Widerstandes und damit der Kontaktzahl je Volumeneinheit durch lokale Verdichtung.

Die Verteilung und damit der Abbau der Spannung im Boden unter einer Last kann für eine Ebene durch eine Schar von Isolinien angegeben werden. Die dabei entstehenden „Druckzwiebeln"[27] (Abb. 84) geben je nach Anlage der Meßanordnung entweder die vertikalen Spannungskomponenten (σ_Z) oder die Hauptspannung ($\sigma_{1,3}$) wieder. Sie sind um so schlanker, d. h. reichen um so tiefer in den Boden hinein, je größer die Last im Vergleich zu den Reaktionskräften im Boden (Scherwiderstand und Auflagerkraft) ist. Die Zwiebelform zeigt an, daß sich die Spannungen um so enger unter der Last konzentrieren, je schwächer der Boden im Vergleich zur Last ist. Das Ausmaß wird durch Konzentrationsfaktoren beschrieben, die um so größer werden, je schlanker die Spannungs-Isolinien sind (Faktoren nach *Fröhlich*, *Newmark* u. a.)[7, 28].

c) Einfluß des Wassers

In Abb. 81 tritt der Einfluß des Wassers an drei Stellen stabilitätsbeeinflussend in Erscheinung: 1. Durch seine Bewegung als Überträger des Strömungsdruckes. Dieses Phänomen spielt in allen Böschungen und Hängen eine wichtige Rolle. Es wird in Lehrbüchern der Baugrundlehre eingehend behandelt[6]. 2. Bei vollständig wassergefülltem Porenraum (= wassergesättigter Zustand) durch den Auftrieb, der die Gewichtskomponente der festen Partikel beeinflußt. 3. Bei teilweise wassergefülltem Porenraum (ungesättigter Zustand) als Teil der Co- bzw. Adhäsionskräfte.

(1) Das Wasser als Spannungs- und Festigkeitskomponente

Betrachtet man eine gedachte Ebene durch einen Boden, dessen Porenraum teilweise mit Wasser gefüllt ist (ungesättigter Zustand), dann trifft man auf Flächenanteile aller drei Bodenkomponenten: Festpartikel, Wasserbrücken, Luftanteile (Abb. 85). Die Spannungen, die in dem dargestellten Bodenabschnitt herrschen, werden durch diese drei Phasen in unterschiedlichem Maße übertragen. Daher ist die gesamte Spannung vom Anteil der drei Komponenten abhängig. In dem Fall der in Abb. 85 betrachteten Ebene a – b wird eine Kraft (K) über die Fläche (F) somit durch die folgenden Komponenten übertragen:

$$K = p_F \cdot F_F + p_W \cdot F_W + p_L \cdot F_L \qquad (8)$$

wobei $p_{F,W,L}$ der Druck in den Festkörperanteilen, dem Wasser bzw. der Luft, und F die dazu gehörigen Flächenanteile sind.

Von diesen drei Komponenten können nur die Spannungen in der festen Phase bei Lastzunahme nennenswerten Scherwiderstand entwickeln. Die Spannungsanteile in den beiden anderen Komponenten fallen nicht ins Ge-

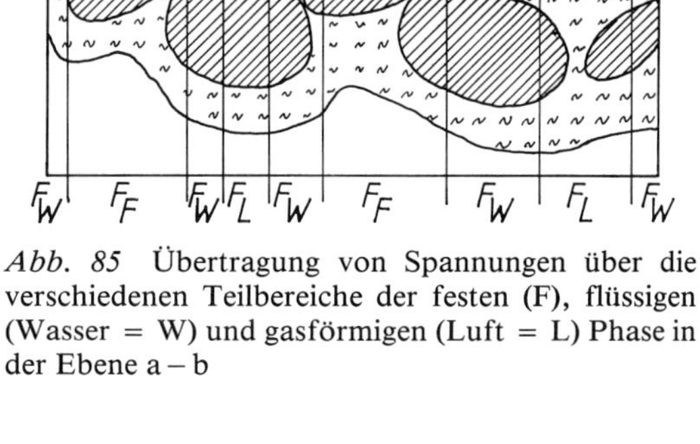

Abb. 85 Übertragung von Spannungen über die verschiedenen Teilbereiche der festen (F), flüssigen (Wasser = W) und gasförmigen (Luft = L) Phase in der Ebene a – b

wicht, wenn diese so schnell entweichen können, daß ruckartige Lastzunahmen in ihnen keine so starken Drucke entstehen lassen, daß die Verformung bzw. die Volumenverkleinerung verzögert wird, die zur Vergrößerung der Festigkeit in der Festphase nötig ist.

Die Auswirkung des Wasseranteils ist daher stabilitätsmindernd, wenn ein hydrostatischer Wasserdruck (p_W) entsteht, weil er die Gesamtspannung ($\frac{K}{F}$) erhöht ohne den scherwiderstandsgebenden Anteil ($p_F \triangleq \sigma'$) zu erhöhen. In der bodenmechanischen Literatur[6, 7] wird dies in folgender Formel dargestellt:

$$\sigma = \sigma' + u \qquad (9)$$

Hierbei ist σ die Gesamtspannung ($\frac{K}{F}$); σ' die wirksame Spannung (p_F) und u der Wasserdruck (p_W). Der Anteil der Luft wird meistens vernachlässigt. Er spielt in seltenen Fällen eine Rolle, wenn Luft eingeschlossen wird, z. B. durch Überstauungsbewässerung oder bei Schüttungen aus großer Höhe im Zuge von Rekultivierungen.

Wenn der Boden ungesättigt ist und das Wasser im Porenraum durch Menisken begrenzt wird, dann wirkt sich der Druck im Wasser stabilitätsfördernd aus, denn er ist bezogen auf das hydrostatische System im Boden negativ ($-u \triangleq \psi_m \triangleq$ Wasserspannung, Kap. XVI,2).

$$\sigma = \sigma' + \chi(-u) \qquad (10)$$

Das Glied χ berücksichtigt den Anteil des Wassers an der Gesamtfläche in der betrachteten Ebene.

Auch hier wirkt jede Verdichtung wasserdruckerhöhend, also indem sie die Wasserspannung vermindert. Der Boden erscheint somit nach der Komprimierung nasser.

Der stabilitätsmindernde Einfluß des Wassers tritt besonders deutlich in Erscheinung, wenn ein nahezu oder vollständig gesättigter Boden betreten oder befahren wird. Die Belastung ist dann so schnell, daß das Wasser nicht entweichen kann, um der festen Phase die für die Festigkeitserhöhung notwendige Verdichtung zu ermöglichen[29]. Dieses Phänomen, das im Prinzip dem „Aquaplaning" auf Straßen entspricht, führt zum Einsinken unter Verkneten. Dabei wird der Boden zur Seite hin zu einem Wall aufgetrieben, ohne verdichtet zu werden.

(2) Schrumpfung und Quellung

Schrumpfung und Quellung sind wie alle anderen Volumenveränderungen eine Folge von Veränderungen im Spannungssystem innerhalb des Bodenverbandes. An der Bodenoberfläche treten diese Veränderungen durch die mit ihnen verbundene Rißbildung in Erscheinung (s. Kap. XV 1 c). Der Komplex aus Erstschrumpfung, Rückquellung und Wiederschrumpfung gleicht in seinem Verlaufe den Erstverdichtungs-, Entlastungs- bzw. Wiederverdichtungsästen der Drucksetzungskurve (Abb. 82).

Die Spannungsveränderungen, die die Schrumpfung bzw. Quellung verursachen, sind durch Veränderungen des Wassergehaltes bedingt. Die ersten Schrumpfrisse in einem frisch abgelagerten, daher voluminösen Sediment bilden sich, wenn infolge Entwässerung in den Poren nach innen gekrümmte Menisken entstehen, die die Mineralteilchen zueinander ziehen.

Der Meniskenzug ist im Boden isotrop. In der Vertikalen addiert er sich daher zur lastbedingten Spannungskomponente. In der Horizontalen ist er jedoch der Spannung in der festen Phase (s. Abb. 83) entgegengesetzt gerichtet. Sobald der Meniskenzug stärker wird als die horizontale auflastbedingte Spannungskomponente, reißt die Bodenmatrix rechtwinklig zur Zugrichtung. Es entsteht dabei das Rissesystem, das in Abschnitt 1 c beschrieben wurde (s. Abb. 78).

Wenn ein geschrumpfter Boden wiederbewässert wird, dann werden die einwärts gekrümmten Menisken entlastet. Die Zugspannung läßt nach und je nach der dabei entstehenden Kräftekombination werden die Risse daher mehr oder weniger wieder zusammengedrückt. Eine vollständige Rückquellung bis zum Erreichen der Erstschrumpfungslinie (analog der Erstverdichtung in Abb. 82) wird jedoch ohne zusätzliche mechanische Arbeit nicht erreicht (vgl. Drucksetzungskurve).

Schrumpfung führt zu einer Festigkeitszunahme ebenso wie eine Volumenabnahme infolge Auflast. Da diese Festigkeitszunahme durch die Menisken bedingt ist, ist sie nur kontinuierlich, solange die Bodenmatrix wassergesättigt ist. Sobald das Korngerüst teilentwässert wird, weichen die Menisken in die Poren zurück und krümmen sich dabei immer stärker. Dadurch steigt ihre kontrahierende Wirkung und damit die Festigkeit der Matrix. Das gilt aber nur solange, wie die Abnahme der Kontraktion infolge Verkleinerung der druckübertragenden Wasserkontakte diese Wirkung nicht zunichte macht. Siehe hierzu Gl. 10 und 13 und Abb. 85.

Dieser Zusammenhang führt dazu, daß feuchte Sande nach anfänglichem Schrumpfen zerrieseln. Schluffe erreichen eine höhere Festigkeit beim Austrocknen. Die Einzelkörner lassen sich aber, wenn sie nicht sekundär durch verklebende Substanzen fixiert sind, durch Reiben leicht lösen. Tone erreichen eine hohe Festigkeit (luftgetrocknete Ziegel – Adobe).

Im Hinblick auf das Ausmaß der Volumenänderungen spielen Schrumpfung und Quellung eine um so größere Rolle, je feinkörniger bzw. je tonreicher ein Boden ist.

Unabhängig von den Spannungsänderungen läßt sich die Schrumpfung auch allein als Zusammenhang zwischen Volumenabnahme und Wasserabgabe auffassen. Dies entspricht z. B. dem Erstschrumpfungsvorgang frischabgelagerter ton- und schluffreicher Sedimente in Marschen und Auen.

Zunächst entspricht die Volumenabnahme des nassen Bodens dem Volumen des abgegebenen Wassers. Diese *Normalschrumpfung* hält so lange an, wie die Bodenteilchen noch die Möglichkeit haben, sich einander zu nähern. Ist die weitere Annäherung behindert weil die Teilchen sich bereits berühren oder weil Hydratationshüllen durch die vorhandenen Kräfte nicht verdrängbar sind, so wird die Abnahme des Bodenvolumens kleiner als das Volumen des abgegebenen Wassers. Dieser Bereich der Volumenänderung wird als *Restschrumpfung* bezeichnet. Die Restschrumpfung ist an der zunehmend helleren Farbe des Bodens zu erkennen, die auf dem Eindringen von Luft beruht. Würde in einem Boden keine Restschrumpfung auftreten (s. gestrichelte Linie in Abb. 86), so müßte das Bodenvolumen so weit abnehmen, daß das bei vollständiger Entwässerung verbleibende Volumen nur der Festsubstanz zuzuschreiben wäre. Dies wäre in Abb. 86 bei einem

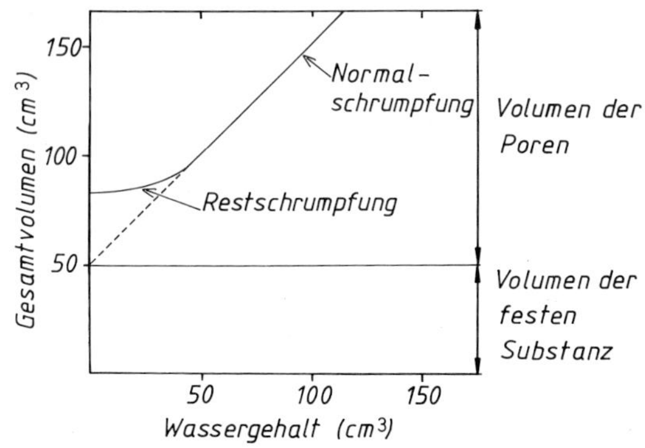

Abb. 86 Schematische Darstellung der Schrumpfung eines Bodens; Änderung des Gesamtvolumens in Abhängigkeit vom Wassergehalt

Gesamtvolumen von 50 cm³ der Fall. Die Differenz zu dem tatsächlich erreichten Volumen (hier etwa 80 cm³) entspricht somit dem Porenvolumen.

Die Ursache für die Schrumpfung ist der Wasserverlust und die durch die Oberflächenspannung des Wassers bedingte Kontraktion, die wirksam wird, sobald die Menisken zwischen den Bodenteilchen sich infolge Wasserverlustes in die Poren hineinkrümmen. Luft- und Wasserdruck beiderseits eines gekrümmten Meniskus sind aber nicht gleich, sondern der Druck über der konkaven Seite ist größer. Der Unterschied zwischen Luftdruck (p_L) und Wasserdruck (p_W) beiderseits eines Meniskus in einer kreisförmigen Pore ist vom Radius (r) der Pore und der Oberflächenspannung des Wassers (γ) abhängig gemäß

$$p_L - p_W = \Delta p = \frac{2\gamma}{r} \quad (11)$$

Die kontrahierende Kraft (K)

$$K = \Delta p \cdot F \quad (12)$$

(F = wirksame Fläche) nimmt mit zunehmender Meniskenkrümmung, also mit abnehmender Porengröße bzw. zunehmender Annäherung der Teilchen zu, solange die Menisken noch nicht in die Zwischenräume zwischen den Bodenteilchen hineinrücken (Normalschrumpfung). Wenn die Entwässerung soweit fortgeschritten ist, daß zwischen zwei Partikeln nur noch ein ringförmiger Wassermeniskus vorliegt (Restschrumpfung), tritt anstelle der oben angeführten Gleichung:

$$K = F \cdot \gamma \left(\frac{1}{r_1} - \frac{1}{r_2}\right) \quad (13)$$

weil in dem ringförmigen Wasserkragen die Richtungen beider Krümmungen verschieden sind.

Da die Oberflächenspannung des Wassers nur eine kontrahierende Kraft liefert, ist die durch sie hervorgerufene Schrumpfung nur reversibel, wenn ein oder mehrere andere Mechanismen die Partikel wieder auseinandertreiben. Dieses Quellen ist eine Folge der Wasseranlagerung an Mineraloberflächen und adsorbierten Kationen und daher im Prinzip eine Vorstufe der Dispergierung[30]. Da die Tonfraktion die größte Oberfläche im Boden und den überwiegenden Teil der austauschbaren Kationen aufweist, ist die Quellung um so stärker, je tonreicher ein Boden ist. Innerhalb der Tonminerale sinkt das Quellvermögen infolge abnehmender Oberfläche in der Reihenfolge Smectit ≈ Vermiculit > Illit > Kaolinit.

Die Hydratationsfähigkeit der adsorbierten Kationen übt ebenfalls einen starken Einfluß auf das Quellvermögen aus, und zwar sinkt die Quellung in der Reihe $Na^+ > Ca^{2+} > Al^{3+}$. Die Quellung wird durch Abnahme der Salzkonzentration in der Bodenlösung gefördert, weil dadurch die Hydratation der adsorbierten Kationen verstärkt wird. Substrate, die infolge geringer Lagerungsdichte viel Raum für adsorbiertes Wasser haben und solche, die nur eine geringe Oberfläche aufweisen, können auch nicht quellen. Dies kann man gelegentlich an geschrumpften frischen Ablagerungen aus schluffreichem Material (Löß) und an organischen Sedimenten wie Gyttjen und Mudden feststellen.

Stabilisierung eines Bodengefüges ist gleichbedeutend mit einer Abnahme des Quellvermögens.

Es gibt eine ganze Anzahl von Stoffen (s. Kap. XV 4 b), die eine Wasseranlagerung oder die hierfür platzschaffende Verschiebung der Tonteilchen gegeneinander stark behindern. Darüber hinaus ist die für eine Quellung notwendige Wasseraufnahme des Bodens durch die Dichtlagerung im geschrumpften Zustand behindert, weil in diesem Zustand die Wasserleitfähigkeit des Bodens gering ist[31]. Daher ist eine volle Rückquellung auf das ursprüngliche Volumen bei terrestrischen wie auch bei semiterrestrischen Böden unter natürlichen Bedingungen selten. Am ehesten kommt es vor bei montmorillonitreichen Böden (z. B. Vertisolen) und bei Böden mit hoher Na-Sättigung (Solonetze). Auch Gilgai und Crabholes entstehen im Zusammenhang mit dem Wechsel von Quellung und Schrumpfung[32] (s. dort).

Wie groß die Bedeutung des Zeitfaktors für die Rückquellung ist, wird bei Marschböden deutlich, bei denen nach einer sommerlich starken und tiefen Austrocknung die Rückquellung bis zur nächsten Vegetationsperiode noch so gering ist, daß die noch vorhandenen Sekundärporen besonders hohe Erträge ermöglichen[33, 34]. Der Quellungszustand eines Tonbodens steht daher in der Regel nicht im Gleichgewicht mit dem Wasserangebot, sondern ist von der stärksten vorangegangenen Schrumpfung und der Dauer des späteren Wasserangebotes geprägt. Hiermit hängt zusammen, daß viele terrestrische Tonböden bei Beginn einer Entwässerung zunächst wenig schrumpfen. Eine stärkere Schrumpfung, die unter Umständen die Normalschrumpfung erreicht, tritt erst auf, wenn der ehemals höchste Entwässerungszustand unterschritten wird[35]. Wird die Quellung als Folge der Wasseraufnahme behindert, so baut sich ein Quellungsdruck auf. Dies ist z. B. in tieferen Bodenschichten die Regel, in denen Quellung nur durch Anhebung der darüberliegenden Bodenschichten möglich ist.

Der Quellungsdruck ist bei hoher Na-Sättigung höher als bei hoher Ca-Sättigung.

Mit zunehmendem Wassergehalt nimmt der maximal mögliche Quellungsdruck stark ab. Wesentliche Ursachen für den Quellungsdruck im Bodenprofil sind neben der Auflast darüberliegender Schichten die Scherwiderstände der Umgebung. So konnten an kleinen Bodenproben größere Quellungsbeträge beobachtet werden als an größeren.

Unter Freilandbedingungen wurden in Böden Mitteleuropas Quellungsdrücke von 2 MPa kaum überschritten. Bei nassen Böden liegen die Werte niedriger. Die starken Anlagerungskräfte bei der Adsorption der ersten monomolekularen Wasserfilme auf Mineraloberflächen erzeugen nur einen geringen Quellungsdruck, weil bei den vorkommenden geringen Lagerungsdichten für die Auffüllung dieser Filme keine raumbedingten Widerstände entstehen. Die stärkste Auswirkung der Quellungsdrücke auf das Bodengefüge tritt bei dem sogenannten Selbstmulcheffekt smectitreicher Vertisole auf (s. Kap. XXVII 1).

4. Stabilität des Bodengefüges

a) Grundkonzept

Als stabil wird ein Bodengefüge bezeichnet, bei dem sich die Lage der Primärteilchen gegeneinander bei einer Spannungsveränderung nicht verschiebt.

Diese allgemeine Aussage umfaßt vor allem das Verhalten gegenüber Gefügeänderungen, die entstehen, wenn Aggregatstrukturen zerstört werden, die auf Kulturflächen durch Bearbeitungsmaßnahmen hergestellt wurden (Saatbettbereitung). In diesen Fällen wird von einer Aggregatstabilität oder einer Wasserstabilität gesprochen, weil die Zerstörung meistens eine Folge von Regenschlag ist.

Verhalten gegenüber Gefügeveränderungen als Folge von spannungsbedingten Verformungen des gesamten Bodenverbandes fallen aber ebenso unter den Begriff der Stabilität (Strukturstabilität).

Diese sehr unterschiedlichen Aspekte haben zur Folge, daß ebenfalls sehr verschiedene empirische Methoden entwickelt wurden, die die grundsätzliche Gemeinsamkeit nicht mehr erkennen lassen.

Die Gemeinsamkeit besteht darin, daß die Stabilität – also die Erhaltung einer gegebenen Lagerung – davon abhängig ist, ob die Gegenkräfte, die ein Bodengefüge gegenüber einer belastenden Kraftwirkung mobilisieren kann, eine ausreichende Größe erreichen, um eine plastische Verformung zu verhindern (s. Abb. 81).

Die Stabilität eines körnigen bzw. aggregierten Körpers wird durch die Scherparameter in der Coulombschen Gleichung allgemeingültig beschrieben:

$$\tau = \text{tg}\,\varphi \cdot \sigma_n + c \qquad (14)$$

Hierbei ist τ der Scherwiderstand, σ_n die Normalspannung, φ der Winkel der inneren Reibung und c die Kohäsion. Der Scherwiderstand ist diejenige Reaktionskraft, die der Boden bei Beanspruchung mobilisieren kann. Wird sie soweit überschritten, daß Bruch und Gleiten eintreten, dann wird der Boden als instabil gegenüber der Beanspruchung angesehen.

Die Gleichung zeigt, daß die Stabilität von zwei Bodeneigenschaften (φ, c) abhängig ist und darüber hinaus von der Normalspannung auf die Berührungsstelle der Körner. Diese ist von dem Verdichtungszustand abhängig, in dem die zu messende Scherbeanspruchung stattfindet. Die Scherbeanspruchung ist die entscheidende Größe für die Stabilität, weil in einem räumlichen System ein Korn an nur einer einzigen Berührungsstelle mit einem Nachbarkorn schubspannungsfrei eine Kraft übertragen kann.

An allen anderen Berührungsstellen tritt Scherbeanspruchung auf, wird also auch Scherwiderstand mobilisiert.

b) Stabilisierende Stoffe

Die Stabilität des Bodengefüges und damit vor allem auch die Stabilität der Sekundärporen wird durch verschiedene Stoffe mit verklebender Wirkung gefördert, wie organische Stoffe, Aluminium- und Eisenoxide, $CaCO_3$ u. a. Ihre verklebende Wirkung ist besonders für die oberen Bodenhorizonte wichtig, weil hier die Bodenteilchen leichter gegeneinander verschiebbar sind als im C-Horizont und weil der Boden hier besonderen Beanspruchungen durch Regenschlag, Bearbeitung und Befahrung ausgesetzt ist. Die Wirkung verklebender Stoffe

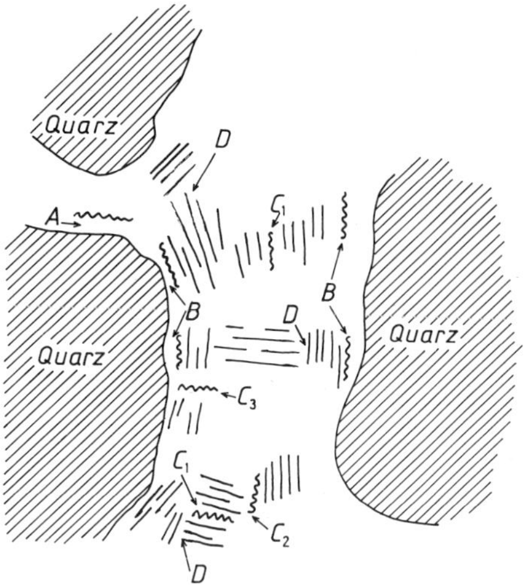

A. Quarz — org. S. — Quarz B. Quarz — org. S. — Tonmineral
C. Tonmineral — org. S. — Tonmineral
(C_1: Fläche — Fläche, C_2: Kante — Fläche, C_3: Kante — Kante
D. Tonmineral — Tonmineral (Kante — Fläche)

Abb. 87 Modell der Anordnung von Tonmineralpaketen, organischer Substanz und Quarz in einem Bodenkrümel (n. *W. W. Emerson*)

kann als eine Erhöhung des Scherwiderstandes sowohl zwischen den Primärteilchen als auch zwischen den Aggregaten aufgefaßt werden. Die verschiedenen Möglichkeiten der Verklebungen von Einzelteilchen zu Aggregaten sind in Abb. 87 schematisch dargestellt.

(1) Einfluß von organischen Stoffen

Organische Stoffe haben einen sehr starken Einfluß auf die Stabilität der Aggregate in Oberböden. Dies äußert sich z. B. darin, daß die stabilsten Aggregate meist einen höheren C-Gehalt aufweisen als der übrige Teil eines Bodens und daß bei langjähriger organischer Düngung der Anteil größerer Aggregate (> 0,5 mm) steigt (Tab. 58).

Die in Form von *Vegetationsrückständen* und *organischer Düngung* den Böden zugeführten organischen Stoffe begünstigen die Aggregatbildung auf indirektem Wege, indem sie die mikrobielle Aktivität erhöhen. Die hierbei als Zwischenprodukte beim mikrobiellen Abbau und als Stoffwechselprodukte der Mikroorganismen (Schleimstoffe) auftretenden organischen Verbindungen – hauptsächlich Polysaccharide und Polyuronide – haben teilweise die Eigenschaft, anorganische Teilchen zu verkleben. Da aber auch diese Verbindungen nicht resistent sind und von den Mikroorganismen wie-

Tabelle 58 Wirkung einer kombinierten Gründüngung (Süßklee) und Stallmistdüngung auf die Bildung wasserstabiler Aggregate bei einem Lehmboden, Versuchsdauer 20 Jahre, Düngung im Abstand von 2 Jahren[36]

Durchmesser der Aggregate (mm)	wasserstabile Aggregate ohne Düngung (%)	mit Düngung (%)
>4	8,2	20,8
4 – 2	7,6	12,0
2 – 1	9,3	11,8
1 – 0,5	12,4	15,8
0,5 – 0,25	23,7	17,5
0,25 – 0,10	4,1	2,5
>0,5	37,5	60,4
>0,10	65,3	80,4

der abgebaut werden, ist ihre Wirkung nur von kurzer Dauer.

Die Wirkung der organischen Stoffe ist jedoch nicht auf die Aggregatbildung im engeren Sinne des Wortes begrenzt. In Sandböden ist schon eine Einlagerung von wenigen Prozenten organischer Stoffe mit einer Erhöhung des Scherwiderstandes verbunden. Daher ist es möglich, in den oberen Bodenhorizonten eine geringere Lagerungsdichte aufrechtzuerhalten als im C-Horizont[36]. Die Scherwiderstände bei einer gegebenen Auflast korrelieren dann mit den Porenvolumina. Die mehrere Jahre anhaltende Stabilisierung des Bodengefüges von Ackerböden nach einer Grünlandnutzung dürfte hierin ihre Ursache haben.

Da die organischen Stoffe auch den kleineren *Bodentieren* als Nahrung dienen, hat ein hoher Gehalt des Bodens an diesen Stoffen auch einen hohen Besatz an kleineren Tieren, vor allem Regenwürmern, zur Folge. Die Kotaggregate dieser Tiere sind durch die gleichzeitige Aufnahme organischer und anorganischer Stoffe sowie die mechanische Durchmischung im Darmtrakt sehr resistent gegenüber der verschlämmenden Wirkung des Wassers. Hohe Anteile an organischer Substanz können nicht nur stabilisierend sondern auch abdichtend und somit stauend wirken[37].

Auch *Pilzmycele*, *Bakterienkolonien* und *Haarwurzeln* haben eine aggregierende Wirkung (Lebendverbauung nach *F. Sekera*), (Abb. 77). Da sie nur eine kurze Lebensdauer haben, sind die auf diese Weise gebildeten Aggregate nur so lange beständig, wie die Lebenstätigkeit der Organismen anhält. Ein laufender Anfall von Vegetationsrückständen bewirkt daher eine ständig hohe biologische Aktivität und Aggregatstabilität. Dies ist z. B. bei geschlossener Pflanzendecke, vor allem bei Grünland, infolge der stetigen Nachlieferung absterbender Pflanzenteile der Fall.

(2) Einfluß von Eisen- und Aluminiumoxiden[37]

Eisen- und Aluminiumoxide können andere Bodenteilchen miteinander verbinden. Hierbei entstehen entweder Aggregatgefüge, die aus kleinen (mm-Bereich), locker gelagerten Aggregaten bestehen oder, bei stärkerer Fe- und Al-Zufuhr, harte, zementierte Formen wie die mehr oder weniger abgerundeten Konkretionen im mm- bis cm-Bereich oder ganze Anreicherungshorizonte wie die Raseneisensteine und Lateritkrusten (engl. Ferricrete). Aus ihrem Gefüge kann man schließen, daß Fe und Al in die Poren und besonders die Kontaktstellen der Bodenpartikel einwandern, dort als Oxide auskristallisieren und so große Kontaktflächen zu den Bodenteilchen ausbilden, die den festen Zusammenhalt begründen (*Zementation*).

Die Bildung kleiner, locker gelagerter Aggregate wird meistens auf elektrostatische aber auch auf nicht-elektrostatische Wechselwirkung zwischen den sehr kleinen positiv geladenen Oxidteilchen und den negativ geladenen Tonmineralen zurückgeführt (*Aggregation*). Solche Aggregate lassen sich im Labor um so eher synthetisieren, je kleiner die Oxidteilchen sind und je tiefer der pH-Wert liegt, da mit sinkendem pH die positive Ladung des Oxids ansteigt.

Ergebnisse aus Böden über die Rolle der Oxide sind widersprüchlich. Zum Teil ließen sich Aggregate zerstören, wenn man die Fe-Oxide differentiell herauslöste, z. T. nicht, z. T. waren es andere Komponenten, deren Beseitigung hierzu ausreichte. Die chemische und elektronenmikroskopische Analyse von Fe-Oxid-kaolinitischen Böden zeigt, daß neben Fe-reichen, kaolinithaltigen Mikroaggregaten $< 2\,\mu m$ sowohl Fe-Oxid-freie Kaolinitteilchen als auch praktisch nur aus Fe-Oxiden bestehende Aggregate auftreten[38, 39]. Da die Fe-Oxide, aber auch die Tonminerale meist Teilchen $< 0{,}05\,\mu m$ bilden, bestehen solche Aggregate immer noch aus mehreren hundert Einzelkristallen.

(3) Einfluß von Kationenbelag, $CaCO_3$-Gehalt und pH

Der Einfluß der austauschbaren Kationen auf die Gefügestabilität beruht auf ihrer Beeinflussung der Flockung und Peptisation (s. dort).

Dieser Einfluß kann jedoch in Böden nicht getrennt vom Salzgehalt der Bodenlösung betrachtet werden, da der zur Erhaltung des geflockten Zustandes erforderliche Salzgehalt in enger Beziehung zur Art der austauschbaren Kationen steht. Dieser Salzgehalt kann zur Verhinderung der Verschlämmung und damit zur Stabilisierung des Aggregatgefüges in Böden um so geringer sein, je stärker das Flokkungsvermögen der austauschbaren Kationen ist. Dieses steigt in der Reihe Na < Ca < Al. Aus diesem Grunde liegen Böden mit hoher *Na-Sättigung* nur dann in geflocktem Zustande vor, wenn sie eine erhebliche Menge an leicht löslichen Salzen enthalten, wie z. B. junge Marschen oder Salzböden. Werden die Salze ausgewaschen, so zerfallen Aggregate, und Sekundärporen verschwinden, wie dies z. B. bei der Umwandlung von Salznatriumböden in Natriumböden der Fall ist.

Bei hoher *Ca-Sättigung* ist der zur Erhaltung des geflockten Zustandes notwendige Salzgehalt wesentlich niedriger als bei hoher Na-Sättigung (s. Kap. XIV 2a). In diesen Böden wird die Salzkonzentration der Bodenlösung im wesentlichen durch Ca-Salze bestimmt. Deren Konzentration steigt mit der Ca-Sättigung eines Bodens, dem CO_2-Partialdruck der Bodenluft und der Zufuhr starker Säuren durch die Niederschläge. Sie erreicht in $CaCO_3$-haltigen Böden bei hoher biologischer Aktivität ein Maximum. $CaCO_3$ kann außerdem auf die Aggregatstabilität noch dadurch wirken, daß es Primärteilchen verkittet.

Eine hohe Ca-Sättigung wirkt sich außerdem noch in einer erhöhten Aggregatstabilität infolge Bildung von Ca-Brücken zwischen den Bodenkolloiden aus, sowie indirekt durch eine Erhöhung der biologischen Aktivität. Sinkt die Ca-Sättigung, so kann infolge des nunmehr beginnenden stärkeren Aggregatzerfalls sogar eine Tonverlagerung eintreten.

Eine wesentliche Wirkung des CaO bei Tonböden besteht darin, daß die Umsetzung zu $Ca(OH)_2$ dem Ton Wasser entzieht. Die dadurch hervorgerufene „Trocknung" geht wieder verloren, wenn infolge von CO_2-Zutritt $CaCO_3$ gebildet wird und das freiwerdende Wasser sich wieder in der Matrix verteilen kann. Mit dem Wiederfreiwerden von Wasser geht der größte Teil der Stabilisierung wieder verloren. Die $CaCO_3$-Kristalle wirken dann auf der Oberfläche der Tonaggregate wie Quarzkörner der gleichen Fraktion. Sie ermöglichen bei Komprimierung des Aggregates dem entweichenden Wasser, einwärts gerichtete Meniskenkrümmungen aufrecht zu erhalten (vgl. Gl. 10 u. 12). Dadurch bleibt der kontrahierende Meniskeneffekt länger erhalten als auf einer feinporigen, makroskopisch glatten Aggregatoberfläche[40].

Im natürlichen Bodenverband eines Tones kann bis zur Nachlieferung von ausreichenden CO_2-Mengen längere Zeit vergehen. So lange ist die „Trocknungs"-Stabilisierung wirksam.

Unterhalb pH 5 steigt bei Mineralböden die *Al-Sättigung*. Infolge der hohen aggregierenden Wirkung der Al-Ionen ist die Gefügestabilität in stark sauren Lehm- und Tonböden meist besser als in Böden hoher Ca-Sättigung. Da eine hohe Al-Sättigung jedoch für das Pflanzenwachstum schädlich ist, kann der stabilisierende Al-Einfluß praktisch nicht ausgenutzt werden.

(4) Einfluß von anorganischer Düngung

Die leicht löslichen anorganischen Dünger wirken z. T. direkt auf die Gefügestabilität ein, indem sie den Salzgehalt der Bodenlösung erhöhen. Darauf beruht z. B. der günstige Einfluß hoher Gipsgaben (25 – 50 dt/ha) auf das Gefüge mancher Lehm- und Tonböden. Die indirekte Wirkung anorganischer Dünger beruht auf der Ertragssteigerung und damit auf der Erhöhung der Vegetationsrückstände und der biologischen Aktivität.

(5) Einfluß von synthetischen Stabilisatoren

Das Bodengefüge kann auch durch synthetische Verbindung stabilisiert werden[38, 42]. Diese vermögen infolge reaktionsfähiger Gruppen (COOH, OH, NH_2) Mineralteilchen in ähnlicher Weise zu verkleben, wie die von Mikroorganismen gebildeten Polyuronide und Polysaccharide. Von den zahlreichen Verbindungen, die für die Stabilisierung verwendet werden, sind Derivate der Polyacrylsäure und der Polyvinylsäure bekannt. Synthetische Stabilisatoren werden z. B. angewandt zur Erhaltung eines vorbereiteten Saatbettes und zur Festigung erosionsgefährdeter Bodenoberflächen, wie z. B. Sanddünen.

c) Verschlämmung, Verknetung und Krustenbildung[41]

Die durch Bearbeitung hergestellte Aggregierung einer Bodenoberfläche hat eine besonders lockere Lagerung. Wenn sie ohne zwischenzeitliches Überrollen durch Traktorräder nach dem Pflügen hergestellt wurde, kommt ihr Zustand einer Normalverdichtung sehr nahe.

Unter diesen Umständen ist die Lagerung gegenüber jeder Belastung sehr empfindlich. Dies gilt vor allem, wenn die Belastung im nassen Zustand erfolgt, oder, wie der Schlag von Regentropfen, mit Wasserzufuhr verbunden ist. Die Wirkung der Regentropfen ist vor allem bei kleinen Aggregaten groß, weil die Wassermenge eines Tropfen die Wasserspannung in einem freiliegenden Aggregat viel stärker herabsetzt, als in einem geschlossenen Bodenverband. Schon große Klumpen bzw. Aggregate sind in dieser Hinsicht viel weniger gefährdet.

Der Regenschlag liefert somit sowohl das zusätzliche Wasser, als auch die mechanische Beanspruchung; beides erforderlich, um lokales Quellen bis hin zur Dispergierung zu ermöglichen. Die entstehende Suspension sickert in den Untergrund, wobei die Festpartikel abgefiltert werden und eine dicht lagernde Sedimentationsschicht bilden, die die weitere Infiltration hemmt. Dieser Vorgang wird Verschlämmung genannt. In ihrem Verlaufe wird die Nässe der noch unversehrten Aggregate immer größer und ihre Stabilität damit immer kleiner. Bei geneigter Bodenoberfläche setzt Oberflächenabfluß und damit Erosion ein.

Der gleiche Verschlämmungseffekt tritt auf, wenn bei nassem Boden eine andere mechanische Belastung, z. B. Treten oder Fahren, die notwendige Bewegung der Teilchen erzeugt. Auch hier ist eine Homogenisierung die Folge, damit Verminderung der Infiltrationsfähigkeit. Im Gegensatz zum Regenschlag, der nur auf die allerobersten Aggregate wirkt, entsteht durch die tiefer wirkende Knetung jedoch keine Kruste.

Verknetungen entstehen auch bei Bearbeitungen unter Bedingungen, die im Bodenwasser bei der erzwungenen Verformung positive Wasserdrücke entstehen lassen (glänzende Schmierzonen) (s. Gl. 9 u. 10).

In Abwesenheit menschlicher Eingriffe entstehen homogenisierende Verknetungen durch Windbeanspruchungen von Bäumen[44], auf Wildwechseln und an Wasserstellen durch das Treten der Tiere.

Auf Ackerböden gebildete Krusten hemmen, wenn sie durch Austrocknung hart werden, die Keimung von Kulturpflanzen. Sie beeinträchtigen die Belüftung des Boden und sind oft auch ein mechanisches Hindernis für die Keimlinge. Dies gilt vor allem, wenn sie nur wenige weit auseinanderliegende Schrumpfrisse bilden. Dies ist vor allem bei feinsandigem und schluffreichem Material der Fall und bei Na-Tonen[43].

Das Brechen der Krusten ist vor allem bei Bewässerung durch Furchen- und Flächenüberstauung in ariden Gebieten eine wichtige, regelmäßig zu wiederholende Kulturmaßnahme. In Bodenbereichen, die durch Verknetung homogenisiert wurden, sowie auch in Krusten entstehen beim ersten Trocknen weitmaschige Rißnetze. Bei der Bearbeitung bilden sich daher grobschollige Strukturen[45].

d) Bestimmung der Gefügestabilität[47]

Da die Stabilität eines Bodengefüges – also die Unverrückbarkeit der Bodenteilchen hinsichtlich ihrer Lage zueinander – von einer ganzen Gruppe von Kräften abhängig ist, ist es auch auf vielfältige Weise beeinflußbar. Eine Veränderung einer jeden der in Abb. 81 gezeigten Kräfte beeinflußt das gesamte System und infolgedessen auch die Scher- und Normalkomponenten auf jeder Berührungsstelle zweier Körner.

Infolge dieser Komplexität ist kaum zu erwarten, daß das Phänomen „Stabilität“ mit einer einzigen Methode in allen seinen Aspekten ausreichend erfaßt werden kann.

Deshalb sind in der Bodenkunde eine Reihe von empirischen Methoden verbreitet, die jeweils bestimmte Aspekte aus dem Gesamtkomplex erfassen. Ihre Ergebnisse sind jedoch nicht vergleichbar, wenn sie das Gesamtsystem an verschiedenen Stellen angreifen.

Für die Beurteilung der Verschlämmfestigkeit von Aggregatpackungen lassen sich visuelle Ansprachen der Kruste heranziehen. Im Labor wird für die vergleichende Beurteilung die „Wasserstabilität“ bestimmt. Hierfür werden Siebungsverfahren (Naßsiebung unter Wasser). Beregnungsverfahren (Tropfenschlag), Perkolationsmethoden (Verschlämmung durch fließendes Wasser) herangezogen[46].

Für die plastische Verformbarkeit kann der Verknetungsgrad eines Ap-Horizontes durch das Bruchbild einer Bodenscholle gekennzeichnet werden (Spatendiagnose nach *Görbing*). Der Zusammenhang zwischen Stabilitätsverlust – d. h. Verformbarkeit – und Wassergehalt wird meistens durch die Konsistenzgrenzen nach *Atterberg* bestimmt (Tab. 59). Ausroll- und Fließgrenzen sind die Wassergehalte, bei denen in standardisierten Verfahren bruchlose Knetbarkeit bzw. zähes Fließen auftritt. Der Wassergehalt zwischen den beiden Grenzen heißt Plastizitätsindex. Er gibt eine Vergleichsbasis für die Empfindlichkeit verschiedener Böden im Hinblick auf Stabilitätsänderungen bei Wasserzufuhr. Hier ist die Veränderung der Dicke der elektrischen Doppel-

Tabelle 59 Konsistenz tonreicher Böden in Abhängigkeit vom Wassergehalt

Wassergehalt	Eigenschaften des Bodens	Konsistenz	Konsistenzgrenzen
hoch ↑	wäßrige Suspension	dünnflüssig	
	fließt zusammen	zähflüssig	
			Fließgrenze
	klebt an Bearbeitungsgeräten	weichplastisch	
	schmiert bei der Bearbeitung	zähplastisch	
			Ausrollgrenze
	optimal bearbeitbar	bröckelig	
niedrig	schwer bearbeitbar, verhärtet	hart	

schicht der Tonpartikel entscheidend. Der Plastizitätsindex steigt daher mit zunehmendem Tonanteil und abnehmender Wertigkeit der adsorbierten Kationen.

Der Zerfall von Einzelaggregaten durch Dispergieren wird durch Tränken mit Wasser-Alkoholmischungen oder mit Salzlösungen abnehmender Konzentrationen hervorgerufen und die jeweiligen Alkohol- bzw. Salzkonzentrationen als Maß für die Stabilität angegeben (*Emerson*).

Diese Methoden sind aber alle im Grunde nur Ersatz für die physikalischen Parameter „innere Reibung“ und „Kohäsion“, die in Abhängigkeit von der jeweiligen Normalspannung den Scherwiderstand ergeben. Diese Parameter ändern sich infolge der Komplexität des Systems (Abb. 81), so daß eine einfache Charakterisierung durch einen einzigen Satz von Scherversuchen unter standardisierten Bedingungen keine allgemeingültige Aussage erlaubt.

Es wird stets nötig sein, auf die spezielle Fragestellung hin die Bedingungen für die Bestimmung der Scherparameter zu variieren.

5. Biologische, klimatische und anthropogene Einflüsse auf das Bodengefüge

Der Zusammenhang zwischen Last- und Verdichtungszustand, wie er durch die Drucksetzungskurve (Abb. 82) gekennzeichnet ist, legt es nahe, für ein Bodenprofil einen typischen tiefenabhängigen Verlauf des Anteils des Porenraumes anzunehmen. Dieser Zusammenhang kann durch die Veränderung der Bodendichte, des Porenvolumens oder der Porenziffer in Abhängigkeit von der Tiefe (z) angegeben werden.

$$d_B, PV, \epsilon = f(z) \qquad (15)$$

Da Volumenveränderungen im Boden sich nur in der Vertikalen auswirken können, sind sie mit Veränderungen der Höhe der Bodenoberfläche verbunden. Jede Verdichtung ist daher gleichzeitig eine Setzung bzw. ein Absenken der Bodenoberfläche, jede Lockerung eine Anhebung der Bodenoberfläche.

Dieser Sachverhalt wird nicht deutlich, wenn die Beurteilung allein anhand der Kennziffer „Porenvolumen“ oder „Dichte des Bodens“ erfolgt. Wenn hingegen die Höhe der Bodenoberkante über einer Bezugsebene beobachtet wird, dann zeigt sich deutlich, daß der Festsubstanzanteil konstant bleibt, der Porenanteil jedoch verändert wird. Dieser Zusammenhang ist in Abb. 88 am Beispiel eines Kulturablaufes dargestellt. Die Bearbeitungssohle (Unterkante des beim Pflügen gewendeten Balkens) ist die Bezugsebene.

Da der Festsubstanzanteil in der Abbildung einen unveränderlichen Balken bildet, wird er oft anstelle einer Ebene als Bezugsbasis genommen. Die Veränderung des Porenraumes ist dann durch die Porenziffer (ϵ) dargestellt.

a) Gefüge eines Bodenprofiles als Gleichgewichtslage

Infolge der in Abschnitt 3 beschriebenen Spannungssituation stellt das Volumen eines Bodens als ganzes betrachtet ein Gleichgewicht dar zwischen Sackung bzw. Verdichtung fördernden und Lockerung bzw. Hebung fördernden Kräften.

Da diese Kräfte an verschiedenen Stellen im Profil angreifen, ist ihre Auswirkung und somit die Gleichgewichtssituation verschieden. Deshalb vermittelt die Volumenveränderung des gesamten betrachteten Bodenvolumens (Abb. 88) nur unvollkommene, weil pauschale Information.

Detaillierten Einblick bietet der Zusammenhang zwischen Porenziffer und Vertikalspannung, der als Lagerungskurve oder Lagerungscharakteristik bezeichnet werden kann[49].

Wenn für diese Kurve die Vertikalspannung für den trockenen Boden errechnet wird, dann ergibt sie bei logarithmischer Einteilung auf der Abszisse für ungenutzte Böden ohne Grundwassereinfluß in der Regel eine Gerade (Abb.

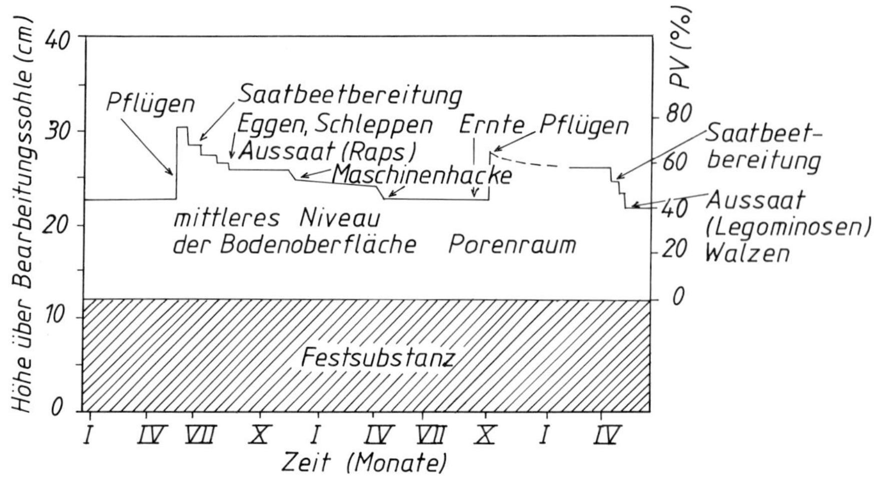

Abb. 88 Veränderung des Niveaus der Bodenoberfläche und des Porenvolumens durch Kulturmaßnahmen (n. *Andersson & Håkansson,* vereinfacht)

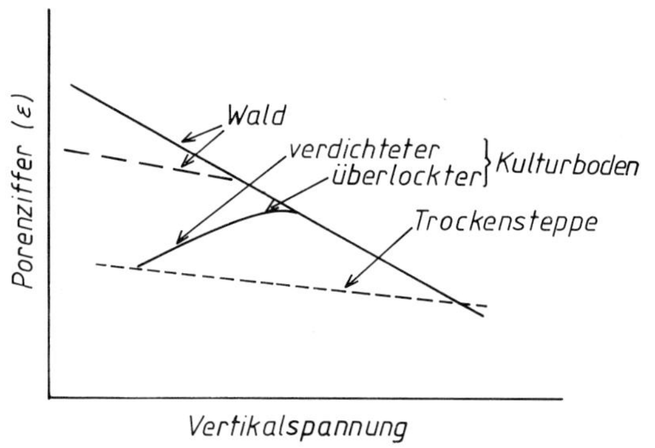

Abb. 89 Lagerungskurven von Böden verschiedener Klima-Vegetations-Zonen und Nutzungen

89). Bei Böden im Grundwasserbereich (Böden mit G-Horizonten) liegt eine solche Regelmäßigkeit nicht vor. Bei Böden, in denen die Auswaschung eine Verarmung an organischer Substanz, Eisen oder Ton erzeugt, ist die Lagerungskurve durch eine geringere Steigerung in den A-Horizonten gekennzeichnet. Sie gliedert sich dann in zwei lineare Teile.

b) Natürliche Bodenentwicklung

Die natürliche Bodenentwicklung ist durch mechanische Einwirkung (Schrumpfung und Quellung, Pedoturbation, s. Kap. XV 3 b 1), ferner durch Bildung bzw. Einwaschung von Substanzen geprägt, die einen mechanisch erreichten Gefügezustand erhalten helfen oder infolge ihrer Auswaschung wieder unhaltbar werden lassen. Generell ist die Gefügeveränderung im Verlaufe der Bodenentwicklung durch folgende Vorgänge geprägt:

1. Zunahme des Anteils an Grobporen bzw. Aggregierung, Verschiebung der Aggregate gegeneinander und Abrundung. Die hierdurch entstandenen Poren werden als Sekundärporen den korngrößenbedingten Primärporen gegenüber gestellt. Sie sind im Gegensatz zu letzteren durch Komprimierung des Bodens zerstörbar (Abb. 90).

2. Zunahme des Feinporenanteils durch Neubildung von feinverteilter Substanz (Verwitterungsneubildungen wie Tone, Oxide, organische Abbauprodukte). Diese kann am Ort entstanden oder aus benachbarten Horizonten eingelagert worden sein. Wenn im letzteren Fall die Lagerungsdichte zunimmt, spricht man von einer Einlagerungsverdichtung. Charakteristisch im Vergleich zu den Sackungsverdichtungen ist die stärkere Zunahme des Volumens der Feinporen mit steigender Lagerungsdichte (s. Abb. 90, rechts). Einlagerungsverdichtungen treten z. B. auf in B_t-Horizonten von Parabraunerden (Einlagerung von Ton), in B_h- und B_s-Horizonten von Podsolen (Einlagerung von organischer Substanz bzw. Eisen- und Aluminiumoxiden), in C_c-Horizonten von Schwarzerden und Rendzinen ($CaCO_3$-Einlagerung) sowie in G_o-Horizonten von Gleyen (Einlagerung von Eisenoxiden).

3. Der Bereich der Mittelporen, der überwiegend aus Primärporen besteht, wird am wenig-

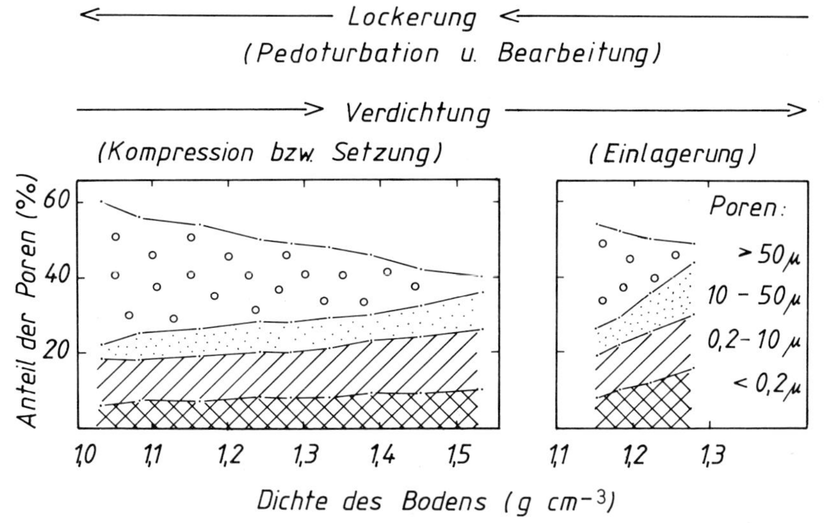

Abb. 90 Anteil des Volumens der Grob-, Mittel- und Feinporen in Abhängigkeit vom Volumengewicht als Maß für den Verdichtungsgrad

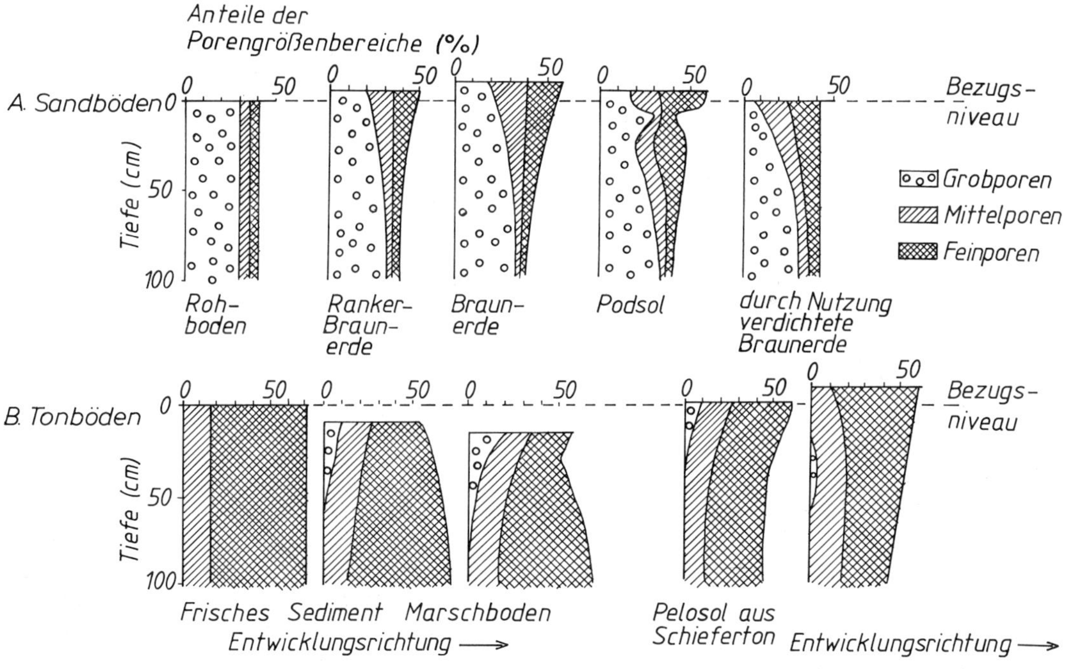

Abb. 91 Veränderung von Porenvolumen, Porengrößenverteilung und Lage der Profiloberkante im Verlauf der Bodenentwicklung bei Sandböden (A) und bei Tonböden (B)

sten verändert. Er wird, bezogen auf den Volumenanteil, durch Lockerung (1) in der Regel vermindert, durch Sackung bzw. Einlagerung erhöht.

Daher treten charakteristische Abläufe auf, die am Beispiel eines Sandbodens und eines Tonbodens beschrieben werden. Die Veränderung des Gefüges bei Böden aus Löß und Lehm liegt zwischen diesen Extremen.

(1) Sandböden

In Sandsedimenten mit geringer Bodenentwicklung (Rohböden, Ranker) findet man in der

Nähe der Bodenoberfläche ein von der Tiefe im Profil kaum abhängiges Porenvolumen, das überwiegend aus Grobporen besteht (Abb. 91). Im Verlauf der Bodenentwicklung bis zur Braunerde (Sandbraunerde in Abb. 91) werden organische Substanz und Verwitterungsprodukte akkumuliert. Dies führt bei Pedoturbation zu einer Lockerung, die eine Vergrößerung des Porenvolumens und eine Anhebung der Bodenoberfläche mit sich bringt.

Dieses ist meist mit bioturbaten Bewegungen des Bodens verbunden, in deren Folge die Matrix bricht. Die entstehenden Bruchstücke sind meist rundlich und ohne scharfe Kanten (Subpolyeder, Krümel).

Meist wird gleichzeitig ein Teil der Grobporen durch akkumulierte Stoffe ausgefüllt und hierdurch der Anteil an Mittel- und Feinporen erhöht. Wird die Stabilität einer solchen gelokkerten Lagerung durch Auswaschung der stabilisierenden Substanzen verkleinert, wie das z. B. bei der Podsolierung der Fall ist, so sackt der Boden wieder (vgl. auch Abb. 89). Diese Sackung beginnt, ebenso wie die Lockerung, in Oberflächennähe. Daher sind die Ortsteinhorizonte von Podsolen zwar gelegentlich hart, aber oft weniger dicht und weniger perkolationshemmend als die gesackten Bleichhorizonte darüber. Wenn ein Sandboden, der im Verlaufe der Bodenentwicklung stark gelockert wurde, komprimiert wird, dann können die Poren durch die angesammelte organische Substanz so weitgehend verstopft werden, daß nach Niederschlägen Wasser gestaut wird (Sportplätze, Fahrwege).

(2) Tonböden

Bei Tonböden sind zwei Ausgangssituationen für die Bodenentwicklung denkbar: (a) das jüngste Sediment, dessen Bodenentwicklung mit der ersten Entwässerung beginnt und (b) das im Verlauf geologischer Vorgänge komprimierte und dadurch entwässerte Sediment, bei dessen Bodenentwicklung die Zufuhr von Niederschlagswasser eine große Rolle spielt.

Im ersteren Falle weist der Boden zunächst ein Kohärentgefüge auf (s. Abb. 91), das sich durch Entwässerung und Schrumpfung von *oben* her allmählich in ein Aggregatgefüge umwandelt.

Die Aggregatgröße nimmt dabei mit fortschreitender Schrumpfung und Rissebildung ab, so daß sich dann schließlich eine Gefügeabfolge einstellt, die aus Polyeder- über Prismen- über Kohärentgefüge besteht. Das Porenvolumen des Bodens wird im Verlauf dieser Gefügebildung kleiner. Unter dem Einfluß des Pflanzenwachstums und der biologischen Aktivität kann schließlich in dem obersten Bodenhorizont ein Krümelgefüge entstehen. Dieser Entwicklungsprozeß kann jedoch auch wieder rückläufig werden, indem die gebildeten Sekundärporen bei Gegenwart von viel Wasser durch mechanische Pressungen, bei Bodenbearbeitung mit schweren Geräten, Viehtritt oder Regenschlag zerstört werden. Durch derartige Beanspruchungen wird die erneute Quellung des vorher geschrumpften Materials gefördert, daher nimmt das Porenvolumen des Bodens dabei wieder zu. Es entsteht hier also keine Zunahme der Lagerungsdichte, sondern eine sekundärporenfreie Kohärentstruktur, die eine geringe Lagerungsdichte und daher ein großes Porenvolumen hat.

Im Falle der vorkomprimierten geologisch älteren Tone ist die Veränderung des Porensystems durch die Wasseraufnahme und die damit verbundene Quellung geprägt. Wie im Falle der jüngeren Sedimente wird dabei das Porenvolumen größer, durch Druckentlastung und biologische Aktivität entstandene Sekundärporen werden verschlossen. In Oberflächennähe können erneute Schrumpfungen zur Neubildung von Aggregaten führen.

(3) Bioturbation und Cryoturbation

Eine große Bedeutung für die Gefügeentwicklung hat die wühlende und grabende Tätigkeit der Tiere sowie die Verdrängung des Bodens durch das Wachstum von Wurzeln. Dies ist vor allem bei Gehölzen stark ausgeprägt. Auch die Durchmischung infolge Baumwurf gehört hierher.

Da die Tiertätigkeit wie auch der Wurzelwuchs von der Bodenoberfläche ausgeht, ist dort die Lockerung am intensivsten. In der Regel ist das Fortschreiten zur Tiefe hin durch eine Gerade darstellbar, wenn auf der Ordinate die Porenziffern, auf der Abszisse die Vertikalspannung in logarithmischer Einteilung aufgetragen wird (Abb. 89). Die Bioturbation ist bei Waldböden in der Regel wirksamer als bei Graslandböden, das Porenvolumen nahe der Bodenoberfläche daher größer. Allerdings ist der Unterboden bei Waldböden in den meisten Fällen dichter als der der Steppenböden – wenigstens soweit das die Hochgrassteppe (Schwarzerden) betrifft.

Die Bioturbation und damit die Lockerung des Oberbodens und seine Anhebung wird mit zunehmender Aridität des Klimas geringer. In Halbwüstenböden ist sie kaum noch ausgeprägt.

Einfluß der Bodentiere:

Eine große Bedeutung für das Bodengefüge haben vor allem die Regenwürmer (s. a. Kap. IX, 4b). Ihre Kotaggregate (s. Abb. 75a und 76a) zeigen gegenüber den Niederschlägen und der mechanischen Beanspruchung bei der Bodenbearbeitung eine hohe Stabilität, in tonreichen Böden oft während mehrerer Jahre.

Zugfestigkeitsmessungen an Kotaggregaten ergaben etwa doppelt so hohe Werte wie bei gleichgroßen, trockenen Aggregaten des benachbarten Bodens. Die Kotaggregate von *Aporectodrea rosea* hatten dabei einen Verdichtungszustand, der nur ca. 250 Pa entsprach[50]. Die Festigkeit muß mithin zu einem hohen Anteil auf die organische Komponente im Kot zurückzuführen sein.

Die Regenwürmer hinterlassen außerdem in Böden sehr dauerhafte Gänge, die auch bevorzugt durchwurzelt werden, sie erzeugen dabei Drücke bis zu 3 MPa[51]. Das Volumen der Regenwurmgänge kann bei Grünland- und Waldböden bis zu 50% der gesamten Grobporen ausmachen.

Einfluß der Pflanzen:

Der unterschiedliche Einfluß der Pflanzen auf das Bodengefüge beruht vor allem auf der verschiedenen Art der Wurzelausbildung und der Dichte der Vegetationsdecke. Er erstreckt sich in erster Linie auf Oberböden, weil dort die stärkste Durchwurzelung erfolgt.

Das stabile Krümelgefüge unter Grünland/Wiese ohne Weidebetrieb, beruht auf der hohen Intensität der Durchwurzelung des Oberbodens (meist 0 – 7 cm), der dauernden Vegetationsdecke (Schutz vor dem Aufprall der Regentropfen), der laufenden hohen Produktion von Wurzelrückständen (intensive Mikroorganismentätigkeit) und auf der fehlenden

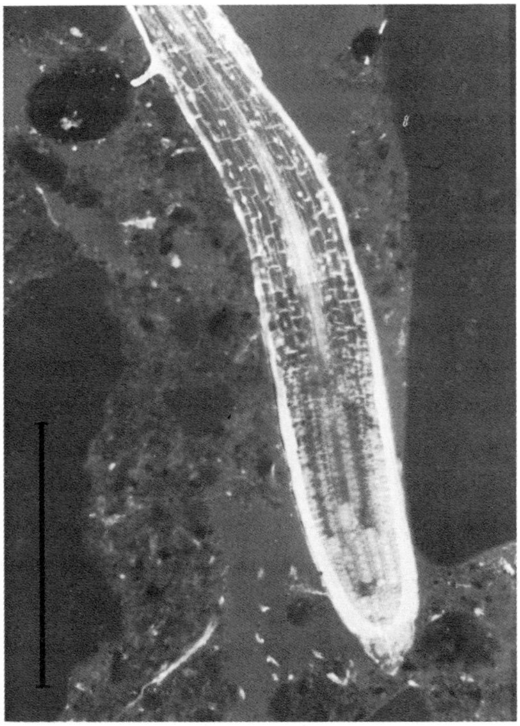

Abb. 92a

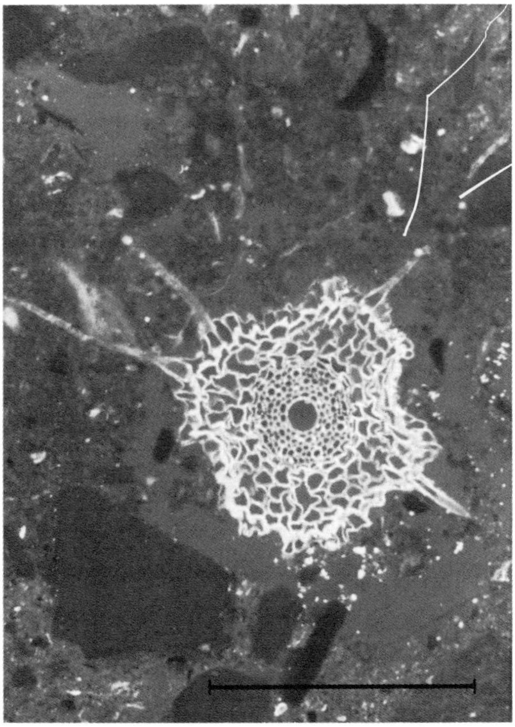

Abb. 92b

Abb. 92 Graswurzel (L. perenne) in sandigem Lehm. Sandkörner (dunkel), Feinmasse, Hohlräume (einförmig grau). a) Längsschnitt durch Wurzelkappe mit Schleimhaut, b) Querschnitt durch gealterte Wurzel mit Wurzelhaaren. Die Länge der Balken entspricht 0,5 mm (Aufn. *R. Tippkötter*)

Bodenbearbeitung. Durch die dichte Durchwurzelung wird die Frequenz der Rißbildung erhöht, so daß kleinere Aggregate entstehen[52]. Dabei wachsen die Wurzeln oft bevorzugt auf den sich bildenden Klüften entlang[53, 54] oder in Bereiche geringer Dichte hinein (Abb. 92). Die Wurzelhaare stellen dann oft den intensiven Kontakt mit der Feinmasse her oder dringen sogar in sie ein.

Auf Intensivweiden geht das Krümelgefüge bei nassen Wetterperioden unter dem Einfluß des Trittes der Tiere leicht in ein Kohärentgefüge mit geringerem Scherwiderstand über[55].

Unter *Getreide* sind die Voraussetzungen für ein stabiles Krümelgefüge ungünstiger als bei Grünland: Die hauptsächliche Durchwurzelung verteilt sich auf einen größeren Raum (Tiefe 20 – 32 cm), der Anteil der Wurzelrückstände ist im Oberboden geringer als bei Grünland, andererseits ist aber auch der Unterboden stärker durchwurzelt. Der Boden wird bearbeitet, und die Oberfläche ist während einer längeren Zeitspanne der Einwirkung des Regens ausgesetzt.

Noch ungünstiger sind die Verhältnisse beim Anbau von *Hackfrüchten* und vielen Sonderkulturen (Hopfen, Gemüse, Mais, etc.). Die Standweite ist groß, und es vergeht ein langer Zeitraum, bis sich eine geschlossene Pflanzendecke gebildet hat und der Boden gegen die verschlämmende Wirkung der Regentropfen geschützt wird. Die Wurzelrückstände sind oft gering und weniger gleichmäßig im Boden verteilt.

Einfluß des Gefrierens:

Unter dem Begriff *Cryoturbation* werden die Bewegungsvorgänge zusammengefaßt, die durch oder in Gegenwart von Temperaturen unter dem Gefrierpunkt des Wassers ablaufen. Hierzu gehören: (1) Kontraktion der Bodenmatrix infolge Temperaturrückgang (negative Wärmeausdehnung)[24], (2) Eissprengung infolge Volumenzunahme beim Gefrieren des Bodenwassers, (3) Wachstum von Eiskristallen (Eislinsenbildung), dazu Rißbildung und Entwässerung und (4) solifluktives Fließen von Schlammströmen über Eis und gefrorenem, wassergesättigtem Untergrund.

Die *Volumenzunahme* um ≈ 10 % beim Übergang von flüssigem Wasser in Eis wirkt sich in Böden nur selten aus, weil ein Druck auf die umgebenden Bodenteilchen nur dann entstehen kann, wenn kein Ausweichen des Eises und Wassers in luftgefüllte Poren möglich ist, also nur in einem wassergesättigten Boden. Die dann entstehenden Drücke sind sehr hoch, bei − 1 °C ≈ 13 MPa, bei − 20 °C ≈ 200 MPa.

Die entscheidende Rolle bei dieser Auswirkung des Frostes spielt daher meist der beim Wachstum der Eiskristalle entstehende *Kristallisationsdruck*, weil sich dieser auch in Böden auswirken kann, die nur teilweise mit Wasser gesättigt sind. Er entsteht, wenn der regelmäßige Aufbau der Eiskristalle behindert wird. Der Kristallisationsdruck des Eises ist unter diesen Bedingungen relativ niedrig. Er beträgt bei − 5 °C etwa 0,13 MPa. Das reicht jedoch aus, eine Bodenschicht von mehreren Metern Mächtigkeit anzuheben. Das Ausmaß der Hebung eines Bodens ist im wesentlichen von der Größe der Eislinsen abhängig und steigt mit abnehmender Temperatur. Zu den Folgen derartiger Hebungen gehört das Hochfrieren von Steinen und das Zerreißen von Wurzeln beim Wintergetreide.

In *grobkörnigen* Böden erfolgt kein Auffrieren, weil diese Böden nur eine geringe Wasserleitfähigkeit im ungesättigten Zustand aufweisen und die Wassernachlieferung in der Dampfphase zu langsam erfolgt.

In *feinkörnigen* Böden können sich dagegen nahe der Bodenoberfläche nadelförmige Eiskristalle und in größerer Tiefe massive *Eislinsen* bilden. In der Bodenlösung entstehen zunächst in gröberen Poren Eiskeime, deren Wachstum fortschreitet, solange die Wärmeabgabe beim Übergang von flüssigem Wasser in Eis durch den Wärmeverlust infolge ständiger Abstrahlung an der Bodenoberfläche überschritten und solange Wasser aus den umgebenden Poren nachgeliefert wird. Die kapillare Wasserbewegung in Richtung der sich bildenden Eislinsen ist durch die Druckerniedrigung bedingt, die durch das Gefrieren des Wassers an der Eisfront entsteht. Sie führt zur Austrocknung der noch nicht gefrorenen Zone. Da mit abnehmender Wassersättigung dieser Zone auch die Geschwindigkeit der Wasserbewegung sinkt, wird das weitere Wachstum der Eislinsen schließlich unterbunden, und es bildet sich infolge Fortschreitens der Frostgrenze in größerer Tiefe eine neue Schicht von Eislinsen usw.

Die Eislinsen bilden sich annähernd schichtenförmig parallel zur Bodenoberfläche, also senkrecht zur Richtung des Wärmeverlustes[56]. Sie bewirken daher eine Hebung des Bodens, sowie eine starke Austrocknung der umgebenden Bodenzonen. Die Bildung von größeren Eislinsen unterbleibt, wenn die Abkühlung so schnell vonstatten geht, daß das Wasser gefriert, bevor es in stärkerem Ausmaß verlagert wird. Dies kann z. B. durch starke Wärmeausstrahlung bei schneefreier Oberfläche bedingt sein.

Eine wesentliche Einwirkung des Gefrierens auf die Gefügeentwicklung besteht darin, daß dabei bevorzugt die größten vorhandenen Eiskristalle wachsen. Das hat – vor allem in feinkörnigen Böden – eine Entwässerung der Umgebung dieser Eiskristalle und damit die Bildung und Stabilisierung von Aggregaten durch Schrumpfung zur Folge. Dieser im Prinzip der Aggregatbildung durch Austrocknung ähnliche Vorgang (Abschn.3 c) führt zur Ausbildung der *Frostgare* und ist in tonreichen Böden oft der einzige Mechanismus, der bei Ackernutzung zur Ausbildung eines feinaggregierten Saatbettes führt. Die Frostgare bleibt nach dem Auftauen jedoch nur erhalten, wenn die Eiskristalle sublimierend verdampfen, oder wenn ihr Schmelzwasser schnell zwischen den entstandenen Aggregaten wegsickern kann. Ist keines von beidem möglich, so kommt es wegen der beschriebenen Wasseranreicherung in den gefrorenen Teilen des Bodens zu Übernässungen und daher leicht zur Zerstörung der in diesem Zustand schwachen Aggregate. Dies führt leicht zu Frostaufbrüchen auf Straßen (ausgeprägt z. B. bei Böden aus Löß) und Solifluktionserscheinungen im hängigen Gelände (Aufweichen der obersten Bodenschicht infolge Wasserüberschusses).

c) Anthropogene Einflüsse

Die Eingriffe des Menschen in das natürliche Bodengefüge bestehen immer zuerst in einer temporären Belastung durch Betreten und Befahren. Die Wirkung dieses Vorganges auf das Gefüge ist einmal von seiner Stabilität abhängig (Scherparameter) zum anderen vom Ausmaß der vorhergehenden pedoturbaten Lockerung.

Bis vor wenigen Jahrzehnten konnte eine Zusammenpressung des Bodens im Verlauf landwirtschaftlicher Nutzung durch das Pflügen vor jedem Kulturbeginn behoben werden. Heute wirkt sich die Last der Maschinen bis in Tiefen im Boden aus, die durch die normale Bearbeitung durch Pflug oder Kultivator nicht mehr erreicht werden[57]. Tiefen von 50 cm und mehr sind nicht ungewöhnlich[58]. Kulturböden sind daher im Vergleich zu einer Normalverdichtung alle überkomprimiert (= vorverdichtet)[59, 60].

Die Zeitspanne, die verstreichen muß, ehe derartige Überkomprimierungen wieder verschwinden, ist von der Intensität der Pedoturbation abhängig. Sie kann unter ariden Bedingungen viele Jahrzehnte betragen[61, 62].

Maximale Einflüsse treten auf, wo Baustellenbetrieb oder ausgedehnte Schüttungen oder Spülversatz praktisch neuen Boden entstehen lassen.

Inkulturnahme von bisher ungenutzten Böden mit natürlicher Vegetation führt zuerst fast immer zu einer Verdichtung der oberflächennahen Zone, weil sowohl Rodung als auch Erstumbruch von Grasland mit zusätzlichen Belastungen durch Befahren und Betreten verbunden sind. Das Ausmaß der entstehenden Verdichtung ist abhängig vom Ausmaß der vorher vorliegenden Lockerung (s. Abb. 89). In Böden mit hoher Bioturbation (Wälder) ist sie größer als in solchen mit geringerer (Trockensteppe). Durch das Fahren und Treten werden diese Böden aus einem der Normalverdichtung ähnlichen Zustand in einen überverdichteten überführt. Dabei werden vor allem grobe Sekundärporen zerstört, weil die Mineralpartikel, an deren Seiten weniger abgestützt, bei Belastungen also beweglicher sind als Partikel im geschlossenem Verband (Abb. 90).

Bei feinkörnigen Böden kann es bei Nässe zu einer Verschmierung (Verknetung) kommen, bei der ebenfalls die Sekundärporen zerstört werden. Im Gegensatz zum vorigen Fall gibt es hier jedoch eine Homogenisierung aber keine zusätzliche Verdichtung.

Bearbeitung im Verlauf routinemäßigen Pflanzenbaus (Ackerbau) besteht aus einem regelmäßigen Wechsel von verdichtenden und lockernden Vorgängen (Abb. 88), sowie dem Brechen von Regenschlag- und Verschlämmungskrusten[63]. Die Lockerungsmaßnahme ist teilweise erforderlich, weil die Zerkleinerungsgänge (Eggen) ein bewegliches daher lockeres Material voraussetzen, teilweise weil bei Kultur- und Erntearbeiten ein Zustand erreicht wird, der Saateinbringung und Keimung behindert.

Die starke Krustenbildung als Folge von Regenschlag auf einem hergerichteten Saatbett kann vermindert werden, indem die Bodenoberfläche abgedeckt wird. Hierzu werden sowohl Ernterückstände, zusätzlich herangeschaffte pflanzliche Substanz aber auch Folien, sogar Fremdmaterial wie Sandschichten verwendet. Diese Maßnahme wird als *Mulchen* bezeichnet.

Das *Beweiden* von Grasland wirkt ebenso wie das Befahren mit Maschinen bzw. Gerät. Beide Belastungsarten führen zu Überverdichtung, und zwar vor allem des Oberbodens. Da die Belastung stets nur engräumig auftritt, kann der Boden zur Seite ausweichen. Infolge dessen ist der Oberboden oft stärker verdichtet als die Zonen darunter.

Ein Boden, dessen oberflächennaher Bereich durch Saatbettbereitung stärker komprimiert ist als der durch Bearbeitung ebenfalls gelockerte Unterboden, ist „überlockert" (Abb. 89). Dies ist sowohl für die Durchwurzelungsintensität der Kulturpflanzen als auch deren Wasserversorgung aus dem Untergrund und die Luftversorgung der Wurzeln eine ungünstige Situation.

Meliorationen sind Maßnahmen, die auf lange Sicht den Standort verbessern sollen. Hierher gehören im Bereich physikalischer Maßnahmen Tiefumbruch (≧ 1 m), Untergrundlockerung[64] und im gewissen Sinne auch die Dränung[65]. Maßnahmen dieser Art werden heute leichter durchgeführt als früher, weil die dazu notwendige Maschinenkraft vorhanden ist.

Das Gelingen einer derartigen Maßnahme hängt stark davon ab, wie weit bei der Durchführung selbst und bei allen Folgemaßnahmen die Gesetzmäßigkeiten des Zusammenhangs zwischen Lockerungszustand in Abhängigkeit von Last, Bodentiefe, Wassergehalt sowie die Folgen zusätzlicher Belastung, wie Komprimierung, Wasserdruckzunahme, Homogenisierung bekannt sind und beachtet werden.

Ein spezielles Problem bilden Rekultivierungen[66], die heute als Schüttungen oder als Spülversatzflächen erstellt werden. Auch hier ist das Gelingen einer angestrebten Nutzung von der Beachtung der Belastungs- und Stabilitätssituation abhängig. Bei der Neuanlage muß ein Porensystem erzeugt werden, das die klimabedingt anfallende Wassermenge schnell genug so im Bodenvolumen verteilt, daß die durch Nässe hervorgerufene Stabilitätsminderung nicht zu unerwünschtem Zusammensacken führt. Außerdem muß festgelegt werden, wieviel Wasservorrat im durchwurzelbaren Bereich speicherbar sein muß, damit zu erwartende Trockenperioden nicht die Vegetation schädigen.

6. Beurteilung des Bodengefüges für den Pflanzenbau[67, 68]

Für den Pflanzenbau ist das Bodengefüge sowohl im Wurzelraum als auch darunter wichtig.

Im Wurzelraum entscheidet das Gefüge durch seine Porengrößenverteilung über die Wasserversorgung der Pflanzen. Der Porenraum stellt den Speicher dar, aus dem die Pflanzen ihren kontinuierlichen Wasserbedarf decken. Dieser Speicher ist daher um so wichtiger, je weniger regelmäßige Niederschläge oder hochstehendes Grundwasser eine gleichmäßige Wasserversorgung gewährleisten.

Die Zugänglichkeit des Wassers im gesamten Porenraum ist davon abhängig, wieweit die Wurzeln der Pflanzen beim Vordringen in den Boden Atemluft vorfinden. Deshalb ist die Beurteilung eines Bodens als Pflanzenstandort vom Anteil an mittleren Poren und wegen der Durchlüftung, Anteil und Kontinuität der groben Poren abhängig. Die Menge an feinen Poren, die in Tonböden einen großen Anteil am Porenraum einnehmen kann, ist für die Wasserversorgung in der Regel von geringer Bedeutung, weil das in ihnen enthaltene Wasser für die Wurzeln nicht verfügbar ist. Die Aneignungsfähigkeit für Wasser ist jedoch nicht bei allen Pflanzen gleich, Halophyten und Xerophyten sind hier wichtige Ausnahmen. Bei jungen Tonböden mit unvollständiger Schrumpfung (Normalschrumpfungs- bzw. Normalverdichtungsast in Abb. 82 und 86) ist der Anteil an nicht pflanzenverfügbarem Wasser schwer abgrenzbar.

Die Bedeutung des Unterbodens gegenüber dem stärker durchwurzelten Oberboden liegt im Hinblick auf das Gefüge darin, daß die gesamte Speicherkapazität sich aus der volumenspezifischen, also körnungs- und gefügebedingten, Komponente und der für die Wurzeln zur Verfügung stehenden Tiefe ergibt (s. Kap. XVI).

Geringmächtige Böden auf wasserstauendem Unterrund (z. B. 30 cm Löß- oder Geschiebelehm über Ton oder Fels) sind daher ebenso ungünstige Standorte wie auf einem Untergrund, dessen Porengrößenverteilung keinen nennenswerten Beitrag zur Wasserversorgung liefern kann (z. B. 30 cm Löß oder Geschiebelehm über Kies, Grobsand oder grobkörnigem Gesteinsersatz bzw. Bauschutt).

Während im erstgenannten Fall außer der geringen Speicherleistung im humiden mitteleuropäischen Klima auch die Stauwasserbildung ungünstig wirkt, ist im zweiten Fall in erster Linie die geringe Speicherleistung nachteilig, die schon bei Trockenperioden von wenigen Tagen Dürreschäden entstehen lassen kann.

Vor diesem Hintergrund ist offensichtlich, daß es kein optimales Bodengefüge für den Pflanzenbau in seiner ganzen Vielfalt geben kann. Für jede Kultur und die während der Kulturdauer vorliegende Wasserversorgungssituation ist vielmehr jeweils ein anderes Bodengefüge optimal.

Ganz allgemein kann man zugrundelegen, daß ein hoher Anteil an Grobporen um so wichtiger für das Gedeihen von Kulturpflanzen ist, je häufiger mit hohen Wassergehalten zu rechnen ist. Das gilt gleichermaßen für Böden mit Grund- bzw. Stauwassereinfluß wie auch für regenreiche Klimazonen und für künstliche Bewässerung in ariden Gebieten oder im intensivkultivierenden Gartenbau. Mangel an Grobporen bedeutet hier Luftmangel und Nichtausnutzbarkeit des Wasserangebotes.

Unter trockenen Bedingungen, wenn die Grobporen und ein Teil der Mittelporen stets luftgefüllt sind, ist die Belüftung seltener der begrenzende Faktor. Hier spielt die Größe des Speichers für pflanzenverfügbares Wasser die entscheidende Rolle. Böden mit hohem Anteil an Mittelporen sind hier besonders geeignet.

Durch Kulturmaßnahmen kann das Gefüge in begrenztem Maße beeinflußt werden. Im Rahmen der normalen Bearbeitungsroutine muß wegen des oben gesagten in feuchtem Klima und feuchter topographischer Lage auf Erhaltung eines grobporigen somit lockeren Zustandes hingearbeitet werden. Wegen der Lockerheit steht die Sorge vor Verdichtung und dem damit einhergehenden Luftmangel im Vordergrund[69]. Verschlämmung der Bodenoberfläche ist aus dem gleichen Grunde gefürchtet. Die Erhaltung der künstlich hergestellten Aggregierung eines Saatbettes ist hier entscheidend. Von hier stammt der Begriff „Wasserstabilität der Aggregate".

In trockenen Klimaten und trockenen topographischen Lagen ist umgekehrt die Erhaltung einer höheren Dichte des Bodens vorteilhaft. Lockerung vermindert hier nicht nur die je Volumeneinheit gespeicherte Wassermenge, sondern vor allem die Nachlieferung zur Wurzel (s. Kap. XVI, 3 b). Dies gilt vor allem bei großflächigem Pflanzenbau in ariden Gebieten, weil die Bedürfnisse der Saattechnik und der Wasserversorgung des Keimlings gegenläufig sind.

Wegen der Unsicherheit der Witterung und somit des natürlichen Wassernachschubes während einer Kulturdauer, muß das Gefüge, dessen Erstellung oder Erhaltung angestrebt wird, an der wahrscheinlichsten Wasserhaushaltssituation orientiert werden. Die Anpassung kann hier also nur gering sein. Je sicherer Wasserzufuhr und -abfuhr auf einer Kulturfläche beherrscht werden, desto genauer läßt sich das Bodengefüge den Kulturbedürfnissen anpassen. Eine Extremsituation liegt in dieser Hinsicht in Gewächshäusern vor, in denen der Boden durch die Wahl der Substrate (Steinwolle, Blähton, Kiesbeet aus Quarz oder Bims) den Bedingungen der vorgesehenen Wasserversorgung angepaßt werden kann[70, 71].

In der Natur liegt ein Gefüge, das beiden Forderungen weitgehend gerecht wird – genügend Grobporen für ausreichende Belüftung in Zeiten des Wasserüberschusses und genügend Mittelporen zur Erhaltung eines großen Wasservorrates –, am häufigsten in Lößböden vor, wenn sie ausreichend stabile Sekundärporen enthalten. Das ist vor allem in Schwarzerden aus Löß der Fall und ist hier einer der wesentlichsten Gründe für die hohen Bodenzahlen von 90 – 100 in der Reichsbodenschätzung.

Weltweit gesehen sind die Lößböden aus diesem Grund am häufigsten unter den fruchtbarsten Böden jeder Landschaft zu finden.

Literatur

1 *Sprengel, C.* (1838): Die Lehre von den Urbarmachungen und Grundverbesserungen. Baumgarten, Leipzig.

2 *Engelhardt, W. v.* (1960): Porenraum der Sedimente. Springer, Berlin.

3 *Hanks, R. J. & G. L. Ashcroft* (1980): Applied Soil Physics. Springer, Berlin.

4 *Hartge, K. H.* (1978): Einführung in die Bodenphysik. Enke, Stuttgart.

5 *Hillel, D.* (1982): Introduction into Soil Physics. Academic Press, London.

6 *Kezdi, A.* (1969): Handbuch der Bodenmechanik, Bd. I Bodenphysik. VEB-Verlag Bauwesen, Berlin.

7 *Koolen, A. J. & H. Kuipers* (1983): Agricultural Soil Mechanics. Springer, Berlin.

8 *Marshall, T. J. & J. W. Holmes* (1979): Soil Physics. Cambridge University press, Cambridge.

9 *Taylor, S. A. & G. L. Ashcroft* (1972): Physical Edaphology. Freeman, San Francisco.

10 *Mückenhausen, E.* (1974): Die Bodenkunde. DLG-Verlag, Frankfurt.

11 *Altemüller, H. J.* (1974): In: *Freund* (Hg.), Handbuch der Mikroskopie in der Technik, Bd. IV, 309 – 367, Umschau, Frankfurt.

12 *Bullock, P., N. Fedoroff, A. Jongerius, G. Stoops & T. Tursina* (1985): Handbook for Soil Thinn Section Description. Waine Res. Publ., Albrighton.

13 *Jongerius, A. & G. R. Rutherford* (1979): Glossary of Micromorphology. PUDOC, Wageningen.

14 *Kubiena, W.* (1967): Die mikromorphometrische Bodenanalyse. Enke, Stuttgart.

15 *Tippkötter, R.* (1985): Z. Pflanzenernähr. Bodenk. *148*, 92 – 103.

16 *Babel, U.* (1977): Mitt. Dtsch. Bodenkdl. Ges. *25*, 623 – 631.

17 *Tippkötter, R.* (1983): Geoderma *29*, 355 – 371.

18 *Hartge, K. H. & R. Horn* (1989): Die physikalische Untersuchung von Böden. 2. Aufl., Enke, Stuttgart.

19 *Schlichting, E. & H. P. Blume* (1989): Bodenkundliches Praktikum. 2. Aufl., Parey, Hamburg.

20 *Thompson, M. L., J. F. McBride & R. Horton* (1985): Soil Sci. Soc. Am. J. *49*, 1360 – 1364.

21 *Casagrande, A.*: S. in Zit. 28.

22 *Beke, G. J. & J. A. McKeague* (1984): Can. J. Soil Sci. *64*, 195 – 207.

23 *Ostroumow, W. E. & O. B. Makejew* (1980): Potschwowedeni *10*, 80 – 87.

24 *Alaily, F.* (1987): Catena *14*, 345 – 357.

[25] *Wright, V. P.* (Ed.) (1986): Palaeopedology. Blackwell, London.
[26] *Schulte-Karring, H.* (1970): Die meliorative Bodenbewirtschaftung. Warlich, Ahrweiler.
[27] *Söhne, W.* (1961): Grundl. d. Landtech. *13*, 21 – 34.
[28] *Horn, R.* (1981): Die Bedeutung der Aggregierung von Böden für die mechanische Belastbarkeit in dem trittrelevanten Auflastbereich. Schr.-Reihe FB-Landschaftsentwicklung, TU-Berlin Nr. 10.
[29] *Hadas, A.* (1987): Soil & Till. Res. *9*, 181 – 186.
[30] *Rowell, D. L., D. Payne & N. Ahmed* (1969): J. Soil Sci. *20*, 176 – 188.
[31] *McIntyre, D. S.* et al. (1979): Soil Sci. *128*, 171 – 183.
[32] *Paton, T. R.* (1974): Geoderma *11*, 221 – 242.
[33] *Kuntze, H.* (1965): Die Marschen. Parey, Hamburg.
[34] *Dexter, A. R. & D. W. Tanner* (1974): J. Soil Sci. *25*, 153 – 164.
[35] *Greene-Kelly, R.* (1974): Geoderma *11*, 243 – 257.
[36] *Guttay, R. S., R. L. Cook & A. E. Ericksson* (1956): Soil Sci. Soc. Am. J. *20*, 526 – 528.
[37] *Roswell, J. R., M. H. Miller & P. H. Groeneveld* (1985): J. Env. Qual. *14*, 539 – 543.
[38] *Schwertmann, U.* (1987): In: *Stucki, J. W., B. A. Goodman & U. Schwertmann* (Eds.). Iron in soils and clay minerals, 203 – 250. Reidel, Dordrecht.
[39] *Fordham, A. W. & K. Norrish* (1979, 1983): Austr. J. Soil Res. *17*, 283 – 306; *21*, 455 – 477.
[40] *Bohne, H.* (1983): Stabil. v. Aggregaten aus Ton mit CaO. Diss., Hannover.
[41] *Callebaut, F., D. Gabriels & M. DeBoodt* (Eds.) (1985): Assessment of Soil Surface Sealing and Crusting. Flandr. Res. Centr. f. Soil Eros. a. Cons.
[42] *Kullmann, A.* (1978): Synthetische Bodenverbesserungsmittel. VEB-Deutsch. Ldw. Verlag, Berlin.
[43] *Ben Hur, M., J. Shainberg & R. Keren* (1986): Soil Sci. Soc. Am. J. 50, 1314 – 1318.
[44] *Fröhlich, H. A., D. W. R. Miles & R. W. Robbins* (1986): Soil Sci. Soc. Am. J. *50*, 1341 – 1344.
[45] *Hadas, A. & D. Wolf* (1984): Soil Sci. Soc. Am. J. *48*, 1157 – 1164.
[46] *Matkin, E. A. & P. Smart* (1987): J. Soil Sci. *38*, 123 – 135.
[47] *Burke, W., D. Gabriels & J. Bouma* (Eds.) (1986): Soil Structure Assessment. Balkema, Rotterdam.
[48] *Anderson, S. & I. Hakansson* (1966): Grundförbättering, 191 – 228.
[49] *Hartge, K. H.* (1985): VDLUFA-Kongreßband, 1 – 16.
[50] *McKenzi, B. M. & A. R. Dexter* (1987): Biol. Fertil. Soil *5*, 152 – 157.
[51] *Dexter, A. R.* (1987): Soil Biol. Biochem. *10*, 447 – 449.
[52] *Reid, J. & R. J. Parkinson* (1984): J. Soil Sci. *35*, 607 – 614.
[53] *Bohne, H.* (1986): Z. Pflanzenernähr. Bodenk. *149*, 28 – 36.
[54] *Shuichi Hasegawa & T. Sato* (1987): Soil Sci. *143*, 381 – 386.
[55] *Horn, R.* (1985): Z. Kultur u. Flurber. *26*, 42 – 51.
[56] *Kay, D. B., C. D. Grant & P. H. Groeneveld* (1985): Soil Sci. Soc. Am. J. *49*, 973 – 978.
[57] *Ehlers, W., M. J. Gross & F. R. Boone* (1986): Kalibriefe *18*, 107 – 125.
[58] *Becher, H. H. & W. Martin* (1987): Z. Pflanzenernähr. Bodenk. *150*, 290 – 296.
[59] *Culley, J. L. B. & W. E. Larson* (1987): Soil Sci. Soc. Am. J. *51*, 562 – 567.
[60] *Monnier, G. & M. J. Gross* (Eds.) (1987): Soil Compaction and Regeneration. Balkema, Rotterdam/Boston.
[61] *Bullock, P., A. C. D. Newman & A. J. Thomasson* (1985): Soil & Till. Res. *5*, 325 – 342.
[62] *Webb, R. H., J. W. Steiger & H. G. Wilshire* (1986): Soil Sci. Soc. Am. J. 50, 1332 – 1341.
[63] *Heinonen, R.* (1982): Sveriges Lantbruksuniv., Spez. Skr. Nr. *12*.
[64] *Schulte-Karring, H.* (1985): Gefügemelioration durch Tieflockerung, Teil *IV*, 139 – 266. DVWK-Schrift Nr. *70*, Parey, Hamburg.
[65] *Eggelsmann, R.* (1981): Dränanleitung, 2. Aufl., Verlag Wasser u. Boden, Hamburg.
[66] *Schröder, D., S. Stephan & H. Schulte-Karring* (1985): Z. Pflanzenernähr. Bodenk. *148*, 131 – 146.
[67] *Geissler, G.* (1980): Pflanzenbau. Parey, Berlin.
[68] *Baeumer, K.* (1971): Allgmeiner Pflanzenbau. UTB-Ulmer, Stuttgart.
[69] *Boone, F.R., H. M. G. van der Werf, B. Kroesbergen, B. ten Hag & A. Boers* (1987): Neth. J. Agric. Res. *35*, 113 – 128.
[70] *Krug, H.* (1986): Gemüseproduktion, Parey, Berlin.
[71] *Öhmichen, J.* (1983): Pflanzenproduktion. Parey, Berlin.

XVI. Bodenwasser[1-5]

Unter natürlichen Bedingungen enthält jeder Boden stets Wasser. Im „lufttrockenen“ Zustand, d.h. im Gleichgewicht mit geringer Luftfeuchtigkeit kann diese Wassermenge sehr gering sein. Sie kann durch Trocknen bei 105 °C ausgetrieben werden. (= ofentrockene) Wasseranteile, die erst bei höheren Temperaturen ausgetrieben werden, werden nicht mehr dem Bodenwasser zugerechnet. Sie gehören zum Konstitutions- bzw. Kristallwasser der festen Bodenpartikel. Das Bodenwasser wird über die Niederschläge, das Grundwasser und in geringem Maße über Kondensation aus der Atmosphäre ergänzt. Es enthält stets gelöste Salze und Gase in wechselnden Anteilen und Zusammensetzungen.

Wird durch Niederschläge mehr Wasser angeliefert, als der Boden aufnehmen und weiterleiten kann, so fließt der Überschuß als *Oberflächenwasser* ab. Dieser Anteil ist um so größer, je intensiver die Niederschläge sind, je größer die Neigung der Bodenoberfläche ist und je langsamer die Niederschläge vom Boden aufgenommen werden können. Er ist daher bei ton- und schluffreichen Böden meist höher als bei sandreichen Böden, bei verdichteten Böden höher als bei nicht verdichteten Böden. Besonders groß ist dieser Anteil, wenn der Boden bereits weitgehend mit Wasser gesättigt ist. Das Oberflächenwasser ist eine der wesentlichsten Ursachen der Erosion (s. dort). Wenn das Wasser den gesamten Porenraum erfüllt, bezeichnet man diesen Zustand eines Bodens als *wassergesättigt*.

1. Einteilung (Bindungsarten)

Das Wasser in den Poren des Bodens ist nur teilweise in der gleichen Art frei beweglich, wie Wasser in einem offenen Gewässer. Ein Teil unterliegt vielmehr Bindungen durch Eigenschaften der festen Phase – der Bodenmatrix. Da die Art der Bindung das Verhalten bestimmter Wasseranteile beeinflußt, wird das Bodenwasser oft nach der Art dieser Bindungen unterteilt.

Das durch Niederschläge dem Boden zugeführte Wasser wird zum Teil in den Poren gegen die Einwirkung der Schwerkraft festgehalten (s. Kap. Feldkapazität), zum Teil als *Sikkerwasser* in tiefere Zonen verlagert. Hierbei wird im Boden bereits vorhandenes Wasser durch das Sickerwasser verdrängt und damit selbst zum Sickerwasser. Das im Boden verbleibende Wasser wird als Haftwasser oder auch Bodenfeuchte bezeichnet.

a) Grund- und Stauwasser

Als Grund- oder Stauwasser werden diejenigen Anteile des Bodenwassers bezeichnet, die nicht durch Bindungen an der Bodenmatrix festgehalten werden, und infolgedessen in Gräben oder Bohrlöcher frei hineinfließen. Diese Wasseranteile werden daher auch als freies Wasser bezeichnet.

Grund- und Stauwasserkörper bilden sich über Schichten mit geringer Wasserleitfähigkeit wie z. B. Tonen. Von Grundwasser wird gesprochen, wenn das Wasservorkommen das ganze Jahr über vorhanden ist. Von Stauwasser wird gesprochen, wenn das Wasservorkommen nur zu einem Teil des Jahres – meistens im Frühjahr – auftritt.

Grund- und Stauwasser werden nach oben durch die *Grundwasseroberfläche* abgeschlossen. Sie ist definiert als die Fläche im Boden, deren Wasserdruck dem mittleren Druck der Atmosphäre gleicht. Vom Wassergehalt her ist sie im Boden nicht ohne weiteres zu erkennen, da dieser in dem nach oben anschließenden Kapillarsaum ebenso groß sein kann wie unter der Grundwasseroberfläche.

Befindet sich das Grundwasser im hydraulischen Gleichgewicht, so ist die Grundwasseroberfläche durch den *Grundwasserspiegel* charakterisiert, der sich in einem Wasserstandsrohr einstellt (= *phreatische Oberfläche,* von phrear, gr. = Brunnen). Erfolgt aber ein fortlaufender Wassernachschub im Profil von oben, so steht der Grundwasserspiegel tiefer als die Grundwasseroberfläche. Ist der Druck unterhalb der Grundwasseroberfläche dagegen höher als dem Gleichgewicht entspricht, so liegt der Grundwasserspiegel höher als die Grundwasseroberfläche (= *artesischer Druck*, artesisches Wasser). Die Grundwasseroberfläche verläuft nur sehr selten horizontal und zeigt damit an, daß das Wasser meistens in – wenn auch sehr langsamer – Bewegung ist. Meistens folgt sie annähernd der Bodenoberfläche.

b) Adsorptions- und Kapillarwasser

Die Bindung des gegen den Einfluß der Schwerkraft im Boden verbleibenden Wassers beruht auf der Wirkung verschiedener Kräfte zwischen den festen Bodenteilchen und den Wassermolekülen sowie den Kräften zwischen den Wassermolekülen selbst. Nach der Art dieser Kräfte kann man das Bodenwasser in Adsorptions- und Kapillarwasser unterteilen.

(1) Adsorptionswasser

Im Begriff Adsorptionswasser faßt man meist das unter Wirkung von Adsorptionskräften (im engeren Sinne) und osmotischen Kräften stehende Wasser zusammen. Es umhüllt die feste Oberfläche der Teilchen, ohne daß Menisken gebildet werden.

Adsorptionskräfte zwischen der Festsubstanz und den Wassermolekülen umfassen (a) die nur über kurze Entfernungen wirkenden London-van der Waalsschen Kräfte und die H-Bindungen zwischen den Sauerstoffatomen der festen Oberfläche und den Wassermolekülen, sowie (b) die über längere Entfernungen wirkenden Kräfte unter der Einwirkung des elektrostatischen Feldes vor allem der Gegenionen, in geringerem Maße auch der geladenen festen Oberfläche. In diesem Feld werden die Wasserdipole ausgerichtet und angezogen. Die Bindung zwischen den adsorbierten Wassermolekülen erfolgt über H-Brücken.

Aus Abb. 93 ist ersichtlich, daß die Menge des Adsorptionswassers in Böden mit steigendem relativem Wasserdampfdruck der Luft zunimmt. Außerdem zeigt die Abbildung, daß auch *„lufttrockene"* Böden stets noch Wasser enthalten, und zwar um so mehr, je höher der relative Wasserdampfdruck der umgebenden Luft ist. Böden, die weniger Wasser enthalten, als diesem Gleichgewicht entspricht, nehmen Wasser aus der Luft auf. Sie sind daher in diesem Bereich hygroskopisch, und das aufgenommene Adsorptionswasser wird als *hygroskopisches Wasser* bezeichnet. Außer mit dem Wasserdampfdruck steigt der Wassergehalt mit

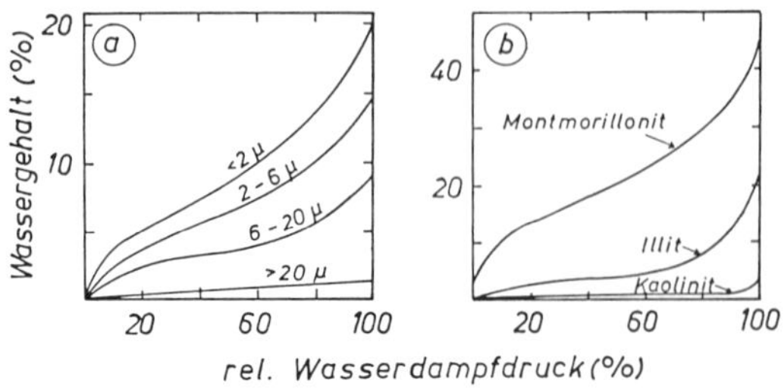

Abb. 93 Wassergehalt von (a) Kornfraktionen eines Bodens[7] und (b) Tonmineralen[8] in Abhängigkeit vom relativen Wasserdampfdruck der Luft

abnehmender Korngröße und damit mit steigender spezifischer Oberfläche der festen Teilchen. Auch die Reihenfolge im Wassergehalt einiger Tonminerale bei gleichem Wasserdampfdruck beruht auf deren unterschiedlicher spezifischer Oberfläche (s. Kap. X 2) (Abb. 93).

Die ersten Molekularschichten von Adsorptionswasser sind an den Mineraloberflächen sehr fest gebunden. Für die erste monomolekulare Schicht wird z. B. eine Bindungskraft von ≈ 600 MPa angegeben. Bei den folgenden Schichten nimmt die Bindungskraft stark ab.

Die Dicke dieser Schicht beträgt etwa 1 nm[9]. Die hohe Bindungsenergie macht sich u. a. dadurch bemerkbar, daß bei Befeuchten ofentrockener, feinkörniger Böden deutliche Temperaturanstiege auftreten. Sie werden durch die kinetische Energie der Wassermoleküle verursacht, die bei der Adsorption frei wird. Solche Temperaturanstiege werden in trockenen Tonböden auch vor Befeuchtungsfronten gemessen[6].

Das adsorbierte Wasser hat im Vergleich zu freiem Wasser z. T. verschiedene Eigenschaften, die mit der Beweglichkeit der Wassermoleküle und mit ihrer Anordnung zusammenhängen. So erfolgt z. B. mit der Abnahme des Wassergehaltes im Boden ein Anstieg der Dichte (bis auf das 1,5fache) und der Viskosität, während die Wärmekapazität und der Gefrierpunkt abnehmen. Das Adsorptionswasser wird gelegentlich auch als *osmotisches Wasser* bezeichnet, weil man den Adsorptionsvorgang als Analogon der Rück-Diffusionshemmung ansehen kann, die bei der Osmose die Anreicherung des Wassers im Bereich höherer Salzkonzentration erzwingt.

(2) Kapillarwasser

Bringt man einen ofentrockenen Boden mit Wasserdampf ins Gleichgewicht, so wird nicht

Tabelle 60 Häufige Werte der Wasserleitfähigkeit von wassergesättigten Böden verschiedener Körnung

Bodenart	Wasserleitfähigkeit ($cm\ s^{-1}$)	Wasserleitfähigkeit ($cm\ d^{-1}$)
Sandböden	$\approx 4 \cdot 10^{-1}$ bis $\approx 4 \cdot 10^{-3}$	$\approx 3 \cdot 10^4$ bis $\approx 3 \cdot 10^2$
Schluffböden	$\approx 4 \cdot 10^{-1}$ bis $\approx 5 \cdot 10^{-5}$	$\approx 3 \cdot 10^4$ bis ≈ 4
Lehmböden	$\approx 4 \cdot 10^{-1}$ bis $\approx 1 \cdot 10^{-5}$	$\approx 3 \cdot 10^4$ bis ≈ 1
Tonböden	$\approx 4 \cdot 10^{-1}$ bis $\approx 1 \cdot 10^{-7}$	$\approx 3 \cdot 10^4$ bis $\approx 1 \cdot 10^{-2}$

Tabelle 61 Wasserdampfdruck p/p_o in Abhängigkeit vom Porendurchmesser (n. *L. Pallmann*) und pF-Wert ($p/p_o = 1$ = relativer Dampfdruck über einer freien Wasseroberfläche)

Porendurchmesser (μm):	0,0024	0,0096	0,024	0,125	0,22	0,56	5,6	12,5
p/p_o:	0,4	0,8	0,9	0,98	0,987	0,9995	0,9995	0,9998
pF:	6,10	5,49	5,12	4,45	4,20	2,8	2,8	2,45

nur Adsorptionswasser angelagert, sondern es bilden sich bereits bei der Adsorption einiger Wasserschichten an der Berührungsstelle der festen Teilchen stark gekrümmte *Menisken* aus, die die Berührungsstelle ringförmig umschließen und sich mit steigender Wasseranlagerung vergrößern. Verursacht wird diese Bildung von Kapillarwasser durch die Tendenz der Grenzfläche von Wasser und Luft, sich zu verkleinern, weil hierdurch ein energieärmerer Zustand erreicht wird (= *Kapillarkondensation*). Die Bildung der Menisken beruht auf dem Zusammenwirken von Adhäsionskräften zwischen der festen Oberfläche und Wassermolekülen mit Kohäsionskräften zwischen den Wassermolekülen unter Bildung von H-Brücken.

Das auf diese Weise gebundene Wasser hat gegenüber freiem Wasser eine höhere Oberflächenspannung und damit niedrigeren Dampfdruck, ebenso wie das in kreisförmigen Kapillaren und wird daher auch als *Kapillarwasser* bezeichnet, obwohl die Hohlräume in Böden nur ausnahmsweise kreisförmig ausgebildet sind (s. Poren). Je kleiner der Durchmesser dieser kapillaren Hohlräume ist (s. Tab. 61), um so stärker ist die Bindung des Wassers, um so mehr Energie muß also zur Freisetzung dieser Wasseranteile aufgewandt werden und um so geringer ist daher der Wasserdampfdruck. Bei jedem Wassergehalt bildet sich ein Gleichgewicht zwischen der Dicke der Adsorptions-Wasserfilme und derjenigen Krümmung der Menisken, über denen die gleichen relativen Wasserdampfdrücke herrschen.

Der überwiegende Teil des Bodenwassers unterliegt sowohl Adsorptions- als auch Kapillarkräften. Je höher der Wassergehalt eines Bodens ist, um so mehr überwiegt die kapillare Bindung gegenüber der adsorptiven Bindung und umgekehrt.

Der gleiche Mechanismus, der zur Kapillarkondensation führt, verursacht auch den Aufstieg von Menisken in Kapillaren. Auch hier handelt es sich um das Bestreben des Wassers, die Oberfläche gegen Luft zu verkleinern. Da dies am wirkungsvollsten geschieht, wenn Poren mit relativ großer Oberfläche bei kleinem Volumen mit Wasser gefüllt werden, steigt das Wasser in den engsten Poren am höchsten und in Poren mit unregelmäßiger Form höher als in ideal kreisförmigen.

c) Bestimmung des Wassergehaltes

Die wichtigste Methode zur Wassergehaltsbestimmung ist die Trocknung bei 105 °C. Der hierbei auftretende Gewichtsverlust gibt die ausgetriebene Wassermenge an. Da diese durch Wägen bestimmt wird, wird diese Methode auch als „gravimetrisch" bezeichnet.

Die gravimetrische Wassergehaltsbestimmung setzt Probenentnahmen voraus und ist somit nicht zerstörungsfrei. Aus diesem Grund und weil die Bestimmung im Labor ausgeführt werden muß, eignet sich diese Arbeitsweise nicht für fortlaufende Registrierung von Wassergehaltsveränderungen in Böden im Freiland.

Hierfür werden daher meistens *indirekte Methoden* angewendet, die den Einbau eines Meßfühlers in den Boden und damit laufende Messungen ermöglichen. Viele dieser Methoden sind auf bestimmte Bereiche des Wassergehaltes beschränkt, weil sich nur dann die Meßgröße bei Veränderung des Wassergehaltes hinreichend stark ändert.

Die wichtigsten sind Messung der Diffusion von *Neutronen* (diese Methode ist als einzige über den ganzen Bereich der vorkommenden Wassergehalte brauchbar), Messung der *elektrischen Leitfähigkeit* mit Hilfe von in Gips- oder Nylonblöcke eingebetteten Elektroden, Messung der *Wärmeleitfähigkeit* und der Schwächung von *γ-Strahlen*. Alle diese Methoden erfordern eine Eichung. Als Eichskala wird in der Regel der gravimetrisch bestimmte Wassergehalt herangezogen.

Der Wassergehalt wird meist in Gew.-% (g/100 g) oder in Vol.-% ($cm^3/100\,cm^3$) angegeben. Im Freiland wird der Wassergehalt von ganzen Bodenschichten, ebenso wie bei der Niederschlagsmessung, durch die Höhe der Wassersäule (WS) ausgedrückt ($1\,l/m^2$ = 1 mm WS). Z. B. entspricht ein Wassergehalt von 20 % (g/100 g) bei einer Lagerungsdichte des Bodens von 1,3 einem Wassergehalt von $26\,cm^3/100\,cm^3$ bzw. 260 mm in einer 100 cm dicken Bodenschicht[10].

2. Intensität der Wasserbindung

Die beschriebenen Kräfte, die von der festen Phase im Boden ausgehen, bewirken zusammen mit anderen, von außen einwirkenden die Bewegungen des Wassers im Boden und beeinflussen seine Aufnehmbarkeit für Pflanzen. Sie sind daher sowohl bodenkundlich als auch ökologisch von großer Bedeutung. Allerdings sind sie durch ihre im vorigen Abschnitt beschriebenen Ursachen noch nicht ausreichend gekennzeichnet, es fehlen vielmehr Angaben über Größe, Richtung und Ansatzpunkte.

Diese sind jedoch in einem so heterogenen System wie einem Boden sehr verschieden und zudem wechselnd, so daß sie schwer zu definieren und daher auch kaum zu addieren sind. Deshalb ist es in der Bodenkunde üblich, anstelle der Kräfte selbst die Arbeit zu betrachten, die sie verrichten können oder noch häufiger die Arbeitsfähigkeit, das *Potential*.

a) Potentialkonzept

In der Bodenkunde verwandte *E. Buckingham* (1907) als erster den Begriff des Potentials beim Studium der Bindung des Wassers im Boden.

Das Potential ist hierbei definiert als die Arbeit, die notwendig ist, um eine Einheitsmenge (Volumen, Masse oder Gewicht) Wasser von einem gegebenen Punkt eines Kraftfeldes zu einem Bezugspunkt zu transportieren. Diese Arbeit entspricht derjenigen, die notwendig ist, um die Mengeneinheit Wasser von einer freien Wasserfläche auf eine bestimmte Höhe in einer Pore (Kapillare) zu heben, oder in dieser der Bodenmatrix zu entziehen. Wendet man das Potentialkonzept auf das Bodenwasser an, so lassen sich alle Bewegungsvorgänge wie die Infiltration, die Dränung und der kapillare Aufstieg auf einen Nenner bringen. Immer bewegt sich das Wasser von Stellen höheren Potentials (= höherer potentieller Energie) zu solchen niedrigeren Potentials, weil bei diesem Vorgang Energie frei wird. Diese Bewegung hält so lange an, bis an allen Stellen das Gesamtpotential den gleichen Wert aufweist.

Das Potential des Bodenwassers (ψ) wird durch die folgende Formel beschrieben

$$\psi = m \cdot b \cdot h$$

Hierbei ist m die Masse des Wassers, b die Beschleunigung (im Freiland stets die Erdbeschleunigung) und h die Höhe über einer freien Wasserfläche als Bezugsniveau (im Freiland die Grundwasseroberfläche).

Das Potential kann auf die Masseneinheit des Wassers bezogen werden, und man erhält dann:

$$\psi = b \cdot h \; (erg \cdot g^{-1})$$

Wählt man das Volumen als Bezugseinheit, so erhält ψ die Dimension eines Druckes (ϱ = Dichte):

$$\psi = \varrho \cdot b \cdot h \; (dyn \cdot cm^{-2} \triangleq Pa)$$

Sehr oft wählt man auch das Gewicht (im Kraftfeld der Erde = m · g) als Bezugsgröße, so daß ψ die Dimension einer Länge (cm Wassersäule) annimmt:

$$\psi = h \; (cm\ WS).$$

(1) Gesamtpotential (ψ)

Das Gesamtpotential ist definitionsgemäß die Summe aller durch die verschiedenen im Boden auftretenden Kräfte hervorgerufenen Teilpotentiale.

Bezugspunkt im Sinne der im vorigen Abschnitt gegebenen Definition ist eine freie Wasserfläche, die unter atmosphärischem Druck steht, deren Wasser die gleiche Temperatur hat und die gleichen gelösten Stoffe in der gleichen Konzentration enthält wie das Bodenwasser.

In vielen Fällen ist es schwierig, das Gesamtpotential direkt zu messen, weil die verfügbaren Meßgeräte nur wechselnde Gruppierungen von Teilpotentialen anzeigen. Es ist deshalb notwendig zu erkennen, welche Teilpotentiale bei einer Messung jeweils erfaßt werden, um beurteilen zu können, wie gut die Annäherung an das Gesamtpotential ist. Am häufigsten werden die folgenden Aufteilungen vorgenommen:

$\psi = \psi_z + \psi_m + \psi_g + \psi_o$

Die hier angegebenen Teilpotentiale, sowie verschiedene häufig verwendete Gruppierungen werden in den nächsten Abschnitten beschrieben.

(2) Gravitationspotential (ψ_z)

Das Bodenwasser steht stets unter dem Einfluß des Gravitationsfeldes der Erde, so daß man ein Gravitationspotential definieren kann. Das Gravitationspotential ψ_z entspricht der zu leistenden Arbeit, um eine bestimmte Menge Wasser (ausgedrückt in Masse-, Volumen- oder Gewichtseinheiten) von einem Bezugsniveau auf eine bestimmte Höhe anzuheben. Wird das Gewicht als Bezugseinheit verwendet, so erscheint das Gravitationspotential als die Ortshöhe (z). Deshalb wird auch gelegentlich von einem geodätischen Potential gesprochen. Das Bezugsniveau für das Gesamtpotential wird stets so gewählt, daß das Gravitationspotential ein positives Vorzeichen und somit von der freien Wasseroberfläche nach oben gerichtet zunehmende Beträge erhält.

(3) Matrixpotential (ψ_m)

Das *Matrixpotential*, früher auch *Kapillarpotential* genannt, ist ein Maß für den Einfluß der Matrix. Es umschließt alle durch die Matrix auf das Wasser ausgeübten Einwirkungen. Je weniger Wasser ein Boden enthält, desto stärker halten die matrixbedingten Kräfte es fest, desto schwerer ist es also dem Boden zu entziehen. Im energetischen Gleichgewichtszustand, d. h. wenn das Wasser im Boden in Ruhe ist und keine Wasserbewegung stattfindet, ist das Wasser um so stärker an die Matrix gebunden, je größer der Abstand von der als Bezugsebene genommenen Grundwasseroberfläche ist. Da die Auswirkung dieses Potentials auf das Wasser der des Gravitationspotentiales entgegengesetzt ist, kommt ihm ein negatives Vorzeichen zu. Als Druck aufgefaßt entspricht es einem negativen hydrostatischen Druck.

Häufig bleibt das negative Vorzeichen unberücksichtigt und der Zahlenwert allein wird unter dem Begriff *Wasserspannung* verwendet. Während demnach bei abnehmendem Wassergehalt das Potential sinkt, steigt die Wasserspannung. Ebenso wie das Gesamtpotential kann man auch für das Matrixpotential verschiedene Bezugsgrößen wählen, am häufigsten wird das Volumen oder das Gewicht des Wassers herangezogen.

(4) Sonstige Teilpotentiale

Da im Boden niemals reines Wasser vorliegt, wird das Gesamtpotential stets durch das *osmotische Potential* (ψ_o) oder Lösungspotential mitbeeinflußt. Der Anteil dieses Potentials am Gesamtpotential ist von der Menge der gelösten Salze abhängig und daher in den Böden arider Gebiete, aber auch in den Salzmarschen der Seeküsten oft von erheblicher Bedeutung. Salzkonzentrationen in Salzböden (Solontschak) können zu Wasseranreicherung in der Salzzone auf Kosten der angrenzenden Zone führen[11]. Dieses Potential entspricht der Arbeit, die verrichtet werden muß, um eine Einheitsmenge Wasser durch eine semipermeable Membran aus der Bodenlösung zu ziehen.

Ein Gaspotential (ψ_g) muß berücksichtigt werden, wenn der Luftdruck im Boden nicht mit dem an der als Bezugsniveau gewählten Ebene übereinstimmt.

Je nach den Meßbedingungen und den im Boden vorkommenden Verhältnissen können außer den hier beschriebenen auch noch einige andere Teilpotentiale bei Messungen erfaßt werden. Sie sind in Spezialabhandlungen näher beschrieben[2–4].

(5) Kombination von Teilpotentialen

Die Bestimmung des Gesamtpotentials ist über den gesamten in Böden auftretenden Bereich erst seit wenigen Jahren möglich und überdies umständlich. Deswegen wird oft als Annäherung das *hydraulische Potential* (ψ_H) angegeben, das als Summe der am einfachsten bestimmbaren Teilpotentiale definiert ist:

$\psi_H = \psi_m \text{ (oder } \psi_h) + \psi_z \ldots (+ \psi_g)$

Hierbei wird ψ_m für Punkte oberhalb, ψ_h für Punkte unterhalb der Grundwasseroberfläche eingesetzt. ψ_g wird meistens nicht berücksichtigt.

Wasserbewegungen im Boden werden meistens durch das ψ_H erfaßt. Andere Kombinationen von Teilpotentialen ergeben sich z. B. aus den Eigenschaften der Meß- oder Bestimmungsgeräte bzw. aus dem Ziel der Untersuchung.

Die Verfügbarkeit des Wassers für die Pflanze wird durch eine besondere Kombination der Teilpotentiale erfaßt, die als *Wasserpotential* (ψ_w) bezeichnet wird:

$\psi_w = \psi_m + \psi_o + \psi_g$

Wie im Falle des hydraulischen Potentials wird ψ_g meistens nicht berücksichtigt.

Als dritte Kombination von Teilpotentialen sei das *Druckpotential* (ψ_D oder ψ_p) genannt:

$$\psi_D = \psi_m \text{ (oder } \psi_h) + \psi_g$$

Diese Kombination wird verwendet, wenn im Gegensatz zu den beiden vorher beschriebenen das Gaspotential mit erfaßt wird. Sie beschreibt also z. B. die Wirkung von Luftdruckzunahmen bzw. -abnahmen im Freiland und bei labormäßigen Untersuchungen der Wasserspannung und der Wasserspannungskurve.

(6) Bestimmung der Potentiale

Das Gesamtpotential des Bodenwassers kann über den relativen Wasserdampfdruck bestimmt werden. Da die Dampfdruckunterschiede gegenüber einer freien Wasserfläche bei niedrigen Wasserspannungen zunächst nur wenige % betragen, ist die Messung aufwendig. Es werden psychometrische Methoden verwendet[12] (vgl. Hygroskopizität Abschn. 5 a/3).

Einfacher ist die Bestimmung des Matrixpotentiales, die mit *Tensiometern* durchgeführt wird (Abb. 94). Diese bestehen aus einer keramischen (porösen) Zelle, die mit einem Manometer in Verbindung steht. Die Zelle und der freie Raum zum Manometer sind mit Wasser gefüllt. Das Manometer wird so eingestellt, daß es den Wert Null anzeigt, wenn die Zelle genau in der Grundwasseroberfläche liegt. Je trockener der Boden ist, um so mehr Wasser wird aus dem Tensiometer gesaugt und um so größer ist daher der durch das Manometer angezeigte negative Druck. Tensiometer erfassen das Matrixpotential, je nach der Bauart des Manometers gelegentlich auch ein vorhandenes pneumatisches Potential. Die Anzeige erfolgt in cm Wassersäule oder in bar, der Meßbereich geht meist nur bis −800 cm WS.

Das Matrixpotential ψ_m (≙ Wasserspannung h_m) ausgedrückt in cm WS, entspricht der Entfernung zum freien Wasserspiegel bzw. im Falle des Gleichgewichtes der Entfernung der Grundwasseroberfläche, die im Wasserstandsrohr (Piezometerrohr) sichtbar ist. Im Falle oberirdischer Anzeige mit einer Hg-Säule ist

$$h_m \text{ (cm WS)} = h_{Hg}\left(\frac{\varrho_{Hg}}{\varrho_W} - 1\right) - h_{Gerät}$$

wobei alle Höhen (h) in cm gemessen sind (Symbole s. Abb. 94).

Zur Bestimmung im Bereich > 1000 cm WS eignen sich *Gipsblock-Elektroden*. Deren Prinzip beruht darauf, daß die elektrische Leitfähigkeit im Gipsblock von der Anzahl der Poren abhängig ist, die mit Wasser oder genauer mit gesättigter $CaSO_4$-Lösung gefüllt sind. Bei dieser Methode wird das Wasserpotential (ψ_w) gemessen. Unter Freilandbedingungen ist allerdings die ψ_g-Komponente praktisch vernachlässigbar. Das gleiche gilt in Böden mit geringem Salzgehalt für die ψ_o-Komponente. Unter diesen Umständen werden im wesentlichen Veränderungen des Matrixpotentials erfaßt[10, 13].

Hinweise auf die häufigste mittlere Lage der Potentiale des Bodenwassers ergeben sich aus der Vegetation, hierbei können die Häufigkeitsverteilungen des Vorkommens verschiedener Pflanzenarten herangezogen werden[14].

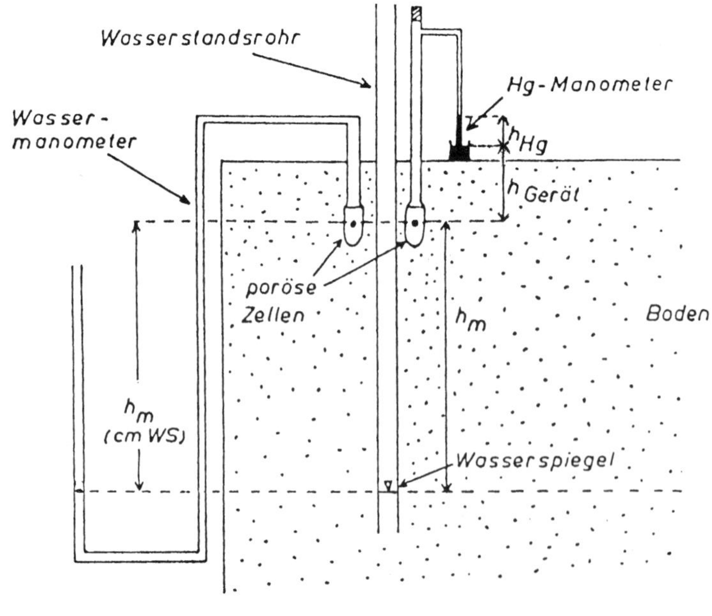

Abb. 94 Tensiometer (Wassermanometer links, Hg-Manometer rechts) und Wasserstandsrohr (Piezometer). Alle Anzeigen im hydrostatischen Gleichgewicht (ψ_H = O)

b) Potential-Gleichgewicht

Stellt man einen mit trockenem Boden gefüllten, oben mit einem Verdunstungsschutz abgedeckten Zylinder in Wasser, so fließt das Wasser in den Boden hinein. Nach einiger Zeit stellt sich ein Gleichgewicht ein, das durch eine Abnahme des Wassergehaltes nach oben gekennzeichnet ist (Abb. 95). Im Gleichgewicht ist das hydraulische Potential ($\psi_H = \psi_m + \psi_z$) an allen Stellen der Bodensäule gleich.

Wählt man als Bezugspunkt für ψ_H die Höhe des Wasserspiegels und setzt hier $\psi_H = 0$, so herrscht im Gleichgewicht auch in der ganzen Bodensäule der Zustand $\psi_H = 0$.

Um ein Gleichgewicht an allen Stellen der Bodensäule zu erreichen, müssen mithin das Matrixpotential (ψ_m) und das Gravitationspotential (ψ_z) zahlenmäßig gleich sein, aber entgegengesetzte Vorzeichen haben. Dies ist in Abb. 95 durch die beiden schräg verlaufenden Geraden dargestellt, deren Neigung von der Wahl des Koordinatenmaßstabes abhängt. Der Verlauf der Potentiallinien ψ_m und ψ_z ist im Gleichgewichtszustand gradlinig. Gleichzeitig stellt sich eine Wassergehaltsverteilung ein (Abb. 95, rechts), deren Verlauf in Abhängigkeit vom Abstand von der Grundwasseroberfläche bodentypisch und in der Regel nicht linerar ist.

Wird das Gleichgewicht gestört, indem z. B. Wasser an der Oberfläche verdunstet, so sinkt dort das Matrixpotential, es erreicht höhere negative Zahlenwerte. Anders ausgedrückt: die Wasserspannung nimmt zu, die Tiefenfunktion von ψ_m ist nicht mehr linear. Da sich jedoch das Gravitationspotential nicht verändert, sinkt das hydraulische Potential ebenfalls und wird bis hinunter zur Grundwasseroberfläche $\psi_H < 0$. Die Folge ist eine Wasserbewegung in Richtung auf das niedrigere hydraulische Potential, also von unten nach oben.

Führt man dagegen von oben Wasser hinzu, im Freiland z. B. durch Regen, so findet die umgekehrte Wasserbewegung statt. Auch hier bleibt das Gravitationspotential unverändert, das Matrixpotential in der oberen Bodenschicht aber steigt zunächst an der Bodenoberfläche und dann in der ganzen Säule, so daß insgesamt $\psi_H > 0$ und daher eine ausgleichende Abwärtsbewegung erzwungen wird.

c) Beziehung zwischen Wasserspannung und Wassergehalt

Wie im vorigen Abschnitt b bereits ausgeführt, ist die Beziehung zwischen Wasserspannung (bzw. Matrixpotential) und dem Wassergehalt von der Porengrößenverteilung und dem Porenvolumen abhängig und daher in den verschiedenen Horizonten der Böden unterschiedlich. Der Verlauf dieses Zusammenhanges ist deshalb ein häufig verwendetes Charakteristikum eines Bodens, das mehr Rückschlüsse auf den Wasserhaushalt eines Bodens (z. B. Speichereigenschaften, Geschwindigkeit der Ent-

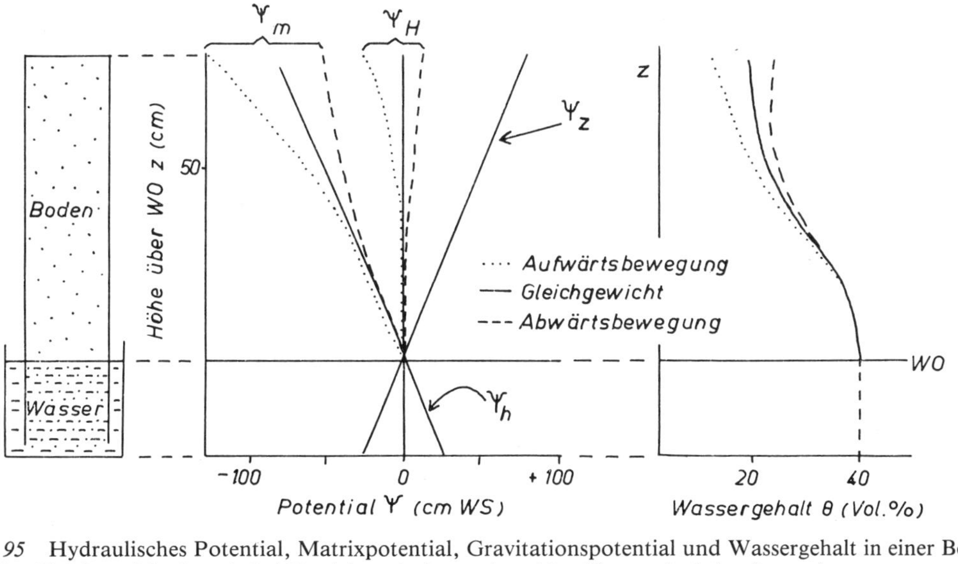

Abb. 95 Hydraulisches Potential, Matrixpotential, Gravitationspotential und Wassergehalt in einer Bodensäule im Gleichgewicht (——), bei Versickerung (- - - -) und kapillarem Aufstieg (· · · · ·)

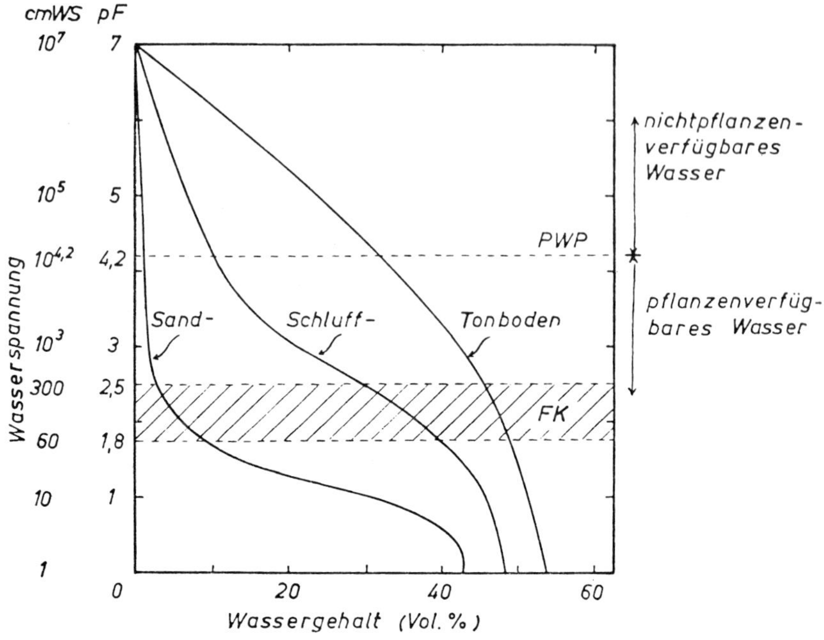

Abb. 96 Beziehung zwischen Wasserspannung und Wassergehalt (pF-Kurven) bei einem Sandboden, einem tonigen Schluffboden (Lößboden) und einem Tonboden (A-Horizonte) (FK = Feldkapazität, PWP = Permanenter Welkepunkt)

wässerung, Verfügbarkeit für Pflanzen) zuläßt als die Körnung, weil es außer von dieser auch vom Gefüge und dem Gehalt an organischer Substanz beeinflußt wird. Für diesen Zusammenhang werden verschiedene Bezeichnungen gebraucht, z. B. *Wasserspannungskurve*, *pF-Kurve*, *Bodenwassercharakteristik* und andere.

Die Wasserspannungskurven sind für 3 Bodenhorizonte unterschiedlicher Körnung in Abb. 96 dargestellt. Die Ordinate ist in logarithmischem Maßstab eingeteilt, um vor allem auch die Unterschiede im Bereich der niedrigen pF-Werte sichtbar zu machen. Der unterschiedliche Verlauf der Kurven ist verursacht durch die verschiedene Porengrößenverteilung der Böden. Die Wassergehalte bei einer Wasserspannung von 1 cm WS (pF = 0) variieren in diesen Beispielen in einem Bereich von 42 – 53 Vol.-%, d. h. bei Wassersättigung sind 42 – 53 % des Bodenvolumens mit Wasser gefüllt. In Abwesenheit von Lufteinschlüssen entspricht dieses Volumen dem jeweiligen gesamten Porenvolumen der Böden. Die Wasserspannungskurven stellen idealisierte Zusammenhänge zwischen Wassergehalt und Wasserspannung dar. Da verschiedene, in den nächsten Abschnitten beschriebene Mechanismen ihren Verlauf beeinflussen, ist die Genauigkeit der Bestimmung stark von der strikten Einhaltung konstanter methodischer Bedingungen bei Entnahme und Zurichtung sowie bei der vorbereitenden Bewässerung abhängig.

(1) Einfluß der Körnung

Wird den Böden Wasser entzogen, so verläuft beim Sandboden die pF-Kurve zunächst flach bis etwa pF 1,8. Dieser flache Verlauf weist darauf hin, daß dem abgegebenen, nur relativ schwach gebundenen Wasser (≈ 30 %) in diesem Bereich eine relativ einheitliche Bindungsstärke zuzuschreiben ist oder im Kapillarmodell ausgedrückt, daß es zu Poren relativ einheitlichen Äquivalentdurchmessers gehört (vgl. weite Grobporen, Durchmesser > 50 μm, s. Tab. 56 Kap. XV 2 d).

Im Freiland macht sich dies in einem scharf begrenzten Kapillarsaum über der Grundwasseroberfläche bemerkbar. Die restlichen 5 % Wasser sind mit steigender Bindungsstärke gebunden, die letzten Anteile in Form dünner Filme von Adsorptionswasser und als Ringe um die Kontaktstellen zwischen den Körnern.

Der gegenüber den Sandböden andersartige Verlauf der pF-Kurven bei den beiden anderen

Böden hängt mit ihrer abweichenden Porengrößenverteilung zusammen. Beim Schluffboden (= Löß) sind die Mittelporen mit ≈ 20 % (pF-Bereich 2,5 – 4,2) stark beteiligt, bei dem Tonboden die Feinporen mit etwa 30 % (pF > 4,2) (s. Abb. 96, Tab. 57 in Kap. XV).

Aus Abb. 96 ist weiterhin ersichtlich, daß bei gleichem Wassergehalt die Bindungsstärke (d. h. also das Matrixpotential) des Bodenwassers in der Reihenfolge steigt: Sandboden < Schluffboden < Tonboden, also mit zunehmendem Tongehalt. So ist es auch zu erklären, daß z. B. bei einem Wassergehalt von 20 % sich der Sandboden naß, der Schluffboden feucht und der Tonboden trocken anfühlt. Diese unterschiedliche Bindungsstärke des Wassers in Abhängigkeit von der Körnung beruht auf einer Zunahme der adsorbierenden Oberfläche und einer Abnahme des Porendurchmessers.

(2) Einfluß des Gefüges

Außer durch die Körnung wird der Verlauf der pF-Kurven durch das Gefüge und daher auch durch den Spannungszustand in der festen Matrix beeinflußt. Da sich die Veränderungen am stärksten bei den sekundären Grobporen auswirken, sind auch die Änderungen des Wassergehaltes im Bereich geringer pF-Werte besonders groß, wie aus Abb. 97 zu ersehen ist (Schwankungsbereich des H_2O-Gehaltes bzw. des Porenvolumens bei pF = 0 im Bereich von 36 – 61 %). Die Änderungen im Bereich pF ≳ 1,5 sind denen bei niedrigeren pF-Werten entgegengesetzt und außerdem auch kleiner (s. a. Abschnitt (4)).

Besondere Bedeutung hat der Einfluß des Gefüges bei Böden, die quellen und schrumpfen. Abgesehen davon, daß dabei das gesamte Porenvolumen zu- bzw. abnimmt, verändert sich auch die Porengrößenverteilung. Bei Quellungen nimmt der Anteil an groben Sekundärporen ab, der an Mittelporen, vor allem aber der an Feinporen dagegen stark zu.

Die Kurven würden dabei in Abb. 97 flacher verlaufen. Der umgekehrte Vorgang läuft bei der Schrumpfung ab, er ist hier vor allem bei der Erstschrumpfung nach einer Sedimentation von Bedeutung, weil eine vollständige Rückquellung selten ist. Die Wasserspannungskurven von Tonböden sind daher keine so relativ unveränderlichen Charakteristika wie die von Sandböden (Kap. XV).

(3) Hysteresis der Wasserspannungskurve

Die Wasserspannungskurve ist nicht nur von Körnung und Gefüge bzw. Spannungszustand abhängig, sondern auch von der Richtung der Wassergehaltsänderung. Wie Abb. 98 zeigt, ergeben sich für Be- und Entwässerungsverlauf verschiedene Kurven. Diese Erscheinung wird *Hysteresis* genannt. In der Abbildung sind die Extremfälle gezeigt.

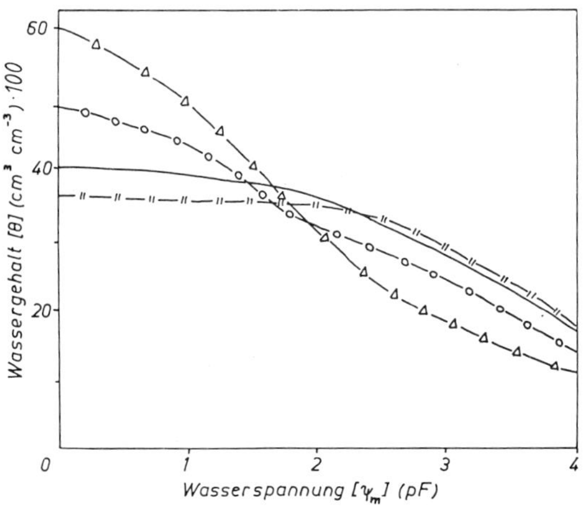

Abb. 97 Einfluß des Gefüges auf die Beziehung zwischen Wasserspannung und Wassergehalt. Die 4 Kurven kennzeichnen Lößböden gleicher Körnung, aber verschiedenen Porenvolumens (s. Wassergehalt bei pF = O) als Folge unterschiedlichen Gefüges

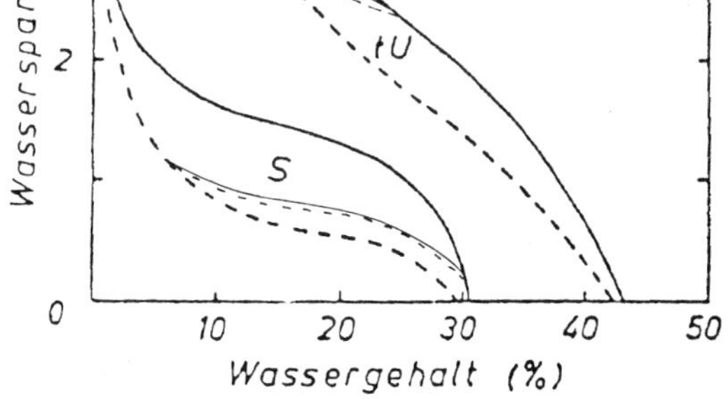

Abb. 98 Beziehung zwischen Wassergehalt und Wasserspannung in einem Sand- (S) und einem Lößboden (Ut) in Abhängigkeit von Be- und Entwässerung (Hysteresiseffekt) mit Schleife für Entwässerung nach Teilbewässerung bzw. Bewässerung nach Teilentwässerung

Zwischen ihnen treten eine große Anzahl von schleifenförmigen Übergängen auf, je nachdem, wie weit die vorhergehende Be- oder Entwässerung fortgeschritten war, bevor die untersuchte Umkehrung in Ent- oder Bewässerung einsetzte. Als Ursachen für die Hysteresis kommen vor allem die für Ent- oder Bewässerung gegensätzliche Wirkung von Porenengpässen, unterschiedliche Luftinklusionen, Veränderungen der Benetzbarkeit und ferner die durch Schrumpfung bewirkten, nur teilweise reversiblen Gefügeänderungen in Frage.

(4) Bestimmung der Wasserspannungskurve

Bei der Bestimmung der *Wasserspannungskurve* im Bereich pF < 4,2 geht man nach der Druck-Methode von *L. A. Richards* von der wassergesättigten Bodenprobe aus, bringt sie auf einer keramischen Platte oder einer Membran mit Luftdrücken ins Gleichgewicht, die bestimmten Wasserspannungen entsprechen und mißt die aus dem Boden verdrängte oder die im Boden verbleibende Wassermenge. Die pF-Kurve wird erhalten, wenn die angewandten Drücke gegen die bestimmten Wassergehalte aufgetragen werden (s. Abb. 96). Zur Bestimmung der Wasserspannungskurve pF > 4,2 setzt man den Boden mit verschiedenen Wasserdampfdrücken ins Gleichgewicht und bestimmt den jeweiligen Wassergehalt des Bodens. Die Wasserdampfdrücke werden meistens in geschlossenen Systemen durch Schwefelsäure unterschiedlicher Konzentration erzeugt[10, 13].

3. Wasserbewegung in flüssiger Phase

Das Wasser im Boden ist selten in einem statischen Gleichgewicht, weil Niederschläge und Evapotranspiration das Einstellen eines Potentialgleichgewichtes immer wieder unterbrechen. Es ist vielmehr meist in Bewegung, und zwar stets in Richtung auf das niedrigste Potential. Dies gilt sowohl für den wassergesättigten Zustand im Einflußbereich des Grund- und Stauwassers als auch für den nicht gesättigten Bereich oberhalb einer Grundwasseroberfläche.

Das Ausmaß der Wasserbewegung ist abhängig von dem antreibenden Potentialgefälle und der *Durchlässigkeit* oder *Wasserleitfähigkeit* des Bodens. Die einfachste Form, in der dieser Sachverhalt dargestellt werden kann, ist die nach dem französischen Ingenieur *Darcy* (1803 – 1858) benannte Gleichung:

$$Q = k \cdot \frac{d\psi}{dl}$$

Hierin ist Q die gesamte Wassermenge, die je Zeiteinheit durch eine gegebene Fläche – den Fließquerschnitt – perkoliert. Sie wird meistens in $cm^3cm^{-2}s^{-1}$ angegeben. ψ ist das antreibende Potential, l die Fließstrecke, k ein Proportionalitätskoeffizient, der Wasserleitfähigkeits- oder Durchlässigkeitskoeffizient oder hydraulische Leitfähigkeit genannt wird.

Der Ausdruck $\frac{d\psi}{dl}$, der die Veränderung des Potentials im Verlaufe der Fließstrecke angibt, wird als Gradient des Potentials bezeichnet. Gelegentlich wird hierfür „grad ψ" geschrieben. Er entspricht dem Gefälle in einem freifließenden Gewässer.

Anstelle der insgesamt perkolierenden Wassermenge (cm^3s^{-1}) wird oft die auf die Flächeneinheit bezogene Wassermenge ($cm^3cm^{-2}s^{-1}$) für die weiteren Auswertungen gebraucht. Ihre Berechnung ergibt eine Größe mit der Dimension einer Geschwindigkeit (cms^{-1}). Sie wird als Fließgeschwindigkeit bezeichnet (v). Gelegentlich wird auch die Bezeichnung Fluß (lat. flux) verwendet.

$$Q/F = v$$

Bei Betrachtungen von Wasserbewegungen wird für den antreibenden Potentialgradienten in der Regel der des hydraulischen Potentials verwendet:

$$\text{grad } \psi_H = \frac{\Delta\psi_m \text{ (oder } \psi_h) + \Delta\psi_z}{\Delta z}$$

$$= \frac{\Delta\psi_m \text{ (oder } \psi_h)}{\Delta z} + 1$$

Die Wahl des Vorzeichens zwischen den beiden Teilgradienten richtet sich danach, ob beide gleichgerichtet (+) oder einander entgegengesetzt gerichtet (−) sind, wenn ψ_z von der Grundwasseroberfläche aufwärts positiv zunehmend Zahlenwerte erhält (vgl. Kap. 2 a (3)).

Meist wählt man das Gewicht als Bezugsgröße, so daß das Potential die Dimension einer Länge und der Leitfähigkeitskoeffizient k_f die Dimension lt^{-1} (meist $cm \cdot s^{-1}$ oder $cm \cdot d^{-1}$) erhält. In der beschriebenen Form ist k_f an Wasser als Fließmedium gebunden. Soll das Verhalten anderer Fließmedien (Luft, Öl) verglichen werden, so muß die veränderte Viskosität (η) berücksichtigt und die Bezugsgröße für das Potential auf Masse oder Volumen umgerechnet werden. Danach erhält der Leitfähigkeitskoeffizient die Dimension einer Fläche (l^2) und wird als Permeabilitätskoeffizient k_o bezeichnet:

$$k_o = k_f \cdot \frac{\eta}{\varrho \cdot g}$$

Dichte der Manometerflüssigkeit (ϱ) und Gravitation (g) müssen hinzugefügt werden, um die Potentialangabe von der Länge auf den Druck zu ergänzen (s. Abschn. 2 a).

Die Gültigkeit der *Darcy-Gleichung* ist von der Größe des an der Perkolation beteiligten

Anteiles innerhalb eines Fließquerschnittes unabhängig. Sie gilt daher gleichermaßen für große und kleine Porenvolumina und ebenso für vollständige und teilweise Wassersättigung des Bodens. Dieser letzte Umstand ist besonders wichtig, weil teilweise Wassersättigung (sogenannter *ungesättigter* Zustand) in terrestrischen Böden weitaus häufiger ist als vollständige.

Die Darcy-Gleichung in der hier angegebenen Form beschreibt einen Strömungsvorgang, bei dem die gesamte Bewegung aller Wasserteilchen als gleichgerichtet angenommen wird (= *eindimensionale Strömung*) und der Gradient während der Meß- bzw. Beobachtungszeit unverändert bleibt (= *stationäre Strömung*). Mit ihrer Hilfe kann in einem hinsichtlich der Wasserleitfähigkeit homogenen Strömungsfeld das Potential und die fließende Wassermenge in jedem Teil des Systems bestimmt werden.

Im Boden sind aber eindimensionale Strömungen nur dann mit Sicherheit anzunehmen, wenn man hinreichend kleine Ausschnitte und vor allem kurze Fließstrecken betrachtet. Größere Bereiche wie Zuströmungen in Gräben oder andere Gewässer oder zu Wurzeln sind stets dreidimensional und man kann sie nur als zweidimensional betrachten, wenn man sich eine Ebene aus dem durchströmten Raum herausgeschnitten vorstellt. In diesen Fällen sind aber die durchströmten Querschnitte nicht mehr konstant und die Geschwindigkeitsverteilungen auch nicht. Im Prinzip entspricht die Situation der Darstellung der Zuströmungslinien um ein Dränrohr (s. Abb. 104). In dieser Situation reicht die *Darcy-Gleichung* zur Beschreibung des Strömungsfeldes nicht mehr aus, weil wechselnde Fließquerschnitte ($F_1 \rightarrow F_2$) bei konstant bleibender Fließmenge (Q) veränderte Geschwindigkeiten (v) erfordern

$$Q = v_1 \cdot F_1 = v_2 \cdot F_2$$

Diese Gleichung beinhaltet die Forderung nach Erhaltung der Masse. Sie ist die einfachste Form der sogenannten *Kontinuitätsgleichung*; hier formuliert für den Fall, daß zwei verschiedene Fließquerschnitte, jeder mit eindimensionaler Strömung, miteinander verglichen werden.

In einem zweidimensionalen Strömungsfeld, in dem die Fließrichtung von Ort zu Ort verschieden ist, muß zur Erhaltung der Masse des fließenden Mediums eine Zunahme des Flusses (v) in der Richtung x (= horizontal in Abb. 104) eine gleichzeitige Abnahme in der Richtung z (= vertikal in Abb. 95 und 104, vgl. ψ_z) zur Folge haben. Die Kontinuitätsgleichung heißt dann

$$\frac{\partial v_x}{\partial x} + \frac{\partial v_z}{\partial z} = 0$$

Setzt man für die Geschwindigkeit v $\left(= \frac{Q}{F}\right)$ in dieser Differentialgleichung den entsprechenden Ausdruck der Darcy-Gleichung ein, so erhält man

$$\frac{\partial\left(k\frac{\partial\psi}{\partial x}\right)}{\partial x} + \frac{\partial\left(k\,\frac{\partial\psi}{\partial z}\right)}{\partial z} = 0$$

Nun kann man diesen Ausdruck durch k dividieren und erhält dann als zweite Ableitung die Differentialgleichung

$$\frac{\partial^2\psi}{\partial x^2} + \frac{\partial^2\psi}{\partial z^2} = 0$$

die unter der Bezeichnung *Laplace-Gleichung* bekannt ist. Durch Lösung dieser Gleichung kann die Potentialverteilung im gesamten Strömungsfeld beschrieben werden. Je nach Art der Formulierung des antreibenden Gradienten kann anstelle von ψ auch eine Länge (h) auftreten (vgl. Abschn. 2 a).

Die hier formulierte Strömungsgleichung ist allerdings analytisch nicht für alle Fälle lösbar, sondern nur für Strömungsfelder mit geometrisch einfachen Begrenzungen (= einfache Randbedingungen). Für komplizierte Fälle ist die Lösung nur mit Hilfe von Modellen oder auf zeichnerischem Wege möglich. Modelle können elektrische Anlagen, Sandkästen oder andere Analogmodelle, aber auch Digitalmodelle sein. Zeichnerisch kann die Strömungsnetz-(Quadratnetz-)Methode verwendet werden[15, 16].

Bei dem beschriebenen Umformungsvorgang wurde die Wasserleitfähigkeit durch Kürzen eliminiert. Dies unterstreicht die wesentliche Tatsache, daß bei homogenem isotropem Boden das Strömungsbild von der Wasserleitfähigkeit unabhängig ist. Diese Bodeneigenschaft beeinflußt also nur die absolute Fließmenge je Zeit- und Flächeneinheit, nicht aber die Verteilung der Strömungen im Raum.

Ist infolge schichtweiser Ablagerung oder infolge Sekundärporenbildung das Porensystem anisotrop, so sind Verteilung und Richtungsabhängigkeit der Wasserleitfähigkeit von erheblicher Bedeutung für die Fließvorgänge. Die einzelnen Strömungslinien des Feldes werden dann beim Übergang in Zonen geringerer Wasserleitfähigkeit zur Grenzflächen-Normalen hin, beim Übergang in Zonen höherer Wasserleitfähigkeit von der Grenzflächen-Normalen weg abgelenkt. Die Ursache dafür ist die mit dieser Ablenkung verbundene Veränderung des Fließquerschnittes, die bei Leitfähigkeitsänderungen wiederum durch die Kontinuitätsbedingung (= Massenerhaltung) erzwungen wird. Das Phänomen ähnelt der Brechung von Lichtstrahlen beim Übergang in optisch dichtere bzw. weniger dichte Medien.

Alle hier beschriebenen Einzelheiten gelten gleichermaßen für den Fall vollständiger Wassersättigung wie für den ungesättigten Zustand.

a) Einfluß von Körnung und Gefüge

Die Wasserleitfähigkeit wird wesentlich beeinflußt von der Anzahl, Größe und Form der Poren, durch die das Wasser fließt. Dieser Zusammenhang wird durch die *Hagen-Poiseuille*sche Gleichung beschrieben

$$Q = \frac{\pi r^4 \Delta \psi}{8 \eta l}$$

Q = je Zeiteinheit perkolierte Wassermenge, r = Radius, $\Delta \psi$ = hydraulische Potentialdifferenz, η = Viskosität und l = Fließstrecke.

Die Gleichung zeigt, daß Q in besonders starkem Maße von r abhängt. Infolgedessen besteht zwischen der Porengrößenverteilung und damit auch der Körnung eines Bodens und seiner Wasserleitfähigkeit ein enger Zusammenhang. Man kann daher auch die Wasserleitfähigkeit bei Sanden aus der Körnung berechnen. Als Beispiel sei die einfach aufgebaute *Hazensche Näherungsformel* gegeben

$$k \approx 100 \cdot (D_{10})^2$$

Hierin ist D_{10} der Korndurchmesser (cm), der auf der Abszisse der Körnungssummenkurve dem Ordinatenwert 10 % entspricht. Der Zusammenhang zwischen Wasserleitfähigkeit und Körnung ist, wie Abb. 99 zeigt, im Unterboden (80 – 120 cm) über einen weiten Körnungsbereich zu erkennen, er ist dann allerdings nicht mehr sehr straff (r = 0,47 in Abb. 99). Bei den Proben aus 40 – 60 cm Tiefe ist diese Beziehung nicht mehr vorhanden, weil in der oberflächennäheren Schicht der Einfluß der Körnung durch den Einfluß gefügebedingter Grobporen überdeckt wird. Dies gilt ganz allgemein für die oberflächennahen Schichten von Böden, in denen sekundäre Grobporen ausgebildet sind.

Aus diesem Grunde kann der Wasserleitfähigkeitskoeffizient zur Beurteilung der Gefügeausbildung sowie auch der Erodierbarkeit als Funktion der Gefügeausbildung verwendet werden[17].

Während die korngrößenbedingten Primärporen meist eine recht gleichmäßige gesättigte Wasserleitfähigkeit ergeben, kann die *Wirkung der Sekundärporen* sehr verschiedenartig sein. Wie Abb. 100 zeigt, kann hier die Wasserleitfähigkeit von verschiedenen Porensystemen ge-

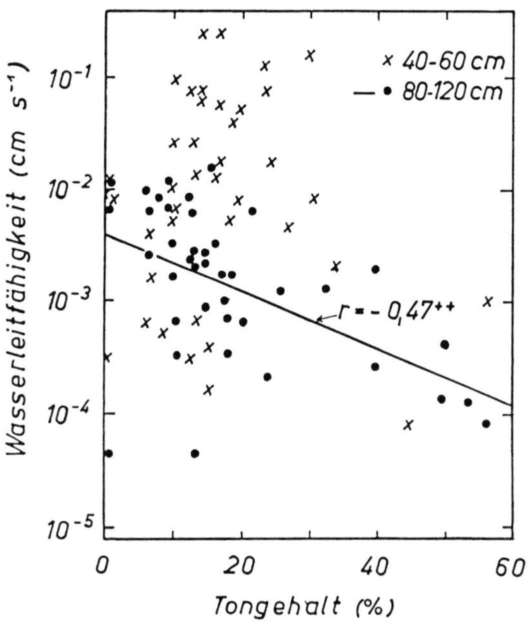

Abb. 99 Wasserleitfähigkeit von Böden in Abhängigkeit vom Tongehalt. Entnahmetiefe 40 – 60 und 80 – 120 cm, ungestörte Proben

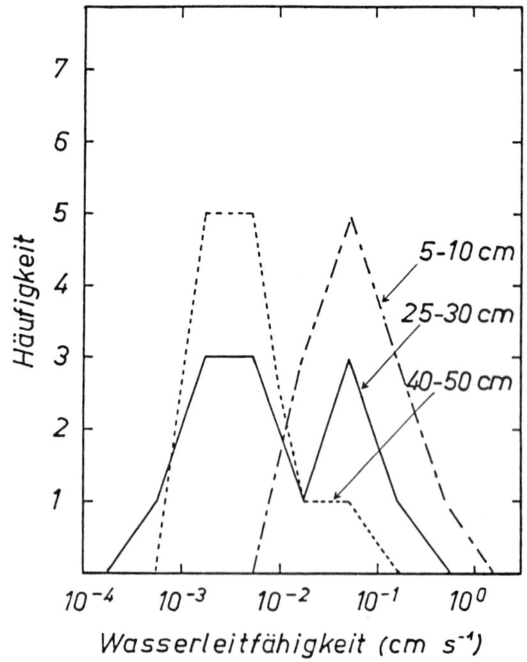

Abb. 100 Häufigkeit des Auftretens verschiedener Werte der Wasserleitfähigkeit in 3 Profiltiefen bei je 12 Parallelproben in einem Pseudogley aus Ton (Tongehalt = 35 %, $CaCO_3$ = 10 %)

prägt sein, die sich durch verschiedene Werte der Wasserleitfähigkeit und verschiedene Häufigkeiten des Vorkommens unterscheiden. In Abb. 100 zeigt die Häufigkeitsverteilung der Meßwerte für 5 – 10 cm Tiefe ein einziges Maximum bei $5{,}6 \cdot 10^{-2}$ cm s^{-1}. In 25 – 30 cm Tiefe ist die Verteilung zweigipfelig und zeigt damit an, daß neben dem in der oberen Schicht wirksamen Porensystem noch ein anderes zur Geltung kommt, dessen Wasserleitfähigkeit um etwa eine Zehnerpotenz kleiner ist. In 40 – 50 cm Tiefe überwiegt schließlich dieses engere Porensystem und bestimmt die Wasserleitfähigkeit.

Die *Größenordnung* der gesättigten Wasserleitfähigkeit von Sand-, Schluff- und Tonböden ist in Tab. 60 zusammengefaßt. Bei Schluff- und Tonböden gilt die größere Zahl jeweils für sekundärporenreiche Böden, die kleinere für sekundärporenfreie Böden.

Die Wasserleitfähigkeit von quellfähigen Ton- und tonreichen Lehmböden ist stark von der Art der adsorbierten Ionen und vom Salzgehalt des perkolierenden Wassers abhängig. Bei Perkolation mit salzarmem Wasser nimmt sie ab, wenn damit ein Entsalzungsvorgang verbunden ist. Wenn der Salzgehalt des Perkolationswassers wieder zunimmt, steigt die Wasserleitfähigkeit an, ohne wegen der inzwischen erfolgten Verschlämmung den Anfangswert wieder zu erreichen. Diese Veränderungen sind bei Na-Ionen im Wasser und am Tonmineral am ausgeprägtesten[18, 19]. Bei Ca-Ionen im Perkolationswasser und am Austauscher sind sie viel geringer.

b) Einfluß des Wassergehalts

Wie im vorigen Abschnitt beschrieben, ist die Wasserleitfähigkeit in hohem Maße vom Durchmesser der leitenden Poren abhängig. Dies gilt auch, wenn der leitende Querschnitt in Böden dadurch verkleinert wird, daß die Poren Luft enthalten, so daß sie nur z. T. am Wassertransport teilnehmen können. Die Entwässerung eines Teiles der Poren vermindert also die Wasserleitfähigkeit. Da die weitesten Poren, die bei Wassersättigung den größten Anteil am Wassertransport haben, als erste entwässert werden, sinkt die Wasserleitfähigkeit bei Beginn der Entwässerung besonders stark. Bei den verschiedenen Böden ist der Verlauf der Abnahme von der Porengrößenverteilung abhängig.

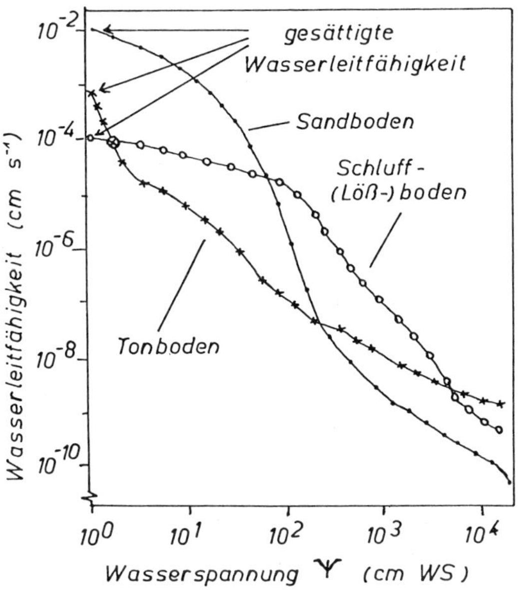

Abb. 101 Wasserleitfähigkeit (gesättigte und ungesättigte) eines Sand-, Schluff- und Tonbodens in Abhängigkeit von der Wasserspannung[21]

Die Leitfähigkeit ist also nicht von der Wasserspannung abhängig, sondern vom Wassergehalt. Daß zu jedem Entwässerungszustand ein pF-Wert gehört (s. pF-Kurve), bedeutet keine Einschränkung für diese Feststellung. Bei weiter fortschreitender Entwässerung sinkt die Wasserleitfähigkeit um so stärker, je mehr Poren entleert werden. Wie Abb. 101 zeigt, sinkt sie daher bei Grobporen-reichen Böden schon bei niedrigen Wasserspannungen, bei Mittelporen-reichen Böden erst bei etwas höheren und bei Feinporen-reichen Böden oft besonders wenig.

Abb. 101 läßt erkennen, daß die bei Wassersättigung hohe Wasserleitfähigkeit des Sandbodens bei $\psi \approx 10^2$ cm WS (= Wassersäule) infolge der Entwässerung der Grobporen unter die Werte des Lößbodens sinkt. Im Bereich von $10^2 - 10^4$ cm WS, der unter Freilandbedingungen in terrestrischen Böden besonders häufig auftritt, hat also der Lößboden die höchste Wasserleitfähigkeit. Dies ist ein wesentlicher Grund für die hohe Wertschätzung dieser Böden in der Landwirtschaft. Die relativ hohe Wasserleitfähigkeit des Tonbodens in gesättigtem Zustand ist die Folge des Vorhandenseins von Sekundärporen, die aber sehr grob sind und daher schon bei < 10 cm WS entleert werden. Bei stärkerer Austrocknung ($\psi > 10^4$ cm WS) ist die Wasserleitfähigkeit des Tonbodens größer als die aller anderen Böden, weil er in diesem Zustand wegen des noch relativ hohen Wassergehaltes die größten Fließquerschnitte hat.

Dies gilt natürlich nur, solange die Fließstrecke nicht durch entwässerte Schrumpfrisse unterbrochen ist.

Moorböden verhalten sich hinsichtlich ihrer ungesättigten Wasserleitfähigkeit im Bereich von ψ zwischen $\approx 10^2$ und 10^3 cm WS ähnlich wie der in Abb. 101 dargestellte Sandboden[20].

c) Bestimmung der Wasserleitfähigkeit

Der Wasserleitfähigkeitskoeffizient als Bodeneigenschaft wird bestimmt, indem die übrigen Parameter der Darcy-Gleichung, nämlich Fließquerschnitt, Fließstrecke, Potentialgefälle, Perkolationszeit und perkolierte Wassermenge entweder durch die Versuchsanordnung festgelegt oder gemessen werden[22]. Die Bestimmung der *gesättigten* Wasserleitfähigkeit kann im *Freiland* am einfachsten an einem Bohrloch durchgeführt werden, wenn im Bereich des Bohrloches Grund- oder Stauwasser vorhanden ist. Aus dem Bohrloch wird ein Teil des Wassers entfernt und die Geschwindigkeit des Wiederanstieges des Wasserspiegels gemessen. Zur Berechnung der Wasserleitfähigkeit gibt es eine Anzahl von Formeln, deren bekannteste die von *Hooghoudt-Ernst* ist. Alle diese Formeln basieren auf der Darcy-Gleichung. Ist kein Grund- oder Stauwasser vorhanden, so kann Wasser zugeführt werden, wobei allerdings durch besondere Maßnahmen sicherzustellen ist, daß die Messung im wassergesättigten Zustand erfolgt (Doppelrohrgerät von *Bouwer*).

Die ungesättigte Wasserleitfähigkeit k_θ kann ebenfalls im Freiland bestimmt werden. Hierbei wird der Potentialgradient mit Tensiometern, die Veränderung der Wassergehalte mit Neutronen- oder γ-Sonden gemessen[22].

Im Labor wird die gesättigte Wasserleitfähigkeit an Proben bestimmt, die mit Stechzylindern entnommen wurden, um das Gefüge möglichst ungestört zu belassen. Das Ergebnis ist stark von Form und Größe der Probe abhängig, solange ihr Volumen kleiner ist als etwa 30 Aggregate des betreffenden Horizontes. Parallelbestimmungen ergeben dann die in Abb. 100 dargestellten mehrgipfeligen Verteilungen.

Die ungesättigte Wasserleitfähigkeit wird ebenfalls an Stechzylinderproben bestimmt. Dabei wird meistens mit dem gesättigten Zustand begonnen, und die Wasserabgabe der auf einer porösen Platte stehenden Probe in Abhängigkeit von der Zeit gemessen. Die Wasserspannung am freien Ende der Probe wird mit einem Tensiometer bestimmt. Die Wasserspannung am Unterende der Probe kann aus dem an der Platte anliegenden Unterdruck errechnet werden. Der Potentialgradient wird sodann entsprechend der Darcy-Gleichung bestimmt. Der nichtstationäre Charakter des Entwässerungsvorganges wird dadurch berücksichtigt, daß entweder die entsprechende Form der Darcy-Gleichung verwendet, oder die Berechnung für einen sehr kurzen Zeitraum durchgeführt wird.

d) Wasseraufnahme und Wasserabgabe

Bei den in Abschn. 3 a – c beschriebenen Wasserbewegungen wurde davon ausgegangen, daß der Wassergehalt sich während des Ablaufes der Bewegung nicht verändert. Dieser Zustand ist eine der Eigenschaften der stationären Strömung, die im Boden allerdings nur im Bereich des Grund- und Stauwassers über längere Zeitspannen vorliegt. Oberhalb dieses Bereiches ist der Wasserhaushalt durch die in ihrer Intensität wechselnden Auswirkungen von Evaporation, Wasseraufnahme durch Pflanzenwurzeln, Niederschlag, Versickerung und kapillaren Aufstieg gekennzeichnet. Sie verursachen ständige Wassergehaltsveränderungen in jeweils verschiedenen Teilen des Profils, die wegen der damit verbundenen Veränderungen der Potentiale des Bodenwassers zu ausgleichenden Wasserbewegungen führen. Diese Bewegungen, die auf die Wiedereinstellung des Potentialgleichgewichtes hinwirken, sind *instationäre Strömungen*. Sie sind von den stationären dadurch unterschieden, daß der antreibende Gradient sich im Verlaufe der Zeit verändert.

Bei der formelmäßigen Beschreibung von nichtstationären Fließvorgängen muß, wie bei den zwei- und dreidimensionalen stationären, die Fließgleichung mit der Kontinuitätsgleichung kombiniert werden. Zum Unterschied von den stationären Bedingungen ist jedoch die Summe der Geschwindigkeitsveränderungen nicht gleich Null, sondern gleich der Änderung des Wassergehaltes (θ) in der Zeiteinheit (t). Die Kontinuitätsgleichung lautet daher hier:

$$\frac{\partial v_x}{\partial x} + \frac{\partial v_z}{\partial z} = \frac{\partial \theta}{\partial t}$$

Nach Kombination mit der Fließgleichung (Darcy-Gleichung) erhält man für eine zweidimensionale Wasserbewegung in den Richtungen x (horizontal) und z (vertikal):

$$\frac{\partial\left(k\,\frac{\partial \psi_m}{\partial x}\right)}{\partial x} + \frac{\partial\left(k\,\frac{\partial \psi_m}{\partial z}\right)}{\partial} + \frac{\partial k}{\partial z} = \frac{\partial \theta}{\partial t}$$

Der Summand $\frac{\partial k}{\partial z}$ auf der linken Seite muß hinzugefügt werden, um den Gravitationseinfluß in der vertikalen (z-Richtung) zu berücksichtigen, weil das hydraulische Potential (ψ_H) in dieser Richtung außer dem Term ψ_m auch noch den Term ψ_z enthält.

$$\psi_H = \psi_m + \psi_z$$

Dabei ist $\frac{\partial \psi_z}{\partial z} = 1$ und aus $\frac{\partial \left(k \frac{\partial \psi_z}{\partial z}\right)}{\partial z}$ wird $\frac{\partial k}{\partial z}$

Die hier dargestellte zweidimensionale Form, die also wieder für eine x, z-Ebene gilt, die aus dem dreidimensionalen Raum herausgeschnitten gedacht ist, kann durch Hinzufügen des Gliedes für die y-Komponente für den dreidimensionalen Fall ergänzt werden.

Wie bei der stationären Strömung ist auch hier die analytische Behandlung schwierig. Mathematische Modelle sind für eindimensionale Fälle verfügbar. Dabei zeigt sich, daß die verwendbare Gleichung im Prinzip einer nichtstationären Diffusionsgleichung (2. Ficksches Gesetz) entspricht, wenn man den Diffusionskoeffizienten entsprechend umformuliert und statt:

$$\frac{\partial \theta}{\partial t} = \frac{\partial}{\partial x}\left(k \frac{\partial \psi_m}{\partial x}\right) \text{ erweitert auf:}$$

$$\frac{\partial \theta}{\partial t} - \frac{\partial}{\partial x}\left(k \frac{\partial \psi_m}{\partial \theta} \frac{\partial \theta}{\partial x}\right)$$

und den Ausdruck $k \frac{\partial \psi_m}{\partial \theta} = D$ setzt. Die Gleichung lautet nun:

$$\frac{\partial \theta}{\partial t} = \frac{\partial}{\partial x}\left(D \frac{\partial \theta}{\partial x}\right)$$

oder wenn D von x unabhängig ist:

$$\frac{\partial \theta}{\partial t} = D \frac{\partial^2 \theta}{\partial x^2}$$

wobei der Koeffizient D, das Produkt aus Wasserleitfähigkeitskoeffizient (k) und Steigung der Wasserspannungskurve $\left(\frac{\partial \psi_m}{\partial \theta}\right)$ als *Diffusivität* bezeichnet wird. Er beschreibt die Weitergabegeschwindigkeit von Wasserspannungsunterschieden.

Dieser Zusammenhang ermöglicht es, den Verlauf von Wassergehaltsveränderungen in eindimensionalen Strömungen wie z. B. in Modellsäulen als Diffusionsvorgänge zu betrachten, was die mathematische Behandlung erleichtert. Außerdem kann in diesem Fall, wie die Gleichung zeigt, von der manchmal problematischen Potentialmessung auf die Wassergehaltsmessung übergegangen werden.

(1) Infiltration

Unter dem Begriff Infiltration versteht man die Bewegung des Sickerwassers von oben her in den Boden, wenn das Matrixpotential höher ist als dem Gleichgewicht mit dem freien Grund- oder Stauwasserspiegel entspricht (s. Abb. 95):

$$\psi_H = \psi_z + \psi_m > 0$$

Die Infiltration ist daher eine Folge von Niederschlägen, Beregnung oder Überstauung. Der Verlauf der Infiltration wird durch die *Infiltrationsrate* gekennzeichnet. Diese gibt die Wassermenge an (cm WS), die je Zeiteinheit versickert. Manchmal wird auch die insgesamt versickerte Wassermenge angegeben (= *kumulative Infiltration*). Maßgebend für den Verlauf der Infiltration sind vor allem (a) das Ausmaß der Verschlämmung, also die Gefügestabilität der Bodenoberfläche, (b) die Art der Veränderung der Wasserleitfähigkeit bei wechselndem Wassergehalt, (c) das Porenvolumen und (d) der Wassergehalt des Bodens zu Beginn der Infiltration.

Die *Veränderung des Wassergehaltes* im Profil nimmt bei der Infiltration einen sehr charakteristischen Verlauf, der in Abb. 102 für den Fall einer *Überflutung* eines Bodens dargestellt ist. Bei konstanter Wassernachlieferung bilden sich 4 Zonen. Während sich die *Sättigungs-* und *Übergangszone* nur um wenige Zentimeter ausdehnen, nimmt die Länge der *Transportzone* stark zu, und die *Befeuchtungszone* dringt tiefer und tiefer in den Boden ein. Die Vorrückgeschwindigkeit der *Befeuchtungsfront* ist zunächst recht groß, weil bei dem großen Wassergehaltsunterschied zwischen der Sättigungszone und dem anfänglichen Wassergehalt des Bodens der hydraulische Gradient zunächst überwiegend durch seinen matrixbedingten Anteil bestimmt wird. Mit zunehmender Länge der Transportzone wird dieser Einfluß aber kleiner und schließlich wird der hydraulische Gradient

$$\frac{\partial \psi_H}{\partial z} \rightarrow \frac{\partial \psi_z}{\partial z}$$

und nähert sich damit 1, wobei die Vorrückgeschwindigkeit der Befeuchtungsfront dann konstant wird. Die Geschwindigkeit ist bei der erreichten Wassersättigung von der zugehörigen Wasserleitfähigkeit in der Transportzone abhängig. Unter Freilandbedingungen wird hier eine Wassersättigung von 70 – 80 % des Porenvolumens kaum überschritten (der Wassergehalt liegt dann meist zwischen Wassersättigung und Feldkapazität).

Wenn der Boden nicht überflutet ist, sondern nur ein stetiger, aber geringer Wassernach-

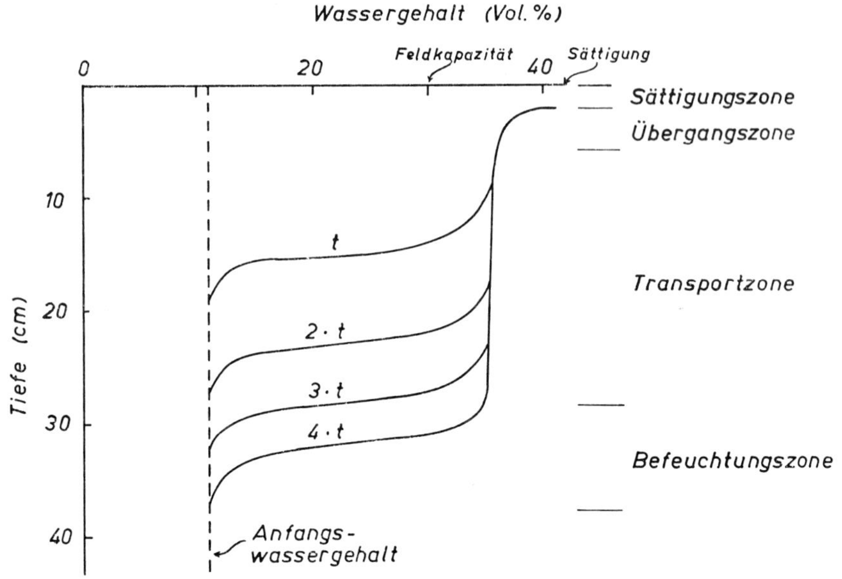

Abb. 102 Verlauf der Infiltration bei einem überfluteten Boden in gleichen Zeitintervallen (t)[23]

schub durch Regen stattfindet, bildet sich keine Sättigungszone, auch ist die Übergangszone nur schwach ausgebildet. Die Abwärtsbewegung des Wassers erfolgt hier wie im Falle der Überflutung in der Transportzone, unter dem alleinigen Einfluß der Schwerkraft. Der Sättigungsgrad stellt sich dabei so ein, daß die herangeführte Wassermenge bei der zugehörigen ungesättigten Wasserleitfähigkeit gerade abgeleitet werden kann.

Dieser Zusammenhang mit der Wassersättigung wirkt sich bei der *Veränderung des Porensystems* im Profil stark auf den Verlauf der Infiltration aus. Trifft die Befeuchtungsfront auf eine Schicht mit geringerer Wasserleitfähigkeit, so verlangsamt sich ihr Vorrücken. Ist dieser *Wasserstau* so stark, daß über dieser Schicht das Matrixpotential $\psi_m = 0$ wird, so spricht man von der Bildung von *Stauwasser*. Ein Wasserstau im Profil kann im Bereich der ungesättigten Wasserbewegung nicht nur durch feinporige, sondern auch durch besonders grobporige Schichten (Sande, Kiese) erfolgen, weil in grobporigen Substraten die Wasserleitfähigkeit bei höheren pF-Werten oft sehr klein ist (vgl. Abb. 101) und eine Teilnahme gröberer Poren erst möglich wird, wenn die Wasserspannung im feinporigen Substrat soweit abgesunken ist, daß sie das Vollaufen der gröberen Poren zuläßt. Wasserstau erfolgt daher nicht nur an Pflugsohlen, B_t-Horizonten, bei Pseudogleyen usw., sondern auch in A_h-Horizonten von Sandböden über A_e- oder C-Horizonten.

Aus dem Grad der Wassersättigung bei der Infiltration ergibt sich, daß *Grobporen*, wie Wurzel- und Wurmröhren, sowie Schrumpfungsrisse unterhalb der Sättigungszone nicht mit Wasser gefüllt sind. Diese Poren nehmen an der Wasserbewegung nur dann in größerem Ausmaß teil, wenn der Boden überflutet ist.

Neben der bisher beschriebenen *Infiltrationsrate* (cm s^{-1}) interessiert oft die gesamte, von einem Boden innerhalb einer bestimmten Zeit aufgenommene Wassermenge. Für diese *kumulative Infiltration* $i = \frac{Q}{F} cm^3\ cm^{-2}$ gibt es empirische Ansätze, z. B. den von *Kostiakow* (1932)[24].

$$i = ct^{\alpha}$$

in dem t die Infiltrationsdauer und c und α empirische Parameter sind, die sich aus der Gestalt des logarithmischen Zusammenhanges zwischen i und t ergeben. Sie sind durch die Bodeneigenschaften bedingt, und zwar c vorwiegend durch das Gefüge zu Beginn der Infiltration, α durch die Wasserstabilität.

Eine neuere Gleichung (*Philip* 1957)[5] schließt gedanklich die Diffusivität mit ein:

$$i = st^{1/2} + k_{\theta}t$$

darin ist s die anfangs überwiegend wirksame Wasseraufnahmegeschwindigkeit (Sorptivität) und k_θ die im Verlaufe der Infiltrationsdauer t immer stärker bestimmende Wasserleitfähigkeit bei dem durch den Wassergehalt θ gekennzeichneten Sättigungszustand der Transportzone. Bei längerer Infiltrationsdauer gibt das Glied $k_\theta t$ praktisch allein die weitere Wasseraufnahme an. Dann ist

$$\frac{k_\theta t}{t} \approx \frac{i}{t} \approx I$$

mit I als Infiltrationsrate (cm s^{-1}). Im stationären Endzustand der Bewegung, d.h. wenn die Infiltrationsrate konstant und der vertikale Gradient = 1 geworden ist, wird

$$I \approx k_\theta$$

mit K_θ als der dem jeweiligen Wassergehalt zugehörigen ungesättigten Wasserleitfähigkeit.

Die beschriebenen Gleichungen gehen alle von kolbenartig gleichmäßigem Vorrücken der Befeuchtungsfront aus. In sekundärporenreichen Böden eilt das Wasser jedoch im porennahen Bereich der Front voraus[25]. Dies geschieht auch, wenn eine feinkörnige Schicht einer nicht ganz homogenen grobkörnigeren aufliegt. Hier kommt es zu fingerförmigem Vorrücken der Befeuchtungsfront, bei dem die gravitationsbedingte Bewegung im wesentlichen auf die Finger beschränkt bleibt, während die seitliche durch Matrixpotentialdifferenzen veranlaßt wird[26].

(2) Kapillarer Aufstieg

Der kapillare Aufstieg ist der umgekehrte Vorgang der Infiltration; das Wasser stammt aus dem Grund- oder Stauwasser und bewegt sich nach oben. Diese Bewegung kommt zustande, wenn das Matrixpotential oberhalb der Grundwasseroberfläche niedriger ist, als es dem Gleichgewicht mit dem freien Wasserspiegel (Grund- oder Stauwasser) entspricht.

$$\psi_H = \psi_m + \psi_z < 0$$

Dies ist im Freiland der Fall, wenn an der Bodenoberfläche Wasser verdunstet oder durch Pflanzen entzogen wird. Für die Wassernachlieferung ist hier wie bei allen Wasserbewegungen neben der Wasserleitfähigkeit des betreffenden Sättigungszustandes der Potentialgradient ausschlaggebend. Hinzu kommt für den nichtstationären Fall – also die Wiederauffüllung – die Steigung der Wasserspannungskurve $\left(\frac{\partial \psi_m}{\partial \theta}\right)$ somit also wie bei der Infiltration auch die Diffusivität. Daher steigt in

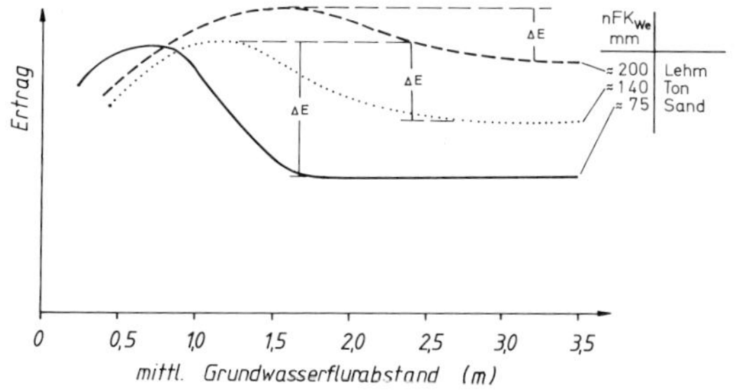

Abb. 103 Einfluß des Grundwasserflurabstandes in der Hauptvegetationszeit (Getreide V – VI, Hackfrucht VI – IX) auf den Ertrag von Ackerkulturen in Abhängigkeit von der Bodenart[49]

einem Sandboden wegen des hohen Anteils von Grobporen das Wasser zunächst schnell an, aber nur bis in geringe Höhe über dem Grundwasserspiegel. In einem Schluffboden ist bei gleichen Potentialgradienten die aufsteigende Wassermenge je Zeiteinheit zwar geringer, aber vermindert sich nach oben weniger schnell.

Dieser Einfluß der ungesättigten Wasserleitfähigkeit und Porengrößenverteilung ist die Ursache dafür, daß der Grundwasserstand – von der Bodenoberfläche aus gemessen – sich bei den verschiedenen Bodenarten unterschiedlich auf den Pflanzenwuchs und somit auf den Ertrag von Kulturpflanzen auswirkt (Abb. 103). Bei Sandböden werden Höchsterträge in der Regel bei Grundwasserständen von ~ 0,5 m unter der Bodenoberkante erreicht. Bei Lehm und Schluffböden, die im Vergleich zu Sandböden eine tiefere Durchwurzelung und eine höhere nutzbare Feldkapazität haben, liegt der optimale Grundwasserstand bei 1,4 bis 1,8 m.

Hier wirken sich noch Grundwasserstände von bis zu 3,3 m unter der Bodenoberfläche auf die Erträge aus, weil die unter mitteleuropäischen Klimabedingungen vorliegende Sättigungsgrade noch eine hohe kapillare Wassernachlieferung erlauben (s. Abb. 101, k im Bereich zwischen $\psi_m = 10^2$ und $\psi_m = 10^{2.5}$ hPa)[27].

Auf Tonböden werden die höchsten Pflanzenerträge bei Grundwasserständen von 0,9 bis 1,3 m unter Flur erhalten. Die kapillare Nachlieferung ist hier bis zu Grundwasserständen von 2,5 m hinab ertragswirksam (vgl. k_ψ in Abb. 101).

(3) Dränung

Als Dränung[4] wird der Wasserverlust eines Bodens unter dem Einfluß der Schwerkraft be-

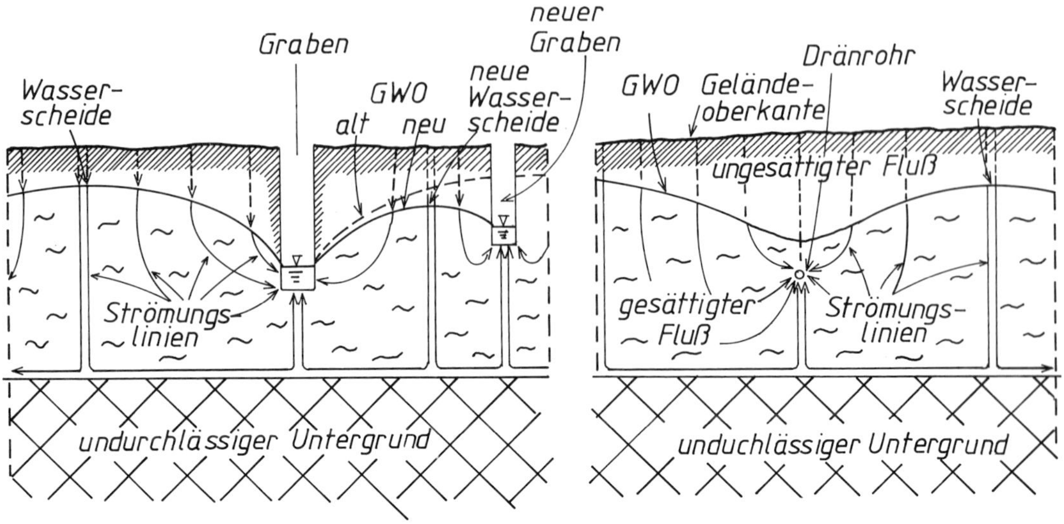

Abb. 104 Verlauf der Grundwasseroberfläche (GWO), Strömungslinien in der Nähe eines Grabens und Veränderung bei Verkleinerung der Grabenabstände (links) sowie in Nähe des Dränrohres (rechts). (In Anlehnung an *D. Kirkham*)

zeichnet. Um einen Boden zu dränen, muß man die Grundwasseroberfläche als Bezugsbasis für das Matrixpotential im Profil absenken. Dies geschieht durch offene Gräben oder überdeckte unterirdische Rohrleitungen. Da ein Graben- und Rohrsystem ein Gefälle einhalten muß, um das Ablaufen des Dränwassers sicherzustellen, ist die Grundwasseroberfläche nicht beliebig absenkbar und damit die absolute Potentialdifferenz nur innerhalb enger Grenzen erhöhbar. Verbesserungen der Dränung des Bodens werden dann dadurch erreicht, daß die Fließstrekken innerhalb des Grund- und Stauwasserbereiches in der Bodenmatrix verkürzt werden (Abb. 104, links). Dadurch wird der Potentialgradient erhöht und die lokale Fließgeschwindigkeit nimmt zu.

Unter *humiden* Klimabedingungen kann eine Dränung notwendig werden, um die *Belüftung* eines Bodens zu verbessern. In diesem Fall ist die Funktionsfähigkeit der Dränung davon abhängig, ob die Grundwasseroberfläche so weit abgesenkt werden kann, daß die Grobporen nach einem Niederschlag hinreichend schnell wieder entleert werden können. Ein Boden gilt als *nicht dränwürdig*, wenn die Dränrohrstränge oder Gräben sehr nahe aneinander gelegt werden müssen, um die Fließzeiten in einem Boden mit geringer Wasserleitfähigkeit hinreichend zu verkürzen, oder sehr tief, um ein hinreichend hohes Matrixpotential in der zu dränenden Bodenschicht zu erreichen.

In Abb. 104 (rechts) ist ein Beispiel für eine Rohrdränung angeführt. Einzelheiten des Strömungsbildes sind am Anfang von Abschn. 3 erläutert.

Die künstliche Dränung landwirtschaftlich genutzter Flächen erfolgte früher ausschließlich mittels offener Gräben, heute bei intensiver Landwirtschaft weitgehend durch Rohrdräne[28]. Für die volle Wirksamkeit eines Dränsystems sind Dränabstand, Dräntiefe und Weite der Dränrohre entscheidend. Für die Festlegung dieser drei Parameter gibt es eine Anzahl von teils empirischen, teils theoretisch fundierten Gleichungen. Bei den letzteren basiert die Formulierung auf der Kenntnis der ein- und mehrdimensionalen stationären und nichtstationären Fließvorgänge, die im Abschn. 3 kurz umrissen wurden. Unter *ariden* Klimabedingungen ist eine ausreichende, meist künstliche Dränung eine unbedingte Voraussetzung für die Bewässerung, da nur eine solche die Auswaschung der bei starker Evaporation in Oberflächennähe akkumulierten Salze des Bewässerungswassers aus dem Boden ermöglicht.

Nähere Einzelheiten dieses umfangreichen Fachgebietes vermittelt die Spezialliteratur[28, 29].

4. Wasserbewegung in dampfförmiger Phase

In Böden, deren Porensystem nicht vollständig mit Wasser gefüllt ist, ist in der Bodenluft stets viel Wasserdampf enthalten. Der Sättigungsgrad beträgt, abgesehen von der obersten, durch Evaporation ausgetrockneten Bodenschicht, stets mehr als 90 %. Dieser Wasserdampf bewegt sich im Boden bei auftretenden Potentialgradienten zum Ort niedrigsten Potentials, d. h. niedrigsten Dampfdruckes. Wird Wasserdampf aus dem Boden wegtransportiert, so wird er durch Verdunstung (Evaporation) aus dem flüssigen Wasser ersetzt.

a) Wasserdampfbewegung im Boden

Die Ursachen für die Entstehung eines Dampfdruckgefälles im Profil können sein: Unterschiede (1) in der Dicke der Filme des Adsorptionswassers, (2) in den Krümmungsradien der Menisken, (3) in der Temperatur und (4) im osmotischen Druck der Bodenlösung. Die Bewegung selbst erfolgt vorwiegend durch Diffusion, der Einfluß von Kovektionsströmungen ist in der Regel auf die obersten Zentimeter des Profils beschränkt. Da im Boden bei Wasserspannungen mit $< 10^4$ cm WS (pF < 4,2) die Wasserdampfdrücke nur unwesentlich unter dem Sättigungsdruck bleiben ($p/p_o > 95\,\%$), kommen durch Temperaturunterschiede weitaus größere Dampfdruckgradienten zustande als durch die anderen Faktoren.

Infolge von abwechselnder Erwärmung und Abkühlung der Bodenoberfläche im Rhythmus von Tages- und Jahreszeit kommt es so zu ständigen Wasserbewegungen, die immer in Richtung auf die kältere Zone hin erfolgen. In ihrem Ausmaß tritt diese Bewegung im *humiden* Klimabereich im allgemeinen hinter der Bewegung in flüssiger Phase zurück. Im Herbst ist sie bei sonnigem Wetter und klaren Nächten am stärksten und kann dann bis zu 1 mm Wasser für eine Schicht von 15 cm Mächtigkeit je Nacht betragen. In *ariden* Klimaten mit ihren größeren Temperaturschwankungen fällt dagegen die dampfförmige Bewegung viel stärker ins Gewicht, weil dort bei dem meist geringen Wassergehalt der Böden die Bewegung in der flüssigen Phase sehr gering ist.

Der thermisch bedingte Wasserdampftransport führt bei Bodenheizungen, wie sie im intensiven Pflanzenbau angewandt werden, zu einer starken Austrocknung in der Umgebung der Heizelemente und begrenzt damit ihre Anwendbarkeit[30].

Die Erniedrigung der Dampfdrücke über Wasserfilmen und Menisken führt dazu, daß das infolge Temperaturabnahme der Gasphase kondensierende Wasser sich schnell auf diesen Filmen und Menisken niederschlägt. Einen Eindruck vom Ausmaß der Dampfdruckerniedrigung über den gekrümmten Menisken in engen Kapillaren gibt Tab. 61 wieder. Es ist zu erkennen, daß die Dampfdruckerniedrigung erst ein nennenswertes Ausmaß erreicht, wenn die *Wasserspannung* beim permanenten Welkepunkt (pF = 4,2) erheblich überschritten wird. Da aber eine so starke Entwässerung in Böden mit Ausnahme der obersten, der direkten Sonneneinstrahlung ausgesetzten Schicht, nicht auftritt, spielt der Faktor Meniskenkrümmung für den Dampftransport eine untergeordnete Rolle. Das gleiche gilt auch für den Einfluß der Adsorptionswasserfilme, die mit den Menisken im Hinblick auf die Bindungsstärke und damit auch auf den über ihnen herrschenden Dampfdruck im Gleichgewicht stehen.

Die Bewegung des Wasserdampfes im Boden unterliegt im Prinzip den gleichen Gesetzmäßigkeiten wie die des flüssigen Wassers. Da der antreibende Gradient, der Dampfdruckunterschied, sich durch Unterschiede der Wasserdampfkonzentration ausdrücken läßt, werden zur Beschreibung der Bewegung Diffusionsgleichungen verwendet. Für den Fall *stationärer* Diffusionsströmung ist die allgemeine Transportgleichung für die stationäre Diffusion in Form des 1. Fickschen Gesetzes gültig

$$q = D_B \frac{\partial c}{\partial x}$$

in der q die je Zeit- und Flächeneinheit transportierte Wassermenge, D_B der Diffusionskoeffizient, c die Wasserdampfkonzentration und x die Diffusionsstrecke bedeuten. Diese Gleichung hat genau den gleichen Aufbau wie die Darcy-Gleichung. Sie hat lediglich anstelle des antreibenden Druckgradienten einen Konzentrationsgradienten.

Die *nichtstationäre* Diffusionsströmung kann durch das 2. Ficksche Gesetz beschrieben werden, wenn der Diffusionskoeffizient D_B von der Fließstrecke unabhängig ist, also sich nicht mit ihr ändert

$$\frac{\partial c}{\partial t} = D_B \frac{\partial^2 c}{\partial x^2}$$

Der Diffusionskoeffizient D_B erfaßt in beiden Gleichungen analog zum Wasserleitfähigkeitskoeffizienten k alle Bodeneigenschaften, die die Diffusion beeinflussen, wie z. B. die Größe des luftgefüllten Porenvolumens, die Verteilung und Form der Poren. D_B-Werte sind daher stets kleiner als Werte für Wasserdampfdiffusion durch einen gasgefüllten Raum.

b) Evaporation aus dem Boden

An der Bodenoberfläche spielt die Bewegung von Wasserdampf eine wesentlichere Rolle als im Bodenprofil, weil (a) die Sonneneinstrahlung auftrifft (Energiebedarf zur Verdampfung für Wasser von 20 °C beträgt 2,44 kJ/g), (b) die relativen Wasserdampfdrücke in der angrenzenden Luft meist geringer sind als in der Bodenluft und (c) infolge von Luftbewegungen der Abtransport schneller erfolgt als durch den Diffusionsvorgang allein. Die Verdunstungsverluste an der Bodenoberfläche werden durch Wasserbewegung in der flüssigen Phase aus tieferen Schichten ausgeglichen. Solange die Nachlieferung ausreichend hoch ist, trocknet die Bodenoberfläche nicht aus. Je höher die Verdunstung steigt, um so steiler müssen die hydraulischen Potentialgradienten werden, um die Verdunstungsverluste auszugleichen. Dies hat jedoch weiterhin zur Folge, daß der Wassergehalt und damit auch die Wasserleitfähigkeit der oberflächennahen Schicht abnehmen, und daß auch die Evaporation häufig sprunghaft abnimmt, selbst wenn die ausgetrocknete Schicht nur sehr dünn ist.

Diese sprunghafte Abnahme der Evaporation ist besonders bei Böden ausgeprägt, deren *Wasserleitfähigkeit* bei zunehmender Entwässerung rasch sinkt. Dies ist vor allem bei Grobsand- und Mittelsandböden der Fall, bei denen auf eine trockene Schicht, scharf abgesetzt, der feuchte Boden folgen kann. In Feinsandböden sowie ton- und schluffreichen Böden bleibt dagegen die oberste Schicht länger feucht, weil das verdunstete Wasser durch kapillaren Wassernachschub während eines längeren Zeitraumes ergänzt wird. Allerdings ist dann auch die gesamte verdunstete Wassermenge höher.

Die infolge freien Nachschubes höhere Evapotranspiration nasser Böden führt auch dazu, daß dort im hydrologischen Zyklus eines Jahres weniger Grundwasserneubildung zustandekommt als auf trockeneren Böden (Abb. 105). Die sich bei Sandböden bildende trockene Oberflächenschicht ist eine der Ursachen, daß diese Böden leicht der Winderosion unterliegen. Wasserverluste durch Evaporation sind in Böden gering, deren Porensystem grob genug ist, eine geringe ungesättigte Wasserleitfähigkeit zu gewährleisten, aber fein genug, um Luftturbulenz im Porensystem zu unterbinden. Dies wäre bei einer Grobsandschicht an der Bodenoberfläche besonders günstig verwirklicht[31].

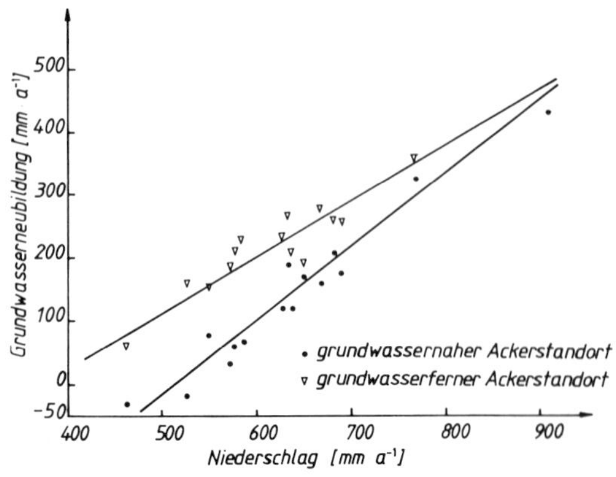

Abb. 105 Grundwasserneubildung bei einem Sandboden im Raum Hannover in Abhängigkeit vom Niederschlag und Grundwasserabstand. Grundwassernah ≦ 1,75 m, Grundwasserfern ≧ 1,75 m (1968 – 1982)[27]

Eine *Verminderung* der Evaporation kann z. B. erfolgen durch *Windschutz*pflanzungen und Maßnahmen der Boden*bearbeitung*. Im letzteren Falle steht im Vordergrund die Herstellung eines Oberbodens, der hinsichtlich der Ausbildung der Aggregate und damit auch des Porensystems der Grobsandfraktion ähnelt. Aus den gleichen Gründen ist auch die Evaporation unter einer dichten *Pflanzendecke* (z. B. nach Bestandesschluß im Ackerbau und im Wald) geringer als auf ungeschützten Flächen.

In einigen Fällen wurden *chemische* Behandlungen zur Verminderung der Evaporation erprobt[32], die (a) ein krümeliges Oberflächengefüge bewirken, (b) die Oberflächenspannung des Wassers herabsetzen, (c) eine monomolekulare Schutzschicht auf dem Wasser zu bilden vermögen (z. B. Hexadecanol). Die Wirkung der ersten beiden Behandlungen beruht darauf, daß das Wasser schneller versickert (a) bzw. tiefer in den Boden eindringt (b).

c) Kondensation im Boden

Da die relative Luftfeuchte im Boden in der Regel hoch ist, führt jede Temperaturabnahme in einer Bodenzone zu einer Kondensation von Wasser aus der Bodenluft. Das gleiche geschieht auch, wenn ein diffusiver Zustrom von Wasserdampf einsetzt, weil der Dampfdruck in einer benachbarten Zone infolge der Erwärmung des Bodens ansteigt. Dieser Zusammenhang zwischen Temperatur und Sättigungsdampfdruck führt im Boden dazu, daß im Tagesverlauf Wasserdampf aus dem erwärmten Oberboden nicht nur zur Atmosphäre hin evaporiert, sondern auch in den Unterboden abgeführt und dort niedergeschlagen wird.

Im Verlaufe der Nacht findet der entgegengesetzte Vorgang statt.

Das Ausmaß dieser Wasserdampfbewegung ist von den Temperaturschwankungen im oberflächennahen Boden abhängig. Unter mitteleuropäischen Klimabedingungen ist der Effekt im Spätsommer am stärksten, und zwar bei unbedecktem, nicht wassergesättigtem Boden.

Selbst unter Wüstenbedingungen kann die nächtliche Abkühlung der Bodenoberfläche bei entsprechender Abdeckung zur Akkumulation kleiner Wassermengen aus dem Boden führen. Maßnahmen zu ihrer Gewinnung gehören daher dort zu den Überlebenstechniken.

Eislinsenbildung im Winter wird ebenfalls durch die Kondensation von Wasserdampf an besonders kalten Stellen im Boden gefördert. Dies gilt insbesondere in trockenen Böden, in denen die ungesättigte Wasserleitfähigkeit zu gering ist, um den Wärmenachschub mit fließbarem Wasser aufrecht zu erhalten (vgl. Kap. Bodentemperatur). Dies führt nicht nur zur Wasseranreicherung im gesamten Oberboden (s. Abb. 111), sondern vor allem unter den kältesten Stellen wie unter Steinen und Straßenbelägen. Die Kondensation aus der Dampfphase ist daher eine der Ursachen für die Entstehung von Frostaufbrüchen und -hebungen im Boden (Cryoturbation).

5. Wasserhaushalt der Böden

Die im Verlaufe des Jahres wechselnden Witterungsbedingungen und die hierdurch bedingten Schwankungen in der Stoffwechselintensität der Pflanzen führen zu einem mehr oder weniger stark ausgeprägten charakteristischen Verlauf von Wasserzufuhr zum Boden und Wasserverlusten aus dem Boden. Der Verlauf dieser Veränderungen, der vielfach unter dem Begriff *Wasserhaushalt* zusammengefaßt wird, ist außer von den genannten Faktoren auch noch von den Bodeneigenschaften sowie von der hydrologischen Situation abhängig. Hierbei sind vor allem die Wasserleitfähigkeit der Böden bei unterschiedlichen Sättigungszuständen und damit die Eigenschaften des Porensystems wichtig. Daher sind die Wasserspannungskurve [$\psi = f(\theta)$] und die Wasserleitfähigkeitskurve [$k = f(\psi)$ oder $k = f(\theta)$] wichtige Hilfsmittel bei der Beurteilung von Bodenwasserhaushalten.

a) Bodenkennwerte

Für die Beurteilung des Wasserhaushaltes von Böden werden häufig Begriffe wie Feldkapazität und Permanenter Welkepunkt verwendet. Diese Werte entsprechen Wassergehalten, die für die einzelnen Bodenschichten und -horizonte charakteristisch sind und sich unter definierten Verhältnissen stets wieder einstellen. Früher wurde oft angenommen, daß es sich bei diesen „Kennwerten" um Bodenkonstante handelt deren Wassergehalt einem bestimmten Gleichgewicht entsprechen würde. Die vorkommenden Wassergehalte werden jedoch auch von Faktoren beeinflußt, die nicht mit Bodeneigenschaften zusammenhängen.

(1) Feldkapazität (FK)

Wenn die Wasserzufuhr z. B. nach länger andauernden Niederschlägen beendet ist, verändert sich der Wassergehalt im Bodenprofil allmählich in Richtung auf ein gleiches hydraulisches Potential ($\psi_H = 0$ in Abb. 95). Diese Verteilung des Wassers verläuft meist nicht gleichmäßig, sondern verlangsamt sich nach 1 – 2 Tagen so stark, daß das Erreichen eines Gleichgewichtes vermutet werden könnte. Der Wassergehalt, bei dem dieser Zustand auftritt, wird als *Feldkapazität* (FK) bezeichnet, ausgedrückt in Gew.-% oder Vol.-% und bezogen auf ofentrockenen Boden (105 °C). Wird dieser Zustand wie z. B. im Gartenbau an gesiebten Böden bestimmt, spricht man von der *Wasserkapazität* (WK).

Die Feldkapazität ist *abhängig* vom Gleichgewichtszustand des Bodenwassers, von der Profiltiefe, der Körnung, dem Gehalt an organischer Substanz, dem Gefüge und der Horizontabfolge. Für die Feldkapazität gibt es zwei Situationen:

Die *erste Situation* entspricht dem in Abb. 95 dargestellten hydraulischen *Gleichgewicht*. Dieses kann sich z. B. nach einem niederschlagsreichen Winter im Frühjahr einstellen, wenn die Grundwasseroberfläche nicht tiefer als 3 m liegt. Die Feldkapazität hat dann pF-Werte von < 2,5. Am häufigsten ist der Bereich zwischen pF 1,8 und pF 2,5. Nahe der Bodenoberfläche entsprechen diese Werte einem Abstand von der Grundwasseroberfläche von 60 und 300 cm. Im Gleichgewichtszustand steigt der Wassergehalt bei der Feldkapazität in einem Boden gleichmäßiger Körnung und gleichmäßigen Gefüges von oben nach unten (s. Abb. 95).

Die *zweite*, weitaus häufigere *Situation* entspricht im Gegensatz zur ersten Situation *keinem Gleichgewicht*. Sie entsteht dann, wenn die Grundwasseroberfläche sehr tief liegt (> 3 m). In diesem Falle wird vor Erreichen des Gleichgewichtes der Boden so stark entwässert, daß die Gleichgewichtseinstellung infolge geringer Wasserleitfähigkeit mehr und mehr verzögert wird. Das Ausmaß der Verzögerung ist besonders dann hoch, wenn im Profil ein extremer Wechsel in der Körnung und im Gefüge auftritt, außerdem ist es von der Form der pF-Kurve abhängig.

Je stärker die anfängliche Wasserabgabe im Vergleich zum gesamten Wassergehalt ist, desto stärker ist die Verminderung der Wasserleitfähigkeit und dementsprechend die Verzögerung des Gleichgewichts. Daher zeigen Sandböden 1 – 2 Tage nach Ende der Infiltration eine ausgeprägte Feldkapazität, während z. B. Tonböden oft gar keine Feldkapazität erkennen lassen. Die Abhängigkeit der Feldkapazität von der Wasserleitfähigkeit ist auch die Ursache, daß in grundwasserfernen Bodenschichten selten höhere Werte als pF 2,5 für die Feldkapazität gefunden werden, selbst wenn z. B. der Grundwasserstand bei 10 m liegt, so daß sich im Oberboden theoretisch ein pF-Wert von 3,0 einstellen müßte.

Der Einfluß der *Körnung* auf den Wassergehalt bei der Feldkapazität ist aus Abb. 106 ersichtlich. Die Wassergehalte, die sich im pF-Bereich der Feldkapazität (pF ≈ 1,8 bis ≈ 2,5) bei den verschiedenen Böden einstellen, sind um so höher, je feinkörniger der betreffende Boden ist. Der Einfluß des *Gefüges* ist, wie Abb. 97 zeigt, von dem pF-Wert abhängig, der

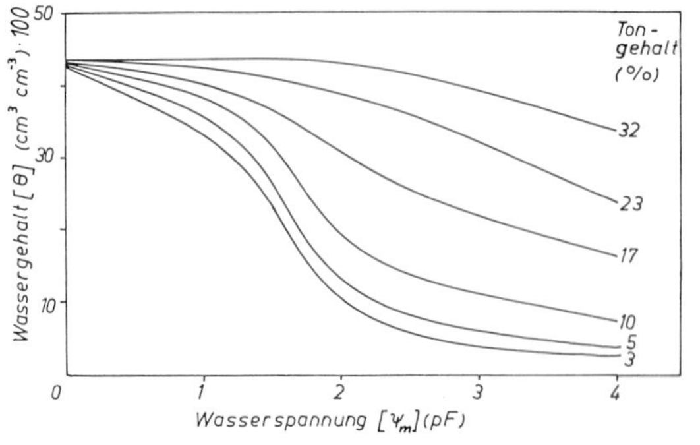

Abb. 106 Einfluß der Körnung, dargestellt durch den Tongehalt, auf den Verlauf der pF-Kurve bei Böden gleichen Porenvolumens

bei der jeweiligen Feldkapazität auftritt. Je höher dieser pF-Wert ist, desto stärker wird der Wassergehalt herabgesetzt, wenn sich das Porenvolumen infolge Bildung von groben Sekundärporen erhöht (= Verminderung des Anteils an kleineren Poren) (s. Abb. 97). Der Einfluß der *organischen Substanz* auf die Feldkapazität gleicht bei feiner Verteilung dem der Tonfraktion.

Im *Freiland* bestimmt man die Feldkapazität, indem der Boden stark gewässert und danach zum Schutz gegen Evaporation abgedeckt wird. Die Feldkapazität ist erreicht, wenn nach wiederholter Wasserbestimmung die weitere Entwässerung zu vernachlässigen ist. Einen Näherungswert für die Feldkapazität erhält man vielfach im Frühjahr nach Ablaufen des Schmelzwassers, ehe die Evapotranspiration ein höheres Ausmaß annimmt.

Häufig wird auch aus den im *Labor* erhaltenen Wassergehalten bei pF 1,8, 2,0 oder 2,5 auf die Feldkapazität geschlossen.

(2) Permanenter Welkepunkt (PWP)

Wenn eine Pflanze dem Boden Wasser entzieht, so erreicht sie, wenn kein Wasser nachgeliefert wird, einen Punkt, bei dem sie das durch Transpiration abgegebene Wasser aus dem Boden nicht mehr ersetzen kann, so daß sie dann welkt. Der Wasseranteil, der noch im Boden vorhanden ist, wenn die Turgeszens der Pflanze nach Wasserzufuhr nicht wiederkehrt, wird als *Permanenter Welkepunkt* (PWP) bezeichnet. Das Matrixpotential entspricht bei diesem Zustand bei Sonnenblumen (Helianthus annuus) und Kiefern (Pinus silvestris) $1{,}5 \cdot 10^4$ cm WS bzw. pF ≈ 4,2, wenn der Wurzelraum beengt und daher einheitlich dicht durchwurzelt ist. Dieser Wert gilt für die Mehrzahl der Kulturpflanzen. Er wird daher konventionell als allgemeingültig angenommen und bei der Berechnung des pflanzenverfügbaren Wassers in einem Boden zugrunde gelegt. Für die Vegetation extremer Standorte wie Wüstenböden trifft er nicht zu. Er gibt in jedem Falle nur eine mehr oder weniger genaue Annäherung an die im Boden vorliegende Situation, weil er nicht der Tatsache Rechnung trägt, daß ein erheblicher Teil des von einer Wurzel aufgenommenen Wassers zu dieser hinfließen muß. Hierzu bedarf es eines Potentialgradienten, also einer mit zunehmendem Abstand von der Wurzel abnehmenden Wasserspannung. Dieser Gradient wird um so steiler sein, also die Wasseraufnahme auf einen um so engeren wurzelnahen Bereich konzentrieren, je geringer die ungesättigte Wasserleitfähigkeit und daher auch je geringer der Wassergehalt in diesem Wasserspannungsbereich ist. Die Vollständigkeit der Entleerung eines Bodens bis zum PWP ist daher von seiner Wasserleitfähigkeit (k_θ) und der Durchwurzelungsdichte abhängig.

Da in vielen Pflanzen beträchtlich höhere osmotische Drücke festgestellt wurden, und die Wasserleitfähigkeit bei diesem Wassergehalt sehr klein ist, ist es wahrscheinlich, daß unter normalen, also nicht beengten Durchwurzelungsbedingungen nicht die Bindungsstärke als solche, sondern die mangelnde Wassernachlieferung die Ursache für das Welken bildet[33].

Bei pF $\approx$ 4,2 ist das Wasser in Feinporen gebunden und bildet dünne Filme an den Wänden der Mittel- und Grobporen. Daher ist der Wassergehalt beim Permanenten Welkepunkt eng mit dem Tongehalt verknüpft, wie aus Abb. 106 zu ersehen ist. Der Einfluß des Gefüges ist dagegen geringer (s. Abb. 97) und kommt vor allem dadurch zustande, daß das Feinporenvolumen um so größer ist, je mehr feinkörnige Festsubstanz in einem Bodenvolumen vorliegt und je dichter ein Boden gelagert ist.

Die Bestimmung des Permanenten Welkepunkts erfolgt mit Sonnenblumensämlingen unter genau einzuhaltenden Bedingungen oder mit Druckmembranapparaten, wobei 1,5 MPa als Gleichgewichtsdruck angenommen werden.

(3) Hygroskopizität

Bevor die Arbeitsweise mit porösen Platten und Membranen entwickelt wurde, verwendete man oft die adsorbierte Wassermenge im Gleichgewicht mit verschiedenen relativen Wasserdampfdrücken als Kennwert des Wasserhaushalts. Am bekanntesten ist die *Hygroskopizität* nach *E. A. Mitscherlich*, die im Gleichgewicht mit 10 % H_2SO_4 oder gesättigter Na_2SiO_4-Lösung bestimmt wird. Der relative Wasserdampfdruck beträgt dann 94,3 % und der pF-Wert 4,7. Die Methode erfaßt das Gesamtpotential.

Aus dem Wassergehalt der „Hygroskopizität" kann mittels eines Umrechnungsfaktors, der in der Nähe von 1,5 liegt, auf den Wassergehalt beim Permanenten Welkepunkt umgerechnet werden. Diese Methode wird auch heute noch gelegentlich verwendet, weil sie wenig apparativen Aufwand erfordert[34].

Durch Änderung der H_2SO_4-Konzentration können Hygroskopizitäten und somit Gesamtpotentiale auch bei niedrigen relativen Wasserdampfdrücken gemessen werden. Die technischen Schwierigkeiten nehmen jedoch im Bereich pF > 4 erheblich zu.

b) Jahreszeitlicher Gang

Unter dem Gang des Wasserhaushaltes eines Bodens versteht man den an die Jahreszeit gebundenen Wechsel der Wassergehalte, der durch das klimabedingte Verhältnis zwischen Wasserverlust und Wasserzufuhr gesteuert wird.

Verfolgt man die Veränderung der *Wassergehalte* in Abhängigkeit von der Zeit in einem lehmigen Sand unter den Klimabedingungen Nordwestdeutschlands, so erhält man einen Verlauf, wie er in Abb. 107 dargestellt ist. Die Abbildung zeigt, daß die Wassergehalte in der Nähe der Bodenoberfläche im April und Mai höher sind als darunter. Dies ist eine Folge davon, daß die Wasserzufuhr überwiegend durch die Niederschläge, also von oben her erfolgt. Dieser Sachverhalt wird auch durch die Wiederbefeuchtung im Juni deutlich. Ein weiterer Grund für die hohen Wassergehalte in Oberflächennähe ist die Tatsache, daß hier viel mehr Wasser erforderlich ist als im Unterboden, um die Wasserspannung soweit abzusenken, daß die Versickerung beginnt. Die Versikkerung des Wassers nach unten wird von der Potentialverteilung gesteuert und nicht von der Verteilung der Wassermengen.

Die Abbildung zeigt weiterhin, daß die Wassergehalte ab Mitte Mai stark abnehmen, eine Folge des starken Wasserverbrauches der Kultur um diese Jahreszeit (hier beim Schossen des Winterroggens) und der Evaporation.

Betrachtet man anstelle der Wassergehalte die Veränderungen der *pF-Werte* in Abhängig-

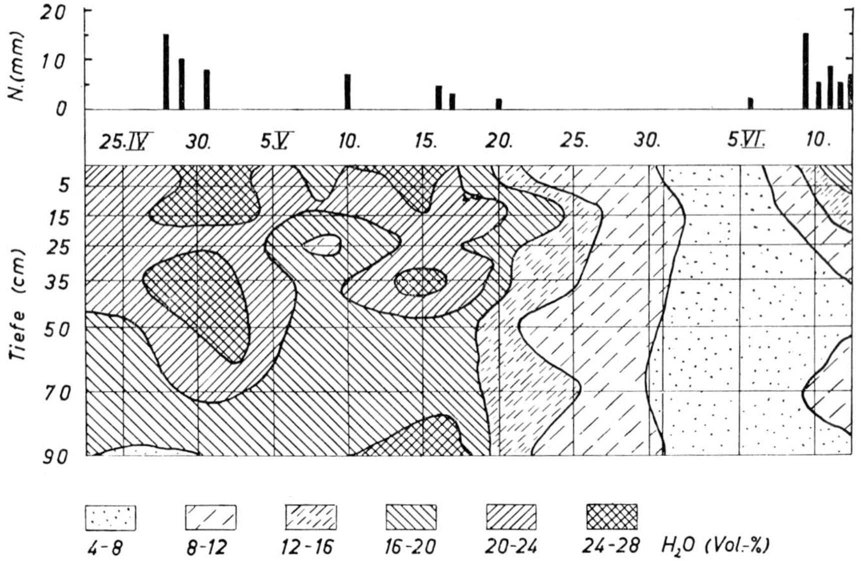

Abb. 107 Veränderung des Wassergehaltes in einem Bodenprofil (lehmiger Sand unter Winterroggen) in Abhängigkeit von der Zeit[35] (N = Niederschlag je Tag)

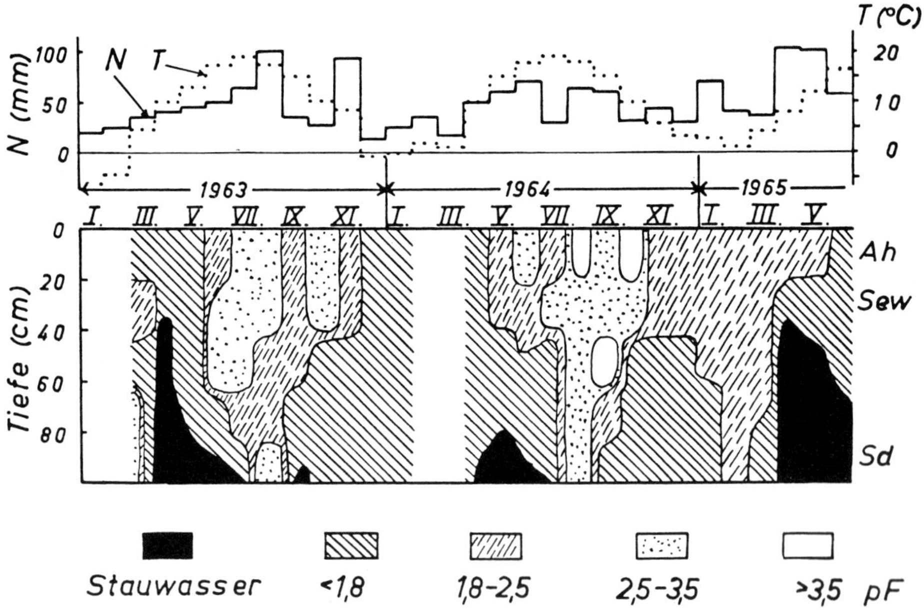

Abb. 108 Veränderung der pF-Werte im Profil eines Pseudogleys (schluffiger Lehm; aus Grundmoräne über Mergelton) während der Jahre 1963 – 1965. Vegetation: Eichen-Hainbuchenwald

keit von Zeit und Bodentiefe, so erhält man z. B. für einen Pseudogley einen Verlauf, wie ihn Abb. 108 darstellt. Man erkennt, daß trotz der von Jahr zu Jahr verschiedenen Temperatur- und Niederschlagsverhältnisse eine gewisse Gesetzmäßigkeit besteht. Dies zeigt sich darin, daß die Herbst- und Winterniederschläge an der Versickerung in den tieferen Untergrund gehemmt werden, so daß sie sich über dem Staukörper ansammeln, bis sich im März bis

April eine freie Stauwasseroberfläche bildet. Im weiteren Verlauf des Jahres führt die Evapotranspiration zu einer Entwässerung, die sich vor allem im Bereich von 0–40 cm auswirkt. Der hierbei entstehende Wasserverlust wird unter den humiden Klimabedingungen Nordwestdeutschlands in der Zeit von September bis etwa April stets wieder ersetzt.

Die beiden Abbildungen 107 und 108 zeigen Einzelheiten des Wasserhaushalts, wie sie unter dem *gemäßigt humiden* Klima vorherrschen. In diesem Klimagebiet ist der Wasserhaushalt stark durch die Tatsache geprägt, daß die Niederschläge mehr Wasser anliefern, als unter den gegebenen Bedingungen verdunsten kann. Die Folge davon ist, daß ein Überschuß auftritt, der im Winterhalbjahr die Evapotranspirationsverluste des Sommers wieder ausgleicht. Über diesen Ausgleich hinaus ist, über längere Perioden betrachtet, stets noch Wasser vorhanden, das teils in offene Gewässer, teils im Boden abfließt und das Grundwasser ergänzt.

Die Obergrenze der Wassergehalte bildet in der Regel die Feldkapazität (s. Abb. 96). Höhere Wassergehalte kommen nur kurzfristig vor (Abb. 96 und 108). Dieser Wassergehalt der Feldkapazität würde von der hydrostatischen Situation her für den gesamten Bodenkörper erhalten bleiben können.

Die Entwässerung des Bodens über die Feldkapazität hinaus wird in erster Linie durch Pflanzen hervorgerufen, die das Wasser bis zum permanenten Welkepunkt zu entziehen vermögen (s. Abb. 96).

Geringere Wassergehalte, als dem permanenten Welkepunkt entsprechen, treten daher in *humiden* Klimagebieten, außer in den der Evaporation ausgesetzten obersten geringmächtigen Bodenschichten, nicht auf.

Das Ausmaß der Evapotranspiration ist von der ungesättigten Wasserleitfähigkeit im Verlaufe der Abtrocknung der Bodenoberfläche abhängig (vgl. Abb. 101).

Da unter *humiden* Klimabedingungen im Verlaufe eines Jahres mehr Wasser durch die Niederschläge zugeführt wird als verdunsten kann, ist bei größerem Grundwasserabstand (2 bis 5 m unter Flur und mehr) im großen gesehen eine ständige nach unten gerichtete Wasserbewegung für diese Gebiete typisch[23] ($\psi_H > 0$, in Abb. 95). Diese Wasserbewegung erfolgt – abgesehen von der obersten wechselfeuchten Zone – im allgemeinen in Form einer Verdrängung, bei der die später von oben nachgelieferten Wasseranteile die früheren vor sich her schieben[36]. Diese Abwärtsbewegung, die im Bereich des Bodenprofils bei terrestrischen Böden fast ausschließlich in ungesättigtem Zustand vor sich geht, ist in vielen Fällen während der Vegetationsperiode in den obersten Teilen des Bodens unterbrochen, weil dort der Aufwärtstransport als Folge der Evapotranspiration überwiegt ($\psi_H < 0$ in Abb. 95).

Zwischen diesen beiden Zonen, die durch nach oben bzw. nach unten gerichtete Potentialgradienten gekennzeichnet sind, kann man eine Ebene mit dem Potentialgradienten $\pm$ 0 feststellen. Diese Ebene, die eine *horizontale Wasserscheide* im Boden darstellt, verschiebt sich im Profil im Verlaufe der Vegetationsperiode nach unten. Eine Wassernachlieferung aus dem Grundwasser zur Bodenoberfläche ist unter diesen Umständen nur möglich, wenn das Grundwasser so hoch ansteht, daß die Wasserscheide unter die Grundwasseroberfläche absinkt.

Die Menge des bis zum Grundwasser hingelangenden und daher das Grundwasser auffüllenden Sickerwasssers wird von zwei Faktorengruppen beeinflußt. Die eine besteht aus der klima- bzw. witterungsbedingten Menge und Verteilung der Niederschläge und der Evapotranspiration. Die andere besteht aus Bodeneigenschaften wie dem Zusammenhang zwischen Wasserspannung einerseits und Wasserleitfähigkeit und Wassergehalt andererseits und dazu dem Infiltrationsvermögen. Zu dieser Gruppe können auch die Tiefe der Grundwasseroberfläche und die Topographie der Bodenoberfläche (Anfall von Oberflächenwasser) gezählt werden.

Die Grundwasserneubildung durch Zufuhr von Sickerwasser variiert wegen ihres Zusammenhanges mit der Witterung erheblich. Dies ist in Abb. 105 für eine Zeitspanne von 18 Jahren für je einen grundwasserfernen und einen grundwassernahen Standort dargestellt. In der Regel liegt das Maximum der Versickerung in der Zeit zwischen Dezember und Mai. Im Juli bis September ist die Versickerung am geringsten.

Als Beispiel für die Verteilung innerhalb des Jahres ist in Abb. 109 der gemessene Abfluß aus einem 88 ha großen, als Acker genutzten, zum Untergrund durch Tonschichten abgedichteten Einzugsgebietes dargestellt. Es ist zu erkennen, daß der Abfluß im Mittel der 12jährigen Meßperiode nicht mit dem Niederschlagsmittel korreliert. Sein Maximum liegt am Ende des Winterhalbjahres und ist im März und

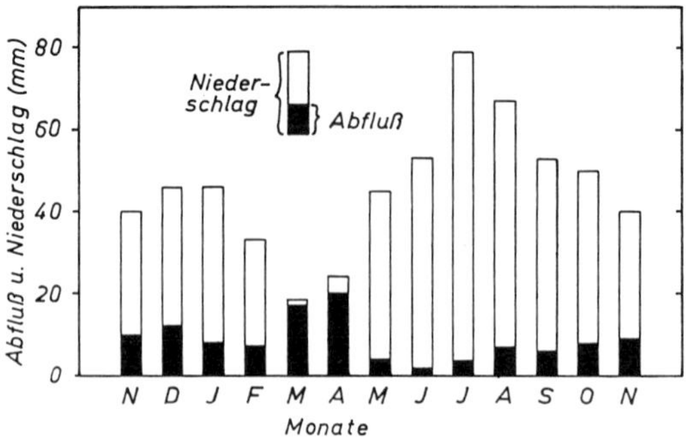

Abb. 109 Monatliche Abflüsse und Niederschläge aus einem 88 ha großen Einzugsgebiet in Uppsala (Schweden). Mittelwerte aus 12 Jahren. Jahresniederschlag 537 mm, mittlerer jährlicher Abfluß 98 mm, toniger Lehm, Ackernutzung[37]

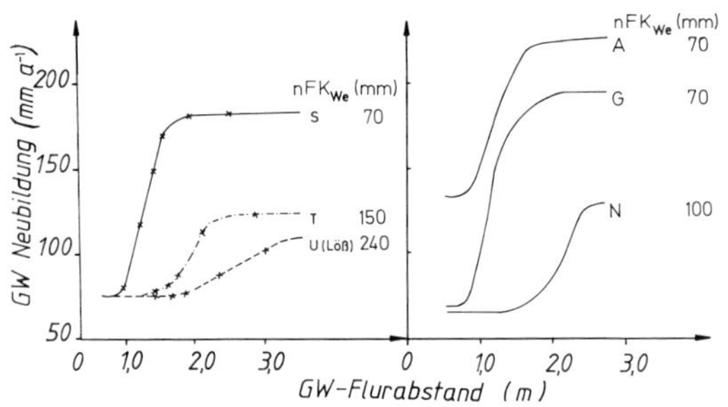

Abb. 110 Grundwasserneubildung in der Vegetationszeit (Mai – Oktober) in Abhängigkeit von Grundwasserflurabstand, nutzbarer Feldkapazität und Bodenart (links)[27] und der Vegetation (rechts) (A = Ackerland, G = Grünland, N = Nadelwald, nFK_{We} = nutzbare Feldkapazität im effektiven Wurzelraum)[49]

April durch die Schneeschmelze verstärkt. Das Minimum im Juni ist eine Folge der hohen Evapotranspiration in diesem Monat[37].

Der Einfluß der Körnung, der von ihr bedingten Porengrößenverteilung und der nutzbaren Feldkapazität auf die Sickerwassermenge in Abhängigkeit vom Grundwasserflurabstand ist aus Abb. 110 ersichtlich. Es ist zu erkennen, daß bei größeren Grundwasserflurabständen die Schluffböden geringere Versickerungsmengen entstehen lassen als Sand- und Tonböden. Die Ursache dafür liegt in der höheren nutzbaren Feldkapazität des effektiven Wurzelraumes. Dadurch kommt es bei Schluff- und Lehmböden bei vergleichbaren Niederschlägen zu einer höheren Evapotranspiration während der Vegetationsperiode als bei Sand- und Tonböden. In der darauf folgenden Zeit (Herbst und Winter) brauchten Schluffböden mehr Wasser als die Sand- und Tonböden, um die Feldkapazität und danach einen durchgehend nach unten gerichteten hydraulischen Gradienten wieder herzustellen[27].

Bei geringen Grundwasserflurabständen spielt das unterschiedliche Wasserspeichervermögen der Böden keine Rolle, da die Evapotranspiration und damit auch die Versickerung von der Höhe des kapillaren Aufstieges bestimmt werden.

Abb. 110 zeigt, daß die Tiefenversickerung (= Grundwasserneubildung) bei gleichen Böden und Klima sehr stark von der Nutzung abhängig ist. So nimmt die Grundwasserneubildung in der Reihenfolge Acker > Grünland > Nadelwald ab.

Ein Beispiel für die Sickerwassermengen, die in Waldbeständen anfallen, bilden die Ergebnisse, die an Großlysimetern in Castricum (Niederlande) erhalten wurden. Hier fielen aus einem Sandboden bei ≈ 850 mm Jahresniederschlag in einem 25jährigen Laubbaumbestand im Mittel ≈ 350 mm/Jahr und in einem gleichaltrigen Nadelholzbestand ≈ 200 mm/Jahr an[38].

Die Bestimmung der Sickerwassermenge kann bei bekannter ungesättigter Wasserleitfähigkeit erfolgen, indem der Fluß mit Hilfe der mit Tensiometern meßbaren Potentialgradienten errechnet wird. Wenn die ungesättigte Wasserleitfähigkeit nicht bekannt ist, kann sie als Differenz zwischen Niederschlag und aus meteorologischen Daten ermittelter Evapotranspiration errechnet werden.

Die direkte Erfassung der Sickerwassermengen ist im Prinzip durch Messung des Abflusses aus allseitig durch Wasserscheiden abgegrenzten hydrologischen Einzugsgebieten möglich. Eine weitere Möglichkeit bieten Lysimeter, bei denen es jedoch schwierig ist, die hydraulische Situation und die des ungestörten Bodens der Umgebung so abzustimmen, daß die gemessenen Abflüsse repräsentativ sind[39].

Da die meisten Substanztransporte im Boden im Zusammenhang mit der Wasserbewegung erfolgen, ist deren sowohl durch Bodeneigenschaften als auch durch das Klima bedingtes Ausmaß ein wichtiger Faktor der Bodenentwicklung und mithin der Ausbildung der zonalen Bodentypen.

Der Wasserhaushalt des Bodens wird auch durch Unterschiede in der *Bodentemperatur* beeinflußt, weil Temperaturdifferenzen meist einen Wassertransport in der Gasphase zur

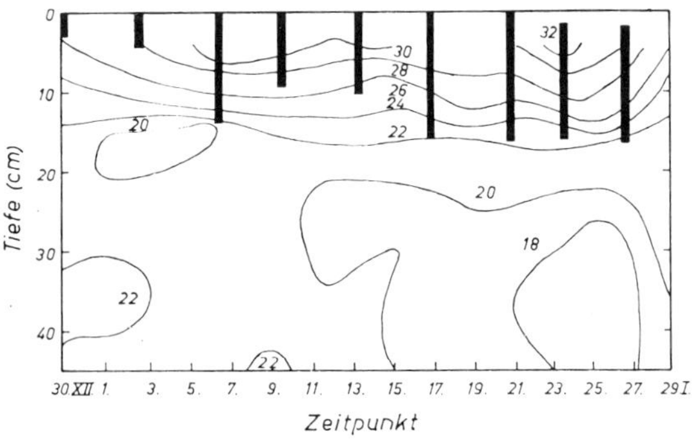

Abb. 111 Änderung des Wassergehaltes eines Lehmbodens unter der Wirkung des Frostes (Januar 1953), dargestellt durch den Gang der Isoplethen in Abhängigkeit von der Zeit[39], schwarze Säulen = Tiefe des Bodenfrostes

Folge haben (s. Abschn. 5a). Abb. 111 zeigt diesen Einfluß am Beispiel des Bodenfrostes. Bei Absinken der Temperatur unter den Gefrierpunkt wird der Wassergehalt der gefrorenen Zone erhöht, derjenige der unten angrenzenden Zone herabgesetzt (s. a. Kap. XV 5 b).

c) Klassifizierung

Bei Vergleichen von Wasserhaushalten über größere Räume oder Zeitspannen ist es oft vorteilhaft, die Fülle der Meßdaten einzuteilen und zu Gruppen zusammenzufassen. Klassifikationen erleichtern auch die Geländearbeit stark und sind deswegen in Kartieranleitungen der Landesämter für Bodenforschung[41] Praktikumsanweisungen[13] sowie in DIN-Normen[42] und entsprechenden ausländischen Publikationen ausführlich beschrieben[43]. In Tab. 62 ist als Beispiel das im angelsächsischen Sprachraum verbreitete Klassifizierungsschema für den Feuchtezustand dargestellt.

Die Tabelle läßt durch ihre Aufgliederung erkennen, daß eine aussagekräftige Einteilung mit umfassender Gültigkeit infolge der jahreszeitlich bedingten Schwankungen der Wassergehalte nur möglich ist, wenn Bodenart und Temperaturbereiche berücksichtigt und die Zeitspannen für Trocken- und Feuchtphasen angegeben werden.

6. Wasserversorgung der Pflanzen

Die Wasserversorgung der Pflanze erfolgt aus dem im Wurzelraum vorhandenen Wasser. Die Pflanzen vermögen dabei nur den Anteil des Bodenwassers aufzunehmen, dessen Potential höher ist als das beim PWP (s. a. Abschn. 5 a). Bei grundwasserfernen Standorten (GWO tiefer als 1,5 – 2,5 m unter Geländeoberkante) betrifft dies nur das im Boden gespeicherte Wasser, bei grundwassernahen Standorten (GWO höher als 1,5 – 2,5 m unter Geländeoberkante) steht darüber hinaus aus dem Grundwasser kapillar aufsteigendes Wasser zur Verfügung. Beide Anteile zusammen ergeben die pflanzenverfügbare Bodenwassermenge. Sie ist einer der wichtigsten bodenhydrologischen Kennwerte bei der Beurteilung der Wasserhaushaltskomponenten (Evapotranspiration, Grundwasserneubildung), der Beregnungsbedürftigkeit und der Ertragsfähigkeit eines Standortes.

a) Pflanzenverfügbares Bodenwasser

Die pflanzenverfügbare Bodenwassermenge (W_{pfl}) entspricht bei grundwasserfernen Standorten dem Wasseranteil innerhalb des effektiven Wurzelraumes (Wzr_{eff}), der im Bereich zwischen Feldkapazität (FK) und permanentem Welkepunkt (PWP) vorliegt (Abb. 112)[44]. Sie läßt sich unter Verwendung leicht bestimmbarer Bodenkennwerte durch den Ausdruck beschreiben:

$$W_{pfl}\,(\mathrm{mm}) = \left[\mathrm{FK}\left(\frac{\mathrm{mm}}{\mathrm{dm}}\right) - \mathrm{PWP}\left(\frac{\mathrm{mm}}{\mathrm{dm}}\right) \right] \cdot Wzr_{eff}(\mathrm{dm})$$

Die Wassergehaltsdifferenz zwischen FK und PWP wird auch als *nutzbare Feldkapazität* (nFK) bezeichnet. Bei grundwasserfernen Böden gilt also

$$W_{pfl} = \mathrm{nFK} \cdot Wzr_{eff}$$

Der effektive Wurzelraum läßt sich durch Messungen des Wasserentzuges durch die Pflanzenwurzeln in niederschlagsarmen Jahren bestimmen. In Abb. 112 sind hierzu für einen Sandboden die Wassergehalte bei FK und PWP sowie der am Ende der Vegetationsperiode angetroffene Wassergehalt und die tiefste Lage der horizontalen „Wasserscheide“ ($\mathrm{grad}\,\frac{\Delta\psi_H}{\Delta} + 1 = 0$) dargestellt.

Unterhalb dieser Wasserscheide ist nur eine abwärts gerichtete kapillare Wasserbewegung möglich. Der Wassergehalt am Ende der Vegetationsperiode zeigt, daß unmittelbar oberhalb der Wasserscheide in einem ≈ 8 dm mächtigen Tiefenbereich die Feldkapazität unterschritten,

Tabelle 62 Klassifizierung des Feuchtezustandes von Böden mit Hilfe der Häufigkeit im Freiland ansprechbarer Naß- bzw. Trockenzustände[43]

Bezeichnung	Boden-Temp.-Bereiche bzw.-Grenzen	Feuchtezustand	Zeitspanne	Sonst. Bemerkungen
peraquisch (peraquic)	zeitweilig $>5°C$	naß	ständig oder regelmäßig wiederkehrend	stagnierend reduzierendes Milieu
aquisch (aquic)	zeitweilig $>5°C$	naß	unbestimmt	stagnierend reduzierendes Milieu
udisch (udic)	–	feucht	>90 Tage insgesamt	häufig in humiden Klimabereichen
	$\bar{T}<22°C$ und $\Delta\bar{T}>5°C$	feucht	45 aufeinanderfolgende Tage in 4 Monaten nach Mittsommer in 6 von 10 Jahren	fast stets Luft im Boden wenn $\bar{T}>5°C$
ustisch (ustic)	$\bar{T}\geq 22°C$	trocken	≥ 90 Tage	
	$\Delta\bar{T}<5°C$	feucht	180 Tage oder 90 aufeinanderfolgende Tage	
	$\bar{T}=8-22°C$	trocken	≥ 90 Tage	
	$\Delta\bar{T}>5°C$	feucht (stellenweise)	Hälfte der Zeit mit $\bar{T}>5°C$ und feucht an 45 aufeinanderfolgenden Tagen innerhalb von 4 Monaten nach Mittsommer in 6 von 10 Jahren	z. B. in Monsunklimaten, tropischen u. suptrop. Zonen
aridisch (aridic)	$\geq 5°C$	trocken	über die Hälfte der Zeit oberhalb Grenztemp.	in ariden Klimabereichen
bzw. torrisch (torric)	$\geq 8°C$	trocken oder stellenweise feucht	>90 aufeinanderfolgende Tage oberhalb der Grenztemperatur	lösliche Salze können auftreten
xerisch (xeric)	$\bar{T}\leq 22°C$ $\Delta\bar{T}\geq 5°C$	trocken	≥ 45 aufeinanderfolgende Tage innerhalb von 4 Monaten nach Mittsommer in 6 von 10 Jahren	mediterrane Klimate
		feucht	über die Hälfte der Tage mit $\bar{T}>5°C$ oder in 6 von 10 Jahren >90 Tagen mit $\bar{T}>8°C$	

Temperatur-Angaben beziehen sich auf 50 cm Bodentiefe (Jahresmittel $=\bar{T}$); Unterschied zwischen Mittel für Sommer($\bar{T}_{Juni-Aug}$)- und Winter ($\bar{T}_{Dez-Febr}$)-Temperatur $=\Delta\bar{T}$.
Tiefenbereich der Feuchtigkeitsansprache für die Einteilung: Schluff- und Tonböden = 10 – 30 cm, Lehm- und lehmige Sandböden = 20 – 60 cm, Sandböden = 30 – 90 cm.
Feuchtezustand: trockener Boden $\triangleq$ pF $\geqslant$ 4,2; feuchter Boden $\triangleq$ pF $\leqslant$ 4,2; nasser Boden $\triangleq$ = wassergesättigt; freies Wasser oder Kapillarsaum reicht bis Bodenoberfläche.

der PWP aber noch nicht erreicht wird. Nur in dem sehr intensiv durchwurzelten Oberboden (0 – 4 dm) sind die Pflanzen in der Lage, das gespeicherte Bodenwasser bis zum PWP auszunutzen.

Um die Berechnung der pflanzenverfügbaren Wassermenge aufgrund kartierbarer Kriterien mit der beschriebenen Gleichung zu ermöglichen, wird der effektive Wurzelraum Wzr_{eff} so festgelegt, daß die bis zum PWP noch vorhandene Wassermenge oberhalb von Wzr_{eff} (schraffierter Bereich) der unterhalb von Wzr_{eff} bis zur FK fehlenden Wassermenge (punktierter Bereich) entspricht.

Die in Tab. 63 angegebenen Werte des mittleren effektiven Wurzelraumes und seiner nutz-

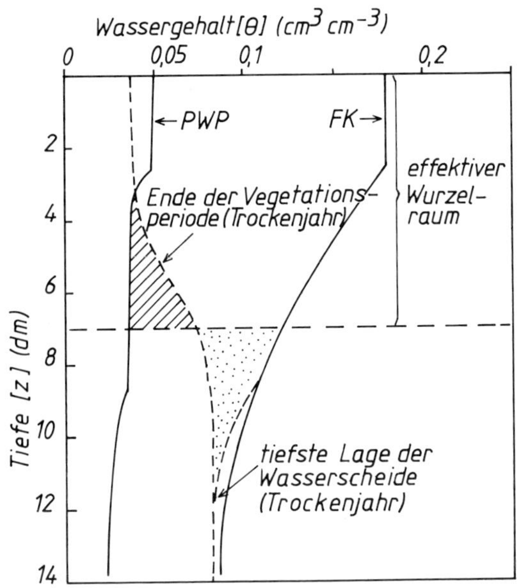

Abb. 112 Ermittlung des effektiven Wurzelraumes aus Kennwerten des Wasserhaushaltes (FK, PWP), maximaler Entwässerung und tiefster Lage der Wasserscheide in einem Trockenjahr bei einer Braunerde aus Sand

baren Feldkapazität, also der pflanzenverfügbaren Wassermenge, sind nach diesem Verfahren ermittelt worden[44]. Die Tabelle zeigt, daß der effektive Wurzelraum und seine nFK sehr stark von der Bodenart abhängig sind. Bei den Sanden liegen diese Werte zwischen 30 und 140 mm. Lehm- und Schluffböden zeichnen sich infolge des hohen Mittelporenanteils und des großen effektiven Wurzelraumes durch besonders hohe W_{pfl}-Werte (155 – 220 mm) aus. Eine Mittelstellung nehmen mit 140 mm W_{pfl} die Tonböden ein. Die angegebenen Werte treffen für Böden mit einer mittleren Lagerungsdichte zu. Bei dichten Böden liegen die nFK-Werte niedriger[44].

Tabelle 63 Effektiver Wurzelraum und pflanzenverfügbare Bodenwassermenge (W_{pfl}) in Abhängigkeit von der Bodenart (mittlerer Lagerungsdichte)[44]

Bodenart	mittlerer effektiver Wurzelraum bei Getreide (dm)	pflanzenverfügbare Bodenwassermenge (mm)
Grobsand	5	30
Mittelsand	6	55
Feinsand	7	80
lehmiger Sand	7	115
schluffiger Sand	8	140
lehmiger Schluff	11	220
sandiger Lehm	9	155
schluffiger Lehm	10	190
toniger Lehm	10	165
lehmiger und schluffiger Ton	10	140

Der effektive Wurzelraum ist auch von der Kulturart abhängig. Bei gleicher Bodenart nimmt der effektive Wurzelraum in der Regel in folgender Reihenfolge zu: Grünland < Ackerland < Wald.

Die in der Tabelle 63 angegebenen Wassermengen (nFK-Werte) stehen den Pflanzen nur dann zur Verfügung, wenn zu Beginn der Vegetationsperiode die Feldkapazität erreicht ist. Diese Voraussetzung ist im gemäßigt-humiden Klimabereich meist erfüllt. Unter ariden Bedingungen wird dagegen die Feldkapazität wegen der zu geringen Niederschläge häufig nicht erreicht.

Bei grundwasserbeeinflußten Böden ist bei der Erfassung des pflanzenverfügbaren Bodenwassers neben der nFK auch der kapillare Aufstieg aus dem Grundwasser in den Wurzelraum zu berücksichtigen. Er kann nach der *Darcy*-Gleichung [s. Abschn. 3] berechnet werden, wenn der einfachen Berechnung halber ein stationärer Wasserfluß angenommen wird und die Beziehung zwischen Wasserspannung und Wasserleitfähigkeit bekannt ist[45].

Da zwischen der Beziehung Wasserspannung/Wasserleitfähigkeit und der Bodenart ein enger Zusammenhang besteht, lassen sich die kapillaren Aufstiegsraten in Abhängigkeit vom Grundwasserflurabstand allein anhand der Bodenart abschätzen (Tab. 64). So ist z. B. beim Mittelsand bei einem effektiven Wurzelraum von 6 dm und einem Grundwasserstand von 1 m mit einem kapillaren Aufstieg aus dem Grundwasser an die Untergrenze des Wurzelraumes von 5 mm/Tag zu rechnen, wenn man von einer Wasserspannung von 120 cm WS an der Untergrenze des Wurzelraumes ausgeht. Bei einem Grundwasserstand von 1,20 m steigt dagegen nur noch 1 mm/Tag auf. Bei der Berechnung der pflanzenverfügbaren Bodenwassermenge sind die in der Tabelle angegebenen täglichen Aufstiegsraten mit der Dauer der Hauptwachstumsphase (in Tagen) zu multiplizieren und zur nFK des effektiven Wurzelraumes zu addieren. Beides zusammen ergibt unter den angenommenen Voraussetzungen die Gesamtmenge an maximal pflanzenverfügbarem Bodenwasser für grundwasserbeeinflußte Böden. Als Hauptwachstumszeit werden für Getreide meist 60, für Hackfrüchte 90 und für Grünland 120 Tage angenommen.

Tabelle 64 Kapillare Aufstiegsrate aus dem Grundwasser in den Wurzelraum in Abhängigkeit von der Bodenart, dem effektiven Wurzelraum und dem Grundwasserstand[45]

Bodenart	eff. Wurzel-raum (dm)	kapillare Aufstiegsrate (mm/Tag) bei mittleren Grundwasserständen* (cm unter Geländeoberfläche) 80	100	120	140	160	180	200	Wasser-span-nung** (cm WS)
Mittelsand	4	5,0	1,0	0,2	0,1	–	–	–	120
	6	>5,0	5,0	1,0	0,2	0,1	–	–	120
Feinsand	5	>5,0	5,0	1,5	0,3	0,1	0,1	–	140
	7	>5,0	>5,0	5,0	1,5	0,3	0,1	0,1	140
lehmiger Sand	6	>5,0	>5,0	5,0	2,0	0,8	0,3	0,1	180
	8	>5,0	>5,0	5,0	5,0	2,0	0,8	0,3	180
sandiger Lehm	7	>5,0	5,0	3,0	1,0	0,5	0,3	0,1	350
	9	–	>5,0	5,0	3,0	1,0	0,5	0,3	350
lehmiger Schluff	9	–	>5,0	>5,0	5,0	3,0	1,5	0,8	300
	11	–	–	>5,0	>5,0	5,0	3,0	1,5	300
lehmiger Ton	7	5,0	2,0	1,0	0,5	0,3	0,1	0,1	700
	9	–	5,0	2,0	1,0	0,5	0,3	0,1	700

* während der Vegetationsperiode; ** angenommene Wasserspannung an der Untergrenze des Wurzelraumes bei ≈ 70 % nFK

b) Wasserbewegungen im System Boden-Pflanzen-Atmosphäre

Der Transpirationsstrom, den die Pflanzen zum Aufrechterhalten ihrer Lebensvorgänge benötigen, wird durch den Gradienten des Wasserpotentials zwischen der atmosphärischen Luft und dem Boden gewährleistet. In Abwesenheit von Pflanzen führt dieser Gradient zu Wasserverlusten, die überwiegend durch Evaporation von den unmittelbaren Bodenoberflächen verursacht werden. Die Pflanze gliedert sich in dieses System ein, indem sie durch Wurzeln, Sproß und Blattfläche den Übergang des Wassers aus größeren Bodentiefen in den Luftraum erleichtert. Sie wirkt also wie ein „Kurzschluß", so lange die Höhe des Wasserpotentials in der Luft ihrem eigenen gegenüber den Charakter einer Senke und die des Wasserpotentials im Boden den einer Quelle hat.

Wie der in Abb. 113 dargestellte Gang der Wasserpotentiale (ψ_w) in Boden, Wurzel, Blatt und Atmosphäre zeigt, schwankt sein Wert in der Luft im tageszeitlichen Rhythmus weitaus stärker als im Boden. Je größer die Differenz zwischen ψ_{WL} und ψ_{WB}, desto höher ist in der Regel die Transpiration der dazwischen stehenden Pflanze mit dem Wasserpotential ψ_{WW} bzw. ψ_{WBl}.

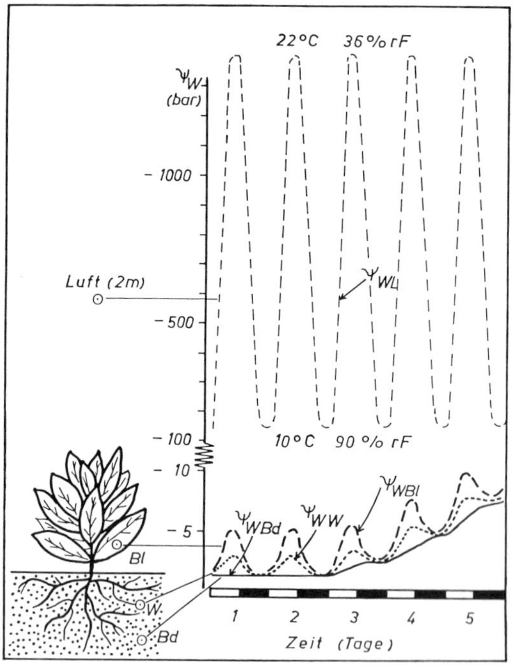

Abb. 113 Täglicher Verlauf der Wasserpotentiale (ψ_W) von Boden (Bd), Pflanze (Bl bzw. W) und Luftraum (L) bei konstanter Witterung (schematisch in Anlehnung an *Slatyer,* 1967)

(1) Wasserbewegung zur Pflanzenwurzel

Durch den Wasserentzug der Pflanze wird zunächst in der unmittelbaren Umgebung der Pflanzenwurzel die Bodenwasserspannung erhöht und damit das Wasserpotential erniedrigt. Der dadurch entstehende Potentialgradient in Richtung Wurzeloberfläche führt zu einer Wassernachlieferung zur Entnahmestelle. Das Strömungsbild dieser Nachlieferung ist, wenn man sich die Wurzel quer zu ihrer Achse durchgeschnitten und daher als Punkt auf einer Ebene denkt, in Wurzelnähe allseitig konzentrisch, ähnlich wie in der engsten Umgebung eines Dränrohres (s. Abb. 104).

Die Entfernung, die das Wasser bis zur Erreichung der Wurzeloberfläche zurücklegen muß, liegt im Hauptwurzelraum im Bereich von einigen mm. Diese Entfernung ergibt sich, wenn man das Wurzelvolumen mit ≈ 1 % des Gesamtbodenvolumens annimmt.

Durch Anstieg der Bodenwasserspannung in der Nähe der Wurzeln wird gegenüber der Wurzel selbst das Potentialgefälle herabgesetzt. Gleichzeitig sinkt die Wasserleitfähigkeit. Beides führt zu einer Beeinträchtigung der Wassernachlieferung an die Pflanzenwurzeln.

Die Abnahme der Wassernachlieferung ist um so größer, je stärker die Wasserleitfähigkeit mit ansteigender Wasserspannung ψ_m abnimmt. Eine besonders ungünstige Beziehung zwischen der Wasserleitfähigkeit und der Wasserspannung ($k_\theta - \psi_m$-Beziehung) liegt z. B. bei den Sandböden vor. Bei schluff- und tonreichen Böden ist dagegen die Abnahme der Wasserleitfähigkeit bei zunehmender Wasserspannung, vor allem im Bereich höherer Wasserspannungen (pF ≈ 3 – 4), weitaus geringer. Daher wird bei Schluff- und Tonböden die Wassernachlieferung aus der Umgebung der Wurzel zu ihrer Oberfläche bei steigender Wasserspannung weniger gehemmt als bei Sandböden. Für die Pflanze bedeutet eine geringe Wasserleitfähigkeit des Bodens daher eine geringe Ausnutzbarkeit des potentiell verfügbaren Wassers. Je geringer die ungesättigte Wasserleitfähigkeit ist, um so stärker müssen die Wurzeln dem Wasser nachwachsen und um so dichter muß die Durchwurzelung sein, um einen gleichbleibenden Anteil des pflanzenverfügbaren Wassers aufzunehmen.

(2) Wasseraufnahme durch die Pflanze

Das als Folge der Transpiration entstehende Potentialgefälle zwischen dem Wasser im Boden und in der Pflanze gewährleistet einen ständigen Wasserfluß aus dem Boden in die Pflanze. Bei ausreichender Wasserversorgung, also geringer Wasserspannung im Boden, richtet sich die Wasseraufnahme durch die Pflanze vor allem nach der Höhe der potentiellen Evapotranspiration [Transpiration + Evaporation (ET_P)]. Unter potentieller Evapotranspiration wird dabei die aufgrund der Sonnenstrahlung, der Temperatur und der Windgeschwindigkeit maximal mögliche Evapotranspiration einer kurz geschnittenen dichten Pflanzendecke (Rasen) verstanden, bei der der Wassernachschub niemals als begrenzender Faktor auftritt. Bei steigender Wasserspannung im Boden bleibt die Wasseraufnahme der Pflanze hinter der potentiellen Evapotranspiration immer weiter zurück, weil mit abnehmender Wasserleitfähigkeit der Fließwiderstand immer größer wird. Die Pflanze muß daher ihre Transpiration einschränken. Den verbleibenden geringeren Wert nennt man aktuelle Evapotranspiration (ET_a).

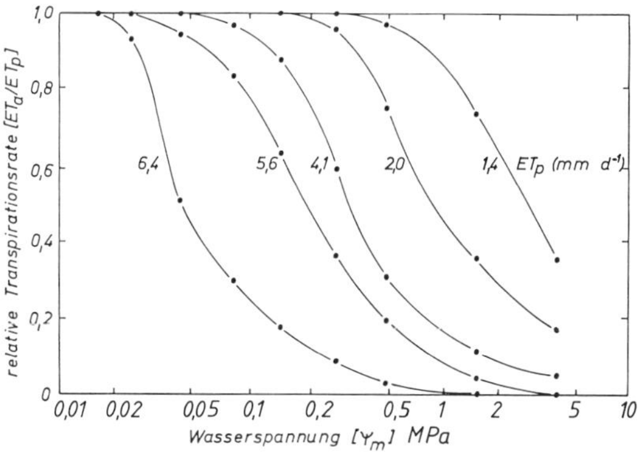

Abb. 114 Beziehung zwischen dem Quotienten aus aktueller (ET_a) und potentieller (ET_P) Evapotranspiration und der Bodenwasserspannung bei Mais[46]

Aus dem in Abb. 114 dargestellten Zusammenhang zwischen dem Verhältnis der aktuellen Evapotranspiration zur potentiellen Evapotranspiration und der Bodenwasserspannung geht hervor, daß die aktuelle Transpiration mit steigender Bodenwasserspannung um so schneller abnimmt, je höher die potentielle Evapotranspiration liegt[46]. Bei einem ET_P-Wert von 6,4 mm/Tag, sinkt die aktuelle Transpirationsrate schon unter die potentielle, wenn die Bodenwasserspannung 30 kPa beträgt. Liegt die potentielle Evapotranspiration dagegen bei 1,4 mm/Tag, sind ET_P und ET_a bis zu einer Wasserspannung von etwa 300 kPa gleich.

Der Wasserentzug durch die Wurzeln eines Pflanzenbestandes kann wie jede andere Wasserbewegung auf die Einheit des Fließquerschnitts bezogen und als Fluß dargestellt werden (s. Abschn. 3). Ihr Betrag (v_w) läßt sich dann als Differenz zwischen dem Gesamtfluß (v_{ges}) und dem durch den hydraulischen Potentialgradienten (grad ψ_H) hervorgerufenen kapillaren Wasserfluß (v_H) ermitteln:

$$v_w = v_{ges} - v_H$$

Die Bestimmung von v_{ges} ist möglich, wenn der Wassergehalt und die Wasserspannung im Boden als Funktion der Zeit und Tiefe vorliegen. Die Berechnung erfolgt mit Hilfe der Kontinuitätsgleichung, die in Differenzform lautet:

$$v_{gesZ_1} - v_{gesZ_2} = \sum_{Z_1}^{Z_2} \frac{\Delta\theta}{\Delta t} \Delta Z$$

θ = Wassergehalt [$cm^3\ cm^{-3}$],
t = Zeit [Tag]
und Z_1 bzw. Z_2 = Tiefenlagen [cm] zwischen denen die Wassergehaltsänderungen erfaßt werden.

Ist neben der Wassergehaltsänderung auf der rechten Seite der Gleichung einer der beiden Wasserflüsse auf der linken Seite bekannt, so kann man den anderen berechnen, wobei man am zweckmäßigsten in einem Tiefenbereich beginnt, der mit Sicherheit unterhalb des Wurzelraumes liegt, um Wassertransport durch die Wurzeln auszuschließen.

Hierfür gibt es zwei Möglichkeiten:
(1) Häufig tritt während der Vegetationsperiode unterhalb des Wurzelraumes in einer Tiefe Z_2 eine Wasserscheide auf, in der der hydraulische Gradient (grad ψ_H) gleich null ist[47]. Damit wird der Gesamtwasserfluß für jede Tiefe im Profil berechenbar nach der Gleichung

$$v_{gesZ_1} = \sum_{Z_1}^{Z_2} \frac{\Delta\theta}{\Delta t} \Delta z$$

Fehlt im Bereich unterhalb des Wurzelraumes eine solche Tiefe mit hydraulischem Gradienten null, z. B. bei kapillarem Aufstieg aus nahem Grundwasser, so kann v_{gesZ_2} aus dem hydraulischen Gradienten und der Wasserleitfähigkeit k im nicht durchwurzelten Bereich bestimmt werden:

$$v_{gesZ_2} = -k(\psi) \left(\frac{\Delta\psi_m}{\Delta z} - 1\right)$$

Dies ist deswegen möglich, weil in diesem Bereich $v_{ges} = v_H$ ist. Der Wasserfluß v_{gesZ_1} ist dann ebenfalls zu berechnen nach

$$v_{gesZ_1} = \sum_{Z_1}^{Z_2} \frac{\Delta\theta}{\Delta t} \Delta z + v_{gesZ_2}$$

v_{gesZ_1} entspricht in beiden Fällen der aktuellen Evapotranspiration, wenn man die Wassergehaltsänderungen in der Pflanze nicht berücksichtigt.

Aus v_{ges} läßt sich unter Berücksichtigung des kapillaren Wasserflusses nach der oben angeführten Gleichung der Wasserentzug bzw. der Wasserfluß durch die Pflanzenwurzeln ermitteln. Die räumliche Verteilung des Wasserentzuges durch die Pflanzenwurzeln wechselt innerhalb des Wurzelraumes. Bei gleicher Wasserspannung ist der Wasserentzug im oberen Teil des Wurzelraumes aufgrund der intensiven Durchwurzelung größer als im unteren Teil. Bei ähnlicher Durchwurzelungsintensität

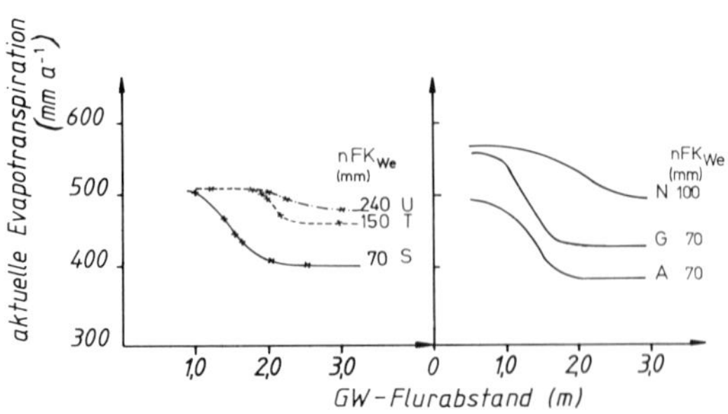

Abb. 115 Aktuelle Evapotranspiration in Abhängigkeit vom Grundwasserflurabstand während der Vegetationsphase und der nutzbaren Feldkapazität (nFK_{We}) bei verschiedenen Bodenarten (links) und Nutzungen (A = Acker, G = Grünland, N = Nadelwald) (rechts)[49]

liegt das Maximum des Wasserentzuges in der Tiefe mit der geringsten Wasserspannung[48], soweit keine Durchlüftungsprobleme auftreten. Wenn der Vegetation nur die im Boden gespeicherte Wassermenge zur Verfügung steht, bedeutet das in der Regel, daß die Zone maximalen Entzuges sich im Verlaufe der Zeit in größere Bodentiefen verschiebt. Dies führt dann zu dem in Abschn. 5 b erwähnten Tieferrücken der horizontalen Wasserscheide im Boden.

Die Höhe der aktuellen Evapotranspiration ist außer von meteorologischen Faktoren vom pflanzenverfügbaren Wasser im Wurzelraum, der Nachlieferung aus dem Grundwasser und der Nutzung abhängig (Abb. 115). Bei gleichem Klima ist die aktuelle Evapotranspiration bei grundwasserfernen Lagen mithin vor allem von der nutzbaren Feldkapazität und der Nutzung abhängig (Abb. 110).

c) Wasserverbrauch und Pflanzenertrag

Mit steigendem Wasserverbrauch nimmt der Pflanzenertrag in der Regel zu. Die Beziehung zwischen Wasserverbrauch und Trockenmasseertrag ist unter Freilandbedingungen jedoch nur dann eng, wenn Jahre mit ähnlicher Witterung miteinander verglichen werden. In trockenen Jahren wird bei gleicher Transpiration weniger Trockenmasse gebildet als in feuchteren Jahren. Dies deutet darauf hin, daß die Beziehung zwischen Transpiration und Trockenmasseertrag außer von der Gesamtwassermenge noch von anderen Faktoren beein-

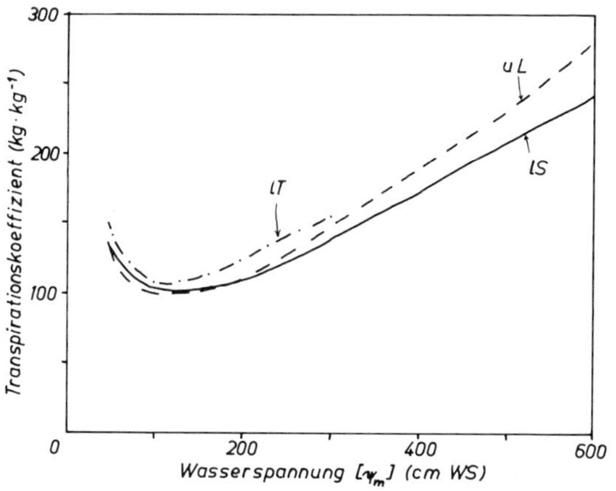

Abb. 116 Transpirationskoeffizient von Mais in Abhängigkeit von der Wasserspannung (ψ_m) im Boden[52]

flußt wird. Hierbei spielen unter anderem Klimagrößen eine Rolle, deren Wirkung in den Lehrbüchern des Pflanzenbaues[50, 51] ausführlich dargestellt ist.

Zur Charakterisierung der Effektivität des Wasserverbrauches einer Pflanzenart wird meist der Transpirationskoeffizient herangezogen. Er beschreibt den Zusammenhang zwischen der aktuellen Evapotranspiration (ET_a) und der Photosynthese (P) und gibt an, wieviel kg Wasser die Pflanze verbraucht, um 1 kg Trockensubstanz zu erzeugen. Der Transpirationskoeffizient ist für die Pflanzenart – bzw. Sorte spezifisch. Für eine bestimmte Pflanze ist er darüber hinaus vom Wasserangebot im Boden und von Klima- bzw. Witterungsbedingungen abhängig.

Das Wasserangebot im Boden wirkt sich in der in Abb. 116 dargestellten Art auf den Transpirationskoeffizienten aus. Die Abbildung läßt erkennen, daß die Trockensubstanzproduktion im Bereich von Wasserspannungen $>$ 100 cm WS unter um so höherem Wasseraufwand geschieht, je höher die Wasserspannung ist. Bei Wasserspannung $<$ 100 cm WS wird der Optimalbereich der Trockensubstanzproduktion in bezug auf die Wasserspannung unterschritten, weil im Versuchssubstrat in diesem Bereich Luftmangel einsetzt. Dieser Sachverhalt zeigt, daß der Pflanzenertrag nicht nur von der Menge des zur Verfügung stehenden Wassers abhängig ist, sondern auch von der Wasserspannung, unter der es der Pflanze angeboten wird. Dieser letzte Zusammenhang ist unter Freilandbedingungen manchmal nicht unmittelbar erkennbar, weil die Wasserspannungen nicht im gesamten Wurzelraum gleich sind.

Die Beziehung zwischen Wasserverbrauch und Trockenmasseerzeugung ist jedoch außer von Pflanze und Wasserangebot im Boden auch noch von Klimaeigenschaften abhängig. Wesentlich ist hier vor allem das Wasserdampfsättigungsdefizit der Luft. So besteht zwischen dem Quotienten aus Wasserverbrauch und Sättigungsdefizit und der Trockenmasseproduktion eine enge lineare Beziehung[49]. Daraus folgt, daß es vorteilhaft ist, bei möglichst geringem Sättigungsdefizit zu produzieren. Bei gegebenem Sättigungsdefizit besteht die einzige Einflußmöglichkeit in der Erhöhung der Transpiration durch Herabsetzung der Wasserspannung im Boden.

Dies spielt in der landwirtschaftlichen Beregnungspraxis eine wichtige Rolle. In sehr trockenen Jahren mit hohem Wasserdampfsättigungsdefizit muß zur Erreichung eines bestimmten Ertragsniveaus die Beregnung daher früher erfolgen als im Durchschnitt der Jahre. Während es im Mittel der Jahre ausreicht, bei Getreide bei Wassergehalten zu beregnen, die 30 bis 40 % der nutzbaren Feldkapazität (nFK) entsprechen, sollte in sehr trockenen Jahren die Beregnung schon bei 50 % nFK erfolgen[49].

Für die Steuerung eines Bewässerungseinsatzes werden in der Praxis häufig einfache Verfahren zur Bestimmung der Evapotranspiration oder Evaporimeter eingesetzt. Unter Berücksichtigung der natürlichen Niederschläge und des pflanzenverfügbaren Bodenwassers läßt sich daraus der Zeitpunkt ermitteln, bei dem bestimmte Mindestwassergehalte im Wurzelraum erreicht werden. Den Einfluß der Kulturart versucht man dabei meist durch Korrekturfaktoren bei der Evapotranspirationsbestimmung zu berücksichtigen. Eine genaue Anpassung der Bewässerungssteuerung an die Bedürfnisse einzelner Kulturen läßt sich allerdings nur durch direkte Messung an der Pflanze selbst (osmotischer Zustand) oder am Boden erreichen. Im letzten Falle ist es prinzipiell gleichgültig, ob Wassergehalte oder Wasserspannungen gemessen werden, wenn der bodenspezifische Zusammenhang zwischen beiden (darstellbar durch die Wasserspannungskurve) berücksichtigt wird.

Für die meßwertorientierte Steuerung entsteht hier wegen der beschriebenen räumlichen Verschiebung des Wasserentzugsmaximums im Boden das Problem der Plazierung der Meßwertgeber[53].

Dieser Sachverhalt, zusammen mit den unterschiedlichen Arten der Wasserzufuhr (Überstauung, Beregnung, Tröpfchenbewässerung) hat zur Folge, daß die Steuerung der Wasserversorgung von Pflanzenbeständen selbst unter den Bedingungen intensivster Steuerung des Kulturablaufs in Gewächshäusern noch nicht generell gelöst ist. Im Hinblick auf Bewässerungstechniken wird auf die Spezialliteratur verwiesen[54].

Literatur

[1] *Hanks, R. J. & G. L. Ashcroft* (1980): Applied Soil Physics. Springer, Berlin.
[2] *Hartge, K. H.* (1978): Einführung in die Bodenphysik. Enke, Stuttgart.
[3] *Hillel, D.* (1982): Introduction to Soil Physics. Academic Press, New York/London.
[4] *Kirkham, D. & W. L. Powers* (1972): Advanced Soil Physics. Wiley, London.
[5] *Taylor, S. A. & G. L. Ashcroft* (1972): Physical Edaphology. Freeman, San Francisco.
[6] *Anderson, D. M. & A. Linalle* (1960): Science *131*, 1370 – 1371.
[7] *Kuron, H.* (1930): Z. Pflanzenernähr. Bodenk. *18*, 179.
[8] *Orchiston, H. D.* (1954): Soil Sci. *78*, 463 – 480.
[9] *Newman, A. C. D.* (1987): Mongr. Mineral. Soc. *6*, 237 – 274.
[10] *Burke, W., D. Gabriels & J. Bouma* (Eds.) (1986): Soil Structure Assessment. Balkema, Rotterdam/Boston.
[11] *Scotter, D. R.* (1974): Aust. J. Soil. Res. *12*, 77 – 86.
[12] *Valancogne, C. & F. A. Daudet* (1974): Ann. Argon. *25*, 733 – 746.
[13] *Schlichting, E. & H. P. Blume* (1989): Bodenkundliches Praktikum. 2. Aufl., Parey, Berlin/Hamburg.
[14] *Wittman, O.* (1969): Bayr. Landw.Jb. *46*, 1003 – 1020.
[15] *Craig, R. F.* (1978): Soil mechanics. 2. Aufl. Van Nostrand-Reinhold, N. Y./London.
[16] *Hartge, K. H. & R. Horn* (1989): Die physikalische Untersuchung von Böden. 2. Aufl., Enke, Stuttgart.
[17] *Nazarow, G. V.* (1974): US-Soviet Soil Science. *6*, 336 – 339.
[18] *Shainberg, D., R. Keren, N. Alperovich & D. Goldstein* (1987): Clay and Clay Min. *35*, 305 – 310.
[19] *Das, A. & B. Datta* (1987): Z. Pflanzenernähr. Bodenk. *150*, 187 – 192.
[20] *Bartels, R. & M. Kuntze* (1973): Z. Pflanzenernähr. Bodenk. *134*, 125 – 135.
[21] *Becher, H. H.* (1970): Wasserleitfähigkeit von Böden im ungesättigten Zustand. Diss. Hannover.
[22] *Klute, A.* (1986): Methods of Soil Analysis, Part 1. 2. Aufl., Madison (Wisc.).
[23] *Bodman, G. B. & E. A. Coleman* (1943): Soil Sci. Soc. Am. Proc. *8*, 116 – 121.
[24] *Astapow, S. V.* (1974): Ameliorativ Pedology. Israel Programme Scientific Trans., Jerusalem.
[25] *Becher, H. H.* (1985): Mitt.Dtsch. Bodenkdl. *41*, 303 – 309.
[26] *Glass, R. J., J. Y. Parlange & T. S. Steenhus* (1985): Hawaii Water Res. Center. 66 – 81.
[27] *Renger, M., O. Strebel, G. Wessolek & W. M. M. Duynisveld* (1986): Z. Pflanzenernähr. Bodenk. *149*, 371 – 381.
[28] *Eggelsmann, R.* (1981): Dränanleitung. Verlag Wasser u. Boden, Hamburg.
[29] *Baumann, H., U. Schendel & G. Mann* (1974): Wasserwirtschaft in Stichworten. Hirt, Kiel.
[30] *Keschawarzi, S.* (1973): Diss. Hannover.
[31] *Heinonen, R.* (1982): Sveriges Lantbruksuniversitet. Speciella Skripten Nr. *12*.
[32] *Krüger, W. & H. Benkenstein* (1971): Archiv Acker- u. Pflanzenbau Bodenk. *15*, 1017 – 1027.
[33] *Ehlers, W.* (1986): Kali-Briefe *18*, 107 – 125.
[34] *Muradov, B. K.* (1985): Probl. Desert. Developm. *6*, 92 – 94. Turkmen, Akad. Sci.
[35] *Baumann, H.* (1961): Witterungslehre für die Landwirtschaft. Parey, Hamburg.
[36] *Blume, H. P., O. Münnich & U. Zimmermann* (1968): Z. Pflanzenernähr. Bodenk. *121*, 231 – 345.
[37] *Hallgren, G. & R. Tjernström* (1966): Grundförbättring *19*, 119.
[38] *Schröder, M.* (1970): Forstw. Cbl. *89*, 200.
[39] *Schröder, M.* (1980): Empfehlungen zum Bau und Betrieb von Lysimetern. DVWK, *114*.
[40] *Tetzlaff, G.* (1974): Diss. Hannover.
[41] Arbeitsgemeinschaft Bodenkunde der Geologischen Landesämter (1982): Bodenkundliche Kartieranleitung. Schweizerbart, Stuttgart.
[42] DVWK: Normenausschuß DIN 4220.
[43] USDA (1975): Soil Taxonomy Agric. Handbook Nr. 436. Washington.
[44] *Renger, M. & O. Strebel* (1980): Wasser u. Boden. *32*, 572 – 575.
[45] *Renger, M., O. Strebel, H. Sponagel & G. Wessolek* (1984): Wasser u. Boden *36*, 449 – 502.
[46] *Denmead, O. T. & R. Shaw* (1962): Agron. J. *54*, 385.
[47] *Renger, M., M. Giesel, O. Strebel & S. Lorch* (1970): Z. Pflanzenernähr. Bodenk. *126*, 15 – 33.
[48] *Flühler, H.* (1973): Mitt. Schweiz. Anst. forstl. Versuchswesen. *49*, 125 – 250.
[49] *Renger, M. & O. Strebel* (1979): Mitt. Dtsch. Bodenkdl. Ges. *29*, 67 – 78.
[50] *Geisler, G.* (1980): Pflanzenbau. Parey, Hamburg.
[51] *Bäumer, K.* (1977): Allg. Pflanzenbau. UTB-Ulmer, Stuttgart.
[52] *Czeratzki, W.* (1977): Landbauforsch. Völkenrode. *27*, 1 – 24.
[53] *Hartge, K. H.* (1979): KTBL-Schrift. Ldw. Verlag, Münster Nr. *239*.
[54] *Withers, B., S. Vipond & K. Lechner* (1978): Bewässerung. Parey, Hamburg.

XVII. Bodenluft[1–3]

Alle Teile des Porenvolumens von Böden, die nicht mit Wasser gefüllt sind, enthalten Luft. Da das Wasser eine höhere Dichte hat als die Luft, besteht unter dem Einfluß der Erdbeschleunigung die Tendenz, das gesamte Wasser in den am tiefsten liegenden Bereichen des Porenraumes anzusammeln. Die Luft wird dabei mehr oder weniger vollständig verdrängt und kann nur noch diejenigen Porenanteile einnehmen, zu deren Füllung die vorhandene Wassermenge nicht ausreicht. Das sind im Prinzip die höher gelegenen, der Bodenoberfläche näheren Poren. Da Wasser an den Oberflächen der festen Bodenteilchen stärker adsorbiert wird als Luft und zudem gegen Luft eine erhebliche Grenzflächenspannung hat, befindet sich ein Teil oberhalb des geschlossenen Wasserkörpers im Untergrund und verkleinert dabei ebenfalls das für die Luft übrig bleibende Volumen. Da das Wasser in adsorbiertem Zustand stets die engsten Porenbereiche zuerst ausfüllt, bleiben für die Luft die jeweils weitesten Poren übrig.

Die Menge der in einem bestimmten Boden in einer bestimmten Tiefe vorhandenen Luft ist also vom Wassergehalt und daher von den den Wasserhaushalt bestimmenden Bodeneigenschaften und Umgebungsbedingungen abhängig.

Die hier entscheidenden Bodeneigenschaften sind daher Porenvolumen und Porengrößenverteilung. Da vor allem die letzteren im Verlauf der Bodenentwicklung und bei Kulturböden infolge Bearbeitungsmaßnahmen starken Veränderungen unterliegen, ist der Luftinhalt von Böden eine innerhalb weiter Grenzen variable Größe.

Im allgemeinen schwankt der *Luftanteil* am Gesamtvolumen zwischen nahe an Null und 40 %. Einen Anhaltspunkt über die untere Grenze der in terrestrischen Böden häufig vorkommenden Luftgehalte gibt die Feldkapazität, weil sie den wahrscheinlichsten höchsten Füllungsgrad der Poren mit Wasser angibt. Bei Feldkapazität beträgt das Luftvolumen im Mittel in Sandböden etwa 30 – 40 %, in Schluff- und Lehmböden 10 – 25 %, in Tonböden 5 – 10 % und weniger, je nach dem Verdichtungsgrad.

Der tatsächliche Luftgehalt ist jedoch in der Regel höher, weil die Böden während der Vegetationszeit nur selten den der Feldkapazität entsprechenden Wassergehalt aufweisen.

1. Zusammensetzung und Herkunft der Komponenten

Die *Zusammensetzung* der Bodenluft wird durch biologische Vorgänge, die im Porenraum ablaufen, beeinflußt und weicht daher je nach Art und Ausmaß dieser Vorgänge mehr oder weniger stark von derjenigen der atmosphärischen Luft ab. Die Abweichungen in der Zusammensetzung bestehen aus einer Abnahme des O_2-Anteils, einer Zunahme des CO_2-Anteils und einem in der Regel der Sättigung nahekommenden Wasserdampfgehalt. Bei Ablauf anaerober biologischer Abbauvorgänge werden außerdem Methan und Schwefelwasserstoff gebildet.

Der *Sauerstoffgehalt* in der Bodenluft ist oft geringer als in der Atmosphäre, weil die bei Lebensvorgängen aller Art im Boden verbrauchte O_2-Menge nur relativ langsam aus der atmosphärischen Luft ersetzt wird. Der Sauerstoffgehalt ist daher in der Bodenluft um so geringer, je intensiver das Wurzelwachstum und die Lebenstätigkeit des Edaphons ist. Er ist deshalb tiefer im Boden geringer als nahe der Bodenoberfläche, in feinkörnigen Böden geringer als in grobkörnigen, in feuchten Böden geringer als in trockenen (s. Abb. 117) und in Jahreszeiten lebhafter biologischer Aktivität oft geringer als in Jahreszeiten trägen Bodenlebens.

Die Zufuhr von *molekularem Sauerstoff* zur Bodenluft erfolgt ausschließlich aus der atmosphärischen Luft und daher durch die Bodenoberfläche.

Der *CO_2-Gehalt* der Luft ist in Böden in der Regel höher als in der Atmosphäre, weil CO_2 bei der Atmung der Wurzeln und des Edaphons erzeugt wird. Er ist daher in tieferen Schichten in Böden höher als nahe der Bodenoberfläche, bei feinkörnigen Böden höher als bei grobkörnigen, bei nassen Böden höher als bei trocke-

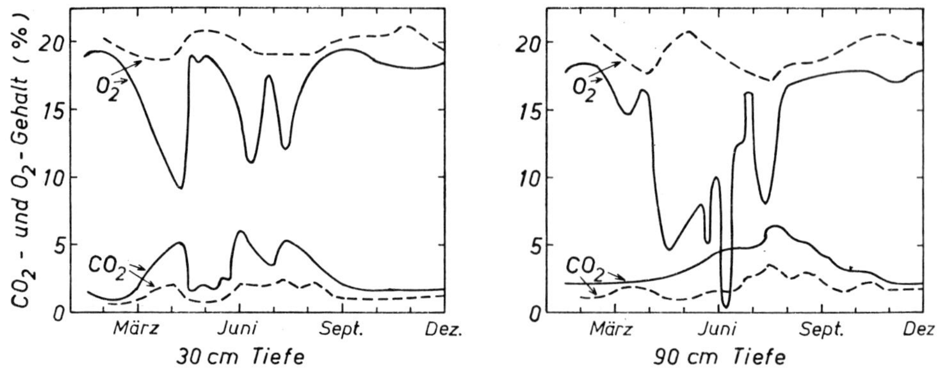

Abb. 117 Sauerstoff- und Kohlendioxid-Gehalt der Bodenluft in 30 und 90 cm Tiefe eines sandigen Lehmes (- - - -) und eines schluffigen Tones (——) unter Apfelbäumen[4]

nen und in Jahreszeiten mit lebhafter biologischer Aktivität im Boden höher als in Jahreszeiten mit trägem Bodenleben (Abb. 117).

Die CO_2-Entwicklung ist in Böden unter aeroben Bedingungen mit dem O_2-Verbrauch äquimolekular und führt daher nicht zu einer Gasdruckveränderung. Dies wird durch einen Respirationsquotienten (RQ) von 1 charakterisiert.

$RQ = \text{Mol } CO_2/\text{Mol } O_2$.

Infolge der im Vergleich zu Sauerstoff höheren Löslichkeit des CO_2 in Wasser wird dieser Sachverhalt in der Bodenluft durch scheinbar zu geringe CO_2-Gehaltszunahme undeutlich.

Die Menge der im Boden unter diesen Bedingungen umgesetzten, d. h. *neugebildeten* und dort verbrauchten *Gase* ist starken Schwankungen unterworfen. Von Wald- und Kulturland werden im Durchschnitt etwa 4 000 m³ (= ≈ 8 000 kg) *Kohlendioxid* je ha und Jahr an die Atmosphäre abgegeben, von denen ungefähr ⅔ aus der Tätigkeit der Bodenorganismen und ⅓ aus der Wurzelatmung stammen. Diese Mengen variieren jedoch mit der Art der Vegetation, der Menge organischer Substanz, der Düngung, der Jahreszeit usw. Die CO_2-Entwicklung steigt bei der Zufuhr organischer Stoffe zum Boden und bei der Mineralisierung von Vegetationsrückständen. Weiterhin wird sie von der Temperatur und Feuchtigkeit der Böden stark beeinflußt, so daß sie tageszeitlichen und jahreszeitlichen Schwankungen ausgesetzt ist.

Das Maximum der Produktion liegt daher meistens relativ nahe an der Bodenoberfläche. Unmittelbar unter der Bodenoberfläche ist die

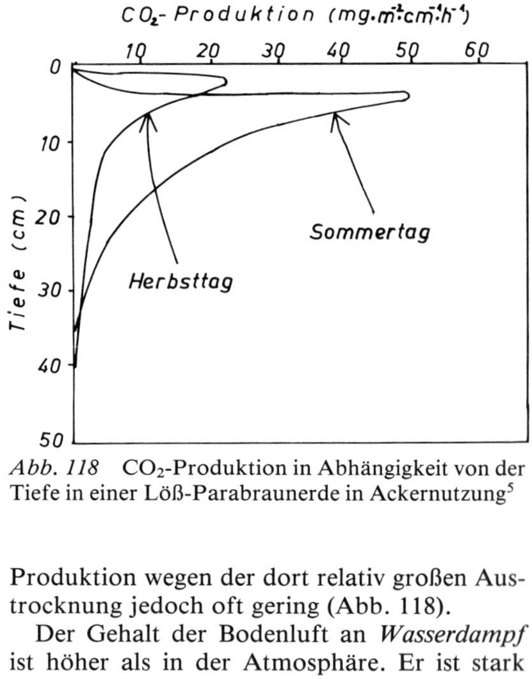

Abb. 118 CO_2-Produktion in Abhängigkeit von der Tiefe in einer Löß-Parabraunerde in Ackernutzung[5]

Produktion wegen der dort relativ großen Austrocknung jedoch oft gering (Abb. 118).

Der Gehalt der Bodenluft an *Wasserdampf* ist höher als in der Atmosphäre. Er ist stark von der Bodentemperatur abhängig, weil die Wasseraufnahmefähigkeit der Luft mit zunehmender Temperatur steigt. Daher treten bei Temperaturveränderungen erhebliche Wasserbewegungen in Böden auf, die im Kapitel Bodentemperatur eingehender beschrieben sind.

Die *relative Feuchtigkeit* der Bodenluft ist höher als die der Atmosphäre und beträgt bei allen Wasserspannungen < pF 4,2 mehr als 95 %. Da im Unterboden außerhalb der Wüstengebiete kaum höhere pF-Werte als 4,2 vorkommen, wird dort eine relative Luftfeuchtigkeit von 95 % nur selten unterschritten. Im

Oberboden, besonders in den obersten 2 cm, kann die Luftfeuchtigkeit jedoch stärker sinken, da hier der Boden auch im humiden Klimabereich häufig stärker austrocknet (pF >4,2).

Wenn der molekulare Sauerstoff im Boden durch biologische Vorgänge vollständig aufgebraucht ist, die Lebenstätigkeit anaerober Organismen aber weitergeht, entstehen beim Abbau organischer Verbindungen noch einige andere *Gase*, vor allem CH_4 und H_2S. Die dabei ablaufenden Vorgänge treten bei Wassersättigung besonders stark in Erscheinung und sind daher bei semiterrestrischen bzw. hydromorphen – vor allem aber bei subhydrischen – Böden am stärksten ausgeprägt. Sie führen ebenfalls zur Bildung von CO_2, doch entstehen daneben als Zwischenstufen auch niedermolekulare organische, wenig flüchtige Verbindungen (wie Essig-, Milch-, Buttersäure), die erst in weiteren Schritten unter Methanbildung abgebaut werden. Daneben entstehen geringe, aber durch ihren Geruch auffallende Mengen an H_2S.

Ansammlungen von unter reduzierenden Bedingungen entstehenden Gasen werden vor allem in Mooren und Sapropelen gefunden (Sumpfgas). Die CH_4-Produktion ist hier stärker temperaturabhängig als die CO_2-Produktion. Als unterer Grenzwert kann eine Menge von 2 – 7 mmol CH_4 je m^2 und Tag angesetzt werden, die in den subarktischen Mooren Canadas gemessen wurden[6]. In Reisböden ist während der Überstauungsphase CH_4-Bildung ein regelmäßiger Vorgang, der im Extremfall das Ausmaß der gesamten CO_2-Bildung erreichen kann[7]. Auch in Böden auf und neben Mülldeponien[8], im Bereich schadhafter Gasleitungen sowie unter Viehpferchen bei Intensivhaltung[9] ist die Bodenluft oft methanreich und dementsprechend sauerstoffarm.

In diesen Fällen sind selbst trockene Böden sauerstoffarm, während sonst anaerobe Abbauvorgänge immer dort vorkommen, wo der Porenraum vollständig mit Wasser gefüllt ist – nämlich in der Nähe der Grundwasseroberfläche. Hier ist die Freisetzung von CO_2 deutlich größer als die O_2-Zufuhr und der Respirationsquotient kann dicht (ca. 10 cm) oberhalb der Grundwasseroberfläche Werte bis zu 10 erreichen, um dann mit zunehmendem Abstand langsam auf 1 hinzustreben[10].

Während im aeroben Bereich keine Veränderungen der Anzahl der Gasmoleküle und damit des Gasdrucks vorkommen (Respirationsquotient = 1), weil Sauerstoffverbrauch und Kohlendioxidbildung äquimolekular ablaufen gemäß der Summenformel (Beispiel Glucoseabbau):

$$C_6H_{12}O_6 + 6O_2 \rightarrow 6CO_2 + 6H_2O + 2800\ KJ/Mol$$

kommt es im anaeroben Bereich zur Neubildung von Gasmolekülen gemäß der Summenformel:

$$C_6H_{12}O_6 \rightarrow 3CO_2 + 3CH_4 + 188\ KJ/Mol.$$

Dadurch erhöht sich bei behindertem Druckausgleich der Gasdruck.

2. Transportmechanismen

Die ungleichmäßige Verteilung der verschiedenen Gaskomponenten innerhalb der Bodenluft, die als Folge von Lage, geometrischer Ausbildung und Intensität der Quellen und Senken entsteht, drängt auf einen Ausgleich. Die ausgleichenden Bewegungen erfolgen durch Konvektion und Diffusion.

Konvektiver Gastransport kann als Folge barometrischer oder temperaturbedingter Volumenänderungen auftreten. Windwirkung auf unbewachsenen Bodenoberflächen kann durch Turbulenz Konvektion verursachen. Mit fließendem Grundwasser können Gase in gelöstem Zustand zu- oder abgeführt werden.

Konvektive Bewegungen treten weiterhin auf, wenn zunächst in grobe Poren eindringendes Niederschlagswasser die Luft aus den jeweils engsten Poren verdrängt, so daß sie sich in den weiteren Poren ansammelt.

Auch Bewässerung durch Überstauung führt gelegentlich zu lokalen Druckzunahmen in der Gasphase und infolgedessen zu konvektiven Verlagerungen der Luftblasen[11].

In Sonderfällen starker anaerober Gasentwicklung kommt es ebenfalls zu konvektivem Gasfluß[8]. Schließlich kann Konvektion durch Ansteigen und Absinken der Grundwasseroberfläche im Boden hervorgerufen werden. Dieser Vorgang führt vor allem unter den Wasserhaushaltsbedingungen von Auenböden im Hochwasser- und Überflutungsbereich zu einem starken konvektiven Gasaustausch.

Konvektive Gasbewegung wird durch das Vorhandensein eines großen zusammenhängenden Gasvolumens stark gefördert.

In der Regel ist jedoch die *Diffusion* als ausgleichende Bewegung von größerer Bedeutung, denn sie bedarf keiner Druckgradienten innerhalb der gesamten Gasphase; Partialdruck- und damit Konzentrationsgradienten sind die ausschließliche Ursache. Hierbei spielt wiederum die Diffusion innerhalb der Bodenluft die für den gesamten Konzentrationsausgleich größte Rolle, weil die Diffusion innerhalb des Bodenwassers um etwa das 10 000fache geringer ist als

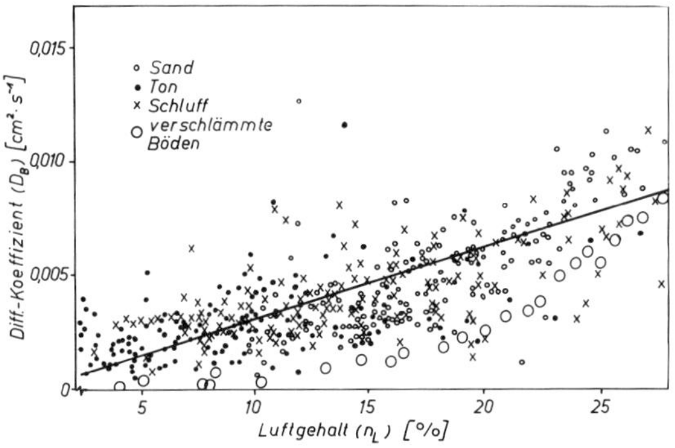

Abb. 119 Diffusionskoeffizient von CO_2 (D_B) in Böden in Abhängigkeit vom Luftgehalt (n_L)[5]

die in der Luft. Dies hat zur Folge, daß der gesamte Vorgang des diffusen Gastransports stark von der Menge und mehr noch von der Verteilung des Wassers im Porenraum beeinflußt wird (Abb. 119). Im Gegensatz zur Konvektion ist die Diffusion durch Absperrung von Gasvolumina – z. B. durch Wasser – jedoch nicht gänzlich unterbunden.

Die geringere Diffusion durch das Wasser ist wegen des Zutritts von Sauerstoff und des Abtransportes von Kohlendioxid zu bzw. von den Wurzeln weg von Bedeutung, weil diese stets von einem dünnen Wasserfilm umgeben sind.

Die diffusionsbedingte Bewegung der Gasmoleküle im Boden kann für den stationären, also im Verlaufe der Zeit gleichbleibenden Fall durch die Gleichung

$$I = -D \cdot \frac{dc}{dx}$$

beschrieben werden (1. Ficksches Gesetz). Hierbei ist I der Gasfluß in Mol pro Zeit- und Flächeneinheit, c die Konzentration in Mol/cm^3, x die Diffusionsstrecke in cm und D der Diffusionskoeffizient in cm^2/sec.

Die diffundierenden Moleküle stoßen sich mit denen aller Stoffe in ihrer Umgebung.

Daher ist der Diffusionskoeffizient für jedes Gas außer von der Größe der diffundierenden Moleküle selbst von der Art des Mediums abhängig, in dem die Diffusion abläuft. Also wirken sich sowohl die Zusammensetzung der Gasphase als auch ihre räumliche Verteilung und, im Bereich der wäßrigen Phase des Bodens, der Salzgehalt des Wassers auf den Diffusionskoeffizienten aus.

Diesem Sachverhalt wird insoweit Rechnung getragen, als der Diffusionskoeffizient auf den luftgefüllten Porenanteil n_L bezogen (Abb. 119) und ein Korrekturfaktor τ eingeführt wird, der den durch die Geometrie des Diffusionsraumes verursachten Unterschied zwischen dem Diffusionskoeffizienten in Luft (D_L) und im Boden (D_B) beschreibt.

$$D_B = \frac{1}{\tau} \cdot n_L \cdot D_L.$$

Die Beziehung zwischen D_B und n_L kann für ein gegebenes Gas, z. B. CO_2 auch zur Charakterisierung eines Bodengefüges verwendet werden. Vielfach wird der Diffusionskoeffizient im Boden (D_B) auch als scheinbarer bezeichnet.

Die unterschiedlichen, durch die Molekülgröße bedingten Eigendiffusionen der Gaskomponenten treten in ihrer Auswirkung hinter derjenigen der Form und Größe des Luftvolumens zurück.

Da alle Gase mehr oder weniger stark wasserlöslich sind, enthält das im Boden vorhandene Wasser unterschiedliche Mengen von ihnen. Diese Mengen sind von Druck und Temperatur abhängig. Unter einer Grundwasseroberfläche sind daher mehr Gase im Wasser gelöst als im Bereich der Wasserspannungen. Dies gilt für alle Gase, vor allem CO_2, ist aber bei H_2S besonders deutlich zu bemerken, wenn Sapropele und Horizonte im Grundwasserbereich aufgegraben werden, weil dabei der Druck auf Gas und Wasser plötzlich verkleinert wird.

Der Zutritt von Sauerstoff zur Bodenluft erfolgt durch die Bodenoberfläche. Diese ist daher im Sinne einer Potentialverteilung eine Flächenquelle, der Ort des Sauerstoffverbrauchs eine Potentialsenke. Die Diffusion an der Stelle stärksten Verbrauchs vorbei in tieferliegende Bodenschichten ist abhängig von dem verbleibenden Partialdruckgefälle.

Für das CO_2 liegt das Produktionsmaximum der Potentialquelle in der Regel zwischen etwa 10 und 50 cm Tiefe im Boden. Ihre Intensität in Abhängigkeit von der Bodentiefe ist in Abb. 118 dargestellt. Die Bodenoberfläche im Kontakt mit der atmosphärischen Luft ist für CO_2 die Potentialsenke.

Die Tatsache, daß in größeren Bodentiefen trotz der in Abb. 118 gezeigten Intensitätsverteilung der CO_2-Quelle hohe CO_2-Konzentrationen vorliegen können (Abb. 117), ist eine Folge der Lage von Potentialquelle und -senke zueinander. In Zeiten ansteigender CO_2-Produktion liegt das Konzentrationsmaximum im Bereich der höchsten Produktion. Das freigesetzte CO_2 wird durch Diffusion zur Bodenoberfläche, zu einem geringen Teil auch zum Unterboden hin weggeführt. Wenn im Hochsommer und im Winter die CO_2-Produktion im Bereich des frühsommerlichen und herbstlichen Maximums abnimmt, verläuft der Diffusionsstrom infolge der im Unterboden noch vorliegenden hohen Konzentration im gesamten Boden aufwärts[12].

3. Gashaushalt und Pflanzenstandort

Menge und Zusammensetzung der Bodenluft beeinflussen sowohl das Leben der Wurzeln höherer Pflanzen als auch das mikrobielle Leben. Wechsel in der Zusammensetzung beeinflussen daher die bakterielle Population und die Standorteignung für höhere Pflanzen. Ein Gehalt von 5 % CO_2 kann als die obere und von 10 % O_2 als die untere Grenze bezeichnet werden, von der ab mit einer Verlangsamung des Wachstums höherer Pflanzen gerechnet werden muß.

H_2S in der Bodenluft wirkt schon in geringen Konzentrationen auf die Wurzeln vieler höherer Pflanzen stark giftig. Die Menge von vorhandenem CO_2 oder CH_4 ist demgegenüber innerhalb weiterer Grenzen für sie verträglich. Die Konzentrationen dieser beiden Gase sind meistens in erster Linie wichtig, weil sie anstelle des Sauerstoffes treten[8].

Bei CH_4-Vorkommen wirkt sich dies vor allem im Bereich von unterirdischen Gasleitungen wegen der unter Sauerstoffverbrauch von Bakterien herbeigeführten Oxidation zu CO_2 und H_2O aus, die sehr energiereich ist (850 KJ/Mol) und daher eine starke Konkurrenz für die aerobe Atmung der höheren Pflanzen darstellt. CH_4-Quellen in Böden sind daher stets von einer Zone hoher CO_2-Konzentration umgeben. Erst jenseits dieser Zone werden Sauerstoffgehalte von mehr als ≈ 1 % gemessen[13].

Die Sauerstoffversorgung der Wurzeln ist ein dynamischer Vorgang, der zum Beispiel durch die O_2-Diffusionsrate beschrieben wird (Tab. 65).

Ein Nachteil dieser bequemen Methode liegt darin, daß nur der Fluß bestimmt wird. Die zur Charakterisierung des Fließsystems im Boden erforderliche Erfassung von Fließstrecken und Konzentrationsgradienten ist nicht ohne weiteres möglich. Daher werden auch umständlichere Verfahren verwendet wie die Bestimmung der O_2-Gehalte von Proben bekannten Volumens, die eng mit dem Pflanzenwuchs korreliert[15]. Oft ist jedoch nur das Luftvolumen bekannt. Beträgt dieses weniger als 4 – 6 %, besteht für höhere Pflanzen in der Regel Sauerstoffmangel. Für ackerbauliche Kulturpflanzen ist eine ausreichende Sauerstoffversorgung in der Regel gegeben, wenn der Luftanteil am Gesamtvolumen ≈ 15 % beträgt[16].

Eine hohe Sauerstoff-Diffusionsrate und daher auch ein hohes Luftvolumen im Boden ist um so wichtiger für die Entwicklung der Pflanzen, je stärker ihr Wachstum ist. Daher ist eine um so reichlichere Sauerstoff-Versorgung des Wurzelsystems erforderlich, je intensiver kultiviert wird.

Verdichtete und vor allem auch verschmierte Zonen im Boden wie z. B. Pflugsohlen hemmen wegen ihrer geringeren Luftgehalte die Diffusion. Dabei wird die minimale, für die Wurzeln höherer Pflanzen notwendige Sauerstoffzufuhr um so leichter unterschritten, je geringer die Sauerstoffkonzentration oberhalb des Diffusionshindernisses ist.

Weil die Gaskomponente im Boden am schnellsten beweglich ist, kann sie infolge der unterschiedlichen Redox-Eigenschaften ihrer Bestandteile die schnellsten Veränderungen des Redoxpotentials im Boden hervorrufen. Dies zeigt sich z. B. darin, daß Nitrifikation bzw. Denitrifikation eng mit dem Sauerstoffanteil im Boden zusammenhängen[17].

Bei Entwässerung führt Sauerstoffzutritt in Sekundärporen an den Aggregaträndern schnell zur Anhebung des Redoxpotentials. Im Innern der Aggregate ist die Veränderung des Redoxpotentials jedoch außerordentlich träge, weil der Gasaustausch durch die geringe Diffusion der im Wasser gelösten Gasanteile beschränkt ist.

Die großen Unterschiede der Diffusion der Gase im Luftraum und im Wasser sind somit die wesentlichste Ursache für die oft auf geringem Raum stark wechselnden Redoxsituationen. Die Wirkung der Summe dieser Zusammenhänge kommt auch darin zum Ausdruck, daß im humiden Klima schlecht durchlüftete Böden (z. B. Marschen) in Jahren mit mittleren Niederschlägen höhere Erträge geben als in niederschlagsreichen Jahren.

Die Pflanzen stellen unterschiedliche Ansprüche an die Durchlüftung der Böden. So beanspruchen Luzerne und Zuckerrüben eine gute Durchlüftung in der gesamten durchwurzelten Zone, also auch im Unterboden. Grün-

Tabelle 65 Bereiche der Sauerstoff-Diffusionsrate im Jahresverlauf in Abhängigkeit von der Bodentiefe[14]

Ausgangsmaterial	Bodentyp	Sauerstoff-Diffusionsrate (10^{-8} g · cm^{-2} · min^{-1}) Tiefe (cm) 10	30	80
lehmiger Geschiebemergel (Riss)	Parabraunerde	20 – 30	20 – 30	≈ 5
	Pseudogley	20 – 60	5 – 10	5 – 1
tonreicher Geschiebemergel (Würm)	Braunerde	20 – 40	10 – 30	5 – 20
	Braunerde-Pseudogley }	20 – 40	10 – 30	< 5
	Pseudogley }	20 – 40	10 – 30	< 5
	Pseudogley	0 – 20	< 5	< 5

landgräser bedürfen im allgemeinen nur einer guten Durchlüftung im Oberboden, so daß auch Tonböden häufig gute Grünlandstandorte sind. Für einige Gehölze reicht der im fließenden Wasser gelöste Sauerstoff aus, wie z. B. bei Pappeln und Weiden. Diese Bäume zeigen daher auch dann noch ein kräftiges Wachstum, wenn ihr gesamtes Wurzelwerk im fließenden Grundwasser steht.

Verunreinigungen der atmosphärischen Luft durch Gase, Dämpfe und Stäube sind in industriereichen und dichtbevölkerten Ballungsgebieten häufig. Sie erstrecken sich auch auf die Gebiete, in die die Luftmassen aus solchen Regionen durch die vorherrschenden Winde verlagert werden[18]. Diese Verunreinigungen gelangen aber meist nicht in die Bodenluft, sondern werden soweit sie wasserlöslich sind, mit dem Sickerwasser in den Boden eingebracht.

Literatur

[1] *Geiger, R.* (1961): Klima der bodennahen Luftschicht. Vieweg, Braunschweig.

[2] *Hartge, K. H.* (1978): Einführung in die Bodenphysik. Enke, Stuttgart.

[3] *Lundegårdh, H.* (1957): Klima und Boden. Fischer, Jena.

[4] *Boynton, B. & O. C. Compton* (1944): Soil Sci. *57*, 107.

[5] *Richter, J. & A. Großgebauer* (1978): Z. Pflanzenernähr. Bodenk. *141*, 181 – 202.

[6] *Moore, T. R. & R. Knowles* (1987): Canad. J. Soil Sci. *67*, 77 – 81.

[7] *Holzapfel-Pschorn, A. & R. Conrad* (1986): Plant a. Soil *92*, 222 – 223.

[8] *Blume, H. P., R. Bornkamm & H. Sukopp* (1979): Z. Kulturtechnik u. Flurber. *20*, 65 – 79.

[9] *Elliot, L. F. & T. M. McCalla* (1972): Soil Sci. Soc. Am. Proc. *36*, 68 – 70.

[10] *Flühler, J.* (1973): Mitt. Schweiz. Anst. forstl. Versuchswesen *49*, 125 – 250.

[11] *Linden, D. R., R. M. Dixon & J. C. Guitjens* (1977): Soil Sci. *124*, 135 – 140.

[12] *Albertsen, M.* (1979): Z. Pflanzenernähr. Bodenk. *142*, 39 – 56.

[13] *Ruge, U.* In: *Meyer, F. H.* (Ed.) (1978): Bäume in der Stadt. Ulmer, Stuttgart.

[14] *Blume, H. P.* (1968): Stauwasserböden. Ulmer, Stuttgart.

[15] *Glinski, J., B. Dobrzanski, S. Labuda & W. Stepniewski* (1980): Polish J. Soil Sci. *11*, 81 – 88.

[16] *Czeratzki, W.* (1978): Faustzahlen f. Landwirtschaft und Gartenbau. Ruhr-Stickstoff AG, Bochum.

[17] *Christensen, S.* (1980): Acta Agric. Scand. *30*, 225 – 237.

[18] *Wohlrab, B.* (1980): Ber. z. Landeskultur u. Luftverunreinigung. Inst. f. Landeskultur d. Univ. Gießen.

XVIII. Bodentemperatur[1,2]

Die Meßgröße, mit der die thermischen Eigenschaften und der thermische Energiehaushalt der Böden am einfachsten untersucht werden können, ist der Wärmezustand oder die Temperatur. Die Bestimmung der thermischen Kapazitätseigenschaften der Böden, z. B. des Wärmeinhalts oder der spezifischen Wärmekapazität ist demgegenüber viel schwieriger und tritt daher im Bereich bodenkundlicher Untersuchungen hinter der Messung der Temperatur zurück. Vor allem bei Arbeiten im Freiland werden fast ausschließlich Temperaturen gemessen, wenn Aussagen über den thermischen Energiehaushalt von Böden gemacht werden sollen.

Infolge dieses meßtechnisch bedingten Umstandes werden eine Reihe von prinzipiellen Parallelitäten zwischen Wärmehaushalt und dem Wasserhaushalt im Boden nicht ohne weiteres erkennbar. Denn im Gegensatz zu den thermischen Eigenschaften werden hydrologische seit jeher von der Kapazitätsseite her angegangen. Erst in den letzten Jahrzehnten hat sich dort daneben auch die energetische, also die von Potentialen ausgehende, Betrachtungsweise eingebürgert. Infolge dieses Sachverhaltes haben Abhandlungen über die thermische Energie im Boden eine sehr spezifische Form. Im Prinzip sind aber auch hier Kapazitäten, Potentiale und Transporte für die beobachteten Vorgänge und Zustände entscheidend.

1. Bedeutung thermischer Phänomene

Bei der Beurteilung von thermischen Eigenschaften der Böden stand neben deren Einfluß auf chemische und physikalische Vorgänge der Bodenentwicklung lange Zeit vor allem die Wirkung auf biologische Vorgänge im Boden und auf das Wachstum der höheren Pflanzen im Vordergrund des Interesses.

In den letzten Jahren sind hierzu zwei neue Gesichtspunkte hinzugetreten, nämlich die Ausnutzung im Boden gespeicherter Wärme zur Beheizung von Wohnhäusern und die Unterbringung von Abwärmen aus Großkraftwerken, deren Abfuhr über fließende Oberflächenwässer oder über die Luft der Atmosphäre an Grenzen stößt. Gerade die letzten beiden technischen Gesichtspunkte führten dazu, daß die thermischen Eigenschaften des Bodenmaterials gegenüber den meteorologisch oder geographisch bedingten Außeneinflüssen auf den Wärmehaushalt des Bodens verstärkt Beachtung finden.

2. Energiegewinn und -verlust

Die thermische Energie der Böden, deren Menge wie bereits erwähnt aus meßtechnischen Gründen über die Messung der Temperatur erfaßt wird, stammt aus mehreren Quellen. Die weitaus wesentlichste ist die Sonne. Im Vergleich hierzu treten die anderen, wie das Erdinnere oder die mikrobiologischen Umsetzungen beim Abbau der organischen Substanz in der Regel zurück. Beide können aber, lokal und zeitlich begrenzt, so erhebliche Wärmemengen liefern, daß sogar eine technische Nutzung möglich ist. Das trifft z. B. für die organische Substanz zu, die früher im Gartenbau zur Substraterwärmung verwendet wurde (Mistbeete) und für Gebiete vulkanischer Aktivität, vor allem im Zusammenhang mit durch Erdwärme erhitzten Wässern, die zur Erzeugung elektrischen Stromes, aber auch zur Beheizung von Gewächshäusern verwendet werden.

In Ballungsgebieten mit dichter Bevölkerung kommt engräumig Besiedlung als Wärmequelle in Betracht, weil die Wärme aus Gebäudeheizungen sowie jegliche ungewollt freigesetzte Wärme nicht nur das Stadtklima beeinflußt, sondern auch den Wärmehaushalt der Böden dieser Gebiete. Über den letztgenannten Einfluß gibt es bis jetzt jedoch noch keine Unterlagen, während über das Stadtklima mehr Informationen vorliegen[3].

In ähnlicher Weise wie die Erwärmung in Gebieten städtischer Besiedlung wirkt advektive Energiezufuhr mit dem Wasser. Dies spielt im Frühjahr in gemäßigten Breiten eine Rolle („Warmer Frühjahrsregen"). In höheren Breiten (Tundra) ist Wärmezufuhr im Sommerregen ein entscheidender Faktor des Wärmehaushaltes der Böden[4].

Großräumig bewirkt die Wärmezufuhr mit dem Flußwasser in Sibirien, daß die Böden im Bereich der aus dem Süden kommenden Ströme bis weiter hinauf nach Norden beackert werden können als in flußfernen Gebieten[5].

Im Grunde gibt es also zwei voneinander unabhängige *primäre* thermische Energiequellen, nämlich die Sonne und das Erdinnere, die beide großflächig wirksam sind, sowie *sekundäre* Energiequellen, deren Einfluß begrenzt, räumlich jedoch gelegentlich innerhalb begrenzter Zeitspannen ausschlaggebend sein kann.

Die *Energiezufuhr* von der Sonne her setzt sich aus drei Teilen zusammen: 1. der direkten Einstrahlung, 2. der indirekten Einstrahlung nach Reflexion und Streuung durch die Luft der Atmosphäre und 3. der thermischen Ausstrahlung vorher von der Atmosphäre absorbierter Energie.

Dieser Energiezufuhr steht ein Energieverlust gegenüber, der über lange Zeitspannen, z. B. ein oder mehrere Jahre und große Räume etwa ebenso groß ist. Diesen Sachverhalt kann man daran erkennen, daß trotz ständiger Einstrahlung von der Sonne her die Erde als Ganzes ihre Oberflächentemperatur nicht stark ändert, so daß es sinnvoll ist, mittlere Bodentemperaturen für bestimmte Orte und Zeitspannen anzugeben.

Die Ursache für die Energieverluste aus dem Boden ist in erster Linie die *Ausstrahlung*, die infolge des Wienschen Verschiebungsgesetzes langwelliger ist als die Einstrahlung. Diese sogenannte dunkle Erdstrahlung oder Bodenstrahlung ist von der Temperatur der Bodenoberfläche abhängig und liegt zum großen Teil im Bereich der Wärmestrahlung. Sie ist die für die Erwärmung der bodennahen Luft entscheidende Komponente. Ein zweiter zu Energieverlusten führender Vorgang ist die Evaporation, in deren Verlauf die Verdampfungswärme dem Boden entzogen wird. Nur ein geringer Teil von ihr wird engräumig und kurzfristig bei Reif- und Taubildung an den Boden zurückgegeben. Der überwiegende Anteil wird erst beim Kondensieren des Wasserdampfes in der Atmosphäre frei.

Abgesehen von diesem großräumig wirksamen Phänomen gibt es noch einige weitere, die engräumig von Bedeutung sind. Hierzu zählen in erster Linie der Einfallswinkel der Sonnenstrahlen und somit die *Inklination*, d. h. Neigung der Bodenoberfläche gegen die Horizontale, ferner die *Exposition*, d. h. Ausrichtung dieser Neigung in bezug auf die Himmelsrichtung.

Die Veränderungen der Einstrahlung durch Inklination und Exposition ist abhängig von Jahres- und Tageszeit und geographischer Breite eines Standortes.

Ein weiterer Faktor dieser Art ist die Position im Energieeintrittsfeld der Erde. Hierunter fallen alle Beschränkungen des Einstrahlungsbetrages durch Verunreinigungen der atmosphärischen Luft. Besonders starke direkte Einstrahlung findet daher in großen Höhen über NN statt, besonders geringe unter den Dunstglocken tiefliegender industriereicher Gebiete der Bevölkerungszusammenballung.

Schließlich ist hier das Absorptionsvermögen der Bodenoberfläche zu nennen, das von der Farbe des Bodens und der Beschaffenheit – vor allem der Rauhigkeit – abhängt. Da dunkle Böden weniger Strahlung reflektieren, werden sie bis in $\approx$ 20 cm Tiefe hinunter um $\geqq$ 3 °C wärmer als helle Böden ähnlicher Beschaffenheit. Bei der Oberflächenrauhigkeit spielen vor allem Auflagen wie natürliche Humusschichten oder Mulch und auch Bearbeitungsvorgänge und von ihnen erstellte Gefügeformen eine Rolle.

3. Thermische Eigenschaften

Wie die Oberfläche eines jeden Körpers, hat auch die Bodenoberfläche ein spezifisches *Absorptionsvermögen*. Der nicht absorbierte Strahlungsanteil, die Albedo, wird reflektiert. Das Absorptionsvermögen der Bodenoberfläche beträgt um 50 – 80 % der sie erreichenden Strahlungsenergie und ist wie bereits erwähnt, von Farbe und Beschaffenheit der Bodenoberfläche abhängig. Ferner hat die Vegetationsdecke einen erheblichen Einfluß auf die tatsächliche Absorption.

Im Gegensatz zu der vorigen Eigenschaft ist die *Wärmekapazität* eine reine intrapedologische, d. h. nicht von äußeren Einwirkungen abhängige Größe. Mit diesem Begriff wird in der Regel nicht die Gesamtkapazität, sondern eine spezifische Kapazität verstanden. Sie ist das Produkt aus spezifischer Wärme (c) und Dichte (ϱ) und gibt die Wärmemenge an, die benötigt wird, um eine Volumeneinheit Boden um eine Wärmeeinheit zu erwärmen ($c \cdot \varrho = c_w$). Als Einheit galt bis vor kurzem cal/(cm^3 °C), neuerdings J/(cm^3 °K). Dieser Wert ist für die verschiedenen Komponenten des Bodens unterschiedlich (s. Tab. 66) und zudem sehr stark vom Wassergehalt abhängig (s. Abb. 120) weil das Wasser von allen Bestandteilen die größte spezifische Wärmekapazität hat.

Eine weitere für die thermischen Phänomene wichtige Größe ist die *Wärmeleitfähigkeit* (λ). Sie gibt die Wärmemenge (I) an, die durch einen Querschnitt von 1 cm^2 unter einem Gradienten von 1 °K/cm in einer Sekunde fließt. Dies ergibt eine einfache Transportgleichung, die der Darcy-Gleichung (Kap. XVI 3) analog aufgebaut ist:

$$I = \lambda \frac{dT}{dx}$$

Die Einheit für λ hängt auch hier von der Wahl der Wärmeeinheit ab. Sie ist in Tab. 66 eingetragen. Die Werte für die Bodenkomponenten in Tab. 66 gelten für kontinuierliche porenfreie Substanz. Da Böden aber aus Einzelpartikeln bestehen, hinsichtlich der festen Substanz also diskontinuierlich sind, wird die Wärmeleitfähigkeit der Schüttung bzw. Lagerung von der Anzahl der Berührungsstellen, damit von der Lagerungsdichte und vom Beitrag der Wassermenisken an der Größe der Leitungsquerschnitte und somit vom Wassergehalt abhängig. In Abb. 120 ist dieser Zusammenhang dargestellt.

Tabelle 66 Wärmeleitfähigkeit (λ) und Wärmekapazität (c) von Bodenbestandteilen (n. *G. H. Bolt* et al.)[6]

Boden komponente	(λ) [J/(cm s °C)]	(c) [J/(cm^3 °C)]
Quarz	$8{,}8 \cdot 10^{-2}$	2,1
Tonminerale	$2{,}9 \cdot 10^{-2}$	2,1
Humus	$2{,}5 \cdot 10^{-3}$	2,5
Wasser	$5{,}7 \cdot 10^{-3}$	4,2
Eis	$2{,}2 \cdot 10^{-2}$	1,9
Luft	$2{,}5 \cdot 10^{-4}$	$1{,}3 \cdot 10^{-3}$

Da die *Bestimmung* der Wärmeleitfähigkeit (λ) umständlich ist, wird vielfach an ihrer Stelle die einfacher zugängliche Temperaturleitfähigkeit $\left(\frac{\lambda}{c \cdot \varrho}\right)$ bestimmt. Sie wird aus der Temperaturveränderung in Abhängigkeit von der Zeit (t) und Strecke (x) errechnet und kann ihrerseits zur Bestimmung der Wärmeleitfähigkeit herangezogen werden, wenn die spezifische Wärmekapazität des Bodens bekannt ist. Sie wird durch folgende Formel beschrieben:

$$\frac{dT}{dt} = \frac{\lambda}{c \cdot \varrho} \cdot \frac{d^2T}{dx^2}$$

Die Temperaturleitfähigkeit ist wie die beiden anderen Eigenschaften stark vom Wassergehalt des Bodens abhängig (s. Abb. 120).

4. Wärmebewegungen

Wärmebewegungen treten in allen Böden auf, wenn nicht überall der gleiche Wärmezustand

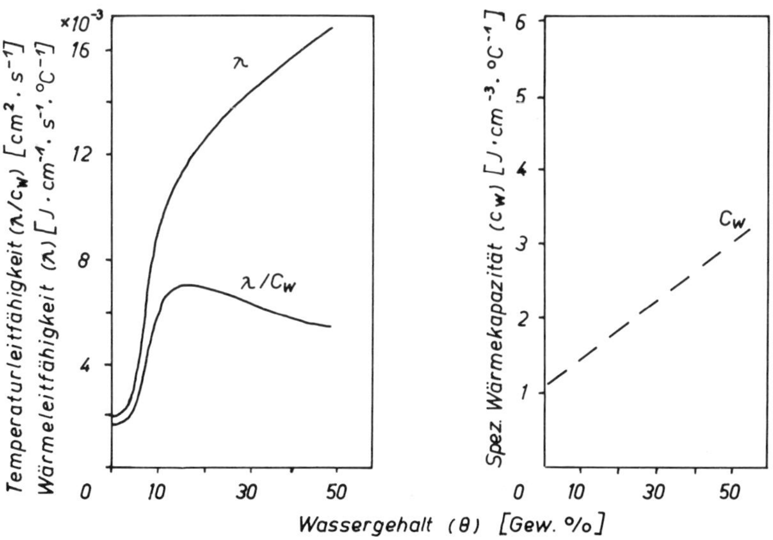

Abb. 120 Beziehung zwischen Wärmeleitfähigkeit λ, Temperaturleitfähigkeit (λ/c_w) (a) sowie spez. Wärmekapazität (c_w) des Bodens in Abhängigkeit vom Wassergehalt (b) (n. *H. G. Bolt* et al.)[6]

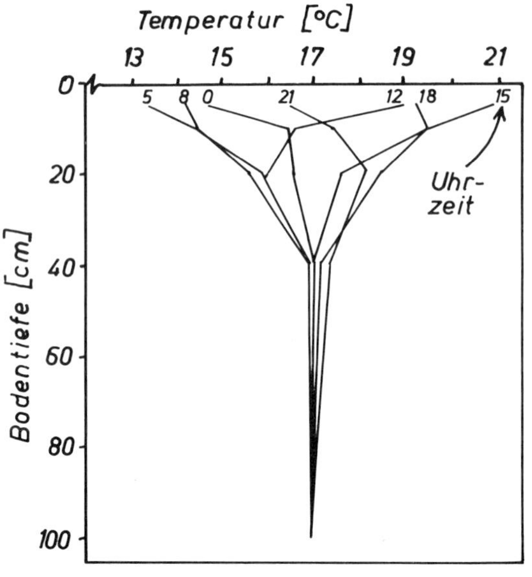

Abb. 121 Linien gleichzeitiger Temperaturen (Isochronen) in einer Sandbraunerde bei Worpswede an einem Augusttag[9]

herrscht, also wenn Temperaturunterschiede vorliegen. Das ist in Böden die Regel, der isotherme Zustand ist die Ausnahme (Abb. 121).

Zwei Mechanismen bewirken im Boden Wärmeausgleichsbewegungen, und zwar die *Wärmeleitung* und die *Konvektion*. Während die erstere immer abläuft, ist die zweite an das Vorhandensein eines beweglichen Trägers gebunden. Dieser Träger ist in der Regel das Wasser. In der flüssigen Phase ist es wegen seiner hohen Wärmekapazität ein wirksamer Träger. In der Gasphase hat es zwar eine geringe Kapazität, aber dies wird durch die hohe Verdampfungs- bzw. Kondensationswärme (ca. 2500 J $g^{-1} \approx 600\,cal\,g^{-1}$) wettgemacht.

Im nicht wassergesättigten Boden spielt daher der Wasserdampftransport als Wärmetransportmechanismus eine erhebliche Rolle. Dies gilt vor allem, wenn große Temperaturunterschiede auftreten, also unter unbewachsenen Bodenoberflächen und im Zusammenhang mit Bodenheizungen. Im ungesättigten Boden liegt also eine Koppelung von Wärme- und Wassertransport vor[7].

Der Wärmetransport ist dabei besonders wirksam, wenn nicht nur die Kondensationswärme, sondern auch noch die Erstarrungswärme des Wassers (ca. 300 J $g^{-1} \approx 79\,cal\,g^{-1}$) frei wird. Diese starke Wärmefreisetzung beim Phasenübergang ist eine wesentliche Ursache dafür, daß die Bodentemperatur im Bereich unterhalb 0 °C auch bei unbedecktem Boden einem weiteren Absinken der Lufttemperatur nur in den obersten 2–3 cm eng folgt. In den darunterliegenden Bodenbereichen folgen die Temperaturen dem Absinken der Lufttemperatur um so langsamer, je mehr Platz für die Zufuhr von weiterem Wasser ist. Sie bleiben daher in der Regel viel höher[8].

Der andere Mechanismus, nämlich die *Wärmeleitung*, ist stark vom Ausmaß des leitenden Querschnitts im Boden abhängig. Dieser Querschnitt ist wegen der geringen Wärmeleitfähigkeit der Luft stark vom Wassergehalt abhängig. Geringe Wassergehalte bewirken infolge ihrer meniskenartigen Verteilung im Boden besonders starke Zunahmen des Fließquerschnitts und führen damit zu größeren Transportmengen. Dies führt zu schnellerem Temperaturanstieg im gesamten Bodenkörper (s. Abb. 120). Da aber gleichzeitig die hohe Wärmekapazität des Wassers viel Energie zu dessen Erwärmung verbraucht, gibt es einen Punkt, an dem die Transportzunahme infolge Zunahme des Fließquerschnitts und damit der Leitfähigkeit durch die Zunahme der Kapazität kompensiert wird. Die letztere verhindert den für ein Weitergehen des Transports notwendigen regionalen Temperaturanstieg und somit die Ausbildung starker Temperaturgradienten. Dies führt schließlich zu der in Abb. 120 dargestellten Abnahme der Temperaturfähigkeit.

5. Wärmehaushalt

Die stärkste Energiezufuhr – die Sonneneinstrahlung – trifft an der Bodenoberfläche auf. Die stärkste Abfuhr – die Abstrahlung zum Weltall – geht ebenfalls von dieser Zone aus. Deshalb ist die Bodenoberfläche der Bereich mit den stärksten Temperaturschwankungen. Von hier aus wird sowohl die Luft als auch das Bodeninnere erwärmt oder abgekühlt.

Vor diesem Hintergrund bestimmt das Zusammenwirken der im vorigen Abschnitt beschriebenen Faktoren Größe und Veränderung von Wärmeinhalt und Wärmezustand der Böden in Abhängigkeit von Ort, Zeit und Bodentiefe und ergibt damit den Wärmehaushalt.

a) Natürlicher Wärmehaushalt

Auf der Nordhalbkugel haben die *Expositionsunterschiede* zur Folge, daß die Nordhänge eine

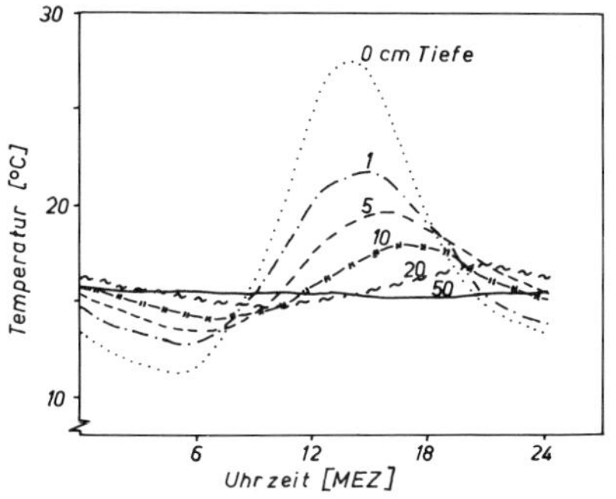

Abb. 122 Täglicher Temperaturgang in einer Sandbraunerde bei Worpswede im August (Hochdruckwetterlage)[9]

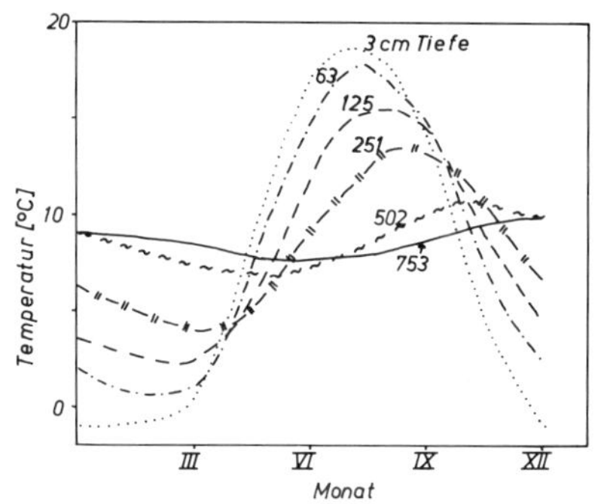

Abb. 123 Jährlicher Temperaturgang in einem Boden; Königsberg (n. *Schmidt & Leyst* in[1])

geringere Temperatur aufweisen als die entsprechenden Südhänge. Diese Unterschiede steigen mit zunehmender Höhe über dem Meeresspiegel, zunehmender Geländeneigung und abnehmendem Wassergehalt (= zunehmendem Luftgehalt) im Boden. Sie sind im Sommer oder bei klarem Wetter größer als im Winter oder bei Trübung der Atmosphäre. Die Südwesthänge sind wärmer und damit trockenere Pflanzenstandorte als die Nordhänge. Die Südhänge weisen daher auch größere Jahres- und Tagestemperaturschwankungen auf als die Nordhänge. Die jährlichen und täglichen Temperaturgänge zeigen einen annähernd sinusförmigen Verlauf (Abb. 122 und 123), dessen Amplituden mit der Tiefe abnehmen und deren Extreme mit zunehmender Tiefe im Boden immer später auftreten. Amplitude und Eindringtiefe der Tagestemperatur sind kleiner als die der Jahrestemperatur. Je größer die Lagerungsdichte eines Bodens ist, desto tiefer dringt die Temperaturwelle in ihn ein, weil mit zunehmender Lagerungsdichte die Wärmeleitfähigkeit zunimmt. Umgekehrt haben Böden bzw. Zonen in Böden, infolge Lockerung oder Dränung eine geringere Wärmekapazität und eine geringere Wärmeleitfähigkeit.

Das führt dazu, daß die täglichen Temperaturamplituden in Oberflächennähe bei trockenen und lockeren Böden besonders groß werden (vgl. Abb. 121). Mit zunehmender Tiefe nehmen diese Amplituden dann auch besonders stark ab. Das bedeutet, daß die Böden sich an der Oberfläche schnell und stark erwärmen, ihre hohe thermische Energie aber infolge der isolierenden Wirkung dieser Schicht nur langsam an die anschließende tiefere Schicht abgeben. Die engräumig angestaute Energie ist meistens über die Fläche ungleichmäßig verteilt, so daß in Oberflächennähe eine besonders große Variabilität der Temperaturen auftritt[10]. Diese Energie wird jedoch wegen der hohen Temperaturdifferenz zur Umgebung besonders stark abgestrahlt, an die Luft abgegeben und zur Wasserverdunstung verbraucht. Durch den letzteren dieser Vorgänge wird die isolierende Wirkung dieser Schicht noch weiter erhöht. Eine starke Temperaturerhöhung am Tage bedingt aber einen starken Energieverlust und damit eine starke Abkühlung in der folgenden Nacht. Unter diesen Umständen geht ein besonders hoher Anteil an der tagsüber eingestrahlten Energie wieder durch Abstrahlung verloren.

Besonders geringe Schwankungen der Oberflächentemperatur treten demgegenüber auf, wenn die Einstrahlungs- und Abstrahlungsintensität durch die Wetterlage verkleinert wird. Dies kann vor allem im Herbst und Winter, wenn die Lufttemperatur niedriger ist als die Bodentemperatur und der Wärmeübergang zur bodennahen Luft der überwiegende Vorgang ist, zum völligen Verschwinden der tageszeitlichen Temperaturschwankungen führen[11].

Vernäßte Böden, wie Gleye und Pseudogleye, erwärmen sich im Frühjahr wegen ihrer durch den hohen Wassergehalt bedingten höheren Wärmekapazität langsamer als weniger nasse. Normalerweise würde sich dieser Wärmeunterschied im Herbst wegen der langsameren Abkühlung der vernäßten Böden wieder ausgleichen. Die infolge des hohen Wasservorrates mögliche fortwährende starke Verdunstung führt bei diesen Böden zu zusätzlichen Wärmeverlusten und verstärkt daher den Effekt langsamer Erwärmung[12]. Pseudogleye sind aber oft nur zu Beginn der Vegetationsperiode naß, haben jedoch später eine ähnliche Feuchtigkeit wie benachbarte nicht staunasse Böden, so daß beide Bodengruppen im Frühjahr die ähnliche Temperatur aufweisen. Daher führt die langsamere Erwärmung der Pseudogleye auch zu einer wärmebedingten kürzeren Vegetationsperiode[13].

Durch Dränung wird in solchen Böden die Wärmekapazität verkleinert und damit die Temperaturerhöhung bei unverändert gebliebener Einstrahlung verstärkt.

In Böden mit sehr großem Porenanteil kann die Entwässerung allerdings außer der Wärmekapazität auch die Wärmeleitfähigkeit verkleinern, wenn als Fließquerschnitt für die Wärme nur noch ein geringer Festsubstanzanteil verbleibt. Dies führt z. B. bei Moorböden, aber auch bei lockeren Oberflächen humusreicher Substrate zu einem Wärmestau an der Bodenoberfläche tagsüber (Temperatur bis zu 60 °C in 0,5 cm Höhe) und anschließendem Verlust der eingestrahlten Energie, der wegen dieser hohen Temperaturen besonders groß ist. Der Wärmeverlust kann soweit gehen, daß an der Bodenoberfläche Temperaturen unter 0 °C auftreten (Strahlungsfrost). Diese Frostgefahr ist in gedränten Hochmooren besonders groß. Sie wird durch die Sandmischkultur herabgesetzt, die eine erhöhte Wärme- und Temperaturleitfähigkeit und somit eine tiefer reichende Erwärmung als bei reinen Moorböden bewirkt. Der Nachtfrostgefahr auf diesen Böden begegnet man noch besser mit einer Sanddecke, weil diese die Abkühlung und Verdunstung noch stärker herabsetzt als die Sandmischkultur. Auf den besonderen Eigenschaften des Wärmehaushalts in Mooren beruhen auch die südlichsten Vorkommen von Dauerfrost (*Permafrost*) unter Mooren.

Einen analogen Einfluß wie eine gelockerte aus Aggregaten im Millimeter- bis Zentimeterbereich bestehende Bodenoberfläche haben auch poröse *Mulchschichten*. Die Temperatur steigt in diesen Schichten stark an, wenn sie nicht so locker bzw. porös sind, daß durch Luftbewegung (Ventilation) eine laufende Abkühlung erfolgen kann. Der darunterliegende Boden erwärmt sich dann nur wenig. Umgekehrt kann Mulch die Abstrahlung verkleinern, wenn er die Nachlieferung von Wärmeenergie zur Abstrahlungsstelle durch geringe Wärmeleitfähigkeit behindert.

Die Vegetationsdecke hat ebenfalls einen deutlichen Einfluß auf die Amplitude der täglichen Temperaturschwankungen. Die Krone eines nur 5 m hohen Baumes kann den Gesamtwärmefluß durch die Bodenoberfläche gegenüber der baumfreien Umgebung um bis zu 50 % reduzieren[14].

Selbst ein kurz geschorener dichter Rasen führt schon zu einer Verkleinerung im Vergleich zu unbedecktem Boden. Steine, die auf der Bodenoberfläche liegen oder aus ihr herausragen, beeinflussen den Wärmehaushalt nachhaltig da ihre Wärmekapazität und ihre Wärmeleitfähigkeit von der des umgebenden Bodens je nach dessen Wassergehalt in verschiedener Richtung abweichen (vgl. Tab. 66 u. Abb. 120). Bei Trockenheit fördert die höhere Wärmeleitfähigkeit des Steines die Weitergabe von Temperaturwechseln in den Unterboden gegenüber der Umgebung. Bei Nässe wirkt sich seine geringere Wärmekapazität in der gleichen Weise aus. In beiden Fällen ist unter dem Stein der Temperaturwechsel schroffer als in der gleichen Bodentiefe daneben. Steine unter der Bodenoberfläche beeinflussen das Temperaturfeld in der Regel wenig[15].

Einen starken Einfluß auf den Wärmehaushalt des Bodens hat eine Schneedecke, vor allem solange sie aus frischem, locker liegenden Neuschnee besteht. Daher werden auch in winterkalten Gebieten unter Schneedecken nur geringe Unterschreitungen der Gefriertemperaturen gemessen. In Edmonton blieb die Bodentemperatur im Januar in einer achtjährigen Meßreihe unter Gras und Brache in 20 cm Tiefe stets oberhalb −5 °C und in 100 cm Tiefe stets

Tabelle 67 Klassifikation der Wärmehaushalte von Böden mit Hilfe von Jahresmitteltemperaturen und Temperaturschwankungen[18]

Differenz der Mittelwerte der Sommer- und Wintermonate (°C)*	Jahresmittel der Temperatur in 50 cm Tiefe (°C)**				
	<0	0−8	8−15	15−22	>22
>5	pergelic	frigid	mesic	thermic	hyperthermic
<5	pergelic	cryic	isomesic	isothermic	isohyperthermic

* nördl. Halbkugel: Sommermonate: Juni, Juli, August; Wintermonate: Dezember, Januar, Februar
** Diese Temperatur ist 0,3 (bei 6 °C) bis 3° (bei 30 °C) höher als die Lufttemperatur in 2 m Höhe

oberhalb 2 °C, obgleich die Lufttemperatur −20 °C erreichte und unterschritt[16].

Im allgemeinen entspricht die Jahresdurchschnittstemperatur in 50 cm Bodentiefe ziemlich genau dem Jahresmittel der Lufttemperatur meteorologischer Meßstellen[17].

Eine allgemeine Übersicht über die Wärmehaushalte von Böden sehr verschiedener Klimabereiche bietet die Einteilung der amerikanischen Bodenschätzung (Soil Taxonomy, USDA)[18]. In ihr werden die Böden hinsichtlich ihres Wärmehaushaltes aufgrund der Jahresmitteltemperatur und der Amplitude der jährlichen Temperaturschwankung in 50 cm Tiefe eingeteilt (Tab. 67).

b) Anthropogene Eingriffe

Für die heute an Bedeutung gewinnende Beheizung von Wohnräumen aus dem Energievorrat des Bodens ergibt sich nach dem hier Gesagten die Möglichkeit des Entzuges mittels Wärmepumpen aus dem Bereich oberhalb des Grundwassers oder aus dem Bereich des Grundwassers.

Oberhalb des Grundwassers steht maximal die Energiemenge zur Verfügung, die im Verlauf einer wärmeren Jahreszeit durch Einstrahlung in den Boden gelangte und dort gespeichert wurde. Man kann ihre Menge aus der Wärmekapazität ($c \cdot \varrho$), der Summe der Temperaturanstiege über der Tiefe der Amplitude (s. Abb. 121 und 123) und die zur Verfügung stehende Bodenfläche errechnen. Tatsächlich zur Verfügung steht diese Wärmemenge jedoch nur, wenn einerseits ein rationeller Entzug möglich ist (Wärmepumpe) und er andererseits die Energieverluste wenigstens teilweise unterbindet, die unter natürlichen Bedingungen die Bodentemperaturen im Winterhalbjahr auf die Frühjahrswerte zurücksinken lassen. Geschieht dies nicht, so wird der Boden im Entnahmebereich allmählich immer weiter abgekühlt. Dies wirkt sich auf den Pflanzenwuchs wie auf den mikrobiellen Abbau organischen Materials aus, weil eine Wärmeanlieferung von der Seite oder vom Untergrund her erst das Entstehen steiler Temperaturgradienten erfordert.

Wird die Wärmemenge dagegen dem *Grundwasser* entzogen, so steht an einem Entnahmeort außer der dort eingestrahlten Energiemenge noch diejenige zur Verfügung, die im Entnahmezeitraum durch die Grundwasserbewegung konvektiv zugeführt wird. Dieses Verfahren ermöglicht also eine Konzentration der einer größeren Fläche zugeführten Energie auf einen Punkt. Die gesamte, pro Einheit der Bodenoberfläche zur Verfügung stehende Energiemenge wird dadurch aber nicht erhöht.

Eine scheinbare Erhöhung kann zustandekommen, indem das Grundwasser unbekannte Einspeisungen aus Thermalbereichen erhält (*Erdwärme*). Eine tatsächliche Erhöhung der Ausbeute aus der Einstrahlung ist aber möglich, wenn der Boden der Wärmegewinnungsfläche stets wassergesättigt und infolge Nässe dunkel gehalten wird. Die vorhin beschriebenen Bodeneigenschaften würden dann zu einer höheren Absorption bei gleichzeitig geringerer Erwärmung im Vergleich zu lockeren, helleren Nachbarstandorten führen. Um eine maximale Energiespeicherung zu gewährtleisten, müßte Evaporation von dieser nassen Oberfläche möglichst unterbunden werden. Es ist zu erkennen, daß zunehmende Eignung zur Energiegewinnung gleichzeitig abnehmende Eignung als Standort von Kulturpflanzen bedeutet.

Dem Prinzip nach ähnliche Grenzen lassen sich für die Verwendung des Bodens als Energiesenke für Abwärmen erkennen. Langfristige Wärmeeinbringung ist nur denkbar, wenn Ableitung in den Untergrund oder konvektive Abfuhr mit fließendem Grundwasser bzw. über die Evaporation möglich ist.

Die erste Möglichkeit erfordert allmähliches Steigen der Eingangstemperatur, um die für Wärmeleitung notwendigen Temperaturgradienten aufrecht zu erhalten. Die zweite Möglichkeit müßte wegen der im Vergleich mit Böden oder Flüssen langsamen Bewegung des Grundwassers zu höheren Temperaturen als im freien Wasser führen, wenn vergleichbare Wärmemengen aufgenommen werden müssen oder zu viel größerem Flächenbedarf. Das durch erhöhte Evaporation verlorengehende Wasser müßte durch Zusatzbewässerung ersetzt werden, wenn die Vegetation nicht beeinträchtigt werden soll.

Wärme, die bei Abbau organischer Verbindungen frei wird und z. B. zum Dampfen von Misthaufen führt oder die Beheizung von „Mistbeetkästen“ ermöglicht, tritt in neuerer Zeit auch bei Feststoffdeponien in Erscheinung. Dies ist vor allem deutlich, wenn in Großdeponien Müll schnell angesammelt, stark verdichtet und mit einer ihrerseits verdichteten Bodenschicht abgedeckt wird. Hier wurden z. B. bei 3 Monate altem Müll in 4 m Tiefe 42 °C gemessen, in 1 m Tiefe noch 32 °C (Lufttemperatur 11 °C). Über die Dauer dieser Wärmeentwicklung und ihren Einfluß auf die Rekultivierbarkeit von Deponieflächen ist wenig bekannt.

Literatur

[1] *Geiger, R.* (1961): Klima der bodennahen Luftschicht. Vieweg, Braunschweig.
[2] *Hartge, K. H.* (1978): Einführung in die Bodenphysik. Enke, Stuttgart.
[3] *Miess, M.* In: *Meyer, F.* (Ed.) (1978): Bäume in der Stadt. Ulmer, Stuttgart.
[4] *Rydén, B. E. & L. Kostow* (1980): Ecol. Bull. Stockh. *30*, 251 – 281.
[5] *Ostroumow, W. E. & O. W. Makjejew* (1985): Das Temperaturfeld des Bodens (russ.). Nauka, Moskau.
[6] *Bolt, G. H., A. R. P. Janse & F. F. R. Koenigs* (1965): Allgamene Bodenkunde. Landbouwhogeschool Wageningen.
[7] *Keschawarzi, S.* (1973): Diss. TU Hannover.
[8] *Willat, S. T.* (1979): Geoderma. *22*, 323 – 333.
[9] *Miess, M.* (1968): Diss. TU Hannover.
[10] *Burger, G. E., R. J. Lamb & G. K. Bracken* (1981): Canad. J. Soil Sci. *61*, 145 – 156.
[11] *Friedrich, F.* (1979): Diss. TU Berlin.
[12] *Kaviani, M.* (1973): Diss. TU Hannover.
[13] *Blume, H. P.* (1968): Stauwasserböden. Ulmer, Stuttgart.
[14] *Fritton, D. D., I. D. Martsolf & W. S. Busscher* (1976): Soil Sci. Am. Proc. *40*, 644 – 647.
[15] *Mehuys, G. R., L. H. Stolzy & J. Letey* (1975): Soil Sci. *120*, 437 – 442.
[16] *Toogood, J. A.* (1979): Canad. Soil Sci. *59*, 329 – 337.
[17] *Watson, C. L.* (1980): Austral. J. Soil Res. *18*, 325 – 331.
[18] USDA (1975): Soil Taxonomy Agric. Handbook Nr. 436. Washington.

XIX. Bodenfarbe[1]

Die Farbe ist eine auf den ersten Blick ins Auge fallende Bodeneigenschaft. Das Spektrum der in Böden vorkommenden Farben ist breit. Da die verschiedenen Farbtöne oft bestimmten Bodenbestandteilen oder bestimmten Zuständen zugeordnet werden können, ist es möglich, aus der Ansprache der Farbe bzw. der Farbverteilung Aussagen über die Zusammensetzung von Mineral- und Humuskörper sowie über Redoxzustände und Wassergehalte sowie deren Häufigkeit zu machen. Aus diesem Grunde ist eine Farbbeschreibung ein wichtiger Teil jeder bodenkundlichen Feldaufnahme (s. Kap. XXVIII).

Zur Charakterisierung der Farbe werden *Farbton*, *Sättigung* und *Dunkelstufe* verwendet[2]. Für die Farbansprache von Böden werden weltweit die diesen Parametern entsprechenden Ausdrücke der Farbtafeln von *Munsell* gebraucht: Farbton (= engl. hue), Farbintensität bzw. -tiefe (= engl. chroma), Farbwert bzw. Helligkeit (= engl. value).

Schwärzliche, graue und braune Farbtöne im Oberboden (A-Horizonte) werden durch Huminstoffe hervorgerufen. Die Farbintensität variiert dabei im Bereich zwischen 2 und 6 % Gehalt an organischer Substanz bei gleichem C-Gehalt erheblich, so daß auch andere Faktoren eine Rolle spielen müssen, wie z. B. der Humifizierungsgrad[3].

Gelbe, braune, rote, blaue und grüne Farbtöne rühren von verschiedenen Fe-Mineralen her. Wegen der großen Häufigkeit des Eisens in Böden sind diese Farben am weitesten verbreitet und daher besonders charakteristisch für die Bodenhorizonte unterhalb der A-Horizonte.

Die Böden des gemäßigten Klimas sind meist gelbbraun, braun oder rotbraun gefärbt (Munsell-Farbton 7,5 Y – 7,5 YR), da in ihnen Goethit vorherrscht. Ferrhydrit, z. B. in sauren Braunerden, B_s-Horizonten von Podsolen und G_o-Horizonten von Gleyen verschiebt den Farbton ins Rötliche (7,5 – 5 YR). Die kräftige rote Farbe vieler Böden wärmerer Klimate wird durch Hämatit bedingt, dessen Rot das Gelb des Goethits überdeckt. Solche Böden sind um so satter rot, je mehr Hämatit sie enthalten[4]. Diese Farbtöne zeigen in der Regel ein hohes Redoxpotential an, somit ständigen Zutritt atmosphärischer Luft und das Ausbleiben längerer Perioden der Wassersättigung. Vor allem die roten Farbtöne sind sehr persistent. Daher sind hämatithaltige Böden im gemäßigt-humiden Klimabereich häufig Zeugen einer älteren Bodenbildung unter wärmerem Klima, es sei denn, sie ererbten ihre rote Farbe vom Ausgangsgestein, z. B. roten Sedimenten und Vulkaniten. Aus dem gleichen Grunde sind durch braune Fe-Anreicherungen gekennzeichnete Horizonte gelegentlich Relikte früherer Grundwasserstände, die mit dem jetzigen Wasserhaushalt nicht mehr übereinstimmen.

Graue, grünliche und bläuliche Farbtöne treten auf, wenn das Fe bei niedrigem Redox-Potential löslich geworden und weggeführt oder in FeII enthaltende Hydroxy-Verbindungen übergeführt worden ist. Im ersteren Fall tritt die Eigenfarbe der übrigen Minerale hervor, die oft fahlweiß bis grau ist, wie z. B. bei Quarz, vielen Silikaten auch bei Ton. Falls die Tonminerale Fe enthalten, können auch grünliche Töne entstehen, wenn vermutlich ein Teil des Fe in der Kristallstruktur reduziert wird.

Kräftig *blau-grüne* Farbtöne können von Fe(II, III)hydroxy-Verbindungen (sog. grüner Rost) herrühren, die sehr oxidationsempfindlich sind und dann ihre Farbe verlieren. Leuchtend blaue Farben werden durch Vivianit hervorgerufen.

Tiefschwarze Farben in stark reduziertem Milieu können durch feinverteiltes FeS und FeS_2 bedingt sein. Sie treten vor allem im Unterboden auf und zeigen Luftabschluß und ständige Wassersättigung an. Ähnliche Farben von Flecken und Konkretionen in oxidiertem Milieu rühren von Mn-Oxiden her.

Weiße Farben entstehen häufig durch lokale Anreicherung von Calcit, Gips oder löslichen Salzen, z. B. als Ausblühungen an austrocknenden Profilwänden oder an der Bodenoberfläche.

Der *Farbton* der Böden hängt außer von der Art der farbgebenden Bestandteile auch von ihrer Korngröße ab. So wechselt die Tönung von feinverteiltem Goethit von rotbraun zu gelb, die des Lepidokrokits von braunrot zu orange, und die von Hämatit von leuchtend rot zu violett, wenn die Kristalle größer werden.

Sättigung (*Intensität*) und *Dunkelstufe* (*Wert*) sind demgegenüber mehr von der Menge der farbgebenden Komponente abhängig. Dies gilt z. B. für den Zusammenhang zwischen Sättigung und Fe- und Ti-Gehalten, während die Schwärze von Humus- und Mn-Anteilen enger mit der Dunkelstufe (Farbwert) korreliert[5].

Zwischen dem Humusgehalt und der Dunkelstufe der Munsell-Skala besteht eine signifikante negative Korrelation. Die Helligkeitsabnahme ist bei geringen Humusgehalten ($< 4\,\%$) größer als bei höheren[6]. Oberhalb 8 % Humus läßt sich der Humusgehalt nicht mehr aus der Farbe ableiten, weil dann vermutlich neben dunklen Huminstoffen auch helle Streustoffe verstärkt auftreten.

Ähnlich wirkt sich der Wassergehalt auf die Farbe aus. Trockener Boden erscheint heller, weil er das sichtbare Licht stärker reflektiert als feuchter.

Die Verteilung der Farbtöne, Sättigungen und Dunkelstufen im Bodenprofil gibt Hinweise auf bodengenetische Prozesse wie Verbraunung, Vergleyung, Pseudovergleyung[7], Podsolierung und Lateritisierung, bei denen charakteristische Farbfolgen und Verteilungen (Flekkungen) vorliegen.

Literatur

[1] *Taylor, R. M.* (1982): Proc. 7th Int. Clay. Conf., 749 – 761.

[2] Deutscher Normenausschuß Farbe (1980): DIN 6164, Teil I – III.

[3] *Shields, J. A., E. A. Paul & R. J. St. Arnaud* (1968): Can. J. Soil. Sci. *48*, 271 – 280.

[4] *Barron, V. & J. Torrent* (1986): J. Soil Sci. *37*, 499 – 510.

[5] *Krishna Murti, G. & K. Satyanrayana* (1980): Geoderma *5*, 243 – 248.

[6] *Blume, H. P. & M. Helsper* (1987): Z. Pflanzenernähr. Bodenk. *150*, 354 – 356.

[7] *Kowalik, P. J.* (1985): Rapp. Nr. 42, Sveriges lantbr. Univ. Dept. Ecol. a. Env. Res.

XX. Nährstoffe[1-9]

Der Nährstoffkreislauf in der Natur unterliegt wechselseitigen Beziehungen, wie aus dem folgenden Schema ersichtlich ist:

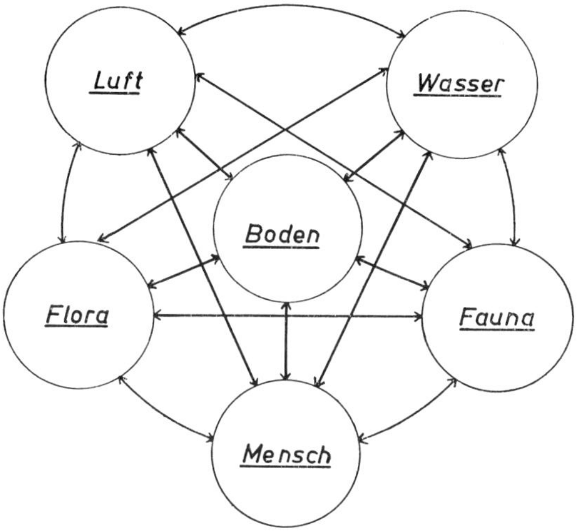

Der Nährstoffgehalt eines Bodens darf daher nicht nur im Hinblick auf den Pflanzenertrag, sondern auch auf die Pflanzenqualität gesehen werden, die für Tier und Mensch wichtig ist. Wenn auch die verstärkte Düngung in den letzten Jahrzehnten wesentlich zur Steigerung der Erträge beigetragen hat, so darf doch nicht übersehen werden, daß nicht nur ein zu geringer, sondern bei einigen Nährstoffen auch ein zu hoher Gehalt die Pflanzenqualität ungünstig beeinflussen kann. Außerdem kann dann die Aufnahme eines Nährstoffes, z. B. infolge Ionenkonkurrenz, so stark beeinträchtigt werden, daß besonders bei den Mikronährstoffen (Mn, Fe, Cu, Zn, Mo, Co, B) Mangel induziert wird, wobei auch häufig ein zu hohes oder zu niedriges pH mitwirkt. Auch die in der Atmosphäre befindlichen Gase dürfen nicht unberücksichtigt bleiben. Einerseits sind es teilweise wichtige Pflanzennährstoffe (neben CO_2 vor allem N- und S-Verbindungen), andererseits können sie Schäden an Pflanze, Tier und Mensch hervorrufen, wenn eine spezifische Konzentration überschritten wird (SO_2, Stickoxide, Kohlenwasserstoffe). Schließlich ist der Einfluß der Nährstoffe auf die Eutrophierung der Gewässer zu beachten.

In den folgenden Kapiteln werden die wichtigsten Nährstoffe unter Einbeziehung der im obigen Schema angeführten Wechselwirkungen abgehandelt. Bei O_2 und CO_2 sei auf frühere Kapitel verwiesen.

1. Allgemeines über Gehalt, Bindung und Bilanz

Der überwiegende Teil der Bodennährstoffe ist *nativ*, d. h. er stammt aus den Ausgangsgesteinen der Böden. Der Gehalt in Mineralen ist aus Tab. 2, Magmatiten aus Tab. 3, Sedimenten aus Tab. 4, von Mikronährstoffen aus Tab. 81 zu ersehen. Im übrigen wird in den speziellen Kapiteln näher darauf eingegangen. Ein weiterer Teil der Nährstoffe gelangt in die Böden über die Düngung, die Atmosphäre und das Grundwasser.

In den Böden liegen die Nährstoffe in folgender *Bindung* vor: (a) als Salze, (b) adsorbiert bzw. austauschbar an der Oberfläche von anorganischen und organischen Adsorbentien, (c) in schwer austauschbarer Form in den Zwischenschichten von Tonmineralen, (d) in der organischen Substanz, häufig, wie bei den Schwermetallen, als Komplexe, (e) in der Biomasse, (f) immobil als Gitterbaustein in Silicaten und okkludiert im Innern von Eisen- und Manganoxiden.

Den Übergang eines unlöslichen oder schwer löslichen Nährstoffs in eine schwächere Bindungsform bzw. in die Bodenlösung bezeichnet man als *Mobilisierung* oder auch als *Nachlieferung*, den umgekehrten Vorgang als *Immobilisierung* oder als *Festlegung* bzw. *Fixierung*. Die Fixierung eines Nährstoffs kann in eine leicht-, schwer- oder nicht-pflanzenverfügbare Form erfolgen.

Bei Austauschvorgängen sind die Begriffe *Desorption* und *Adsorption* gebräuchlich (s. Kap. X).

Bei mikrobiellem Abbau der organischen Substanz der Böden in einfache anorganische

Stoffe („Mineralstoffe“) spricht man von *Mineralisierung*.

In Kulturböden ist zur Steigerung oder Erhaltung der Bodenfruchtbarkeit der Gehalt an leicht verfügbaren Nährstoffen von besonderer Bedeutung und damit auch die *Nährstoffbilanz*, die sich aus den Nährstoffverlusten und der Nährstoffzufuhr ergibt. Nährstoffverluste im Boden resultieren aus dem Entzug der Pflanzen, der Auswaschung (Kap. XX 2), der Erosion (Kap. XXXIV), der Immobilisierung und bei Stickstoff auch aus dem Entweichen gasförmiger Verbindungen (N_2, NH_3, Stickoxide) in die Atmosphäre (s. N-Kreislauf in Abb. 152, Kap. XX 11).

Der *Nährstoffentzug*[10] (Kap. XX 5 a) ist abhängig von der Pflanzenart, der Pflanzensorte, dem Ertrag und Nährstoffgehalt der Böden, wie z. T. aus den Beispielen in Tab. 71 zu ersehen ist. In den Vegetationsrückständen (Stroh, Rübenblatt, Kartoffelkraut usw.) verbleiben erhebliche Nährstoffmengen auf dem Boden, die nach der Mineralisierung leicht verfügbar sind und daher bei der folgenden Düngung berücksichtigt werden können. Ein Teil der Nährstoffe scheidet jedoch durch Verkauf von Ernteprodukten aus dem Betrieb aus, zu einem anderen Teil gelangt er nicht wieder auf die gleiche Fläche zurück.

Die *Nährstoffzufuhr* in Kulturböden erfolgt im wesentlichen durch anorganische Düngung.

Zum Teil erhebliche Mengen an Nährstoffen können über die *Niederschläge* in den Boden gelangen. So wurden an verschiedenen Orten der BRD im Mittel von 6 – 8 Jahren folgende Nährelementmengen in kg/(ha · Jahr) festgestellt[10a]

Ca	Mg	K	Na	N	P	S	Cl
5–40	2–6	2–6	1–10	4–30	0,2–2	12–37	6–30

Höhere Gehalte an einigen Nährstoffen treten in der Nähe des Meeres auf (z. B. Na^+, Mg^{2+}, Cl^-, SO_4^{2-}, Bor), sowie in der Nähe von Wohn- und Industriegebieten (z. B. SO_4^{2-} und NO_3^-). Auf Einzelheiten wird in den speziellen Kapiteln eingegangen.

Die Nährstoffzufuhr über das *Grundwasser* ist örtlich sehr verschieden und nicht nur von der Zusammensetzung des Grundwassers, sondern auch von der Höhe des Grundwasserspiegels abhängig. Die Zufuhr ist für Waldbäume von besonderer Bedeutung und erstreckt sich hier auf alle wesentlichen Nährstoffe. Aber auch bei ackerbaulicher Nutzung kann in manchen Jahren eine erhebliche Zufuhr leicht löslicher Salze erfolgen, die über den kapillaren Aufstieg aus dem Grundwasser vonstatten geht.

2. Nährstoffauswaschung

Unter dem Einfluß der Niederschläge werden die Nährstoffe im humiden Klimabereich mit dem Sickerwasser im Boden nach unten verlagert und zum Teil aus dem Wurzelraum ausgewaschen. Im letzten Fall spricht man von Auswaschung im engeren Sinne, auf die sich auch die folgenden Ausführungen beziehen.

Die Höhe der Auswaschung ist abhängig von Konzentration und Menge des Sickerwassers. Eine bestimmte Nährstoffmenge kann sowohl bei hoher Sickerwassermenge mit geringer Konzentration als auch bei geringer Sickerwassermenge mit hoher Konzentration ausgewaschen werden.

Die ausgewaschenen Nährstoffe stammen vorwiegend aus dem Oberboden, da dort der mobilisierte Nährstoffvorrat meist höher als im Unterboden ist.

Die Auswaschung ist nicht nur im Hinblick auf eine Verminderung des Gehalts der Böden an leicht verfügbaren Nährstoffen von Bedeutung, sondern sie kann auch die Qualität von Oberflächen- und Grundwasser beeinträchtigen.

Aus der Konzentration des Sickerwassers kann nicht quantitativ auf die Konzentration im oberflächennahen *Grundwasser* geschlossen werden, weil zwischen Wurzelraum und Grundwasseroberfläche mikrobielle Vorgänge (z. B. Denitrifikation), Austausch- und Fällungsreaktionen sowie Verdünnungsvorgänge (Zulauf von Wasser aus anderen Einzugsgebieten) stattfinden können.

Die Auswaschung wurde meist mit Lysimetern und bei grundwassernahen Standorten für größere Flächen aus den Abflüssen von Dränanlagen[11] bestimmt. Die Ergebnisse mit Einfüll-Lysimetern können jedoch nicht ohne weiteres aufs Freiland übertragen werden, sondern geben meist nur Tendenzen wieder. Dagegen kommen die Werte von 2 m langen *Monolith-Lysimetern* und vor allem von *Unterdruck-Lysimetern* der tatsächlichen Auswaschung im Freiland näher.

Nach einem neuen Verfahren wird zur Bestimmung der Nährstoffkonzentration die Bodenlösung im Freiland unterhalb des Wurzelraumes mittels Bodensonden entnommen und auf getrenntem Wege die Sickerwassermenge aus dem Bodenwassergehalt und

Tabelle 68 Nährstoffauswaschung (Meßtiefe 170 cm) aus dem Wurzelraum einer Parabraunerde aus Löß und von sandigen Podsolen im Raum Hannover im Mittel von 3 Jahren (1. 11. 74 – 31.10.77) (n. *O. Strebel* u. *M. Renger*, unveröffentl.)
Löß: pH ($CaCl_2$) 7,5, $CaCO_3$ 0,2 %, Feldkapazität 350 mm/100 cm Tiefe
Sand: pH ($CaCl_2$) 5,5 – 4,5, Feldkapazität 120 mm/100 cm Tiefe

Boden	Nutzung	Sicker-wasser (mm)	Auswaschung [kg/(ha · Jahr)]						
			Ca	Mg	K	Na	Cl	SO_4-S	NO_3-N
Löß	Acker	94	262	23	<1	36	215	72	31
Sand 1	Acker	252	199	16	36	28	135	49	79
Sand 2	Mäh-Wiese	255	45	2	30	6	21	36	5
Sand 3	Kiefernforst	215	28	5	20	28	74	83	9

der Wasserspannung ermittelt[12] (s. a.[13]). Die Auswaschung ergibt sich dann aus dem Produkt von Konzentration und Sickerwassermenge.

Nach dem letzteren Verfahren wurde die Auswaschung bei einem Lößboden und bei 3 nahe beieinander liegenden Sandböden unterschiedlicher Nutzung bestimmt (Tab. 68). Der Wurzelraum der Böden stand nicht unter dem Einfluß des Grundwassers. Die Ackerböden waren intensiv bewirtschaftet und gedüngt worden, der Kiefernstandort und seit 6 Jahren vor Versuchsbeginn auch die Mähwiese blieben ohne Düngung. Die Niederschläge im Mittel der 3jährigen Versuchszeit betrugen 605 mm/Jahr.

Aus Tab. 68 und Abb. 124 sowie anderen ähnlichen Ergebnissen können folgende allgemein gültige Schlüsse gezogen werden:

Die Auswaschung ist bei Ackerböden größer als bei Waldböden, bedingt durch einen höheren leicht mobilisierbaren Nährstoffvorrat im Boden; sie steigt mit zunehmender Menge an Sickerwasser. Bei Waldböden hat die Zufuhr von starken Säuren aus der Atmosphäre einen dominierenden Einfluß auf die Auswaschung.

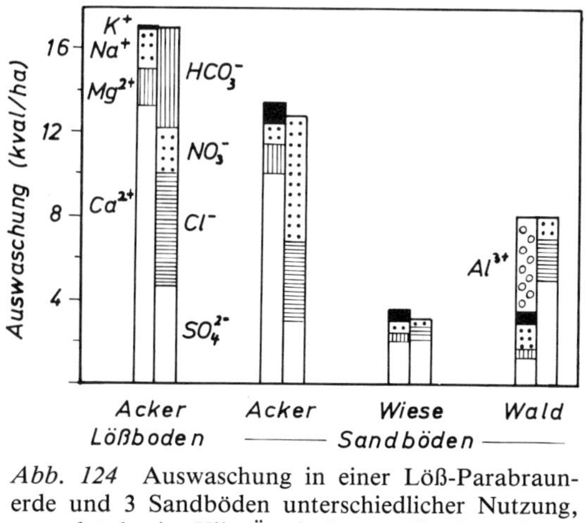

Abb. 124 Auswaschung in einer Löß-Parabraunerde und 3 Sandböden unterschiedlicher Nutzung, ausgedrückt in Kilo-Äquivalenten (kval). (Einzelwerte berechnet aus Tab. 68)

Von den *Kationen* werden in Böden humider Klimate *Ca-Ionen* am stärksten ausgewaschen, vor allem bei hoher Ca-Sättigung, $CaCO_3$-Gehalt und hoher Cl-Zufuhr über Mineraldünger. An 2. Stelle folgt, vor allem infolge geringerer Mg-Sättigung der Böden, die Auswaschung von *Mg-Ionen*.

Die Auswaschung von *K-Ionen* ist bei Lößböden ebenso wie bei anderen tonreicheren Böden infolge deren hohen K-Fixierungsvermögens (vor allem im Unterboden) gering und beträgt meist weniger als 1 kg K/(ha · Jahr). In tonarmen Sandböden und organischen Böden kann sie dagegen bei hoher K-Düngung über 50 kg K/(ha · Jahr) betragen (s. Kap. 8 j).

Die Auswaschung von Na-Ionen ist infolge der geringen Bindungsstärke des adsorbierten Na^+ relativ hoch.

Die Auswaschung von *Al-Ionen* spielt nur bei stark sauren Böden (pH <5) eine Rolle (s. a. Kap. XII).

Von den *Anionen* ist auf Ackerstandorten die Cl-Auswaschung am höchsten. Sie ist im wesentlichen auf die Cl-Zufuhr bei der Düngung mit Kalisalzen zurückzuführen (s. Kap. 19). Dies ist aus dem Vergleich mit der Cl-Auswaschung auf der ungedüngten Wiese in Tab. 68 zu folgern, bei der das ausgewaschene Chlorid (21 kg) nur aus Immission stammt.

Die SO_4-*Auswaschung* in Kulturböden wird, ausgenommen sulfathaltige Böden, in hohem Maße durch die SO_4-Zufuhr über die Niederschläge bestimmt, da die SO_4-Zufuhr durch Düngung in der Regel gering ist (s. Kap. 12).

Die relativ hohe SO_4- und Cl-Auswaschung bei dem Kiefernbestand ist auf die Adsorption von Cl^- und SO_2 aus der Luft durch die Baumkronen zurückzuführen.

Auf die *NO_3-Auswaschung* und den zeitlichen Verlauf wird in Kap. 11 k näher eingegangen.

Um den Anteil der einzelnen *Anionen* am Ladungsausgleich der ausgewaschenen Kationen zu zeigen, sind in Abb. 124 die Ionen in Form ihrer Äquivalente (kval) dargestellt.

Beim *Lößboden* (pH 7,5) liegen die Kationen zu 80 % als Chloride, Sulfate und Nitrate vor und zu 20 % als Hydrogencarbonate.

Bei den *Sandböden* (pH 5,4 – 4,5) liegen die Kationen fast vollständig als Chloride, Sulfate und Nitrate vor, der Anteil der Hydrogencarbonate ist unbedeutend. Möglicherweise spielen bei diesen stark sauren Böden organische Anionen eine geringe Rolle.

Im Vergleich zur Ca-Auswaschung als Chlorid, Sulfat und Nitrat ist die als Hydrogencarbonat [$Ca(HCO_3)_2$] gering, wenn man von Böden hoher Ca-Sättigung und $CaCO_3$-haltigen Böden bei sehr hoher Sickerwassermenge absieht. So beträgt z. B. die Löslichkeit von Calcit (Tab. 6, Kap. II) bei dem häufigsten Bereich der CO_2-Partialdrücke der Bodenluft von 2 – 7 hPa (= 0,2 – 0,7 Vol.-%) und 100 mm Sickerwasser 35 – 54 kg Ca/ha.

Die Auswaschung als $Ca(HCO_3)_2$ sinkt mit abnehmendem pH der Böden und tritt bei pH < 5 nicht mehr auf, wie z. B. aus den Daten für die Sandböden in Abb. 124 zu folgern ist (s. a. Kap. XII 3 a).

Die *Bodenart* beeinflußt die Geschwindigkeit der Auswaschung; bei gleicher Sickerwassermenge und sonst gleichen Bedingungen erreicht ein Konzentrationsmaximum eine bestimmte Tiefe um so später, je höher die Feldkapazität des Bodens ist. Für die Beispiele in Tab. 68 ergibt sich eine Transportzeit von der Bodenoberfläche bis zur Meßtiefe 170 cm bei den Sandböden von weniger als einem Jahr, beim Lößboden dagegen von über 4 Jahren. Bei Böden hoher Feldkapazität können daher im Profil auch mehrere Maxima an leicht löslichen Nährstoffen auftreten, die verschiedenen Jahren zuzuordnen sind und für die Nährstoffversorgung der Pflanzen noch von Bedeutung sein können.

Die Auswaschung der *Mikronährstoffe* ist im alkalischen bis schwach sauren Bereich gering, weil hier schwerlösliche Verbindungen und starke Adsorption vorliegen. Sie steigt mit abnehmendem pH, wie aus dem Vergleich von Ackerstandorten und den stärker sauren Waldstandorten in Tab. 69 hervorgeht. Bei Mangan und Eisen wird die Auswaschung durch anaerobe Verhältnisse begünstigt (s. Kap. XIII).

Tabelle 69 Auswaschung von einigen Mikronährstoffen in Ackerböden (bestimmt im Dränwasser und bezogen auf 200 mm Sickerwasser)[14] und Waldböden bei einem Buchen- und Fichtenbestand[15]

		Auswaschung [g/(ha · Jahr)]		
	pH	Mn	Cu	Zn
Ackerböden	7 – 5	10 – 800	10 – 94	10 – 360
Waldböden	≈ 4	5800 – 9300	110	1100 – 2400

3. Nährstoffverfügbarkeit

Von der in Böden enthaltenen Gesamtmenge an Pflanzennährstoffen ist meist ein nur sehr kleiner Teil kurzfristig pflanzenverfügbar. Die Verfügbarkeit eines Nährstoffs ist von folgenden Faktoren abhängig: Konzentration in der Bodenlösung, Vorrat im Wurzelraum, Nachlieferungsrate in die Bodenlösung, Transportrate an die Pflanzenwurzel, Wurzeldichte (cm Wurzel je ml Boden), Wurzelausscheidungen und mikrobielle Aktivität in der Rhizosphäre. Eingehende Darstellung und Literatur siehe[4, 8, 9, 16].

Auf den Einfluß der *Ionenkonkurrenz* (= Verminderung der Aufnahme eines Ions durch ein anderes) wird in den speziellen Kapiteln eingegangen.

a) Nährstoffkonzentration der Bodenlösung

Die Pflanzen können nur die Nährstoffe aus dem Boden aufnehmen, die in der Bodenlösung (also der wäßrigen Phase des Bodens) als Ionen oder in manchen Fällen als niedermolekulare organische Verbindungen vorliegen. In Böden humider Klimabereiche ist die Salzkonzentration meist gering. Sie ist hier vor allem abhängig von der Düngung, der Zufuhr von Säuren über die Niederschläge und der bei der Mineralisierung organischer Stoffe im Boden gebildeten Nitrate.

In Tab. 70 ist als Beispiel die Kationenkonzentration in Acker- und Waldböden angeführt. Wie bereits aus der unterschiedlichen Konzentration der einzelnen Nährstoffe im Ober- und Unterboden gefolgert werden kann, unterliegt die Konzentration im Profil erheblichen Schwankungen. Diese beruhen auf Verlagerungsprozessen unter dem Einfluß des Sik-

Tabelle 70 Gehalt einiger Kationen im Sättigungsextrakt von Ackerböden (U, L, T, pH 4,5 – 7,3) und ungedüngten Waldböden (Sandböden, pH 3,5 – 5,9), angegeben als Mittelwerte und Variationsbreite (150 Proben). Nach *H. Grimme* u. *W. Köster* (a, b) und *B. Ulrich* (c)

	Ca^2	Mg^2	K (mg/l)	Na
Ackerböden (a, b)				
Ackerkrume	90	9	16	16
	(2 – 450)	(2 – 30)	(1 – 100)	(2 – 70)
Unterboden	110	9	9	30
	(1 – 680)	(1 – 35)	(1 – 60)	(3 – 55)
Waldböden (c)	24	6	14	22
(A_h-Horizont)	(3 – 80)	(2 – 28)	(4 – 61)	(4 – 67)

kerwassers und Grundwassers sowie der Nährstoffaufnahme durch die Pflanzen. Bei den leichtlöslichen Salzen kann sich infolge der relativ hohen Konzentration in der vorrückenden Sickerwasserfront sogar ein ausgeprägtes Konzentrationsmaximum ausbilden, wie am Beispiel des Nitrats aus Abb. 160 (Kap. 11) zu folgern ist. Dies liegt nach der Düngung zunächst im Oberboden und verschiebt sich unter dem Einfluß des Sickerwassers in tiefere Bodenzonen.

Die Bodenlösung wird im Freiland mit Hilfe von *Saugkerzen*[17] abgetrennt und im Labor durch Abzentrifugieren des feuchten Bodens. Auch aus dem *Sättigungsextrakt*[18] und dem Wasserextrakt bei einem engen Verhältnis (z. B. 1 : 2) kann auf die Zusammensetzung der Bodenlösung geschlossen werden. Der Sättigungsextrakt wird dadurch erhalten, daß der Boden unter starkem Kneten so lange mit Wasser versetzt wird, bis die glattgestrichene Oberfläche glänzt. Dann wird die Paste 24 Stunden unter Verdunstungsschutz stehengelassen und die Bodenlösung abzentrifugiert. Der Wassergehalt der Paste entspricht bei feinkörnigen Böden etwa dem 2fachen der Feldkapazität des betreffenden Bodens.

b) Nährstoffvorrat im Wurzelraum

Die Pflanzen decken ihren Nährstoffbedarf über die Wurzeln nicht nur aus dem Oberboden, in dem sich die überwiegende Wurzelmasse befindet, sondern zum Teil auch aus dem Unterboden (s. Kap. 5 d).

Die Nährstoffe sind im Boden mit unterschiedlicher Intensität gebunden, und zwar so, daß gleitende Übergänge zwischen den leicht und schwer verfügbaren Anteilen bestehen. Langfristig ist fast die Gesamtmenge der Nährstoffe in der anorganischen Bodenkomponente pflanzenverfügbar, weil auch die im Innern der Minerale gebundenen Nährstoffe durch Verwitterungsprozesse freigesetzt werden. Manchmal ist dieser Vorrat die einzige verfügbare Nährstoffquelle, vor allem im Waldbau, aber auch im Landbau bei extensiver Nutzung. Bei intensiver Nutzung ist dagegen der Nährstoffvorrat teilweise durch Düngung angereichert.

Der verfügbare Nährstoffvorrat ist kurzfristig auf den Anteil begrenzt, der mit der Bodenlösung in einem sich relativ schnell einstellenden Gleichgewicht steht und ist abhängig von der Konzentration des Nährstoffs, bis zu der die einzelnen Pflanzenarten die Bodenlösung in der Rhizosphäre auszuschöpfen vermögen.

Die in der organischen Substanz gebundenen Nährstoffe sind (ausgenommen die austauschbaren Ionen) erst nach dem mikrobiellen Abbau pflanzenverfügbar.

c) Nährstoffnachlieferung und -transport

Die Pflanzen durchwurzeln unter den Verhältnissen im Feld selbst in der Ackerkrume nur einen Teil des theoretisch zugängigen Porenvolumens, so daß der Nährstoffnachlieferungsrate aus der festen Bodenphase in die Bodenlösung und der Transportrate der Ionen durch Massenfluß (Konvektion) und Diffusion an die Pflanzenwurzeln eine erhebliche Bedeutung für die Nährstoffversorgung der Pflanzen zukommt.

Eine schnelle *Nachlieferung* der von den Wurzeln aus der Bodenlösung entzogenen Nährstoffe erfolgt, wenn die Kationen oder Anionen in adsorbierter Form vorliegen (Vorgang der Desorption). Dagegen ist die Nachlieferungsrate aus schwerlöslichen Salzen (z. B. Carbonaten, Phosphaten und Oxiden) geringer, sie steigt mit abnehmender Korngröße bzw. zunehmender Oberfläche der Teilchen. Bei Schwermetallen wird die Löslichkeit und Lösungsgeschwindigkeit durch komplexierende Wurzelausscheidungen erhöht (s. Kap. 3 d).

Der *Massenfluß* ist eine Folge der Transpiration der Pflanzen. Hierbei verarmt die Wurzelzone an Wasser, es entsteht im Boden ein Gradient in der Wasserspannung und damit eine Bewegung der Bodenlösung einschließlich der Nährstoffe in Richtung Pflanzenwurzel. Die Transportrate eines Nährstoffs durch Massenfluß wird durch die Konzentration in der Bodenlösung und die Wasserflußrate bestimmt. Die letztere ist abhängig von der Transpirationsrate der Pflanzen und dem Wassergehalt im Boden, sowie von der Anzahl, Größe und Form der Bodenporen und damit von der Körnung und dem Gefüge.

Deckt die durch Massenfluß angelieferte Nährstoffmenge nicht den Pflanzenbedarf, tritt die *Diffusion* zur Wurzel hin verstärkt in Erscheinung.

Der Nährstofftransport durch *Diffusion* kann annähernd durch das Ficksche Gesetz für den stationären Fluß in einer Flüssigkeit beschrieben werden:

$$dQ/dt = -DA \cdot dc/dx$$

(Q = Nährstoffmenge, die in der Zeit t durch die Querschnittsfläche A transportiert wird, D = Diffusionskoeffizient, c = Konzentration, x = Transportweg).

Die Transportrate ist in Böden wesentlich geringer als in freien Salzlösungen, bedingt durch den längeren Transportweg entlang der Wasserfilme, deren unterschiedlichen Querschnitt, sowie direkte und indirekte elektrostatische Wechselwirkungen zwischen den Ionen der Lösung und der festen Phase. Während z. B. die Diffusionskoeffizienten in freier wäßriger Lösung in der Größenordnung von 10^{-5} cm^2/s liegen, betragen sie bei Ca^{2+}, Mg^{2+} und K^+ in feuchten Böden $\approx 10^{-7}$ cm^2/s und bei sehr stark adsorbierten Ionen, wie Phosphationen, $\approx 10^{-9}$ cm^2/s. Im Zwischenschichtraum von Schichtsilicaten, wo stärkere elektrostatische Wechselwirkungen oder sterische Wirkungen auftreten, liegen sie noch wesentlich niedriger.

Als annäherndes Maß für den Parameter A kann im übertragenen Sinne die Wurzeloberfläche, zu der die Diffusion abläuft (*Diffusionssink*) angesehen werden. Eine Zunahme des Konzentrationsgradienten (dc/dx), des Bodenwassers und der Wurzeloberfläche (Erhöhung von A) hat nach obigem Gesetz eine Zunahme der Transportrate dQ/dt zur Folge.

Die *Konzentration* eines Nährstoffs *in der Rhizosphäre* unterscheidet sich meist von der Konzentration in der wurzelfernen Bodenlösung. Hierbei bestehen formal 3 Möglichkeiten:

1) Die Ionenkonzentration in der Rhizosphäre ist höher als im wurzelfernen Boden, wenn die durch Massenfluß bedingte Anlieferungsrate an die Wurzeln höher als die Aufnahmerate durch die Pflanzen ist. Dieser Fall tritt häufig bei Ca^{2+} oder Na^+ in Böden mit hoher Ca- oder Na-Konzentration auf. In Böden mit hoher Na-Konzentration in der Bodenlösung kann deren Anreicherung in der Rhizosphäre sogar zu einer Beeinträchtigung des Wasserhaushalts der Pflanzen führen.

2) Die Ionenkonzentration in der Rhizosphäre unterscheidet sich nicht vom wurzelfernen Boden, wenn Anlieferungsrate und Aufnahmerate gleich sind.

3) Die Ionenkonzentration ist niedriger als im wurzelfernen Boden, wenn die Anlieferungsrate durch Massenfluß geringer als die Aufnahmerate ist. Dieser Fall ist typisch für Ionen mit geringer Konzentration in der Bodenlösung, aber hoher Aufnahmerate durch die Pflanzen, wie z. B. K^+ und $H_2PO_4^-$. Hierbei entsteht eine Verarmungszone in der Rhizosphäre (s. Abb. 132 u. 146). Die Ausdehnung der Verarmungszone ist bei Phosphat im wesentlichen eine Funktion der Länge der Wurzelhaare (z. B. Raps > Mais), über welche die meisten Pflanzen ihren Nährstoffbedarf dekken.

Die Nährstoffverfügbarkeit wird daher erheblich vom *Wurzelwachstum* und von der *Wurzeloberfläche* (vor allem der Wurzelhaare und Mykorrhiza) beeinflußt. Je höher die Wurzeldichte ist, desto kürzer ist der Transportweg für Massenfluß und Diffusion. Ein günstiges Bodengefüge (hoher Anteil an Grobporen), das eine optimale Durchwurzelung ermöglicht, ist daher für die Nährstoffverfügbarkeit von großer Bedeutung.

d) Mikrobielle Aktivität und pH-Wert in der Rhizosphäre, Wurzelausscheidungen

An der Wurzeloberfläche und in der gesamten Rhizosphäre ist die Besiedlungsdichte von *Mikroorganismen*, vor allem von Bakterien, viel höher als im wurzelfernen Boden (Kap. IX). Die Besiedlungsdichte ist abhängig von der Menge an Wurzelausscheidungen, z. B. Zukkern und organischen Säuren sowie von abgestorbenen Zellen, vor allem Wurzelhaaren und Wurzelhauben. Eine besondere Rolle spielen Rhizosphärenorganismen, welche die Umsetzung organischer P-Verbindungen bewirken, N_2-fixierende Bakterien (s. Kap. XX 11) und *Mykorrhizen* (s. Kap. IX 3 e).

Wurzelausscheidungen wirken nicht nur indirekt über die Aktivität von Mikroorganismen auf die Nährstoffverfügbarkeit/-angebot, sondern auch direkt durch ihre komplexierenden Eigenschaften. So spielt z. B. die Abgabe von Phenolen und (bei Gräsern) nicht proteinogenen Aminosäuren (Phytosiderophoe) sowie die

Abgabe von organischen Säuren (insbesondere Citrat) für die Mobilisierung von Mn und an Fe- und Al-Oxide gebundenes Phosphat und die Verringerung der Al-Aufnahme eine nicht unwesentliche Rolle.

Wurzelausscheidungen besonderer Art sind Polysaccharide und Polyuronsäuren an der Wurzelspitze der Pflanzen, das sog. *Mucilage*. Dieses spielt z. B. eine Rolle beim Antransport der Nährstoffe zur Wurzel durch Diffusion und bei der Phosphataufnahme über Desorptionsprozesse sowie durch Behinderung der Diffusion von Al-Ionen in das Apikalmeristem bei stark sauren Mineralböden, in denen Al-Toxizität auftritt.

Neben Wurzelausscheidung wird die Nährstoffdynamik der Rhizosphäre auch durch Veränderung des pH-Wertes bestimmt. Die *pH-Werte* in der Rhizosphäre können sich erheblich von denen des wurzelfernen Bodens unterscheiden[16], und zwar durch aktive Protonenpumpen (Fe-Mangel induziert) und aufgrund einer unterschiedlichen Aufnahmerate von Kationen und Anionen durch die Pflanzen und der sich hieraus ergebenden Notwendigkeit zum Ladungsausgleich. Überschüssige Kationenaufnahme resultiert in verstärkter H^+-Abgabe und damit in pH-Abnahme, überschüssige Anionenaufnahme in verstärkter OH^-- bzw. HCO_3^--Abgabe und damit pH-Erhöhung im Rhizosphärenboden. Da mengenmäßig unter den von den Pflanzen aufgenommenen anorganischen Nährstoffen Stickstoff dominiert, hat die Form der N-Ernährung den stärksten Einfluß auf das Rhizosphären-pH. Bei NO_3-Ernährung steigt in der Regel der pH-Wert in der Rhizosphäre, bei NH_4-Ernährung und Nutzung von symbiontisch fixiertem N_2 sinkt er. Die pH-Werte in der Rhizosphäre können sich daher je nach angebotener N-Form um 1 – 2 pH-Einheiten vom wurzelfernen Boden unterscheiden, was mit entsprechenden Veränderungen in der Verfügbarkeit anderer anorganischer Nährstoffe in der Rhizosphäre verbunden ist. Hervorzuheben ist bei physiologisch saurer Ernährung (NH_4-Aufnahme) eine erhöhte Mobilisierung mancher Mikronährstoffe wie Fe^{3+}, Mn^{2+} und Zn^{2+} und von Phosphor aus schwerlöslichen Ca-Phosphaten.

Die durch Ausscheidung von reduzierenden Substanzen, enzymatische Reduktion und Veränderung des O_2-Partialdruckes bedingten Veränderungen des *Redoxpotentials* wirken sich vor allem auf die Verfügbarkeit von Eisen und Mangan aus. (s. Kap. XX 13, 14 und XIII).

4. Bestimmung der Nährstoffversorgung von Böden[19–24]

Die Nährstoffversorgung von Böden kann erfaßt werden durch Felddüngungsversuche, Gefäßversuche, Mangelsymptome an den Pflanzen, Pflanzenanalysen, mikrobielle Methoden und chemische Bodenuntersuchungen.

a) Feldversuche

Feldversuche sind zur Erfassung der Nährstoffversorgung von Böden ausschlaggebend, weil hierbei im Gegensatz zu Gefäßversuchen die Nährstoffverfügbarkeit bei natürlicher Bodenlagerung im gesamten Wurzelraum unter variierenden Witterungsverhältnissen berücksichtigt wird. Am besten geeignet sind *einjährige Feldversuche* auf Böden der gleichen Bodenform, aber unterschiedlicher Nährstoffgehalte. Die Feldversuche müssen infolge des großen Einflusses der Witterung auf die Erträge während mehrerer Jahre wiederholt werden und wegen der Heterogenität der Böden selbst auf engem Raum auf verschiedenen Standorten.

Statische Langzeitversuche auf dem gleichen Feld über 10 Jahre und mehr geben Aufschluß über den verfügbaren Nährstoffvorrat im Boden und die Änderung des Ertragsniveaus beim Abbau des Nährstoffvorrats (s. z. B. Abb. 135); zur Eichung der Werte von Bodenuntersuchungen sind sie weniger geeignet[24a].

b) Gefäßversuche

Gefäßversuche bieten den Vorteil, daß alle Wachstumsfaktoren außer dem zu untersuchenden Nährstoff konstant gehalten werden können. Die Ergebnisse der Gefäßversuche müssen jedoch durch Felddüngungsversuche geeicht werden. Gefäßversuche werden auch häufig benutzt, die Güte chemischer Extraktionsmethoden zu prüfen oder den Nährstoffvorrat eines Bodens durch wiederholte Bepflanzung zu ermitteln.

Früher wurde in der BRD vielfach die *Neubauer-(Keimpflanzen-)Methode* zur Bestimmung der K- und P-Versorgung der Böden angewandt. Hierbei werden 100 g Boden mit 50 g reinem Quarzsand vermischt, mit 100 Roggenkörnern in einer *Neubauer*-Schale angesetzt und nach einer Vegetationsdauer von 14 Tagen der K- und P-Gehalt in den oberirdischen Pflanzenteilen bestimmt. Diese Gehalte sind meist mit den Werten chemischer Extraktionsmethoden eng korreliert.

c) Pflanzenanalyse

Die Anwendung der Pflanzenanalyse zur Bestimmung der Nährstoffversorgung von Böden fußt darauf, daß zwischen dem Nährstoffgehalt der Pflanzen und dem Wachstum bzw. Ertrag eine Beziehung besteht. Da der Gehalt der Pflanzen nicht nur von der Pflanzenart, sondern auch von dem Wachstumsstadium abhängig ist und mit zunehmender Vegetationszeit bei den meisten Nährstoffen sinkt (infolge des Verdünnungseffektes), werden die gesamten Pflanzen oder bestimmte Pflanzenteile (Blätter, Nadeln usw.) in einem möglichst frühen, gut diagnostizierbaren Zeitpunkt entnommen. Für verschiedene Pflanzen und Nährstoffe wurden optimale Bereiche erarbeitet, die jedoch zum Teil noch recht ungesichert sind[3].

Die Pflanzenanalyse wird vor allem bei Dauerkulturen wie im Obstbau und der Forstwirtschaft angewandt, sowie als zusätzliche Methode zu chemischen Bodenuntersuchungen.

d) Mangelsymptome

Eine unzureichende Nährstoffversorgung der Pflanzen kann sich im Auftreten von Mangelsymptomen äußern, in der Regel aber erst bei starker Unterversorgung. Häufig sind die Symptome jedoch nicht so charakteristisch wie bei Mg-, Mn-, Mo- und B-Mangel oder erscheinen zu einem so späten Zeitpunkt in der Vegetationsperiode, daß selbst durch eine Blattdüngung das Ertragsoptimum nicht mehr erreicht wird. Ertragsdepressionen können aber bereits auftreten, ohne daß sich Mangelsymptome zeigen (latenter Mangel). Andererseits sind Mangelsymptome, besonders im frühen Wachstumsstadium, nicht immer mit Ertragseinbußen verbunden.

e) Chemische Bodenuntersuchungen

Der Vorteil chemischer Extraktionsmethoden zur Bestimmung der Nährstoffversorgung ist die einfache und schnelle Durchführung noch vor der Kulturperiode. Allerdings haben nur wenige der zahlreichen Methoden eine weltweite Anwendung gefunden, meist ist eine bestimmte Methode nur auf wenige Länder beschränkt. Durch eine chemische Bodenuntersuchung soll vor allem festgestellt werden, in welchem Umfang ein Boden in der Lage ist, die auf ihm anzubauenden Pflanzen mit einem bestimmten Nährstoff zu versorgen und wie hoch die Düngung in Abhängigkeit vom Nährstoffgehalt des Bodens zu bemessen ist. Die Aufgabe der Bodenuntersuchung ist also die Vorhersage des zu erwartenden Düngungseffektes, der direkt nur im Felddüngungsversuch, dann aber erst bei der Ernte ermittelt werden kann.

(1) Probenahme

Von entscheidendem Einfluß auf die Auswertung der Bodenuntersuchung ist die Probenahme, weil sie meist die größte Fehlerquelle beinhaltet. Für die Routineuntersuchungen werden die Bodenproben von einheitlichen Flächen in der Regel nur aus der Ackerkrume (< 20 – 35 cm) und bei Grünland aus dem Horizont < 10 cm (BRD) oder < 6 cm (Niederlande) entnommen, weil in diesen Horizonten die Hauptmenge der Wurzelmasse (> 90 %) und Nährstoffe enthalten ist. Für wissenschaftliche Untersuchungen werden zusätzliche Proben aus den Horizonten des gesamten Profils herangezogen. Da das Untersuchungsergebnis repräsentativ für die zu untersuchende Fläche sein soll und Unterschiede im Nährstoffgehalt auf engem Raum vorhanden sein können (bedingt z. B. durch nesterartige Verteilung der Dünger), werden an etwa 20 gleichmäßig auf die gesamte Fläche (meist nicht mehr als 1 ha) verteilten Stellen Einzelproben entnommen und zu einer Mischprobe vereinigt. Diese wird im Labor bei 20 – 30 °C getrocknet, durch ein Sieb mit 2 mm Maschenweite gesiebt, der Stein- bzw. Kiesanteil bestimmt, und die Fraktion < 2 mm zur Analyse verwendet.

Zur Extraktion wird meist eine gewichtsmäßige Einwaage vorgenommen und das Analysenergebnis in mg/100 g Boden oder mg/kg Boden angegeben, in Böden mit höherem Gehalt an organischer Substanz und gärtnerischen Substraten bei gleichzeitiger Bestimmung des Raumgewichts in mg/100 ml oder mg/l Boden. Die Beziehung zwischen den Werten der Bodenuntersuchung und der Nährstoffversorgung wird verbessert, wenn eine standardisierte volumetrische Einmessung vorgenommen wird, weil die Pflanzen auch auf dem Feld ein bestimmtes Volumen durchwurzeln und hierdurch das unterschiedliche Raumgewicht in Abhängigkeit von der Körnung und dem Gehalt an organischer Substanz ausgeglichen wird.

(2) Methoden

Folgende Extraktionsmethoden werden angewendet: Extraktion mit Wasser (für P, B), Salzlösungen (Ca, Mg, K, Na), Säuren (Cu, schwer mobilisierbare Nährstoffe), komplexierende Lösungen wie EDTA (Äthylendiamintetraessigsäure) für Mikronährstoffe und Reduktionsmittel (Mn). Weiterhin sind in Gebrauch die Austauschermethode nach *W. Tepe* für gärtnerische Substrate und die EFU (Elektroultrafiltrations)-Methode, begründet von *P. Koettgen*, weiter entwickelt von *Nemeth*[24b]. Das Prinzip der geräteintensiven EUF-Methode beruht auf der Trennung der Nährionen vom Boden durch Anlegung eines elektrischen Feldes bei 2 verschiedenen Temperaturen (20 und 80 °C) und 2 verschiedenen Spannungen (200 und 400 Volt).

5. Düngung in Abhängigkeit von Pflanzenentzug und der Nährstoffversorgung der Böden

Für die Ermittlung des Düngerbedarfs der Pflanzen sind deren Nährstoffentzug und der Gehalt der Böden an leichtverfügbaren Nährstoffen im Wurzelraum eine wesentliche Grundlage.

a) Nährstoffentzug der Pflanzen

In Tab. 71 sind die Entzüge einiger Nährstoffe durch Kulturpflanzen als Mittelwerte einer großen Zahl von Einzelwerten aus verschiedenen Anbaugebieten angegeben[25] (s. a. Tab. 82, Kap. 13). Der Nährstoffgehalt der einzelnen Pflanzen schwankt (besonders K im Stroh und Silomais) infolge des Einflusses der Nährstoffversorgung der Böden, der Düngung und der Witterung zur Zeit der Ernte (z. B. K-Auswaschungsverluste) teilweise erheblich um die Mittelwerte.

Tabelle 71 Mittlerer Nährstoffentzug von Pflanzen zur Zeit der Ernte bei mittleren Erträgen in der BRD. Entzüge und Trockensubstanz (Tr.S.) sind bezogen auf lufttrockene Substanz (1 – 3) oder Frischsubstanz (4 – 6) (berechnet aus Daten von[25])

Pflanze		Tr.S. (%)	Ertrag (dt/ha)	Entzug (kg/ha) N	P	K	Ca	Mg
1) Weizen	Korn	86	50	94	16	22	3	5,5
	Stroh	89	50	23	3,5	45	16	4
2) Mais	Korn	83	60	86	16	15	2	5
3) Raps	Korn	91	30	100	19	24	13	7,5
4) Zuckerrübe	Rübe	25	500	115	20	100	29	20
	Blatt	16	400	145	16	225	79	31
5) Kartoffel	Knolle	22	300	95	17	145	3	9
6) Silomais (Teigreife)		27	500	183	30	90	10	23

Der Entzug einer Ernte ist außerdem vom Verhältnis Korn, Rübe und Knolle zu den vegetativen Pflanzenteilen abhängig. Das Verhältnis wird durch mehrere Faktoren beeinflußt: Es ist z. B. unter feuchten Wachstumsbedingungen weiter als unter trockenen, bei hoher N-Düngung weiter als bei niedriger und bei niedrigem Ertragsniveau weiter als bei hohem und bei Anwendung von CCC (Chlorcholinchlorid) enger als ohne CCC. So kann z. B. das Verhältnis von Weizenkorn zu Stroh im Bereich 1:1,1 bis 1:0,6 schwanken.

b) Entzugs- und Erhaltungsdüngung

Für die Bemessung der Düngung werden folgende Begriffe gebraucht:

Als *Entzugsdüngung* wird eine Düngung bezeichnet, die der Nährstoffabfuhr vom Feld entspricht. Sie schließt damit die Nährstoffmenge aus, die in den auf dem Feld verbleibenden Vegetationsrückständen (Stroh, Rübenblatt usw.) enthalten ist.

Als *Erhaltungsdüngung* wird eine Düngung bezeichnet, die zur Aufrechterhaltung eines bestimmten Bodenuntersuchungswertes notwendig ist. Sie ist nur in einem langen Zeitraum zu ermitteln, was vor allem in den hohen Schwankungen der Bodenuntersuchungswerte von Jahr zu Jahr begründet ist.

c) Nährstoffgehaltsklassen und Grenzwerte

Besteht zwischen den Nährstoffgehalten der Böden und den Erträgen eine Beziehung (s. z. B. Abb. 125), so können hieraus Düngungsempfehlungen abgeleitet werden. Anhand der

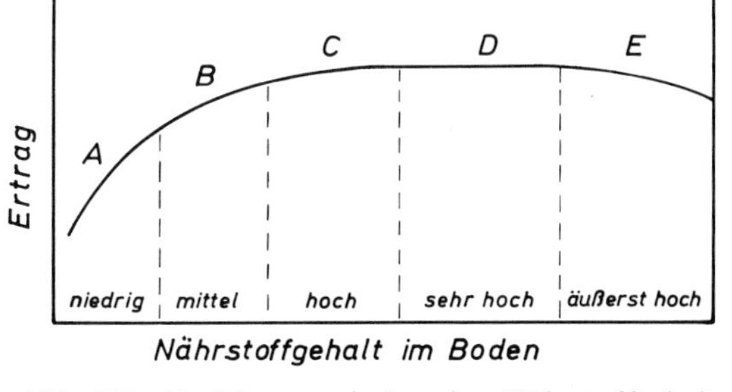

Abb. 125 Beziehung zwischen dem Nährstoffgehalt im Boden und dem Ertrag in den Gehaltsklassen A – E

Ertragskurven können die Nährstoffgehalte in verschiedene *Gehaltsklassen* mit jeweils einem unteren und oberen Grenzwert unterteilt werden. Nach den Richtlinien der Versuchsstationen in der BRD werden je nach Nährstoff bis zu 5 Gehaltsklassen (A – E) gebildet.

Dem Nährstoffgehalt des Bodens, bei dem eine Entzugsdüngung empfohlen wird, wird die Gehaltsklasse C zugeordnet. In den Gehaltsklassen A und B wird häufig eine um 100 % und 50 % über dem Entzug, in Gehaltsklasse D eine um 50 % unter dem Entzug liegende Düngung und in Gehaltsklasse E keine Düngung empfohlen.

Die *Grenzwerte* für die einzelnen Nährstoffe und die Düngungsempfehlungen der amtlichen Beratungsdienste sind nahezu für das gesamte Gebiet der BRD einheitlich, obwohl die Standortfaktoren sowohl zwischen den einzelnen Bundesländern als auch innerhalb der Länder sehr verschieden sind. Es ist daher auch berechtigt, einen Vergleich mit anderen Ländern anzustellen, wo ähnliche Standortverhältnisse vorliegen (s. Kap. 7, 8, 10).

d) Einfluß des Standorts; Unterboden

Vor allem folgende *Standortfaktoren* wirken sich auf die Verfügbarkeit der Bodennährstoffe und damit den Düngerbedarf aus: Klima, Nährstoffgehalt im Wurzelraum, Durchwurzelungstiefe und Durchwurzelungsintensität, Wasser- und Lufthaushalt, sowie Tiefe der Akkerkrume (diese beträgt in der BRD meist 20 – 35 cm). Der Einfluß der einzelnen Standortfaktoren ist allerdings nicht zu quantifizieren. Ihr Zusammenwirken spiegelt sich aber im *Ertragsniveau* wider, das neben dem Nährstoffentzug der einzelnen Pflanzen (Kap. 5 a) eine gute Grundlage für die Düngung ist.

Der Einfluß der *Witterung* auf die Nährstoffverfügbarkeit ist daraus ersichtlich, daß in manchen Jahren mit einem Nährstoff gut versorgte Böden noch Mehrerträge bei Zufuhr des betreffenden Nährstoffs ergeben (überwiegend schlechte Wachstumsfaktoren) und in anderen Jahren schlecht versorgte Böden keine Düngewirkung zeigen (überwiegend gute Wachstumsfaktoren).

Einen großen Einfluß auf den Düngerbedarf hat vielfach der *Unterboden*, je besser und je tiefer er durchwurzelt werden kann, um so größer ist dort die Nährstoffverfügbarkeit. Ungünstig wirken sich daher verdichtete Horizonte oder durch das Ausgangsgestein bedingte schwer durchlässige Schichten aus, die mechanisch das Wurzelwachstum behindern, oder durch Bildung von Staunässe zur Verringerung des Wurzelraums führen. Eine *Dränung* von Staunässeböden führt daher oft zu einer verbesserten Nährstoffversorgung der Pflanzen.

Über den *Anteil des Unterbodens* an der Nährstoffaufnahme der Pflanzen gibt es – ausgenommen bei Nitrat – nur wenige Untersuchungsergebnisse. In zahlreichen schwedischen Feldversuchen mit Sommergetreide wurden bei Anwendung der Isotopen- Verdünnungsmethode (Kap. 8 g 1) im Mittel bei hoher Streuung der Einzelwerte 25 % P, 35 % K und 60 % Ca aus dem Unterboden aufgenommen[26]. Für Kalium ergaben sich nach der gleichen Methode ähnliche Ergebnisse auf Löß- Parabraunerden in Niedersachsen[27]. In einem Feldversuch auf einer anderen Löß-Parabraunerde wurde unter Berücksichtigung der Wurzelverteilung, der Massenfluß- und Diffusionsbedingungen eine 30 %ige P- und 35 %ige K- Aufnahme aus dem Unterboden berechnet[28, 29]. Das Ausmaß der Nährstoffaufnahme aus dem Unterboden ist von zahlreichen Faktoren wie Bodenart, Nährstoffgehalt des Ober- und Unterbodens, Wurzelanteil im Unterboden, Pflanzenwachstum und Klima abhängig.

Die aus dem Unterboden aufgenommenen Nährstoffe sind zum Teil durch Lösungstransport und die Tätigkeit der *Bodenfauna* aus der Ackerkrume in den Unterboden verlagert worden, bei den Vertisolen (s. dort) in Form einer Peloturbation. So konnte in den aus Wurmexkrementen bestehenden Wandauskleidungen von Regenwürmern im Unterboden ein im Vergleich zum umgebenden Boden höherer Gehalt an organisch gebundenem Stickstoff und an Phosphat nachgewiesen werden[30, 31] (s. a. Kap. 10 e).

Andererseits werden auch aus dem Unterboden nährstoffreiches Bodenmaterial durch Bioturbation, sowie Nährstoffe unter dem Einfluß des Pflanzenwachstums nach oben verlagert.

e) Änderungen der Bodenuntersuchungswerte nach einer Düngung

Nach einer Düngung zeigen die Bodenuntersuchungswerte nur selten die Zunahme des Nährstoffvorrats im Boden vollständig an. Es können Nährstoffe bereits aus der untersuchten Bodenschicht verlagert sein, oder aber die zugeführten Nährstoffe und ihre Umwandlungsprodukte im Boden werden durch die bei der Bodenuntersuchung angewandten Extraktionslösungen nur unvollständig erfaßt.

Für den Fall, daß die zugeführten Nährstoffe in der Ackerkrume verbleiben und durch ein Lösungsmittel vollständig erfaßt werden, muß bei der Bilanzierung die Lagerungsdichte und die Mächtigkeit der Ackerkrume berücksichtigt werden. Beträgt z. B. die Lagerungsdichte eines Sandbodens 1,5 g/cm^3, die Mächtigkeit der Akkerkrume 20 cm und damit deren Gewicht 3 Mio. kg/ha, so erhöht eine Düngergabe von 100 kg/ha den Nährstoffgehalt der Ackerkrume um 33 mg/kg Boden, bei tonreichen Böden mit der Lagerungsdichte von z. B. 1,25 um 40 mg/kg Boden. Oder anders ausgedrückt, zur Erhöhung des Nährstoffgehalts der Ackerkrume um 10 mg/kg sind im ersten Fall eine Zufuhr von 33 kg, im zweiten Fall von 25 kg/ha notwendig (Mittelwert 30 kg).

Werden die zugeführten Nährstoffe jedoch nur zum Teil erfaßt, so ist eine höhere Nährstoffzufuhr notwendig. So sind zur Erhöhung der K(DL,CAL)-Werte um 10 mg K/kg Boden 50 – 400 kg K/ha und mehr (s. Kap. 8 h) und der P(DL,CAL)-Werte um 10 mg P/kg 80 – 250 kg P/ha (s. Kap. 10 l) zuzuführen.

6. Calcium

Der *Ca-Gehalt* von Böden liegt häufig zwischen 0,1 und 1,2 % Ca*, bei $CaCO_3$-haltigen Böden und Böden aus Gipsgesteinen oft beträchtlich höher, in Sanden meist tiefer. Als Ca-haltige *Minerale* treten in Böden vorwiegend Plagioklase, Pyroxene, Amphibole und Epidot, sowie Calcit, Dolomit und Gips auf. Da sie sämtlich leicht verwitterbar bzw. relativ leicht löslich sind und Ca^{2+} von den Austauschern der Böden stark gebunden wird, liegt ein wesentlicher Teil des Gesamt-Ca in austauschbarer Form vor.

Der *$CaCO_3$-Gehalt* der Böden stammt nicht nur aus den Ausgangsgesteinen, sondern auch aus der Düngung. Die Löslichkeit von $CaCO_3$ ist stark vom CO_2-Partialdruck abhängig (s. Tab. 6) und beruht auf der Bildung von Calciumhydrogencarbonat [$Ca(HCO_3)_2$], das nur in Lösung beständig ist. Auch *Calciumsulfat* gelangt zum Teil über die Düngung in den Boden, entweder direkt, z. B. mit Superphosphat (Gipsgehalt etwa 50 %), oder es entsteht sekundär aus leichter löslichen Sulfaten, wie K_2SO_4 $(NH_4)_2SO_4$ und $MgSO_4$, durch Kationenaustausch mit adsorbiertem Ca, z. B.:

$$(Boden)Ca + K_2SO_4 + 2H_2O = (Boden)K_2 + CaSO_4 \cdot 2H_2O$$

oder bei der Umsetzung von H_2SO_4, die über die Niederschläge in den Boden gelangt, mit adsorbiertem Ca oder mit $CaCO_3$. Die Löslichkeit des Gipses in Wasser beträgt 2,6 g/l bei 20 °C.

In Ackerböden der BRD tritt *Ca-Mangel* nicht auf, da der Ca-Gehalt der Bodenlösung in der Regel über der als notwendig erachteten Konzentration von 20 mg Ca/l liegt (s. Tab. 70). Bedeutung hat der Ca-Mangel jedoch im Obstbau, wo bei unzureichendem Ca-Transport in der Apfelfrucht, der durch sekundäre Faktoren bedingt ist, die Stippigkeit auftreten kann (braune Flecke). Eine analoge Erscheinung ist die Fruchtendfäule der Tomate und die Herzfäule bei Sellerie und Blumenkohl. Wenn trotz ausreichender Ca-Konzentration in der Bodenlösung häufig eine Ca-Düngung bei feinkörnigen Böden erfolgt, so geschieht dies im Hinblick auf die Verbesserung des Gefüges (s. dort). Ca-Mangel ist dagegen in tropischen Böden (Ferralsolen) weit verbreitet.

Die *Ca-Auswaschung* ist im Kap. 2 näher beschrieben. Einige Beispiele für die Ca-Aufnahme der Pflanzen sind in Tab. 71 angeführt.

7. Magnesium[2–9, 32, 36]

Der Mg-Gehalt* liegt in $MgCO_3$-freien Böden häufig im Bereich von 0,05 % (z. B. Sandböden) bis 0,5 % (z. B. Tonböden). Der überwiegende Anteil liegt in Silicaten vor, vor allem in Amphibolen, Pyroxenen, Olivinen, Biotiten und manchen Tonmineralen, wie Chloriten und Vermiculiten. In alkalischen Böden kann Magnesium außerdem als Dolomit, Magnesit und zu 1 – 3 % im Calcit vorliegen, in ariden und semiariden Böden auch als das leichtlösliche Magnesiumsulfat. Eine erhebliche Mg-Zufuhr erfolgt in Meeresnähe durch Aerosole.

a) Pflanzenverfügbares Magnesium

Für die Mg-Versorgung der Pflanzen ist vor allem das wasserlösliche und austauschbare Mg

---

* 1 % Ca entspricht 1,40 % CaO.

* 1 % Mg entspricht 1,66 % MgO.

von Bedeutung. In geringem Maß vermögen manche Böden auch nichtaustauschbares Mg abzugeben[33-36].

Hohe Gehalte an *austauschbarem Mg* treten in manchen Salz- und Natriumböden auf, sowie in Marschen, Niedermooren, Pelosolen, Böden aus Mg-reichen Magmatiten (z. B. Basalten, Peridotiten) und Dolomiten. Sehr geringe Mg-Gehalte haben podsolierte Sandböden und manche tropische Böden (z. B. Ferralsole).

In der Regel steigt in Böden der BRD der Gehalt an austauschbarem Mg mit zunehmendem Ton- und Schluffgehalt und im Gegensatz zu Kalium und Phosphor auch mit zunehmender Profiltiefe, wenn man von tonarmen Sandböden absieht.

Die Aufnahme von *nichtaustauschbarem* Mg durch die Pflanzen erfolgt vorwiegend aus den oberflächennahen Oktaederschichten von trioktaedrischen Glimmern und Tonmineralen.

Die Mg-Konzentration der *Bodenlösung* schwankt in einem weiten Bereich von z. B. 2 – 30 mg Mg/l (s. Tab. 70), häufig liegt sie bei deutschen Böden im Bereich 4 – 10 mg Mg/l.

Die Mg-Aufnahme durch die Pflanzen wird durch ein weites K/Mg-Verhältnis[36b] und Ca/Mg-Verhältnis in der Bodenlösung sowie einen niedrigen pH- Wert der Böden (Ionenkonkurrenz durch H- und Al-Ionen)[36a] beeinträchtigt.

b) Bestimmung der Mg-Versorgung von Böden

Fast alle *Routineuntersuchungen* beruhen auf der Erfassung eines mehr oder weniger hohen Anteils des austauschbaren Mg.

Von den deutschen Versuchsstationen wird die Mg($CaCl_2$)-Methode n. *Schachtschabel* angewandt[37]: Extraktion des Bodens (1 h) mit einer 0,0125 M $CaCl_2$-Lösung im Verhältnis 1 : 10.

Der Mg($CaCl_2$)-Anteil am gesamten austauschbaren Mg variiert zwischen ≈ 50 und 90 %, bei tonarmen Sandböden beträgt er 80 – 90 %, bei Tonböden 50 – 60 %.

In den *Niederlanden* wird eine 0,5 M NaCl- Lösung herangezogen (Extraktion 1 h im Verhältnis 1 : 10). Diese Mg(NaCl)-Werte liegen auf annähernd gleicher Höhe wie die Mg($CaCl_2$)-Werte.

Die Bestimmung des pflanzenverfügbaren *nichtaustauschbaren* Mg kann durch Extraktion des Bodens mit 1 M Salzsäure unter Abzug des austauschbaren Mg erfolgen, wie sich aus wiederholtem Mg-Entzug durch Weidelgras ergab[33].

Charakteristisch für Mg-Mangel sind auch die *Mangelsymptome* an den Pflanzen: Chlorose der älteren Blätter zwischen den Blattadern, die bei Gräsern streifenartig und bei Dicotyledonen fleckig ausgebildet ist und später in Nekrosen übergeht.

Auch über die *Pflanzenanalyse* kann die Mg-Versorgung der Böden ermittelt werden.

c) Beziehung zwischen Mg-Gehalt in Böden und Ertrag

Aus umfangreichen niederländischen Feldversuchen auf tonarmen pleistozänen Sandböden mit Kartoffeln (Abb. 126) und Hafer geht im Einklang mit deutschen Feldversuchen hervor, daß hohe Mehrerträge durch Mg-Düngung häufig dann auftreten, wenn in Sandböden der Mg($CaCl_2$, NaCl)-Gehalt der Ackerkrume weniger als 20 – 30 mg/kg beträgt.

Diese Ergebnisse werden durch das Auftreten von Mg-*Mangelsymptomen* an jungen Kartoffelpflanzen[37] und Haferpflanzen[39] auf tonarmen Sandböden gestützt, die fast nur bei Gehalten von < 50 mg Mg($CaCl_2$, NaCl)/kg beobachtet wurden. Sie traten verstärkt bei einem weiten K/Mg-Verhältnis auf[37].

Auf *tonreichen* Böden werden selbst bei Mg($CaCl_2$)-Gehalten < 50 mg/kg und hohen Gehalten an austauschbarem Kalium in der Ackerkrume nur selten statistisch gesicherte Mehrerträge durch Mg-Düngung erzielt. So wurde in 83 Ernten (62 × Getreide, 18 × Rüben, 3 × Kartoffeln) auf 18 Standorten verschiedenartiger Böden im Rheinland bei Mg($CaCl_2$)-Gehalten von 30 – 80 mg/kg im Mittel nur ein Mehrertrag von 0,60 dt Getreideeinheiten erhalten[38],

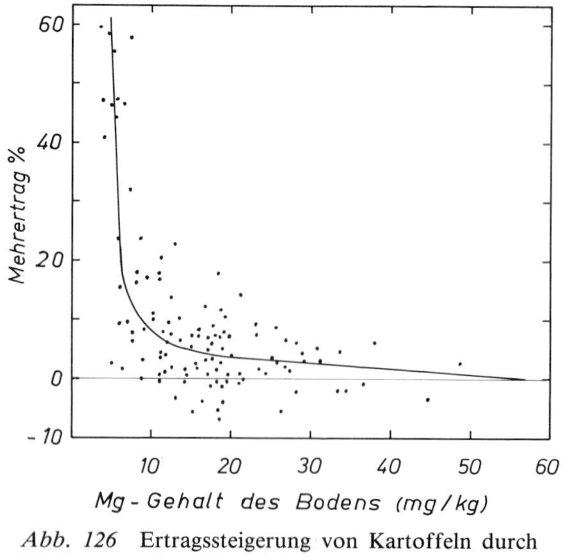

Abb. 126 Ertragssteigerung von Kartoffeln durch Mg-Düngung in Abhängigkeit von Mg(NaCl)-Gehalt von 115 Sandböden. Versuchsjahre 1953 – 1957[39]

der aber bei einer Mg-Düngung von 48 kg Mg/(ha · Jahr) nicht ökonomisch war.

d) Mg-Düngung und Mg-Grenzwerte

Nach den niederländischen Empfehlungen, die auf mehreren 100 Feldversuchen fußen, ergibt sich für Sand- und Lößböden die in Tab. 72 angegebene optimale Düngung. Der Gehalt der Böden an Ton und organischer Substanz bleibt unberücksichtigt, nicht aber in den Empfehlungen in der BRD. So betragen hier die oberen Grenzwerte, bei denen noch eine Mg-Düngung empfohlen wird, bei Sandböden bis 70 mg Lößböden 150 mg und Tonböden 180 mg $Mg(CaCl_2)$/kg, die jedoch nicht durch Feldversuche belegt sind.

Wenn Mg-Mangel bei deutschen Schluff-, Lehm- und Tonböden nur selten festgestellt wird, kann dies teilweise auf ihren hohen Gehalt an austauschbarem Mg im Unterboden zurückgeführt werden. Treten bei diesen Böden gelegentlich Mg-Mangelsymptome in einem frühen Wachstumsstadium der Pflanzen auf, so kann der hierdurch angezeigte Mg-Mangel durch eine Blattspritzung behoben bzw. gemildert werden.

Eine generelle Anhebung der $Mg(CaCl_2)$-Gehalte über 50 mg/kg ist bei ackerbaulich genutzten Böden unökonomisch, ausgenommen bei Böden, deren pH-Wert unterhalb des optimalen Bereichs liegt und bei denen eine Mg-Zufuhr über dolomitische Kalke erfolgen kann. Bei Sandböden ist zudem eine Mg-Anreicherung mit einer erhöhten Auswaschung verbunden, so daß zur Erhaltung des höheren Mg-Gehaltes in der Ackerkrume auch eine laufend höhere Mg-Zufuhr notwendig ist.

Für Wein und Hopfen sowie Kulturen unter Glas wird ein $Mg(CaCl_2)$-Gehalt von 100 – 200 mg/kg in der BRD empfohlen. Bei Obst und Zitrus hat sich die Blattanalyse besser als die Bodenanalyse bewährt.

In stark sauren Böden wirkt sich häufig eine *Kalkung* positiv auf die Mg-Aufnahme der Pflanzen aus, indem die Ionenkonkurrenz durch H- und Al-Ionen gemildert oder austauschbares Mg in die Bodenlösung überführt wird. Im letzteren Fall ist die Kalkwirkung nur vorübergehend.

Tabelle 72 Niederländische Empfehlungen für die Mg-Düngung bei Sand- und Lößböden in Abhängigkeit von dem Mg(NaCl)-Gehalt der Böden[21]

	Mg (mg/kg)		
	<2,5	2,5 – 5,0	>5,0
	Düngung (kg Mg/ha)		
Hackfrüchte	90 – 60	45 – 15	0
Getreide	45 – 15	0	0

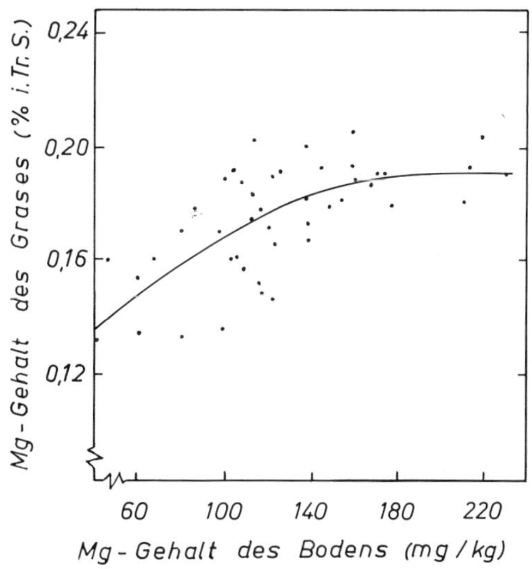

Abb. 127 Mg-Gehalt von Weidelgras (Trockensubstanz) in Abhängigkeit vom Mg(NaCl)-Gehalt des Oberbodens (0 – 7 cm) (n. *C. M. J. Sluijsmans*)

Auf *Grünland* wird folgende Mg-Düngung empfohlen: 120, 60 und 30 kg Mg/ha bei $Mg(CaCl_2)$-Werten von 50, 50 – 100 und 110 – 150 mg Mg/kg.

Bei Grünland ist im Hinblick auf die Gesundheit der *Tiere* der Mg-Gehalt der Gräser von Bedeutung, der mindestens 0,20 % in der Trockensubstanz betragen sollte. Bei geringerem Mg-Gehalt kommt es häufig beim Rind nach dem Weideaustrieb, besonders in einem kalten und feuchten Frühjahr, zu einer Senkung des Mg-Gehaltes im Blutserum und zu schweren Krämpfen mit tödlichem Ausgang (*Hypomagnesämie, Weidetetanie*)[40]. Der Mg-Gehalt im Gras steigt häufig mit dem Mg-Gehalt im Boden (Abb. 127) und dem Anteil der Kräuter. Er wird durch einen hohen Gehalt der Böden an verfügbarem Kalium und eine hohe K-Düngung begrenzt.

Die Mg-Düngung kann erfolgen durch 1) leichtlösliche Mg-Salze, wie Kieserit $MgSO_4 \cdot H_2O$ (18,5 % Mg), Mg-haltige K-, N-, P- und NPK-Dünger, 2) Dolomit (theor. 13,2 % Mg), $MgCO_3$ und dolomithaltige Kalke unterhalb des optimalen pH der Böden, 3) andere Mg-haltige mineralische und organische Dünger. Während gebrannte Dolomite und dolomithaltige Kalke im gesamten pH-Bereich anwendbar sind, wird der dolomitische Anteil in ungebrannten Kalken oberhalb pH 6 nur sehr langsam umgesetzt.

e) Mg-Auswaschung

Die Mg-Auswaschung ist abhängig von der Sikkerwassermenge, der Mg-Konzentration der Bodenlösung, der Mg-Sättigung des Bodens und der Zufuhr anderer Salze. Wie Tab. 68 zeigt, betrug die Auswaschung bei Ackerböden im Raum Hannover 16 – 23 kg Mg/(ha · Jahr).

8. Kalium[2–9, 41–47]

Kalium weist von allen Nährstoffen in der Regel den höchsten Gehalt in den Pflanzen auf und ist auch in Gesteinen häufig zu einem hohen Anteil enthalten (s. Kap. I). Der Gehalt der Böden an *Gesamt-Kalium* liegt meist zwischen 0,2 und 3,3 % K, in Natriumböden zwischen 2,5 und 6,7 % K*, in der Tonfraktion deutscher Böden zwischen 2 und 3 % K. Hoch- und Niedermoore haben dagegen nur einen sehr geringen K-Gehalt. In Mineralböden liegt der überwiegende Teil des Kaliums in silicatischer Form vor, vor allem in Kalifeldspäten, Glimmern und Illiten.

Der von den *Mikroorganismen* festgelegte K-Anteil ist gering. Er beträgt 25 – 50 kg K/ha, wenn man einen Gehalt der Böden von 3000 kg Organismen-Trockensubstanz je ha zugrundelegt.

Leicht *pflanzenverfügbar* ist das wasserlösliche, austauschbare und ein Teil des in Schichtsilicaten gebundenen, mit NH_4^+ nichtaustauschbaren Kaliums.

Der Gehalt der Ackerböden an austauschbarem Kalium ist in der Ackerkrume entscheidend von Bodenart, Klima und Höhe der K-Düngung abhängig und schwankt daher in einem weiten Bereich, wie z. B. aus Abb. 133 zu schließen ist. Der K-Gehalt in der Bodenlösung wurde zu 1 – 100 mg K/l bestimmt (Tab. 70). Die K-Zufuhr über die Niederschläge beträgt in der BRD ca. 2 – 6 kg K/(ha · Jahr)[10a].

a) Austauschbares und nichtaustauschbares Kalium

Als *austauschbares Kalium* wird dasjenige bezeichnet, das durch wiederholte Extraktion mit einer 1 M Ammoniumacetat-Lösung (pH 7,0) innerhalb einiger Stunden von dem Boden freigesetzt wird. Die Anwendung einer NH_4-haltigen Lösung hat den Vorteil, daß ein Endpunkt des K-Austausches erreicht wird, bei weiterer Extraktion mit einer solchen Lösung werden nur noch minimale K-Mengen freigesetzt. Wendet man dagegen eine Ca-haltige Lösung an, so werden bei wiederholter Extraktion laufend weitere, wenn auch geringe K-Mengen aus Schichtsilicaten ausgetauscht. Das gleiche ist der Fall, wenn Böden mit Ba-haltigen Lösungen bei erhöhter Temperatur (z. B. bei 80 °C) wiederholt extrahiert werden, wobei das gesamte Kalium in Schichtsilicaten freigesetzt werden kann[44]. Diese Freisetzung erfolgt bei trioktaedrischen Mineralen (z. B. Biotiten) leichter als bei dioktaedrischen Mineralen (z. B. Muskoviten); das gleiche gilt für Illite.

Aus diesen Gründen bezeichnet man das durch NH_4^+ freisetzbare Kalium konventionell als austauschbares Kalium und den übrigen K-Anteil als *nichtaustauschbares Kalium*.

Zwischen den verschiedenen K-Bindungsformen besteht das folgende *Gleichgewicht*:
K^+ in Lösung ⇄ austauschbares K^+ ⇄ nichtaustauschbares K (in Schichtsilicaten).

Während sich das Gleichgewicht zwischen austauschbarem Kalium und K^+ der Bodenlösung relativ schnell einstellt, verläuft die Einstellung des Gleichgewichts zwischen dem austauschbaren und dem im Innern von Schichtsilicaten gebundenen Kalium sehr träge.

b) K-Fixierung

Tonhaltige Böden haben in der Regel die Eigenschaft, wasserlösliches und austauschbares Kalium in eine nichtaustauschbare Form festzulegen, was auf ihrem Gehalt an Vermiculiten und aufgeweiteten Illiten beruht. Diese Eigenschaft der Böden bezeichnet man als K-Fixierung, unabhängig davon, ob das Kalium hierbei leicht pflanzenaufnehmbar bleibt oder nicht. Die K-Fixierung ist der umgekehrte Vorgang der Abgabe von nichtaustauschbarem Kalium: Je mehr ein Boden nichtaustauschbares Kalium an die Pflanzen abgegeben hat, um so stärker ist auch seine Fähigkeit, zugefügtes Kalium zu fixieren.

Die *Intensität* der K-Fixierung ist von der K-Selektivität der Minerale abhängig. Es werden

* 1 % K entspricht 1,21 % K_2O.

bei K-Zugabe immer erst die Plätze hoher Selektivität besetzt und dann zunehmend Plätze geringerer Selektivität.

Zur *Bestimmung* der K-Fixierung, deren Werte sehr von der angewandten Methode abhängen, schüttelt man den Boden mit einer KCl-Lösung (meist 10 mg K/10 g Boden/25 ml Lösung) und bestimmt anschließend die Summe von wasserlöslichem und austauschbarem Kalium. Die Differenz dieses Wertes zur Summe aus K-Angebot und austauschbarem Kalium des unbehandelten Bodens ergibt das fixierte Kalium (*nasse K-Fixierung*). Zur Bestimmung der *trockenen K-Fixierung* wird der Boden mit der KCl-Lösung bei 100 °C eingetrocknet und anschließend mit der Lösung eines NH_4-Salzes extrahiert. Die Werte der trockenen K-Fixierung sind z. B. bei Lößböden zwei- bis dreimal so hoch wie die der nassen K-Fixierung.

Die Bestimmung der K-Fixierung nach den beschriebenen Methoden liefert nur einen Anteil der Fixierungskapazität. Dieser Anteil erhöht sich mit der Reaktionsdauer sowie mit der K-Konzentration der Gleichgewichtslösung.

Aus Abb. 128 ist zu ersehen, daß bei gleicher K-Konzentration die K-Fixierung bei dem tonreicheren Boden 1 etwa doppelt so hoch ist wie bei dem Boden 2, entsprechend dem Unterschied im *Tongehalt*. Die Abhängigkeit der K-Fixierung vom Tongehalt ist in diesen Beispielen deswegen so eng, weil beide Böden annähernd die gleiche Tonmineralzusammensetzung hatten.

Auch zwischen der *K-Fixierung* und der *K-Sättigung* besteht ein Zusammenhang. Dieser ist besonders eng, wenn man die Fixierung nicht auf den gesamten Boden, sondern auf seinen Tongehalt bezieht, wie dies in Abb. 129 geschehen ist. Mit sinkendem Gehalt an austauschbarem Kalium je g Ton steigt die K- Fixierung zunächst langsam, unterhalb ≈ 0,4 mg K/g Ton sehr stark. Aus Abb. 129 ist weiterhin ersichtlich, daß die Unterböden im Vergleich zu den Oberböden ein besonders hohes K-Fixierungsvermögen aufweisen.

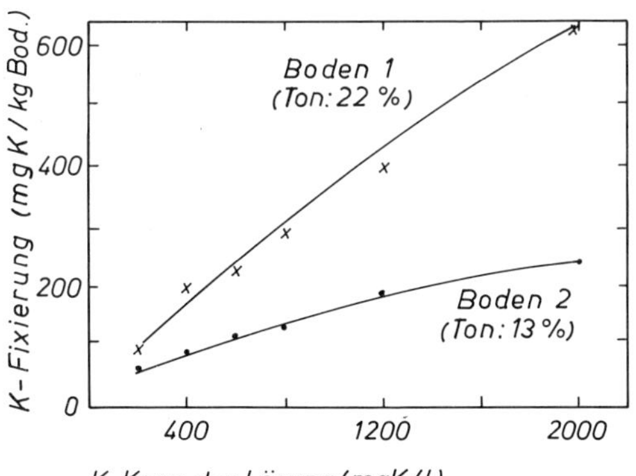

Abb. 128 Nasse K-Fixierung von 2 Lößböden in Abhängigkeit von der K-Konzentration der Gleichgewichtslösung (austauschbares K beider Böden 120 mg/kg)

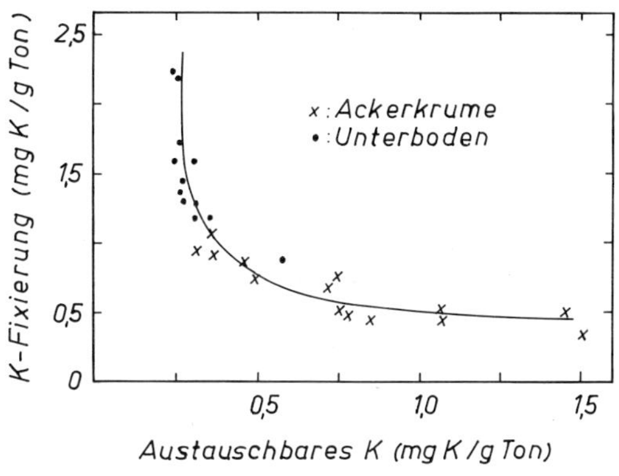

Abb. 129 Nasse K-Fixierung von Lößböden in Abhängigkeit vom austauschbaren Kalium (n. *E. Zehler*)

Eine geringe K-Fixierung braucht nicht nur mit einer hohen K-Sättigung in Verbindung zu stehen, sondern kann auch auf einer Einlagerung von *Hydroxo-Al-Polymeren* in die Zwischenschichten aufweitbarer Tonminerale beruhen[48] (s. Abb. 22, Kap. IV). Bei der pH-Erhöhung von Böden mit solchen Tonmineralen werden die Al-Polymere allmählich neutralisiert, so daß die durch sie besetzten Austauschplätze frei werden und die Schichten bei Einwirkung von K-Ionen kontrahieren können[48].

Unter Feldbedingungen wird nicht nur gelöstes, sondern auch austauschbares Kalium fixiert, wenn der Boden stark austrocknet. Dieses fixierte Kalium geht meist erst nach einer längeren Feuchtperiode (Monate) wieder in eine austauschbare Form über.

Eine extrem hohe K-Fixierung wird bei Lehm- und Tonböden festgestellt, die große Mengen an aufgeweiteten Dreischichtmineralen mit hoher Ladung (> 0,6 pro halber Formeleinheit) und wenig austauschbares Kalium (< 30 mg/kg Boden) enthalten. Solche Böden sind aus Flußsedimenten entstanden, in denen sich bei geringer Transportkraft des fließenden Wassers Feinton (< 0,2 μm) anreichert, sie kommen in Flußauen Süddeutschlands häufiger vor als in denen Norddeutschlands.

c) K-Gleichgewicht zwischen Boden und Bodenlösung

Das Gleichgewicht zwischen dem austauschbaren Kalium und der K-Konzentration der Bodenlösung wird von der K-Sättigung des Bodens, der K-Bindungsstärke und von allen um die Austauschplätze konkurrierenden Kationen, vor allem Ca^{2+} und Mg^{2+}, beeinflußt. Diese Beziehungen kommen in den Austauschkurven von *Beckett*[49] zum Ausdruck (Abb. 130a), die auch als Q/I-Kurven (Quantität/Intensität) bezeichnet werden.

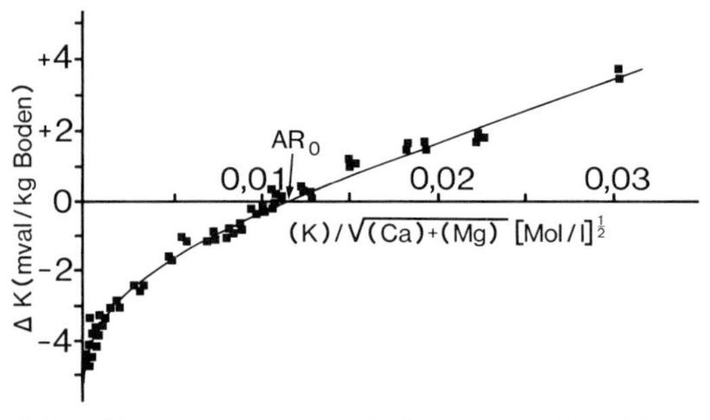

Abb. 130a Beziehung zwischen dem Aktivitätenverhältnis AR = $(K)/\sqrt{(Ca) + (Mg)}$ und der Änderung des austauschbaren Kaliums (ΔK) eines Bodens, ( ) = Aktivität (n. *Beckett*)

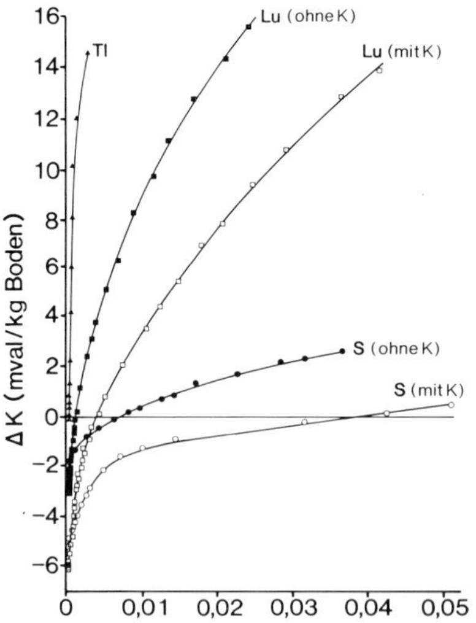

Abb. 130b Q/I-Kurven von Böden mit unterschiedlichem Tongehalt (Tl bis S), mit und ohne K-Düngung (Lu und S) und hoher (Tl) und niedriger (S) K-Fixierung

Zu ihrer Erstellung werden der Boden mit KCl- und $CaCl_2$-Mischlösungen mit verschiedenen K/Ca-Verhältnissen geschüttelt und nach Gleichgewichtseinstellung K^+, Ca^{2+} und Mg^{2+} in der Lösung bestimmt. Die durch Kationenaustausch eintretende Erhöhung oder Verminderung des austauschbaren △K (= Quantität) wird gegen das Aktivitätenverhältnis AR = $(K)/\sqrt{(Ca) + (Mg)}$ (= Intensität) der Gleichgewichtslösung aufgetragen. Im Schnittpunkt der Kurve mit der Abszisse (AR_o) sind die Beträge des K-Eintauschs und K-Austausches gleich. Im häufig untersuchten AR-Bereich sind die Q/I-Kurven vieler Böden wegen ihrer K-spezifischen Austauschpositionen (s. Kap. X) gekrümmt (entspricht dem gekrümmten Teil der Kurven in Abb. 51, Kap. X, mit variablen $K\frac{K}{Ca}$-Gapon-Koeffizienten). Erst oberhalb desjenigen AR-Bereiches, bei dem diese Positionen abgesättigt sind, ist die Q/I-Kurve linear (= konstanter K_{Ca}-Gapon-Koeffizient) (s. Abb. 130b).

Der durch Extrapolation erhaltene Schnittpunkt der Q/I-Kurve mit der Ordinate ergibt die K-Menge, die bei AR = 0 vom Boden kurzzeitig (in einigen Stunden) durch Ca^{2+} ausgetauscht werden kann (ca. 5 mval/kg in Abb. 130a). Wird AR durch intensives Bepflanzen eines begrenzten Bodenvolumens auf Werte unter ca. $5 \cdot 10^{-4}$ $(Mol/l)^{½}$ abgesenkt, so wird weiteres Kalium freigesetzt, das fester gebunden ist als das labile Kalium[51]. Ähnliches geschieht, wenn AR durch Erweiterung des Boden/Lösungsverhältnisses erniedrigt wird[50]. Dieses zusätzlich mobilisierte Kalium ist das kurzzeitig verfügbare nichtaustauschbare Kalium.

AR_o liegt in fruchtbaren Böden aus Löß und Geschiebemergel (Lu) in ungedüngtem Zustand bei ca. $1{,}5 \cdot 10^{-3}$ $(Mol/l)^{½}$, bei einer jährlichen K-Düngung von 120 kg K/ha und einer Weizen-Zuckerrübenfruchtfolge bei ca. $5 \cdot 10^{-3}$ $(Mol/l)^{½}$ (Abb. 130b). Die AR_o-Werte des lehmigen Tonbodens (Tl) (Abb. 130b) verringern sich durch K-Entzug nur geringfügig, wenn praxisüblich gedüngt wird[53] (s. Kap. 8g). Die AR_o-Werte ungedüngter, biotithaltiger Sande steigen bei intensiver K-Düngung von ca. 7 auf ca. $40 \cdot 10^{-3}$ $(Mol/l)^{½}$.

Die Steigung der Q/I-Kurven (ΔK/ΔAR) wird als K-*Pufferkapazität* bezeichnet, denn sie gibt an, in welchem Maße ein Boden der Veränderung des AR durch Ein- oder Austausch von K^+ (und Ca^{2+}) entgegen wirken kann. Bei gleichem Tonmineralbestand steigt die Pufferkapazität mit dem Tongehalt an. Tonminerale mit hoher Schichtladung (z. B. Feinton-Vermiculite) führen neben hoher K-Fixierung auch zu hohen Pufferkapazitäten (Tl in Abb. 130 b). Solche Böden erbringen auch bei geringer K-Konzentration der Bodenlösung hohe Erträge mit geringen K-Konzentrationen in der Pflanze, da sie große Mengen Kalium aus festerer Bindung nachliefern[52]. Dagegen sind bei Böden mit niedriger Pufferkapazität hierzu hohe K-Konzentrationen in der Bodenlösung notwendig, weil der Vorrat an kurzzeitig verfügbarem nichtaustauschbarem Kalium gering ist, und die K-Konzentrationen in der Pflanze sind dann entsprechend höher. Kaolinitreiche Böden sind kaum K-gepuffert, so daß sich AR bei K-Zufuhr und K-Entzug stark verändert; die Mengen an labilem und kurzzeitig verfügbarem nichtaustauschbarem Kalium sind sehr klein[53a].

d) Pflanzenverfügbares Kalium

Die Pflanzen vermögen nicht nur austauschbares Kalium, sondern auch nichtaustauschbares Kalium aufzunehmen. Dies ergibt sich z. B. nach Abb. 131 aus dem K-Entzug durch Roggenkeimpflanzen nach der *Neubauer*-Methode (s. Kap. 4 b)[54]. Hierbei wurden folgende Ergebnisse erzielt: (1) Die Pflanzen nehmen selbst bei hohem Gehalt an austauschbarem Kalium gleichzeitig erhebliche Mengen an nichtaustauschbarem Kalium auf, dieser Anteil steigt mit abnehmender K-Sättigung des Bodens, (2) die Abgabe von nichtaustauschbarem Kalium korrelierte positiv mit dem Glimmer- und Illitgehalt der Böden, auch annähernd mit dem Tongehalt infolge ähnlicher Mineralzusammensetzung, (3) die im Boden nach mehrmaligem Ansatz verbleibende Menge an austauschbarem Kalium stieg mit dem Tongehalt und strebte einem Endwert von 0,4 mg K/g Ton zu, der auch im Unterboden häufig anzutreffen ist, (4) die K-Abgabe aus dem Boden war reversibel, wie sich aus K-Fixierungsversuchen ergab.

Die Fähigkeit der Pflanzen zur Aufnahme von nichtaustauschbarem Kalium wurde mit einer starken Erniedrigung der K-Konzentration in der Wurzelsphäre erklärt. Sie ist aber nicht nur auf die intensive Durchwurzelung in Gefäßversuchen beschränkt, sondern ergibt sich auch aus langjährigen Feldversuchen (z. B. Versuch Geldersheim Abb. 135).

Die Pflanzenwurzeln vermögen die K-Konzentration der Bodenlösung bis auf ca. 0,1 mg K/l zu erniedrigen. In der Regel wird diese aber infolge des meist geringen Anteils des K-Transports durch Massenfluß und der geringen K-Diffusibilität im Boden nicht gleichmäßig erniedrigt, sondern verstärkt in der näheren Umgebung der Wurzeln[54 a–c].

Dies ist am Beispiel eines Laborversuchs aus Abb. 132 zu entnehmen. Hierbei wurden junge Rapspflanzen in Gefäßen angezogen, in denen

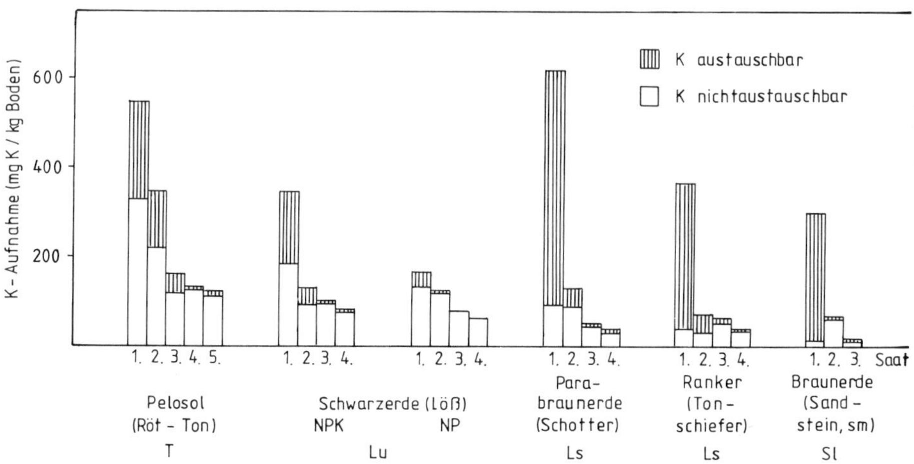

Abb. 131 Aufnahme von austauschbarem und nichtaustauschbarem Kalium durch Roggenkeimpflanzen (Methode *Neubauer*) aus Böden bei 3- bis 5mal wiederholter Saat. NP-Parzelle der Schwarzerde blieb seit 25 Jahren ohne K-Düngung (nach *P. Schachtschabel*)

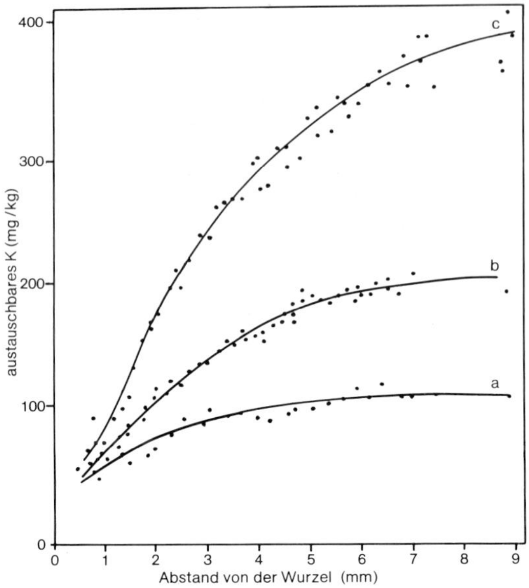

Abb. 132 K-Verarmungsprofile in Wurzelnähe von Raps bei 3 K-Gehalten eines Bodens (9 % Ton, 74 % Schluff) nach 7 Tagen. Austauschbares K 120 mg (a), 200 mg (b) und 550 mg/kg (c)[54a, 54c]

ein feinmaschiges horizontal gespanntes Nylonnetz die Wurzel vom Boden trennte und nur die Wurzelhaare durch das Netz gelangten. Der angrenzende wurzelnahe Boden wurde nach Einfrieren mittels flüssigen Stickstoffs mit einem Mikrotom in Schichten von 0,1 mm Dicke zerlegt und analysiert.

Aus Abb. 132 ist ersichtlich, daß bei allen 3 Proben das austauschbare Kalium in Wurzelnähe auf den gleichen Minimalwert von 60 mg/kg abgesunken war (K-Konzentration der Bodenlösung 0,1 mg K/l). Die K-Verarmungszonen erstreckten sich um so weiter von der Wurzeloberfläche, je höher der Gehalt des Bodens an austauschbarem Kalium bzw. die K-Konzentration der Bodenlösung war. Außerdem wurde aus dem Boden auch nichtaustauschbares Kalium bis zu 2 mm Entfernung von der Wurzeloberfläche entzogen. Dessen Freisetzung kann durch die Ausscheidung von Protonen ermöglicht werden[54d].

Die vorstehenden Modellversuche sind jedoch nur begrenzt auf das Wurzelsystem im Feld übertragbar, weil dort den Pflanzenwurzeln ein größerer Einzugsbereich zur Verfügung steht und daher die K-Absenkung in Wurzelnähe weniger stark erfolgt. Im übrigen ist die K-Verarmung an der Wurzeloberfläche vom Wassergehalt des Bodens abhängig: Austrocknung verstärkt sie wegen des verringerten K-Nachflusses durch Diffusion[54c].

In Böden aus Löß mit guter K-Versorgung wie z. B. in der Schwarzerde (Abb. 131), in Böden aus anderen Lockersedimenten ähnlichen Alters und ähnlicher Textur stammt das Kalium weitgehend aus Illiten der Tonfraktion und aus Biotiten der Fraktionen 0,2 – 60 μm, aus denen es wahrscheinlich langsam freigesetzt wird[54e] (s. a. [53b]).

Das Kalium der Kalifeldspäte spielt in Ackerböden wegen der langsamen Verwitterung im Gegensatz zu sauren Waldböden für die Pflanzen kaum eine Rolle.

e) Bestimmung der K-Versorgung von Böden

Die K-Versorgung der Böden ist außer von den in Kap. 3 erwähnten Faktoren vom Gehalt an austauschbarem und verfügbarem, nichtaustauschbarem Kalium im gesamten Wurzelraum abhängig. Sie wird in Routineuntersuchungen in der Regel nur durch einmalige Extraktion einer Mischprobe aus dem Oberboden mit Salzlösungen oder Säuren bei Zimmertemperatur bestimmt, wobei meist nur ein Anteil des mit NH_4^+ austauschbaren Kaliums erfaßt wird. Bei der Auswertung wird zum Teil die Bodenart berücksichtigt. Zusätzlich wird manchmal der K-Gehalt des Unterbodens und die Pflanzenanalyse herangezogen.

Alle K-Werte von Böden sind in mg K/kg ausgedrückt. In der BRD erfolgt die Angabe dagegen meistens in mg K_2O/100 g.

(1) Routinemethoden

In Europa werden häufig die folgenden Methoden angewandt (Bezeichnung, Zusammensetzung der Lösungen, Extraktionsverhältnis und -zeit):

K(NH₄) = Ammoniumacetat-Methode zur Bestimmung des gesamten durch NH_4^+ austauschbaren Kaliums: Wiederholte Extraktion des Bodens mit 1 M Ammoniumacetat (pH 7,0) oder einmalige Extraktion im Verhältnis 1 : 20 (1 h).

K(AL) = Ammoniumlactat-Methode n. *H. Egner* u. *H. Riehm*: 0,1 M Ammoniumlactat, 0,4 M Essigsäure, pH 3,0, Extraktion 1 : 20 (2 h).

K(DL): Doppellactat-Methode n. *H. Egner* u. *H. Riehm*: 0,02 M Calciumlactat, 0,02 M Salzsäure, pH 3,7, Extraktion 1 : 50 (2 h).

K(CAL) = Calciumacetat-lactat-Methode n. *H. Schüller*[55]: 0,05 M Calciumlactat, 0,05 M Calciumacetat, 0,3 M Essigsäure, pH 4,1, Extraktion 1 : 20 (2 h).

K(HCl) = Salzsäure-Methode: 0,1 M Salzsäure, Extraktion 1 : 10 (1 h).

Tabelle 73 Mittlerer relativer Anteil der K-Gehalte von Böden nach verschiedenen Extraktionsmethoden an $K(NH_4)$ in Abhängigkeit von der Fraktion < 2 µm[56]

Methode	Anteile der Fraktion < 2 µm (%) 8	16	24	32	40	48
	K-Anteil [$K(NH_4)$ = 100]					
K(HCl)	113	103	93	86	80	76
K(AL)	116	104	95	90	86	83
K(DL)	92	78	71	67	63	59
K(CAL)	85	71	64	60	56	52
$K(CaCl_2)$	60	44	36	32	28	24

$K(CaCl_2)$ = Calciumchlorid-Methode n. *P. Schachtschabel*: 0,0125 M Calciumchlorid, Extraktion 1 : 10 (1 h).

EUF-Methode (Kap. 4 e): Vergleich mit anderen Methoden siehe[56a].

In den USA wird häufig die NH_4-Acetat-, Bray- oder Mehlich-Methode angewandt (s. Kap. 10 f).

Aus Tab. 73 geht hervor, daß der K-Anteil nach den einzelnen Methoden an $K(NH_4)$ verschieden ist und bei allen Methoden mit steigendem Tongehalt sinkt. Die teilweise über 100 liegenden K(HCl)- und K(Al)-Anteile sind auf die niedrigen pH-Werte der Extraktionslösungen zurückzuführen. Bei zunehmender Fraktion <2 µm ist die relative Abnahme der $K(CaCl_2)$-Anteile am größten.

(2) Leicht verfügbares nichtaustauschbares Kalium

Seine Bestimmung erfolgt häufig nach der Methode n. *Reitemeier* durch 10 min Extraktion mit 1 M HNO_3 oder 1 M HCl bei Siedetemperatur. Hierbei wird vorwiegend Kalium freigesetzt, das in trioktaedrischen Glimmern und Illiten gebunden ist, aber nur wenig Kalium aus dioktaedrischen Glimmern und Illiten sowie Feldspäten. So wurden aus gemahlenen Mineralen (Äquivalentdurchmesser 2 – 6 µm) durch 1 M HCl (10 min) folgende K-Mengen in % des Gesamt-K freigesetzt: Biotit (trioktaederisch), 91 %, Muskovit (dioktaedrisch) 4,6 % und Kalifeldspat 1,5 % (n. *St. Stålberg*).

Für Routinebestimmungen ist die folgende Methode geeigneter:

$K(HCl)_{50}$ n. *P. Schachtschabel*: Extraktion mit 1 M HCl im Verhältnis 5 g : 50 ml in verschlossenen 100 ml Polyethylen-Flaschen im Trockenschrank bei 50 °C ohne Umschütteln (20 h). Von diesen K-Werten ist $K(NH_4)$ abzuziehen. Die $K(HCl)_{50}$-Werte korrelieren eng mit den K- Werten nach der Reitemeier-Methode, das Verhältnis zwischen den beiden K-Werten betrug bei Lößböden ≈ 90 : 100[56b].

(3) Pflanzenanalyse, Mangelsymptome

Die Pflanzenanalyse hat sich bei Kalium besonders bei Dauerkulturen wie Obst, Wein und Wald bewährt. Sie wird aber auch häufig für landwirtschaftliche Kulturen herangezogen. So ist z. B. nur mit geringen Mehrerträgen durch K-Düngung zu rechnen, wenn der K-Gehalt von Getreide zur Zeit des beginnenden Ährenschiebens über 1,8 % in der Trockensubstanz beträgt.

K-Mangelsymptome (Chlorose und Randnekrose der älteren Blätter) sind nur bei extrem schlechter K-Versorgung der Böden ein Hinweis auf K-Mangel.

f) K-Versorgung der Böden

Die K-Versorgung der Böden wird in Deutschland nach einer Lactat-Methode bestimmt, früher nach der DL-Methode, seit etwa 1970 auch nach der CAL-Methode. Deren Werte liegen um ca. 10 % niedriger als die entsprechenden DL-Werte (s. Tab. 73). Der Anteil der Lactat-Werte am gesamten austauschbaren Kalium sinkt mit steigendem Tongehalt (Tab. 73). Da in den Feldversuchen der K-Gehalt teils nach der DL-Methode, teils nach der CAL-Methode ermittelt wurde, die K-Werte beider Methoden eng korrelieren und sich nur wenig unterscheiden, werden sie im folgenden teilweise als K (DL,CAL) zusammengefaßt und in mg K/kg Ackerkrume ausgedrückt.

(1) Beziehung zwischen K-Gehalt im Boden und Ertrag

In der Abb. 133 sind die Beziehungen zwischen den Ertragsänderungen (Mehr- und Mindererträge) einiger Kulturpflanzen durch K-Düngung in Abhängigkeit vom K(DL,CAL)-Gehalt der Böden dargestellt. Die Böden waren bei Getreide und Zuckerrüben vorwiegend Lößböden, teilweise auch Lehm- und Tonböden, bei Kartoffeln tonarme Sandböden und Lehmböden.

Wie aus Abb. 133 ersichtlich ist, schwanken die Ertragsänderungen bei ähnlichem K-Gehalt der Böden erheblich. Sie sind aber nicht allein auf eine K-Wirkung zurückzuführen, sondern sind weitgehend in der Natur der Feldversuche begründet, vor allem der Inhomogenität der Felder im Ober- und Unterboden auf engem Raum und der Witterung. Nur wenige Ertragsänderungen sind statistisch gesichert, so daß Einzelwerte im Gegensatz zu Mittelwerten im allgemeinen keine Aussagekraft haben.

Zwischen dem K(DL,CAL)-Gehalt der Böden und den Mehrerträgen durch K-Düngung besteht in dem untersuchten K-Bereich bei allen Kulturen keine Beziehung.

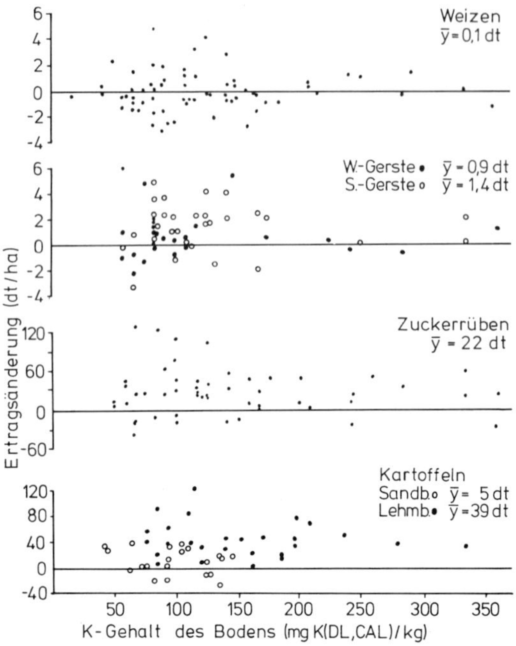

Abb. 133 Beziehung zwischen dem K(DL,CAL)-Gehalt der Ackerkrume und den Ertragsänderungen von Winterweizen, Winter- und Sommergerste, Zuckerrüben und Kartoffeln durch K-Düngung, bezogen auf die K_0-Parzellen. Mittlere *Erträge* von Weizen 52 dt/ha, Gerste 55 dt/ha, Zuckerrüben 550 dt/ha, Kartoffeln auf Sandböden 380 dt/ha und Lehmböden 296 dt/ha (n = Anzahl der Feldversuche)[57]

Bei *Weizen* wurden durch K-Düngung im Mittel nur Mehrerträge von 0,1 dt/ha erzielt. Bei *Gerste* waren zwar die mittleren Mehrerträge mit 0,9 dt/ha (Wintergerste) und 1,4 dt/ha (Sommergerste) höher, aber bei einer Düngung von 80 kg K/ha nicht ökonomisch. Ökonomische Mehrerträge wurden manchmal in Jahren starker Austrocknung der Böden während der Periode des K-Hauptbedarfs der Pflanzen erzielt.

Keine oder nur geringe (nicht ökonomische) Mehrerträge von Getreide durch K-Düngung wurden auch in 34 niedersächsischen Feldversuchen auf Löß-Parabraunerden [K(CAL) 40 – 400 mg/kg][58] sowie in 6 zehnjährigen Feldversuchen (54 Ernten, Mehrerträge im Mittel 0,5 %) in Hessen, Rheinland-Pfalz und im Saarland auf verschiedenen Bodentypen erhalten [K(CAL) 160 – 310 mg/kg][58a].

Bei *Zuckerrüben* wurden durch K-Düngung im Mittel Mehrerträge von 22 dt/ha erzielt. Die zur Erzielung des Höchstertrags optimale K-Düngung betrug im Mittel 120 kg K/ha. Die auch noch bei relativ hohem K(DL,CAL)-Gehalt der Böden festgestellten Mehrerträge sind wahrscheinlich auf eine Na-Wirkung der Na-haltigen Kalisalze zurückzuführen. Daher wird z. B. in den Niederlanden generell eine Na-Düngung zu Zuckerrüben empfohlen, bei Löß- und Marschböden von 75 kg Na/ha, bei Sandböden von 150 kg Na/ha.

Die im Vergleich zu den Lehmböden geringere K-Wirkung bei *Kartoffeln* auf den tonarmen Sandböden (Tongehalt und organische Substanz < 5 %) trotz niedrigem K(DL,CAL)- Gehalt erklärt sich aus der schwachen Bindung des austauschbaren Kaliums. Dies ergibt sich auch aus der geringen K-Düngung von nur 80 kg K/ha zur Erzielung des Höchstertrags, die bei den Lehmböden das 2- bis 3fache betrug.

(2) K-Gehalt der Pflanzen und Ertrag

Auch aus der Pflanzenanalyse kann auf die K-Versorgung der Böden geschlossen werden. So geht z. B. aus Abb. 134 hervor, daß 90 % des K-Gehalts von jungen Haferpflanzen auf Lößböden über 1,8 % K lag, der zum Zeitpunkt des beginnenden Rispenschiebens als Grenzwert für eine hohe K-Versorgung der Böden gelten kann. Gleiche Ergebnisse wurden bei Weizen und Gerste zum Zeitpunkt des beginnenden Ährenschiebens auf niedersächsischen Lößböden festgestellt[59].

(3) K-Erschöpfungsversuche

In Abb. 135 sind die Ergebnisse langjähriger Feldversuche auf 7 verschiedenen Standorten

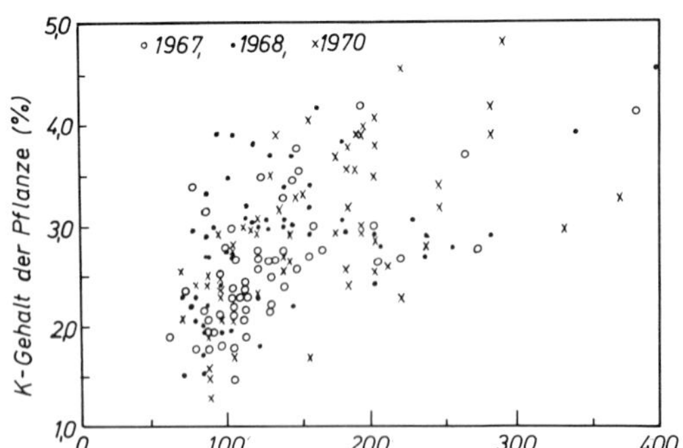

Abb. 134 Beziehung zwischen K(DL)-Gehalt von Lößboden in Niedersachsen und dem K-Gehalt von Haferpflanzen (Trockensubstanz) zur Zeit des beginnenden Rispenschiebens[58a]

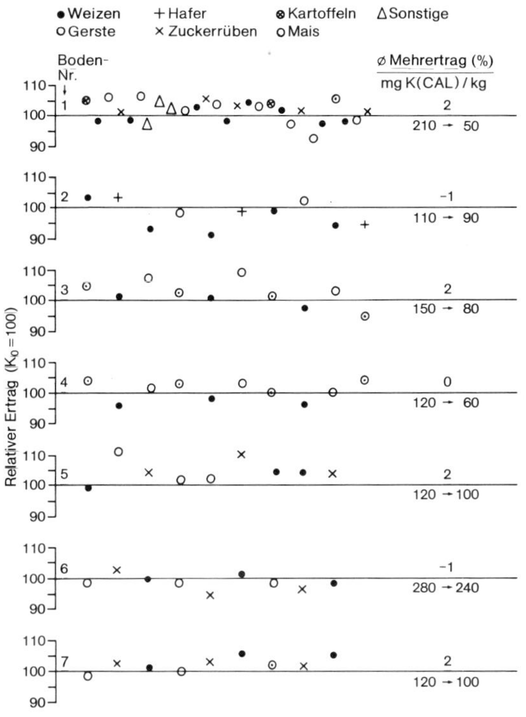

Abb. 135 Relative Erträge durch K-Düngung in langjährigen Feldversuchen in der BRD (geordnet nach den Versuchsjahren), mittlere prozentuale Mehrerträge und K(CAL)-Werte am Anfang und Ende der Versuchsjahre. K-Düngung 83 kg K/(ha · Jahr)[57]

1: Parabraunerde aus Löß (Geldersheim in Bayern), lehmiger Schluff[60, 61]

2: Seemarsch (Norddeutschland), schluffiger Sand[62]

3: Pseudogley-Parabraunerde aus Lößlehm (Hallertau in Bayern), schluffiger Lehm[53, 61]

4: Pseudogley-Pelosol aus Kalkmergeln (Hallertau), schluffiger Lehm[53, 61]

5: Parabraunerde aus Terrassenablagerungen des Rheins, sandiger Lehm[63]

6: Parabraunerde aus Löß (Rheinland), toniger Lehm[63]

7: Parabraunerde aus Hochflutlehm des Rheins, sandiger Lehm[63]

dargestellt (s. a. Abb. 137). Hierbei sollte geprüft werden, wie weit der K(CAL)-Gehalt der Ackerkrume abgebaut werden kann, bis eine eindeutige Ertragsdifferenz zwischen den K_o-Parzellen und den mit Kalium gedüngten Parzellen zu erkennen ist. In allen Versuchen wurden die Vegetationsrückstände wie Stroh und Blatt jährlich vom Feld abgefahren.

Nach einer Laufzeit der Versuche von 9 – 10 Jahren (Boden 2 – 7) und 27 Jahren (Boden 1) und einer Abnahme der K(CAL)-Werte auf 50 – 90 mg K/kg ist noch keine Tendenz für steigende Mehrerträge in der Fruchtfolge erkennbar. Bei der für Nordbayern typischen Löß-Parabraunerde bestand z. B. im Mittel der letzten 10 Versuchsjahre kein Ertragsunterschied von Getreide und Mais zwischen den K_o- und den mit Kalium gedüngten Parzellen, obwohl die Pflanzen den K_o-Parzellen in 27 Jahren 4000 kg K/ha entzogen hatten, vorwiegend aus nichtaustauschbarer Form.

Wären die Ernterückstände in diesen Versuchen nicht vom Feld abgefahren oder die Menge des in ihnen enthaltenen Kaliums als Wirtschaftsdünger wieder zugeführt worden, würde die den Böden entzogene K-Menge bei gleicher Fruchtfolge für die 3- bis 4fache Zahl der Ernten ausgereicht haben. Diese Glimmer- und Illit-reichen Böden sind demnach zu einer hohen K-Nachlieferung fähig.

g) K-Düngung und K-Grenzwerte

Beim Umbruch langjähriger Grünlandböden (meistens Gleye in Auen großer Flüsse) hohen Tongehalts und hoher K-Fixierung (s. Kap. 8 b) hat sich zunächst eine Meliorationsdüngung zur Erzielung des Höchstertrags als notwendig erwiesen, die mit 400 – 800 kg K/ha weit über dem K-Entzug lag. Später war eine K-Entzugsdüngung ausreichend. Bei den in Abb. 133 und 135 dargestellten Feldversuchs-Ergebnissen wurde jedoch kein Grenzwert erreicht, bei dem eine über dem K-Entzug in der Fruchtfolge liegende K-Düngung zur Erzielung des Höchstertrags notwendig gewesen wäre, obwohl der K-Gehalt der Ackerkrume teilweise bis auf 40 – 50 mg K(CAL)/kg gesunken war.

Durch Methoden, die das austauschbare Kalium oder nur einen Teil davon erfassen, ist jedoch nicht festzustellen, wie lange bei niedrigem K- Gehalt in Glimmer- und Illit-reichen Böden die hohe K-Nachlieferung aus nichtaustauschbarer Form anhält, bzw. wie lange eine Düngung unter dem K-Entzug zur Erzielung des Höchstertrags ausreicht. Aus diesem Grund ist es sinnvoll, in einem Bereich von 40 – 80 mg K(CAL)/kg eine K-Entzugsdüngung innerhalb der Fruchtfolge zu empfehlen (*Gehaltsklasse C*)[57]. Dieser K-Bereich entspricht bei Böden mittleren Tongehalts (z. B. Lößböden) einem Gesamtgehalt an austauschbarem Kalium [$K(NH_4)$] (in Tab. 73) von ca. 70 – 110 mg K/kg und deckt sich annähernd mit den Empfehlun-

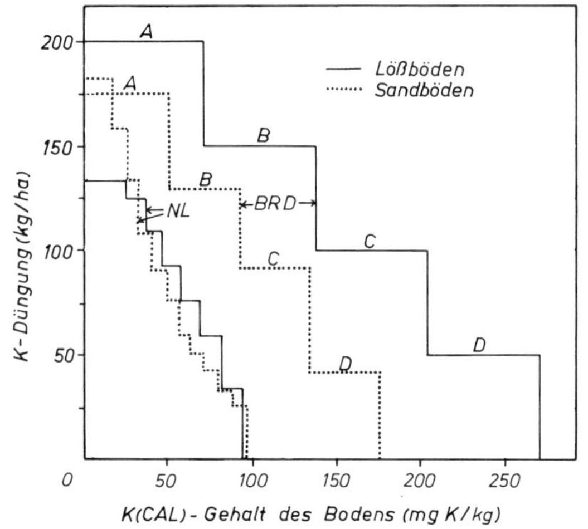

Abb. 136 K-Düngung zu Getreide auf Sandböden (Tongehalt <5 %, org. Substanz 2–3 %) und Löß-Parabraunerden (hohes Ertragsniveau) nach Empfehlungen in der BRD und in den Niederlanden (NL)[21] in Abhängigkeit vom K(CAL)-Gehalt der Böden (A–D = Gehaltsklassen, s. Kap. 5 c)

gen anderer Länder (DDR, Niederlande, Dänemark, England, USA), wenn deren Bodenuntersuchungswerte in CAL-Werte umgerechnet werden (s. z. B. Abb. 136).

Bei einem Gehalt der Ackerkrume von <40 mg K(CAL)/kg (*Gehaltsklasse A und B*), der in der BRD bei tonreichen Böden nur selten vorkommt, ist eine über dem Entzug liegende K-Düngung zu empfehlen (s. z. B. Abb. 136).

Bei einem Gehalt >80 mg K(CAL)/kg *(Gehaltsklasse D und E)* kann die K-Düngung auf die Hauptfrucht in der Fruchtfolge (z. B. Rüben, Kartoffeln, Feldgemüse) beschränkt bleiben und damit der leicht verfügbare K-Vorrat im Boden ausgenutzt werden.

Die K-Grenzwerte und K-Düngungsempfehlungen in der BRD liegen erheblich über denen der genannten Länder. So liegen die Grenzwerte der Gehaltsklasse C bei Böden mittleren Tongehalts (z. B. Lößböden) meist bei 130 bis 210 mg K(CAL)/kg (s. Abb. 136); keine K-Düngung zu Getreide wird erst ab 250–400 mg K(CAL)/kg empfohlen, nach den niederländischen Empfehlungen für Böden ähnlichen Tongehalts bereits ab 90 mg K(CAL)/kg (Abb. 136).

Auf den Einfluß verschiedener Standortfaktoren auf die K-Verfügbarkeit in Böden wird in den folgenden Abschnitten (1) und (2) sowie in Abschnitt 5 d eingegangen.

(1) Einfluß des Unterbodens

Bei der zur Erzielung hoher Erträge notwendigen K-Düngung ist auch der pflanzenverfügbare K-Vorrat im Unterboden zu berücksichtigen. Feldversuche in Schweden mit Sommergetreide ergaben, daß der Unterboden im Mittel zu ca. 35 % an der K-Ernährung der Pflanzen beteiligt war (s. a. Kap. 5 d). Im Mittel von 17 Löß-Parabraunerden in Niedersachsen betrug die prozentuale K-Aufnahme von Sommerweizen aus dem Unterboden ebenfalls 35 % und variierte von Standort zu Standort zwischen 12 und 61 %[27]. Der Anteil der K-Aufnahme aus dem Unterboden ist bei niedriger K-Sättigung der Ackerkrume größer als bei hoher K-Sättigung und bei ausreichender Feuchte der Ackerkrume kleiner als bei Trockenheit. Bei hoher Wurzeldichte kann es im Oberboden zur Konkurrenz der Wurzeln um Kalium und somit zur verminderten K-Aufnahme je Wurzeleinheit kommen, wodurch die relative K-Aufnahme aus dem Unterboden erhöht wird.

Zur quantitativen Erfassung der K-Aufnahme aus dem ungestörten Unterboden diente eine Isotopen-Verdünnungsmethode[64]. Hierfür ist je Standort jeweils ein Versuchsglied ohne Kontakt zum Unterboden und eines mit Kontakt zum Unterboden notwendig. In beiden Fällen wird der Oberboden mit Rubidium (Rb^+ hat ähnliche Eigenschaften wie K^+) versetzt, wobei das Rubidium zur Markierung der K-Aufnahme aus dem Oberboden dient. Das K/Rb-Verhältnis in der Pflanze erweitert sich, wenn Kalium aus dem Rubidium-freien Unterboden aufgenommen wird.

(2) Einfluß von Tongehalt und organischer Substanz

Nach den Ergebnissen der Feldversuche braucht der *Tongehalt* der Böden bei den K(DL,CAL)-Grenzwerten und der K-Düngung nicht berücksichtigt zu werden. Indirekt wird er jedoch dadurch einbezogen, daß der Anteil der K(DL,CAL)-Werte am gesamten austauschbaren Kalium mit steigendem Tongehalt von ca. 100 % auf ca. 50 % sinkt (s. Tab. 73). Im Gegensatz zu der starken Erhöhung der K-Grenzwerte mit steigendem Tongehalt in der BRD wird dieser z. B. in Dänemark und England[23] nicht berücksichtigt und nur wenig in den Niederlanden[21], obwohl in diesen 3 Ländern das gesamte austauschbare Kalium bei der Bodenuntersuchung bestimmt wird (s. z. B. Abb. 136). Bei ähnlichem Tonmineralbestand der Böden, sowie gleichem Gehalt an austauschbarem Kalium sinkt zwar die K-Konzentration der Bodenlösung mit steigendem Tongehalt bzw. abnehmender K-Sättigung, doch wird die hierdurch verminderte Verfügbarkeit in Glimmerreichen Böden durch einen steigenden Vorrat an verfügbarem nichtaustauschbaren Kalium kompensiert.

Ein hoher Gehalt der Böden an *organischer Substanz* braucht dann nicht berücksichtigt zu werden, wenn der Boden volumetrisch eingemessen wird [s. Kap. 4 e (1)].

(3) *Auswirkungen einer überhöhten K-Sättigung der Böden*

Eine überhöhte K-Sättigung der Böden bzw. K-Düngung haben neben einer hohen K-Auswaschung auch negative Auswirkungen. Eine hohe K-Sättigung der Böden fördert die *K-Luxusaufnahme*, beeinträchtigt die *Ca-, Mg- und Na-Aufnahme* durch die Pflanzen und wirkt sich negativ auf den bereinigten *Zuckerertrag* aus, also die Zuckerausbeute bei der fabrikatorischen Zuckergewinnung aus der Melasse. Bei *Kartoffeln* werden der Stärkegehalt und der Stärkeertrag erniedrigt, andererseits aber die Neigung zur Blaufleckigkeit verringert.

h) K-Bilanzierung über Bodenuntersuchungen

Wie aus den Beispielen in Abb. 137 ersichtlich ist, spiegelt sich die *K-Abgabe an die Pflanzen* in der Abnahme der K-Werte der Ackerkrume in den K_o-Parzellen mit zunehmenden Versuchsjahren meist ungleichmäßig wider, obwohl die Bodenproben auf dem jeweiligen Versuchsfeld immer zur gleichen Jahreszeit entnommen wurden. Dies beruht vor allem auf (a) dem Einfluß der Bodenfeuchte in einem längeren Zeitraum vor der Probenahme (K-Fixierung bei Trockenheit wie z. B. bei Boden 3 und 4 im 6. und 9. Jahr), (b) dem auch von der Bodenfeuchte abhängigen K-Anteil, der aus dem Unterboden entnommen wird und (c) der Heterogenität der Böden.

Die Regressionslinie der CAL-Werte nimmt einen negativen exponentiellen Verlauf und strebt einem Niveau von 50 – 80 mg K/kg zu, das auch im Unterboden häufig anzutreffen ist. In diesem Verlauf nimmt die K-Pufferung der Glimmer- und Illit-reichen Böden zu. Dies äußert sich darin, daß die K-Abnahme der Ackerkrume um 10 mg K(CAL)/kg auch einer exponentiellen Zunahme der K-Abgabe an die

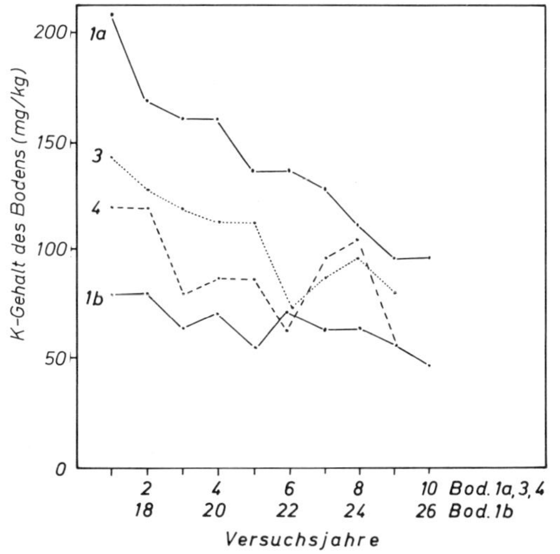

Abb. 137 Änderung der K(CAL)-Werte der Ackerkrume (K_o-Parzellen) in Abhängigkeit von der Anzahl der Versuchsjahre. Boden-Nr. wie in Abb. 135. Boden 1 a: Versuchsjahre 1 – 10, 1 b: 17 – 26

Pflanzen entspricht. Diese betrug z. B. beim Boden 1 (relativ kontinuierliche Abnahme der K-Werte) im Bereich 200 – 100 mg K(CAL)/kg 120 kg K/ha, in den letzten 10 Jahren im Bereich 80 – 50 mg K(CAL)/kg 400 kg K/ha.

Gleiche Ergebnisse wurden für die Zunahme der CAL-Werte durch K-Düngung erhalten. Auch die Zunahme ist abhängig von der K-Pufferung der Böden und daher auch von deren K-Sättigung. So wurde im Mittel von mehreren 1000 Proben von Lößböden festgestellt, daß im Bereich 110 – 180 mg K(CAL)/kg eine Erhöhung des K-Gehalts um 10 mg/kg durch eine über dem Entzug liegende K-Düngung von 130 kg K/ha erzielt wurde.

Infolge der häufig hohen Schwankungen der Lactatwerte von Jahr zu Jahr, besonders auf gedüngten Böden, ist eine Bilanzierung der K-Düngung über eine Bestimmung des K(DL, CAL)-Gehalts oder des austauschbaren Kaliums nur in langen Zeitabständen möglich, nicht aber im Abstand von 3 – 4 Jahren.

i) K-Bilanz für die Landwirtschaft der BRD[65]

Die folgende K-Bilanz bezieht sich auf das Jahresmittel der Jahre 1981 – 1983 und Betriebe mit einer landwirtschaftlich genutzten Fläche (LF) von 12 Mio. ha (davon 7,2 Mio. ha Ackerfläche). In die Bilanz wurde einbezogen (1) die

K-Abfuhr über die Gesamtmenge der produzierten pflanzlichen Verkaufsprodukte (Getreide, Zuckerrüben, Kartoffen, Ölfrüchte) und die relativ geringe K-Abfuhr über tierische Produkte (Fleisch, Milch, Eier), (2) die *K-Zufuhr* über Mineraldünger und Handelsfuttermittel. Unberücksichtigt blieben Zufuhren aus Siedlungsabfällen (Klärschlamm, Fäkalien) und Immissionen sowie Auswaschungsverluste.

Das in *Ernterückständen* enthaltene Kalium (z. B. im Getreidestroh und Rübenblatt) blieb bei der Bilanz unberücksichtigt, weil es im innerbetrieblichen Kreislauf verbleibt. Dies gilt auch für das im *Rindvieh-Grundfutter* (Grünlandaufwuchs, Feldfutter, Futterrüben, Silomais, Zwischenfrüchte) enthaltene Kalium.

Die *K-Abfuhr* über die pflanzlichen Produkte betrug 185 Mio. kg K/Jahr. Hierin ist die K-Menge einbezogen, die als Wirtschaftskraftfutter (Getreide, Kartoffeln u. a.) im Betrieb verblieb, weil dieser Anteil nicht quantifizierbar ist; sie wurde aber bei der Berechnung der K-Zufuhr durch Handelsfuttermittel (Kraftfutter) berücksichtigt. Bezieht man die K-Abfuhr auf die Ackerfläche von 7,2 Mio. ha, von der die pflanzlichen Produkte stammen, so ergibt sich im Mittel eine Abfuhr vom Feld von 26 kg K/ha.

Die *K-Zufuhr* über Mineraldünger betrug 890 Mio. kg K (entsprechend 72 kg K/ha LF), die Zufuhr über Handelsfuttermittel (einschließlich des Wirtschaftskraftfutters) wurde zu 120 Mio. kg K berechnet.

Aus der Differenz zwischen der K-Zufuhr und der K-Abfuhr ergibt sich ein *K-Überschuß* der Zufuhr von 825 Mio. kg K (entsprechend 69 kg/ha LF). Der Gesamtüberschuß im Zeitraum 1950 – 1986 wurde zu 27 Mio. t K, entsprechend 2000 kg K/ha LF, berechnet. Man kann annehmen, daß die zugeführte K-Menge je ha auf Ackerland höher war als auf Grünland, wie sich aus statistischen Erhebungen ergibt.

Die hohe überschüssige K-Düngung hat zu einer starken *K-Anreicherung* in der Ackerkrume und damit zu einer hohen K-Versorgung der Böden geführt, wie aus Tab. 74 ersichtlich ist.

Tabelle 74 Anteil der Ackerböden in der BRD in den K(DL, CAL)-Gehaltsklassen A – E (Stand 1978)[66]. Grenzwerte nach den Beratungsdiensten wie z. B. in Abb. 136

Gehaltsklasse	A	B	C	D	E
Anteil der Böden (%)	12	36	31	15	7

Hier ist der Anteil der Böden in den verschiedenen Gehaltsklassen (Kap. 5 c) angegeben, deren Grenzwerte annähernd denen in Abb. 136 entsprechen, also z. B. in Klasse A bei Lößböden 0 – 80 mg K(CAL)/kg und bei Sandböden 0 – 50 mg K(CAL)/kg. Nach dieser Einteilung bedürften 79 % der Böden einer K-Entzugsdüngung (Klasse C) und mehr (Klasse A und B). Legt man aber die sich aus neueren Feldversuchen ergebenden Grenzwerte in Kap. g zugrunde (Klasse C = 40 – 80 mg/kg) so bedürfen nur 12 % der Böden in Klasse A und ein kleiner Teil der Böden in Klasse B einer K- Entzugsdüngung, der Rest keiner oder nur einer K-Düngung zu einigen Spezialkulturen mit geringer Anbaufläche (Kap. g).

Die Angaben in Tab. 74 können auch noch für das Jahr 1986/87 herangezogen werden, weil die überschüssige K-Zufuhr bis dahin angehalten hat, so daß sich wahrscheinlich der Anteil der Böden mit einem Gehalt > 80 mg K(DL, CAL)/kg sogar erhöht hat.

Infolge der relativ geringen K-Abfuhr aus den landwirtschaftlichen Betrieben über die Verkaufsprodukte und der hohen K-Pufferung der Böden in der BRD geht deren K-Versorgung bei unterbleibender K-Düngung nur sehr allmählich zurück, wie aus den Feldversuchen in Kap. f (3) ersichtlich ist.

j) K-Auswaschung

Die K-Auswaschung aus dem Wurzelraum ist abhängig von der K-Düngung, der K-Fixierung (vor allem auch im Unterboden), der K-Sättigung der Böden und der Sickerwassermenge.

Eine erhebliche K-Auswaschung kann aus tonarmen Sandböden und kultivierten Hochmooren stattfinden, weil die K-Ionen an der organischen Substanz nur sehr schwach gebunden werden. Sie wurde in NW-Deutschland bei diesen Böden zu 20 – 50 kg K/(ha · Jahr) bestimmt, kann aber bei hoher Güllezufuhr noch höher sein. Aus diesem Grund ist im humiden Klima eine K-Düngung dieser Böden im Herbst zu vermeiden.

Geringer ist bei maßvoller K-Düngung die K-Auswaschung aus lehmigen Sandböden, vor allem dann, wenn im Unterboden tonreiche Schichten auftreten.

In Illit- und Vermiculit-reichen Lehm-, Ton- und tonigen Schluffböden ist die K-Auswaschung gering, weil die K-Ionen in den Zwischenschichten dieser Tonminerale (vor allem in dem meist stark fixierenden Unterboden) stark gebunden werden. So betrug z. B. in dreijährigen Untersuchungen zu verschiedenen Zeiten die K-Konzentration der Bodenlösung in der Ackerkrume von zwei Löß-Parabraunerden 1 – 10 mg K/l, in 60 cm Tiefe dagegen nur 0,2 – 0,6 mg K/l (s. a. Tab. 68). Eine höhere K-Auswaschung kann aber selbst in tonreichen Böden dann stattfinden, wenn infolge stark saurer Reaktion die Zwischenschichten von Tonmineralen hoher K-Selektivität durch Hydroxo-Al-Polymere blockiert sind, oder wenn als Tonminerale fast nur Zweischicht-Minerale vorliegen.

9. Natrium[2–9, 67]

Natrium ist für Tier und Mensch essentiell, nicht aber für Pflanzen. Für diese ist es jedoch zum Teil ein „nützliches“ Element, weil es bei einigen Pflanzenarten, wie z. B. bei Zuckerrüben[9], das Wachstum fördert.

Der mittlere Na-Gehalt der *Erdkruste* beträgt 2,9 % Na_2O*. Der Na-Gehalt von *Mineralen* und *Gesteinen* ist aus Tab. 2 – 4 (Kap. I) zu entnehmen.

Für die Pflanzen spielt kurzfristig nur das gelöste und austauschbare Natrium eine Rolle. Im humiden Klimabereich Mitteleuropas beträgt die *Na-Sättigung* der Böden meist nur < 3 % (s. Tab. 47, Kap. X) und die Na-Konzentration der *Bodenlösung* im Ap-Horizont von Acker- und Waldböden 2 – 70 mg Na/l (Tab. 70). Eine stärkere Na-Anreicherung erfolgt auch bei hoher Na-Zufuhr nicht, weil Natrium nur sehr schwach gebunden und daher leicht ausgewaschen wird. So sank z. B. die Na-Sättigung frisch eingedeichter $CaCO_3$-haltiger Marschen der BRD in wenigen Jahren von ≈ 25 % auf 2 – 3 % im Oberboden, wobei das austauschbare Na^+ durch Ca^{2+} ersetzt wurde.

In höherer Konzentration tritt Natrium in austauschbarer und gelöster Form (meist als NaCl) in Böden *arider* und *semiarider Regionen* (Solontschaken und Solonetzen) auf, vor allem auch unter dem Einfluß künstlicher Bewässerung (s. Kap. XXVII 8). Dort kann die Na-Konzentration der Bodenlösung bis auf 100 – 200 mg Na/l steigen und das Wachstum der meisten Pflanzen beeinträchtigen.

Eine *Na-Zufuhr* erfolgt besonders bei der Düngung mit Kalisalzen sowie bei der Berieselung mit kommunalen Abwässern. Die Na-Zufuhr über die Niederschläge wurde im Binnenland der BRD zu 1 – 10 kg/(ha · Jahr) ermittelt, sie kann aber in Meeresnähe ein Vielfaches betragen.

Die Bedeutung des Natriums für die *Tierernährung* kommt darin zum Ausdruck, daß für Weidegräser ein Na-Gehalt von 0,2 % in der Trockensubstanz als notwendig angesehen wird; dieser liegt jedoch in der BRD meist niedriger. Die Na-Aufnahme durch die Pflanzen wird durch ein weites K/Na-Verhältnis in der Bodenlösung beeinträchtigt.

10. Phosphor[2–9, 46, 68–73]

In den Böden liegt der P-Gehalt meist im Bereich von 0,02 – 0,08 % P* und damit im Mittel mit 0,05 % auf gleicher Höhe wie der P-Gehalt der Erdkruste. Der Phosphor liegt in anorganischer und organischer Bindung vor; der Anteil des organischen Phosphors schwankt in der Ackerkrume von Mineralböden im Bereich von etwa 25 – 65 %. Ein Teil des anorganischen Phosphors liegt in wenig verwitterten Böden in Form von Apatit und in geringer Menge in Silicaten (Ersatz von Si) vor, ein anderer Teil in Form von Neubildungen, die durch Verwitterung vorwiegend aus Apatit und durch Umsetzung von Düngerphosphaten im Boden entstanden. Da diese Neubildungen in sehr feiner Korngröße vorliegen, ist der P-Gehalt der Tonfraktion meist höher als derjenige der gröberen Fraktionen.

Die von den *Mikroorganismen* gebundene P-Menge kann im Ap-Horizont mit 60 – 120 kg P/ha angenommen werden, wenn man ihre Trockensubstanz mit 3000 kg/ha und ihren P-Gehalt mit 2 – 4 % annimmt.

a) P-Gehalt in Böden

Im Oberboden ist der P-Gehalt infolge Anreicherung höher als im Unterboden. In *unkultivierten Böden* erfolgte diese Anreicherung über Vegetationsrückstände. Die P-Löslichkeit in wenig verwitterten Ausgangsgesteinen, in denen Phosphat vorwiegend in der Schluff- und Feinsandfraktion als Apatit vorliegt, ist zwar gering, so daß jede Pflanzengeneration daraus nur wenige kg P/ha aufnimmt, dennoch kommt es im Verlauf von Jahrhunderten zu

---

* 1 % Na entspricht 1,35 % Na_2O.

* 1 % P entspricht 2,29 % P_2O_5.

einer allmählichen Anreicherung von leichter löslichen P-Verbindungen im Oberboden. Diese Anreicherung wird durch die schnellere Verwitterung des Apatits im sauren Milieu verstärkt. In *Kulturböden* erfolgt eine weitere P-Anreicherung im Oberboden durch die Phosphatdüngung.

Der *Gesamtvorrat* an anorganischem Phosphat, berechnet auf 1 m Profiltiefe, ist in Podsolen aus Sand am geringsten und wurde zu 1500 – 2000 kg P/ha bestimmt, in Parabraunerden und Schwarzerden aus Löß zu 3000 – 3500 kg P/ha, in anderen Böden bis zu 5000 kg P/ha[83].

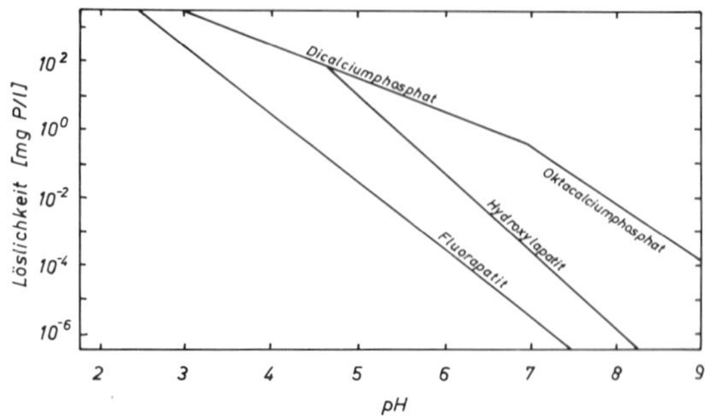

Abb. 138 Löslichkeit von Calciumphosphaten in Abhängigkeit vom pH-Wert der Lösung im Gleichgewicht mit einer Ca-Konzentration von 0,005 M[74]

b) P-Bindungsformen

Die in Böden vorkommenden Phosphatformen können unterteilt werden in definierte anorganische Phosphate, definierte organische P-Verbindungen und adsorbiertes Phosphat.

(1) Definierte anorganische Phosphate

Annähernd das gesamte anorganisch gebundene Phosphat liegt in Böden in Form schwerlöslicher Orthophosphate vor.

Als *Calciumphosphate* finden sich in Böden der *Hydroxylapatit* $Ca_5(PO_4)_3(OH)$ und der *Fluorapatit* $Ca_5(PO_4)_3F$, die meist in isomorpher Mischung vorliegen, da sich OH^- und F^- infolge ähnlicher Ionendurchmesser ersetzen können. Der Apatit ist nur in alkalischen Böden stabil, unterhalb ≈ pH 7 wird er zersetzt.

Umwandlungsprodukte von Düngerphosphaten sind u. a. *Dicalciumphosphat* $CaHPO_4$ bzw. $CaHPO_4 \cdot 2\,H_2O$, *Octacalciumphosphat* $Ca_8H_2(PO_4)_6$ und vermutlich auch *Apatit*.

Wie aus Abb. 138 zu ersehen ist, sinkt die Löslichkeit der Calciumphosphate bei gleichem pH-Wert in der Reihe Dicalciumphosphat > Octacalciumphosphat > Apatit, sowie bei allen Calciumphosphaten mit steigendem pH-Wert.

Die Faktoren, welche die Löslichkeit der Calciumphosphate im wesentlichen beeinflussen, kommen in dem Löslichkeitsprodukt (K) zum Ausdruck, das in allgemeiner Form lautet (Klammern = Aktivitäten):

$$(Ca)^x \cdot (OH)^y \cdot (PO_4)^z = K_{Ca_x(OH)_y(PO_4)_z}$$

Die PO_4-Konzentration steigt demnach mit abnehmender OH- und Ca-Ionenkonzentration der Lösung. Der pH-Einfluß ist aus Abb. 138

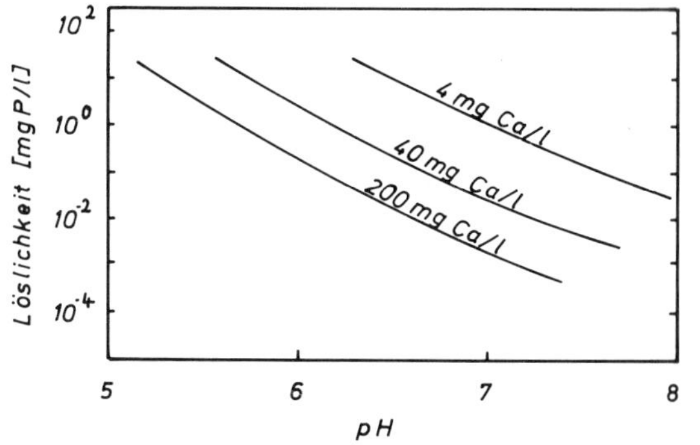

Abb. 139 Löslichkeit von Hydroxylapatit in Abhängigkeit vom pH-Wert bei verschiedener Ca-Konzentration[74]

der Einfluß der Ca-Konzentration am Beispiel des Hydroxylapatits aus Abb. 139 ersichtlich. Die beiden Ca-Konzentrationen von 4 mg und 200 mg Ca/l entsprechen Extremen in der Bodenlösung. Der gleiche Einfluß der Ca-Konzentration auf die Löslichkeit ergibt sich auch für die anderen Calciumphosphate. Bei einer Ca-Konzentration von z. B. 40 mg Ca/l und einem pH-Wert von 7 berechnet sich für Octacalciumphosphat eine Löslichkeit von 2 mg P/l, für Hydroxylapatit nur von 0,006 mg P/l[74].

In stark sauren Böden können neben amorphen Al-Phosphaten *Variscit* $AlPO_4 \cdot 2H_2O$ und der leichter lösliche *Strengit* $FePO_4 \cdot 2H_2O$ als stabile P-Verbindungen auftreten, wie aus Löslichkeitsprodukten gefolgert werden kann.

Unter anaeroben Verhältnissen, wie in Reduktionshorizonten von Grundwasserböden, ist der *Vivianit* $Fe_3(PO_4)_2 \cdot 8\,H_2O$ anzutreffen.

(2) Organische P-Verbindungen[75]

Den größten Anteil der organischen P-Verbindungen in Böden bilden bis zu 50 % die Salze der Inosithexaphosphorsäure, die *Phytate*. Die Phytationen zeigen ähnliche Adsorptions- und Fällungsreaktionen wie die Orthophosphationen. Sie liegen daher vorwiegend in adsorbierter Form vor und werden infolgedessen weniger leicht mineralisiert als andere organische P-Verbindungen. Dagegen beträgt der Anteil der *Nucleinsäuren*, die den größten Anteil des organisch gebundenen Phosphors in Pflanzen und Mikroorganismen bilden, nur 5–10%. Der P-Anteil in anderen organischen P-Verbindungen wie Phosphorlipiden, Zuckerphosphaten und Phosphorproteinen beträgt in Böden weniger als 1–2%.

Ein hoher Phosphatanteil ist an Al- und Fe-Ionen gebunden, die mit Huminsäuren und Fulvosäuren komplexiert sind.

Auch in der Bodenlösung kann ein erheblicher P-Anteil in organischer Bindung vorliegen, er kann bis zu 70% des gesamt gelösten Phosphors betragen[76]. Die Pflanzen sind wahrscheinlich nicht in der Lage, die organischen P-Verbindungen aufzunehmen, sondern erst nach Abbau durch Enzyme, vor allem die Phytase. Diese kommt in verschiedenen Mikroorganismen und den Hyphen von Mykorrhiza vor und wird auch durch die Pflanzenwurzeln freigesetzt. Der Umsatz von organischen P-Verbindungen ist daher in der Rhizosphäre stark ausgeprägt. Prozesse der P-Mineralisierung und P-Immobilisierung sind besonders bei Grasland von erheblicher Bedeutung[76].

Zwischen dem Gehalt der Böden an organischer Substanz und dem organisch gebundenen Phosphor besteht ein vom biologischen Bodenzustand abhängiger Zusammenhang. Im Rohhumus von Podsolen kann das C/P-Verhältnis über 1000 betragen, während es in Schwarzerden, Marschen und A_p-Horizonten ertragsreicher Böden meist unter 100 liegt.

Die *Bestimmung* des organisch gebundenen Phosphors kann durch Extraktions- oder Glüh-Methoden erfolgen[20].

(3) Adsorbiertes Phosphat

Ein Teil des Bodenphosphats liegt in adsorbierter Form vor. Er steigt mit abnehmendem pH-Wert (Abb. 141) und bildet in sauren Böden in der Regel die wesentlichste Phosphatquelle der Pflanzen.

Als Adsorbentien fungieren Hydroxide und Oxide von Fe^{3+} und Al^{3+}, Tonminerale (besonders Allophane) und organische Substanz, wenn sie komplex gebundenes Fe^{3+} oder Al^{3+} enthält (Näheres s. Kap. XI).

Die Phosphatadsorption ist besonders ausgeprägt in Böden hohen Gehalts an Eisenoxiden, wie z. B. in Ferralsolen und B_s-Horizonten von Podsolen sowie in Allophan-reichen Böden. Da die Bodenentwicklung im humiden Klima mit einer Bodenversauerung und Freisetzung von Eisenoxiden verbunden ist, steigt auch die Fähigkeit der Böden zur Phosphatadsorption.

Der Verlauf der Adsorption ist am Beispiel eines stark sauren Bodens hohen P-Sorptionsvermögens in Abb. 140 dargestellt. Der Boden wurde mit gelöstem KH_2PO_4 innig vermischt und in feuchtem Zustand bis zu 200 Tage bei 25 °C reagieren gelassen. In gewissen Abständen wurde nach Extraktion einer Probe (Extraktionszeit 6 Stunden und 6 Tage) mit einer 0,001 M $CaCl_2$-Lösung deren P-Gehalt bestimmt.

Aus der Abbildung ist zu ersehen, daß in den ersten 20–30 Tagen die P-Konzentration der Lösung zunächst schnell abnahm und danach nur sehr langsam, bis nach 120 Tagen ein Gleichgewicht erreicht wurde. Die schnelle Abnahme (gekennzeichnet durch Punkte) kann auf eine Adsorptionsreaktion zurückgeführt werden, die langsame Abnahme (Kreuze) auf den Übergang in eine stärkere Bindung, wie z. B. die Bildung eines 6er-Rings und eine Phosphatdiffusion ins Innere von Eisenoxidkonkretionen (Kap. XI). So ist es auch zu erklären, daß zur Anhebung der P-Konzentration in der Bodenlösung um eine Einheit im Feld die

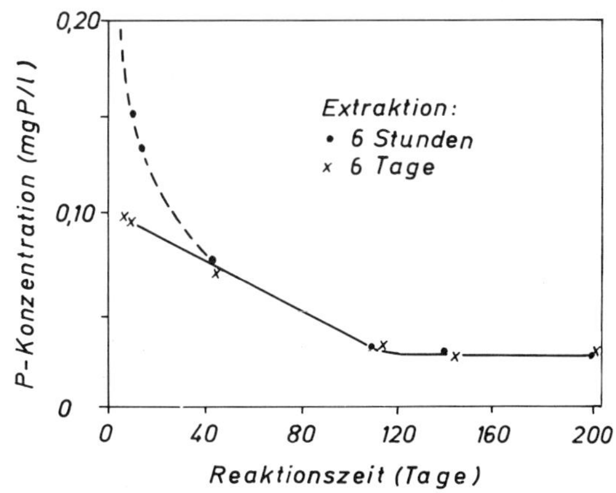

Abb. 140 Einfluß der Reaktionszeit auf die Abnahme der P-Konzentration der Lösung, nachdem einem Ferralsol [pH ($CaCl_2$) = 4,7] KH_2PO_4 (217 mg P/kg) zugeführt worden war (Daten von *Mums* und *Fox*[77])

2- bis 3fache P-Zufuhr wie in Kurzzeit-Laborversuchen notwendig ist.

c) Umsetzung der Düngerphosphate und P-Fraktionen

Im normalen pH-Bereich von Kulturböden sind die wesentlichsten Neubildungen bei der Umsetzung der Düngerphosphate (ebenso wie bei der Bodenverwitterung) Ca-Phosphate [P(Ca)] und adsorbiertes Phosphat [P(Al,Fe)]. Deren Anteile sind vor allem vom Gehalt der Böden an Phosphat-adsorbierenden Adsorbentien und der Ca-Sättigung bzw. dem pH-Wert der Böden abhängig.

Aus Abb. 141 ist ersichtlich, daß bei diesen relativ gleichmäßig zusammengesetzten Lößböden (dithionit-lösliches Fe = 0,8 – 0,9 ‰) der Anteil der Ca-Phosphate mit zunehmendem pH-Wert (= zunehmende Ca-Sättigung) steigt und der Anteil des adsorbierten Phosphats sinkt. Die Anteile bei gleichem pH-Wert können sich jedoch in Abhängigkeit vom Gehalt der Böden an Adsorbentien verschieben. Außerdem können bei Phosphat-gedüngten Böden örtlich erhebliche Schwankungen im Verhältnis der beiden Fraktionen dadurch auftreten, daß sich das P-Gleichgewicht zwischen den P-Neubildungen in der Umgebung der Düngernester und dem entfernteren Boden infolge der geringen Phosphat-Diffusibilität nur äußerst langsam einstellt und das Gleichgewicht im Boden durch die laufende Düngung und die P-Aufnahme der Pflanzen immer wieder gestört wird.

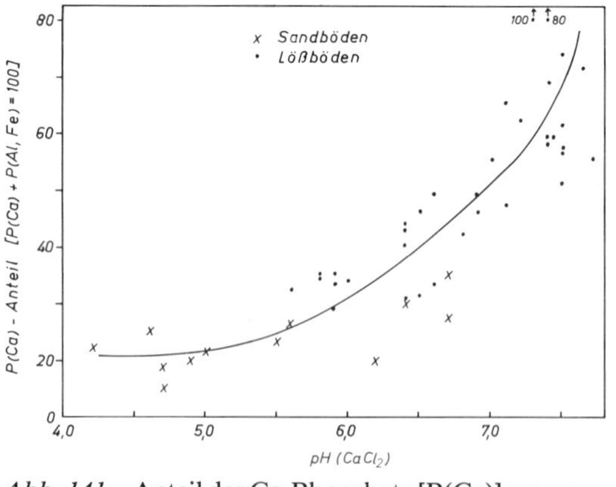

Abb. 141 Anteil der Ca-Phosphate [P(Ca)] am anorganisch gebundenen Phosphat in Böden in Abhängigkeit vom pH-Wert[79, 80]. Fraktionierung nach *Chang* und *Jackson* sowie *Kurmies*[81]

Nach der Methode von *Chang* und *Jackson*[20] wird der Boden nacheinander extrahiert mit einer Lösung von Ammoniumchlorid, Ammoniumfluorid [Lösung von P(Al)], Natronlauge [Lösung von P(Fe)] und Schwefelsäure [Lösung von P(Ca)]. Nach dieser Methode erfolgt jedoch die Trennung von P(Al) und P(Fe) nicht vollständig. Nach der Methode von *Kurmies*[81] wird daher der Boden nach Desorption des austauschbaren Ca mit einer KCl-Lösung nur mit Natronlauge extrahiert [Summe von P(Al) und P(Fe)] und anschließend mit Schwefelsäure [P(Ca)] (s. a.[82]).

Auch in $CaCO_3$-haltigen Böden kann adsorbiertes Phosphat vorliegen, falls sie Eisenoxide enthalten. Überwiegend bildet sich aber in ihnen aus wasserlöslichen Phosphaten (teilweise über die Zwischenphase des adsorbierten Phosphats[78]) Dicalciumphosphat, das dann allmählich in Ca-reichere Phosphate umgesetzt wird. Als Endprodukte können Octacalciumphosphat und Apatit entstehen. Die neu gebildeten Ca-Phosphate sind in der Regel schlecht kristallisiert, von geringer Korngröße und haben daher eine höhere Lösungsgeschwindigkeit als die gleichen, aber gut kristallisierten gealterten Ca-Phosphate, wenn durch P-Pflanzenentzug das Löslichkeitsprodukt unterschritten wird.

Die Endprodukte bei der Umsetzung schwer wasserlöslicher Phosphate (wie in P-haltigen Schlacken) gleichen denen leicht wasserlöslicher Phosphate, wenn auch die Umsetzungsgeschwindigkeit besonders im alkalischen Bereich erheblich geringer ist.

Der Umsatz des Apatits in Rohphosphaten wird begünstigt durch einen niedrigen pH-Wert, geringe Korngröße, ein umfangreiches Wurzelsystem der Pflanzen, sowie einen hohen Gehalt der Böden an organischer Substanz (hohe pH-Pufferung). Die Umsetzung kann durch folgendes Schema beschrieben werden:

$$Ca_5(PO_4)_3OH + 7\,H^+ = 5\,Ca^{2+} + 3\,H_2PO_4^- + H_2O$$

So ist es zu erklären, daß eine Düngerwirkung von Rohphosphaten (Hauptbestandteil ist Apatit) in der Regel erst unterhalb pH ($CaCl_2$) 5,5 diejenige aufgeschlossener Phosphate erreicht.

Auf eine Besonderheit bei der Lösung von Monocalciumphosphat sei noch hingewiesen. Dieses Salz unterliegt im feuchten Boden der Hydrolyse, wobei schwer lösliches Dicalciumphosphat und Phosphorsäure, die in den umgebenden Boden diffundiert, entstehen. So ist es zu erklären, daß der Boden um ein Nest von Superphosphat ein pH bis ca. 1,5 haben kann. Die Reaktion kann durch folgende Gleichung schematisch wiedergegeben werden:

$Ca(H_2PO_4)_2 + 2\,H_2O \rightarrow CaHPO_4 \cdot 2\,H_2O + H_3PO_4$.

d) Löslichkeit des Bodenphosphats

Der Übergang des Bodenphosphats in die Lösung beruht zum Teil auf der Lösung fester P-Verbindungen (z. B. von Ca-Phosphaten) oder auf einer Desorption. Beim adsorbierten Phosphat beruht der Lösungsvorgang vor allem auf dem Austausch durch OH^-, HCO_3^- und organische Anionen, sowie auf der Verdrängung durch H_2O-Moleküle (Ligandenaustausch).

Im normalen pH-Bereich der Kulturböden liegt das gelöste Phosphat neben organisch gebundenem Phosphor fast nur als $H_2PO_4^-$ und HPO_4^{2-} vor, deren Anteil pH-abhängig ist. So ist z. B. bei pH 4,5 praktisch nur $H_2PO_4^-$ vorhanden, bei pH 6,0 beträgt das Verhältnis $H_2PO_4^- : HPO_4^{2-}$ 90 : 10 und bei pH 8,0 10 : 90; PO_4^{3-}-Ionen treten zu einem wesentlichen Anteil erst oberhalb pH 9,5 auf.

Die Löslichkeit, Lösungsgeschwindigkeit und Pufferung des Bodenphosphats sind für die Phosphatversorgung der Pflanzen von Bedeutung, weil der jeweilige Phosphatgehalt in der Bodenlösung kaum mehr als 1/100 des Phosphatbedarfs der Pflanze während einer Vegetationsperiode beträgt. Wenn auch die Pflanzen die Phosphatkonzentration einer Nährlösung bis auf ≈ 0,005 mg P/l zu erniedrigen vermögen, muß doch die Phosphatkonzentration der Bodenlösung für ein optimales Pflanzenwachstum im Oberboden ca. 0,2 bis 0,4 mg P/l betragen. In tieferen Bodenhorizonten von Mineralböden ist die Phosphatkonzentration selbst in hoch gedüngten Böden sehr gering und beträgt nur 0,003 bis 0,1 mg P/l, worauf die geringe Phosphatauswaschung beruht.

Um einen Überblick über die Löslichkeit des gesamten *anorganischen Bodenphosphats* zu erhalten, wurden 25 Böden verschiedener Eigenschaften [Sand- und Lößböden, pH ($CaCl_2$) 4,5 – 7,5, P(Ca)-Anteil nach der Methode von *Chang* und *Jackson* 2 – 90 %] 15- bis 40 mal mit Wasser im Abstand von einem Tag im Verhältnis 1 : 50 zwei Stunden geschüttelt und der P-Gehalt in den Lösungen bestimmt [P(H_2O)-Werte, Kap. f][83]. In Abb. 142 sind einige Beispiele von *Löslichkeitskurven* dargestellt. Auf der Ordinate ist der P-Gehalt in mg/kg Boden und in mg/l Lösung aufgetragen, auf der Abszisse die Summe des gelösten Phosphats nach den aufeinanderfolgenden Extraktionen.

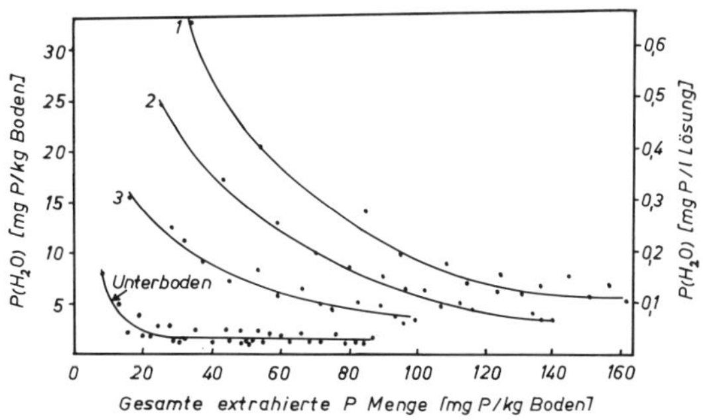

Abb. 142 Beziehung zwischen den P(H_2O)-Werten von Böden im jeweiligen Extrakt bei wiederholter Wasserextraktion (bezogen auf 1 kg Boden und 1 l Extrakt) und der gesamten extrahierten P-Menge. Proben aus der Ackerkrume (1 – 3) und dem Unterboden[83]

Die Löslichkeitskurven nehmen einen stufenfreien exponentiellen Verlauf und streben nach vielfacher Wasserextraktion Endwerten von 0.06 bis 0,14 mg P/l Extrakt (entsprechend 3 bis 7 mg P/kg Boden) zu, die annähernd für das gesamte noch nicht gelöste anorganische Phosphat zutreffen.

Die Löslichkeitskurven entsprechen dem Verlauf von Adsorptionskurven, so daß sie als Desorptionskurven angesehen werden können. Es ist jedoch nicht auszuschließen, daß auch leichtlösliche Ca-Phosphate gelöst wurden, besonders im flachen Verlauf der Kurven.

Wählt man als Grenzwert für den leichter löslichen P-Anteil eine Konzentration von 0,1 mg P/l Lösung (= 5 mg P/kg Boden), so besteht zwischen den P-Gehalten der ersten Extraktion und der Summe der P-Gehalte über 0,1 mg P/l Lösung eine enge Beziehung, das Verhältnis beträgt ≈ 1 : 7 (Abb. 143). Dies be-

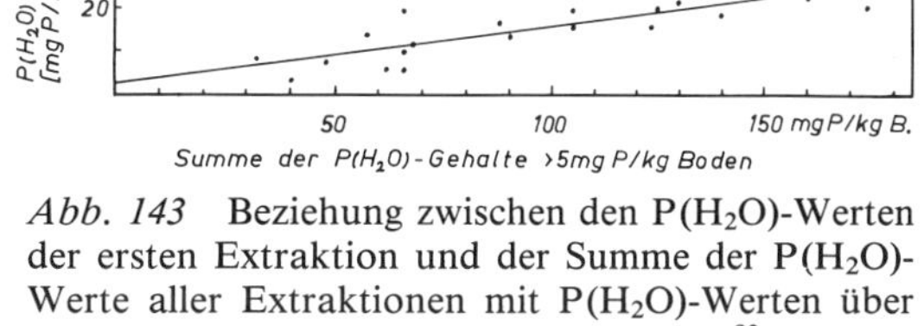

Abb. 143 Beziehung zwischen den P(H_2O)-Werten der ersten Extraktion und der Summe der P(H_2O)-Werte aller Extraktionen mit P(H_2O)-Werten über 0,1 mg P/l Extrakt bzw. 5 mg P/kg Boden[83]

deutet, daß die P-Gehalte der ersten Extraktion nicht nur die Intensität, sondern auch die Quantität des leichter löslichen Phosphats und damit das Phosphat-Pufferungsvermögen der Böden gut widerspiegeln.

(1) Einfluß von Elektrolytkonzentration, Ionenart und pH-Wert

Die Phosphatdesorption wird analog der Phosphatadsorption von der Elektrolytkonzentration der Lösung, dem pH-Wert der Böden und der Art der austauschbaren Kationen beeinflußt.

Mit steigender *Elektrolytkonzentration* der Lösung sinkt die Phosphatdesorption, wie am Beispiel einer $CaCl_2$-Lösung aus Tab. 75 zu ersehen ist. Hierbei wurden die Böden mit Lösungen 3 verschiedener $CaCl_2$-Konzentrationen 2 Stunden geschüttelt und im Zentrifugat die Ca- und P-Konzentration bestimmt.

Daß es sich hierbei im wesentlichen um einen Desorptionsvorgang handelte und nicht die Löslichkeit von Ca-Phosphaten, geht aus dem Vergleich mit Abb. 139 hervor: Bei dem Ca-Phosphat ist der Rückgang der Löslichkeit unter dem Einfluß einer steigenden Ca-Konzentration wesentlich größer als bei den in Tab. 75 dargestellten Versuchen.

Die P-Konzentration der Bodenlösung ist bei verschiedener Ca-Konzentration dadurch bestimmt, daß das Phosphat-Potential nach *R. K. Schofield* 0,5 pCa^{2+} + $pH_2PO_4^-$ einen annähernd konstanten Wert ergibt (p bedeutet den negativen Log. der Ionenaktivitäten in Mol/l).

Der Einfluß der *austauschbaren Kationen* auf die Phosphatdesorption ist analog der Phosphatadsorption von der Bindungsstärke der Kationen abhängig. Die Desorption steigt mit abnehmender Bindungsstärke in der Reihe Ca < Mg < K < Na. So ist es auch zu erklären, daß durch eine KCl-Lösung mehr Phosphat desorbiert wird als durch eine $CaCl_2$-Lösung gleicher Konzentration[85] (s. a. Zit. 8 in Kap. XI).

Die Löslichkeit des Bodenphosphats in Wasser ist außerdem vom *pH-Wert* der Böden abhängig. Die Beziehung kann aus Abb. 144 entnommen werden, in der als Bezugsgröße der pflanzenverfügbare P-Vorrat nach der DL-Methode (Kap. f) gewählt wurde. Man erkennt, daß der bei einer einmaligen Wasserextraktion im Verhältnis 1 : 50 erhaltene $P(H_2O)$-Anteil an P(DL) mit steigendem pH-Wert sinkt. Der P(DL)-Gehalt variierte im Mittel zwischen 5 mg (pH 5) und 12 mg P/kg (pH 7). Der mit steigendem pH-Wert abnehmende $P(H_2O)$-Anteil kann auf die Zunahme der Ca-Sättigung der Böden und die Bildung von Ca-Phosphaten anstelle des adsorbierten Phosphats zurückgeführt werden. Die Kalkung dieser sauren Böden ist daher auch mit einem erhöhten P-Düngerbedarf verbunden, da dieser mit abnehmendem $P(H_2O)$-Wert steigt (s. z. B. Abb. 150).

Tabelle 75 Einfluß der Ca-Konzentration der Lösung auf die Löslichkeit des Bodenphosphats (Mittel von 20 Böden)

mg Ca/l	3	9	42
mg P/l	20 ± 10	15 ± 5,7	11 ± 2,5
Phosphatpotential	5,30	5,20	5,02

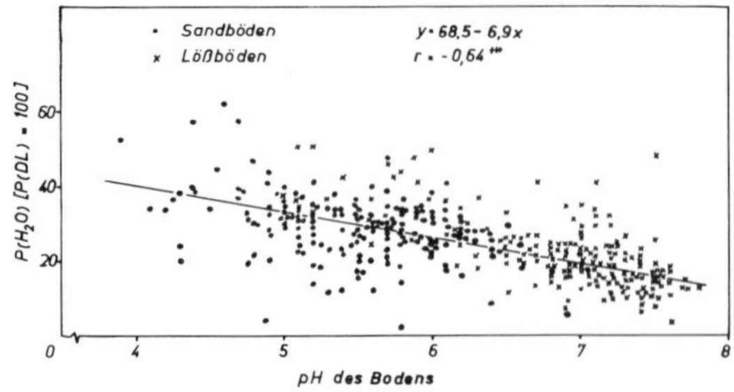

Abb. 144 Beziehung zwischen dem $pH(CaCl_2)$-Wert von 190 Sandböden und 210 Lößböden (A_p-Horizonte) und dem Anteil von $P(H_2O)$ an P(DL) (Methoden s. Kap. f)[84]

Dieser Befund steht im Einklang mit den Ergebnissen von mehrjährigen niederländischen Feldversuchen auf tonarmen Sandböden, nach denen eine pH(M KCl)-Erhöhung von 3,5 auf 5,5 durch Kalkung im Mittel eine Abnahme des $P(H_2O)$-Wertes um 50 % zur Folge hatte[86a]. Dagegen erfolgte bei tonreicheren Marschböden eine Zunahme des $P(H_2O)$-Wertes um ca. 20 %, wenn der pH-Wert durch Kalkung von 4,5 – 5,5 auf ca. 7 angehoben wurde. Dieser Befund kann auf einen hohen Gehalt der Marschböden an austauschbarem Al^{3+} (= geringe P-Löslichkeit) sowie eine Mineralisierung organisch gebundenen Phosphors zurückgeführt werden.

(2) Einfluß des Redoxpotentials

Ein niedriges Redoxpotential der Böden erhöht die Löslichkeit des an Eisenoxide gebundenen Phosphats, weil im reduzierenden Milieu Eisen(III)oxide unter Freisetzung der an sie gebundenen Phosphationen zu Eisen(II)-Verbindungen umgewandelt werden. So stieg nach

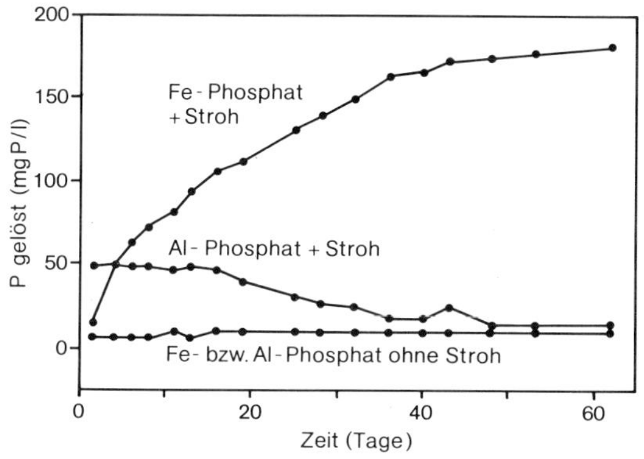

Abb. 145 Zeitlicher Verlauf der Löslichkeit von Aluminium- und Eisen(III)phosphat ohne und mit Reisstroh (n. *J. K. R. Gasser*)

Abb. 145 bei Zugabe von Reisstroh zu einer wäßrigen Aufschlämmung von Eisen(III)phosphat die gelöste P-Menge, während der gleiche Versuch mit Aluminiumphosphat keinen Einfluß des Reisstrohs auf die Löslichkeit zeigte.

Die gelöste P-Menge hängt von der Intensität der Reduktionsvorgänge ab und ist besonders hoch, wenn in sulfatreichen Böden Eisenoxide in Eisensulfide umgewandelt werden[87]. So steigt nach Tab. 76 der Gehalt an gelöstem Phosphat im reduzierenden Milieu eines marinen Schlickes mit zunehmender Bodentiefe und abnehmendem Redoxpotential, sowie zunehmendem Sulfidgehalt und damit einhergehender Umwandlung des nicht silicatisch gebundenen Fe(Fe_d) in Eisensulfide.

Die Erhöhung der Phosphatlöslichkeit unter anaeroben Bedingungen erklärt die erhöhte Phosphatverfügbarkeit nach einer Überflutung von Böden, z. B. bei der Reiskultur.

(3) Einfluß organischer Stoffe und Kieselsäure

Organische Stoffe können sich in verschiedener Weise auf die Löslichkeit des Bodenphosphats auswirken:

(a) *Organische Anionen* wie die der Huminsäuren und Fulvosäuren[88] desorbieren Phosphationen oder blockieren in adsorbiertem Zustand deren Adsorption.

(b) Manche organische Säuren vermögen mit Al^{3+}, Fe^{3+} und Ca^{2+} *wasserlösliche Komplexe* zu bilden und damit die Löslichkeit schwerlöslicher Phosphate zu erhöhen. Diese Säuren treten vor allem in der Rhizosphäre auf. Sie werden teilweise von den Pflanzen durch die Wurzeln ausgeschieden und sind teilweise Stoffwechselprodukte der in der Rhizosphäre verstärkt auftretenden Mikroorganismen.

(c) Leicht mineralisierbare Stoffe wie Wurzeln, Stroh, Stallmist u. a. fördern die *biologische Aktivität* im Boden.

Eine Phosphat-Desorption durch *Kieselsäure* ist in nenneswerter Menge erst im alkalischen Bereich der Böden möglich, weil die Kieselsäure bei pH <7 praktisch undissoziiert ist. Dies kann z. B. daraus geschlossen werden, daß ein Zusatz von Natriumsilicat oder Hüttenkalk zu zwei Proben eines Lößbodens mit pH ($CaCl_2$)-Werten von 5,6 und 7,2 nach drei Monaten keine Erhöhung der P (H_2O)-Werte bewirkte[88a]. Dies war aber bei einem hohen Zusatz von CaO der Fall, wobei allerdings z. T. eine P-Mobilisierung von organisch gebundenem Phosphor infolge der hohen örtlichen OH-Ionen-Konzentration nicht auszuschließen ist.

(4) Rückgang der Löslichkeit

Im Laufe der Zeit geht die Löslichkeit des adsorbierten Phosphats und der Neubildungen aus Düngerphosphaten allmählich zurück, besonders in P-armen Böden. Dies kann z. B. aus Adsorptionsversuchen ersehen werden (s. Abb. 140). Aus Versuchen mit dem Isotop ^{32}P ergibt sich die gleiche Folgerung: Zunächst war das gesamte dem Boden zugefügte Phosphat

Tabelle 76 Beziehung zwischen dem P-Gehalt in der Bodenlösung eines marinen Schlicks und der Umwandlung P-haltiger Eisenoxide (Fe_d = dithionitlöslich) und SO_4-Ionen zu Eisensulfiden (FeS) [n. *G. Brümmer* u. *D. Schroeder* (1974), unveröffentlicht]

Tiefe (cm)	pH (H_2O)	E_h (mV)	S_{SO_4} (g/kg)	S_{FeS} (g/kg)	$\frac{Fe_{FeS} \cdot 100}{Fe_d}$	P in Lösung (mg P/l)
0– 1	7,6	+50– –50	2,0	0,1	2	0,5
1– 5	7,2	–100	0,8	2,3	41	0,5
5–20	7,3	–120	0,6	2,4	49	7,4
20–35	7,5	–170	0,3	3,6	71	14,6
35–50	7,4	–190	0,1	4,9	87	16,4

isotopisch austauschbar, nach 1 bis 3 Jahren war jedoch das labile Phosphat um 50% zurückgegangen[68].

Der Rückgang der Löslichkeit kann beim adsorbierten Phosphat auf einer Diffusion ins Innere der Adsorbentien auf einen Übergang in stärkere Bindungen (Kap. XI) und bei den Ca-Phosphaten auf die Umwandlung in Ca- reichere, besser kristallisierte Phosphate zurückgeführt werden.

In Eisenoxidkonkretionen kann eine Okkludierung (mechanischer Einschluß) von adsorbiertem Phosphat erfolgen, wenn sie im Lauf der Bodenentwicklung unter Einwirkung von Staunässe und Grundwasser wachsen, wie aus dem hohen P-Gehalt von Eisenoxidkonkretionen in Gleyen und Pseudogleyen gefolgert werden kann (n. *E. Schlichting*).

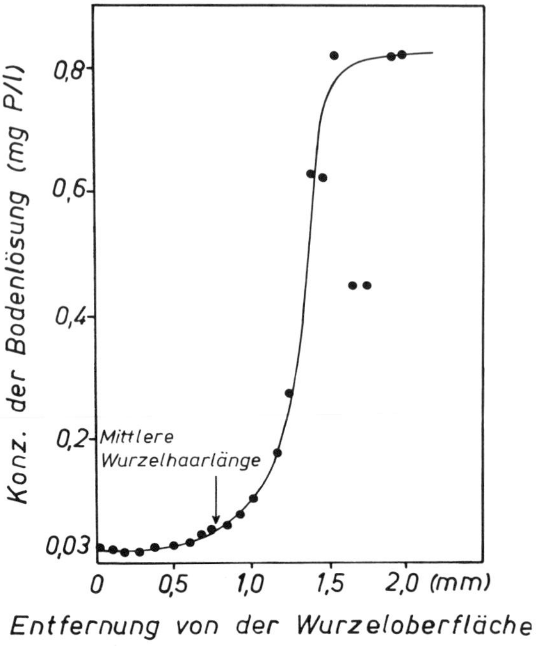

Abb. 146 Phosphatkonzentration der Bodenlösung in der Umgebung einer 3 Tage alten Maiswurzel in einem Sandboden [Tongehalt = 6,5%, pH ($CaCl_2$) = 5,8][89]

e) P-Aufnahme durch die Pflanzen

Die Pflanzen befriedigen in gedüngten Böden ihren Phosphatbedarf vorwiegend aus Neubildungen, die sich aus früheren Phosphatdüngungen im Boden angereichert haben. So geht aus Versuchen mit dem Isotop ^{32}P hervor, daß von der ersten Vegetation selten mehr als 20% aus einem frisch zugeführten Phosphat aufgenommen werden. Wegen der geringen Phosphatkonzentration der Bodenlösung wird die Phosphatversorgung der Pflanzen besonders stark von der Pufferung der Phosphatkonzentration der Bodenlösung und der Durchwurzelungsintensität beeinflußt. Dies ist darin begründet, daß die Pflanzen Phosphat infolge dessen geringer Diffusibilität nur bis zu einer Entfernung von 1 – 2 mm von der Wurzeloberfläche aufzunehmen vermögen, und deshalb die Phosphataufnahme aus der Ackerkrume nur aus einem Bodenvolumen von 10 – 30% (je nach Durchwurzelungsintensität) erfolgt.

In Abb. 146 ist als Beispiel der Konzentrationsverlauf in der Umgebung einer 3 Tage alten Maiswurzel dargestellt, die in einem Sandboden gewachsen war [P(DL) = 160 mg P/kg, P(H_2O) = 40 mg P/kg]. Man erkennt, daß selbst bei dieser hohen Phosphatversorgung des Bodens die Phosphatkonzentration der Bodenlösung innerhalb weniger Tage von ursprünglich 0,8 mg P/l bis auf 0,03 mg P/l in der unmittelbaren Wurzelumgebung abgenommen hat. Die Ausdehnung der intensiven Verarmungszone entspricht der mittleren Wurzelhaarlänge. Hieraus kann man schließen, daß Wurzelhaare an der Phosphataufnahme teilnehmen und damit die Ausnutzung des Bodenphosphats durch Verkürzung der Transportwege erhöhen. Diese Folgerung ergibt sich auch daraus, daß die Ausdehnung der Verarmungszone bei dem ebenfalls untersuchten Raps (mittlere Wurzelhaarlänge 1,3 mm) größer war als bei Mais (Wurzelhaarlänge 0,7 mm).

Wie in Kap. d) ausgeführt wurde, lag die Phosphatkonzentration in der Bodenlösung nach wiederholter Wasserextraktion bei 0,06 – 0,14 mg P/l und damit oberhalb der Minimalkonzentration von 0,03 mg P/l, die innerhalb der Verarmungszone der Wurzeln gefunden wurde (Abb. 146). Hieraus kann gefolgert werden, daß das gesamte diffusionsfähige anorganische Phosphat pflanzenverfügbar ist und je nach der Phosphatversorgung der Böden auch das schwerlösliche Phosphat einen mehr oder weniger hohen Anteil des von den Pflanzen aufgenommenen Phosphats bilden kann.

Da sich die Pflanzen hinsichtlich Phosphatbedarf, Wurzelmasse einschließlich der Wurzelhaare, Wurzeltiefe sowie der Ausscheidung von HCO_3^- und organischen Anionen (Austausch von adsorbiertem Phosphat) unterscheiden, ist die Phosphatverfügbarkeit auch von der Pflanzenart abhängig.

Die Phosphataufnahme durch die Pflanzen erfolgt auch teilweise aus dem *Unterboden*, z. B. aus verlassenen Röhren von Regenwürmern. In den Auskleidungen dieser Röhren ist leichtverfügbares Phosphat gegenüber dem umgebenden Boden angereichert. Diese angereicherte Menge wurde bei einer Zahl von 112 Röhren je m^2 zu 30 kg P/ha bestimmt[30, 31]. In Löß-Parabraunerden und -Schwarzerden können über 500 Röhren je m^2 vorhanden sein, so daß dann die Regenwürmer an dem Phosphatkreislauf Ackerkrume – Unterboden – Pflanze wesentlich beteiligt sind (s. a. Kap. 5 d).

Auch mit Hilfe von *Mykorrhiza* können Pflanzen schwer lösliche Phosphate aufnehmen. Ihre Wirkung ist aber nur bei geringer P-Versorgung der Böden von Bedeutung. Auf weitere Faktoren, die für die P-Aufnahme durch die Pflanzen von Bedeutung sind, wurde in Kap. 3 eingegangen.

f) Bestimmung der P-Versorgung von Böden

In der BRD und einigen anderen Ländern Europas wird wie beim Kalium als Routine-Methode meist eine der Lactatmethoden (DL, CAL, AL) zur Bestimmung der P-Versorgung von Böden herangezogen [Kap. 8 e (1)]. Alle P-Werte von Böden sind in mg P/kg bzw. mg P/l ausgedrückt. In der BRD erfolgt die Angabe dagegen meist in mg P_2O_5/100 g.

In den Niederlanden und zum Teil in der BRD wird die *Wassermethode* von *van der Paauw* und *Sissingk*[90, 91] angewandt: Extraktion mit demineralisiertem Wasser im Verhältnis 1 : 60 (Vol./Vol.) 1 h bei 20 °C (Angabe in mg $P(H_2O)$/l Boden). Annähernd gleiche Werte werden infolge der hohen P-Pufferung der Böden (Kap. d) bei gewichtsmäßiger Bodeneinwaage und Extraktion im Verhältnis 1 : 50 erhalten [n. *Schachtschabel*[84], Angabe in mg $P(H_2O)$/kg Boden]. Bei einem Extraktionsverhältnis von nur 1:10 wurde von *van der Paauw* eine geringere Korrelation zum P-Gehalt der Pflanzen gefunden als bei dem Verhältnis 1 : 60.

In England[23] wird für alle Böden (in anderen Ländern meist nur für $CaCO_3$-haltige) die *Natriumbicarbonat*-Methode von *R. S. Olsen* angewandt [0,5 M $NaHCO_3$ pH 8,5, Extraktion 1 : 10 (30 min)].

In den USA werden meist folgende Methoden angewandt[20]: *Mehlich* I (0,05 M HCl + 0,0125 M H_2SO_4; 1 : 4; 5 min), *Bray*-P_1 (0,03 M NH_4F + 0,0125 M HCl; 1 : 7; 1 min), *Bray*-P_2 (0,03 M NH_4F + 0,1 M HCl; 1 : 7; 40 s) und *Olsen*. Die P-Werte nach der *Bray*-P_1-Methode entsprechen bei Lößböden annähernd denen der CAL-Methode.

Die P-Versorgung der Böden kann auch durch Extraktion mit 0,5 M *Schwefelsäure* (Verhältnis 1 : 20, 1 h) bestimmt werden. Bei Lößböden wurden hierbei ca. 90 % des gesamten anorganisch gebundenen Phosphors erfaßt[83].

Für wissenschaftliche Untersuchungen werden manchmal *Anionen-Austauschharze* angewandt, sowie die Bestimmung des *isotopisch austauschbaren Phosphats* (= *labiles Phosphat*)[92].

Bei letzterer Methode wird eine Bodensuspension mit dem radioaktiven Isotop ^{32}P ins Gleichgewicht gebracht. Ein solches Verfahren ist deswegen möglich, weil zwischen den Phosphationen der Lösung und der festen Phase ein dynamisches Gleichgewicht besteht. Versetzt man daher eine wäßrige Bodensuspension, bei der sich zwischen Boden und Lösung bereits das P-Gleichgewicht eingestellt hat, mit einer im Vergleich zur P-Menge der Lösung sehr geringen Menge einer mit ^{32}P markierten Phosphatlösung, so läuft folgende Reaktion ab:

$$^{32}P \text{ gelöst} + {}^{31}P \text{ fest} \rightleftharpoons {}^{32}P \text{ fest} + {}^{31}P \text{ gelöst}.$$

Da sich die beiden P-Isotope bei chemischen Reaktionen völlig gleichartig verhalten, sind dann das $^{31}P/^{32}P$-Verhältnis in der Lösung und das in der an der Reaktion beteiligten Phosphatfraktion der festen Phase gleich. Es gilt daher:

$$\frac{^{31}P \text{ gelöst}}{^{32}P \text{ gelöst}} = \frac{^{31}P \text{ fest}}{^{32}P \text{ fest}}$$

Mit Hilfe dieser Gleichung kann die Menge von ^{31}P fest, d. h. die Menge der innerhalb der Versuchsdauer reaktionsfähigen Phosphate der festen Phase berechnet werden, da die 3 anderen Größen meßbar sind. Die so berechnete Menge ^{31}P fest wird als labiles oder isotopisch austauschbares Phosphat bezeichnet.

Das isotopisch austauschbare Phosphat ist jedoch keine feststehende Größe, weil sich der isotopische Austausch über Monate erstrecken kann und außerdem vom Boden/Lösungs-Verhältnis und der Schüttelgeschwindigkeit abhängig ist.

g) Vergleich von P-Bodenuntersuchungsmethoden

Die engste Beziehung besteht zwischen den P-Werten der Lactatmethoden (Korrelationskoeffizient r >0,90), wesentlich geringer ist die Beziehung zwischen den P-Werten der Lactatmethoden und denen der anderen Methoden sowie zwischen den P(H_2O)- und P($NaHCO_3$)- Werten (z. B. bei Lößböden 0,7 – 0,8)[84].

Bei Mineralböden wurden im Mittel folgende Relativwerte [P(CAL) = 100] für die P-Werte (mg/kg) nach den einzelnen Methoden berechnet, die allerdings einer hohen Streuung (s. z. B. Abb. 144) unterliegen: P(AL) = 165; P(DL) = 120; P($NaHCO_3$) = 54 [pH ($CaCl_2$) 7] – 90 (pH 5); P(H_2O) = 20 (pH 7) – 34 (pH 5). Zwischen dem Anteil der P(H_2O)- bzw. P($NaHCO_3$)-Werte an den P-Werten der Lactatmethoden und dem pH-Wert der Böden besteht eine lineare Beziehung, wie z. B. aus Abb. 144 ersichtlich ist.

Da die P(H_2O)-Werte eine bessere Beziehung zum Pflanzenwachstum als die P-Lactatwerte haben (s. z. B. Abb. 147), würde eine pH-Korrektur bei den letzteren die Beziehung verbessern. Von den P-Lactatwerten haben die P(CAL)-Werte zum Teil die engsten Beziehungen zu den P(H_2O)-Werten und zum Pflanzenwachstum.

Der Vergleich zwischen den P-Methoden hinsichtlich der *Beziehung der P-Werte zum Pflanzenwachstum* ergibt sich am eindeutigsten aus Gefäßversuchen durch Bestimmung des P-Gehalts junger Pflanzen. Als Beispiel sind in Abb. 147 die P-Werte der Böden mit dem P- Gehalt junger Weizenpflanzen, der eng mit der Trockenmasse korrelierte, in Beziehung gesetzt.

Man erkennt, daß bei den P(H_2O)-Werten (a) eine engere Beziehung als bei den P(CAL)-Werten (b) besteht. Dies ergab sich auch für die P(AL)- und P(DL)-Werte.

Zum gleichen Ergebnis führten Gefäßversuche, in denen der P-Gehalt von jungem Kartoffelkraut anstelle von Weizen als Bezugsgröße herangezogen wurde. Hierbei wurden bei 88 niederländischen Böden unterschiedlicher Zusammensetzung folgende Korrelationen für die Beziehung zwischen dem P-Gehalt im Boden und dem P-Gehalt im Kartoffelkraut berechnet: P(H_2O) = 0,92, P(CAL) = 0,53, P(AL) = 0,45, P(DL) = 0,45. Aus diesen Versuchen ergab sich, daß die Korrelation zwischen P(H_2O) und P-Bedarf der Pflanzen, wie sie im P-Gehalt der Pflanzen zum Ausdruck kommt, nicht oder nur wenig durch Unterschiede im $CaCO_3$-Gehalt und pH-Wert der Böden sowie der Körnung und Fixierungskapazität beeinflußt wird. Die geringere Korrelation bei den P-Werten der Lactatmethoden ist bei Mineralböden unterschiedlicher pH-Werte vor allem im Einfluß des pH-Wertes begründet, aber nur wenig in der gewichtsmäßigen Bodeneinwaage bei der P-Extraktion statt volumetrischer Bodeneinmessung wie bei P(H_2O).

Bei *Grünlandböden* wird in den Niederlanden jedoch die P(AL)-Methode (ergibt höhere P-Werte) herangezogen, weil sie hier der P(H_2O)-Methode erfahrungsgemäß überlegen ist[90].

Gute Beziehungen zum Ertrag wurden auch bei Anwendung der P($NaHCO_3$)-Methode nach

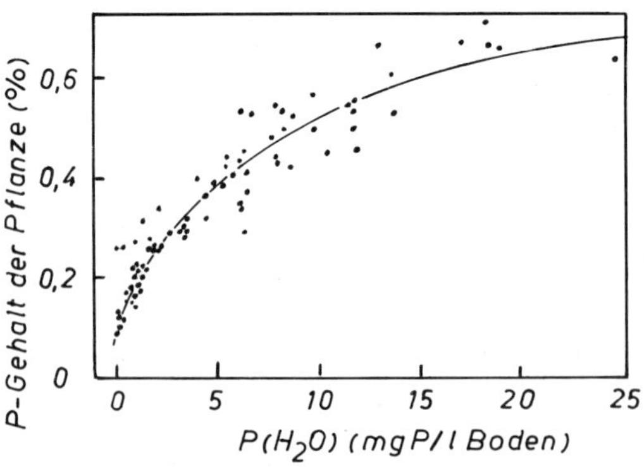

Abb. 147a

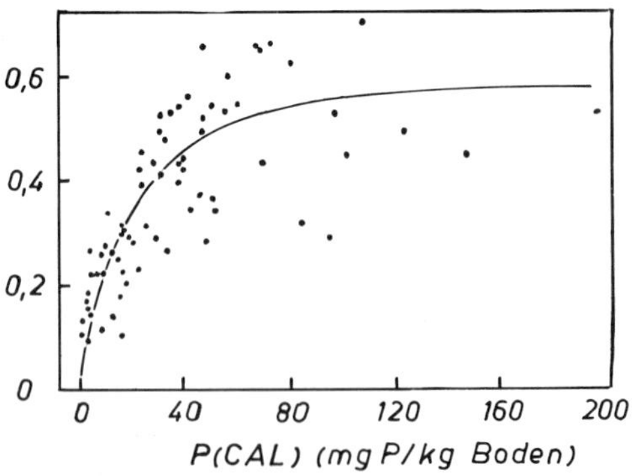

Abb. 147b

Abb. 147 Beziehung zwischen dem P(H_2O)-Wert (a) bzw. P(CAL)-Wert (b) von 73 Böden aus 6 Ländern und dem P-Gehalt von jungen Weizenpflanzen (in % der Trockensubstanz) in Gefäßversuchen (nach *van der Paauw*[90] und *R. Reuterink*, persönliche Mitteilung)

Olsen festgestellt, besonders bei $CaCO_3$-haltigen Böden. Vergleiche zwischen der $P(H_2O)$- und $P(NaHCO_3)$-Methode in Feldversuchen liegen nicht vor.

h) Beziehung zwischen P-Gehalt in Böden und Ertrag

In Abb. 148 sind die Ergebnisse von 450 P-Düngungsversuchen auf ca. 140 Standorten (verschieden hinsichtlich Bodenart, Bodentyp und Klima) dargestellt. Die Versuchspflanzen waren zu etwa ⅔ Getreide und zu ⅓ Kartoffeln, Zuckerrüben und Mais. Die Bodenuntersuchung wurde teils nach der DL-, teils nach der CAL-Methode durchgeführt. In Kap. g ist ein Vergleich mit anderen P-Methoden angegeben.

Die hohen Schwankungen der relativen Erträge bei gleichem P(DL,CAL)-Wert sind wie in Abb. 150 und analog dem Kalium (Abb. 133) nicht allein auf eine P-Wirkung zurückzuführen, sondern sind auch in der Natur der Feldversuche begründet (Inhomogenität der Felder, Witterung, Pflanzenart, niedriges Ertragsniveau). Dies kommt z. B. in den Mindererträgen bis 10 % zum Ausdruck, da Ertragsdepressionen durch P-Düngung auszuschließen sind. Hohe Mehrerträge können aber auch teilweise auf eine Kalkwirkung durch das in älteren Versuchen angewandte Thomasphosphat zurückgeführt werden.

Aus dem Verlauf der Regressionslinie ist ersichtlich, daß die Mehrerträge mit steigenden P(DL,CAL)-Werten zunächst in einer nichtlinearen Funktion abnehmen und sich ab ca. 40 mg P/kg nur noch wenig ändern. Im Bereich 40 – 220 mg P/kg, in dem sich ca. 90 % der Akkerböden in der BRD befinden, betrugen die

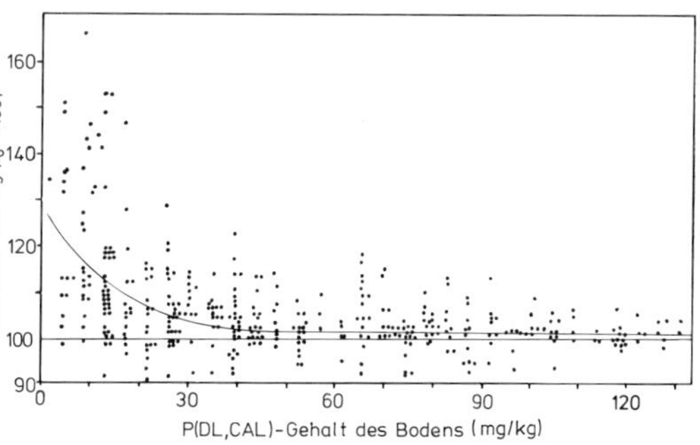

Abb. 148 Beziehung zwischen dem P(DL, CAL)-Gehalt der Ackerkrume und dem relativen Ertrag (ohne P-Düngung = 100) von Getreide, Kartoffeln, Zuckerrüben und Mais durch P-Düngung nach Feldversuchen in der BRD 1950 – 1980[95]

Mehrerträge im Mittel von 250 Ernten 1,9 %. Nur wenige Mehrerträge sind in diesem Bereich statistisch gesichert, so daß nur Mittelwerte aussagekräftig sind.

Auch in anderen Feldversuchen auf Böden unterschiedlicher Eigenschaften wurden ähnliche Ergebnisse wie in Abb. 148 erhalten, wobei aber als P-Dünger nur Superphosphat oder Triplephosphat angewandt wurde. So betrugen die mittleren Mehrerträge durch P-Düngung auf

a) 8 Standorten in Hessen [58 Getreideernten, P(CAL) > 50 mg/kg] weniger als 0,5 dt Getreide/ha[93],
b) 35 Standorten von Löß-Parabraunerden in Niedersachsen [P(CAL) 25 – 210 mg/kg] 4 dt Zuckerrüben/ha (33 Ernten), 0,3 dt Winterweizen/ha (51 Ernten) und 0,1 dt Wintergersten/ha (17 Ernten)[94],
c) 7 Standorten in Hessen, Rheinland-Pfalz und Saarland [P(CAL) 52 – 118 mg/kg] 1,6 % bei Getreide (54 Ernten) und 0,5 % bei Blattfrüchten (16 Ernten, davon 9 × Rüben)[58 a],
d) bei Zuckerrüben wurden in 31 Ernten auf 14 Standorten im Rheinland [P(CAL) > 65 mg/kg] keine Mehrerträge durch P-Düngung erzielt[63].

Als Beispiel für die Mehrerträge von Getreide in Abhängigkeit vom P-Gehalt der Böden und der P-Düngung sind in Tab. 77 die Ergebnisse neuerer Feldversuche in Bayern und im Rheinland angeführt.

i) P-Düngung und P-Grenzwerte

Aus den Feldversuchen können die in Tab. 77 angeführten Grenzwerte für die CAL-Methode und die entsprechenden Düngungsempfehlungen abgeleitet werden, die neben Getreide auch für andere Kulturpflanzen anwendbar sind.

Tabelle 77 Mittlere Mehrerträge von Weizen und Gerste durch P-Düngung (bezogen auf die P_o-Parzellen) auf 14 Standorten in Abhängigkeit von den P(CAL)-Werten der Böden und der Düngung sowie Düngungsempfehlungen[96] (n = Anzahl der Ernten, E = P-Entzugsdüngung)

P(CAL) (mg P/kg)	Gehalts-klasse	P-Düngung (kg P/ha) 24	48	92	n	P-Düngungs-empfehlung
		Mehrerträge (dt/ha)				
< 18	A	4,0	4,4	5,8	7	E × 2
18 – 39	B	2,5	3,0	3,5	18	E × 1,5
40 – 65	C	0,5	0,6	0,9	14	E
> 65	D – E	0,2	0	– 0,5	30	< E – 0

Aus den Feldversuchen auf Böden sehr unterschiedlicher Eigenschaften (Kap. h) ist zu schließen, daß für die Düngungsempfehlungen in der Regel die Kenntnis des leicht verfügbaren P-Gehalts der Böden und des P-Pflanzenentzugs ausreicht und daß andere Standortfaktoren unberücksichtigt bleiben können.

Dem Bereich, in dem eine *P-Entzugsdüngung* (= P-Abfuhr vom Feld) in der Fruchtfolge zur Erzielung des ökonomisch optimalen Ertrags ausreicht (*Gehaltsklasse C*), kann ein P(CAL)-Bereich von 40–65 mg P (= 90–150 mg P_2O_5)/kg zugeordnet werden (P-Entzüge s. Kap. 5 a). Bei geringerem P-Gehalt ist die P-Düngung auf das 1,5- bis 2fache des P-Entzugs zu erhöhen. Bei einem Gehalt >65 mg P/kg ist sie nur noch für Kartoffeln und Gemüse (bis zu ca. 100 mg P/kg) zu empfehlen; für andere Pflanzen ist in diesem Bereich eine P-Düngung nicht mehr ökonomisch, vielmehr kann der P-Vorrat der Böden ausgenutzt werden.

Wie aus Abb. 148, Tab. 77 und anderen Feldversuchen (Kap. h) hervorgeht, sind die Mehrerträge im Bereich 40–65 mg P(CAL)/kg im Mittel so niedrig, daß auch eine P-Entzugsdüngung nicht ökonomisch ist. Dennoch kann eine solche Düngung empfohlen werden, um die P(CAL)-Werte nicht in den stärkeren Mangelbereich der Böden [<40 mg P(CAL)/kg] absinken zu lassen. Allerdings kann die P-Düngung im Bereich 40–65 mg P(CAL)/kg mehrere Jahre unterbleiben, ohne daß mit einer wesentlichen Ertragseinbuße zu rechnen ist.

Der untere Grenzwert der Gehaltsklasse C von 40 mg P/kg ergibt sich auch aus niederländischen Feldversuchen, nach denen bei einem geringeren P-Gehalt des Bodens der Höchstertrag durch P-Düngung bei Anbau von Zuckerrüben und Kartoffeln (möglicherweise auch Feldgemüse) nicht ganz erreicht wird.

Die obigen Düngungsempfehlungen liegen erheblich niedriger als diejenigen der amtlichen Beratungsdienste in der BRD, stehen aber im Einklang mit denen benachbarter Länder. Dies ist am Beispiel der Niederlande aus Abb. 149 zu entnehmen. Zum besseren Vergleich wurden die $P(H_2O)$-Werte der niederländischen Richtlinien in P(CAL)-Werte umgerechnet. Wie aus Kap. m zu entnehmen ist, liegt auch der P-Verbrauch im Landbau der BRD erheblich über dem P-Bedarf der Pflanzen.

Auf den Einfluß verschiedener Faktoren auf die P-Verfügbarkeit wird in Kap. 5 d und Kap. (2) eingegangen.

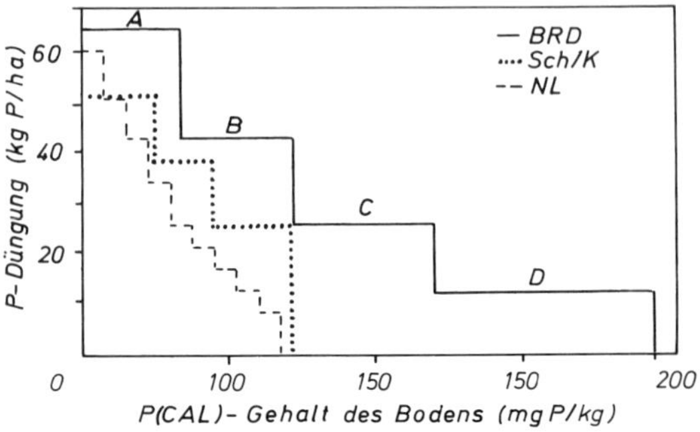

Abb. 149 Beziehung zwischen dem P(CAL)-Gehalt des Bodens und den P-Düngungsempfehlungen zu Getreide nach *Schachtschabel* und *Köster* (Sch/K), den Beratungsdiensten der BRD und denen der Niederlande (hier außer Gerste). (A – D = Gehaltsklassen in der BRD, Stand 1986)

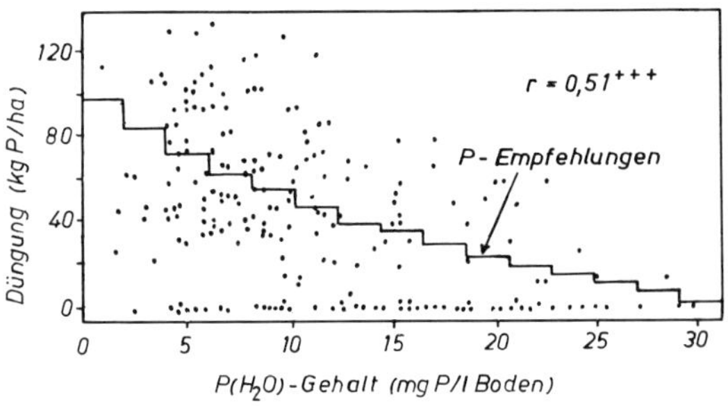

Abb. 150 Beziehung zwischen dem $P(H_2O)$-Wert von Böden und der ökonomisch optimalen P-Düngung zu Kartoffeln nach 170 niederländischen Feldversuchen. Für die P-Empfehlungen wurde ein Verhältnis von Kartoffelpreis zu P-Düngerkosten von 1 : 5 zugrunde gelegt[98]

(1) P-Düngung nach den P-Werten der Wassermethode

Systematische Feldversuche über die Beziehungen zwischen den $P(H_2O)$-Werten und der ökonomisch optimalen P-Düngung wurden in den Niederlanden durchgeführt (s. z. B.[98]). In Abb. 150 ist als Beispiel die Beziehung zwischen dem $P(H_2O)$-Wert von Böden und dem P-Düngerbedarf von Kartoffeln dargestellt. Der P-Bedarf wurde aus einjährigen Feldversuchen abgeleitet, die während einer Zeit von 6 Jahren (ca. 33 Versuche je Jahr) auf typischen Standorten der Niederlande durchgeführt wurden. Die lange Versuchszeit hat den Vorteil, daß auch der Einfluß der Witterung in die Ergebnisse eingeschlossen ist. Auf deren Einfluß ist auch neben der Berechnungsweise der optimalen P-Düngung die hohe Streuung der Einzelwerte zurückzuführen. Diese Streuung war bei Anwendung der P(AL)-Methode noch erheblich höher, wie aus den niedrigen Korrelationskoeffizienten (r = 0,20⁺) ersichtlich ist.

Für *Getreide* sind die niederländischen Empfehlungen aus Abb. 149 zu entnehmen. Hierbei wurden die P(H_2O)-Werte in P(CAL)-Werte umgerechnet und ein pH($CaCl_2$)-Wert der Böden von ≈ 6 zugrunde gelegt (Kap. g). Für Gerste liegen die Empfehlungen um 13 – 17 kg P/ha höher als für die übrigen Getreidearten. Die Empfehlungen beziehen sich ebenso wie die in Abb. 150 auf ein hohes Ertragsniveau und gelten für alle in den Niederlanden vorkommenden Bodentypen und Bodenarten.

(2) Einfluß des Unterbodens

Der Einfluß des *Unterbodens* auf die P-Versorgung der Pflanzen spielt in Kulturböden im Vergleich zu Kalium und Magnesium eine etwas geringere Rolle, weil sich der leicht verfügbare P-Gehalt unterhalb der Ackerkrume sehr schnell verringert, wie z. B. aus Tab. 78 ersichtlich ist. Der im Vergleich zu den tieferen Schichten etwas höhere P-Gehalt in der Schicht 30 – 60 cm kann als Folge einer Verlagerung aus der P-reicheren Ackerkrume (0 – 30 cm) über Lösungstransport und biologische Tätigkeit angesehen werden. Dieser P-Vorrat macht es erklärlich, daß bei Trockenheit eine erhebliche P-Nachlieferung aus dem feuchteren Unterboden erfolgen kann (s. Kap. 5 d). Hierbei ist noch zu berücksichtigen, daß die Pflanzen die P-Konzentration der Bodenlösung örtlich bis auf ca. 0,03 mg P/l zu erschöpfen vermögen (Abb. 146) und die Böden in diesem Konzentrationsbereich eine hohe P-Pufferung aufweisen. Zur Erzielung hoher Erträge ist jedoch in der Regel auch ein relativ hoher Gehalt an leicht verfügbarem Phosphat in der Ackerkrume eine Voraussetzung.

Tabelle 78 Mittlerer P-Gehalt in 20 norddeutschen Löß-Parabraunerden, bestimmt nach der H_2SO_4- und CAL-Methode (s. Kap. f), und P-Konzentration im Wasserextrakt 1:50

Schicht (cm)	P(H_2SO_4) (mg P/kg)	P(CAL) (mg P/kg)	P-Konz. (mg P/l)
0 – 30	350 ± 120	130 ± 50	0,38 ± 0,20
30 – 40	270 ± 70	70 ± 30	0,28 ± 0,14
40 – 60	210 ± 60	21 ± 17	0,07 ± 0,06
60 – 80	210 ± 60	12 ± 5	0,04 ± 0,03
80 – 100	250 ± 70	13 ± 4	0,03 ± 0,02

(3) Auswirkung einer hohen P-Anreicherung im Boden

Wie in Kap. i dargelegt wurde, ist zur Erzielung von Höchsterträgen eine P-Anreicherung im Boden in dem Bereich P(CAL) = 40 – 65 mg/kg [bzw. einem entsprechenden P(H_2O)-Bereich] ausreichend. Eine höhere P-Anreicherung ist nicht ökonomisch und kann sogar bei manchen Böden *Schadwirkungen* im Hinblick auf die Aufnehmbarkeit einiger *Mikronährstoffe* auslösen. So behindert eine hohe P-Konzentration der Bodenlösung die Aufnahme von Mangan, Eisen, Zink und Kupfer durch die Pflanzen. Außerdem wird die *Eutrophierung* der Gewässer begünstigt, wenn P-reicher Oberboden der Erosion unterliegt.

Auch im Hinblick auf den *Cadmium-Gehalt* der Phosphate ist eine überhöhte P-Düngung zu vermeiden (Kap. XXII 4 c).

k) Ausnutzung der Düngerphosphate

In Kap. d (4) wurde dargelegt, daß die P-Löslichkeit der Neubildungen aus Düngerphosphaten allmählich zurückgeht. Die Frage ist nun, ob dies auch mit einem Rückgang der P-Verfügbarkeit für die Pflanzen verbunden ist. Am Beispiel tropischer Böden (Ferralsolen) ist zu ersehen, daß bei sehr hoher Phosphatfixierung die P-Verfügbarkeit schnell zurückgeht, was zur Reihendüngung Anlaß gegeben hat. Dieser Rückgang ist jedoch bei den intensiv gedüngten Böden Europas mit wesentlich geringerer Phosphatfixierung weniger stark ausgeprägt. Hier hat sich gezeigt, daß wasserlösliche Phosphate (bzw. deren Neubildungen im Boden) langfristig vollkommen ausgenutzt werden können.

Dies geht aus 46 Feldversuchen mit Superphosphat auf verschiedenen Standorten der Niederlande hervor (Abb. 151). Die Laufzeit der Versuche betrug im Mittel 10 Jahre, die Phosphatdüngung 0 bis 88 kg P/(ha · Jahr). Die P(H_2O)-Werte der Böden wurden bei Versuchsbeginn und bei Versuchsende ermittelt. Aus der Abbildung ist zu ersehen, daß die Regressionslinie bei einer Düngung von 22 kg P/(ha · Jahr), die annähernd dem P-Entzug durch die Pflanzen entsprach, waagerecht verläuft und durch den Nullpunkt geht.

Aus diesen Ergebnissen ist zu folgern, daß (a) eine Entzugsdüngung mit leicht löslichen Phosphaten ausreicht, um die anfänglichen P(H_2O)-Werte nicht absinken zu lassen und

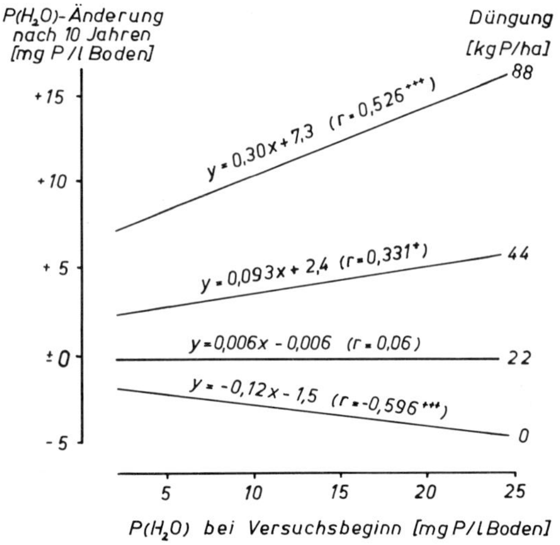

Abb. 151 Mittlere Änderung der $P(H_2O)$-Werte von Böden ohne und mit P-Düngung (Superphosphat) nach 10 Jahren in Abhängigkeit von den $P(H_2O)$-Werten bei Versuchsbeginn (46 Feldversuche, n. *J. Prummel,* unveröffentlicht)

damit auch die anfängliche Phosphatversorgung der Böden aufrecht zu erhalten und (b) wasserlösliche Phosphate (exakter deren Neubildungen im Boden) langfristig vollkommen ausgenutzt werden können. Ausgenommen hiervon sind Böden hoher Phosphatfixierung wie Ferralsole.

Eine geringere P-Ausnutzung kann dadurch vorgetäuscht werden, daß eine Abnahme der $P(H_2O)$-Werte erfolgt, weil die Ackerkrume vertieft (Vermischung mit P-armem Material hoher Phosphatfixierung) oder der pH-Wert der Böden erhöht wurde.

Aus der Abb. 151 ist weiterhin zu ersehen, daß die Regressionslinien für 0 und 44 kg P/ha annähernd die gleiche Neigung, aber mit entgegengesetzten Vorzeichen, haben. Dies bedeutet, daß die P-Abgabe bei P_0 und die P-Anreicherung bei P_{44} in annähernd gleichem Ausmaß erfolgte.

l) P-Bilanzierung über Bodenuntersuchungen

Zur quantitativen Kontrolle der P-Düngung und der P-Abfuhr vom Feld über eine Bodenuntersuchung ist z. B. die Extraktion mit Schwefelsäure (Kap. f) geeignet, da hierbei fast das gesamte verfügbare anorganische Phosphat erfaßt wird. Durch die üblichen Routine-Methoden wird aber nur ein mehr oder weniger hoher Anteil des anorganischen Phosphats erfaßt und damit auch nur ein Anteil der zugeführten oder vom Feld abgeführten P-Menge. So ergibt sich aus Abb. 151, daß im Bereich 25 – 10 mg $P(H_2O)$/l Boden eine Erhöhung des P-Gehalts im Boden um 1 mg P/l Boden erst durch eine P-Zufuhr über den Pflanzenentzug (ca. 22 kg P/ha) von ca. 45 – 65 kg P/ha bewirkt wurde.

Überträgt man die $P(H_2O)$-Werte auf P(CAL)-Werte, so entspricht dies im entsprechenden Bereich 75 – 30 mg P(CAL)/kg einer P-Zufuhr von 130 – 190 kg P/ha, also wie bei $P(H_2O)$ eine Zunahme mit abnehmendem P(CAL)-Gehalt.

In Feldversuchen der BRD wurde eine P-Zufuhr von 80 – 250 kg P/ha zur Erhöhung des P(CAL)-Gehalts im Boden um 10 mg/kg gefunden. Sie steigt mit zunehmendem Gehalt der Böden an reaktiven Eisenoxiden und abnehmender P-Sättigung der Adsorbentien. Umgekehrt gilt dies für die P-Abgabe an die Pflanzen, wie in P-Erschöpfungs-Versuchen festgestellt wurde, nämlich steigende P-Menge je mg P(CAL) bei abnehmendem P(CAL)-Gehalt des Bodens.

Wegen der relativ hohen Schwankungen der Bodenuntersuchungswerte ist eine Kontrolle der P-Düngung oder der P-Abgabe nur in längeren Zeitabschnitten gegeben.

m) P-Bilanz für die Landwirtschaft der BRD

Die P-Bilanz wurde nach dem gleichen Verfahren wie bei Kalium berechnt[65] (s. Kap. 8 i) und bezieht sich ebenfalls auf das Jahresmittel 1981 – 1983 sowie eine landwirtschaftlich genutzte Fläche (LF) von 12 Mio. ha (davon 7,2 Mio. ha Ackerfläche).

In die Bilanz wurde einbezogen die *P-Abfuhr* über die Gesamtmenge der produzierten pflanzlichen Verkaufsprodukte Getreide, Zuckerrüben, Kartoffeln und Ölfrüchte sowie die P-Abfuhr über die tierischen Produkte Fleisch, Milch und Eier. Bezieht man die P-Abfuhr über pflanzliche Produkte in Höhe von 82 Mio. kg P auf die Ackerfläche von 7,2 Mio. ha, von der die Produkte stammen, so ergibt sich im Mittel eine Abfuhr von 11 kg P/ha.

Die *P-Zufuhr* über Mineraldünger betrug 335 Mio. kg P (entsprechend 28 kg P/ha LF), die Zufuhr über Handelsfuttermittel (einschl. des Wirtschaftskraftfutters) berechnete sich zu 110 Mio. kg P.

Tabelle 79 Anteil der Ackerböden in der BRD in den P(DL,CAL)-Gehaltsklassen A – E (s. Kap. 5c)[66] und Grenzwerte der Beratungsdienste (Stand 1978)

Gehalts-klasse	A	B	C	D	E
Grenzwerte (mg P/kg)	<40	40 – 80	90 – 150	160 – 220	>220
Anteil der Böden (%)	14	33	37	12	4

Aus der Differenz zwischen P-Zufuhr und P-Abfuhr ergibt sich ein *P-Überschuß* der Zufuhr von 367 Mio. kg P (entsprechend 50 kg P/ha LF). Der Überschuß betrug in dem Zeitraum 1950 – 1986 insgesamt 12 Mio. t P, entsprechend 900 kg P/ha LF. Man kann annehmen, daß die zugeführte P-Menge je ha auf Ackerland höher war als auf Grünland, wie sich aus statistischen Erhebungen ergibt.

Die hohe P-Zufuhr hat zu einer starken *P-Anreicherung* in der Ackerkrume und damit einer hohen P-Versorgung der Böden geführt, wie aus Tab. 79 hervorgeht. Legt man die sich aus neueren Feldversuchen ergebenden Grenzwerte in Kap. i zugrunde [Gehaltsklasse C = 40 – 65 mg P(CAL)/kg], so bedürfen 53 % der Böden (90 – >220 mg P/kg) zur Zeit keiner P-Düngung (ausgenommen Kartoffeln und Gemüse), 33 % einer Entzugsdüngung und nur 14 % einer erhöhten P-Düngung.

Infolge der hohen P-Pufferung der Böden und der relativ geringen P-Abfuhr aus den landwirtschaftlichen Betrieben über die Verkaufsprodukte geht die P-Versorgung der Böden bei unterbleibender P-Düngung nur sehr langsam zurück. Langjährige Feldversuche in der BRD (Erschöpfungsversuche) haben ergeben, daß bei hoher P-Versorgung der Böden einer P-Abgabe von 100 kg P/ha an die Pflanzen nur im Mittel eine Abnahme des P(CAL)-Gehalts im Boden von 10 mg P/kg entspricht, bei geringerer P-Versorgung der Böden (<ca. 50 mg P/kg) noch weniger.

n) P-Auswaschung

In Böden kann eine P-Verlagerung aus dem Oberboden in den Unterboden und in sehr geringer Menge eine Auswaschung aus dem Wurzelraum erfolgen.

Eine *P-Verlagerung* aus dem Oberboden toniger Böden findet langfristig in der Regel nur bis zu einer Tiefe von 40 – 60 cm statt, wie z. B. bei Lößböden festgestellt wurde, die seit mehreren Jahrzehnten erheblich über dem Pflanzenentzug mit Phosphat gedüngt wurden (Tab. 78). Zu einem ähnlichen Ergebnis führte die Auswertung von Feldversuchen, die während 110 Jahren mit 33 kg P/(ha · Jahr) als Superphosphat gedüngt worden waren: Verlagerung bis zu 38 cm (Grünland) und 50 cm (Ackerland)[7].

Die *P-Konzentration* der Bodenlösung im Unterboden liegt meist im Bereich 0,1 – 0,01 mg P/l, sie sinkt bei den Lößböden in Tab. 78 mit zunehmender Tiefe.

So ist es auch zu erklären, daß nach Analysen von Dränwässern die *P-Auswaschung* aus dem Wurzelraum in der Regel weniger als 0,3 kg P/(ha · Jahr) beträgt. Allerdings kann sie in Hochmoorböden[99] und Sandböden geringer Phosphatadsorption bei hoher Sickerwassermenge und Zufuhr wasserlöslicher Phosphate, von Gülle oder bei Verregnung kommunaler Abwässer erheblich höher sein. Die P-Verlagerung wird begünstigt, wenn ein hoher P-Anteil der Bodenlösung in organischer Bindung vorliegt, wie z. B. bei der Gülle und bei Abwässern. Hierbei kann die Verlagerung in grobkörnigen Böden sogar teilweise in kolloider Form erfolgen.

Für die *Eutrophierung* der Gewässer[100] ist die Phosphatzufuhr in Ionenform von weitaus geringerer Bedeutung als die Zufuhr von erodiertem Material aus der Ackerkrume mit hohem Gehalt an leicht verfügbarem Phosphat.

11. Stickstoff[2 – 9, 101 – 108]

Der Stickstoff nimmt aus folgenden Gründen unter den Nährstoffen eine besondere Stellung ein: Der N-Gehalt der Ausgangsgesteine der Böden ist sehr gering, er unterliegt in Böden vielfachen Umwandlungen, der N-Bedarf der Pflanzen ist im Vergleich zu anderen Nährstoffen am höchsten, der Stickstoff bestimmt von allen Nährstoffen meist am stärksten den Ertrag, er kann zur Eutrophierung von Oberflächengewässern beitragen und Qualitätsprobleme bei Grundwasser für Trinkwasserzwecke verursachen.

a) N-Verbindungen in Böden

Der überwiegende Teil des Bodenstickstoffs liegt in Oberböden in organischer Bindung vor (meist mehr als 95 %), und zwar in Form von Huminstoffen (Kap. VII 3), Vegetationsrückständen, Biomasse und abgestorbenen Organismen. Der N(org.)-Gehalt der Mineralböden korreliert eng mit dem C(org.)-Gehalt und schwankt daher ebenfalls in einem weiten Bereich von 0,02 – 0,4 % (s. z. B. Tab. 23 und 25, Kap. VII).

Obwohl die chemische Natur des meisten organisch gebundenen Stickstoffs noch im Dunkel liegt, gibt es gute Hinweise (*Bremner* und *Hauck* in[106]), daß 20 – 40 % des Stickstoffs in den meisten Oberböden als Aminosäure-N, 5 – 10 % als Hexosamin-N (2-Amino-Zucker) und 1 – 7 % als Nucleinsäurebasen-N (Purine und Pyrimidine) vorliegen.

Anorganisch gebunden und pflanzenverfügbar ist der Stickstoff im normalen Bereich der Kulturböden (pH > 5) weitgehend in Form des leicht löslichen und daher auch leicht auswaschbaren Nitrats (NO_3^-) und nur in kleiner Menge als austauschbares und gelöstes Ammonium (NH_4^+). Ammonium entsteht zwar laufend bei der mikrobiellen Zersetzung organischer Stoffe (Ammonifikation), wird aber im temperierten Klimabereich in Böden unter aeroben Verhältnissen nicht angereichert, weil die mikrobielle Umwandlung in Nitrat (Nitrifikation) schneller verläuft als die Ammonifikation. Dagegen verläuft in tropischen Böden bei Temperaturen > 30 °C die Ammonifikation schneller als die Nitrifikation.

In nichtaustauschbarer und nichtpflanzenverfügbarer Form ist Ammonium im Kristallgitter von Silicaten eingeschlossen.

b) N-Kreislauf

Der Stickstoff unterliegt in Böden einem kontinuierlichen *Kreislauf* zwischen anorganischen und organischen N-Verbindungen, wobei die Prozesse der Mineralisierung (Mobilisierung) und Immobilisierung fundamentale Funktionen haben. Der N-Kreislauf in Kulturböden ist in Abb. 152 schematisch dargestellt.

Wird z. B. einem Boden Ammonium zugeführt, so geht der weit überwiegende Anteil in den austauschbaren Zustand über. Das austauschbare und gelöste NH_4^+ wird teilweise direkt von den Pflanzen aufgenommen oder von heterotrophen Mikroorganismen in organische N-Verbindungen überführt (immobilisiert), es bildet sich mikrobielle Biomasse (aktiver Pool in Abb. 152). Beim Absterben der Mikroorganismen wird die tote Masse durch andere Mikroorganismen abgebaut und der Stickstoff wieder in NH_4^+ überführt (N-Mineralisierung).

Der in den Pflanzen gespeicherte Stickstoff (pflanzliche Biomasse) wird über die Vegetationsrückstände zum Teil wieder in den Boden einverleibt und dient ebenso wie die tote Masse abgestorbener Bodentiere heterotrophen Mi-

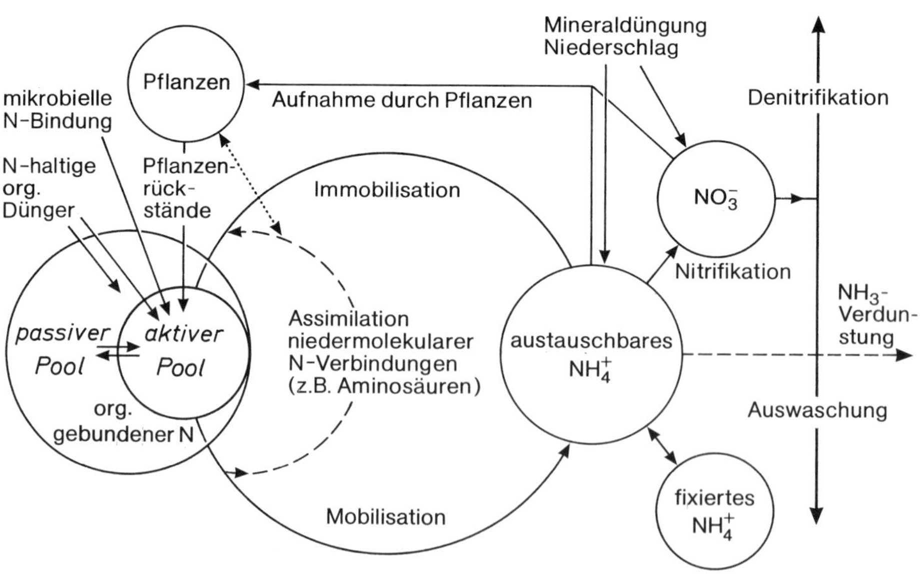

Abb. 152 Der landwirtschaftliche N-Kreislauf (nach *S. L. Jansson*) in Zit. 104

kroorganismen als Nahrung bzw. Energiequelle.

Die *Bilanz* für den Bodenstickstoff ergibt sich aus den N-Gewinnen und N-Verlusten. *N-Gewinne* ergeben sich aus der anorganischen und organischen Düngung (Kap. j), Zufuhr über Niederschläge (Kap. XXII 4) Bewässerung (NH_4^+, NO_3^-), Adsorption von Gasen aus der Atmosphäre (NH_3, Stickoxide) und der biologischen N_2-Fixierung (Kap. i). *N-Verluste* entstehen durch Pflanzenentzug und Abfuhr der Ernteprodukte (Tab. 71, Kap. 5 a), Auswaschung (Kap. k), Denitrifikation (Kap. f), Ammoniak-Verflüchtigung (Kap. h) und Erosion.

Durch die *Niederschläge* gelangen teilweise erhebliche N-Mengen in den Boden; sie betragen in der BRD im allgemeinen 5 – 30 kg N/(ha · Jahr), in der Nähe von Industrieanlagen bis 100 kg N/(ha · Jahr). Auch in Gewittern werden Stickoxide gebildet, die zu einer HNO_3-Anreicherung im Gewitterregen führen.

N-Verluste durch *Wasser und Winderosion* sind wegen des hohen Gehalts der Oberböden an organisch gebundenem Stickstoff und damit des Verlustes an potentiell aufnehmbarem Stickstoff von erheblicher Bedeutung.

Auf die in Böden ablaufenden Prozesse im N-Kreislauf wird in den folgenden Kapiteln eingegangen. Eine eingehende Darstellung und Literaturübersicht finden sich in 23 Beiträgen verschiedener Autoren in *Stevensson*[106] sowie[101 – 108].

c) N-Gleichgewicht in Böden

In den meisten stabilisierten Ökosystemen besteht ein Gleichgewicht des organisch gebundenen Stickstoffs zwischen (1) Gewinnen durch mikrobielle N_2-Bindung sowie der N-Zufuhr (NO_3^-, NH_4^+) über die Niederschläge und (2) N-Verlusten durch Auswaschung und Denitrifikation. Der sich einstellende N-Gehalt der Böden wird vor allem durch Klima, Vegetation und Bodeneigenschaften bestimmt, in kultivierten Böden noch durch Düngung und Bodenbearbeitung.

Der Einfluß von Temperatur und N/S-Quotient (Niederschläge/Sättigungsdefizit) auf den N-Gehalt ist am Beispiel von Ackerböden mit vorangehender Steppenvegetation zu ersehen (Abb. 153). Die Auswahl der Böden ist beschränkt auf die Oberböden von Lehm- und schluffigen Lehmböden aus Löß und anderen Sedimenten.

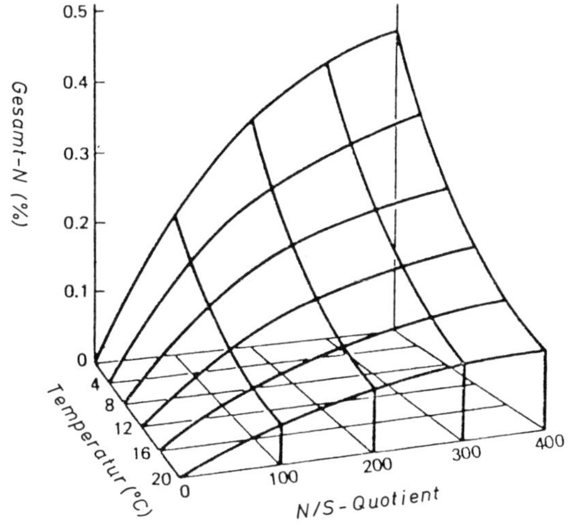

Abb. 153 Modell der Änderungen des N(gesamt)-Gehalts von Lehmböden (Oberböden 0 – 20 cm) in Abhängigkeit von mittlerer Jahrestemperatur und N/S-Quotient im Bereich der Great Plains von Canada bis Mexiko (Kurven von hinten nach vorn) und von der Wüste bis zu den humiden Regionen (Kurven von links nach rechts)[108a]

Bei *gleicher Temperatur* steigt der N-Gehalt mit zunehmendem N/S-Quotienten, dargestellt durch die Kurven von links nach rechts. Der Anstieg von N (und auch von C) ist am ausgeprägtesten bei niedriger Temperatur (Grenze zu Canada) und am geringsten bei höherer Temperatur (Texas).

Bei *gleichem N/S-Quotienten* sinkt der N-Gehalt mit steigender Temperatur (erhöhte Mineralisierung) dargestellt durch die Kurven von hinten (Canada) nach vorn (Nähe Mexiko). Lehmböden der mittleren USA enthalten viel weniger N(org.) und org. Substanz als vergleichbare Böden entlang der nördlichen Grenze.

Ändern sich *Vegetation* oder Bodennutzung, wird z. B. bei der Überführung eines Lößbodens unter Steppenvegetation in einen Ackerboden erniedrigt (Abb. 154), bei der Überführung eines Ackerbodens in Grünland erhöht (Abb. 155). Der höhere N-Gehalt unter Grünland im Vergleich zu Ackerland ist auch aus einem Lößboden zu ersehen, der einige Jahrhunderte als Weide (N = 0,47 %) und Ackerland (N = 0,19 %) genutzt wurde (Tab. 23, Kap. VII). Grünlandumbruch, also die Umwandlung von Dauergrünland in Ackerland, ist demnach mit einem Abbau des N-Vorrats im

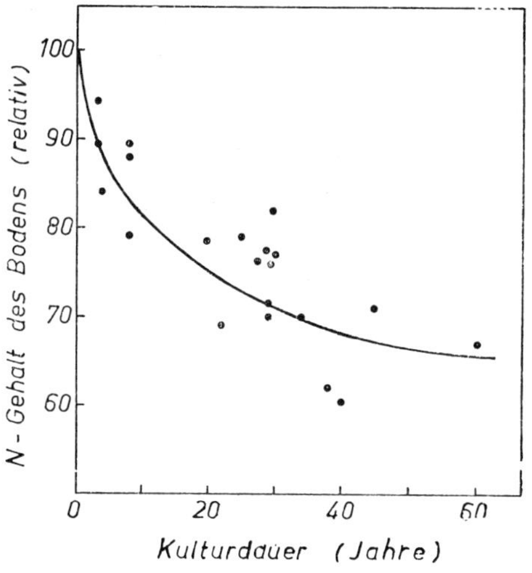

Abb. 154

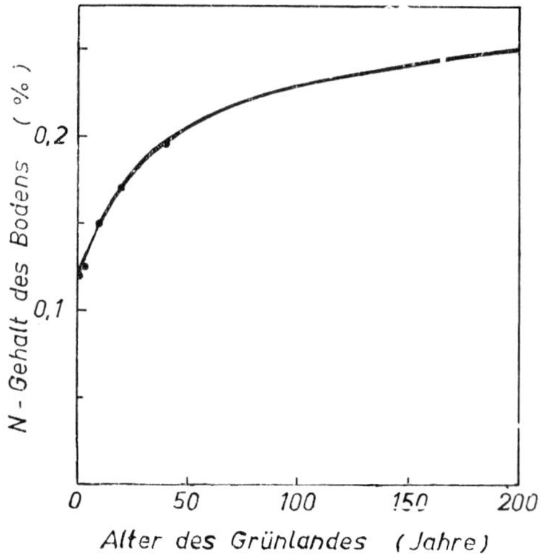

Abb. 155

Abb. 154 Änderung des N-Gehaltes eines Steppenbodens bei der Umwandlung in Ackerland[109]

Abb. 155 Änderung des N-Gehaltes eines Ackerbodens bei der Umwandlung in Grasland[110]

Boden verbunden. Dieser Abbau kann sehr schnell erfolgen. Bei Sandböden hat z. B. der N-Vorrat im A-Horizont nach Grünlandumbruch in 4 Jahren (N-Gleichgewicht erreicht) um ca. 5 t N/ha abgenommen[146].

Da die Flüsse von Kohlenstoff und Stickstoff meist in wechselseitiger Beziehung stehen, sind auch alle anderen Faktoren, die sich auf das C-Gleichgewicht auswirken und in Kap. VII 4 erläutert sind, auf das N-Gleichgewicht sinngemäß übertragbar.

d) N-Mineralisierung und N-Immobilisierung

Als *N-Mineralisierung* oder *Ammonifizierung* bezeichnet man die mikrobielle Umwandlung von organisch gebundenem Stickstoff in NH_4^+. Hierbei bildet sich zunächst NH_3, das sehr schnell in Wasser unter Aufnahme eines Protons in NH_4^+ übergeht. Die Umwandlung verläuft nach folgendem Schema (R = organisches Radikal):

$$R-NH_2 + H_2O \rightarrow NH_3 + R-OH$$
$$NH_3 + H^+ \rightleftarrows NH_4^+$$

An diesem exothermen Prozeß sind zahlreiche physiologisch sehr unterschiedliche heterotrophe Mikroorganismen beteiligt, vor allem aerobe und anaerobe Eiweißzersetzer.

Unter *N-Immobilisierung* versteht man die Umwandlung anorganischer N-Verbindungen (NH_4^+, NH_3, NO_2^-, NO_3^-) in organische Verbindungen. Heterotrophe Bodenorganismen assimilieren die anorganischen N-Verbindungen und wandeln sie in organische Bestandteile (vor allem Eiweiß) ihrer Zellen und ihres Gewebes um, es bildet sich mikrobielle Biomasse. Das C/N-Verhältnis der Bodenorganismen variiert zwischen etwa 4 und 15 (Tab. 14 b, Kap. VII). Die N-Assimilation durch die Pflanzen und die N_2-Fixierung werden gewöhnlich nicht in den Begriff Immobilisierung einbezogen.

Zur *Bestimmung* des leicht mineralisierbaren Stickstoffs im Labor wurden zahlreiche *chemische Methoden* ausgearbeitet, wie Extraktion des Bodens mit einer heißen Säure, siedendem Wasser, u. a.[20] sowie die EUF-Methode[46, 111]. Vielfach angewandt wird die *Inkubations-Methode*. Hierbei wird der Boden bei definierten Wassergehalten und bei einer Temperatur von meist 20 – 35 °C mehrere Wochen oder Monate bebrütet und anschließend der mineralisierte Stickstoff (NH_4^+ + NO_3^-) bestimmt. Diese N-Werte sind ein Index für das Potential eines Bodens, Stickstoff unter idealen Verhältnissen an die Pflanzen nachzuliefern.

Da in den Inkubationsversuchen neben der N-Mineralisierung gleichzeitig eine mehr oder weniger hohe N-Immobilisierung stattfinden kann (ebenso wie im Feld), geben die Inkubationswerte nur die Netto-Mineralisierung wider. Eine N-Immobilisierung tritt besonders dann auf, wenn das C/N-Verhältnis leicht zersetzbarer organischer Stoffe größer als ca. 25 ist.

In Abb. 156 sind einige Beispiele für den zeitlichen Mineralisierungsverlauf in 5 Löß-Parabraunerden (Ap-Horizonte) dargestellt (s. a.[113]).

Die Kurven zeigen in den ersten Wochen eine hohe N-Mineralisierungsrate, die leicht zersetzbaren Vegetationsrückständen (vor allem Wurzeln) und toten Organismen zugeordnet werden kann. Der sich anschließende annähernd gradlinige Verlauf der Kurven entspricht resistenteren organischen N-Verbindungen. Deren Mineralisierbarkeit ist abhängig von der Art der Huminstoffe und ihrer Bindung in organomineralischen Komplexen. Auch dieser Stickstoff kann einen wesentlichen Anteil der N-Mineralisierung unter Feldbedingungen ausmachen. Ein weiterer Teil des Bodenstickstoffs ist aber so stark gebunden, daß er von den Mikroorganismen nicht mehr genutzt werden kann und damit für die N-Versorgung der Pflanzen kaum noch eine Rolle spielt, vermutlich ist dies heterocyklisch gebundener Stickstoff (passiver Pool in Abb. 152).

Die Menge des mineralisierten Stickstoffs wurde z. B. in Inkubationsversuchen nach 12 Monaten (30 °C) zu 20 % des gesamten N-Gehalts der Böden ermittelt[114].

Im Einklang mit anderen Inkubationsversuchen (s. z. B. Abb. 156) wurde zwischen dem

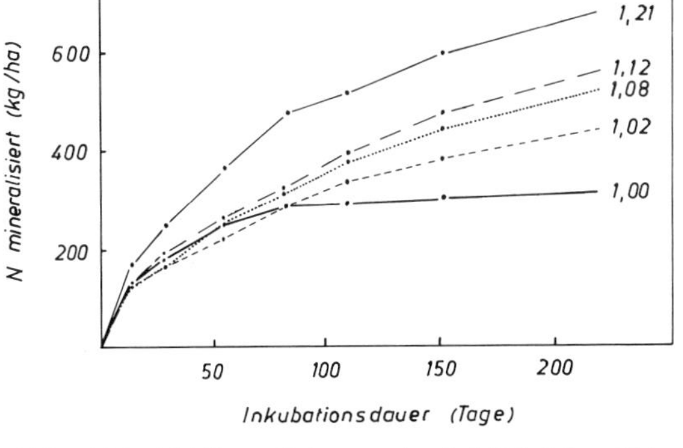

Abb. 156 N-Mineralisierung in 5 Lößböden (Akkerkrume) unterschiedlichen N-Gehalts in Abhängigkeit von der Inkubationsdauer (35 °C). Die N-Werte sind auf eine Krumentiefe von 30 cm bezogen, 100 kg N/ha entsprechen 2,2 mg N/kg Boden[112]

bei längerer Inkubationsdauer mineralisierten Stickstoff und dem N-Gehalt der Böden eine enge Beziehung festgestellt[114]. So wurde in zwei Versuchsreihen mit verschiedenartigen Böden ein Korrelationskoeffizient von 0,67 und 0,94 berechnet. Eine Einbeziehung von C/N-Verhältnis (Schwankung 8 – 13) und pH (5 – 8) bewirkte in multiplen Korrelationen keine Verbesserung der Beziehung. Bemerkenswert ist auch der Befund in diesen Versuchen, daß während der Inkubation ein Teil des mineralisierten Stickstoffs in Form von NH_4^+ in Tonmineralen fixiert wurde.

Im folgenden wird auf den Einfluß von Wassergehalt, Temperatur und C/N-Verhältnis auf die N-Mineralisierungsrate etwas näher eingegangen.

(1) Einfluß von Wassergehalt und Temperatur

Die N-Mineralisierung ist in einem weiten Bereich unabhängig vom *Wassergehalt* der Böden, bei Wassersättigung kann jedoch die Denitrifikation ein stärkeres Ausmaß annehmen.

Die Mineralisierung erhöht sich, wenn auf feuchte Phasen trockene Phasen folgen. Diese verstärkte Mineralisierung kann zurückgeführt werden auf (a) abgestorbene mikrobielle Biomasse, (b) neue für die Mikroben zugängliche Oberflächen organischer Stoffe, die infolge Schrumpfung von dichten Aggregaten entstehen und (c) die Bildung niedermolekularer organischer N-Verbindungen aus höhermolekularen.

Die N-Mineralisierung ist nahe dem Gefrierpunkt gering, steigt mit zunehmender *Temperatur*, vor allem im Bereich 30 – 40 °C, und hat ihr Optimum bei ca. 50 °C und darüber. Eine Zunahme der Temperatur um 10 °C beschleunigt die N-Mineralisierung um das 2- bis 3fache.

(2) Einfluß von C/N-Verhältnis und pH-Wert

Beim Einfluß des C/N-Verhältnisses (g/g) auf die N-Mineralisierung muß man unterscheiden zwischen leicht zersetzbaren organischen Stoffen (Pflanzenrückstände, Stroh, abgestorbene mikrobielle Biomasse usw.) und Huminstoffen, die bereits einen langjährigen Umsetzungsprozeß durchgemacht haben.

Aus Abb. 157 ist zu ersehen, daß leicht zersetzbare organische Stoffe um so schneller mineralisiert werden, je enger das C/N-Verhältnis ist. So werden Leguminosen (C/N = 15 – 25),

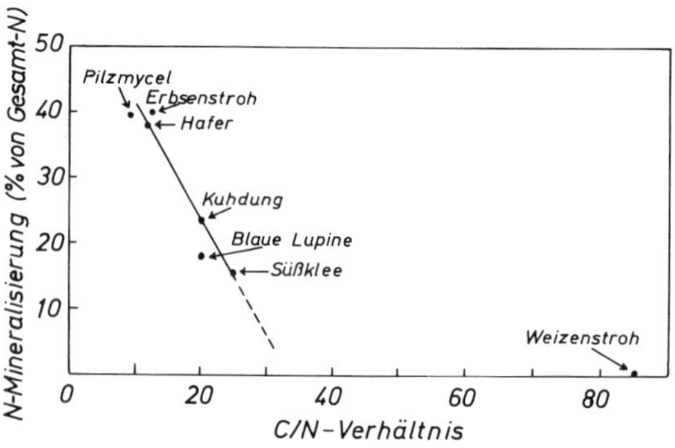

Abb. 157 N-Mineralisierung organischer Stoffe mit unterschiedlichem C/N-Verhältnis, Inkubationsdauer 25 Tage, Temperatur 40 °C (n. *H. L. Jensen*)

Böden an organischer Substanz und hohem Tongehalt aus. So verschob sich das C/N-Verhältnis bei Abzug des mineralisch gebundenen NH_4^+ bei Löß-Parabraunerden und Löß-Schwarzerden im A_p-Horizont im Mittel von 10 auf 11, in den C-armen Unterböden aber von 6 auf 12. Die in der Literatur vorliegenden niedrigen C/N-Werte in B- und C-Horizonten beruhen daher auf der Nichtberücksichtigung des mineralisch gebundenen NH_4^+.

Der *pH-Einfluß* auf die N-Mineralisierung ist im normalen pH-Bereich von Kulturböden gering oder nicht vorhanden, wie sich aus Inkubationsversuchen ergab (z. B.[114]). Bei pH-Werten der Böden <5 und >8 wurde festgestellt, daß die N-Mineralisierungsrate stark abnahm.

Pilzmycele und gemahlene Haferkörner schneller mineralisiert als das N-arme Weizenstroh und anderes Getreidestroh (C/N = 50 – 100). Erfolgt daher die Strohzufuhr im Feld erst kurz vor der Saat im Frühjahr, so können die Pflanzen infolge N-Immobilisierung vorübergehend unter N-Mangel leiden.

Die Abhängigkeit der Mineralisierungsrate vom C/N-Verhältnis gilt auch für den Bestandsabfall von *Waldbäumen*: nach *W. Wittich* ist die Laubstreu von Erle, Esche, Hainbuche (C/N = 20 – 30) leichter mineralisierbar als die von Eiche, Buche, Linde, Birke und Pappel (C/N = 40 – 60) sowie von Fichte und Kiefer (C/N = ca. 50).

In Inkubationsversuchen von Proben aus O-Horizonten ergaben sich nur dann signifikante Beziehungen zwischen Mineralisierungsrate und C/N-Verhältnis, wenn Gruppen ähnlicher mikrobieller Zersetzbarkeit gebildet wurden, nämlich einerseits Rohhumus und Moder, andererseits Mull (n. *H. Zöttl*). Dagegen wurden in Kulturböden keine signifikanten Beziehungen festgestellt (s. z. B.[114]).

Das engste C/N-Verhältnis von 10 – 12 haben Böden hoher biologischer Aktivität, z. B. Schwarzerden und Mull-Rendzinen. In O-Horizonten von Podsolen werden mit 30 – 40, Niedermooren mit 15 – 30 und Hochmooren mit 50 – 60 die höchsten Werte erreicht (s. a. Tab. 14b, in Kap. VII).

Das C/N-Verhältnis entspricht in Mineralböden nicht genau dem der organischen Substanz, weil bei der N-Bestimmung mittels Kjeldahl-Aufschluß fixiertes NH_4^+ mit erfaßt wird. Dies wirkt sich besonders bei geringem Gehalt der

e) Nitrifikation[106, 115]

Die Nitrifikation, d. h. die mikrobielle Umwandlung von Ammonium (NH_4^+) zu Nitrit (NO_2^-) und Nitrat (NO_3^-) erfolgt in zwei Stufen:

$$NH_4^+ + 3/2 O_2 \rightarrow NO_2^- + H_2O + 2H^+ + 352\,kJ \quad (1)$$
$$NO_2^- + 1/2 O_2 \rightarrow NO_3^- + 74{,}5\,kJ \quad (2)$$

Diese exothermen Reaktionen sind vor allem den aerob lebenden autotrophen Bakterien *Nitrosomonas* (Stufe 1) und *Nitrobacter* (Stufe 2) zuzuschreiben und an die Anwesenheit von elementarem Sauerstoff gebunden. Wie aus Gleichung 1 gefolgert werden kann, ist die Nitrifikation mit einer Erhöhung der Bodenacidität verbunden.

Die optimale *Temperatur* für die Nitrifikation liegt zwischen 25 und 35 °C. Mit abnehmender Temperatur wird sie zwar immer mehr verzögert, ist aber selbst bei 0 – 2 °C noch wirksam.

Das Maximum der Nitrifikationsrate liegt bei pH 6 – 8. Auch in stark sauren Böden kann eine Nitrifikation stattfinden, wobei andere Organismen (Pilze) wirksam sind. Diese Nitrat-Bildung ist für die N-Dynamik in stark sauren Waldböden von Bedeutung. Günstige Bedingungen für die Nitrifikation fallen aber meistens zusammen mit günstigen Voraussetzungen für die Gesamtheit des Bodenlebens und der Höhe des Pflanzenertrags.

Die Umwandlung von NH_4^+ in NO_2^- und damit auch die Nitrifikation kann durch Zusatz von *Nitrifikationshemmstoffen* verzögert werden[116, 117]. Dies wird im Landbau ausgenutzt, um die Auswaschung und die Denitrifikation zu verringern.

f) Denitrifikation[106, 118–120]

Die N-Verluste in Böden beruhen vor allem auf der Auswaschung und der Denitrifikation. Untersuchungsergebnisse, die auf der Bilanzierung von mit ^{15}N markierten N-Düngern basieren, könnten vermuten lassen, daß 30–50 % des dem Boden zugeführten Stickstoffs durch Denitrifikation verloren gehen können[119]. Direkte Messungen der Denitrifikation unter Feldbedingungen auf verschiedenen Böden mittels der Acetylen-Inhibierungs-Methode, bei der die Denitrifikation nur bis zur N_2O-Bildung abläuft, zeigen jedoch, daß unter europäischen landwirtschaftlichen Verhältnissen im Mittel nur 7 % (Variationsbreite 1–16 %) des zugeführten N-Düngers durch biologische Denitrifikation verloren geht[120]. Die aufgrund chemischer Reaktionen denitrifizierte N-Menge ist vermutlich wesentlich geringer.

(1) Biologische Denitrifikation

Diese Denitrifikation ist abhängig von dem Nitrat-Gehalt und der Wassersättigung des Bodens, dem verfügbaren Kohlenstoff, der Temperatur und dem pH-Wert.

Eine hohe Denitrifikation findet bei hoher *Wassersättigung* des Bodens (z. B. über 80 %[120]) und damit unter anaeroben Verhältnissen statt, weil manche Bakterien, die z. B. der Gattung *Pseudomonas* und *Achromobacter* angehören, bei Sauerstoffmangel fähig sind, Nitrit- und Nitrat-Sauerstoff als Elektronenakzeptor anstelle von elementarem Sauerstoff zu verwerten. Die Reduktion von Nitrat führt über NO_2^- zu den gasförmigen Produkten in der Folge NO → N_2O → N_2. Als Energiematerial (Elektronendonator) für diesen Prozeß dient mikrobiell verfügbarer organisch gebundener *Kohlenstoff*, wie er in Pflanzenrückständen, Wurzelausscheidungen u. a. enthalten ist.

Die Denitrifikation erfolgt erst dann, wenn der Sauerstoffgehalt lokal fast vollständig verbraucht ist. Sie ist besonders hoch in schlecht gedränten und dicht gelagerten Böden, kann aber selbst in gut gedränten Böden stattfinden. Dies ist bedingt durch die äußerst langsame Sauerstoffdiffusion durch die wassergefüllten Mikroporen ins Innere der Aggregate. Die Diffusion erfolgt besonders in dichten Aggregaten oft so langsam, daß der Sauerstoffbedarf der dort lebenden Mikroorganismen nicht schnell genug befriedigt werden kann und Sauerstoffarme bzw. -freie Räume entstehen, in denen eine Nitratreduktion stattfindet.

Die biologische Denitrifikation beginnt im Boden bei ca. 5 °C und steigt mit zunehmender *Temperatur*. Sie ist unter pH 6 gering, hoch bei pH 6–7 und steigt mit zunehmendem *NO_3-Gehalt* des Bodens.

Bei der Denitrifikation tritt *Distickstoffoxid* (N_2O)[121] nicht nur als Zwischenprodukt, sondern auch als Endprodukt auf und wird in die Atmosphäre emittiert, wenn es in der obersten Bodenschicht gebildet wird. Das in tieferen Bodenschichten entstehende N_2O wird jedoch mikrobiell abgebaut. Auch bei der Nitrifikation wird bei Sauerstoffmangel (z. B. nach intensivem Regen oder in der Wurzelzone) N_2O gebildet und emittiert. Die N_2O-Zunahme in der Atmosphäre wird mit einer allmählichen Zerstörung der Ozonschicht in der Stratosphäre und damit einer Klimaänderung in Verbindung gebracht.

Die N_2O-Immission wird entscheidend von der Bodenfeuchte, der Bodentemperatur und der N-Düngung beeinflußt. In Messungen unter Feldbedingungen wurde z. B. festgestellt, daß bei einer Zufuhr von 100 kg N/ha 0,1–0,15 % des Stickstoffs als N_2O emittiert wurden[121]. Auch von anderen Arbeitsgruppen wurden relativ niedrige N_2O-Entbindungsraten festgestellt. Bei Annahme einer mittleren N_2O-Emission von 0,2 % würde diese zusätzliche Emission durch Mineraldünger (derzeitige Produktion in der Welt ca. 50 Mio. t N/Jahr) nur 1 % der bereits vorhandenen natürlichen N_2O-Emission auf der Erde (ca. 10 Mio. t N_2O/Jahr) ausmachen und damit zu keiner signifikanten Änderung der Ozonschicht der Stratosphäre führen[121]. Der N_2O-Gehalt in der Atmosphäre beträgt 320 ppb (Vol.), während andere Stickoxide (NO, NO_2) infolge ihrer großen chemischen Reaktivität nur in Spuren (< 10 ppb) vorhanden sind.

(2) Chemische Denitrifikation

Gasförmige N-Verluste (Stickoxide, N_2) können auch aufgrund chemischer Reaktionen auftreten, besonders bei hoher Düngung mit NH_4^+ oder NH_4-bildenden Düngern (z. B. Harnstoff). Sie werden auf das bei der Nitrifikation als Zwischenprodukt entstehende Nitrit

(NO_2^-) zurückgeführt. Für diese Umsetzungen werden mehrere chemische Reaktionen vorgeschlagen wie z. B. die spontane Selbstzersetzung von salpetriger Säure in saurer Umgebung:

$$2HNO_2 \rightarrow NO + NO_2 + H_2O$$

Die Zersetzungsrate steigt mit abnehmendem pH, weil in gleicher Richtung der HNO_2-Anteil zunimmt.

Auch Verbindungen, die freie Aminogruppen enthalten (Aminosäuren, Harnstoff, Amine) können unter sauren Bedingungen mit HNO_2 reagieren, wobei in diesem Fall N_2 freigesetzt wird:

$$R-NH_2 + HNO_2 \rightleftarrows R-OH + N_2 + H_2O$$

Weitere mögliche Reaktionen siehe *Nelson* in Zit.[106].

g) Ammonium-Fixierung[46, 106, 126]

Silicathaltige Böden enthalten in der Regel fixiertes NH_4^+, das zum Teil von den Ausgangsgesteinen ererbt wurde (natives NH_4^+) und zum Teil aus NH_4-Düngern (sowie NH_4-bildenden Düngern wie Harnstoff) oder dem bei der Mineralisierung gebildeten NH_4^+ durch Tonminerale (Vermiculite, Illite und Smectite[124] hoher Ladung) fixiert wurde (= frisch fixiertes NH_4^+). Als fixiert wird NH_4^+ bezeichnet, das bei Extraktion mit einer K-haltigen Lösung nicht freigesetzt wird.

In Böden und Mineralen wurden z. B. folgende Gehalte an fixiertem NH_4-N festgestellt[122]: Lößböden der BRD 80 – 210 mg, tonreiche Marschen der BRD 150 – 850 mg (enge positive Beziehung zum Tongehalt), Böden der USA 65 – 265 mg, Kalifeldspäte bis 140 mg, Glimmer bis 500 mg und Illite 300 – 900 mg N/kg. Niedrige Werte sind typisch für Sandböden, sehr hohe Werte für Tonböden. Bei gleichem Mineralbestand im Profil ist der Gehalt des Ober- und Unterbodens an fixiertem NH_4^+ meist annähernd gleich.

Für die NH_4-Dynamik im Boden und die N-Ernährung der Pflanzen hat das ältere im Innern der Silicate eingeschlossene native NH_4^+ keine Bedeutung, sondern nur das im Randbereich der Zwischenschichten von Tonmineralen hoher Schichtladung in jüngerer Zeit „frisch fixierte“ NH_4^+. Dieser Anteil ist nicht konstant, sondern er unterliegt jahreszeitlichen Schwankungen.

Wird einem Boden z. B. Ammoniumsulfat zugefügt, so wird je nach Fixierungskapazität ein mehr oder weniger hoher NH_4-Anteil relativ schnell fixiert und erst allmählich wieder freigesetzt, wie Inkubationsversuche und Feldversuche bei Zusatz des stabilen Isotops ^{15}N ergeben haben. Dies läßt den Schluß zu, daß zwischen dem frisch fixierten NH_4^+ (f), dem austauschbaren NH_4^+ (a) und dem gelösten NH_4^+ (l) ein Gleichgewicht besteht:

$$NH_4^+(f) \rightleftarrows NH_4^+(a) \rightleftarrows NH_4^+(l)$$

Fixiertes NH_4^+ wird freigesetzt, wenn die NH_4-Konzentration der Bodenlösung unter den Gleichgewichtswert absinkt, wie dies unter dem Einfluß der NH_4-Aufnahme durch die Pflanzen oder der Nitrifikation der Fall sein kann.

Da die K-Ionen sich hinsichtlich des Kationenaustausches und der Fixierung in den Zwischenschichten von Tonmineralen ähnlich wie NH_4-Ionen verhalten (ähnliche Ionenradien), sinkt mit steigender K-Konzentration der Bodenlösung bzw. der K-Sättigung der Böden sowohl die NH_4-Fixierung als auch die Freisetzung von fixiertem NH_4^+. Daher wird auch die NH_4-Gleichgewichtsreaktion durch die K-Konzentration der Bodenlösung beeinflußt[125].

In Feldversuchen wurde bei Anwendung der Tracer-Technik mit ^{15}N festgestellt, daß die Freisetzung von frischfixiertem NH_4^+ unter Pflanzenbewuchs (Gerste) schneller erfolgte als unter Brache[123]. Die Pflanzen können daher wahrscheinlich die NH_4-Konzentration der Bodenlösung stärker erniedrigen als nitrifizierende Mikroorganismen (Entstehung eines höheren NH_4-Konzentrationsgradienten).

Man könnte vermuten, daß die N-Wirkung NH_4-haltiger Dünger durch die NH_4-Fixierung negativ beeinflußt würde. Feldversuche auf 28 Böden mäßiger NH_4-Fixierungskapazität in Schweden von *J. Ericsson* und *S. L. Jansson* sowie auf Böden hoher NH_4-Fixierungskapazität in Finnland von *A. Kaila* und *P. Häninen* haben jedoch gezeigt, daß eine Düngung mit NH_4-Salzen einer solchen mit Nitraten nicht signifikant unterlegen war; nur bei gleichzeitiger Zufuhr von K-Salzen war in schwedischen Versuchen die Wirkung von Calciumnitrat derjenigen von Ammoniumsulfat eindeutig überlegen[125].

Die *Bestimmung*[20] der NH_4-Fixierungskapazität erfolgt in analoger Weise wie die der K-Fixierungskapazität (Kap. 8 b): Der Boden wird mit einer NH_4-

haltigen Lösung behandelt [z. B. 4,6 mg NH_4 (ist äquivalent 10 mg K)/10 g Boden/25 ml Lösung] und das nichtfixierte NH_4^+ mit einer KCl-Lösung extrahiert. Die Differenz dieses Wertes zum NH_4-Angebot ergibt die NH_4-Fixierungskapazität.

Die Bestimmung des fixierten NH_4^+ erfolgt nach einer Methode von *Silva* und *Bremner*[126] durch Vorbehandlung des Bodens mit einer KOH – KOBr-Lösung (Oxidation der organischen Substanz). Auswaschen des Rückstands mit einer KCl-Lösung und Aufschluß mit einer Lösung von 5 M HF und 1 M HCl.

Bisher gibt es keine Methode zur Bestimmung des frischfixierten NH_4^+. Meist besteht auch keine scharfe Grenze zum nativen NH_4^+.

h) Ammoniak-Verflüchtigung[106, 127]

Eine NH_3-Verflüchtigung kann vor allem stattfinden, wenn der Boden eine alkalische Reaktion aufweist (verstärkt durch Anwesenheit von $CaCO_3$) und wenn mit Ammoniak, NH_4-Salzen oder organischen N-Düngern gedüngt wird (z. B. Harnstoff, Calciumcyanamid), die sich unter Bildung von NH_4^+ umsetzen, sowie bei Zufuhr von Gülle, in der 50 – 70 % des Stickstoffs als NH_4^+ und NH_3 vorliegen.

Bei *NH_3-Zufuhr* wird NH_3 in wäßriger Phase unter Anlagerung eines Protons aus dem Wasser, der organischen Substanz oder anorganischen Bodenteilchen zu NH_4^+ umgesetzt, das weitgehend in den austauschbaren Zustand übergeht. Ammoniak kann aber teilweise auch mit der organischen Substanz unter Bildung mikrobiell resistenter organischer Komplexe reagieren sowie analog dem Wasser physikalisch adsorbiert werden.

Die *Intensität* der NH_3-Verflüchtigung ist abhängig von der Form und Ausbringung der N-Dünger (oberflächliche Zufuhr oder Einarbeitung), dem pH-Wert und Wassergehalt des Bodens und der Vegetationsrückstände, der Austauschkapazität, dem Redoxpotential, der Temperatur und dem NH_3-Austausch mit der Atmosphäre. Der letztere wird wiederum von der Porosität des Bodens, der Bodenfeuchte und der Windgeschwindigkeit beeinflußt. Infolge dieser zahlreichen wirksamen Faktoren sind Laborversuche nur sehr begrenzt auf die Verhältnisse im Feld übertragbar. In einem Feldversuch wurden z. B. nach einer Abdekkung des Bodens mit Weizenstroh (pH $\approx$ 8) und einer Oberflächenzufuhr von 200 kg N/ha in Form von Harnstoff-Ammoniumnitrat NH_3-Verluste von 7,6 – 16,6 % des zugeführten Stickstoffs ermittelt[128].

Der *pH-Einfluß* auf die NH_3-Verflüchtigung kommt in folgender Gleichung zum Ausdruck:

$$NH_4^+ + OH^- \rightleftarrows NH_3 + H_2O$$

Mit steigender OH^--Konzentration wird das Gleichgewicht nach rechts, also der Bildung von NH_3 verschoben. So beträgt der Anteil von NH_3 bei pH 6, 7, 8 und 9 annähernd 0,1, 1, 10 und 50 % (20 °C). Je höher also der pH-Wert ist, um so größer ist auch das Potential für NH_3-Verluste. In sauren Böden führt die Zufuhr anorganischer NH_4-Dünger meist nicht zu NH_3-Verlusten. Dies kann jedoch bei Zufuhr von Harnstoff [$CO(NH_2)$] der Fall sein, weil er sich im Boden durch das Enzym Urease zu NH_3 und CO_2 umsetzt und hierdurch örtlich eine alkalische Reaktion auftreten kann.

i) Biologische N_2-Fixierung[106, 129]

Einige freilebende oder in Symbiose mit höheren Pflanzen lebende Mikroorganismen haben die Fähigkeit, das Enzym Nitrogenase zu synthetisieren. Dieses Enzym katalysiert die Spaltung des sehr stabilen Moleküls N_2 und die Umwandlung zu NH_3, wodurch die Bildung organischer N-Verbindungen ermöglicht wird.

(1) Nicht-symbiontische N_2-Fixierung

Zu dieser Fixierung sind einige freilebende Mikroorganismen befähigt. Neben manchen blaugrünen Algen (z. B. *Nostoc* und *Calothrix*), die N_2 unter Ausnutzung der Lichtenergie assimilieren und besonders in Reisböden von großer Bedeutung sind, sind es vor allem verschiedene Bakterien, die N_2 verwerten können; ihre Wirksamkeit wird stark vom pH und dem Sauerstoffgehalt der Böden beeinflußt. So sind z. B. *Azotobacter* und *Azotomonas* streng aerob und gedeihen optimal nur bei annähernd neutraler Reaktion.

Clostridium-Arten leben vorwiegend anaerob. Sie sind wesentlich weiter verbreitet als Azotobacter, da sie auch bei saurer Reaktion sowie bis zu pH 9,0 gedeihen. In tropischen Böden vermag *Beijerinckia* selbst bei pH 4 noch N_2 zu binden.

Die nicht-symbiontische N_2-Fixierung wurde z. B. in den N-Null-Parzellen des Broadbalk kontinuierlichen Weizenversuchs zu 23 – 29 kg N/(ha · Jahr) ermittelt[131]. Ein niedriges Niveau an Mineral-N und ein hohes C-Angebot im Boden sind ein wesentlicher Faktor für eine optimale N_2-Fixierung. Eine N-Düngung vermindert daher die N_2-Fixierung.

(2) Symbiontische N_2-Fixierung

Zur symbiontischen N_2-Fixierung sind vor allem Rhizobien (Knöllchenbakterien) in Symbiose mit Leguminosen befähigt[130]. Die Gattung *Rhizobium* enthält verschiedene Arten, deren Wirtsspezifität unterschiedlich stark ausgeprägt ist. Bei einem Neuanbau von Leguminosen empfiehlt sich daher eine Impfung mit einem geeigneten Rhizobiumstamm, wodurch die Erträge erheblich erhöht werden. Rhizobien verlangen gut durchlüftete Böden und eine schwach saure bis schwach alkalische Reaktion. Entsprechende Symbiosen mit Strahlenpilzen als Symbionten kommen bei einer Reihe von Holzgewächsen vor, z. B. bei der Erle (Alnus), dem Gagelstrauch (Myrica gale) und bei Ölweidengewächsen (Eleagnaceae und Casuarina) (Vorkommen besonders in den Tropen und Subtropen). Bei diesen Holzgewächsen wurde eine N- Anreicherung bis zu 60 kg N/(ha · Jahr) ermittelt.

Bestimmungen über die N_2-Menge, die durch Leguminosen fixiert werden kann, schwanken zwischen 70 – 100 kg/(ha · Jahr) (Erbsen und Bohnen) bis zu 300 kg/(ha · Jahr) für Klee und Luzerne[129].

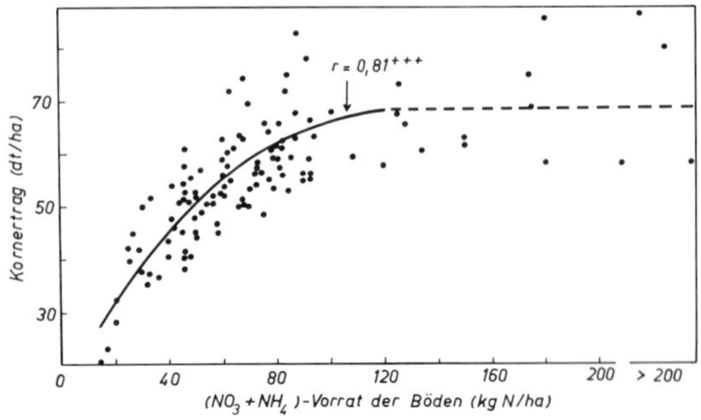

Abb. 158 Beziehung zwischen dem $(NO_3 + NH_4)$-Vorrat in niedersächsischen Lößböden (im Februar 1976) und dem Kornertrag von Winterweizen auf Böden ohne N-Düngung[132]

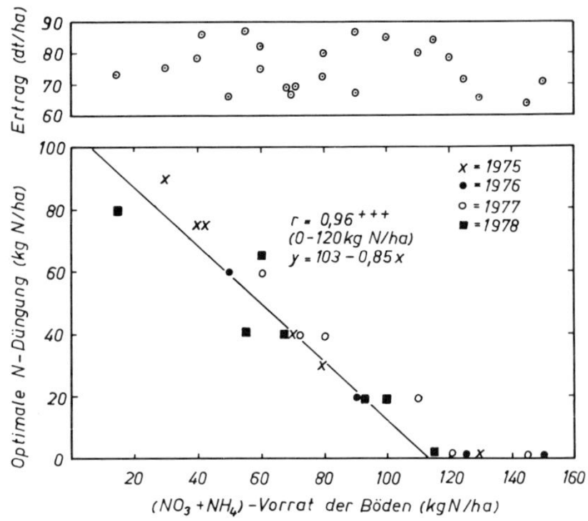

Abb. 159 Optimale N-Düngung im Frühjahr zu Winterweizen in Abhängigkeit vom $(NO_3 + NH_4)$- Vorrat von Lößböden im Frühjahr sowie Höchsterträge bei einem Gesamtangebot von 200 kg N/ha. Ergebnisse von 23 N-Steigerungsversuchen 1975 – 1978[132]

j) N-Düngung und N-Bilanz

Da der Optimalbereich für Stickstoff im Gegensatz zu anderen Nährstoffen sehr eng ist (bei N-Überschuß leiden Ertrag und Qualität der Pflanzen und steigt die Auswaschung, eine zu geringe Zufuhr kann Ertragseinbußen zur Folge haben), ist eine möglichst genaue Dosierung der N-Düngung anzustreben. Hierzu ist es notwendig, auch den NO_3- und NH_4-Vorrat im Wurzelraum zu berücksichtigen (Literatur s. [106, 132]), wie am Beispiel von Untersuchungen auf Löß-Parabraunerden im folgenden gezeigt wird.

Der $(NO_3 + NH_4)$-Vorrat in Böden wird am Ende des Winters bzw. vor der N-Düngung in der nutzbaren Bodenschicht (meist 0 – 90 cm) bestimmt und in kg N/ha ausgedrückt. Dieser „mineralische“ N-Vorrat in Böden wird in der BRD meist kurz als N_{min}-Vorrat bezeichnet. In ackerbaulich genutzten Böden besteht dieser Vorrat überwiegend aus Nitrat (ausgenommen bei Gülle-Zufuhr), so daß in Routineuntersuchungen häufig nur dieses bestimmt wird (Extraktion mit 1 M NaCl + 0,05 M $CaCl_2$).

Die Verfügbarkeit des $(NO_3 + NH_4)$-Vorrats ist am Beispiel von Winterweizen aus Abb. 158 ersichtlich; der Kornertrag auf den nicht mit Stickstoff gedüngten Böden steht danach bis 120 kg N/ha in enger Beziehung zum $(NO_3 + NH_4)$-Vorrat in Böden. Die Versuche wurden in etwa 50 landwirtschaftlichen Betrieben durchgeführt.

Aus Abb. 159 ist zu entnehmen, daß die für den Höchstertrag von Winterweizen erforderliche N-Düngung im Frühjahr offenbar fast ausschließlich vom $(NO_3 + NH_4)$-Vorrat der Böden bestimmt wird. Zur Erzielung des Höchstertrags mußte dieser N-Vorrat durch die Frühjahrsdüngung auf ca. 120 kg N/ha ergänzt werden, wie aus der engen linearen Beziehung in Abb. 158 zu folgern ist. Oberhalb eines Vorrats von 120 kg N/ha kann auf eine N-Düngung im Frühjahr ganz verzichtet werden, wenn in der Krume mindestens 40 kg N/ha vorliegen. Bei niedrigeren Gehalten muß die Krume auf 40 kg N/ha aufgedüngt und diese N-Menge bei der Ährengabe abgezogen werden.

Die Höchsterträge wurden dadurch erzielt, daß in allen Versuchen das N-Angebot im Frühjahr von 120 kg N/ha durch Spätdüngung um 80 kg auf 200 kg N/ha erhöht wurde.

Die obigen Ergebnisse stehen im Einklang mit denen auf Lößböden in Süd- und Westdeutschland sowie auf Fluß- und Seemarschen in den Niederlanden.

Wie aus Abb. 158 ersichtlich ist und wie auch bei anderen Böden der BRD festgestellt wurde, kann der (NO_3 + NH_4)-Vorrat der Böden im Frühjahr sehr unterschiedlich sein. Er ist u. a. von der *Vorfrucht* abhängig und betrug z. B. bei Lößböden im Mittel der Jahre 1976 – 1978 nach Getreide 60 kg (Variationsbreite 6 – 283 kg), Zuckerrüben 80 kg (14 – 324) und stark gedüngtem Gemüse 160 kg N/ha (49 – 368). Auf tonarmen *Sandböden* ist der N-Vorrat nach niederschlagsreichen Wintern sehr gering und kann bei der N-Düngung unberücksichtigt bleiben. Nach niederschlagsarmen Wintern werden jedoch ähnliche Mengen wie in Lößböden gefunden.

Neben dem (NO_3 + NH_4)-Vorrat in einer bestimmten Bodenschicht sind bei der N-Düngung noch Pflanzenart, Zeit der Probenahme und Aufteilung der N-Düngung zu berücksichtigen.

Bei *Getreide* erfolgt die Probenahme im Februar oder März in einer Bodenschicht von 0 – 90 cm. Das optimale N-Angebot im Frühjahr (N-Vorrat + Düngung) zur Erzielung von Höchsterträgen wurde in niedersächsischen Lößböden wie folgt ermittelt: Winterweizen 120 kg, Wintergerste 100 kg, Winterroggen 80 kg. Dieses N-Angebot im Frühjahr mußte durch eine Spätdüngung bei Winterweizen um 80 kg, bei Wintergerste und Winterroggen um 60 kg ergänzt werden. Der gesamte N-Bedarf bei Hafer betrug 100 kg/ha.

Bei *Zuckerrüben* erfolgt die Probenahme im März oder Mai, wobei sich bei tiefgründigen Böden ebenfalls eine Probenahme in 0 – 90 cm Tiefe als optimal erwies, bei Kartoffeln in 0 – 60 cm[133]. Für das gesamte N-Angebot sind bei Zuckerrüben ca. 200 kg N/ha ausreichend.

Die Genauigkeit der Bestimmung des (NO_3 + NH_4)-Vorrats wurde bei Lößböden zu ± 15 kg N/ha ermittelt, wenn Proben von 16 Einstichen (wie üblich) zu einer Mischprobe vereinigt wurden[137].

Die Bemessung des N-Angebots für ein optimales Wachstum wird dadurch kompliziert, daß je nach Bodenfeuchte und Temperatur während der Vegetationsperiode eine unterschiedliche Menge an organisch gebundenem Stickstoff mineralisiert wird. Diese *N-Nachlieferung* kann annähernd (aber erst nachträglich) dadurch ermittelt werden, daß die in N-ungedüngten Parzellen aufgenommene N-Menge [abzüglich des (NO_3 + NH_4)-Vorrats] oder die (NO_3 + NH_4)-Zunahme in vor Auswaschung geschützten Brache-Parzellen herangezogen wird. Die so ermittelten Werte schwankten zwischen 50 und 150 kg N/ha bei einer Fruchtfolge Zuckerrüben, Weizen, Gerste in der Zeit zwischen März und August.

Während der Vegetationsperiode kann die N-Versorgung der Pflanzen durch Bestimmung des NO_3-Gehalts im *Pflanzensaft* ermittelt werden[134, 135].

Eine *indirekte Methode* zur Ermittlung von (NO_3 + NH_4) – N, der in der Zeit zwischen Herbst und Frühjahr mineralisiert wird, kann über *Simulations-Modelle* erfolgen[106, 136 – 138a]. Hierbei werden die Prozesse der N-Mineralisierung, des N-Entzugs durch Winterfrüchte und die NO_3-Verlagerung während des Winters in Abhängigkeit von Temperatur und Niederschlag simuliert. Für die Simulation werden außerdem Erntezeitpunkt, Art und Ertrag der Vorfrucht, sowie Art der Hauptfrucht, Gehalt des Bodens an organischer Substanz und Höhe der N-Herbstdüngung herangezogen. Zwischen den simulierten NO_3-Werten und dem im Frühjahr bestimmten NO_3-Vorrat im Wurzelraum von 43 Lößböden (Parabraunerden und Schwarzerden) wurde eine enge Beziehung festgestellt, wenn das von der Vorfrucht nicht verbrauchte Nitrat im Boden berücksichtigt wurde[137].

Der *N-Verbrauch* in der Landwirtschaft der BRD an Mineraldünger betrug im Jahre 1986/87 (Juli/Juni) 1,578 Mio. t N, entsprechend 133 kg N/ha landwirtschaftlich genutzter Fläche. Aber nur ein Teil dieses Stickstoffs wird von den Pflanzen ausgenutzt, der übrige Teil unterliegt vor allem der Auswaschung (Kap. 11 k) und der Nitrat-Denitrifikation (Kap. 11 f). So wurde in einer *Bilanz* für die landwirtschaftlichen Betriebe der BRD (Erläuterung s. Kap.

8 i) für den Zeitraum 1950 – 1986 ein Überschuß der N-Zufuhr (durch Mineraldünger und Handelsfuttermittel) über die N-Abfuhr aus den Betrieben von 2100 kg N/ha berechnet[65], im Mittel der Jahre 1979 – 1985 104 kg[65] bzw. 102 kg[138b] mit steigender Tendenz in den folgenden Jahren (z. B. 117 kg im Jahr 1987). Dieser Überschuß kann aber von Betrieb zu Betrieb erheblich schwanken. Überdurchschnittlich hohe Überschüsse wurden auf Ackerland hoher Intensität sowie in Gebieten mit hoher Schweine- und Hühnerhaltung festgestellt[65].

Ein Teil des zugeführten Stickstoffs wird bei der Zersetzung organischer Stoffe auf mikrobiellem Wege kurzfristig festgelegt (Kap. 11 d), ein anderer Teil kann aber auch langfristig in resistente organische Verbindungen eingebaut werden (s. z. B. Abb. 35, Kap. VIII), wenn der N(org.)-Gehalt des Bodens geringer ist als dem Gleichgewicht (Kap. 11 b) entspricht. Dies ist z. B. bei der *Vertiefung der Ackerkrume* der Fall, die in der BRD (vor allem im Zeitraum 1960 – 1980) teilweise um ca. 10 cm erfolgte. So wurde in Löß-Parabraunerden Niedersachsens (viehlose Betriebe) für die Krumenvertiefung um 10 cm innerhalb von 15 Jahren eine Festlegung von 1500 kg N/ha in der neu angereicherten organischen Substanz berechnet[138c].

Da die Krumenvertiefung weitgehend abgeschlossen ist und sich das N(org.)-Gleichgewicht annähernd eingestellt hat, sollte nunmehr als Grundlage für die N-Düngung wie beim Kalium und Phosphor die N-Abfuhr vom Feld (s. Tab. 71) stärker herangezogen werden.

k) N-Auswaschung

Die N-Auswaschung aus dem Wurzelraum in das Grundwasser erfolgt überwiegend als Nitrat, manchmal bei leicht durchlässigen Sandböden teilweise auch als Ammonium. Sie weist im Vergleich zu anderen Nährstoffen erhebliche Schwankungen in der Konzentration auf, die in der von der Jahreszeit abhängigen Mineralisierung, Immobilisierung und Denitrifikation begründet sind. Zeitlicher Ablauf und Ausmaß der N-Auswaschung hängen nicht nur von wenig beeinflußbaren Ursachen wie Klima- und Bodenverhältnissen ab, sondern in erheblichem Umfang auch von Art und Intensität der Bodennutzung (Pflanzenbestand, Häufigkeit und Intensität der Bodenbearbeitung, N-Zufuhr durch mineralische und organische Düngung).

Die jährliche N-Auswaschung steht in enger Beziehung zur jährlichen *Grundwasserneubildung*. Diese ist unter sonst vergleichbaren Bedingungen um so geringer, je höher der Wasserverbrauch durch Evapotranspiration des jeweiligen Pflanzenbestandes und je höher die Wasserspeicherfähigkeit (Feldkapazität) des Bodens ist. Bei Ackernutzung von Sandböden ist demnach immer mit einer erhöhten Grundwasserneubildung und damit der Möglichkeit einer erhöhten N-Auswaschung zu rechnen. Der Jahresgang der Grundwasserneubildung spiegelt sich im jährlichen Ablauf der N-Auswaschung wider. Unter mitteleuropäischen Klimaverhältnissen findet in Ackerböden während der Vegetationsperiode nur selten eine N-Auswaschung statt (z. B. in Sandböden bei sehr hohen Niederschlägen im Sommer oder bei Beregnungsfehlern), die Hauptauswaschung erfolgt in dem Zeitraum von etwa September bis April.

In Abb. 160 ist der *jahreszeitliche Verlauf* der N-Auswaschung unterhalb des Wurzelraumes bei einem grundwassernahen Sandboden unter Ackernutzung dargestellt (Grundwasserflurabstand während der Vegetationsperiode etwa 140 cm unter Geländeoberfläche). In den Monaten November bis März zeigt sich ein ausgeprägtes Maximum in der Nitrat-Konzentration des Sickerwassers, ein Anstieg der Sickerwassermenge und damit eine hohe N-Auswaschung (= Produkt aus Sickerwasserrate und Nitrat-Konzentration). Solche Konzentrationsmaxima werden bei Ackerstandorten durch Auswaschung von Nitrat aus dem Nitrat-Restbestand beim Erntetermin und aus der Herbstmineralisierung verursacht. Die N-Auswaschung betrug in den 3 Jahren 41, 52 und 77 kg N/(ha · Jahr), im 10jährigen Mittel 59 kg N/(ha · Jahr). Dies entspricht mittleren Nitrat-Konzentrationen der jährlichen Grundwasserneubildung von 18, 41 und 37 mg Nitrat-N/l, im 10jährigen Mittel 24 mg Nitrat-N/l.

Das besonders ausgeprägte Maximum der Nitrat-Konzentration und der steile Anstieg der N-Auswaschung Ende 1976/Anfang 1977 sind eine Folge der vorausgehenden niederschlagsarmen Vegetationsperiode (niedrige Ernte und geringe N-Aufnahme, Auswaschung des erhöhten Nitrat-Restbestandes im Wurzelraum und von im Herbst mineralisiertem Boden-N). Der Abfall der Summenkurven für Sickerwasser und Auswaschung in den niederschlagsarmen Monaten Juni – Juli 1975 und 1976 beruht auf kapillarem Aufstieg von Wasser und Nitrat aus

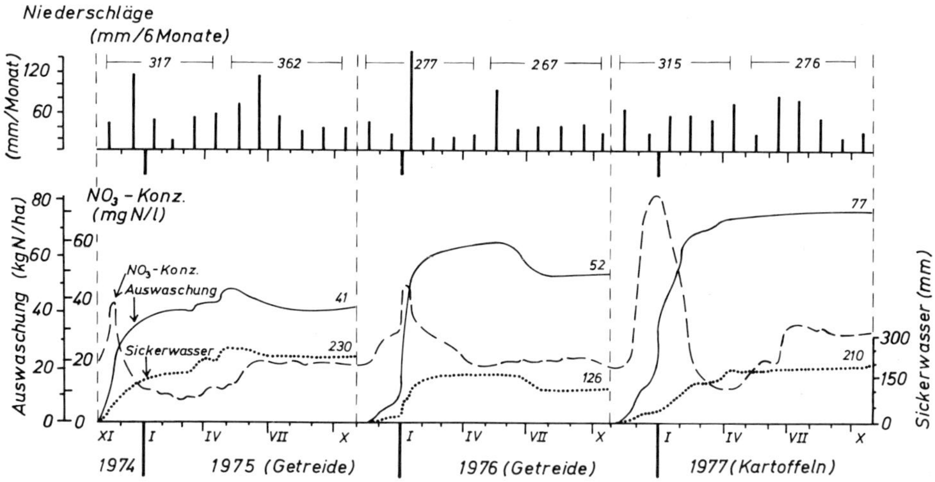

Abb. 160 Zeitlicher Verlauf der Nitratkonzentration im Bodenwasser unterhalb des Wurzelraumes (in 80 cm Tiefe) sowie Summenkurven für Nitratauswaschung und Sickerwassermenge bei einem ackerbaulich genutzten Gley-Podsol aus Sand[139]

dem Grundwasser in den Wurzelraum, die damit verbundene Nitrat-Zufuhr betrug z. B. 12 kg N/ha im Jahr 1976. Aus Abb. 160 ist auch ersichtlich, daß eine Bestimmung der Auswaschung von Nitrat nach dem angewandten Verfahren insbesondere bei grundwassernahen Sandstandorten nur bei hoher zeitlicher Meßdichte zu richtigen Ergebnissen führt.

Einen großen Einfluß auf die N-Auswaschung haben Art, Bedeckungsgrad und -dauer sowie Wurzelraumtiefe des *Pflanzenbestandes.* So wurde bei Sandböden unter Ackernutzung mit mittlerem Düngungsniveau eine N-Auswaschung bis 90 kg N/(ha · Jahr) festgestellt, bei als Mähwiese genutztem Grünland aber selbst bei hoher Düngung nur bis 20 kg N/-(ha · Jahr)[139, 140]. Die N-Auswaschung bei Weidegrünland ist wegen der zusätzlichen, örtlich beträchtlichen N-Zufuhr über Harn und Kot der Weidetiere größer als bei Mähwiesen[141, 142]. Ursache der erhöhten N-Auswaschung bei Ackernutzung sind teilweise größere Nitrat-Restbestände im Wurzelraum beim Erntetermin sowie im Herbst mobilisiertes Nitrat aus organisch gebundenem Boden-N oder aus N-reichen Ernterückständen. Etwa im Zeitraum September bis November besteht für Nitrat im Wurzelraum von Ackerland ohne geschlossenen Pflanzenbestand eine besonders große Auswaschungsgefahr[143]. Bei Leguminosen als Vorfrucht kann eine extrem hohe N-Auswaschung stattfinden[140]. Sie beruht auf der Mineralisierung der ständig absterbenden N-reichen Wurzeln und der geringen N-Aufnahme durch die Pflanzen selbst.

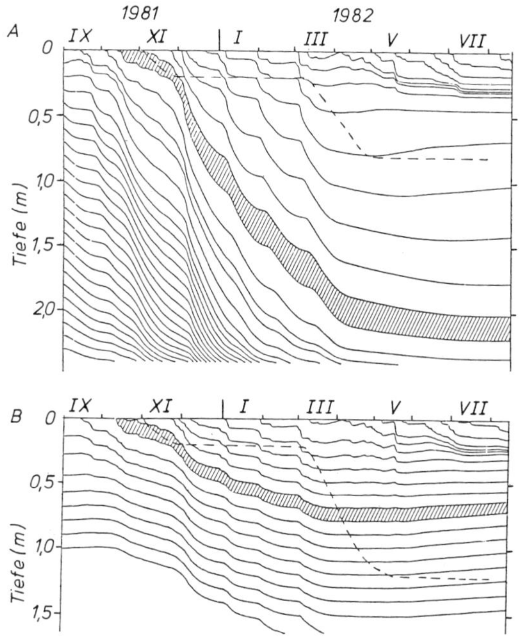

Abb. 161 Zeit-Tiefen-Kurven für grundwasserferne Böden unter Winterweizen, Klimadaten Raum Hannover (A = Podsol aus Sand, B = Parabraunerde aus Löß über kiesigem Sand, – – – Untergrenze des Wurzelraumes)[143]

Unter sonst vergleichbaren Bedingungen erfolgen *Tiefenverlagerung* und N-Auswaschung während der Hauptauswaschungsperiode bei Sandböden wesentlich schneller als bei schluffig-tonigen Böden. Abb. 161 zeigt dies für zwei ebene grundwasserferne Standorte unter Winterweizen (Klimadaten Raum Hannover 1981/82). Die Linien sind mit einem validierten mathematischen Simulationsmodell[143] berechnet worden, sie beschreiben Wasserbewegung und Transport von Nitrat durch Konvektion (also ohne Einbeziehung von Diffusion und Dispersion). Nach diesen Zeit-Tiefen-Kurven ist z. B. Nitrat, das sich Mitte Oktober nahe der Bodenoberfläche befand, im Sandboden bereits bis Januar schwerpunktmäßig in über 1 m Tiefe und damit aus dem Wurzelraum verlagert worden, im Lößboden dagegen verbleibt es innerhalb des Wurzelraumes (vgl. schraffierte Bereiche in Abb. 161).

Ausgewaschenes Nitrat stammt teilweise unmittelbar aus mineralischer oder organischer Düngung (Ernterückstände, Stallmist, Gülle, Klärschlamm), teilweise aus mineralisiertem organischem Boden-N. Die N-Form des Mineraldüngers spielt keine Rolle, wenn die Düngung im Frühjahr erfolgt und während der Vegetationsperiode keine N-Auswaschung stattfindet. NH_4^+ und NO_3^- werden innerhalb kurzer Zeit aufgenommen oder immobilisiert und erst allmählich wieder mobilisiert. Die Düngung wirkt auch indirekt über die N-Mobilisierung. Die Düngung erhöht die Erträge und mit höheren Erträgen nehmen auch die Mengen an leicht mineralisierbaren organischen N-Verbindungen im Boden und in Ernterückständen zu. Langjährige regelmäßige organische Düngung, z. B. mit Gülle, kann darüber hinaus eine Anreicherung von weiteren weniger leicht mobilisierbaren N-Verbindungen zur Folge haben. Größere Mengen an mobilisierbarem organisch-gebundenem Stickstoff im Boden können die Nitrat-Auswaschung erhöhen, weil deren N-Mobilisierung in Abhängigkeit von Wassergehalt und Temperatur im Boden bei Ackerland auch in vegetationsfreien Zeiten mit hoher Auswaschungsgefahr erfolgt.

Wie Abb. 162 zeigt, steigt die N-Auswaschung bei Sandböden mit zunehmender N-Düngung. Die erhebliche Streuung weist aber darauf hin, daß weitere Faktoren eine wichtige Rolle spielen. Dazu gehören Termin, Aufteilung und Höhe der Einzelgaben bei der Stickstoffdüngung, zeitlicher Ablauf und Höhe der jeweiligen N-Nachlieferung durch Mineralisierung sowie zeitlicher Ablauf und Höhe der Grundwasserneubildung. Auch bei sehr niedrigem N-Düngungsniveau liegt zumindest in den ersten Jahren nach einer Umstellung ein relativ hoher N-Austrag vor. Die mit 2 gekennzeichneten Jahreswerte bei Anbau von Winter-Zwischenfrucht (Raps) haben eine ähnliche Größenordnung wie dieser „Basiswert". Der sehr hohe N-Austrag bei dem mit 1 gekennzeichneten Jahreswert beruht auf einer Stallmistdüngung im Spätherbst auf unbewachsenem Boden.

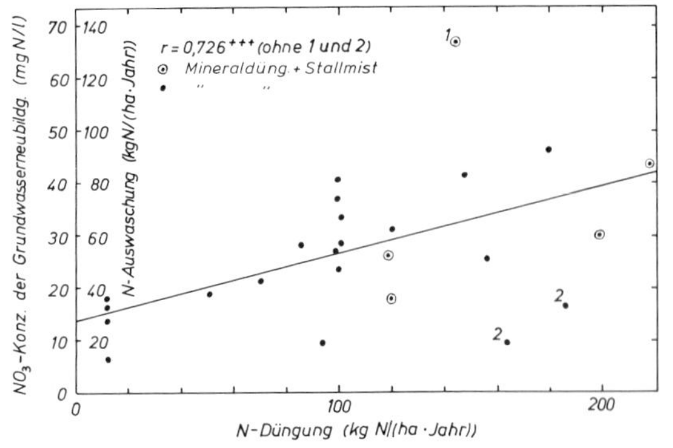

Abb. 162 Beziehung zwischen mittlerer Nitrat-N-Konzentration der jährlichen Grundwasserneubildung (bzw. Nitrat-N-Auswaschung bei 200 mm/Jahr Grundwasserneubildung) und N-Düngung bei Sandböden unter Ackernutzung (1 = Stallmistdüngung im Spätherbst, 2 = mit Raps als Winter-Zwischenfrucht)[139]

Eine möglichst *geringe N-Auswaschung* auch bei Ackernutzung ist nur bei konsequenter Berücksichtigung einer Reihe von Maßnahmen gewährleistet[143, 144]. Dazu zählt eine gezielte Stickstoffdüngung. Dosierung und Termin jeder N-Düngung müssen sich an dem N-Bedarf des Pflanzenbestandes orientieren unter Berücksichtigung von Nitrat-Vorrat im Wurzelraum und N-Nachlieferung durch Mineralisierung. Dabei ist auch eine möglichst hohe Beteiligung des Unterbodens bei der Nitrat-Aufnahme wichtig. Vor allem bei Sandböden und in Perioden mit hohen Wasserbilanzüberschüssen ist eine ausreichende Aufteilung in Teilgaben erforderlich. Durch gezielte N-Düngung wird ein möglichst niedriger Nitrat-Restgehalt im Wurzelraum zum Erntetermin erreicht. In dem Zeitraum nach der Ernte mit hoher Nitrat-Auswaschungsgefahr ist der Anbau von Winter-Zwischenfrüchten (ausgenommen Leguminosen) besonders wichtig (vgl. Abb. 162, Ziffer 2). Sie nehmen vorhandenes Nitrat (Restnitrat aus dem Vorbestand und

Mineralisierung von Boden-N) auf und legen es vorübergehend als Pflanzen-N fest. Umgekehrt sollte in diesem Zeitraum eine Zufuhr von Stallmist, Gülle oder Klärschlamm und von mineralischem N-Dünger insbesondere bei unbewachsenen Sandböden unterbleiben (vgl. Abb. 162, Ziffer 1).

l) Grundwasserbelastung durch Nitrat-Auswaschung

Für die Trinkwasserversorgung wird vielfach Grundwasser herangezogen. Das über Förderbrunnen gewonnene Rohwasser ist jedoch bei höheren Nitrat-Konzentrationen wegen hygienisch-toxikologischer Bedenken nicht mehr für unmittelbare Trinkwassernutzung geeignet (Probleme der Methämoglobinämie bei Kleinkindern sowie der möglichen Bildung von potentiell cancerogenen Nitrosaminen[145]). Aufgrund einer neuen Richtlinie beträgt der zulässige Höchstwert innerhalb der Europäischen Gemeinschaft seit Mitte 1986 einheitlich 11,3 mg Nitrat-N/l (= 50 mg Nitrat/l).

Maßgebend für die Nitrat-Konzentration des geförderten Grundwassers ist die Summe aller boden- und nutzungsspezifischen Nitrat-Einträge in das hydraulisch abgegrenzte abgeschlossene Grundwassersystem (Einzugsgebiet) des jeweiligen Förderbrunnens[146, 147]. Wichtige Ausgangsgrößen sind die boden- und nutzungsspezifischen Werte der jährlichen Grundwasserneubildung und deren mittlere Nitrat-Konzentration für die verschiedenen Teilflächen. In Tab. 80 sind einige Daten für mittlere Nitrat-Konzentrationen in Abhängigkeit von Boden, Nutzung und Bewirtschaftungsintensität zusammengestellt. Liegt die Bewirtschaftungsintensität über dem angegebenen Rahmen, können höhere Konzentrationswerte auftreten (Abb. 162, s. a. Tab. 68, Kap. 2). Der entsprechende Nitrat-Eintrag ergibt sich durch Multiplikation mit der jeweiligen jährlichen Grundwasserneubildung. Besonders hohe, jedoch zeitlich befristete Nitrat-Einträge werden durch Umwandlung von Dauergrünland in Ackerland verursacht[148]. Um Qualitätsprobleme bei der Trinkwassergewinnung[149] zu vermeiden, sollte bei allen ackerbaulichen Maßnahmen neben einer Optimierung des Pflanzenertrages eine Minimierung der N-Auswaschung konsequent angestrebt werden. Weiterhin ist es insbesondere in sandigen Einzugsgebieten wichtig, daß ein ausreichender Flächenanteil mit geringem Nitrat-Eintrag nicht unterschritten wird[144, 147]. Beispielsweise geht aus Tab. 80 hervor, daß in einem Einzugsgebiet mit ausschließlich als Ackerland genutzten Sandböden die Nitrat- Konzentration eines Förderbrunnens oberhalb des EG-Trinkwassergrenzwertes liegen wird.

Allerdings kann ein Nitrat-Abbau im Grundwasser durch mikrobielle *Denitrifikation* bis zu gasförmigem N_2 zu einer Entlastung der Nitrat-Situation führen. Voraussetzung dazu sind reduzierende Bedingungen, ausreichende Vorräte an mikrobiell verfügbaren organischen Kohlenstoff- oder oxidierbaren Schwefelverbindungen (Sulfide) als Elektronendonatoren sowie ausreichende Verbleibzeiten im Grundwasser[144, 146]. Solche Bedingungen sind von bestimmten Bereichen in Porengrundwasserkörpern z. B. in West- und Norddeutschland, in den Niederlanden und in Dänemark bekannt. Liegen Ackerflächen überwiegend im Außenbereich des Einzugsgebietes, sind größere Eindringtiefen der Grundwasserstromlinien, längere Verweilzeiten

Tabelle 80 Nutzungsspezifische mittlere Nitrat-Konzentration der jährlichen Grundwasserneubildung bei Sand- und Lößböden[144]

Nutzung (Fruchtfolge, N-Düngung)	Nitrat-Konz. (mg N/l)
Sandböden:	
Acker [Getreide – Zuckerrüben/Kartoffeln, ≈ 120 kg N/(ha · Jahr)]	22 – 30
Acker [Getreide – Winterzwischenfrucht – Zuckerrüben/Kartoffeln, ≈ 120 kg N/(ha · Jahr)]	14 – 16
Mähwiese (≈ 250 kg N/(ha · Jahr)	3 – 7
Intens. Weide [≈ 250 kg N/(ha · Jahr), 2 RGVE/ha, ≈ 180 Weidetage]	14 – 20
Feldgemüsebau, einschließlich Sonderkulturen [≈ 300 – 600 kg N/(ha · Jahr)]	34 – > 70
Nadelbaumbestand	< 2,5
Schwarzerlen-Bestand	≈ 10
Lößböden:	
Acker [Getreide – Zuckerrüben, ≈ 150 kg N/(ha · Jahr)]	7 – 14

und damit gute Denitrifikationsmöglichkeiten gegeben. Diese Denitrifikation ist aber mit einem Verbrauch der meist nicht regenerierbaren Vorräte an Elektronendonatoren verbunden; außerdem entstehen teilweise Reaktionsprodukte, die die Wasserqualität ebenfalls negativ beeinflussen (z. B. Fe^{2+} und SO_4^{2-} bei der Denitrifikation über oxidierbare Schwefelverbindungen)[146].

Zur Zeit enthält der überwiegende Teil des für Trinkwasserzwecke geförderten Grundwassers in der BRD Nitrat-Konzentrationen unter 11,3 mg Nitrat-N/l. Verschiedentlich weist die Nitrat-Konzentration aber deutlich steigende Tendenzen auf[144], in Gebieten mit intensivem Ackerbau, Gemüsebau, Obst- oder Weinbau (z. B. im Norddeutschen Flachland, im Niederrhein-, Oberrhein- und Bodenseegebiet, im Moseltal) bestehen für einzelne Wasserwerke Schwierigkeiten, ebenso bei häufig flachen Eigenversorgungsanlagen (Hausbrunnen).

12. Schwefel[1-4, 150-154]

Schwefel ist ein für Pflanze, Tier und Mensch unentbehrliches Nährelement. Der S-Gehalt in *Magmatiten* beträgt 0,02 bis 0,3 %; er ist in basischen Gesteinen höher als in sauren Gesteinen und liegt überwiegend in Form der Sulfide von Fe, Cu und Ni vor. Im Lauf der Verwitterung werden die Sulfide zu Sulfaten oxidiert, so daß in *Sedimenten* unter aeroben Verhältnissen der anorganisch gebundene Schwefel fast nur in Form von Gips ($CaSO_4 \cdot 2H_2O$) vorliegt. Gipsgesteine können bis 15 % SO_4-S enthalten. Unter anaeroben Bedingungen ist Schwefel in Sedimenten dagegen vor allem als Eisensulfid (FeS, FeS_2) vorhanden.

In *Böden* des *humiden* Klimabereichs beträgt der S-Gehalt meist 0,02 – 2 %, kann aber in Mooren bis zu 1 % und in Marschen, die im Gezeitenbereich liegen, bis 3,5 % betragen; in Gipsrendzinen kann der Boden sogar fast nur aus Gips bestehen. Bis auf diese Ausnahmen kommt es im humiden Klimabereich zu keiner wesentlichen SO_4-Anreicherung in Böden, weil Sulfate relativ leicht löslich sind und ausgewaschen werden. In *ariden Böden* kann dagegen eine Anreicherung von Sulfaten durch Zufuhr mit den Niederschlägen, Aufstieg von SO_4-haltigem Grundwasser oder als Folge der Bewässerung und Beregnung stattfinden. Unter diesen Bedingungen kann es zu einer Gipsausfällung kommen.

In Abhängigkeit von den Redoxbedingungen tritt Schwefel in unterschiedlichen Oxidationsstufen auf von −2 (z. B. Sulfide), 0 (elementarer Schwefel), +2 (Thiosulfate), +4 (Sulfite) bis +6 (Sulfate). Entsprechend zahlreiche *mineralische* und *organische Verbindungen* und *Bindungsformen* können vorhanden sein. Unter oxidierenden Bedingungen tritt vor allem die Oxidationsstufe +6, unter stark reduzierenden Bedingungen die Oxidationsstufe −2 oder 0 auf. In Böden des humiden Klimabereichs liegt der Schwefel unter aeroben Verhältnissen in H, O- und A-Horizonten zu 60 – 98 % in *organischer Bindung* vor[152, 154]. In Unterböden überwiegen mineralische Bindungsformen. Von den organisch gebundenen Schwefelfraktionen umfassen direkt an Kohlenstoff gebundener Schwefel (C – S-Bindung) mit 38 – 88 % und organische Sulfatester ($-C-O-SO_3$) mit 7 – 49 % den größten Anteil am Gesamtschwefel[154, 155]. In der Fraktion der organischen Sulfatester wird wahrscheinlich auch Schwefel aus organischen $Al-SO_4$-Komplexen miterfaßt[152, 156], der vor allem in sauren Böden, z. B. in Bs- Horizonten von Podsolen, höhere Anteile einnehmen kann. An definierten organischen Schwefelverbindungen wurden Cystein, Cystin, Methionin und Mercaptan nachgewiesen. In *mineralischer Bindung* kann Schwefel als Sulfat in Carbonaten okkludiert sein[152]. In sauren Böden tritt *adsorbiertes* Sulfat auf, dessen Menge mit abnehmendem pH steigt (Abb. 58 und 59, Kap. XI) und bei einem pH der Bodenlösung um 4 die höchsten Gehalte aufweist[157]. In diesem pH-Bereich kann Sulfat nach Reaktion mit Hydroxy-Al-Polymeren als Hydroxy-Al-Sulfat (z. B. Jurbanit: $AlOHSO_4$, pK 17 – 18) gebunden werden[153]. Vor allem in sauren Waldböden ist offensichtlich diese Bindungsform für die Dynamik des Schwefels von besonderer Bedeutung. Bei pH <4 findet vorwiegend eine SO_4-Adsorption und Okklusion durch Fe-Oxide statt. Bei pH <3 werden Hydroxy-Fe-Sulfate, wie z. B. Jarosit [$KFe_3(OH)_6$- $(SO_4)_2$], gebildet. Diese Verbindungen sind für extrem versauerte schwefelreiche Böden, z. B. einige Marschböden (s. Kap. XXX 2 d), von besonderer Bedeutung[152]. *Wasserlösliches* Sulfat weist in terrestrischen Böden Mitteleuropas in der Regel nur geringe Gehalte auf (meist <10 mg S/kg), die meist vom Oberboden zum Unterboden hin ansteigen. In semiterrestrischen Böden liegen in der Regel höhere Gehalte vor. Neben löslichem anorganischen Sulfat können bei der Streuzersetzung gebildete lösliche organische S-Verbindungen, wie

Sulfatester, S-haltige Aminosäuren und Fulvosäuren, in der Bodenlösung vorliegen.

Unter anaeroben Verhältnissen kann eine S-Anreicherung in Form von *Eisensulfiden* erfolgen, wenn Böden oder Sedimenten mit dem Grund- oder Überflutungswasser Sulfate zugeführt wurden. Eine mikrobielle Reduktion von Fe(III)-Oxiden zu Fe^{2+}-Ionen und eine Bildung von Schwefelwasserstoff durch mikrobielle Reduktion von Sulfaten oder durch Abbau S-reicher organischer Substanz führt zur Ausfällung von FeS (amorph oder Mackinawit) und Polysulfiden wie Fe_3S_4 (Greigit):

$$Fe^{2+} + H_2S = FeS + 2H^+.$$

Diese Eisensulfide können im Lauf der Zeit zu den sehr stabilen Disulfiden Pyrit und Markasit (FeS_2) umgewandelt werden. Durch unvollständige Oxidation von H_2S und FeS kann auch elementarer Schwefel als metastabiles Übergangsprodukt gebildet werden[152]. Beim Übergang zu aeroben Bodenverhältnissen wird durch Oxidation der Sulfide H_2SO_4 gebildet, die bei Abwesenheit von $CaCO_3$ eine starke pH-Erniedrigung im Boden, im Extrem bis pH 2, bewirken kann (s. Kap. XXX 2 d).

Böden besitzen die Fähigkeit, große Mengen an gasförmigen S-Verbindungen wie Schwefeldioxid, Schwefelwasserstoff und Methylmercaptan (CH_3SH) mit hoher Geschwindigkeit zu adsorbieren[158]. So betrug die SO_2-Adsorption in luftgetrockneten kalkhaltigen Bodenproben 4 – 16 g S/kg Boden, in feuchten Bodenproben 8 – 64 g S/kg[159]. In der Natur wird die Adsorption S-haltiger Gase durch ihre Oxidation zu Sulfat erhöht, so daß Sorptionsplätze für eine erneute Adsorption frei werden. Infolge der schnellen und hohen Adsorption spielen Böden mit hoher spezifischer Oberfläche bei der *Reinigung der Luft* von S-haltigen Emissionen eine erhebliche Rolle. Die sogenannte trockene S-Deposition, die neben anderen Ursachen auch auf der SO_2-Adsorption durch Böden basiert, umfaßt deshalb in der Regel sehr viel höhere Anteile am gesamten S-Eintrag als der mit den Niederschlägen in die Böden gelangende Anteil (= feuchte Deposition; s. Kap. XXII 4 a).

In der BRD werden etwa 2,6 Mio. t SO_2 pro Jahr (1984) in die Luft emittiert, die zu einem hohen Anteil als H_2SO_3 und H_2SO_4 in die Böden gelangen und auf Waldstandorten die Bodenversauerung sowie die Auswaschung von Nährstoffen begünstigen und bei pH-Werten der Böden < 5 das Auftreten toxisch wirkender Kationen, vor allem Al-Ionen bewirken (s. Kap. XII und XXII 4 a). Auf Kulturböden werden diese Einflüsse durch Kalkung kompensiert.

Die anthropogenen S-Einträge betragen in den Ballungsgebieten Mitteleuropas (Ruhrgebiet) bis 130 kg S/(ha · Jahr) und nehmen bis nach Skandinavien auf < 10 kg S/(ha · Jahr) ab. Auch in Meeresnähe weisen die Niederschläge einen relativ hohen S-Gehalt auf, der zum Teil versprühtem Sulfat aus dem Meerwasser und zum Teil Schwefelwasserstoff und Mercaptan aus reduzierten Sedimenten des Festlandschelfs entstammt. So wurde z. B. der S-Eintrag mit den Niederschlägen auf der Nordseeinsel Sylt zu 26 kg S/(ha · Jahr) bestimmt. In Industrie-, Städte- und Meeres-fernen Gebieten ist die jährliche S-Zufuhr über die Niederschläge wesentlich geringer. In Neuseeland beträgt sie z. B. nur ca. 1 kg S/ha, so daß dort S-Mangel weitverbreitet ist.

Der S-Gehalt der Pflanzen liegt meistens im Bereich von 0,1 – 0,5 %, beim Rapskorn bei ca. 1 % der Trockensubstanz. Die S-Entzüge der Pflanzen betragen bei Getreide (Kornertrag) bis 15 kg/ha, bei Zuckerrüben einschließlich Blatt und bei Weideland bis 30 kg/ha sowie bei Raps (Kornertrag) bis zu 45 kg/ha. Sie liegen im Mittel bei ca. 25 kg/(ha · Jahr).

Über die mineralische *Düngung* gelangen in der BRD im Mittel ca. 15 kg S/(ha · Jahr) in den Boden und über die organische Düngung ca. 4 kg S/ha. In ähnlicher Größenordnung wie die Düngung liegt auch die durch *Mineralisation* der organischen Substanz freigesetzte S-Menge. Auch durch manche *Pflanzenschutzmittel*, wie organische Fungizide, die bis zu 50 % S enthalten können, wird Schwefel zugeführt; dieser kann im Obst- und Weinbau bis 3 kg S/ha ausmachen. Zusammen mit jährlichen S-Einträgen aus der Luft von 13 – 130 kg S/ha, im Mittel ca. 50 kg/ha, liegt die Gesamtzufuhr in der BRD – je nach Gebiet – zwischen 35 und 120 kg/ha, im Mittel bei ca. 70 kg/ha. Die jährliche Auswaschung beträgt 20 – 120 kg S/ha mit einem durchschnittlichen Wert von ca. 50 – 60 kg S/ha. In manchen Gebieten Deutschlands mit geringer S-Deposition wurde eine Unterversorgung der Kulturpflanzen festgestellt[160]. Mit zunehmender Reduzierung der SO_2-Emmission von Kraft- und Fernheizwerken kommt damit der Schwefelversorgung der Kulturpflanzen in Zukunft eine größere Bedeutung zu.

Die *Pflanzen* decken ihren S-Bedarf weitgehend aus dem SO_4-Vorrat der Böden; dabei nehmen Getreidepflanzen ca. 55 % des Schwefels aus den obersten 20 cm und die restlichen 45 %

aus den Unterböden auf[150]. Außerdem können Pflanzen SO_2 und SO_3 aus der Luft aufnehmen. So weist z. B. der S-Gehalt von Weizenpflanzen mit zunehmender Entfernung von Großemittenten deutlich abnehmende Werte auf[160]. Diese Ausfilterung der Gase durch pflanzliche Oberflächen ist im Hinblick auf die Reinhaltung der Luft von Bedeutung, wobei Dauerkulturen (Nadelwald, Laubwald usw.) besonders wirksam sind.

Die Bestimmung der S-Verfügbarkeit in Böden kann über die Pflanzen- oder die Bodenanalyse erfolgen. Eine visuelle Bestimmung von *S-Mangelsymptomen* als Diagnoseverfahren zur Ermittlung der S-Versorgung der Pflanzen ist dagegen kaum möglich, da die bei S-Mangel auftretenden Chlorosen in der Regel nicht von N-Mangelsymptomen zu unterscheiden sind. Für eine optimale Versorgung der Pflanzen werden bei Getreide 0,4 % Schwefel i. d. Tr.S. im Sproß während des Schoßstadiums[161] und 0,14 – 0,18 % i. d. Tr.S. während der Blüte[160] als erforderlich angesehen. Für Raps wurde ein Ertragsgrenzwert von 0,65 % i. d. Tr.S. der jüngeren Blätter während des Schoßstadiums ermittelt[161].

Für die Bestimmung der S-Verfügbarkeit mit der Bodenanalyse wird eine Extraktion des löslichen und leicht desorbierbaren *mineralischen Sulfat-Schwefels* (S_{min} wie N_{min}; s. Kap. XX 11 j) mit 1 M NaCl + 0,05 M $CaCl_2$ vorgeschlagen. Für eine ausreichende Versorgung der Pflanzen werden mindestens 10 mg S_{min}/kg Boden im Wurzelraum als erforderlich angesehen[151]. Eine Extraktion des verfügbaren Sulfat-Schwefels mit 0,01 M $Ca(H_2PO_4)_2$ ist ebenfalls möglich, wobei mindestens 14 mg S/kg Boden als gewichteter Wert für den ganzen Wurzelraum für eine optimale Versorgung erforderlich sind[150]. Bei einer Bestimmung des verfügbaren Sulfat-Schwefels mit 0,03 M NH_4F + 0,02 M HCl (Bray-1) ergab sich für die S-Versorgung von Kleegras ein kritischer Wert von 10 mg S/kg Boden im Wurzelraum[162]. Insgesamt wird der Aussagewert der Bodenanalyse dadurch eingeschränkt, daß die SO_4-Gehalte stark von der Witterung, der Entnahmetiefe der Bodenproben und dem Zeitpunkt der Probenahme abhängen. Die Probenahme sollte dabei – wie für N_{min}-Untersuchungen – am günstigsten im Frühjahr erfolgen.

Als *Schadstoff* kann ein hoher SO_4-Gehalt nur dann wirken, wenn SO_4, wie in manchen Salzböden, als leichtlösliches *Magnesiumsulfat* in hoher Konzentration vorliegt. Dagegen ist ein hoher *Gipsgehalt* infolge der geringen Gipslöslichkeit nicht toxisch, wie man am Beispiel der Gipsrendzinen ersehen kann. Liegt der Schwefel in *Sulfidform* vor, so wird das Pflanzenwachstum infolge des Auftretens von Schwefelwasserstoff (starkes Pflanzengift) mehr oder weniger vollständig unterbunden. Auch eine hohe *SO_2- bzw. SO_3-Konzentration in der Luft* wirkt schädlich, wie an der Vergilbung der Blätter und Nadeln von Bäumen in der Nähe von Industriebetrieben sehr anschaulich beobachtet werden kann. Eine Bestimmung des S-Gehaltes dieser Pflanzenorgane ist ein Indiz für den Einfluß S-haltiger Gase (maximal zulässige SO_2-Konzentration in der Luft: Kap. XXII 4 a).

13. Mangan[1–9, 163]

Mangan ist ein für alle Lebewesen essentielles Element.

Der mittlere Mn-Gehalt der kontinentalen Kruste beträgt 800 mg/kg und der verschiedener Gesteine 10 – 1600 mg/kg (Tab. 81). Die Mn-Gehalte der Böden liegen meistens zwischen 20 und 800 mg/kg. Bodenhorizonte mit pedogener Mn-Anreicherung können jedoch bis 3000 mg/kg enthalten.

Tabelle 81 Mittlere Gehalte (mg/kg) einiger Mikro-Nährelemente und potentiell toxischer Elemente in Gesteinen[164] und Gehaltsbereiche von unbelasteten Böden

	Mn	Cu	Zn	Mo	B	Co	Cr	Ni	As	Cd	Hg	Tl	Pb
Kontinentale Kruste	800	35	70	1,5	10	18	80	45	3,5	0,10	0,02	0,5	15
Ultrabasische Gesteine	1600	10	50	0,3	3	150	1600	2000	1	0,05	0,02	0,06	1
Basalt/Gabbro	1400	90	100	1,0	5	50	170	130	1,5	0,10	0,02	0,08	4
Gneis/Glimmersch.	600	25	65	(1,5)	(9)	13	75	25	4,3	0,10	0,02	0,65	16
Granit	325	13	50	1,8	9	4	12	7	1,5	0,09	0,03	1,1	32
Tonstein	850	45	95	1,3	100	20	90	70	10	0,13	0,45	0,7	22
Sandstein	50	5	15	0,2	35	0,3	35	2	1	0,05	0,03	0,8	7
Kalkstein	700	4	25	0,4	20	2	11	15	2,5	0,16	0,03	0,05	5
Löß[1]	300	11	40			8		13					30
Geschiebemergel[2]	400	15	40			7	35	18	8	0,3	0,04		20
Böden	20 – 800	2 – 40	10 – 80	0,2 – 5	5 – 80	1 – 40	5 – 100	5 – 50	1 – 15	0,1 – 0,5	0,02 – 0,5	0,02 – 0,5	2 – 60

[1] nach *Fleige* u. a. [2] nach *Blume* und *Brümmer*

In *Böden* liegt Mangan vor allem in Form von Manganoxiden (s. Kap. V 5) sowie in Silicaten und in Carbonaten (als $MnCO_3$) gebunden vor. Es kann außerdem adsorbiert – vor allem an Eisenoxide – und in organischen Komplexen gebunden sein sowie in austauschbarer und gelöster Form (beides als Mn^{2+}) auftreten. In pedogenen Manganoxiden ist es in wechselndem Verhältnis in 2- und 4wertiger Form, seltener in der instabilden 3wertigen Form vorhanden. Häufig treten Mn-Oxide mit Fe-Oxiden assoziiert auf. In Mn-Oxiden sind in der Regel die Schwermetalle Co, Ni, Zn, Cd und Pb akkumuliert[165]. Im Verlauf der Bodenentwicklung wird Mangan stärker als Eisen verlagert und ausgewaschen[166]. Insbesondere saure Böden, wie Podsole und Stagnogleye, können stark verarmt sein.

In der *Bodenlösung* liegt Mangan in Form von Ionen und organischen Komplexen vor. Lösliche organische Mn-Komplexe bestimmen vor allem in neutralen und alkalischen Böden die Mn-Löslichkeit und können dort bis über 90 % des gelösten Mangans ausmachen. Mangan bildet jedoch von allen Schwermetallen die am wenigsten stabilen Komplexe und kann deshalb leicht durch andere Kationen aus ihnen verdrängt werden (s. Kap. VII 3 c). In sauren Böden liegt Mangan zum größten Teil als Mn^{2+}-Ion in der Bodenlösung vor. Mn^{3+}-Ionen können zwar als instabiles Zwischenprodukt bei mikrobiellen Reduktionsprozessen gebildet werden[167]; sie disproportionieren jedoch zum größten Teil zu Mn^{2+}-Ionen und Mn(IV)-Oxiden:

$$2\,Mn^{3+} + 2H_2O \rightarrow Mn^{2+} + \overset{+4}{Mn}O_2 + 4H^+ \qquad (1)$$

Mn-Oxide stellen neben organischen Mn – Komplexen die wichtigste Mn-Reserve für die Ernährung der Pflanzen dar. Sie stehen mit den Mn^{2+}-Ionen der Bodenlösung in einem pH-abhängigen Gleichgewicht, z. B.:

$$MnO_2 + 4H^+ + 2e^- = Mn^{2+} + 2H_2O \qquad (2)$$

Steigt die H^+-Konzentration, so verschiebt sich das Gleichgewicht nach rechts, und es bildet sich mehr Mn^{2+}. Eine Erniedrigung um eine pH-Einheit bewirkt ungefähr eine 100fache Zunahme der Mn^{2+}-Konzentration in der Lösung. Neben den Mn-Oxiden kann auch adsorbiertes Mangan die vom pH abhängige Mn^{2+}-Konzentration der Bodenlösung bestimmen; dies ist vor allem in stark sauren Böden der Fall. Außerdem können Pflanzen mit der Ausscheidung von Wurzelexsudaten (z. B. von Maleinsäure) ebenfalls eine Mn^{2+}-Bildung bewirken[169]. Der Mn-Gehalt der Bodenlösung von Ackerböden (Ap-Horizonte) beträgt unter aeroben Bedingungen 0,01 – 4 mg/l, in sauren Waldböden 0,3 – 13 mg/l[168].

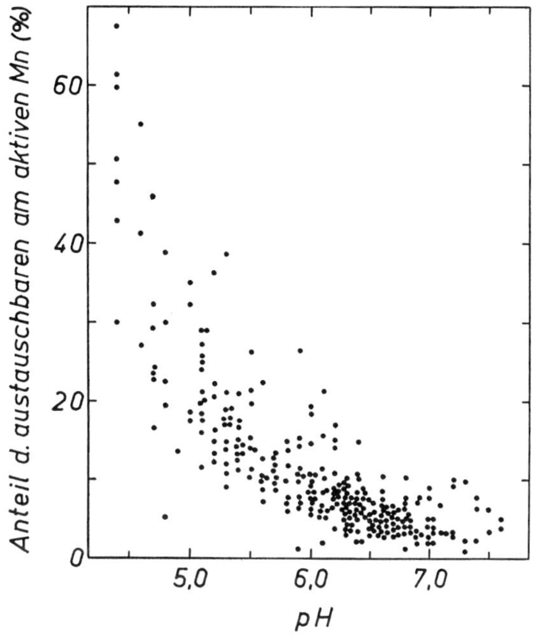

Abb. 163 Anteil des austauschbaren Mangans am aktiven Mangan (Sulfit-Mn, pH 5,5) in Abhängigkeit vom pH (M KCl) bei norddeutschen pleistozänen Sandböden[170]

Die Beziehung zwischen Mn^{2+} und der H^+-Konzentration bzw. dem pH der Böden ist aus Abb. 163 ersichtlich; mit abnehmendem pH der Sandböden steigt der Anteil des austauschbaren Mangans am aktiven Mangan (= Summe von austauschbarem und leicht reduzierbarem Mangan)[170]. Die in Abb. 163 verwendeten pH (1 M KCl)-Werte von Sandböden sind im Mittel 0,1 pH niedriger als die entsprechenden pH (0,01 M $CaCl_2$)-Werte und 0,7 pH niedriger als die entsprechenden pH (H_2O)-Werte.

Der Anteil an Mn^{2+} ist nach Gleichung 2 auch um so höher, je mehr Elektronen für Reduktionsprozesse zur Verfügung stehen und je niedriger damit das *Redoxpotential* ist (s. Kap. XIII). Reduzierende Verhältnisse werden in Böden durch hohe Gehalte an zersetzbarer organischer Substanz, einen hohen Tongehalt, dichtes Gefüge und hohe Wassersättigung begünstigt. Die Reduktion von Mn(III, IV)-Oxiden erfolgt in Böden durch die Tätigkeit von anaerob lebenden Bakterien. Dies kann z. B. daraus ersehen werden, daß bei Überstauung eines Bodens mit Wasser sehr schnell eine mikrobiell bedingte Bildung von Mn^{2+} erfolgt (s. Abb. 71, Kap. XIII), die unterbleibt, wenn die Bakterien durch Zusatz von Sterilisierungsmitteln abgetötet werden[170]. Das Ausmaß der Mn(III, IV)-Reduktion kann so groß sein, daß nach 3 Tagen 20 % des Mangans der Mn-Oxide in austauschbares Mn^{2+} übergehen[170]. Unter stark reduzierenden Bedingungen wurden bis über 100 mg Mn^{2+}/l in der Bodenlösung gemessen. Beim Verdunsten des Wassers wird das gebildete Mn^{2+} wieder oxidiert, und zwar oft durch Mn-oxidierende Bakterien[167]. Beim Übergang in den *trockenen* Zustand erfolgt dann in der Regel wieder eine Zunahme des austauschbaren Mangans[171].

Die *Pflanzen* nehmen Mangan in Form von Mn^{2+} auf. Damit wird die Mn-Verfügbarkeit sowohl von der *Bodenreaktion* als auch von den *Redoxbedingungen* beeinflußt. Mit steigendem pH sinkt die Mn-Aufnahme durch die Pflanzen, wie z. B. in Haferpflanzen[172], Weidegräsern u. a. nachgewiesen wurde. In schwach sauren bis alkalischen Böden kann daher Mn-Mangel eintreten, wie aus den in Abb. 164 dargestellten Ergebnissen zu ersehen ist. Hierbei wurde das pH der Sandböden (Tongehalt < 5 %) und ihr Gehalt an aktivem Mangan mit dem Auftreten der Dörrfleckenkrankheit bei jungen Haferpflanzen in Beziehung gebracht. Unter den in Mitteleuropa herrschenden Witterungsverhältnissen wurden Mn-Mangelsymptome bei einem hohen Anteil der Böden mit geringem Gehalt an aktivem Mangan oberhalb pH 5,7 festgestellt[170, 173].

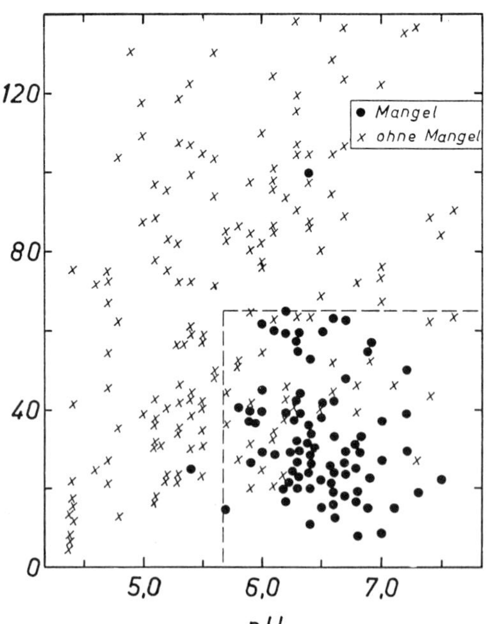

Abb. 164 Abhängigkeit des Auftretens der Dörrfleckenkrankheit bei Hafer vom pH (M KCl) der Böden und der Menge des aktiven Mangans[170]

Der Einfluß des *aktiven* Mangans auf die Mn-Versorgung der Pflanzen ist nach Abb. 164 daraus ersichtlich, daß bei den Sandböden auch oberhalb pH 5,7 dann keine Mn-Mangelsymptome auftraten, wenn der Gehalt an aktivem Mangan nach der angewandten Methode höher als 60 mg/kg war.

Die Abhängigkeit der Mn-Verfügbarkeit von den *Redoxbedingungen* wird dadurch deutlich, daß in Trockenperioden während früher Wachstumsstadien gebildete Mangelsymptome nach dem Einsetzen von Niederschlägen wieder verwachsen, da bei höherer *Bodenfeuchte* eine Reduktion von Mn-Oxiden zu Mn^{2+}-Ionen stattfindet. Deshalb treten meist auch dann keine Mangelsymptome auf, wenn in der Zeit des wesentlichsten Mn-Bedarfs der Pflanzen häufig intensive Niederschläge fallen. *Mn-Mangel* ist im gemäßigt-humiden Klimabereich auf Mn-armen Sandböden, entwässerten Niedermooren und Marschen bei pH($CaCl_2$) über ca. 6 zu erwarten. Bei Marschen tritt Mn-Mangel vor allem bei Anwesenheit von $CaCO_3$ und einem Gehalt an organischer Substanz von mehr als 3 % auf; in den Niederlanden wurde er von *de Groot* selbst noch bei Gehalten an aktivem Mangan von 100 mg/kg und mehr festgestellt. Dies kann auf eine vorübergehende Mn-Festlegung infolge hoher mikrobieller Aktivität während der Zeit intensiver Mn-Aufnahme durch die Pflanzen zurückgeführt werden. Dagegen tritt Mn-Mangel bei kalkfreien Schluff-, Lehm- und Tonböden mit hohem Gehalt an aktivem Mangan nur selten auf und dann meist nur auf trockenen Standorten. Im ariden Klimabereich ist Mn-Mangel auf carbonathaltigen Böden weitverbreitet.

Besonders empfindlich auf Mn-Mangel reagieren Erbsen, Hafer, Betarüben und Kartoffeln. Dieser tritt manchmal auch dann auf, wenn an den Pflanzen keine Mangelsymptome sichtbar sind (latenter Mangel). Der Symptom-Grenzwert beträgt bei vielen Kulturpflanzen 15 – 20 mg Mn/kg Tr.S. Auch Störungen im Wachstum und der Fortpflanzung von Vieh werden manchmal auf Mn-Mangel zurückgeführt. Als ausreichender Mn-Gehalt im Futter werden ca. 50 mg/kg i. d. Tr.S. angesehen. Eine optimale Versorgung der Pflanzen ist bei Gehalten von 40 – 150 mg Mn/kg Tr.S. gegeben.

Der *Mn-Entzug* der Kulturpflanzen beträgt in der Regel 150 (Weizenkorn) bis 2000 g/(ha · Jahr) (Zuckerrüben mit Blatt) (Tab. 82). Die *Mn-Auswaschung* mit dem Sickerwasser liegt bei Ackerböden im Bereich von 10 – 800 g/(ha · Jahr) (Tab. 69). Den dadurch bedingten Mn-Verlusten stehen Zufuhren mit den Niederschlägen [80 – 800 g/(ha · Jahr[174]] sowie mit mineralischer und organischer Düngung [ca. 10 kg/(ha · Jahr)] gegenüber. Bei Waldböden mit einer Mn-Auswaschung bis zu 9000 g/(ha · Jahr) ist die Bilanz deutlich negativ[15].

Bei hoher Mn^{2+}-Konzentration in der Bodenlösung können in stark sauren tonreichen Böden [pH($CaCl_2$) < 5], besonders bei schlechter Dränung oder zeitweiliger Überflutung, toxische Wirkungen bei den Pflanzen auftreten. Dies spiegelt sich in einem hohen Mn-Gehalt der Pflanzen wider. Mn-Gehalte > 1000 mg/kg sind meist ein sicheres Zeichen für das Auftreten von Ertragsminderungen infolge Mn-Toxizität[3]. Dies ist in stark sauren Böden – wie z. B. in manchen sauren tropischen Böden – oft gleichzeitig mit Al-Toxizität verbunden. Außerdem ist Mn-Toxizität stark von der Pflanzenart abhängig. So führt z. B. bei Gerste bereits ein Gehalt von 150 – 200 mg/kg Tr.S. in der Pflanze zu Ertragsminderungen, bei Baumwolle dagegen erst ein Gehalt von 2000 – 5000 mg/kg Tr.S. (Ref.[3]). Mn-Toxizität kann durch pH-Anhebung beseitigt werden (s. Abb. 67).

Eine *Beseitigung des Mn-Mangels* ist durch Blattspritzung mit einer 1,5 %igen Lösung von $MnSO_4 \cdot 5\,H_2O$ möglich. Die Spritzung muß jedoch wiederholt werden, um einen Erfolg sicher zu stellen. Die Mn-Zufuhr zum Boden hat den Nachteil, daß für eine sichere und nachhaltige Wirkung hohe Gaben von 100 – 400 kg/ha Mangansulfat erforderlich sind. Eine weitere Maßnahme zur Behebung von Mn-Mangel ist bei $CaCO_3$-freien Böden die pH-Senkung durch Düngung mit physiologisch sauren Düngemitteln.

Zur *Bestimmung* der Mn-Verfügbarkeit von Böden[1, 20, 170] durch chemische Methoden wurde das wasserlösliche sowie das *austauschbare Mangan* [Extraktion mit 1 N $Mg(NO_3)_2$] vorgeschlagen. Da diese Fraktionen jedoch vom Trocknungsgrad der Böden abhängig und daher jahreszeitlichen Schwankungen unterworfen sind, bestimmt man häufig das *aktive Mangan*. Hierbei setzt man der Extraktionslösung ein Reduktionsmittel zu, z. B. Hydrochinon oder auch Na-Sulfit[170]. Der Mn-Gehalt der Böden, oberhalb dessen nur selten Mn-Mangel auftritt, wurde bei Sandböden unter den klimatischen Verhältnissen Mitteleuropas bestimmt zu 4 mg/kg austauschbares Mangan, 15 mg/kg aktives Mangan (pH der Sulfitlösung 8,0), 60 mg/kg (Hydrochinon), 70 mg/kg (pH der Sulfitlösung 5,5)[170].

Der *Gehalt an aktivem Mangan* ist in der Regel im Ap-Horizont am höchsten und liegt hier in podsolierten Sandböden meist im Bereich von etwa 20 – 70 mg/kg, in Lößböden von 100 – 200 mg/kg und in Tonböden noch erheblich höher (Sulfit-Mn pH 5,5).

Der *Gesamtgehalt* der Böden an *Manganoxiden* ist kein guter Maßstab für die Mn-Verfügbarkeit, weil in vielen Böden, wie Podsolen, Gleyen, Pseudogleyen, die Manganoxide teilweise in Form von Konkretionen vorliegen, in denen das Mangan schlecht verfügbar ist.

14. Eisen[1 – 9, 175, 176]

Eisen ist ein für Pflanze , Tier und Mensch unentbehrliches Element, das nur in Spuren von allen Lebewesen benötigt wird.

Nach Aluminium ist Eisen mit durchschnittlichen Gehalten von 4,2 % das häufigste Metall in der kontinentalen Kruste. Die mittleren Fe-Gehalte der *Gesteine* sind in basaltisch-gabbroiden Gesteinen (8,6 %) und Tonsteinen (4,8 %) am höchsten, in Sandsteinen (0,9 %) und fluvialen Sanden (0,2 %) am niedrigsten[164].

Der Gehalt der *Böden* an Gesamt-Fe liegt häufig im Bereich von 0,2 – 5 % und damit in ähnlicher Größenordnung wie in den Gesteinen. Eisen ist in Form der Oxide in manchen Bodenhorizonten (z. B. Bs von Podsolen, Go von Gleyen), in Rostflecken und Fe-Konkretionen von hydromorphen Böden sowie in Ferralsolen (s. Kap. XXXI 2) angereichert; der Fe-Gehalt kann in Konkretionen[165] sowie in Raseneisenerzhaltigen Go-Horizonten und in Lateritpanzern bis über 40 % betragen.

Eisen liegt unter *aeroben Bedingungen* in Böden vor allem in Form der Fe(III)-Oxide (Kap. V 3) und in silicatischer Bindung sowie z. T. in organomineralischen Verbindungen vor. Von den Oxiden stellten gut kristallisierter Goethit und Hämatit außerordentlich stabile

Verbindungen dar, in denen das Eisen unter oxidierenden Bedingungen in einer kaum für Pflanzen verfügbaren Form vorliegt. Als Fe-nachliefernde Fraktionen sind vor allem schlecht kristalline oxalatextrahierbare Oxide wie Ferrihydrit und außerdem organomineralische Verbindungen von Bedeutung. Infolge der geringen Löslichkeit aller Fe(III)-Oxide ist die Fe-Konzentration der *Bodenlösung* unter oxidierenden Bedingungen äußerst gering ($<0{,}01-0{,}5$ mg/l) und bei pH-Werten über 3,5 fast ausschließlich auf lösliche organische Fe-Komplexe beschränkt. Auch die häufig hohe Fe-Konzentration im Grundwasser und in Flüssen (0,1 – 10 mg/l) bruht auf der Anwesenheit organischer Fe-Komplexe und feindisperser Eisenoxide. Bei sehr stark bis extrem saurer Bodenreaktion (pH $<3{,}5$), wie sie in Waldböden und sulfatsauren Böden vorliegen kann, treten auch anorganische Fe(III)-Ionen in der Bodenlösung auf [Fe^{3+}, $FeOH^{2+}$, $Fe(OH)_2{}^+$]. Unter *anaeroben Verhältnissen* können jedoch nach Reduktion von Fe(III)-Oxiden zu Fe^{2+}-Ionen hohe Fe^{2+}-Konzentrationen in der Bodenlösung vorliegen (bis über 1000 mg/l, s. Kap. XIII).

Pflanzen nehmen Eisen in der Regel als Fe^{2+} auf; sie decken ihren Bedarf vor allem aus den in der Bodenlösung vorliegenden organischen Fe(II)- und Fe(III)-Komplexen. Dabei wird Fe(III) an der Wurzeloberfläche zu Fe^{2+} reduziert. Gräser können jedoch auch gelöste organische Fe(III)-Komplexe aufnehmen[176]. Die Fe-Gehalte grüner Pflanzenteile betragen meist 20 – 300 mg/kg i. d. Tr.S. Die *Fe-Verfügbarkeit* in Böden wird unter aeroben Bedingungen vor allem durch Wechselwirkungen zwischen schlecht kristallinen Fe(III)-Oxiden und löslichen organischen Komplexbildnern bestimmt, durch die lösliche Fe(II,III)-Komplexe gebildet werden. Diese durch Rhizosphären-Effekte bedingte Mobilisierung von Eisen und anderen Nähr- wie auch Schadelementen wird durch lösliche Fulvo- und Huminsäuren sowie durch mikrobiell gebildete oder beim Abbau organischer Substanzen freigesetzte Komplexbildner und durch Wurzelexsudate der Pflanzen bewirkt (s. Kap. VII 3 c).

Fe-Mangel ist trotz häufig hoher Gehalte der Böden an Eisenoxiden auf $CaCO_3$-haltigen Böden weltweit verbreitet; er kann ebenfalls durch Aufkalken der Böden bis auf pH >7 entstehen und wird als „kalkinduzierte Chlorose" bezeichnet. Diese Form des Fe-Mangels tritt besonders häufig bei Obstbäumen auf. Die durch $CaCO_3$ bedingten hohen pH-Werte können dabei die Fe-Verfügbarkeit senken. Oft unterscheiden sich jedoch die Gesamt-Fe-Gehalte der Mangelpflanzen nicht von denen symptomfreier Pflanzen. Das Eisen liegt dann in Mangelpflanzen zu einem beträchtlichen Teil in einer physiologisch unwirksamen Form vor. Als eine wesentliche Ursache hierfür wird die in kalkhaltigen Böden – insbesondere in Feuchtphasen – auftretende hohe $HCO_3{}^-$-Konzentration der Bodenlösung (zusammen mit hoher Ca-,Mg- und P-Konzentration) angesehen[177, 178]. Eine erhöhte $HCO_3{}^-$-Aufnahme der Pflanzen bewirkt durch verschiedene physiologische Einflüsse auf Fe-Aufnahme und -Transport – u. a. wahrscheinlich durch eine Erhöhung des pH-Wertes in den Zellen[177] – eine Fe-Immobilisierung in den Pflanzen.

Fe-Mangel kann außerdem in Böden subtropisch- und tropisch-arider Bereiche mit ausschließlich gut kristallinen und damit kaum Fe-nachliefernden Oxiden wie Goethit und Hämatit auftreten[179]. Auch auf sauren, Fe-armen Substraten wie Hochmooren und Torfsubstraten im Gartenbau wurde z. T. Fe-Mangel festgestellt. Durch Ausbringung von Eisenchelaten als Blattdünger oder durch deren Zusatz zum Boden bzw. Torf kann Fe-Mangel behoben werden.

Die *Bestimmung der Fe-Verfügbarkeit* durch eine Bodenuntersuchung ist infolge der komplexen Ursachen für die Entstehung von Fe-Mangel mit Problemen behaftet. Für Böden arider Gebiete hat sich der Chelatbildner DTPA (Diethylentriaminpentaessigsäure) als geeignetes Extraktionsmittel erwiesen[180]. Außerdem ist eine visuelle Diagnose von Fe- Mangelsymptomen frühzeitig möglich. Allerdings können auch durch hohe Schwermetallgehalte in Böden Toxizitätssymptome erzeugt werden, die Fe- Mangelsymtomen gleichen. Eine erhöhte Schwermetallaufnahme führt dabei z. T. zu einer verringerten Fe-Aufnahme[181].

Fe-Toxizität kann durch hohe Fe^{2+}-Konzentrationen in der Bodenlösung unter anaeroben Verhältnissen, wie z. B. in Reisböden, ausgelöst werden. Eine hohe Fe^{2+}-Aufnahme der Reispflanzen findet vor allem bei gleichzeitigem Mangel an Hauptnährelementen statt und führt zur Entstehung rotbrauner Flecken (engl. bronzing) auf den Blättern[182].

15. Kupfer[1 – 9, 163, 183]

Kupfer ist ein für die Ernährung aller Lebewesen essentielles Element. Bei Cu-Überschuß können jedoch toxische Wirkungen bei Pflanzen und einigen Tieren (vor allem Schafen) auftreten. Chronische Cu-Toxizität beim Menschen ist dagegen kaum bekannt[184].

Der mittlere Cu-Gehalt der kontinentalen Kruste beträgt 35 mg/kg, in *Gesteinen* 4 – 90 mg/kg (Tab. 81). In Magmatiten und Cu-reichen Schiefern liegt Kupfer als Sulfid (Cu_2S, $CuFeS_2$ u. a.), nach Oxidation u. a. als Malachit [$Cu_2(OH)_2CO_3$] vor. Daneben kann es anstelle von Mg^{2+} und Fe^{2+} in Silicaten gebunden sein.

Die Cu-Gehalte unbelasteter *Böden* betragen in der Regel 2 – 40 mg/kg (Tab. 81); in belasteten Böden wurden bis über 1000 mg Cu/kg festgestellt. Kupfer ist in Böden vor allem an die organische Substanz und an Mangan- und Eisenoxide gebunden. Außerdem ist es in silicatischer Bindung und zu geringen Anteilen in austauschbarer und gelöster Form vorhanden.

Untersuchungen zur *Bindungsform* des Kupfers in A-Horizonten von Böden des gemäßigthumiden Bereiches mit sehr unterschiedlichen Eigenschaften und Cu-Gesamtgehalten zeigen, daß 25 – 75 % des Kupfers in organischer Bindung, 15 – 70 % an Mn- und Fe-Oxide gebunden und 1 – 10 % in silicatischer Bindung vorliegen[185, 186]. Bei pH-Werten unter 6 bildet die organisch gebundene Fraktion in der Regel den größen Anteil. Bei neutraler Bodenreaktion überwiegen z. T. die oxidisch gebundenen Anteile. Auch in Unterbodenhorizonten ist Kupfer vorwiegend an Oxide gebunden (bis 80 % des Gesamt-Cu) oder im Gitter von Silicaten enthalten (bis 40 % des Gesamt-Cu)[185, 187]. Von der oxidisch gebundenen Cu-Fraktion liegt der Hauptteil oft in schlecht kristallinen Fe-Oxiden vor[185, 186]. Die Bedeutung der Eisenoxide für die Cu-Bindung kommt auch darin zum Ausdruck, daß in Konkretionen von Gleyen und Pseudogleyen Kupfer im Vergleich zu der übrigen Bodenmasse um das 8- bis 10fache angereichert sein kann[165, 187]. In stark mit Kupfer belasteten carbonathaltigen Böden wurde außerdem die Bildung von $Cu_2(OH)_2CO_3$ (Malachit) als definierte Cu-Verbindung festgestellt[188]. Unter anaeroben Bedingungen können in Böden und Sedimenten Cu-Sulfide (CuS, CuS_2) auftreten.

Von dem durch Mn- und Fe-Oxide sowie organische Substanzen gebundenen Kupfer liegt der Hauptteil in sehr fest gebundener und schwer desorbierbarer Form vor[189]. Deshalb ist der Anteil des *austauschbaren Kupfers* bei pH-Werten über 5 in der Regel gering (< 1 %). Bei stark bis extrem saurer Bodenreaktion – wie sie oft in sauren Waldböden vorliegt – kann der Anteil dieser Fraktion jedoch bis auf 20 % ansteigen[185].

Die Cu-Konzentration der *Bodenlösung* beträgt in landwirtschaftlich genutzten Böden 0,005 – 0,080 mg/l und kann in extrem sauren Waldböden bis auf 0,2 mg/l ansteigen. Dabei wird die Lösungskonzentration vor allem durch Ad- und Desorptionsvorgänge in Abhängigkeit vom pH sowie durch Komplexierungsvorgänge in Abhängigkeit vom Gehalt an löslichen organischen Komplexbildnern bestimmt. In Anwesenheit organischer Komplexbildner liegt Kupfer bei pH-Werten über 6 fast ausschließlich (zu über 99 %) in Form organischer Komplexe in der Bodenlösung vor[188]. Vor allem niedermolekulare Komplexbildner, wie sie bei der mikrobiellen Streuzersetzung gebildet oder aus Vegetationsresten freigesetzt sowie von lebenden Wurzeln ausgeschieden werden, können adsorbiertes Kupfer durch Komplexbildung mobilisieren und auf diese Weise eine beträchtliche Erhöhung der Cu-Lösungskonzentration bewirken[190]. Die Anwesenheit oder Zufuhr hochmolekularer unlöslicher organischer Substanzen, wie z. B. von Torf, kann dagegen zu einer starken Cu-Fixierung[190] und dadurch zu Cu-Mangel bei Pflanzen führen. Bei pH-Werten unter 5 steigt der Anteil an Cu^{2+}-Ionen am Gesamt-Kupfergehalt der Bodenlösung zunehmend an[191]. Durch das unterschiedliche Verhalten organischer und anorganischer Cu-Spezies bedingt, werden die Gesamt-Kupfergehalte der Bodenlösung von unbelasteten Oberböden relativ wenig vom pH beeinflußt. In Abwesenheit organischer Komplexbildner (z. B. in Unterböden) treten als anorganische Cu-Spezies bei saurer Bodenreaktion vor allem Cu^{2+}-Ionen auf. Cu^+-Ionen können zwar unter stark reduzierenden Bedingungen gebildet werden, sind jedoch in terrestrischen Böden instabil. Bei pH-Werten über 6,5 treten außerdem Hydroxy-Cu-Komplexe [$CuOH^+$, $Cu(OH)_2^\circ$ u. a.] und bei pH über 7,5 auch Carbonato-Cu-Komplexe ($CuHCO_3^+$, $CuCO_3^\circ$ u. a.) in der Bodenlösung auf[192]. Bei intensiv gedüngten Böden mit hohen Phosphatgehalten in der Bodenlösung können auch lösliche Cu-Phosphat-Komplexe gebildet werden. Außerdem fördert Phosphat die Cu-Adsorption und bewirkt damit eine Erniedrigung der Cu-Lösungskonzentration.

Kupfer wird von den *Pflanzen* als Cu^{2+} und wahrscheinlich auch in Form niedermolekularer organischer Komplexe und z. T. aus anorganischen Komplexen aufgenommen. Deshalb

Tabelle 82 Mittlerer Entzug von Mikronährelementen durch Weizen und Zuckerrüben in der BRD (berechnet aus Daten in Zit. [25], s. a. Kap. 5 a)

Pflanze:	Weizen		Zuckerrübe	
	Korn	Stroh	Rübe	Blatt
Ertrag (dt/ha):	50	50	500	400
Element	Entzug (g/ha)			
Mn	150	285	760	1150
Fe	194	1300	2690	1640
Cu	30	35	64	74
Zn	280	174	450	460
Mo	1,4	0,8	1,4	2,9
Co	0,4	0,3	1,1	2,4

wird auch die Cu-Aufnahme in unbelasteten Kulturböden (pH >5) meist nicht oder nur wenig vom pH der Böden beeinflußt[193]. So ist Cu-Mangel selbst auf $CaCO_3$-haltigen Böden sehr selten, da Kupfer bei den hohen pH-Werten dieser Böden in Form organischer Komplexe oder als Hydroxy- und Carbonato-Komplexe in der Bodenlösung vorliegt. Dagegen kann eine hohe Phosphatkonzentration der Bodenlösung eine verringerte Cu-Aufnahme bewirken (s. o.).

Die Cu-Gehalte der Pflanzen betragen meistens 2 – 20 mg/kg Tr.S. Als Ertragsgrenzwerte für Getreide wurde ein Cu-Gehalt von 1,5 mg/kg Tr.S. in den jüngsten voll entwickelten Blättern ermittelt[194]; für andere Pflanzen ergaben sich kritische Gehalte von 2 – 5 mg/kg Tr.S. im Blatt. Im Hinblick auf die *Gesundheit der Tiere* wird ein Cu-Gehalt im Futter von 5 – 6 mg/kg als ausreichend angesehen; bei Cu-Mangel tritt die Lecksucht auf. Die Pflanzen entziehen dem Boden durch eine Ernte ca. 30 (Weizenkorn) bis 140 g Cu/ha (Zuckerrübe mit Blatt) (Tab. 82). Für die Cu-Auswaschung wurden bei landwirtschaftlich genutzten Böden Mitteleuropas 10 – 90, bei sauren Waldböden bis 110 g/(ha · Jahr) ermittelt (Tab. 69). Mit den Niederschlägen werden landwirtschaftlich genutzten Böden in Mitteleuropa ca. 20 – 90 g/(ha · Jahr) zugeführt, Waldböden infolge erhöhter Interception durch den Baumbestand bis zu 300 g/(ha · Jahr)[174]. Die *Cu-Bilanz* landwirtschaftlich genutzter Böden ist in Mitteleuropa in Abhängigkeit von der Höhe der Cu-Immission und der Art der Bodennutzung sehr unterschiedlich. Für viele Böden ergibt sich eine positive Cu-Bilanz. Auf landwirtschaftlichen Betrieben in Gebieten mit geringer Cu-Immission (z. B. Schleswig-Holstein) und geringem Anteil an wirtschaftseigenen Düngern wurde teilweise nur eine suboptimale Cu-Versorgung der Kulturpflanzen festgestellt. Bei Untersuchungen in Schottland wurden auch im Viehfutter z. T. zu geringe Cu-Gehalte gefunden[195].

Cu-Mangel tritt in Mitteleuropa besonders auf humusreichen Podsolen und frisch kultivierten Moorböden auf (Heidemoor- oder Urbarmachungskrankheit), selten auf Schluff-, Lehm- und Tonböden. Bei den letzteren Böden ist daher eine Cu-Düngung nicht rentabel wie aus mehr als 100 Versuchen auf deutschen Böden hervorgeht. Zu gleichem Ergebnis führten auch neuere 7- bis 9jährige Feldversuche auf 7 Standorten im Rheinland [83 Ernten, Cu(HNO_3)-Gehalt der Böden 3 – 9 mg Cu/kg), bei denen durch Düngung mit Kupfersulfat kein Mehrertrag erzielt wurde[63]. Besonders empfindlich auf Cu-Mangel reagieren Weizen, Hafer, Leguminosen und verschiedene Obstgehölze, weniger Roggen und Gerste. Mangelsymptome sind bei Getreide Chlorose und Weißfärbung der jüngeren Blätter, bei Obst außerdem eine Verkümmerung der Spitzentriebe. Zur *Behebung von Cu-Mangel* werden für alle Bodenarten 2 – 5 kg Cu/ha in Form von Kupfersulfat, Kupferschlackenmehl oder feingemahlenen Cu-Legierungen empfohlen, die für 5 – 8 Jahre ausreichen.

Zur *Bestimmung der Cu-Versorgung* der Böden wird in Deutschland und in den Niederlanden die Cu-Löslichkeit in 0,43 M Salpetersäure bei Zimmertemperatur herangezogen [Methode Westerhoff; abgekürzt Cu(HNO_3)]. Bei Sandböden wurde zwischen diesen Cu(HNO_3)-Werten und dem Ertrag von Weizen in Feldversuchen (Abb. 165) bzw. dem Cu-Gehalt der Gräser auf Dauergrünland (Abb. 166)[196] eine relativ gute Beziehung festgestellt. Bei Ackerböden wird für alle Kulturen ein Cu(HNO_3)-Gehalt von 4 mg/kg als ausreichend angesehen. Außer HNO_3 werden z. T. Ethylendiamintetraessigsäure (EDTA; 0,05 M) für sauere Böden und Diethylentriaminpentaessigsäure (DTPA; 0,005 M; pH 7,3) für schwachsaure bis alkalische Böden als Extraktionsmittel zur Bestimmung der verfügbaren Cu-Gehalte verwendet. Für eine gute Versorgung von Ackerstandorten werden Gehalte an Cu-EDTA von ≥ 1 mg/kg Boden empfohlen, für Weidestandorte höhere Gehalte (≥ 3 mg/kg)[195]. $CaCO_3$-haltige Böden gelten bei Gehalten an Cu-DTPA von ≥ 1 mg/kg als gut versorgt. Bei Moorböden erfolgt teilweise die Bestimmung von Gesamt-Cu ($HNO_3 - HClO_4$-Aufschluß).

Schadwirkungen

Da Kupfer für die Herstellung zahlreicher Produkte (Cu-Drähte, -Leitungen, -Legierungen,

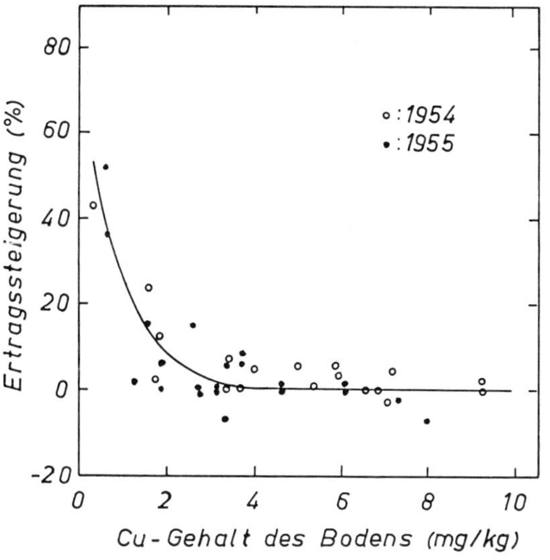

Abb. 165

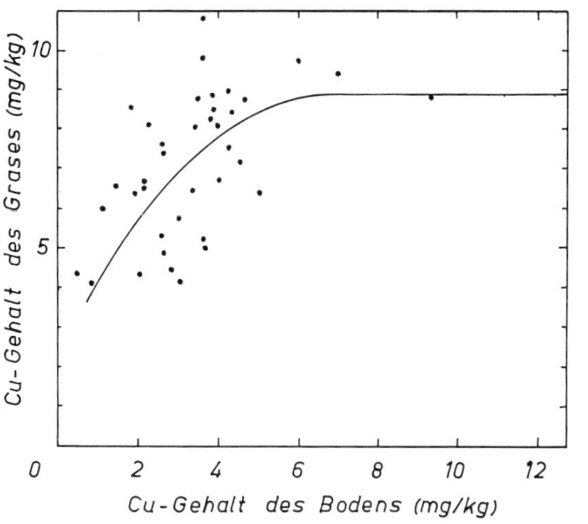

Abb. 166

Abb. 165 Ertragssteigerung von Sommerweizen durch Cu-Düngung in Abhängigkeit vom Cu(HNO_3)-Gehalt des Oberbodens von niederländischen Sandböden (Gefäßversuche)[196]

Abb. 166 Cu-Gehalt im Gras von Dauergrünland (Trockensubstanz) in Abhängigkeit vom Cu-Gehalt des Oberbodens von niederländischen Sandböden (Gefäßversuche)[196]

Produkte der Galvanik- und Elektronikindustrie, Cu-Fungizide, etc.) verwendet wird, sind z. T. auch Böden und Sedimente mit diesem Metall angereichert. Vor allem in der Umgebung Kupfererz verarbeitender Betriebe hat meist eine starke Cu-Belastung der *Böden* stattgefunden (bis über 1000 mg/kg). Auch industrielle Abwässer haben teilweise eine beträchtliche Cu-Anreicherung in fluvialen Sedimenten bewirkt (Cu-Gehalt von Sedimenten des Hamburger Hafens im Mittel 530 mg/kg Tr.S., im Extrem bis 5300 mg/kg Tr.S.). In Klärschlämmen können z. T. ebenfalls hohe Cu-Gehalte vorliegen (bis ca. 10000 mg/kg Tr.S.). Eine Cu-Anreicherung in Böden kann deshalb durch die Ausbringung von Cu-reichen Schlämmen bedingt sein.

Außerdem ist es durch eine jahrzehntelange Anwendung von Cu-haltigen Pflanzenschutzmitteln [35 – 40 kg Cu/(ha · Jahr)] in Hopfen- und Weinanbau-Gebieten z. T. zu einer starken Cu-Anreicherung in Böden gekommen. Die Gehalte an gesamtem Kupfer erreichen Werte bis 600 mg Cu/kg Boden[197, 198]. Die auf solchen Böden z. B. nach Rodung des Hopfens angebauten landwirtschaftlichen Kulturen zeigen z. T. beträchtliche Mindererträge. Auch das Ausbringen großer Mengen an Schweinegülle, die durch die Verwendung von Cu-angereichertem Fertigfutter (100 – 850 mg Cu/kg Tr.S.) oft hohe Cu-Gehalte aufweist (ca. 20 mg/l), hat in Gebieten mit intensiver Tierhaltung z. T. zu einer Cu-Belastung der Böden geführt[199]. Durch Cu-Überschuß kann Fe-, Zn- und Mo-Mangel bei den Pflanzen ausgelöst werden.

Für verschiedene *Pflanzen* wurde Cu-Toxizität ab ca. 20 mg Cu/kg Tr.S. festgestellt. In Nährlösungen treten bei manchen Pflanzen bereits bei <0,1 mg Cu/l toxische Wirkungen auf. Eine Verminderung der Mikroorganismenaktivität kann ebenfalls bereits ab 0,1 mg Cu/l Bodenlösung einsetzen.

Löslichkeit und *Verfügbarkeit* von Kupfer steigen in belasteten Böden bei pH-Werten <5 deutlich an[190, 191]. Auf Cu-reichen, starksauren Böden können toxische Wirkungen von Kupfer deshalb verringert werden, wenn die Bodenreaktion auf pH-Wert um 6 angehoben wird. Auch hohe Phosphatgaben erniedrigen z. T. die Cu-Aufnahme der Pflanzen und bewirken insbesondere niedrigere Cu-Gehalte in den Wurzeln[200].

Im Rahmen der für die Ausbringung von Klärschlamm erlassenen gesetzlichen Regelungen (Klärschlamm-Verordnung) wurde auf der Basis der Cu-Gesamtgehalte für Böden ein

Grenzwert von 100 mg/kg festgelegt (s. Kap. XXII). Dieser Grenzwert ist für starksaure Böden mit pH <5 deutlich zu hoch angesetzt[201]; selbst bei schwach saurer bis alkalischer Reaktion können bei 100 mg Cu/kg Boden infolge einer Cu-Mobilisierung durch lösliche organische Komplexbildner (s. Kap. VII 3 c) erhöhte Cu-Gehalte (über 15 mg/kg Tr.S.) im Weidegras auftreten, die zu toxischen Wirkungen bei Schafen führen können. Eine Erniedrigung des Cu-Grenzwertes auf 50 – 70 mg/kg Boden für mäßig saure bis schwach alkalische Böden ist deshalb erforderlich; für stark bis extrem saure Böden kann auch dieser Gehalt zu hoch sein[201].

16. Zink[1–9, 163, 202, 206]

Zink ist ein für Pflanze, Tier und Mensch unentbehrliches Spurenelement. Bei sehr hohen Gehalten in Böden kann Zink jedoch toxisch auf Pflanzen und Mikroorganismen wirken. Beim Menschen ist chronische Zinktoxizität als Folge einer hohen Zinkaufnahme mit der Nahrung nicht bekannt[184].

Die mittleren Zn-Gehalte verschiedener *Gesteine* liegen im Bereich von 15 – 100 mg/kg; der durchschnittliche Gehalt der kontinentalen Kruste beträgt ca. 70 mg/kg (Tab. 81)[164]. Sandstein enthält in der Regel wenig, Tonstein dagegen viel Zink. Manche Tonschiefer können bis 300 mg Zn/kg und mehr aufweisen. In Magmatiten, Metamorphiten und Erzlagerstätten liegt Zink als Sulfid (ZnS, Sphalerit) sowie zum Teil mit anderen Schwermetallen zusammen als Mischsulfid vor. Als Verwitterungsprodukt der Sulfide kann $ZnCO_3$ (Smithonit) gebildet werden. Daneben ist Zink zu beträchtlichen Anteilen in Silicaten gebunden – selten als Hauptbestandteil (z. B. in Zn_2SiO_4, Willemit), häufiger als Nebenbestandteil durch teilweisen Ersatz von Mg^{2+} und Fe^{2+} im Gitter der Silicate.

Der Gehalt unbelasteter *Böden* an Gesamt-Zn schwankt häufig zwischen 10 und 80 mg/kg (Tab. 81). In norddeutschen Sandböden (podsolige Braunerden) wurde ein Gehalt an Gesamt-Zn von 13 – 32 mg/kg und in Lößböden (Parabraunerden, Schwarzerden) von 18 – 75 mg/kg bestimmt[203]. In belasteten Böden können Gehalte bis 5000 mg/kg vorliegen[204]. Zink ist dabei vor allem an die organische Substanz gebunden, an Fe-, Mn-, Al-Oxiden adsorbiert und in diesen okkludiert sowie im Gitter von Tonmineralen und anderen Silicaten festgelegt. Daneben kann es in belasteten Böden im definierten Zn-Verbindungen vorliegen.

Die *Bindungsformen* des Zinks werden unter aeroben Bedingungen vor allem von der pH-abhängigen Zn-Affinität zu verschiedenen Bodenkomponenten und dem Ausmaß der Bodenbelastung bestimmt[205]. In unbelasteten A-Horizonten des gemäßigt-humiden Bereiches liegen bei mäßig bis schwach saurer Bodenreaktion 40 – 60 % des Gesamt-Zn in *organischer Bindung* vor[186]. Mit einem Anstieg der pH-Werte auf über 7 nimmt die Zn-Affinität gegenüber Mn- und Fe-Oxiden stark zu[206]. Der *an Oxide* gebundene Anteil erreicht dann 40 – 70 %[186], in belasteten Böden bis 85 % des Gesamt-Zn[185]. Durch Diffusionsvorgänge kann Zink – wie auch eine Reihe anderer Schwermetalle – in das Innere von Oxidpartikeln gelangen und dort so stark gebunden werden, daß eine Mobilisierung erst nach Auflösung der Oxide wieder möglich ist. Dabei findet eine Zn-Diffusion sowohl in schlecht kristalline Oxide (z. B. Ferrihydrit) und gut kristalline Oxide (z. B. Goethit) als auch in verschiedene Tonminerale (insbesondere Smectit) hinein statt[207]. Bei pH-Werten unter 5 nimmt die Zn-Affinität gegenüber Huminstoffen und Mn-, Fe-Oxiden[207] stark ab, bleibt jedoch gegenüber Tonmineralen relativ hoch[206]. Der durch *Tonminerale* und andere Silicate gebundene Anteil am Gesamt-Zn erreicht vor allem in Zn-armen, versauerten Oberböden sowie in Unterböden hohe Anteile (30 – 85 %)[185]. Daneben können in stark belasteten Böden auch *definierte Zn-Verbindungen* wie $ZnFe_2O_4$ (Franklinit)[202] und – vor allem bei pH-Werten über 7 – Zn-Silicate (z. B. Zn_2SiO_4, Willemit), Zn-Phosphate [z. B. $Zn_3(PO_4)_2 \cdot 4\,H_2O$] und Zn-Carbonate [$ZnCO_3$, $Zn_5(OH)_6(CO_3)_2$] gebildet werden[207]. Unter *reduzierenden Bedingungen* – wie z. B. in Reisböden – kann außerdem sehr schwerlösliches Zn-Sulfid (ZnS) ausgefällt werden, durch das Zink in eine nicht für Pflanzen verfügbare Form überführt wird.

Der Gehalt an *austauschbarem Zink* ist bei pH-Werten über 6 sehr gering[203]. Mit abnehmendem pH steigt der Anteil dieser Fraktion am Gesamt-Zn stark an – bei pH 5 auf 10 – 30 % (Abb. 167) und bei pH 3 (Waldstandorte) z. T. bis auf über 50 %.

Die Zn-Gehalte der *Bodenlösung* steigen mit abnehmendem pH und zunehmenden Gesamt-Zn-Gehalten der Böden[190]. Sie betragen in unbelasteten landwirtschaftlich genutzten Böden (pH 5 – 7,5) 0,001 – 0,4 mg/l, in extrem sauren

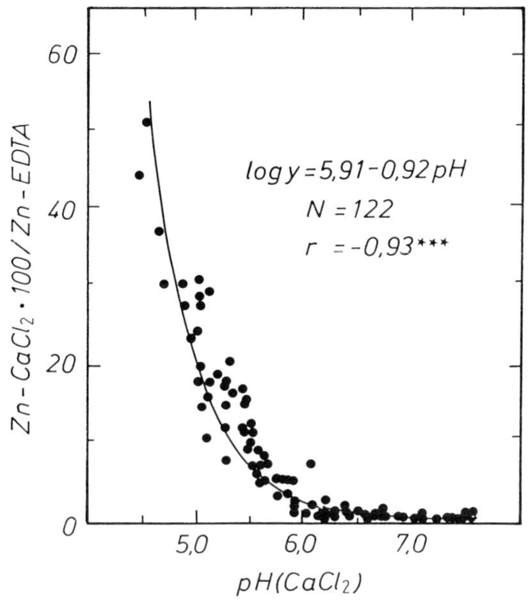

Abb. 167 Anteil des $CaCl_2$-extrahierbaren Zinks in Prozent von Zn-EDTA in Abhängigkeit vom pH-Wert norddeutscher Ackerböden (*Hornburg* und *Brümmer*)

Waldböden bis 1,2 mg/l und in stark belasteten Böden bis 15 mg/l. Bei pH-Werten über 6,5 liegt der größte Teil des gelösten Zinks (60 – 80 %) organisch komplexiert vor (s. Kap. VII 3 c)[208]. In diesem pH-Bereich sind neben Zn^{2+}-Ionen außerdem $ZnOH^+$-Ionen vorhanden, deren Anteil mit steigendem pH zunimmt. Vor allem $ZnOH^+$-Ionen können in starkem Maße durch Oxide adsorbiert und festgelegt werden[209] (spezifische Adsorption, s. Kap. XXII 5). Da die Stabilität gelöster organischer Zn-Komplexe gering ist, nimmt deren Anteil mit sinkendem pH stark ab. Bei pH-Werten unter 5 liegt das gelöste Zink in der Regel zu über 99 % als anorganische Spezies vor. Der größte Anteil besteht dabei in der Regel aus Zn^{2+}-Ionen. Bei höheren Gehalten an Sulfat und Phosphat in der Bodenlösung können außerdem $ZnSO_4^{\circ}$ und $ZnH_2PO_4^+$ vorhanden sein. Anorganische Komplexe mit Chloriden ($ZnCl^+$ u. a.) und Nitraten ($ZnNO_3^+$) sind meist von geringer Bedeutung.

Zink wird von den *Pflanzen* vor allem als Zn^{2+} und wahrscheinlich auch als $ZnOH^+$ sowie aus gelösten organischen Zn-Komplexen aufgenommen. Die Zn-Konzentration der Bodenlösung ist von wesentlichem Einfluß auf die Zn-Versorgung der Pflanzen[210]. Infolge zunehmender Zn^{2+}-Löslichkeit mit abnehmendem pH (vgl. Abb. 167) ist die Zn-Versorgung der Pflanzen auf Böden mit pH-Werten unter 6 in der Regel sichergestellt. Die Zn-Gehalte der Pflanzen betragen meist 5 – 100 mg/kg Tr.S. Als Ertragsgrenzwert wurde für Getreide (Hafer, Weizen) ein Zn-Gehalt bei Schoßbeginn von 25 mg/kg Tr.S. ermittelt[211]. Mangelsymptome treten jedoch erst bei Gehalten < 15 mg/kg Tr.S. auf.

Die Pflanzen entziehen dem Boden durch eine Ernte ca. 250 (Getreidekorn) bis 900 g Zn/ha (Zuckerrübe mit Blatt, Tab. 82). Die *Zn-Auswaschung* beträgt auf Ackerböden Mitteleuropas 10 – 360 g/(ha · Jahr) und steigt mit abnehmendem pH an. Auf sauren Waldböden wurden Austräge mit dem Sickerwasser bis 2400 g/(ha · Jahr) ermittelt (Tab. 69). Demgegenüber stehen *Zn-Zufuhren* in Mitteleuropa mit den Niederschlägen von 100 – 300 g/(ha · Jahr) auf landwirtschaftlichen Nutzflächen und bis über 600 g/(ha · Jahr) auf Waldstandorten (Fichte) [s. Tab. 86 a in Kap. XXII 4 c]. Außerdem können in der Nähe von Ballungsgebieten beträchtliche Zn-Mengen [über 1000 g/(ha · Jahr)] mit dem Staubniederschlag in die Böden gelangen. In Abhängigkeit von der insgesamt sehr unterschiedlichen Zn-Zufuhr aus der Luft, der landwirtschaftlichen Bodennutzung und den Austrägen weist die Zn-Bilanz der Böden in Mitteleuropa große Unterschiede auf.

Zn-Mangel mit deutlichen Mangelsymptomen ist in Mitteleuropa relativ selten und meistens auf carbonathaltige Böden begrenzt. Weltweit tritt Zn-Mangel jedoch in ariden Gebieten auf alkalischen Böden mit hohen Gehalten an feinkörnigem $CaCO_3$ realtiv häufig auf. Die Zn-Verfügbarkeit wird dabei vor allem durch hohe pH-Werte vermindert. Auch hohe Phosphatkonzentrationen im Boden können eine erhöhte Zn-Bindung und dadurch eine erniedrigte Zn^{2+}-Konzentration in der Bodenlösung sowie eine verminderte Zn-Aufnahme bewirken[9, 212]. Empfindlich gegenüber Zn-Mangel sind Äpfel, Reben, Citrus, Mais, Bohnen, Kartoffeln und Zwiebeln. Mangelsymptome sind z. B. bei Obst kleine rosettenförmig ausgebildete Blätter und bei Mais Chlorosen meist der jüngeren Blätter, die teilweise streifenartig ausgebildet sind. Auch bei Reispflanzen kann Zn-Mangel relativ häufig auftreten. Als Ursachen werden Zn-Immobilisierung unter reduzierenden Bedingungen durch Sulfide und/oder Tonminerale sowie Ionenkonkurrenz durch hohe

Fe^{2+}- und Mn^{2+}-Gehalte bei der Aufnahme durch die Wurzel genannt.

Zur Bestimmung der *Zn-Versorgung der Böden* hat sich die Extraktion der wasserlöslichen und austauschbaren Zn-Fraktion mit 0,5 M $MgCl_2$[193] oder 0,05 M $CaCl_2$[204] (ähnlich wie bei Magnesium) als geeignet erwiesen. Auch Extraktionen mit 0,1 oder 0,43 M Salpetersäure (wie bei Kupfer) 0,1 M Salzsäure sowie EDTA und DTPA (siehe Kupfer) werden verwendet. Vor allem bei Dauerkulturen hat sich auch die Blattanalyse und die visuelle Bestimmung von Mangelsymptomen als geeignetes Beurteilungsverfahren erwiesen.

Bei Zn-Mangel ist eine Düngung von etwa 5 kg Zn/ha für 3 – 8 Jahre ausreichend, außerdem kann eine Blattdüngung erfolgen.

Schadwirkungen

Zink ist eines der am meisten bei der *industriellen Produktion* verwendeten Schwermetalle, das vor allem als Korrosionsschutz bei verzinkten Eisen- und Stahlprodukten sowie in Legierungen Verwendung findet. Die weltweite Zinkproduktion beträgt $6{,}2 \cdot 10^6$ t/Jahr (1980). Die *Zinkemission* in die Luft umfaßt in der BRD ca. 8500 t/Jahr. Vor allem in der Umgebung Zinkerz verarbeitender Hütten- und Industriebetriebe hat oft eine starke Zn-Belastung der Böden stattgefunden. Da Zinkerze in der Regel auch andere Schwermetalle enthalten, ist mit einem Zn-Eintrag in die Böden oft auch eine Anreicherung von Cadmium, Blei und Kupfer verknüpft. Auch durch den Kfz-Verkehr und die Verfeuerung fossiler Brennstoffe wird Zink zusammen mit anderen Schwermetallen in die Umwelt emittiert (s. Kap. XXII 2).

In Gebieten mit jahrhundertelangem Erzabbau – wie z. B. im Harz – sind die Böden in hohem Maße mit Zink belastet. So wurden in Auenböden von Oker und Innerste *Zn-Gehalte* bis 5000 mg/kg gemessen[204]. Ähnlich hohe Werte liegen in den Böden anderer Erzabbaugebiete vor. Der Zn-Eintrag aus der Luft kann in der Umgebung Zn-verarbeitender Betriebe bis >4000 g Zn/(ha · Jahr) betragen. Durch Emissionen des Kfz-Verkehrs treten in der Nähe verkehrsreicher Straßen ebenfalls erhöhte Zn-Gehalte in den Böden auf (bis 300 mg Zn/kg, s. Abb. 171). In der Regel weisen Böden städtischer Gebiete deutlich höhere Zn-Gehalte auf als Böden ländlicher Bereiche.

Eine Zn-Anreicherung ist z. T. auch durch die Ausbringung von Klärschlämmen, kompostierten Siedlungsabfällen und ausgebaggerten Hafenschlämmen erfolgt. Der Zn-Gehalt dieser Substrate beträgt in der Regel weniger als 3000 mg/kg Tr.S. Vor allem Klärschlämme industrieller Herkunft können jedoch z. T. wesentlich höhere Zn-Gehalte aufweisen (bis 10 000 mg Zn/kg Tr.S.). Auch langjährige Abwasserverrieselungen haben zu Zn-Anreicherungen in Böden geführt.

Mit der Einleitung von Abwässern in die Flüsse findet eine beträchtliche Zn-Anreicherung in *fluvialen Sedimenten* statt. Während unbelastete Sedimente etwa 90 – 100 mg Zn/kg Tr.S. enthalten, beträgt der Zn-Gehalt belasteter Hafensedimente häufig etwa 2500 mg/kg Tr.S. und kann im Extrem bis auf 6000 mg/kg Tr.S. ansteigen. Ein beträchtlicher Anteil des Zinks liegt dabei in den Sedimenten unter reduzierenden Bedingungen als schwerlösliches Zinksulfid (ZnS) vor.

In der *Pflanzensubstanz* wurde auf Zn-reichen Böden in Gräsern bis 400 mg Zn/kg Tr.S. gemessen[204]. In Gefäßversuchen mit Zusätzen an löslichen Zn-Salzen stieg der Zn-Gehalt verschiedener Pflanzen bis auf >1000 mg/kg Tr.S. In der Umgebung eines Zn-emittierenden Hüttenbetriebes enthielt das Weidefutter bis 6500 mg Zn/kg Tr.S. Toxische Zn-Wirkungen treten bei verschiedenen Pflanzen ab etwa 200 mg Zn/kg Tr.S. auf. Die Grenzkonzentration in Nährlösungen für beginnende Zn-Toxizität beträgt bei verschiedenen Pflanzen etwa 2 mg Zn/l. Eine vorübergehende Schädigung der Mikroorganismenaktivität findet bei etwa 5 mg Zn/l statt.

Als *Zn-Grenzwert* für Böden ist im Rahmen der Klärschlammverordnung ein Gesamtgehalt von 300 mg Zn/kg Boden festgesetzt worden. Bei schwach saurer bis neutraler Reaktion ist bis zu diesem Gehalt keine Zn-Toxizität zu erwarten. Für Böden mit pH-Werten $<5-6$ ist dieser Grenzwert jedoch infolge steigender Zn-Löslichkeit und -Verfügbarkeit zu hoch angesetzt[201]. Der Zn-Grenzwert sollte deshalb auf etwa 150 mg/kg Boden erniedrigt werden. In der Schweiz wird ein Richtwert für Böden von 200 mg/kg salpetersäurelösliches Zink und 0,5 mg/kg $NaNO_3$-extrahierbares Zink verwendet.

Zur Melioration Zn-belasteter Böden ist ein Aufkalken auf pH-Werte um und über 7 erforderlich. Auch eine Ausbringung von Eisenoxiden kann eine Zn-Festlegung bewirken[207]. Bei $pH \geq 7$ ist der Anteil des verfügbaren, mit $CaCl_2$- oder $NaNO_3$-extrahierbaren Zinks gering (vgl. Abb. 167). Die Zn-Aufnahme der Pflanzen kann außerdem durch eine hohe Phosphat-Düngung erniedrigt werden.

17. Bor[1-9, 213-215]

Bor ist ein für Pflanzen und wahrscheinlich auch für Tiere und Menschen essentielles Spurenelement. In hohen Konzentrationen wirkt es in Böden und Gewässern phytotoxisch.

Die mittleren B-Gehalte verschiedener *Gesteine* betragen 3 – 100 mg/kg; die kontinentale Kruste enthält im Durchschnitt etwa 10 mg B/kg (Tab. 81). Magmatische Gesteine weisen meist niedrige (5 – 15 mg B/kg) und Sedimentgesteine – insbesondere tonreiche Sedimente mariner Herkunft – meist deutlich höhere B-Gehalte auf (bis über 200 mg B/kg). In Magmatiten ist Bor hauptsächlich in Glimmern und in Form des verwitterungsresistenten Borosilicat-Minerals *Turmalin* (B-Gehalt ca. 10 %) gebunden. In Sedimentgesteinen liegt Bor hauptsächlich in Illiten und Smectiten vor. Durch einen hohen B-Gehalt im Meerwasser (im Mittel 4,6 mg/l) bedingt, sind vor allem Tonminerale mariner Herkunft reich an Bor. In Bor-Lagerstätten, die sich in ariden Gebieten gebildet haben, ist Bor in Form von Na-, Mg- oder Ca-Boraten vorhanden, z. B. als *Borax* ($Na_2B_4O_7 \cdot 10\,H_2O$, B-Gehalt ca. 11 %). Bei der Verwitterung der Gesteine wird Bor vorwiegend als *Borsäure* H_3BO_3 [besser: $B(OH)_3$] freigesetzt, die eine sehr schwache Säure darstellt und ebenso wie ihre Salze leicht wasserlöslich ist.

Der B-Gehalt von *Böden* des humiden Bereiches beträgt meist 5 – 80 mg/kg, wobei sandreiche Böden in der Regel niedrigere Gehalte (5 – 20 mg/kg) als ton- und humusreiche Böden (30 – 80 mg/kg) aufweisen. Der B-Gehalt korreliert häufig mit dem Ton- und $C_{org.}$-Gehalt der Böden. Die Bindungsformen des Bors sind vor allem durch eine Bindung an organische Substanzen und Tonminerale sowie durch eine Adsorption an Fe- und Al-Oxide gekennzeichnet. Daneben tritt Bor zu geringen Anteilen in wasserlöslicher Form auf.

In der *Bodenlösung* liegt Bor unterhalb $pH(H_2O)$ 7 fast ausschließlich als undissoziiertes $B(OH)_3^0$ vor. Bei höheren pH-Werten werden nach Gleichung (1) zunehmend $B(OH)_4^-$-Ionen gebildet:

$$B(OH)_3 + H_2O = B(OH)_4^- + H^+ \quad pK = 9{,}2 \qquad (1)$$

Die B-Konzentration in der Bodenlösung (bzw. im Sättigungsextrakt) beträgt häufig 0,01 – 1 mg/l. In Böden aus B-reichen Gesteinen wurden bis 18 mg/l gemessen[216]. Bei diesen Konzentrationen treten – je nach pH – nahezu ausschließlich $B(OH)_3^0$ und $B(OH)_4^-$ als B-Spezies auf. So liegt das gelöste Bor z. B. bei pH 7 zu 99 % als $B(OH)_3^0$ und zu 0,9 % als $B(OH)_4^-$ in der Bodenlösung vor; bei pH 8,4 treten ca. 80 % als $B(OH)_3^0$, 18 % als $B(OH)_4^-$ und 2 % als undissoziierte Na-, Ca- und Mg-Borate auf. Bei sehr hohen B-Konzentrationen in der Bodenlösung und wahrscheinlich auch durch Polymerisation auf Austauschoberflächen können gemäß Gleichung (2) und (3) außerdem Polyborate gebildet werden[213]:

$$3\,B(OH)_3 \rightleftharpoons B_3O_3(OH)_4^- + H^+ + 2H_2O \quad pK = 6{,}8 \qquad (2)$$

$$3\,B(OH)_3 \rightleftharpoons B_3O_3(OH)_5 + 2H^+ + H_2O \quad pK = 15{,}4 \qquad (3)$$

Die Borgehalte der Bodenlösung werden ganz wesentlich durch Ad- und Desorptions-Vorgänge bestimmt. Aus den Gesetzmäßigkeiten der Anionenadsorption (s. Kap. XI) folgt, daß die *B-Adsorption* als $B(OH)_4^-$ bei pH-Werten, die dem pK-Wert entsprechen (= 9,2; s. Gl. 1) am höchsten sein muß. Dementsprechend wurde festgestellt, daß die B-Adsorption in Böden wie auch in subaquatischen Sedimenten von pH 6 bis pH 8,5 stark ansteigt, bei pH 8,5 – 10 die höchsten Werte erreicht und mit weiter steigendem pH wieder abnimmt[213, 217]. Dabei findet die Adsorption von $B(OH)_4^-$ vor allem auf der Oberfläche von *Fe- und Al-Oxiden* sowie an den Seitenflächen von Tonmineralen als Ligandenaustausch gegen OH- (oder H_2O-)Gruppen statt, vermutlich nach folgendem Schema:

$$>(Al,Fe)-OH + B(OH)_4^- \rightleftharpoons >(Al,Fe)- -O-B(OH)_2 + OH^- + H_2O \qquad (4)$$

Von den *Tonmineralen* weisen vor allem Illit und Vermiculit eine hohe, Smectit und Kaolinit eine deutlich niedrigere B-Adsorptionskapazität auf.

Bei den *Huminstoffen* der Böden findet die B-Bindung wahrscheinlich an alkoholischen OH-Gruppen und anderen funktionellen Gruppen statt, wobei vermutlich auch das bei pH-Werten unter 7 vorliegende $B(OH)_3^0$ teilweise gebunden werden kann. Die B-Bindung an die organische Substanz kann aus der häufig guten Beziehung zwischen dem $C_{org.}$-Gehalt der Böden und dem heißwasserlöslichen Bor sowie dem geringen B-Gehalt der $C_{org.}$-armen Unterböden ersehen werden.

Bor wird von den *Pflanzen* hauptsächlich als $B(OH)_3^0$ aus der Bodenlösung aufgenommen. Der B-Gehalt der Bodenlösung bzw. des Bodensättigungsextraktes wie auch der Gehalt an heißwasserextrahierbarem Bor (s. u.) werden deshalb als Maß für die B-Versorgung der Pflanzen verwendet. Der B-Gehalt der Pflanzen beträgt in Abhängigkeit von der Pflanzenart und dem B-Angebot häufig 5 – 100 mg/kg Tr.S. Der B-Bedarf ist bei den verschiedenen Pflanzen sehr unterschiedlich und variiert außerdem beträchtlich mit den Klimabedingungen und Bodeneigenschaften. Weizen und Gerste sind in der Regel mit 8 – 10 mg B/kg Tr.S. im Sproß während des Schossens ausreichend mit Bor versorgt; bei weniger als 3,5 – 5 mg B/kg treten Mangelsymptome, bei mehr als 15 – 20 mg B/kg Toxizitätssymptome auf. Zukkerrüben sind mit 35 – 200 mg B/kg Tr.S. im Blatt ausreichend versorgt und zeigen bereits bei weniger als 20 – 30 mg/kg Mangel- und erst bei mehr als 800 mg/kg Toxizitätssymptome[214].

Die *B-Entzüge* durch die Pflanzen betragen bei guten Getreideernten (Weizenkorn) ca. 50 g B/ha, bei Zuckerrüben einschließlich Blatt ca. 450 g B/ha. Die *B-Auswaschung* erreicht Werte von 10 – 200 g/(ha · Jahr). Demgegenüber betragen die *B-Einträge* mit den Niederschlägen – je nach Gebiet – ca. 10 – 80 g/(ha · Jahr)[174]. Bor kann durch Verbrennungsvorgänge wie auch mit versprühtem Meerwasser in die Luft gelangen und gelöst oder gasförmig [$B(OH)_3$-Dampfdruck: ca. 260 Pa bei 20 °C] durch den Wind verfrachtet und dann mit den Niederschlägen in die Böden eingetragen werden. Die B-Einträge sind vor allem in meernahen Gebieten hoch.

B-Mangel ist weltweit sowohl auf sauren Böden des humiden Klimabereichs als auch auf alkalischen Böden arider Gebiete verbreitet. Die Ursachen hierfür sind bei sauren Böden eine starke B-Auswaschung infolge der geringen Adsorbierbarkeit von $B(OH)_3^0$ und bei alkalischen Böden eine starke B-Fixierung infolge $B(OH)_4^-$-Adsorption. Im humiden Klimabereich tritt B-Mangel vor allem in trockenen und warmen Jahren auf Sandböden sowie auf trockenen Standorten tonreicher Böden auf und bewirkt z. B. bei Zuckerrüben die Herz- und Trockenfäule, bei Apfel die Korkbildung und bei anderen Kulturpflanzen ein Absterben der jüngsten Blätter. Stark B-bedürftige Pflanzen sind neben Zuckerrübe und Apfel alle Brassica- Arten sowie Sellerie, Mais, Wein, Baumwolle u. a.

Eine *B-Düngung* zu Pflanzen hohen B-Bedarfs kann entweder über B-haltige Mehrnährstoffdünger oder Borax, das in Böden zu Borsäure hydrolysiert, erfolgen:

$$B_4O_7^{2-} + 2H^+ + 5H_2O \rightarrow 4B(OH)_3^0 \quad (5)$$

Als B-Düngung werden 0,5 – 3 kg B/ha empfohlen. Der jährliche *B-Verbrauch* für eine Düngung der Ackerflächen beträgt in der Bundesrepublik 800 – 1 000 t.

Zur *Bestimmung der B-Verfügbarkeit*[1, 20] in Böden ist die Extraktion mit siedendem Wasser (5 min; Boden : Wasser = 1 : 2) am weitesten verbreitet (Methode *Berger-Truog*). Hiernach ist unter mitteleuropäischen Klima- und Ertragsverhältnissen beim Anbau von Pflanzen hohen B-Bedarfs ein B-Gehalt von 0,5 – 1 mg/kg anzustreben. Der Gehalt an heißwasserlöslichem Bor beträgt in Böden humider Gebiete meist weniger als 1 mg/kg und kann in ariden Gebieten mehrere hundert mg/kg erreichen. Auch der B-Gehalt im Bodensättigungsextrakt kann als Maß für die B-Versorgung der Pflanzen verwendet werden; als optimal können für viele Pflanzen Konzentrationen um 0,1 mg B/l angesehen werden. Bei B-Mangel zeigt das Ausmaß der Mangelsymptome deutlich den Grad der B-Unterversorgung an.

Schadwirkungen

B-Toxizität an Pflanzen wird im humiden Klimabereich nur selten beobachtet und beruht dann meist auf einer zu hohen B-Düngung. Von größerer Bedeutung ist B-Toxizität in ariden und semiariden Gebieten, in denen es durch natürliche Prozesse der Salzakkumulation oder durch Verwendung von Bewässerungswasser mit hohen B-Gehalten zu einer B-Anreicherung im Boden kommen kann. Das Auftreten von B-Toxizität hängt dabei einerseits von der B-Empfindlichkeit der Pflanzen und andererseits von den B-Gehalten der Bodenlösung ab. Empfindliche Pflanzen (Citrusfrüchte, Birne, Pflaume, Weizen u. a.) können bereits bei Gehalten in der Bodenlösung ab 0,3 mg B/l geschädigt werden. Bei der Bewässerung sollte deshalb das verwendete Wasser beim Anbau empfindlicher Pflanzen nicht mehr als 0,3 – 1 mg B/l enthalten; bei semitoleranten Pflanzen (Mais, Gerste, Kartoffeln u. a.) sind 1 – 2 mg/l und bei toleranten Pflanzen (Salat, Kohl, Zuckerrübe u. a.) 2 – 4 mg/l zulässig[213, 214]. B-Überschuß ist an Nekroseflecken auf den Blättern B-empfindlicher bis semitoleranter Pflanzen wie Kartoffeln, Bohnen und Getreide zu erkennen.

Eine B-Belastung von Böden kann außerdem durch Abwasserverrieselung und Klärschlammausbringung erfolgen. Das im Abwasser und Klärschlamm enthaltene Bor stammt im wesentlichen aus Haushaltswaschmitteln, die meist 10 – 25 % Perborate als Bleichmittel enthalten. Die im Abwasser vorhandenen B-Verbindungen werden infolge ihrer hohen Löslichkeit bei der Abwasserreinigung kaum erfaßt und gelangen damit zum größten Teil in die Gewässer[216a]. Während unbelastetes Oberflächenwasser meist 0,05 – 0,1 mg B/l enthält, wurden in belasteten Gewässern bis 0,6 mg B/l gemessen[217]. Bei dieser Konzentration ist schon mit B-Toxizität bei empfindlichen Wasserpflanzen zu rechnen. Unbelastetes Grundwasser enthält meist weniger als 0,02 mg B/l, von Hausmüllablagerungen beeinflußtes Grundwasser 0,05 – 30 mg B/l[218]. Der EG- Richtwert für Trinkwasser beträgt 1 mg B/l. Dieser Wert kann z. T. auch infolge geochemischer Einflüsse in Mineralwässern überschritten werden.

18. Molybdän[1–9, 167, 219, 220]

Molybdän ist ein für Pflanze, Tier und Mensch lebensnotwendiges Spurenelement. Bei hohen Mo-Konzentrationen im Futter kann es bei Wiederkäuern zu toxischen Wirkungen kommen.

Der mittlere Mo-Gehalt beträgt in verschiedenen *Gesteinen* 0,2 – 1,8 mg/kg (Tab. 81), in der kontinentalen Kruste ca. 1,5 mg/kg. Besonders Sandstein und sandige Lockersedimente sind meist arm an Molybdän. Organische Substanz enthaltende Sedimente weisen dagegen oft Mo-Gehalte über 2 mg/kg auf. In Kohle liegen ebenfalls höhere Mo-Gehalte vor (3 – 5 mg/kg). In bituminösen Schiefern und tonreichen alluvialen Sedimenten mit viel organischer Substanz kann Molybdän als Sulfid (MoS_2) mit Gehalten von 20 – 2000 mg/kg angereichert sein. Meist liegt Molybdän in Gesteinen jedoch als Gitterbestandteil von Silicaten vor (wahrscheinlich anstelle von Ti^{4+}, Fe^{3+} und Al^{3+}). Am stärksten ist es im Biotit angereichert, in geringerer Konzentration in Feldspäten. Bei der Verwitterung wird Molybdän in anionischer Form als Molybdat (MoO_4^{2-}) freigesetzt.

In *Böden* beträgt der Mo-Gehalt meist 0,2 – 5 mg/kg und ist in der Regel im Oberboden höher als im Unterboden. Mo-arm sind vor allem Böden aus sandigem Ausgangsmaterial. Höhere Mo-Gehalte weisen in gemäßigten Klimabereichen z. T. alluviale Böden und in tropischen und subtropischen Gebieten eisenoxidreiche Böden auf. Einige Ferralsole auf Hawaii enthalten 15 – 30 mg Mo/kg. Sehr hohe Mo-Gehalte (20 – 2000 mg/kg) können in Böden aus MoS_2-haltigen Ausgangsgesteinen vorhanden sein. Die Bindungsformen des Molybdäns in Böden werden vor allem von der Bodenreaktion und den Redoxbedingungen bestimmt. Unter stark reduzierenden Bedingungen kann 4wertiges Molybdän vorliegen, das zusammen mit Sulfid zu MoS_2 reagiert. Unter oxidierenden Bedingungen liegt es in 6wertiger Form vor und ist – neben geringen wasserlöslichen Anteilen – vor allem an Fe- und Al-Oxide sowie an die organische Substanz gebunden.

In der *Bodenlösung* tritt Molybdän unter aeroben Bedingungen nur als Anion auf. Oberhalb $pH(H_2O)$ 5 – 6 dominieren MoO_4^{2-}-Ionen. Bei tieferen pH-Werten findet eine zunehmende Protonierung der MoO_4^{2-}-Ionen statt gemäß:

$$MoO_4^{2-} + H^+ \rightleftharpoons HMoO_4^- \qquad pK = 4{,}0 \qquad (1)$$

$$HMoO_4^- + H^+ \rightleftharpoons H_2MoO_4^0 \qquad pK = 3{,}6 \qquad (2)$$

Außerdem können sich unterhalb $pH(H_2O)$ 5 Polymolybdat-Ionen bilden wie $Mo_7O_{24}^{6-}$, $Mo_8O_{26}^{4-}$ u. a. In der Bodenlösung bzw. im Bodensättigungsextrakt liegen meist 2 – 10 μg Mo/l vor; im Grundwasser wurden 0,1 – 5 μg Mo/l, im Meerwasser 11 μg Mo/l gemessen.

Die *Adsorption* von Molybdationen erfolgt vorwiegend an Eisenoxiden und in geringerem Maße an Al- und Mn-Oxiden im Austausch gegen OH^- als Ligandenaustausch (s. Kap. XI). In Abhängigkeit von den pK-Werten für die Protonierung des Molybdats erreicht die Mo-Adsorption an Eisenoxiden bei pH 3,5 – 4,0 die höchsten Werte[221]. In diesem pH-Bereich findet die stärkste Mo-Festlegung in Böden statt. Die adsorbierten Ionen sind zunächst austauschbar gebunden, diffundieren dann aber wahrscheinlich in die Oxidpartikel hinein und werden dort okkludiert. Dies führt zu einem Rückgang der Mo-Verfügbarkeit nach einer Düngung mit wasserlöslichen Molybdaten innerhalb von wenigen Jahren. Als Sorbentien können in geringem Ausmaß auch organische Substanz (vermutlich OH-Gruppen von organischen Al- und Fe-Komplexen) und Tonminerale wirken.

In Form eigener Verbindungen tritt Molybdän unter aeroben Bedingungen wahrscheinlich nicht in Böden auf. Nur bei sehr hohen Mo-Gehalten ist bei saurer Bodenreaktion eine Bildung von $Fe_2(MoO_4)_3$ (Ferrimolybdit) oder – bei gleichzeitiger Anwesenheit hoher Pb-Gehalte – von $PbMoO_4$ (Wulfenit) zu erwarten[202].

Pflanzen nehmen Molybdän hauptsächlich als MoO_4^{2-} aus der Bodenlösung auf. Ihr Bedarf an Molybdän ist niedriger als an anderen Spurenelementen. Die Mo-Gehalte der Pflanzensubstanz betragen meist 0,2 – 10 mg/kg Tr.S., bei Leguminosen, einigen Kohlarten und Zuckerrübenblatt bis 20 mg/kg[220, 222]. Für die *Mo-Entzüge* der Pflanzen ergeben sich meist wenige g/(ha · Jahr), bei Getreide (nur Korn) 1 – 2 g und bei Zuckerrüben (einschließlich Blatt) 4 – 10 g (vgl. Tab. 82).

Bei Gehalten der Pflanzen von weniger als 0,1 – 0,3 mg Mo/kg Tr.S. kann *Mo-Mangel* auftreten. Molybdän ist vor allem als Bestandteil von Enzymen des N-Stoffwechsels der Pflanzen von Bedeutung; bei einigen Mikroorganismen (z. B. Knöllchenbakterien) wird es für die N-Fixierung benötigt. Mo-Mangelsymptome gehen deshalb auch bei einigen Pflanzen (z. B. Leguminosen) mit N-Mangelsymptomen einher; besonders charakteristisch sind Mo-Mangelsymptome beim Blumenkohl in Form von eingerollten, löffelartig ausgebildeten jungen Blättern ausgeprägt.

Mo-Mangel findet sich besonders auf Mo-armen Sandböden (z. B. Podsole), Hochmoorböden und gärtnerischen Substraten aus Hochmoortorf sowie auf eisenoxidreichen Böden (z. B. Ferralsole) saurer Bodenreaktion. Er ist in subtropischen und tropischen Gebieten (Australien, Neuseeland, Florida u. a.) verbreitet, tritt aber auch in Europa auf. Oft ist eine starke Mo-Adsorption und -Festlegung bei niedrigen pH-Werten – insbesondere durch Eisenoxide – dafür die Ursache[222]. Ein Anheben der pH-Werte saurer Böden durch Kalkung verringert die Mo-Adsorption (Austausch von Molybdat- gegen OH-Ionen) und erhöht die Mo-Verfügbarkeit. Ebenso bewirkt eine Phosphat-Düngung[223] wie auch eine Zufuhr frischer organischer Substanzen durch mikrobielle Bildung organischer Anionen oft eine Molybdat-Desorption und verbesserte Mo-Verfügbarkeit. Stark Mo-bedürftige Pflanzen sind vor allem einige Kohlarten (z. B. Blumenkohl), Zuckerrüben und Leguminosen, für deren Anbau eine Mo-Düngung erforderlich sein kann.

Eine *Mo-Düngung* kann durch Ausbringung von Na-Molybdat $Na_2MoO_4 \cdot 2\,H_2O$ (mit 39 % Mo) erfolgen, wobei 400 g Mo/ha bei Kohlarten und Zuckerrüben sowie 50 – 100 g Mo/ha bei Leguminosen in der Regel ausreichend sind. Ebenso wirkungsvoll ist eine Blattdüngung (z. B. 500 l/ha 0,05 %-iges Na-Molybdat bei Rüben) oder eine Behandlung der Samen mit einer Lösung von Na-Molybdat.

Die *Bestimmung der Mo-Verfügbarkeit* in Böden auf chemischem Wege hat sich bisher als wenig erfolgreich erwiesen. Vielfach angewandt wird die Extraktion mit einer Lösung von Ammoniumoxalat (pH 3,3), die vor allem das von schlechtkristallinen Eisenoxiden und organischen Substanzen gebundene Molybdän erfaßt. Mo-Mangel ist bei Gehalten von weniger als 0,1 – 0,2 mg Mo/kg Boden zu erwarten, wobei jedoch in die Auswertung das pH, der Gehalt an Eisenoxiden und möglicherweise noch andere Bodeneigenschaften mit einbezogen werden müssen. Ein Mo-Gehalt von weniger als 4 μg/l im Bodensättigungsextrakt zeigt ebenfalls eine schlechte Mo-Versorgung der Böden an.

Schadwirkungen

Hohe Mo-Gehalte in Böden können natürliche Ursachen haben (s. o.) oder anthropogen durch Mo-Erzverhüttung (Weltjahresproduktion ca. 80 000 t Mo), Kohle- und Erdölverarbeitung und -verbrennung sowie phosphathaltige Waschmittel bedingt sein[184]. Das in der Kohle enthaltene Molybdän verbleibt zum größten Teil in der Asche. Während eine toxische Wirkung von Molybdän auf das Wachstum der Pflanzen selbst bei 100 mg Mo/kg und mehr in der Pflanzensubstanz (Tr.S.) nicht festzustellen ist, kann ein Mo-Gehalt des Futters von mehr als 15 mg/kg bei Rindvieh toxisch wirken (Molybdänose) und zu verschiedenen Störungen (u. a. Durchfall) bis hin zu frühzeitigem Tod führen. Mo-Überschuß löst dabei Cu-Mangel bei den Tieren aus und kann deshalb durch gute Cu- bei gleichzeitiger guter S-Versorgung der Tiere z. T. kompensiert werden.

19. Chlor[1–9]

Chlor ist ein für alle Lebewesen essentielles Element. Es beeinflußt als Chlorid (Cl^-) vor allem den Wasserhaushalt und das Kationen-Anionen-Gleichgewicht der Pflanzen. In höheren Konzentrationen löst es toxische Wirkungen aus.

Der Cl-Gehalt der *Gesteine* beträgt bei magmatischen Gesteinen meist 50 – 500 mg/kg, bei Sedimentgesteinen bis zu mehreren tausend mg/kg; tonreiche marine Sedimente können bis zu 3 % Chlorid enthalten. Die im Verlauf der Verwitterung freigesetzten Chloride bilden mit Alkali- und Erdalkaliionen leichtlösliche Salze (Löslichkeit ca. 200 – 500 g/l), die unter humiden Klimabedingungen sehr schnell ausgewaschen werden und sich deshalb im Verlauf geologischer Epochen im Meerwasser angereichert haben.

In *Böden* werden Chloride bei pH-Werten über 5 nur zu sehr geringen Anteilen adsorbiert. Mit abnehmenden pH-Werten steigt die Chlorid-Adsorption vor allem in eisenoxidreichen Böden[224, 225]. In der Regel sind die Gehalte an löslichen Chloriden in Böden des humiden Klimabereichs gering (2 – 200 mg/kg). Salzmarschen weisen jedoch hohe Cl^--Gehalte auf (bis 2 %; s. Kap. XXX 2 d). In Böden arider Gebiete kann es in natürlicher Weise durch Bewässerung zur Cl^--Akkumulation (s. Kap. XXXI 7) und dadurch zu Salzschäden an der Vegetation kommen (s. Kap. XXII 6).

Der Cl-Gehalt der *Pflanzen* beträgt etwa 0,2 – 2 % in der Trockensubstanz; er ist weit höher als der physiologische Bedarf. Für Chlorid-empfindliche Pflanzen wie Kartoffeln, Obst, Tomaten, Wein, Tabak u. a. wirkt Chlorid bei höherer Konzentration schädlich. Cl^-- Mangel tritt unter Freilandbedingungen nicht auf. Der Bedarf der Pflanzen von ca. 4 – 8 kg Cl^-/(ha · Jahr) wird durch die Zufuhren gedeckt.

Die Cl^--*Zufuhr* zum Boden erfolgt hauptsächlich über chloridhaltige Dünger (~ 700 000 t Cl/Jahr in der BRD) und Niederschläge [5 – 20 kg Cl/(ha · Jahr) im Binnenland, bis zu 300 kg Cl/(ha · Jahr) in Meeresnähe]. Die Cl^--*Auswaschung* entspricht annähernd der Zufuhr durch Dünger und Niederschläge. Auf ungedüngten Flächen beträgt die Cl^--Konzentration des Sickerwassers meist 2 – 40, auf gedüngten Flächen häufig 40 – 80 mg/l.

Der Cl^--Gehalt des Wassers ist auch für die Verwendung als *Trinkwasser* von Bedeutung; er soll nach den Richtlinien der EG 200 mg/l nicht überschreiten. In Niederschlägen sind meist 1,5 – 6 mg Cl^-/l enthalten[174]. Geringe Cl^--Konzentrationen liegen auch im Wasser der Talsperren vor. Hohe Cl^--Gehalte sind oft im Grundwaser (im norddeutschen Flachland z. B. 40 – 200 mg/l) und im Flußwasser vorhanden als Folge von Cl^--Zufuhren über (a) das Sickerwasser von Böden, (b) kommunale Abwässer, die durch Bäche und Flüsse ins Grundwasser gelangen können, z. B. Verbrauch von Speisesalz in der BRD 200 000 t Cl/Jahr, (c) industrielle Abwässer, die zu einem Cl^--Gehalt der Flüsse bis 2 500 mg/l und örtlich sogar mehr führen können (Toxizitätsgrenze für Süßwasserfische 6 g Cl^-/l), (d) Streusalze während der Wintermonate.

20. Silicium[1 – 9, 226]

Silicium ist wahrscheinlich für alle Pflanzen wie auch Tiere und Menschen unentbehrlich. Der physiologische Bedarf der Pflanzen ist sehr gering. In höheren Konzentrationen wirkt Silicium jedoch oft wachstumsfördernd und wird deshalb als nützliches Element bezeichnet. Si-Toxizität ist nicht bekannt.

Nach Sauerstoff ist Silicium mit einem mittleren Gehalt von 28 % das zweithäufigste Element der Erdkruste, das vor allem in Form von Silicaten (s. Kap. IV) und Oxiden (s. Kap. V) in Gesteinen und Böden vorliegt. Die bei der Verwitterung der Silicate gebildete Kieselsäure, H_4SiO_4 [besser $Si(OH)_4$], ist eine sehr schwache Säure, die nach Gleichung (1)

$$H_4SiO_4^0 \rightleftharpoons H_3SiO_4^- + H^+ \qquad pK = 9{,}7 \qquad (1)$$

bei pH-Werten unter 9 zunehmend in undissoziierter Form als $H_4SiO_4^0$ in der Bodenlösung vorliegt. Dabei wird ein Teil der freigesetzten Kieselsäure durch Fe- und Al-Oxide wie auch durch die organische Substanz der Böden adsorbiert.

Die Si-Konzentration von *Bodenlösungen* variiert im Bereich von wenigen bis zu 40 mg Si/l. Bei mitteleuropäischen Parabraunerden und Schwarzerden wurden Gehalte an wasserlöslichem Si (Boden : Wasser = 1 : 5) in Ap-Horizonten bei pH ($CaCl_2$) um 7 von 6 – 7 mg Si/l ermittelt, die in den B- und C-Horizonten auf ca. 2 – 3 mg Si/l absanken[227]. Die höheren Gehalte an gelöstem Si in den A-Horizonten sind dabei vermutlich auf die Anwesenheit von Biopal (s. u.) oder eine Si-Freisetzung aus der organischen Substanz zurückzuführen. Der Gehalt an wasserlöslichem Si steigt mit sinkendem pH (Abb. 168) und zunehmender Temperatur; er erreicht meist zwischen pH 9 – 10 ein Minimum und steigt dann wieder leicht an.

Der Si-Gehalt der Bodenlösung wird vorwiegend durch Ad- und Desorptionsprozesse bestimmt[228]. $H_4SiO_4^0$ weist vor allem eine hohe

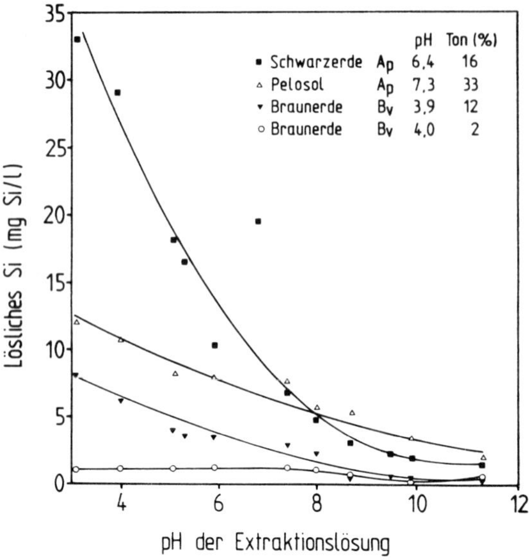

Abb. 168 Lösliches Silicium in verschiedenen mitteleuropäischen Böden in Abhängigkeit vom pH einer wäßrigen Boratlösung[227]

Affinität zu Fe- und Al-Oxiden auf (s. Kap. XI). Dabei findet die maximale Si-Adsorption bei pH-Werten um 9,5 statt (s. pK von Gl. 1), so daß die Si-Lösungskonzentration dann in diesem Bereich ein Minimum aufweist.

Auch im Grund- und Flußwasser liegt das gelöste Si als $H_4SiO_4^0$ vor. Der Gehalt beträgt meist weniger als 16 mg Si/l. Hohe Si-Gehalte treten auch in stehenden Gewässern auf; sie können hier bis 30 mg Si/l betragen. Im Meerwasser beträgt der Si-Gehalt ~2 mg/l.

Pflanzen nehmen Silicium als $H_4SiO_4^0$ aus der Bodenlösung auf. Ihr Si-Gehalt wird sowohl von der Si-Konzentration der Bodenlösung als auch von ihrem Si-Aufnahmevermögen bestimmt. So enthalten Getreidepflanzen meist 0,2 – 0,8 % Si i. d. Tr.S., Reis jedoch bis 15 %. Silicium bewirkt dabei z. B. bei Getreide eine erhöhte Halmstabilität der Pflanzen, da es in amorpher Form als Bioopal ($SiO_2 \cdot nH_2O$) im Stützgewebe abgelagert wird, und fördert außerdem die Resistenz des Getreides gegenüber Mehltau und bei Reis gegenüber pilzlichen Krankheiten und Insekten.

Die Si-Verfügbarkeit wird neben dem pH auch vom Phosphatgehalt der Böden beeinflußt. Da Kieselsäure und Phosphat um die gleichen Adsorptionsplätze konkurrieren, führt eine P-Düngung zu einer erhöhten Si-Verfügbarkeit[228]. Umgekehrt wurde auch eine P-Mobilisierung nach Zufuhr von Kieselsäure zum Boden im alkalischen pH-Bereich festgestellt (s. Kap. 10 d(3).

Schadwirkungen infolge von Si-Toxizität sind nicht bekannt; in Böden arider Klimate führt Si jedoch oft zu einer irreversiblen Verkittung der Bodenpartikel (= silcrete-Bildung) und damit zu einer Einschränkung der Durchwurzelbarkeit.

21. Cobalt[1–9, 163, 230]

Cobalt ist ein für Tiere und Menschen vor allem als Bestandteil des Vitamins B 12 und seiner Derivate (Cobalamine) essentielles Element[184]. Außerdem ist es für die N_2-Bindung durch Rhizobien (bei Leguminosen) und durch verschiedene andere Bakterien sowie durch blaugrüne Algen unentbehrlich. Darüber hinaus ist jedoch eine spezifische Funktion von Cobalt als unentbehrliches Nährelement für höhere Pflanzen noch nicht eindeutig nachgewiesen.

Der mittlere Co-Gehalt der kontinentalen Kruste beträgt 18 mg/kg. Vor allem *Gesteine* mit hohen Gehalten an Fe- und Mn-reichen Mineralen weisen in der Regel hohe Co-Gehalte auf. So sind ultrabasische Gesteine mit Co-Gehalten von durchschnittlich 150 mg/kg sehr Co-reich, während granitische Gesteine mit durchschnittlich 4, Kalksteine mit 2 sowie Sandsteine und Sande mit meist weniger als 1 mg/kg Co-arm sind (Tab. 81).

In Abhängigkeit von der Zusammensetzung der Ausgangsgesteine enthalten *Böden* in der Regel 1 – 40, häufig 5 – 15 mg Co/kg. Neben der Bindung in Fe – Mn-reichen Silicaten, wie z. B. Biotit, liegt Cobalt hauptsächlich mit Fe- und Mn-Oxiden assoziiert vor[231] und ist deshalb oft in oxidreichen Horizonten angereichert[232]. Dabei kann es auf der Oberfläche der Oxide adsorbiert, im Innern der Oxide okkludiert oder als Bestandteil des Oxidgitters gebunden sein. Besonders Mn-Oxide wirken als Co-Akkumulatoren. So wurden bei verschiedenen unbelasteten Böden bis zu 3400 mg Co/kg in Mn-Oxiden gemessen[165].

Bei pH($CaCl_2$) über 6 ist die Co-Adsorption durch Oxide sehr hoch. Mit abnehmendem pH sinkt die Adsorption, so daß *Co-Löslichkeit* und -Verfügbarkeit entsprechend zunehmen. Die Co-Gehalte von Bodenlösungen bzw. Bodensättigungsextrakten betragen in der Regel 0,3 – 50 μg/l. Bei pH-Werten unter 5 dominieren Co^{2+}-Ionen in der Bodenlösung. Mit steigendem pH nimmt der durch lösliche organische Substanzen komplexierte Anteil zu und erreicht bei pH-Werten über 6 mehr als 90 %.

Die Co-Gehalte der *Pflanzen* betragen meist 0,02 – 0,5 mg/kg und sind in Leguminosen in der Regel höher als in Gräsern. Zur Vermeidung von Co-Mangel bei Wiederkäuern sind Co-Gehalte im Futter von mindestens 0,08 mg/kg erforderlich. Für die Beseitigung von Co-Mangel wird auf Weiden eine Düngung von 2 kg $CoSO_4 \cdot 7\,H_2O$/ha oder Kupferschlacke (mit ca. 0,1 % Co) empfohlen, die in der Regel für 5 Jahre ausreichend ist. Bei hohen Gehalten der Böden an Mn- und Fe-Oxiden ist infolge Co-Festlegung eine häufigere Düngung erforderlich.

Co-Mangel tritt vor allem auf sauren, an Co-verarmten Sandböden auf (Podsole, saure Braunerden), ist aber auch bei neutraler bis alkalischer Bodenreaktion sowie auf oxidreichen Böden infolge Co-Festlegung zu finden. So ist Co-Mangel in verschiedenen Gebieten der USA, Australiens und Schottlands weit verbreitet; im Schwarzwald wurde er auf Biotit-armen Ranker-Braunerden aus Granit festgestellt[233].

Die *chemische Bestimmung* der Co-Verfügbarkeit in Böden erfolgt häufig durch Extraktion mit Essigsäure (2,5 %), wobei ein Co-Gehalt > 0,3 mg/kg als ausreichend angesehen wird.

Toxische Wirkungen auf Pflanzen durch hohe Co-Gehalte in Böden sind selten und vorwiegend auf eine verminderte Wirksamkeit anderer essentieller Schwermetalle zurückzuführen. Bei Tier und Mensch tritt Co-Toxizität durch zu hohe Co-Gehalte in Futter und Nahrung praktisch nicht auf.

22. Selen[1-9, 163, 234]

Selen gilt für manche Pflanzen als nützliches Element; für Tiere und Menschen ist es jedoch unentbehrlich. Im Überschuß wirkt Selen toxisch auf alle Lebewesen. Dabei liegt zwischen Mangel und toxischer Wirkung bei Tieren nur ein sehr enger Bereich.

Die Se-Gehalte verschiedener *Gesteine* betragen im Mittel bei Tonsteinen 0,5, bei Kalken 0,19 und bei magmatischen Gesteinen 0,09 (Basalt, Gabbro) bis 0,04 (Granit) mg/kg. Die kontinentale Kruste enthält im Durchschnitt 0,08 mg Se/kg[164]. InGesteinen mit selenidhaltigen Erzen wie Cu_2Se, die meist mit Sulfiden vergesellschaftet sind, können 100 – 1000 mg Se/kg enthalten sein. Auch Kohle weist z. T. relativ hohe Se-Gehalte auf (bis 8 mg/kg)[184].

Der Se-Gehalt der *Böden* beträgt in der Regel 0,02 – 2,0 mg/kg, in mittel- und nordeuropäischen Böden meist weniger als 1 mg/kg. Selen wird dabei wie Chlor, Brom und Jod zum Teil über die Meeresluft in die Böden eingetragen. Bindungsform und Oxidationsstufe des Selens in Böden werden in starkem Maße durch die Redoxbedingungen und pH-Werte bestimmt. Selen kann dabei die Oxidationsstufen + 6 (Selenat: SeO_4^{2-}), + 4 (Selenit: z. B. SeO_3^{2-}), 0 (elementares Selen: Se^0) und – 2 (z. B. H_2Se) aufweisen[235]. Unter *stark oxidierenden Bedingungen*, wie sie z. B. für humusarme, trockene Böden arider und semiarider Gebiete charakteristisch sind, liegt vor allem Selenat (SeO_4^{2-}) vor. Unter *mäßig oxidierenden Bedingungen*, die vor allem in humosen Bodenhorizonten des humiden Klimabereichs vorherrschen, überwiegt Selenit (SeO_3^{2-}, $HSeO_3^-$). Selenate werden nur wenig von den Feststoffen der Böden adsorbiert und können z. B. durch Sulfate desorbiert werden. Selenite werden dagegen wesentlich stärker adsorbiert und kaum durch Sulfate und Chloride, dagegen in beträchtlichem Maße durch Phosphate von ihren Bindungspositionen verdrängt[236]. Für die Selenit-Adsorption sind vor allem Fe- und Al-Oxide, aber auch organische Substanzen von Bedeutung. In Abhängigkeit von den pK-Werten der Gleichungen (1) und (2)

$$H_2SeO_3 \rightleftharpoons HSeO_3^- + H^+ \qquad pK = 2{,}6 \qquad (1)$$
$$HSeO_3^- \rightleftharpoons SeO_3^{2-} + H^+ \qquad pK = 7{,}3 \qquad (2)$$

liegen Selenite bei saurer Bodenreaktion (zwischen pH 2,6 und 7,3) zum überwiegenden Teil als $HSeO_3^-$ und im alkalischen pH-Bereich (pH > 7,3) vorwiegend als SeO_3^{2-} in der Bodenlösung vor. Entsprechend den Gesetzmäßigkeiten der Anionenadsorption (s. Kap. XI) steigt die Selenit-Adsorption mit abnehmenden pH-Werten bis zu sehr stark sauren Bedingungen an[235, 236].

Unter *mäßig reduzierenden Bedingungen* können in Böden elementares Selen (Se^0) und unter *stark reduzierenden Bedingungen* Selenide (Schwermetallselenide, H_2Se, HSe^-) vorliegen[235]. Außerdem kann durch Mikroorganismen als flüchtige Verbindung – neben H_2Se – Methylselen [$(CH_3)_2Se$] gebildet werden[237].

Pflanzen nehmen Selen aus der Bodenlösung als Selenat und Selenit auf. Ihr Se-Gehalt beträgt in der Regel 0,01 – 1 mg/kg Tr.S. Bei Weidepflanzen ist er abhängig von der Jahreszeit. Während der Vegetationsperiode trat auf dänischen Böden ein Minimum von 0,02 – 0,03 mg/kg Tr.S. in Weidepflanzen auf. Gräser enthielten weniger Selen als Klee[234]. *Se-Mangel kann* bei Wiederkäuern (Muskeldegenerierung, Lebernekrose, allgemeine Eiweißmangelsymptome) bei Se-Gehalten von weniger als 0,04 mg/kg Tr.S. im Futter entstehen. Durch Se-Mangel traten große Tierverluste in Ländern mit Se-armen Böden (häufig < 0,1 mg/kg) auf, wie z. B. in manchen Gebieten Skandinaviens, Neuseelands und den USA[184]. Durch Selenzusatz zum Futter kann Se-Mangel verhindert werden. Optimal für die Tierernährung sind Se-Gehalte von 0,1 mg/kg Tr.S. im Futter. Auch beim Menschen wird die Se-Ernährung in Mitteleuropa z. T. als suboptimal angesehen.

Die *Se-Verfügbarkeit* in Böden wird vom Gehalt an löslichem Selenat und Selenit bestimmt. Bei saurer Bodenreaktion, mäßig oxidierenden Bedingungen (mit Überwiegen von Selenit) und hohen Gehalten an Fe- und Al-Oxiden ist die Se-Verfügbarkeit infolge starker Selenit-Adsorption gering. Eine hohe Se-Verfügbarkeit liegt vor in Böden mit alkalischem pH und stark oxidierenden Bedingungen (mit Überwiegen von Selenat) infolge geringer Se-Adsorption. Die Bestimmung der verfügbaren Se-Gehalte kann durch Extraktion der Bodenproben mit K_2SO_4[238] oder DTPA[239] erfolgen. Wegen der Gefahr des Auftretens von Se-Toxizität wird eine Se-Düngung nur selten empfohlen.

Schadwirkungen

In einigen Gebieten der USA, Englands, Irlands und einiger anderer Länder wurden verschiedene Formen von *Se-Toxizität* bei Tieren beobachtet, z. B. die sogenannte „alkali desease". In Gebieten mit Se-Toxizität enthalten die Böden, durch ihre Entstehung bedingt, hohe Se-Gesamtgehalte (über 10 bis mehrere hundert mg/kg) mit hohen Anteilen an verfügbaren Se-Verbindungen – meist infolge neutraler bis alkalischer Bodenreaktion. Bei Se-Gehalten im Futter von mehr als 4 mg/kg Tr.S. kann Se-Toxizität entstehen[184]. Einige Pflanzen, wie *Astragalus* (eine Leguminose) u. a., besitzen ein hohes Se-Akkumulationsvermögen und können auf Se-reichen Böden bis zu 1 500 mg Se/kg Tr.S. enthalten. Die Aufnahme solcher Se-Akkumulatorpflanzen zusammen mit den übrigen Weidepflanzen führt dann zur Se-Toxizität der Weidetiere.

Eine *Se-Belastung* von Böden ist in natürlicher Weise auch durch vulkanische Exhalationen sowie anthropogen durch Verbrennung von Kohle und Ausbringung von Kohleasche, durch industrielle Emissionen (jährlicher Se-Verbrauch weltweit ca. 1900 t) und durch Ausbringung Se-haltiger Klärschlämme möglich. Als tolerierbarer Se-Gehalt von Böden kann ein Richtwert von ca. 2 mg Se_t/kg angenommen werden. Für Trinkwasser ist im Rahmen der EG-Richtlinien eine zulässige Höchstkonzentration von 0,01 mg Se/l vorgesehen. Natürliches Oberflächen- und Grundwasser enthält meist weniger als 0,002 mg Se/l.

Literatur

1 *Mortvedt, J. J., P. M. Giordano & N. L. Lindsay* (Eds.) (1972): Mikronutrients in agriculture. Soil Sci. Soc. Am., Madison (Wisc.).

2 *Wild, A.* (Ed.) (1888): Russel's soil conditions and plant growth. Longman, London.

3 *Bergmann, W.* (1983): Ernährungsstörungen bei Kulturpflanzen. Fischer, Jena. Farbatlas (1986).

4 *Nye, P. H. & P. B. Tinker* (1977): Solute movement in soil-root system. Blackwell, Oxford.

5 *Finck, A.* (1979): Dünger und Düngung. Verlag Chemie, Weinheim.

6 *Mengel, K. & E. A. Kirkby* (1987): Principles of plant nutrition. Int. Potash Inst. Bern.

6a *Mengel, K.* (1984): Ernährung und Stoffwechsel der Pflanze. Fischer, Jena.

7 *Cooke, G. W.* (1982): Fertilizing for maximum yield. Granada Publ., London.

8 *Barber, S. A.* (1984): Soil nutrient bio-availability. A mechanistic approach. Wiley, New York.

9 *Marschner, H.* (1986): The mineral nutrition of higher plants. Academic Press, London.

9a *Finck, A.* (1976): Pflanzenernährung in Stichworten. Hirt, Kiel.

9b *Amberger, A.* (1987): Pflanzenernährung. UTB-Ulmer, Stuttgart.

10 *Ruhrstickstoff AG* (Ed.) (1988): Faustzahlen für die Landwirtschaft, Bochum.

10a *Riehm, H.* (1964): Atti, 5. Symp. Int. Agrochimica, 453.

11 *Eggelsmann, R. & H. Kuntze* (1972): Landw. Forsch. *27/I.* Sonderheft, 140.

12 *Strebel, O., M. Renger & W. Giesel* (1975): Wasser und Boden *8*, 251 – 253.

13 *Mayer, R.* (1975): Göttinger Bodenkdl. Ber. *19*, 1 – 119.

14 Untersuchungsergebnisse der Versuchsstation Limburgerhof.

15 *Mayer, R. & H. Heinrichs* (1980): Z. Pflanzenernähr. Bodenk. *143*, 232 – 246.

[16] *Marschner, H., V. Römheld, W. J. Horst & P. Martin* (1986): Z. Pflanzenernähr. Bodenk. *149*, 441 – 456.
[17] *Grossmann, J., K.-E. Quentin & P. Udluft* (1987): Z. Pflanzenernähr. Bodenk. *150*, 258 – 261.
[18] *U.S. Salinity Laboratory Staff* (1954): U.S. Dept. Agric. Handbook No. *60*.
[19] *Herrmann, R.* (Ed.) (1955): Die Untersuchung von Böden. Neumann, Berlin.
[20] *Page, A. L., R. H. Miller & D. R. Keeney* (Eds.) (1982): Methods of soil analysis. Part. II. ASA, SSSA Inc. Madison.
[21] Adviesbasis voor Bemesting van Landbouwgronden (1986): Ministerie van Landbouw en Visserij, Wageningen.
[22] *Schlichting, E. & H.-P. Blume*: s. Zit. 2 in Kap. III.
[23] Fertilizer recommendations 1985 – 86: Ministry of Agriculture, Fisheries and Food. Referenz Book 209, England.
[24] *Cope, J. T. & C. E. Evans* (1984): Adv. Soil Sci. 1, 201 – 228.
[24a] *Alt, D. & M. Schenk* (1989): Landw. Forsch. im Druck.
[24b] *Nemeth, K.* (1979): Adv. Agron. *31*, 155 – 188.
[25] *Anonym* (1973): DLG-Futterwerttabellen, Mineralstoffgehalte in Futtermitteln. Band *62*, DLG- Verlag, Frankfurt.
[26] *Haak, E.* (1981): Int. Potash Inst. Bern, 87 – 94.
[27] *Kuhlmann, H.* (1986): Trans. Int. Congr. Soil Sci. III, 828 – 829.
[28] *Fleige, H.* et al. (1982): Mitt. Dtsch. Bodenkdl. Ges. *32*, 305 – 310.
[29] *Grimme, H.* et al. (1982): Mitt. Dtsch. Bodenkdl. Ges. *32*, 367 – 374.
[30] *Graff, O.* Pedobiologia *10* (1970): 305 – 319; Landw. Forsch. *20* (1967) 117 – 127; Landbauforsch. Völkenrode *21* (1971) 103 – 108.
[31] *Graff, O. & F. Makeschin* (1979): Z. Pflanzenernähr. Bodenk. *142*, 476 – 491.
[32] *Saalbach, E., K. Würtele, P. W. Kürten & H. Aigner* (1970): Boden und Pflanze. Ruhr-Stickstoff AG, Bochum.
[33] *Schroeder, D., S. Zahiroleslam & W. E. Hoffmann* (1963): Z. Pflanzenernähr. Bodenk. *100*, 215 – 224.
[34] *Kaila, A. & H. J. Kettunen* (1973): J. Sci. Agric. Soc. Finland *45*, 319 – 324.
[35] *Christenson, D. R. & E. C. Doll* (1973): Soil Sci. *116*, 59 – 63.
[36] *Jokinen, R.* (1981): J. Sci. Agric. Soc. Finland *53*, 239 – 268.
[36a] *Grimme, H.* (1983): Z. Pflanzenernähr. Bodenk. *146*, 666 – 676.
[36b] *Seggewiss, B. & A. Jungk* (1988): Z. Pflanzenernähr. Bodenk. 151, 91 – 96.
[37] *Schachtschabel, P.* (1956): Z. Pflanzenernähr. Bodenk. *74*, 202 – 219.
[38] Berichte der Landwirtschaftskammer Rheinland über Ergebnisse von Düngungsversuchen 1980.
[39] *Sluijsmans, C. M. J.* (1958): Landw. Forsch. Sonderh. *13*, 17 – 23.
[40] *Grunes, D. L., P. R. Stout & J. R. Brownell* (1970): Adv. Agron. *22*, 332 – 374.
[41] Kalium-Symposium 1954 – 1986: Int. Potash Inst., Bern.
[42] *Klimar, V. J.* et al. (1968): The role of potassium in agriculture. Am. Soc. Agron., Madison (Wisc.).
[43] *Sparks, D. L.* (1987): Potassium dynamics in soils. Adv. Soil Sci. *6*, 1 – 63.
[44] *Graf v. Reichenbach, H. & C. J. Rich* (1968): Int. Congr. Soil Sci. *1*, 709 – 719.
[45] *Goulding, K. W. T.* (1980): Thermodynamics and potassium exchange in soil and clay minerals. Adv. Agron. *36*, 215 – 260.
[46] *Mengel, K.* in: *B. A. Stewart* (Ed.) (1985): Dynamics and availability of major nutrients in soils. Adv. Soil Sci. *2*, 65 – 131.
[47] *Munson, R. D.* (Ed.) (1985): Potassium in agriculture. Am. Soc. Agron., Madison (Wisc.).
[48] *Niederbudde, E. A. & G. Rühlicke* (1981): Z. Pflanzenernähr. Bodenk. *144*, 127 – 135.
[49] *Beckett, P.* (1972): Adv. Agron. *24*, 379 – 412. (1964): J. Soil Sci. *15*, 9 – 23.
[50] *Beyme, B. & J. Richter* (1984): Z. Pflanzenernähr. Bodenk. *147*, 371 – 384.
[51] *Sinclair, A. H.* (1979): J. Soil Sci. *30*, 757 – 783.
[52] *Niederbudde, E. A.* (1979): Landw. Forsch. Sonderh. *35*, 193 – 204.
[53] *Vogl, W. & E. A. Niederbudde* (1984): Z. Pflanzenernähr. Bodenk. *147*, 1 – 12.
[53a] *Le Roux, J. & M. E. Sumner* (1968): Soil Sci. *106*, 35 – 41.
[53b] *Niederbudde, E. A., E. Rauh, & D. Schröder* (1988): Z. Pflanzenernähr. Bodenk. 151, 255 – 260.
[54] *Schachtschabel, P.* (1937): Z. Pflanzenernähr. Bodenk. 30, 107 – 135.
[54a] *Kuchenbuch, R. & A. Jungk* (1984): Z. Pflanzenernähr. Bodenk. *147*, 435 – 448.
[54b] *Kuchenbuch, R., N. Claassen & A. Jungk* (1986): Plant a. Soil *95*, 233 – 243.
[54c] *Jungk, A. & N. Claassen* (1986): Z. Pflanzenernähr. Bodenk. *149*, 411 – 427.
[54d] *Schaller, G. & W. R. Fischer* (1985): Z. Pflanzenernähr. Bodenk. *148*, 349 – 355.
[55] *Schüller, H.* (1969): Z. Pflanzenernähr. Bodenk. *123*, 48 – 63.
[56] *Schachtschabel, P., & W. Köster* (1978): Z. Pflanzenernähr. Bodenk. *141*, 43 – 55.
[56a] *Kuhlmann, H.* et al. (1986): Landw. Forsch. *39*, 87 – 96.
[56b] *Schachtschabel, P.* (1961): Landw. Forsch. Sonderh. *15*, 29 – 47.
[57] *Schachtschabel, P.* (1985): Z. Pflanzenernähr. Bodenk. *148*, 439 – 458.
[58] *Kuhlmann, H. & J. Wehrmann* (1984): Z. Pflanzenernähr. Bodenk. *147*, 334 – 360.
[58a] *Graß, K., H. K. Volkemer & K. Bruck* (1987): Landw. Fachinformation (IfB) *42/87*, 1 – 27.
[59] *Schachtschabel, P. & C. G. Heinemann* (1974): Z. Pflanzenernähr. Bodenk. *137*, 123 – 134.

[60] *Bucher, R., Th. Dietz & E. Bihler* (1981): Landw. Forsch. Sonderh. *38*, 162 – 186.
[61] Versuchsergebnisse der Bayerischen Landesanstalt für Bodenkultur und Pflanzenbau.
[62] *Hoffmann, H.*: Versuchsergebnisse der Landwirtschaftskammer Oldenburg.
[63] Versuchsberichte der Landwirtschaftskammer Rheinland.
[64] *Kuhlmann, H., N. Claassen & J. Wehrmann* (1985): Plant a. Soil *83*, 449 – 452.
[65] *Köster, W., K. Severin, D. Möhring & H.-D. Ziebell* (1988): Stickstoff-, Phosphor- und Kaliumdüngerbilanzen landwirtschaftlich genutzter Böden der Bundesrepublik Deutschland von 1950 – 1986. Schriftenreihe der Landwirtschaftskammer Hannover.
[66] *Wiechens, E.* (1980): Landw. Forsch. *33*, 337 – 348.
[67] *Zehler, E.* (1981): Kali-Briefe *15*, 773 – 792.
[68] *Larsen, S.* (1967): Soil phosphorus. Adv. Agron. *19*, 151 – 210.
[69] *Parfitt, R. L.* (1978): Anionenadsorption. Adv. Agron. *30*, 1 – 50.
[70] *Bernhardt, H.* (Ed.) (1978): Phosphor. Wege und Verbleib in der Bundesrepublik Deutschland. Verlag Chemie, Weinheim.
[71] *Khasawnek, E., C. Sample & E. J. Kamprath* (Eds.) (1980): The role of phosphorus in agriculture. Am. Soc. Agron. Madison (Wisc.).
[72] *Nriagu, J. O. & P. B. Moore* (1983): Phosphate minerals. Springer, Berlin/New York.
[73] *Haynes, R. J.* (1984): Lime and phosphate in the soil-plant-system. Adv. Agron. *37*, 249 – 315.
[74] *Ulrich, B.* (1961): Boden und Pflanze. Enke, Stuttgart.
[75] *Dalal, R. C.* (1977): Soil organic phosphorus. Adv. Agron. *29*, 83 – 117.
[76] *Helal, H. M. & D. R. Sauerbeck* (1984): Plant a. Soil *76*, 175 – 182.
[77] *Munns, O. N. & R. L. Fox* (1976): Soil Sci. Soc. Am. J. *40*, 46 – 51.
[78] *Harlin, J. L. & D. G. Westfall* (1984): Soil Sci. Am. J. *48*, 327 – 330.
[79] *Schachtschabel, P. & C. G. Heinemann* (1969): Z. Pflanzenernähr. Bodenk. *105*, 1 – 13.
[80] *Tippkötter, R.* (1979): Dissertation, Universität Hannover.
[81] *Kurmies, B.* (1972): Die Phosphorsäure *29*, 118 – 151.
[82] *Hartikainen, H.* (1979): J. Sci. Agric. Soc. Finland *51*, 537 – 624.
[83] *Schachtschabel, P. & B. Beyme* (1980): Z. Pflanzenernähr. Bodenk. *143*, 306 – 316.
[84] *Schachtschabel, P.* (1973): Z. Pflanzenernähr. Bodenk. *135*, 31 – 43.
[85] *Deller, B.* (1979): Dissertation, TU München/Weihenstephan.
[86] *Patrick, W. H. Jr. & I. C. Mahapatra* (1968): Adv. Agron. *20*, 323 – 359.
[86a] *Prummel, J.* (1974): De Buffer *20*, 21.
[87] *Welp, G., U. Herms & G. Brümmer* (1983): Z. Pflanzenernähr. Bodenk. *146*, 38 – 52.
[88] *Sihanda, H. M. & S. D. Youny* (1986): J. Soil Sci. *37*, 197 – 204.
[88a] *Scheffer, K. & B. Scheffer* (1986): Landw. Forsch. *39*, 165 – 171.
[89] *Hendriks, L., N. Claassen & A. Jungk* (1981): Z. Pflanzenernähr. Bodenk. *144*, 486 – 499.
[90] *Paauw, F. van der* (1971): Plant a. Soil *34*, 467 – 481.
[91] *Sissingh, H. A.* (1971): Plant a. Soil *34*, 483 – 486.
[92] *Wolf, A. M., D. E. Baker & H. B. Pionke* (1986): Soil Sci. *141*, 60 – 70.
[93] *Brüne, H. & J. Heyn* (1984): DLG-Mitteilungen *2*, 80 – 83.
[94] *Baumgärtel, G. & J. Wehrmann* (1989): Z. Pflanzenernähr. Bodenk. im Druck.
[95] *Köster, W. & P. Schachtschabel* (1983): Z. Pflanzenernähr. Bodenk. *146*, 539 – 542.
[96] *Schachtschabel, P. & W. Köster* (1985): Z. Pflanzenernähr. Bodenk. *148*, 459 – 464.
[97] Versuchsberichte der Landwirtschaftskammer Rheinland.
[98] *Ris, J. & B. van Luit* (1973): Inst. Soil Fertility, Haren (Gr.) NL, 085.
[99] *Kuntze, H. & B. Scheffer* (1979): Z. Pflanzenernähr. Bodenk. *142*, 155 – 168.
[100] *Ryden, J. C., J. K. Syers & R. F. Harris* (1973): Phosphorus in runoff and streams. Adv. Agron. *25*, 1 – 45.
[101] *Allison, F. E.* (1966): The fate of nitrogen applied to soils. Adv. Agron. *18*, 219 – 258.
[102] *McLaren, A. D. & G. H. Peterson* (Eds.) (1967): Soil biochemistry. Vol. *1*, Dekker, New York.
[103] *McLaren, A. D. & Skujins* (Eds.) (1971): Soil biochemistry. Vol. *2*, Dekker, New York.
[104] *Nielsen, R. & J. C. MacDonald* (Eds.) (1978): Nitrogen in the environment. Vol. *1* u. *2*, Academic Press, London.
[105] *Clark, F. E. & T. Rosswall* (Eds.) (1981): Terrestrial nitrogen cycles. Ecol. Bull. (Stockholm) *33*.
[106] *Stevenson, F. J.* (Ed.) (1982): Nitrogen in agricultural soils. Agron. Monograph *22*, Am. Soc. Agron., Madison (Wisc.).
[107] *Hayes, R. J.* (Ed.) (1986): Mineral nitrogen in the plant-soil system. Academic Press, London.
[108] *Jenny, H.* (1980): The soil resource. Springer, New York/Heidelberg.
[109] *Jenny, H.* (1933): Missouri Agr. Exp. Sta. Res. Bul. *324*.
[110] *Richardson, H. L.* (1938): J. Agr. Sci. *28*, 73.
[111] *Németh, K., J. Maier & K. Mengel* (1987): Z. Pflanzenernähr. Bodenk. *150*, 369 – 374.
[112] *Nuske, A. & J. Richter* (1981): Plant a. Soil *59*, 237 – 247.
[113] *Stadelmann, F. X., O. J. Furrer, S. K. Gupta & P. Lischer* (1983): Z. Pflanzenernähr. Bodenk. *146*, 228 – 242.
[114] *Keeney, D. R. & J. M. Bremner* (1966): Soil Sci. Soc. Am. Proc. *30*, 714 – 719.

[115] *Beck, Th.* (1979): Z. Pflanzenernähr. Bodenk. *142*, 344 – 364. Sammelreferat.
[116] *Anonym* (1983): Symposium Nitrifikationshemmstoffe. VDLUFA-Schriftenreihe *11*. Darmstadt.
[117] *Slángen, J. M. G. & P. Kerkhoff* (1984): Nitrification inhibitors in agriculture and horticulture. A literature review. Fertilizer Research *5*, 1 – 76.
[118] *Payne, W. J.* (1981): Denitrification. Wiley, New York.
[119] *Jagnow, G. & H. Söchtig* (1983): Plant Res. Develop. *17*, 68 – 88.
[120] *Benckiser, G., G. Gaus, K.-M. Syring, K. Haider & D. Sauerbeck* (1987): Z. Pflanzenernähr. Bodenk. *150*, 241 – 248.
[121] *Seiler, W. & R. Conrad* (1981): Mikrobielle Bildung von N_2O aus Mineraldüngern – ein Umweltproblem? forum mikrobiologie *4*, 322 – 328.
[122] *Schachtschabel, P.* (1961): Z. Pflanzenernähr. Bodenk. *93*, 125 – 136.
[123] *Kowalenko, C. G. & G. J. Ross* (1980): Can. J. Soil Sci. *60*, 61 – 70.
[124] *Fischer, W. R., T. Pfannenberg, E. A. Niederbudde & R. Medina* (1981): J. Soil Sci. *32*, 409 – 418.
[125] *Nommik, H. & K. Vahtras* in Zit. 106.
[126] *Silva, J. A. & J. M. Bremner* (1966): Soil Sci. Soc. Am. Proc. *30*, 587 – 594.
[127] *Fenn, L. B. & L. R. Hossner* (1984): Adv. Soil Sci. *1*, 123 – 170.
[128] *McInnes, K. J., R. B. Ferguson, D. E. Kissel & E. T. Kanemasu* (1986): Soil Sci. Soc. Am. J. *50*, 969 – 974.
[129] *Postgate, J. R.* (1982): The fundamentals of nitrogen fixation. Cambridge University Press.
[130] *La Rue, Th. A. & Th. G. Patterson* (1981): Adv. Agron. *34*, 15 – 38.
[131] *Jenkinson, D. S.* (1977): Rothamstedt Exp. Sta. Report 1976, part *2*, 103 – 109.
[132] *Wehrmann, J. & H. C. Scharpf* (1979): Plant a. Soil *52*, 109 – 126. Z. Pflanzenernähr. Bodenk. *149* (1986) 428 – 440.
[133] *Müller, S.* et al. (1986): Archiv Acker-Pflanzenbau Bodenk. *30*, 631 – 637.
[134] *Jakob, F., H. P. Vielemeyer & W. Podlesak* (1986): Archiv Acker-Pflanzenbau Bodenk. *30*, 599 – 621.
[135] *Schulz, R. & H. Marschner* (1987): Z. Pflanzenernähr. Bodenk. *150*, 348 – 353.
[136] *Frissel, M. J. & J. A. van Veen* (1983): Simulation of nitrogen behaviour of soil-plant systems. Pudoc, Wageningen.
[137] *Richter, J., H. Nordmeier & K. C. Kersebaum* (1985): Plant a. Soil *83*, 419 – 431.
[138] *Hagin, J. & E. Welte* (1984): Nitrogen dynamics model verification and practical application. Goetze, Göttingen.
[138a] *Richter, J.* (1986): Der Boden als Reaktor, Modelle für Prozesse im Boden. Enke, Stuttgart.
[138b] *Bach, M.* (1987): Göttinger Bodenkdl. Berichte 93.
[138c] *Nieder, R. & J. Richter* (1986): Z. Pflanzenernähr. Bodenk. *149*, 189 – 201.
[139] *Strebel, O. & M. Renger* (1982): Memoires *16* (Part 1) Int. Assoc. Hydrogeol., Prag, 347 – 357.
[140] *Walther, W., B. Scheffer & B. Teichgräber* (1985): Veröffentl. Inst. Stadtbauwesen der TU Braunschweig *40*, 216 S., umfangreiche Literatur.
[141] *Kolenbrander, G. J.*: In: *Brogan, J. C.* (Ed.) (1981): Nitrogen losses and surface run-off from landspreading of manures, 199 – 216, Nijhoff/Junk Publ., The Hague/Boston/London.
[142] *Ryden, J. C., P. R. Ball & E. A. Garwood* (1984): Nature *311*, 50 – 53.
[143] *Duynisveld, W. H. M. & O. Strebel* (1986): UBA Texte 8/86, 129 S., Umweltbundesamt Berlin.
[144] *Strebel, O., W. H. M. Duynisveld & J. Böttcher* (1989): Agriculture ecosystems and environment *25*, im Druck.
[145] *Selenka, F.*: In: *Winteringham, F. P. W.* (Ed.) (1985): Environment and chemicals in agriculture, 87 – 104. Elsevier, London/New York.
[146] *Strebel, O., J. Böttcher & W. H. M. Duynisveld* (1985): Landw. Forsch. *37*, 34 – 44.
[147] *Böttcher, J. & O. Strebel* (1985): Wasser und Boden *37*, 383 – 387.
[148] *Strebel, O.* et al. (1988): Z. Pflanzenernähr. Bodenk. *151*, 341 – 347.
[149] *Foster, S. S. D.* et al. (1986): Hydrogeol. Rep. *86/2*, Brit. Geol. Survey, 95 S.
[150] *Hue, N. V. & J. T. Cope,* Jr. (1987): Soil Sci. Soc. Am. J. *51*, 658 – 664.
[151] *Saalbach, E. & H. Aigner* (1987): Landw. Forsch. *40*, 8 – 12.
[152] *Brümmer, G., H. S. Grunwaldt & D. Schroeder* (1971): Z. Pflanzenernähr. Bodenk. *129*, 92 – 108.
[153] *Khanna, P. K., J. Prenzel, K. J. Meiwes, B. Ulrich & E. Matzner* (1987): Soil Sci. Soc. Am. J. *51*, 446 – 452.
[154] *Zucker, A., H. Helger & W. Zech* (1986): Z. Pflanzenernähr. Bodenk. *149*, 110 – 119.
[155] *Strickland, T. C., J. W. Fitzgerald, J. T. Ash & W. S. Swank* (1987): Soil Sci. *143*, 453 – 458.
[156] *Fuller, R. D., M. B. David & C. T. Driscoll* (1985): Soil Sci. Soc. Am. J. *49*, 1034 – 1040.
[157] *Meiwes, K. J., P. K. Khanna & B. Ulrich* (1980): Z. Pflanzenernähr. Bodenk. *143*, 402 – 411.
[158] *Smith, K. A., J. M. Brenner & M. A. Tabatabai* (1973): Soil Sci. *116*, 313 – 319.
[159] *Yee, M. S., H. L. Bohn & S. Miyamoto* (1975): Soil Sci. Soc. Am. J. *39*, 268 – 270.
[160] *Sommer, K., M. Sudan & P. Kasten* (1987): Kongreßband 1986, VDLUFA-Schriftenreihe *20*, 233 – 242.
[161] *Schnug, E.* (1986): Transact. XIII. Congr. Int. Soc. Soil Sci. Vol. III, 952 – 953.
[162] *Vaughn, C. E., M. B. Jones & D. M. Center* (1987): Soil Sci. *143* 184 – 191.
[163] *Kabata-Pendias, A. & H. Pendias* (1984): Trace Elements in Soils and Plants. 315 S. CRC-Press, Boca Raton (Florida).

[164] *Wedepohl, K.-H.* (1984): In: *E. Merian* (Ed.), Metalle in der Umwelt. Verlag Chemie, Weinheim.
[165] *Hiller, D., G. Brümmer & D. Ackermand* (1988): Z. Pflanzenernähr. Bodenk. *151,* 47 – 54.
[166] *Schlichting, E. & V. Schweikle* (1980): Soil Sci. *130,* 200 – 204.
[167] *Gottfreund, J., G. Schmitt & R. Schweisfurth* (1985): Landw. Forsch. *38,* 80 – 86.
[168] *Geering, H. R., J. F. Hodgson & C. Sdano* (1969): Soil Sci. Soc. Am. J. *33,* 81 – 85.
[169] *Jauregeni, M. A. & H. M. Reisenauer* (1982): Soil Sci. Soc. Am. J. *46,* 314 – 317.
[170] *Schachtschabel, P.* (1957): Z. Pflanzenernähr. Bodenk. *78,* 147 – 167.
[171] *Goldberg, S. P. & K. A. Smith* (1984): Soil Sci. Soc. Am. J. *48,* 559 – 564.
[172] *Beyme, B.* (1971): Z. Pflanzenernähr. Bodenk. *130,* 272 – 281.
[173] *Finck, A.* (1960): Z. Pflanzenernähr. Bodenk. *89,* 120 – 137.
[174] *Brechtel, H. M., A. Balazs & F. Lehnardt* (1986): In: *H.-W. Georgii* (Ed.), Atmospheric Pollutants in Forest Areas, 46 – 67. Reidel, Dordrecht.
[175] Second International Symposium Issue on Iron Nutrition and Interactions in Plants (1984): J. Plant Nutrition *7,* No. 1 – 5.
[176] *Römheld, V. & H. Marschner* (1986): Advances in Plant Nutrition. Vol. *II,* 155 – 204. Praeger, New York.
[177] *Mengel, K., M. Th. Breininger & W. Bübl* (1984): Plant a. Soil *81,* 333 – 344.
[178] *Inskeep, W. P. & P. R. Bloom* (1986): Soil Sci. Soc. Am. J. *50,* 946 – 952.
[179] *Loeppert, R. H. & C. T. Hallmark* (1985): Soil Sci. Soc. Am. J. *49,* 597 – 603.
[180] *Havlin, J. L. & P. N. Soltanpour* (1984): Soil Sci. *137,* 188 – 193.
[181] *Wallace, A.* (1982): Soil Sci. *133,* 319 – 323.
[182] *Benckiser, G., J. C. G. Ottow & S. Santiago* (1983): Landw. Forsch. *36,* 285 – 299.
[183] *Loneragan, J. F., A. D. Robson & R. D. Graham* (Eds.) (1981): Copper in Soils and Plants. Academic Press, Sydney.
[184] *Merian, E.* (Ed.) (1984): Metalle in der Umwelt. 722 S. Verlag Chemie, Weinheim.
[185] *Dües, G.* (1987): Hamburger Bodenkundl. Arbeiten Bd. *9,* 266 S.
[186] *Sims, J. Th.* (1986): Soil Sci. Soc. Am. J. *50,* 367 – 373.
[187] *Grimme, H.* (1967): Z. Pflanzenernähr. Bodenk. *116,* 125 – 135, 207 – 222.
[188] *McBride, M. B. & D. R. Bouldin* (1984): Soil Sci. Soc. Am. J. *48,* 56 – 59.
[189] *McLaren, R. G., J. G. Williams & R. S. Swift* (1983): J. Soil Sci. *34,* 325 – 331.
[190] *Herms, U. & G. Brümmer* (1984): Z. Pflanzenernähr. Bodenk. *147,* 400 – 424.
[191] *Sanders, J. R.* (1982): J. Soil Sci. *33,* 679 – 689.
[192] *Ritchie, G. S. P. & S. C. Jarvis* (1986): J. Soil Sci. *37,* 205 – 210.
[193] *Beyme, B.* (1971): Z. Pflanzenernähr. Bodenk. *130,* 256 – 270.
[194] *Robson, A. D., J. F. Loneragan, J. W. Gartrell & K. Snowball* (1984): Austr. J. Agric. Res. *35,* 347 – 358.
[195] *Berrow, M. L. & G. A. Reaves* (1985): J. Soil Sci. *36,* 31 – 43.
[196] *Henkens, Ch. H.* (1962): Landw. Forsch. Sonderh. *16,* 56 – 66.
[197] *Schwertmann, U. & M. Huit* (1975): Z. Pflanzenernähr. Bodenk. *138,* 397 – 405.
[198] *Scholl, W. & R. Enkelmann* (1984): Landw. Forsch. *37,* 286 – 297.
[199] *Sauerbeck, D.* (1984): Funktionen, Güte und Belastbarkeit des Bodens aus agrikulturchemischer Sicht. Kohlhammer, Stuttgart.
[200] *Merry, R. H., K. G. Tiller & A. M. Alston* (1986): Plant a. Soil *91,* 115 – 128.
[201] *Herms, U. & G. Brümmer* (1980): Landw. Forsch. *33,* 408 – 423.
[202] *Lindsay, W. L.* (1979): Chemical Equilibria in Soils. Wiley, New York.
[203] *Beyme, B.* (1970): Diss. Universität Hannover.
[204] *Köster, W. & D. Merkel* (1983): Landw. Forsch. Sonderh. *39,* 245 – 254.
[205] *Brümmer, G., K. G. Tiller, U. Herms & P. M. Clayton* (1983): Geoderma *31,* 337 – 354.
[206] *Tiller, K. G., J. Gerth & G. Brümmer* (1984): Geoderma *34,* 17 – 35.
[207] *Brümmer, G. W., J. Gerth & U. Herms* (1986): Z. Pflanzenernähr. Bodenk. *149,* 382 – 398.
[208] *Sanders, J. R.* (1983): J. Soil Sci. *34,* 315 – 323.
[209] *Grimme, H.* (1968): Z. Pflanzenernähr. Bodenk. *121,* 58 – 65.
[210] *Mullins, G. L., L. E. Sommers & S. A. Barber* (1986): Soil Sci. Soc. Am. J. *50,* 1245 – 1250.
[211] *Franck, E. v. & A. Finck* (1980): Z. Pflanzenernähr. Bodenk. *143,* 38 – 46.
[212] *Norvell, W. A., H. Dobkowska-Naskret & E. E. Cary* (1987): Soil Sci. Soc. Am. J. *51,* 584 – 588.
[213] *Keren, R. & F. T. Bingham* (1985): Adv. Soil Sci. *1,* 229 – 276.
[214] *Gupta, U. C., Y. W. Jame, C. A. Campbell, A. J. Leyshon & W. Nicholaichuk* (1985): Can. J. Soil Sci. *65,* 381 – 418.
[215] *Evans, C. M. & D. L. Sparks* (1983): Commun. Soil Sci. Plant Anal. *14,* 827 – 846.
[216] *Cartwright, B., B. A. Zaricinas & A. H. Mayfield* (1984): Austr. J. Soil Res. *22,* 261 – 272.
[216a] *Scholl, W. & D. Maier* (1988): VDLUFA-Schriftenreihe, *23,* 671 – 688. Kongreßband 1987.
[217] *Blume, H.-P., R. Bornkamm, Th. Kempf, S. Muljadi & F. Raghi-Atri* (1980): Arch. Hydrobiol. *89,* 426 – 439.
[218] *Milde, G., J.-D. Arneth, H. Kerndorff & R. Schleyer* (1987): In: *Franzius* (Ed.), Sanierung kontaminierter Standorte. Schmidt, Berlin.
[219] *Cheng, B. T.* (1973): Soils a. Fertilizers *36,* 207 – 215.

[220] *Gupta, U. C. & J. Lipsett* (1981): Adv. Agron. *34*, 73–115.
[221] *McKenzie, R. M.* (1983): Austr. J. Soil Res. *21*, 505–513.
[222] *Massumi, A. & A. Finck* (1973): Z. Pflanzenernähr. Bodenk. *134*, 56–65.
[223] *Haynes, R. J.* (1983): Soil Sci. *135*, 221–227.
[224] *Borggard, O. K.* (1984): J. Soil Sci. *35*, 71–78.
[225] *Wang, P. G., G. L. Ji & T. R. Yu* (1987): Z. Pflanzenernähr. Bodenk. *150*, 17–23.
[226] *Jones, L. H.-P. & K. A. Handreck* (1967): Adv. Agron. *19*, 107–149.
[227] *Schachtschabel, P. & G. Heinemann* (1968): Z. Pflanzenernähr. Bodenk. *118*, 22–34.
[228] *Brown, T. H. & R. L. Mahler* (1987): Soil Sci. Soc. Am. J. *51*, 674–677.
[229] *Scheffer, K. & B. Scheffer* (1986): Landw. Forsch. *39*, 165–171.
[230] *Mitchell, R. L.* (1972): 9. Simp. Int. Agrochimica, Punta Ala, Argentina, 521.
[231] *McLaren, R. G., D. M. Lawson & R. S. Swift* (1986): J. Soil Sci. *37*, 223–234, 413–426.
[232] *Schlichting, E.* (1976): Z. Pflanzenernähr. Bodenk. *139*, 223–228.
[233] *Riehm, H. & W. Scholl* (1957): Landw. Forsch. Sonderh., *9*, 123–129.
[234] *Gissel-Nielsen, G., U. C. Gupta, M. Lamand & T. Westermarck* (1984): Adv. Agron. *37*, 398–459.
[235] *Neal, R. H., G. Sposito, K. M. Holtzclaw & S. J. Traina* (1987): Soil Sci. Soc. Am. J. *51*, 1161–1165, 1165–1169.
[236] *Balistrieri, L. S. & T. T. Chao* (1987): Soil Sci. Soc. Am. J. *51*, 1145–1151.
[237] *Doran, J. W. & M. Alexander* (1977): Soil Sci. Soc. Am. J. *41*, 70–73.
[238] *Elsokkary, I. H.* (1980): Z. Pflanzenernähr. Bodenk. *143*, 74–83.
[239] *Soltanpour, P. N. & S. M. Workman* (1980): Commun. Soil Sci. Plant Anal. *11*, 1147–1156.

XXI. Gewässereutrophierung und Gewässerversauerung

Der Stoffhaushalt der Gewässer wird einerseits in natürlicher Weise durch die mit dem Abflußwasser aus Böden (und Gesteinen) abtransportierten bodeneigenen Stoffe beeinflußt und zum anderen durch Einträge von Nähr- und Schadstoffen aus verschiedenen anthropogenen Quellen. Von besonderer Bedeutung sind vor allem eine zunehmende *Eutrophierung* von Oberflächengewässern durch Abwässer der verschiedensten Art und eine zunehmende *Versauerung* von Gewässern durch Abflußwasser aus Waldgebieten mit extrem versauerten Waldböden.

1. Gewässereutrophierung

Unter der *Eutrophierung* von Gewässern versteht man deren zunehmende *Anreicherung mit Nährstoffen*. Vor allem in stehenden Gewässern (Seen, Teiche, Talsperren) kommt es dadurch zu einem starken Wachstum von autotrophen pflanzlichen Organismen, vorwiegend von Algen. Diese haben die gleichen Nährstoffansprüche wie höhere Pflanzen; ihr Wachstum wird durch die im Minimum vorhandenen Nährelemente – vor allem P und z. T. auch N – begrenzt. Werden die Nährstoffgehalte im Wasser durch anthropogene Zufuhren allmählich vermehrt, kommt es in der gut durchlichteten obersten Wasserschicht, dem Epilimnion, zu einer verstärkten Entwicklung des Phytoplanktons. Dieses produziert bei der Assimilation Sauerstoff, so daß eutrophe Gewässer während der *„Algenblüte"* im Epilimnion sauerstoffreich sind. Gleichzeitig werden die im Wasser gelösten Nährstoffe weitgehend von den Algen aufgenommen, so daß die Nährstoffgehalte im Wasser während des Algenwachstums stark abnehmen. Nach dem Absterben des Phytoplanktons sinkt dieses in tiefere Wasserschichten, das Hypolimnion, ab und wird dort – ebenso wie die mit Abwässern zugeführten organischen Stoffe – von heterotrophen Organismen (Bakterien u. a.) unter Sauerstoffverbrauch und CO_2-Bildung abgebaut. Mit dem Verbrauch des im Wasser gelösten Sauerstoffs entstehen anaerobe Verhältnisse (Fäulnis), unter denen Schwefelwasserstoff, Ammoniak und andere schädliche Stoffe gebildet werden. In Phasen ausgeprägter Sauerstoffarmut kann es dann in stark eutrophierten Gewässern zum *Fischsterben* kommen. Durch die bakterielle Zersetzung des abgestorbenen Phytoplanktons werden die Nährstoffe wieder freigesetzt und stehen dann erneut für das Algenwachstum zur Verfügung.

Durch die Herbst- und Frühjahrsstürme sowie die sich mit den Jahreszeiten ändernden Temperaturen zwischen Epilimnion und Hypolimnion wird eine vollständige Durchmischung aller Wasserschichten (Vollzirkulation) bewirkt. Dadurch kommt es zu einem Sauerstoffeintrag in das Hypolimnion und zu einer Nährstoffzufuhr aus dem Tiefenwasser in das Epilimnion. Die Gehalte an Nährstoffen, Sauerstoff u. a. unterliegen damit in stehenden Gewässern ausgeprägten jahreszeitlichen Zyklen, die außerdem von täglichen Zyklen überlagert werden[1].

Neben vielfältigen anthropogenen Einflüssen bestehen ganz wesentliche natürliche Beziehungen zwischen der Dynamik eines Gewässers und dem Stoffhaushalt der umgebenden Landschaft. So stellt die Gewässereutrophierung einen bereits seit Jahrtausenden ablaufenden natürlichen Prozeß in fruchtbaren Landschaften dar. Seit dem Boreal (ca. 6000 v. Chr.) haben *natürliche Eutrophierungsvorgänge* in Gewässern mit nährstoffreichen Böden in ihrem Einzugsgebiet zur Produktion überschüssiger Mengen an organischer Substanz und dadurch zur Verlandung von Seen und zur Ausbildung von Niedermooren geführt. Damit stellen eutrophe Gewässer eine charakteristische Erscheinungsform fruchtbarer Landschaften dar. Oligotrophe (nährstoffarme) Gewässer mit klarem, sauberen Wasser treten dagegen vorwiegend in Landschaften mit nährstoffarmen sandigen Böden auf[2].

Durch menschliche Einflüsse sind jedoch auch oligotrophe Gewässer in eutrophe überführt worden, und in eutrophen Gewässern wurde eine wesentliche Steigerung in der Intensität der Eutrophierungsvorgänge ausgelöst[3]. Dies ist vor allem auf einen starken Eintrag von

Phosphor, der als Minimumfaktor im Stoffhaushalt der Gewässer wirkt, zurückzuführen[1]. Daneben löst aber auch eine Zufuhr von *Stickstoff* vor allem in eutrophen Gewässern ein verstärktes Algenwachstum aus. In oligotrophen Gewässern ist die Wirkung einer Stickstoffzufuhr gering, wenn nicht gleichzeitig das im Minimum vorhandene Phosphat zugeführt wird. Während der Phase der Vollzirkulation enthalten oligotrophe Seen ca. 0,005 mg PO_4-P/l und 0,1 mg NO_3-N/l, eutrophe Seen dagegen ca. 0,05 – 0,08 mg PO_4-P/l und 0,5 – 0,8 mg NO_3-N/l[1].

Eine P-Anlieferung in die Gewässer kann aus folgenden Quellen erfolgen:

(1) Die *größte* Phosphatquelle stellen *Haushaltsabwässer* dar, deren P-Gehalt bis über 20 mg/l betragen kann. In der Bundesrepublik wurden 1985 pro Einwohner und Tag 1,6 g Phosphor aus Wasch- und Reinigungsmitteln mit dem Abwasser abgegeben. Insgesamt betrug die P-Menge aus dieser Quelle ca. 35 000 t/Jahr; für 1987 wird – durch das Inkrafttreten des Waschmittelgesetzes am 1. 1. 1987 bedingt – mit einer Verringerung auf ca. 20 000 t P/Jahr gerechnet. Weitere 1,9 g P/(E · Tag) gelangen mit menschlichen Exkrementen (1,6 g P) und organischen Haushaltsabfällen (0,3 g P) in das Abwasser. Die insgesamt abgegebene P-Menge betrug 1985 3,5 g P/(E · Tag) (= Einwohnergleichwert, EGW)[4]. Die *Stickstoffabgabe* mit dem Haushaltsabwasser betrug dagegen etwa 10 g N/(E · Tag)[5].

In der BRD waren 1985 ca. 90 – 95 % der Einwohner über die öffentliche Kanalisation an kommunale Kläranlagen angeschlossen. Die im Abwasser enthaltenen Phosphate können zwar in Kläranlagen mit chemischer Reinigungsstufe zu 85 – 90 % bis auf 0,2 – 1 mg P/l entfernt werden. Solche Kläranlagen sind aber bisher nur in relativ geringer Zahl in Betrieb. Der Hauptteil der Abwässer wird nur mechanisch und biologisch gereinigt. Dabei werden nur 20 – 30 % der Phosphate entfernt. Insgesamt gelangten 1985 durch Haushaltsabwässer ca. 48 000 t Phosphor in die Oberflächengewässer der BRD. Dies entsprach ca. 62 % der gesamten P-Einträge[4].

(2) Der P-Eintrag durch *industrielle Abwässer* wurde für 1985 im Durchschnitt der BRD auf ca. 10 000 t und damit auf ca. 13 % der gesamten jährlichen P-Einträge geschätzt[4].

(3) Eine Zufuhr von Phosphat und anderen Nährstoffen durch *landwirtschaftliche Abwässer* (Jauche, Gülle, Silageabwässer) kann örtlich von beträchtlicher Bedeutung für den Stoffhaushalt der Gewässer sein. Dabei bewirkt vor allem auch die Zufuhr von organischer Substanz mit diesen Abwässern eine starke mikrobielle Sauerstoffzehrung in belasteten Oberflächengewässern. Als Maß für den mikrobiellen Sauerstoffbedarf der Abwässer wird der *biologische Sauerstoffbedarf* in 5 Tagen (BSB_5) ermittelt. Der BSB_5-Wert (in mg O_2/l) beträgt bei Silageabwässern ca. 80 000, bei Rindergülle ca. 24 000, bei Jauche ca. 8000 und bei Abwässern aus Haushaltskläranlagen 150 – 200. Von einer Großvieheinheit werden etwa 45 l Vollgülle mit einem BSB_5-Bedarf von ca. 18 Einwohnergleichwerten produziert. Aus diesen Zahlen ist ersichtlich, daß eine Einleitung landwirtschaftlicher Abwässer zu einer starken Sauerstoffzehrung in Oberflächengewässern bis hin zum Fischsterben führen kann. Der P-Eintrag in Oberflächengewässer durch tierische Ausscheidungen wurde für 1985 auf ca. 8500 t, entsprechend 11 % der gesamten P-Einträge, geschätzt[4].

(4) Eine Zufuhr von Phosphat und anderen Nährstoffen in die Oberflächengewässer kann weiterhin durch Erosion von *nährstoffreichem Bodenmaterial* durch oberflächlich abfließendes Niederschlagswasser erfolgen, wenn sich intensiv gedüngte Ackerflächen mit ausgeprägter Hanglage im unmittelbaren Einzugsbereich eines Gewässers befinden. Da die Erosion von vielen Faktoren abhängig ist (Hangneigung, Pflanzenbestand, Intensität der Niederschläge u. a., s. Kap. XXXIV), kann die auf diese Weise von Ackerflächen angelieferte P-Menge zwischen ca. 0,1 – 2 kg P/(ha · Jahr) variieren. Auch eine *Bodenerosion* durch *Wind* kann einen Eintrag von Phosphat in die Gewässer bewirken; diese P-Mengen können zwar z. T. in ähnlicher Größenordnung wie bei der Erosion durch Wasser liegen; ihr durchschnittlicher Anteil an den gesamten P-Einträgen ist jedoch wesentlich niedriger. Für die Erosion durch Wasser wird derzeit mit einem P-Eintrag von ca. 6500 t/Jahr gerechnet; das entspricht etwa 8,5 % des gesamten Eintrages[4]. Die an erodiertes Bodenmaterial gebundenen Phosphate sind wesentlich weniger mobil und zu einem deutlich geringeren Anteil für Wasserpflanzen verfügbar als die mit Abwässern in gelöster Form eingetragenen Phosphate.

(5) Eine P-Zufuhr in die Oberflächengewässer in löslicher Form erfolgt außerdem mit dem *Oberflächenabfluß*, dem *Drainwasser* und dem oberflächennahen *Hangzugwasser* sowie mit lateral abfließendem *Grundwasser*. Im Oberflächenabfluß von landwirtschaftlich genutzten Böden sind etwa 0,1 – 1 mg P/l enthalten, im Drain- und Hangzugswasser etwa 0,1 mg/l und im oberflächennahen Grundwasser etwa 0,01 – 0,07 mg/l[5]. Mit zunehmender Bodentiefe nehmen die P-Gehalte des Bodenwassers ab, weil aus der Düngung stammende Phosphate weitgehend durch Adsorptions- und Fällungsvorgänge in Oberbodenhorizonten gebunden werden. Böden üben damit gegenüber Phosphaten eine starke Pufferwirkung aus (s. Kap. XX 10). Der P-Gehalt des Sickerwassers und Grundwassers weist daher auch in tieferen Bodenhorizonten keine oder nur geringe Unterschiede zwischen P-gedüngten und ungedüngten Böden auf. Deshalb können auch kaum Unterschiede zwischen dem P-Eintrag mit dem Abflußwasser tieferer Bodenhorizonte aus landwirtschaftlichen und forstlichen Einzugsgebieten festgestellt werden. Insgesamt betragen die mit dem Sickerwasser bei Mi-

neralböden abtransportierten P-Mengen meist <0,3 kg P/(ha · Jahr). In Hochmoorböden werden dagegen infolge ihrer geringen P-Bindungskapazität wesentlich höhere P-Gehalte im Sickerwasser (5 – 15 mg P/l) und entsprechend höhere P-Austräge [5 – 15 kg P/(ha · Jahr)] gemessen[6].

Bei der Bilanzierung der P-Einträge mit dem Abflußwasser sind die im *Oberflächenabfluß* gelösten Phosphate bereits in der durch Erosion eingetragenen P-Menge enthalten. Die mit dem *Hangzugwasser* transportierten P-Mengen können bisher nicht geschätzt werden, da kaum Angaben zur Menge des gebildeten Hangzugwassers vorliegen. Für die mit dem *Drainwasser* transportierten P-Mengen, die im wesentlichen auf die landwirtschaftliche Düngung zurückzuführen sind, werden Einträge von ca. 2300 t P/Jahr, entsprechend 3 % der gesamten P-Einträge, errechnet[4]. Die durch lateral abfließendes P-armes *Grundwasser* in Oberflächengewässer eingetragenen P-Mengen werden auf ca. 200 t/Jahr (0,3 % des P-Eintrages für 1985) geschätzt[4].

Sehr viel stärker als Phosphat wird *Nitrat* von landwirtschaftlichen Nutzflächen ausgewaschen. In Abhängigkeit von der Niederschlagshöhe, Düngung und Nutzung sowie von den Bodeneigenschaften beträgt die Nitratauswaschung ca. 20 – 80, im Mittel ca. 60 kg N/(ha · Jahr). Dadurch kann es zu einer starken NO_3-Anreicherung in Oberflächengewässern und Grundwässern kommen (s. Kap. XX 11 k).

(6) Weitere P-Einträge in Oberflächengewässer finden statt mit den Niederschlägen (ca. 700 t P/Jahr), mit der Streu der Ufervegetation (ca. 400 t P/Jahr) und durch verschiedene andere Quellen (ca. 300 t P/Jahr), die insgesamt ca. 1400 t P/Jahr bzw. 2 % des gesamten P-Eintrages ausmachen[4].

Aus den unter 1. bis 6. aufgeführten Einträgen ergibt sich insgesamt für die BRD ein P-Eintrag in die Oberflächengewässer von ca. 77 000 t/Jahr (1985), von denen 62 % auf Haushaltsabwässer, 13 % auf industrielle Abwässer, 11 % auf tierische Ausscheidungen, 8,5 % auf Erosion landwirtschaftlich genutzter Flächen, 3 % auf Dränwasserzufluß und 2,5 % auf weitgehend natürliche Einflüsse wie Grundwasserzufluß, Niederschläge, Einträge von Vegetationsresten und sonstiges zurückzuführen sind[4]. Der Anteil der landwirtschaftlichen Bodennutzung ist mit insgesamt 11,5 % durch Bodenerosion und Dränwasserzufluß relativ gering. Dabei kann die Erosion im Einzugsbereich von Oberflächengewässern durch erosionshemmende Maßnahmen deutlich erniedrigt und durch zusätzliches Anlegen von etwa 10 m breiten bepflanzten Uferstreifen nahezu vollständig unterbunden werden[2]. Es bietet sich daher an, im Rahmen der derzeitigen Flächenstillegungsprogramme vor allem die Anlage solcher Uferstreifen zum Schutz der Gewässer vorzusehen.

Im Gegensatz zu den P-Zufuhren ist der *N-Eintrag* in die Oberflächengewässer zum größten Teil durch die Landwirtschaft bedingt (zu 55 – 75 %). Da Nitrat in Böden kaum sorbiert wird und deshalb leicht ausgewaschen werden kann, stammt der größte Teil der N-Einträge aus gedüngten landwirtschaftlich genutzten Böden und ein geringer Anteil aus naturnah genutzten Standorten. Außerdem ist die Viehhaltung an den N-Einträgen aus der Landwirtschaft beteiligt. Die durch häusliche und industrielle Abwässer sowie durch Niederschläge in die Flüsse und Seen gelangenden N-Anteile sind im Vergleich zu den aus der Landwirtschaft stammenden Anteilen deutlich niedriger (25 – 45 %)[5].

Durch die puffernde Wirkung der *Gewässerschwebstoffe* und *Unterwasserböden* werden Phosphate – und ebenso Schadstoffe der verschiedensten Art (Schwermetalle, organische Chemikalien) – durch Adsorptions- und Ausfällungsvorgänge in den Feststoffen angereichert. Unterwasserböden weisen deshalb gegenüber dem Wasser der Flüsse und Seen 1000- bis 100 000fach höhere Phosphorgehalte auf. Stark belastete Unterwasserböden können bis über 8000 mg P/kg Boden enthalten und damit 5- bis 10fach höhere P-Gehalte als intensiv gedüngte Ackerböden aufweisen[7]. Der Hauptteil der akkumulierten Phosphate liegt dabei in einer an Eisen- und Aluminiumoxiden gebundenen Form vor. Unter reduzierenden Bedingungen wird bei starker P-Belastung Vivianit [$Fe_3(PO_4)_2 \cdot 8\,H_2O$] in den Unterwasserböden gebildet[3,7]. Damit liegen die Phosphate vorwiegend in einer relativ leicht mobilisierbaren Bindungsform in den Gewässerböden vor und können bei abnehmender Phosphatkonzentration des Wassers aus dem Boden in den Wasserkörper diffundieren. Vor allem während der anaeroben Phasen im Hypolimnion findet eine Umwandlung der phosphathaltigen Eisenverbindungen zu Eisensulfiden statt, wobei die Phosphate freigesetzt und an das Wasser abgegeben werden können[7]. Die in den Unterwasserböden akkumulierten Phosphate bewirken damit die Stabilisierung eines ungünstigen eutrophen Zustandes. Maßnahmen zur Sanierung eutropher Gewässer müssen deshalb eine Immobilisierung der in den Unterwasserböden akkumulierten Phosphate oder deren Entfernung einschließen. Eine P-Immobilisierung ist durch Einstellen oxidierender Bedingungen in der obersten Schicht der Unterwasserböden durch Belüftung oder durch Zufuhr von oxidierend wirkenden Stoffen – wie vor allem Nitrat – möglich. Dann werden Phosphate vorwiegend durch Fe(III)-Oxide festgelegt. Außerdem kann durch Abdeckung von P-reichen Unterwasserböden mit P-armem Bodenmaterial (z. B. Löß) eine Nachlieferung von Phosphat in das Wasser unterbunden werden. Die sicherste Maßnahme stellt jedoch ein Ausbaggern P-reicher Unterwasserböden dar.

2. Gewässerversauerung[8, 9]

Die zwischen dem Stoffhaushalt der Böden und den chemischen und ökologischen Eigenschaften von Gewässern bestehenden Beziehungen werden besonders deutlich an der starken Versauerung von Oberflächengewässern, die ihr Zuflußwasser aus Waldgebieten mit extrem sauren Waldböden erhalten[8, 9]. Durch oberflächlich und oberflächennah abfließendes Wasser werden aus solchen Waldböden größere Mengen an Säuren sowie an Al, Fe, Mn, Cu, Zn, Cd, Pb und an gelöster organischer Substanz in die Oberflächengewässer eingetragen[10, 11].

Die in Waldböden stattfindenden bodeninternen und -externen Versauerungsprozesse (s. Kap. XII u. XX 4) führen vor allem auf basenarmen Ausgangsgesteinen und unter Nadelwald zu einer tiefgründigen Bodenversauerung[9, 11]. Damit geht eine Mobilisierung von Aluminium und Schwermetallen einher, von denen beträchtliche Anteile mit dem Abflußwasser – z. T. in Form metallorganischer Komplexe – in die Gewässer eingetragen werden (s. Abb. 174). Für die z. B. in einen stark sauren See im Schwarzwald (pH des Wassers im Jahresmittel: 4,1) eingetragenen Stoffmengen wurden folgende Werte in mg pro m^2 Seeoberfläche und Jahr ermittelt: H^+ – 948, Al – 8757, Mn – 993, Zn – 260, Pb – 32,5, Cd – 3,3, gelöste organische Substanz – ca. 70 000[11]. Ebenso wurden in Waldgebieten Norddeutschlands in verschiedenen Quellwässern aus oberflächennahem Grundwasser stark versauerter Waldböden pH-Werte von 3,3 – 4,3, im Mittel von 3,7 gemessen[10]. Die mittleren Al-Konzentrationen der Quellen betrugen 1 – 8 mg/l. Bei pH-Werten unter 5 stieg die Al-Konzentration exponentiell an. In ähnlicher Weise nahm auch die Konzentration an Schwermetallen und gelöster organischer Substanz (5 – 30 mg/l) unterhalb von pH 4,5 – 5 in starkem Maße zu[10].

Veränderungen im chemischen Zustand der Gewässer lassen sich nur über langfristige Meßreihen erfassen, die – bis auf wenige Ausnahmen – bisher kaum vorliegen. So zeigen kontinuierliche pH-Messungen an einem Fließgewässer (Fichtelgebirge), das als Rohwasser für die Wasserversorgung einer Stadt verwendet wird, ab Mitte der 60iger Jahre deutliche pH-Abnahmen; in der Zeit von 1957 – 64 betrug der pH-Wert etwa 5,5, sank 1965 – 72 auf etwa 5,2 und erniedrigte sich 1974 – 83 weiter auf etwa 4,7[9]. Dabei sind bei pH < 5 die meisten Fische in Oberflächengewässern nicht mehr lebensfähig; auch Phyto- und Zooplankton zeigen bei pH < 5 drastische Abnahmen der Arten- und Individuenzahl[9]. Die in Gebieten mit basenarmen Ausgangsgesteinen und stark versauerten Böden bestehenden Beziehungen zwischen Boden- und Gewässerversauerung sowie den damit einhergehenden Veränderungen in der Biozönose der Gewässer sind vor allem in Skandinavien stark ausgeprägt[8]. Als Gegenmaßnahmen zur Gewässerversauerung ist – neben einer Reduzierung der SO_2- und NO_x-Emission – eine Kalkung versauerter Böden und Gewässer erforderlich.

Literatur

1 *Schwoerbel, G.* (1980): Einführung in die Limnologie. 4. Aufl., Fischer, Stuttgart.

2 *Brümmer, G.* (1975): Schriftenr. Agrarwiss. Fachber. Universität Kiel *52*, 113 – 124.

3 *Blume, H.-P.* et al. (1979): Schriftenreihe Verein Wasser-, Boden-, Lufthygiene *48*, 1 – 152.

4 *Werner, W. & H.-W. Olfs* (1987): Chemische Industrie *10*, 142 – 148.

5 *Hoffmann, W.* (1979): Wasser und Abwasser in Forschung und Praxis *16*, 1 – 106.

6 *Kuntze, H. & B. Scheffer* (1979): Z. Pflanzenernähr. Bodenk. *142*, 155 – 168.

7 *Brümmer, G. & R. Lichtfuß* (1978): Naturwissenschaften *65*, 527 – 531.

8 Swedish Ministry of Agriculture, Environment '82 Committee (1982): Acidification today and tomorrow.

9 Umweltbundesamt (1984): Gewässerversauerung in der Bundesrepublik Deutschland. Schmidt, Berlin.

10 *Puhe, J. & B. Ulrich* (1985): Arch. Hydrobiol. *102*, 331 – 342.

11 *Zöttl, H. W., K.-H. Feger & G. Brahmer* (1985): Naturwissenschaften *72*, 268 – 270; Forschungsbericht 1986.

XXII. Schadstoffe[1-5]

Durch die Konsum- und Lebensgewohnheiten sowie die industriellen und landwirtschaftlichen Produktions- und Anbaumethoden unserer heutigen Gesellschaft wird der Stoffhaushalt der Ökosphäre z. T. in starkem Maße durch Einträge von anorganischen und organischen Schadstoffen beeinflußt. Diese können aus den verschiedensten anthropogenen Quellen als gasförmige, flüssige oder feste Substanzen in die Luft, Gewässer und Böden gelangen. In diesen drei Aggregatzuständen beeinflussen sie auch Pflanzen, Tiere und Menschen. Ob die emittierten Stoffe dabei toxische Wirkungen auslösen oder nicht, hängt ganz wesentlich von der einwirkenden Dosis ab*. So sind z. B. geringe Mengen der Spurenelemente B, Mn, Cu, Zn und Mo in Böden für die Ernährung der *Pflanzen* unentbehrlich (s. Kap. XX). Bereits bei einem relativ geringen Überschuß können diese Elemente jedoch toxisch wirken (Abb. 169). Diese und weitere in der Pflanzensubstanz vorhandene Spurenelemente wie Co, Se, J u. a. sind auch für die tierische und menschliche Ernährung erforderlich. Andere Elemente wie Cd, Hg und Pb besitzen wahrscheinlich keine ernährungsphysiologische Funktion. Sie beeinflussen in geringen Konzentrationen (Non-Effect-Level) Wachstum und Ertrag der Pflanzen nicht. Bei Überschreiten bestimmter Grenzkonzentrationen treten jedoch Schadwirkungen dieser Elemente auf (Abb. 169). In gleicher Weise wirken sämtliche anorganischen und organischen Schadstoffe.

Auch bei *Menschen* und *Tieren* hängt die Schadstoffwirkung von der jeweiligen Dosis sowie außerdem von der Einwirkungszeit ab. Um auch bei langfristiger Aufnahme eines Schadstoffs chronische Gesundheitsschäden beim Menschen zu vermeiden, wurden in der BRD wie auch im Rahmen der EG eine Reihe von Gesetzen und Verordnungen (Höchstmengen-Verordnungen) erlassen, durch die Grenzwerte für „tolerierbare" Schadstoffgehalte in oder auf Lebensmitteln und im Trinkwasser festgesetzt wurden. Außerdem sind vom Bundesgesundheitsamt Richtwerte für die Gehalte verschiedener Schwermetalle in oder auf Lebensmitteln veröffentlicht worden (Tab. 83).

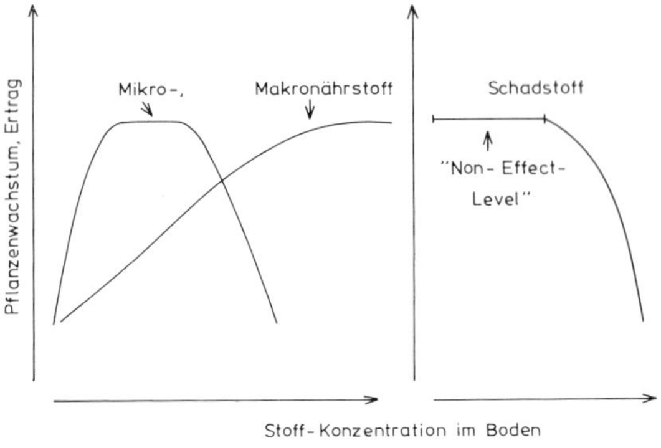

Abb. 169 Einfluß der Konzentration von Mikro- und Makronährstoffen sowie Schadstoffen im Boden auf Pflanzenwachstum und Ertrag (schematische Darstellung)

Auch für Rückstände in tierischen Futtermitteln sowie für Luftverunreinigungen und für Schadstoffkonzentrationen am Arbeitsplatz wurden Grenzwerte erlassen.

Die Zahl der in Tab. 83 aufgeführten Schadstoffe sowie der bisher überhaupt ermittelten *Grenz- und Richtwerte* ist noch sehr unvollständig. Bei der großen Zahl der insgesamt vorhandenen Schadstoffe ist jedoch zu bedenken, daß selbst in „reiner, natürlicher" Nahrung mehr als 100 im Tierverusch bei hohen Dosen carcinogene Naturstoffe vorhanden sind[6]. Auch ist die Ermittlung von Grenzwerten mit Problemen behaftet, da diese in der Regel aus Ergebnissen von Tierversuchen abgeleitet wurden. Bei der Übertragung auf die menschliche Ernährung wurde dann ein Sicherheitsfaktor von 100 berücksichtigt. Vor allem die Schwermetall-Richtwerte für die verschiedenen Lebensmittel (Tab. 83) besitzen keine toxikologisch gesicherte Basis, sondern stellen mehr orientierende Werte dar, nach denen sich die Lebensmittelwirtschaft und -überwachung richten soll. So kann z. B. der Richtwert für das Schwermetall Cadmium, das auch in nicht

* Bereits Paracelsus (1493 – 1541) fand: „Dosis facit venenum: Allein die Dosis macht, daß ein Ding kein Gift ist".

Tabelle 83 Grenz- und Richtwerte für Schadstoffe im Trinkwasser, Getreidekorn, in Karoffeln, Klärschlämmen und Böden sowie normale Gehalte in Pflanzen (Blätter) und Böden (BRD) (Fr.S. = Frischsubstanz, Tr.S. = Trockensubstanz)

Element bzw. Wirkstoff		Grenz- und Richtwerte[1] Trinkwasser[2] (mg/l)	Getreide[e] (mg/kg Fr.S.)	Kartoffeln[e] (mg/kg Fr.S.)	Klärschlamm[3] (mg/kg Tr.S.)	Böden[3] (mg/kg Tr.S.)	Normale Gehalte Pflanzen (mg/kg Tr.S.)	Böden (mg/kg Tr.S.)
As	Arsen	**0,04**	(0,5)	(0,2)	(80)	(20)	0,01 – 1	2 – 20
Pb	Blei	**0,04**	0,3	0,25	**1200**	**100**	0,1 – 6	2 – 60
B	Bor	–	–	–	(80 – 120)	(25)	5 – 100	5 – 80
Cd	Cadmium	**0,005**	0,1	0,1	**20**	3 (1)	0,05 – 0,4	<0,5
Cr	Chrom	**0,05**	–	–	**1200**	**100**	0,1 – 1	5 – 100
Cu	Kupfer[a]	**0,1**	–	–	**1200**	**100** (70)	2 – 20	2 – 40
Ni	Nickel	**0,05**	–	–	**200**	**50**	0,1 – 3	5 – 50
Hg	Quecksilber	**0,001**	0,03	0,02	**25**	**2**	0,002 – 0,04	<0,5
Se	Selen	**0,01**	–	–	–	(5)	0,02 – 2,0	0,01 – 1,0
Tl	Thallium	–	(0,1)	(0,1)	–	(1)	0,01 – 0,5	<0,5
U	Uran	–	–	–	–	(5)	–	<0,5
Zn	Zink[a]	**0,1**	–	–	**3000**	**300**(150)	5 – 100	10 – 80
F^-	Fluorid	**1,5**	–	–	–	(200)	1 – 20	20 – 400
CN^-	Cyanid	**0,05**	**15,0**	**0,1**	–	(5)	–	–
NO_3^-	Nitrat	**50**	–	–	–	–	–	–
NO_2^-	Nitrit	**0,1**	–	–	–	–	–	–
Pflanzenschutzm.								
– einzeln		**0,0001**	*	*	(3)	(0,5)	–	–
– insgesamt		**0,0005**	–	–	(10)	(2)	–	–
org. Chlorverb.[b]		**0,025**	–	–	–	(0,5)	–	–
PAK[c] insges.		**0,0002**	–	–	(20)	(5)	–	–
PCB[d] insges.		–	–	–	(2)	(0,5)	–	–
Hexachlorbenzol		–	**0,01**	**0,01**	(1)	(0,1)	–	–
Pentachlorphenol		–	**0,01**	**0,01**	(0,5)	(0,1)	–	–
γ-HCH(Lindan)		–	**0,1**	**0,1**	(0,5)	(0,1)	–	–

[1] Grenzwerte: Gesetzlich festgelegte Werte (Fettdruck).
Richtwerte des Bundesgesundheitsamtes von 1986 sind orientierende Werte (Normaldruck).
Der zweifache Richtwert wird als Grenzwert verwendet.
Werte in Klammern: Diskutierte Werte.
[2] In der Trinkwasser-Verordnung der BRD (1986) und in den EG-Richtlinien (1980) festgelegte Grenzwerte.
[3] In der Klärschlamm-Verordnung der BRD (1982) festgelegte Grenzwerte, siehe[7].
[a] EG-Richtwerte bei Abgabe des Wassers vom Wasserwerk.
[b] Trichlorethan, Trichlorethylen, Tetrachlorethylen u. a.
[c] Polycyclische aromatische Kohlenwasserstoffe (Benzpyren, Fluoranthen u. a.).
[d] Polychlorierte Biphenyle.
[e] Normale Gehalte (Mittelwerte in mg/kg Frischmasse) für Getreide: As 0,005 (Roggen); Pb 0,041; Cd 0,035 (Weizen); Hg 0,0004. Für Kartoffeln: Pb 0,0075; Cd 0,050; Hg 0,0006.
* Unterschiedliche Werte für die einzelnen Pflanzenschutzmittel.

nachweisbar kontaminierten, industriefernen Böden in natürlicher Weise vorhanden ist, in manchen Pflanzen ohne den Einfluß des Menschen um ein Vielfaches überschritten werden (in Waldpilzen bis über 10 mg Cd/kg Frischgew.). Einige Kulturpflanzen, wie z. B. Weizen, weisen ebenfalls ein spezifisches Anreicherungsvermögen für Cadmium auf. Auch im Weizenkorn können deshalb auf nicht oder wenig belasteten Ackerböden die Cd-Richtwerte erreicht und z. T. sogar deutlich überschritten werden (s. Kap. XXII 4 c). Für die amtliche Lebensmittelkontrolle gilt, daß bei Überschreiten der Richtwerte um das Doppelte die betroffenen Lebensmittel nicht mehr in den Verkehr gebracht werden dürfen. Neben der Schwierigkeit, richtige Grenz- und Richtwerte für einzelne Schadstoffe zu ermitteln, ist bisher nur wenig über Kombinationswirkungen mehrerer Schadstoffe bekannt.

Für Böden wurden im Rahmen der Klärschlammverordnung zur Regelung der Klärschlammausbringung Grenzwerte für einige Elemente erlassen (Tab. 83)[7]. Auch für die auszubringenden Klärschlämme wurden Grenzwerte festgelegt (Tab. 83). Für Komposte aus Müll oder Klärschlamm-Müll-Mischungen werden dieselben Grenzwerte vorgeschlagen. Eine wissenschaftliche Absicherung dieser Grenzwerte ist bisher jedoch z. T. erst unzureichend erfolgt. Vor allem die Bodengrenzwerte für Cd, Cu und Zn bedürfen der Korrektur (Tab. 83, richtigere Werte in Klammern, s. Kap. XXII 4 c u. XX 15, 16).

Als wichtigste *Kriterien* für die Ermittlung von Grenzwerten für die Schadstoffbelastung von Böden sind die Schadstoffgehalte in den Pflanzen und im Sicker- bzw. Grundwasser der Böden anzusehen. Dabei ergeben diejenigen Schadstoffgehalte der Böden die zu ermittelnden Grenzwerte für die Bodenbelastbarkeit, bei denen in den Pflanzen und im Sicker- bzw. Grundwasser die für Nahrungsmittel und Trinkwasser gültigen Richtwerte bzw. Grenzwerte erreicht werden. Schadstoffeinflüsse auf Wachstum und Ertrag der Pflanzen wie auch toxische Wirkungen auf Bodentiere treten bei vielen Schadstoffen erst bei deutlich über den Richt- bzw. Grenzwerten liegenden Schadstoffgehalten auf und sind deshalb oft nicht als Meßgrößen für die Ermittlung von Grenzwerten geeignet.

1. Filter-, Puffer- und Transformatorfunktion der Böden

Im Stoffhaushalt der Ökosphäre bilden Böden ein natürliches Reinigungssystem, das emittierte Schadstoffe aufzunehmen, zu binden und – je nach Art der Schadstoffe und Eigenschaften der Böden – in mehr oder weniger hohem Maße aus dem Stoffkreislauf der Ökosphäre zu entfernen vermag. So werden in die Luft abgegebene gas- und staubförmige Schmutz- und Schadstoffe mit den Niederschlägen zum beträchtlichen Teil in die Böden eingespült. Aus dem Sickerwasser entsteht jedoch nach der reinigenden Bodenpassage bei intakten Böden in der Regel sauberes, für eine Trinkwassergewinnung geeignetes Grundwasser. Mit Abwässern in die Gewässer eingeleitete Schadstoffe werden ebenfalls in subhydrischen See-, Fluß- und Meeresböden angereichert. Bei Abwasserverrieselung findet eine Schadstoffakkumulation in den entsprechenden terrestrischen Böden statt. Auch die in großer Menge anfallenden und auf der Erdoberfläche abgelagerten Abfallstoffe der verschiedensten Herkunft unterliegen unter dem Einfluß der Niederschläge einer fortschreitenden Zersetzung und Einwaschung in die Böden.

In Abb. 170 ist das Verhalten von Schadstoffen im Boden schematisch dargestellt[8]. Suspendierte Schmutz- und Schadstoffpartikel werden durch *Filterung* mechanisch im Boden gebunden. Selbst allerfeinste Partikel ($< 0{,}2\,\mu m$) können in feinporenreichen Böden aus dem Sickerwasser herausgefiltert werden. Die Filterleistung eines Bodens kennzeichnet die Menge an Wasser (Niederschlagswasser, Uferfiltrat), die pro Zeiteinheit den jeweiligen Boden passieren kann. Die Filterleistung wird vor allem durch den Porendurchmesser der Wasserleitbahnen und deren Kontinuität bestimmt (s. Kap. XVI 3 a). Sie nimmt stark ab, wenn die Leitbahnen durch die herausgefilterten Substanzen gefüllt sind. Sand- und kiesreiche Böden besitzen in der Regel eine hohe, ton- und schluffreiche Böden meist eine geringe Filterleistung.

Die *Puffer*wirkung der Böden bedingt, daß gasförmige und vor allem gelöste Schadstoffe durch Adsorption an die Bodenaustauscher gebunden oder nach Reaktion mit bodeneigenen Substanzen chemisch gefällt und damit weitgehend immobilisiert werden (Abb. 170). Je nach Art und Menge des Schadstoffs sowie den Eigenschaften der Böden verbleibt jedoch immer ein mehr oder weniger großer Schadstoff-Anteil in der Lösungsphase. Gelöste Schadstoffe können sowohl von den Pflanzen aufgenommen werden und auf diese Weise in die Nahrungskette gelangen als auch durch Auswaschung über das Grundwasser zur Kontamination des Trinkwassers führen (Abb. 170). Damit sind vor allem die gelösten und in die Lösungsphase überführbaren Anteile eines Schadstoffs von ökologischer Relevanz. Böden mit hohen Gehalten an organischer Substanz und Ton sowie Fe-, Al- und Mn-Oxiden besitzen in der Regel eine hohe, sandreiche Böden eine geringe Pufferkapazität. Auch die Bodenreaktion ist für die Mobilität der Schadstoffe von großem Einfluß (s. Kap. XXII 4 u. 5).

Für das Verhalten organischer Abfall- und Schadstoffe in Böden ist vor allem die Aktivität der Mikroorganismen entscheidend (Abb. 170). Diese bestimmt die *Transformator*funktion der Böden. So können z. B. feste organische Sub-

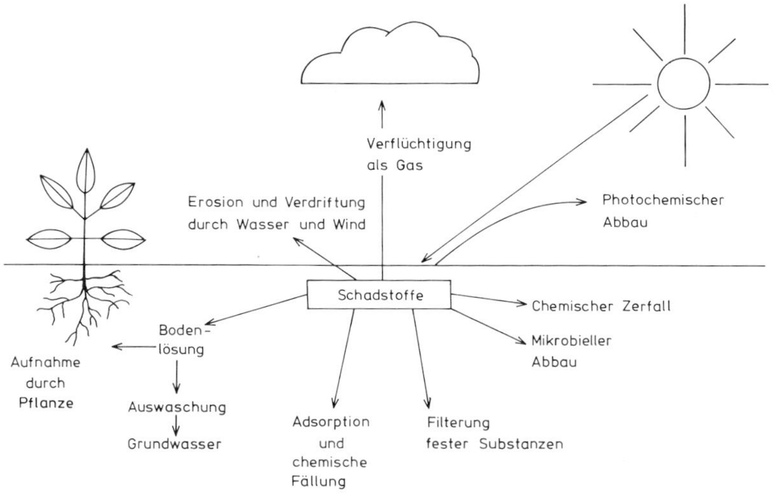

Abb. 170 Verhalten von Schadstoffen im Boden (nach *Jarczyk* 1972 und *Brümmer* 1978[8])

stanzen durch mikrobielle Tätigkeit zu gasförmigen (z. B. CO_2), gelösten oder anderen festen Stoffen (z. B. zu Humusbestandteilen) um- oder abgebaut werden; ebenso können gelöste organische Stoffe zu festen und/oder gasförmigen Stoffen umgewandelt werden. Die *mikrobielle Transformation organischer Schadstoffe* führt damit zu Stoffen anderer Aggregatzustände und anderer chemischer Zusammensetzung, die meistens keine Schadstoffwirkung mehr besitzen. In Einzelfällen können jedoch auch Metabolite gebildet werden, die eine größere Toxizität als die Ausgangsstoffe aufweisen. Neben organischen Stoffen können auch anorganische Substanzen (z. B. Stickstoffverbindungen, s. Kap. XX 11) einer mikrobiellen Transformation unterliegen.

Eine Umwandlung organischer Schadstoffe ist bei Ablagerung auf der Bodenoberfläche außerdem durch *photochemische Vorgänge* und im Boden durch rein *chemische Reaktionen* möglich (Abb. 170; s. Kap. XXIV).

Eine Umverteilung und zunehmende Dispersion von Schadstoffen in der Pedosphäre kann durch *Erosion* und *Verdriftung* kontaminierten Oberbodenmaterials durch Wasser und Wind erfolgen. Schadstoffe mit merklichem *Dampfdruck*, wie z. B. Quecksilber und verschiedene organische Verbindungen, die aus kontaminierten Böden in die Luft entweichen, können ebenfalls nach Verdriftung an anderer Stelle mit den Niederschlägen wieder in die Böden gelangen (Abb. 170).

Die meisten der von Menschen produzierten Schadstoffe bewirken in der Regel früher oder später eine Kontamination der Böden. Während eine Entfernung von Schadstoffen aus der Luft und aus dem Wasser mit entsprechendem technischen Aufwand durchführbar ist, können Schadstoffe – insbesondere Schwermetalle – aus belasteten Böden praktisch nicht wieder eliminiert werden. Da eine hohe Schadstoffbelastung der Böden zu irreparablen Schäden im Stoffhaushalt der Ökosphäre führt, sind wirkungsvolle Maßnahmen zum Schutz der Böden vor Schadstoffeinträgen erforderlich[9].

2. Ausmaß der Bodenbelastung in der Bundesrepublik Deutschland

Eine Kontamination der Böden mit Schadstoffen erfolgt durch atmosphärische Immissionen von gasförmigen, flüssigen und staubförmigen Schadstoffen sowie durch die Lagerung und Verteilung von Abfällen der verschiedensten Art (Müll, Klärschlamm u. a.) auf der Erdoberfläche und durch die direkte Ausbringung von Schadstoffen wie Bioziden, Streusalzen u. a. Außerdem ist ein Schadstoffeintrag durch Transport- und Industrieunfälle (z. B. Kontamination mit Erdöl, radioaktiven Stoffen, Schadstoffen der chemischen Industrie) sowie schadhafte Leitungen (z. B. Erdgas) möglich.

Für die *jährlichen Emissionen* in die Luft werden für die BRD und das Jahr 1984 Werte von $7{,}4 \cdot 10^6$ t Kohlenmonoxid (CO), $3{,}0 \cdot 10^6$ t Stickstoffoxide (NO_x als NO_2), $2{,}6 \cdot 10^6$ t Schwefeldioxid (SO_2), $1{,}8 \cdot 10^6$ t organische Verbindungen und $0{,}65 \cdot 10^6$ t Staub angegeben[1]. Außerdem werden beträchtliche Mengen an Fluoriden, Schwermetallen (siehe dort) und anderen Schadstoffen in die Luft emittiert. Die Staubemission ist von 1966 bis 1984 als Folge gesetzlicher Auflagen um nahezu zwei Drittel vermindert worden. Ebenso ist bei der Emission von SO_2 (1988: 2,2 Mio t) und einer Reihe weiterer Stoffe ein Rückgang bzw. Gleichstand (NO_x 1988: 3,1 Mio t) in den letzten Jahren festzustellen[1]. Unter der Annahme, daß alle in die Luft emittierten *anorganischen Stoffe* (ohne CO_2 und CO) in gelöster Form oder als Staub mit den Niederschlägen in gleichmäßiger Verteilung auf die Landoberfläche der BRD gelangen, ergibt sich ein potentieller mittlerer Stoffeintrag von ca. 350 kg/(ha · Jahr). Darin sind etwa 0,4 – 2 kg Schwermetalle pro ha (ohne Fe und Mn) enthalten. Während die N- und S-Einträge auf landwirtschaftlich genutzten Böden zu einer Verbesserung des Nährstoffhaushaltes führen, bewirken sie als Säureeinträge auf Waldstandorten eine beschleunigte Versauerung und Degradierung der Böden (siehe Kap. XXII 4a).

Über die Flächenbelastung mit *organischen Chemikalien* gibt es bisher kaum gesicherte Daten. Wenn von den jährlich in die Luft emittierten Mengen (s. o.) etwa 10 % mit den Niederschlägen in die Böden gelangen, so entspricht das einer potentiellen mittleren Flächenbelastung von 7 kg/(ha · Jahr). Außerdem können organische Schadstoffe mit Klärschlämmen und Komposten der verschiedensten Art sowie mit häuslichen und industriellen Abfällen in die Böden gelangen. Deshalb muß vor allem in Ballungsgebieten mit höheren Einträgen von organischen Schadstoffen – wahrscheinlich zwischen 10 – 30 kg/(ha · Jahr) – gerechnet werden. Die Menge der in der Landwirtschaft verwendeten *Pflanzenschutzmittel und Wachstumsregler* (insgesamt in der BRD ca. 31 500 t pro Jahr) beträgt dabei im Mittel 3 – 4 kg Wirkstoff pro ha Ackerfläche und Jahr.

Die in der BRD anfallenden *häuslichen und gewerblichen Abfälle* werden zum größten Teil in Deponien gelagert und tragen damit ebenfalls zur Bodenbelastung bei. Die pro Jahr produzierten Mengen an *Haus- und Sperrmüll* (1982: $23{,}1 \cdot 10^6$ t; ca. 375 kg pro Einwohner und Jahr[1]) sowie an *gewerblichen Abfällen* (1982: ca. $194 \cdot 10^6$ t, davon ca. $126 \cdot 10^6$ t Bodenstaub und Bauschutt sowie ca. 5×10^6 t umweltgefährdender Sonderabfälle) betragen insgesamt ca. 217×10^6 t[1]. Bis 1972 erfolgte die Ablagerung von Hausmüll und anderen Abfällen auf ca. 50 000 größtenteils ungeordneten Deponien, auf denen auch in unterschiedlichen Anteilen umweltgefährdende Abfälle abgelagert wurden (Altlasten). Heute wird in der BRD mit ca. 5500 sanierungsbedürftigen Altlasten gerechnet (Sanierungskosten ca. 17 Milliarden DM). Der für die weitere Abfallagerung – vor allem für Sonderabfälle – zur Verfügung stehende Deponieraum ist begrenzt, so daß in naher Zukunft mit beträchtlichen Problemen bei der Deponierung der Abfälle zu rechnen ist. Werden die pro Jahr produzierten Abfallmengen gleichmäßig auf die Landoberfläche der BRD verteilt, so ergibt sich eine potentielle jährliche Belastung von 8,7 t/ha Landoberfläche. Zu den häuslichen und gewerblichen Abfällen kommen außerdem noch beträchtliche Mengen an *Klärschlämmen* (s. Kap. XXIII) sowie an *Baggerschlämmen* aus Hafenbecken und Flüssen, die oft hohe Schadstoffgehalte aufweisen. Damit wird deutlich, daß in der BRD eine beträchtliche Belastung der Böden mit der Lagerung von Abfällen und Schlämmen der verschiedensten Herkunft verknüpft ist.

Die Werte für die *potentielle mittlere Bodenbelastung* pro Jahr geben nur Belastungstendenzen für die verschiedenen Stoffgruppen an. In der Regel erfolgt die Schadstoffdeposition nicht in gleichmäßiger Verteilung, sondern in Abhängigkeit von den unterschiedlichen Dispersionstendenzen der jeweiligen Schadstoffe in mehr oder weniger inhomogener Weise. Während gasförmige Stoffe – wie SO_2 und NO_x – in beträchtlichem Maße einem Ferntransport unterliegen, werden partikelgebundene Schadstoffe vorwiegend in der Nähe der Emissionsquellen abgelagert. In der Regel erfolgt auch die Lagerung von Abfällen in der Nähe der Abfallproduzenten. Eine besonders starke Belastung der Böden findet vor allem in unmittelbarer Umgebung von Schadstoff-emittierenden Industrie- und Hüttenanlagen sowie ganz allgemein in Ballungsgebieten und deren Umgebung statt. Der Bereich verstärkter Immissionen aus der Luft umfaßt dabei einen Gürtel von etwa 3 km Breite um die Emissionsquellen. Diese Gebiete, in denen erhöhte Schadstoffgehalte in Böden, in und auf Pflanzen und z. T. Schäden an der Vegetation auftre-

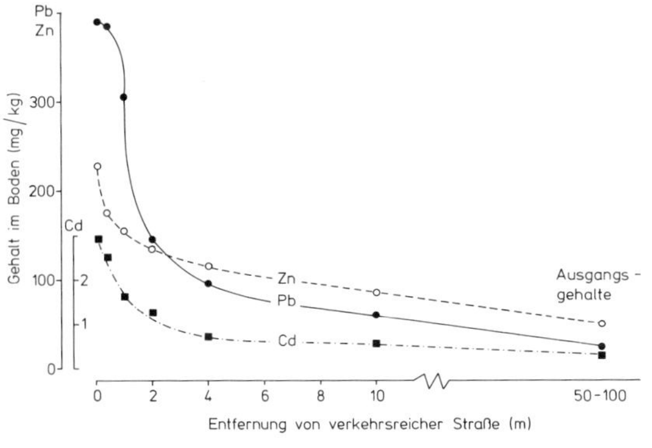

Abb. 171 Schwermetallgehalte in Böden (0 – 2 cm Tiefe) in Abhängigkeit von der Entfernung von verkehrsreichen Straßen[11]

Tabelle 84 Durchschnittliche Gesamtgehalte (mg/kg) verschiedener Elemente in Oberböden von Ackerflächen ländlicher Gebiete und in Kleingärten von Ballungsgebieten in Hessen (Werte in Klammern: Mittelwerte nach Eliminierung von Extremwerten; *Brüne* 1988 und 1986[12])

Element	Ackerböden	Stadtböden (Gärten)
Arsen	9	12
Blei	25	225 (145)
Cadmium	0,1	0,7 (0,4)
Chrom	39	51 (43)
Kupfer	18	88 (60)
Nickel	38	28 (25)
Quecksilber	0,09	0,6 (0,6)
Zink	66	324 (281)

ten können, werden in der BRD auf ca. 1 Mio. ha geschätzt[10].

Auch die Böden neben vielbefahrenen Straßen werden durch den Kraftfahrzeugverkehr bis zu einer Entfernung von 10 m in starkem Maße, bis 50 m nur noch zu geringen Anteilen mit Schwermetallen[11] sowie einfachen und polycyclischen aromatischen Kohlenwasserstoffen belastet (Abb. 171). Die Gesamtfläche der im Einflußbereich vielbefahrener Straßen liegenden Böden wird für die Bundesrepublik auf ca. 750 000 ha geschätzt[10]. Insgesamt umfassen Böden im Bereich erhöhter Schadstoffimmissionen damit eine Fläche von ca. 1,75 Mio. ha, die einen Anteil von ca. 7 % an der Gesamtfläche der BRD ausmacht.

Über den 3-km-Gürtel um die Emissionsquellen hinaus konnten bei starken Emittenten erhöhte Schwermetallgehalte in Böden und Niederschlägen bis zu einer Entfernung von 10 – 15 km festgestellt werden. Infolge eines beträchtlichen Ferntransportes von gasförmigen Stoffen (SO_2 u. a.) sowie von schadstoffhaltigem Feinstaub ist jedoch selbst in industriefernen Waldgebieten ein Eintrag von anorganischen und organischen Schadstoffen feststellbar.

Die besonders für *Ballungsgebiete* anhand der Schadstoffemissionen und -depositionen ableitbaren Bodenbelastungen werden auch aus vergleichenden Untersuchungen an Böden von *Stadtgärten* und von *Ackerflächen ländlicher Gebiete* deutlich. Dies ist exemplarisch in Tab. 84 für Böden aus Hessen dargestellt[12]. Die landwirtschaftlich genutzten Böden ländlicher Gebiete weisen wesentlich niedrigere und vorwiegend *geogen* (lithogen) durch das Ausgangsmaterial bedingte Schwermetallgehalte auf, während die Böden in Ballungsgebieten infolge anthropogener Belastungen deutlich höhere Schwermetallgehalte besitzen; insbesondere die Pb-, Zn-, Cu-, Cd- und Hg-Gehalte sind um das 3- bis 10fache in Stadtböden erhöht[12]. Ähnliche Ergebnisse wurden für verschiedene Bundesländer ermittelt.

Im Ruhrgebiet als dem am dichtesten besiedelten Gebiet der BRD wurde die Schwermetallbelastung der Böden an ca. 1800 Bodenproben (von ca. 1800 km² Fläche) untersucht[13]. Dabei traten Überschreitungen der Grenzwerte der Klärschlamm-Verordnung beim Blei (100 mg/kg) bei ca. 45 %, beim Zink (300 mg/kg) bei ca. 35 % und beim Kupfer (100 mg/kg) bei ca. 8 % der Bodenproben auf. Die Cd-Gehalte überstiegen bei etwa 4 – 10 % der Bodenproben den für den Anbau von Cd-akkumulierenden Pflanzen (s. Kap. XXII 4 c) kritischen Wert von 1 mg/kg Boden.

Neben den Ballungsgebieten weisen vor allem Gebiete, in denen *Schwermetallagerstätten* abgebaut und/oder Schwermetallerze verarbeitet werden oder wurden, meist starke Schwermetallbelastungen der Böden auf. So wurden z. B. Schwermetallerze im Gebiet von Stolberg (bei Aachen) bereits seit der Römerzeit und im Harz seit dem Mittelalter abgebaut. Dadurch ist es sowohl zu einer starken Belastung der Böden um die Lagerstätten als auch der *Auenböden* der diese Gebiete entwässernden Flüsse (Harz: Oker, Innerste) gekommen[14]. Ebenso weisen die Auenböden vieler anderer Flüsse in der BRD als Folge industrieller Abwassereinleitungen und Ablagerung von schwermetallbelasteten Sedimenten oft erhöhte Schwermetallgehalte auf. Auch Flächen, die vor dem Inkrafttreten der Klärschlamm-Verordnung (s. Kap. XXIII) mit großen Mengen schwermetallreicher *Klärschlämme* versetzt worden sind, stellen heute stark belastete Standorte dar[15, 16]. Ebenso haben Baggerschlämme aus Flüssen und Hafenbecken lokal zu starken Bodenbelastungen geführt.

In Bundesländern mit vorwiegend ländlichen Gebieten ist der Anteil der mit Schwermetallen angereicherten oder belasteten Böden gering. So wird z. B. dieser Anteil für landwirtschaftlich genutzte Böden in Niedersachsen auf 1,8 % der Landwirtschaftsfläche geschätzt[14]. Für Schleswig-Holstein liegt dieser Anteil deutlich unter 1 %. Zur genaueren Ermittlung der Schadstoffbelastung der Böden werden zur Zeit rastermäßige Erhebungsuntersuchungen in den einzelnen Bundesländern durchgeführt.

3. Ermittlung der Schadstoffgehalte und der Belastbarkeit von Böden

Mit Hilfe der *Gesamtgehalte* an Schadstoffen sind Aussagen zur Schadstoffanreicherung im Boden möglich, wenn die betreffenden Schadstoffe unter natürlichen Bedingungen nicht in Böden vorhanden sind (industrielle Syntheseprodukte = Xenobiotika) oder wenn bei natürlichem Vorkommen – wie z. B. bei Schwermetallen – die Ausgangsgehalte der Böden im unbelasteten Zustand bekannt sind. Gesamtmenge und Anreicherungsgrad der Schadstoffe ermöglichen jedoch nur sehr eingeschränkte ökologische Aussagen, da je nach Schadstoff zwischen gesamter und ökologisch wirksamer Menge beträchtliche Unterschiede bestehen.

Bessere Beurteilungsmöglichkeiten liefert die Bestimmung der gelösten und in die Bodenlösung überführbaren (= leicht mobilisierbaren) Schadstoffgehalte, die im wesentlichen den ökologisch wirksamen Anteil im Boden ausmachen (s. Abschnitt 1, Abb. 170). Neben relativ leicht mobilisierbaren Schadstoff-Fraktionen, die vor allem auf der Oberfläche von Bodenpartikeln adsorbierte oder dort chemisch gefällte Anteile umfassen, sind schwer mobilisierbare bis immobile Schadstoff-Fraktionen in Böden vorhanden. Diese umfassen z. B. bei den Schwermetallen bereits bei der Entstehung der Minerale in deren Gitter eingebaute *lithogene* (geogene) Schwermetalle wie Pb, Zn und Cd in Sulfiden oder Ni u. a. in verschiedenen Silicaten vor allem bei basischen Gesteinen. Immobile Schadstoff-Fraktionen können aber auch im Verlauf längerer Zeiten durch eine langsam ablaufende Diffusion anthropogener Schadstoffe zu oberflächenfernen Bindungsstellen[17] sowie durch Okklusion im Innern von Bodenpartikeln[18] (z. B. in Eisen- und Manganoxiden und in Zwischenschichten von Tonmineralen) oder durch Einbau in die Molekülstruktur von Huminstoffen entstehen. Bei organischen Chemikalien können sich auf diese Weise z. T. fest an Huminstoffe *gebundene Rückstände* in Böden anreichern (s. Kap. XXII 5). Auch bei den Schwermetallen kann durch solche Festlegungsprozesse mit zunehmender Zeit eine Abnahme der verfügbaren Anteile stattfinden. Damit können Pflanzen auf Böden ähnlicher Eigenschaften und vergleichbarer Gesamtgehalte – je nach Bindungsform der Schwermetalle – ganz unterschiedliche Schwermetallgehalte in der Pflanzensubstanz aufweisen. Die als Quotient aus den Gesamtgehalten an Schwermetallen in der Pflanzensubstanz (Tr.S.) und dem jeweiligen Bodenmaterial gebildeten *„Transferkoeffizienten"* weisen deshalb auch meist weite Berichte auf (Tab. 85).

Mit einer erhöhten Zufuhr von Schadstoffen nehmen in der Regel auch deren ökologisch wirksame Anteile im Boden zu. Dabei bildet sich bei vielen Schadstoffen ein Gleichgewicht zwischen gelösten und in mobilisierbarer Form adsorbierten Schadstoffanteilen aus, das durch Adsorptionsisothermen beschrieben werden kann (Abb. 172, s. Kap. XI 2a). Mit zunehmenden Mengen an adsorbierten Schadstoffen steigen deren Lösungskonzentrationen an. Lage und Reversibilität der Gleichgewichte werden von den Eigenschaften der jeweiligen Schadstoffe und Böden bestimmt. Dies ist für

Tabelle 85 Häufige Bereiche der Transferkoeffizienten für die Schwermetallaufnahme der Pflanzen aus Böden (nach *Sauerbeck* 1985[5], verändert) und Grenz-pH-Werte für eine beginnende Mobilisierung verschiedener Schwermetalle[19]

Element	Transferkoeffizient	Verfügbarkeit (relativ)	Grenz-pH-Wert
Cd	0,03 – 10	meistens	6,5
Zn	0,03 – 10	relativ	6 – 5,5
Tl	0,03 – 10	hoch	–
Ni	0,01 – 2	meistens	5,5
Cu	0,01 – 2	mittel	4,5
As	< 0,5		4,5 – 4
Cr	< 0,5	meistens	4,5 – 4
Pb	< 0,5	gering	4
Hg	< 0,5		4

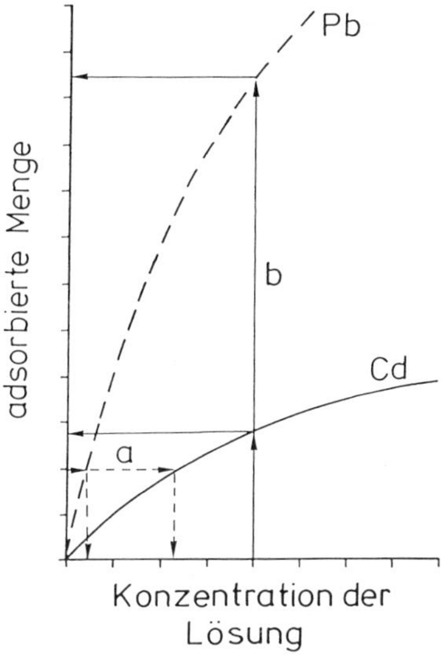

Abb. 172 Beziehung zwischen gelösten und adsorbierten Schadstoffen (Adsorptionsisothermen schematisch für Blei und Cadmium)

Cd und Pb schematisch in Abb. 172 dargestellt. Bei gleichen adsorbierten Mengen ist die Konzentration von Cd in der Bodenlösung wesentlich größer als die von Pb. Bei gleicher Lösungskonzentration sind die von den Feststoffen der Böden adsorbierten Mengen an Pb wesentlich größer als die von Cd. Insgesamt sinkt bei den Schwermetallen die Löslichkeit bei gleichen adsorbierten Gehalten im allgemeinen in der Reihe

Cd ≥ Zn ≥ Tl > Ni > Cu > As = Cr ≥ Pb ≥ Hg[19]

In gleicher Reihenfolge nehmen – bei vergleichbaren Lösungsgehalten – die adsorbierten Anteile zu.

Das unterschiedliche Löslichkeitsverhalten der verschiedenen Schwermetalle ist vor allem auf den *Einfluß des pH-Wertes* zurückzuführen. Bei neutraler Bodenreaktion ist die Löslichkeit der Schwermetalle in der Regel gering. Cadmium wird jedoch bereits bei pH-Werten ab 6,5 und tiefer zunehmend löslich, während Blei erst unterhalb von pH 4 mobil wird. In Tab. 85 sind die Grenz-pH-Werte für eine beginnende Mobilisierung und damit zunehmende Löslichkeit und Verfügbarkeit der verschiedenen Schwermetalle aufgeführt.

Die von den Pflanzen in belasteten Böden aufgenommenen Schwermetalle steigen relativ zu den Pflanzengehalten von unbelasteten Böden – in der oben aufgeführten Reihenfolge der Schwermetallöslichkeit. Die in Tab. 85 aufgeführten Transferkoeffizienten weisen für Cd, Zn und Tl auf eine relativ hohe Verfügbarkeit hin, für Ni und Cu auf eine mittlere und für As, Cr, Pb und Hg auf eine niedrige. Sinken die Gehalte in der Bodenlösung infolge Pflanzenaufnahme oder Auswaschung, so findet eine Nachlieferung adsorbierter Schwermetalle in die Lösungsphase statt (vgl. Abb. 172). Diese Beziehungen sind für anorganische und organische Schadstoffe gleichermaßen gültig.

Je mehr das Gleichgewicht der ökologisch wirksamen Schadstoffmenge zur Seite der adsorbierten Fraktion verschoben ist (z. B. bei Pb im Gegensatz zu Cd, Abb. 172), um so besser können Veränderungen der Schadstoffgehalte in der Bodenlösung abgepuffert werden. Unter diesen Voraussetzungen sind bereits die Schadstoffgehalte in der Bodenlösung allein ein geeignetes Maß für die ökologisch wirksame Schadstoffmenge. Bei schwerlöslichen Substanzen – wie dem Blei – wurden deshalb enge Korrelationen zwischen den Schadstoffkonzentrationen in der Bodenlösung (Sättigungsextrakt) und in den Pflanzen gefunden[20].

Bei leichter löslichen Schadstoffen führen dagegen Veränderungen in den Gehalten der Bodenlösung im Verlauf längerer Zeitabschnitte – z. B. während einer Vegetationsperiode – auch zu merklichen Veränderungen im Vorrat an leicht mobilisierbaren Schadstoffen (z. B. bei Cd, siehe Cd-Adsorptionsisotherme in Abb. 172). Bei solchen Schadstoffen ist deshalb neben der gelösten Fraktion auch die in leicht mobilisierbarer Form adsorbierte Schadstoff-Fraktion von Bedeutung. Diese kann durch ungepufferte Salzlösungen – wie z. B. $CaCl_2$ – extrahiert werden. So wurden bei den im Vergleich zu Blei leichter löslichen Schwermetallen Cadmium und Zink signifikante Beziehungen zwischen den durch 0,1 M $CaCl_2$-Lösung extrahierbaren Gehalten der Böden und den Pflanzengehalten beider Elemente gefunden[14]. Als ökologisch relevante Grenz- oder Richtwerte für gelöste und in leicht mobilisierbarer Form adsorbierte Schadstoffe in Böden können dabei diejenigen Schadstoffgehalte verwendet werden, die in den angebauten Pflanzen die für Lebensmittel festgesetzten Grenz- oder Richtwerte ergeben.

In gleicher Weise können die für *Trinkwasser* festgesetzten und damit auch auf Grund- und Sickerwasser übertragbaren Grenzwerte (Tab. 83) als Richtwerte für Bodenlösungen oder Boden-Wasser-Extrakte verwendet werden. Bei

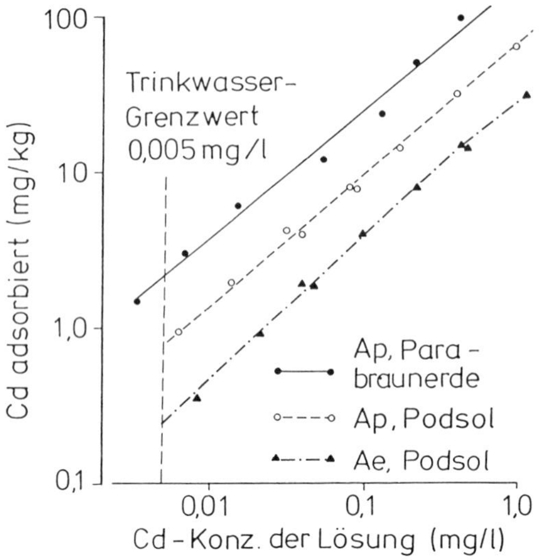

Abb. 173 Cadmium-Adsorptionsisothermen für den Ap-Horizont einer Parabraunerde (Ls) sowie den Ap- und Ae-Horizont eines Podsols (S)[21] (durch doppeltlogarithmische Darstellung linearisierte Freundlichsche Adsorptionsisothermen)

dieser Verfahrensweise kann mit Hilfe von Adsorptionsisothermen die Belastbarkeit ver verschiedenen Böden mit unterschiedlichen Schadstoffen ermittelt werden[8]. Für jede nach toxikologischen Kriterien mit Hilfe von Richt- und Grenzwerten definierte Lösungskonzentration ergibt sich ein bestimmter Gehalt an adsorbiertem Schadstoff. Soll zum Beispiel der Cd-Gehalt der Bodenlösung den Trinkwasser-Grenzwert von 0,005 mg/l (Tab. 83) nicht überschreiten, so darf der Gehalt an adsorbiertem Cadmium bei den in Abb. 173 dargestellten linearisierten Adsorptionsisothermen[21] nicht mehr als ca. 2,5 mg/kg bei der Parabraunerde (Ap-Horizont) und 1,0 bzw. 0,3 mg/kg beim Ap bzw. Ae-Horizont eines Podsols betragen. Diese auf der Basis der Trinkwasser-Grenzwerte abgeleiteten Gehalte stellen damit Cd-(Grenz-)Werte für drei Bodenproben mit sehr unterschiedlichen Puffereigenschaften dar. Sie zeigen, daß die Belastbarkeit der Böden nahezu um den Faktor 10, bei Einbeziehung weiterer Böden bis um den Faktor 100 variieren kann. Gleichzeitig wird aus diesen Cd-(Grenz-)Werten deutlich, daß der in Tab. 83 aufgeführte gesetzlich gültige Cd-Grenzwert als zu hoch anzusehen ist (s. Kap. XXII 4 c).

Mit Hilfe von Adsorptionsisothermen können das Löslichkeits- und Adsorptionsverhalten sowohl von organischen als auch von anorganischen Schadstoffen in Böden unterschiedlicher Puffereigenschaften beschrieben und daraus wesentliche Hinweise auf die Mobilität der Schadstoffe und damit auf deren Verfügbarkeit und Verlagerbarkeit abgeleitet werden. Da die meisten der produzierten Chemikalien nach mehr oder weniger langer Zeit auf die Böden gelangen, sieht deshalb das 1982 in Kraft getretene Chemikalien-Gesetz vor, daß als Voraussetzung für die Produktion von größeren Mengen an neu entwickelten Chemikalien deren Adsorptions- und Löslichkeitsverhalten an definierten Bodenproben unterschiedlicher Puffereigenschaften bestimmt werden muß. Außerdem werden vom Gesetzgeber u. a. umfangreiche Tests zur Toxizität der Chemikalien gegenüber Mikroorganismen, Regenwürmern und höheren Pflanzen sowie zum biotischen Abbau in Böden gefordert[22]. Anhand der Ergebnisse dieser Tests sind Prognosen über mögliche Schadwirkungen von Chemikalien in Böden möglich.

Die *Ermittlung der Gesamtgehalte* an Schadstoffen erfolgt bei *Schwermetallen* und anderen Elementen durch Aufschluß der Bodenproben mit Flußsäure/Perchlorsäure. Für die Ausbringung von Klärschlamm ist in der Klärschlamm-Verordnung eine Untersuchung der betroffenen Klärschlämme und Böden durch Aufschluß mit Königswasser vorgeschrieben. Damit werden in der Regel mehr als 90 % der Gesamtgehalte an Schwermetallen erfaßt.

Zur Bestimmung der nicht im Gitter von Mineralen festgelegten und damit insgesamt *potentiell verfügbaren Schwermetallgehalte* hat sich eine Extraktion der Bodenproben mit 0,1 M Na_2-EDTA (pH 4,5; Boden : Lösung = 1 : 10; 90 min Schüttelzeit) als geeignet erwiesen. Geringere Anteile der gesamten potentiell verfügbaren Schwermetallfraktion werden durch 0,005 M DTPA extrahiert[14, 23].

Die *löslichen und leicht austauschbaren Schwermetallgehalte* können nach *Köster* und *Merkel* durch Extraktion mit 0,1 M $CaCl_2$ erfaßt werden[14]. Diese Fraktion kennzeichnet bei Zn und Cd gleichzeitig die für Pflanzen verfügbaren Schwermetallgehalte. Außerdem werden zur Analyse dieser Schwermetallfraktion Extraktionen mit 0,1 M $NaNO_3$, 0,1 M NH_4Cl und 1 M NH_4-Acetat vorgeschlagen.

Zur Bestimmung der in Böden vorhandenen *löslichen* und damit *leichtverfügbaren* und *verlagerbaren Schadstoffe* kann die Bodenlösung direkt im Gelände mit Hilfe von Saugkerzen und Lysimetern gewonnen oder im Labor durch Zentrifugieren von feldfrischen Bodenproben sowie durch Herstellen von Bodensättigungsextrakten oder wäßrigen Bodenextrakten (Boden : Wasser = 1 : 3) erhalten werden.

Für eine Bestimmung der *Gesamtgehalte an organischen Schadstoffen* erfolgt meist eine Extraktion der Bodenproben mit organischen Lösungsmitteln. Die Auswahl eines oder mehrerer Extraktionsmittel wird dabei von den Eigenschaften der zu extrahierenden Chemikalien bestimmt. Verwendet werden meist Methanol, Hexan, Aceton, Toluol u. a.

4. Anorganische Schadstoffe

Alle in anorganischen Schadstoffen enthaltenen Elemente sind auch in natürlicher Weise in Böden vorhanden, allerdings in der Regel in geringer Konzentration. In Abhängigkeit von der Zusammensetzung der Ausgangsgesteine können jedoch manche Elemente (z. B. Pb, Cd, Ni, Se u. a.) in Böden unter natürlichen Bedingungen bereits so hohe Gehalte aufweisen, daß für Tiere und Menschen kritische Gehalte in den Pflanzen und sogar Toxizitätsschäden an den Pflanzen auftreten können. Diese Fälle sind allerdings relativ selten. Durch die Tätigkeit des Menschen werden jedoch manche Verbindungen in so großer Menge immittiert, daß der Stoffhaushalt der Böden lokal und z. T. auch überregional verändert werden kann (s. Abschnitt 2). Von besonderer Bedeutung für den Stoffhaushalt der Böden ist die Immission von SO_2, NO_x, F, Cd und Pb sowie z. T. auch von Hg, Ni, Cr, As und Tl.

a) Schwefeldioxid und Stickstoffverbindungen, neuartige Waldschäden[24–26]

Schwefel und Stickstoff sind für Pflanze, Tier und Mensch unentbehrliche Nährelemente. Toxische Wirkungen infolge erhöhter Schwefel- und Stickstoffgehalte in pflanzlichen Nahrungs- und Futtermitteln sind bisher nicht nachgewiesen (s. Kap. XX 11, 12). Stark erhöhte Stickstoffzufuhren können jedoch bei Pflanzen zu Nährstoffungleichgewichten und dadurch bedingten Wachstumsdisharmonien führen. Beide Elemente bewirken in höheren Konzentrationen als SO_2 und NO_x sowie als Säuren Schäden an Pflanzen und können außerdem – vor allem auf Waldstandorten – eine starke Versauerung und Degradierung der Böden bewirken (Abb. 174).

Als Folge eines hohen Energieverbrauchs werden durch Kohle-, Erdöl- und Erdgasverbrennung große Mengen an *Schwefeldioxid* in die Atmosphäre emittiert, die zu einem beträchtlichen Teil mit den Niederschlägen in die Böden gelangen. Von 1960 bis 1972 ist die SO_2-Emission in der BRD von ca. $3{,}2 \cdot 10^6$ t/Jahr auf ca. $3{,}7 \cdot 10^6$ t/Jahr angestiegen[1]. Bis 1988 hat sich diese Menge auf ca. $2{,}2 \cdot 10^6$ t/Jahr verringert. Der größte Anteil stammt dabei aus Kraft- und Fernheizwerken (ca. 44 %) sowie aus Industrieanlagen (ca. 42 %)[1]. Durch verschiedene gesetzliche Maßnahmen zur Abgasentschwefelung ist in den nächsten Jahren mit einer Abnahme der SO_2-Emission bis auf ca. 1,1 Mio t/Jahr zu rechnen[26a].

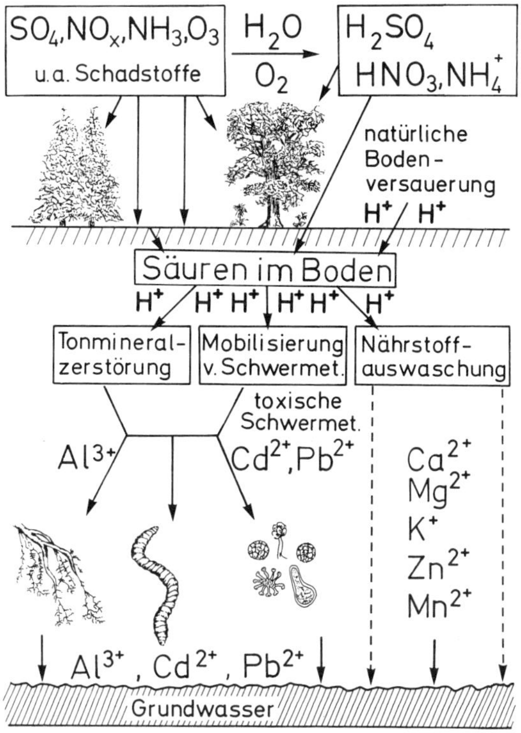

Abb. 174 Direkte und indirekte Wirkungen der emittierten Schadstoffe auf Wälder und Böden (nach *Führ* et al., *Rehfuess* et al., *Ulrich* et al., *Zech* et al., *Zöttl* et al., 1979 – 1988)

Neben SO_2 werden beträchtliche Mengen an Stickstoffoxiden, Fluoriden und Fluorwasserstoff sowie Chlorwasserstoff an die Atmosphäre abgegeben. Die Gesamtmenge der in der BRD emittierten *Stickstoffoxide* (NO_x) ist von 1960 – 1980 von ca. $1{,}5 \cdot 10^6$ auf $3{,}1 \cdot 10^6$ t/Jahr angestiegen[1]. Auch 1988 wurden ca. $3{,}1 \cdot 10^6$ t emittiert. Dabei stammten ca. 59 % der Stickstoffoxide aus dem Kfz-Verkehr, ca. 20 % aus Kraft- und Fernheizwerken und ca. 17 % aus industriellen Emissionen[26a].

Die emittierten Gase werden nach Reaktion mit dem in der Atmosphäre enthaltenen Wasser zu starken Säuren umgewandelt (H_2SO_4, H_2SO_3, HNO_3, HNO_2, HF, HCl). Ein Teil dieser Säuren wird zwar durch andere Luftverunreinigungen (z. B. NH_3) und Bodenstaub neutralisiert. Der vorhandene Säureüberschuß hat jedoch in Mitteleuropa seit Beginn der Industrialisierung bis heute zu einer Absenkung der pH-Werte im Niederschlagswasser von im Mittel 5,7 (ohne SO_2- und NO_x-Emission im Gleichgewicht mit dem CO_2 der Atmosphäre) auf ca. 4,1 geführt; z. T. werden extrem niedrige Werte bis pH < 3 gemessen. Insbesondere das Niederschlagswasser von Nebel ist oft extrem sauer[26]. Da SO_2 und NO_x in beträchtlichem Maße einem Ferntransport unterliegen, ist auch in größerer Entfernung von den mitteleuropäischen Ballungsgebieten bis hin nach Skandinavien der pH-Wert der Niederschläge deutlich erniedrigt.

In Ballungsgebieten und angrenzenden Bereichen beträgt der jährliche *Schwefeleintrag* in die Böden bis zu 150 kg/(ha · Jahr). In den nördlich und südlich folgenden Gebieten nehmen die Einträge von 50 – 100 auf 25 – 50 kg S/(ha · Jahr) ab und betragen im Norden und Süden Deutschlands z. T. weniger als 25, in Skandinavien meist weniger als 10 kg S/(ha · Jahr). Der *Stickstoffeintrag* variiert in der BRD meist zwischen 5 – 50 kg NO_3^- N/(ha · Jahr); in der Nähe von Industrieanlagen kann er bis zu 100 kg N/(ha · Jahr) betragen. In ländlichen Gebieten mit viel Viehhaltung ist außerdem der NH_4 – N-Eintrag von Bedeutung, der z. T. mehr als 60 kg N/(ha · Jahr) betragen kann und dann auf Waldstandorten – nach Aufnahme des NH_4^+ durch die Pflanzenwurzeln im Austausch gegen Protonen oder nach Oxidation von NH_4^+ zu HNO_3 – ganz wesentlich zur Bodenversauerung beiträgt[26b, c] (s. Kap. XII).

Der Eintrag von Schwefel und Stickstoff sowie von anderen Stoffen aus der Luft findet dabei in Form der *nassen* (Regen, Schnee), *feuchten* (Nebel, Smog) und *trockenen* (Gas, Staub) *Deposition* statt. Neben dem Eintrag mit den Niederschlägen [nasse Deposition: 0,2 – 1,4 kmol H^+/(ha · Jahr)] können vor allem SO_2 sowie andere S-Verbindungen und in geringerem Maße NO_x und andere N-Verbindungen direkt von der Vegetation und den Böden adsorbiert (s. Kap. XX 12) und aus der Luft herausgefiltert werden (trockene Deposition). Vor allem bei SO_2 ist die trockene Deposition hoch und kann mehr als 50 % der gesamten S-Deposition betragen. Die *Interzeption der Vegetation* ist vor allem für den Schwefeleintrag von großer Bedeutung. So wurde zum Beispiel im Waldgebiet des Solling (BRD) ein mittlerer jährlicher Schwefeleintrag auf Freiflächen von 23 kg S/ha gemessen, in einem Buchenbestand von 50 kg S/ha und unter Fichte mit ganzjährigem Nadelbestand und entsprechend hoher Adsorptionsfähigkeit von 85 kg S/ha[24]. Die jährliche Säurezufuhr betrug auf den drei Standorten 0,8, 1,6 und 3,4 kmol H^+/ha. Entsprechend niedrige pH-Werte zeigt vor allem das als Kronentraufe in Fichtenbeständen ablaufende Niederschlagswasser (niedrigstes Monatsmittel pH 2,75, im langfristigen Mittel pH 3,45 gegenüber pH 4,1 im Freilandniederschlag)[24]. Insgesamt betrug die Säurezufuhr auf dem Fichtenstandort des Solling als Summe von anthropogenen Säureeinträgen und bodeninterner Säurebildung (s. Kap. XII und Abb. 174) ca. 7 kmol H^+/(ha · Jahr)[25]. Ähnliche Säureeinträge wurden auf anderen Fichtenstandorten gemessen[25a].

Die in den letzten 10 Jahren in der nördlichen Hemisphäre und vor allem in Mitteleuropa aufgetretene starke Zunahme der *Waldschäden* ist direkt oder indirekt auf die hohen Emissionen an SO_2, NO_x und anderen Schadstoffen zurückzuführen. Seit 1983 findet eine systematische Erhebung der Waldschäden in der BRD nach 5 Schadstufen statt (0 – ohne Schäden, 1 – schwach, 2 – mittelstark, 3 – stark geschädigt, 4 – abgestorben). Der Anteil der insgesamt geschädigten Waldflächen (Stufen 1 – 4) wurde für 1982 noch auf ca. 8 % geschätzt; er betrug 1983 34 % und stieg von 1986 bis 1988 auf Werte zwischen 52 und 54 % an. Der Anteil der Waldflächen mit schwach geschädigten Bäumen (Stufe 1) beträgt dabei seit 1984 33 – 35 %, während der Anteil stark geschädigter bis abgestorbener Bäume (Stufe 3 + 4) zwischen 1 – 2 % variiert. Besonders hoch ist der Anteil der geschädigten Waldfläche in Baden-Württemberg und Bayern (1986: 65 und 64 %). Von allen Baumarten ist am stärksten die Tanne betroffen, die in der BRD insgesamt zu 87 % (1985) bis 79 % (1987) geschädigt ist (Stufe 1 – 4)[1].

Durch toxische Wirkungen von SO_2 und NO_x können direkte Schäden an Nadeln und Blättern der Bäume ausgelöst werden (braune bis rötliche Nekrosen). Die in der Technischen Anleitung zur Reinhaltung der Luft (TA-Luft) zum Schutz des Menschen gesetzlich festgelegten Immissionswerte für SO_2 (Langzeitwert: 400 μg/m^3; Kurzzeitwert: 140 μg/m^3) und NO_2 (200 μg/m^3 und 80 μg/m^3) liegen z. T. deutlich über den Schadensschwellen für Waldbäume. Für diese wird z. B. ein SO_2-Grenzwert von weniger als 50 $\mu g/m^3$ (Langzeitwert) für erforderlich gehalten. Die in der BRD 1985 gemessenen Jahresmittelwerte der SO_2-Immission lagen in vielen Gebieten über 50 $\mu g/m^3$ und in Ballungsgebieten sowie besonders exponierten Gebieten bei 80 – 90 $\mu g/m^3$. Kurzzeitig wurden z. T. SO_2-Konzentrationen von 500 – 2000 $\mu g/m^3$ gemessen[1]. Die Jahresmittelwerte von NO_2 variierten von < 10 – 70 $\mu g/m^3$. Durch luftchemische Reaktionen findet außerdem unter Beteiligung von NO_2 und emittierten organischen Stoffen eine Bildung von *Ozon* (O_3) und anderen toxisch wirkenden *Photooxidantien* statt. Das Ausmaß der O_3-Bildung ist dabei an die Intensität des Sonnenlichts geknüpft und erreicht deshalb an Sonnentagen vor allem mittags und besonders in Höhenlagen Spitzenwerte. In mitteleuropäischen Städten wurden kurzfristig Gehalte bis über 200 und in Gebirgslagen bis nahezu 300 μg O_3/m^3 gemessen. Die Jahresmittelwerte betragen in der BRD 10 – 90 $\mu g/m^3$ [1]. Bereits bei wiederholter kurzfristiger Einwirkung von Ozon in Konzentrationen von über 100 – 200 $\mu g/m^3$ kann eine Schädigung der Waldbäume stattfinden (Bildung brauner Interkostalchlorosen). Bei kombinierter Einwirkung von O_3, SO_2 und NO_x werden bereits bei Konzentrationen unterhalb der Schadensschwellen für die einzelnen Gase Schadwirkungen festgestellt[26].

Außerdem können Niederschläge mit pH-Werten um und unter 3 – insbesondere Nebel- und Tautropfen – zu direkten Säureschäden sowie einer starken Nährstoffauswaschung an Nadeln und Blättern führen[27].

Die direkte Wirkung von Schadgasen und Säuren auf die Assimilationsorgane der Bäume kann damit die Photosynthese vermindern, zu einer veränderten Physiologie der Stoffwechselvorgänge führen und einen gestörten Stofftransport in die Wurzeln bewirken. Dadurch kann wiederum die Ausbildung der Mycorrhizen und des Wurzelsystems der Bäume geschädigt werden[26].

Indirekte Wirkungen der SO_2- und NO_x-Emissionen auf das Wachstum der Waldbäume werden durch die *Säureeinträge in die Böden* ausgelöst. Neben den in gemäßigt- bis kühlhumiden Klimabereichen bereits seit langer Zeit ablaufenden, natürlich bedingten Prozessen der Bodenversauerung sowie einer die Bodendegradierung und -versauerung fördernden Form der Bodennutzung (Holz-, Streu- und Plaggenabfuhr, Waldweidenutzung) haben die vor allem in den letzten 30 und mehr Jahren stattfindenden erhöhten Säureeinträge aus der Luft zu einer starken Versauerung der obersten Bodenhorizonte geführt (s. Abb. 174). In vielen Gebieten der BRD sind in dieser Zeit pH-Abnahmen um mehr als eine pH-Einheit – z. B. von pH($CaCl_2$) 4,5 auf 3,3 – in den Oberböden von Waldstandorten festgestellt worden. Heute werden in den O- und A-Horizonten von Waldböden weit verbreitet pH($CaCl_2$)-Werte von 2,8 – 3,8 gemessen. Besonders in wenig puffernden Böden aus basenarmen sandigen Ausgangsgesteinen ist die Versauerung stark fortgeschritten. Dabei stellen pH-Werte um und unter 3 bei Mineralböden den Grenzbereich für das Pflanzenwachstum dar.

Die in die Böden gelangenden starken Säuren werden zwar weitgehend abgepuffert (s. Kap. XII), doch führt dies zu gravierenden negativen Veränderungen der Bodeneigenschaften. Bei pH-Werten unterhalb von 5,0 – 4,5 findet eine zunehmende Auflösung von Al-Oxiden und eine *Zerstörung von Tonmineralen und anderen Silicaten* statt. Dadurch wird eine irreversible Degradierung der Böden bewirkt. Außerdem werden hierdurch *Al^{3+}-Ionen* aus dem Gitter der Silicate freigesetzt (Abb. 174). In humosen Horizonten wird der größte Teil der Al-Ionen dann von Huminstoffen durch Komplexierung festgelegt und damit in eine nicht toxische Form überführt. Daneben können Al-Ionen in die Zwischenschichten von aufgeweiteten Tonmineralen eingebaut werden. Dadurch findet eine Tonmineralumwandlung zu Al-Chloriten mit deutlich erniedrigter KAK statt. In humusarmen Unterbodenhorizonten kann das freigesetzte Aluminium außerdem nach Reaktion mit dem aus sauren Depositionen stammenden Sulfat als Hydroxy-Al-Sulfat (z. B. Jurbanit: $AlOHSO_4$, s. Kap. XX 12) gebunden werden. Daneben findet eine Adsorption von Al^{3+}- und Hydroxy-Al-Ionen [$AlOH^{2+}$, $Al(OH)_2{}^+$, $Al_x(OH)_y{}^{(3x-y)+}$] auf den Oberflächen von Tonmineralen statt. Infolge der hohen Eintauschstärke der Al-Ionen werden verstärkt Nährstoffkationen von den Austauschern verdrängt und ausgewaschen. Insgesamt steigen mit zunehmender Versauerung der Al-Anteil an den Austauschern und die Al-Konzentration in der Bodenlösung an (s. Kap. XII 1). Bei extrem sauren Böden [pH($CaCl_2$) < 3] beginnt außerdem eine Auflösung schlecht kristalliner Fe-Oxide (Ferrihydrit), die zu einer *Freisetzung von Fe^{3+}*-Ionen führt (s. Kap. XII 3).

In sehr stark bis extrem sauren Waldböden können 80 bis nahezu 100 % der austauschbaren Kationen aus Al^{3+}-Ionen und zu geringeren Anteilen aus H^{+}- sowie teilweise auch aus Fe^{3+}-Ionen bestehen. Die Folge sind ausgeprägter Nährstoffmangel und toxische Wirkungen von Al-Ionen auf Waldbäume. Beides wird auf vielen Standorten (mit) als eine wesentliche Ursache der heutigen Waldschäden angesehen[25, 27–29] (Abb. 174).

Bei Al-Konzentrationen in der Bodenlösung 10 – 20 mg/l können *toxische Al-Wirkungen* auf die Wurzeln – insbesondere auf die Feinwurzeln – der Waldbäume und deren Mycorrhiza-System ausgelöst werden. Wesentlich empfindlicher auf Al-Toxizität reagieren landwirtschaftliche Kulturpflanzen, bei denen schon ab 0,1 – 0,5 mg Al/l deutliche Wurzelschäden und Wachstumsverminderungen auftreten können. Aluminium liegt dabei in der Bodenlösung meist in Form verschiedener Spezies vor. Neben monomeren und polymeren Al-Ionen (s. o.) können lösliche Al-organische Komplexe wie auch sehr stabile Al-Komplexe mit Fluoriden und Phosphaten in der Bodenlösung vorhanden sein. Dabei weisen Al-Komplexe – insbesondere bei Beteiligung organischer Substanzen – eine relativ geringe Toxizität auf. Die beste Beziehung zu den Pflanzenschäden zeigt in der Regel die Aktivität (= wirksame Konzentration) der Al^{3+}-Ionen in der Bodenlösung[30].

Außerdem hängt das Ausmaß der Al-Toxizität auch vom Gehalt der Böden an verfügbaren *Pflanzennährstoffen* – insbesondere an Mg und Ca – ab. Deshalb ist auch das Verhältnis von Ca/Al und Mg/Al in der Bodenlösung bzw. an den Austauschern ein gutes Maß für eine mögliche Al-Toxizität wie auch für den Grad der Mg-Versorgung der Waldbäume. So ist offenbar bei Ca/Al-Verhältnissen (in mol) in den Bodenlösungen von < 1 eine Schädigung von Fichtenwurzeln möglich, bei Verhältnissen von $< 0{,}1$ anscheinend unvermeidbar[25]. Nadeln von geschädigten Fichten weisen eine unzureichende Mg-Versorgung bei Mg/Al-Verhältnissen der austauschbaren Bodenfraktionen von 0,05 und weniger auf[29]. Mg-Mangel ist insbesondere bei Fichten weitverbreitet und führt zunächst zu gelben Chlorosen (sog. Gelb- oder Goldspitzigkeit), später zu Nekrosen an älteren Nadeln und schließlich zum Absterben der Bäume.

Die durch Nährstoffmangel und Al-Toxizität ausgelösten Baumschäden betreffen neben den oberirdischen Teilen vor allem die Feinwurzeln der Bäume (Abb. 174)[25]. Ein Absterben der Feinwurzeln bewirkt, daß die Nährstoff- und Wasseraufnahme durch die Wurzeln stark verringert wird. Die Folge sind dann verminderte Frost-, Dürre- und Krankheitsresistenz. Nach starken Kälteeinbrüchen und längeren Trockenzeiten sowie bei Krankheitsbefall kann deshalb meist eine starke Zunahme der Waldschäden beobachtet werden[25, 27].

Auch *Bodenflora und -fauna* werden durch *Al-Toxizität* geschädigt (Abb. 174). Bei pH-Werten unterhalb von 3,5 – 4 sind Lumbriciden in der Regel kaum noch in Waldböden zu finden. Auch Arten- und Individuenzahl vieler anderer Bodentiere sind stark verringert. Von den Mikroorganismen sind Bakterien, die die höchsten Abbauleistungen aufweisen, kaum noch aktiv, so daß sich dann organische Auflagehorizonte und ungünstige Humusformen bilden.

Ähnlich wie beim Aluminium findet auch bei den *Schwermetallen* mit zunehmender Versauerung eine Mobilisierung in den Böden statt (s. Kap. XXII 3). Die Folge sind ebenfalls eine erhöhte Schwermetallverfügbarkeit und bei höheren Schwermetallkonzentrationen vermutlich eine Verstärkung der Al-Toxizität (Abb. 174).

Mit zunehmender Al- und Schwermetall-Mobilisierung geht eine steigende Verlagerung und Auswaschung dieser Elemente einher, so daß auch *Grundwasser* und *Oberflächengewässer* im Einzugsbereich von Waldgebieten steigenden Al- und Schwermetallbelastungen ausgesetzt sind (Abb. 174; s. Kap. XXI).

Als Folge der weitflächig auftretenden Waldschäden ist in den Mittelgebirgen und Alpen eine Zunahme der *Erosionsvorgänge* und *Hangrutschungen* zu beobachten. Durch die eingeschränkte Schutzfunktion der Wälder treten z. T. gravierende Boden- und Landschaftsschäden auf.

Als weitere Ursachen für die neuartigen Waldschäden werden z. T. Ernährungsstörungen durch Spurenelementmangel (z. B. Bor- und Molybdänmangel) und erhöhte Stickstoffdeposition sowie Epidemien durch pathogene Mikroorganismen angesehen. Infolge der Komplexität der räumlich und zeitlich sehr unterschiedlich miteinander kombinierten Schadfaktoren und deren verschiedenen Rückkoppelungsmechanismen ist oft eine genaue Diagnose der Schadensursachen mit Schwierigkeiten verknüpft.

Zur Therapie der Wald- und Bodenschäden sind – neben Maßnahmen zur Emissionsminderung – auch Maßnahmen zur Minderung der Al-Toxizität und des Nährstoffmangels erforderlich. Auf vielen Standorten hat dabei eine *Kalkung* (z. B. 30 dt/ha dolomitischer Kalk) sowie eine *Mg*- und z. T. auch eine *K-Düngung* (5 – 10 dt/ha Kieserit oder Kalimagnesia) zu einer Revitalisierung geschädigter Bäume geführt[28, 29]. Kalkung und Düngung sind dabei – je nach Ausmaß der Bodenversauerung – in 3- bis 5jährigem Abstand zu wiederholen, wobei langfristig pH-Werte auf über 4 – 4,5 in den Oberböden eingestellt werden sollten.

b) Fluor[31 – 33]

Fluor ist ein für Pflanzen offenbar nicht erforderliches Element. Bei Tier und Mensch gilt es jedoch als nützlich, da es bei ausreichender Zufuhr in den Zahnschmelz eingebaut wird und dadurch die Kariesanfälligkeit senkt. Im Überschuß wirkt Fluor toxisch auf alle Organismen; bei Mensch und Tier erzeugt es dann Zahn- und Knochenschäden.

Der *Fluorgehalt* der Böden beträgt häufig 20 – 400 mg F/kg (Tab. 83). In Abhängigkeit von der Zusammensetzung des Ausgangsmaterials treten jedoch große Unterschiede auf. Das häufigste Fluor-Mineral ist CaF_2 (Flußspat). Auch Phosphate (Fluorapatit) enthalten Fluor. Vor allem Glimmer (400 – 5800 mg F/kg) und Tonminerale (Bentonit bis 7400 mg F/kg) weisen hohe F-Gehalte auf. Deshalb enthalten in der Regel auch tonreiche Böden viel Fluor (bis 4000 mg/kg). Die F-Konzentration der Bodenlösung wird deshalb wahrscheinlich z. T. durch den Fluorgehalt der Glimmer bestimmt[31]. Durch Verwitterungs- und Verlagerungsvorgänge bedingt, steigt der Fluorgehalt der Böden oft mit der Tiefe. Infolge der sehr großen natürlichen Unterschiede ist der Gesamtgehalt an Fluor bei geologisch heterogenem Ausgangsmaterial weder ein geeigneter Indikator für eine Fluor-Kontamination der Böden noch für die Abgrenzung von Richt- oder Grenzwerten für tolerierbare Fluorgehalte belasteter Böden geeignet (vgl. Tab. 83).

Die jährliche *Fluor-Emission* beträgt in der BRD etwa $2 - 3 \cdot 10^4$ t. Emittenten sind vor allem die chemische und metallverarbeitende Industrie, z. B. die Aluminiumhersteller, Steine- und Erdenindustrie, Müllverbrennungsanlagen sowie konventionelle Energiegewinnungsanlagen mit Kohle-, Erdöl- oder Erdgasverbrennung. Der jährliche Fluor-Eintrag mit dem Freilandniederschlag in Form von Fluorwasserstoff (HF), Fluoriden oder an Staubpartikel gebundenem Fluor beträgt 0,3 – 1,6 kg F/ha; in Waldbeständen wurden Einträge bis 3 kg F/(ha · Jahr) gemessen, in der Nähe mancher Industriebetriebe bis 20 kg F/(ha · Jahr). Mit der Ausbringung von Phosphatdüngern, deren F-Gehalt meist 1,5 – 4 % beträgt (Thomasphosphat < 0,15 %), gelangen bei einer Düngung von 500 kg/ha 7,5 – 20 kg F/ha auf den Boden.

Nach Schweizer Untersuchungen sinkt in der Umgebung einer Fluor-emittierenden Hütte der Gesamtgehalt der Böden mit zunehmender Entfernung von der Quelle (0,5 bis 8,8 km) von 2700 auf 616 mg F/kg und verringert sich damit um das 4,4fache. In gleicher Weise sinken die Gehalte an wasserextrahierbarem Fluor (Boden : Wasser = 1 : 50) von 292 auf 10 mg/kg und die Fluor-Gehalte der Bodenlösung von 8,2 auf 0,3 mg/l. Die Gehalte der löslichen Fluor-Fraktionen, die sich um das 29- bzw. 27fache mit zunehmender Entfernung erniedrigen, zeigen damit sehr viel deutlicher Unterschiede in der Fluor-Belastung der Böden an. Auch der Fluor-Gehalt von Kiefernnadeln sinkt mit der Entfernung (um das 29fache) in enger Beziehung zum Gehalt an den löslichen Fluor-Fraktionen.

F^--Ionen werden in Böden relativ stark gebunden. Vor allem ist hierfür eine *F^--Adsorption* im Austausch gegen OH-Gruppen von Al- und Fe-Oxiden und Tonmineralen von Bedeutung[33]. Dabei steigt die F^--Adsorption mit zunehmender Bodenacidität bis etwa pH 4 an (s. Kap. XI). Bei Böden mit hohen pH-Werten kann schwerlösliches CaF_2 gebildet werden.

Die *Bindungskapazität* für Fluoride ist bei sandigen Böden niedrig und bei tonigen hoch. Damit sind in umgekehrter Weise Löslichkeit, Verfügbarkeit und Auswaschung von Fluor auf sandigen Böden hoch und auf tonigen niedrig. In der BRD beträgt der Fluor-Gehalt im *Sickerwasser* 0,004 – 0,22 mg F/l (Mittelwert 0,1 mg/l). Die jährliche *Auswaschung* wurde zu 20 – 400 g F/ha bestimmt[34].

Wie die Ergebnisse von Modellversuchen zeigen, bewirkt eine F^--Kontamination vor allem bei sauren Böden eine deutlich erhöhte *Verlagerung von Aluminium, organischer Substanz* und in geringerem Maße von Eisen[32]. Fluoride bilden mit Aluminium (und anderen Metallen) lösliche Komplexe hoher Stabilität und können deshalb Aluminium aus Huminstoffen freisetzen und damit auch die Löslichkeit organischer

Substanzen erhöhen. Auf diese Weise kann durch erhöhte Fluor-Deposition wahrscheinlich der Ablauf von Podsolierungsprozessen beschleunigt werden. Außerdem wird durch Fluor-Eintrag die Phosphatverfügbarkeit durch Einbau von Fluor in Calciumphosphate verringert.

Der *Fluor-Gehalt* der *Pflanzen* beträgt in der Regel 1 – 20 mg/kg Trockensubstanz (Tab. 83). Teepflanzen können einen extrem hohen Gehalt bis 400 mg/kg aufweisen. Dabei steht der F-Gehalt der Pflanzen kaum in einer Beziehung zum Gesamt-F-Gehalt der Böden, sondern ist vor allem mit dem F-Gehalt der Bodenlösung verknüpft. Der Entzug durch eine Ernte beträgt 5 – 80 g F/ha.

Während ein normaler F-Gehalt des Futters für die *Tiere* zum Aufbau von Knochen und Zähnen notwendig ist, führt ein zu hoher F-Gehalt zur Toxizität (Fluorose). Bereits ein F-Gehalt in den Weidegräsern von 30 – 60 mg/kg in der Trockensubstanz gilt als bedenklich für die Gesundheit der Tiere. Als Beweis für eine starke F-Vergiftung kann ein F-Gehalt in der Asche von Röhrbeinknochen von mehr als 5000 mg/kg angesehen werden. In der Umgebung mancher Industriebetriebe wurde ein Fluor-Gehalt bis zu 300 mg/kg in der Trockensubstanz von Weidegräsern ermittelt. Bei anderen Pflanzen wurden Gehalte bis zu 2000 mg/kg festgestellt.

Fluorwasserstoff (HF) und Fluoride werden durch *Interzeption* auf den *Blattoberflächen* niedergeschlagen und dringen zum Teil in das Gewebe der Pflanzen ein. Bei sehr empfindlichen Pflanzen führt schon eine HF-Konzentration von 1 μg F/m^3 Luft, bei weniger empfindlichen Pflanzen von 4,2 μg F/m^3 und einer Einwirkungszeit von 30 Minuten zu Nekrosen an Blatträndern und -spitzen. Fluor-, SO_2- und Trockenschäden an Pflanzen sind einander ähnlich[35]. Fluor-Schäden lassen sich jedoch durch eine Fluor-Analyse des Pflanzenmaterials ermitteln.

Die in der BRD *maximal zulässigen HF-Konzentrationen* in der *Luft* betragen 1 μg/m^3 (Langzeitwirkung) und 3 μg/m^3 (Kurzzeitwirkung). Im Regenwasser sind meist < 0,1 mg F/l enthalten. Für *Trinkwasser* ist ein Grenzwert von 1,5 mg F/l festgesetzt (Tab. 83). In manchen Städten wird dem Trinkwasser Fluorid zugesetzt (0,3 – 0,5 mg F/l), um den Widerstand gegen Zahnfäule zu erhöhen. So sank z. B. in Basel die Zahl der Schulkinder, deren Zähne nie mit Karies befallen waren, deutlich, seit das Trinkwasser mit Fluor angereichert wurde.

c) Cadmium[3–5]

Cadmium ist ein für Tier und Mensch bereits in sehr geringen Konzentrationen *toxisches Element*. Die in Japan von 1947 – 1965 aufgetretene Itai-Itai-Krankheit wurde durch Cadmium induziert – wahrscheinlich im Zusammenwirken mit einem Eiweiß- und Calcium-Mangel in der Nahrung – und führte zur Knochendeformation und Skelettschrumpfung. Außerdem kann Cadmium Funktionsstörungen der Nieren (Proteinurie) bewirken und Bluthochdruck auslösen. Bei erhöhter Aufnahme mit der Atemluft können Lungenemphyseme entstehen. Einige Befunde deuten auch auf eine canzerogene Wirkung des Cadmiums hin[4].

Von der Weltgesundheitsorganisation (WHO) wird eine wöchentliche *Cd-Aufnahme* von 0,4 – 0,5 mg (bezogen auf eine 60 kg schwere Person) als tolerierbar angesehen (BRD: 0,53 mg/ 70 kg Person). Von dieser Menge werden in der BRD durchschnittlich ca. 40 % mit der Nahrung in fester und flüssiger Form aufgenommen. Nach der Resorption (3 – 8 % der aufgenommenen Cd-Menge) wird Cadmium vor allem in Leber und Nieren angereichert, die etwa 50 % vom gesamten Cadmium des menschlichen Körpers speichern. Bei Überschreiten eines kritischen Gehaltes von etwa 200 μg/g Frischgewicht in der Nierenrinde kann es zu Proteinurie kommen. Da die biologische Halbwertszeit von Cadmium beim Menschen sehr lang ist (19 – 38 Jahre), nimmt der Cd-Gehalt von Leber und Nieren mit zunehmendem Lebensalter zu. Dementsprechend können Störungen der Nierenfunktion durch erhöhte Cd-Aufnahme vor allem bei über Fünfzigjährigen auftreten[4]. In japanischen Untersuchungen ist mehrfach ein Zusammenhang zwischen dem Auftreten von Proteinurie und dem Cd-Gehalt pflanzlicher Nahrungsmittel sowie dem Cd-Gehalt der Böden nachgewiesen worden.

(1) Cd-Gehalte von Böden

Der mittlere Cd-Gehalt der *kontinentalen Kruste* beträgt 0,10 mg/kg (Tab. 81); in der gleichen Größenordnung liegen auch die Cd-Gehalte unbelasteter Böden (in der Regel < 0,5 mg Cd/kg). In Abhängigkeit vom geologischen Ausgangsmaterial können jedoch auch höhere natürliche Cd-Gehalte auftreten (bis > 3 mg/kg). Cadmium ist chemisch eng mit dem Zink verwandt, so daß ein relativ konstantes Zn/Cd-Verhältnis in Gesteinen (ca. 500) und in Böden (ca. 100) vorliegt. Das engere Verhältnis in Böden zeigt, daß Cadmium im Verlauf der Bodenbildung offenbar relativ zum Zink angereichert wird.

In kontaminierten Böden können stark erhöhte Cd-Gehalte vorliegen. In den japanischen Gebieten mit dem Auftreten der Itai-Itai-Krankheit wurden bis zu 53 mg Cd/kg in Reisböden festgestellt, in Cd-reichen Auenböden der Oker im Harzvorland bis 200 mg Cd/kg (Einfluß des jahrhundertelangen Erzabbaues im Harz)[14], in der näheren Umgebung von Cd-emittierenden Betrieben bis 40 mg Cd/kg und in geringer Entfernung neben verkehrsreichen Straßen bis 3 mg Cd/kg (Abb. 171). In Stadtgärten und Parkanlagen von Großstädten wurden ebenfalls zum Teil erhöhte Cd-Gehalte in Böden gemessen (0,5 – 5 mg/kg). Auch in fluvialen Sedimenten können hohe Cd-Gehalte vorliegen (Elbe-Schlicke bis 60 mg Cd/kg).

(2) Cd-Quellen und -Eintrag

Die jährliche Cd-Produktion betrug 1980 weltweit 18 700 t, der jährliche Cd-Verbrauch der Industrie in der BRD ca. 1800 t[4]. Abfälle Cd-haltiger Industrieprodukte sowie Schlacken und Abraum können eine Kontamination der Böden bewirken. Weitere wichtige Cd-Quellen stellen Luftverunreinigungen, Phosphatdünger, Klär- und Baggerschlamm sowie der Kfz-Verkehr dar.

Die Cd-Emission in die *Luft* durch Abgase und Staubpartikel wird weltweit auf insgesamt ca. 8000 t/Jahr geschätzt, für die Bundesrepublik auf ca. 80 t/Jahr[4]. Die Cd-Einträge aus der Luft betragen in Mitteleuropa 1,5 – 35 g/(ha · Jahr) (Tab. 86 a), in ländlichen Gebieten meist 1,5 – 3 und in Ballungsgebieten bis zu 35 g/(ha · Jahr). In Gebieten mit metallverarbeitenden Betrieben wurden auch Einträge von 40 – 100 g/(ha · Jahr) gemessen[13]. Damit gehen dann hohe Cd-Belastungen der Böden einher. Auf Waldstandorten sind die Einträge im Vergleich zu Freiflächen durch die Interception der Waldbäume deutlich erhöht (Tab. 86 a). Vor allem Coniferen wirken mit ihrer ganzjährigen Benadelung als effektive Filter. So beträgt die Interceptionsdeposition in verschiedenen Waldgebieten Norddeutschlands z. B. bei Fichte 2,5 – 3,8 und bei Buche – wie auch anderen Laubbäumen – mit 1,3 – 2,9 g Cd/(ha · Jahr) deutlich weniger[38]. Infolge der meist hohen Bodenacidität von Waldböden (s. Kap. XXII 4 a) ist deren Bindungskapazität für Cadmium gering, so daß die Austräge in der Regel größer als die Einträge sind (Tab. 86 a). Mit den Niederschlägen wird Cadmium zu über 80 % in gelöster Form in den Boden eingetragen und bei schwach saurer bis neutraler Reaktion in bodeneigenen Bindungsformen akkumuliert.

Auch über *phosphathaltige Dünger* gelangt Cadmium in den Boden. Ausgenommen bei Thomasphosphat (Cd-Gehalt $< 0{,}1$ mg/kg) stammt das Cadmium der übrigen P-haltigen Dünger aus Rohphosphaten, deren Cd-Gehalt je nach Herkunft im Bereich 1 – 90 mg/kg schwankt. Der Cd-Gehalt der Phosphatdünger steht daher in engem Zusammenhang zur Herkunft der Rohphosphate. Über P-haltige Dünger (ca. 70 kg P_2O_5/ha mit durchschnittlich 0,04 g Cd/kg P_2O_5) gelangten 1980 im Mittel 3 g Cd/ha in die landwirtschaftlich und gärtnerisch genutzten Böden[5]. Im Einzelfall, vor allem bei Intensivkulturen, kann jedoch die P-Düngung und damit auch die Cd-Zufuhr das Doppelte und mehr betragen. Die Phosphatdüngung hat bisher bei den meisten Böden noch zu keinem meßbaren Anstieg der Cd-Gehalte geführt.

Die mit *Klärschlamm* auf die Böden gelangende Cd-Menge ist heute durch die Klärschlamm-Verordnung geregelt (s. Kap. XXIII). Sie beträgt bei einer Klärschlamm-Ausbringung von 5 t/Jahr mit dem zulässigen Cd-Höchstwert von 20 mg/kg maximal 33 g Cd/(ha · Jahr) und entspricht damit ungefähr den Cd-Einträgen aus der Luft in stark belasteten Ballungsgebieten (s. Tab. 86 a). Bei einem jährlichen Eintrag von 33 g/ha steigt der Cd-Gehalt im Boden um 0,1 mg/kg bei Ackerböden (30 cm Pflugtiefe) in ca. 12 Jahren und bei Dauergrünland (bezogen auf die obersten 10 cm) in 4 Jahren. Damit kann der Cd-Gehalt der Böden deutlich durch Klärschlamm-Ausbringung beeinflußt

Tabelle 86a Schwermetalleinträge (g/ha · Jahr) in Mitteleuropa sowie Schwermetallein- und -austräge auf verschiedenen Waldstandorten der BRD[1, 13, 36, 37, 38]

	Arsen	Blei	Cadm.	Chrom	Kupfer	Nickel	Quecks.	Zink
Gesamteintrag	2 – 70	70 – 2400	1,5 – 35	2 – 47	10 – 200	5 – 150	(0,2 – 7)	100 – 6000
Waldstandorte[38]								
Interceptionsdep.	–	73 – 222	1,3 – 3,8	1,5 – 45	13 – 57	3 – 25	–	168 – 355
Freiflächendep.	–	84 – 158	1,6 – 2,7	2,1 – 5,7	16 – 28	5 – 11	–	97 – 316
Gesamteintrag	–	130 – 389	3,0 – 6,0	5 – 47	39 – 85	17 – 30	–	265 – 627
Austräge[37, 38]	–	1 – 39	3,7 – 20	0,8 – 8	3 – 26	11 – 158	–	81 – 1573

werden. Eine Herabsetzung des Cd-Grenzwertes für Klärschlämme auf unter 10 mg Cd/kg ist deshalb erforderlich. Vor Inkrafttreten der Klärschlamm-Verordnung sind Böden durch Ausbringen großer Mengen Cd-reicher Schlämme in einzelnen Gebieten mit Cd-Gehalten von 10 – 200 mg/kg Boden und mehr belastet worden[16].

Durch den *Kfz-Verkehr* bedingte Emissionen – vor allem Reifenabrieb (20 – 90 mg Cd/kg Reifenmaterial) und Cd-haltige *Verbrennungsrückstände* des Dieselöls – führen zu einer Belastung der Böden im unmittelbaren Einflußbereich der Straßen (bis 10 m neben Hauptverkehrsstraßen).

Als Folge des Cd-Eintrages in die Böden wird für die BRD insgesamt ein durchschnittlicher *Anstieg der Cd-Gehalte* in den A-Horizonten der Böden um 0,1 mg/kg in 20 – 40 Jahren angenommen.

(3) Cd-Bindungsformen und -Löslichkeit

Unter aeroben Bedingungen wird das Verhalten von Cadmium in Böden vor allem durch *unspezifische* und *spezifische Ad-* und *Desorptionsprozesse* bestimmt (s. Kap. X). Diese sind wiederum vom Gesamtgehalt an Cadmium, pH und Stoffbestand der Böden sowie vom Gehalt an organischen und anorganischen Komplexbildnern und von der Elektrolytkonzentration abhängig[39].

Ad- und Desorptionsvorgänge des Cadmiums können in einfacher Weise durch Adsorptionsisothermen beschrieben werden (Abb. 173; vgl. Abschnitt 3), wobei sich vor allem die Freundlichsche Adsorptionsisotherme als geeignet erweist[21, 43]. Mit zunehmendem *pH-Wert* steigt die Cd-Adsorption, während die Cd-Löslichkeit abnimmt. Bei pH-Werten um 7 weist die Cd-Konzentration in der Bodenlösung die niedrigsten Werte auf und steigt unterhalb pH 6,5 – 6 stark an (Abb. 175)[39]. Da der größte Anteil des Cadmiums in Böden in adsorbierter Form vorliegt, steigt die Cd-Löslichkeit außerdem – bei gleichem pH – mit zunehmenden Cd-Gesamtgehalten.

Bei neutraler bis alkalischer Reaktion ist der *spezifisch adsorbierte* Anteil des Cadmiums und anderer Schwermetalle hoch. Mit abnehmenden pH-Werten – beim Cadmium bereits ab pH 6,5 – nimmt dagegen die *unspezifische Adsorption* zu[40]. In dieser Bindungsform liegt der größte Teil des Cadmiums in einer durch Erdalkaliionen austauschbaren pflanzenverfügbaren Form vor[14, 23]. Aus Abb. 176 ist ersichtlich, daß der mit 0,1 M $CaCl_2$-Lösung extrahierbare, unspezifisch adsorbierte Anteil am Cd-Gesamtgehalt bereits bei pH 6,5 deutlich erhöht ist und – wie die Cd-Lösungskonzentration (Abb. 175) – mit abnehmendem pH exponentiell ansteigt. Bei pH 5 liegen im Mittel bereits mehr als 30 % des gesamten Cadmiums in einer unspezifisch adsorbierten, pflanzenverfügbaren Form im Boden vor. Der Gehalt an dieser Fraktion steigt – bei gleichem pH – außerdem mit zunehmendem Cd-Gesamtgehalt und kann mit diesen beiden Größen ausreichend genau für viele Böden geschätzt werden[23]:

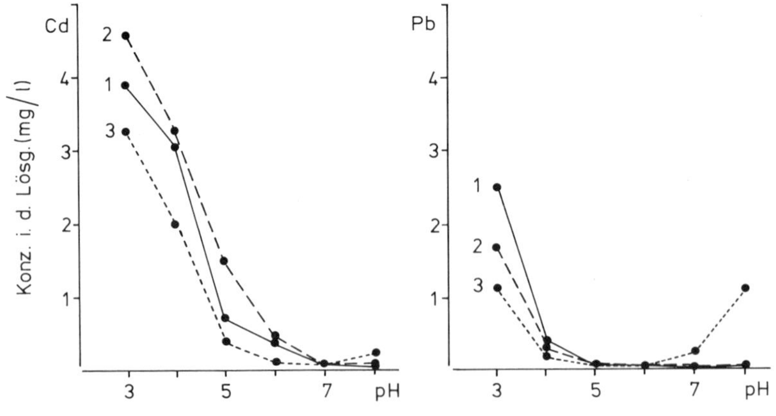

Abb. 175 Cadmium- und Blei-Konzentration in der Gleichgewichtslösung verschiedener Bodenproben aus A_p-Horizonten in Abhängigkeit vom eingestellten pH (Bodenproben wurden vor der pH-Einstellung mit 15 mg Cd/kg und 100 mg Pb/kg ins Gleichgewicht gesetzt)[39]. *Böden* (Bodenart; Gehalt an org. Subst.): 1. Kalkmarsch (Ls; 2,6 %), 2. Parabraunerde (Ls; 2,8 %), 3. Podsol (S; 4,4 %)

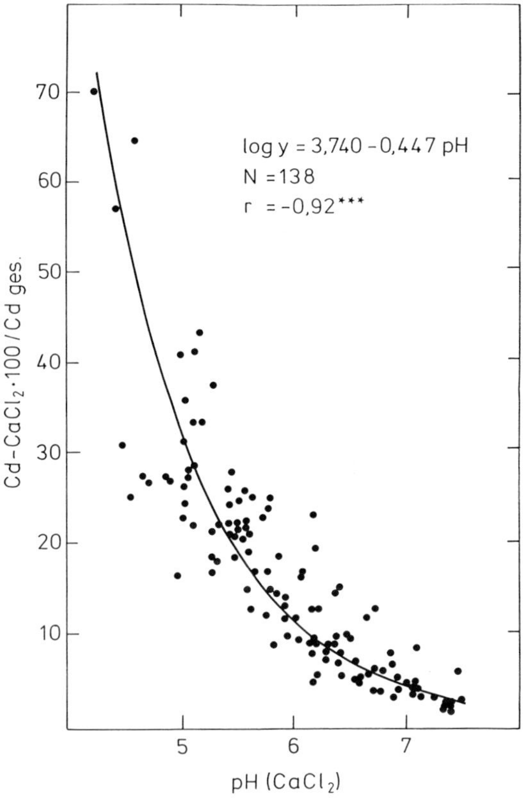

Abb. 176 Anteil des $CaCl_2$-extrahierbaren Cadmiums ($Cd - CaCl_2$) am Cd-Gesamtgehalt (Cd ges.) in Abhängigkeit vom pH für Böden sehr unterschiedlicher Eigenschaften [Cd ges. 0,1 – 6,2 mg/kg; pH($CaCl_2$) 4,2 – 7,5; $C_{org.}$ 0,5 – 8,6 %; Ton 3 – 41 %; (*Hornburg* und *Brümmer,* 1988)]

$$\log Cd - CaCl_2 = 0{,}73 \log Cd_t - 0{,}36\,pH + 1{,}10; \quad r = 0{,}89;\ N = 138 \qquad (1)$$

Neben einer Bindung an Austauscheroberflächen findet auch eine sehr langsam ablaufende Diffusion von Cadmium und ebenso von Zink, Nickel und anderen Schwermetallen in das Gitter von *Fe- und Mn-Oxiden* und zum Teil auch von *Tonmineralen* (vor allem bei Zn) statt[40]. Dadurch können Schwermetalle weitgehend irreversibel in Böden festgelegt werden.

Durch die organische Substanz des Bodens werden Schwermetalle als *metallorganische Komplexe* gebunden (s. Kap. VII 3 e). Cadmium gehört zwar zu den weniger stark komplexierten Schwermetallen; in Waldböden findet jedoch eine Cd-Anreicherung hauptsächlich in C-reichen O- und A-Horizonten statt[41]. Vor allem im sauren Bereich wird die Cd-Löslichkeit durch organische Substanzen deutlich stärker erniedrigt als durch mineralische Bodenkomponenten[39] (Abb. 175, vgl. Cd-Löslichkeit von Boden 3 mit der von Boden 1 und 2). Damit verbunden ist eine deutlich geringere Verfügbarkeit des Cadmiums bei pH < 6,5 in organischer als in mineralischer Bindung[42]. Das mit Klärschlamm und anderen Siedlungsabfällen auf Böden ausgebrachte Cadmium in organischer Bindung weist deshalb ebenfalls eine deutlich geringere Verfügbarkeit auf als das bei Gefäßversuchen oft in Salzform mit dem Boden ins Gleichgewicht gesetzte Cadmium. In gleicher Weise werden auch Löslichkeit und Verfügbarkeit der anderen Schwermetalle im sauren Bereich durch organische Substanzen erniedrigt (Abb. 175, vgl. Pb-Löslichkeit von Boden 3 mit der von Boden 1 und 2).

Daneben kann die Löslichkeit von Cadmium und anderen Schwermetallen jedoch auch durch *lösliche organische Komplexbildner* erhöht werden (s. Kap. VII 3 e). Die Neigung von Cadmium zur Bildung löslicher metallorganischer Komplexe ist dabei deutlich geringer als die anderer Schwermetalle.

Außerdem steigt die Cd-Löslichkeit infolge Desorption mit zunehmender Konzentration an *Alkali- und Erdalkali-Ionen* in der Bodenlösung. Auch die Konzentration an *Chlorid* und *Sulfat* beeinflußt die Cd-Löslichkeit, da beide Anionen relativ stabile lösliche Komplexe mit Cadmium bilden. So wird vor allem durch Bildung von Chloro-Cadmium-Komplexen ($CdCl^+$, $CdCl_2^o$, $CdCl_3^-$, $CdCl_4^{2-}$; log K: 1,98; 2,60; 2,40; 2,50*) die Cd-Adsorption bei Cl^--Konzentrationen $> 10^{-3}$ mol/l beträchtlich verringert. Mit sinkendem pH und damit abnehmender Bildung der bevorzugt adsorbierten Hydroxo-Komplexe (s. S. 102) steigt der Einfluß der Chloride. So bewirken Cl^--Konzentrationen von 10^{-1} mol/l z. B. bei pH 5 eine Erniedrigung der Cd-Adsorption um *50 – 75 %*[40]. Damit kann in *Salzböden* oder nach *KCl-Düngung* in Ackerböden sowie nach Streusalzausbringung in Straßenrandböden eine beträchtliche Cd-Mobilisierung stattfinden. Auch erhöhte Sulfat-Konzentrationen verringern die Cd-Adsorption durch Bildung von $CdSO_4^o$ (log K = 2,45). Der Einfluß der Sulfate ist jedoch weniger stark als der der Chloride.

Eine Bildung *definierter Cd-Verbindungen* findet fast ausschließlich unter reduzierenden

---

* log K-Werte der Reaktion: $Cd^{2+} + nCl^- = CdCl_n^{2-n}$

Bedingungen statt. Bereits bei Anwesenheit von geringen Mengen an Sulfidionen erfolgt eine Cd-Immobilisierung durch Ausfällung von sehr schwerlöslichem Cadmiumsulfid (CdS: log K = 27,2). Außerdem kann bei pH-Werten um und über 7,5 sowie sehr hohen Cd-Gehalten im Boden (> 50 mg/kg) Cadmiumcarbonat gebildet werden. In terrestrischen Böden sind die Voraussetzungen für die Entstehung von $CdCO_3$ jedoch in der Regel nur in extrem belasteten kalkhaltigen Böden gegeben.

Cadmium gehört – zusammen mit Zink, Thallium, Mangan und Nickel (s. Tab. 85) – zu den mobilen, relativ leicht *verlagerbaren* und verfügbaren Schwermetallen. In Abhängigkeit von der stark vom pH beeinflußten Cd-Löslichkeit ist die Verlagerungsgeschwindigkeit des Cadmiums in stark sauren Böden hoch und kann nach Simulationsergebnissen in 10 Jahren mehr als 50 cm[43] bzw. in 45 Jahren mehr als 120 cm betragen[44]. In Böden neutraler Reaktion findet dagegen nur eine sehr geringe Cd-Verlagerung statt.

(4) Cd-Gehalte von Pflanzen

In der Regel wird das in den Pflanzen enthaltene Cadmium zum weitaus überwiegenden Teil aus dem Boden aufgenommen. Eine Cd-Kontamination der Pflanzen über die Luft ist normalerweise von geringerer Bedeutung. In der Nähe von einschlägigen Industriebetrieben und Straßen hoher Verkehrsdichte können jedoch bis > 40 % des Cd-Gehaltes über die Luft auf und in die Pflanzen gelangen.

Der Cd-Gehalt der Pflanzen beträgt in der Regel < 0,5 mg/kg Tr.S. In Abhängigkeit von der Pflanzenart und -sorte treten jedoch große Unterschiede auf. Außerdem variiert der Cd-Gehalt auch innerhalb der verschiedenen Pflanzenteile. In der Regel werden die höchsten Gehalte in Blättern und z. T. in Wurzeln, geringere in Stengeln, Früchten und Körnern festgestellt. Während Erbsen, Bohnen, Kohl, Kartoffeln und Obst in der Regel relativ wenig Cadmium enthalten, treten in Sellerieknollen, Grünkohl, Spinat und Salat meist deutlich höhere Gehalte auf. Bei Getreidekörnern enthalten Weizen und Hafer mehr Cadmium als Gerste und Roggen. Vor allem Waldpilze weisen in der Regel hohe Cd-Gehalte auf (bis > 10 mg Cd/kg Tr.S.).

Die vom Bundesgesundheitsamt für Cadmium in Lebensmitteln festgesetzten *Richtwerte* (s. Tab. 83) betragen für Blatt-, Sproß-, Frucht- und Wurzelgemüse sowie Getreide und Kartoffeln 0,1 mg/kg Frischsubstanz und für Obst 0,05 mg/kg. Aus umfangreichen Erhebungsuntersuchungen wird abgeleitet, daß die Cd-Richtwerte für Nahrungspflanzen in der BRD insgesamt auf 1 – 7 % der Anbaufläche überschritten werden[45]. Dieser Anteil ist jedoch bei den einzelnen Nahrungspflanzen sehr unterschiedlich. Er kann sogar auf weitgehend unbelasteten Böden bei $pH(CaCl_2)$ < 6,5 für Sellerieknollen sehr hoch sein (z. T. über 50 %) und ebenso für Weizenkorn bei pH < 6 höhere Anteile erreichen (ca. 10 %). Bei Fruchtgemüse und Kernobst ist dagegen der Anteil der Richtwert überschreitenden Cd-Gehalte sogar auf belasteten Böden sehr gering. Bei den meisten anderen Nahrungspflanzen ist dieser Anteil jedoch auf belasteten Böden hoch[14, 16], z. B. bei Wurzelgemüse ca. 70 %[45].

(5) Cd-Verfügbarkeit

Die Cd-Verfügbarkeit steigt wie die Löslichkeit mit abnehmendem pH und zunehmenden Gesamtgehalten an Cadmium[15, 39]. Enge Beziehungen wurden vor allem zwischen dem Cd-Gehalt der Bodenlösung und dabei insbesondere der Cd^{2+}-Aktivität und den Cd-Gehalten der Pflanzen gefunden[46]. Weiterhin kann der *pflanzenverfügbare Cd-Gehalt* mit 0,1 M $CaCl_2$ extrahiert werden[14, 47] (Bestimmung: s. Kap. XXII 3). Nach Gleichung 1 kann er auch aus dem Cd-Gesamtgehalt und pH der Böden errechnet werden[23] (s. a. Abb. 176). So wurden sowohl signifikante Beziehungen der Cd-Gehalte im Weizenkorn zu den $CaCl_2$-extrahierbaren Cd-Gehalten der Böden[14] als auch zu den Cd-Gesamtgehalten zusammen mit den pH-Werten der Böden gefunden[15, 23]. Der einfache und doppelte Richtwert der Cd-Gehalte im Weizenkorn werden im Mittel bei 0,1 bzw. 0,2 mg Cd-$CaCl_2$/kg Boden überschritten[14, 23]. Bezogen auf den Cd-Gesamtgehalt der Böden ergeben sich hierfür bei pH 7 (pH 6) im Mittel Schwellenwerte von 1,1 (0,7) bzw. 2,2 (1,8) mg Cd_t/kg Boden[23]. Aus diesen Ergebnissen folgt, daß der derzeitige *Cd-Grenzwert* der Klärschlamm-Verordnung von 3 mg Cd/kg Boden (Tab. 83) zu hoch angesetzt ist und aus Vorsorgegründen für landwirtschaftlich und gärtnerisch genutzte Böden auf *1 mg Cd/kg Boden* erniedrigt werden sollte (s. Kap. XXII 3). Selbst bei diesem Grenzwert sollte die Ausbringung von Klärschlamm mit erhöhten Gehalten an Cadmium und anderen Schwermetallen nur auf Böden mit pH-Werten über 6 erfolgen.

Maßnahmen zur *Melioration* schwermetallbelasteter saurer Böden müssen eine Immobilisierung der ökologisch relevanten löslichen und $CaCl_2$-austauschbaren Schwermetallgehalte zum Ziel haben. Für eine Festlegung der mobilen Schwermetalle Cadmium, Zink u. a. ist ein Aufkalken der Böden auf pH-Werte um 7 erforderlich. Hohe Phosphatgaben bewirken ebenfalls eine erhöhte spezifische Adsorption und Festlegung der Schwermetalle. Die Cd-Aufnahme durch die Pflanzen kann außerdem durch eine gute Versorgung mit Mangan, Zink und Kupfer erniedrigt werden. Bei pH-Werten um 7 besitzen Eisen- und Manganoxide von allen Bodenkomponenten die höchste Adsorptions- und Festlegungskapazität für Schwermetalle. Damit stellt auch die Ausbringung dieser Oxide auf stark belasteten Böden eine Möglichkeit zur Schwermetallfestlegung dar[48]. Eine Erniedrigung der Schwermetallgehalte von Böden durch Anbau von Pflanzen mit hoher Schwermetallaufnahme oder durch Erhöhung der Schwermetallauswaschung hat sich bisher nicht als erfolgreich erwiesen. Hierfür wären bei den meisten Schwermetallen Zeiträume von Jahrhunderten erforderlich.

(6) Toxizität

Toxische Wirkungen von Cadmium auf Pflanzen und Mikroorganismen werden vor allem vom Cd-Gehalt der Bodenlösungen bestimmt. Damit geben Ergebnisse von Vegetationsversuchen mit Nährlösungen erste Hinweise auf die in Bodenlösungen zu erwartenden Grenzkonzentrationen für beginnende Cd-Toxizität. Bei Cd-empfindlichen Pflanzen (Bohnen, Erbsen, Rüben, Spinat) traten bereits bei 0,1 mg Cd/l Nährlösung Ertragsminderungen auf. Bei 1 mg Cd/l fand bei den meisten Kulturpflanzen ein verringertes Wachstum statt. Dabei treten unspezifische Chlorosen und Nekrosen an den Pflanzen auf, die z. T. durch verringerte Aufnahme und Mangel an essentiellen Schwermetallen bedingt sind.

Bei einem Vergleich der Wirkungen verschiedener Elemente auf Getreide und Gemüsepflanzen ergibt sich aus den Grenzkonzentrationen in Nährlösungen (mg/l) für beginnende Schadwirkungen folgende Reihe abnehmender Toxizität:

Cd (0,1 – 1) > Cr (VI) (< 1) > Ni (1 – 2) > Hg (< 1 – 4), Cr (III) (< 1 – 5), B (2), Cu (1 – 4), Zn (2,5) > As (4), Se (5) > Pb (10).

Anhand der kritischen Gehalte in den Pflanzen (mg/kg Tr.S.), bei denen beginnende Schadwirkungen für die einzelnen Elemente festgestellt wurden, kann folgende Reihe abnehmender Toxizität für die verschiedenen Elemente abgeleitet werden[49]:

Hg (0,5 – 5) ≥ Cr (VI) (1 – 2) > Cd (5 – 10) ≥ Co (3 – 20) > Cr (III) (5 – 20) ≥ Ni (11 – 30) ≥ Cu (14 – 25), Tl (11 – 45), As (20) ≥ Se (20) ≥ Pb (20 – 35) > B (80) > Zn (150 – 220).

Die für toxische Wirkungen relevanten Cd-Gehalte der Bodenlösungen werden vom Cd-Gesamtgehalt, pH und Stoffbestand der Böden bestimmt[39]. Schadeffekte an Pflanzen können deshalb – je nach Kombination dieser Einflußgrößen und Sensitivität der jeweiligen Pflanzen – bei Cd-Gesamtgehalten der Böden von 2 – > 30 mg/kg Boden auftreten.

Toxische Wirkungen auf Mikroorganismen, die zu einer Aktivitätsminderung um 10 bzw. 50 % führen, treten meist in Böden bei Cd-Lösungskonzentrationen von 0,05 – 0,5 bzw. 0,3 – 3 mg Cd/l auf. Die Cd-Gesamtgehalte für eine 10 % Aktivitätsminderung betragen meist 5 – 50 mg Cd/kg. Die Anwesenheit von organischen und anorganischen Komplexbildnern sowie eine gute Nährstoffversorgung der Böden mindert dabei die toxische Wirkung des gelösten Cadmiums[50]. In mäßig sauren bis neutralen Böden nimmt die toxische Wirkung der Schwermetalle auf Mikroorganismen bei Messung der Gesamtaktivität meist in der Reihe Cd > Ni > Zn > Pb ab. Die gemessene Toxizität ergibt sich dabei aus der spezifischen Toxizität der verschiedenen Schwermetalle sowie deren unterschiedlicher Verfügbarkeit in Böden. Für einzelne Mikroorganismengruppen kann die Wirkung der verschiedenen Schwermetalle von der aufgeführten Reihenfolge abweichen. Sehr viel empfindlicher als die meisten Mikroorganismen reagieren Algen und Knöllchenbakterien auf Schwermetallbelastungen der Böden.

Der Cd-Gehalt der *Bodenlösung* von nicht oder wenig belasteten Böden beträgt in der Regel weniger als 10 µg/l. Nach hohen Klärschlammgaben wurden 200 µg Cd/l gemessen. Im *Grundwasser* sind meistens < 5 µg Cd/l, oft < 1 µg/l enthalten. In *Flüssen* und *Seen* wurden Cd-Gehalte von 0,07 – 4,9 µg/l und im *Meerwasser* von 0,01 – 1,0 µg/l ermittelt. Der Cd-Grenzwert für *Trinkwasser* beträgt 5 µg Cd/l (Tab. 83).

Die Cd-Konzentration in der *Luft* kann im Jahresmittel in der Nähe von Emittenten bis

0,06 $\mu g/m^3$ und in Ballungsgebieten bis 0,025 $\mu g/m^3$ betragen. In Reinluftgebieten sind etwa 0,001 μg Cd/m^3 in der Luft vorhanden. Im Tagesmittel wurden in manchen Großstädten bis 0,5 μg Cd/m^3 bestimmt. Nach den gesetzlichen Richtlinien soll ein 24-Stunden-Mittelwert von 0,04 μg Cd/m^3 Luft nicht überschritten werden. Die maximale Arbeitsplatzkonzentration (MAK-Wert) beträgt 0,05 mg Cd/m^3. Nach dem Immissionsschutzgesetz ist eine langzeitliche Cd-Immission von 5 $\mu g/(m^2 \cdot Tag)$ zulässig. Dies entspricht einer relativ hohen Cd-Zufuhr zum Boden von 18,3 g/(ha · Jahr).

d) Blei[3, 4, 51, 52]

Blei weist eine deutlich geringere Toxizität als Cadmium und Quecksilber auf. Das von Menschen und Tieren aufgenommene Blei reichert sich in Leber und Nieren sowie vor allem in Knochen und Zähnen an, in denen es anstelle des Calciums in das Apatitgitter eingebaut wird. Da Blei eine lange biologische Halbwertszeit besitzt (sie beträgt beim Menschen 5 – 20 Jahre), findet in hochindustrialisierten Ländern ein Anstieg des Bleigehaltes im menschlichen Körper mit zunehmendem Lebensalter statt.

Als Indikator für eine Bleibelastung kann der Pb-Gehalt im Blut verwendet werden. Dieser sollte bei Erwachsenen 0,35 – 0,40 mg Pb/l, bei Kindern 0,25 – 0,30 mg Pb/l nicht überschreiten. Durch Blei werden einzelne Enzyme der Hämoglobinsynthese gehemmt (Aminolävulinsäure-Dehydrase, Porphyrinsynthese-Enzyme), so daß es zur Ausbildung von Anämien kommen kann.

Blei wird vom Menschen vor allem mit der Nahrung und der Atemluft aufgenommen. Oral zugeführtes Blei wird im Magen-Darm-Trakt von Erwachsenen zu etwa 10 % resorbiert, bei Kindern dagegen zu wesentlich höheren Anteilen. Bei der Inhalation von bleihaltigen Stäuben findet in der Lunge eine besonders hohe Pb-Resorption statt, die im Mittel etwa 30 % des inhalierten Bleis beträgt. In stark belasteten Gebieten kann deshalb die Pb-Aufnahme mit der Atemluft von beträchtlicher Bedeutung sein[4].

Von der WHO wird eine Pb-Aufnahme von 3,5 mg/Woche · Person (bezogen auf 70 kg Körpergewicht) als tolerierbar angesehen. Die durchschnittliche wöchentliche Pb-Aufnahme mit Lebensmitteln beträgt in der BRD ca. 25 % des WHO-Wertes[52]. Sie kann jedoch den WHO-Wert übersteigen, wenn vorwiegend Nahrungsmittel aus stark durch Pb-Immissionen belasteten Gebieten verzehrt werden[14, 53].

(1) Pb-Gehalte von Böden

Der mittlere Pb-Gehalt beträgt in der kontinentalen *Kruste* 15 mg/kg (Tab. 81); in manchen Schiefern liegen bis 70 mg/kg vor. Unbelastete Böden enthalten in der BRD in der Regel 2 – 60 mg Pb/kg (Tab. 83), selten > 100 mg/kg. Höhere Pb-Gehalte treten vor allem in Böden aus bleierzhaltigen Gesteinen auf. So wurden in norwegischen Böden aus PbS-reichem Ausgangsmaterial bis zu 2,5 % Blei festgestellt[54].

Stark erhöhte Pb-Gehalte treten vor allem in *anthropogen belasteten Böden* auf. So weisen Auenböden der Oker und Inerste im Harzvorland infolge des jahrhundertelangen Erzabbaus im Harz stark erhöhte Gehalte an Blei (bis 4000 mg/kg) sowie an Zink (bis 5000 mg/kg), Kupfer (bis 650 mg/kg) und Cadmium (bis 200 mg/kg, s. dort) auf[14]. In der näheren Umgebung von Metallhütten und sonstigen bleiverarbeitenden Industriebetrieben wurden Pb-Gehalte in den Böden bis 3000 mg/kg festgestellt[53]. In geringer Entfernung neben verkehrsreichen Straßen treten Pb-Gehalte bis 700 mg/kg auf[10, 55]. In anthropogen stark beeinflußten Gartenböden städtischer Bereiche und in Böden aus Trümmerschutt sind ebenfalls in der Regel deutlich erhöhte Pb-Gehalte vorhanden (bis 400 mg/kg) (s. Tab. 84)[12, 55]. Auch in fluvialen Sedimenten von belasteten Fließgewässern sind große Mengen an Blei angereichert (Elbe-Schlicke bis 1500 mg Pb/kg).

(2) Pb-Quellen und -Eintrag

Der weltweite Bleiverbrauch wird auf etwa $5{,}3 \times 10^6$ t pro Jahr (1980) geschätzt; davon stammen etwa 25 – 40 % aus recyclierten Pb-Abfallprodukten[4]. In der BRD werden pro Jahr (1982) ca. 330 000 t Blei verbraucht, von denen etwa ¾ wiederverwendet werden und ¼ in der Umwelt verbleiben.

Blei wird vor allem über die *Luft* in die Böden eingetragen. Natürliche Emissionen in die Atmosphäre durch Staubverwehungen und vulkanische Aktivität werden auf etwa 19 000 t/Jahr geschätzt. Die anthropogenen Pb-Emissionen betrugen 1974/75 weltweit etwa 440 000 t/Jahr, von denen ca. 60 % aus der Verbrennung von Pb-haltigem Benzin stammten[4]. Seit der Verwendung Pb-haltiger Kraftstoffe sind von 1923 – 1987 insgesamt ca. 7×10^6 t Blei durch den Kfz-Verkehr emittiert worden. Andere Emissionsquellen stellen erzverhüttende und Pb-verarbeitende Industriebetriebe dar. Auch die Verbrennung von Kohle (2 – 600 mg Pb/kg Kohle; Kohlenasche 60 – > 1000 mg Pb/kg) trägt zur Pb-Emission bei[51].

In der BRD wurden 1982 etwa 5500 t Blei in die Luft emittiert, von denen etwa 3400 t aus Kraftfahrzeugabgasen stammten[52]. Mit der durch gesetzliche Maßnahmen bewirkten zunehmenden Umstellung auf bleifreies Benzin ist in den nächsten Jahren eine deutliche Abnahme der Pb-Emission zu erwarten.

Durch den *Kfz-Verkehr* findet ein hoher Pb-Eintrag in die Böden vor allem auf den ersten 10 Metern neben verkehrsreichen Straßen statt (Abb. 171). Nach 50 bis 100 m Entfernung sind in der Regel keine erhöhten Pb-Gehalte mehr nachweisbar. Mit steigender Verkehrsdichte und zunehmender Dauer der Verkehrseinwirkung steigen die Pb-Gehalte der Straßenrandböden an.

Die als Antiklopfmittel dem Benzin zugesetzten Bleitetraalkyle werden nach dem Verbrennungsvorgang mit den Auspuffgasen in fester Form vorwiegend als Bleihalogenide (PbClBr; $NH_4Cl \cdot 2PbClBr$) sowie zu geringeren Anteilen als Bleisulfate, -phosphate und -oxide emittiert. Der größte Teil der Pb-haltigen Partikel stellt dabei Feinstaub mit einem Durchmesser $< 1\,\mu m$ dar, so daß bei entsprechenden Windverhältnissen auch ein sehr weiter Transport dieser Teilchen möglich ist. Dabei werden die leichtlöslichen Bleihalogenide z. T. in schwerlösliche Bleicarbonate, -sulfate und -oxide umgewandelt[51], bevor sie auf der Bodenoberfläche abgelagert und in bodeneigene Bindungsformen überführt werden.

Ein sehr hoher Pb-Eintrag findet durch Staubniederschläge in unmittelbarer Umgebung von Bleierz verarbeitenden Betrieben statt. Hier wurden z. T. Pb-Depositionen von über 10 000 g Pb/(ha · Jahr) gemessen[13]. In Ballungsgebieten beträgt der Pb-Eintrag bis zu 2400 g/(ha · Jahr) (Tab. 86 a).

In die Luft emittierte bleihaltige Feinstaubpartikel und Aerosole können mit dem Wind sehr weit transportiert werden, so daß selbst in *industriefernen Gebieten* ein erhöhter Pb-Eintrag festzustellen ist. So wurden in verschiedenen Waldgebieten Norddeutschlands Pb-Einträge in die Böden von 130 – 390 g/(ha · Jahr) gemessen (Tab. 86 a). Dabei waren die Gesamteinträge auf Fichtenstandorten [im Mittel 317 g Pb/(ha · Jahr)] infolge der hohen Interceptionsdeposition [im Mittel 193 g Pb/(ha · Jahr)] deutlich höher als auf Laubwaldstandorten [im Mittel Gesamteintrag 220, davon Interceptionsdeposition 104 g Pb/(ha · Jahr)][38]. Auf Freiflächen betrug der Pb-Eintrag in wenig besiedelten Gebieten Mitteleuropas 70 – 130, in Skandinavien weniger als 40 g Pb/(ha · Jahr)[36, 37, 38]. Selbst im heutigen Polarschnee weist der Pb-Gehalt gegenüber dem natürlichen Ausgangsgehalt um den Faktor 500 höhere Werte auf.

Als weitere Pb-Quellen wirkten über viele Jahrhunderte – z. T. seit der Römerzeit und dem Mittelalter – Erz- und Abraumhalden in alten Bergbaugebieten, deren bleireiches Material durch Wasser- und Winderosion in der Umgebung verteilt wurde.

Auch eine langjährige Ausbringung von größeren Mengen an *Klärschlamm* und anderen Siedlungsabfällen, die z. T. bis zu 3000 mg Pb/kg Tr.S. enthielten, führte zur Pb-Anreicherung im Boden (s. Kap. XXIII).

(3) Pb-Bindungsformen und -Löslichkeit

In den Böden wird das eingetragene Blei in bodeneigene Bindungsformen und Verbindungen umgewandelt. Die *Pb-Löslichkeit* wird dabei vom pH, Gesamtgehalt an Blei und Stoffbestand der Böden sowie von den Redoxbedingungen beeinflußt.

Im Gegensatz zu Cadmium, Zink und Nickel ist Blei in Böden sehr immobil (s. Tab. 85) und weist bei pH-Werten > 5 in der Regel eine sehr geringe Löslichkeit auf (Abb. 175, s. Pb-Löslichkeit von Boden 1 u. 2). Erst bei pH-Werten unter 4 – 4,5 nimmt die Pb-Löslichkeit und damit auch die Pb-Verlagerbarkeit und -Verfügbarkeit deutlich zu. In diesem pH-Bereich kann auch der Trinkwasser-Grenzwert für Pb (0,04 mg/l) in Bodenlösungen z. T. deutlich überschritten werden (Abb. 177). Dabei weisen Bodenproben mit hohen Gehalten an organischer Substanz eine wesentlich geringere Pb-Löslichkeit auf als Proben mit niedrigen $C_{org.}$-Gehalten (Abb. 175, vgl. Pb-Löslichkeit von Boden 3 mit der von Boden 1 u. 2). Die organische Substanz der Böden wirkt damit im stark sauren Bereich stärker löslichkeitserniedrigend als mineralische Bodenkomponenten[39]. Weiterhin führen auch steigende Gesamtgehalte an Blei – bei annähernder Vergleichbarkeit aller anderen Einflußgrößen – zu einer zunehmenden Pb-Löslichkeit[39, 43] (Abb. 177).

Blei wird von allen Schwermetallen mit am stärksten durch *spezifische Adsorptionspro-*

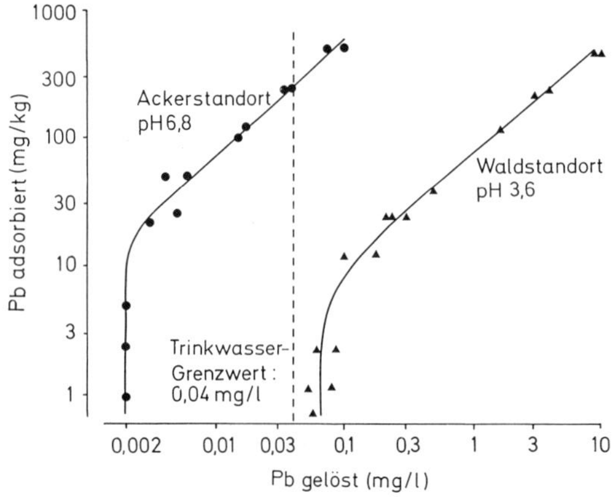

Abb. 177 Beziehung zwischen adsorbiertem und gelöstem Blei für A-Horizonte von zwei Parabraunerden aus Geschiebemergel unter Acker (linke Kurve) und unter Wald (rechte Kurve) (Acker: pH($CaCl_2$) 6,8; 1,6 % $C_{org.}$; 22 % Ton; Wald: pH($CaCl_2$) 3,6; 2,6 % $C_{org.}$; 16 % Ton; Bestimmung mit 10 g Boden, 25 ml 0,01 M $CaCl_2$ und steigenden Mengen an Blei, 40 h Schüttelzeit) (*Zeien* und *Brümmer,* 1987)

zesse gebunden (s. Tab. 85 u. Kap. X). Vor allem Fe-, Al- und Mn-Oxide weisen eine hohe, mit dem pH ansteigende Bindungskapazität für Blei auf[56], wobei das an Oxide gebundene Blei bei pH-Werten > 4,5 – 5 nur zu sehr geringen Anteilen von Alkali- und Erdalkaliionen desorbiert werden kann. Bei mäßig saurer bis alkalischer Bodenreaktion können dann 75 – 85 % des gesamten Bleis in oxidischer Bindung – insbesondere in schlecht kristallinen Oxiden – vorliegen[57]. So wurden in Fe- und Mn-Konkretionen von wenig belasteten Böden (Pb ges. 25 – 95 mg/kg Boden) im Mittel Pb-Gehalte von ca. 2500 mg/kg gemessen[18]. Der in Silicaten gebundene Pb-Anteil beträgt in Abhängigkeit von Ausgangsmaterial, Verwitterungsgrad und Belastung der Böden meist 1 – 25 %[57].

Bei pH-Werten < 4,5 – 4 nimmt der Anteil des *unspezifisch adsorbierten, pflanzenverfügbaren Bleis* zu und kann in sauren Waldböden bei pH-Werten um 3 Anteile bis zu 10 % erreichen. In diesem pH-Bereich überwiegt gleichzeitig die Bindungskapazität der Huminstoffe die der Oxide, so daß dann der größte Teil des Bleis in O- und A-Horizonten an die organische Substanz gebunden ist (bis zu 80 %)[41, 57]. Das vor allem bei pH < 4 aus mineralischer Bindung freigesetzte Blei wird dabei z. T. von den Pflanzen aufgenommen und mit den Vegetationsresten in O- und A-Horizonten angereichert. Auch das aus anthropogenen Quellen stammende Blei wird zum größten Teil in diesen Horizonten akkumuliert und liegt dort vorwiegend in *organischer* und zum geringeren Teil in *oxidischer* Bindung vor.

Die Pb-Festlegung durch organische Substanzen erfolgt vor allem durch Bildung unlöslicher *metallorganischer Komplexe* hoher Stabilität (s. Kap. VII 3 e). Andererseits können lösliche organische Komplexbildner auch eine Mobilisierung von Blei bewirken. Vor allem bei pH-Werten > 6 wird die Pb-Löslichkeit durch lösliche Chelatbildner bestimmt[39] (Abb. 175, s. Pb-Löslichkeit von Boden 3). Unter reduzierenden Bedingungen findet eine besonders starke Bildung von löslichen organischen Komplexbildnern statt, die eine beträchtliche Pb-Mobilisierung bewirken können (vgl. Kap. VII 3 e).

Als definierte Pb-Verbindungen können in Böden mit hohen Blei- und Phosphorgehalten wahrscheinlich zum Teil sehr schwerlösliche *Bleiphosphate* [$Pb_3(PO_4)_2$; $Pb_4O(PO_4)_2$; $Pb_5(PO_4)_3OH$] entstehen. Auch in einigen komplex zusammengesetzten Bodenphosphaten wurde ein erhöhter Pb-Gehalt nachgewiesen. In carbonathaltigen Böden und Sedimenten wird z. T. die Existenz von *Bleicarbonat* ($PbCO_3$) oder bleihaltigen Carbonaten vermutet. Unter reduzierenden Bedingungen findet in Anwesenheit von Sulfidionen eine Bildung von *Bleisulfid* (PbS) bzw. von bleihaltigen Schwermetallsulfiden statt.

Eine *Pb-Verlagerung* und *-Auswaschung* erfolgt in Böden infolge der geringen Pb-Löslichkeit nur in sehr geringem Maße. Bilanzierungen ergaben, daß etwa 80 % des insgesamt immittierten Bleis in den obersten 20 cm der untersuchten Böden festgelegt wurden[55]. Selbst in stark sauren Böden waren nach Simulationsergebnissen noch 99 % des zugeführten Bleis nach 10 Jahren in den obersten 50 cm des Bodens gebunden[43]. Für die *Pb-Auswaschung* aus den oberen Bodenhorizonten wurden Werte von 1 – 39 g Pb/(ha · Jahr) für verschiedene Böden der BRD ermittelt[37, 38]. Insgesamt findet damit eine Pb-Anreicherung in den Böden statt.

(4) Pb-Gehalte von Pflanzen

Der Pb-Gehalt der Pflanzen beträgt auf nichtkontaminierten Standorten meist < 10 mg/kg Tr.S. In Gefäßversuchen mit Nährlösungen sowie mit Bodenmaterial wurden mit zunehmendem Pb-Angebot steigende Pb-Gehalte in den Pflanzen (bis mehrere Hundert mg/kg Tr.S.) gemessen. Zunächst reichert sich das

Blei in oder auf der Wurzeloberfläche an und wird erst bei höherem Pb-Angebot in die oberirdischen Pflanzenteile transportiert. In der Regel steigen die Pb-Gehalte der verschiedenen Pflanzenteile in der Reihe: Körner, Früchte, Knollen < Stengel < Blätter < Wurzeln. Hohe Pb-Gehalte in den Pflanzen wurden auch auf Böden extrem hoher Pb-Gehalte festgestellt, z. B. bis über 100 mg/kg Tr.S. im Rübenblatt[14] und bis 480 bzw. 720 mg/kg Tr.S. im Sproß bzw. in Wurzeln von Pflanzen auf Pb-reichen Abraumhalden[58].

Für die Pb-Gehalte der Pflanzen ist in der Regel die Pb-Anreicherung in oder auf oberirdischen Pflanzenteilen durch *Deposition aus der Luft* von wesentlich größerer Bedeutung als die Pb-Aufnahme aus dem Boden. Vor allem in der unmittelbaren Umgebung von Pb-verarbeitenden Industriebetrieben, Hauptverkehrswegen und größeren Siedlungsgebieten kann der Pb-Gehalt der Pflanzen um ein Vielfaches gegenüber den Normalgehalten erhöht sein. Im Extrem enthielten Weidepflanzen in der Umgebung eines Hüttenwerkes maximal 6700 mg Pb/kg Tr.S. gegenüber einem Normalgehalt von 6 – 9 mg Pb/kg Tr.S.[53]. Dabei treten erste Schadwirkungen durch Blei bei Weidevieh bereits bei einer mittleren Tagesdosis von 50 mg Pb/kg Tr.S. im Futter auf. Ab 250 mg Pb/kg Tr.S. ergeben sich nach 2 – 4 Wochen akute Vergiftungserscheinungen; 450 mg Pb/kg Tr.S. wirken tödlich.

Auf straßennahen Böden wachsende Pflanzen weisen gegenüber den Normalgehalten bis zum 30fachen und mehr erhöhte Pb-Gehalte auf. Eine deutliche Beeinflussung durch Kfz-Emissionen findet dabei vor allem 10 – 20 m neben Straßen und Autobahnen statt und ist z. T. auch noch bis in 100 m Entfernung nachweisbar[7].

Insgesamt steigt der Pb-Gehalt der Pflanzen mit dem mittleren Pb-Gehalt der Luft bzw. abnehmender Entfernung von der Emissionsquelle, zunehmender Vegetationsdauer und abnehmender Wuchsleistung der Pflanzen. Bei gleicher Deposition ist deshalb der Pb-Gehalt in den Blättern und Nadeln von Bäumen höher als in Gemüsepflanzen und Gräsern. Vor allem die langsam wachsenden Moose und Flechten vermögen 100- bis 1000mal mehr Schwermetalle pro g Tr.S. anzureichern als höhere Pflanzen und stellen damit geeignete *Bioindikatoren* für Schadstoffdepositionen dar.

Die auf den oberirdischen Pflanzenteilen abgelagerten Pb-Verbindungen haften vorwiegend an der Oberfläche und gelangen wahrscheinlich nur zu einem geringen Anteil in das Pflanzeninnere. Je nach Pflanzenart können deshalb 30 – 70 % des Gesamtbleis durch *Abwaschen* der Pflanzen und weitere Anteile durch verschiedene technische Maßnahmen bei der industriellen Lebensmittelherstellung entfernt werden.

Die vom Bundesgesundheitsamt für Blei in und auf Lebensmitteln festgesetzten *Richtwerte* (s. Tab. 83) betragen für Grünkohl 2,0 mg Pb/kg Fr.S., für Blattgemüse 0,8, Sproßgemüse und Obst 0,5, Weizenkörner 0,3 und für Fruchtgemüse, Wurzelgemüse und Kartoffeln 0,25 mg Pb/kg Fr.S. Bei Erhebungsuntersuchungen lagen bei Blatt- und Fruchtgemüse sowie einigen Obstsorten 85 – 90 % der untersuchten Proben unter den jeweiligen Richtwerten; bei Wurzel- und Sproßgemüse sowie Kartoffeln und Getreide waren es 95 – 100 %.

(5) Pb-Verfügbarkeit

Bei *pH-Werten* unter 4 – 4,5 nimmt die Löslichkeit und damit die Verfügbarkeit von Blei deutlich zu (s. Abb. 175 u. 177). Deshalb wird in stark bis extrem versauerten Waldböden deutlich mehr Blei von der Vegetation aufgenommen als auf landwirtschaftlich genutzten Böden mit höheren pH-Werten. Ein Einstellen der pH-Werte von Pb-belasteten Böden auf annähernd neutrale Reaktion erniedrigt die Pb-Aufnahme der Pflanzen. Auch hohe *Phosphatgaben* bewirken durch Erhöhung der Pb-Adsorption und z. T. auch durch Bildung schwerlöslicher Bleiphosphate eine geringere Pb-Verfügbarkeit und verhindern gleichzeitig einen durch Pb-Überschuß induzierten P-Mangel. Außerdem wird die Pb-Verfügbarkeit vom *Gesamtvorrat* an mobilisierbarem (= adsorbiertem) Blei und dem Stoffbestand der Böden bestimmt (s. Pb-Löslichkeit in Abb. 177). Da Blei in der Regel eine sehr geringe Löslichkeit aufweist, ist der Gesamtvorrat an adsorbiertem Blei – im Gegensatz zu den Verhältnissen beim Cadmium – jedoch von einer geringeren Bedeutung für die Pb-Verfügbarkeit.

Demzufolge weisen die Beziehungen zwischen dem Pb-Gehalt der Pflanzen und verschiedenen Pb-Fraktionen der Böden (0,1 M $CaCl_2$-, EDTA- und DTPA-extrahierbares Pb; s. Kap. XXII 3) in der Regel auch keine signifikanten Beziehungen auf[14]. Dagegen wurde in Gefäßversuchen mit unterschiedlich stark durch Kfz- und Industrie-Emissionen belasteten Böden eine sehr enge Beziehung zwischen dem Pb-Gehalt im Bodensättigungsextrakt und dem Pb-Gehalt von Erbsenpflanzen gefunden (r = 0,91)[58].

Auf der Basis der Gesamtgehalte an Blei ist im Rahmen der Klärschlamm-Verordnung für Böden ein *Grenzwert* von 100 mg Pb/kg Boden festgelegt worden (s. Tab. 83). Da Blei eine sehr geringe Verfügbarkeit und eine relativ geringe Toxizität besitzt, ist bei diesem Grenzwert für Böden mit pH-Werten > 4 eine sehr große Sicherheitstoleranz vorhanden. Auf extrem sauren Waldstandorten können Pb-Gehalte von 100 mg/kg Boden jedoch bereits problematisch sein[39] (s. Abb. 177).

(6) Toxizität

Bei hohen Pb-Gehalten in Böden können unspezifische Chlorosen und starke Wachstumsschäden an Wurzeln und oberirdischen Pflanzenteilen auftreten. Außerdem kann eine Hemmung der Mikroorganismenaktivität erfolgen. Im Vergleich zu den anderen Schwermetallen weist Blei jedoch eine relativ geringe Toxizität auf (s. Kap. XXII 4 c).

Versuche in Nährlösungen mit verschiedenen Pflanzen ergaben einen kritischen Pb-Gehalt im Pflanzenmaterial für beginnende Toxizität von 20 – 35 mg/kg Tr.S.[49]. In anderen Untersuchungen konnte selbst bei wesentlich höherer Pb-Aufnahme keine phytotoxische Wirkung von Blei festgestellt werden. Als Grenzkonzentration der Nährlösungen für beginnende Schadwirkungen wurden Werte von 5 – > 10 mg Pb/l bei verschiedenen Pflanzen ermittelt.

Die *Mikroorganismenaktivität* wird im wesentlichen vom Pb-Gehalt der Bodenlösung beeinflußt. Eine Schädigung der Mikroorganismen beginnt vermutlich bei ähnlichen Pb-Konzentrationen, wie sie auch zu Wachstumsdepressionen bei Pflanzen führen (1 – 10 mg Pb/l). Auf stark mit Blei sowie gleichzeitig mit Cadmium, Zink und Kupfer belasteten Böden in der Umgebung eines Hüttenwerkes führte die kombinierte Wirkung dieser Schwermetalle zu einer starken Hemmung der Streuzersetzung, so daß eine beginnende Vertorfung der Böden (Grünlandstandorte) die Folge war[53].

In nicht oder wenig belasteten Böden mit pH > 4 (A-Horizonte) beträgt der Pb-Gehalt der *Bodenlösung* in der Regel < 10 µg/l, in sauren Waldböden (pH < 4) 16 – 160 µg/l. In Gleichgewichtslösungen von kompostierten *Siedlungsabfällen* wurden 80 – 200 µg/l gemessen. *Drainwasser* von Böden enthält < 10 µg Pb/l, *Grundwasser* 1 – 6 µg/l, *Trinkwasser* 10 – 30 µg/l (Trinkwassergrenzwert für BRD 40 µg/l) und *Regenwasser* industrieferner Gebiete im Mittel 5 – 30 µg/l sowie in Ballungsgebieten bis 1000 µg/l. Im *Flußwasser* (BRD) beträgt der Pb-Gehalt 1 – 50 µg/l, in küstennahmem *Meerwasser* (Ostsee) 0,3 – 0,5 µg/l und im freien Ozeanwasser 0,02 µg/l.

Der Pb-Gehalt der *Luft* beträgt in verkehrsarmen Gebieten 0,03 – 0,1 µg/m³, in Großstädten bei ungünstiger Witterung bis 4 µg/m³, auf verkehrsreichen Straßen 15 – 30 µg/m³. Zur Vermeidung toxischer Wirkung beim Menschen gilt in der BRD als Mittelwert über 1 Jahr eine maximale Pb-Immissionskonzentration von 2 µg/m³ Luft und ein MAK-Wert von 200 µg/m³. Als langzeitlich zulässige *Pb-Immission* über die Luft wurde ein Wert von 250 µg/(m²·Tag) festgesetzt, der einer Pb-Zufuhr zum Boden von 913 g Pb/(ha·Jahr) entspricht.

e) Quecksilber[3, 4, 59]

Hg-Verbindungen sind ein starkes Gift für Mensch und Tier. In den Jahren von 1953 – 1965 wurden in Japan (Minamata und Niigata) über 100 Erkrankungen (Minamata-Krankheit) durch Verzehr von Fischen mit extrem hohem Hg-Gehalt (30 – 102 mg Hg/kg Tr.S.; Normalgehalte 0,025 – 0,155 mg Hg/kg Tr.S.) bekannt. Die primäre Ursache war das Einleiten stark Hg-haltiger Abwässer eines Industriebetriebes in das Meer. Weitere Hg-Vergiftungen wurden 1971/72 bei über 6000 Menschen im Irak festgestellt, die mit Quecksilbersalzen gebeiztes Saatgetreide zur Brotherstellung verwendet hatten.

Vor allem *organische Quecksilberverbindungen* (Methylquecksilber u. a.) besitzen eine stark toxische Wirkung. Sie schädigen insbesondere bestimmte Gehirnzentren und das Zentralnervensystem und können zur Erblindung, Bewegungsunfähigkeit und u. U. auch zum Tode führen. Außerdem sind mutagene und teratogene Wirkungen von Methylquecksilber (CH_3HgCl) nachgewiesen worden. Anorganische Quecksilberverbindungen führen vor allem zu Nierenschäden. Das fettlösliche Methylquecksilber wird in Leber und Nieren sowie im Gehirn angereichert und dabei vor allem an SH-Gruppen von Eiweißen gebunden (CH_3HgSR). Die biologische Halbwertszeit im menschlichen Körper beträgt etwa 70 Tage.

Von der WHO wird eine wöchentliche *Quecksilberaufnahme* von 0,35 mg/Person (bezogen auf 70 kg Körpergewicht) als tolerierbar angesehen. In der BRD beträgt die Hg-Aufnahme durch Lebensmittel im Durchschnitt 0,05 – 0,08 mg/Person·Woche und umfaßt damit 14 – 23 % des WHO-Wertes. Da Fische (und Muscheln) die Hauptquelle für die Hg-Zufuhr mit der Nahrung darstellen, kann die Hg-Aufnahme mit zunehmendem Fischverzehr und Hg-Gehalt der Fische beträchtlich ansteigen[3,4,59].

(1) Hg-Gehalte von Böden und Sedimenten

Der mittlere Hg-Gehalt der *kontinentalen Kruste* beträgt 0,02 mg/kg (s. Tab. 81). Tonschiefer enthalten bis > 0,4 mg Hg/kg. Wesentlich höhere Gehalte treten in Gesteinen mit HgS (Zinnober) oder Hg-haltigen polymetallischen Erzen auf. In nicht oder wenig belasteten *Böden* und Sedimenten sind in der Regel 0,02 – 0,5, meistens < 0,1 mg Hg/kg vorhanden (Tab. 83)[60]. In Böden aus Hg-reichem Ausgangsmaterial wurden bis 40 mg Hg/kg Boden festgestellt. Auch in Gebieten mit Hg-Emission infolge vulkanischer Aktivität können in natürlicher Weise erhöhte Hg-Gehalte in Böden auftreten.

In anthropogen beeinflußten Böden von Ballungsgebieten beträgt der Hg-Gehalt in der Regel 0,1 – 0,4 mg/kg, in der Umgebung erzverarbeitender Industriebetriebe bis 1,8 mg/kg. Berieselung mit kommunalen Abwässern führte zu Hg-Gehalten der Böden bis 1,6 mg/kg Boden. Vor allem bewirkte jedoch die langjährige Anwendung von Hg-haltigen Fungiciden in hohen Gaben beim Reisanbau (Japan) sowie besonders bei Rasenflächen (Sportplätze) einen starken Anstieg der Hg-Gehalte. Auf Golfplätzen wurden in Canada Hg-Gehalte bis 180 mg/kg Boden gemessen[61].

In belasteten *fluvialen Sedimenten* sind in der BRD ebenfalls hohe Hg-Gehalte vorhanden (bis 110 mg Hg/kg). In Elbe und Rhein wurden in stark belasteten Sedimentationsgebieten 20 – 30 mg Hg/kg Sediment gemessen, in der Minamata-Bucht im Extrem bis 2010 mg/kg[62].

(2) Hg-Quellen und -Eintrag

Das Verhalten von Quecksilber in der Umwelt wird vor allem durch den relativ hohen Dampfdruck des metallischen Quecksilbers bestimmt. So wird die Hg-Abgabe an die Atmosphäre durch Verdampfen des bei der Mineralverwitterung in Böden und Gesteinen freigesetzten Quecksilbers sowie durch Abgabe aus dem Meerwasser und bei vulkanischen Aktivitäten auf 40 000 t/Jahr geschätzt[62]. Mit den Niederschlägen wird Quecksilber dann erneut in Böden und Gewässer eingetragen.

Die anthropogene *Hg-Emission* weist gegenüber dem durch natürliche Vorgänge freigesetzten Quecksilber relativ geringe Mengen auf, die allerdings lokal von großer Bedeutung sein können. Die weltweite Hg-Produktion beträgt 6600 t/Jahr (1980). In der BRD werden jährlich etwa 600 – 700 t Quecksilber verbraucht. Die Hg-Emission wird auf etwa 300 t/Jahr geschätzt (BRD). Durch die Verbrennung von Kohle (0,05 – 33 mg Hg/kg Kohle) und Erdöl (0,02 – 30 mg Hg/kg Öl) findet eine Hg-Emission in die Luft von ca. 45 t/Jahr und durch Müllverbrennungsanlagen von ebenfalls ca. 45 t/Jahr in der BRD statt. Ein Hg-Eintrag in aquatische Ökosysteme erfolgt vor allem durch industrielle Abwässer, z. B. von Chlor-Alkali-Elektrolysen (zur Chlor-Herstellung) sowie holz- und metallverarbeitenden Industrien.

Anhand von Bodenbilanzen wurde ein *Hg-Eintrag* aus der Luft von 2 g/ha · Jahr für Böden des Stuttgarter Raumes ermittelt[63]. Aus Analysen von Niederschlägen ergaben sich Hg-Zufuhren von 0,2 – 7 g Hg/(ha · Jahr) in Mitteleuropa. Auf landwirtschaftlich genutzten Böden erfolgte außerdem ein Hg-Eintrag durch Hg-haltige Fungizide, deren Einsatz als Saatgutbeizmittel für Getreide bis 1981 in der BRD zulässig war. Auf diese Weise gelangten bei getreidereichen Fruchtfolgen etwa 4 g Hg/(ha · Jahr) in die Böden, die aber nur zu einem geringen Anstieg der Hg-Gehalte geführt haben[63]. Auch mit der Ausbringung von Hafenschlicken, Klärschlämmen und kompostierten Siedlungsabfällen (Hg-Gehalte 1 – 25 mg/kg Tr.S.) kann ein Hg-Eintrag in die Böden erfolgen.

(3) Hg-Bindungsformen und -löslichkeit

Das Verhalten von Quecksilber in Böden wird in starkem Maße durch die Disproportionierungsreaktion

$$Hg_2^{+} \rightleftharpoons Hg^{2+} + Hg^0$$

bestimmt. Dabei werden Umwandlungsvorgänge in die verschiedenen Oxidationsstufen ganz wesentlich von Mikroorganismen beeinflußt. In Böden werden Hg-Ionen wie auch Hg°-Dampf von den mineralischen und organischen Sorbentien adsorbiert. Hg-Ionen gehen vorwiegend in eine nichtaustauschbare Form über. Die Bindungsmöglichkeiten sind bei Quecksilber besonders groß, weil es sowohl Ionenbindung als auch Atombindung einzugehen vermag.

Vor allem die *organische Substanz* bindet Quecksilber in einer sehr immobilen Form, in der es weitgehend vor Verdampfung, Auswaschung und Aufnahme durch die Pflanzen geschützt ist. Auch toxische Wirkungen des Quecksilbers werden durch hohe Gehalte an organischer Substanz weitgehend verhindert. Auf Grund dieser Zusammenhänge weist auch das in Klärschlämmen zusammen mit hohen Gehalten an organischer Substanz gebundene Quecksilber nur eine geringe Verfügbarkeit auf, wobei vor allem auch die relativ hohen Anteile der Klärschlämme an S-reichen organischen Substanzen Quecksilber an –SH- und –S-S-Gruppen besonders fest zu binden vermögen. Auch ein Zusatz von Schwefel (Schwefelblume) zu $C_{org.}$-haltigen Bodenproben führt zu einer Immobilisierung von Hg-Salzen[64], vermutlich durch mikrobiell beeinflußte komplexe Bindungen zwischen organischen Substanzen, Schwefel und Quecksilber.

Infolge der hohen Affinität des Quecksilbers zur organischen Substanz wird das bei der Mineralverwitterung in den Böden freigesetzte Quecksilber durch die Pumpwirkung der Vegetation zusammen mit den aus der Luft immittierten Hg-Anteilen in O- und A_h-Horizonten angereichert[63]. Für viele Böden wurde eine enge Beziehung zwischen den Hg- und $C_{org.}$-Gehalten festgestellt[60].

Während das in den Oberböden an organische Substanzen gebundene Quecksilber nur zu sehr geringen Anteilen mit HCl extrahierbar ist, steigt der Anteil dieser Fraktion mit zunehmender Profiltiefe. Dieser Befund macht wahrscheinlich, daß Quecksilber im Unterboden auch an mineralische Bodenkomponenten – vermutlich an *pedogene Oxide* und *Tonminerale* – gebunden ist. So wurden zum Teil auch signifikante Korrelationen zwischen den Hg- und Fe_d- sowie den Ton-Gehalten der Böden festgestellt. Bei Korngrößenfraktionierungen von Unterbodenproben lag der größte Hg-Anteil in der Tonfraktion vor. Auch Modellversuche zeigen eine beträchtliche Adsorption von Quecksilber an Eisenoxide und Tonminerale.

In den *Sedimenten der Flüsse* ist ebenfalls der größte Teil des Quecksilbers in feineren Korngrößenfraktionen ($< 20\,\mu m$) gebunden, in denen auch der Hauptanteil der organischen Substanz, Tonminerale und Eisenoxide vorliegt. Bei gleicher Belastung steigt deshalb der Hg-Gehalt der Sedimente mit dem Gehalt an der Fraktion $< 20\,\mu m$. Anhand einer Auftrennung von Sedimentproben in verschiedene Dichtefraktionen ergab sich, daß Quecksilber auch in fluvialen Sedimenten vor allem mit organischen Substanzen assoziiert auftritt[65].

In der *Bodenlösung* können – je nach pH und Stoffbestand – Hg^{2+}-Ionen, Hydroxo-Hg-Komplexe [$HgOH^+$, $Hg(OH)_2°$], Chloro-Hg-Komplexe ($HgCl^+$, $HgCl_2°$, $HgCl_3^-$, $HgCl_4^{2-}$, log K = 6,76; 13,16; 14,05; 14,47*) und sehr stabile organische Komplexe vorliegen. Die Löslichkeit von Quecksilber in Böden ist jedoch außerordentlich niedrig. In Sättigungsextrakten von zahlreichen Bodenproben wurden 0,2 – 11 µg Hg/l mit einem Median von 1 µg/l gemessen[66], im Drainwasser von Böden annähernd neutraler Reaktion < 0,1 µg Hg/l. In $CaCl_2$-Extrakten von Bodenproben konnte kein Quecksilber nachgewiesen werden. Auch nach Zusatz von 5 mg Hg/kg Boden lag in humushaltigen Bodenproben nach 2monatiger Gleichgewichtseinstellung kein $CaCl_2$-extrahierbares Quecksilber vor. Infolge der geringen Löslichkeit findet bei mäßig saurer bis neutraler Reaktion kaum eine Verlagerung von Quecksilber mit dem Sickerwasser statt. Nur in stark sauren Böden konnte eine Hg-Auswaschung festgestellt werden. Dabei war das gelöste Quecksilber wahrscheinlich an lösliche niedermolekulare Huminsäuren gebunden[67].

In stark belasteten Böden wurde sowohl eine vertikale als auch horizontale Verlagerung von Quecksilber festgestellt[61]. Der Hg-Transport erfolgt dabei vor allem als *Hg-Dampf* oder in Form flüchtiger organischer Hg-Verbindungen. Vor allem aerobe Mikroorganismen können durch enzymatische Reaktionen Hg^{2+}-Verbindungen in Hg-Dampf umwandeln, der z. T. aus den Böden entweicht. In Modellversuchen wurden Hg-Verluste durch mikrobielle Aktivitäten von 15 – 30 % des zugesetzten Quecksilbers in ca. 5 Wochen gemessen[68].

In Böden und vor allem in fluvialen und marinen Sedimenten kann eine mikrobielle *Methylierung* von Hg-Ionen erfolgen, wobei sich stark toxisches wasserlösliches Monomethylquecksilber (CH_3Hg^+) bildet, das weniger stark adsorbiert wird als anorganische Hg-Verbindungen. Damit kann Methylquecksilber in die aquatische Nahrungskette gelangen und von den niederen zu den höheren Organismen angereichert werden, so daß bei den Endgliedern – unter anderem bei Menschen – toxische Wir-

* log K-Werte der Reaktion $Hg^{2+} + nCl^- = HgCl_n^{2-n}$. Die Komplexbildungskonstanten der Chloro-Hg-Komplexe sind wesentlich größer als die entsprechenden Chloro-Cd-Komplexe (s. Kap. 4 c).

kungen ausgelöst werden können (s. oben). Neben CH_3Hg^+ wird z. T. auch wasserunlösliches gasförmiges Dimethylquecksilber [$(CH_3)_2Hg$] gebildet. Dieses kann in die Atmosphäre entweichen und wird dort unter dem Einfluß von Licht zu metallischem Quecksilber-Dampf umgewandelt. In den Sedimenten kann aber auch eine mikrobielle Entmethylierung erfolgen, die zur Hg^{2+}- und Hg°-Bildung aus $(CH_3)_2Hg$ führt[59, 62].

Im reduzierenden Milieu können Hg-Ionen durch Sulfidionen als *HgS* ausgefällt werden. Die geringe HgS-Löslichkeit (Löslichkeitsprodukt 10^{-52}) hat zur Folge, daß schon eine extrem niedrige Sulfid-Konzentration ausreicht, um Hg-Ionen quantitativ aus der Lösung zu entfernen.

(4) Hg-Verfügbarkeit und -Gehalte von Pflanzen

In Abhängigkeit von der außerordentlich geringen Löslichkeit in Böden besitzt Quecksilber auch nur eine sehr geringe Verfügbarkeit. Die Hg-Gehalte der Pflanzen sind deshalb in der Regel niedrig (< 0,04 mg Hg/kg Tr.S., Tab. 83) und sinken in den verschiedenen Pflanzenteilen in der Reihe: Blätter, Kraut > Stengel > Körner, Hülsen > Knollen, Früchte[64]. Waldpilze weisen dagegen auch in anthropogen kaum beeinflußten Gebieten oft stark erhöhte Hg-Gehalte auf (bis 21,6 mg Hg/kg Tr.S.).

Auf *kontaminierten Böden* (ca. 7 mg Hg/kg Boden) angebaute Salat- und Bohnenpflanzen zeigten nur eine leicht erhöhte Hg-Aufnahme (0,08 – 0,12 mg Hg/kg Tr.S.)[69]. Selbst bei höheren Hg-Gehalten im Boden (27,5 mg/kg) war der Hg-Gehalt von Salat relativ wenig angestiegen (0,32 mg Hg/kg Tr.S.)[64]. Auf sehr stark belasteten Böden von Golfplätzen (130 mg Hg/kg Boden) wurden dagegen im Gras sehr hohe Hg-Gehalte gemessen (bis ≈ 200 mg Hg/kg Tr.S.)[61].

Um Schäden durch Quecksilber beim Menschen zu vermeiden, wurden vom Bundesgesundheitsamt *Richtwerte* für die Hg-Gehalte von Kartoffeln (0,02 mg Hg/kg Fr.S.) und Getreide (0,03 mg Hg/kg Fr.S.) festgesetzt. Bei der Untersuchung einer größeren Zahl von Getreide- und Kartoffelproben deutscher Herkunft ergaben sich mittlere Hg-Gehalte von < 0,01 mg/kg Fr.S.; 99 bzw. 100 % der jeweils untersuchten Proben lagen unter dem angegebenen Richtwert.

Zur Ermittlung der *verfügbaren Hg-Gehalte* von Böden ist – wie beim Blei – wahrscheinlich der Gehalt an Quecksilber im Bodensättigungsextrakt oder in wäßrigen Gleichgewichtslösungen am ehesten geeignet. Auf der Basis der Hg-Gesamtgehalte ist im Rahmen der Klärschlamm-Verordnung für Böden ein Grenzwert von 2 mg Hg_t/kg Boden festgelegt worden. Dieser Wert weist eine ausreichende Sicherheitstoleranz auf, um über den Richtwerten für Lebensmittel liegende Hg-Gehalte in Pflanzen zu vermeiden.

Toxische Wirkungen von Quecksilber traten in Nährlösungsversuchen bei 1 – 4 mg Hg (II)/l sowie Gehalten in den Pflanzen von 0,5 – 5 mg Hg/kg Tr.S. auf (s. Kap. XXII 4 c).

Der Hg-Gehalt beträgt in der Luft 1 – 10 ng/m³, im Regenwasser bis 0,3 µg/l[62] – in der Regel jedoch 0,02 – 0,08 µg/l – und im Grundwasser (Mittelschweden) 0,02 – 0,07 µg/l. Im Rheinwasser wurden 0,1 – 0,2 µg Hg/l und in der Nordsee bis 0,03 µg Hg/l gemessen[62]. Der Grenzwert für Trinkwasser wurde auf 1 µg Hg/l festgesetzt. Die maximal zulässige Arbeitsplatzkonzentration (MAK-Wert) beträgt in der BRD für organische Hg-Verbindungen 10 µg Hg/m³, die zulässige Höchstmenge in Fischen 1 mg Hg/kg Frischgewicht.

f) Nickel[3, 4, 70, 71]

Nickel wird bei manchen Tieren als essentielles Spurenelement angesehen; auch auf Pflanzen und Mikroorganismen wirkt es z. T. in geringen Konzentrationen günstig; für den Menschen ist dies jedoch nicht sicher nachgewiesen. Die tägliche *Nickelaufnahme* mit Lebensmittel beträgt etwa 0,3 – 0,5 mg/Person. Da oral aufgenommenes Nickel nur zu geringen Anteilen resorbiert wird, sind negative Auwirkungen einer zu Ni-reichen Ernährung nicht bekannt. Dagegen kann die Inhalation von Ni-Stäuben (Ni-Oxid, -Sulfid, -Carbonat) zu Lungenkrebs führen. Auch das bei der Verbrennung von Kohle (10 – 50 mg Ni/kg), Erdöl (49 – 345 mg Ni/kg) und Ni-haltigem Benzin gebildete Nickelcarbonyl wird z. T. als carcinogene Substanz angesehen[4].

Die *Nickelproduktion* betrug 1980 weltweit 750000 t. Vor allem bei der Produktion von Stahl und Legierungen sowie in der Galvanik- und Elektronikindustrie findet Nickel Verwendung. Aus diesen Quellen gelangt Nickel im wesentlichen mit Abwässern in aquatische Ökosysteme und wird auch in Klärschlämmen angereichert. Je nach dem Ausmaß der industriellen Belastung wurden in Klärschlämmen 10 – 5300 mg Ni/kg Tr.S. mit einem Median von 50 mg Ni/kg festgestellt. In kommunalen Klärschlämmen und Komposten sind in der Regel < 100 mg Ni/kg Tr.S. enthalten.

Der Ni-Gehalt der *kontinentalen Kruste* beträgt im Mittel 45 mg/kg (Tab. 81). In ultrabasischen Gesteinen mit hohem Gehalt an Olivin sowie in Serpentingesteinen können Ni-Gehalte bis > 8000 mg/kg vorhanden sein. In weitgehend unbelasteten *Böden* Deutschlands beträgt der Ni-Gehalt in der Regel 5 – 50 mg/kg (Tab. 83). In Böden aus Ni-reichen Ausgangsgesteinen (in der Schweiz, Schottland, Griechenland, Australien u. a.) wurden 100 – 5000 mg Ni/kg festgestellt. Unbelastete *fluviale Sedimente* enthalten in der BRD etwa 20 – 30 mg Ni/kg Tr.S., stark belastete Elbe-Sedimente bis 170 mg/kg.

Durch die Verbrennung von Kohle und Erdöl sowie durch den Kfz-Verkehr gelangt Nickel über die Luft in die Böden. Der *Ni-Eintrag* mit den Niederschlägen beträgt in Mitteleuropa 5 – 150 g/(ha · Jahr), die Ni-Auswaschung mit dem Sickerwasser in Abhängigkeit von den Bodeneigenschaften 11 – 158 g/(ha · Jahr) (s. Tab. 86 a). Weitere Ni-Quellen von vorwiegend lokaler Bedeutung stellen Ni-reiche Klär- und Hafenschlämme dar (s. oben), deren Ausbringung zu erhöhten Ni-Gehalten in Böden führen kann.

Die *Ni-Adsorption* und *-Bindung* erfolgt in Böden hauptsächlich durch Mn-, Fe- und Al-Oxide (vgl. Kap. X) sowie durch Tonminerale[71, 72]. Ein beträchtlicher Teil des Nickels liegt auch bereits lithogen in silicatischer Bindung vor[73]. Das in Böden eingetragene Nickel kann zum Teil in pedogene Oxide wie auch in silicatische Tonminerale eingelagert und damit in immobile Bindungsformen überführt werden[40, 48].

Im *Sättigungsextrakt* unbelasteter Böden wurden Ni-Gehalte von < 10 – 90 μg/l gemessen[66], im *Sickerwasser* von 3 – 15 μg/l. In der *Bodenlösung* von extrem Ni-reichen Böden wurden bis 3,3 mg Ni/l festgestellt. Auf diesen Böden traten toxische Wirkungen von Nickel bei den Pflanzen auf. Die *Ni-Löslichkeit* zeigt – ähnlich wie die Cd- und Zn-Löslichkeit – eine deutliche Beziehung zur Bodenreaktion. Bei pH-Werten < 6 nehmen die Gehalte an wasserlöslichem und austauschbarem Nickel deutlich zu[39, 40]. Verlagerbarkeit wie auch Verfügbarkeit von Nickel steigen deshalb mit abnehmendem pH. Eine Ni-Mobilisierung kann auch durch lösliche organische Komplexbildner erfolgen[73]. Vor allem unter reduzierenden Bedingungen findet auf diese Weise eine Zunahme der Ni-Löslichkeit statt (s. Kap. VII 3 e). In der Bodenlösung terrestrischer Böden liegt Nickel bei pH < 7,5 hauptsächlich als Ni^{2+}-Ion (bis 80 %) und in organischen Ni-Komplexen (bis über 20 %) vor[73]. In Abhängigkeit vom Gehalt der Bodenlösung an Carbonat, Sulfat und Phosphat können auch $NiHCO_3^+$, $NiCO_3^\circ$, $NiSO_4^\circ$ und $NiHPO_4^\circ$ als Ni-Spezies von Bedeutung sein[70, 73].

Die *Ni-Gehalte der Pflanzen* betragen in der Regel < 3 mg/kg Tr.S. (Tab. 83). In verschiedenen Weizen- und Roggenproben deutscher Herkunft wurden im Korn 0,3 – 1,8 mg Ni/kg Tr.S. festgestellt. Wesentlich höhere Ni-Gehalte (bis ca. 300 mg/kg Tr. S.) bei gleichzeitig starken Toxizitätssymptomen und Ertragsdepressionen können Pflanzen auf extrem Ni-reichen Böden aufweisen. Auch die Ausbringung von Klärschlamm kann zu beträchtlich erhöhten Ni-Gehalten in den Pflanzen führen.

Nickel besitzt – ähnlich wie Cadmium (s. Kap. XXII 4 c) – relativ starke *phytotoxische Wirkungen*. Wie die Ergebnisse von Nährlösungsversuchen mit verschiedenen Pflanzen zeigen, können toxische Wirkungen von Nickel ab 1 – 2 mg Ni/l in der Nährlösung[74] bzw. bei 11 – 30 mg Ni/kg Tr.S. im Pflanzenmaterial auftreten. Bei Vegetationsversuchen mit verschiedenen Böden wurden Ertragsminderungen bei Ni-Gehalten der Pflanzen von 20 – 50 mg/kg Tr.S. festgestellt. Eine kurzfristige Hemmung der Mikroorganismenaktivität in Böden findet bei Ni-Gehalten der Bodenlösung ab 1,0 – 1,4 mg/l statt[39].

In Abhängigkeit von der Löslichkeit nimmt die *Verfügbarkeit* von Nickel mit abnehmendem pH und steigenden Gehalten an nichtsilicatisch gebundenem Nickel in starkem Maße zu und sinkt dagegen mit steigenden Gehalten an Tonmineralen und Mn- und Fe-Oxiden. Auf Ni-reichen Böden können toxische Wirkungen auf die Pflanzen durch Aufkalken auf pH 7 weitgehend vermieden werden.

Zur Ermittlung des Gehaltes an verfügbarem Nikkel ist die *Bestimmung* der löslichen und leicht mobilisierbaren Ni-Fraktion (durch 0,1 M $CaCl_2$-extrahierbarer Ni-Gehalt)[75] und des Gesamtvorrats an nichtsilicatisch gebundenem Nickel (EDTA-extrahierbarer Ni-Gehalt) erforderlich (s. Kap. XXII 3).

Da Nickel in Böden aus Ni-reichen Ausgangsgesteinen meist zu hohen Anteilen in Silicaten und damit in einer nicht für Pflanzen verfügbaren Form vorliegt, ist die Angabe eines Ni-Grenzwertes für

Böden (50 mg Ni_t/kg) im Rahmen der Klärschlamm-Verordnung auf der Basis des Ni-Gesamtgehaltes nicht sinnvoll. Ein Ni-Grenzwert für EDTA-extrahierbares Nickel von 50 mg/kg Boden ist nur für Böden mit pH-Werten > 5 geeignet. Bei stark saurer Bodenreaktion ist ein niedriger Wert erforderlich, um toxische Ni-Konzentrationen in der Bodenlösung zu vermeiden[39].

Der Ni-Gehalt beträgt im *Regenwasser* durchschnittlich 2,5 µg/l, im *Grundwasser* in der Regel 1 – 6 µg/l, im *Flußwasser* 4 – 14 µg/l und im *Meerwasser* 1 – 6 µg/l. In der *Luft* ländlicher Gebiete sind im Mittel 6 ng Ni/m^3 enthalten, in städtischen Gebieten 17 – 25 ng Ni/m^3 und in industriellen Ballungsgebieten bis 150 ng Ni/m^3.

g) Chrom[3, 76, 77]

Chrom stellt ein für die Pflanzen sehr wahrscheinlich entbehrliches, für Mensch und Tier dagegen essentielles Element dar. Dabei spielt dreiwertiges Chrom vor allem im Glucose-Stoffwechsel durch Förderung der Insulin-Wirkung als „Glucose-Toleranz-Faktor“ eine Rolle. Außerdem stabilisiert Chrom die Protein- und Nucleinsäure-Struktur und aktiviert einige Enzyme[4]. Die Cr(III)-Versorgung des Menschen über die Nahrung wird z. T. als nur suboptimal angesehen.

Toxische Wirkungen von Cr(III)-Verbindungen und metallischem Chrom sind nicht mit Sicherheit nachgewiesen. Dagegen sind Cr(VI)-Verbindungen 100- bis 1000mal toxischer und können akute und chronische Toxizität beim Menschen auslösen. Chromate und Dichromate können Hautschädigungen (schwere Entzündungen, Allergien) bewirken. Belastungen des Atmungssystems durch Chromsäuredämpfe oder Chromstaub können zur Perforation der Nasenscheidenwand (Berufskrankheit exponierter Arbeiter) sowie zu Bronchialkrebs führen[4]. Die Beseitigung Cr(VI)-haltiger Industrieabfälle oder deren weitere Verwendung (z. B. als untergrundverfestigendes Füllmaterial) ist deshalb mit großen Problemen behaftet.

Chrom wird bei der heutigen *industriellen Produktion* vielfältig eingesetzt. Vor allem in der metallurgischen Industrie bei der Herstellung nichtrostender Stähle, verschiedener Legierungen und Korrosionsinhibitoren sowie bei der Herstellung von Baustoffen, Farben, Lacken, Glas- und Keramikgegenständen und in der Lederindustrie findet Chrom Verwendung. Die weltweite Cr-Produktion betrug 1980 $2{,}8 \times 10^6$ t. In der BRD werden jährlich etwa 100 000 t Chrom verbraucht, von denen ca. 25×10^3 t/Jahr in die verschiedenen Bereiche der Umwelt (Luft, Wasser, Boden, Deponien) emittiert werden[4, 76]. Je nach industrieller Belastung enthalten Klärschlämme in der BRD < 10 bis 24 000 mg Cr/kg Tr.S., in der Regel jedoch < 500 mg/kg[76].

In der *kontinentalen Kruste* sind im Mittel ca. 80 mg Cr/kg (Tab. 81) enthalten, in Serpentinen und ultrabasischen Magmatiten bis 3400 mg Cr/kg. In den *Böden* der BRD beträgt der Cr-Gehalt meist 5 – 100 mg Cr/kg (Tab. 83), vereinzelt bis 300 mg/kg und in Böden aus Cr-reichen Ausgangsgesteinen bis 3000 mg/kg[76]. Mit industriellen Cr-reichen Abwässern oder Abfällen belastete Böden können ebenfalls bis 3000 mg Cr/kg aufweisen. Unbelastete *fluviale Sedimente* enthalten ca. 60 mg Cr/kg Tr.S., durch industrielle Abwässer kontaminierte Elbe- und Rheinsedimente bis 760 mg/kg.

Die Cr-Einträge in die Böden mit den Niederschlägen betragen in Mitteleuropa meist 2 – 47 g/(ha · Jahr) (Tab. 86 a). Mit der Mineraldüngung können durch Düngemittel aus Eisenhüttenschlacken (z. B. Thomasmehl: 2250 mg Cr/kg) über 1000 g Cr/(ha · Jahr) auf die Böden gelangen, durch Klärschlammausbringung nach der derzeitig gültigen Verordnung bis maximal 2000 g Cr/(ha · Jahr). Da Chrom in Böden sehr immobil ist [Austräge 0,8 – 8 g/(ha · Jahr)], findet eine Cr-Anreicherung statt.

Unter natürlichen Bedingungen liegt Chrom in der Erdkruste hauptsächlich in der dreiwertigen Form vor. Das wichtigste Cr-Mineral ist der Chromit ($FeO \cdot Cr_2O_3$). Aber auch Cr(VI)-Verbindungen wie z. B. $PbCrO_4$ treten auf. In Böden kann Chrom ebenfalls in beiden *Oxidationsstufen* vorhanden sein und in Abhängigkeit von den Redoxbedingungen und pH-Werten als Cr^{3+}, $Cr(OH)_3$ und eventuell $Cr_2O_3 \cdot xH_2O$ sowie als $HCrO_4^-$ und CrO_4^{2-} vorliegen[77, 78]. Die Oxidationsstufe wird dabei durch die Redoxreaktionen

$$Cr^{3+} + 4H_2O = HCrO_4^- + 7H^+ + 3e^- \text{ oder}$$
$$Cr(OH)_3 + H_2O = CrO_4^{2-} + 5H^+ + 3e^-$$

bestimmt. In Anwesenheit von organischer Substanz, die als Elektronendonator fungiert, findet wahrscheinlich eine Umwandlung von Cr(VI)- in Cr(III)-Verbindungen statt[77]. Aber auch die umgekehrte Reaktion wird in gut durchlüfteten Böden mit wenig organischer Substanz für möglich gehalten. $HCrO_4^-$ und CrO_4^{2-}-Ionen werden wie Phosphationen in starkem Maße spezifisch adsorbiert und vor allem im sauren pH-Bereich in 1 – 2 Wochen im Austausch gegen OH^--Ionen durch Eisenoxide festgelegt. Bei neutraler bis alkalischer Reaktion findet die Immobilisierung von Chromaten dagegen sehr viel langsamer statt[77]. Chrom(III) liegt bei pH-Werten $<4{,}5$ als Cr^{3+}-Ion im Boden vor und wird als dreiwertiges Kation vor allem durch Fe(III)-Oxide sehr stark adsorbiert. Zum Teil tritt Cr(III) auch als Gitterbestandteil von Fe(III)-Oxiden auf[71]. Bei höheren pH-Werten können auch als sehr schwerlösliche Verbindungen $Cr(OH)_3$ und eventuell auch $Cr_2O_3 \cdot xH_2O$ – ebenfalls vorwiegend in einer mit Eisenoxiden assoziierten Form – in Böden vorhanden sein[77, 78]. Deshalb liegt in kontaminierten Bodenproben wie auch in Klärschlämmen der größte Teil des Chroms in einer mit Oxalat- oder Dithionit-Citrat-Lösung (s. Kap. V 3) extrahierbaren Bindungsform vor, in Klärschlämmen bis > 99 %. Die Gehalte an wasserlöslichem und austauschbarem Chrom sind dagegen außerordentlich niedrig und steigen nur im stark sauren Bereich an. Organisch gebundenes Chrom umfaßt wahrscheinlich nur geringe Anteile[77].

Der Cr-Gehalt der *Bodenlösung* beträgt bei schwach saurer bis neutraler Reaktion ca. 0,6 – 40 µg Cr/l, bei pH <4 bis maximal 400 µg Cr/l[79]. Im Drainwasser verschiedener Böden wurden 0,6 – 50 µg Cr/l[73], im Grundwasser <1 µg Cr/l festgestellt. In der Bodenlösung liegt Chrom hauptsächlich in Form organischer Cr-Komplexe und Carbonato-Cr-Komplexe [$CrCO_3^+$, $Cr(CO_3)_2^-$, $Cr(CO_3)_3^{3-}$] vor[73]. Mit der sehr geringen Löslichkeit ist auch eine entsprechend *geringe Verlagerbarkeit und Verfügbarkeit* von Chrom in Böden verbunden. So ist auf Rieselfeldern, die seit mehr als 80 Jahren mit Abwasser belastet wurden, fast alles Chrom im Oberboden festgelegt worden.

Die geringe Cr-Verfügbarkeit wird anhand der niedrigen Cr-Gehalte der *Pflanzen* – in der Regel 0,1 – 1 mg Cr/kg Tr.S. (Tab. 83) – deutlich. Selbst eine relativ hohe Cr-Zufuhr zum Boden durch Klärschlammausbringung führt infolge der geringen Verfügbarkeit von Chrom im Klärschlamm (s. o.) nur zu einer geringen Erhöhung der Cr-Gehalte in den Pflanzen.

Im Hinblick auf die Versorgung des Menschen mit Chrom(III) wären dabei leicht erhöhte Cr-Gehalte der Pflanzen als positiv zu beurteilen[76] (s. oben). Ähnlich wie Blei wird auch Chrom bei der Aufnahme vorwiegend in oder auf der Wurzeloberfläche abgeschieden und nur zu einem geringen Teil in die oberirdischen Pflanzenteile transportiert. Deshalb nehmen in der Regel die Cr-Gehalte der verschiedenen Pflanzenteile in der Reihe Wurzel > Blätter > Körner, Früchte ab.

Auf extrem Cr-reichen Böden aus Serpentingestein oder ultrabasischen Magmatiten wurden auch in den Pflanzen erhöhte Cr-Gehalte bis 235 mg/kg Tr.S. festgestellt[80]. Bei Vegetationsversuchen mit Nährlösungen oder Bodenmaterial mit Zusätzen an löslichen Cr(III)- und Cr(VI)-Salzen wurde ebenfalls eine erhöhte Cr-Aufnahme der Pflanzen und die Ausbildung von *Cr-Toxizität* beobachtet. Kritische Gehalte für beginnende Toxizität sind dabei in Nährlösungen < 1 mg Cr(VI)/l und < 1 – 5 mg Cr(III)/l sowie in der Pflanzensubstanz 5 – 20 mg Cr(III)/kg Tr.S. (s. Kap. XXII 4 c).

Zur Melioration stark mit Chrom belasteter Böden ist eine Umwandlung von Cr(VI)- in Cr(III)-Verbindungen sowie eine Immobilisierung von Chrom(III) anzustreben. Die Reduktion von sechs- zu dreiwertigem Chrom (siehe Redoxgleichungen) kann dabei durch Zufuhr von organischer Substanz (Elektronendonator), herabgesetzte Belüftung (z. B. durch Wasserüberschuß) und eventuell die Zufuhr von sauer wirkenden Substanzen (Protonendonatoren, z. B. Schwefelblume) gefördert werden. Chrom(III) kann dann durch Anheben des pH-Wertes auf annähernd neutrale Reaktion weitgehend als $Cr(OH)_3$-Eisenoxid-Komplex immobilisiert werden[77].

Zur Bestimmung der Gehalte an *verfügbarem Chrom* in belasteten Böden bietet sich die Ermittlung der Cr-Gehalte im Sättigungsextrakt oder in wäßrigen Gleichgewichtslösungen an. Der Gehalt an löslichem Chrom sollte dabei <0,05 mg Cr/l betragen. Der im Rahmen der Klärschlamm-Verordnung als *Grenzwert* für Böden festgesetzte Gesamt-Cr-Gehalt von 100 mg Cr_t/kg (Tab. 83) ist – mit Ausnahme von sehr stark sauren Sandböden – für die meisten Böden mit beträchtlicher Sicherheit versehen.

5. Organische Schadstoffe[81–85]

Zur Zeit werden weltweit etwa 100 000 Chemikalien industriell hergestellt mit einer jährlichen Zuwachsrate von etwa 1000 neuen Substanzen. Den Hauptanteil umfassen dabei organische Chemikalien. Die Weltproduktion an organischen Substanzen ist seit 1950 von $7{,}5 \times 10^6$ t bis heute auf 300×10^6 t angestiegen. Allein im Hausmüll der BRD waren 1985 etwa 760 000 t Kunststoffe enthalten[1].

Ein beträchtlicher Anteil an organischen Chemikalien gelangt auf den verschiedensten Wegen in die Umwelt, so daß in zunehmendem Maße auch organische Schadstoffe anthropogener Herkunft in terrestrischen und aquatischen Ökosystemen nachgewiesen werden können. So sind heute weitverbreitet in Böden und Sedimenten chlorierte Kohlenwasserstoffe (CKW), polycyclische aromatische Kohlenwasserstoffe (PAK) und z. T. Platikinhaltsstoffe (Phthalate) mit Gehalten von wenigen μg bis zu mehreren mg/kg Boden vorhanden. Für die Immission und Anreicherung von organischen Schadstoffen in Böden sind neben den emittierten Mengen vor allem die umweltrelevanten Eigenschaften der Chemikalien von Bedeutung. Diese sind jedoch nur von wenigen Hundert aus der großen Zahl der produzierten Stoffe ausreichend genau bekannt. Seit dem Inkrafttreten des Chemikaliengesetzes in der BRD (1982) sind deshalb mit der Zulassung neu entwickelter Chemikalien zahlreiche Auflagen zur Ermittlung der umweltrelevanten Chemikalieneigenschaften verknüpft. Untersucht werden müssen[22]:

1. die *physikalisch-chemischen Eigenschaften* der Stoffe (Dampfdruck, Wasserlöslichkeit, Verteilungskoeffizient n-Octanol/Wasser [= P_{ow}], Ad- und Desorption in Böden u. a.)
2. die *Stoffeinflüsse auf biotische Systeme* (Einflüsse auf Mikroorganismen, Regenwürmer, höhere Pflanzen, Tiere u. a.)
3. das *Abbau-* und *Akkumulationsverhalten* der Stoffe (mikrobieller Abbau in Böden, Bioakkumulation u. a.)
4. mögliche *Auswirkungen auf die Gesundheit* von Mensch und Tier.

In Abb. 170 ist dargestellt, welche Chemikalien- und Bodeneigenschaften das Verhalten von organischen Chemikalien in Böden bestimmen. Hierfür sind neben ihrer *substanzspezifischen Toxizität* vor allem ihre *Persistenz*, ihr *Dampfdruck* und ihre *Löslichkeit* sowie ihre *Adsorbierbarkeit und Fixierbarkeit in Böden* von Bedeutung.

Die *substanzspezifische Toxizität* der jeweiligen Chemikalien bestimmt zusammen mit der emittierten Chemikalienmenge – vor allem bei sehr stark toxischen Substanzen wie einigen Dioxinen und Furanen – zunächst die Wirkung auf die Umwelt. Die *Dauer* der möglichen Schadwirkungen wird dann im wesentlichen von der *Persistenz* der Chemikalien bestimmt. Nach Emission in die Luft und/oder Ablagerung auf der Bodenoberfläche finden – je nach Persistenz der Stoffe – photochemische Abbauvorgänge unterschiedlicher Intensität unter dem Einfluß der UV-Strahlung des Sonnenlichts statt. Nach Eintrag in die Böden setzen dann durch Bodenbestandteile (Fe-, Mn-Oxide, Tonminerale u. a.) katalysierte chemische Zerfallprozesse und vor allem mikrobielle Abbauvorgänge ein (s. Abb. 170 u. Kap. XXIV). Letztere bestimmen im wesentlichen die Dauer des Verbleibs und der Wirkung der Chemikalien in der Umwelt. Leichtabbaubare Chemikalien sind dabei in der Regel als unproblematische Stoffe zu bewerten.

Die Verteilung der Chemikalien auf die Kompartimente Luft, Wasser und Boden wird vor allem durch die physikalisch-chemischen Eigenschaften der Chemikalien und Böden bestimmt. So weisen Chemikalien mit hohem *Dampfdruck* (und hoher Persistenz) eine starke Tendenz zur Dispersion auf (Abb. 170). Solche Stoffe werden vom Ort ihrer Emission im gasförmigen Zustand weitflächig verteilt und gelangen dann durch trockene, feuchte und nasse Deposition (s. Kap. XXII 4 a) in die Böden. Einige viel verwendete organische Lösungsmittel mit hohem Dampfdruck wie z. B. Tri- und Perchlorethylen sind heute selbst in wenig besiedelten Gebieten der BRD in Böden nachzuweisen. Auch die ubiquitäre Verteilung von DDT auf der Erdoberfläche wird z. T. auf den merklichen Dampfdruck dieser Substanz zurückgeführt.

Das *Löslichkeitsverhalten* der Chemikalien in Böden bestimmt bei relativ schwer abbaubaren Substanzen deren Verlagerbarkeit und mögliche Anreicherung im Grundwasser wie auch deren Verfügbarkeit für Pflanzen und mögliche Anreicherung in der Nahrungskette. Dabei wird die Löslichkeit der Chemikalien in Böden sowohl durch ihre *Wasserlöslichkeit* als auch durch ihre *Adsorbierbarkeit* durch die Feststoffe der Böden beeinflußt. Das Adsorptionsverhalten der verschiedenen Chemikalien in Böden kann durch Adsorptionsisothermen beschrieben werden (s. Kap. XI u. XXII 3). Dabei erweist sich in der Regel die Freundlichsche Adsorptionsisotherme als am besten geeignet (vgl. Abb. 173 u. 177). Der K_F-Wert dieser Adsorptionsisotherme ergibt die von Böden adsorbierten Chemikaliengehalte (z. B. in mg/kg Boden) bei einer konstanten Chemikalienkonzentration in der Bodenlösung von 1 (z. B. 1 mg/l). Damit ermöglichen K_F-Werte einen Vergleich des Löslichkeits- und Adsorptionsverhaltens der verschiedenen Chemikalien in Böden unterschiedlichen Stoffbestandes. Die K_F-Werte können dabei für die verschiedenen Chemikalien von $<0{,}5$ bis >1000 mg adsor-

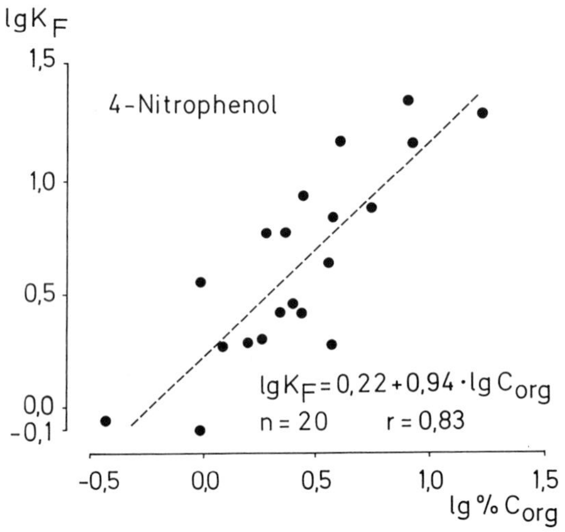

Abb. 178 Beziehung zwischen den K_F-Werten der 4-Nitrophenol-Adsorption und dem $C_{org.}$-Gehalt von 20 Bodenproben sehr unterschiedlichen Stoffbestandes (Regressionsgerade für 17 A- und 3 B-Horizonte)[86]

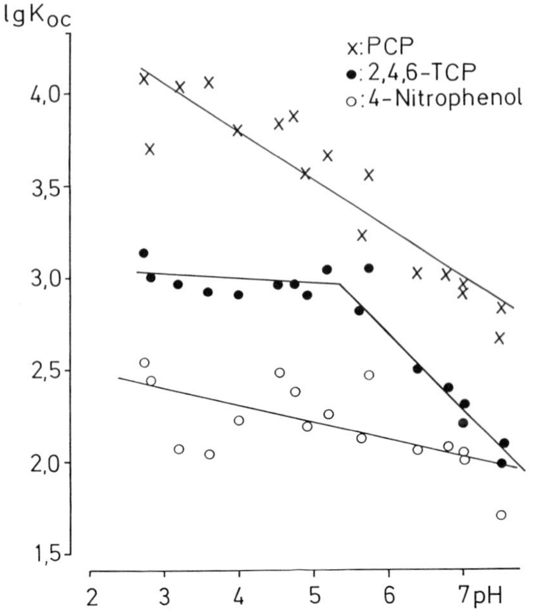

Abb. 179 Beziehungen zwischen den lg K_{oc}-Werten von Pentachlorphenol (PCP), 2,4,6-Trichlorophenol (2,4,6-TCP) und 4-Nitrophenol von 17 Bodenproben aus A-Horizonten und deren pH($CaCl_2$)-Werten[86]

bierte Chemikalie pro kg Boden bei konstanter Chemikalienkonzentration in der Bodenlösung von 1 mg/l schwanken. In Abhängigkeit von den unterschiedlichen Eigenschaften der verschiedenen Böden und Bodenhorizonte können die K_F-Werte für die einzelnen Chemikalien bis um den Faktor 100 und mehr variieren.

Die Adsorption organischer Chemikalien erfolgt vor allem durch die organische Substanz der Böden, so daß bei den meisten Chemikalien sehr enge Beziehungen zwischen den K_F-Werten und den Gehalten der Böden an organischem Kohlenstoff bestehen (Abb. 178, s. Kap. XXIV). Deshalb werden auch häufig die K_F-Werte der verschiedenen Chemikalien zur besseren Vergleichbarkeit auf den jeweiligen Gehalt der Böden an organischem Kohlenstoff bezogen und als K_{oc}-*Werte* angegeben:

$$K_{oc} = \frac{K_F}{\%\ C_{org.}} \cdot 100$$

Die K_{oc}-Werte weisen bei organischen Chemikalien, die als undissoziierte Moleküle vorliegen, deutlich geringere Schwankungen bei den verschiedenen Böden auf als die K_F-Werte und stellen für diese Chemikaliengruppe meist ein gutes Maß für das Löslichkeits- und Adsorptionsverhalten der Chemikalien in Böden dar. Die K_{oc}-Werte können dabei für die verschiedenen Chemikalien von Werten < 50 (z. B. für Benzol) bis > 50000 (z. B. für einige PAKs) schwanken. Bei organischen Chemikalien, die im pH-Bereich mitteleuropäischer Böden von etwa 3 – 8 zu Anionen oder Kationen dissoziieren, ist außerdem der pH-Wert von großer Bedeutung. So zeigt Abb. 179, daß die K_{oc}-Werte für Pentachlorphenol (PCP) in Böden von neutraler zu stark saurer Bodenreaktion beträchtlich ansteigen. PCP wird mit sinkendem pH zunehmend vom Phenolat-Anion durch Protonierung in das Phenol-Molekül umgewandelt (pK = 4,7). Dabei steigt die Adsorption durch Wasserstoffbrücken-Bildung an (s. Kap. XXIV). Dieser Effekt ist auch beim Trichlorphenol (2,4,6-TCP: pK = 6,0) im pH-Bereich von 8 – 5 deutlich, beim undissoziierten Nitrophenol (pK = 7,2) dagegen nicht mehr meßbar[86] (Abb. 179). Wie bei PCP und TCP steigen bei einer ganzen Reihe organischer Chemikalien, die durch Protonierung von Anionen zu Molekülen umgewandelt werden, die K_{oc}-Werte und damit die Adsorptionskapazität (= Pufferkapazität) der Böden von neutraler zu stark saurer Bodenreaktion deutlich an. Damit verläuft die Pufferkapazität der Böden in Abhängigkeit von der Bodenreaktion für eine Reihe von organischen Chemikalien genau umgekehrt wie für Schwermetalle (s. Kap. XXII 3).

Der adsorbierte Anteil organischer Chemikalien befindet sich weitgehend in einem vor mikrobiellem Abbau wie auch vor Auswaschung und Aufnahme durch höhere Pflanzen geschützten Zustand. Persistente organische Chemikalien werden deshalb bei starker Adsorption in Böden akkumuliert, bei geringer Adsorption bis in Grund- und Oberflächenwässer verlagert. Erst nach Desorption und Übergang in die Bodenlösung sind Schadstoffe ökologisch wirksam, so daß die Reversibilität der Adsorptionsvorgänge in Böden von wesentlicher Bedeutung ist[22]. Erhöhte mikrobielle Aktivität sowie Veränderungen der Bodenreaktion (s. Abb. 179) und der Elektrolytkonzentration können dabei eine Mobilisierung bewirken. Auch lösliche Huminstoffe können organische Chemikalien binden und auf diese Weise deren Mobilität und Verlagerbarkeit erhöhen[87]. Andererseits werden auch manche organische Chemikalien durch unlösliche Huminstoffe in einer wenig reversiblen Form adsorbiert oder durch Mikroorganismen in die Biomasse inkorporiert und als sogenannte *gebundene Rückstände* in Böden festgelegt. Dies kann vor allem bei halogenierten aromatischen Kohlenwasserstoffen höherer Persistenz stattfinden, die in ihren Grundstrukturen z. T. den Huminstoffen ähneln und deshalb in die organischen Substanzen der Böden eingebaut werden können[88]. Die bisher auf diesem Gebiet vorliegenden Kenntnisse sind jedoch insgesamt noch sehr unvollständig. Zur Zeit wird an Modellen gearbeitet, die mit Hilfe der wichtigsten umweltrelevanten Eigenschaften der Chemikalien (s. o.) Prognosen über das Chemikalienverhalten in der Umwelt gestatten[89].

Neben den direkt vom Menschen produzierten Substanzen treten in Böden und Pflanzen auch in natürlicher Weise mikrobiell oder durch höhere Pflanzen gebildete organische Substanzen auf, die ebenfalls zur Gruppe der Schadstoffe gehören. So können z. B. zahlreiche Mykotoxine sowie eine Reihe von Pflanzeninhaltsstoffen ebenfalls stark schädigend auf Mensch und Tier wirken. Zum Teil wird sogar eine natürliche Entstehung von chlorierten Kohlenwasserstoffen sowie von polycyclischen aromatischen Kohlenwasserstoffen für möglich gehalten. Auf jeden Fall stellt die natürliche Produktion von organischen Schadstoffen ein im Verlauf der Evolution entwickelter Abwehr- bzw. die Ausbreitung fördernder Mechanismus mancher Mikroorganismen und höheren Pflanzen dar.

Für gut durchlüftete und nährstoffreiche Böden gilt jedoch, daß die bodeneigene Mikroflora in der Regel eine Zersetzung der natürlichen organischen Schadstoffe bewirkt. So werden z. B. die von Pilzen produzierten, stark carcinogen wirkenden *Aflatoxine* selbst bei Zufuhr größerer Mengen in 2 – 3 Monaten durch die Mikroorganismen des Bodens vollständig abgebaut[90]. In gleicher Weise können auch *Nitrosamine* und andere Schadstoffe sowie *Mineralöle* und z. T. auch deren Rückstände abgebaut werden. Persistente *chlorierte Kohlenwasserstoffe* und *polycyclische aromatische Kohlenwasserstoffe* werden dagegen in Böden und Sedimenten angereichert.

a) Nitrosamine

Besondere Bedeutung besitzen zur Zeit die außerordentlich stark carcinogen wirkenden Nitrosamine [$O = N\text{-}N(R)_2$; R = Alkyl- oder Arylgruppe]. In umfangreichen Tierversuchen erwies sich keine der untersuchten Tierarten als resistent gegenüber diesen Substanzen. Die noch wirksamen Nitrosamin-Dosen liegen z. T. bei 1 – 5 mg/kg Futtermittel.

Nitrosamine entstehen durch mikrobielle Vorgänge aus Nitrat nach Reduktion zu Nitrit und aus Aminen. In Modellversuchen mit Böden wurde nach Zugabe von Nitrit und Aminen eine Nitrosaminbildung festgestellt[91]. Obwohl beide Ausgangssubstanzen auch unter natürlichen Bedingungen als Zwischenprodukte der N-Umsetzung (s. Kap. XX 11) in allen Böden vorhanden sind, treten Nitrosamine nicht als stabile Verbindungen in Böden auf, sondern werden unter aeroben Bedingungen in kurzer Zeit abgebaut oder durch Evaporation an die Luft abgegeben[91]. Dort findet unter dem Einfluß der kurzwelligen Strahlung des Sonnenlichts eine Zersetzung der Nitrosamine statt.

Vegetationsversuche mit Nährlösungen und Bodenproben, denen Nitrosamine zugesetzt wurden, zeigen, daß Pflanzen zwar Nitrosamine aufzunehmen vermögen, aber auch in den Pflanzen eine Zersetzung dieser Substanzen durch die kurzwellige Strahlung des Sonnenlichts und/oder eine Abgabe an die Luft stattfindet[91].

Von größerer Bedeutung ist dagegen eine mikrobielle Bildung von Nitrosaminen bei falscher Nahrungszubereitung und -lagerung – insbesondere bei nitratreichen Nahrungsmitteln. Vor allem kann auch eine Nitrosamin-Bildung direkt im menschlichen Körper nach Aufnahme der für die Entstehung erforderlichen Ausgangssubstanzen stattfinden[92].

b) Chlorierte Kohlenwasserstoffe

Chlorierte Kohlenwasserstoffe finden für die verschiedensten industriellen und gewerblichen Zwecke in großer Menge Verwendung. Außerdem werden sie z. T. als Insektizide und Fungizide in der Land- und Forstwirtschaft sowie im Gartenbau eingesetzt. Infolge ihrer hohen Persistenz ist eine weltweite Akkumulation in Böden und Sedimenten festzustellen. Vor allem in aquatischen Ökosystemen findet eine zunehmende Anreicherung von den niederen zu den höheren Gliedern der Nahrungskette statt. Auch im menschlichen Fettgewebe und in der Muttermilch ist eine Anreicherung von chlorierten Kohlenwasserstoffen festzustellen. Deshalb ist die Verwendung chlororganischer Fungizide und Insektizide in der BRD seit einigen Jahren per Gesetz verboten bzw. stark eingeschränkt.

(1) Aliphatische Chlorkohlenwasserstoffe

Tetrachlorethylen („Per", $CCl_2 = CCl_2$), *Trichlorethylen* ($CHCl = CCl_2$) und *Trichlorethan* ($CH_3 - CCl_3$) finden als organische Lösungsmittel für unpolare Substanzen weitverbreitet Anwendung in der Metall- und Elektronikindustrie (z. B. bei der Reinigung von Metalloberflächen) sowie in Wäschereibetrieben. Weltweit werden von diesen drei Substanzen jährlich ca. 1,1, 0,6 und 0,6 Mio. t produziert und nahezu vollständig an die Umwelt abgegeben[93]. Auch in der BRD werden große Mengen an diesen und anderen Lösungsmitteln wie z. B. Dichlormethan (CH_2Cl_2), Chloroform ($CHCl_3$) und Tetrachlorkohlenstoff (CCl_4) verbraucht (jeweils 30 000 bis 95 000 t/Jahr)[85, 94]. Infolge ihres hohen Dampfdrucks sind diese chlorierten Kohlenwasserstoffe überall in der Luft und im Niederschlag nachweisbar. Auch im Grundwasser wurden z. T. beträchtliche Mengen festgestellt. Im Trinkwasser waren in einigen Gebieten ebenfalls erhöhte Gehalte vorhanden[93, 94]. Für Trinkwasser wurde deshalb ein Grenzwert für Trichlorethan, Trichlorethylen und Tetrachlorethylen von insgesamt 0,025 mg/l festgelegt (s. Tab. 83).

In weitgehend unbelasteten Böden Süddeutschlands wurden in der *Bodenluft* Gehalte an Tetrachlorethylen, Trichlorethylen und Trichlorethan von 0,1 – 112, < 0,1 – 57 und 0,2 – 15 $\mu g/m^3$ festgestellt[93, 94]. Diese Gehalte werden als charakteristisch für die Grundbelastung der Böden in Mitteleuropa mit diesen Substanzen angesehen. In naturnahen Böden Südhessens wurden für Tetrachlorethylen bis 1250 $\mu g/m^3$ in der Bodenluft, bis 14,7 $\mu g/l$ in der Bodenlösung und bis 96 $\mu g/kg$ in der festen Bodensubstanz gemessen[94]. Die *Bindung* der flüchtigen Chlorkohlenwasserstoffe in Böden erfolgt hauptsächlich durch die organische Substanz. Die K_F-Werte für diese Chemikalien variieren von 1,3 – 13; die K_{oc}-Werte betragen meist 120 – 280[95]. Diese Werte zeigen eine geringe bis mittlere Bindungskapazität der Böden für flüchtige Chlorkohlenwasserstoffe an.

Toxische Wirkungen auf die Mikroorganismen der Böden wurden für Tri- und Tetrachlorethylen sowie Dichlormethan ab 1 – 10 mg/kg Boden gemessen[96].

Obwohl die bisher in Böden vorliegenden Gehalte an flüchtigen Chlorkohlenwasserstoffen wahrscheinlich ökologisch keine Bedeutung besitzen, sind sie doch ein wesentlicher Hinweis für die zunehmende Kontamination der Böden mit organischen Chemikalien.

(2) Hexachlorcyclohexan (HCH)

Bei der Produktion des Insektizides Lindan (γ-$C_6H_6Cl_6$) entstehen gleichzeitig als Abfallstoffe die nicht insektizid wirkenden α-, β-, δ- und ϵ-Isomeren, die von der für den Verkauf bestimmten γ-Form abgetrennt werden. Diese Restisomeren wurden bis vor wenigen Jahren z. T. in offenen Halden auf dem Werksgelände der Hersteller gelagert, so daß eine starke Verfrachtung dieser Substanzen mit dem Wind erfolgen konnte. Neben Rückständen des Insektizids (γ-HCH) können heute verbreitet in Lebens- und Futtermitteln auch andere HCH-Isomeren nachgewiesen werden.

In der unmittelbaren Umgebung von HCH-produzierenden Werken können im Boden bis > 10 mg Gesamt-HCH/kg vorhanden sein[97]. Neben einer Mülldeponie mit HCH-Abfällen wurden Gehalte bis 2 mg/kg Boden gemessen[98]. Dabei besteht der überwiegende Anteil des HCH in der Regel aus β-HCH, das – bei einer geschätzten Halbwertszeit im Boden von etwa 8 Jahren[98] – als das stabilste Isomere eine relative Anreicherung erfährt. In nicht nachweisbar kontaminierten Böden beträgt der HCH-Gehalt 0 – 2,4 $\mu g/kg$ Boden[99, 100]. Die mit den

Niederschlägen eingetragenen HCH-Isomeren (1 – 100 ng/l) werden zu mehr als 99 % in den Böden gebunden[100]. Das immittierte HCH wird vorwiegend in den oberen 35 cm der Böden durch organische Substanzen festgelegt. Eine Verlagerung mit dem Sickerwasser findet nur in sehr geringem Maße statt.

Auf Böden mit langjährig hohen Klärschlammgaben konnten keine HCH-Anreicherungen festgestellt werden[99]. Klärschlämme enthalten dabei meist < 0,4 mg/kg Tr.S. an HCH-Isomeren. Die Gehalte der angebauten Pflanzen an HCH waren auf den mit Klärschlamm versetzten Böden sehr niedrig (< 0,05 mg/kg Tr.S.). Als Grenzwerte für γ-HCH in Klärschlämmen und Böden werden Werte von 0,5 bzw. 0,1 mg/kg vorgeschlagen (Tab. 83).

Auf stark mit HCH kontaminierten Böden werden von den angebauten *Pflanzen* beträchtliche Mengen an HCH aufgenommen, in Gefäßversuchen mit Weidelgras bzw. Hafer bis 22 bzw. 34 (im Haferstroh) mg HCH/kg Tr.S.[101]. Zwischen den HCH-Gehalten der Böden und der Pflanzen bestehen signifikante Korrelationen, die allerdings Unterschiede in Abhängigkeit von der Pflanzenart aufweisen[95, 99]. In den verschiedenen Pflanzenteilen steigen die HCH-Gehalte in der Reihe Korn < Frucht < Wurzel < Sproß.

Auf stark belasteten Böden angebautes Getreide enthält zwar hohe HCH-Gehalte im Stroh, jedoch sehr geringe im Korn, so daß eine Verwertung des Kornertrages möglich ist. Bei Verfütterung von HCH-reichem Rauh- und Saftfutter an Milchvieh wurden überhöhte HCH-Gehalte in der Milch festgestellt, die bei einigen Betrieben in der Umgebung von HCH-produzierenden Werken zu einer Sperrung der Milchablieferung führte[98, 101].

Der HCH-Abbau im Boden verläuft unter aeroben Bedingungen so langsam, daß mehrere Jahrzehnte erforderlich sind, um einen belasteten Boden zu dekontaminieren[101]. Unter anaeroben Bedingungen ist dagegen ein sehr viel schnellerer Abbau möglich.

Der Einsatz des Insektizids Lindan ist heute in der BRD nur noch mit Sondergenehmigung möglich und findet dann meist im Forst statt.

(3) Hexachlorbenzol (HCB)

Hexachlorbenzol (C_6Cl_6) findet als Fungizid (in der BRD seit 1977 verboten), Flammschutzmittel und bei organischen Synthesen Verwendung. Außerdem können beträchtliche Mengen an HCB als Verunreinigung in anderen Chemikalien vorhanden sein. Die jährliche Produktion beträgt weltweit ca. 10000 t. Daneben kann HCB auch bei der Vebrennung chlorhaltiger Produkte (z. B. von Müll) entstehen[82].

Neben DDT und dessen Umwandlungsprodukten (s. Kap. XXIV) gehört HCB zu den ubiquitär in Böden, Pflanzen, Tieren und Menschen auftretenden Verbindungen. In pflanzlichen Lebensmitteln kann HCB häufig nachgewiesen werden, allerdings nur selten mit Gehalten über den gesetzlich zulässigen Höchstmengen (0,1 mg/kg Tr.S.). In Milch, Butter und Fleischprodukten treten dagegen häufiger erhöhte Gehalte auf (zulässige Höchstmenge 0,5 mg/kg). Bei der Nahrungsaufnahme werden HCB und andere lipophile Chlorkohlenwasserstoffe bei der Resorption des Nahrungsfettes direkt mit aufgenommen, im menschlichen und tierischen Fettgewebe gespeichert und infolge langer biologischer Halbwertszeit mit zunehmendem Alter angereichert.

In wenig belasteten *Böden* werden im Mittel HCB-Gehalte von 10, maximal von 40 μg/kg gemessen[99]. In belasteten Böden in der direkten Umgebung von Deponien wurden bis zu 5000 mg/kg Boden festgestellt[82]. In *fluvialen Sedimenten* von Elbe und Rhein können bis zu 1200 μg/kg vorhanden sein[99], in *Klärschlämmen* 30 – 170 μg/kg[102]. In Böden und Sedimenten liegt HCB vorwiegend in organischer Bindung vor. Die K_{oc}-Werte variieren von 20000 bis > 50000[82, 87]. Sie nehmen mit abnehmenden pH-Werten zu. Infolge starker Adsorption und sehr geringer Wasserlöslichkeit (7,9 μg/l) wird HCB in Böden kaum verlagert.

Pflanzen nehmen nur sehr geringe Mengen an HCB aus dem Boden auf (< 10 μg/kg, meist sogar < 1 μg/kg)[89, 99]. In belasteten Böden kann jedoch HCB in die Gasphase übergehen und sich auf den oberirdischen Pflanzenteilen niederschlagen. Die HCB-Grenzwerte betragen für Getreide und Kartoffeln jeweils 0,01 mg/kg Tr.S. Für Klärschlämme und Böden werden Grenzwerte von 1 bzw.0,1 mg/kg Tr.S. vorgeschlagen (Tab. 83).

Neben seiner anthropogenen Herkunft kann HCB wahrscheinlich als Metabolit des HCH-Abbaues mikrobiell in Böden gebildet werden. Ein *Abbau* von HCB durch Mikroorganismen findet dagegen nicht oder nur in sehr geringem Maße statt. An Partikeloberflächen adsorbiertes HCB kann jedoch unter dem Einfluß von kurzwelligem UV-Licht an der Bodenoberfläche zersetzt werden[82]. *Toxische Wirkungen* von

HCB auf Pflanzen und Mikroorganismen wurden nicht beobachtet. Infolge seiner geringen Löslichkeit (s. o.) ist HCB kaum für Pflanzen und Mikroorganismen verfügbar[103].

(4) Polychlorierte Biphenyle (PCB)

Polychlorierte Biphenyle [$C_{12}H_{10-(x+y)}\ Cl_{(x+y)}$] bilden eine Stoffklasse aus 209 Isomeren mit unterschiedlichem Chlorgehalt. Bis zu 10 Chloratome können in die Molekülstruktur eingebaut werden. Dabei steigt die Persistenz mit dem Chlorierungsgrad. Bei mehr als 5 Cl-Atomen im Molekül stellen PCBs relativ stabile Substanzen in Böden dar[84]. Daneben können auch polybromierte Biphenyle (PBB) von umweltrelevanter Bedeutung sein.

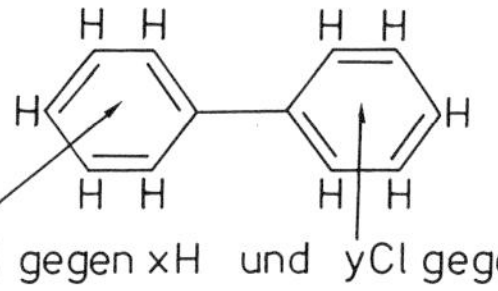

Technische PCBs können als Verunreinigung geringe Mengen an hochtoxischen polychlorierten Dibenzofuranen (PCDF) enthalten[52]. Auch bei Verbrennungsprozessen mit Temperaturen unter 800 °C (z. B. Müllverbrennung) und bei Brandunfällen der verschiedensten Art können aus PCBs und anderen chlorierten Substanzen extrem toxische polychlorierte Dibenzodioxine (PCDD) und -furane (PCDF) entstehen (s. Abschnitt 5).

Seit die industrielle Produktion von PCBs 1929 begann, sind weltweit mehr als 1×10^6 t von diesen Substanzen produziert worden[104]. Sie werden als Transformatoröl, Hydrauliköl, Isolier- und Kühlmittel, Formulierungsmittel u. a. verwendet. Heute sind PCBs in allen Bereichen der Umwelt vorhanden[104a]. Dabei konnten bisher über 60 Einzelsubstanzen nachgewiesen werden. Auch im menschlichen und tierischen Fettgewebe treten teilweise beträchtliche Gehalte auf. Die technische Verwendung von PCBs ist deshalb weitgehend auf geschlossene Systeme beschränkt worden. In der BRD wurde die Produktion 1983 eingestellt[52]. Die weltweite Verbreitung von PCBs ist außerdem auch auf eine durch UV-Licht bewirkte Umwandlung von DDT und dessen Abbauprodukt DDE in PCB zurückzuführen[104]. Bis heute dürften etwa $3-4 \times 10^6$ t DDT als Insektizide verwendet worden sein[84].

In wenig belasteten *Böden* wurden PCB-Gehalte von 0,02 – 0,1 mg/kg gefunden[99, 105]. In Böden mit langjährig hohen Gaben an Klärschlämmen und Abfallkomposten wurden Gehalte bis 1,5 mg/kg gemessen[99, 106] und in Böden industrienaher Gebiete bis zu 100 mg/kg[84]. Die PCB-Gehalte *fluvialer Sedimente* betragen meist 0,1 – 0,5 mg/kg Tr.S.[99]. *Klärschlämme* enthalten – je nach Belastung durch Industrieabwässer – $<0,1$ bis >100 mg PCB/kg Tr.S., im Mittel etwa 1 mg/kg[102]. Für eine Ausbringung auf Böden sollte der PCB-Gehalt der Klärschlämme 2 mg PCB/kg Tr.S. nicht überschreiten. Für Böden wird dabei ein PCB-Grenzwert von 0,5 mg/kg Tr.S. für die Summe der Einzelsubstanzen vorgeschlagen (Tab. 83).

Die *Bindung* von PCBs in Böden findet vor allem durch organische Substanzen und in geringerem Maße durch Tonminerale statt[107, 108]. Die K_{oc}-Werte für PCBs liegen meist $>20\,000$ und steigen mit dem Chlorierungsgrad dieser Substanzen. Deshalb erfolgt eine PCB-Festlegung vor allem in humosen A-Horizonten von Böden[104]. In humusarmen, sandigen Böden kann dagegen auch eine beträchtliche *Verlagerung* in den Unterboden stattfinden[107].

In Abhängigkeit vom Chlorierungsgrad sind Löslichkeit und Dampfdruck bei niedrigchlorierten Biphenylen größer als bei hochchlorierten. Entsprechende Unterschiede treten bei der Verlagerung mit dem Sickerwasser und der Abgabe in Gasform an die Luft auf. Ein *Abbau* von PCBs kann photochemisch durch UV-Strahlen erfolgen. Die mikrobielle Abbaubarkeit der verschiedenen Substanzen dieser Stoffgruppe ist sehr unterschiedlich. Hochchlorierte Biphenyle sind wesentlich persistenter als niedrigchlorierte Verbindungen[107]. Böden mit viel organischer Substanz und Ton, in denen PCBs z. T. in einer vor dem Abbau geschützten Form gebunden sind (s. gebundene Rückstände[88]), weisen nur eine geringe Abbaurate auf[104]. Bei einigen hochchlorierten PCBs war ein Abbau nicht nachweisbar[109, 109a].

Pflanzen nehmen kaum PCBs aus dem Boden auf[99, 105]; dabei sind hochchlorierte Biphenyle schlechter verfügbar als niedrigchlorierte. Der Hauptteil der aufgenommenen PCBs wird in oder an der Wurzeloberfläche gebunden und kann – z. B. bei Wurzelgemüse – mit der Schale entfernt werden[104]. *Toxische Wirkungen* an Pflanzen wurden bei PCB-Gehalten in Böden von $\geq$ 50 mg/kg beobachtet. Eine Verringerung der Toxizität war durch Zugaben von organischer Substanz (Torf) und Ton (Smectit) möglich[108].

In aquatischen Ökosystemen können Algen PCB in starkem Maße anreichern. Demzufolge sind auch in Fischen z. T. beträchtliche Mengen akkumuliert.

(5) Polychlorierte Dibenzodioxine (PCDD) und Dibenzofurane (PCDF)

Polychlorierte Dibenzodioxine (PCDD) und Dibenzofurane (PCDF) sind als extrem toxische Verbindungen hoher Stabilität bekannt. Sie bestehen aus zwei Phenylringen unterschiedlichen Chlorierungsgrades, die bei den Furanen durch ein und bei den Dioxinen durch zwei Sauerstoffatome miteinander verknüpft sind. Insgesamt gibt es 135 PCDFs und 75 PCDDs[110].

In den Positionen 1 bis 4 und 6 bis 9 sind Wasserstoffatome gebunden, die gegen Chloratome substituiert sein können. Bei einem Einbau von beispielsweise 4 Chloratomen in das Dibenzodioxin-Molekül an den Positionen 2, 3, 7 und 8 entsteht das extrem toxische 2,3,7,8-*Te*tra*chlor**d*ibenzo*d*ioxin (TCDD). Beim Menschen erzeugt TCDD Chlorakne bis zu 15 Jahre nach der letzten Exposition. Mutagene und carzinogene Wirkungen sind nicht mit Sicherheit nachgewiesen; teratogene Wirkungen treten jedoch auf[110, 111].

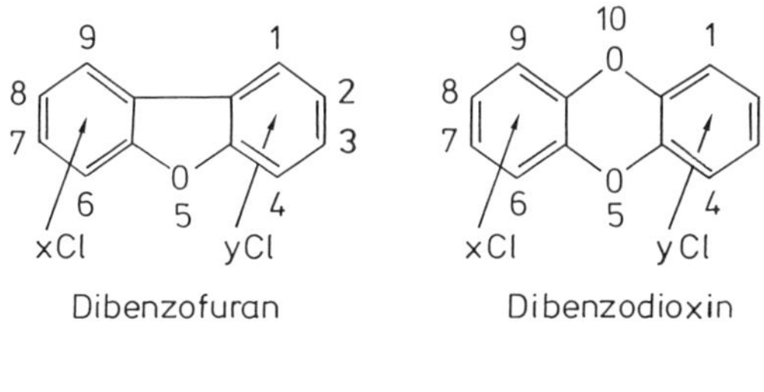

PCDDs und PCDFs sind Nebenprodukte bei der großtechnischen Herstellung einer Reihe von chlorierten Chemikalien, wie z. B. der Herbizide 2,4-D und 2,4,5-T sowie des Holzschutzmittels PCB (s. Kap. XXIV). Sie entstehen außerdem bei Verbrennungsprozessen der verschiedensten Art (bis hin zu Waldbränden) im Temperaturbereich zwischen 300 – 600 °C aus organischen und anorganischen Chlorverbindungen[52]. So wurden Dioxine und Furane im Ruß von Kraftfahrzeugen (Dieselmotor: ca. 0,4 µg PCDD/kg; Ottomotor: 0,03 – 0,08 µg PCDD/kg) und Kaminen (bis 4 µg PCDD/kg) sowie in Asche und Flugstaub von Müllverbrennungsanlagen (Klinikmüllverbrennungsanlagen: 8 – 4650 µg PCDD/kg, 5 – 6340 µg PCDF/kg) gemessen. Auch im Straßenstaub wurden PCDDs gefunden (bis 760 µg/kg)[110]. In verschiedenen Altlasten wurden ebenfalls TCDDs festgestellt.

Eine PCDD- und PCDF-Belastung von *Böden* ist vor allem durch Unfälle wie Transformatorbrände (Verbrennung von PCBs) oder Explosionen in chemischen Werken (Seveso/Italien: Verbrennung von 2,4,5-Trichlorphenol) erfolgt. Auch die Ausbringung von Altöl kann Bodenbelastungen mit diesen Substanzen bewirken. In der BRD enthielten drei mit Altöl kontaminierte Böden bis 8 µg PCDD/kg; in den USA wurden auf mit Altöl befestigten Sandwegen bis zu 32 mg PCDD/kg Boden gemessen[110]. Durch Ausbringung der Herbizide 2,4-D und 2,4,5-T (s. Kap. XXIV) als Entlaubungsmittel während des Vietnamkrieges gelangten insgesamt etwa 170 kg PCDD auf vietnamesische Böden und damit bis 110 mg/ha. In den betroffenen Böden wurden Gehalte von 18 – 30 ng TCDD/kg gemessen. Noch heute sind weite Flächen der mit PCDD kontaminierten Böden unfruchtbar und nur von einem sehr widerstandsfähigen Gras bewachsen[111]. Auch mit der Ausbringung von Klärschlamm können PCDDs in die Böden gelangen. In einigen Klärschlamm-Proben wurden PCDD-Gehalte (Toxizitätsäquivalente) bis 0,4 µg/kg Tr.S. gemessen. Als Grenzwert für Böden wird ein Wert von insgesamt 5 ng/kg Tr.S. (Toxizitätsäquivalente) für PCDDs und PCDFs diskutiert.

Die *Bindung* von PCDDs und PCDFs in Böden erfolgt fast ausschließlich durch die organische Substanz der Böden. Die K_{oc}-Werte liegen in einer Größenordnung von > 100 000. Der *mikrobielle Abbau* ist außerordentlich gering. Die Halbwertszeiten schwanken – je nach Chlorierungsgrad – zwischen 3 und 15 Jahren[110, 111].

Anreicherungen von TCDD finden vor allem in der aquatischen Nahrungskette statt. In verschiedenen Fischen wurden 4 – 695 ng TCDD/kg gemessen. Als Non-Effect-Level gilt für Mensch und Tier 1 ng TCDD/kg Körpergewicht[110].

c) Polycyclische aromatische Kohlenwasserstoffe (PAK)

Polycyclische aromatische Kohlenwasserstoffe (PAK, engl. PAH) sind Verbindungen mit unterschiedlicher Anzahl an kondensierten Benzolringen im Molekül. Die bekanntesten Vertreter von insgesamt einigen Hundert Verbindungen sind Benzo(a)-, Benzo(e)pyren (5 Benzolringe), Benzo(b, k, j)fluoranthen (4 Ringe), Benzo(ghi)perylen (6 Ringe) sowie Anthracen, Fluoranthen (je 3 Ringe) und Naphthalin (2 Ringe). Verbindungen mit 4 und mehr Ringen besitzen carcinogene und mutagene Wirkungen[52]. Von der Stoffgruppe der PAKs werden meist Benzopyren, Benzofluoranthen und Fluoranthen als Leitsubstanzen verwendet. Benzo(a)pyren gehört dabei zu den besonders toxischen und persistenten Verbindungen[112].

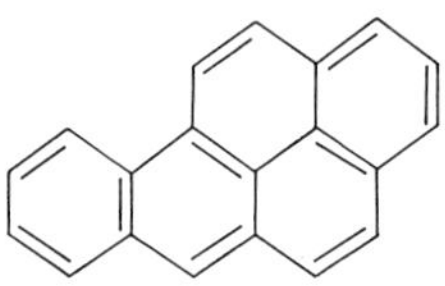

Benzo(a)pyren

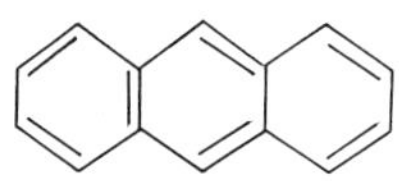

Anthracen

PAKs werden nicht gezielt hergestellt; sie entstehen jedoch bei der unvollständigen Verbrennung organischer Substanzen (Kohle, Heizöl, Kraftstoffe, Holz) in konventionellen Energiegewinnungsanlagen, bei der Koksherstellung, durch Kraftfahrzeuge aber auch bei Wald-, Moor- und anderen offenen Bränden. Deshalb sind sie stets in der Luft nachweisbar [Benzo(a)pyren-Gehalt in ländlichen Gebieten im Jahresmittel ca. 2, in Großstädten ca. 5 – 15, in der Umgebung von Kokereien bis zu 40 ng/m^3][113]. PAKs werden bei Verbrennungsvorgängen zunächst gasförmig an die Luft abgegeben, dann aber zum größten Teil an Schwebstaub gebunden und mit diesem ubiquitär auf der Erdoberfläche verbreitet. Die Gesamtemission an PAKs wird in der BRD auf ca. 500 – 1000 t/Jahr geschätzt, für Benzo(a)pyren auf ca. 20 t/Jahr[84]. PAKs sind heute in allen Böden und Sedimenten wie auch im Oberflächen-, Grund- und Trinkwasser nachweisbar[99, 100]. Für Trinkwasser wurde deshalb ein Grenzwert für die Summe von 6 PAKs von 0,2 μg/l gesetzlich festgelegt (s. Tab. 83).

Wie Untersuchungen in England zeigen, sind die PAK-Gehalte in den A-Horizonten der *Böden* mit zunehmendem Kohle-, Gas- und Erdölverbrauch von 1850 bis heute um das 5fache von etwa 0,35 auf ca. 1,7 mg/kg Boden angestiegen. Dabei weisen einige Verbindungen wie z. B. Benzofluoranthen, Benzo(a)- und Benzo(e)pyren erheblich höhere Zunahmeraten auf[114]. Wenn die in der BRD emittierten PAK-Mengen (s. o.) gleichmäßig auf die Fläche der Bundesrepublik verteilt werden, ergeben sich mittlere Einträge von 20 – 40 g/(ha · Jahr), von denen ca 0,8 g auf Benzo(a)pyren entfallen. In wenig besiedelten Gebieten der BRD wurden Einträge von Benzo(a)pyren in dieser Größenordnung gemessen[100]; in Ballungsgebieten dürften jedoch deutlich größere Mengen pro Jahr in den Böden deponiert werden.

In ackerbaulich genutzten *Böden ländlicher Gebiete* werden in Mitteleuropa PAK-Gehalte von meist < 0,5 mg/kg Boden gemessen[5, 99, 115]. In *Waldböden* finden durch die Filterwirkung des Waldes deutlich höhere PAK-Einträge als auf landwirtschaftlich genutzten Böden statt, so daß in den *Humusauflagen* Gehalte von 0,6 – 1,7 mg/kg festgestellt wurden[115, 116]. In *Ballungsgebieten* beträgt der PAK-Gehalt der Böden meist 1 – 5 mg/kg. Durch die PAK-Emission des Kfz-Verkehrs findet vor allem eine Anreicherung in den Böden bis 50 m neben vielbefahrenen Straßen statt; auf den ersten Metern wurden z. T. Gehalte bis über 10 mg/kg Boden gemessen[117]. Die höchsten PAK-Gehalte – bis über 5000 mg/kg, davon ca. 5 – 10 % Benzo(a)pyren – treten in Böden von ehemaligen *Kokerei-* und *Gaswerksflächen* auf[114]. Dementsprechend wurden in Bodenproben von Grundstücken auf ehemaligen Kokereihalden ebenfalls hohe PAK-Gehalte festgestellt [bis 10 mg Benzo(a)pyren/kg Boden]. Alle mit Teer (bis zu 1000 mg Benzpyren/kg), Bitumen und sonstigen Kokerei- und Raffinerie-Abfällen belasteten Böden sind mit PAKs kontaminiert. Auch in *fluvialen Sedimenten* können erhöhte PAK-Gehalte vorliegen (bis 10 mg/kg Tr.S.). In *Klärschlämmen* wurden stark unterschiedliche Gehalte von 0,6 – 138, im Mittel 23 mg PAK/kg Tr.S. gemessen; davon entfielen durchschnittlich 7 % auf Benzo(a)pyren[102, 115]. Durch die Ausbringung hoher Klärschlamm- und Kompostgaben wurden die PAK-Gehalte der Böden z. T. deutlich erhöht[99, 115]. Deshalb wird für die auszubringenden Klärschlämme ein Grenzwert von insgesamt 20 mg/kg Tr.S. für die Summe der PAKs (Tab. 83) und von 4 mg/kg Tr.S. für Benzo(a)pyren vorgeschlagen. Als Bodengrenzwert werden 5 mg/kg Tr.S. für PAKs insgesamt als tolerierbar angesehen (Tab. 83). Für Benzo(a)pyren wird ein Bodengrenzwert von 1 mg/kg Tr.S. diskutiert.

Neben einer Anreicherung von PAKs aus anthropogenen Quellen findet möglicherweise auch eine PAK-Bildung durch natürliche Vorgänge in Böden statt. So stieg der PAK-Gehalt in einem Torfprofil vom Oberboden bis in 2 m

Tiefe von 0,05 bis auf 4,4 mg/kg Tr.S. an. Da Verbindungen mit aromatischen Strukturen in der organischen Substanz der Böden ohnehin von Natur aus vorhanden sind (s. Kap. VII), kann möglicherweise auch die Bildung von PAKs unter bestimmten Bedingungen (z. B. reduzierendes Milieu) in Böden erfolgen[118].

Die *Bindung* (Adsorption) der in die Böden eingetragenen PAKs erfolgt fast ausschließlich durch *Huminstoffe*. Die Bindungsstärke steigt dabei mit der Zahl der Benzolringe im Molekül von Naphthalin (2 Ringe, K_{oc} ca. 1000) über Anthracen und Fluoranthen (3 Ringe, K_{oc} ca. $15-20 \times 10^3$) bis zum Benzo(a)pyren (5 Ringe, K_{oc} im Bereich von 10^6). Infolge der starken Bindung an die organische Substanz werden PAKs fast ausschließlich in den Humusauflagen und A-Horizonten angereichert. Durch die außerordentlich geringe Löslichkeit der meisten PAKs bedingt, findet kaum eine Verlagerung in den Böden statt[100]. Nur bei gleichzeitiger Anwesenheit von Lösungsvermittlern – wie z. B. von löslichen Huminstoffen oder auf kontaminierten Standorten auch von Mineralölen – können PAKs verlagert werden.

Der *mikrobielle Abbau* von polycyclischen Aromaten in Böden wird ebenfalls im wesentlichen von dem Löslichkeits- und Adsorptionsverhalten der verschiedenen Verbindungen bestimmt. Unter günstigen Abbaubedingungen wurden für Verbindungen mit 2 und 3 Benzolringen (Naphthalin und Anthracen), die eine geringere Bindungsstärke und größere Löslichkeit als höher kondensierte PAKs aufweisen, Halbwertszeiten für den mikrobiellen Abbau von weniger als 6 Monaten ermittelt. Höher kondensierte Verbindungen wie Benzo(a)pyren u. a. werden dagegen so stark adsorbiert und sind so wenig löslich, daß sie nur zu sehr geringen Anteilen mikrobiell zersetzt werden können[114]. Unter optimalen Bedingungen wurde jedoch in Bioreaktoren und ebenso in speziellen Anlagen unter Freilandbedingungen auch für höher kondensierte PAKs ein deutlicher Abbau – z. T. bis 50 % – in wenigen Monaten festgestellt. Voraussetzungen dazu waren Beimpfung der Böden mit PAK-abbauenden Mikroorganismen, Optimierung der Nährstoff-, Luft- und Wasserversorgung sowie Zusätze an speziellen Chemikalien (z. B. leichtabbaubare Tenside), durch die adsorbierte PAKs freigesetzt und damit für den mikrobiellen Abbau zugänglich gemacht wurden[114].

Die *Verfügbarkeit* der PAKs für *Pflanzen* ist ebenfalls weitgehend von der Molekülgröße abhängig. PAKs mit 2 und 3 Benzolringen können offenbar z. T. von den Wurzeln aufgenommen und bis in den Sproß transportiert werden[119]. Höher kondensierte PAKs werden dagegen – infolge ihrer außerordentlich geringen Löslichkeit und höheren Molekülgröße – kaum aufgenommen, sondern nur in geringem Maße in und auf *Wurzeloberflächen* ausgeschieden. So ließen sich z. B. 75 – 85 % der in Möhrenwurzeln enthaltenen PAKs mit der Schale entfernen[120]. In Böden mit langjährig hohen Klärschlammgaben wiesen Möhren, Rettich, Zuckerrüben und Kartoffeln gegenüber Pflanzen von unbelasteten Böden nur geringfügig – in Einzelfällen bis zum vierfachen – höhere PAK-Gehalte auf, die aber immer <1, meist auch $<0{,}1$ µg/kg Tr.S. waren[99].

Die PAK-Gehalte *oberirdischer Pflanzenteile* weisen keine Beziehungen zu den PAK-Gehalten der Böden auf[99, 120]; sie sind offenbar vorwiegend immissionsbedingt. Als Bioindikatoren für PAK-Depositionen aus der Luft können epiphytische Moose verwendet werden. In verschiedenen Gebieten Mitteleuropas beträgt der Benzo(a)pyren- und Fluoranthen-Gehalt der Moose 20 – 165 bzw. 40 – 245 µg/kg Tr.S. Vor allem in Gebieten mit hoher Bevölkerungsdichte sind polycyclische Aromaten häufig in den Moosen angereichert[121].

d) Mineralöl und Ölrückstände

Der hohe Verbrauch an Mineralöl (BRD 1984: 106×10^6 t) führt dazu, daß sowohl Transport- und Lagerunfälle als auch unsachgemäße Deponierung von Ölschlämmen und unerlaubtes Ausbringen von Altölen zu einer Kontaminierung von Böden und Pflanzen sowie von Grund- und Oberflächenwasser führen können. Bereits Spuren von Mineralöl im Trinkwasser bewirken eine erhebliche Geschmacksbeeinträchtigung. Phytotoxische Wirkungen treten bei Gewichtsanteilen von $>0{,}5$ % Mineralöl in Böden auf[5].

Da Mineralöle heterogene Stoffgemische aus *gesättigten Kohlenwasserstoffen* (n-Alkane), *aromatischen Kohlenwasserstoffen* (Benzol, Toluol, Naphthalin, Phenanthren u. a.) sowie verschiedenen *Heteroverbindungen* und *Asphaltenen* darstellen, ist die Bindung der verschiedenen Mineralölbestandteile in Böden sehr unterschiedlich. Für alle Verbindungen gilt jedoch, daß sie vor allem von der organischen Substanz der Böden gebunden werden. Während Verbindungen mit hohem Dampfdruck (niederkettige Alkane, Benzol, Toluol u. a.) niedrige K_{oc}-Werte aufweisen (z. T. < 100), besitzen vor allem Naphthalin, Phenanthren sowie Heteroverbindungen und Asphaltene hohe (10^3 bis > 10^5). Insgesamt nimmt mit steigenden Humusgehalten das Bindungsvermögen der Böden für Mineralöl zu. Deshalb nimmt auch – bei vergleichbarer Ölkontamination – die phytotoxische Wirkung mit steigenden $C_{org.}$-Gehalten ab[122].

Das *Verhalten* der verschiedenen Ölverbindungen in Böden wird vor allem von ihrem Dampfdruck, ihrer Viskosität, Persistenz und Bindungsstärke gegenüber den Bodenbestandteilen bestimmt. So sind z. B. niederkettige Alkane mit hohem Dampfdruck, geringer Viskosität und geringer Persistenz in Böden nicht stabil; sie entweichen in die Atmosphäre, werden mit dem Sickerwasser verlagert oder mikrobiell ab- und umgebaut[114]. Persistente und in Böden stark adsorbierte Aromaten, Heteroverbindungen und Asphaltene können dagegen langfristig angereichert werden.

Die *Melioration* von Mineralöl-kontaminierten Böden muß deshalb – je nach den Eigenschaften der eingetragenen Mineralölkomponenten – physikalische, chemische und mikrobielle Maßnahmen umfassen. So können z. B. Bodenbelastungen durch *Benzin* wirkungsvoll durch physikalische Maßnahmen zur Förderung der Bodenbelüftung (z. B. durch häufiges Pflügen, Tieflockern oder mechanisches Belüften) und auch durch Erhöhung der Auswaschung durch Bewässerung bekämpft werden.

Für eine Melioration von *Heiz-* und *Dieselöl-* sowie *Rohöl-* und *Schweröl*-Kontaminationen sind zunehmend aufwendigere Verfahren bis hin zum Bodenaustausch erforderlich. Niederländische Untersuchungen zeigen, daß gezielte Maßnahmen zur Steigerung der mikrobiellen Aktivität zu einem beschleunigten Abbau dieser Stoffgemische beitragen können[114]. Hierfür sind vor allem Beimpfen mit ölabbauenden Mikroorganismen, eine neutrale Bodenreaktion, optimale Nährstoffverhältnisse (Nitrat- und Phosphatdüngung) und regelmäßige Bodenbearbeitung zur Förderung der Belüftung erforderlich. Auch eine Ausbringung von zersetzbarer organischer Substanz (z. B. Kompost) sowie eine zeitweilige Beregnung zur Optimierung der Feuchtbedingungen in Trockenzeiten und zur Förderung der Auswaschung von löslichen bakteriziden Umwandlungsprodukten des Ölabbaues haben sich als günstig erwiesen[114, 123].

Für den mikrobiellen Abbau werden C : N : P-Verhältnisse von 25 : 1 : 0,3 als optimal angesehen[114]. Ein durch Denitrifikation bedingter Ab- und Umbau von Mineralölverbindungen ist ebenfalls z. T. möglich[124].

Neben dem vollständigen mikrobiellen Abbau zu CO_2 findet ein Umbau zu schwerzersetzbaren Heteroverbindungen und Asphaltenen statt. So stieg z. B. der Anteil dieser Stoffgruppe in Rohöl-kontaminierten Böden gegenüber dem Ausgangsrohöl von 33 % auf 63 % an, während der Anteil an Alkanen von 38 % auf 12 % abnahm[114]. Außerdem entstehen bei diesen Prozessen eine Reihe mikrobieller Metaboliten wie Phenole, Naphthole und andere aromatische Derivate mit polaren Substituenten, die bakterizid wirken und die Abbauintensität vermindern können. Eine Auswaschung dieser löslichen Metaboliten durch Beregnung kann deshalb den weiteren Abbau fördern[114].

Insgesamt wurden unter optimalen Bedingungen Abbaugeschwindigkeiten im Boden von 5 – 40, im Mittel 10 mg C/(kg · Tag) gemessen. In zwei Vegetationsperioden konnten so die Mineralölgehalte belasteter Böden von beispielsweise 12 000 auf 500 mg/kg erniedrigt werden, bei Schweröl-Kontaminationen von 3000 – 8000 auf 1000 mg/kg[114]. Eine Reihe von Mineralölbestandteilen wie z. B. polycyclischen Aromaten (s. Kap. XXII 5 c) u. a. bleibt jedoch längere Zeit in kontaminierten Böden erhalten.

6. Salzschäden[125, 128]

Die Schadwirkung löslicher Salze auf das Pflanzenwachstum kann auf spezifische und osmotische Wirkungen zurückgeführt werden. *Spezifische* Wirkungen können bereits bei niedriger Konzentration eines Ions in der Bodenlösung auftreten, wenn die Toxizitätsgrenze überschritten wird. Daneben können die im Überschuß vorhandenen löslichen Kationen und Anionen durch Ionenkonkurrenz die Aufnahme von Nährstoffen durch die Pflanze soweit erniedrigen, daß Salzschäden durch Nährstoffmangel entstehen. Dies kann z. T. durch eine Ausgleichsdüngung korrigiert werden. *Osmotische* Wirkungen treten erst bei hoher Gesamtkonzentration der Salze auf. Die einzelnen Pflanzenarten reagieren hierbei in verschiedener Weise. Relativ salztolerant sind z. B. Gerste und Zuckerrüben, salzempfindlich z. B. Erbsen, Bohnen, Rotklee und Azaleen; außerdem sind z. T. junge Pflanzen empfindlicher als ältere.

Als Maß für den ökologisch wirksamen Salzgehalt der Böden wird meist die elektrische Leitfähigkeit im Boden-Sättigungsextrakt bestimmt und in mS angegeben. Bei empfindlichen Pflanzen (Erbsen, Bohnen) können Salzschäden bereits bei einer elektrischen Leitfähigkeit von 2 mS bzw. bei einem osmotischen Druck von 72 kPa auftreten. Bei >4 mS (>144 kPa) entsprechend einem Salzgehalt von >3 g/l Sättigungsextrakt werden die meisten Kulturpflanzen geschädigt (s. Kap. XXVII 8).

Hohe Salzgehalte finden sich in *Salzmarschen* sowie in *Salzböden* arider Gebiete und begrenzen dort weitgehend das Pflanzenwachstum.

Auch in Böden des *humiden Klimabereiches* kann eine hohe Salzkonzentration in der Bodenlösung im Ober- und Unterboden auftreten. Diese wird begünstigt durch eine hohe Zufuhr von Chloriden (KCl, NaCl) im Herbst, wenn im Verlauf des Winters nur geringe Niederschläge fallen (geringe Sickerwasserbildung). Unter diesen Verhältnissen kann sich sogar im Unterboden ein Konzentrationsmaximum ausbilden (Kap. XX 2), das die Durchwurzelung und damit auch die Wasser- und Nährstoffaufnahme der Pflanzen aus dem Unterboden hemmt. Solche Prozesse können Ertragsdespressionen bei salzempfindlichen Pflanzen bewirken.

Eine hohe Salzkonzentration kann aber auch im Frühjahr in der Ackerkrume entstehen, wenn mit der *Düngung* eine hohe Zufuhr von leichtlöslichen Salzen (Chloride, Nitrate) erfolgt und nur geringe Niederschläge fallen. So wurde nach einem niederschlagsarmen Herbst und Winter in 8 von 100 Bodenproben aus der Ackerkrume von Lößböden eine Salzkonzentration (vorwiegend Chloride) im Sättigungsextrakt von 2,5 – 3,9 g/l festgestellt und hieraus ein osmotischer Druck von 180 – 380 kPa berechnet[126]. Da aber der Wassergehalt der Böden während der Vegetationsperiode meist erheblich tiefer liegt als im Sättigungsextrakt, ergibt sich für die Bodenlösung unter natürlichen Bedingungen ein höherer osmotischer Druck, der zu Wachstumsschäden der Pflanzen führen kann.

Eine Verminderung des osmotischen Drucks kann erreicht werden, wenn anstelle der Chloride die Düngung mit Sulfaten erfolgt. Dann setzt sich K_2SO_4 in Böden mit ausreichend Ca-Ionen an den Austauschern weitgehend in das weniger lösliche $CaSO_4$ bzw. $CaSO_4 \cdot 2\,H_2O$ um, dessen osmotischer Druck bei der Sättigungskonzentration (1,99 g $CaSO_4$/l) 66 kPa beträgt und nicht überschritten wird. Dies ist auch der Grund, warum in ariden Gebiten die K-Düngung in der Regel als K_2SO_4 erfolgt.

Eine zu hohe Salzkonzentration in der Bodenlösung ist auch manchmal bei Kulturen unter Glas festzustellen, weil infolge hoher Düngerzufuhr in Form leicht löslicher Salze und fehlender Auswaschung eine hohe Anreicherung im Wurzelraum stattfinden kann.

Ein weiteres Beispiel für Salzschäden sind die während des Winters durch *Streusalze* (hauptsächlich NaCl) verursachten Vegetationsschäden an Straßenrändern. Durch den Kfz-Verkehr findet eine Salzbeeinflussung der Böden bis zu 5 – 10 m neben dem Fahrbahnrand statt. Als Salzsymptome sind an der Straßenrandvegetation verzögerter Blattaustrieb, Blattnekrosen, vorzeitiger Laubfall und in extremen Fällen Absterben von Pflanzen festzustellen[52, 127]. Die NaCl-Zufuhr bewirkt in Böden einen Austausch von vorwiegend Ca- und Mg-Ionen durch Na-Ionen, so daß die Na-Sättigung der Straßenrandböden häufig Werte von 10 – 20 %, in extremen Fällen von 50 % erreicht[128]. Dadurch findet eine Alkalisierung der Böden mit einem Anstieg der pH-Werte bis in den alkalischen Bereich statt, und Salz-Natriumböden werden gebildet (s. Kap. XXVII 8). Im humiden Klima Mitteleuropas findet vom Frühjahr bis Herbst eine beträchtliche Auswaschung des leichtlöslichen NaCl wie auch der durch Na-Eintausch freigesetzten Nährstoffkationen (vor allem Ca, Mg und K) statt. Durch die hohe Na-Belegung der Austauscher besitzen Straßenrandböden die Neigung zur Verschlämmung und Dichtlagerung und werden dann durch einen ungünstigen Luft- und Wasserhaushalt sowie eine behinderte Durchwurzelbarkeit und Nährstoffaufnahme gekennzeichnet. Hohe pH-Werte bewirken außerdem eine stark abnehmende Verfügbarkeit essentieller Spurenelemente (Mn, Zn, Fe u. a.).

Seit 1963 wird in der BRD Streusalz verwendet. Der jährliche Verbrauch schwankt zwischen 3 (1979) und 0,5 Mio. t[1, 52] und beträgt im Mittel 1,4 Mio. t pro Jahr[128]. In den letzten Jahren ist der Streusalzverbrauch in vielen Städten drastisch gesenkt worden.

Literatur

1 Umweltbundesamt (1986): Daten zur Umwelt 1986/87. 550 S., Schmidt, Berlin.

[2] Der Rat von Sachverständigen für Umweltfragen (1985): Umweltprobleme der Landwirtschaft. 423 S., Kohlhammer, Stuttgart.
[3] *Kabata-Pendias, A. & H. Pendias* (1984): Trace elements in soils and plants. 315 S., CRC-Press, Boca Raton (Florida).
[4] *Merian, E.* (Ed.) (1984): Metalle in der Umwelt. 722 S., Verlag Chemie, Weinheim.
[5] *Sauerbeck, D.* (1985): Funktionen, Güte und Belastbarkeit des Bodens aus agrikulturchemischer Sicht. 259 S., Kohlhammer, Stuttgart.
[6] *Henschler, D.* (1974): Landw. Forsch. Sonderh. *31*, 36–44.
[7] *Kloke, A.* (1985): Forschungen zur Raumentwicklung *14*, 13–24.
[8] *Brümmer, G.* In: *G. Olschowy* (1978), Natur- und Umweltschutz in der Bundesrepublik Deutschland, S. 111–123. Parey, Hamburg.
[9] Bundesminister des Innern (1985): Bodenschutzkonzeption der Bundesregierung. 229 S., Kohlhammer, Stuttgart.
[10] *Kloke, A.* (1972): Berichte Landwirtsch. *50*, 57–68.
[11] *Brümmer, G.* (1981): Schriftenr. Agrarwiss. Fachber. Univ. Kiel *62*, 191–202.
[12] *Brüne, H.* (1986): VDLUFA-Schriftenreihe 16, Kongreßband 1985, 85–102.
[13] *Scholl, G., B. Prinz, E. Kock & L. Radermacher* (1985): Schriftenr. Landesanstalt f. Immissionsschutz d. Landes NRW, Essen, *62*, 21–104.
[14] *Köster, W. & D. Merkel* (1983): Landw. Forsch. Sonderh. *39*, 245–254; (1985): Forschungsbericht der LUFA Hameln, 175 S.
[15] *König, W.* (1986): Diss. Universität Gießen, 105 S.
[16] *Crößmann, G.* (1983, 1986, 1987): Forschungsberichte der LUFA Münster.
[17] *Brümmer, G. W., J. Gerth & K. G. Tiller* (1988): J. Soil Sci. *39*, 37–52.
[18] *Hiller, D. A., G. W. Brümmer & D. Ackermand* (1988): Z. Pflanzenernähr. Bodenk. *151*, 47–54.
[19] *Blume, H.-P. & G. Brümmer* (1987): Mitt. Dtsch. Bodenkdl. Ges. *53*, 111–117.
[20] *Horak, O.* (1979): Die Bodenkultur *30*, 120–126.
[21] *Gerth, J. & G. Brümmer* (1979): Mitt. Dtsch. Bodenkdl. Ges. *29*, 555–566.
[22] OECD-Guidelines for testing of chemicals (1984), OECD Paris.
[23] *Hornburg, V. & G. W. Brümmer* (1987): Mitt. Dtsch. Bodenkdl. Ges. *55/I*, 357–362.
[24] *Ulrich, B., R. Mayer & P. K. Khanna* (1979): Deposition von Luftverunreinigungen und ihre Auswirkungen in Waldökosystemen im Solling. Schriften Forstl. Fak. Univ. Göttingen *58*, Sauerländer, Frankfurt.
[25] *Ulrich, B.* (1986): Forstwiss. Cbl. *105*, 421–435.
[25a] *Bartels, U. & J. Block* (1985): Z. Pflanzenernähr., Bodenk. *148*, 689–698.
[26] *Führ, F.* et al. (Ed.) (1986): Spez. Ber. Kernforschungsanlage Jülich, *369*, 463 S.
[26a] Umwelt- und Prognose-Institut Heidelberg e. V. (1987).
[26b] *van Breemen, N., J. Mulder & J. J. M. van Grinsven* (1987): Soil Sci. Soc. Am. J. *51*, 1634–1640.
[26c] *Schimming, C.-G. & H.-P. Blume* (1987): Mitt. Dtsch. Bodenkdl. Ges. *55/I*, 415–420.
[27] *Rehfuess, K. E. & H. Rodenkirchen* (1984): Forstwiss. Cbl. *103*, 248–262.
[28] *Kaupenjohann, M., W. Zech, R. Hantschel & R. Horn* (1987): Forstwiss. Cbl. *106*, 78–84.
[29] *Zöttl, H. W. & R. F. Hüttl* (1986): Water, Air and Soil Pollut. *31*, 449–462.
[30] *Wright, R. J., V. C. Baligar & S. F. Wright* (1987): Soil Sci. *144*, 224–232.
[31] *Elrashidi, M. A. & W. L. Lindsay* (1986): Soil Sci. Soc. Am. J. *50*, 594–598.
[32] *Polomski, J., H. Flühler & P. Blaser* (1982): J. Environ. Qual. *11*, 452–456, 457–461, 461–468.
[33] *Peek, D. C. & V. V. Volk* (1985): Soil Sci. Soc. Am. J. *49*, 583–586.
[34] *Köpf, H., W. Oelschläger & K. E. Bleich* (1968): Z. Pflanzenernähr. Bodenk. *121*, 133–141.
[35] *Kloke, A.* (1980): Schriftenr. für Ländliche Sozialfragen *84*, 24.
[36] DVWK-Mitteilungen (1988): Heft *14*, Bonn.
[37] *Zöttl, H. W.* (1985): Experientia *41*, 1104–1113.
[38] *Schultz, R.* (1987): Berichte Forschungszentrum Waldökosysteme/Waldsterben Reihe A, *32*, Univ. Göttingen.
[39] *Herms, U. & G. Brümmer* (1980): Landw. Forsch. *33*, 408–423; (1984): Z. Pflanzenernähr. Bodenk. *147*, 400–424.
[40] *Gerth, J.* (1985): Diss. Universität Kiel, 267 S.
[41] *Schwertmann, U., W. R. Fischer & H. Fechter* (1982): Z. Pflanzenernähr. Bodenk. *145*, 161–180, 181–196.
[42] *McBride, M. B., L. D. Tyler & D. A. Hovde* (1981): Soil Sci. Soc. Am. J. *45*, 739–744.
[43] *Meyer, R.* (1978): Z. Pflanzenernähr. Bodenk. *141*, 11–28.
[44] *Schmitt, H. W., K. Barmettler & H. Sticher* (1988): Bull. Bodenkdl. Ges. Schweiz *12*, 123–128.
[45] *Vetter, H., H.-H. Kowalewsky & M. Säle* (1983): VDLUFA-Schriftenreihe *9*, Darmstadt.
[46] *Bingham, F. T., G. Sposito & J. E. Strong* (1986): Soil Sci. *141*, 172–177.
[47] *Styperek, P. & D. Sauerbeck* (1985): Landw. Forsch., Kongreßband 1984, 471–486.
[48] *Gerth, J. & G. Brümmer* (1983): Fresenius Z. Anal. Chem. *316*, 616–620.
[49] *Sauerbeck, D.* (1983): Landw. Forsch. Sonderh. *39*, 108–129.
[50] *Welp, G.* (1987): Diss. Universität Kiel, 245 S.
[51] *Nriagu, J. E.* (Ed.) (1978): The biogeochemistry of lead in the environment. Elsevier, Amsterdam.
[52] Bundesforschungsanstalt für Landeskunde und Raumordnung (Ed.) (1985): Boden – das dritte Umweltmedium. Band *14*, Bonn.
[53] *Vetter, H. & R. Mählhop* (1974): Landw. Forsch. *24*, 294–315.
[54] *Låg, J. & B. Bølviken* (1974): Norges geol. Unders. *304*, 73.

[55] *Blume, H.-P. & Th. Hellriegel* (1981): Z. Pflanzenernähr. Bodenk. *144*, 156 – 163, 181 – 196.
[56] *Hildebrand, E. E. & W. E. Blum* (1975): Z. Pflanzenernähr. Bodenk. *138*, 279 – 294.
[57] *Dües, G.* (1987): Diss. Universität Hamburg, 266 S.
[58] *Horak, O.* (1979): Die Bodenkultur *30*, 120 – 126.
[59] *Nriagu, J. E.* (1979): The biogeochemistry of mercury in the environment. Elsevier, Amsterdam.
[60] *Låg, J. & E. Steinnes* (1978): Acta Agric. Scand. *28*, 393 – 396.
[61] *Fushtey, S. G. & R. Frank* (1981): Can. J. Soil Sci. *61*, 525 – 527.
[62] *Fahti, M. & H. Lorenz* (1980): ZEBS-Berichte 1/1980. Reimer, Berlin.
[63] *Kaiser, G.* et al. (1978): Daten u. Dokumente z. Umweltschutz, Sonderber. Umwelttg. Univ. Hohenheim *22*, 43.
[64] *MacLean, A. J.* (1974): Can. J. Soil Sci. *54*, 287 – 292.
[65] *Lichtfuß, R. & G. Brümmer* (1981): Geoderma *25*, 245 – 265.
[66] *Bradford, G. R., F. L. Bair & V. Hunsaker* (1971): Soil Sci. *112*, 225 – 230.
[67] *Wimmer, J.* (1974): Die Bodenkultur *25*, 369 – 379.
[68] *Landa, E. R.* (1978): Soil Sci. *126*, 44 – 48.
[69] *Klasink, A. & R. Mählhop* (1978): Landw. Forsch. Sonderh. *34*, 365 – 376.
[70] *Sadiq, M. & C. G. Enfield* (1984): Soil Sci. *138*, 262 – 270, 335 – 340.
[71] *Sticher, H.* et al. (1988): Bull. Bodenkdl. Ges. Schweiz *12*, 111 – 114, 115 – 116, 117 – 122.
[72] *Tiller, K. G., J. Gerth & G. Brümmer* (1984): Geoderma *34*, 17 – 35.
[73] *Sticher, H., S. Juchler & U. Gasser* (1987): Mitt. Dtsch. Bodenkdl. Ges. *55/I*, 433 – 438.
[74] *Foroughi, M., F. Venter & K. Teicher* (1988): VDLUFA-Schriftenreihe *23*, Kongreßband 1987, 313 – 325.
[75] *Hein, A. & D. Sauerbeck* (1988): VDLUFA-Schriftenreihe *23*, Kongreßband 1987, 327 – 341.
[76] *Papke, G.* (1981): Chrom-Studie. Hessische Landesanstalt für Umwelt, Wiesbaden.
[77] *Grove, J. H. & B. G. Ellis* (1980): Soil Sci. Soc. Am. J. *44*, 238 – 242, 243 – 246.
[78] *Koppelman, M. H., A. B. Emerson & J. G. Dillard* (1980): Clays Clay Min. *28*, 119 – 124.
[79] *Faßbender, H. W. & G. Seekamp* (1976): Geoderma *16*, 55 – 70.
[80] *Johnston, W. R. & J. Proctor* (1977): Plant a. Soil *46*, 275 – 278.
[81] *Lyman, W. J., W. F. Reehl & D. H. Rosenblatt* (1982): Handbook of chemical property estimation methods. Environmental behavior of organic compounds. McGraw-Hill, New York.
[82] *Rippen, G.* (1984): Handbuch der Umweltchemikalien. Ecomed, Landsberg/Lech.
[83] *Führ, F., H.-M. Biehl & W. Thielert* (Eds.) (1983): Methoden zur ökotoxikologischen Bewertung von Chemikalien. Band 2: Böden und Modellsysteme. Spez. Ber. Kernforschungsanlage Jülich, *224*, 107 S.
[84] *Führ, F., B. Scheele & G. Kloster* (1986): VDLUFA-Schriftenreihe *16*, Kongreßband 1985, 73 – 84.
[85] *Korte, F.* (Ed. (1987): Lehrbuch der ökologischen Chemie. Thieme, Stuttgart.
[86] *Kukowski, H. & G. Brümmer* (1987): UBA-Forschungsbericht 106 02 045, Teil II, 92 S.
[87] *Müller-Wegener, U.* (1983): Chem. Erde *42*, 111 – 119.
[88] *Klein, W. & J. Scheunert* (1982): In: „Agrochemicals: Fate in food and the environment“, Internat. Atomic Energy Agency Vienna, 263/38, 177 – 205.
[89] *Scheunert, J.* (1986): In: „Environmental modelling for priority setting among existing chemicals“, 279 – 298. Ecomed, Landsberg/Lech.
[90] *Angle, J. S. & G. H. Wagner* (1980): Soil Sci. Soc. Am. J. *44*, 1237 – 1240.
[91] *Dressel, J.* (1976): Qual. Plant.-Pl. Fds. hum. Nutr. *25*, 381 – 390.
[92] *Heyns, K.* (1979): Landw. Forsch., Sonderh. *36*, 145 – 162.
[93] *Wesinger, R. & R. Herrmann* (1987): Intern. Symp. Groundwater Monitoring Management, Dresden, 3 – 19.
[94] *Aurand, K.* et al. (1981): Behavior of organic solvents in the environment. Proc. Intern. Symp. on Quality of Groundwater, Nordwijk 1981. Elsevier, Amsterdam.
[95] *Friesel, P., G. Milde & B. Steiner* (1984): Fresenius Z. Anal. Chem. *319*, 160 – 164.
[96] *Kanazawa, S. & Z. Filip* (1987): Zbl. Bakt. Hyg. B *184*, 24 – 33.
[97] *Brüne, H.* (1979): Landw. Forsch., Sonderh. *36*, 73 – 83.
[98] *Kampe, W.* (1979): Landw. Forsch., Sonderh. *36*, 84 – 97.
[99] *Kampe, W., C. Zürcher & H. Jobst* (1988): VDLUFA-Schriftenreihe *23*, Kongreßband 1987, 507 – 532.
[100] *Simmleit, N. & R. Herrmann* (1987): Water, Air and Soil Pollut. *34*, 79 – 95, 97 – 109.
[101] *Heyn, J. H., H. Uhrig & H. Brüne* (1981): Landw. Forsch., Sonderh. *37*, 653 – 665.
[102] *Ulken, R.* (1987): VDLUFA-Schriftenreihe Bd. *22*, VDLUFA, Darmstadt.
[103] *Welp, G.* (1987): Diss. Universität Kiel, 245 S.
[104] *Rode, G.* (1975): ANS-Mitteilungen, Sonderh. *1*.
[104a] *Buchert, H., S. Bihler & K. Ballschmiter* (1982): Fresenius Z. Anal. Chem. *313*, 1 – 20.
[105] *König, W., U. Wittkötter & A. Hembrock* (1988): VDLUFA-Schriftenreihe *23*, Kongreßband 1986, 533 – 546.
[106] *Trenkle, A.* (1984): Festschr. 125 Jahre LUFA Augustenberg, Karlsruhe, 195 – 213.
[107] *Scharpenseel, H. W.* et al. (1977): Z. Pflanzenernähr. Bodenk. *140*, 285 – 301, 303 – 316.
[108] *Strek, H. J. & J. B. Weber* (1982): Soil Sci. Soc. Am. J. *46*, 318 – 322.
[109] *Hankin, L. & B. L. Sawhney* (1984): Soil Sci. *137*, 401 – 407.

[109a] *Dmochewitz, S. & K. Ballschmiter* (1988): Chemosphere *17*, 111 – 121.
[110] VDI-Kommission Reinhaltung der Luft (1986): Band *2* und *3*, Düsseldorf.
[111] *Westing, A. H.* (Ed.) (1984): Herbicides in War. 210 S., Taylor and Francis, London.
[112] *Grimmer, G.* (1978): Landw. Forsch., Sonderh. *34*, 683 – 699.
[113] *Seifert, B.* (Ed.) (1986): Luftverunreinigung durch Kraftfahrzeuge, 255 S., Fischer, Stuttgart.
[114] *Wolf, K., W. J. van den Brink & F. J. Colen* (Eds.) (1988): Altlastensanierung '88. Band *1* u. *2*, Kluwer, Dordrecht.
[115] *Brüne, H.* (1986): VDLUFA-Schriftenreihe *16*, Kongreßband 1985, 85 – 102.
[116] *Matzner, E., D. Hübner & W. Thomas* (1981): Z. Pflanzenernähr. Bodenk. *144*, 283 – 288.
[117] *Blumer, M., W. Blumer & Th. Reich* (1977): Environmental Science and Technology *11*, 1082 – 1084.
[118] *Ellwardt, P.-Ch.* (1976): Telma *6*, 135 – 144.
[119] *Harms, H. & D. Sauerbeck* (1984): Angew. Botanik *58*, 97 – 108.
[120] *Siegfried, R. & H. Müller* (1978): Landw. Forsch. *31*, 133 – 140.
[121] *Herrmann, R.* (1981): Catena *8*, 171 – 189.
[122] *Kloke, A. & H.-O. Leh* (1966): Wasser und Boden *18*, 422 – 425.
[123] *Dibble, J. T. R. & R. Bartha* (1979): Soil Sci. *127*, 365 – 370.
[124] *Riss, A. & R. Schweisfurth* (1987): Vom Wasser *68*, 111 – 123.
[125] *Rehm, S.* (Ed.) (1986): Handbuch der Landwirtschaft und Ernährung in den Entwicklungsländern. 478 S., Ulmer, Stuttgart.
[126] *Köster, W.*: Unveröffentlicht.
[127] *Meyer, F. H.* (Ed.) (1982): Bäume in der Stadt. Ulmer, Stuttgart.
[128] *Brod, H. G.* (1984): Z. Kulturtechnik Flurbereinigung *25*, 236 – 242.

XXIII. Klärschlamm und Müllkompost[1-8]

Bei der Reinigung von 7800 Mio. m^3 Abwasser fallen in kommunalen Kläranlagen der BRD jährlich etwa 48 Mio. m^3 *Klärschlamm* als Flüssigschlamm an mit einem mittleren Feststoffgehalt von 5 % (entsprechend 2,4 Mio. t Tr.S./Jahr). Von dieser Menge wurden in den vergangenen Jahren etwa 25 – 30 % (ca. 0,6 – 0,7 Mio. t Tr.S./Jahr) auf landwirtschaftlichen Nutzflächen ausgebracht[1]. Beim weiteren Ausbau der Abwasserreinigung wird in der Endstufe mit einer jährlichen Klärschlammenge aus kommunalen (ca. 55 Mio. m^3) und industriellen Kläranlagen (ca. 35 Mio. m^3) von insgesamt 4 – 4,5 Mio. t Tr.S./Jahr gerechnet, die einer sinnvollen Verwendung oder zumindestens einer schadlosen Beseitigung zugeführt werden müssen.

In gleicher Weise ist die Beseitigung des anfallenden *Hausmülls* mit beträchtlichen Problemen verbunden. Pro Kopf der Bevölkerung werden in der BRD durchschnittlich 375 kg Hausmüll produziert, insgesamt ca. 23 Mio. t/Jahr[1]. Ein relativ geringer Anteil dieser Menge (z. Z. ca. 3 %) wird in Kompostierungsanlagen zu Müllkompost oder – vermischt mit Klärschlamm – zu Müll-Klärschlammkompost verarbeitet. Insgesamt werden ca. 0,3 Mio. t kompostierte Siedlungsabfälle pro Jahr (1979) produziert und auf die Böden gebracht.

Weiterhin fallen in der BRD jährlich etwa 30 Mio. m^3 *Baggerschlamm* in den Küstengebieten und im Inlandsbereich von Flüssen und Kanälen an. Auch die fluvialen Baggerschlämme gelangen zum größten Teil auf die Böden.

Klärschlämme und kompostierte Siedlungsabfälle (wie auch Baggerschlämme) enthalten in der Regel beträchtliche Mengen an organischen Substanzen und z. T. an Kalk sowie an verschiedenen Makro- und Mikroelementen. Damit bietet sich eine Verwendung dieser Substrate als *Bodenverbesserungsmittel* sowie als teilweiser *Düngerersatz* für mineralische Düngemittel an. Begrenzt wird die Anwendung jedoch durch den Gehalt der Klärschlämme und kompostierten Siedlungsabfälle an anorganischen und organischen *Schadstoffen* (s. Kap. XXII 4 u. 5).

Außerdem können Klärschlämme, die als Flüssigschlamm mit ca. 2,5 – 7,5 % Feststoffen verwendet werden, *pathogene Bakterien*, *Viren* und *Wurmeier* enthalten. Deshalb muß bei der Ausbringung von Flüssigschlämmen ein unter seuchenhygienischen Aspekten einwandfreies Verfahren angewendet werden. In der Regel werden die Krankheitserreger bei Einarbeitung des Schlamms in die Böden durch die bodeneigenen Mikroorganismen unschädlich gemacht (*Hygienisierungseffekt* des Bodens), doch kann dies bei resistenten Keimen z. T. eine längere Zeit erfordern[10]. Auf Grünland- und Feldfutteranbauflächen soll deshalb von 1989 ab an – ebenso wie vorher schon auf Gemüse- und Obstanbauflächen – das Ausbringen von Flüssigschlamm verboten werden[11]. Neben seuchenhygienischen Aspekten wird dies auch mit dem Gehalt der Klärschlämme an einigen Schadstoffen – insbesondere an Dioxinen (s. Kap. XXII 5 b) – begründet. Hygienische Probleme lassen sich vermeiden, wenn der Klärschlamm vor der Auslieferung kompostiert bzw. pasteurisiert wird (Erhitzen auf 65 °C oder Bestrahlen mit Gammastrahlen).

Klärschlämme enthalten als *Hauptbestandteile* in der Trockensubstanz 5 – 75 (im Mittel ca. 45) % organische Substanz, 0,4 – 12 (3,8) % Stickstoff, 0,2 – 5 (1,6) % Phosphor, 0,03 – 7 (0,35) % Kalium, 0,05 – 3,5 (0,6) % Magnesium und 0,1 – 35 (5,3) % Calcium[3]. Der Gehalt an Phosphor kann vor allem in Klärschlämmen von Kläranlagen mit chemischer Reinigungsstufe durch die Ausfällung der Waschmittelphosphate sehr hoch sein (bis zu 7 % P_t). Infolge der Verwendung von Al- oder Fe-Salzen bzw. $Ca(OH)_2$ als Fällungsmittel ist dann gleichzeitig ein beträchtlicher Gehalt an Fe- und Al-Oxiden bzw. an Kalk (bis >60 %) in den Schlämmen vorhanden. Auch Zusätze von Branntkalk zur Überführung des Schlamms in eine entwässerbare und lagerfähige Form bewirken hohe Kalkgehalte. Die Zusammensetzung der Klärschlämme kann damit stark variieren, so daß für die Anwendung eine exakte Analyse der Haupt- wie auch der Nebenbestandteile vorliegen muß.

Infolge ihres hohen Gehaltes an organischer Substanz und anderen gefügeverbessernden Bestandteilen wurden Klärschlamm-, Müllklärschlamm- und Müllkomposte vielfach als *Bodenverbesserungsmittel* im Weinbau zur Unterbindung der Erosion in hängigem Gelände mit Erfolg angewendet[7]. Eine Beeinträchtigung der Beeren- und Mostqualität durch höhere Schwermetallgehalte konnte nicht nachgewiesen werden. Außerdem werden kompostierte Klärschlämme und andere Siedlungsabfälle teilweise mit Erfolg beim Anlegen von Grünflächen verwendet.

Die *Düngewirkung* von Klärschlämmen ist beim *Stickstoff* in Abhängigkeit von der Art des Schlamms sehr unterschiedlich. Bei Flüssigschlämmen werden etwa 90 % des vorhandenen NH_4-Stickstoffs und 25 % des organisch gebundenen Stickstoffs als verfügbar angesehen. Bei längere Zeit deponierten sowie bei entwässerten Schlämmen wurde dagegen nur eine geringe N-Wirkung festgestellt. Im Mittel können mit der gesetzlich zulässigen Höchstmenge von 5 t Klärschlamm-Tr.S. pro ha in 3 Jahren ca. 190 kg N/ha ausgebracht werden[3], die vor allem den Gehalt der Böden an organisch gebundenem Stickstoff erhöhen[12]. Die Verfügbarkeit der *Phosphate* wird teilweise der von mineralischen P-Düngern annähernd gleichgesetzt, z. T. auch etwas weniger günstig beurteilt. Auf oxidreichen tropischen Böden (Ferralsole) kann die Wirkung der Klärschlamm-Phosphate auch die der mineralischen P-Dünger übertreffen[13].

Verfügbares *Kalium* ist nur zu sehr geringen Anteilen in Klärschlämmen vorhanden, so daß bei Klärschlammanwendung eine vollständige K-Ausgleichsdüngung erfolgen muß. Der Gehalt an verfügbarem *Magnesium* ist teilweise ebenfalls zu niedrig. Die Ausbringung kalkbehandelter Klärschlämme bewirkt eine hohe Ca-Zufuhr zum Boden und kann zu einer beträchtlichen pH-Erhöhung führen. Die Gehalte der Böden an verfügbaren *Mikronährelementen* (Zn, Cu, B, Mo u. a.) werden durch Klärschlamm-Ausbringung erhöht, die Mn-Aufnahme der Pflanzen infolge eines pH-Anstiegs dagegen teilweise erniedrigt.

Neben den Nährstoffen enthalten Klärschlämme eine Reihe von *Schadstoffen*, die eine genaue Kontrolle der ausgebrachten Klärschlämme erforderlich machen. Vor allem die *Schwermetalle* Blei, Cadmium, Chrom, Nickel und Quecksilber wie auch die Mikronährelemente Bor, Kupfer und Zink können z. T. so hohe Gehalte in den Klärschlämmen aufweisen, daß eine Ausbringung problematisch sein kann (s. Kap. XXII 4). Je nach Herkunft der Schlämme schwanken die Gehalte an diesen Elementen sehr stark.

Um erhöhte Schwermetall-Gehalte in Pflanzen und ökologisch bedenkliche -Akkumulationen in Böden durch Klärschlammausbringung zu vermeiden, sind im Rahmen der *Klärschlammverordnung*[11] Grenzwerte für die Schwermetallgehalte der auszubringenden Schlämme und gleichzeitig für die zulässige Belastung der Böden festgelegt worden (Tab. 86 b).

Wie die Ergebnisse in Tab. 86 b zeigen, können zwar in einzelnen Klärschlämmen sehr hohe *Schwermetallgehalte* vorliegen; die nach der derzeit gültigen Verordnung für eine landwirtschaftliche Verwertung in Frage kommenden Klärschlämme weisen jedoch im Mittel weit unter den Grenzwerten liegende Schwermetallgehalte auf (Tab. 86 b). Insgesamt hat in den letzten Jahren als Folge verbesserter Abwasserreinigung eine deutliche Abnahme der Schwermetallgehalte in den Klärschlämmen stattgefunden.

Außerdem können *organische Schadstoffe* – vor allem PAKs (<1 bis >100, im Mittel 23 mg/kg; s. Abschnitt 5 c), PCBs ($<0{,}2$ bis >5, im Mittel 1,2 mg/kg; s. Abschnitt 5 b) und andere chlorierte Kohlenwasserstoffe[3] bis hin zu den extrem toxischen Dibenzodioxinen (PCDDs; s. Abschnitt 5 b) in Klärschlämmen enthalten sein. Deshalb sollten auch für die Gehalte organischer Schadstoffe in Klärschlämmen Grenzwerte festgelegt werden. Für PAKs wird ein Grenzwert von 20, für PCBs von 2, für HCB von 1 sowie für PCP und γ-HCH von jeweils 0,5 mg/kg Klärschlamm-Tr.S. vorgeschlagen (s. Tab. 83). Darüber hinaus ist auch die Festlegung von Grenzwerten für PCDDs (s. Abschnitt 5 b) sowie für Bor (80 – 120 mg/kg; s. Tab. 83 u. Kap. XX 17) erforderlich.

Durch die Klärschlammverordnung wird damit festgelegt, daß eine Analyse der Klärschlämme Voraussetzung für deren Ausbringung ist. Gleichzeitig wird die auszubringende Klärschlammenge durch diese Verordnung auf 5 t Tr.S./ha in 3 Jahren oder auf 1,67 t/(ha · Jahr) begrenzt[11]. Außerdem ist eine Ausbringung von Klärschlämmen nur auf Böden gestattet, deren *Schwermetallgehalte* unter den in der Klärschlammverordnung festgelegten *Bodengrenzwerten* liegen (s. Tab. 86 b). Während die Bodengrenzwerte für Blei und Chrom relativ niedrig angesetzt sind (und eventuell noch erhöht werden könnten), sind die Ni- und Hg-Grenzwerte treffend gewählt. Die Grenzwerte für die relativ mobilen Schwermetalle Cadmium und Zink wie auch der Grenzwert für Kupfer sind dagegen zu hoch angesetzt[14]. Sie

Tabelle 86 b Schwermetallgrenzwerte nach der Klärschlammverordnung für Klärschlämme und Böden[11] sowie Schwermetallgehalte von ca. 7400 Klärschlammproben in der BRD (VDLUFA 1987)[3]

	Grenzwert Klärschl. (mg/kg)	Gehalte in Klärschlämmen (mg/kg) Mittel[1]	Min.	Max.	Anteil Proben ü. Grenzwert (%)	Grenzwert Böden[2] (mg/kg)
Blei	1200	160	1	14840	1,1	100
Cadm.	20	4	<0,1	190	1,6	3 (1)
Chrom	1200	90	1	25800	1,1	100
Kupfer	1200	330	2	9221	1,5	100 (70)
Nickel	200	40	1	4342	2,1	50
Quecks.	25	2,5	<0,1	144	0,5	2
Zink	3000	1320	11	23900	4,0	300(150)

[1] Mittelwert der nicht den Grenzwert überschreitenden Klärschlammproben
[2] Werte in Klammern sollten als Grenzwerte verwendet werden

sollten bei der Fortschreibung der Klärschlammverordnung für Cd auf 1, für Cu auf 70 und für Zn auf 150 mg/kg Boden erniedrigt werden (s. Kap. XXII 3 u. 4c sowie Kap. XX 15 u. 16; vgl.[8]). Außerdem sollte die Klärschlammausbringung nur auf Böden mit pH-Werten >6 erfolgen, da verschiedene Schwermetalle – besonders Cd, Zn und Ni – in stark sauren Böden eine hohe Mobilität und Verfügbarkeit aufweisen[14] (s. Kap. XXII 3). Deshalb sind auch Waldböden, die meist pH($CaCl_2$)-Werte von 2,8–4,5 in Mitteleuropa aufweisen, für eine Klärschlamm-Ausbringung nicht geeignet.

Wie für Schwermetalle sollten auch für organische Schadstoffe Bodengrenzwerte festgesetzt werden – z. B. für PAKs 5, für PCBs 0,5 und für HCB, PCP und γ-HCH jeweils 0,1 mg/kg Boden (s. Tab. 83 u. Abschnitt 5 b, c).

Bei den gemäß Klärschlammverordnung ausgebrachten Klärschlammengen konnten auf Böden mit pH-Werten >6 auch bei mehrjähriger Anwendung keine bedenklichen Schadstoffanreicherungen in den Kulturpflanzen festgestellt werden. Die vor in Kraft treten der Klärschlammverordnung üblichen hohen Klärschlammgaben haben dagegen – vor allem bei saurer Bodenreaktion – z. T. zu einem deutlichen Anstieg der Cd-, Ni-, Zn- und Cu-Gehalte in den Pflanzen geführt. Die Pb- und Cr-Gehalte der Pflanzen wurden dagegen wenig beeinflußt. Bewirkte die Klärschlammausbringung gleichzeitig einen deutlichen pH-Anstieg, dann war oft nur eine geringe Zunahme, z. T. sogar eine Abnahme der Schwermetallgehalte in Pflanzen feststellbar. Hohe pH-Werte sowie hohe Gehalte der Böden an Ton, Eisenoxiden und organischer Substanz vermindern die Verfügbarkeit der mit dem Klärschlamm ausgebrachten Schwermetalle (s. Kap. XXII 4).

Müllkomposte enthalten oft weniger organische Substanz, Stickstoff und Phosphor als Klärschlamm und weisen ebenfalls stark schwankende Anteile an organischen und anorganischen Schadstoffen auf. Die Ausbringung von Müllkompost wie auch von Müll-Klärschlammkompost hat ebenfalls nach den Richtlinien der Klärschlamm-Verordnung zu erfolgen. Auch *Baggerschlamm* sollte nur unter Berücksichtigung der für Böden festgelegten Grenzwerte (s. o.) ausgebracht werden.

Klärschlamm und Müll mit zu hohen Schadstoffgehalten werden teilweise in *Deponien* gelagert. Dabei findet die Bildung großer Mengen an Methan (CH_4) statt, das zur Energiegewinnung verwendet werden kann. So beträgt die theoretisch gewinnbare Gasmenge mit 54 Vol % CH_4 450 l/kg feuchten Mülls; die tatsächlich gebildete Menge wird auf 62–190 l/kg, die Gasbildungsrate (5 Jahre nach Deponieschluß) auf 16 l/(kg · Jahr) geschätzt[15]. Gelangt das gebildete Methan in die zur Deponieabdeckung aufgetragene Bodenschicht, dann können dort intensive Reduktionsvorgänge ausgelöst werden und gleichzeitig mehrere Jahrzehnte lang starke Schäden an der Vegetation auf der Deponie wie auch an den Deponierändern entstehen[16].

Literatur

1 Umweltbundesamt: s. Zit. 1 in Kap. XXII.
2 *Kampe, W.* et al.: s. Zit. 99 in Kap. XXII.
3 *Ulken, R.*: s. Zit. 102 in Kap. XXII.
4 *König* et al.: s. Zit. 105 in Kap. XXII.
5 *Timmermann, F. & W. Scholl* (1988): VDLUFA-Schriftenreihe *23*, Kongreßband 1987, 1–24.

[6] *Boguslawski, E. von* (1988): VDLUFA-Schriftenreihe *23*, Kongreßband 1987, 425 – 449.
[7] *Völkel, R.* (1988): VDLUFA-Schriftenreihe *23*, Kongreßband 1987, 467 – 476.
[8] *Sauerbeck, D. & P. Styperek* (1988): VDLUFA-Schriftenreihe *23*, Kongreßband 1987, 489 – 506.
[9] *Stadelmann, F. X., R. Frossard, O. J. Furrer, V. Lehmann & P. B. Moeri* (1988): VDLUFA-Schriftenreihe *23*, Kongreßband 1987, 857 – 882.
[10] *Süß, A.* (1987): Landw. Forsch. Sonderh. *34*, 419 – 429.
[11] Klärschlammverordnung (1982): Bundesgesetzblatt, Jg. 1982, Teil *I*, 734 – 738.
[12] *Scherer, H. W., W. Werner & H. Kick* (1986): VDLUFA-Schriftenreihe *16*, Kongreßband 1985, 325 – 333.
[13] *McLaughlin, M. J. & L. Champiom* (1987): Soil Sci. *143*, 113 – 119.
[14] *Herms, U. & G. Brümmer* (1980): Landw. Forsch. *33*, 408 – 423; (1984): Z. Pflanzenernähr., Bodenk. 147, 400 – 424.
[15] *Ham, R. K.* (1979): Aktuelle Deponietechnik *5*, 186. ISSN 3-922021-05-0.
[16] *Blume, H.-P.* et al. (1981): Mitt. Dtsch. Bodenkdl. Ges. *31*, 84, 120; (1983) Z. Pflanzenernähr. Bodenk. *146*, 62 – 71.

XXIV. Verhalten von organischen Bioziden in Böden[1–7]

Zur Förderung des Kulturerfolges werden in allen Bereichen des Pflanzenbaus organische Stoffe verwendet, die oft als *xenorganische* Verbindungen in der Natur nicht vorkommen. Hierzu gehören Pflanzenschutzmittel und Unkrautbekämpfungsmittel (zusammen Biozide genannt), Benetzungsmittel, Halmverkürzer und Blattfallförderer. Diese Stoffe gelangen entweder direkt oder über die Kulturpflanze auf und in den Boden. Diese Stoffe selbst oder deren Umbauprodukte (Metabolite) verhalten sich in Böden sehr unterschiedlich. Sie können dabei Bodenorganismen schaden, in Kulturpflanzen angereichert werden, den Nachbau erschweren und/oder das Grundwasser kontaminieren und damit sowohl den Naturhaushalt stören, als auch der menschlichen Gesundheit schaden.

Die Kenntnis des Verhaltens dieser Stoffe und ihrer chemischen und biologischen Umwandlungsprodukte in Böden ist daher nicht nur für ihre gewünschte Wirkung von Interesse, sondern auch zur Einschätzung möglicher negativer Wirkungen. Gelangt ein solcher Stoff in einen Boden, so kann er dort in gleicher Weise wie andere Stoffe verdampfen, gelöst, bewegt, gefällt, adsorbiert und wieder desorbiert und schließlich chemisch oder biologisch verändert oder abgebaut werden. Auf diese vielfältigen Reaktionen, für die im Prinzip die gleichen Gesetzmäßigkeiten gelten wie für andere anorganische und organische Stoffe, haben die Eigenschaften der Böden einen erheblichen Einfluß.

Außer von den Eigenschaften dieser Stoffe sowie Klima und Witterung hängt demnach auch von den Bodeneigenschaften entscheidend ab, ob Bodenorganismen geschädigt werden, eine Pflanzenaufnahme erfolgt oder das Grundwasser kontaminiert wird. Das soll im folgenden für die Gruppe der Biozide näher beschrieben werden.

1. Adsorption, Verlagerung und Verdampfung

In Tab. 87 sind Eigenschaften und Verhalten gebräuchlicher Biozide zusammengefaßt. Die Angaben gelten für mäßig saure bis neutrale Ackerböden der gemäßigten Breiten.

„Abbau“ bedeutet hierbei nicht die vollständige Mineralisierung der betreffenden Verbindung, sondern zumeist die Metabolisierung in biologisch nicht mehr wirksame Metaboliten.

Viele der verwendeten Biozide werden von verschiedenen Adsorbentien der Böden stark adsorbiert. Dies wird verständlich, wenn man bedenkt, daß ein Teil von ihnen im pH-Bereich der Böden als Kationen (z. B. Diquat, Paraquat), oder als Anion (z. B. 2,4-D) vorliegen (Tab. 87). Sie konkurrieren dann mit anorganischen Kationen und Anionen bei der Adsorption. Gewisse Abweichungen entstehen dadurch, daß die organischen Ionen z. T. sehr groß sind und daher auf der Oberfläche eines geladenen Adsorbens nicht in äquivalenter Menge Platz finden. Außerdem gehen solche Moleküle außer elektrostatischen auch kovalente u. a. Bindungen ein, die ihre Affinität zum Adsorbens erhöhen. Daher werden auch neutrale Moleküle adsorbiert, und zwar oft besonders intensiv (z. B. DDT). Die Arten der Bindung – z. T. mehrere Bindungen an einem Molekül – sind die gleichen wie bei den Verbindungen zwischen natürlichen organischen Substanzen des Bodens bzw. diesen und den Tonmineralen (Wasserstoffbrückenbindung, Ion-Dipolbindungen u. a., s. Kap. VIII). Zu Wasserstoffbrückenbindungen sind besonders NH_2- und Carbonylgruppen befähigt.

Die wichtigsten Adsorbentien für Biozide sind, wohl wegen der Vielfalt der Bindungsmöglichkeiten, die Huminstoffe. Die Wirkung vieler Biozide (z. B. Lindan) ist daher besonders in humusreichen Böden durch starke Adsorption herabgesetzt. Andererseits reichern sie sich dadurch aber auch in solchen Böden stark an. Kationische Biozide, wie Diquat und Paraquat, werden dagegen stärker durch Tonminerale in der Reihenfolge ihrer Austauschkapazität adsorbiert. Lindan verhält sich z. B. wie folgt: In Ca-gesättigter Form des Adsorbens und bei einer Lindan-Gleichgewichtskonzentration von 0,1 mg/l adsorbierten Smectit 0,8, die smectitreiche Tonfraktion eines Bodens mit

Tabelle 87 Eigenschaften organischer Biozide und Verhalten in Böden*
Flüchtigkeit (Dampfdruck in hPa bzw. mbar b. 25 °C): 1 = < 10^{-5}, 2 = 10^{-5} – 1, 3 = 1 – 50, 4 = > 50
Löslichkeit (mg/l H_2O bei 25 °C): 1 = < 1, 2 = 1 – 50, 3 = 50 – 500, 4 = > 500
Bindung (bei pH 5,5 – 6,5): k_{oc} bzw. k_{Ton}: 0 = < 1, 1 = 1 – 300, 2 = 300 – 1000, 3 = 1000 – 10000, 4 = > 10000
Abbau (75 – 100 % unter günstigen Bedingungen in Ackerböden): 1 = > 3 Jahre, 2 = 1 – 3 Jahre, 3 = 18 Wochen – 1 Jahr, 4 = < 18 Wochen

Kurzbezeichnung	Chemische Bezeichnung	Chem. Gruppe	Chem. Charakter i. Böden	Flüchtigkeit	Löslichkeit	Bindung durch Humus	Ton Oxide	Abbau aerob	anaerob
Herbizide									
2,4-D	2,4-Dichlorphenoxyessigsäure	Phenoxy-	Anion	1	4	1	0	4	2
2,4,5-T	2,4,5-Trichlorphenoxyessigsäure	essigsäure	Anion	1	3	1 – 2	0	3 – 4	2
Picloram	4-Amino-3,5,6-trichlorpicolinsäure	Picolinsäure	Anion	1	3	1	0	2 – 3	
Dicamba	3,6-dichlor-o-anisinsäure	Benzoesäure	Anion	2	4	1	0	3	
Deiquat	1,1-Äthylen-2,2-bipyridylium	Pyridinsalz	Kation	1	4	4	3	3	
Paraquat	1,1-Dimethyl-4,4-bipyridylium	Pyridinsalz	Kation	1	4	4	3	4	
Atrazin	4-Äthylamino-2-chlor-6-isopropylamino-s-triazin	S-Triazin	Kation	1	2 – 3	1 – 2	1	3	3 – 4
Simazin	2-Chloro-4,6-bis(äthylamino)-s-triazin	S-Triazin	Kation	1	2	1 – 2	1	3 – 4	
Amitrol	3-Amino-1,2,4-triazol	S-Triazol	Kation	2	4	2	1	4	
Chloridazon	2-Phenyl-4-amino-5-chlor-pyridazon-6	Pyridazon	Kation	2	3	2	0 – 1	3	
Linuron	3-(3,4-Dichlorphenyl)1-methoxy-1-methylharnstoff	Phenyl-harnstoff	neutral	2	3	2 – 3	1	2 – 3	
Diuron	N-(3,4-Dichlorphenyl)-N,N-Dimethylharnstoff	Phenyl-harnstoff	neutral	1	2	2	1	3	
Methabenz-thiazoron	-N-(Benzthinzol-2-yl)-N,N-Dimethylharnstoff	Phenyl-harnstoff	neutral	2	3	2	1	4	
Monolinuron	N-(4-Chlorphenyl)-N-methoxy-N-Methylharnstoff	Phenyl-harnstoff	neutral	2	3	2	1	3 – 4	
Insektizide, z. T. auch *Acarizide, Nematodizide*									
PCP	Pentachlorphenol	Phenol	Anion	2	2	3	0	1 – 2	2
DDT	1,1,1-Trichlor-2,2-bis-(p-chlorphenyl)äthan	Chlorierte Kohlen-	neutral	1	1	4	3	1	2
Lindan	γ-1,2,3,4,5,6-Hexachlorcyclohexan	wasserstoffe	neutral	2	2	4	2	1	2
Heptachlor	1,4,5,6,7,8-Heptachlor-3a,4,7,7a-tetrahydro-4,7(endo)-methano-inden	Chlorierter Kohlen-wasserstoff	neutral	2	1	4	2	1	2
Carbofuran	2,3-Dihydro-2,2-dimethyl-7-Benzofuranylmethylcarbamat	Methylcar-bamat	neutral	2	3	2		3	3 – 4
Parathion	0,0-Diäthyl-0-(p-nitrophenyl)-phosphothioat	P-Ester	neutral	2	2	3 – 4	1 – 2	4	4
Fungizide									
Benomyl	1-(N-Butylcarbamoyl)-2-(methoxycarboxamido)-benzimidazol	Benzimidazol	neutral	1	2	4	2	3	2
Carboxin	5,6-Dihydro-2-methyl-1,4-oxathiin-3-carboxanilid	Carbon-säureamid	neutral	1	3	4	2	3	2

* nach Angaben von [1, 5, 12, 13] zusammengestellt.

6 % Humus 6,4 und ein anmooriger Boden mit 22 % Humus 35 μg/g[8].

Die Höhe der Adsorption verschiedener Biozide hängt ab von ihrem chemischen Charakter, ihrer Konfiguration, ihrer Wasserlöslichkeit, ihrer Konzentration in der Bodenlösung, der Art und Menge des Adsorbens, dem pH und der Temperatur. Innerhalb einer einheitlichen Gruppe von Bioziden wie den s-Triazinen stieg z. B. die Adsorption mit steigender Wasserlöslichkeit[9].

Der Zusammenhang zwischen der Konzentration eines Biozides in der Bodenlösung und der adsorbierten Menge läßt sich wie bei anorganischen Ionen meist sehr gut mit *Freundlichschen* oder *Langmuirschen Adsorptionsisothermen* beschreiben (s. Kap. XI 2 a): Die absolute Adsorption nimmt mit steigender Konzentration zu, die relative ab. In Tabelle 87 wurde die Bindung daher durch die Adsorptionskonstanten nach *Freundlich* für org. Substanz (k_{oc}) bzw. für Ton (k_{ton}) gekennzeichnet: 0 bedeutet k = <1 und damit fast keine Bindung, 4 bedeutet k = >10000 und damit sehr starke Bindung.

Der pH-Wert beeinflußt die Adsorption, weil sowohl die Ladung mancher Adsorbentien (z. B. Huminstoffe) als auch die mancher Biozide vom pH abhängt. So liegen schwache Säuren wie 2,4-D (Phenoxyessigsäure) nur bei höherem pH als Anion vor, schwache Basen mit Aminogruppen bei tieferem pH als Kation und werden dann adsorbiert. Weitere chemische Charakteristika der Biozide, insbesondere die Art und Zahl der funktionellen Gruppen (R_3N^+, – $CONH_2$, – OH, – NHCOR, – NHR) bestimmen Möglichkeiten und Ausmaß ihrer Bindung an Adsorbentien der Böden. In der Regel führt daher steigende Molekülgröße zu größerer Adsorption. Nichtpolare Moleküle, z. B. DDT werden bevorzugt durch Huminstoffe gebunden. Da die Adsorption meistens eine chemische ist, nimmt sie mit steigender Temperatur zu. Manche Biozide werden durch Tonminerale praktisch nicht gebunden (z. B. 2,4-D, Picloram) und sind dann selbst in tonreichen Böden verlagerbar.

Die *Verlagerung* der Biozide erfolgt wie die anderer Stoffe durch Massenfluß und Diffusion. Der Massenfluß bestimmt vor allem die Auswaschung. Die Bewegung erfolgt bei Wassersättigung des Bodens rascher; im ungesättigten Boden ist aber weniger Wasser erforderlich, um das Biozid eine bestimmte Strecke zu transportieren[10]. Die Verlagerung ist der applizierten Menge direkt und der Adsorption umgekehrt proportional. Mit steigender Adsorption wird die Verlagerungsfront durch sie verschleppt oder kommt ganz zum Stillstand.

Stoffe mit Säurecharakter (z. B. Pichloram) sind in Wasser relativ gut löslich, werden kaum gebunden und sind daher sehr mobil, Phenylharnstoffe (z. B. Linuron) und s-Triazine (z. B. Simazin) mittel mobil und chlorierte Kohlenwasserstoffe (z. B. Lindan) sowie P-Ester (z. B. Parathion) wenig mobil (Tab. 87). Außerdem werden Biozide oft nur locker gebunden und gehen bei nachfolgender Verdünnung der Bodenlösung (z. B. durch Starkregen) wieder in Lösung[10]. Hat in solchen Fällen ein Biozid den Wurzelraum verlassen, kann es ins Grundwasser gelangen, besonders in humusarmen, sandigen Böden des kühlen, perhumiden Klimas. So hat ein intensiver Atrazineinsatz zu Mais in Norddeutschland seit einigen Jahren nicht nur Nachbau bei Getreide erschwert sondern auch zu einer deutlichen Grundwasserbelastung (bis 6 μg/l) unter sandigen Böden geführt[11].

Naturgemäß wird das Ausmaß der Verlagerung durch Verdampfung, Aufnahme durch die Pflanze und Abbau beeinflußt. Der *Verdampfungs*verlust steigt mit steigendem Dampfdruck des Biozides und steigender Temperatur. Er ist z. B. bei Begasungsmitteln wie Methylbromid besonders hoch (1815 hPa bei 20 °C), aber auch bei manchen Herbiziden noch hoch genug ($10^{-1}-10^{-4}$ hPa) um meßbare Verdampfungsverluste zu bewirken, im Gegensatz zu den chlorierten Kohlenwasserstoffen mit einem Dampfdruck von nur $10^{-4}-10^{-7}$ hPa (Tab. 87). Die Verdampfungsverluste können mit steigendem Wassergehalt steigen (Desorption des Biozides durch H_2O), aber auch unabhängig von ihm sein. Im sehr trockenen Boden sinken die Verluste häufig auf Null ab.

2. Chemische und mikrobiologische Umwandlung

Die chemische Umwandlung von Bioziden im Boden soll hier nur insoweit kurz behandelt werden, als sie in Richtung und Ausmaß anders verläuft als in Abwesenheit des Bodens. Bei vielen Bioziden laufen nämlich in Gegenwart von Wasser und Sauerstoff chemische Reaktionen ab wie Hydrolyse, Oxidation, Isomerisation u. a. Hierbei entstehen Umwandlungsprodukte, die teils ebenfalls biozid, teils aber ohne jede Wirkung sind. Ein Teil dieser Vorgänge kann durch Lichtenergie (UV-Strahlung) unterstützt werden, was jedoch auf die obersten cm des Bodens beschränkt ist.

Katalytisch beschleunigend auf die Zersetzung von Bioziden wirken vor allem Tonminerale, und zwar besonders dann, wenn sie Protonen an das Biozid abgeben. Diese Protonen entstammen meist den Wassermolekülen der hydratisierten, austauschbaren Kationen, deren saure Eigenschaften in der Reihe $M^+ < M^{2+} < M^{3+}$ ansteigen. Austauschbare Al-Ionen sind also besonders wirksam. Auf diese Weise hydrolysieren Chloro-s-Triazine (Simazin, Atrazin) zu den Hydroxyformen und vermutlich auch die als Fungizide verwendeten Carbamate (z. B. Benomyl und die Na-, Mn- und Zn-Salze substituierter Thiocarbamate).

Für die Umwandlung bis hin zum völligen Abbau zu CO_2 spielen die Mikroorganismen des Bodens, vor allem Bakterien und Pilze, eine erhebliche Rolle (*mikrobielle* Umwandlung).

Sie vermögen die Biozide in zumeist biologisch weniger wirksame Metaboliten zu transformieren, die ihnen dann als C-Quelle dienen können. Andere, vor allem die wenig wasser- oder fettlöslichen Biozide, werden von den Mikroorganismen eingelagert, ohne dabei verändert zu werden.

Durch Mikroorganismen bedingte Reaktionen sind wie beim chemischen Abbau u. a. Hydrolyse, Oxidation, Abspaltung und Ersatz von Substituenten (Halogene, aliphatische Gruppen) und Ringspaltung. Die Vielzahl der dabei entstehenden Metaboliten wurde meist unter Verwendung von ^{14}C-markierten Bioziden aufgeklärt.

So werden Cl-Substituenten an chlorierten Molekülen (z. B. 2,4-D, 2,4,5-T, DDT, Lindan) abgespalten und bevorzugt durch OH-Gruppen ersetzt. Hierdurch werden diese Biozide meist wasserlöslicher und biologisch inaktiver. Dies erfolgt unter aeroben Bedingungen jedoch nur sehr langsam, weil chlorierte Verbindungen sehr persistent sind. Unter anaeroben Verhältnissen erfolgt dies schneller (bei den Phenoxyessigsäuren allerdings nur zu Metaboliten, die ihrerseits im Anaeroben sehr langsam abgebaut werden); außerdem werden unter reduzierenden Bedingungen Nitrogruppen (z. B. in Parathion) zu NH_2-Gruppen reduziert. Die P-Ester und Methylcarbamate werden relativ leicht verändert. So wird z. B. das Parathion entweder durch Hydrolyse zu p-Nitrophenol und Diethylthiophosphorsäure gespalten oder zur Aminoform reduziert. Von den s-Triazinen werden mikrobiell hauptsächlich die Seitengruppen (z. B. Ethyl, Propyl) abgespalten, während der Cl-Substituent auf chemischem Wege eliminiert wird; der Ring bleibt jedoch meist erhalten. Phenylharnstoff-Herbizide (z. B. Linuron) werden im Boden zunächst entmethyliert oder entmethoxyliert oder direkt enzymatisch zu den entsprechenden Chlor-Anilinen hydrolysiert. Die Chloraniline werden, wenn auch sehr langsam, weiter mikrobiell abgebaut; sie können jedoch auch miteinander zu mehrkernigen Produkten kondensieren oder werden als Kation von den Bodensorbentien adsorbiert. Linuron und Monolinuron werden schneller abgebaut als Monuron und Diuron.

In ähnlicher Weise entstehen aus Phenylcarbaminsäureestern und Acylaniliden die entsprechenden Aniline und Säuren bzw. Alkohole.

Die Dipyridyliumsalze Diquat und Paraquat werden vorwiegend durch Adsorption inaktiviert, doch können auch sie mikrobiell abgebaut werden (Paraquat: Entmethylierung und Ringspaltung).

Die mikrobielle *Abbauintensität* hängt naturgemäß von den gleichen Bodeneigenschaften ab wie die Mikroorganismentätigkeit selbst (s. Kap. IX). Die in Tab. 87 angegebenen Raten gelten für relativ günstige Abbaubedingungen feuchter, luft- und nährstoffreicher Ackerböden des gemäßigten Klimas während des Sommers. Wesentlichen Einfluß hat die Temperatur, denn unterhalb 5 °C, also im Winter, findet praktisch kein mikrobieller Abbau statt. Andererseits führt eine Erhöhung der mittleren Bodentemperatur um 10 °C etwa zur Verdreifachung der Abbauintensität. Höhere Gehalte leicht zersetzbarer organischer Substanz und höhere Nährstoffgehalte fördern den Abbau, während Huminstoffe und Tonminerale ihn hemmen können. Auch Wasser- oder Luftarmut erschwert grundsätzlich den Abbau; bei den chlorierten Kohlenwasserstoffen wird er allerdings durch O_2-Mangel gefördert (s. oben und Tab. 87).

Rascher Abbau mindert die Gefahr einer Kontamination von Nahrungspflanzen oder des Grundwassers, verkürzt aber gleichzeitig die Wirksamkeit, so daß häufiger appliziert werden muß.

Es ist möglich, daß sich bei längerer Anwendung eines Biozids spezifische Organismenpopulationen herausbilden, die auf dessen Abbau spezialisiert sind, so daß die Abbaurate mit zunehmender Anwendungsdauer steigt.

3. Veränderung des Organismenbesatzes durch Biozide

Biozide verändern den *Organismenbesatz* von Böden. Dadurch wirken sie auf diejenigen Lebensprozesse der Organismen ein, die die Eigenschaften und Nutzbarkeit der Böden beeinflussen (Kap. IX 4). Für eine Reihe von Bioziden wurden Grenzkonzentrationen in der Bodenlösung ermittelt, deren Überschreiten bestimmte Organismengruppen (Bakterien, Aktinomyceten, Pilze, Invertebraten) tötet und die Intensität ihrer Lebensprozesse (Bodenatmung, Knöllchenbildung, N-Mineralisierung) erniedrigt[3–7]. Wird die Nitrifizierung unterbunden, z. B. durch Begasung mit Methylbromid, wird weniger N an die Pflanze geliefert oder es tritt sogar NH_3-Toxizität auf. Bei Reiskulturen wurden durch geringe Konzentration von Atrazin oder 2,4-D die N_2-fixierenden Algen geschädigt und so ebenfalls die N-Versorgung beeinträchtigt. Förderung des Algenwachstums wurde dagegen nach Applikation von Lindan beobachtet, das offenbar algenverzehrende Organismen abtötete. Andererseits können durch Biozide auch die Antagonisten bodenlebender pathogener Organismen geschädigt werden. Durch den Gehalt an Bioziden in Pflanzenrückständen kann die Mikroflora, die diese Rückstände abbaut, verändert und der Abbau verzögert werden.

Durch ein Biozid wird die Artenzusammensetzung einer betroffenen Population verändert. Durch Ausfall bestimmter Arten kann sich die Individuenzahl von Konkurrenzarten erhöhen und gleichzeitig können natürliche Feinde absterben, weil ihre Nahrung entfällt. Nach Anwendung eines Totalbiozids beginnt die Neubesiedlung mit zunächst wenigen Arten bei teilweise hoher Individuenzahl. Dabei handelt es sich im Boden zunächst um Primärzersetzer, während deren Verzehrer erst später folgen. Die Artenvielfalt (= Diversität) stellt sich nur langsam wieder ein.

Langjähriger Einsatz von Bioziden hat in Böden zu einer Abnahme der Individuenzahl bis hin zum vollständigen Verschwinden mancher Bodenorganismenarten geführt. Chlorkohlenwasserstoffe, Carbamate und P-Ester wirken z. T. bereits bei normaler Dosis toxisch auf Regenwürmer und deren Leistung[14]. Verheerende Folgen haben Entseuchungsmittel, z. B. Benomyl gegen Kartoffelnematoden, weil dann hoch dosiert wird: Derartige Wirkstoffe schädigen oft Nützlinge wesentlich stärker als Schädlinge, die durch Zystenbildung überdauern können[15]. Wegen ihrer negativen Wirkungen wurde der Einsatz vieler Wirkstoffe in der BRD und anderen Ländern inzwischen verboten, z. B. DDT, Heptachlor und PCP.

Literatur

[1] *Goring, C. A. T. & J. W. Hamaker* (Eds.) (1972): Organic chemicals in the environment. 2 Bde., Dekker, New York.
[2] *Kearney, P. C. & D. D. Kaufman* (Eds.) (1975): Herbicides, chemistry, degradation and mode of action. Dekker, New York.
[3] *Mans, G. & N. Pestemer* (1975): Nebenwirkungen chemischer Unkrautbekämpfungsmittel. Rentsch, Erlenbach-Zürich.
[4] *Hill, I. R. & S. J. L. Wright* (Eds.) (1978): Pesticide Microbiology. Academic Press, London.
[5] *Ottow, J.* (1982): Landw. Forsch. *35*, 238 – 256.
[6] *Diercks, R.* (1984): Einsatz von Pflanzenbehandlungsmitteln u. die dabei auftretenden Umweltprobleme. Kohlhammer, Stuttgart.
[7] Autorenkollektiv (1985): Pflanzenschutzmittel und Boden. Parey, Hamburg.
[8] *Mills, A. C. & J. W. Biggar* (1969): Soil Sci. Soc. Am. Proc. *33*, 210.
[9] *Bailey, G. W.* et al. (1968): Soil Sci. Soc. Am. Proc. *32*, 222.
[10] *Litz, N. & H.-P. Blume* (1985): Z. Pflanzenernähr. Bodenk. *148*, 289 – 305.
[11] *Ahlsdorf, B.* et al. (1987): Mitt. Dtsch. Bodenkdl. Ges. *55*, 847 – 852.
[12] *Kenaga, E.* (1988): Ecotox. Environment. Safety *4*, 26 – 38.
[13] *Bauer, Ch., K. Hurle & G. Kirchhoff* (1985): DVWK-Schriften 74, P. Parey, Hamburg.
[14] *Lee, K. E.*: Zit. 10 in Kap. IX.
[15] *Dunger, W.*: Zit. 6 im Kap. IX.

XXV. Böden als Teile von Ökosystemen[1-5]

Das Wirkungsgefüge einer Organismengesellschaft mit ihrem Lebensraum wird als *Ökosystem* bezeichnet. Die Organismen bilden als Lebensgemeinschaft in ihrer Gesamtheit das Biozön oder die *Biozönose*; ihr Lebensraum ist der *Biotop*. Zwischen Biotop und Biozönose sowie zwischen den Individuen der Biozönose und den Kompartimenten des Biotops bestehen vielseitige und komplizierte Wechselbeziehungen. Ein Ökosystem ist als Ganzes räumlich begrenzt, in der Regel äußeren Einflüssen gegenüber offen, aber doch zu einer gewissen Selbstregulierung befähigt.

Dreidimensionale Ausschnitte einer Landschaft bilden ein *Landökosystem*. Seine vergesellschafteten Pflanzen, Tiere und Mikroben sind die Biozönose, während der Biotop aus Böden und dem Luftraum darüber besteht. Landschaftsausschnitte, die nur durch eine Bodenform gekennzeichnet sind, d. h. Pedotope (s. Kap. XXXII 1), bilden mit ihrer Organismengesellschaft einen *Ökotop*, benachbarte Ökotope miteinander eine *Ökochore* (entsprechend der Pedochore). Kuppe, Hang und Senke einer Dünenlandschaft können z. B. jede(r) für sich Ökotope sein: in ihrer Gesamtheit sind sie eine Ökochore.

1. Struktur und Dynamik eines Landökotops

Jeder Ökotop besitzt eine spezifische Struktur und Dynamik. Ein Waldökotop besteht z. B. aus Bestandsraum (Kronenraum und Stammraum, ggfs. auch Strauch-, Kraut- und Moosschicht) sowie Bodenraum (Humus- und Mineralhorizonte) mit entsprechendem Bestands- und Bodenklima (Abb. 180). Diese Räume beherbergen jeweils unterschiedliche Tier- und Mikroorganismenarten. Viele Tiere des Stamm- und Kronenraumes überwintern im Bodenraum, und zwar vorrangig in der Humusauflage. Für viele Arten sind starke jahreszeitliche Unterschiede in Abhängigkeit vom Nahrungsangebot charakteristisch. Im Jahresmittel macht die Biomasse der Wirbellosen etwa 9 g TG/m^2 aus. Die Mikroorganismen sind mit über 50 g/m^2 vertreten (nur Humusauflage). Demgegenüber treten Vögel und Säuger stark zurück. Manche Tiere fluktuieren allerdings (der Fuchs ruht im Bodenraum und ernährt sich im Stammraum; der Engerling lebt im Bodenraum, der Maikäfer hingegen im Kronenraum) und besuchen z. T. auch Nachbarökotope (z. B. Vögel).

Ein derartiger Ökotop bildet ein Wirkungsgefüge: Die Pflanzen produzieren mittels Licht, Wärme, Kohlendioxid und Sauerstoff des klimatischen Umsatzraumes und mittels Wasser, Sauerstoff und Nährstoffen des Wurzelraumes *Biomasse*, die den Verbrauchern direkt (Pflanzenfresser, Schmarotzer, Symbionten) oder über Nahrungsketten (Tierfresser) Energie und Aufbaustoffe liefert. Die Zersetzer (bes. Bakterien, Pilze, Bodentiere) zerlegen die tote Biomasse in Kohlendioxid, Wasser und Nährstoffe oder wandeln sie teilweise in Huminstoffe um. Diese sorbieren zusammen mit Tonmineralen viele Nährelemente und speichern sie damit bis zur erneuten Aufnahme. Energie und Stoffe vollziehen also einen Kreislauf im Ökosystem. Es handelt sich dabei meistens um offene Kreisläufe, da in der Regel Energie und Stoffe aus der Atmosphäre zugeführt und an diese und/oder das Grundwasser abgegeben werden. Zwischen den einzelnen Stoffen bestehen hierin allerdings große Unterschiede. So vollzog Phosphat im dargestellten Waldökotop einen weitgehend geschlossenen Kreislauf, während Calcium und vor allem Schwefel relativ stark zugeführt und abgegeben wurden (Tab. 88). Auswaschungsverluste werden dabei z. T. aus der Mineralreserve durch Verwitterung ergänzt. Bei Grundwasser-Ökotopen findet auch eine Zufuhr durch das Grundwasser statt, bei Kulturstandorten werden Ernteverluste durch Düngung kompensiert.

Gleichzeitig gestalten die einzelnen Organismengruppen in vielfältiger Weise ihren Lebensraum. Wühlende Bodentiere schaffen sich Wohnhöhlen und Fluchtgänge und lockern dabei den Bodenraum, wodurch insbesondere Durchwurzelbarkeit und Lufthaushalt verbessert und oft auch einer Nährstoffauswaschung entgegengewirkt wird. Kotende Tiere schaffen Aggregate, die durch mikrobielle Schleimstoffe stabilisiert und durch Pilzhyphen und Pflanzenwurzeln miteinander verknüpft werden. Der Bestandsraum eines Forstes ändert sich langsam mit dem Aufwuchs der Bäume, während das Werden und Vergehen der Blätter zyklische Veränderungen im Kronenraum bewirken, was Auswirkungen auf Klima und Biozönose dieses Raumes und der nach unten folgenden Räume hat. Weitaus stärkeren jahreszeitlichen Veränderungen sind naturgemäß der Bestandsraum eines Wiesen- oder gar Acker-Ökotops ausgesetzt.

2. Entwicklung eines Landökotops

Ökotope verändern sich nicht nur zyklisch, z. B. mit der Jahreszeit, sondern auch gerichtet: Sie sind, wie im Teil B für Böden besprochen wird, einer Entwicklung unterworfen. Nur selten verlaufen Biotop- und Biozönoseentwicklung synchron: z. B. entwickelten sich bei Küstendünen Hollands innerhalb von über 130 Jahren die Böden vom Lockersyrosem über Pararendzina, Braunerde bis zur Podsol-Braunerde und gleichzeitig die Pflanzen von einer Strandquecke- über Strandhafer-, Sanddorn-, Weißdorn- bis zur Heidegesellschaft.

Häufiger eilt die Entwicklung der Biozönose, die auch *Sukzession* genannt wird, derjenigen des Bodens voraus; in Mitteleuropa haben während des Holozän Klimaänderungen die Biozönose verändert, bevor die Böden eine neue Entwicklungsstufe erreicht hatten.

Im Laufe der Entwicklung eines Ökosystems bis zum Reife- oder Klimaxstadium steigen Menge an Biomasse und Artenvielfalt bzw. *Diversität* an, werden Bestandsstruktur und Nahrungsketten immer komplexer, nimmt die Bruttoproduktion zu, die Nettoproduktion (wegen überproportional starken Anstieges der Atmung) jedoch ab. Beim Ackerbau hält man die Biozönose durch den Anbau einjähriger Pflanzen auf relativ „junger" Entwicklungsstufe mit der erwünscht hohen Nettoproduktion, allerdings auch geringer Stabilität gegenüber Umwelteinflüssen (z. B. Schädlingskalamitäten). Auch die Böden werden dabei durch Düngung „verjüngt", indem bereits ausgewaschen gewesene Nährstoffe wieder ergänzt werden.

3. Belastungen mitteleuropäischer Ökotope

Ökotope sind in weiten Teilen der Erde vielfältigen Belastungen ausgesetzt. Mit ihrer Nutzung ist zwangsläufig ein Zurückdrängen ihrer natürlichen Biozönose verbunden: Der Landwirt führt bewußt Veränderungen herbei, um die Ertragsfähigkeit eines Standortes zu verbessern, z. B. durch Düngung, Kalkung oder Entwässerung. Oft werden dabei auch benachbarte, nichtlandwirtschaftlich genutzte Ökotope in Mitleidenschaft gezogen, Feuchtökotope z. B. entwässert oder nährstoffarme Ökotope durch Nährstoffeinträge eutrophiert. Die Folgen sind Veränderungen im Artenbestand der Biozönose und oft Verlust an nicht mehr konkurrenzfähigen Arten.

Straßenrand-Ökotope werden in vielfältiger Weise durch Streusalz, Abgase und Abfälle kontaminiert; carbonathaltiger Bauschutt und Fahrbahnabrieb haben dort oft die pH-Werte der Böden stark erhöht. Insgesamt sind Straßenrand-Ökotope eutrophiert (aus Rostbraunerden wurden z. B. Kalkbraunerden) und unter den Pflanzen dominieren neue nitrophile Arten (z. B. Brennessel, Holunder). Am unmittelbaren Straßenrand ist es dabei häufig nicht nur zu einer Verschiebung im Artenbestand der Wildpflanzen gekommen, sondern auch zu einer Schädigung von Kulturpflanzen, z. B. Straßenbäumen, und zwar vor allem durch Streusalz (s. Abb. 183). Spezifische Veränderungen und häufig ernste Schäden sind vielfach an industrienahen Ökotopen aufgetreten.

Nahezu praktisch auf alle Ökotope wirken sich die stark gestiegenen Luftverunreinigungen in Mitteleuropa aus. Deren Folgen wurden in Kap. XXII (Schadstoffe) bereits besprochen und sollen am Beispiel eines Waldökotops nochmals zusammengefaßt werden. Das auf dem Plateau des Hochsolling liegende Buchenwald-Ökotop (Abb. 180) erhält aus seiner Umwelt, der Atmosphäre, Wasser und darin gelöste chemische Elemente durch die Niederschlagsdeposition sowie die Kronen-Interception (Tab. 88). Beides zusammen ergibt den Input. Bei diesem Input an chemischen Elementen handelt es sich überwiegend um anthropogene Luftverunreinigungen. Gravierend in Menge und Wirkung ist dabei Schwefel, der u. a. als Schwefeldioxid-Gas an Blatt- und Rindenoberflächen sorbiert wird und außerdem mit dem Regen auf Pflanzen- und Bodenoberfläche gelangt und in diese eindringt. Schwefel-

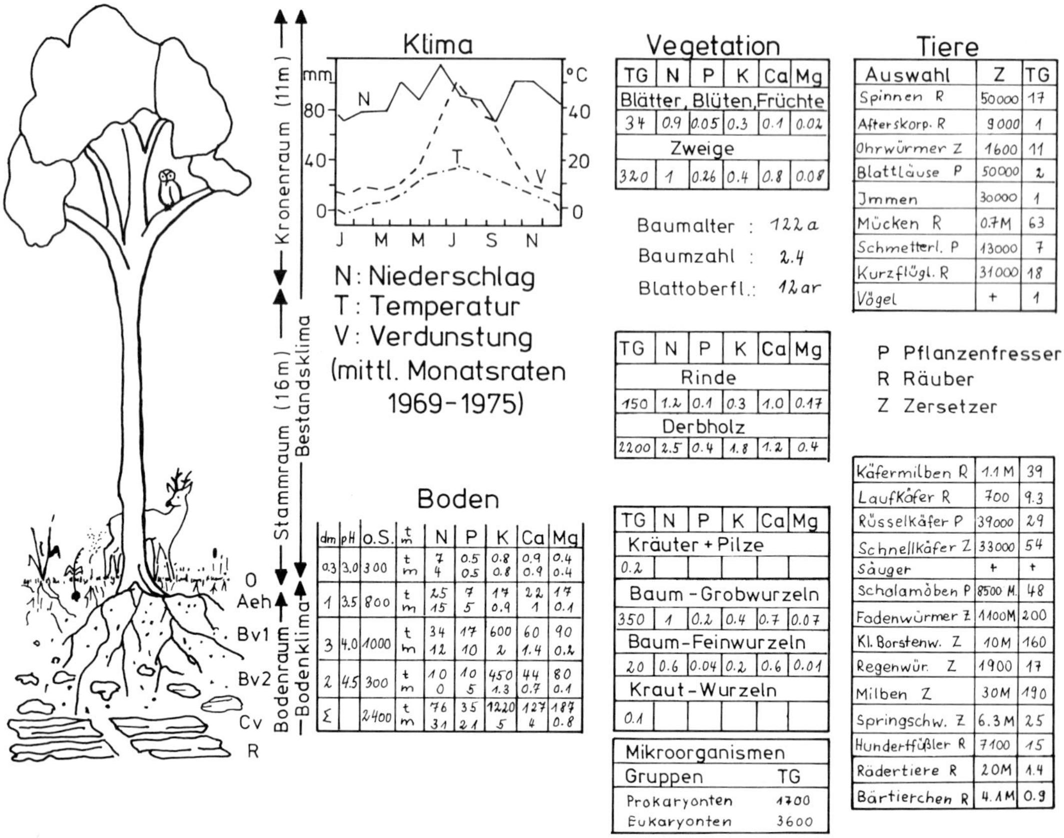

Abb. 180 Struktur eines Waldökotops (Hainsimsen-Buchenwald auf basenarmer Braunerde mit Moder aus Löß/Sandstein-Fließerde des Solling); Angaben pro Ar: Boden und Vegetation in kg TG (Trockengewicht); Mikroorganismen und Tiere in g und (Z) Zahl (M = Millionen), t = total, m = verfügbar; Prokaryonten = Bakterien + Strahlenpilze + Blaualgen, Eukaryonten = Pilze + Grünalgen + Protozoen; nach Daten aus *Ellenberg*[5]

Tabelle 88 Jahresbilanz der Elementflüsse und -umsätze in einem Waldökotop (Hainsimsen-Buchenwald auf basenarmer Braunerde des Solling; Mittel des Zuwachses von 1969–1975, sonst von 1969–1983; Niederschlag 1017 mm, Sickerung 580 mm; n. *Ulrich* et al., in Zit. 5)

Element (g/100m²)	H	N	P	S	K	Mg	Ca	Al	Mn	Fe
1. Input aus Atmosphäre	19	200*	3,0*	500	67	30	175	20	7,0	15
2. Austrag aus Boden	4,5	47	0,0	400	34	32	101	176	51	1
3. Vorratsänderung = 1 – 2	14,5		3,0	100	33	–2	74	–156	–44	14
Interne Flüsse:										
4. Streufall	–	490	36	64	178	16	183	7	59	12
5. Bestandsniederschlag	13,4	320	5,0	500	280	40	241	16	39	12
6. Bodeneintrag = 4 + 5	13,4	810	41	564	458	56	424	23	98	24
7. Zuwachs in Biomasse	–	143	23	14	75	19	77	24	33	5
8. Pflanzenauswasch. = 5 – 1 (H: Pufferung Kronenr.)	–5,6			0	213	10	66	–4	32	–3
9. Wurzelaufnahme = 4 + 7 + 8	–	630	59*	78	470	45	330	27	124	14

* geschätzt

säure hat gemeinsam mit Salpetersäure die Versauerung vieler Waldböden verstärkt und hierdurch die Mineralverwitterung intensiviert. Auf die Verwitterung ist u. a. zurückzuführen, daß aus der Solling-Braunerde heute wesentlich mehr Mangan ausgewaschen wird als aus der Atmosphäre eingetragen wird. Außerdem wird Aluminium verstärkt freigesetzt, das nach *B. Ulrich* als Wurzelgift wirkt. Schließlich erniedrigt die Versauerung die KAK_{eff} der Huminstoffe, so daß Nährstoffionen immer weniger sorbiert werden können, mithin stärker ausgewaschen werden. Trotz der Nährstoffeinträge aus der Atmosphäre sank die Produktivität des Buchenwaldes während der letzten Jahre[5].

Literatur

[1] *Odum, E. P.* (1971): Fundamentals of Ecology. Saunders, Philadelphia.
[2] *Leser H.* (1978): Landschaftsökologie. Ulmer, Stuttgart.
[3] *Smith, R. L.* (1980): Ecology and field biology. Harper and Row, New York.
[4] *Knauer, H.* (1981): Vegetationskunde und Landschaftsökologie. Quelle und Meyer, Stutgart.
[5] *Ellenberg, H.* et al. (1986): Ökosystemforschung – Ergeb. Sollingprojekt. Ulmer, Stuttgart.

B. Bodenentwicklung, Bodensystematik und Bodenverbreitung

Die *Bodengenetik* ist die Lehre von der Entwicklung der Böden. Ein Boden ist ein Naturkörper, bei dem ein Gestein an der Erdoberfläche unter einem bestimmten Klima, einer bestimmten streuliefernden Vegetation und Population von Bodenorganismen durch *bodenbildende Prozesse* (Verwitterung und Mineralbildung, Zersetzung und Humifizierung, Gefügebildung und verschiedene Stoffumlagerungen) umgeformt wird. Diese Bodenentwicklung beginnt in der Regel an der Oberfläche eines Gesteins und schreitet im Laufe der Zeit zur Tiefe fort, wobei *Lagen* entstehen, die sich in ihren Eigenschaften unterscheiden und als *Horizonte* bezeichnet werden. (Demgegenüber haben sich *Schichten* durch Sedimentation gebildet, sind also Lagen der Gesteinsbildung). Die Horizonte sind in ihren Eigenschaften oben streuähnlich (bes. die organischen *Auflagehorizonte*) und werden nach unten als *Mineralhorizonte* zunehmend gesteinsähnlich. Alle Horizonte zusammen bilden das *Solum*, ein 2-dimensionaler Vertikalschnitt durch den Bodenkörper das *Bodenprofil*. Die den Boden (teilweise) überlagernde Streu und das ihn unterlagernde Gestein gehören definitionsgemäß nicht zum Boden (s. Einleitung): sie werden aber oft zwecks einheitlicher Profilgliederung auch als Horizonte bezeichnet.

Bodenhorizonte werden mit Buchstabensymbolen signiert (s. Kap. XXVIII). So wird als *A-Horizont* der oberste, durch organische Substanz dunkel gefärbte oder infolge Abfuhr von Stoffen gebleichte Teil des Mineralbodens bezeichnet, als *B-Horizont* der darunter befindliche Teil des Bodens, in dem oft auch eine Stoffzufuhr stattgefunden hat. Das darunter folgende, von der Bodenentwicklung nicht oder kaum beeinflußte Gestein erhält, wenn es dem Ausgangsmaterial des Solums entspricht, das Symbol C. Als *O-Horizont* wird der überwiegend aus organischen Stoffen bestehende Auflagenhorizont über dem Mineralboden bezeichnet.

Demgegenüber nennt man in der landwirtschaftlichen Praxis die ständig (15-35 cm tief) bearbeitete Krume eines Ackers sowie den stark durchwurzelten (7-10 cm) Horizont eines Grünlandes auch den *Oberboden*. Diesem folgt der *Unterboden*, der bei den meisten Landböden in das Ausgangsgestein, den *Untergrund* überleitet.

Die Entwicklung vom undifferenzierten Gestein zum oft stark gegliederten Boden kann in verschiedenen Positionen einer Landschaft bzw. in verschiedenen Regionen der Erde einen sehr unterschiedlichen Verlauf nehmen: Sie ist abhängig von der an einem Ort herrschenden Konstellation an *Faktoren der Bodenentwicklung*.

Die genannten Faktoren wirken dabei wechselseitig aufeinander und beeinflussen gegenseitig Ausmaß und Richtung ihres Wirkens. Vielfach befinden sie sich aber auch mit dem Boden selbst in Wechselwirkung, was insbesondere für Flora und Fauna gilt. Das Klima ist am unabhängigsten, wirkt auf den Boden aber auch in einer durch Relief und Vegetation modifizierten Form ein.

Je nach der herrschenden Konstellation dieser Faktoren und der *Dauer* der Einwirkung entstehen Böden unterschiedlicher Entwicklungsstufe und Profildifferenzierung, deren Eigenschaften ihrerseits stetig verändert werden. Eine Änderung der Faktoren (z.B. Klimawechsel) kann dabei der Bodenentwicklung eine neue Richtung geben.

Auch der *Mensch* beeinflußt die Bodenentwicklung, indem er bewußt oder unbewußt die Böden selbst oder die natürlichen Faktoren verändert.

Die moderne *Systematik* der Böden fußt auf der Bodengenetik und gliedert Böden nach ihrer durch bodenbildende Prozesse erworbenen Eigenschaften. Dabei werden Böden mit gleichartigen pedogenen Merkmalen, die sich in charakteristischer Weise von Böden eines anderen Entwicklungszustandes unterscheiden, zu einem *Bodentyp* zusammengefaßt.

Böden sind Landschaftsausschnitte. Die *Bodengeographie* befaßt sich mit der Verbreitung bestimmter Böden und deren Ursachen, außerdem mit der Gliederung der Bodendecke einzelner Landschaften und letztlich der Erde als Ganzes.

XXVI. Faktoren der Bodenentwicklung[1, 2]

Faktoren der Entwicklung eines Bodens sind das *Klima*, das *Ausgangsgestein*, die (von der Erdanziehung verursachte) *Schwerkraft*, das *Relief* (als seine Position in der Landschaft), *Flora* und *Fauna* und vielfach auch Grund*wasser* oder Fluß-, See- bzw. Meerwasser.

1. Klima

Die *Sonnenenergie* ist die mächtigste Triebkraft der Bodenentwicklung. Sie wirkt als direkte Sonnenstrahlung und diffuse Himmelsstrahlung teils unmittelbar, teils über verschiedene Faktoren des Klimas (wie Niederschlag, Lufttemperatur, Luftfeuchtigkeit, Wind) und vor allem über die *Lebewelt*. Die bei der Bodenentwicklung wirksame Energie ergibt sich im wesentlichen aus Intensität und jahreszeitlicher Verteilung der *Strahlungsbilanz* (d. h. der Differenz ein- und ausgestrahlter Sonnenenergie). Demgegenüber tritt die Innenwärme der Erde in ihrer Bedeutung zurück (unter 0,01; Sonneneinstrahlung im Mittel aber $2\,cal \cdot cm^{-2} \cdot min^{-1}$).

Die von der Strahlungsbilanz abhängige *Bodentemperatur* (s. Kap. XVIII) wirkt direkt auf die Prozesse der Zersetzung, Verwitterung und Mineralbildung. Zersetzung und chemische Verwitterung werden durch steigende Temperaturen beträchtlich intensiviert, so daß sie in den feuchten Tropen viel stärker sind als in den gemäßigten Breiten oder gar in Polnähe bzw. im Hochgebirge. Die intensivere Verwitterung vieler Böden humider Tropen ist allerdings nicht allein auf höhere Temperaturen zurückzuführen, sondern auch auf längere Zeiten der Bodenentwicklung. Dadurch, daß die Temperatur auch auf die Vegetation wirkt, beeinflußt sie die Produktion der Streu, das Ausgangsmaterial der Humusbildung. In wärmeren Böden beteiligen sich mehr Organismen an Streuabbau und Gefügebildung. Sinken die Bodentemperaturen unter den Gefrierpunkt ab, kommen die meisten chemischen und biochemischen Prozesse zum Erliegen. Spezielle physikalische Vorgänge treten dann – besonders beim Wechsel von Gefrieren und Auftauen – auf: Frostverwitterung, frostbedingte Durchmischung (Kryoturbation) und Bodenfließen über gefrorenem Untergrund (Solifluktion).

Durch *Niederschläge* wird das Bodenwasser ergänzt; damit werden Lösungs- und Verlagerungsvorgänge ermöglicht. Auf die Bodenentwicklung wirkt sich vor allem derjenige Anteil der Niederschläge aus, der als Sickerwasser das Solum passiert und dabei Lösungsprodukte abführt. Er läßt sich nach *W. Laatsch* als *Durchfeuchtung* bezeichnen, unter der das Mehr an Niederschlägen (nach Abzug der oberflächlich abfließenden Wassermengen) gegenüber der tatsächlichen Jahresverdunstung in mm verstanden wird. Diese hängt entscheidend von Temperatur und relativer Luftfeuchte ab.

Oft beherrscht das Klima die Pedogenese so stark, daß alle anderen Faktoren der Bodenentwicklung zurücktreten und sogar der Einfluß des Ausgangsgesteins überdeckt wird. Sichtbar wird das bei einem Vergleich von Böden gleichen Gesteins und Reliefs aber unterschiedlicher Klimate. So wurden bei Lößböden um so höhere Tongehalte und Austauschkapazitäten festgestellt, je höher die Niederschläge waren, mithin die Bodendurchfeuchtung war, da gleiche Temperaturen herrschten, während das pH sinkt (Tab. 89). Das ist darauf zurückzuführen, daß mit zunehmender Durchfeuchtung die chemische Verwitterung primärer Silicate und ihre Umwandlung in Tonminerale verstärkt werden und eine erhöhte Auswaschung von Ca-, Mg-, K- und Na-Ionen eintritt. Stärkere Durchfeuchtung führt auch zu rascher Entkalkung, womit wiederum eine Tonverlagerung möglich wird. In kühlhumiden Klimaten hemmt Nährstoffverarmung das Bodenleben und damit Streuab-

Tabelle 89 Beziehungen zwischen Niederschlagsmenge (N) und einigen Bodeneigenschaften[3]. Gestein: Löß; mittl. Jahrestemp. 11,1 °C

N (mm/a)	Ton %	AK mval/100 g	pH	Bodentyp
370	15	12	7,8	Kastanozem
500	19	16	7,0	Chernozem
750	23	24	5,2	Phaeozem
900	26	27	5,2	Phaeozem

bau und Gefügebildung, so daß Rohhumusauflagen entstehen können.

Starkregen und Schneeschmelze verursachen an Hängen Bodenerosion. *Wind* erhöht die Verdunstung und kann bei Trockenheit besonders auf vegetationsfreien Flächen ebenfalls Erosion verursachen. Weitere Klimafaktoren wie Bewölkung und Luftfeuchtigkeit haben für die Bodenentwicklung überwiegend dadurch Bedeutung, daß sie die Strahlung bzw. die Verdunstung abwandeln.

In *ariden* Klimaten, bei denen mehr Wasser zu verdunsten vermag als Niederschläge fallen, liegen die Verhältnisse anders. Hier ist die chemische Verwitterung gering, weil gelöste Verwitterungsprodukte nicht ausgewaschen sondern angereichert werden. Gleichzeitig verbleiben hier Salze, die als Stäube und mit dem Niederschlag zugeführt werden, im Boden. Freigesetzte und zugeführte Ionen werden dabei um so weniger mit nach unten verlagert und dann angereichert, je trockener es ist[4]. Dabei erfolgt außerdem eine Differenzierung nach der Löslichkeit: Wasserlösliche Salze werden weiter unten angereichert als Gips oder gar Kalk. Selbst in der Extremwüste befindet sich das Salzmaximum allerdings nicht an der Oberfläche, da die Salze durch episodische Starkregen einige dm verlagert werden (Kap. XXVII 8 a).

Böden können aber auch unter aridem Klima versauern. Z. B. sind im semiariden Westafrika besonders Sandböden stark versauert und entbast, weil während der Regenzeit ein starker Stoffaustrag stattfindet.

Bei ähnlicher Mitteltemperatur und ähnlicher Nutzung steigen die Humusgehalte des Oberbodens mit dem Niederschlag: In Indien wurden in 150 Oberböden (bis 20 cm) unter natürlicher Vegetation und 24 °C Jahresmitteltemperatur Humusgehalte zwischen 0,4 % bei 3,5 cm, 2,0 % bei 40 cm bis 4,5 % bei 320 cm Jahresniederschlag festgestellt[1].

Die Bedeutung des Klimas wird besonders darin deutlich, daß die wichtigsten Bodenzonen der Erde weitgehend Klimazonen entsprechen (s. hierzu Kap. XXXII 3).

Es hat nicht an Versuchen gefehlt, die Wirkung des Klimas auf die Bodenentwicklung zu *klassifizieren*. Ältere Kennwerte zur Erfassung der Wirkung des Klimas auf die Böden sind der *Regenfaktor* nach *Lang*, der dem Quotienten aus dem mittleren Jahresniederschlag und der mittleren Temperatur der frostfreien Zeit des Jahres entspricht, und der *N/S-Quotient* von *Meyer*, der das Verhältnis der mittleren Jahresniederschläge zum mittleren Sättigungsdefizit der Luft darstellt. Beide Größen sind einfach zu berechnen, geben jedoch nur grobe Näherungswerte, weil u. a. die Temperatur nicht als unabhängige Größe nochmals gesondert berücksichtigt wird. So liegen bei einem Vergleich von Standorten der Tropen und gemäßigter Breiten mit gleichem Regenfaktor unterschiedliche Bodeneigenschaften vor, weil große Temperaturunterschiede bestehen. Diesen Fehler vermeiden Schemata von z. B. *Thornthwaite*[5], bei denen Bodenzonen nach Temperatur und Humidität (bzw. Strahlungsbilanz und Strahlungsmenge, die zur Verdunstung der Jahresniederschlagsmenge erforderlich ist) unterschieden werden.

Hierbei wird nicht berücksichtigt, daß jahreszeitliche Unterschiede insbesondere in kontinentalen Klimaten zu intensiver Bodenbildung führen können, weil perkolierende Wasserbewegung in humiden Monaten mit ascendierenden in ariden wechseln.

Fränzle[6] korrelierte daher die monatlichen Werte der Humidität nach *Thornthwaite* mit den entsprechenden Temperaturen und erhielt dabei für verschiedene Bodentypen spezifische Diagramme. Auch hier ergeben sich nur Näherungswerte, da die Durchfeuchtung aus der potentiellen Verdunstung abgeleitet wird, während die Menge des dem Festland durch Evapotranspiration tatsächlich verloren gehenden Wassers dem Einfluß vieler Faktoren wie Wasserkapazität der Böden, Vegetation usw. unterliegt.

2. Ausgangsgestein

Das Gestein ist neben der Streu das Substrat bzw. Ausgangsmaterial der Bodenbildung. Es hat Minerale des Bodens teils direkt geliefert, teils sind sie aus deren Lösungsprodukten entstanden. In jungen Böden ist demzufolge der Mineralbestand dem des Ausgangsgesteins sehr ähnlich; in stärker entwickelten Böden gilt das nur noch für die schwerer verwitterbaren Minerale.

Richtung und Intensität der Bodenentwicklung hängen stark von Gefüge (Locker- oder Festgestein, Porosität), Mineralbestand und Körnung ab, was im Hinblick auf die Verwitterung bereits eingehend behandelt wurde (Kap. I – IV). In einer Landschaft sind Böden aus Lockersedimenten meist wesentlich tiefgründiger entwickelt als benachbarte Böden aus Festgestein, und zwar auch dann, wenn dieses im Pleistozän durch Frostsprengung aufbereitet wurde, wie das Abb. 181 für Löß im Vergleich zu Kalkstein zeigt. Auf Festgesteinen ohne periglaziäre Decken ist in Mitteleuropa die Bodenentwicklung selten tiefer als 20 – 40 cm gegangen, so daß meist nur A-mC-Böden entstanden.

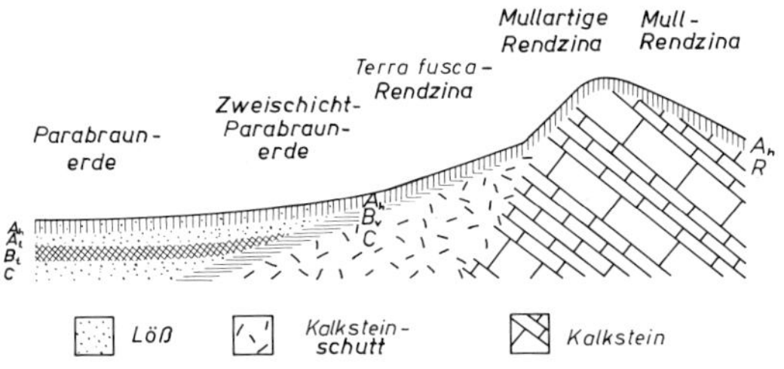

Abb. 181 Bodengesellschaft eines zum Teil mit Löß überdeckten Kalkstein-Hanges (Unterer Muschelkalk) in Norddeutschland (Hildesheimer Wald; Schema nicht maßstabsgerecht)

Bei *Festgesteinen* verwittern die Tiefengesteine mit grobem *Gefüge* leichter als entsprechende Ergußgesteine mit dichtem Gefüge (Granit > Porphyr, Gabbro > Basalt), weil ein grobes Gefüge der physikalischen Verwitterung bessere Angriffsmöglichkeiten bietet. Aus den gleichen Gründen verwittern stark geschieferte Metamorphite rascher als schwach geschieferte, stark geschichtete Sedimentite leichter als wenig geschichtete, und zwar besonders dann, wenn Schiefer- und Schichtflächen schräg oder steil stehen (s. Kap. II 4).

Bei *Lockergesteinen* sind *Körnung* und *Lagerungsdichte* entscheidend für die Permeabilität. Grobkörnige Sedimente fördern die Perkolation und damit (horizontdifferenzierende) Verlagerungsvorgänge im Profil: das begünstigt die Lösung von Fe- und Mn-Oxiden durch Reduktion und damit die Bildung redoximorpher Merkmale (s. Kap. XXVII 6); in Hanglage fördert es zudem einen (u. U. erosionsfördernden) Oberflächenabfluß. Zum Beispiel kam es im Odenwald bei Böden aus lößhaltigen Sandstein-Fließerden wegen hoher Durchlässigkeit und wenig verwitterbaren Silicaten zu starker Versauerung und Fe- und Al-Verlagerung im Profil (Podsolierung), während bei den Mehrschichtböden aus Löß über Tongestein geringe Durchlässigkeit zum Wasserstau führte[7].

Weist der *Mineralbestand* des Gesteins viele leicht verwitterbare Minerale auf, werden Versauerung und Entbasung und damit die Tiefenentwicklung des Bodens verzögert. Das gilt besonders bei höherem *Carbonatgehalt*, weil Silicate erst dann stärker verwittern, wenn die Carbonate ausgewaschen sind. Die Böden aus Löß der Abb. 181 sind daher tiefgründig entkalkt, diejenigen aus Kalkstein hingegen nicht, weil bei diesen neben der Verwitterungsresistenz eines harten Gesteins auch höhere Carbonatgehalte eine vollständige Auswaschung verhinderten. Andererseits kann auch bei reinen Quarzsanden sowie Quarziten ein sichtbares Fortschreiten der Bodenentwicklung unterbleiben, weil mangels verwitterungsfähiger Fe- und Mn-Minerale keine Zersetzungsprodukte auftreten, die eine Profildifferenzierung ermöglichen.

Lockersedimente hoher Lagerungsdichte begünstigen ebenfalls den Wasserstau. Daher weisen im norddeutschen Tiefland unter gleichen Klimabedingungen Böden aus (durch Eisdruck) dicht lagerndem Geschiebemergel (Rg $1{,}7-1{,}9\,g/cm^3$) häufiger redoximorphe Merkmale auf als Böden aus Löß (Rg $1{,}4-1{,}6$). Auch sekundäre Umlagerung des Lösses hat oft dicht lagernde(n) Schwemmlöß oder Lößfließerden entstehen lassen mit entsprechend starken hydromorphen Merkmalen der daraus entwickelten Böden.

Nicht immer hat sich ein Boden aus dem gleichen Gestein gebildet, das unter seinem Solum ansteht. Häufiger war das Ausgangsmaterial primär geschichtet (z. B. viele Wassersedimente) oder der Boden entwickelte sich aus einer jüngeren Sedimentdecke (z. B. Löß oder Flugsand), die sich stark von den Eigenschaften des Liegenden unterscheiden kann. In Mitteleuropa bilden häufig mehrfach geschichtete Fließerden das Ausgangsmaterial. Bei vielen Mittelgebirgsfließerden ist nur die häufig steinreiche *Basisfolge* allein aus dem Liegenden hervorgegangen, während darüber Schichten folgen, die häufig feinerkörnig sind, weil sie Löß enthalten oder stärker durch Frostsprengung zerteilt wurden (*Haupt*- und *Deckfolge* nach *Wiefel*[8] bzw. *Mittel*- und *Deckschutt* nach *Semmel*[9]). Bei Böden aus solchen Ausgangsgesteinen ist es schwer, zwischen lithogenen und pedogenen Eigenschaften zu unterscheiden und damit die Genese zu rekonstruieren.

3. Schwerkraft und Relief

Alle *Böden* entstehen unter dem Einfluß der *Schwerkraft*, die z. B. das Bodenwasser mit gelösten Stoffen in Grobporen versickern läßt und tiefere Bodenlagen einer Auflast aussetzt.

Das *Relief*, und zwar Höhenlage, Geländeform und Exposition modifiziert die Bodenentwicklung, indem es die Wirkung von Schwerkraft, Klima, Gestein, Wasser, Lebewelt und letztlich auch die des Menschen modifiziert.

In Abhängigkeit von Inklination und Exposition bildet sich ein örtliches *Kleinklima*, das

Tabelle 90 Einfluß der Exposition auf Tongehalt und Horizontmächtigkeit von Parabraunerden aus glazialen Sanden im gemäßigt-humiden Gebiet Südost-Michigans[10]

Exposition	Durchschnittlicher Tongehalt (%) der Horizonte				Mächtigkeit (cm) der Horizonte am Oberhang			Unterhang		
	Ah	Al	Bt	C	Ah	Al	A+B	Ah	Al	A+B
S	3,8	5,7	12,6	2,6	6	34	64	8	56	85
N	2,8	4,6	7,7	2,7	8	57	91	14	52	103

unter Umständen stärkere Auswirkungen auf die Bodenentwicklung haben kann als das Großklima. So sind im allgemeinen auf der nördlichen Halbkugel sowohl die Luft- und Bodentemperaturen als auch die Werte der Lichtintensität und der Verdunstung an den Nordhängen niedriger als an den Südhängen. Auch ist der Wechsel zwischen Gefrieren und Tauen der Böden an Nordhängen weniger häufig als an Südhängen. Dies hat zur Folge, daß die Böden an Nordhängen stärker und tiefer durchfeuchtet und daher oft tiefgründiger sind als die der Südhänge, daß aber gleichzeitig die Verwitterungsintensität geringer ist, da aus den erwähnten Gründen an den Nordhängen die chemischphysikalischen und biologischen Verwitterungsvorgänge langsamer ablaufen als an den Südhängen. Dies geht z. B. aus Profilanalysen (Tab. 90) von Parabraunerden aus glazialen Sanden hervor, die an Nordhängen trotz größerer Horizontmächtigkeit geringere Tongehalte und eine schwächere Tonverlagerung aufweisen als an den Südhängen. Südhänge leiden andererseits oft unter langanhaltender Trockenheit. In derartigen Fällen kann die Bodenentwicklung an den feuchteren Nordhängen weiter fortgeschritten sein als an den Südhängen. Ein Beispiel dafür wird von *Pallmann*[11] aus den Schweizer Alpen beschrieben. Dort haben sich aus Kalkstein an den Süd- und Osthängen schwach entwickelte Rendzinen gebildet, die einen geringmächtigen Ah-Horizont mit pH-Werten zwischen 6,8 und 7,5 besitzen, während an den Nordhängen Tangelrendzinen entstanden, die mächtige humose Auflagehorizonte mit pH-Werten zwischen 4 und 6 aufweisen.

In ebener Lage sind Stofftransporte im Boden überwiegend vertikal orientiert. In Hanglagen werden Stofftransporte begünstigt, die lateral bzw. oberflächenparallel orientiert sind und über die Grenzen des Pedons hinausgehen. Der Bodenkörper kann sich dann unter dem Einfluß der Schwerkraft als Ganzes bewegen, und zwar in kalten Klimaten als Fließerde und in den Subtropen als Gilgai (s. Kap. XXVII 10 a). Häufiger werden hingegen durch abfließendes Oberflächenwasser eine Bodenerosion ausgelöst und/oder durch Hangzugwasser gelöste Stoffe aus Oberhangböden in Unterhang- oder Talböden umgelagert (s. Kap. XXVII 10 b – c).

Tiefgelegene Landschaftspositionen werden in ihrer Entwicklung oft vom Grundwasser beeinflußt (s. Abb. 182 und Kap. XXVI 4).

4. Wasser

Auf die Entwicklung bestimmter Böden wirken neben dem Niederschlagswasser auch Grundwasser oder fließende und stehende Gewässer ein. Die Grenzen zwischen Grundwasser und Bodenwasser sind analog zum Ausgangsgestein fließend, da in der Regel Teile des Grundwasserkörpers oder Gewässerkörpers zum Boden gehören. Sie füllen dabei Hohlräume völlig aus. Ihrem Einfluß wird so große Bedeutung beigemessen, daß man in der deutschen Bodensystematik die Landböden (d. h. grundwasserunabhängigen Böden) von den Grundwasserböden und den Unterwasserböden trennt.

Oberflächennahes Grundwasser modifiziert die Lebewelt, was sich wiederum auf die Zersetzbarkeit der Streu auswirkt. Aus dem Grundwasser wird die Bodenlösung mit Wasser und gelösten Stoffen ergänzt; diese werden teilweise im Boden akkumuliert: in humiden Klimaten vor allem Eisenoxide oder Carbonate, in ariden Klimaten auch Sulfate oder Chloride. Das Grundwasser verdrängt die Bodenluft und induziert damit anaerobe Verhältnisse, die die mikrobielle Zersetzung hemmen, so daß Anmoore (Abb. 182) und Moore entstehen können. Das Grundwasser beeinflußt auch die perkolierende Wasserbewegung im ungesättigten Bodenbereich selbst von Sandböden und verzögert dabei Auswaschungsvorgänge. Ein Grundwassereinfluß äußert sich z. B. bei Podsolen in einer geringeren Verhärtung des Illuvialhorizontes. Statt festen Ortsteins tritt in diesen Podsolen meist eine besonders an organischer Substanz reiche, lockere Orterde auf.

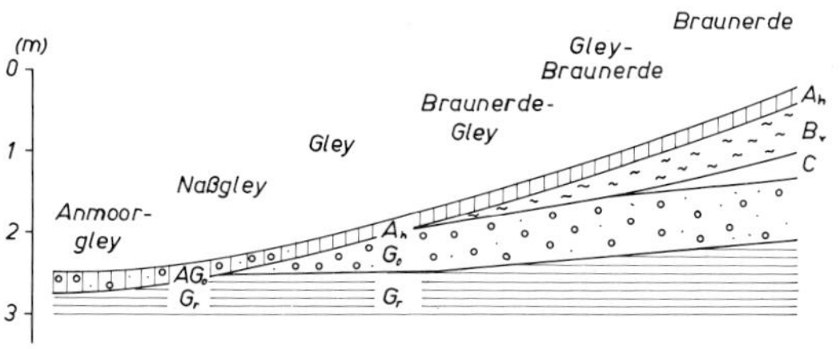

Abb. 182 Bodengesellschaft in Abhängigkeit vom Grundwasser (Schema stark überhöht)

Das Wasser eines Flusses, Sees oder Meeres befindet sich zwischen subhydrischen Böden und Atmosphäre und schirmt jene damit vor dem Einfluß der Atmosphäre weitgehend ab, was z. B. einen ausgeglichenen Wärmehaushalt bewirkt, vor allem aber den Gasaustausch hemmt. Dieses führt zu niedrigen Sauerstoffgehalten, was anaerobe Verhältnisse schafft und den Abbau der organischen Substanz hemmt.

Gewässer überfluten häufig periodisch die Uferböden. Dabei werden gelöste Stoffe zugeführt, an Meeresküsten vor allem NaCl und Mg-Salze, und klastische Sedimente abgelagert oder auch erodiert. Durch diese Vorgänge wird die Bodenentwicklung verzögert und zum Teil auch rückgängig gemacht.

5. Fauna und Flora

Der Boden bildet mit Fauna und Flora ein *Wirkungsgefüge*, ein *Ökosystem*, dessen Entwicklung von den bisher genannten Faktoren als Ganzes beeinflußt wird (s. Kap. XXV). Die Lebewelt ist somit kein selbständiger, unabhängig wirkender Faktor; im folgenden werden daher nur die Wechselwirkungen zwischen ihr und dem Boden behandelt.

Der Einfluß des *Edaphons*, d. h. des im Boden lebenden Anteils von Fauna und Flora wurde bereits in Kapitel IX eingehend besprochen, soll daher nur in seiner profilprägenden Wirkung kurz wiederholt werden.

Für die Bodenentwicklung ist zunächst entscheidend, daß vor allem die Vegetation mit der Streu das organische Ausgangsmaterial eines Bodens liefert, das dann von Tieren und Mikroben in Huminstoffe umgeformt wird. Menge und Zusammensetzung der Streu sind dabei je nach Pflanzengesellschaft verschieden, und zwar in Abhängigkeit von den Klima- und Bodenverhältnissen. So bestehen zwischen der Tundren-, Wüsten- und Steppenvegetation, dem Laub-, Misch- oder Nadelwald in den Eigenschaften ihrer Streu große Unterschiede, was zur Bildung verschiedener Humusformen führen kann. Die Vegetation entzieht dem Boden Wasser und verzögert damit Verlagerungsvorgänge. Gleichzeitig werden Nährstoffe über Wurzelaufnahme und Streurückgabe aus dem Unter- in den Oberboden umgelagert.

Die Vegetationsdecke bildet einen *Schutzmantel* über der Bodenoberfläche. Die Pflanzen mildern den Aufprall der Regentropfen und speichern die Niederschläge zum Teil im Blattwerk (= Interzeption). Auf diese Weise werden das Ausspülen und Verwehen fester Bodenteilchen (Erosion) durch Wasser und Wind sowie der Aggregatzerfall und das Dichtschlämmen der Böden gemildert oder sogar verhindert.

Wurzeln und Mikroben scheiden organische Säuren und Komplexbildner aus, welche Verwitterungs- und Verlagerungsvorgänge stark beeinflussen. Sauerstoffentzug und reduzierende Verhältnisse führen in wassergesättigten Böden zur Lösung und Umlagerung insbesondere von Fe-Verbindungen und damit zu einer besonderen Morphe (s. Vergleyung und Pseudovergleyung, Kap. XXVII 6).

Bodentiere und Mikroben schaffen stabile Aggregate; sie erschweren damit Verlagerungsvorgänge. Wühlende Bodentiere wie Regenwürmer und Nagetiere mischen Bodenmaterial und lagern es um; sie wirken damit abwärts gerichteten Verlagerungsprozessen und einer Horizontdifferenzierung entgegen (s. Bioturbation, Kap. XXVII 9 a).

6. Menschliche Tätigkeit[12–15]

Der Mensch wirkt bei der Bodennutzung einmal direkt durch Kulturmaßnahmen auf Böden ein und hemmt oder beschleunigt dabei die Bodenentwicklung, oder er gibt ihr sogar eine neue Richtung. Außerdem findet ein indirekter Einfluß über Veränderungen des Klimas, Reliefs, Gesteins oder der Vegetation, des Grund- oder Gewässerwassers statt. Die Veränderungen sind dabei teils gewollt und dienen dann in der Regel einer Verbesserung der Ertragsfähigkeit, teils sind sie unbeabsichtigt und haben dann häufiger negative Folgen.

Landwirtschaftliche Nutzung vermag in vielfältiger Weise die Bodenentwicklung zu beeinflussen. Die *Rodung* des in Mitteleuropa natürlichen Waldes und nachfolgender Feldbau vermindert die Transpiration, erhöht damit die Sickerwasserrate, so daß gelöste Stoffe verstärkt ausgewaschen werden können. In Hanglage fließt das Wasser verstärkt oberflächlich ab und lagert dabei Bodenmaterial um. Durch Bodenerosion werden dabei natürliche Böden entweder teilweise zerstört oder gänzlich beseitigt, während anderen Ortes Kolluvien angehäuft werden. In den Tälern führen die Flüsse häufiger Hochwasser, überfluten die Auen und sedimentieren dort Auenlehm. *Ackerbau* zerstört durch *Pflugarbeit* die ursprüngliche Horizontierung, schafft einen künstlichen Ap-Horizont, belüftet den Boden und intensiviert damit den Abbau organischer Substanz. Dies verringert bei vielen Böden beträchtlich die Aggregatstabilität und erhöht die Verschlämmungs- und Erosionsneigung, was als *Degradierung* bezeichnet wird. Durch *Düngung* werden die Nährstoffgehalte der Böden erhöht, durch Kalkung die pH-Werte: damit wird der natürlichen Versauerung entgegengewirkt und Verwitterungsvorgänge werden verlangsamt. Hierdurch werden insbesondere Podsole in ihrer Dynamik stark verändert und erhalten die Dynamik von Braunerden, was als *Regradierung* bezeichnet wird. *Entwässerung* grund- oder staunasser Böden verbessert die Durchlüftung, so daß Pseudovergleyung und Vergleyung gehemmt werden und Grundwasserböden in Landböden überführt werden können.

Auch *Forstnutzung* vermag die Bodenentwicklung zu beeinflussen. So ergibt *Nadelholzaufforstung* schwerer zersetzliche Streu, was das Bodenleben mindert, bei nährstoffarmen Böden die Neigung zur Rohhumusbildung und zur Podsolierung erhöht. Ein Beispiel hierfür ist die Bodenentwicklung auf norddeutschen Dünen- und Geschiebesanden, wo unter natürlichem Laubwald podsolige Braunerden erhalten blieben, während sich unter Fichte schon in der ersten Generation ausgeprägte Podsolierungserscheinungen zeigten. Bei staunassen Böden kann Fichtenmonokultur zur Verdichtung der Oberböden und verstärkten Pseudovergleyung der Unterböden führen[16]. *Forstdüngung* hat demgegenüber eine ähnliche Wirkung wie auf Ackerstandorte und intensiviert vor allem den Humusabbau.

Grundwassererhöhung, Bewässerung und Wasserüberstauung (z. B. bei Reiskulturen) haben bei Böden aller Art oft eine *Vergleyung* zur Folge, die in semiariden bis ariden Gebieten auch mit einer *Versalzung* verbunden sein kann. Die Gewässereutrophierung durch *Abwassereinleitungen* verändert die Entwicklung der Unterwasserböden, bei denen insbesondere die Faulschlammakkumulation stark gefördert wird. Auch die Grundwasserböden im Uferbereich werden durch *Überflutung* und Infiltration vom Flußufer her mit Carbonaten und anderen Salzen angereichert.

Abgase der Industrie, der Fahrzeuge und des Hausbrandes haben in Mitteleuropa zu einer Anreicherung der Atmosphäre mit SO_2 und NO_3 geführt, die als Säuren mit den Niederschlägen in die Böden gelangen und dort die Versauerung intensivieren (s. Kap. XX 11).

An *Straßenrändern* führen Abfälle und carbonathaltiger Staub demgegenüber in der Regel zu einer pH-Erhöhung und Nährstoffzufuhr, wodurch bei sauren Waldböden der Humusabbau gefördert, Verwitterung und Podsolierung hingegen gehemmt werden. Außerdem sind hier die Böden mit Blei der Autoabgase sowie mit Natrium der Streusalze angereichert (Abb. 183).

Über *Großstädten* und *Industrieballungen* wird auch das Klima nachhaltig verändert, und zwar ist dort in der Regel die Aridität höher als in der Umgebung, womit Verlagerungsvorgänge gemildert werden. Gleichzeitig wurde hier neues Ausgangsgestein durch Abgraben freigelegt und durch Aufschüttung geschaffen. Dabei ist zwischen umgelagerten, natürlichen Substraten, die bei der Anlage von Baugruben, Verkehrsstraßen oder beim Gewinnen von Bodenschätzen anfallen, sowie künstlichen Substraten wie Bauschutt, Schlacke, Asche und Müll zu unterscheiden. Auch solche aufgeschütteten oder aufgespülten (z. B. Hafenschlick, Löß) Substrate unterliegen einer Bodenbildung.

Eine vom üblichen stark abweichende Entwicklung vollzieht sich auf *Müll-* und *Faulschlammdeponien*. Deren hoher Anteil an leicht zersetzlichen organischen Stoffen bewirkt intensive Mikrobentätigkeit, damit Sauerstoffverbrauch, reduzierende Verhältnisse, Bildung von Deponiegasen, besonders Methan, und schwarze bis blaugrüne Bodenfarben (vergleichbar den Reduktionshorizonten vieler Grundwasserböden) sowie hohe Bodentemperaturen. Die Aggregatoberflächen der lockeren Oberböden dieser *Methanosole* besitzen gleichzeitig rotbraune Anflüge von Fe-Oxiden. Die Deponiegase gelangen teilweise auch in natürliches Bodenmaterial, das zur Abdekkung benutzt wurde, sowie in benachbarte na-

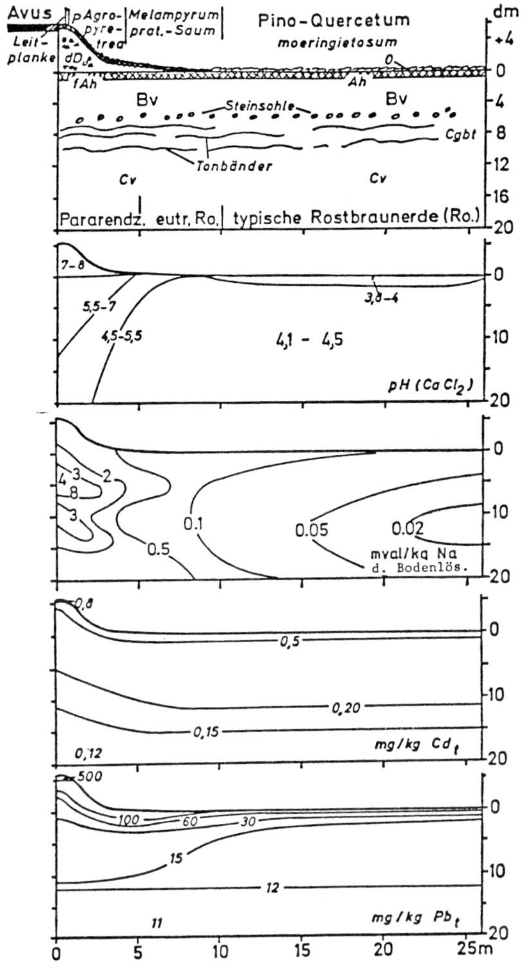

Abb. 183 Änderung von Vegetation, Bodentyp, pH-Wert, Na-Konzentration der Bodenlösung (bezogen auf 1 kg Boden), Cd- und Pb-Gehalte in Abhängigkeit von der Entfernung von einer Autobahn (Avus)[14]

türliche Böden, und induzieren auch dort reduzierende Bedingungen. Auch Böden, die der *Deponie flüssiger Abfälle* dienen, z. B. Rieselfelder, werden besonders nachhaltig verändert: Sie sind zeitweilig Luftmangelstandorte und weisen daher redoximorphe Merkmale auf; außerdem sind sie mit vielen Nähr- und Schadstoffen angereichert, mit anderen hingegen abgereichert (z. B. Mn, Fe).

Völlig neue, *anthropogene Böden* entstehen auch nach Abtorfung von Hochmooren, Tiefumbruch von Podsolen, starker Zufuhr von Kompost, Heideplaggen oder Lehm zu Sandböden, durch tiefes Rigolen, Terrassierung usw. In diesen anthropogenen Böden ist das Gepräge natürlicher Böden so weitgehend verlorengegangen, daß sie als besondere Bodengruppe im Anschluß an die natürlichen Böden besprochen werden.

Literatur

[1] *Jenny, H.* (1980): The soil resource. Springer, New York.

[2] *Wilding, L. P., N. E. Smeck & G. F. Hall* (1985): Pedogenesis and soil taxonomy. Band *I* u. *II*. Elsevier, Amsterdam.

[3] *Jenny, H. & C. O. Leonhard* (1934): Soil Sci. *38*, 363.

[4] *Dan, J.* (1973): Arid-zone soils; in: *B. Yaron* et al.: Arid-zone irrigation. Springer, Berlin.

[5] *Thornthwaite, C. W.* (1931): Geogr. Rev. *21*, 633.

[6] *Fränzle, O.* (1965): Die Erde *96*, 86.

[7] *Blume, H.-P. & E. Szabados* (1974): X. IBG-Kongreß, Moskau *6*, 569.

[8] *Wiefel, H.* (1969): Petermanns geograph. Mitt. *113*, H. 1.

[9] *Semmel, A.* (1964): Notizbl. Hess. Landesamt Bodenforsch. *92*, 275.

[10] *Cooper, A. W.* (1960): Soil Sci. *90*, 109.

[11] *Pallmann, H.* (1942): Schweiz. Landw. Monatsh. *20*, 1.

[12] *Blume, H.-P. & H. Sukopp* (1976): Schriftenr. f. Vegetatk. *10*, 75.

[13] *Kopp, D.* et al. (1982): Naturräumliche Grundlagen der Landnutzung. Akademie-Verlag, Berlin.

[14] *Blume, H.-P.* (Red.) (1981): Typische Böden Berlins. Mitt. Dtsch. Bodenkdl. Ges. *31*.

[15] *Blume, H.-P.* (1987): Die Heimat (Neumünster) *94*, 280 – 288.

[16] *Schlenker, G.* et al. (1969): Mitt. Verein Forstl. Standortsk. *19*, 72.

XXVII. Prozesse der Bodenentwicklung[1-4]

In einem Boden laufen ständig Stoffumwandlungen und Stoffverlagerungen ab, die mit Energieumsetzungen verbunden sind. Umwandlungen und Verlagerungen setzen sich dabei aus zahlreichen, gleichzeitig und nacheinander ablaufenden chemischen, physikalischen und biologischen Einzelvorgängen zusammen, die vor allem durch Klima und Lebewelt induziert werden und in ihrer Gesamtheit die *Bodendynamik* ausmachen.

So lassen sich wiederkehrende Änderungen der Bodentemperatur im Tages- und Jahreslauf beobachten (s. Kap. XVIII), der Bodenfeuchte als Resultierende von Niederschlag und Verdunstung bzw. Versickerung sowie wechselnde Tensionsgradienten im Boden (s. Kap. XVI). Auf- und Abbau von Bodenaggregaten erfolgt durch Schrumpfung bzw. Lebendverbau und Quellung, womit zyklische Verdichtungen und Lockerungen verbunden sind (s. Kap. XV). Auch die Eigenschaften der Bodenlösung (pH, Eh, Ionenarten u. -konzentrationen) ändern sich ständig durch Niederschlag, Wasserbewegung und molekulare Diffusion, Austauschvorgänge mit Mineral-, Humus- und Wurzeloberflächen (s. Kap. X) sowie Organismentätigkeit (s. Kap. IX); gleiches gilt für Menge und Art der organischen Bodenstoffe durch Zersetzung und Humifizierung (s. Kap. VII). Zyklische Stoffumlagerungen erfolgen dabei teils im Boden – z. B. pendeln lösliche Salze in wechseltrokkenen Klimaten zwischen Ober- und Unterboden – teils zwischen Boden und Pflanze, d. h. im Ökosystem (s. Kap. XXV), teils handelt es sich um größerräumige Stoffkreisläufe wie Wasser- und Elementniederschlag verbunden mit Wasser- und Elementsickerung, an denen auch der Mensch beteiligt sein kann – z. B. durch Ernteentzug und Düngung.

Viele dieser Vorgänge sind nun nicht voll reversibel, was dann zu kleinen bleibenden Veränderungen führt, die sich im Laufe der Zeit zu größeren summieren. Soweit daraus charakteristische Bodeneigenschaften bzw. Bodenhorizonte resultieren, spricht man von profilprägenden bzw. *bodenbildenden Prozessen*, die in ihrer Gesamtheit die *Entwicklung* eines Bodens ausmachen.

Art und Intensität der bodenbildenden Prozesse werden durch die jeweiligen Bodenentwicklungsfaktoren bestimmt.

Neue Bodenhorizonte sowie Veränderungen entstehen also durch *Umwandlungs- oder Transformationsprozesse*, wie Verwitterung und Mineralbildung, Zersetzung und Humifizierung sowie Gefügebildung, außerdem durch *Verlagerungs- oder Translokationsprozesse*, bei denen perkolierendes, ascendierendes oder auch lateral ziehendes Wasser zu einer Umverteilung von Stoffen führt. Diesen *horizontbildenden* Prozessen stehen *horizontverwischende* Prozesse bzw. *Turbationen* gegenüber, bei denen durch Wechselfeuchte, periodisches Gefrieren, wühlende Bodentiere oder auch Pflugarbeit des Menschen Material verschiedener Bodentiefen gemischt wird.

Ein Teil der genannten Prozesse, insbesondere die der Stoff-Umwandlung, wurden bereits im Kap. A beschrieben. Aber auch diese sollen nochmals kurz besprochen werden, um ihre Mitwirkung an der Profildifferenzierung aufzuzeigen. Die einzelnen profilprägenden Prozesse dürfen nämlich im Grunde nicht isoliert voneinander betrachtet werden, da sie sich gegenseitig beeinflussen und da erst das vielfältige Wechselspiel zwischen ihnen zur Bildung eines Bodens führt und zur Entwicklung sehr verschiedener Böden geführt hat.

1. Verwitterung und Mineralbildung[5]

An Verwitterung und Mineralbildung sind physikalische, chemische und biologische Prozesse beteiligt (s. Kap. II). Sie führen zu einer Profildifferenzierung, weil sie in den einzelnen Horizonten mit unterschiedlicher Intensität ablaufen und dabei in unterschiedlichem Maße verschiedene neue Minerale entstehen.

Durch *physikalische Verwitterung* (Kap. II 1) wird ein festes Gestein, das man als mC- oder auch R-Lage bezeichnet, in Bruchstücke zerteilt und dabei gelockert. Hierdurch ist ein mCv (bzw. Rv)-Horizont entstanden. Entsprechend werden die Gesteinsbruchstücke und Mineralpartikel eines Lockergesteins, d. h. einer C (bzw. lC)-lage, zerkleinert, womit ein Cv-Horizont gebildet wurde.

Die *chemische Verwitterung* (Kap. II 2) löst Minerale teilweise oder in Gänze auf. Insbesondere in humiden Klimaten ist sie mit der *Auswaschung* gelöster Verwitterungsprodukte sowie mit *Versauerung* (Kap. XII) und *Entbasung* verbunden, die ihrerseits weitere Prozesse der Bodenbildung auslösen, wie z. B. *Tonverlagerung* und *Podsolierung*. Oft ist die Verwitterung mit einer *Mineralbildung* aus den Lösungsprodukten verbunden: es entstehen u. a. Tonminerale und Eisenoxide, was im Unterboden die Bildung eines B-Horizontes bedeutet.

Durchfeuchtung und Temperatur steuern im wesentlichen Art und Geschwindigkeit von Verwitterung und Mineralbildung. Deren Klimaabhängigkeit bedingt typische Formen dieser beiden Prozesse in den verschiedenen Klimazonen der Erde, die im folgenden beschrieben werden.

Um ein quantitatives Maß für den Verwitterungsgrad eines Bodens zu erhalten, vergleicht man den Gehalt eines von der Verwitterung erfaßten Minerals z. B. eines Feldspats mit dem im unverwitterten Ausgangsgestein. Dabei ist zu beachten, daß der Gehalt dieses Minerals nicht nur durch Verwitterung, d. h. *absolut* abnimmt; er kann auch durch Verlust anderer noch leichter verwitterbarer Minerale, z. B. Calcit, *relativ* ansteigen. Um diesen Effekt auszuschalten, bezieht man den Gehalt des verwitterten Minerals auf den eines sehr stabilen Minerals (*Indexmineral*). Der wirkliche Verlust durch Verwitterung gegenüber dem Ausgangsgestein (Verlust = 0) ergibt sich dann aus der Beziehung (Indexmineralmethode n. *Marshall*):

$$1 - \frac{\dfrac{\text{Geh. d. Min. i. Boden}}{\text{Geh. d. Min. i. Ausggst.}}}{\dfrac{\text{Geh. d. Indexmin. i. Boden}}{\text{Geh. d. Indexmin. i. Ausggst.}}}$$

Als Indexmineral eignet sich z. B. Quarz oder noch besser ein sehr verwitterungsresistentes Schwermineral, wie z. B. Zirkon ($ZrSiO_4$).

Will man die Verwitterungsunterschiede einzelner Horizonte eines Bodenprofils bilanzieren, so muß das Indexmineral auch verlagerungsresistent sein, was z. B. für Quarz der Tonfraktion nicht zutrifft.

Stellvertretend für ein Mineral kann auch der Gehalt an einem bestimmten Element herangezogen werden, das in einem solchen Mineral enthalten ist. So kann man z. B. anstelle des Feldspatgehaltes den Ca-Gehalt verwenden und auf den Quarzgehalt beziehen. In gleicher Weise kann die Bestimmung des Indexminerals durch die eines Elements ersetzt werden, das in verwitterungsresistenten Mineralen enthalten ist, wie z. B. Zirkonium im Zirkon. Titan ist weniger geeignet, da es nicht nur in stabilem TiO_2 (Rutil, Anatas) vorkommt sondern auch in weniger stabilen Silicaten (z. B. Biotit) und Oxiden (z. B. Titanomagnetit).

Voraussetzung für die Anwendbarkeit dieser Methoden ist es, daß das Ausgangsgestein entweder im gesamten Profil oder im jeweils betrachteten Profilabschnitt gleichmäßig zusammengesetzt war oder sich sein Ausgangszustand rekonstruieren läßt[13]. Diese *Homogenität* kann durch Bestimmung des Mengenverhältnisses (a) zweier verlagerungs- und verwitterungsresistenter Fraktionen (z. B. Mittel- und Feinsand), (b) eines schwer verwitterbaren Minerals in 2 Fraktionen (z. B. Quarz der Mittel- und Feinsandfraktion) oder (c) zweier schwer verwitterbarer Minerale geprüft werden. Je weniger diese Verhältnisse innerhalb des Profils variieren, desto gleichmäßiger ist das Ausgangsgestein; Sedimente sind meist sehr ungleichmäßig zusammengesetzt und erschweren daher die Bilanzierung der Verwitterung.

a) Kryoklastik[5–8]

Die durch einen Wechsel von Gefrieren und Tauen des Bodenwassers verursachte Frostsprengung oder Kryoklastik (Kap. II 1) ist vor allem in Dauerfrostböden kühler Klimate profilprägend. Durch sie werden die Minerale des Oberbodens um so intensiver zerkleinert, je häufiger Gefrieren und Tauen wechseln, und zwar je nach der Tiefe des sommerlichen Tauens 0,2 – 1,5 m. Sie ist daher in subarktischen bzw. subalpinen Regionen stärker als in arktischen bzw. alpinen; in kühleren Regionen sind besonders Südhänge betroffen, weil hier der vereiste Boden häufiger und tiefer taut, in wärmeren Regionen oft die Nordhänge, wenn ihnen eine wärmeisolierende Vegetationsdecke noch fehlt. Sehr hohe Niederschläge vermindern die Kryoklastik, weil dann eine mächtige Schneedecke Temperaturunterschiede ausgleicht, ebenso wie sehr geringe, weil dann die Böden zu trocken sind.

Viele Gesteine deutscher Mittelgebirgslagen wurden im Spätglazial durch Kryoklastik tiefgründig zerteilt und gelockert.

b) Verbraunung und Verlehmung

Die Verwitterung eisenhaltiger Minerale unter Bildung von Eisenoxiden ist als Merkmal für das Ausmaß der Profildifferenzierung von großer Bedeutung. Die Eisenfreisetzung aus Fe(II)-haltigen Silicaten wie Biotiten, Olivinen, Amphibolen oder Pyroxenen erreicht meist erst nach Entkalkung und Absinken der pH-Werte

Tabelle 91 Intensität der Tonbildung und Tonverlagerung in Böden der Mittleren Breiten (Angaben in kg/m^2)

Bodentyp	Gestein	Landschaft	Gesteins-alter	Ton Bildung	Ton Verlag.	Autoren in Zitat 2
Parabraunerden	Geschiebe-mergel	Holstein,	12000–	34– 70	66–112	*Blume*[9]
Pseudogleye		Seeland	13000	28	44– 64	*Blume*[9]
Parabraunerden	Löß	Niedersachsen	15000	88–117	42– 91	*Meyer*
Parabraunerden	Löß	Bayern	15000	63– 98	35– 51	*Kußmaul*[20]
Andisol	vulk. Asche	Pfalz	11000	72		*Jenny*
Braunerde	Flugsand	Neuseeland	10000	72		*Syers* u.
Braunerde	Flugsand	Neuseeland	3000	18		*Walker*
Podsole	Flugsand	N. Michigan	10000	15– 18		*Franzmeier*
Podsole	Flugsand	N. Michigan	3000	7		u. *Whiteside*

unter 7 ein höheres Ausmaß. Sie führt in gemäßigten und kühlen Klimaten zur Bildung braun gefärbter Eisenoxide, vor allem Goethit, die z. T. an der Oberfläche primärer Minerale angereichert werden. Durch diese *Verbraunung* entsteht aus dem Cv- ein Bv-Horizont. Sie kann bisweilen durch Anhäufung braun gefärbter Huminstoffe oder Auswaschung von $CaCO_3$ und damit Anreicherung lithogener Eisenoxide vorgetäuscht sein. Insbesondere im humosen Oberboden entstehen außerdem durch die Reaktion von Eisen und organischen Säuren metallorganische Komplexe, die (u. a. wegen starker Ca-Belegung) nicht wanderungsfähig sind[1], sondern auch Mineralpartikel umhüllen und feinere Partikel zu Aggregaten verkleben.

Die Verbraunung ist der profilprägende Prozeß vieler Böden der gemäßigten Breiten. Sie wurde aber auch in manchen arktischen und antarktischen Böden beobachtet[4], ggf. erleichtert durch einen kryoklastischen Zerfall eisenhaltiger Silicate.

Die Verbraunung ist mit der Bildung von Ton verknüpft, die als *Verlehmung* bezeichnet wird. Beispiele der Tonbildungsintensität gibt Tab. 91. Tonbildung ist zu unterscheiden von einer relativen Tonanreicherung durch Auswaschung von $CaCO_3$.

Verbraunung und Verlehmung wurden in mitteleuropäischen Böden begünstigt, weil hier während der Eiszeiten eine intensive kryoklastische Verwitterung stattfand. Häufig fällt die heutige Grenze intensiver Verbraunung mit der (aus kryoklastischer und kryoturbater Veränderung erschlossenen) Auftautiefe des periglaziären Permafrostbodens zusammen, woraus manche Autoren schließen, daß auch die Verbraunung bereits im Pleistozän stattfand[10].

Verbraunung und Verlehmung sind mit einer Auswaschung eines Teils der Verwitterungsprodukte verbunden. So verloren Parabraunerden aus Geschiebemergel (Tab. 91) 2–4 kg je m^2 an Kalium; von dem silikatisch gebundenen Eisen wurden 3–6 kg in pedogene Oxide umgeformt, ca. 2 kg hingegen ausgewaschen.

c) Ferrallitisierung und Desilifizierung[1, 3, 5]

Unter den intensiven Verwitterungsbedingungen der feuchten Tropen verarmen die Böden sehr stark an Silizium (*Desilifizierung*), und Eisen und Aluminiumoxide reichern sich neben Kaolinit und Al-Chlorit als stabile Verwitterungsprodukte an. Diesen Prozeß nennt man *Ferrallitisierung*; er ergibt einen Bu-Horizont (Definition s. Kap. XXVIII).

In dem Anfangsstadium tropischer Verwitterung (bzw. im Kontaktbereich zum unverwitterten Gestein) werden Silicate wie Feldspäte und Biotit unter Lockerung der Gesteinsstruktur gelöst, wobei Alkali- und Erdalkaliionen bereits teilweise abgeführt werden. Später werden in durchlässigen Böden auch diese Minerale gelöst, verknüpft mit einer starken Fortfuhr der Lösungsprodukte in der Reihenfolge $Ca > Na > Mg > K > Si$. Gleichzeitig werden Fe-Oxide gebildet, und zwar neben Goethit auch Hämatit (infolge hoher Temperatur und Fehlens von organischer Substanz). Aus basischen Magmatiten entsteht daneben Gibbsit; gleiches gilt für Si-reiche Gesteine bei starker Kieselsäureauswaschung, während sich sonst Kaolinit bildet. Schließlich wird auch Quarz gelöst, so daß von den primären Mineralen nur wenige erhalten bleiben, wie z. B. Zirkon, Turmalin, Anatas und Rutil, und auch Kaolinit wiederum abgebaut werden kann. Dabei treten Massenverluste bis zu 90% auf. Da die äußere Form der primären Minerale oft lange erhalten bleibt, mithin keine Sackung stattfindet, ist die Ferrallitisierung oft mit einer starken Abnahme des Raumgewichtes verbunden.

Die feuchttropische Verwitterung hat im Laufe von Jahrmillionen Tiefen von 40 bis 60 Metern erreicht (mehrere hundert Meter mächtige Verwitterungsdecken sind hingegen wohl auf Umlagerungen zurückzuführen). Dabei blieben häufig einzelne Gesteinsblöcke unverwittert; sie bilden „schwimmende" Wollsackblöcke, die später als Erosionsrückstände die Landoberflächen bedecken. Unter den humiden Klimaverhältnissen sind die tieferen Bodenlagen oft langfristig wassergesättigt. Dadurch wird eine Oxidation freigesetzten silicatischen Eisens verhindert, so daß dieses lateral abgeführt und an Hangkanten akkumuliert wird, oder besonders unter wechselfeuchten Bedingungen der Subtropen kapillar aufsteigt und den Oberboden auch absolut mit Eisen anreichert.

d) Temperatur- und Salzsprengung

In subtropisch-tropischen Wüstenklimaten dominieren Temperaturverwitterung und Salzsprengung (Kap. II 1). In Böden reicht die Gesteins- und Mineralzerkleinerung durch *Wärmesprengung* etwa 50 cm tief. Sie wird durch Salzsprengung ergänzt, die bereits durch nächtliches Tauwasser ausgelöst werden kann und selbst in Kältewüsten beobachtet wurde[6].

2. Bildung von Humusformen[11–14]

Die organische Substanz, die beim Absterben von Tieren und insbesondere von Pflanzen(teilen) sowie in Form tierischer und pflanzlicher Ausscheidungsprodukte auf und in einen Boden gelangt, wird größtenteils mineralisiert. Nur ein kleiner Teil wird in der Regel in Huminstoffe umgewandelt, die über längere Zeit erhalten bleiben. Die Huminstoffe bilden zusammen mit Streuresten den *Humuskörper* eines Bodens. Art und Menge der einen Humuskörper aufbauenden Streu- und Huminstoffe hängen sowohl von der jährlich produzierten Streumenge und Streuzusammensetzung, d. h. im wesentlichen von der Vegetation, als auch von den Lebensbedingungen der verschiedenen Bodenorganismen ab, die die organische Substanz zersetzen, humifizieren und mit der mineralischen Substanz mischen. Entscheidend sind also die Standortverhältnisse, d. h. die Wärme-, Wasser-, Luft- und Nährstoffverhältnisse des Standorts (s. Kap. VII 4).

Der Humuskörper läßt sich morphologisch in *Humushorizonte* gliedern, die sich in der *Humustextur* (Art, Anteil und Beschaffenheit makroskopischer Grundgemengteile des Humus) und dem *Humusgefüge* (Lagerungsart und -dichte der Grundgemengteile) unterscheiden. Die Humushorizonte überlagern einander bzw. Mineralhorizonte durchsetzen diese. Die Gesamtheit aller Humushorizonte ergibt die *Humusform*, deren senkrechter Schnitt das *Humusprofil*.

Nach dem Bildungsmilieu werden terrestrische Humusformen, die unter vorwiegend aeroben Bedingungen, und hydromorphe Formen, die unter zeitweilig bis ständig anaeroben Bedingungen entstehen, unterschieden.

a) Terrestrische Humusformen

Bei den terrestrischen Böden unterscheidet man zwischen den Auflagehorizonten mit über 30 % org. Substanz (den O-Horizonten) und den Humushorizonten im Mineralbodenverband (den Ah-Horizonten). Bei gehemmter Einarbeitung der anfallenden org. Substanz durch Bioturbation umfaßt die Humusauflage vieler Waldstandorte von oben nach unten die folgenden Horizonte:

Die L- oder *Streulage* (auch Förna oder litter-Horizont) besteht aus äußerlich unzersetzten Blättern bzw. Nadeln, Samen(kapseln) und Zweigen von Waldbäumen und Waldbodenpflanzen. Blätter und Nadeln sind teilweise unregelmäßig gefleckt, rissig und etwas angefressen, was bereits an der Pflanze entstanden sein kann. Etwas *Feinhumus* (Huminstoffe und zerkleinerte Streu ohne makroskopisch erkennbare Gewebestrukturen) haftet bisweilen als Tierkot an der Streu.

Der *Fermentationshorizont* (auch Of-, Grobhumus- bzw. Vermoderungshorizont) besteht aus halb zerfallenen Blättern bzw. Nadeln und Kleintierkot. 10 – 70 % des Bodenhumus liegt als Feinhumus vor.

Der *Humifizierungshorizont* (auch Oh-, Feinhumus- bzw. Humusstoff-Horizont) besteht überwiegend aus Feinhumus und nur noch wenig zerkleinerten Streuresten mit erkennbarer Gewebestruktur (weniger als 30 %). Beim Feinhumus wird auch nach Aggregatgröße und Konsistenz zwischen krümeligem *Wurmhumus* (enthält eingeschlossene Mineralkörner), grießigem *Moderhumus* (meist Kot der Gliederfüßer und Enchytraeiden) und schmierigem *Pechhumus* (völlig zerfallene Losung) unterschieden.

Unter diesen Auflagehorizonten folgt der humushaltige, mineralische Oberboden (bzw. Ah-Horizont). In ihm tritt Grobhumus stark zurück bzw. liegt nur in Form toter Wurzel(reste) und Tierleichen vor. Der Feinhumus bildet entweder eigene Aggregate, die von der Sandlükkenfauna als Kotballen abgelegt wurden, vom Regen eingeschlämmt wurden oder von Bodenwühlern mit Mineralkörnern vermischt wurden. In Böden mit höherem Regenwurmbesatz sind die Huminstoffe hingegen mit Mineralpartikeln zu Krümeln vereint.

Schließlich können Huminstoffe zusammen mit Ton (s. Abschnitt 4) oder mit Fe bzw. Al (s. Abschnitt 5) in den Unterboden verlagert worden sein und dort Tonhumus-Tapeten an Aggregatoberflächen bilden oder Mineralkörner umhüllen und miteinander verkitten.

Humusformen stellen nun Kombinationen der geschilderten Humushorizonte dar; die wichtigsten sind Rohhumus, Moder und Mull; sie werden teilweise nach dem bei ihnen dominierenden Humushorizont benannt.

(1) Rohhumus

Die Humusform Rohhumus ist in der Regel durch eine mächtige (5 – 30 cm) Humusauflage gekennzeichnet. Da nahezu keine wühlenden und bodenvermischenden Bodentiere vorkommen und nur wenig eingeschlämmter sowie Wurzel-Humus auftritt, fehlt ein humoser A-Horizont oder tritt stark gegenüber der Auflage zurück.

Häufig wurden Huminstoffe auch in den Unterboden eingewaschen (s. Podsolierung, Abschnitt 5). Die Auflage ist in Fermentations- und Humifizierungshorizont gegliedert. Die Übergänge zwischen den einzelnen Horizonten sind scharf, woraus ebenfalls die geringere Verarbeitung durch wühlende Bodentiere deutlich wird. Huminstoffe liegen als Milben- und Collembolenlosung vor, die von Pilzhyphen durchsetzt ist. Bakterien und vor allem Strahlenpilze sind als Zersetzer kaum vertreten. Der Humuskörper ist dabei durch ein weites C/N-Verhältnis von 30 – 40 und niedrige pH-Werte (3 – 4) gekennzeichnet. Als Huminstoffe treten vor allem Fulvosäuren auf.

Rohhumus bildet sich insbesondere bei extrem nährstoffarmen und grobkörnigen Böden unter einer Vegetationsdecke, die schwer abbaubare und nährstoffarme Streu liefert, wie Heiden (Calluna, Erica, Vaccinium, Rhododendron) oder Koniferen (Picea, Pinus). Dichte, lichtarme Fichten- oder Rotbuchenforsten ohne krautigen Unterwuchs begünstigen eine Rohhumusbildung ebenso wie ein kühlfeuchtes Klima. An besonders trockenen Standorten (auch infolge Streunutzung) liegt der Of-Horizont dem Mineralboden oft wie ein dichter Filz auf, während mächtige Oh-Horizonte vor allem bei feuchten Standorten vertreten sind.

Im Bereich der alpinen Zwergstrauchregion und der subalpinen Wälder tritt auf Carbonatgestein unter dem Einfluß eines kühlfeuchten Klimas als Humusform *Tangelhumus* auf, der durch bis zu 1 m mächtige Humusauflagen gekennzeichnet ist. Auch hier ist eine Gliederung der Auflage in streureichen, sauren Fermentationshorizont und huminstoffreichen Humifizierungshorizont erkennbar. Die Horizontübergänge sind im Gegensatz zum Rohhumus aber weniger scharf. Ein humoser A-Horizont ist in der Regel deutlich ausgeprägt und weist oft sogar Wurmlosung auf.

(2) Moder

Auch beim Moder sind meist alle Auflagehorizonte vorhanden: die Übergänge sind aber unscharf, die Horizonte also miteinander verfilzt, und darunter folgt ein deutlich ausgeprägter humoser Mineralboden.

In der Auflage und im oberen Mineralboden sind koprogene Aggregate, die von Enchyträen und zahlreichen Arthropoden herrühren, als Moderhumus stark vertreten. Ein charakteristischer, etwas aufdringlicher („Moder-“)Geruch ist dem Moder ebenso eigen wie eine gegenüber dem Rohhumus lockere Lagerung der humosen Horizonte. Das C/N-Verhältnis liegt bei 20 und unter den Huminstoffen sind neben Fulvaten auch Humate stärker vertreten. Die pH-Werte liegen über Silicatgesteinen bei 3 – 4, können über Carbonatgesteinen aber > 7 sein.

Moder bildet sich vor allem unter krautarmen Laub- und Nadelwäldern auf relativ nährstoffarmen Gesteinen oder unter kühlfeuchten Klimaverhältnissen.

Auf Silicatgesteinen lassen sich Grobmoder, Feinmoder und Mullartiger Moder unterscheiden. Beim *Grobmoder* sind in der Auflage relativ viel Streurückstände vertreten, beim *Feinmoder* hingegen überwiegend Moderhumus. Beim *Mullartigen Moder* ist die Humusauflage nur geringmächtig und tritt hinter der des Ah-Horizontes zurück. Er tritt auf, wenn die Mischung der Humushorizonte durch Bodentiere intensiver wird.

Auf Carbonatgesteinen sind Rendzinamoder, mullartiger Rendzinamoder und Pechmoder verbreitet. Der *Rendzinamoder*, der vor allem bei flachgründigen, häufig austrocknenden Syrosem-Rendzinen auftritt, besitzt eine Auflage, die ein leicht staubendes, dunkel gefärbtes, lockeres Gemenge aus Hornmilbenkot, zerkleinerten, wenig veränderten Pflanzenresten und einzelnen Mineralpartikeln bildet. Beim *mullartigen* Rendzinamoder wurden dagegen Mineral- und Humuskörper durch größere Bodentiere (Regenwürmer, Engerlinge, Ameisen) vermischt. Der

Pechmoder, der ausschließlich in den feuchtesten Lagen hochalpiner Landschaften auftritt, besitzt bis zu 2 dm mächtige Oh-Horizonte, die überwiegend aus Collembolenlosung hervorgegangen sind und als Pechhumus ein tiefschwarzes Aussehen besitzen.

(3) Mull

Bei der Humusform *Mull* fehlt eine Humusauflage völlig oder verschwindet unter sommergrünen Laubwäldern einige Monate nach dem Streufall, ist also nicht ständig vorhanden.

Im oft mächtigen Ah-Horizont fehlen Streustoffe fast völlig; der Humuskörper besteht vielmehr fast ausschließlich aus braungrauem bis schwarzem, mit Tonmineralen innig verbundenem Feinhumus. Viele wühlende und erdfressende Bodentiere sind vertreten und die Bodenflora setzt sich beim Mull, der einen charakteristischen frischen („Erd-")Geruch besitzt, vorwiegend aus Bakterien und Strahlenpilzen zusammen. Das C/N-Verhältnis des Humuskörpers liegt bei 10 – 15, die Bodenreaktion ist schwach sauer bis alkalisch und Humate bilden die stärkste Stoffgruppe.

Mull *bildet* sich in Böden mit günstigen Wasser- und Luftverhältnissen und relativ hohen Nährstoffgehalten, in denen die Streu rasch abgebaut wird. Er ist an eine Vegetation gebunden, die eine nährstoffreiche, leicht mineralisierbare Streu liefert; Mull bildet sich also bevorzugt unter Steppenvegetation und unter krautreichen Laubwäldern. Auch bei Wiesen- und Ackerstandorten liegt in der Regel Mull vor.

Nach Humusgefüge und -textur des A-Horizontes kann zwischen Wurmmull, Sandmull und Kryptomull unterschieden werden. Beim *Wurmmull* liegt die organische Substanz überwiegend in Regenwurmlosung vor und ist innig mit Mineralkörnern verschiedenster Größe verknüpft. *Sandmull* weist neben koprogenen Aggregaten davon isolierte Sandkörner auf, ist mithin eine Mullform sandiger Substrate, bei denen die Regenwurmtätigkeit wegen grober Körnung in ihrer Leistung zurücktritt. Beim *Kryptomull*, der Humusform vieler tonreicher Böden, liegt innige Tonhumusbindung vor; die Humusgehalte sind aber gering und Wurmlosung ist kaum zu beobachten, weil in den nährstoffreichen, tonreichen und frischen Böden Streu- und Huminstoffe rasch abgebaut werden und Wurmlosung wegen eines ständigen Wechsels von Quellung und Schrumpfung rasch zerfällt.

b) Hydromorphe Humusformen

In nassen Böden hemmt Sauerstoffmangel die Zersetzung und führt damit zur Anreicherung organischer Substanz. Böden, die nur im Winter bis oben vernässen, im Sommer hingegen oben belüftet werden, weisen den Landböden vergleichbare Humusformen auf, die nur durch höhere Humusgehalte gekennzeichnet sind. Sie werden als *Feuchthumusformen* bezeichnet, wobei Feuchtmull, Feuchtmoder und Feuchtrohhumus unterschieden werden.

Ganzjährig hohe Grundwasserstände bewirken besonders bei nährstoffreichen Mineralböden Humusgehalte, die zwischen 15 und 30 % liegen und als Aa (bzw. HA)-Horizonte bezeichnet werden. Fehlt solchen Böden eine Humusauflage, so liegt ein *Anmoor* vor. Beim Anmoor dominieren Huminstoffe, die von Wassertieren und fakultativ anaeroben Mikroben (bes. Strahlenpilze) gebildet wurden. Das Anmoor hat bei mittleren Wassergehalten ein „erdiges" Gefüge, das bei anhaltender Wassersättigung „schlammig" wird. Die humosen Horizonte sind zusammen 2 – 4 dm mächtig und neutral bis schwach sauer.

Bei nährstoffarmen Standorten mit hohem Grundwasserstand tritt die Tiertätigkeit stark zurück, so daß Humusauflagen mit über 30 % organischer Substanz entstehen, die als *Torfe* bezeichnet werden. Gleiches geschieht auch bei nährstoffreicheren Standorten, die längerfristig oder ganzjährig überflutet sind. Hier lassen sich *Niedermoor-*, *Übergangsmoor-* und *Hochmoortorf* unterscheiden, die nach der Art vorherrschender Vegetationsreste weiter untergliedert werden, außerdem Unterwasser-Humusformen wie *Dy*, *Gyttja* und *Sapropel*. Da ihre Eigenschaften auch die wesentlichen Eigenschaften ihrer Böden, der Moore und der Unterwasserböden, darstellen und die Genese dieser Humuskörper gleichbedeutend mit der Genese der Bodentypen ist, sollen sie im einzelnen unter Kap. XXX dargestellt werden.

3. Gefügebildung

Die Gefügebildung, d. h. die räumliche Anordnung der Mineralpartikel und organischen Stoffe und deren Verknüpfung zu Aggregaten, die bereits in Kap. XV behandelt wurde, ist ebenfalls wesentlich an der Differenzierung eines Bodens in Horizonte beteiligt.

In Böden aus *Tongesteinen* wird das häufig schichtige Gesteinsgefüge durch Wasseraufnahme und damit Quellung in ein *Kohärentgefüge* überführt. Aus diesem sondern sich bei Trockenheit durch Schrumpfung Aggregate ab, und zwar im Unterboden, der seltener und langsamer austrocknet, oft grobe *Prismen*, weiter oben hingegen kleinere *Polyeder*. Größe und Form der Aggregate hängen aber auch vom Tonmineralbestand und vom Ionenbelag ab: in Alkaliböden entstehen z. B. *Säulen*. Durchfeuchtung ergibt anfangs wieder ein Kohärentgefüge; später schließen die Klüfte nicht mehr voll, u. a. bedingt durch eine Einregelung der Blattsilicate an den Aggregatoberflächen, so daß die Aggregate zwar quellen, die Form aber erhalten bleibt. Auch im Inneren der Aggregate werden die Tonminerale teilweise eingeregelt; diese Bereiche reagieren bei mikroskopischer Betrachtung im Dünnschliff optisch wie größere Einzelminerale, zeigen also Anisotropie und werden dann als *septisches Gefügeplasma* bezeichnet[15]. Im belebten Oberboden produzieren Bodentiere Kotballen, die bei Durchfeuchtung nur unvollkommen zerfallen, so daß spätere Trockenheit ein unvollkommenes Absonderungsgefüge mit rauhen Aggregatoberflächen, d. h. *Subpolyeder* entstehen läßt. In humus- und nährstoffreichen und damit stark belebten Oberböden bildet sich sogar ein *Krümelgefüge*, das auch bei Wechselfeuchte stabil und damit erhalten bleibt. Somit ergibt sich bei tonreichen Böden oft ein deutlicher Wechsel der Gefügeform mit zunehmender Bodentiefe.

Sandreiche Böden weisen allgemein ein *Einzelkorngefüge* auf. Dieses wird im humosen Oberboden durch eingelagerten Gliederfüßler- und Enchyträenkot in ein *Feinkoagulatgefüge* umgewandelt. Auch im Unterboden können Feinkoagulate auftreten, wenn die wenigen Tonpartikel zwischen den Sandkörnern zu Mikroaggregaten koagulierten. Ein *Krümelgefüge* bildet sich im humosen A-Horizont nur dann, wenn Feinsand dominiert und auch sonst günstige Lebensbedingungen für Regenwürmer vorliegen. In *lehmigen* Böden treten Tiefenfunktionen des Bodengefüges auf, die meist Übergangsformen der vorgenannten darstellen.

Gefügebesonderheiten wie Konkretionen, Krusten oder Beläge sind meist Folge bestimmter Verlagerungsprozesse und werden daher dort behandelt.

4. Tonverlagerung[3, 16, 17]

Als *Tonverlagerung*, *Lessivierung* oder auch *Illimerisation* in Böden wird die Abwärtsverlagerung von Bestandteilen der Tonfraktion im festen Zustand bezeichnet. Beteiligt sind vor allem Bestandteile der Feintonfraktion ($<0{,}2\,\mu m$) wie Tonminerale, feinkörnige Fe-, Al- und Si-Oxide sowie mit Mineralteilchen verbundene Huminstoffe, kaum dagegen die in der Regel gröberkörnigen Feldspäte, Glimmer und Quarze. Die verlagerten Tonminerale können dabei lithogen sein, bei der Silicatverwitterung entstanden oder auch als Aerosole aus der Atmosphäre in den Boden gelangt sein[18].

Bei der Tonverlagerung verarmen die oberen Horizonte an Ton, während die unteren hiermit angereichert werden. Andererseits kann ein Tonmaximum im Unterboden auch andere Ursachen haben, wie Schichtung (primäre Gesteinsunterschiede oder spätere Übersandung), Tonbildung, bevorzugte Aufwärtsverlagerung gröberer Korngrößenfraktionen (charakteristisch für manche Vertisole).

Die Tonverlagerung besteht wie jede Verlagerung aus drei Teilprozessen: der Dispergierung, dem Transport und der Ablagerung der Tonteilchen. Der Prozeß einer *Dispergierung* ist notwendig, weil die Tonteilchen meist zu Aggregaten vereinigt sind, diese daher zunächst in die Primärteilchen zerlegt werden müssen, um eine Verlagerung zu ermöglichen. Die Dispergierung wird durch folgende Faktoren beeinflußt:

(1) Salzkonzentration der Bodenlösung

Eine niedrige Konzentration erhöht die Dicke der elektrischen Doppelschicht (s. Abb. 47), und damit auch die Dicke des ein Tonteilchen umgebenden Wassermantels und die hydrophilen Eigenschaften. Die Salzkonzentration sinkt mit steigender Durchfeuchtung, besonders während der Schneeschmelze (elektrolytarmes Wasser) oder bei Starkregen und dann, wenn der Oberboden keine leichtlöslichen Salze wie Chloride, Sulfate oder feinkörnige Erdalkalicarbonate mehr enthält. Die Tonverlagerung setzt also eine weitgehende Entsalzung und Entkalkung des Oberbodens voraus.

(2) Kationenbelag

Während Tonminerale hoher Na-Sättigung (typisch für Solonetze) leicht verlagert werden, ist dies bei hoher Ca-Sättigung ($pH > 7$) nicht der Fall. Mit abnehmender Ca-Sättigung steigt die Dispergierungsneigung. Sie verringert sich erst wieder im stark sauren Bereich ($pH < 5$), weil dann austauschbare und freie Al-Ionen auftreten, die stark koagulierend wirken.

(3) Art der Tonminerale

Stark quellfähige Tonminerale wie Smectite werden leichter dispergiert als andere. Daher kann die Dispergierungsneigung sinken, wenn die Quellfähigkeit aufweitbarer Dreischichtminerale durch Einlagerung von Hydroxo-Al-Polymeren herabgesetzt wird.

Für den *Transport* der Tonteilchen ist schnell bewegliches Sickerwasser erforderlich. Ton wird im Gegensatz zu gelösten Stoffen nur in *Grob-* und *Mittelporen* über größere Strecken transportiert, nicht dagegen in Feinporen, weil die Tonteilchen zu groß und den Oberflächenkräften der Porenwandungen zu stark ausgesetzt sind. In feinkörnigen Böden erfolgt der Transport überwiegend in Schrumpfungsrissen. Da diese verstärkt während längerer Trokkenperioden auftreten, erfolgt die Tonverlagerung in Klimaten mit ausgeprägter *Wechselfeuchte* stärker als in Gebieten mit hohen, aber gleichmäßig verteilten Niederschlägen.

Zu einer *Ablagerung* der Tonteilchen kommt es dort, wo einer oder einige der Faktoren nicht mehr wirksam sind, die eine Dispergierung oder einen Transport fördern. Hierbei bestehen folgende Möglichkeiten: (a) Die Sekundärporen enden nach unten blind, weil Organismentätigkeit und Austrocknung nur bis in eine bestimmte Tiefe wirksam sind und das Sickerwasser in einer bestimmten Tiefe gestaut wird. In feinkörnigen Böden dringt es seitlich in die feinporigen Aggregate ein, wobei die Tonteilchen „abfiltriert" werden und sich an den Porenwandungen niederschlagen. In *grobkörnigen* Böden erfolgt dagegen die Ablagerung der Tonteilchen oft an sedimentär bedingten dichteren Schichten. (b) Die Tonteilchen werden bei erhöhter Salzkonzentration oder Ca-Sättigung ausgeflockt, vor allem in einem carbonathaltigen Unterboden. Auf den Carbonat-Einfluß ist es auch zurückzuführen, daß die Tonverlagerung mit zunehmender Entkalkung im Profil nach unten fortschreitet. Der Ton flockt aber auch dann aus, wenn seine Konzentration in der Bodenlösung ansteigt[19], was z. B. durch Wasserentzug der Pflanzen bewirkt werden kann. (c) Eingeschlossene Luft kann nach *B. Meyer* die Sickerwasserfront zum Stillstand bringen und in Sandböden zur Bildung von Tonbändern führen.

Die an den Leitbahnen abgelagerten blättchenförmigen Minerale ordnen sich in der Regel parallel ihrer Basisfläche. Die *Cutane* lassen daher bei mikroskopischer Untersuchung eine feine Schichtung erkennen (Abb. 184). Allerdings sind nicht alle Tonbeläge auf den Oberflächen der Aggregate als Zeichen einer Tonwanderung zu deuten; sie können auch durch Einregelung bei mechanischer Beanspruchung von Aggregaten (Quellung, Schrumpfung, Sicherung, Pressung) entstehen.

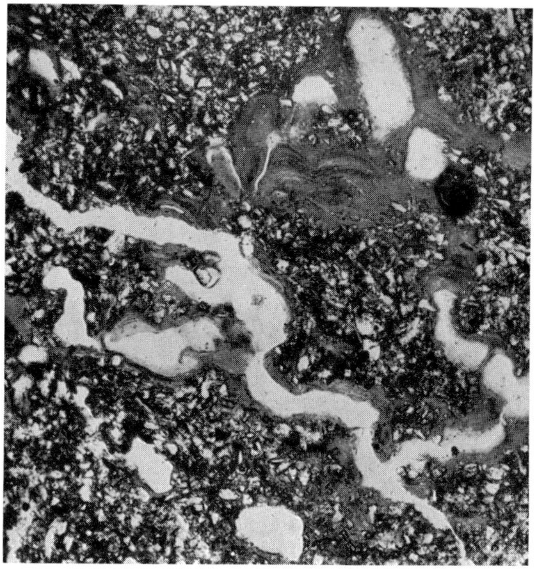

Abb. 184 Bodendünnschliff des Bt-Horizonts einer Parabraunerde. In den groben Poren geschichtete Lagerungen eingewaschener Tonsubstanz. Vergr. 47 : 1 (Aufn. *H.-J. Altemüller*)

Es kann eine beträchtliche Tonmenge verlagert werden. So wurden bei Böden aus Würm-Löß und Würm-Geschiebemergel seit Beginn intensiver Bodenentwicklung vor etwa 12 000 Jahren 40 bis 110 kg Ton je m^2 verlagert (s. Tab. 91). Allerdings erfolgt die Tonverlagerung nicht mit gleichbleibender Intensität. Bei Böden aus carbonathaltigen Gesteinen setzt die Verlagerung ein, sobald der Oberboden entkalkt ist und kommt dann wieder zum Stillstand, wenn, wie oben gesagt, infolge starker Versauerung der Böden Aluminium in größeren Mengen freigesetzt wird. Je länger ein Boden in einem pH-Bereich von 6,5 – 5,0 verbleibt, um so mehr Ton kann verlagert werden. Manche Böden aus carbonatfreien Gesteinen versauern häufig so rasch, daß es zu keiner nennenswerten Tonverlagerung kommt, sondern Oligotrophe Braunerden entstehen. Andererseits beruht die stärkere Tonverlagerung bei Böden mit mediterranem Klima darauf, daß sie infolge der geringeren Niederschläge und der temperaturbedingt höheren Evapotranspiration langsamer versauern und das Klima wechselfeucht ist.

Die Tonverlagerung ist der profilprägende Prozeß der Parabraunerden (bzw. Luvisole,

Podzoluvisole) sowie der Acrisole warmer Klimate und führt in ihnen zur Bildung eines fahlen Eluvialhorizontes (Al-Horizont) über einem kräftig gefärbten Illuvialhorizont (Bt-Horizont). Aber auch in vielen anderen Böden nahezu aller Klimate hat Tonverlagerung stattgefunden: sie ist z. B. für Tonbänder vieler Niederungs- und Mittelgebirgs-Braunerden Deutschlands verantwortlich oder an der Entstehung der für Solonetze typischen Säulenhorizonte beteiligt.

Die Tonverlagerung führt zu Einlagerungsverdichtungen in Unterböden. Diese können periodisch Wasserstau hervorrufen, zur Pseudovergleyung führen und für die Pflanzen Sauerstoffmangel bedeuten. Die tonverarmten Oberböden verschlämmen bei starker Durchfeuchtung demgegenüber leichter und werden in Hanglage verstärkt erodiert. Ökologisch bedeutet Tonverlagerung auch Umverteilung von Nährstoffen und Austauschkapazität im Wurzelraum[20].

5. Podsolierung[3, 21–24]

Podsolierung ist die abwärts gerichtete Umlagerung gelöster organischer Stoffe, oft zusammen mit Aluminium und Eisen. Die Verlagerung findet bei stark saurer Reaktion statt, weil dann Nährstoffmangel den mikrobiellen Abbau der organischen Komplexbildner hemmt. Auch ein kühlfeuchtes Klima hemmt die Organismentätigkeit und kann damit die Podsolierung fördern.

An *organischen Stoffen* werden vorwiegend niedermolekulare Verbindungen (Polyphenole, Polysaccharide, Carbonsäuren u. a.) der Kronentraufe, der wenig zersetzten Pflanzenstreu und der Wurzelausscheidungen verlagert, außerdem *wasserlösliche* niedermolekulare *Huminstoffe* (z. B. Fulvosäuren), die aus der Humusauflage ausgewaschen werden. Diese Verbindungen bilden mit Al- und Fe-Ionen der Silicatverwitterung und/oder denen, die zuvor von der Vegetation aufgenommen worden waren, metallorganische Komplexe (z. B. Chelate).

In Laborversuchen zeigten Extrakte aus frisch gefallenen Blättern von Laubbäumen ein höheres Lösungsvermögen von Al- und Fe-Oxiden als Extrakte unzersetzter Nadeln verschiedener Koniferen. Die Podsolierung findet dennoch vorwiegend unter Nadelbäumen und Heidevegetation statt, weil deren Streu nährstoffärmer und schwer zersetzbar ist. Im Gegensatz zur *Verbraunung*, bei der höhere Fe- und Ca- bzw. Al-Gehalte vor allem lehmiger und toniger Böden eine rasche Immobilisierung der organischen Substanz bewirken, bleiben bei der Podsolierung stärker verarmter sandiger Böden mit geringen Metallgehalten die Komplexe wasserlöslich bestehen und damit verlagerbar.

Bloomfield nimmt an, daß Eisen zunächst reduziert und in 2wertiger Form komplex gebunden und verlagert wird. Podsolierte Böden sind zwar meist durchlässig, so daß niedrige Eh-Werte nur selten und kurzfristig auftreten. Bei pH-Werten zwischen 3 und 3,5 wird Fe^{3+} aber bereits unterhalb 500 – 400 mV (vgl. Abb. 69), die auch in durchlässigen Böden nicht selten sind, reduziert.

Schließlich wird auch eine Verlagerung von Al- und Fe-Oxidsolen diskutiert, die durch Kieselsäure mobil gehalten werden sollen[21], bzw. von Hydroxy-Al-Orthosilicat-Komplexen (= Proto-Imogolit)[25].

Im Unterboden werden die umgelagerten Stoffe angereichert. Die *Wiederausfällung* hat verschiedene Ursachen. Die metallorganischen Komplexe können ausflocken, wenn bei der Wanderung weitere Al- oder Fe-Ionen gebunden werden, weil die Löslichkeit mit steigendem Metall : Kohlenstoff-Verhältnis abnimmt. Ein wesentlicher Faktor scheint – wenigstens im Initialstadium der Podsolierung – ein höherer pH-Wert und damit auch eine höhere Ca-Sättigung im Unterboden zu sein, weil das (a) den Zerfall der metallorganischen Komplexe begünstigen könnte, (b) zu einer Flockung der metallorganischen Komplexe führen könnte und/oder (c) eine Polymerisation der niedermolekularen, organischen Säuren begünstigen könnte, womit deren Löslichkeit sinken würde.

Bei einer Umlagerung komplexierter Fe^{2+}-Ionen dürfte auch Oxidation eine Rolle spielen, wodurch ein Zerfall der Komplexe begünstigt wird. In durchlässigen Böden sind Eh-Werte nämlich unten wegen dort geringerer Mikrobentätigkeit höher. Außerdem verschiebt bereits ein um 0,5-l Einheit höherer pH-Wert, der in podsolierten Böden meist zwischen A- und B-Horizont zu beobachten ist, die $Fe^{2+} - Fe^{3+}$-Stabilitätsgrenze um 100 – 200 mV in Richtung niedrigerer Redoxpotentiale.

Weiterhin können an bereits gefällten Al- und Fe-Oxiden organische Metallkomplexe sorbiert werden, so daß ein schon gebildeter Anreicherungshorizont selbst als Filter wirkt. Begünstigt wird eine Fällung schließlich auch durch verminderte Wasserleitfähigkeit eines etwas tonreicheren Unterbodens.

Die verlagerten Stoffe trennen sich z. T. in den Illuvialhorizonten. Im obersten Subhorizont sind meist organische Stoffe am stärksten angereichert, in den tiefer liegenden Subhorizonten Fe- und Al-Oxide. Manchmal ist in diesen Subhorizonten auch eine Abnahme des Fe/Al-Verhältnisses nach unten festzustellen. Diese unterschiedliche Verteilung der angereicherten Stoffe wurde von *S. Mattson* mit dem unterschiedlichen isoelektrischen Punkt der verschiedenen Kolloide erklärt. Sie ergibt sich aber auch aus anderen Wechselwirkungen chemischer und biologischer Natur, denen die in Verlagerung begriffenen Stoffe im B-Horizont unterliegen. So kann z. B. die Fe – Al-Differenzierung auf Löslichkeitsunterschiede ihrer Oxide zurückgeführt werden, auf Grund derer die Ausfällung von Eisen(III)oxiden bei niedrigerem pH erfolgt als die von Al-Hydroxiden.

Die im Unterboden angereicherten Stoffe verlieren nach häufigem Austrocknen ihre Wanderungsfähigkeit und werden *stabilisiert*. Die organischen Stoffe wandeln sich – eventuell unter katalytischem Einfluß von Fe-Oxiden – in stärker polymerisierte Verbindungen um, und zwar teilweise in Al- und Fe-Fulvate bzw. -Humate. Die Al- und Fe-Oxide gehen allmählich in kristallisierte Formen über, allerdings nur in Subhorizonten, die praktisch frei von organischer Substanz sind. Die verlagerten Stoffe umhüllen häufig Mineralpartikel und verkleben diese miteinander. Dickere *Hüllen* reißen allerdings infolge häufigen Austrocknens, lösen sich und bilden dann oft Mikroaggregate in den Zwischenräumen von Böden mit Einzelkorngefüge.

Podsolierung bewirkt oft zunächst nur den Abbau metallorganischer und oxidischer Hüllen und damit Bleichung der Mineralkörner im Oberboden (= „Kornpodsoligkeit"), wobei Eisen in benachbarten Humusaggregaten und damit im Aeh-Horizont verbleibt, Aluminium und vor allem Mangan aber bereits in den B-Horizont verlagert sein kann. Stärkere Podsolierung läßt dann einen gebleichten Eluvialhorizont (*Ae-Horizont*) über einem braunschwarzen Orterde- oder (verhärtetem) Ortstein-Illuvialhorizont entstehen, der humusreich ist (*Bh-Horizont*) und/oder relativ viel Eisen enthält (*Bs-Horizont*). Podsolierung führt zur Verlagerung von Nährstoffen im Wurzelraum wie Cu, Fe, Mn, Mo und P.

6. Redoximorphose[26–29]

Redoximorphose ist die Bildung redoximorpher Merkmale, zu der es bei Sauerstoffmangel kommt. O_2-Mangel und reduzierende Bedingungen (s. Kap. XIII) werden in Böden durch O_2-verbrauchende Organismen verursacht.

In der Regel begünstigt eine Wassersättigung den Sauerstoffmangel (weshalb man auch von *Hydromorphierung* spricht). Aber selbst in nicht-wassergesättigten Böden kann Sauerstoffmangel auftreten, z. B. infolge O_2-Verdrängung durch CO_2- bzw. CH_4-Gas über vulkanischen Mofetten bzw. schadhaften Gasleitungen oder infolge starken, mikrobiellen O_2-Verbrauchs (z. B. in, auf und neben Deponien von Müll bzw. Klärschlamm mit viel leicht zersetzbarer org. Substanz).

Ständig sauerstofffreie Bodenhorizonte (dann rH-Werte <12) sind durch Eisensulfide (vor allem FeS) oft schwarz gefärbt, oder an Eisen und Mangan verarmt und dann weiß gebleicht (bzw. durch Schwefel hellgelb gefärbt); gleichzeitig ist die Bodenluft CO_2-reich und kann auch Methan und Spuren von H_2S enthalten. Im sauerstoffarmen Milieu (rH-Werte 12 – 19) sind in der Bodenlösung freie Fe^{2+}- und Mn^{2+}-Ionen nachweisbar; auch können Böden durch Siderit ($Fe^{II}CO_3$) bzw. Vivianit [$Fe_3^{II}(PO_4)_2 \cdot 8\,H_2O$, färbt sich an der Luft blau] grau oder durch Fe(II,III)-Hydroxide grün bis blau (Grüner Rost) gefärbt sein. Merkmale, die für rH-Werte <19 typisch sind, werden auch als *reduktomorph* bezeichnet (und bei der Horizontansprache mit dem Symbol r signiert).

Zeitweilig luftarme Böden bzw. Horizonte sind durch Rostflecken und/oder Konkretionen aus Fe(III)- und Mn(III, IV)-Oxiden neben Bleichzonen gekennzeichnet. In Bodenhorizonten mit *hoher* Wasser- und Luft*leitfähigkeit* bilden sich dabei vornehmlich schwarz- bis rostbraune *Konkretionen*, die wenige mm bis mehrere cm groß sein können oder (bei Gleyen) auch aus durchgehend verfestigten Anreicherungshorizonten, sogenanntem *Raseneisenstein*, bestehen können.

In Horizonten mit *geringer* Leitfähigkeit entstehen hingegen vornehmlich Rostflecken, in denen weniger Oxide feiner und weiträumiger verteilt vorliegen.

Der Unterschied kommt wahrscheinlich dadurch zustande, daß die gelösten Stoffe bei hoher Leitfähigkeit sehr rasch zum Orte hohen O_2-Partialdrucks diffundieren oder daß bei Austrocknung der Luftsauerstoff rasch zum

Fe^{2+} und Mn^{2+} gelangt und sie oxidiert. Bei geringer Leitfähigkeit kommen Fe^{2+}- und Mn^{2+}-Ionen hingegen nur zögernd mit Sauerstoff in Kontakt, so daß sie teilweise weiter diffundieren und die Fällungsprodukte sich dann auf einen größeren Bereich verteilen.

An diesen Vorgängen der Redoximorphose nimmt Al im Gegensatz zur Podsolierung nicht direkt teil, da es in Böden nicht reduziert werden kann. Hingegen enthalten die Rostflecken und insbesondere die Konkretionen neben Fe und Mn auch größere Mengen an *Nährstoffen* wie P, Mo und Co. *Tonminerale* werden bei anhaltender Nässe peptisiert, eingeregelt und zeigen dann ein sepisches Plasma (Doppelbrechung bei polarisationsmikroskopischer Betrachtung). Zu einer Verlagerung der Tonminerale und Konzentrierung in Rostflecken kommt es hingegen nicht.

Die Fe/Mn-Konzentrierungen treten extrovertiert oder introvertiert auf. Als *extrovertiert* (engl. exped) bezeichnet man rotbraune (dann meist Ferrihydrit) bis schwarze (dann auch Mn-Oxide) Beläge auf Aggregatoberflächen (sowie Wurzeloberflächen von Sumpfpflanzen) und Umkleidungen größerer Hohlräume (z. B. Wurzelröhren, Tiergänge) (und signiert sie bei der Horizontansprache mit dem Symbol o). Als *introvertiert* (engl. inped) bezeichnet man gelbbraune (dann viel Goethit), orangefarbene (dann viel Lepidokrokit), bis braunschwarze (dann auch Mn-Oxide) Konzentrierungen im Inneren von Aggregaten in Form von Flecken oder Konkretionen (und signiert sie mit dem Symbol S, z. T. auch g).

Viele Grundwasserböden (Gleye, Marschböden, Solonchake) besitzen einen ständig nassen, reduktomorphen Unterboden (Gr-Horizont), der von einem (zeitweilig) belüfteten Oberboden mit extrovertierten Fe/Mn-Oxiden, (Go) überlagert wird. Bei dieser *Vergleyung* werden Fe- und Mn-Oxide im Gr reduziert (teilweise auch mit dem Grundwasser aus benachbarten Böden zugeführt). Die gebildeten Fe- und Mn-Ionen wandern in feineren Poren einem Tensions- oder Oxidationsgradienten folgend durch Massenfluß oder Diffusion mit oder in dem Wasser in die oberen, wasserungesättigten Bereiche des Bodens. Sie werden dann in der Nähe der mit Luft gefüllten Grobporen oder sogar in diesen Poren selbst oxidiert und als Oxide gefällt.

Eine ähnliche Morphe mit O_2-freiem, reduktomorphem Cr-Horizont unter O_2-haltigem extrovertiert redoximorphem Oberboden weisen Böden über Mofetten, schadhaften Gasleitungen bzw. Deponien (s. o.) auf. Gleiches gilt für Horizonte, die durch Pflugarbeit stark verdichtet sind und dort leicht zersetzbare org. Substanz enthalten (z. B. Rübenblatt).

Viele Stauwasserböden (engl. Stagnosole) zeigen hingegen introvertierte Fe/Mn-Anreicherungen. Bei dieser *Pseudovergleyung* (engl. stagnization) bewirkt Wasserüberschuß (z. B. nach länger anhaltendem Regen) zunächst vor allem eine Wasserfüllung und Reduktion der bevorzugt durchwurzelten Grobporen (z. B. den Aggregat-Zwischenräumen). Daher werden die Mn- und Fe-Oxide der Porenränder reduziert gelöst und die Ionen diffundieren (mit dem Wasserstrom oder einem Redoxgradienten folgend) in das Innere der Aggregate. Erneute Oxidation und Fällung kann dann durch eingeschlossenen Sauerstoff des Aggregatinnern erfolgen. Außerdem werden bei nachfolgender Austrocknung die Grobporen als erste entwässert. Dann dringt Sauerstoff von diesen Poren aus in die Aggregate ein und oxidiert die Fe^{2+}- und Mn^{2+}-Ionen. Bei diesem Prozeß entstehen also Rostflecken und Konkretionen bevorzugt im Aggregatinnern. Die Rostflecken durchsetzen dabei die Bodenmatrix, so daß selbst Konkretionen in der Regel zu über 80 % aus eingeschlossenen Silicaten bestehen.

Änderungen der Redoxverhältnisse im Boden sind oft mit pH-Änderungen verbunden (s. Kap. XIII). Nach *Brinkmann*[30] kann das in wechselfeuchten Böden zu verstärkter Entbasung und Tonzerstörung führen. Diese sogenannte *Ferrolyse* besteht in einer Verdrängung sorbierter Kationen durch Fe(II)-Ionen unter reduzierenden Bedingungen *und* Tonzerstörung durch H-Ionen, die bei der erneuten Oxidation des Eisens entstehen. Bei Reisböden, die besonders häufig wechselnden Redoxverhältnissen unterliegen (s. Kap. XXXI 12), soll Ferrolyse die Ursache tonarmer Oberböden sein, worüber aber auch andere Auffassungen bestehen[31]. In deutschen Böden wurde eine Silicatverwitterung durch zeitweiligen Wasserstau eher verzögert[26].

Durch Vergleyung werden Nährstoffe im Go-Horizont angereichert (allerdings z. T. in schlecht verfügbarer Form, z. B. P und Mo im Raseneisenstein), während die Pseudovergleyung nur zu einer Umverteilung der Nährstoffe innerhalb einzelner Horizonte führt, die sich bevorzugt im Inneren der Aggregate und damit im wurzelferneren Bereich akkumulieren.

7. Carbonatisierung[32–35]

Carbonatisierung (engl. calcification) ist die Bildung und Anreicherung von $CaCO_3$ im Boden. Die sekundären Carbonate können dabei die Matrix feinverteilt durchsetzen, an Aggregatoberflächen weiße Beläge (sog. Pseudomycelien) bilden oder als Konkretionen oder harte Bänke vorliegen, oder Krusten an der Bodenoberfläche bilden. Eine sekundäre $CaCO_3$-Bildung erfolgt, wenn die Konzentration der Bodenlösung an Ca-Hydrogencarbonat durch Wasserentzug steigt oder wenn der CO_2-Partialdruck der Bodenluft sinkt, weil CO_2 in gröbere Poren bzw. die Atmosphäre entweicht. Ein Horizont mit sekundärer Kalkanreicherung wird mit dem Symbol **c** signiert. In der Regel liegt Sekundärkalk als Calcit oder Aragonit vor. Dolomit wurde nur bei Einwirken sehr Mg-reichen Wassers beobachtet.

Eine geringe Carbonatanreicherung fördert die Bildung eines lockeren, verschlämmungsresistenten Aggregatgefüges. Bei stärkerer Kalkanreicherung (in kiesig-steinigen Böden ab ca. 15, in feinerkörnigen Böden ab ca. 40%) liegt hingegen ein festes Kittgefüge vor; ein derart verfestigter Horizont wird als *Calcrete* bzw. *Caliche* bezeichnet (beim besonders harten *Duripan* ist die Verfestigung meist zusätzlich auf polymerisierte Kieselsäure zurückzuführen).

Genetisch ist zwischen Tagwasser-, Grundwasser-, Hangwasser- und Unterwasser-Carbonatisierung zu unterscheiden.

Die *Tagwasser-Carbonatisierung* tritt in Landböden auf. In sehr feuchten Klimaten werden die bei der Verwitterung carbonathaltiger Gesteine gebildeten Hydrogencarbonate in der Regel vollständig ausgewaschen, in trockeneren, wechselfeuchten Klimaten hingegen teilweise in tieferen Horizonten wieder als $CaCO_3$ angereichert, dessen Ca z. T. auch der Silicatverwitterung oder den Niederschlägen entstammt.

Der $CaCO_3$-Anreicherung folgen dann nach unten Gips- und schließlich Salzanreicherung (s. Abschnitt 8).

In durchlässigen Böden, in denen die ungesättigte Wasserbewegung überwiegt, werden Carbonate in Fein- und Mittelporen akkumuliert, und zwar zunächst im Bereich höher gespannter Wassermenisken an den Berührungspunkten zweier Minerale, dem später zunehmende Füllung der Hohlräume folgt, teilweise in Form stengeliger *Calcitkristalle*. In Böden mit gehemmter Wasserführung verbleiben auch Mittelporen langfristig feucht, so daß sich Calcit nur in den längerfristig durchlüfteten Grobporen bildet (z. B. *Lößkindel*), oder benachbarte Intergranularräume werden ebenfalls ausgefüllt. Der sekundäre Calcit läßt sich dabei durch höhere $^{13}C/^{14}C$- und $^{16}O/^{18}O$-Isotopenverhältnisse vom primären des Gesteins unterscheiden.

Die $CaCO_3$-Anreicherung kann in Böden arider Klimate (z. B. Kastanozeme, Xerosole, Yermosole, Andosole) beträchtlich sein. In Böden Lanzarotes aus 250 Jahre alten vulkanischen Aschen wurde z. B. 1 kg Sekundärkalk je m^2 ermittelt, in Böden jungpleistozäner Aschen über 100 und in solchen altpleistozäner bis tertiärer Aschen über 1000 kg[36].

Auch *Regenwürmer* können in Böden carbonatfreien Gesteins durch ihre $CaCO_3$-bildenden Drüsenausscheidungen eine $CaCO_3$-Akkumulation bewirken.

In *Grundwasserböden* werden Hydrogencarbonate aufwärts verlagert und oft als Carbonatkonkretionen akkumuliert. In Mergel- oder Kalkstein-Landschaften können durch diese *Grundwasser-Carbonatisierung* selbst unter humiden Klimabedingungen große Mengen Kalkes als Wiesenkalk oder Alm angereichert werden. Bei tiefer stehendem Grundwasser werden im ariden Klima über dem $CaCO_3$ Gips und darüber wasserlösliche Salze angereichert.

Hangwasser-Carbonatisierung ist typisch für Landschaften mit einer Wechsellagerung unterschiedlich durchlässiger Carbonatgesteine: Sie ist dort zu beobachten, wo eine durchlässige Schicht am Hang über einer wenig durchlässigen (meist Ton-)Schicht ausstreicht.

Unterwasser-Carbonatisierung erfolgt am Seegrund; hier werden Carbonate vor allem durch Organismen angereichert.

Durch Erosion des Oberbodens gelangen Kalkbänke an die Oberfläche und bilden dann Krusten. Grundwasser-Carbonatisierung kann auch direkt zur Bildung einer Kruste führen. Kalkkrusten und Carbonatbänke im Boden erschweren das Wurzelwachstum. Sie müssen daher durch Lockerung oder Umbruch gebrochen werden.

8. Versalzung[37–40]

Unter Versalzung versteht man die Anreicherung von Böden oder Bodenhorizonten mit wasserlöslichen Salzen. Zu unterscheiden ist zwischen einer Salzzufuhr durch die Niederschläge, die nur unter ariden Klimaverhältnissen zu einer Salzanreicherung führt (= *Tagwasserversalzung*), und einer Zufuhr aus dem Grundwasser, die auch an Meeresküsten des humiden Klimas zu beobachten ist (= *Grundwasserversalzung*). Außerdem kann Bewässerung zu einer *künstlichen Versalzung* führen. An Salzen sind vor allem NaCl, Na_2SO_4 und Na_2CO_3, z.T. auch $CaCl_2$, Nitrate und Borate vertreten. Die Salze stabilisieren das Bodengefüge bei Austrocknung. Salzhaltige Böden sind schwach sauer (bei hohem Gipsgehalt) bis stark alkalisch (bei hohem Sodagehalt).

Erhöhte Salzgehalte erschweren den Pflanzenwuchs, da sie das osmotische Potential des Bodenwassers erhöhen und so die Wasseraufnahme erschweren (Kap. XVI 2a) und bestimmte Elemente direkt toxisch wirken (z.B. Cl, B).

Nach Auswaschung der Na-Salze (durch Klimawechsel oder Bewässerung) verbleibt oft ein hoher Na-Anteil an den Austauschern. Das erhöht den pH und destabilisiert das Bodengefüge, wodurch eine Oberbodenverschlämmung begünstigt und eine Tonverlagerung ermöglicht werden. Solche Böden werden als Solonetze bzw. Natriumböden bezeichnet (Kap. XXXI 8).

a) Tagwasserversalzung[41–43]

Mit den Niederschlägen werden Böden ständig gelöste Salze aus der Atmosphäre zugeführt (= atmogene Salze). Sie entstammen vor allem den Meeren. Daher dominiert NaCl, von dem 0,1 – 10 kg je ha und Jahr zugeführt werden, neben K^+-, Mg^{2+}-, Ca^{2+}-, SO_4^{2-}-, NO_3^--, HCO_3^-- und $B(OH)_4$-Salzen. In vegetationsfreien Wüsten findet auch eine Zufuhr als Staub statt.

Die *atmogenen* Salze werden in Böden humider Klimate rasch ausgewaschen, in denen arider Klimate hingegen angereichert. Aus diesem Grund sind Wüstenböden (Yermosole, Solonchake bzw. Aridisole) fast immer salzhaltig. Die Menge an akkumulierten Salzen hängt von der Nähe zum Meer, der Niederschlagsmenge, der Dauer arider Klimaverhältnisse, der Reliefposition und der Wasserdurchlässigkeit eines Bodens ab. Sandböden mit hoher Durchlässigkeit sind meist relativ salzarm, da selbst die Extremwüsten der Erde (20 mm Jahresniederschlag) während des Holozän feuchtere Verhältnisse erlebten, unter denen Salze in den Untergrund ausgewaschen wurden.

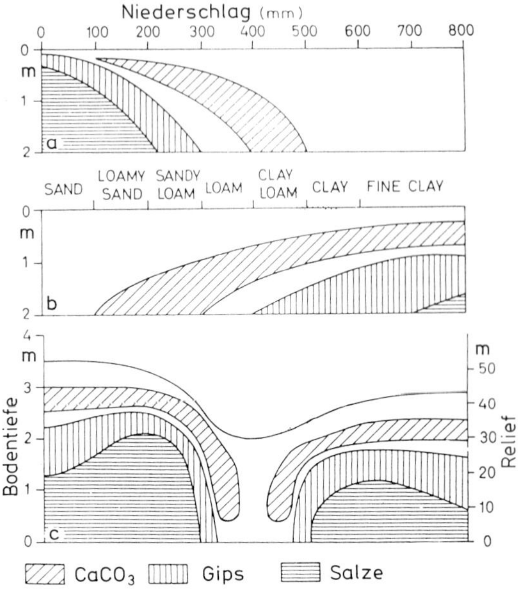

Abb. 185 Lage der Kalk-, Gips- und Salzanreicherung in Böden arider Klimate; (a) Klimaeinfluß auf mittelkörn. Böden; (b) Textureinfluß bei 350 mm Jahresniederschlag; (c) Reliefeinfluß bei <250 mm Jahresniederschlag[41]

Senkenböden (z.B. eines Wadis) können weitgehend salzfrei sein, weil sie bei Starkregenereignissen zusätzlich durch Hangwasser perkoliert werden (Abb. 185c). In durchlässigen bzw. sandigen Böden sowie bei weniger aridem Klima werden die Salze tiefer verlagert als in wenig durchlässigen bzw. tonreichen Böden sowie bei stärker aridem Klima (Abb. 185). Aber selbst in (grundwasserfreien) Böden der Extremwüste befindet sich das Salzmaximum nicht an der Oberfläche, weil bei episodisch auftretenden Starkregen das Salz verlagert wird. Nachfolgende Trockenheit läßt sie dann zwar mit dem Bodenwasser aufsteigen; aber nicht bis zur Oberfläche, weil sich das Wasser in der sehr trockenen obersten Bodenlage nur dampfförmig bewegt. Lösliche Salze werden im Boden weiter unten angereichert als der schwächer lösliche Gips und Calcit (Abb. 185). Auch die eigentlichen Salze werden nach ihrer Löslichkeit differenziert: Die sehr mobilen Nitrate und $CaCl_2$ werden ganz unten, Soda hingegen ziemlich weit oben angereichert (Abb. 186).

Wie oben erwähnt verkleben die Salze die Partikel des trockenen Bodens. Hierdurch können selbst in Sandböden Trockenspalten entstehen, die z.T. durch eingewehten Sand fixiert werden (s. Abschnitt 9d). Hygroskopische

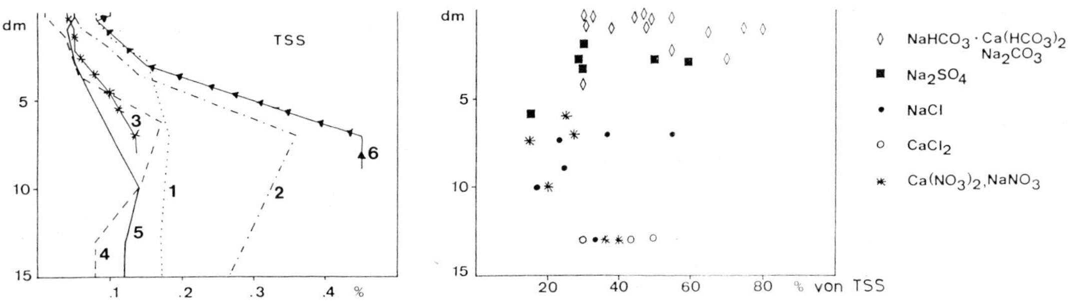

Abb. 186 Salzgehalte (TTS) und dominierende Salzarten sandiger Wüstenböden SW-Ägyptens (1 u. 2 Tagwasser-Solonchake, 3 Calcic Yermosol, 4 Cambic Arenosol, 5 Calcaric Regosol, 6 Lithosol)[43]

Salze fördern die Verwitterung durch Salzsprengung (Kap. II 1).

b) Grundwasserversalzung

Eine natürliche Grundwasserversalzung erfolgt im *humiden* Klimabereich meist nur im Einflußbereich des Meeres, dessen Salzgehalt zwischen ≈ 1 % (in der Nähe von Flußmündungen) und 3,5 % (offenes Meer) variieren kann. Beispiele einer solchen Versalzung sind die nicht eingedeichten Marschen. Auch im Bereich der *subtropischen* und *tropischen Meeresküsten* (z. B. an der Schwarzmeerküste oder im Gebiet der tropischen Mangrovenwälder) entstehen salzreiche Böden. Im *Binnenland* treten Salzböden nur sehr selten auf. Sie sind dort an oberflächennahes, salzreiches Grundwasser (z. B. im Bereich salzhaltiger Quellen) gebunden.

In *ariden* Klimaten sind Grundwasserböden auch im Binnenland oft mit Salzen angereichert. Das Salz entstammt dabei salzhaltigem Gestein oder versickertem Regenwasser. Unter extrem ariden Verhältnissen kann es dabei selbst bei salzarmem Grundwasser zu einer starken Salzanreicherung kommen. Verschiedene Salze steigen mit dem Kapillarwasser auf und werden dann im Verdunstungsbereich je nach Löslichkeit (s. Tab.5 in Kap. II) gefällt: Zuerst $CaCl_2$, dann Gips, weiterhin Soda und Na_2SO_4 und oben schließlich Na- und Ca-Chloride und Nitrate. Ihre Tiefenfunktion ist mithin umgekehrt wie die der Tagwasserversalzung. Die Anreicherung kann dabei sehr stark sein bis hin zur Ausbildung von Salzbänken (engl. salcrete). Erreicht das Grundwasser die Bodenoberfläche, so entstehen Salzkrusten. Die Salze gehen allerdings bei jedem Regen wieder in Lösung, pendeln also u. U. im Jahreslaufe zwischen Ober- und Unterboden.

Einen Sonderfall der Grundwasserversalzung stellen Tamariskenhügel der Vollwüste dar. Tamarisken wurzeln z. T. sehr tief (bis 20 m). Ihre Blätter scheiden Salze aus, die dem Grundwasser entstammen und die dann im Oberboden u. U. stark angereichert werden. Andere Pflanzen mit ähnlicher Wurzeltiefe (z. B. Akazien) bewirken das nicht.

c) Künstliche Versalzung

Künstliche Versalzung findet in den Böden *humider* Klimate einmal bei Berieselung mit Na-reichen Abwässern statt und zum andern am Straßenrand durch Streusalz.

Außerdem werden Auenböden durch Flußwasser kontaminiert, das z. B. durch Einleiten von Abraumsalzen der Kaliindustrie salzreich ist.

Die Salze verbleiben nicht im Boden, führen aber zu einer erhöhten Na-Sättigung der Austauscher, so daß tonreiche Böden leichter verschlämmen. Eine Erhöhung der Na-Sättigung von 2 auf 9 % infolge Verregnung Na-haltigen Wassers ergab nach *Czeratzki* auf einer Löß-Parabraunerde starke Ertragsdepressionen und ließ Krümelstabilität, Porenvolumen und Plastizitätsgrenze abnehmen. Die in Gewächshäusern auftretende Versalzung ist außer auf die oft sehr hohen Düngermengen auch auf die Aridität des Gewächshausklimas zurückzuführen, die eine Salzanreicherung im Oberboden zur Folge hat (s. a. Kap. XXII).

Im *ariden* Klima erfolgt die künstliche Versalzung von Böden ebenfalls im Zusammenhang mit der *Bewässerung*, die etwa seit der zweiten Hälfte des 19. Jahrhunderts durch Anwendung der Furchenbewässerung intensiviert wurde. Seitdem sind weite Gebiete z. B. in Indien, im Irak, in Ägypten und in den USA durch Versalzung völlig unproduktiv geworden.

Zur Bewässerung wird *Flußwasser* oder tiefergelegenes, oft fossiles *Grundwasser* herangezogen, das zwar im Durchschnitt meist unter 0,1 % Salze enthält, jedoch je nach Jahreszeit und Einzugsgebiet auch viel höhere Werte aufweisen kann. Im Laufe der Jahre können sich die Salze dann anreichern. Indus-Wasser mit nur 0,03 % an löslichen Salzen hinterläßt z. B. auf unkultivierten Flächen bei einer Bewässerung von 300 mm jährlich 900 kg Salze je ha. Außerdem wird sehr oft durch Bewässerung der Grundwasserspiegel stark angehoben. Durch Aufwärtsbewegung und Verdunstung des Bodenwassers findet dann eine Anreicherung von Salzen im Oberboden statt.

Die Eignung als Bewässerungswasser hängt vor allem vom Salzgehalt und dem Natriumanteil der Kationen ab. Der *Salzgehalt* wird meist über die elektrische Leitfähigkeit erfaßt, die unter 0,75 mS (Millisiemens) je cm liegen sollte (entspricht etwa 0,05 % Salz). Der Natriumanteil wird durch Bestimmung des Verhältnisses $NA/\sqrt{(Ca+Mg)/2}$ im Wasser berücksichtigt. Dieses sog. *Natrium-Adsorptionsverhältnis* (*NA V*) ist eng korreliert mit der Na-Sättigung, die in den bewässerten Böden auftreten wird. Die Anwendbarkeit des NAV wird allerdings gestört, wenn der Gehalt an Hydrogencarbonaten des Ca und Mg im Wasser so hoch ist, daß bei der Bewässerung ein Teil der Ca- und Mg-Ionen als Carbonat ausgefällt wird. Die Na-Sättigung erreicht dann im Boden einen höheren Wert als die Berechnung des NAV erwarten ließ.

Auch der Salzgehalt des Bodens wird meist durch die Bestimmung der elektrischen Leitfähigkeit der Bodenlösung charakterisiert, und zwar durch die Leitfähigkeit des Sättigungsextraktes (Kap. XX 3 a). Da zur Erzeugung der Bodenpasten um so mehr Wasser angewandt werden muß, je tonreicher der Boden ist, wird auf diese Weise auch der Einfluß des Tongehaltes auf die notwendige Menge an Bewässerungswasser erfaßt. Um Salzanreicherungen zu vermeiden, muß bei gleichem Salzgehalt nämlich mit um so mehr Wasser bewässert werden, je tonreicher der Boden ist.

Die Versalzungsintensität hängt (bei bestimmter Wassergabe) auch vom Bewässerungsverfahren ab. Kaum Versalzung erfolgt bei Unterflurbewässerung, und zwar vor allem dann, wenn eine Evaporation des Wassers durch Folienabdeckung des Bodens weitgehend vermieden wird. Beregnung fördert die Versalzung hingegen besonders stark, da bereits viel Wasser vor Erreichen des Bodens verdunstet.

d) Vegetation und Melioration[38–40, 44]

Hohe Na-Sättigung der Böden mindert deren Ertragsfähigkeit ebenso wie hohe Salzkonzentrationen. Dies beruht vor allem darauf, daß sich die Wasserleitfähigkeit der Böden verringert oder daß bei Anwesenheit von Natriumcarbonat die Reaktion des Bodens teilweise bis pH 11 erhöht wird. Spezifische *Borschädigungen* treten bereits bei relativ geringer B-Konzentration (ab 1 mg/kg) auf (Kap. XX 17).

Die *Produktivität* salzbeeinflußter Böden verschlechtert sich mit Zunahme des Salzgehaltes oder der Na-Sättigung. Ein beträchtlicher Anteil der salzbeeinflußten Böden wird auch heute noch als Grünland mit halophiler Vegetation bewirtschaftet.

Bei empfindlichen Kulturpflanzen treten Ertragseinbußen ab einem EC-Wert im Sättigungsextrakt von 1 mS (z. B. Bohne) auf, bei toleranten erst ab 8 mS (z. B. Gerste); bei manchen nehmen die Erträge mit zunehmendem Salzgehalt rasch ab (z. B. Orange) bei anderen langsam (z. B. Dattel, Tab. 92).

Die Versalzung läßt sich in manchen Fällen dadurch *verhindern*, daß ein möglichst Na- und salzarmes Bewässerungswasser verabreicht und der Kapillarsaum des Grundwassers nicht über etwa 7 dm unter Flur[45] angehoben wird. Haben sich dagegen in stärkerem Ausmaß leichtlösliche Salze angereichert und/oder beträgt die Na-Sättigung bei Sandböden über 15 – 20 % und bei tonreichen Böden über 5 – 10 %, so sind Meliorationsmaßnahmen notwendig.

Geeignete Maßnahmen sind eine *Absenkung des Grundwasserspiegels*, *Dränung* in Verbindung mit *Unterbodenlockerung* oder *Tiefumbruch* bei schwer durchlässigen Böden, sowie eine Zufuhr erhöhter Wassermengen. Die zur *Auswaschung* erforderliche zusätzliche Wassermenge, die über die zur Erzielung optimaler

Tabelle 92 Non-effect-level (NEL) der Salzkonzentration der Bodenlösung [als elektr. Leitfähigk. (EC) des Sättigungsextraktes] und relative Produktivität ausgewählter Pflanzen[45]

Pflanze	NEL	Relative Produktivität in % b. EC in mS					
	mS	1	4	8	12	15	24
Bohne	1,0	100	43	0			
Orange	1,7	100	63	0			
Mais	1,8	100	84	54	24	3	0
Luzerne	2,0	100	85	56	27	5	0
Reis	3,0	100	88	39	0		
Hirse	4,8	100	100	78	50	29	0
Weizen	6,0	100	100	86	57	36	0
Z.rüben	7,0	100	100	94	71	53	0
Gerste	8,0	100	100	100	80	65	20
Datteln	4,0	100	100	86	71	60	28

Pflanzenerträge benötigte Menge hinausgeht, richtet sich nach der elektrischen Leitfähigkeit und dem NAV des Wassers, der Tiefe der durchwurzelten Bodenzone, der Salzempfindlichkeit der Kulturen und der Anwesenheit stark toxischer Stoffe, wie z. B. Borat. Gelegentlich wird diese Art der Melioration durch die Zufuhr eines Na-armen, aber relativ salz*reichen* Wassers eingeleitet, um zunächst die Flokkung und Wasserdurchlässigkeit der Böden zu verbessern. Bei der nachfolgenden Zufuhr von salz*armem* Wasser wird durch den Verdünnungseffekt (s. Kap. X 4) das sorbierte Na durch zweiwertige Kationen verdrängt. Dieses Verfahren ist für Böden mit einer höheren Wasserleitfähigkeit bei Beginn der Bewässerung geeignet, z. B. für Salznatriumböden. Die Auswaschung wird auch in Form der sog. *Wasserbrache* durchgeführt, bei der mehrmals unter einer etwa 20 cm hohen Wasserschicht tief gepflügt und nach jeder Bearbeitung das Wasser mit den darin gelösten Salzen oberflächlich abgeleitet wird.

Natriumböden und Salznatriumböden werden häufig auch durch Zusätze bestimmter *Salze* und *Säuren* melioriert. Weitverbreitet ist die Anwendung von Ca-Salzen, vor allem Gips und Superphosphat, aber auch Calciumnitrat. Die Aufgabe der ersten beiden Salze besteht (a) in der Umsetzung von Na_2CO_3 in schwer lösliches $CaCO_3$, das ausgewaschen werden muß und (b) ebenso wie bei $Ca(NO_3)_2$, im Ersatz von adsorbiertem Na^+ durch Ca^{2+}.

Die Melioration *$CaCO_3$-haltiger Böden* erfolgt durch Zusätze, die Calcium zu mobilisieren vermögen, z. B. Schwefel, Schwefelsäure, Salzsäure, Fe- oder Al-Sulfat, Lignit und Ammoniumsulfat. Auch hohe Gaben von organischer Substanz werden manchmal angewandt, doch ohne größeren Erfolg.

Eine *Kalkung* wirkt sich im allgemeinen nur bei versauerten Böden (z. B. Solode) vorteilhaft aus.

9. Turbationen

Turbationen (turbatio = Verwirbelung) bzw. Pedoturbationen sind Mischungsvorgänge, bei denen Bodenmaterial eines Horizontes aber auch verschiedener Horizonte vermischt werden und sich dabei Grenzen der Bodenhorizonte oder von Gesteinsschichten verwischen. Der Ablauf ist besonders bei unvollständiger Mischung erkennbar, wenn sich Substrate zweier Lagen schlierenartig durchsetzen. An einer Mischung sind grundsätzlich alle Stoffe beteiligt. Trotzdem kommt es oft zu einer Kornsortierung, wenn grobe Partikel nicht mit erfaßt werden und dadurch z. B. Steinsohlen entstehen. Neben der *Bioturbation*, d. h. einer Mischung durch Bodenorganismen, der durch Bodenfrost induzierten *Kryoturbation* und der *Peloturbation* als Folge häufigen Feuchtewechsels, verwischt auch der Mensch Horizontgrenzen oder schafft neue durch Bodenbearbeitung, insbesondere durch Pflügen und Rigolen. Demgegenüber führen Erdbeben, Wachstum von Salzkristallen oder explosionsartiges Entweichen komprimierter Luft nach Regenfällen in erster Linie zu einem Gefügezerfall, an dem aber ein Mischen beteiligt sein kann.

Eine extrem unvollkommene Mischung ist das in Wüsten weit verbreitete Einwehen von Sand in Bodenspalten.

a) Bioturbation (s. auch Kap. IX 4)[46]

Wühlende Bodentiere zerkleinern und mischen die Streuauflage mit dem oberen Mineralboden und verwischen damit die Grenzen zwischen Humus- und Mineralkörper, schaffen aber gleichzeitig einen humosen A-Horizont. Bisweilen wird dadurch die Morphologie der Bodenoberfläche verändert, z. B. durch Ameisen, deren Tätigkeit eine wesentliche Ursache der Buckelweiden des Schweizer Juras ist. Manche Tiere, zu denen Nager wie Mäuse, Maulwürfe, Hamster und Ziesel ebenso gehören wie Ameisen, Termiten und insbesondere Regenwürmer, verfrachten auch Unterbodenmaterial und legen es auf oder im Oberboden ab. Dadurch gelangen auch verlagerte Stoffe wieder nach oben, so daß eine intensive Tiertätigkeit wirksam einer Verlagerung von Ton oder Nährstoffen entgegenzuwirken vermag. In semihumiden Klimaten kann auf diese Weise eine Entkalkung verhindert werden. Gleichzeitig gelangt aber auch etwas Oberbodenmaterial in Tiergängen in tiefere Horizonte, kenntlich an humosen Nagetierkrotowinen und Wurmröhren. In manchen Regosolen Kaliforniens wurden durch Erdhörnchen Ober- und Unterboden bis 75 cm etwa alle 360 Jahre vollständig gemischt, so daß sich Tonverlagerung nicht profildifferenzierend auswirken konnte[47]. Die Tiefenwirkung hängt stark von den Boden- und Klimaverhältnissen ab und beträgt bei Regenwürmern in kontinentalen Steppengebieten häufig mehrere Meter, weil dort im Sommer wegen Trockenheit und im Winter wegen Kälte tiefere Lagen aufgesucht werden.

Intensive Bioturbation erfolgt nur in Böden mit günstigen Wasser-, Luft- und Nährstoffverhältnissen und zudem in feinkörnigen Böden, weil Grobsand und Steine nicht transportiert werden können. Aus dem gleichen Grunde entstanden in vielen tropischen Böden Steinsohlen in einem halben bis ein Meter Tiefe als Folge intensiver Termitentätigkeit.

Vereinzelt findet auch eine Bodenmischung durch Windwurf von Bäumen oder durch „Stampfen" vom Winde bewegter Bäume statt. Die Vegetation wirkt auch einer Nährstoffverlagerung dadurch entgegen, daß die im Unterboden aufgenommenen Nährstoffe teilweise mit der Streu wieder auf den Oberboden gelangen.

b) Kryoturbation[7, 8]

Zu gefrierenden Bodenlagen bewegt sich das Wasser entlang eines Tensionsgradienten. Dadurch werden die gefrierenden Lagen mit Wasser angereichert, darunter folgende verarmt. Bei langsamem Gefrieren führt das insbesondere bei feinsandigschluffigen Böden hoher Leitfähigkeit zur Bildung von *Eislamellen* bzw. *Eislinsen* im Boden oder *Kammeis* an der Bodenoberfläche. Hierdurch werden aufliegende Bodenlagen gehoben. Hebung und nachfolgendes Sacken beim Tauen kann dabei Bodenlagen vermischen.

Besonders intensiv läuft dieser Vorgang im Tundrenklima ab. Hier läßt Frosthebung mehrere dm hohe Buckel (*Thufure*) entstehen, die oft ein regelmäßiges, mehrere Meter breites Polygonnetz bilden. Bei dieser Hebung kann es zum Zerreißen von Wurzeln und zum Entwurzeln von Bäumen kommen.

Im Mackenziedelta Kanadas bildeten sich unter ständiger Grundwasserzufuhr innerhalb von 1000 Jahren auf diese Weise bis 45 m hohe und 600 m breite *Pingos*.

Die Thufurbildung ist mit starker Mischung verbunden, so daß sich Bodenhorizonte oder Gesteinsschichten schlierenartig durchsetzen (*Brodel*- und *Taschenbildungen*). Steine wandern dabei zur Bodenoberfläche und zu den Polygonrändern, wobei Steinringe entstehen. Beim Tauen sackt nämlich die Feinerde gegenüber Steinen die noch im Gefrorenen verankert sind; außerdem kühlen beim Gefrieren Steine rascher ab, so daß sich an deren Unterseite häufiger Eislamellen bilden, die dann die Steine anheben.

In Permafrostböden, d. h. Böden mit ständig gefrorenem Untergrund, kommt es zu einer starken Mischung, wenn der während des Sommers getaute Oberboden im Winter von oben gefriert und die damit verbundene Volumenausdehnung das Nichtgefrorene unter Druck setzt.

Während der Eiszeiten wurden auch viele Böden *Mitteleuropas* durch Kryoturbation umgeformt, deren Spuren häufig noch in den rezenten Böden erkennbar sind.

c) Peloturbation[4, 48]

Als Peloturbation (auch Hydro- bzw. Turgoturbation genannt) bezeichnet man die Mischung von Bodenmaterial durch wiederholtes Schrumpfen und Quellen. Besonders in warmen Klimaten mit ausgeprägter Wechselfeuchte bilden sich in tonreichen, smectitischen Böden in Trockenzeiten bis 2,5 m tiefe, mehrere cm breite Schrumpfrisse, in die lockeres Oberbodenmaterial fällt.

Gleichzeitig sackt die Bodenoberfläche um 3 – 7 cm. Dabei ist der Boden ständig in Bewegung, da die Tonminerale während der kühlen Morgenstunden mit hoher relativer Luftfeuchte quellen und ab Mittag wieder schrumpfen, was mit einer täglichen Hebung und Senkung der Bodenoberfläche um 0,03 – 0,5 mm verbunden ist[49]. Dies läßt Aggregate zerfallen und wird als *Selbstmulchen* bezeichnet.

Besonders die Wiederbefeuchtung während der Regenzeit bewirkt dann im Unterboden einen Quellungsdruck. Häufige Wiederholung dieses Vorganges führt zu einer starken Mischung von Unter- und Oberbodenmaterial, so daß der Boden kaum versauert und sich häufig ein mächtiger, humoser Horizont bildet. Durch den Quellungsdruck werden auch Bodenaggregate gegeneinander verschoben, wobei durch Toneinregelung glänzende Scherflächen (slikken sides) auftreten.

Häufig haben diese Bewegungsvorgänge ein Mikrorelief zur Folge: es entsteht ein regelmäßiges Netz von Erhebungen und Senken (*Gilgais*), weil an bestimmten Stellen die Aufwärtsbewegung, an anderen die Abwärtsbewegung von Bodenmaterial überwiegt. Die Erhebungen der Gilgais sind wenige cm bis 3 m hoch und 2 bis 50 m voneinander entfernt. Die Bildung der

Gilgais führt zum Hakenwuchs der Bäume und zu einem Versatz von Zäunen.

Auch Peloturbation kann zu einer gewissen Entmischung führen, weil gröbere Partikel beim täglichen und jahreszeitlichen Quellen und Schrumpfen der Tonminerale nicht beteiligt sind, mithin ausgestoßen werden und langsam nach oben wandern. Experimentell ließ sich nachweisen, daß Kiespflaster toniger Wüstenböden Nevadas z. T. durch Aufwärtsbewegung grober Partikel entstanden ist[50].

d) Spaltenkumulation[51–53]

Durch Wind oder Wasser aufgetragene Fremdsedimente werden normalerweise durch Bio-, Kryo- und/oder Peloturbation, bei Kulturböden auch durch Bearbeitung, ziemlich rasch mit dem Liegenden vermischt. Anders ist das in Wüsten. Hier gelangen vor allem Grobschluff und Feinsand in Bodenspalten und füllen diese aus. Die Breite der gefüllten Spalten reicht von Bruchteilen eines mm bis zu etlichen dm, die Tiefe von wenigen cm bis zu mehreren m. Die Spalten bilden miteinander ein unregelmäßig geformtes Polygonnetz (Abb. 187). Der Durchmesser der Polygone beträgt wenige cm bis ca. 30 m. Die Polygone reichen z. T. an die Oberfläche, sind oft aber mit Sanden, Kies oder Steinplatten bedeckt.

Derartige Spaltenkumulationen sind ein Charakteristikum der Böden von Wärmewüsten (z. B. Sahara, Negev)[52, 53], treten aber selbst in Kältewüsten auf (z. B. Antarktis)[51]. Als Relikte kaltarider Bedingungen des Pleistozäns findet man sie auch in altweichselzeitlichen und älteren Moränenlandschaften Mitteleuropas, dort allerdings von 2 – 4 dm Geschiebedecksand überlagert[52]. Trotzdem sind die Sandkeil-Polygonnetze hier aus dem Flugzeug zu beobachten, da sie von Kulturpflanzen wegen schlechten Wuchses durch Wassermangel nachgezeichnet werden.

Die Spalten entstehen in der Kältewüste durch Kontraktion des ganzjährig gefrorenen Bodens bei stark erniedrigten Temperaturen[51], in der Wärmewüste durch Austrocknen nach Bodenbefeuchtung (durch episodische Starkregen). Dies ist infolge Salzverkittung selbst in reinen Sanden möglich. Durch Einwehen von Partikeln werden die Spalten fixiert und häufige Wiederholung führt schließlich zu u. U. sehr breiten Sandspalten. Auch in der Wärmewüste vermögen die dort starken Temperaturschwankungen offensichtlich zur Spaltenerweiterung beizutragen[52], wie im Experiment geklärt werden konnte[53].

In der semiariden Kältewüste[51] und der Tundra (Jahresmitteltemp. tiefer $-6\,°C$)[47] treten in Permafrostböden hingegen Eiskeil-Polygonnetze auf (mit 1 – 20 m ∅). Auch sie sind auf Spalten zurückzuführen, die im arktischen Winter durch Kältekontraktionen mehrere m tief entstehen und in denen dann Reif sublimiert. Temperaturanstieg durch Klimaänderung hat später oft dazu geführt, daß die aufgetauten Keile mit Solifluktionsmassen verfüllt wurden. Derartige *Eiskeilpseudomorphen* sind auch in periglaziär geprägten Lößlandschaften Mitteleuropas anzutreffen[54].

10. Stoffumlagerungen in der Landschaft

Neben Prozessen, die überwiegend im Boden selbst ablaufen und zu dessen Horizontentwicklung führen, kommt es zu Umlagerungen, die die Grenzen des einzelnen Pedons über-

a

b

Abb. 187 Sandgefüllte Spalten der Ostsahara in Aufsicht (a) und Profil (b) (Aufn. *F. Alaily*) schreiten. Auch sie verändern die Böden einer Landschaft, weil die einen an Stoffen verarmen, die anderen mit Stoffen angereichert werden.

Bei Umlagerungen in der Landschaft können sich ganze Bodenkörper bewegen (*Massenversatz*) oder es wird Bodenmaterial durch Wasser oder Wind umgelagert (*Bodenerosion*). Außerdem werden *gelöste Stoffe* durch Hangzugwasser verlagert. Normalerweise verlassen Lösungsprodukte der Verwitterung am Hang das Profil nach unten, und ziehen erst im tieferen Untergrund talwärts. Sie werden dann entweder in Senkenböden angereichert oder verlassen in Fließgewässern die Landschaft. Bisweilen erfolgt die Verlagerung (als subsurface flow) aber bereits im Boden selbst lateral bzw. oberflächenparallel, so daß Stoffe wie Ca oder Fe von Oberhangböden in Unterhangböden verlagert werden, ohne dabei die Pedosphäre zu verlassen.

a) Massenversatz am Hang[55–57]

Ein Massenversatz erfolgt am Hang unter dem Einfluß der Schwerkraft. Scherwiderstände halten Boden- oder Gesteinsmassen am Hang. Zu einer spontanen Bewegung als Steinschlag oder Erdrutsch, oder auch zu einem langsamen, kontinuierlichen Kriechen (Abb. 188) kommt es, wenn der Scherwiderstand zwischen Hangendem und Liegendem abnimmt und/oder wenn die Scherbeanspruchung steigt. Beides kann durch Wasserzufuhr erfolgen, ersteres auch durch einen Temperaturwechsel, letzteres

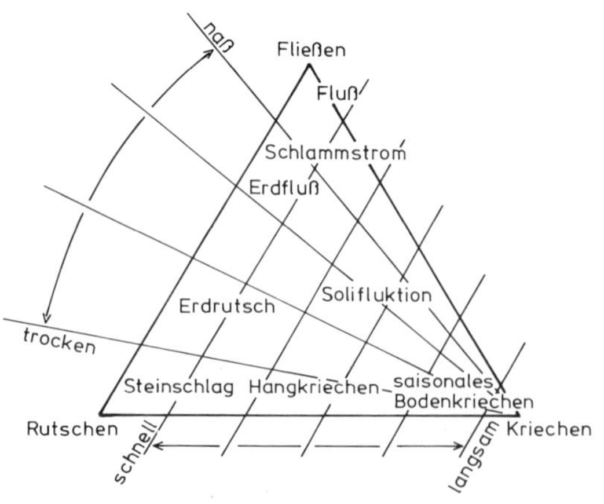

Abb. 188 Klassifikation des Massenversatzes am Hang[56]

z. B. durch Schneelast. Die Steilheit der Hänge, die Eigenschaften des Hangenden (Tonmassen sind besonders labil) und des Liegenden (glatte, hangparallel orientierte Schicht-, Kluft- oder Schieferungsflächen bzw. nasse Stausohlen erleichtern eine Bewegung) sowie die Klima- und Vegetationsverhältnisse (Rodung des Waldes fördert den Versatz) bestimmen Art, Intensität und Häufigkeit eines Massenversatzes.

Dem *Steinschlag* geht ein Lockern des Gesteins am vegetations- und bodenfreien, steilen Fels durch physikalische Verwitterung voraus. Temperaturveränderungen, Starkregen oder auch Erdbeben lösen dann die Bewegung aus, wobei einzelne Steine, aber auch große Gesteinsmassen rutschen können, z. B. 20 km^3 bei Frank, Alberta, im Jahre 1903.

Erdrutsche, *Erdflüsse* oder *Schlammströme* bewegen sich rasch und oft weit ins Tal; sie unterscheiden sich im Feuchtezustand der abgleitenden Bodenmassen (Abb. 188). Ausgelöst werden sie durch starke Regenfälle, die die Bodenfeuchte erhöhen und Gleitmittel bereitstellen, durch Erdbeben, oder auch durch Unterschneiden eines Hanges durch einen Bach bzw. einen unsachgemäß angelegten Weg.

Bei einer *Rutschung* entstehen am Oberhang Abbruchkanten und radiale Spalten, während am Unterhang Bodenmaterial wulstartig übereinander geschoben wird. Oft geht eine Rutschung durch starke Vernässung und zunehmende Geschwindigkeit in einen Schlammstrom (bzw. eine Mure) über, bei dem das Bodenmaterial stark gemischt abgelagert wird. Im Hochgebirge werden Rutschungen oder Muren oft durch Schneelawinen ausgelöst.

Ein *Kriechen* am Hang kann auch bei geschlossener Vegetationsdecke auftreten, und zwar bereits ab Hangneigungen von 2°, sofern plastische, quellfähige Bodenmassen vorliegen. Oft erfolgt die Durchfeuchtung des Hangenden dabei durch Kluft- oder Schichtwasser des Liegenden. Vernässung oder auch der Tritt von Weidetieren lösen die Bewegung aus, die oft hangparallele Abrisse und Wülste entstehen läßt. Bei einer Bewegung von nur 1 – 20 mm pro Jahr spricht man von *Bodenkriechen*, bei >20 mm von *Hangkriechen*. Eine Bewegung über gefrorenem Untergrund wird als *Solifluktion* bezeichnet (s. auch Kap. I 2 b). Sie erfolgt bevorzugt in Landschaften mit Permafrostböden, deren tiefere Horizonte ständig gefroren sind, während die oberen im Sommer tauen.

Durch Gekriech kommt es zu einer Modifikation bestimmter Turbationen. So gehen bei einer Peloturbation am Hang normale Gilgais (Abschnitt 9c) in langgezogene Streifengilgais über, oder Kryoturbation läßt anstelle von Polygonböden (Abschnitt 9b) Streifenböden entstehen.

b) Bodenumlagerung durch Wasser und Wind[58-60]

Von der Bewegung größerer Bodenmassen an mehr oder weniger steilen Hängen unterscheidet sich der Transport von Bodenmaterial durch das Transportmittel Wasser und Wind, d.h. die *Bodenerosion*. Während die Bodenerosion durch Wasser eines Gefälles bedarf, findet die Winderosion auch und vor allem in weiten, offenen Ebenen statt.

Die Erosion durch Wasser ist in ariden Gebieten mit spärlicher Vegetation und gelegentlichen starken Regenfällen weit verbreitet. Sie erreichte auch in humiden Gebieten ein besonders hohes Ausmaß seit dem Seßhaftwerden des Menschen zu Beginn des Neolithikums durch die Rodung des Waldes. So weisen Landschaften mit alter ackerbaulicher Nutzung (z.B. Mittel- und Südeuropa, China, Indien) und weiträumige Neulandgewinnungsgebiete (z.B. USA, UdSSR) hohe Erosionsschäden auf, während sie in Wald- und Grünlandgebieten nur gering sind.

Eine natürliche Erosion durch Wind (Deflation) wird vor allem auf ebenen, vegetationsfreien bis -armen Flächen arider bis semiarider Gebiete landschaftsprägend wirksam, während sie im humiden Klima weitgehend auf Küstendünen beschränkt ist.

Die Prozesse und Faktoren der Bodenerosion sowie Möglichkeiten der Verhütung werden in Kap. XXXIV eingehend beschrieben. Wie die oben geschilderte Bodenbewegung am Hang, so beeinflußt auch die Bodenerosion durch Wasser und Wind die Ausbildung der Bodenprofile sehr stark.

Die Bodenentwicklung unterbleibt völlig, sofern die Erosion das gesamte Verwitterungsmaterial laufend abträgt. Böden, die ständig in einem bestimmten Entwicklungsstadium verbleiben, treten auf, wenn sich Bodenbildung und Abtragung etwa die Waage halten. *Geköpfte Profile* entstehen, sofern die Erosion erst nach stattgefundener Bodenentwicklung stärkere Ausmaße annimmt. Bei der Erosion durch Wasser werden abgetragene Bodenteilchen zum Teil am Hangfuß oder im Tal (Auensedimente) als *Kolluvium* abgelagert und überdecken häufig vorhandene Bodenprofile. Die weiten Täler des Nil, Mississippi oder Ganges verdanken ihre Fruchtbarkeit einer solchen Auenlehmbildung. Sie wurde auch in Mitteleuropa durch Waldrodungen in historischer Zeit ausgelöst. Bei mehrfacher Überdeckung können *Stockwerkprofile* auftreten, falls in dem jeweils abgelagerten Material eine erneute Profildifferenzierung stattfindet.

Vor allem in hügeligen Löß-Landschaften hat die Erosion daher zu typischen Hangsequenzen geführt: Erosionsfern (z.B. Plateaulage) oder unter Wald ist meist noch eine Parabraunerde erhalten, während die Bodenentwicklung an den Hangteilen mit der intensivsten Erosion auf das Stadium der Pararendzina zurückgeworfen wurde. Dazwischen kommen alle Übergangsstadien vor, die häufig sehr gut an der Farbe des jeweiligen Oberbodens erkennbar sind.

Auch die Tiefenfunktionen solcher Stoffe, die mit dem Bodenmaterial hangabwärts verlagert werden, lassen das Ausmaß der Erosion und die Umgestaltung der Bodenprofile durch sie deutlich erkennen:

Während im erodierten Profil am Hang Phosphat- und Humusgehalte niedrig liegen und schon bei geringer Tiefe sehr niedrige Werte erreichen, ist das kolluviale Profil durch hohe und tiefreichende Phosphat- und Humusgehalte gekennzeichnet. Hieraus wird deutlich, wie stark die Bodenerosion die Ertragsfähigkeit der Böden an einem Hang differenzieren kann.

Analoge Erscheinungen treten bei der Winderosion auf. Auch hier entsprechen geköpfte Profile am Ausblasungsort überdeckten Profilen am Ablagerungsort. Böden auf Dünen verharren z.B. oft im Rohbodenstadium, während gleichzeitig entwickelte Böden anderorts durch Flugsande begraben werden.

c) Verlagerung durch Hangzugwasser[61-63]

Gelöste Verwitterungsprodukte der Landböden (und Salze der Niederschläge) gelangen mit dem Sickerwasser in das Grundwasser und werden dann teilweise in Grundwasserböden angereichert. So wird in norddeutschen Dünen- und Altmoränenlandschaften Fe, Mn und P aus Podsolen im Hügelbereich ausgewaschen und in Senkenböden als *Raseneisen* akkumuliert. In Löß- und Jungmoränenlandschaften wird demgegenüber vornehmlich Ca als Hydrogencarbonat umgelagert, was zur Bildung von *Wiesenkalk* in den Senken führen kann.

Treten schwer durchlässige Gesteinsschichten auf, kann es bereits in Hangböden zu einer Akkumulation verlagerter Stoffe kommen. So läßt sich im süddeutschen Bergland beobachten, daß Fe und Mn als feste Oxid-Schwarten an der Basis von Fließerden akkumuliert sind, wo klüftiger Sandstein über undurchlässigem Granit ausstreicht. Entsprechendes gilt für Ca, wo klüftiger Kalkstein über Mergelton oberflächennah ausstreicht: dabei wird Ca aus Rendzinen in talwärts gelegene Pelosole verlagert.

In den feuchten Tropen werden neben Erdalkaliionen häufig auch Fe und Si in größeren Mengen verlagert und an Hangstufe oder Hangfuß als *Plinthit* (Fe) oder *Silcret* (Si) akkumuliert. In Trockengebieten werden sogar Salze in den Senken einer Landschaft konzentriert, so daß sich dort Salzböden bilden.

Der Austritt von Hangwasser und Stoffablagerungen können als Quellbildungen punktförmiger erfolgen oder auch entlang einer längeren Hangstrecke. Nimmt bereits in den Hangböden die Wasserleitfähigkeit mit der Tiefe stark ab, erfolgt die Verlagerung oberflächennah in diesen selbst. Fe und Mn werden dann bevorzugt bei Böden ausgelagert, die nahezu ganzjährig naß sind, in denen mithin längerfristig reduzierende Verhältnisse herrschen. Unter solchen Bedingungen kommt es z. B. zu einer *Naßbleichung* sandiger A-Horizonte von Mehrschichtböden an Flachhängen des Sandstein-Schwarzwaldes mit anschließender Fe-Ausscheidung in benachbarten Böden mit stärkerer Hangneigung und/oder geringen Körnungsunterschieden. In subarktischen Gebieten erfolgt eine derartige Umlagerung offenbar über gefrorenem Untergrund[64].

Durch Hangzugwasser-Transport entstehen in einer Landschaft also *Eluvialböden* und *Illuvialböden* nebeneinander. In ersteren werden durch das Hangzugwasser Verwitterungs- und Verlagerungsprozesse intensiviert, was über eine verstärkte Nährstoffauswaschung gleichzeitig Humifizierung und Gefügebildung hemmen kann. In den Illuvialböden verzögert die Stoffzufuhr hingegen eine Verwitterung und stabilisiert oft gleichzeitig das Bodengefüge. Sowohl Ca- als auch Fe-Einlagerung ergeben dabei ein lockeres, grob- und mittelporenreiches Gefüge, womit Luftkapazität und nutzbare Wasserkapazität ansteigen. Bei starker Stoffzufuhr verhärten die Anreicherungshorizonte allerdings und es bilden sich Kalkbänke oder Raseneisenstein.

Die einer Senke in gelöster Form zugeführten Stoffe werden meist nicht an der tiefsten Position der Landschaft akkumuliert, sondern bilden vornehmlich am Unterhang einen Fällungssaum, dessen Lage durch den Grundwasserstand in der Senke bestimmt wird. Mit dem Grundwasser bewegen sich außerdem zusätzlich Stoffe in Trockenperioden aus der Senke in etwas höher gelegene Bereiche. Das wurde insbesondere in Salzbodenlandschaften arider Klimate beobachtet, wenn auch diese Form lateraler Stoffumlagerung nur über eine kurze Distanz erfolgt.

Laterale Stoffumlagerungen können entscheidend die Bildung von Böden beeinflussen, wurden aber bisher wenig systematisch untersucht.

11. Profildifferenzierung

Die geschilderten Prozesse laufen in einem Boden nicht isoliert voneinander ab, sondern mehr oder weniger gleichzeitig, wenn auch stets einige zeitweilig dominieren. Sie beeinflussen sich in ihrem Ablauf gegenseitig. Erst das Zusammenspiel vieler Prozesse führt zu einem Boden. Dieser ändert im Laufe der Zeit ständig seine Eigenschaften: er macht eine Entwicklung durch. Je länger der Zeitraum ist, in dem die bodenbildenden Faktoren wirken, desto weiter ist ein Boden entwickelt und desto stärker ist er im allgemeinen in Horizonte mit unterschiedlichen Eigenschaften differenziert.

Die Entwicklung eines Bodens verläuft im allgemeinen sehr langsam. Da allenfalls die Anfangsstadien im Laufe eines Menschenalters verfolgt werden können, muß die Entwicklung eines Bodens im allgemeinen rekonstruiert werden. Dabei sind einmal die Eigenschaften der Bodenhorizonte untereinander und mit denen des Ausgangsmaterials zu vergleichen. Außerdem sind die Bodeneigenschaften mit denen anderer Böden zu vergleichen, deren Entwicklung unter den gleichen Faktoren ablief, aber später begann (z. B. auf Decken vulkanischer Lava unterschiedlichen Alters oder nach zwischenzeitlicher Erosion) oder früher unterbrochen wurde, weil sie unter einer Sedimentdecke begraben wurden. Eine zusätzliche Schwierigkeit besteht aber darin, daß sich im Laufe der Entwicklung eine oder mehrere der bodenbildenden Faktoren änderten, was oft für das Klima gilt. Das gilt in besonderem Maße für Grundwasserböden, weil sich deren Grundwasserstand sehr leicht ändert.

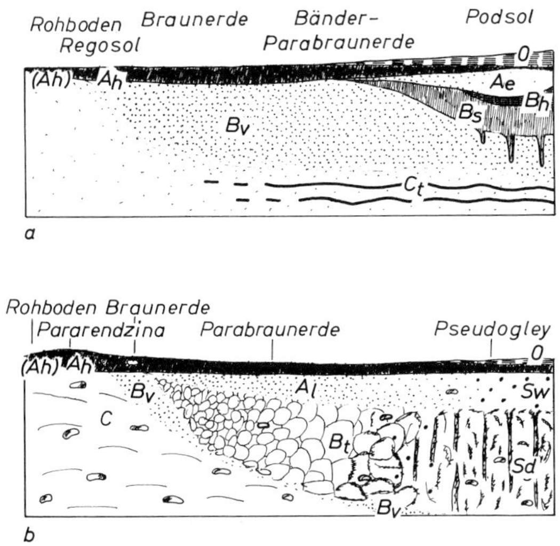

Abb. 189 Mögliche Profilentwicklungen aus Dünensand (a) und jungpleistozänem Geschiebemergel (b) in Nordwestdeutschland

Im folgenden sollen als Beispiele mögliche Entwicklungsreihen oder *Sukzessionen* aus *Dünensand* (Abb. 189 a) und *Geschiebemergel* (Abb. 189 b) beschrieben werden (Erläuterung der Bodennamen siehe Kap. XXIX 2).

Der *Dünensand* (z. B. 80 % Quarz, 15 % Feldspäte, 5 % Glimmer) wurde nach seiner Ablagerung im Spätglazial von einer Tundrenvegetation besiedelt, wodurch ein Rohboden entstand. Zersetzung, Humifizierung und Mischung ergaben einen wachsenden, feinkrümeligen, humosen A-Horizont. Kryoklastische Verwitterung hatte während der ausklingenden Kaltzeit insbesondere die Glimmer zerteilt. Das ermöglichte im Holozän eine rasche Verbraunung bis in 60 – 100 cm Tiefe, wobei auch 1 – 2 % Ton gebildet wurde. Bei pH-Werten von 7 – 5 wurde dieser (und vermutlich auch atmogener) Ton teilweise verlagert und in 1 – 2 m Tiefe in Form von Bändern abgesetzt, während sich als Humusform ein mullartiger Moder bildete. Unter kühlfeuchtem Klima des Subatlantikums verzögerten unter Eichen-Birken-Wald zunehmende Versauerung und Nährstoffverarmung den Streuabbau; damit setzte eine Umlagerung von Al und später auch von Fe in organischer Komplexbindung ein. Durch Streunutzung und nach Rodung des Waldes verstärkten sich unter Callunaheide Rohhumusbildung und Podsolierung, so daß schließlich ausgeprägte Humus- und Fe/Al-Anreicherungshorizonte entstanden, die insbesondere in früheren Wurzelbahnen tief in den Unterboden reichten und teilweise zu Ortstein verhärteten. Gleichzeitig verdichtete der kaum noch belebte Ae-Horizont durch Sackung, während die Versauerung über 2 m hinaus erfolgte. Auch nach Aufforstung mit Kiefern ging die Podsolierung weiter und die pH-Werte des Oberbodens sanken unter 3, u. a. durch Schwefelsäure anthropogen verschmutzter Luft. Parallel dazu verliefen extreme Silicatverwitterung und Nährstoffverarmung.

Auf *Geschiebemergel* (z. B. 40 % Quarz, je 20 % Carbonate und Tonminerale, je 10 % Feldspäte und Glimmer) ließen Streuproduktion und intensive Tätigkeit wühlender Bodentiere im Frühholozän rasch einen mächtigen humus- und carbonathaltigen Oberboden mit lockerem Krümelgefüge entstehen. Carbonatlösung, die bereits vor der Besiedlung durch Organismen einsetzte, führte zu einer kontinuierlichen Vertiefung des Solums, wenngleich die Intensität der Carbonatauswaschung im Laufe der Zeit vermutlich abnahm, weil der Oberboden von mehr Sickerwasser durchzogen wird als der Unterboden. Der Entkalkung folgten Verbraunung und Tonbildung vor allem durch Verwitterung der Glimmer; gleichzeitig wurde im wenig belebten, relativ (durch Entkalkung) und absolut mit Ton angereicherten Unterboden das Kohärentgefüge des Gesteins periodisch in Subpolyeder umgeformt. Außerdem setzte Tonverlagerung ein, die vermutlich unter den kontinentalen Klimaverhältnissen des Boreal besonders intensiv ablief, später auch Feinschluff erfaßte, heute aber weitgehend infolge starker Bodenversauerung zum Stillstand gekommen ist. Der häufig dicht lagernde Geschiebemergel selbst, Sackungsverdichtung (als Folge der Entkalkung) und Einlagerungsverdichtung führten dann unter den relativ kühlfeuchten Klimaverhältnissen des Subatlantikums zeitweilig zum Wasserstau, wodurch der Unterboden marmorierte und im Oberboden Fe/Mn-Konkretionen entstanden. Geringere Organismentätigkeit als Folge zunehmender Nährstoffverarmung und zeitweiligem O_2-Mangel ließen die Mächtigkeit des humosen Oberbodens abnehmen und bisweilen ein Plattengefüge entstehen sowie schwache Podsolierung beginnen.

Landböden durchliefen in Mitteleuropa wohl die in Abb. 190 dargestellten Stadien, allerdings nicht immer bis zum Ende, da seit Rückzug des Eises oft nur 10 000 Jahre Zeit blieb und Erosion zu Unterbrechungen führte.

Neben den *rezenten Böden*, deren Entstehung unter der derzeitigen Konstellation der Bodenentwicklungsfaktoren erfolgte, gibt es Böden, die sich in früheren geologischen Epochen unter andersartigen Bedingungen bildeten. Diese *Paläoböden*[65] blieben entweder als *fossile Böden* unverändert erhalten, wenn sie durch neue Sedimente überdeckt und in ihrer weiteren Entwicklung unterbrochen wurden, oder befinden sich als *Reliktböden* an der Erd-

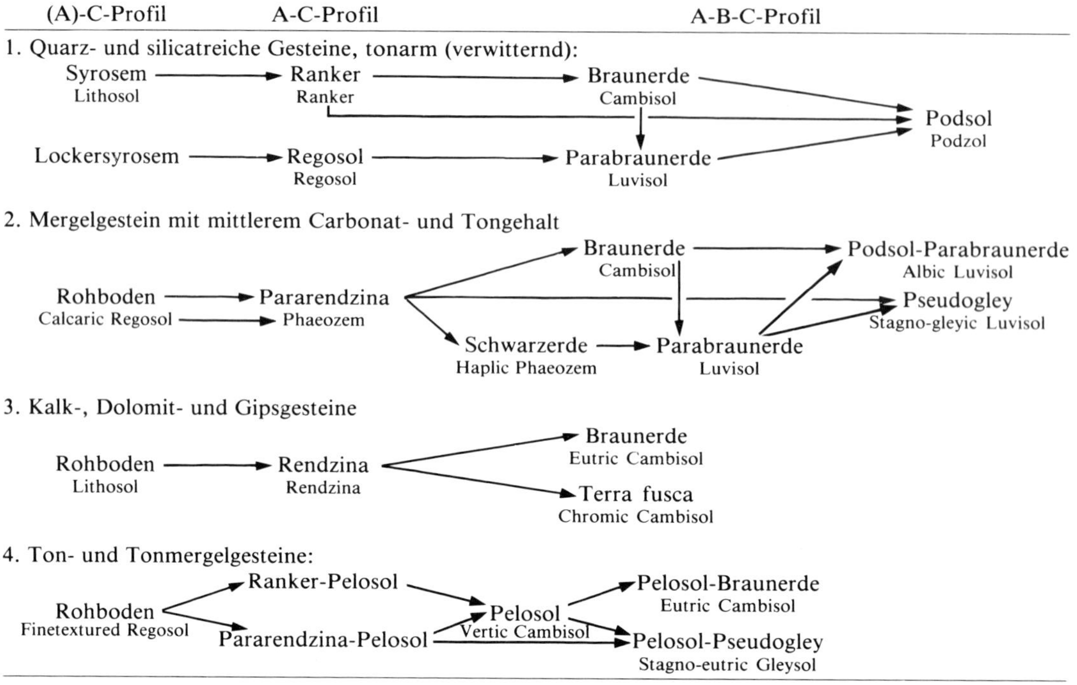

Abb. 190 Bodenentwicklung in Mitteleuropa in Abhängigkeit vom Gestein

oberfläche und unterliegen nunmehr einer Bodenentwicklung, die den heutigen Bedingungen entspricht (polygenetische Böden). Die früher geprägten Merkmale der Böden werden dadurch entweder weitgehend beseitigt (in Mitteleuropa z. B. oft infolge starker Tondurchschlämmung), oder bleiben auf Grund ihrer Stabilität in so hohem Ausmaße erhalten, daß der ehemalige Bodentyp noch eindeutig nachweisbar ist.

Alte Landoberflächen, die zum Teil schon im *Tertiär* oder in früheren Epochen vorhanden waren, finden sich heute noch z. B. in höher gelegenen Gebieten der Tropen, aber auch im gemäßigt-humiden Klimabereich, z. B. in großen Teilen des Rheinischen Schiefergebirges und anderer deutscher Mittelgebirge. Auf solchen Landoberflächen änderte sich im Laufe der Zeit mehrfach, zum Teil tiefgreifend, die Konstellation der Faktoren der Bodenentwicklung. Auf diese Weise wurde ein Teil der dort verbreiteten Böden durch verschiedenartige, einander u. U. sogar entgegenlaufende Prozesse geformt. Viele Böden der Tropen und Subtropen sind als Produkt einer derartigen sog. polycyclischen Entwicklung genetisch sehr schwer zu deuten. Auch in Mitteleuropa sind Reste der Böden, die während der tropischen und subtropischen Klimaperioden der Kreide und des Tertiärs gebildet wurden, noch vorhanden. Soweit sie nicht überdeckt wurden, unterlagen sie jedoch während des Pleistozäns und Holozäns einer erneuten, anders gearteten Bodenentwicklung.

Während der Warmzeiten (Interglaziale) und der kürzeren Wärmeperioden (Interstadiale) des *Pleistozäns* fand in Mitteleuropa wiederholt eine Bodenentwicklung statt, die in vielen Fällen durch die sich anschließende Kaltzeit infolge Geschiebemergelablagerung, Lößaufwehung usw. beendet wurde. Diese Paläoböden treten in mächtigen Lößablagerungen oft stockwerkartig auf und dienen heute vielfach der Erforschung des geologischen Ablaufs des Pleistozäns[65].

Auch auf geologisch sehr jungen Gesteinen verlief die Bodenentwicklung nicht ungestört, wie an den Beispielen des Dünensandes und des Geschiebemergels bereits angedeutet wurde. Das Klima erreichte zunächst während des *Spätglazials* in der Böllingzeit und der Allerödzeit zwei schwache Wärmemaxima (s. Tab. 101 im Anhang), die sich auch bodenkundlich in einigen Teilen Deutschlands nachweisen lassen. In der wärmsten und zugleich trockensten Periode des *Holozän*, im Boreal (6800 – 5500

v. Chr.) entstanden mancherorts Schwarzerden. Die Entwicklung dieser Böden ist seit Einsetzen des feuchteren Atlantikums beendet und wurde durch Bodenbildungsprozesse humiderer Klimate abgelöst.

Literatur

[1] *Duchaufour, Ph.* (1977): Pédologie. Masson, Paris.
[2] *Jenny*: Zit. 1 in Kap. XXVI.
[3] *Wilding* et al.: Zit. 2, in Kap. XXVI.
[4] *Buol, S. W., F. D. Hole & R. J. MacCracken* (1980): Soil genesis and classification. University Press, Ames (Iowa).
[5] *Ollier, C.* (1984): Weathering. Longman, London.
[6] *Tedrow, J. C.* (1977): Soils of the polar landscapes. Rutgers, New Brunswick.
[7] *Washborn, A. L.* (1979): Geocryology. Arnold, London.
[8] *Catt, J. A.* (1986): Soils and quarternary Geology. Clarendon, Oxford.
[9] *Blume, H.-P.* (1981): Z. Pflanzenernähr. Bodenk. *144*, 156 – 163.
[10] *Kopp*: Zit. 13 in Kap. XXVI.
[11] *Zezschwitz, E. von* (1976): Geol. Jb., *F 3*, 53 – 105.
[12] Arbeitskreis Standortkartierung (1980): Forstl. Standortaufnahme. Landw. Verlag, Münster.
[13] *Babel, U.* et al. (1980): Z. Pflanzenernähr. Bodenk. *143*, 564 – 568.
[14] *Babel, U.* (1985): Basic organic components, in: *P. Bullock* et al.: Handbook for soil thin section description. Waine Res. Publ., Wolverhampton.
[15] *Brewer, R.* (1964): Fabric and Mineral Analysis of Soils. Wiley, New York.
[16] *Blume, H.-P.* (1964): Trans. 8th Int. Congr. Soil Sci., Bukarest 5, 715 – 722.
[17] *Laves, D.* (1970): Ber. Dtsch. Ges. geol. Wiss. *B 15*, 363.
[18] *Khalita, E. & S. W. Buol* (1968): Soil Sci. Soc. Am. Proc. *32*, 857.
[19] *Gombeer, R. & J. D. Hoore* (1971): Pedologie *21*, 311.
[20] *Kußmaul, H. & E.-A. Niederbudde* (1979): Z. Pflanzenernähr. Bodenk. *142*, 586 – 600.
[21] *Petersen, L.* (1976): Podzols and podzolization. DSR-Forlag, Kopenhagen.
[22] *Wiechmann, H.* (1978): Stoffverlagerung in Podsolen. Ulmer, Stuttgart.
[23] *DeConnick, F.* (1980): Geoderma *24*, 101 – 128.
[24] *Mokma, D. L. & P. Buurman* (1982): Podzols and podzolization in temperate regions. Int. Soil Ref. Inform. Centre, Wageningen.
[25] *Farmer, V. C.* et al. (1985): J. Soil Sci. *36*, 87 – 95.
[26] *Blume, H.-P.* (1968): Z. Pflanzenernähr. Bodenk. *119*, 124 – 134. Stauwasserböden. Ulmer, Stuttgart.
[27] *Schlichting, E. & U. Schwertmann* (Eds.) (1973): Pseudogley und Gley. Verlag Chemie, Weinheim.
[28] *Workshop* (1985): Wetland soils: characterization, classification, utilization. IRRI, Manila.
[29] *Stucki* et al. (1988): Iron in soils and clay minerals. D. Reidel, Dordrecht.
[30] *Brinkmann, R.* (1979): Ferrolysis, a soil-forming process in hydromorphic conditions. Agric. Res. Rep. 887, Wageningen.
[31] *Eaqub, M. & H.-P. Blume* (1982): Z. Pflanzenernähr. Bodenk. *145*, 470 – 482.
[32] *Meyer, B. & H. Rohdenburg* (1966): Mitt. Dtsch. Bodenkdl. Ges. *5*, 1.
[33] *Sehgal, J. L.* (1972): Geoderma *8*, 59.
[34] *Reeves, C. C.* (1976): Caliche. Estado Books, Lubbock.
[35] *Nettleton, W. D. & F. F. Peterson*: in Zit. 2 in Kap. XXVI.
[36] *Jahn, R., Th. Gudmundsson & K. Stahr* (1985): Catena, Suppl. *7*, 87 – 97.
[37] *Harrach, T.* (1963): Gießener Abh. *24*.
[38] *Yaron, B., E. Dantors & Y. Vaadia* (Eds.) (1973): Arid zone irrigation. Springer, Berlin.
[39] *Bresler, C., B. L. McNeal & D. L. Carter* (1982): Saline and sodic soils. Springer, Berlin.
[40] *Caesar, K.* (Ed.) (1986): Einführung in den tropischen und subtrop. Pflanzenbau. DLG-Verlag, Frankfurt.
[41] *Dan, J.*: in Zit. 38, S. 11 – 30.
[42] *Dan, J. & D. H. Yaalon* (1982): Catena, Suppl. *1*, 103 – 115.
[43] *Smettan, V. & H.-P. Blume* (1987): Catena *14*, 333 – 343.
[44] *Worthington, E. B.* et al. (1977): Arid Land Irrigation in Developing Countries. Pergamon, Oxford.
[45] *Carter, D. L.* (1981): in Zit. 39.
[46] *Hole, F. D.*: Zit. 8 in Kap. IX.
[47] *Borst, G.* (1968): Trans. 9. Int. Congr. Soil Sci. Adelaide *2*, 19 – 27.
[48] *Ahmad, N.*: in Zit 2 in Kap. XXVI.
[49] *Yaalon, D. H. & D. Kalmar* (1978): Earth Surface Processes *3*, 31 – 42.
[50] *Springer, M. E.* (1958): Soil Sci. Soc. Am. Proc. *22*, 63 – 66.
[51] *Berg, Th. & R. F. Black* (1966): Preliminary measurements of growth of nonsorted polygons; in: *J. Tedrow* et al., Antarctic soils and soil forming processes, 61 – 108; Publ. *14 18* d. Am. Geophysical Union.
[52] *Alaily, F.* (1987): Catena *14*, 345 – 358.
[53] *Blume, H.-P.* (1987): Z. Geomorph. *31*, 443 – 448.
[54] *Rohdenburg, H. & B. Meyer* (1968): Mitt. Dtsch. Bodenkdl. Ges. *5*, 1 – 135.
[55] *Laatsch, W.* (1971/72): Forstl. Zentralblatt *90*, 159 und *91*, 309.
[56] *Carson, M. A. & M. J. Kirkby* (1972): Hillslope form and process. Cambridge, University Press.
[57] *Gerrard, A. J.* (1981): Soils and Landforms. Allan, London.

[58] *Wilhelmy, H.* (1974): Klimamorphologie in Stichworten. Hirt, Kiel.
[59] *Richter, G. & W. Sperling* (1976): Bodenerosion in Mitteleuropa. Wissenschaftl. Buchges., Darmstadt.
[60] *Kirkby, M. G. & R. P. Morgan* (1980): Soil erosion. Wiley, New York.
[61] *Blume, H.-P.*: in Zit. *27*.
[62] *Jenny, H.*: Zit. 1 in Kap. XXVI.
[63] *Schlichting, E. & V. Schweikle* (1980): Soil Sci. *130*, 200 – 204.
[64] *Schlichting, E.* (1963): Z. Pflanzenernähr. Bodenk. *100*, 121.
[65] *Bronger, A.* (Ed.) (1982): Bibliography on Paleopedology. Mitt. Dtsch. Bodenkdl. Ges. *35*, 1 – 314.

XXVIII. Bezeichnung und Definition der Bodenhorizonte

Bodenhorizonte werden durch Buchstaben- und/oder Zahlen-Symbole gekennzeichnet. Dabei werden mit Großbuchstaben die Lage im Profil sowie die Zugehörigkeit zum Humus-, Mineral- und/oder Grundwasserkörper signiert. Spezifische Wirkungen bodenbildender Prozesse wurden früher durch nachgestellte Ziffern, heute durch Kleinbuchstaben gekennzeichnet.

In dem folgenden Konzept[1] wurden Horizontsymbole mit international gebräuchlichen Definitionen diagnostischer Horizonte bzw. Merkmale[2,3] belegt. Danach müssen z. B. bei einem Bt-Horizont nicht allein Tonbeläge eine Tonverlagerung belegen, sondern diese muß deutlich sein, d. h. bei einem Sandboden einen Tongehaltsunterschied von mindestens 3 % zwischen Ober- und Unterboden bewirkt haben. Dann ergibt sich aus einer bestimmten Horizontkombination der Bodentyp. Das Konzept wurde seitens der Systematikkommission der Deutschen Bodenkundlichen Gesellschaft an die Bedürfnisse der Deutschen Bodenkartierung angepaßt[4]. Teilweise sind verschiedene Symbole gebräuchlich, die dann beide genannt wurden. An zweiter Stelle werden seitens der FAO vorgeschlagene (oder andere in Deutschland gebräuchliche, dann mit * signierte) Symbole genannt, deren Anwendung aber auch ohne striktes Einhalten der Definitionen diagnostischer Horizonte bzw. Merkmale möglich ist.

1. **Bodenlagen** (Haupthorizonte sowie organische und mineralische Ausgangssubstanzen) werden durch große Buchstaben bezeichnet; vorangestellte Kleinbuchstaben gestatten eine nähere Kennzeichnung des Ausgangsmaterials bzw. vom Ausgangsmaterial erworbener Eigenschaften:

a) Unterwasserhorizonte

F		Horizont am Gewässergrund mit über 1 % org. Substanz; diagn. Hor. der Unterwasserböden; Röhrichtzone aber Torf, d. h. H

b) Organische Lagen
(über 30 Gew.-% org. S.)

H	H	*Torfhorizont* (engl. histic hor.); organischer Horizont im Oberboden, durchgehend über 30 Tage naß oder gedränt (diagn. Hor. der Moore; n. FAO b. Sanden 20, b. Lehmen u. Schluffen 20 – 30 % org. S. ausreichend)
nH		*Niedermoortorf* (m. Resten v. Phragmites, Typha, Carex, Hypnum, Alnus und/oder Salix)
hH		*Hochmoortorf* (m. Resten v. Sphagnum, Eriophorum dros. und/oder Zwergsträuchern)
üH		*Übergangsmoortorf* (m. Resten v. Betula pub., Pinus silv. und/oder Scheuchzeria pol. sowie nH- bzw. hH-Pflanzen)
L	O_L*	*Streu,* weitgehend (über 90 %) unzersetztes org. Ausgangsmaterial (engl. litter;)
O	O	Organischer Horizont, dem Mineralboden aufliegend (n. FAO >35 % org. S.)

c) Mineralische Lagen
(unter 30 Gew.-% org. S.)

Aa	HA*	*Anmoorhorizont* im Oberboden und Grundwasserbereich (durchgehend über 30 Tage naß oder gedränt) m. 15 – 30 Gew.-% org. Substanz
A	A	*Mineralhorizont im Oberboden* mit akkumuliertem Humus und/oder an Mineral(stoff)en verarmt (in ariden Gebieten auch angereichert)
Ai	(A)*	*Nano*-A, d. h. geringmächtiger A-Hozizont (unter 2 cm oder nur stellenweise vorhanden; diagn. Hor. der Rohböden)
	E	*Eluvialhorizont,* gegenüber A durch Auswaschung an Huminstoffen, Ton bzw. Fe, Mn verarmt
B	B	*Mineralhorizont im Unterboden* mit verändertem Mineralbestand durch Einlagerung aus Oberboden und/oder Verwitterung in situ (m. unter 75 Vol.-% Festgesteinsresten und Farbänderung gegenüber Ausgangsgestein)
G		Mineralhorizont im Grundwasserbereich mit redoximorphen Merkmalen (als Go, Gr, Gc diagn. Hor. d. Gleye und Marschen)
lC	C	*Lockergestein* mit grabbarer Feinerde [monomineralisch Härte unter 2 (z. B.

Kalk), sonst m. Calgon in 15 h dispergierbar]

mC R *Festgestein*

Vorangestellte Kleinbuchstaben bzw. Symbole zur näheren Charakterisierung des Gesteins:

a *alluviales* Gestein (feinschichtig oder m. wechselnden, zur Tiefe ansteig. Humusgehalten oder m. über 0,35 % org. S. oder innerhalb 125 cm Tiefe sulfidhaltig; aC = diagn. Lage d. Auenböden)

o *äolisches,* d. h . vom Wind sedimentiertes Substrat

q *silicatisches* Gestein, kalkfrei bis -arm (unter 2 % $CaCO_3$); (qmC = diagn. Lage der Ranker, qlC = der Regosole)

e *mergeliges* Gestein, m. 2 – 75 % $CaCO_3$ (eC = diagn. Lage d. Pararendzina)

k *kalkhaltiges* Gestein, m. über 75 % $CaCO_3$ (kC = diagn. Lage der Rendzina)

t *toniges* Gestein, m. über 45 % Ton (tC = u. a. diagn. Lage des Pelosol)

f *fossiler* Horizont

r *reliktischer* Horizont

II, III *Gesteinsschichten,* aus denen die darüber liegenden Bodenhorizonte nicht entstanden (z. B. A – IIB)

2. **Horizontmerkmale,** die das Ergebnis bodenbildender Prozesse darstellen, werden durch nachgestellte Kleinbuchstaben bezeichnet. In der BRD werden dafür z. T. auch Großbuchstaben verwendet:

f *fermentiert:* m. vielen (30 – 90 % d. org. S.) zerkleinerten, geschwärzten Pflanzenresten (Verwendung als Of, Hf)

h h *huminstoffakkumuliert:* und zwar mit über 0,6 (b. Sanden), 0,9 (b. Lehmen) bzw. 1,2 (b. Tonen) Gew.-% humifizierter org. Substanz *und*
als Bh m. Quotienten aus pyrophosphatlösl. C und Fe von über 10, *oder*
als Oh bzw. Hh m. über 70 % d. org. S. Feinhumus (s. Kap. XXVII 2 a)

i (h) als A(h) *Krypto-A* (engl. ochric A) m. unter 0,6 (b. Sanden), 0,9 (b. Lehmen) bzw. 1,2 (b. Tonen) Gew.-% Humus (diagn. Hor. d. Lockersyrosem-Regosole, Xerosole, Yermosole)

r r *reduziert:* überwiegend anaerobe Verhältnisse (an über 300 Tagen rH-Wert unter/gleich 19) *und*
Reduktionsfarben (über 95 Vol.-% Munsell-Farbton N oder blauer 5 Y); Verwendung als Gr, Br (z. B. neben Mülldeponien), Cr

o *oxidiert:* rostfleckiger (bes. Aggregatoberflächen) bzw. kalkfleckiger Horizont über Grundwasser gelegen (oder drainiert); Verwendung als Go

s s *sesquioxidakkumuliert:* durch Fe-Anreicherung Munsell-Farbton mindestens 1 Stufe roter als benachbarte Horizonte *und*
als Bs (engl. spodic B) m Quotienten aus pyrophosphatlösl. C und Fe von unter 3 (Bhs: 3 – 10), *oder*
als Gso m. mindestens 2 cm großen FeMn-Konkretionen oder 1 cm dicken Schwarten mit jeweils über 10 % Flächenanteil

b bandförmige Anreicherung (< 2 cm dick), z. B. bt = Tonband, bs = Fe-Band

e *sauergebleicht:* an FeMn durch Podsolierung verarmt (Munsell-Farbwert ≥ 4, Farbwert: Farbtiefe ≥ 2,5), d. h. über Bh bzw. Bs gelegen (u. mit diesen diagn. H. d. Podsole)

S g *marmoriert:* durch Stauwasser zeitweilig naß und dann rH-Wert ≤ 19 *und* > 80 (Flächen) % Konkretionen, Bleich- und/oder Rostflecken (n. FAO rostfleck. Grund- oder Stauwasserhorizont)

Sw Ag* *naßgebleicht* (Munsell-Farbwert ≥ 4, Farbtiefe ≤ 2,5) neben Rostflecken und Konkretionen, besser wasserleitend als Sd

Srw Aeg* an Fe/Mn verarmt, Konkretionen bzw. Rostflecken fehlend oder < 1 % (diagn. H. der Stagnogleye)

Sd Bg* helle (Munsell-Farbton 2,5 Y bzw. 5 Y) und rostfleckige (Farbton 7,5 YR oder roter, Farbtiefe > 3,5) Matrix sowie gebleichte Aggregatoberflächen (Farbtiefe 0 – 2), schlechter wasserleitend als Sw (kf oft < 1 cm/d)

Sg *haftnaß,* helle und rostfleckige Matrix wie Sd, kaum aggregiert (diagn. H. der Haftnässepseudogleye)

t t *tonakkumuliert* (FAO: argillic h.): durch Lessivierung mit Ton angereichert [gegenüber A in den oberen 30 cm um absolut 3 (bei Sanden), 5 (bei Lehmen) bzw. 8 (bei Tonen) % erhöht] *und*
entweder sichtbare Tonhäute an Aggregatoberfl. und in feinen Poren (bzw. über 1 Vol.-% im Dünnschliff) oder sichtbare Tonbrücken zwischen Sandkörnern (bzw. m. Lupe erkennbar); Verw. als Bt

l *lessiviert:* an Ton durch Auswaschung verarmt (d. h. als Al über Bt gelegen und Tongehalt nach unten zunehmend)

u *ferralitisiert* (ähnl. FAO: oxic h.): stark verwitterter über 30 cm mächtiger Horizont m. unter 5 Vol.-% Festgesteinsresten *und*
über 15 % Ton (davon aber stellenweise weniger als ⅓ dispergierbar) *und*
AK des Tones < 16 mval/100 g *und*

reale AK des Tones < 10 mval/100 g *und* kaum verwitterbare Minerale (2:1 Tonminerale, Feldspäte, Glimmer), (als Bu diagn. H. der Ferralsole)

v w *verwittert:* und zwar
als mCv mit zerteiltem Festgestein,
als lCv mit geringerem Kalkgehalt oder V-Wert als weiter unten,
als Bv (ähnl. FAO: cambic B) *außerdem* verbraunt (Farbtiefe stärker als weiter unten) oder verlehmt (mehr Ton als weiter unten), hingegen Silicate nur mäßig verwittert (AK d. Tones > 16 mval/100 g oder über 6 % Muskovit oder über 3 % verwitterbare Minerale (s. bei u); geringmächtiger (< 5 cm) Bv = (Bv)

c k *kalkakkumuliert* (FAO: calcic h.): stark kalkhaltig (über 15 %) *und*
entweder über 5 % mehr Kalk als im Gestein *oder* über 5 Vol.-% als Sekundärkalk (Anflüge, Konkretionen); (c): Kalkgeh. unter 15 % und mit Sekundärkalk

z z *salzakkumuliert* (FAO: high salinity): elektr. Leitfähigkeit des Sättigungsextraktes der oberen 25 cm beträgt über 4 mS/cm [bei einem pH(H_2O)-Wert > 8,5] oder die eines Horizontes zwischen 0 – 125 cm (bei Sanden), – 90 cm (bei Lehmen), – 75 cm (bei Tonen) beträgt über 15 mS/cm

P a* *vertisch:* toniger (> 45 %) Horizont m. zeitweilig breiten Trockenrissen (in 50 cm Tiefe > 1 cm breit) *und*
in sich dichten Absonderungsaggregaten (> 5 cm ∅), bzw. slicken sides, bzw. Bodenoberfläche mit Gilgairelief;
diagn. H. d. Pelosole und Vertisole

m m *verfestigt* (FAO: petric phase): über 40 % des Horizontes pedogen verfestigt (Aggregate zerfallen nicht in Wasser); als Bsm (= *Ortstein*), Gom (= *Raseneisenstein*), Bum (= Plinthit), Ccm oder Gcm (= petrocalcic h.), Cjm oder Gjm (= ständig gefroren bzw. Permafrost)

p p *gepflügt:* durch Bearbeitung weitgehend homogenisiert (Verwendung als Ap oder Hp = Ackerkrume)

j *kryoturbat* (schwed. Tjäle): Horizont über Permafrost (oder reliktisch) *und* mit Merkmalen kryoturbater Mischung (eingeregelte Steine, Würgespuren, Frostkeile)

n n *alkalisiert:* pH(H_2O) über 8,5 *und*
Na-Sättigungsgrade > 15 % oder Na + Mg > Ca – Sättigungsgrad
(als Btn mit Säulengefüge diagn. H. d. Solonetzes)

y y *gipsakkumuliert* (FAO: gypsic h.): Horizont mit sekundärem $CaSO_4$ angereichert (Konkretionen, sichtbare Einzelkristalle, Anflüge) *und*
über 15 cm mächtig *und*
über 5 % mehr Gips als im Gestein *und*
Produkt aus Hor. mächtigk. und Gipsgeh. > 150

k c *konkretionär:* > 5 Vol.-% Konkretionen

q *Si-akkumuliert:* Horizont mit sekundärem Si-Oxid angereichert; z. B. als mq Silcret

x *fragipan:* dichter, wenig durchlässiger Unterbodenhorizont, nur im trockenen Zustand fest

T Unterbodenhorizont aus dem Lösungsrückstand von Kalkstein mit > 45 % Ton, polyedrisch leuchtend braungelb bis braunrot gefärbt (Munsell-Farbtiefe > 5); diagn. H. von Terra fusca u. rossa

E Mineralbodenlage aufgetragenen Plaggenmaterials mit Humusgehalt entsprechend Ah

M durch Wasser (als Kolluvium) bzw. Wind (als Äolium) umgelagertes Mineralbodenmaterial mit Humusgehalt entsprechend Ah

R Mischhorizont, durch Rigolen bzw. Tiefumbruch entstanden

Y Anthropogener Auftrag

3. **Bodenhorizonte** werden nun durch einen Großbuchstaben und nachgestellte(n) Kleinbuchstaben gekennzeichnet. Dabei werden unterhalb der Definitionsschwelle ausgeprägte Merkmale den ausgeprägten vorgeschaltet (z. B. schwacher Ae + deutlicher Ah = Aeh) oder in Klammern gesetzt [z. B. schwacher Cc = C(c]. Dünne (< 1 cm) Bändchen werden durch ein vorangestelltes b signiert, z. B. Tonbänder als Bbt, Eisenbänder (FAO: placic h.) als Bbs.

Bei *Übergangshorizonten* werden die jeweiligen Horizontbezeichnungen nebeneinander gestellt, z. B. AC- oder AhBv-Horizont.

Bestimmte Horizontkombinationen ergeben dann nach der deutschen Bodenklassifikation einen Bodentyp: z. B. Ah-Bv-C = Braunerde (Näheres hierzu s. Kap. XXIX 2).

Literatur

[1] *Schlichting, E. & H.-P. Blume* (1979): Mitt. Dtsch. Bodenkdl. Ges. *29*, 765 – 774.
[2] Soil Survey Staff (1975): Soil Taxonomy. Agric. Handbook 436, Washington.
[3] FAO-Unesco (1988): Soil map of the world (überarbeitete Legende). FAO-Rom.
[4] Arbeitskreis Bodensystematik (1985): Systematik der Böden der BRD. Mitt. Dtsch. Bodenkdl. Ges. *44*.

XXIX. Bodensystematik

Böden, die den gleichen Entwicklungszustand, der durch eine bestimmte Horizontkombination ausgedrückt wird, aufweisen, bilden einen Bodentyp. Die Benennung der Bodentypen erfolgt in Deutschland nach einer auffälligen Eigenschaft wie der Farbe (z. B. Braunerde) oder nach der Zugehörigkeit zu einer Landschaft (z. B. Marsch oder Moor). Vielfach werden auch ausländische Namen wie Rendzina (poln.) Gley (russ.) oder Dy (schwed.) oder Kunstnamen (z. B. Pelosol) verwendet.

Die Bodennamen sind dabei genau definiert, und zwar nach bodeneigenen Merkmalen. Bisweilen findet man Böden nach ihrem Ausgangsgestein (z. B. Lößboden), der geologischen Formation, der das Ausgangsgestein angehört (z. B. Keuperboden), der Körnung (z. B. Sandboden), der Nutzungsart (z. B. Ackerboden) oder Nutzungsmöglichkeit (z. B. Weizenboden) benannt. Solche Bezeichnungen beruhen in der Regel nur auf einem Merkmal eines Bodens. Sie sollten daher nur dann benutzt werden, wenn wirklich eine Aussage in bezug auf das eine Merkmal beabsichtigt ist. Es ist also z. B. nicht erlaubt, mit „Sandboden" eine ökologische Charakterisierung vornehmen zu wollen, da die Eigenschaften eines Wuchsortes nicht nur von der Körnung abhängen.

Böden werden, wie andere Naturkörper auch, klassifiziert, und zwar nach realen Eigenschaften. Sie können dabei nach ihrer Entstehung und das heißt *genetisch*, oder nach ihrer Wirkung auf andere Objekte und das heißt *effektiv* klassifiziert werden[1]. Die im folgenden zu behandelnden Klassifikationssysteme sind vorrangig genetisch konzipiert, wenngleich teilweise in den niedrigen Kategorien der Systematik auch nach ökologisch relevanten Eigenschaften geordnet wird. Eine genetische Klassifizierung läßt aber selbstverständlich auch Aussagen über die Nutzbarkeit von Böden zu (s. Kap. XXXIII), da ein Boden eines bestimmten Entwicklungszustandes eine bestimmte Kombination von Eigenschaften darstellt, die auch im Hinblick auf spezifische Nutzungen interpretiert werden können. Aus diesem Grunde erfolgt die Kartierung der Böden, die in Deutschland den Geologischen Landesämtern obliegt, in der Regel nach einer genetischen Systematik.

Effektive Klassifikationen erfolgen nach Bodeneigenschaften, die für eine bestimmte Nutzung von ausschlaggebender Bedeutung sind. So gliedert der Bodenmechaniker, der einen Boden als Baugrund zu beurteilen hat, Böden nach ihrer mechanischen Belastbarkeit. Kartierungen, die Böden effektiv ordnen, sind aber ökonomisch betrachtet auf die Dauer uneffektiv, weil sie mit einem Wechsel der Nutzungsform unbrauchbar werden.

1. Entwicklung der Bodensystematik

Die heutige genetische Bodensystematik geht vor allem auf den Russen *W. W. Dokutschajew* (1883, 1900) zurück, der Böden als eigenständige Naturkörper betrachtete und sie als Folge vor allem des Klimas und der klimabedingten Vegetation klassifizierte. Der Amerikaner *W. E. Hilgard* (1882) und der Deutsche *E. Ramann* (1918) gingen ähnlich vor; andere berücksichtigten stärker auch die Einflüsse der übrigen bodenbildenden Faktoren, u. a. *K. D. Glinka* (1915) und *H. Stremme* (1926), während *B. Aarnio* (1926) und *K. K. Gredoiz* (1931) vor allem die Eigenschaften der Bodenkolloide als Gliederungsprinzip benutzten. Zahlreiche Bodenkundler haben dann die *Prozesse* der Bodenentwicklung in den Vordergrund der Systematik gestellt, so *A. Stebutt* (1930), *H. Pallmann* (1947) und vor allem *W. L. Kubiena* (1953). In den *USA* wurde mit der „Soil Taxonomy" ein System geschaffen, das auf vorwiegend pedogenen, gleichzeitig aber quantifizierbaren Eigenschaften *diagnostischer Horizonte* beruht[2].

Die heute in verschiedenen Staaten der Erde benutzten Klassifikationen unterscheiden sich sowohl im Gliederungsprinzip als auch in der Benennung der einzelnen Böden. Einen ersten Versuch internationaler Übereinkunft stellt eine Systematik dar, die für die Weltbodenkarte der FAO geschaffen wurde[3]. Sie gliedert nach diagnostischen Horizonten, deren Definitionen im wesentlichen die des US-Systems sind, während die Benennung der Böden den verschiedensten Sprachen entlehnt wurde.

2. Klassifikationssysteme in Deutschland

Die Böden Deutschlands wurden früher nach der von *H. Stremme* geschaffenen Einteilung gegliedert. Dabei wurde je nach dem Vorherrschen einzelner Faktoren zwischen Vegetationsbodentypen (Steppenböden, Waldböden, Heideböden), Gesteinsbodentypen (Carbonatböden, Eruptivgesteinsböden usw.), Naßbodentypen (Auen-, Marsch-, Moorböden usw.), Reliefbodentypen (Gebirgs- und Hangböden) sowie künstlichen Böden unterschieden.

Heute werden die Böden der BRD nach einem System klassifiziert, das den Profilbau eines Bodens – in dem sich die Auswirkungen aller Faktoren der Bodenentwicklung widerspiegeln –, bzw. seine Horizontkombination in den Mittelpunkt stellt. Es fußt auf dem „natürlichen" System *Kubienas*[4], das vor allem von *E. Mückenhausen* modifiziert wurde und durch die Systematik-Kommission der Deutschen Bodenkundlichen Gesellschaft laufend ergänzt wird[5]. Danach werden die Böden der Bundesrepublik kartiert. Diesem System liegt auch die folgende Gliederung der Böden Mitteleuropas weitgehend zugrunde.

Oberste Kategorien dieses Systems sind die *Abteilungen*, bei denen nach dem Wasserregime zwischen den *terrestrischen* oder Landböden, den *semiterrestrischen* oder *Grundwasserböden* und den *subhydrischen* oder *Unterwasserböden* unterschieden wird. Dazu treten die nur einen Humuskörper aufweisenden *Moore* und schließlich die *anthropogenen Böden* oder Kultosole.

Es folgen die *Boden-Klassen*, bei denen die Landböden nach ihrem Entwicklungszustand bzw. dem Grad der Differenzierung in Horizonte untergliedert werden. Klassen der Grundwasserböden sind die Gleye sowie die heute oder früher periodisch mit Süßwasser überfluteten *Auenböden* und mit Salzwasser überfluteten *Marschen*; hier liegt also eine weitere Differenzierung nach dem Wasserregime vor. Die Boden-Klassen sind in *Boden-Typen* gegliedert, die sich bei juvenilen Landböden nach lithogenen Profilmerkmalen, bei stärker entwickelten nach der Entwicklungsart unterscheiden. Die Typen der Grundwasserböden unterscheiden sich nach dem Entwicklungszustand, die der subhydrischen Böden nach der Humusform. Die weitere Unterteilung der Bodentypen in *Subtypen*, *Varietäten* und *Subvarietäten* erfolgt unter Berücksichtigung feinerer Unterschiede des Entwicklungsgrades des Mineral- oder Humuskörpers, der Intensität bestimmter Veränderungen, lithogener Merkmale, außerdem nach Übergangsformen zwischen Typen oder Subtypen.

Dem Bodennamen wird die Angabe des Ausgangsgesteins nachgestellt; beides zusammen bildet dann die *Bodenform*. Die Hauptbodenform der heute in der DDR gebräuchlichen Bodensystematik stellt demgegenüber eine Kombination von Substrattyp und Bodentyp dar (z. B. Tieflehm-Fahlerde)[6]. *Substrattypen* unterscheiden sich dabei vor allem in der Körnung bzw. den Körnungskombinationen der Lagen eines Bodens. Sie wurden eingeführt, um ökologisch wirksamen Eigenschaften stärkere Geltung zu verschaffen.

D. Schroeder unterscheidet demgegenüber in seinem *Morphogenetischen Klassifikationssystem* zwischen lithomorphen (z. B. Ranker), klimatomorphen (z. B. Tschernosem), hydromorphen (z. B. Pseudogley) und anthropomorphen (z. B. Hortisol) Böden[7].

In der folgenden Aufstellung wichtiger deutscher Böden erfolgte eine Abgrenzung nach diagnostischen Horizonten, deren Definition Kap. XXVIII zu entnehmen ist. Dabei wurden (> 4 dm) mächtige Ah-Horizonte als Ah unterstrichen, geringmächtige Horizonte in Klammern gesetzt:

(H) = H < 3 dm, (Bv) = Ah + Bv < 25 cm.

A Landböden (Terrestrische Böden)

a) *Terrestrische Rohböden (O)**

1. Ai – mC: Syrosem (O); (A nur lückig vorhanden)
   Subtypen nach Gestein (– qmC: Ranker-O, – kmC: Rendzina-O) und Humusform (Rohhumus-O, Moder-O, sonst Typischer O).
2. Ai – lC: *Lockersyrosem* (OL); (Gesteinsrohboden aus Lockergestein)
   Subtypen nach Gestein (– qlC: Regosol – OL, – elC: Pararendzina-OL).

b) *A – C-Böden (Böden ohne verlehmten Unterboden)*

1. Ah – qmC: *Ranker* (N)*; (aus carbonatfreiem bis -armem Festgestein)
   Subtypen nach Humusform (Tangel-N), Trophie (V-Wert** < 50: Dystropher-N), als Übergangsformen (Ai-: Syrosem-N, mit 2 – 10 cm BvC: Braun(erde)-N), sonst Typischer N.
2. Ah – qlC: *Regosol* (Q)*; (aus carbonatfreiem bis -armen Lockergestein)
   Subtypen nach Trophie (V-Wert** < 50: Dystropher-Q), als Übergangsformen (Ai-: Syrosem-Q, mit 2 – 10 cm BvC: Braun(erde)-Q), sonst Typischer Q (bzw. Mull-Q).
3. Ah – kR: *Rendzina* (R)*; (aus Carbonat- oder Gipsgestein)

Subtypen nach Humusform (Moder-R, Pech-R, Tangel-R), Gestein (– kC: Rego-(sol)-R), als Übergangsform (Ai: Syrosem-R, mit 2 – 10 cm BvC: Braun(erde)-R, mit T: Terrafusca-R, mit G im 4 – 8 dm Gley-R), sonst Typische R (Mull-R).

4. Ah – eC: *Pararendzina* (Z)*; (aus Mergelgestein)
Subtypen nach Humusform (Moder-Z), als Übergangsform (Ai – : Syro(sem)-Z, mit 2 – 10 cm BvC: Braun(erde)-Z, mit SC: Pseudogley-Z, mit G in 4 – 8 dm Gley-Z), sonst Typische Z (Mull-Z).

c) *Steppenböden (T)*: Ah – eC-Profile mit mächt. Mull-Ah*

1. Dunkler Mull-Ah (Definition s. Kap. XXX 1 g): *Tschernosem* (Steppenschwarzerde)
Subtypen als Übergangsform (mit Ath: Parabraunerde-T, mit SAh bzw. SC: Pseudogley-T, mit G in 4 – 8 dm: Gley-T), sonst Typischer T.
2. Mull – Ah – Cc-: Tschernosem des Oberrheintals (brauner Steppenboden).

d) *Pelosole* (Böden tonreicher Gesteine m. vertischem Gefüge)

1. Ah – P: *Pelosol* (D)*
Subtypen nach Gestein (– tmC: Ranker-D, – tlC: Regosol-D, – eC: Pararendzina-D), als Übergangsform (mit < 15 cm Ah + Bv) Braun(erde)-D, mit SP: Pseudogley-D, mit G in 4 – 8 dm: Gley-D).

e) *Braunerden*

1. Ah – Bv – : *(Typische) Braunerde* (B)*
Subtypen nach besond. Merkmalen (V-Wert** des Bv > 70: Eu(trophe)-B, 20 – 70: Mittelbasische B, < 20: Sauer (Basenarme)-B; d_B d. Bv < 0,85 g/cm^3: Lockerb.); als Übergangsformen (mit P: Pelosol-B, mit SBv < 4 dm bzw. S in 4 – 8 dm: Pseudogley-B, mit Aeh – Bsv: Rostb., mit – Ae – Bsv: Podsol-B, mit G in 4 – 8 dm: Gley-B; nur mit (Bv) – qmC: Ranker- B, – kmC: Rendzina-B, – qlC: Regosol-B, – eC: Pararendzina-B.
2. Ah – Al – Bt – : *Parabraunerde* (L)*
Subtypen nach besonderen Merkmalen (mit – Bbt: Bändchen-L, mit rotem (min. 7,5 YR) Bt: Rötliche L), als Übergangsformen (mit mächt., dunklen Mull-Ah: Tscherno(sem)-L, mit SBt: Pseudogley-L, mit G in 4 – 8 dm: Gley-L), sonst Typische L.
3. Ah – Ael – Bt – : *Fahlerde*
Subtypen analog Parabraunerden.

f) *Podsole*

1. – Ae – Bhs – : (Typischer) Podsol (P)*
Subtypen nach Art des B-Horizontes (als Bh: Humusp., als Bs: Eisenp., als Bhs: Eisenhumusp., als Bsm: Ortsteinp.), als Übergangsform (mit mächt. Bv: Braunerde-P, mit S in 4 – 8 dm Pseudogley-P. mit Bt: Fahlerde-P. mit G in 4 – 8 dm: Gley-P).
2. *Staupodsol*
– Ae – Aeg – Bsm – : Ortsteinstaupodsol
– Ae – Bbs – : Bändchenstaupodsol

g) Terrae calcis (plastische Böden aus Carbonatgestein)

1. – T – kC: *Terra fusca* (C)*
Subtypen als Übergangsformen (mit Al: Parabraunerde-C, mit Bv (über T): Braunerde-C, mit S in 4 – 8 dm: Pseudogley-C, mit kalkhalt. Ah: kalkhaltige C, mit Tangelhumus: Tangel-C), sonst Typische C.
2. – Bu(rot) – kC: *Terra rossa*

h) Stauwasserböden (Stagnosole)

1. – Sw (bzw. – Ag) – Sd (bzw. Bg): Pseudogley (S)*
Subtypen nach besonderen Merkmalen (mit – kS: Kalkhalt. – S, – Skw: Konkretionsreicher S), als Übergangsform (z. B. mit BtS: Parabraunerde-S, mit PS: Pelo(sol)-S, mit (Bv) oberh. S: Braunerde-S, mit G in 4 – 8 dm: Gley-S), sonst Typischer S.
2. – Sg: Haftnässepseudogley
3. – Srw (bzw. Aeg) – Sd (bzw. Bg): Stagnogley

i) Kolluvium (Kolluvisole)

1. M (> 4 dm): (Typisches) Kolluvium K*
Subtypen nach Ursprung (z. B. Bv in 4 – 8 dm: Braunerde-K)
2. oM (> 4 dm): Äolium KA*

B *Grundwasserböden* (semiterrestr. B.)

a) Auenböden (Ah – a(Go)C-Böden der Flußaue)

1. Ai – aC: *Rambla*
2. Ah – qaC: *Paternia* (Auenregosol)
3. Ah – eaC: *Kalkpaternia* (Auenpararendzina)
4. Ah – kaC: *Borowina* (Auenrendzina)

---

* Abkürzungen, die auf Bodenkarten der BRD Verwendung finden[7a].
** Basensättigung in %.

5. Mächtiger Mull – Ah – aC: *Tschernitza*

6. *Ah – Bv – aC: Vega* (Auenbraunerde)
Übergangsformen bestehen zu Gleyen (z. B. unterh. Bv ein G in 4 – 8 dm: Gley-Vega) oder terrestrischen Böden

b) *Gleye*

1. Ah – Go (oberh. 4 dm) – Gr: (*Typischer*) *Gley*(G)*
Subtypen nach besond. Merkmalen (ohne Gr: Oxi-G, mit Gc: Kalk-G, mit Ach bzw. Gco: kalkhaltiger G), als Übergangsformen (mit Bv: Braunerde-G, mit Bt: Parabraunerde-G, mit S oberh. Go: Pseudogley-G, mit P: Pelo(sol)-G), sonst Typischer G)
2. Aoh – Gr: Naßgley (GN)
3. Aa (bzw. HA) – Gr: Anmoorgley (GA)
4. (H) – Gr: Moorgley (GH)

c) *Marschen* (Ah – aG-Horizontierung tidebeeinflußter Sedimente)

1. Ahz – Gzr: Salzmarsch
2. Ah – Go – Gr, <4 dm entkalkt: Kalkmarsch
3. Ah(– Bv) – G, >4 dm entkalkt: Kleimarsch
4. Aoh – Sd – G, >4 dm entkalkt: Knickmarsch
5. Ah – GS – fAhS (= Dwog) – G, >4 dm entkalkt: Dwogmarsch
6. Aoh – Goh – Grh, >4 dm entkalkt u. humos: Humusmarsch

Alternative Gliederung in Niedersachsen in Seemarsch, Brackmarsch und Flußmarsch s. Kap. XXX 2 d.
Moore, die geringmächtig (2 – 4 dm) überschlickt sind, werden als Moormarsch bezeichnet.

C *Semisubhydrische und Subhydrische Böden*

a) *Semisubhydrische Wattböden*

Böden im Gezeitenbereich eines Meeres, bei Mitteltidehochwasser überflutet

b) *Subhydrische Böden* (Unterwasserböden)

Untergliederung nach Humusgehalt und Humusform in Protopedon, Dy, Gyttja, Sapropel.

D *Moore (Böden mit über 3 dm Torflage)*

Untergliederung nach Torfart in Niedermoor, Übergangsmoor, Hochmoor.

E *Anthropogene Böden bzw. Kultusole*

a) RAp – R – : Rigosole
b) RAp (>4 dm) – : Hortisole
c) EAp – E (>4 dm) – : Plaggenesche

3. Klassifikationssysteme in den USA

In den USA setzte sich zunächst eine auf *C. F. Marbut* (1928) zurückgehende Systematik durch, die vor allem auf morphologischen und chemischen Eigenschaften der Böden beruhte. Dabei wurde in *zonale* (d. h. vornehmlich durchs Klima differenzierte), *intrazonale* (durch Grundwasser oder Gestein geprägte) und *azonale* (bzw. kaum entwickelte) Böden gegliedert. Diese wurden in *Great Soil Groups* (unseren Bodentypen vergleichbar), *Soil Series* (Lokalformen als wichtigste Kartiereinheit) sowie (nach der Körnung) in *Soil Types* und schließlich (nach der Ertragsfähigkeit) in *Soil Phases* unterteilt.

Seit 1960 wurde seitens des US Soil Survey Staff ein neues System entwickelt, das als *Soil Taxonomy* völlig von bisherigen Konzepten abweicht[2,8]. Mit Ausnahme der Namen für die Soil Series wurden sämtliche Bodenbezeichnungen neu geprägt, wobei die fast nur aus lateinischen und griechischen Wortstämmen zusammengesetzten Wörter nach der ihnen zugrundeliegenden Merkmalskombination die Stellung des jeweiligen Bodens in den höheren Kategorien, seine wichtigsten Eigenschaften und die Beziehungen zu anderen Böden erkennen lassen. Auch wichtige Horizonteigenschaften wurden neu benannt, wobei in erster Linie exakt definierte chemische und morphologische Unterscheidungskriterien eingeführt wurden.

Grundlagen des Systems bilden diagnostische Horizonte und diagnostische Eigenschaften, die im folgenden etwas vereinfacht wiedergegeben werden sollen. Diagnostische Oberbodenhorizonte werden als *Epipedons* bezeichnet. Ein *histic epipedon* entspricht weitgehend einem H-Horizont (s. Kap. XXVIII) und ist bei starker Humifizierung mindestens 20, sonst 40 cm mächtig. Ein *mollic* epipedon (A) ist locker, sehr dunkel (Munsell-Value u. -Chroma feucht <3,5, bzw. Value <5 b. >40 % Kalk), humos (>1 % org. S.), eutroph (V-Wert >50 % bzw. pH ($CaCl_2$) >5) und mindestens 10 (über Fels), 18 bzw. 25 (b. >75 cm Solum) cm mächtig. Ein *anthropic* A entspricht einem mollic A, ist aber P-reich (>0,25 ‰ zitronens. lösl. P_2O_5). Ein *umbric* A entspricht einem mollic A, ist aber dystroph (V<50 % bzw. pH

< 5,0). Ein *plaggen* A entspricht einem umbric A ist aber durch org. Düngung entstanden. Ein *ochric* A ist heller, farbiger, humusärmer, im trockenen Zustand härter und/oder geringer mächtig als mollic bzw. umbric A.

Als Unterbodenhorizont (B) ist der *argillic* (tonangereicherte) B weitgehend analog dem deutschen Bt definiert (Kap. XXVIII 2). Ein *natric* B entspricht dem argillic B; der Na-Anteil an der KAK liegt jedoch über 15 %. Ein *cambic* B entspricht vielfach dem deutschen Bv (Kap. XXVIII 2, A + B dabei mindestens 25 cm und Körnung Feinsand bzw. toniger), ein Gefügeunterschied zum C (z. B. Polyeder anstelle Kohärenz) genügt aber bereits. Ein *spodic* B ist ähnlich dem deutschen Bs bzw. Bh, ein *oxic* B ähnlich dem deutschen Bu definiert (Kap. XXVIII 2).

Auch die Definitionen des *calcic* bzw. *gypsic* horizon entsprechen denen des c bzw. y in Kap. XXVIII 2; bei Verfestigung (m) handelt es sich um petrocalcic bzw. -gypsic h. Ein *salic* h., > 15 cm mächtig, enthält über 2 % Salz, das Produkt von Salz % und cm Mächtigkeit liegt aber über 60. Ein *sulfuric* h. ist extrem sauer (pH < 3,5) und besitzt gelbe Jarositflekken.

Vertische Eigenschaften entsprechen denen eines deutschen P-Horizontes (Kap. XXVIII 2); *andische* Eigenschaften bedeuten > 60 % vulk. Gläser und/oder Lockerheit (d_B < 0,90 g/cm³ b. ⅓ bar), viel Amorphes (Al_o + ½ Fe_o > 2 %) sowie hohes P-Fixierungsvermögen (> 85 %). Ein albic E ist stark naß – bzw. sauergebleicht.

Schließlich gelten bestimmte Feuchte- (Tab. 62 im Kap. XVI 5 c) und Temperaturverhältnisse (Tab. 67 in Kap. XVIII 5 a) als diagnostische Merkmale.

Die oberste Kategorie der Soil Taxonomy ist die Ordnung (Order), jeweils mit -sol als Namenendung. Die derzeit 10 Ordnungen (künftig auch Andisol) sind entsprechend der zu vollziehenden Prüfung gereiht (z. B. führt ein histic e. in jedem Fall zum Histosol):

1. **Hist**osols: Böden m. histic e. (histos [griech.] = Gewebe)
2. **And**isols: Böden m. andischen Eigenschaften (von an [jap.] = dunkel)
3. Sp**od**osols: Böden m. spodic B (spodos [griech.] = Holzasche)
4. **Ox**isols: Böden m. oxic B (von oxid)
5. V**ert**isols: Böden m. vertischen Eigenschaften (von vertere [lat.] = wenden)
6. Ar**id**isols: Böden m. aridem Feuchtregime u. ochric e. (von aridus [lat.] = trocken)
7. **Ult**isols: Böden m. basenarmen (V < 35 %), warmen (∅ > 8 °C) argillic B (von ultimus [lat.] = der Letzte)
8. M**oll**isols: Böden m. mollic e. (von mollis [lat.] = weich)
9. **Alf**isols: Böden m. argillic B (von Pedalfer [amer.] = entkalkter Boden)
10. Ince**pt**isols: Schwach entwickelte Böden m. erkennbaren Horizonten (von inceptum [lat.] = Anfang)
11. **Ent**isols: Unentwickelte Böden ohne erkennbare Horizonte (von recent [engl.] = jung)

Charakteristische Buchstabenkomplexe dieser Ordnungsnamen, die in der vorhergehenden Liste fett gedruckt sind (and, ent, ert, ept, id, oll, od, alf, ult, ox, ist), dienen dazu, die Namen der nächst tieferen Kategorie, der Unterordnungen (Suborders), zu bilden. Dies geschieht dadurch, daß vor die Buchstabenkomplexe der jeweiligen Ordnung weitere Buchstabenkomplexe, die die Eigenschaften der Unterordnungen charakterisieren, gestellt werden. Zur Kennzeichnung der Unterordnungen verwendete Buchstabenkomplexe sind:

alb	=	mit gebleichtem Eluvialhorizont ([lat.], albus = weiß)
aqu*	=	mit nasser Feuchte*
arg	=	mit argillic B
bor	=	unter borealem Klima
cry	=	cryische Temp.**
ferr	=	Fe-reich (lat. ferrum = Eisen)
fibr	=	kaum humifiz. org. S. (lat. fibra = Faser)
fluv	=	Auen ([lat.] fluvius = Fluß)
hem	=	mittel humifiz. org. S. ([griech.] hemi = halb)
hum	=	humusreich
lept	=	dünner Hor. ([griech.] leptos = dünn)
ochr	=	mit ochric Epipedon
orth	=	normale Bild. ([griech.] orthos = echt)
per	=	pergelische Temp.**
plagg	=	placic Epipedon
psamm	=	sandreich ([griech.] psammos = Sand)
rend	=	rendzinaähnlich
sapr	=	stark humifiz. org. S. ([griech.] sapros = faul)
torr	=	m. torrischer Feuchte*
trop	=	ständig warm (von tropisch)
ud	=	mit udischer Feuchte*
umbr	=	mit dunkl. Ah ([lat.] umbra = Schatten)
ust	=	m. ustischer Feuchte*
vitr	=	m. vulk. Glas ([lat.] vitrum = Glas)
xer	=	m. xerischer Feuchte*

Aus der Vereinigung der beiden Buchstabenkomplexe ergeben sich die *Unterordnungen*. So gehören z. B. die Schwarzerden aufgrund ihrer mächtigen, dunklen, krümeligen Ah-Horizonte

* Definitionen s. Tab. 62 auf S. 198.
** Definitionen s. Tab. 67 auf S. 216.

(Ordnung der Mollisole) und ihrer Entstehung im kontinentalen, sommerheißen und winterkalten Gebiet (Buchstabenkomplex der Unterordnung: bor) in die Unterordnung der Borolls.

Eine Gleichsetzung der Unterordnung mit Bodentypen-Gruppen der heute üblichen Klassifikationssysteme kann allerdings nur ungenau sein, da die zur Gruppierung verwendeten Kriterien in den einzelnen Klassifikationssystemen zu unterschiedlich sind:

Order	Suborder	FAO-System (Beispiele)
Histosol	Folist	Hist. (naß, kaum hu.)
	Fibrist	Hist. (trock., kaum hu.)
	Hemist	Hist. (mäß. humif.)
	Saprist	Hist. (stark humif.)
Spodosol	Aquod	Gleyic Podzol
	Ferrod	Ferric Podzol
	Humod	Humic Podzol
	Orthod	Orthic Podzol
Oxisol	Aquox	(hydrom.) Ferrals.
	Torrox	Rhodic Ferrals.
	Ustox }	Orthic u. Rhodic
	Orthox }	Ferralsols
Vertisol	Xerert	Vert. (semiarid. Kli.)
	Torrert	Vert. (arid. Kli.)
	Udert	Vert. (hum. Kli.)
	Ustert	Vert. (Monsum Kli.)
Aridisol	Argid	Luvic Xer., -Yerm.
	Orthid	Xerosol, Yermosol
Ultisol	Aquult	Gleyic Acrisol
	Humult	Hum. Acris., -Nitos.
	Udult	Ort. Acris., Nitos.
	Ustult	Acris. (Mons. Kli.)
	Xerult	Acris. (semiar. Kli.)
Mollisol	Alboll	Mollic Planosol
	Aquoll	Mollic Gleysol
	Rendoll	Rendzina
	Xeroll	Kast. (semiar. Kli.)
	Boroll	Chernozem
	Ustoll	Kast. (Monsum Kli.)
	Udoll	Phaeozem
Alfisol	Aqualf	Gleyic Luvisol
	Boralf	Luv. (gemäß. Kli.)
	Ustalf	Luv. (Monsum) Kli.)
	Xeralf	Chrom.-, Orth.-Luv.
	Udalf	Nitosol, Orthic Luv.
Inceptisol	Aquept	Dystric Gleysol
	Andept*	Andosol
	Plaggept	(Plaggenesche)
	Tropept	Tropic Camb.
	Ochrept	Cambisol
	Umbrept	Ranker, Hum. Camb.
Entisol	Aquent	Gleysol
	Arent	
	Psamment	Arenosol
	Fluvent	Fluvisol
	Orthent	Regosol

Die weitere Unterteilung der Unterordnungen führt zu den Great Soil Groups, die annähernd den Bodentypen analog sind und durch Anfügung weiterer Buchstabenkomplexe vor den Namen der Unterordnung gebildet werden. Die Anzahl von Buchstabenkomplexen, die der Kennzeichnung der Great Soil Groups dienen, beträgt zur Zeit mehr als 50; doch muß diese Zahl mit Sicherheit noch erweitert werden. Normal ausgebildete Schwarzerden heißen z.B. Haploboroll (hapl von haplous griech. = einfach); Schwarzerden, die besonders reich an Wurmkot sind, heißen Vermiboroll (verm von vermes [lat.] = Wurm); Schwarzerden mit Tonanreicherungshorizont unter dem A-Horizont heißen Argiboroll (arg von argilla [lat.] = Ton), usw.

Eine weitere Unterteilung (Untergruppen und Familien) wird durch adjektivische Beifügungen ermöglicht. So heißt eine Schwarzerde, deren Ah-Horizont weniger als 50 cm mächtig ist und die einen Bv-Horizont unterhalb des Ah-Horizontes aufweist, Orthic Haploboroll (von orthos [griech.] = echt), eine normal ausgebildete Schwarzerde ohne Bv-Horizont Entic Haploboroll (von Entisol, d.h. zu den wenig entwickelten Böden überleitend), eine solche mit einem >50 cm mächtigen Ah-Horizont Cumulic Haploboroll (von cumulus [lat.] = Anhäufung), usw.

Das Klassifikationssystem der Soil Taxonomy wird in den USA und einigen anderen Ländern benutzt. Sein Vorteil liegt darin, daß neu zu beschreibende Bodentypen leicht eingeordnet werden können. In den letzten Jahren wurden auf 9 Workshops mit Exkursionen in verschiedenen Ländern der Erde Erfahrungen bei der Anwendung ausgetauscht und Ergänzungen vorgenommen. Diese werden mit den *Keys to Soil Taxonomy* laufend aktualisiert[9].

4. Bodeneinheiten der Weltbodenkarte

Für die seit 1961 seitens der FAO und UNESCO erstellte Weltbodenkarte im Maßstab 1 : 5 Mill. wurde eine neue, internationale Bodennomenklatur geschaffen[3]. Dieses System unterscheidet 25 Bodeneinheiten, die entsprechend dem US-System nach diagnostischen Horizonten und Eigenschaften (s. Abschnitt 3) in jeweils 3 – 6 Untereinheiten differenziert werden. Eine weitere Differenzierung erfolgt in 3 Körnungsklassen der Oberböden, 3 Hangneigungsklassen sowie in *Phasen* mittels Berück-

* Künftig Andisol als 11. Order.

sichtigung weiterer Bodeneigenschaften. Das ergibt z. B. für eine Podsol-Braunerde aus Granit in Hangposition *Dystric Cambisol,* 1 (= grobkörnig), c (= gebirgig) with stony phase. Die folgende Gliederung (mit unvollständiger Wiedergabe der Untereinheiten) stellt einen Bestimmungsschlüssel dar, bei dem nachgeordnete Bodeneinheiten in keinem Fall den Definitionen vorgeordneter genügen. Zum Vergleich wurden Beispiele der deutschen Bodensystematik ergänzt:

Einheit ( ) Symbol*	Merkmale (Erläut. s. Kap. XXVIII u. XXIX 3)	Deutsche Systematik (Beispiele)
Histosols (O)	mit histic e.	
Gelic O	mit Permafrost	
Dystric O	pH (H_2O) <5,5	Hochmoor
Eutric O	übrige	Typ. Niedermoor
Lithosols (I)	Solum < 10 cm auf Festgestein	Syrosem
Vertisols (V)	mit vertischen Eig.	
Fluvisols (J)	Auen- und Küstenböd. ohne diagn. Hor. (außer H, Ah, Gr)	
Thionic J	mit sulfuric h.	Schwefelreiche Humusm.
Calcaric J	kalkh. in 2 – 5 dm	Borowina
Dystric J	V-Wert <50 % in 2 – 5 dm	Paternia
Eutric J	übrige	Kleimarsch
Solonchaks (Z)	salzreicher Z, keine diagnost. Hor. außer A, H, Bv, c, y,	Solonchak
Gleysols (G)	Hydromorphie oberh. 5 dm, keine diagn. Hor. außer A, H, Bv, c, y	
Gelic G	mit Permafrost	Tundragley
Plinthic G	mit Plinthit	Eisenreicher G
Mollic G	mit mollic A	Mullgley
Humic G	umbric A od. H m. V <50 %	Moorgley
Calcaric G	kalkh. in 2 – 5 dm od. Gc, Gy oberh. 12,5 dm	Kalkgley
Distric G	2 – 5 dm mit V <50 %	Pseudogley
Eutric G	übrige	Typ. Gley
Andosols (T)	andische Eigensch.	Lockerbraunerde
Arenosols (Q)	Sandböd. m. diagn. Hor. unterh. Definitionsschwelle	
Albic Q	m. Naß- od. Sauerbleich.	Humuspodsol
Luvic Q	mit Bbt	Bänd. Parabr.
Cambic Q	mit Bv	sand. Braunerde
Regosols (R)	AC-Böd. m. ochric A	Regosol
Rankers (N)	AC-Böd. m. umbric A	Ranker
Rendzinas (E)	mollic A auf Kalkst.	Rendzina
Podzols (P)	m. spodic B	Podsole
Placic P	m. Bbs	Bändch.-Staupodsol
Gleyic P	hydromorph oberh. 5 dm	Podsol-Gley
Humic P	m. deutl. Bh	Humuspods.
Ferric P	m. deutl. Bs	Eisenpods.
Leptic P	Ae <2 cm	B-Podsol
Orthic P	übrige	Eisenhum.-P
Ferralsols (F)	m. oxic B	lat. Roterde
Planosols (W)	sand. albic E, ton. B	Stagnogley
Solonetz (S)	m. natric B	Solonetz
Greyzems (M)	AC-Böd. m. mollic A u. gebleichten Aggr.-oberfl.	
Chernozems (C)	AC-Böden m. dunkel. mollic A	Typ. Tschernosem
Kastanozems (K)	AC-Böd. m. mollic A u. c od. y	
Phaeozems (H)	andere AC-Böd. m. mollic A	Degrad. Tschernosem
Podzoluvisols (D)	m. argillic + glossic B	Fahlerde
Xerosols (X)	humusarm, aride Feuchte	Halbwüstenboden
Yermosols (Y)	sehr humusarm, aride Feuchte	Vollwüstenboden
Nitosols (N)	leucht. rot. toniger arg. B	Roterde
Acrisols (A)	argillic B, V <50 %	
Luvisols (L)	arg. B, V >50 %	
Gleyic L	hydrom. oberh. 50 cm	L-Pseudogley
Albic L	m. albic E	

Chromic L	roter Bt	Rötl. Parabr.
Orthic L	übrige	Parabr.
Cambisols (B)	m. cambic B od. umbric A	
Gelic B	m. Permafrost	
Gleyic B	hydromorph oberh. 10 dm	Gley- Braunerde
Vertic B	m. vertisch. Eigensch.	B-Pelosol
Calcic B	m. calcic h.	Kalkbraunerde
Humic B	mächt. umbric A	
Ferralic B	m. (Bu), d. h. Bu unterh. Definitionsschwelle	Terra rossa
Dystric B	B m. V $<50\,\%$	P-Braunerde
Chromic B	roter B	Eisenreiche B
Eutric B	übrige	Kalkmarsch

* Abkürzungen, die auf der Weltbodenkarte verwendet werden.

Dieses Buch folgt neben der deutschen Systematik der FAO-Klassifikation. Für die Europakarte (1 : 1 Mill.) wurde die Legende um eine dritte Einheit erweitert[10]; damit wäre eine *Podsol-Braunerde* als *Spodo-Dystric Cambisol* zu klassifizieren. Stauwasserböden lassen sich nunmehr z. B. als *Stagno-Eutric Gleysols* von Auengleyen als *Fluvi-Eutric Gleysols* unterscheiden. 1985 wurde eine revidierte Legende[11] mit z. T. einschneidenden Veränderungen vorgelegt: z. B. jetzt auch Anthrosole (deutsch Kultosole), Calcisole (mit calcic h.), Plinthosole (m. Plinthit) sowie weiterer Differenzierung der Böden mit Tonverlagerung, hingegen Fortfall der Xerosole und Yermosole. Da diese Neuerung noch in Diskussion ist und noch keine Bodenkarten mit der neuen Legende vorliegen, wurde die alte Legende beibehalten.

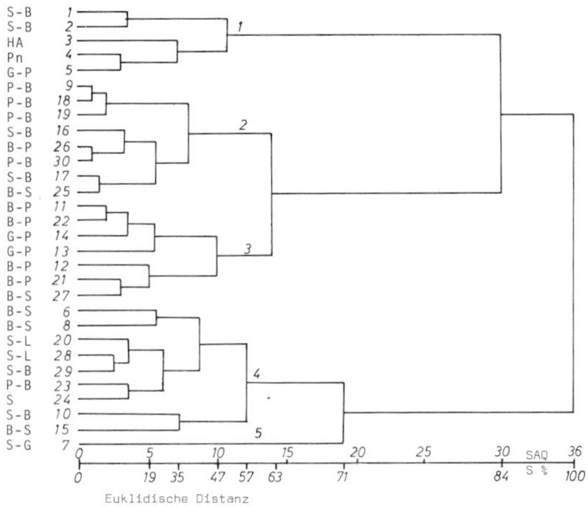

Abb. 191 Dendrogramm der Böden einer schleswig-holsteinischen Geestlandschaft (Abk. s. Abschnitt 2)

5. Numerische Klassifikation[12–15]

Die Numerische Klassifikation (Taxonomie) basiert auf der Verwendung elektronischer *Rechenanlagen* und einer dadurch möglichen umfassenden, quantitativen Kennzeichnung von Böden. Aus zahlreichen a priori gleichwertigen Merkmalen werden Gruppen von Böden mit maximaler Merkmalsübereinstimmung berechnet. Solche „isomorphen" Gruppen können u. a. der Überprüfung traditioneller Klassifikationen dienen.

Im einzelnen sind folgende Aufgaben lösbar:

1. Gruppierung von Böden nach diagnostischen und differenzierenden Merkmalen
2. Zuordnung von Böden zu bestehenden Klassen
3. Darstellung des Bodenmosaiks von Landschaften nach Bodeneinheiten, Merkmalskomplexen (sog. Multimerkmalen) bzw. nach Einzelmerkmalen
4. Untersuchung der ökologischen Wechselwirkungen unterschiedlich komplexer Standortfaktoren.

Die Numerische Klassifikation läßt sich in die Bereiche *Datenerfassung*, *Datenspeicherung* und *Datenverarbeitung* untergliedern. Die reale Erscheinungsform der Pedosphäre wird durch eine möglichst repräsentative Datenerfassung in quantifizierbare Einzelmerkmale zerlegt, die Einzelmerkmale werden gespeichert und bei Bedarf insgesamt bzw. in einer gewünschten Kombination verrechnet.

Die Ergebnisse der Numerischen Klassifikation hängen entscheidend ab von der Datenerfassung, denn nur die gesammelten Daten und nicht Böden bzw. Pedosphäre sind der Gegenstand aller Berechnungen. Eine Beantwortung bodengenetischer und ökologischer Fragestellungen sowie eine Bodenbewertung setzt ferner die Kenntnis geeigneter Rechenmodelle voraus.

Rechenmodelle für die Numerische Klassifikation im engeren Sinne (z. B. die *Clusteranalyse nach Ward*) dienen der Berechnung taxonomischer Dendrogramme (Abb. 191). Dabei wird aus vielen Profileigenschaften für jeden Boden ein Multimerkmal errechnet. Die anhand der Multimerkmale ermittelten „euklidischen Profildistanzen" werden als Diagramm aufgetragen und vermitteln einen Eindruck von der aufgrund *aller erfaßten und gewichteten* Bodenmerkmale berechneten Ähnlichkeit zwischen einzelnen Böden. Die Aufgabe der Numerischen Klassifikation im engeren Sinne besteht also in der Zusammenfassung ähnlicher Böden zu Bodengruppen und in einer geeigneten Abgrenzung einzelner Bodengruppen. Unter idealen Bedingungen sollten die nach verschiedenen Klassifikationssystemen erhaltenen Gruppierungen übereinstimmen. Das Ausmaß vorkommender Abweichungen wird als Kriterium für die Güte der beteiligten Klassifikationssysteme angesehen. Unter der Voraussetzung repräsentativer Datenerfassung sowie zweckmäßiger Gewichtung und geeigneter Verrechnung erreicht die Numerische Klassifikation neben anderen Vorzügen ein hohes Maß an Objektivität, so daß sie sich zu einem Standard-System für weniger aufwendige Klassifikationen entwickeln kann.

Literatur

[1] *Schlichting, E.* (1970): Mitt. Dtsch. Bodenkdl. Ges. *10*, 13–16.

[2] Soil Survey Staff (1975): Soil Taxonomy. Agric. Handbook 436, Washington.

[3] FAO-Unesco (1974): Map of the World, Vol. *1*, Legend. Paris.

[4] *Kubiena, W. L.* (1953): Bestimmungsbuch und Systematik der Böden Europas. Enke, Stuttgart.

[5] Arbeitskreis Bodensystematik (1985): Zit. 4 im Kap. XXVIII.

[6] *Ehwald, E.* (1980): Bodengenetik, -systematik; in *G. Müller* (Ed.): Bodenkunde. Deutsch. Landw., Berlin.

[7] *Schroeder, D.* (1984): Bodenkunde in Stichworten. Hirt, Unterägeri.

[7a] Arbeitsgemeinschaft Bodenkunde (1982): Bodenkundliche Kartieranleitung. 3. Aufl., Schweizerbart, Stuttgart.

[8] *Wilding, L. P., N. E. Smeck & G. F. Hall* (Eds.) (1983): Pedogenesis and Soil Taxonomy. 2 Bände, Elsevier, Amsterdam.

[9] *Arnold, R. W.* (1985): Keys to soil taxonomy. 2. Aufl., Agron. Sep. Cornell Univ., Ithaca (New York).

[10] *Tavernier, R. & A. Louis* (Eds.) (1982): Soil map of the European Communities, 1: 1 Mill. Com. Eur. Com., Luxemburg.

[11] FAO-Unesco: Zit. 3 in Kap. XXVIII.

[12] *Lamp, J.* (1972): Untersuchungen zur numerischen Taxonomie von Böden. Diss. Universität Kiel.

[13] *Lamp, J. & D. Schroeder* (1974): Trans. 10. Int. Congr. Soil Sci. VI, 496, Moskau.

[14] *Runge, M.* (1975): Ruderalstandorte. Diss. Techn. Universität Berlin.

[15] *Gruijter, de J. J.* (1977): Numerical classification of soils and its application in survey. Centre Agric. Publ., Wageningen.

XXX. Böden Mitteleuropas*

Im folgenden werden wichtige Böden Mitteleuropas behandelt, wobei im wesentlichen der in der Bundesrepublik Deutschland gebräuchlichen Benennung und Nomenklatur gefolgt wurde (s. Kap. XXIX 2). Außerdem werden die Bezeichnungen der FAO-Weltbodenkarte (Kap. XXIX 4) und der amerikanischen (US) Soil Taxonomy (Kap. XXIX 3) angegeben, deren Definitionen sich allerdings nicht immer mit denjenigen der Bundesrepublik voll dekken. Die Hochgebirgsböden werden erst unter XXXII 3 k behandelt.

Einen guten Vergleich bietet ein von der FAO-UNESCO zusammengestelltes Farbposter mit 106 typischen Bodenprofilen der Erde, die nach der Nomenklatur der Weltbodenkarte, der Soil Taxonomy sowie der australischen, britischen, deutschen, französischen und kanadischen Nomenklatur klassifiziert wurden[6].

1. Landböden (terrestrische Böden)

Zu den Landböden gehören alle Böden außerhalb des Wirkungsbereiches eines Grundwassers.

a) Syrosem

(1) Profil: Ein Syrosem ist ein Rohboden aus Festgestein. Ein nur lückig vorhandener und dann äußerst geringmächtiger (<2 cm) humoser Oberboden (Nano-A- bzw. Ai-Horizont) liegt unmittelbar festem Gestein auf, das allenfalls 30 cm tief mechanisch zerkleinert ist.

(2) Name: Als Syroseme (russ. = rohe Erde) hat *Kubiena* Gesteinsrohböden bezeichnet. Ältere Bezeichnungen sind Schutt- oder Skelettböden. Im FAO-System entspricht ihm der Lithosol, dessen Solum maximal 10 cm mächtig ist, aber einen Ah-Horizont aufweisen kann. Im US-System entsprechen ihm lithische Untergruppen der Entisole mit max. 50 cm Solum über Festgestein.

(3) Entwicklung: Ein Syrosem stellt ein Initialstadium der Bodenbildung dar, in dem etwas Humus akkumuliert wurde, aber noch keine nennenswerte chemische Verwitterung stattgefunden hat. Auf Kalkstein leitet er zu den Rendzinen über, auf Silicatgestein zu den Rankern.

(4) Eigenschaften: Der geringmächtige Ai- bzw. (A)-Horizont ist oft steinig und extrem wechseltrocken. Seine Eigenschaften werden entscheidend von denen des Gesteins geprägt: auf Kalkstein liegt neutrale Bodenreaktion vor, auf Silicatgestein ist er oft bereits versauert. Bisweilen sind auch die oberen cm des festen Gesteins an Stoffen verarmt: z. B. können von einer Pioniervegetation (oft Moose und Flechten) durch Ausscheiden von Säuren und Komplexbildnern Nährstoffe gelöst und entzogen worden sein, erkennbar an einer Bleichung Fe-haltiger Silicate. In anderen Fällen bildet das feste Gestein nur die Unterlage, auf der Flugstaub zusammen mit Humus der Vegetation akkumuliert wurde.

(5) Verbreitung: Syroseme nehmen Erosionslagen der Bergregionen ein. Sie sind im Mittelgebirge meist auf wenige Felsvorsprünge beschränkt, im Hochgebirge aber häufiger vertreten. Sehr häufig sind Syroseme kleinflächig auf Mauern und Dächern anzutreffen.

(6) Nutzung: Eine Nutzung der Syroseme ist wegen ihrer Flachgründigkeit und häufiger Austrocknung nicht möglich.

b) Lockersyrosem

(1) Profil: Lockersyroseme besitzen einen nur humusarmen [Ai mit <0,6 (b. S), 0,9 (L, U) bzw. 1,2 (T) % Humus] Oberboden, der aber durchgehend vorhanden sein kann und der direkt in ein über 30 cm mächtiges Lockergestein übergeht.

(2) Name: Von den Gesteinsrohböden wurden diejenigen aus Lockergestein als Lockersyroseme abgetrennt, weil sie sich von den Syrosemen aus Festgestein vor allem ökologisch stark unterscheiden. Im FAO-System sind es *Regosole* mit sehr schwach entwickeltem

---

* Weiterführende Literatur mit farbigen Bodenprofilen und deren Eigenschaften[1–5].

ochric A (entsprechend Ai definiert), im US-System entsprechende *Psamments* oder *Orthents* ohne B-Horizont.

(3) Entwicklung und *Vorkommen*: Lockersyroseme sind Initialstadien der Bodenbildung junger Dünen oder von Lockergesteinen, die durch Erosion freigelegt wurden. Lockersyroseme bilden in unserem Klima nur kurzfristige Durchgangsstadien, die sich rasch zu Regosolen (auf Kieselgestein), Pararendzinen (auf Mergelgestein) oder Pelosolen (häufig auf Tongestein) weiter entwickeln. Vielfach haben sie sich aus künstlichen Aufschüttungen entwickelt und stellen dann Rohböden von Abraumhalden, Lößaufschüttungen, Trümmerbergen oder Mülldeponien dar. Lediglich dort, wo die Vegetationsentwicklung ständig gestört wird, bleiben sie für längere Zeit erhalten.

(4) Eigenschaften: Die Eigenschaften der Lockersyroseme werden nahezu völlig von denen des Ausgangsgesteins bestimmt: gemeinsam ist ihnen ein tiefgründiger, potentieller Wurzelraum (abgesehen von Mehrschichtböden über Festgestein), während Wasser- und Nährstoffverhältnisse (außer vom Klima) von Körnung und Mineralbestand bestimmt werden.

(5) Nutzung: Lockersyroseme sind im Gegensatz zu Rohböden aus Festgestein wegen ihrer Tiefgründigkeit oft erfolgreich zu kultivieren. Insbesondere Lockersyroseme aus Löß können in geeigneter Reliefposition ohne Schwierigkeiten über organische Düngung in fruchtbare Ackerstandorte umgewandelt werden. Probleme können bei Mülldeponien durch Deponiegase auftreten.

c) Ranker

(1) Profil: Der Ranker weist einen humosen, oft steinigen A-Horizont (und/oder O-Horizont) auf, der festem, allenfalls 30 cm tief zerkleinertem, silicatischem, carbonatfreiem bisarmem (<2 %) Festgestein, d. h. einem qmC oder tmC (bzw. R) aufliegt. Beim *Braunerde-Ranker* folgt dem bis 20 cm mächtigen Ah ein 2–10 cm mächtiger, steiniger BvC.

(2) Name: Ranker (nach *Kubiena*) leitet sich von Rank (österr. = Berghalde, Steilhang) ab, wird aber heute entsprechend dem FAO-System nur noch für Böden aus Festgestein benutzt. Im US-System wären die Ranker vor allem Lithic-Haplumbrepts.

(3) Entwicklung und Verbreitung: Der Ranker geht durch fortschreitende Humusakkumulation und Gesteinsverwitterung aus dem Syrosem hervor. Er nimmt vor allem Hangpositionen ein, wo Erosion einer Weiterentwicklung entgegenwirkt. In Hoch- und Mittelgebirgen findet man ihn meist auf festem Gestein, während benachbarte Fließerden Braunerden oder Podsole aufweisen.

(4) Eigenschaften: Ranker sind in der Regel flachgründig, besonders die *Syro(sem)-Ranker*, deren humoser A-Horizont unter 5 cm mächtig ist. Ranker aus quarzreichem Gestein (z. B. Sandstein) sind oft nährstoffarm (der V-Wert der dystrophen bzw. *Sauerranker* liegt unter 50 %) und besitzen besonders in kühlfeuchten Mittelgebirgslagen Humusauflagen (dann *Rohhumus-* oder *Moderranker*). Ranker aus quarzfreien Gesteinen (z. B. Basalt, Glimmerschiefer) sind hingegen meist reich an verfügbaren und Reservenährstoffen und weisen dann besonders in wärmeren Lagen (z. B. Kaiserstuhl) oder unter landwirtschaftlicher Nutzung als *typischer Ranker* einen V-Wert über 50 % und die Humusform Mull auf.

(5) Nutzung: Da Ranker meist in Hanglage auftreten, werden sie vorwiegend als extensives Grünland oder Wald genutzt, wobei sich die Bäume oft nur in Schichtfugen klüftigen Gesteins verankern können.

d) Regosol

(1) Profil: Der Regosol besitzt einen humosen A-Horizont, der direkt in ein über 30 cm mächtiges Lockergestein (z. B. Flug-, Geschiebesand) übergeht. Beim *Braun(erde-)Regosol* ist ein verbraunter Saum vorhanden (2–10 cm BvC), beim *Podsol-Regosol* ein >3 cm Ahe über BsC.

(2) Name: Der Name Regosol (von gr. rhegos = Decke) soll die geringe Mächtigkeit des Solums und die Lockerheit des Ausgangsgesteins hervorheben. Im FAO-System besitzen die *Regosole* einen ochric A-Horizont; sandige Braunerde- bzw. Podsol-Regosole wären *Cambic* bzw. *Albic Arenosols*. Im US-System gehören die Regosole zu den Entisols (z. B. *Psamments*).

(3) Entwicklung und *Eigenschaften*: Regosole haben sich aus kalkfreien bis -armen (<2 % $CaCO_3$) Lockersedimenten entwickelt. Sie sind demzufolge tiefgründig und besitzen in der Bundesrepublik meistens eine sandige Körnung, weil lehmige Sedimente in der Regel kalkhaltig sind, mithin Pararendzinen ergeben. *Syro(sem-)Regosole* besitzen nur einen humus-

Abb. 192 Typische Böden der Erde (Maßstab in dm, unter dem deutschen der internationale Name)

armen Oberboden (bzw. Krypto-A) und als Sandböden dann besonders niedrige Wasser- und Austauschkapazitäten. Vor allem unter feuchteren Klimaverhältnissen und/oder Nadelholz sind sie oft sauer (bei einem V-Wert unter 50 % *dystropher Regosol*) oder weisen sogar Humusauflagen auf (dann *Moder-* oder *Rohhumusregosol*), während für *typische* Regosole die Humusform Mull und zumindest mittlere Basensättigung kennzeichnend sind.

(4) Vorkommen: Regosole sind in Mitteleuropa nur kleinflächig auf Dünen oder erodierten Landoberflächen vertreten. Vielfach sind sie als Weiterentwicklung der Lockersyroseme auf rekultivierten, begrünten Abraumhalden oder Deponien, die mit Sand abgedeckt wurden, vertreten.

(5) Nutzung: Häufig sind Regosole aus Böden hervorgegangen, die infolge ackerbaulicher Nutzung erodiert wurden. Sie bleiben dann erosionsgefährdet. Sandige Regosole bedürfen ständiger organischer Düngung und in Trockengebieten künstlicher Beregnung, wenn sie landwirtschaftlich genutzt werden sollen.

e) Rendzina

(1) Profil (Abb. 192): Die typische Rendzina besitzt einen oft humos- und skelettreichen, krümeligen Ah-Horizont über einem festen (z. B. Dolomit, Kalkstein, Abb. 193) oder über lockerem (z. B. Kalktuff, dann *Rego-Rendzina*) Carbonat (oder Gips)-Gestein. Der obere Gesteinshorizont ist oft durch Frostsprengung zerteilt und mit Sekundärkalk angereichert.

(2) Name: Rendzina ist ein polnischer Bauernname, der das „Rauschen" der vielen Steine am Streichblech des Pfluges kennzeichnet. Im FAO-System muß die *Rendzina* einen Mull (bzw. mollic)-A aufweisen (und ist dann nach dem US-System ein *Rendoll*); sonst handelt es sich um einen *Calcaric Regosol*.

(3) Entwicklung: Die Rendzinen entstehen durch physikalische und chemische *Verwitterung* aus Kalkstein-, Dolomit-, Tonmergel- und Gips-Syrosemen. Die chemische Verwitterung beruht im wesentlichen auf einer Auswaschung der Carbonate und Sulfate, wodurch Silicate und Oxide freigesetzt werden und als Lösungsrückstand das Solum bilden. Die Carbonate und Sulfate werden größtenteils dem Grundwasser zugeführt.

Das Sickerwasser folgt dabei Gesteinsklüften, deren Wandungen ebenfalls angelöst werden, so daß in Landschaften, die aus mächtigen Kalksteinschichten aufgebaut sind, schließlich Karsthöhlen und (bei Einbruch derselben) Erdfälle entstehen. Bei geringmächtigen Kalksteinlagen über Mergellagen dringt die Verwitterungsfront hingegen weitgehend oberflächenparallel in das Gestein vor. Auf Schichten mit geringer Wasserleitfähigkeit (oft Tonmergel) fließt das hydrogencarbonat- oder sulfatreiche Wasser ab und tritt nach Ausstreichen dieser Schichten am Hang als Quellwasser aus. Dabei werden die Hangböden (z. B. Pelosole) mit Sekundärkalk infiltriert, oder es entstehen in Bachtälern mächtige, meist sehr poröse Carbonatakkumulationen, die als Malm bezeichnet werden und Ausgangsmaterial für Rego-Rendzinen bilden können.

Der nichtcarbonatische bzw. nichtsulfatische *Lösungsrückstand*, der im frischen Gestein oft nur 1 – 5 % betrug, ist meist tonreich (Abb. 193). Nur dieser Rückstand steht normalerweise als anorganische Komponente für die Bildung des A-Horizontes zur Verfügung. Bei einem Kalkstein mit 95 % $CaCO_3$ muß z. B. ~ 2 m Gestein verwittern, um einen 20 cm mächtigen, carbonatfreien Verwitterungsrückstand entstehen zu lassen (unter der Annahme, daß das Raumgewicht des entstandenen Bodens etwa halb so groß ist wie das des Gesteins). Bisweilen tragen allerdings Ton-Zwischenlagen von Kalksteinbänken oder auch Löß zum Aufbau des Solums bei.

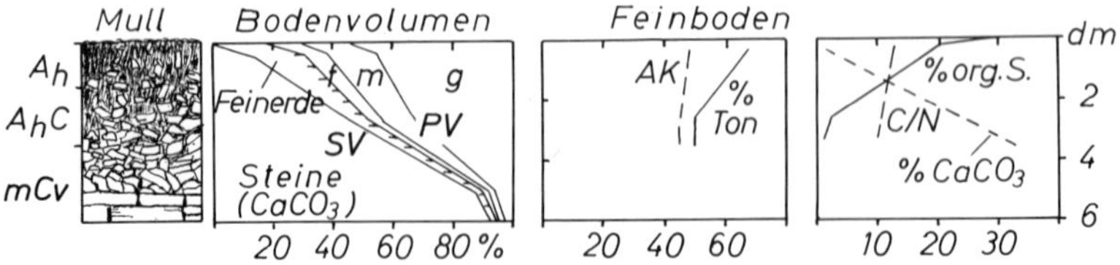

Abb. 193 Eigenschaften einer Mullrendzina (FAO: Orthic Rendzina) aus Malm-Kalkstein unter Buche; Unt. Lindenhof, Württemberg n. Analysen von *E. Schlichting* und Mitarb. (Abk. s. Anhang 2, KAK in mval/100 g)

Die Geschwindigkeit der Bodenentwicklung ist – gemessen an der Mächtigkeit des Ah-Horizontes – um so höher, je humider das Klima ist und je höher Zerteilungsgrad und Porosität der Gesteine, deren Gehalt an nichtcarbonatischen Bestandteilen und die spezifische Auflösungsgeschwindigkeit des jeweiligen Kalk- und Dolomitgesteins sind. Unter vergleichbaren Entwicklungsbedingungen sind daher gleichaltrige Rendzinen aus hochprozentigen, harten und dichten Gesteinen flachgründig, während bei niedrigerprozentigen, weichen und porösen Gesteinen tiefgründige Rendzinen entstehen können. Bei Rendzinen, die sich aus mechanisch nicht aufbereitetem Gesteinsschutt zusammensetzen, spielen Größe und Form des Schuttes eine Rolle. Südhang-Rendzinen verwittern langsamer als Nordhang-Rendzinen, weil sie weniger durchfeuchtet werden (und die Carbonatlöslichkeit bei höheren Temperaturen geringer ist).

Als Subtyp besitzt die *Syro(sem)-Rendzina* (bzw. Protorendzina) nur einen Nano-A (<2 cm mächtig), während die typische bzw. *Mullrendzina* einen oft humusreichen, dunklen und mächtigen Ah aufweist. Ist die Mullbildung gestört (z. B. in kühlfeuchten Hochlagen oder nach Streunutzung) bildet sich mit einer Humusauflage die *Moderrendzina* und im Hochgebirge auch die *Tangelrendzina* (mit bis zu 40 cm Humusauflage, FAO; Histic Rendzina). In Mittelgebirgslagen leitet die *Terrafusca-Rendzina* (verbraunter Saum unter meist entkalktem Ah mit Polyedern) zur Terrafusca über. Durch Pflugarbeit gemischte Terrafusca-Rendzinen bzw. an Humus verarmte Mullrendzinen besitzen einen aufgehellten braungrauen Ap: man spricht dann auch von einer *braunen* Rendzina. Demgegenüber weist die *Braunerde-Rendzina* bereits einen geringmächtigen Bv-Horizont auf, wobei das Fehlen eines Polyedergefüges oft durch Lößbeimengung (und damit geringere Tongehalte) verursacht ist.

(4) Eigenschaften: Mullrendzinen enthalten im Ah-Horizont meist über 5 %, oft sogar 10 bis 20 % *organische Substanz* mit einem engen C/N-Verhältnis (Abb. 193), die vorwiegend koprogen entstanden ist. Bei den Mullrendzinen ist die organische Substanz fest mit dem Mineralkörper verknüpft, bei den übrigen Subtypen oft nicht.

Der Ah-Horizont von Mullrendzinen ist meist carbonathaltig, schwach alkalisch bis höchstens schwach sauer und daher weitgehend mit Ca-Ionen gesättigt. Die Silicate sind kaum chemisch verwittert, so daß der Mineralbestand der Böden entscheidend von dem des Ausgangsgesteins abhängt. Im Ah-Horizont sind Nährstoffreserven, die in silicatischer Bindung vorliegen, gegenüber dem Gestein durch die relative Anreicherung im Lösungsrückstand stark vermehrt. Das hohe pH und die hohe Ca-Sättigung haben eine starke Tätigkeit von *Bodenorganismen* zur Folge, insbesondere von Regenwürmern. Daher besteht der A-Horizont der Mullrendzinen vorwiegend aus wasserstabilen Krümeln, die aus Tierkot hervorgegangen sind. Die Rendzinen sind demnach (sowie wegen Hanglage und/oder klüftigen Gesteins) trotz hoher Tongehalte (bis auf die Pseudogley-Rendzinen) gut durchlüftet.

Rendzinen aus dolomitischen Massenkalken der Schwäbischen Alb weisen häufig einen sandigen Oberboden auf, der sie zu Trockenstandorten macht, verursacht durch große, nicht verwitterte Dolomitkristalle. Bei Kalkstein-Rendzinen können hingegen *Rhaxen* (= Skelettfragmente von Kieselschwämmen) eine gröbere Körnung hervorrufen.

(5) Verbreitung: Rendzinen treten in Mitteleuropa vorwiegend auf Sedimentgesteinen deutscher und helvetischer Mittelgebirge und den Alpen auf. In den Mittelmeerländern sind sie als trockene *Xerorendzinen* oft humusarm und weniger belebt.

(6) Nutzung: Mullrendzinen aus festen Carbonatgesteinen sind meist flachgründig und insbesondere an Südhängen trocken. Sie werden daher trotz günstiger physikalischer und chemischer Eigenschaften ihres Wurzelraumes vorwiegend als Hutung oder Forst genutzt. Nur bei tieferer Gründigkeit ist in ebenen und hängigen Lagen auch Ackerbau möglich, der fast immer eine starke Abnahme des Humusgehaltes, eine Aufhellung und eine Gefügeverschlechterung der Krume zur Folge hat.

f) Pararendzina

(1) Profil: Die Pararendzina ist ein A-C-Boden aus Sand- oder Lehmmergel (2–70 % $CaCO_3$); ihr Ah ist weniger als 40 cm mächtig (sonst Tschernosem). Bei einem Festgestein spricht man von *Felspararendzina*.

(2) Name: Der Name Pararendzina (nach *Kubiena*) soll die Verwandtschaft dieser Böden mit den Rendzinen ausdrücken, mit denen sie vor allem den $CaCO_3$-haltigen A-Horizont gemeinsam haben.

Im FAO-System ist die Pararendzina ein *Calcaric Regosol* oder *Calcaric Ranker*, z. T. auch ein *Phaeozem*; im US-System gehört sie zu den *Typic* oder *Lithic Udorthents*, bei Vorliegen eines mollic A auch zu den *Entic* oder *Lithic Hapludolls*.

(3) Entwicklung: Die Pararendzina entwickelt sich aus Löß, Geschiebemergel, carbonathaltigen Schottern, Sanden und Sandstein durch Humusakkumulation, Bildung koprogener Aggregate und mäßige Carbonatverarmung. Sie entsteht in semiariden Gebieten (z. B. Kaiserstuhl) durch sekundäre $CaCO_3$-Bildung auch aus Ca-reichen, Si-armen Magmatiten. Unter Wald geht sie nach Entkalkung bald in Braunerden und/oder Parabraunerden über, während unter Steppe Schwarzerden entstehen.

Bei mäßiger Verbraunung (2 – 10 cm BvC) liegt eine *Braunerde-Pararendzina*, bei mäßiger Marmorierung (SC-Hor.) eine *Pseudogley-Pararendzina*, bei Grundwassereinfluß in 4 – 8 dm Tiefe eine *Gley-Pararendzina* vor. Die versauerte Pararendzina ist basenarm (V-Wert $< 50\%$).

(4) Eigenschaften: Der Ah-Horizont der Pararendzina ähnelt dem der Rendzina im Hinblick auf pH, Ca-Sättigung, Humusform (mullartiger Moder bis Mull) und Krümelgefüge. Die Pararendzina unterscheidet sich von der Rendzina in der Regel durch höhere Sand- und Schluffgehalte und vom Pelosol durch Fehlen eines ausgeprägten Polyedergefüges.

(5) Verbreitung: Als Klimaxstadium treten Pararendzinen nur in semiariden Gebieten auf (z. B. in der Oberrheinebene aus Löß). Sie sind ferner in Hanglagen, an denen durch Erosion ständig carbonathaltiges Ausgangsmaterial freigelegt wird, anzutreffen. Größere Verbreitung haben sie hier in semihumiden Gebieten (z. B. im Kraichgau aus Löß, im westlichen Bodenseeraum aus Geschiebemergel), wo sie beackerte Hänge einnehmen, während unter Wald oder auf Plateaulagen Parabraunerden geringer Entkalkungstiefe auftreten. Jüngste Bildungen stellen hingegen Pararendzinen aus Bauschutt städtischer Verdichtungsräume dar.

(6) Nutzung: Pararendzinen aus Löß oder Geschiebemergel sind tiefgründig, ausreichend durchlüftet und nährstoffreich, allerdings bisweilen trocken: intensive acker- und weinbauliche Nutzung ist möglich, weil auch der leicht durchwurzelbare C-Horizont zur Verfügung steht. Ungünstiger sind Pararendzinen aus Kalksandstein wegen ihrer Flachgründigkeit und aus Schottern sowie Bauschutt wegen hoher Steingehalte und geringer Wasserkapazität.

g) Tschernosem (Schwarzerde)

(1) Profil: Der Tschernosem ist ein A – C-Boden aus Mergelgestein mit einem über 40 cm mächtigen, dunklen „Mull-Ah" (Abb. 192). Dieser lockere, krümelige, basenreiche (V-Wert $> 50\%$) Ah ist als *mollic epipedon* nach FAO- und US-System feucht grauschwarz gefärbt (Munsell-Farbwert $< 3{,}5$, Farbtiefe ≤ 2) und über 50 cm mächtig (wenn Solum unter 75 cm mächtig, genügen 35 cm, über Festgestein 20 cm). Außerdem weist der untere Ah Sekundärkalk auf.

Typisch für die Schwarzerde und als Folge intensiver Bioturbation (s. Kap. XXVII 9 a) sind metertief reichende, mit humosem Bodenmaterial verfüllte, ehemalige Wurmgänge und *Krotowinen* wühlender Nagetiere, die – bei einem Durchmesser von 10 – 20 cm – im C-Horizont dunkles Ah-Horizontmaterial, im Oberboden teilweise hellgelbes C-Horizontmaterial enthalten (s. Abb. 192).

(2) Name: Schwarzerde ist der deutsche Name für den Tschernosem der UdSSR. Er wird nur für dunkel gefärbte, durch intensive Bioturbation entstandene Böden der Steppe und Waldsteppe angewendet, nicht für die Tschernitza oder den Vertisol.

Im FAO-System ist der Name Chernozem den (z. B. in der UdSSR vorkommenden) Schwarzerden mit dunklem mollic A sowie sekundärer Kalkanreicherung vorbehalten, während die meist hellere und entkalkte, mitteleuropäische Schwarzerde einen *Phaeozem* darstellt. Im US-System gehören sie zu den *Vermudolls* (wenn regenwurmreich) oder *Hapludolls*.

(3) Entwicklung: Die Schwarzerden bildeten sich in Europa vorwiegend aus Löß. Eine günstige Konstellation verschiedener Faktoren führte dazu, daß die Entwicklung über die einer Mull-Pararendzina hinausging. Es sind dies vor allem die charakteristischen Eigenschaften eines $CaCO_3$-haltigen lockeren Ausgangsgesteins, der Einfluß eines kontinentalen, semiariden bis semihumiden sommertrockenen Klimas, die Auswirkung einer grasreichen Vegetation und die wühlende, vermischende Tätigkeit von Steppentieren. Diese Faktoren sind z. B. im Bereich innerhalb von Naturschutzgebieten erhalten gebliebenen Steppen der UdSSR und der USA auch heute noch wirksam.

Die vorwiegend aus Stipa-, Koeleria-, Festuca- und Artemisia-Arten bestehende *Steppenvegetation* Osteuropas erzeugt im Frühjahr und Frühsommer viel N-reiche Biomasse, die im heißen und trockenen Spätsommer verdorrt und infolge gehemmter mikrobieller Aktivität nur teilweise mineralisiert wird. Hamster (Cricetus cricetus), Ziesel (Citellusarten), in den USA auch Präriehund (Gynomusarten) arbeiten gemeinsam mit Regenwürmern die organische Substanz in den Boden ein, sofern sie sich nicht bereits als abgestorbene Wurzelmasse im Boden befindet, und mischen sie mit ihm. Auf einen kurzen, etwas feuchteren Herbst folgt ein kalter Winter, der die biologische Aktivität völlig stillegt. Durch diesen Witterungsverlauf wird insbesondere der Abbau der relativ stabilen und mit Mineralpartikeln verknüpften Huminstoffe gehemmt, so daß im Laufe vieler Jahrhunderte bis Jahrtausende viel organische Substanz in der Schwarzerde akkumuliert wurde. Sommertrockenheit und Winterkälte zwangen dabei die Bodentiere, zeitweilig auch den tieferen Untergrund aufzusuchen und durch ihre wühlende Tätigkeit einen mächtigen Ah-Horizont zu schaffen und einer Entkalkung entgegenzuwirken.

Die Schwarzerden Mitteleuropas wurden aus den im Spätglazial entstandenen Löß-Rohböden vermutlich bereits im Frühholozän (Praeboreal und Boreal) unter kontinentalen Klimaverhältnissen und einer Waldsteppe gebildet[7]. Ihre Entwicklung wurde durch das Einsetzen eines humideren, ozeanisch getönten Klimas im Atlantikum und dem damit verbundenen Schließen der Walddecke beendet, so daß die in Deutschland noch vorhandenen Schwarzerden als ein Relikt des älteren Holozän gedeutet werden können. In Ost- und Südosteuropa wurde die Entwicklung hingegen erst während späterer Perioden des Holozän unterbrochen, z. B. als die Steppe kultiviert wurde, oder läuft auch heute noch in den nichtkultivierten Teilen der Waldsteppen des Balkans oder der UdSSR ab.

In den Randgebieten der Schwarzerdezone sind die Böden häufig degradiert (*Degradierte Schwarzerden*). Neben der Krumendegradation, die sich in der Aufhellung des oberen Ah-Horizontes äußert, können auch Entkalkung, pH-Erniedrigung, Verwitterung primärer Silicate unter Bildung von Tonmineralen und Fe-Oxiden sowie Tonverlagerung stattfinden, die zunächst den Ah-, später auch den C-Horizont erfassen. Stufen zunehmender Veränderung sind dabei *Braunerde-Tschernosem*, *Parabraunerde-Tschernosem* und *Tschernosem-Parabraunerde*. Letztere weist einen fahlgrauen, teilweise lessivierten Ah-Horizont, mithin eine Ah – Ahl – Aht – (Bt) – Cc – C-Horizontierung auf und wird auch als *Griserde* (nach *B. Meyer*) bezeichnet. Diese in Deutschland seit dem Atlantikum verbreitet unter Wald ablaufende Degradation ehemaliger Schwarzerden wurde auf Standorten, die der Mensch seit der Jungsteinzeit (etwa ab 2500 v. Chr.) beackerte, verzögert.

Die Weiterentwicklung der Schwarzerde zur Parabraunerde konnte dort nicht erfolgen, wo nach Einsetzen des feuchten Klimas die Böden von Stau- und Grundwasser beeinflußt wurden, so daß *Pseudogley-Tschernoseme* oder *Gley-Tschernoseme* entstanden. Die Vernässung ist dabei in der Regel auf wenig durchlässige Schichten (z. B. mesozoische Tone, Geschiebelehme) zurückzuführen, die den Löß unterlagern. Daher wurde ein Teil der deutschen Schwarzerden (z. B. in der Hildesheimer Börde) reliktisch, ohne sich in ihrer Morphe wesentlich zu verändern. Andere Autoren sehen diese Böden aber auch als monogenetische Feuchtbildungen an und bezeichnen sie dann als Pseudotschernoseme oder Feuchtschwarzerden. Ähnliche Böden des Balkans oder der USA werden teilweise als *Wiesentschernoseme* oder *Wiesenböden* bezeichnet.

Schließlich hat auch Umlagerung am Hang Schwarzerden einerseits verschwinden, andererseits in Form mächtiger Kolluvien erhalten lassen[8].

(4) Eigenschaften (Abb. 194): Mitteleuropäische Tschernoseme enthalten 15 – 20 % Ton

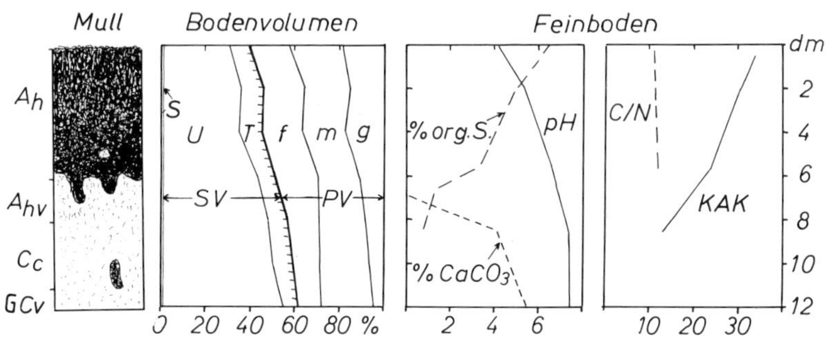

Abb. 194 Eigenschaften einer Schwarzerde (FAO: Phaeozem) aus Löß unter Eiche – Hainbuche; Aseler Holz, Niedersachsen; n. Analysen von *B. Meyer* und Mitarb. (Abk. s. Anhang 2, KAK in mval/100 g)

(überwiegend Illit) und sind im Oberboden meist kalkfrei, reagieren mithin schwach sauer.

Der *Humusgehalt* mitteleuropäischer Schwarzerden beträgt 2 – 6 %, während osteuropäische über 10 % im Ah-Horizont enthalten können. Die organische Substanz ist gut benetzbar, besitzt eine hohe Austauschkapazität (bis 3000 mval/kg) sowie ein enges C/N- (~10) und C/P-Verhältnis (20 – 100). Die Huminstoffe liegen vorwiegend in organomineralischer Bindung vor (s. Kap. VIII). Ackerbau vermindert den Humusgehalt als Folge verstärkten mikrobiellen Abbaus. Auch eine Versauerung des Ap-Horizontes führt zu einer Aufhellung der Ackerkrume, weil der Anteil an Ca-Humaten zurückgeht, Kotaggregate teilweise zerfallen und Huminstoffe teilweise depolymerisieren und verlagert werden. Die dunkle Farbe der Huminstoffe begünstigt eine raschere Erwärmung im Frühjahr und damit eine längere Vegetationsperiode.

Die *Austauschkapazität* mitteleuropäischer Schwarzerden beträgt 150 – 300 mval/kg, woran die Huminstoffe zu 30 – 50 % beteiligt sind. Das hohe K-Nachlieferungsvermögen der Schwarzerden beruht auf dem hohen Illitgehalt. Mit pflanzenverfügbaren Mikronährstoffen (B, Cu, Mn, Mo, Zn) sind Schwarzerden allgemein gut versorgt. Ihr Ah-Horizont besitzt ein *Porenvolumen* von ~50 % mit relativ hohem Mittel- und Grobporenanteil (Abb. 194). Diese Böden sind damit gut durchwurzelbar, ausreichend belüftet, und Löß-Schwarzerden vermögen im oberen Meter ~200 mm Niederschlag nutzbar zu speichern, so daß die Vegetation auch längere Trockenperioden ohne Schaden überdauern kann.

Bei degradierten Schwarzerden sowie Pseudogley- und Gley-Tschernosemen sind die Bodenaggregate häufig weniger stabil, so daß auch Subpolyeder bis Prismen entstehen können. Humusabbau und Aggregatzerfall werden durch fortschreitende Entkalkung und intensive Bodenbearbeitung beschleunigt. Sie erhöhen die Verschlämmungs- und Verdichtungsneigung und führen zu plattigen und scholligen Absonderungen, was Durchwurzelbarkeit und Gasaustausch beeinträchtigt.

(5) Verbreitung: Mitteleuropa weist im Raum Erfurt – Halle – Magdeburg ein ausgedehntes Schwarzerdegebiet auf, das bis nach Hildesheim reicht (s. Abb. 213). Dabei sind alle Degradationsstufen bis hin zu den Parabraunerden anzutreffen. In anderen Teilen Deutschlands kommen sonst nur einzelne, stark veränderte Schwarzerde-Relikte vor. Auch auf den Inseln Fehmarn und Poel befinden sich Böden, die den Pseudogley-Tschernosemen bzw. Gley-Tschernosemen nahe stehen.

Im Mainzer Becken sind die Schwarzerden z. T. durchgehend kalkhaltig, hingegen relativ hell, so daß sie nach *Zakosek* auch als Braune und Graue Steppenböden bezeichnet werden.

(6) Nutzung: Tschernoseme sind ausgezeichnete Ackerstandorte, gehören zu den fruchtbarsten Böden überhaupt und sind die wichtigsten Weizenböden der Erde.

h) Braunerde

(1) Profil (Abb. 192): Braunerden weisen einen humosen A-Horizont auf, der in der Regel gleitend in einen braun gefärbten Bv-Horizont übergeht. Darunter folgt in 25 bis oft erst 150 cm Tiefe der C-Horizont.

Zur Klasse der Braunerden gehören in der deutschen Bodensystematik neben der typischen Braunerde auch die Parabraunerden und die Fahlerde. Der erstere Typ wird im folgenden vereinfacht als Braunerde bezeichnet.

(2) Name: Der Begriff Braunerde geht auf *E. Ramann* zurück. Ist der verbraunte Unterboden steinreich (>75 %) bzw. als BvC unter 10 cm mächtig, liegt hingegen ein (verbraunter) A-C-Boden vor.

Der (typischen) Braunerde entspricht im FAO-System der *Cambisol*; im US-System gehören sie zu den *Ochrepts* oder *Umbrepts*. Da ein cambic B aber nicht verbraunt zu sein braucht (Kap. XXIX 3), gehören auch Regosole und Pelosole zu den Cambisolen bzw. Ochrepts.

(3) Entwicklung: Braunerden gehen im gemäßigt-humiden Klima aus Rankern, Regosolen oder Pararendzinen hervor, sobald die durch die Silicatverwitterung hervorgerufene Verbraunung und Verlehmung (s. Kap. XXVII 1 b) jene tieferen Teile des Profils erfaßt, in denen kein Humus angereichert wurde.

Im Bv-Horizont der Braunerde sind definitionsgemäß relativ leicht verwitterbare Minerale wie z. B. Calcit in der Regel gelöst und ausgewaschen, deren Gehalte im Vergleich zum Ausgangsgestein zumindest stark vermindert. Gleichzeitig ist gegenüber dem nach unten folgenden C-Horizont der V-Wert niedriger und entweder der Munsell-Farbton roter (z. B. 7,5 YR anstelle 10 YR) oder bei rotgefärbten Gesteinen (z. B. oft Buntsandstein) gelber oder die Farbe leuchtender (z. B. Munsell-Farbtiefe

6 statt 4) oder der Tongehalt höher. Andererseits ist ein Bv-Horizont nicht so stark verwittert wie der für Oxisole typische Bu-Horizont: Sein Steingehalt kann demnach auch über 5 Vol.-% betragen und entweder die Austauschkapazität der Tonfraktion beträgt über 160 mval/kg oder der Gehalt der Feinerde an leichter verwitterbaren Silicaten (Feldspäte, FeMg-haltige Silicate, Gläser, 2:1 Tonminerale) beträgt noch über 3 % oder der an Muskovit noch über 6 %.

Basenreiche Braunerden (V-Wert > 70 %, im FAO-System als Eutric Camb. > 50 %), sind in der Regel reich an austauschbaren Ca- und Mg-Ionen und besitzen ein stabiles Gefüge. Sie können auf silicat- und (Ca, Mg)-reichen Magmatiten (Basalt, Gabbro u. a.) oft ziemlich tiefgründig sein und das Klimaxstadium darstellen. Auf anderen Ca-reichen sowie calcithaltigen Gesteinen (z. B. Geschiebemergel, Löß) treten sie in Mitteleuropa ähnlich den mittelbasischen Braunerden (V-Wert 20 – 70 %) meist nur als kurzfristiges Durchgangsstadium in der Entwicklung zur Parabraunerde auf; in ausgeprägt ozeanischen Klimaten (z. B. England) sind sie weiter verbreitet.

Basenarme Braunerden (V-Wert < 20 %, im FAO-System als Dystric Camb. < 50 %) besitzen oft durch die Anwesenheit von Al-Ionen und/oder der verklebenden Wirkung der Fe-Oxide stabile Aggregate. Ähnliches gilt für Eisenreiche Braunerden (FAO: *Ferric Camb.*), die, aus Fe-reichen Gesteinen entstanden, rotbraun bis rot gefärbt sind. Sie entstehen vorwiegend aus (Ca, Mg)-armen Gesteinen, und zwar aus Rankern (bzw. Regosolen). Auf silicatarmen Gesteinen (quarzreichen Sanden, Sandsteinen u. a.) sind sie meist nur ein Übergangsstadium zu den Podsolen. Weit verbreitet sind sie hingegen auf silicatreicheren Ca-armen Gesteinen (Ca-arme Schiefer, Grauwacken, tonreichere Sande und Sandsteine, Granit u. a.). Diese Böden neigen nur selten zur Tonverlagerung; dies beruht darauf, daß sie besonders hohe Mengen an Fe- oder Al-Oxiden enthalten, die zur Verkittung beitragen.

Auch die *Lockerbraunerden* (Raumgewicht der Feinerde unter 0,85 g/cm³) sind meist sauer und besitzen ein stabiles Gefüge. Sie haben sich in höheren Berglagen aus magmatischen Gesteinen entwickelt. Vielfach beruht ihre Lockerheit aber auf vulkanischen Tuffen: Im FAO-System gehören sie dann zu den Andosolen (Kap. XXXI 10).

Sind A- und Bv-Horizonte zusammen unter 25 cm mächtig, liegen Übergangsformen zu den A – C-Böden vor: z. B. über einem Mergelgestein eine *Pararendzina-Braunerde*, über lockerem Silicatgestein eine *Regosol-Braunerde*, über festem Silicatgestein eine *Ranker-Braunerde*.

Weiterentwicklungen der Braunerden bilden einmal podsolierte Formen. Die sauren Braunerden sind oft schwach podsoliert, kenntlich an einer Bleichung der Mineralkörner und einer bereits deutlichen Abnahme an Al, Mn und P im Ah gegenüber dem Unterboden, während Fe nur im Horizont selbst umverteilt wurde (Abb. 195). Bei der *Rostbraunerde* (FAO: Dystric Camb.) ist der Oberboden als Aeh auch etwas an Fe verarmt, dem ein rostbrauner Bsv mit schwacher Anreicherung auch aus dem Oberboden gegenüber steht. Ihr folgt die *Podsol-Braunerde* (FAO: Spodi-dystric Camb.) mit einem Bleichsaum (Ahe) unter dem Aeh. Rost- und Podsolbraunerde sind oft zusätzlich schwach lessiviert, und zwar sowohl die norddeutscher Dünen- bzw. Geschiebesande als auch die aus Sandstein- oder Granit-Fließer-

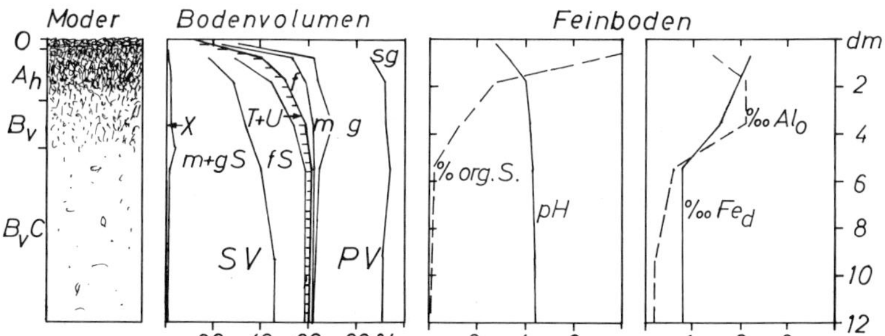

Abb. 195 Eigenschaften einer Sauerbraunerde (FAO: Dystric Cambisol) aus jungpleistozänem Geschiebesand unter Buche – Kiefer; Grunewald, Berlin; n. Analysen von *H.-P. Blume* (Abk. s. Anhang 2)

den, wobei unter anderem dünne Tonbänder in 1 – 2 Meter Tiefe auftreten.

In höheren Berglagen treten saure Braunerden mit lockerem rostbraunem B-Horizont und starker Eisenanreicherung auf, die als *Ocker(braun)erden* bezeichnet werden[9]. Sie sind stets mit Stagnogleyen vergesellschaftet und haben von diesen durch lateralen Wasserzug Eisen zugeführt bekommen (s. Kap. XXVII 10 c).

Die Bodenentwicklung der Braunerden kann ferner über die *Pseudogley-Braunerden* (FAO: *Stagno-gleyic Camb.*) bzw. *Gley-Braunerden* (FAO: *Gleyic Camb.*) zu den Pseudogleyen bzw. Gleyen führen.

(4) Eigenschaften (s. Abb. 195): In Abhängigkeit von dem Ausgangsgestein, der Vegetation und dem Versauerungsgrad variieren die Eigenschaften der Braunerden sehr stark. Kalkbraunerden treten dort auf, wo durch Grund- oder Hangwassereinfluß, Anwehung, kolluviale Auftragung oder Düngung, eine nachträgliche $CaCO_3$-Anreicherung in einem bereits verbraunten Material stattgefunden hat. Sauerbraunerden sind an primär $CaCO_3$-freie bis -arme Gesteine gebunden.

Die *Humusform* ist unter Laub- und Mischwald bei den Basenreichen Braunerden vorwiegend Mull; bei zunehmender Versauerung, z. B. unter Nadelwald, tritt auch Moder oder in extremen Fällen Rohhumus auf. Bei Basenarmen und ihren Übergängen zu den Podsolen ist die Humusform Moder bzw. Rohhumus. Diese unterschiedlichen Humusformen haben zur Folge, daß auch das C/N-Verhältnis in dem weiten Bereich von etwa 10 – 22 schwankt. Unter Ackerkultur liegt der Humus-Gehalt im Ap-Horizont meist zwischen 2 und 3 %.

Die *Körnung* der Braunerden reicht von Sand bis Schluff und Lehm. Dementsprechend variieren auch die Gehalte an organischer Substanz und an Nährstoffen sowie das Gefüge in hohem Maße.

Die *Porenverteilung* der Braunerden aus Sand (s. Abb. 195) ist durch eine Zunahme der Anteile an Fein- und Mittelporen von unten nach oben im Profil gekennzeichnet; dies hat eine Zunahme des Gesamtporenvolumens und eine Abnahme des Anteils an Grobporen zur Folge. Die Wasserleitfähigkeit ist bei Sandbraunerden infolge des hohen Anteils an Grobporen hoch.

(5) Verbreitung: Basenreiche Braunerden sind in Mitteleuropa selten. Basenarme Braunerden findet man einmal in Mittelgebirgslagen aus Granit-, Grauwacke-, Tonschiefer- oder Sandstein-Fließerden, wobei sie mit Rankern aus anstehendem Festgestein und stärker podsolierten Böden vergesellschaftet sind. Außerdem haben sie sich in Norddeutschland aus pleistozänen und holozänen Sanden entwickelt, auch hier, insbesondere in niederschlagsreicheren Gebieten, mit Podsolen vergesellschaftet. Das Nebeneinander unterschiedlich stark podsolierter Böden beruht dabei sowohl auf Körnungsunterschieden im Profil[10] als auch auf Nutzungsunterschieden, da Braunerden unter naturnahem Laubwald auch im relativ feuchten Subatlantikum teilweise erhalten blieben, unter Heide oder Nadelhölzern hingegen stärker podsolierten.

(6) Nutzung: Der ackerbauliche Wert der Braunerden schwankt in einem weiten Bereich. Die meisten Basenreichen Braunerden werden wegen ihrer Flachgründigkeit oder ihres hohen Steingehaltes forstlich genutzt. Auch die weniger fruchtbaren Basenarmen Braunerden dienen vor allem in Nordwestdeutschland häufig als Waldstandort, doch lassen sie sich bei ausreichender Düngung und Zufuhr von Wasser heute vielfach auch sehr gut ackerbaulich nutzen.

i) Terra fusca[11, 12]

(1) Profil (Abb. 196): Die Terra fusca ist ein Ah – Bav – kmC – bzw. R-Boden auf Carbonat- oder Gipsgestein. Der B-Horizont ist im Unterschied zu dem der Braunerde leuchtend gelbbraun bis rotbraun gefärbt und weist ein dichtes Polyedergefüge mit sepischem Plasma auf. Er wird daher auch mit T (von Terra) signiert.

(2) Name: Tonreiche, plastische, dichte Böden aus Carbonat- oder Gipsgesteinen werden nach *Kubiena* als Terrae calcis (lat.) bezeichnet und in die braune *Terra fusca* (bzw. Kalksteinbraunlehm) und die rote *Terra rossa* (Kalksteinrotlehm) gegliedert. In den FAO- und US-Systemen werden die Terrae fuscae nicht gesondert ausgeschieden, sondern wie Braunerden behandelt: Terra fusca oft Chromic Cambisol (FAO) bzw. very fine Eutrochrept (USA), Terra rossa oft Rhodochromic Camb. (FAO) bzw. Rhodic Xerochrept (USA).

(3) Entwicklung: Die Terra fusca entsteht aus einer Rendzina, wenn der silicatische, tonreiche Lösungsrückstand eines Kalksteins, Dolomits oder Gipsgesteins (bzw. Fließerden entsprechender Gesteine) versauert und gleichzeitig mächtiger als 10 – 30 cm geworden ist, so

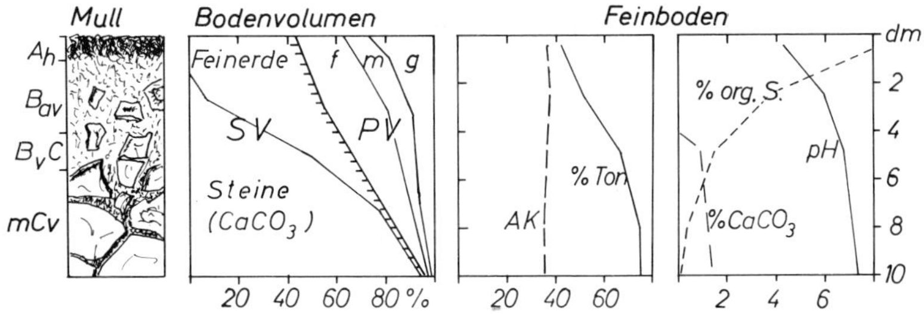

Abb. 196 Eigenschaften einer Terra fusca (FAO: Eutric Cambisol) aus Malm-Massenkalken unter Fichte; Ob. Lindenhof, Württemberg; n. Analysen von *H. Hemme* und *E. Schlichting* (Abk. s. Anhang 2, AK in mval/100 g)

daß nicht mehr das gesamte Solum durch Bodentiere mit dem Humuskörper vermischt wird. Das leuchtende Ocker der Terra fusca kann die Farbe des Lösungsrückstandes sein; in der Regel wurde aber zusätzlich carbonatisch und silicatisch gebundenes Fe freigesetzt und oxidiert, fand also eine echte Verbraunung statt. Ihr Silicatmineralbestand kann weitgehend dem des Gesteins entsprechen und ist dann oft illitreich, oder wurde durch Verwitterung verändert und ist dann meist kaolinitreich. Letzteres wird mit warmfeuchten Klimaverhältnissen des Tertiär in Zusammenhang gebracht. In manchen Terrae fuscae hat eine Tonverlagerung stattgefunden. Häufiger sind aber Tongehaltsunterschiede zwischen Ober- und Unterboden auf eine Fremdsedimentüberdeckung (z. B. Löß) zurückzuführen. Die Entwicklung der Terra fusca verläuft sehr langsam, weil der Lösungsrückstand des Ausgangsgesteins meist gering ist (oft unter 5 %). Sie pseudovergleyt trotz hoher Tongehalte nur unter perhumiden Klimaverhältnissen, weil im klüftigen Gestein das Sickerwasser rasch abzieht.

(4) Eigenschaften (s. Abb. 196): Die Terra fusca ist meist mäßig bis stark sauer, reich an Ton (oft mehr als 60 %), sehr dicht und in feuchtem Zustand plastisch. Ihr Humusgehalt ist in der Regel niedriger als der benachbarter Rendzinen. Die nutzbare Wasserkapazität liegt bei 50 – 150 mm, ist aber häufig trotz größeren Wurzelraumes kaum höher als die benachbarter Rendzinen wegen sehr hoher Totwassergehalte.

(5) Verbreitung: Die Terra fusca tritt in Mitteleuropa nur vereinzelt auf erosionsfernen, vornehmlich alten (d. h. altpleistozänen bis tertiären) Landoberflächen auf und ist dann mit Rendzinen auf Kuppen und mit Braunerden oder Parabraunerden aus Kolluvien in den Senken vergesellschaftet. Häufig wurde sie erodiert oder umgelagert.

(6) Nutzung: Die Terrae fuscae werden vorwiegend als Wald oder Weideland genutzt. Wegen schwerer Bearbeitbarkeit und starkem Wechsel mit flachgründigen, steinreichen Böden ist eine ackerbauliche Nutzung begrenzt.

j) Parabraunerde und Fahlerde[13, 14]

(1) Profil (Abb. 192): Parabraunerden weisen die Horizontfolge Ah – Al – Bt – C auf, weil Ton im Profil verlagert wurde. Der an Ton verarmte A-Horizont kann bis zu 60 cm mächtig sein; er umfaßt den krümeligen, humosen, geringmächtigen Ah- und den humusarmen, fahlbraunen, häufig plattigen Al-Horizont. In dem darunter folgenden tiefbraunen Bt-Horizont (Definition s. Kap. XXVIII) mit Subpolyeder- bis Prismengefüge, der in Mitteleuropa zwischen 40 und 400 cm mächtig sein kann, hat eine Tonanreicherung stattgefunden, und zwar in Form von Tonbelägen an Aggregatoberflächen und Bioporen-Wandungen.

Eine *Fahlerde* liegt vor, wenn der tonverarmte Oberboden deutlich aufgehellt ist, mithin als Ael-Horizont vorliegt. In der Regel sind A(e)l und Bt deutlicher differenziert und mächtiger als bei der Parabraunerde. Außerdem besitzt der Ael-Horizont keilförmige Ausbuchtungen und es treten oft schluffreiche Überzüge auf Aggregaten im Übergang zum Bt auf (engl.: glossic h.). Diese werden teils als Ergebnis einer Schluffumlagerung, teils als Rückstände einer Tonauswaschung oder auch Tonzerstörung gedeutet.

Bei tiefgründig entkalkten Böden ist zwischen Bt- und C-Horizont ein Bv-Horizont eingeschoben. Der C-Horizont selbst ist insbesondere in trockeneren

Klimaten oben als Cc-Horizont ausgebildet. Bei Parabraunerden aus sandreichem Ausgangsmaterial treten an die Stelle eines geschlossenen Bt-Horizontes oft eine große Anzahl dünner, brauner Tonbänder, die mehrere Meter tief reichen können. Eine in Form feiner Bänder und Flecken auftretende Verteilung tonreicherer und tonärmerer Zonen wird auch bei manchen Löß-Parabraunerden beobachtet (= Lamellenfleckenzone).

(2) Name: Der Name Parabraunerde (nach *E. Mückenhausen*) kennzeichnet die insbesondere ökologische Verwandtschaft dieses Typs mit den Eutrophen Braunerden. Der Name Fahlerde (nach *E. Ehwald*) wurde aufgrund der diagnostischen, fahlen Ael-Horizonte eingeführt. Beide Typen werden auch als *Lessivé* (von fr. lessivage = ausgewaschen) zusammengefaßt. Im FAO-System entsprechen die Parabraunerden den *Luvisols* (bei einem V-Wert im B von über 50 %) oder den *Acrisols* (bei < 50 %) und die Fahlerden den *Podzoluvisols* (besser wäre *Glossisol* n. griech. glossa = zungenförmig, da nicht podsoliert), während im US-System beide zu den *Alfisols* gestellt werden, und zwar die Fahlerden als *Glossudalfs* oder *Glossoboralfs*.

(3) Entwicklung: Parabraunerden und Fahlerden bilden sich bevorzugt aus lockeren Mergelgesteinen, aber auch aus carbonatfreien Lehmen und lehmigen Sanden. In gemäßigt-humiden Gebieten Europas ging die Entwicklung meist von Pararendzinen oder Braunerden aus, bei denen Carbonat-Auswaschung und schwache Versauerung eine Tonverlagerung ermöglichte (Kap. XXVII 4). Diese ist hier in den trockeneren, wärmeren Lagen stärker ausgeprägt als in niederschlagsreichen, kühlen Gebieten, weil dann der die Tonpeptisation begünstigende pH-Bereich zwischen 6,5 und 5 nur langsam durchlaufen wird und in lehmigen Böden periodische Austrocknung zur besseren Bildung dränender Schrumpfrisse führt.

Verschiedene Autoren nehmen an, daß die Bildung rezenter Parabraunerden schon im Spätglazial einsetzte[15], andere sehen ihre Körnungsunterschiede als Periglazialphänomene an[16] und führen allenfalls die Tonbeläge auf holozäne Umlagerungen innerhalb ihres Bt-Horizontes zurück[16]. Holozäne Tonverlagerung wurde jedoch in Substraten nachgewiesen, die z. B. als prähistorische oder römische Bauten erst seit ein bis zwei Jahrtausenden der Bodenbildung unterliegen[17, 18]. Auch die im Sickerwasser von Parabraunerden vorhandenen Gehalte an Tonteilchen, das Auftreten frischer Tonfüllungen in Wurzelgängen und die Bildung neuer Al-Horizonte im oberen Teil von Bt-Horizonten bei Parabraunerden, die durch teilweise Erosion, starken Klimawechsel oder Kultivierung beeinflußt wurden, deuten auf einen rezenten Verlauf der Tonverlagerung. Andererseits wurde der tonarme Oberboden vielfach nicht allein durch Tonverlagerung verursacht sondern auch durch Fremdsedimenteinmischung (z. B. Flugsand)[19].

In den Randzonen der mitteldeutschen Schwarzerdegebiete haben sich Parabraunerden teilweise aus Schwarzerden durch Degradation gebildet. Diese Tschernoparabraunerden (bzw. Griserden nach *Meyer*, s. Abschnitt g) weisen tiefschwarze Tonbeläge auf und lassen im unteren Bt-Horizont noch Reste des Schwarzerde-Ah erkennen.

Aus Parabraunerden können bei starker Versauerung *Podsol-Parabraunerden* und schließlich Podsole entstehen. Eine Staunässebildung kann bei Parabraunerden mit starker Tonverlagerung oder in niederschlagsreichen Gebieten auftreten. Die Entwicklung führt dann über *Pseudogley-Parabraunerden* zu Pseudogleyen, in denen die ehemaligen Al- und Bt-Horizonte durch Fe-Verlagerung und Marmorierung so stark umgewandelt wurden, daß die vorausgegangene Parabraunerde-Entwicklung oft kaum noch wahrnehmbar ist. Allerdings kann es sich hierbei auch um primäre Pseudogleye handeln, bei denen das anders geartete Wasserregime eine Tonverlagerung verhindert hat.

(4) Eigenschaften (Abb. 197): Die Tonverlagerung hat zu Tongehaltsunterschieden zwischen Al- und Bt-Horizont geführt, die bei Parabraunerden im norddeutschen Lößgebiet bis zu 20 % Ton betragen. In kontinentaleren Gebieten und bei tonreicheren Gesteinen können die Differenzen noch größer sein. Die verlagerten, an Hohlraumwandungen parallel orientierten Tonminerale können dabei mehr als 5 % des Bodenvolumens im Bt-Horizont ausmachen.

Der Humuskörper der Parabraunerden liegt als Mull oder Moder vor und weist im Ah-Horizont ein C/N-Verhältnis von 10 – 15 auf.

Die Entkalkungstiefe von Parabraunerden aus den jungpleistozänen Lössen oder Geschiebemergeln beträgt in Deutschland meist 0,5 – 1,5 m; die altpleistozäner Mergelgesteine kann 4 m und mehr betragen. Unter Wald sind Parabraunerden mäßig bis stark versauert. In ersterem Fall weisen Parabraunerden aus Löß oder Geschiebemergel ein hohes Kalium-Nachlieferungsvermögen (aber auch Fixierungsvermögen) auf. In letzterem Fall ist ein größerer

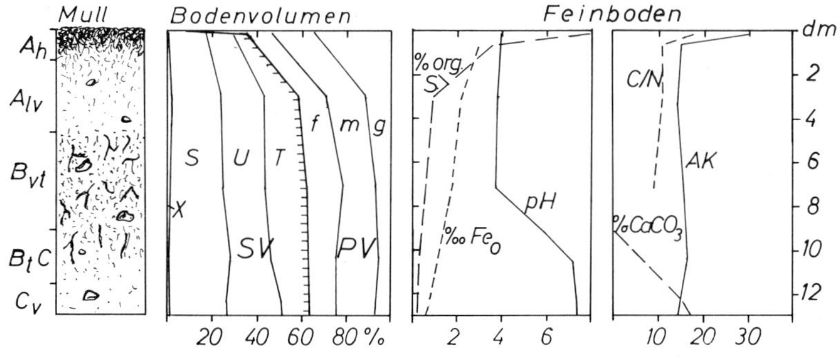

Abb. 197 Eigenschaften einer Parabraunerde (FAO: Orthic Luvisol) aus jungpleistozänem Geschiebemergel unter Buche – Eiche; Siggen, Schleswig-Holstein; n. Analysen von *H.-P. Blume* (Abk. s. Anhang 2, AK in mval/100 g)

Teil der illitischen Tonminerale an Kalium verarmt und in Bodenchlorit umgewandelt worden. Die Parabraunerden weisen in Abhängigkeit von Gestein und Verwitterungsgrad hohe bis mäßige Nährstoffreserven auf.

Der Bt-Horizont besitzt im Vergleich zu den Al- und C-Horizonten oft weniger Grobporen und meist einen höheren Gehalt an Feinporen. Dennoch ist auch der Unterboden in der Regel gut durchwurzelbar und belüftet; bei Pseudogley-Parabraunerden kann es allerdings zeitweilig zu Luftmangel kommen. Lehm- und Schluff-Parabraunerden weisen mit 150 bis 200 mm im ersten Meter eine hohe nutzbare Wasserkapazität auf.

(5) Verbreitung: Parabraunerden und Fahlerden gehören zu den verbreitetsten Böden der gemäßigthumiden Klimagebiete Eurasiens und Amerikas. In Mitteleuropa treten sie vor allem in den Löß- und den Moränenlandschaften auf.

(6) Nutzung: Lehm-Parabraunerden sind allgemein günstige Ackerstandorte mit Bodenzahlen zwischen 50 und 90. Insbesondere Löß-Parabraunerden neigen allerdings wegen der Verschluffung des lessivierten Oberbodens zur Verschlämmung und werden in Hanglage leicht erodiert.

k) Podsol*

(1) Profil (s. Abb. 192): Typische Podsole weisen die Horizontfolge Ol – Of – Ah – Ae – Bh – Bs – C auf, entstanden durch Podsolierung, d. h. durch eine Verlagerung von Fe und Al mit organischen Stoffen im Profil (s. Kap. XXVII 5).

Unter einer meist mächtigen Humusauflage folgt als Bleichhorizont der aschgraue Ae (Definition s. Kap. XXVIII), der kaum organische Substanz enthält, aber bisweilen violettstichig ist, direkt oder im Anschluß an einen geringmächtigen, schwarzgrauen Aeh-Horizont. Unter den *Eluvialhorizonten* beginnt mit scharfem Übergang der dunkle *Illuvialhorizont*, der je nach Verfestigungsgrad als *Ortstein* oder *Orterde* bezeichnet wird und oft im oberen Teil (Bh) braunschwarz, darunter rostbraun (Bs) gefärbt ist. Der Übergang zum C-Horizont ist unscharf und kann über einen Bv-Horizont erfolgen.

Die Eluvialhorizonte sind 20 – 60 cm mächtig (in Hanglagen der Mittelgebirge bis zu 150 cm). Der Bhs-Horizont ist in der Regel nur 10 bis 20 cm mächtig, kann aber in Form von Ortsteinzapfen oder -töpfen mehrere dm nach unten ausbuchten. Diese Ortssteintöpfe entstanden in Zonen bevorzugter Sickerwasserbewegung (z. B. im Bereich alter Wurzelröhren). Oft weist der B-Horizont eine auffällige Panther-Fleckung auf.

(2) Name: Podsol ist ein russischer Bauernname, der „Asche-Boden“ bedeutet. Früher sprach man auch von Bleicherde. Beim FAO-System spricht man auch von Podsolen; im US-System bilden sie die Gruppe der *Spodosole*.

(3) Entwicklung: Im Podsol haben Verwitterungs- und Verlagerungsvorgänge des kalt- bis gemäßigt-humiden Klimas ihr höchstes Ausmaß erreicht. Podsole entstehen bevorzugt dort, wo die wichtigsten Faktoren folgende Eigenschaften aufweisen:

(a) Klima: Hohe Niederschläge, hohe relative Luftfeuchte und verhältnismäßig niedrige Jahresmitteltemperatur.

(b) Gestein: Ca- und Mg-arme Gesteine, die entweder wie Sande leicht durchlässig sind oder

* Weiterführende Literatur: Zit. 21 – 24 in Kap. XXVII 5.

nach physikalischer Verwitterung ein grobkörniges Substrat liefern (z. B. Sandstein, Granit).

(c) Vegetation: Vorwiegend Pflanzenarten wie Nadelhölzer, Ericaceen usw. mit geringen Nährstoffansprüchen und nährstoffarmen Vegetationsrückständen.

Unter diesen Bedingungen verschlechtern sich nach Versauerung und Nährstoffverarmung die Lebensbedingungen der Bodentiere und Mikroben so, daß die Streu nur zögernd und unvollständig zersetzt wird und gleichzeitig verstärkt organische Komplexbildner und Reduktoren in der Bodenlösung auftreten, die Fe und Al freisetzen und umlagern. An feuchten Standorten, z. B. an Moorrändern, kommt es dabei unter Erikaheide zur Bildung von weicher Humusorterde, während an trockenen Standorten mit Calluna-Heide Bh- und Bs-Horizont häufiger als harter Ortstein ausgebildet ist.

Podsole entwickeln sich in der Regel als sekundäre Podsole aus Braunerden oder Parabraunerden; unter extremen Bedingungen werden sie auch direkt aus Rankern gebildet und dann als primäre Podsole bezeichnet. In weiten Gebieten Nordwestdeutschlands wurde die Podsolierung dadurch gefördert, daß Plaggen gewonnen wurden (s. Abschnitt 5) oder daß der ursprüngliche Eichen-Birken-Wald gerodet und durch Nadelholz oder Heidevegetation ersetzt wurde. Vielfach wurde die Bildung eines Podsols erst durch den Menschen ausgelöst, in anderen Fällen reicht seine Entstehung aber bis in das Frühholozän zurück.

Auch im Eem-Interglazial entstanden in Mitteleuropa Podsole[20].

(4) Verbreitung und Ausbildungsformen: Podsole treten vor allem in kalt- bis gemäßigt-humiden Klimazonen (z. B. Skandinavien) weit verbreitet auf. Im subpolaren Bereich findet man sie dabei als geringmächtige *Nanopodsole* selbst auf Ca- und Mg-reichem Gestein (z. B. Glimmerschiefer-Fließerden), und zwar mit Permafrostböden vergesellschaftet.

Podsole sind auch auf sandigen Sedimenten (Dünen, Sander, Geschiebesande) des norddeutschen Tieflandes als *Eisenhumuspodsole*, aber auch *Eisen*- sowie *Humuspodsole* anzutreffen. Eisenhumuspodsole mit besonders mächtigen B-Horizonten findet man auf tiefgründigen, trockenen Sanden unter Calluna-Heide. Der B-Horizont leitet bei ihnen oft mit mehreren schwarzbraunen Eisen-Humus-Bändern in den C-Horizont über.

Bei höherem Grundwasserstand treten unter Erica-Heide *Gley-Podsole* auf, die meist stark an Eisen verarmt sind.

Im mitteleuropäischen Bergland haben sich Podsole vor allem aus Granit- und Sandsteinfließerden entwickelt (z. B. Harz, Schwarzwald, Vogesen, Erzgebirge). Sie treten dort bevorzugt an Hängen auf, deren Fließerden im Unterboden verdichtet (z. B. als fragipan) oder durch Tonverlagerung und/oder Schichtung etwas tonreicher sind. An Südhängen ist die Podsolierung dabei häufig stärker ausgeprägt, während an Nordhängen die Ae-Horizonte längerfristig naß und durch infiltrierte Huminstoffe dunkel gefärbt sind. In den Alpen tritt nach *Pallmann* unter Zwergstrauchgesellschaften an der oberen Waldgrenze (über 2200 m) bevorzugt der Humuspodsol auf, während sich unter Hochwald ein Eisenhumuspodsol gebildet hat.

Im Schwarzwald treten in perhumiden Hochlagen über 800 m auf Sandstein-Fließerden verbreitet Podsole auf, die eine wellig ausgebildete, harte Eisenschwarte von 1 – 5 mm Dicke in 30 – 120 cm Bodentiefe aufweisen und daher als *Bändchen-Staupodsole* (FAO: *Placic Podzol*, USA: *Placorthod*, *Placohumod*) bezeichnet werden[21]. Diese Schwarten stauen das Wasser in starkem Maße, sind kaum durchwurzelbar, lassen sich teilweise durchgängig über km verfolgen und treten dabei nicht nur in Böden mit Podsol-, sondern auch in solchen mit Braunerde- und Stagnogley-Morphologie auf (s. Abb. 212). Sie kommen auch in den Vogesen, den Alpen in Schottland und Wales sowie in anderen perhumiden Klimaten (z. B. Subarktis, Tropen) vor. Weichere Bändchen an der Oberkante des B-Horizonts sind auch bei Flachland-Podsolen zu beobachten[4].

(5) Eigenschaften (Abb. 198): Die Entwicklung aus vorrangig sandigen Substraten bedingt sandige Bodenarten und in der Regel hohe Quarzgehalte. Durch Verwitterung sind resistente Minerale (Quarz, grobe K-Feldspäte, Turmalin, Rutil, Zirkon) zusätzlich angereichert. Humusauflagen mit weitem C/N-Verhältnis (oft 30 – 40) und starke Versauerung sind weitere Kennzeichen und korrespondieren mit niedrigen Nährstoffgehalten. An der Podsolierung beteiligte Nährstoffe (Fe, Mn, Cu, Co, Zn, indirekt auch P) sind teilweise im Unterboden etwas angereichert.

Bei kultivierten Podsolen sind der Auflagehumus abgebaut, Nährstoffgehalte und pH-Werte erhöht. Podsole weisen im gesamten A-Horizont Einzelkorn*gefüge* auf. Der B-Horizont ist oft hüllig. Sie sind meist gut durchlüftet aber trocken.

Das *Porenvolumen* ist im B-Horizont häufig größer als im Ae-Horizont. Dies wird darauf zurückgeführt, daß im Ae-Horizont infolge des Abtransportes von feineren Teilchen eine Sackung hervorgerufen wird und im B-Horizont die infolge der Einlagerung dieser feinen Teilchen theoretisch zu erwartende Abnahme des Gesamt-Porenvolumens durch die Bildung

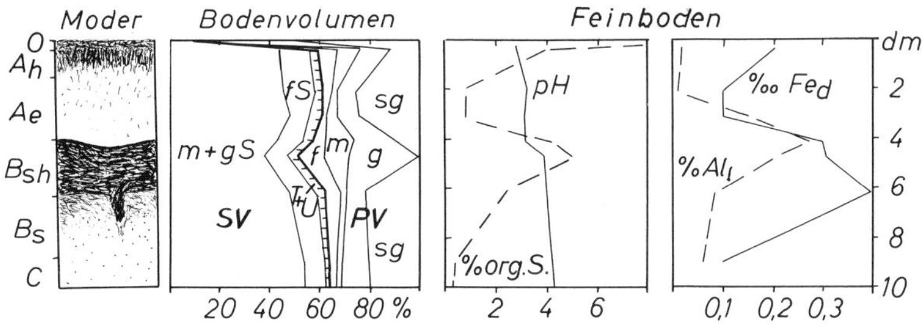

Abb. 198 Eigenschaften eines Eisenhumuspodsol (FAO: Ferro-humic Podzol) aus Flugsand/Flußsand unter Kiefer; Mellendorf, Niedersachsen; n. Analysen von *K. H. Hartge* (Abk. s. Anhang 2)

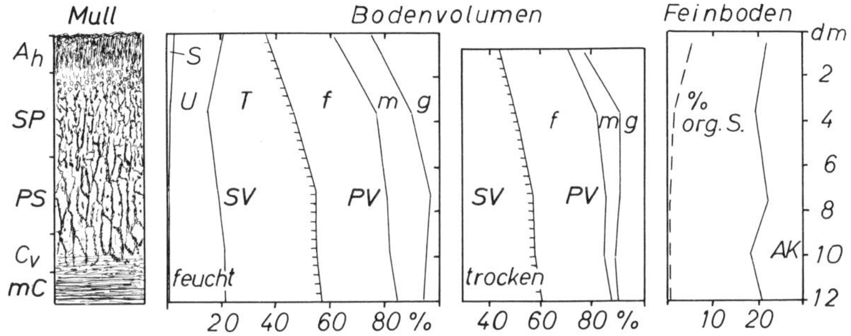

Abb. 199 Eigenschaften eines Pseudogley-Pelosol (FAO: Verti-stagnic Gleysol) aus Dogger-Ton unter Grünland; Mögglingen, Württemberg; n. Analysen von *Y. Nagarajarao* und *E. Schlichting* (Porung im trockenen Boden mit Xylol bestimmt) (Abk. s. Anhang 2, AK in mval/100 g)

neuer Grobporen infolge der Wurzel- und Tiertätigkeit ausgeglichen wird. Wenn diese Tätigkeit bei der Verfestigung des B-Horizontes zum Ortstein auch unterbunden wird, kann der Ortsteinhorizont dennoch einen hohen Anteil grober Poren aufweisen, wie aus Abb. 198 ersichtlich ist. Der Ortstein wirkt daher nur selten als Staukörper, weist vielmehr oft eine höhere Wasserleitfähigkeit auf als der Ae-Horizont.

(6) Nutzung: Stark entwickelte Podsole, die früher als nicht kultivierungsfähig angesehen wurden, erbringen bei künstlicher Bewässerung und starker Düngung hohe Erträge und ermöglichen dann sogar einen produktiven Hackfruchtanbau. Die pH-Erhöhung sollte nur bis pH 5,0 – 5,8 erfolgen, da bei höheren pH-Werten Mn-Mangel auftritt. Der weitverbreitete Kupfermangel kann durch Zufuhr von Cu-haltigen Düngemitteln, der Bormangel durch B-Düngung beseitigt werden (s. dort).

Ortsteinhorizonte wirken sich um so ungünstiger auf das Pflanzenwachstum aus, je näher sie sich an der Oberfläche befinden. Sofern sie weniger als ~80 cm tief liegen, ist ein Aufbrechen des Ortsteins zweckmäßig. Dadurch wird der Ortstein meist innerhalb von 2 – 4 Jahren abgebaut, sofern es sich nicht um einen sehr Fe-reichen Ortstein handelt. Podsole mit Orterdehorizonten werden meist ohne Tiefenlockerung in Kultur genommen.

l) Pelosol[1, 22]

(1) Profil (Abb. 199): Pelosole sind Böden mit ausgeprägtem Absonderungsgefüge, die sich aus tonreichem Gestein entwickelt haben. Zwischen dem A-Horizont und dem unveränderten tC-Horizont treten tonreiche (>45 %) Horizonte auf, in denen das Schichtgefüge des Ausgangsgesteins aufgelöst (sog. Aufweichungshorizonte) und in ein polyedrisches bis prismatisches Gefüge übergegangen ist. Diese werden als P (von Pelosol)- oder Ba- bzw. Ca (von Absonderungsgefüge) bezeichnet (Definition s. XXVIII).

Die Prismen des Unterbodens zeigen oft glänzende Oberflächen (= slicken sides) und in Trockenperioden treten tiefreichende Spalten von über 10 cm Breite auf (FAO: vertic properties).

(2) Name: Pelosol (nach *F. Vogel*) leitet sich von pelos (griech. = Ton) ab. Ältere Bezeichnungen sind bunter Ton- und Mergelboden,

Lettenboden u. a. In FAO- und US-Systematik gehören sie zu den *Vertisolen* (s. XXXI 1), sofern ihre Trockenspalten im Unterboden (50 cm Tiefe) zeitweilig über 1 cm breit sind, ansonsten meist zu den Regosols (FAO) bzw. Orthents (USA).

(3) Entwicklung: Anhaltende Durchfeuchtung hat durch Quellung der Tonminerale zu einer Aufweichung und Zerteilung eines tonreichen Gesteins geführt, so daß ein Kohärentgefüge entstand. Vielfach erfolgte diese Zerteilung bereits im Pleistozän unter periglaziären Bedingungen, unter denen nach Frostsprengung selbst verfestigte Schiefertone plastisch wurden. Das Kohärentgefüge wurde dann bei Wechselfeuchte in ein Absonderungsgefüge umgeformt: Es entstanden oben Subpolyeder, darunter Polyeder und Prismen, die nach unten gröber werden (XXVII 3). Durch den Quellungsdruck wurden auch Bodenaggregate gegeneinander verschoben, wobei sich der Ton einregelte und die oben erwähnten Slickensides entstanden.

Vorstufen der Pelosole sind häufig Syroseme oder Ranker, bei denen nur der Ah-Horizont aufgeweicht wurde und Bioturbation einer Polyederbildung entgegenwirkte. Manche Pelosole sind verbraunt und lassen dann eine schwache Umwandlung quellfähiger Tonminerale in Al-Chlorite (bei dolomithaltigem Gestein auch Mg-Chlorite) erkennen. Bisweilen wurden aber lediglich sulfidisches und/oder carbonatisches Eisen oxidiert, und zwar bereits vor der Entcarbonatisierung.

Insbesondere in ebener Lage weisen Pelosole oft Stauwassermerkmale auf oder haben sich bereits zu *Pelosol-Pseudogleyen* weiter entwikkelt. Um Pelosol-Pseudogleye oder Pelosol-Braunerden handelt es sich aber auch dann, wenn eine über 40 cm mächtige, tonärmere Decke die Bildung eines Absonderungsgefüges im Oberboden verhindert hat. Relativ tonarme Oberböden vieler Pelosole sind auf Fremdsedimentbeimengung (z. B. Löß) und/oder Tonverlagerung zurückzuführen.

Außerdem dürfte es zu einer *Entschluffung* durch einen Aufstieg gröberer Partikel als Folge von Quellung und Schrumpfung kommen, was *E. Schlichting* experimentell nachwies.

(4) Eigenschaften (s. Abb. 199): Die Pelosole besitzen bei Trockenheit starke Schrumpfungsrisse, während sie feucht meist so stark gequollen sind, daß Luftmangel auftritt. Sie weisen zwar oft einen hohen Wassergehalt auf; der Gehalt an verfügbarem Wasser ist jedoch gering und nimmt bei Austrocknung auch dadurch ab, daß das verbleibende Wasser durch Schrumpfung fester gebunden wird.

Eine Wiederbefeuchtung erfolgt oft auch von unten durch in Trockenspalten versickerndes Wasser[23].

(5) Verbreitung: Pelosole sind in Mitteleuropa vor allem auf mesozoischem Ton und Tonmergeln entwickelt und sind dann mit Pelo(sol)-Gleyen in Senken vergesellschaftet. Sie kommen aber auch auf pleistozänen Beckentonen und tonreichen Geschiebemergeln vor.

(6) Nutzung: Pelosole können infolge hoher Tongehalte und damit starker Quellungs- und Schrumpfungsvorgänge – vor allem bei carbonatfreiem Gestein – oft nur als Grünland oder Wald genutzt werden. Ackerbau ist meist nur auf *Tonmergel-Pelosolen* möglich, weil hier Durchwurzelbarkeit und Lufthaushalt günstiger und die Pflugarbeit weniger stark erschwert sind. Bisweilen lassen sich *Tonmergel-Pelosole* sogar besser ackerbaulich nutzen, weil sie für Grünlandnutzung zu trocken sind.

m) Pseudogley*

Der Pseudogley gehört zusammen mit dem Stagnogley zu den Stauwasserböden. Beide weisen redoximorphe (s. Kap. XXVII 6) Merkmale auf, die aber im Gegensatz zu den Grundwasserböden durch gestautes Niederschlagswasser verursacht wurden.

(1) Profil (Abb. 192): Pseudogleye sind grundwasserferne Böden, in denen ein Wechsel von Stauwasser und Austrocknung Konkretionen und Rostflecken vornehmlich im Aggregatinneren entstehen ließ, während die Aggregatoberflächen gebleicht wurden. Typische Pseudogleye weisen unter dem Ah einen gebleichten durchlässigen Sw bzw. Ag auf, auf den ein dichter Sd bzw. Bg folgt. Zur Definition von S bzw. g s. Kap. XXVIII.

Bei *sekundären Pseudogleyen*, die sich häufig aus Parabraunerden entwickelt haben, ist die Horizontfolge Ah – AlSw – BtSd. Unter dem Ah-Horizont folgt ein meist fahlgrauer, konkretionshaltiger oder schwach rostfleckiger, relativ tonarmer Horizont mit häufig plattigem Gefüge (Sw). Die meist schwarzbraunen Konkretionen sind 0,5 – 50 mm groß und

---

* Weiterführende Literatur: Zit. 26 – 28 in Kap. XXVII 6.

bilden keine Hohlraumfüllungen (wie bei vielen Gleyen), sondern durchsetzen die Bodenmatrix selbst. Die tonreicheren Unterbodenhorizonte (Sd) sind demgegenüber fahlgrau/rostbraun marmoriert (oft gestreift) und besitzen oft ein ausgeprägtes Polyeder- bis Prismengefüge. Oft bilden der Bt-Horizont und das bereits dichte Ausgangsgestein gemeinsam den *Staukörper*, während Ah- und Sw-Horizont als *Stauzone* bezeichnet werden.

Primäre Pseudogleye, d. h. unmittelbar aus meist tonreichen Gesteinen mit geringer Wasserleitfähigkeit hervorgegangene Pseudogleye, sind entweder geschichtet (z. B. Flugsand bzw. Lößlehm über Ton) und dann deutlich in Sw und II Sd differenziert, oder ungeschichtet und dann kaum in Stauzone und Staukörper differenzierbar. In tonreichen Horizonten treten Konkretionen zugunsten von Rostflecken zurück. Die Marmorierung ist in der Regel kleinerflächig; in den Rostflecken dominieren die rötlichgelben Farben des Lepidokrokits. Auch die $CaCO_3$-haltigen Horizonte sind bei ihnen stark marmoriert, wenngleich es bisweilen schwierig ist, Bleichung der Aggregatoberflächen von ausgefälltem $CaCO_3$ zu unterscheiden.

Haftnässepseudogleye sind schluffreiche Stauwasserböden mit mäßig durchlässigem, rostfleckigem, kaum aggregiertem Unterboden (Sg). Sie lassen sich nicht in Stauzone und Staukörper differenzieren.

(2) Name: Die Bezeichnung Pseudogley (nach *Kubiena*) wurde gewählt, weil dieser Boden in einer Reihe von Eigenschaften dem Gley ähnlich ist. Ältere Bezeichnungen sind Staunässegley, gleyartiger Boden oder nasser Waldboden. In der DDR spricht man von *Staugley*.

Im FAO-System werden sie neuerdings als *Stagnic Gleysols* bezeichnet (z. B. Stagni-Eutric G: Der Name *Stagnosol* ist in Diskussion). Im US-System gehören sie zu den *aquatischen* Untergruppen (z. B. *Aqualf* = sekundärer Pseudogley), da nicht zwischen Stau- und Grundwasserböden unterschieden wird.

(3) Entwicklung: Pseudogleye entstehen durch Redoximorphose (s. Kap. XXVII 6) unter dem Einfluß eines häufig wiederkehrenden Wechsels von Vernässung und Austrocknung. Temporäre *Staunässe* tritt nahe der Bodenoberfläche auf und verschwindet meist während der Vegetationszeit. Sie wird durch dichte Unterbodenlagen verursacht, die insbesondere in humiden Klimaten und in ebener Lage Niederschlagswasser stauen und dadurch Sauerstoffmangel hervorrufen, was zu einer Lösung und Umverteilung von Eisen und Mangan innerhalb der Horizonte führt. In der Stauzone entstehen dabei vor allem Konkretionen, während der Staukörper marmoriert und dabei (im Gegensatz zu den Gleyen) die Aggregatoberflächen gebleicht, das Innere der Aggregate mit Eisen angereichert werden. Dieses liegt nicht nur als Goethit, sondern in $CaCO_3$-freien, lehmigtonigen Horizonten teilweise auch als Lepidokrokit vor. Silicate sind hingegen weniger stark verwittert als in benachbarten durchlässigen Böden.

Sekundäre Pseudogleye bilden sich häufig aus Parabraunerden (s. hierzu Kap. XXVII 11), während sich primäre Pseudogleye vielfach aus Pelosolen bilden. Häufiger als voll entwickelte Pseudogleye sind hingegen Übergangsformen zu anderen Bodentypen, in denen die Merkmale der Staunässe nur schwach oder nicht in allen Horizonten erkennbar sind, weil relativ kurzen Naßphasen längere Trockenphasen gegenüber stehen. Hierzu gehören z. B. die *Parabraunerde-Pseudogleye*, *Schwarzerde-Pseudogleye*, die im Untergrund stark marmoriert sind, und die *Pelosol-Pseudogleye*.

Haftnässepseudogleye entstehen oft aus Flottsand bzw. grobschluffreichem Löß in ozeanisch getöntem

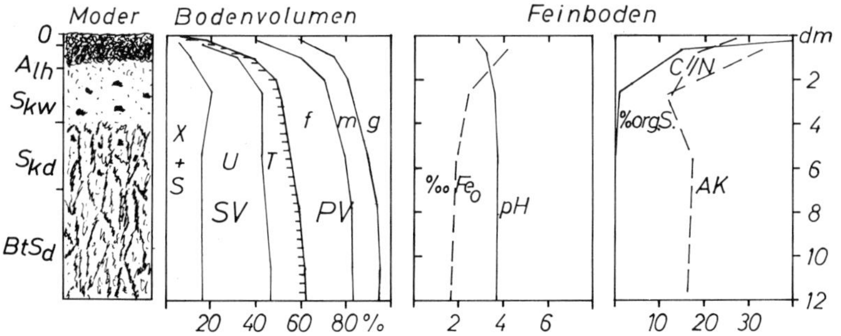

Abb. 200 Eigenschaften eines sekundären Pseudogley (FAO: Stagni-Dystric Gleysol) aus Riß-Geschiebemergel unter Fichte; Sentenhart, Württemberg; n. Analysen von *H.-P. Blume* (Abk. s. Anhang 2, AK in mval/100 g)

Klima. Den Haftnässepseudogleyen fehlen weitgehend Trockenphasen sowie ein schroffer Wechsel zwischen Naß- und Feuchtphasen.

Es ist meist schwierig, aus dem Grad der Marmorierung Rückschlüsse auf den Grad der Vernässung dieser Böden zu ziehen, weil die charakteristischen Staunässemerkmale je nach der Zusammensetzung des Ausgangsgesteins sehr unterschiedlich stark ausgebildet werden. Häufig sind Rostflecken und Konkretionen auch fossile Merkmale. Bei diesen *Relikt-Pseudogleyen* spiegelt die Marmorierung dann nicht die gegenwärtigen, sondern frühere Redoxverhältnisse wider.

(4) Eigenschaften (Abb. 200): Pseudogleye sind temporär luftarm. Sie trocknen im Oberboden häufiger stark aus als benachbarte, durchlässige Böden, weil sie oben wurzelreicher sind als unten. Die Zeitdauer der Naß-, Feucht- und Trockenphasen bzw. O_2-armen und -reichen Phasen hängt sowohl vom Klima als auch von der Wasserleitfähigkeit des Staukörpers, der Mächtigkeit der Stauzone und vom Relief ab. In ebener Lage überwiegt oft die Feuchtphase, während in flachen Mulden die Naßphase und in Hanglage die Trockenphase am längsten dauern.

Die Wasserleitfähigkeit des Staukörpers (Sd) liegt meist unter 1 cm/d, die der Stauzone (Sw) über 10 cm/d. Bei stärkerer Wasserzufuhr (z. B. Unterhanglage, perhumides Klima) kann der kf-Wert des Sd auch höher sein. Die Wasserleitfähigkeit des Haftnässepseudogley-Sg liegt oft zwischen 1 – 10 cm/d.

Sekundäre Pseudogleye sind häufig Bildungen älterer Landoberflächen und dann stark an Nährstoffen verarmt. Viele primäre Pseudogleye sind hingegen nährstoffreich. In jedem Fall wurden aber durch die Redoximorphose Fe und Mn, häufig auch P, Mo, Cu und Co in für Pflanzenwurzeln schwerer zugänglichen Konkretionen und Rostflecken konzentriert. Andererseits erhöhen niedrige Redoxpotentiale die Verfügbarkeit dieser Nährstoffe.

(5) Verbreitung: Pseudogleye sind weit verbreitete Böden humider Klimate und treten sowohl in den kalt- und gemäßigt-humiden Klimaten auf als auch in den humiden Tropen und Subtropen. In Deutschland findet man sie einmal in Löß- und Geschiebemergellandschaften mit Jahresniederschlägen über 700 mm, wobei sie bevorzugt die ebenen Lagen einnehmen neben Parabraunerden an Hängen und Gleyen in Senken. In trockeneren Gebieten haben sie sich nur auf bzw. über älteren pleistozänen, stärker verlehmten und verdichteten Sedimenten entwickelt, außerdem auf Ton. In den Mittelgebirgen nehmen sie nur die tieferen Lagen ein und werden in höheren, feuchteren Positionen durch Stagnogleye ersetzt.

(6) Nutzung: Pseudogleye sind vielfach gute Wiesen- und auch Waldstandorte. Besonders unter Fichten-Monokulturen kommt es bei sekundären Pseudogleyen leicht zum Windwurf.

Eine Ackernutzung ist oft wegen anhaltender Frühjahrsvernässung, die O_2-Mangel hervorruft und frühe Bearbeitung nicht zuläßt, erschwert. Röhren- oder Grabendränung schafft dann meist wegen starker Bindung des Wassers im Boden keine Abhilfe und ist im Grunde auch nicht erwünscht, weil das abgeführte Wasser in sommerlichen Trockenperioden fehlt. Günstiger wirkt sich häufig eine Tiefenbearbeitung (Lockern oder Pflügen) aus[24], weil hierbei luftführende Grobporen nicht auf Kosten des Wassers geschaffen werden. Schwierigkeiten bereitet hier allerdings das Bewahren der Lockerung, die oft durch Sackung innerhalb weniger Jahre wieder verloren geht. Die Melioration sollte daher durch den Anbau von Tiefwurzlern und bei sauren, nährstoffarmen Pseudogleyen durch Tiefenkalkung und -düngung ergänzt werden, um eine erneute Verdichtung zu mildern. Vielversprechend wäre auch zeitweilig pfluglose Bewirtschaftung.

n) Stagnogley*, [25]

(1) Profil (Abb. 201): Diagnostische Horizonte der Stagnogleye sind Aeg – Bg bzw. Sew – Sd (Definition s. Kap. XXVIII). Es handelt sich um Stauwasserböden, bei denen anhaltende Vernässung zu einer starken Bleichung des Oberbodens geführt hat. Die 10 bis 30 cm mächtige Humusauflage besteht aus Grobhumus über oft schlammigem Pechhumus; der Sd bzw. Bg ist stark marmoriert und sehr viel tonreicher als der Oberboden.

(2) Name: Der Name Stagnogley (nach *F. Vogel*) soll die geringe Wasserzügigkeit und die mit Gleyen verwandte Dynamik dieser Böden kennzeichnen. Ältere und teils volkstümliche Namen sind *Molkenboden*, *Molkenpodsol* oder *Missenboden*. Im FAO-System gehören die Stagnogleye zusammen mit den Solods semiarider und den Gleypodsolen subarktischer Klimate zu den *Planosolen*, im US-System teilweise zu den Aqualfs.

(3) Entwicklung: Stagnogleye entstehen bevorzugt unter kühlfeuchten Klimaverhältnissen aus Sandkerf, d. h. sandreichem Material über dichtem, sandiglehmigem bis schluffigtonigem Untergrund. Unter diesen Bedingungen hem-

* Weiterführende Literatur: Zit. 26 – 28 in Kap. XXVII 6.

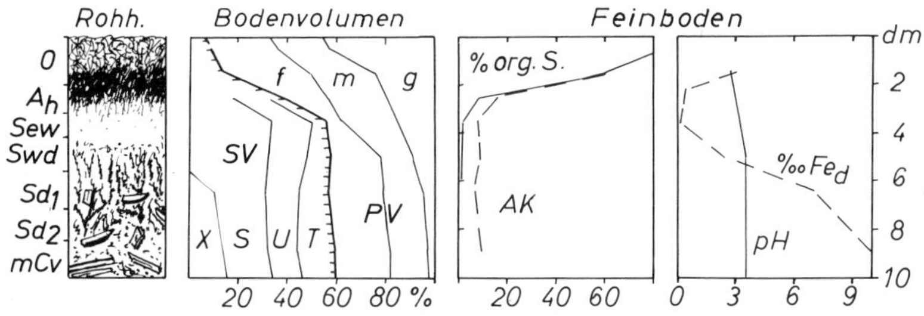

Abb. 201 Eigenschaften eines Stagnogley (FAO: Stagni-Gleyic Planosol) aus Sand-Tonstein des oberen Buntsandstein unter Fichte; Grömbach, Württemberg; n. Analysen von *V. Schweikle* (Abk. s. Anhang 2, AK in mval/100 g)

men anhaltende, häufig ganzjährige Vernässung und niedrige Bodentemperaturen den mikrobiellen Abbau organischer Komplexbildner und Reduktoren in der Bodenlösung, so daß Fe, Mn und teilweise auch Al gelöst und lateral im sandigen Oberboden über größere Strecken transportiert werden können. Der Oberboden wird also naßgebleicht; eine Umlagerung der gelösten Stoffe in den Unterboden erfolgt im Gegensatz zur Podsolierung praktisch nicht, weil dieser nahezu ständig mit stagnierendem Wasser gesättigt ist. Das ausgelagerte Eisen wird teilweise unterhalb der Stagnogleye im Bereich stärkeren Gefälles akkumuliert (Kap. XXVII 10 c). Der Körnungsunterschied zwischen A- und B-Horizont ist lithogenen Ursprungs und kann durch Tonverlagerung verstärkt sein. *Dudal* nimmt bei Planosols Tonzerstörung als Ursache an. Tonzerstörung könnte auch in deutschen Stagnogleyen eine gewisse Rolle spielen, weil anhaltende Vernässung offensichtlich eine Stabilisierung quellfähiger Tonminerale durch Al-Einlagerung verhindert.

Bei ganzjähriger Wassersättigung bis nahe der Bodenoberfläche geht der Stagnogley in *Moorstagnogleye* und letztlich in *Moore* über, bei denen die Humusauflagen mächtiger sind und der Unterboden kaum noch marmoriert, sondern ebenfalls gebleicht ist.

(4) Eigenschaften (s. Abb. 201): Stagnogleye sind mittelgründige, luftarme, häufig stark versauerte und dann im Oberboden nährstoffarme Standorte.

(5) Verbreitung: Stagnogleye treten in hochgelegenen Verebnungen mitteleuropäischer Mittelgebirge (Schwarzwald, Pfälzer Wald, Eifel, Erzgebirge) verbreitet auf, und zwar an flachen Oberhängen bzw. quelligen Talanfängen und in kleinen vernäßten Dellen; sie sind dort mit weniger vernäßten Braunerden vergesellschaftet. Böden unterhalb der Stagnogleye sind dabei häufig mit lateral gewandertem Eisen als *Ocker(braun)erden*[25] angereichert (Vergesellschaftung s. Abb. 211).

Stagnogleye kommen im perhumiden Klimabereich aber selbst bei Hangneigungen von 10° noch vor, sofern die Körnungs- und damit Wasserleitfähigkeitsunterschiede im Profil groß genug sind. Kleinflächig treten Stagnogleye auch in tieferen Lagen mit Pseudogleyen vergesellschaftet auf und zwar vor allem in ozeanisch getöntem Klima (z. B. Schottland).

(6) Nutzung: Stagnogleye sind für eine landwirtschaftliche Nutzung ungeeignet; auch Forsten zeigen meist nur eine geringe Wuchsleistung.

2. Grundwasserböden (semiterrestrische Böden)

Semiterrestrische Böden haben sich unter dem Einfluß von Grundwasser entwickelt. Unter diesem weisen die zeitweilig überfluteten bzw. überstauten Auenböden (FAO: Fluvisols) kaum redoximorphe Merkmale auf, die Gleye (FAO: Gleysols) der Senken und Quellengleye der Hänge sowie die Marschen der Küsten hingegen ausgeprägte.

In den Grundwasserböden reicht (bzw. reichte vor der Entwässerung) der geschlossene Kapillarsaum des Grundwassers zeitweilig bis mindestens 4 dm (FAO: 5 dm) unter die Oberfläche des Bodens (und hinterließ dort bei Gleyen und Marschen redoximorphe Spuren). Böden, in denen der Grundwasser-Kapillarsaum stets unterhalb 4 (bzw. 5) dm endet, gehören zu den Landböden; sie können allerdings semiterrestrische Subtypen darstellen, sofern ihr Unterboden durch Grundwasser geprägt wurde (z. B. Gley-Braunerden bzw. Gleyic Cambisols).

a) Gleye*

(1) Profil: Der typische Gley besitzt die durch Grundwasser geprägte Horizontfolge Ah – Go – Gr (s. Abb. 192). Auf den vom Grundwasser unbeeinflußten Ah-Horizont folgt der rostartige Go-Horizont (Oxidationshorizont) und darunter der stets nasse, fahlgraue bis graugrüne oder auch blauschwarze Gr-Horizont (Reduktionshorizont). Der mittlere Grundwasserspiegel liegt höher als 80 – 100 cm, der Kapillarsaum (des hohen Grundwasserspiegels) selten höher als 20 – 40 cm unter Flur.

Naßgley und *Anmoorgley* fehlen die Go-Horizonte, weil deren Grundwasser zeitweilig die Bodenoberfläche erreicht. Der Ah-Horizont des Naßgleys besitzt oft verrostete Wurzelröhren, während der des Anmoorgleys einen hohen Humusgehalt (15 – 30 %) aufweist.

(2) Name: Der Name Gley geht auf das deutsche Wort Klei (= entwässerter Schlick, russ. Schlamm) zurück. Im FAO-System ist er (mit den Stauwasserböden) ein Gleysol. Im US-System bilden Gleye (und Stauwasserböden) aquatische Untergruppen (z. B. Aquept, Aquod).

(3) Entwicklung: Gleye entstehen unter dem Einfluß sauerstoffarmen Grundwassers. In dem ständig nassen Gr-*Horizont* typischer Gleye herrschen ständig reduzierende Verhältnisse, weil das Grundwasser in abflußlosen Senken oder lehmigtonigen Auen nur langsam zieht. Sauerstoffmangel führt hier zur Lösung von Fe und Mn, die mit dem Grundwasser kapillar aufsteigen und im Go-Horizont als Oxide dort gefällt werden, wo sie mit Luftsauerstoff in Berührung kommen, was vorrangig an Grobporenwandungen (z. B. Wurzelröhren) der Fall ist (s. Kap. XXVII 6). Ein Teil des Fe und Mn verbleibt allerdings in Form graublau gefärbter Fe(II)- und Mn(II)-Verbindungen sowie schwarzer Fe(II)-sulfide im Grundwasserbereich.

Die sehr unterschiedliche Ausprägung der Gleye hängt vom Gestein, vom Rhythmus und Ausmaß der Grundwasserschwankungen, von der Fließgeschwindigkeit des Wassers und vom Gehalt an Sauerstoff organischen Verbindungen und Salzen ab. Eine große Rolle spielen auch die Eigenschaften der Landböden im Einzugsbereich des Grundwassers, da aus ihnen teilweise dessen Stofffracht stammt. Bei längerer Einflußdauer eines wenig schwankenden Grundwassers und zusätzlicher Fe-Zufuhr aus umgebenden Landböden können stark verkittete, harte, Fe-reiche (bis 40 % Fe) Gmo-Horizonte entstehen, die als *Raseneisenstein* bezeichnet werden (und trotz geringer Mächtigkeit von nur 10 – 20 cm bis vor kurzem häufig als Erz abgebaut und verhüttet wurden). In *Auengleyen* ist das verlagerte Fe wegen starker Grundwasserschwankungen hingegen auf einen mächtigen Go-Horizont verteilt. In Niederungen Fe- und Mn-armer Gesteine sind die Go- und Gr-Horizonte der Gleye bisweilen nur schwach ausgebildet und dann schwer erkennbar. Bei fließendem, O_2-reichem Grundwasser, das in Unterhanglagen oder bei kiesigem Untergrund auftreten kann, sowie bei Fehlen reduzierender Stoffe kann ein Gr-Horizont auch gänzlich fehlen. Bei solchen *Oxigleyen* reicht der Go-Horizont oft sehr tief. In tonreichen Gleyen tritt im dichten Oberboden, der dann stark marmoriert ist, gleichzeitig eine Pseudogleydynamik auf, typisch für *Pseudogley-Gleye* und *Pelo(sol)-Gleye*.

In Mergellandschaften ist das Grundwasser oft reich an $Ca(HCO_3)_2$; anstelle des Go entsteht in den Gleyen dann ein carbonatreicher Gc-Horizont, der als *Wiesenkalk* oder *Almkalk* bezeichnet wird. Bei über 50 % $CaCO_3$ liegt dann ein *Kalkgley* vor, ansonsten ein *kalkhaltiger Gley*. Ein *Humusgley* weist 8 – 15 % org. Substanz im Ah auf.

Permanent nahe bis zur Bodenoberfläche reichendes Grundwasser läßt nur eine Fe-Akkumulation im Ah-Horizont oder gar keine zu, so daß sich *Naßgleye* mit der Horizontfolge AGo – Gr bilden. Ist gleichzeitig wegen O_2-Mangel der Abbau organischer Substanz gehemmt, bilden sich *Anmoor-Gleye* oder gar *Moor-Gleye* mit 15 – 30 bzw. über 30 % organischer Substanz.

Die Moorgleye unterscheiden sich von den Mooren durch die geringe Mächtigkeit (< 30 cm) ihrer Torflage. Aus nährstoffarmen Sanden sind anstelle normaler Anmoorgleye *Podsol-Gleye* entwickelt, bei denen sich ein Bh-Horizont im winterlichen Grundwasserbereich befindet und deren Profil oft nahezu keine Eisenoxide mehr enthält.

Wenn sich der mittlere Grundwasserspiegel erst in 8 – 13 dm Bodentiefe befindet, verläuft im Oberboden eine terrestrische Entwicklung und es entstehen *Braunerde-Gleye*, *Podsol-Gleye* oder *Parabraunerde-Gleye*.

Bei Grundwasserabsenkung wird der Gr-Horizont meist rasch in größere Tiefe verlegt, während die Morphe des Go-Horizontes lange erhalten bleiben kann. Bei diesen *Relikt-Gleyen* ist eine Verrostung also fossiler Natur, was nur über die Untersuchung der gegenwärtigen Wasserdynamik festgestellt werden kann. Aus dichten Pseudogley-Gleyen bilden sich bei Grundwassersenkung häufig Pseudogleye.

(4) Eigenschaften (s. Abb. 202): Je nach Zusammensetzung und Schwankungsbereich des Grundwassers treten in den typischen Gleyen

---

* Weiterführende Literatur: Zit. 26 – 28 in Kap. XXVII 6.

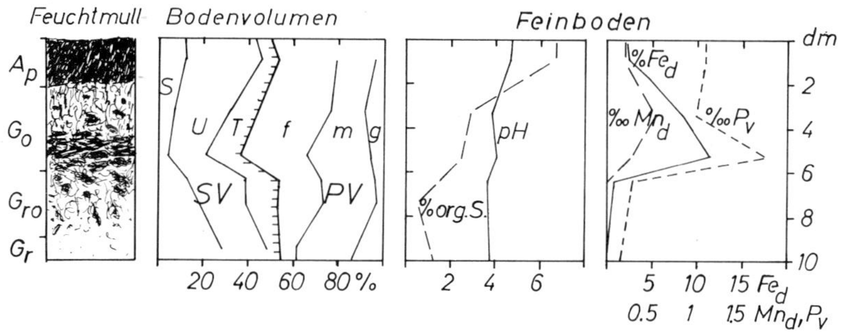

Abb. 202 Eigenschaften eines eisenreichen Gley (FAO: Ferric Gleysol) aus Auenlehm unter Grünland; Kirchhofen, Nordrhein-Westfalen; n. Analysen von *R. Sunkel* und *H.-P. Blume* (Abk. s. Anhang 2)

unterschiedliche Humusformen auf. Moder, zum Teil mit hohem Gehalt an Kot von Wassertieren (= Anmoorhumus), und Torfauflagen entstehen bei starker Vernässung des Oberbodens. Mull hingegen bildet sich bevorzugt bei tieferem Grundwasserstand sowie bei Ca- und sauerstoffreichem Grundwasser.

Während das Gefüge der nur zeitweilig nassen Horizonte meist krümelig, polyedrisch oder prismatisch ist, sind die ständig nassen Horizonte im Unterboden typischer Gleye und im Oberboden der Naßgleye meist singulär bis kohärent. Die Porengrößenverteilung kann in Gleyen sehr unterschiedlich sein; z. T. ist der Go-Horizont analog dem Podsol-Bhs relativ porenreich (Abb. 202). Gleye bieten der Vegetation stets ausreichend Wasser, während es im Unterboden an Sauerstoff fehlt.

Die Reaktion der meisten Gleye ist, ausgenommen $CaCO_3$-haltige Gleye, schwach bis stark sauer. Nach einer Grundwasserabsenkung und der damit verbundenen Durchlüftung des Gr-Horizontes kann eine Oxidation von Eisensulfiden stattfinden; dies führt zu der Bildung von Eisensulfat und aufgrund der Hydrolyse zu einer starken pH-Erniedrigung[26].

Gleye sind von Natur aus häufig nährstoffreicher als benachbarte Landböden, weil ihnen aus diesen gelöste Stoffe zugeführt werden. Die Verfügbarkeit der zugeführten Stoffe ist aber oft gering. So weisen Gleye mit Raseneisenstein trotz hohen P-Gehaltes meist eine geringe P-Verfügbarkeit und eine starke P-Fixierung auf. Dies ist auf den mechanischen P-Einschluß in Fe-Oxiden und die starke P-Bindung an Fe-Oxide zurückzuführen. Ein ähnliches Verhalten zeigt nach den Untersuchungen von *E. Schlichting* auch das Molybdän.

(5) Verbreitung: Gleye finden sich weit verbreitet aber in meist nur kleinflächiger Ausdehnung auf sehr unterschiedlichen Gesteinen. Sie kommen in allen Gebieten mit hoch anstehendem Grundwasser vor, wobei ihre Eigenschaften entscheidend von den vergesellschafteten Landböden bestimmt werden.

(6) Nutzung: Gleye sind die natürlichen Standorte nässeverträglicher Pflanzengesellschaften wie Bruchwälder u. a. Die forstliche Eignung ist oft sehr gut, vor allem bei Anbau von Baumarten mit hohem Wasserverbrauch wie Pappeln, Eschen, Erlen usw. Bei nicht zu hohem Grundwasserstand können Gleye auch als Wiesen und Weiden genutzt werden. Ackerbauliche Nutzung ist meist nur bei Gleyen mit niedrigem Grundwasserstand bzw. nach Absenkung des Grundwassers möglich.

b) Quellengleye und Hanggleye

Quellaustritte bewirken in Hanglage vernäßte Flächen, die je nach Intensität und jahreszeitlichem Wechsel der Quellschüttung eine Vielzahl verschiedener Böden entstehen lassen. Nahezu ständige Oberbodenvernässung bewirkt *Moor-* oder *Anmoor-Quellengleye*, sommerliche Oberbodentrocknis hingegen *typische Quellengleye* mit Go-Horizont (in Mergellandschaften Kalk-Quellengleye mit Goc). Bei rasch ziehendem, mithin sauerstoffreichem Hanggrundwasser fehlt ein Gr-Horizont, so daß ein *Oxi-Quellengley* vorliegt. Quellengleye sind besonders dort zu finden, wo im Gebirgsaufbau am Hang durchlässiges und dichtes Gestein wechseln. Wegen ihrer Kleinflächigkeit kommt ihnen keine wirtschaftliche Bedeutung zu.

In niederschlagsreichen Gebieten (z. B. Mittelgebirgs-Hochlagen) kann auch ohne Schichtwechsel ganzjährig Wassersättigung auftreten: die dortigen Böden werden als *Hanggleye* bezeichnet (s. auch Kap. XXVII 10 c).

c) Auenböden[27-30]

(1) Profil: Auenböden sind Böden der Flußtäler. Sie werden periodisch überflutet oder hinter Hochflutdeichen von Druckwasser (bzw. *Qualmwasser*) überschwemmt. Im Gegensatz zu den Gleyen weisen sie aber kaum redoximorphe Merkmale auf, jedenfalls nicht oberhalb 8 dm Bodentiefe. In größerer Tiefe folgt zwar häufig ein rostfleckiger Go-Horizont; ausgeprägte Reduktionshorizonte fehlen jedoch. Je nach Entwicklungsgrad beobachtet man daher Horizontfolgen wie Ai – aC, Ah – GC oder Ah – Bv – Go.

(2) Name: Auenböden werden als Böden holozäner Talebenen (Auen) von Flüssen und Bächen auch als Schwemmlandböden oder alluviale Böden bezeichnet.

Nach *Kubiena* werden die Auen-Rohböden als *Rambla* (von ramla [arab.] = grober Sand), die Si-reichen A – C-Böden als *Paternia* (nach dem Rio Paternia in Spanien), die carbonatreichen, rendzinaartigen A – C-Böden als *Borowina* (pol. Volksname) und die verbraunten Auenböden als *Vega* (aus dem Spanischen) bezeichnet. Tief humose, grauschwarze, carbonathaltige A – C-Böden bezeichnet man als *Tschernitza* (nach tscherni [tschech.] = schwarz). Bei der Bodenkartierung werden auch Landbodenbezeichnungen mit entsprechendem Zusatz verwendet (z. B. Auenrendzina = Borowina). Periodisch überflutete Auenböden gehören im FAO-System zu den Fluvisols. Im US-System bilden die wenig entwickelten Formen Untergruppen der Entisole (Fluvents, Fluvic Psamments); die Tschernitza wird als Fluventic Haplustoll, die Vega als Fluventic Eutrochrept bezeichnet.

(3) Entwicklung: Auenböden entstehen aus den Sedimenten von Fluß- und Bachauen. Sie werden einmal durch starke Grundwasserschwankungen geprägt, die im Laufe eines Jahres bis 4 m betragen können. Der Einfluß des Flußwasserspiegels auf den benachbarten Grundwasserspiegel wird mit dem Abstand vom Fluß geringer, kann sich bei durchlässigem Untergrund (z. B. Kies) aber 4 – 5 km auswirken. Außerdem werden sie periodisch überflutet, wobei feste und gelöste Stoffe zugeführt, teilweise aber auch abgeführt werden. Die Bodenentwicklung wird also durch Sedimentation und/oder Erosion unterbrochen. Demzufolge liegt ein (alluviales), geschichtetes Gestein vor (aC-Lage) und der humose Oberboden besteht aus mehreren Lagen mit wechselndem Humusgehalt.

Beim Transport und entsprechend bei der Sedimentation im Fluß findet eine von der Strömungsgeschwindigkeit abhängige Korngrößensortierung statt. Oft geringeres Gefälle im Unterlauf bedingt dort feinerkörnige Sedimente. Gleiches gilt für die flußferneren Bereiche der Aue, weil die Fließgeschwindigkeit des Wassers nach seinem Uferübertritt stark gebremst wird. Dies hat oft auch die Bildung eines Uferwalles zur Folge. Der Charakter der Auensedimente wird aber auch entscheidend durch die Gesteins- und Bodeneigenschaften im Einzugsgebiet eines Flusses bestimmt. So dominieren im Bereich norddeutscher Sand-Landschaften sandige Auen, während in Lößlandschaften (sowie lößbedeckten Mittelgebirgen) Auenlehme abgelagert wurden.

Die Ablagerung der Auenlehme steht in Zusammenhang mit Klimaänderungen, Schwankungen des Meeresspiegels und vor allem der Besiedlungsgeschichte. Sie wurde in Mitteleuropa in Einzelfällen bereits für das Atlantikum nachgewiesen und erreichte zu Beginn des Subatlantikums vor ~3000 Jahren erstmals ein größeres Ausmaß, als weite Teile der Lößgebiete in Ackerkultur genommen wurden und die Bodenerosion verstärkt einsetzte. Eine besonders starke Ablagerung fand seit der Zeitwende bis zur Zeit der frühmittelalterlichen Rodungsperioden (etwa 1000 n. Chr.) statt. Schließlich wurden etwa vom 15. Jahrhundert an bis zur Zeit der Flußkorrekturen um 1850 erneut in starkem Maße Auenlehme abgelagert.

Auf Ablagerungen unverwitterten Gesteinsmaterials – beispielsweise in vielen süddeutschen Flußtälern im Einzugsbereich der Hochgebirge – entsteht zunächst die meist grobkörnige *Rambla* mit einem Ai – aC-Profil. Die Streu ihrer schütteren Pioniervegetation wird meist vom nächsten Hochwasser erodiert. Wenn das Ausmaß der Sedimentation nachläßt, führt eine stärkere Anreicherung von organischer Substanz im Oberboden zu oft $CaCO_3$-haltigen, sandig-lehmigen *Jungen Auenböden*, den *Paternen* mit der Horizontfolge Ah – C. Sie besitzen häufig eine charakteristische graue Farbe. Aus besonders $CaCO_3$-reichen, lockeren, grobkörnigen Sedimenten entwickelt sich hingegen auf relativ trockenen Standorten die *Borowina* deren meist geringmächtiger Ah-Horizont grauschwarze Farbe besitzt. Eine tiefreichende Verwitterung am Ort der Ablagerung führt schließlich zur *Vega* mit der Ah – Bv – Go-Horizontierung. Die Freisetzung größerer Mengen Fe-Oxide hat in ihr ähnlich wie in den Braunerden zur Verbraunung des Bodens geführt.

Vegen dürfen nicht mit Böden aus braunen Sedimenten (auch als Kolluvien bezeichnet und mit M signiert) erodierter Böden verwechselt werden. Diese Sedimente erkennt man an ihrer oft sehr tiefgründigen Braunfärbung mit schichtweise wechselnder Farbtiefe; häufig sind sie auch kalkhaltig. Die daraus entwickelten Paternen werden auch als *Allochtone braune Auenböden* bezeichnet.

Tschernitzen besitzen einen mächtigen Mull-A, der durch intensive Bioturbation entstanden ist.

Auenböden weisen kaum redoximorphe Merkmale auf, weil das flußbegleitende Grundwasser wegen starker Schwankungen, nur kurzer Stillstandsphasen und hoher Fließgeschwindigkeit relativ sauerstoffreich ist. In einer Auenlandschaft können andererseits auch Übergänge zu Gleyen, Gleye selbst und sogar Moore auftreten, und zwar bei geringer Fließgeschwindigkeit des Grundwassers. Diese ist entweder durch eine geringere Wasserleitfähigkeit lehmigtoniger Sedimente bedingt oder durch geringere Fließgeschwindigkeit eines zum See erweiterten Flusses.

Die Ablagerung von Auensedimenten ist heute vielfach durch Eindeichungen und Flußregulierungen weitgehend unterbunden. Dennoch unterscheidet sich auch dann noch die Dynamik dieser Böden von derjenigen der Landböden, weil sie periodisch von Druckwasser überschwemmt werden, deren gelöst transportierte Stofffracht Versauerung und Verwitterung entgegenwirkt. Zwar wird ein Auenboden oft nur einmal je Jahrhundert kurzfristig überschwemmt, was nicht sehr prägend wirkt, aber sein Unterboden und oft auch sein Oberboden steht anläßlich der Frühjahrshochwässer in jedem Jahr unter Druckwassereinfluß. Wenn die Aue hingegen entwässert ist, z. B. durch Eintiefung des Flußbettes nach einer Begradigung, so daß auch kein Druckwasser mehr zeitweilig bis 4 dm unter Flur ansteigt, ist die Entwicklung vom Auenboden zum Landboden vollzogen. Dabei können Übergangsformen zwischen Land- und Auenböden beobachtet werden (z. B. *Parabraunerde-Vega*, *Vega-Braunerde*).

(4) Eigenschaften: Auenböden sind im allgemeinen sauerstoffreich, weil eine hohe Wasserleitfähigkeit einen raschen Austausch mit O_2-reichem Grundwasser ermöglicht. Insbesondere die grobkörnigen *Ramblen* und *Borowinen* sind ausgesprochen wechseltrockene Standorte mit starkem Wassermangel bei sommerlichem Niedrigwasser. Viele Vegen besitzen wegen lehmiger Bodenart demgegenüber eine hohe nutzbare Wasserkapazität, mithin ausgeglichenere Wasserverhältnisse. Gleiches gilt für die humusreichen Tschernitzen.

Der $CaCO_3$-Gehalt streut in weiten Grenzen. Vegen aus älteren Sedimenten enthalten meist kein $CaCO_3$ mehr, sofern sie nicht erneut von $Ca(HCO_3)_2$-haltigem Grundwasser durchzogen wurden. Viele Auenböden sind nährstoffreich, besitzen eine hohe Ca-Sättigung und eine hohe biologische Aktivität. Manche flußnahen Auenböden sind heute stark mit Salzen und Schwermetallen verschmutzter Flüsse kontaminiert[31].

(5) Vorkommen: Auenböden mit A – C-Profil sind vorwiegend auf Flüsse des Berglandes beschränkt, Ramblen und Paternen kommen aber auch auf den häufig überfluteten Uferwällen der Tieflandflüsse vor. Hier dominiert ansonsten die Vega neben allochtonen braunen Auenböden. Tschernitzen sind vor allem in Schwarzerdelandschaften anzutreffen, kommen aber selbst außerhalb des Lößgebietes vor.

(6) Nutzung: Die natürliche Vegetation der Auen sind die Auenwälder, die bei nährstoff- und sauerstoffreichem Grundwasser und bei mittlerem Tongehalt sehr artenreich sind und in Mitteleuropa oft einen hohen Anteil an Ulmen, Stieleichen und Eschen enthalten. Für eine forstliche Nutzung (z. B. Pappelanbau) kommen häufig die Paternen in Betracht. Ackerbaulich genutzt wird die Tschernitza, während die Vega häufig als Grünland dient. Ackerbau ist auf den Braunen Auenböden nur möglich, wenn das Grundwasser gesenkt und häufige Überschwemmungen durch Anlage von Deichen und Vorflutern verhindert werden.

d) Marschen[4, 32–36]

(1) Profil: Marschen weisen im allgemeinen wie die Gleye eine Ah – Go – Gr-Horizontierung auf. Die durchlüfteten Horizonte sind mehr oder weniger rostfleckig, während der Gr häufig durch Eisensulfide schwarz oder graublau gefärbt ist. Viele Marschen sind als Bildungen aus Küstensedimenten im Tidebereich des Meeres von sturmflutbedingten Feinsandstreifen durchzogen, andere können fossile A-Horizonte, Go-Horizonte oder auch Torfschichten aufweisen.

(2) Name: Als *Marsch* bezeichnet man eine Flachlandschaft, die etwa in Höhe des Meeresspiegels an einer Wattenküste oder im Tidebereich der Flüsse liegt. Der Name Marsch wurde auf die Böden dieser Landschaft übertragen. Im US-System und auf der Weltbodenkarte bilden die Marschen keine besondere Gruppe, sondern werden wie andere Grundwasserböden mit vergleichbarer Morphe klassifiziert.

(3) Entwicklung: Marschen bilden sich aus Schlick, einem carbonat- und sulfidhaltigen,

feinkörnigen Sediment der Wattenküsten und Fluß-Mündungsbereiche mit „primärer" org. Substanz. Die einzelnen Entwicklungsstadien weisen dabei eine jeweils charakteristische, profilprägende Flora und Fauna auf[37].

In Mittel- und Westeuropa wurden seit dem Atlantikum (5500 v. Chr.) durch stärkere Meerestransgressionen nach dem Abschmelzen des Inlandeises der Weichsel-Vereisung marine, brackige und fluviale Sedimente in einer Mächtigkeit von wenigen dm bis 20 m über pleistozänen Schichten abgelagert. Der Schlick kann – in Abhängigkeit von den Strömungsverhältnissen zur Zeit der Sedimentation – aus glimmer- und illitreichem, schluffigem Ton bis nahezu tonfreiem, quarzreichem Feinsand bestehen; Mittel- und Grobsand fehlen aber fast völlig. Gleichzeitig wurden organische Ausscheidungsprodukte und Rückstände der marinen Flora und Fauna (Seegras, Algen, Diatomeen, Foraminiferen, Krebse, Muscheln, Schnecken) sowie deren mehr oder weniger zerriebene Kalkschalen sedimentiert.

Insbesondere tonreiche Schlicke sind auch reich an organischer Substanz (10 – 15 %), während die Carbonatgehalte in feinschluffigen Sedimenten mit mittlerem Tongehalt besonders hoch sind. Der Carbonatgehalt der marinen und brackigen Sedimente nimmt von Süd nach Nord ab (Belgien 30 – 35, Schleswig-Holstein 3 – 8 %). Die Carbonate bestehen vorwiegend aus Calcit und zu geringen Anteilen aus Dolomit (0,2 – 5 %).

Der Kationenbelag der Wattsedimente wird durch Salzgehalt und -zusammensetzung des Überflutungswassers geprägt. Im Meerwasser (> 1,8 % Salze) und Brackwasser (1,8 – 0,05 %) sind vor allem Na- und Mg-Ionen enthalten, während im (nicht verschmutzten) Flußwasser (< 0,05 % Salze) die Ca-Ionen überwiegen. Demzufolge sind im marinen und brackigen Bereich viele Mg- und Na-Ionen sorbiert (s. V_{NA} und V_{Mg} in Abb. 203), während im fluvialen Bereich Ca-Ionen absolut dominieren.

Bereits unmittelbar nach Ablagerung der Schwebstoffe setzt unter zunächst subhydrischen Verhältnissen die Bodenbildung ein. Bei Anwesenheit von organischer Substanz findet in dem *marinen Schlickwatt* eine mikrobielle Reduktion von Sulfaten des Meerwassers und von Eisenoxiden statt, wobei vor allem Eisensulfide, die den Schlicken die schwarze Farbe verleihen, und elementarer Schwefel entstehen. Gleichzeitig wird unter überwiegend anaeroben Bedingungen ein Teil der organischen Substanz mikrobiell abgebaut, wobei ebenfalls Sulfide, Methan[35] und CO_2 entstehen.

Sobald die natürliche Aufschlickung eine Höhe von etwa 40 cm unter dem mittleren Tidehochwasser (MThw) erreicht hat, siedelt sich Queller (Salicornia herbacea) oder Wattgras (Spartina townsendii) an. Die von Pflanzenwurzeln und Mikroben freigesetzten Säuren leiten die Carbonatlösung ein. Nach Anwachsen des Sedimentkörpers auf 20 cm unter MThw treten an die Stelle des Quellers Aster trifolium, Plantago maritima, Suaeda maritima und die ersten Gräser wie der Andel (Puccinellia maritima). Die Vegetation wirkt als Schlickfänger und fördert die Auflandung.

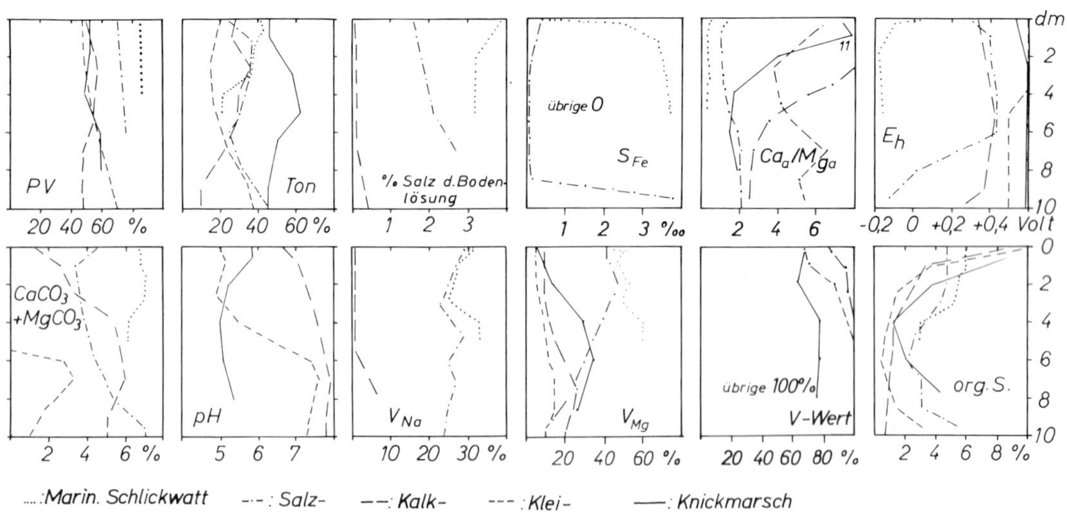

Abb. 203 Eigenschaften typischer Böden der Nordseeküste Schleswig-Holsteins; n. Analysen von *G. Brümmer* und Mitarb. (Abk. s. Anhang 2)

Mit dem Herauswachsen der Watt-Sedimente aus dem Bereich täglicher Überflutung erfolgt der Übergang zur *Salzmarsch* (FAO: Sulfi-Thionic Fluvisol, Abb. 192), einem semiterrestrischen Boden. In der von oben belüfteten Salzmarsch setzen gleichzeitig die Prozesse der Setzung, der Aussüßung und der Sulfidoxidation ein (s. Abb. 203).

Die durch Entwässerung und Entsalzung bewirkte *Setzung* führt zu einer Verminderung des Porenvolumens von nicht selten 90 % auf 50 – 40 % des Gesamtvolumens (s. PV in Abb. 203). Sie geht einher mit einer biogenen Stabilisierung des Bodengefüges und wird auch als *Reifung* der Marsch bezeichnet[38]. Die Eisensulfide werden durch Luftsauerstoff unter Mitwirkung von Mikroben oxidiert, wobei Eisenoxide und Schwefelsäure entstehen. Die Schwefelsäure wird durch die Carbonate des Schlickes neutralisiert, wobei diese in aequivalenten Mengen gelöst und ausgewaschen werden. Die Belüftung intensiviert auch den Abbau organischer Stoffe. Die dabei entstehende Kohlensäure löst ebenfalls die Carbonate, so daß die Entkalkung in Marschen meist wesentlich rascher abläuft als in Landböden mit vergleichbarem Anfangscarbonatgehalt.

Bei langer Entwicklungszeit im Einflußbereich des Meeres, die – bevor der Mensch in das Naturgeschehen eingriff – für alte Marschen kennzeichnend war, kann es als Folge einer starken Akkumulation reduzierter S-Verbindungen mit deren Oxidation zu einer starken Versauerung kommen. Derartige *sulfatsaure* Böden (FAO: Orthi-Thionic-Fluvisol) weisen nicht selten pH-Werte unter 3 auf und enthalten dann oft den schwefelgelben Maibolt, der vorwiegend aus Jarosit besteht. In sulfatsauren Böden finden starke Al-Auswaschung und Tonzerstörung statt[26].

Nach der Entsalzung des Oberbodens ist eine *Kalkmarsch* (FAO oft Fluvi-Calc. Gleysol) entstanden, auf der Rotschwingel (Festuca rubra) und Weißklee (Trifolium repens) stocken, sobald die Landoberfläche eine Höhe von 30 – 50 cm über MThw erreicht.

Die Salzauswaschung führt auch zu einer Verschiebung adsorbierter Kationen zugunsten der Ca-Ionen. Der Boden wird nur noch selten von Sturmfluten überspült, wobei vornehmlich sandige Sedimente abgelagert werden. Intensive Tätigkeit wühlender Bodentiere läßt ein stabiles Wurmlosungsgefüge entstehen und die Sturmflutschichtung verschwinden. Nach der Entkalkung des Oberbodens geht die Kalkmarsch in eine *Kleimarsch* (FAO oft Fluvi-Mollic-G.) über, in der die vorgenannten Prozesse insbesondere im Unterboden weiterlaufen und mit der Versauerung auch Silicatverwitterung, Verbraunung sowie in manchen Fällen Tonverlagerung verstärkt einsetzen. Tonverlagerung trägt zur Bildung tonreicher, dichter Horizonte bei, die als *Knick* bezeichnet werden. Häufig handelt es sich bei diesen diagnostischen Lagen der *Knickmarschen* (FAO oft Fluvi-Dystric-G.) aber auch um tonreiche Sedimentschichten.

An der Nordseeküste wurden die zur Schlickablagerung führenden Meerestransgressionen durch Stillstandsphasen und Regressionen unterbrochen, in denen die geschilderte Bodenentwicklung ungestört ablaufen konnte. Dadurch enthalten viele der heutigen Marschen fossile Bodenhorizonte. Ein fossiler A-Horizont wird als *Humusdwog* bezeichnet und ist Kennzeichen der *Dwogmarsch*. Sturmfluten führten auch zu einer Überschlickung küstenfern gelegener Böden pleistozäner Sande bzw. vermoorter Senken. Bei gering mächtiger Schlickauflage werden solche Böden als *Geestmarsch* bzw. *Torfmarsch* bezeichnet.

Durch Anlegen von Faschinendämmen, Buschlahnungen und flachen Gräben (Grüppen) wird die Auflandung an der Wattenküste durch den Menschen beschleunigt und kann dann 2 – 7 cm pro Jahr betragen. *Deichbau* ermöglicht eine Grabenentwässerung, die Auswaschung der Meeressalze innerhalb weniger Jahre, eine starke Belüftung der Böden und damit intensive Sulfidoxidation sowie einen verstärkten Abbau organischer Substanz. Frühzeitig eingedeichte Marschen sind in der Regel relativ carbonatreich.

Sandreichere Sedimente lagern als *Mischwatt* (5 – 50 % U + T) oder besonders als *Sandwatt* (< 5 % U + T) primär dichter und sind allgemein ärmer an organischer Substanz und Carbonaten. Die redukto- und redoximorphen Eigenschaften der entstehenden Marschböden sind dann weniger ausgeprägt (FAO dann *Fluvisols* anstelle Gleysols) und Knickmarschen kommen naturgemäß nicht vor. Das im Gezeiten-Rückstaubereich von Flüssen unter Salzfreiheit entstandene *Flußwatt* mit überwiegend Ca^{2+}-Belegung lagert bei vergleichbarer Körnung dichter als ein marines (bzw. See-)Watt, es wird weniger Sulfid hingegen mehr Methan gebildet[35] und es geht nach Auflandung direkt in eine Kalkmarsch über. Im Mischungsbereich von Fluß- und Meerwasser entsteht das mäßig salzhaltige Brackwatt, das nach *Müller* besonders viel sorbiertes Mg^{2+} aufweist, aus dem Böden besonders hoher Lagerungsdichte entstehen, und zwar oft Knickmarschen. Auch im Uferbereich der Ostseeküste sowie in den Auen von Flüssen mit hoher Salzfracht (z. B. Elbe, Rhein durch Abraumsalze der Kaliindustrie) herrschen Brackwasserbedingungen.

(4) Eigenschaften: Der Gehalt an *organischer Substanz* kann in weitem Bereich schwanken. Häufig sind Werte zwischen 1 und 5 %. In

Niederungen treten jedoch auch Übergangsbildungen zum Anmoor auf. In den $CaCO_3$-haltigen Marschen tritt als Humusform Mull, bei niedrigem pH und starker Vernässung auch Feucht-Moder auf. In den Knickmarschen kommt es teilweise zur Bildung von Grastorf-Auflagen.

Die Marschen besitzen z. T. Polyedergefüge. Die Polyeder können sich zu Prismen und Säulen vereinigen, die vor allem bei den Knickmarschen ähnlich wie in Solonetzen sehr groß sein können. Kalkmarschen und Kleimarschen hoher Basensättigung besitzen ein günstigeres Gefüge als Knickmarschen. Die Porengrößenverteilung ist infolge des weiten Körnungsspektrums sehr unterschiedlich und zeigt auch im Profilverlauf bei häufigem Sedimentationswechsel eine unregelmäßige Verteilung. Grobporen ($> 10\,\mu m$) und besonders weite Grobporen sind in den Marschen in der Regel gering ausgebildet und erreichen selten Anteile von mehr als 10 Vol.-%. Besonders der Knick enthält oft nur wenig oder keine Grobporen und weist eine sehr geringe Wasserleitfähigkeit auf (unter 1 cm/Tag).

Die Tonfraktion der Marschen enthält vorwiegend Illit, außerdem Vermiculit, Chlorit, Smectit und Kaolinit. In alten Marschen mit niedrigen pH-Werten ist teilweise Smectit in Al-Chlorit umgewandelt worden. Marschen weisen allgemein hohe Nährstoffreserven auf. Der hohe Illitgehalt bedingt z. B. ein hohes K-Nachlieferungsvermögen.

(5) Verbreitung: Die Verbreitung der Marschen ist in Mitteleuropa weitgehend auf die Küstenzone der Nordsee von Dänemark bis Belgien und den Südosten Englands beschränkt. An den Flußläufen dringen sie innerhalb des Tidebereiches bis ins Binnenland vor und gehen dort in die Auenböden über. *See-*, *Brack-* und *Flußmarschen* unterscheiden sich dabei nach *W. Müller* auch in ökologisch bedeutsamen Eigenschaften, so daß sie bei der Bodenkartierung in Niedersachsen nach diesen Gesichtspunkten gegliedert werden.

Die in Marschlandschaften besonders deutliche, komplexe geo-pedogene Entwicklung bedingt ein kleinflächig sehr variables Bodenmosaik. Die Struktur der Bodendecke, sowie die Verbreitung stabiler und variabler Bodeneigenschaften (Körnung, Eisen- und Mangangehalte, Kationenbelegung) variieren wesentlich stärker als in anderen Landschaften[39].

(6) Nutzung: Die jungen $CaCO_3$-haltigen Kalkmarschen gehören zu den ertragreichsten Ackerböden. Spitzenerträge bis zu 120 dt Weizen/ha sind keine Seltenheit. Auch die bereits entkalkten Kleimarschen können bei gutem Gefüge noch hohe Erträge bringen. Knickmarschen mit undurchlässigem, hoch anstehendem Knick bereiten aufgrund schlechten Gefüges der ackerbaulichen Nutzung große Schwierigkeiten. Tonärmere Knickmarschen sind unter hohen Meliorationsaufwendungen bedingt ackerfähig, tonreichere können dagegen nur als Grünland genutzt werden. Grünlandnutzung findet man meist in älteren Kögen, weil früher länger mit der Eindeichung gewartet wurde, so daß küstenferner schließlich vor allem Ton sedimentiert wurde. Die Ertragsfähigkeit der Marschen kann durch Grundwasserabsenkung und Dränung stark verbessert werden. Besonders bei den Torfmarschen wird die landwirtschaftliche Nutzung durch den hohen Grundwasserstand erschwert. Vor allem auf Kleimarschen mit schlechtem Gefüge und bedingt auf Knickmarschen führen Dränung und Aufkalkung bis in den schwach alkalischen Bereich, wozu mehrere 100 dt CaO/ha erforderlich sein können, zu erheblichen Gefügeverbesserungen und Ertragssteigerungen.

3. Unterwasserböden[40–42] (subhydrische Böden)

Unterwasserböden sind Böden des Gewässergrundes. Sie weisen unter einem Wasserkörper einen humosen Horizont auf, der in typischer Form aus humifiziertem Plankton besteht, über 1 % organische Substanz besitzt und dann als F-Horizont bezeichnet wird. Darunter folgen weitere F-Lagen oder wassergesättigte Minerallagen, mithin G-Horizonte. Moore, die teilweise auch unter subhydrischen Bedingungen entstehen (z. B. als Niedermoore unter Röhricht) werden allerdings als eigene Abteilung abgetrennt.

Unterwasserböden gelten als Grenzbildungen der Pedosphäre, da sie von der Atmosphäre wie gesagt durch einen Wasserkörper getrennt, nicht Land- sondern Gewässerökosystemen angehören. Die Grenzen beider Systeme sind dabei unscharf, weil semiterrestrische Böden zeitweilig überflutet werden, während subhydrische Böden flacher Gewässer bisweilen trockenfallen. Von Geologen werden die Böden als Sedimente aufgefaßt, die z. B. als Mudden bezeichnet werden. Ähnlich den Torfen der Moore können auch am Gewässergrund verschiedene humose Lagen in großer Mächtigkeit untereinander folgen, von denen die tieferen kaum noch belebt, mithin fossil sind. Andererseits weisen die Unterwasserböden, die häufig intensiv belebt sind, eine ausgeprägte Dynamik und daraus folgende Entwicklung auf.

Ausgangsmaterial der Bodenbildung sind einmal die Sedimente der Binnengewässer bzw. der Marschenschlick. Außerdem gelangt ständig organische Substanz abgestorbener Organismen zum Gewässergrund. Der Abbau organischer Substanz ist grundsätzlich wegen des gehemmten Gasaustausches mit der Atmosphäre gehemmt.

Als Sauerstoffquellen für die Oxidation der organischen Substanz dienen den Mikroorganismen oft mangels elementaren Sauerstoffs das im Wasser gelöste Nitrat und Sulfat, die dann reduziert werden, wobei je nach den herrschenden Bedingungen (s. Kap. XIII) N_2, NH_4, Metallsulfide und/oder Schwefel entstehen. Das Plankton ist allerdings relativ leicht zersetzbar, weil es relativ wenig schwer verdauliche Gerüststoffe enthält. Daher ist der Humuskörper der Unterwasserböden meist sehr feinkörnig und stärker humifiziert. Ausnahmen bilden flache Waldseen, bei denen schwerer zersetzliche Laubstreu, die durch den Wind in die Gewässer gelangt, die Humifizierung erschwert.

Unterwasser-Rohböden (Protopedon [griech.] = Urboden) mit (F) – G-Profil bilden sich aus Sanden, Schluffen, Tonen, carbonatreichen Ablagerungen (Seemergel und -kreide), See-Erz-Bildungen (Limonit) und Diatomeenschalen (Kieselgur), die am Grunde eines Gewässers von Wassertieren und -pflanzen besiedelt sind. Ihr Humusgehalt liegt unter 1 %, weil sie bevorzugt in Bereichen stärkerer Wasserbewegung (durch Strömung oder Wellenbewegung) entstehen, wo relativ wenig Streu sedimentiert bzw. wieder erodiert wird und O_2-reiches Wasser den Abbau organischer Substanz begünstigt.

In sauerstoffarmen und gleichzeitig nährstoffarmen bzw. dystrophen Seen entwickeln sich häufig saure, biologisch träge Ff-G-Böden, die als *Dy* (schwedischer Volksname)[1] oder Braunschlammboden bezeichnet werden. Der Ff-Horizont ist sauer (pH unter 6) und besteht vorwiegend aus einer dunkelbraunen, organischen Masse, die durch Ausflokkung der in dem braungefärbten Wasser gelösten organischen Verbindungen entstanden sein soll und arm an pflanzlichen und tierischen Organismen ist. Daneben sind Reste toter Organismen vorhanden, bei kleinen Waldseen z. B. teilzerstörte Blätter. Als Sediment wäre das Dy dem *Limnohumit*[41] vergleichbar.

In extrem sauerstoffarmen, gleichzeitig aber nährstoffreichen Gewässern bildet sich unter anaeroben Bedingungen ein *Sapropel*[1] (als Sediment ein *Faulschlamm*). Der Fr-Horizont des Sapropel ist schwarzgefärbt, sein rH-Wert liegt unter 19 (entspricht bei pH 6 einem Redoxpotential von + 200 mV)[43], enthält oft Metallsulfide und durch anaerob lebende Mikroorganismen werden H_2S, CH_4 und H_2 gebildet. Auch das marine Schlickwatt (Abschnitt 2 d) ist ein *marines Sapropel*.

In gut durchlüfteten nährstoffreichen Gewässern bildet sich hingegen eine *Gyttja* (schwed. Volksname)[1] oder Grauschlammboden. Der Fh-Horizont der typischen Gyttja besteht aus Mineralpartikeln und koprogenen Aggregaten von graugrüner (oliver) bis rotbrauner Farbe und elastischer, „leberartiger" Konsistenz, dem als Sediment die *Lebermudde*[41] entspricht. Kalkreiche Formen mit Fch-Horizont (= *Kalkmudde*) werden als *Kalkgyttja* bezeichnet. Gemeinsam sind ihnen eine starke Belebtheit durch Tiere und Mikroben sowie rH-Werte über 19, die keine Schwefelwasserstoffbildung zulassen[43].

Gyttjen werden auch nach dem Zerteilungsgrad der organischen Stoffe (Grob-, Mittel-, Feindetritusgyttja), dem vorherrschenden Ausgangsmaterial (Algen-, Diatomeen-, Laub-Gyttja usw.) oder der Entstehungsweise (Wattgyttja, limnische Gyttja) unterteilt.

Heute hat eine anthropogene Eutrophierung vieler Seen oft zu einer Umwandlung (bzw. Überschichtung) der Gyttjen in (durch) Sapropele geführt. Diese Sapropele weisen hohe Nährstoff- und Schwermetallgehalte auf.

In Fließgewässern sind häufiger Unterwasserrohböden anzutreffen, weil Erosion stärker dominiert. Übergangsformen zwischen Gyttjen und Sapropelen sind hier durch braune Fh-Oberbodenhorizonte und schwarze Fr-Unterbodenhorizonte charakterisiert, sofern dem Oberboden noch Sauerstoff aus dem fließenden Wasser zugeführt wird[42]. Stark belastete Gewässer sind aber auch hier durch Sapropele mit durchgehend schwarzen Fr-Horizonten gekennzeichnet.

Unterwasserböden filtern beim Versickern des See- oder Flußwassers gelöste Stoffe ab und bewahren dadurch vielfach das Grundwasser vor einer Verschmutzung.

Nach Trockenlegung stellen die Gyttjen nährstoffreiche Substrate für eine landwirtschaftliche Nutzung dar, deren Wasserkapazität und Porenvolumen hoch ist, die aber oft erheblich quellen und schrumpfen. Ihre pH-Werte liegen bei 4 – 5, die der Kalkgyttjen naturgemäß höher. Entwässerte Gyttjen sind im Ostseeraum (Schweden, Finnland, Polen) stellenweise von Bedeutung. Sapropele und Dy können demgegenüber nach Trockenlegung kaum landwirtschaftlich genutzt werden: erstere versauern dann infolge H_2SO_4-Bildung oft sehr stark und letztere schrumpfen dann intensiv, wobei sie teilweise in harte Bruchstücke, teilweise – vor allem bei Frost – zu feinem Pulver zerfallen.

4. Moore[44–46]

Moore sind vollhydromorphe Böden mit über 3 dm mächtigem Torfhorizont und starken Reduktionsmerkmalen des Mineralkörpers. Es handelt sich also um organische Böden, deren Humushorizonte häufig mehrere Meter mächtig sind und mindestens 30 %, meist aber wesentlich mehr organische Substanz enthalten. Böden mit unter 3 dm mächtigen Torflagen oder Humusgehalten unter 30 % werden als Moor- oder Anmoorgleye zu den Mineralböden gestellt und in Norddeutschland zum Teil auch als *Moorerden* bezeichnet. Man unterscheidet subhydrisch entstandene, topogene *Moore* bzw. *Niedermoore*, unabhängig vom Grundwasser entstandene ombrogene oder Regenwassermoore bzw. *Hochmoore* und die dazwischen stehenden *Übergangsmoore*.

Moore unterscheiden sich von Mineralböden darin, daß durch starke Akkumulation organischer Substanz ständig neue Torflagen entstehen und dabei ältere fossil werden und dann von Geologen als organische Sedimente angesehen werden. Aus diesem Grunde wird vielfach als „Moorboden" nur der obere, durchwurzelte Bereich eines Moorkörpers angesehen.

(1) Name: Der Landschaftsbegriff *Moor* wird gleichzeitig auch für die Böden dieser Landschaft benutzt. Ein Hochmoor (engl. moss) wird in Süddeutschland auch als *Filz* bezeichnet, während für Niedermoor (z.T. zusammen mit Übergangsmoor) auch *Flachmoor* oder *Moos* benutzt werden. Wachsende Niedermoore heißen auch *Ried*, vererdete Niedermoore *Fehn* (bzw. Fen).

Im FAO- und US-System werden mächtige Moore zusammen mit mächtigen (bei überwiegend Torfmoos und/oder d_B $<0{,}1\,g/cm^3$ $>80\,cm$, sonst $>60\,cm$) Humusauflagen terrestrischer Böden (z.B. Tangelrendzinen) als *Histosole* bezeichnet.

(2) Entwicklung: Moore entstehen, wenn hohes Grundwasser (bzw. Oberflächenwasser) oder perhumides Klima Luftmangel induzieren, der den Abbau der Streu hemmt, so daß große Mengen an organischer Substanz als Torf angereichert werden. Niedrige Temperaturen und nährstoffarmes Grundwasser bzw. Gestein begünstigen dabei die Moorbildung.

Niedermoore entwickeln sich (als *Verlandungsmoore*) häufig im Uferbereich stehender Gewässer unter Wasser auf subhydrischen Böden, wobei Schilf (Phragmites), Rohrkolben (Typha) und/oder einige Seggen (Carex) das organische Ausgangsmaterial liefern (Abb. 204). Erreicht der Torf die mittlere Wasserlinie, ändert sich unter Erlen (Alnus)- oder Weiden (Salix)- Bruchwald mit der Streu auch die Torfart, während gleichzeitig der Röhrichtgürtel und damit die Niedermoorbildung seewärts verschoben wird, bis schließlich das Gewässer verlandet ist (Abb. 204).

Die topogenen Niedermoore entstehen auch in Senken unter dem Einfluß ansteigenden Grundwassers (*Versumpfungsmoore*) und sind dann nicht von fossilen Unterwasserböden unterlagert. Als *Auenmoore* bilden sie sich im Uferbereich vieler Flüsse, und zwar bevorzugt hinter Uferwällen oder im seichten Innenbogen einer Flußkrümmung, die geringe Fließgeschwindigkeit aufweist. Auenmoore sind in-

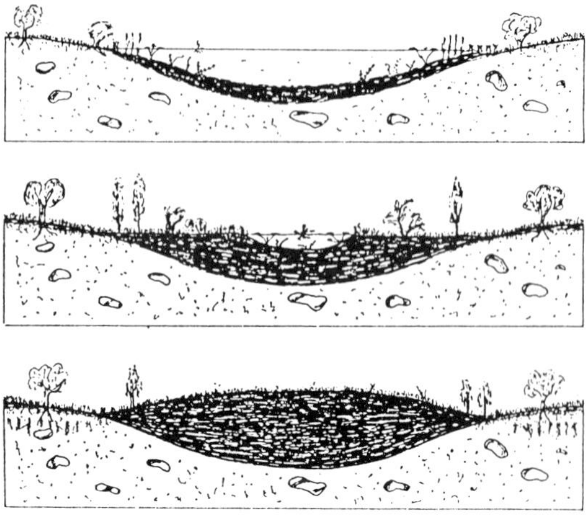

Abb. 204 Entwicklung einer Moorlandschaft

folge periodischer Überflutung häufig von dünnen Mineralschichten durchsetzt. Schichtwasseraustritte lassen schließlich *Quellen-* oder *Hangmoore* entstehen.

In Landschaften nährstoffarmer Gesteine (z.B. quarzreicher Sande) besiedeln hingegen anspruchslose Holzarten wie Moorbirke und Kiefer das Niedermoor und mit dem Herauswachsen des Torfkörpers aus dem Grund (und See)-Wasser-Einflußbereich verstärkt sich Nährstoffmangel, da letztlich nur eine geringe Nährstoffzufuhr über die Niederschläge erfolgt, womit bereits einzelne Hochmoorpflanzen (siehe unten) auftreten. Dieser, durch „Föhrenwaldtorf" gekennzeichnete Zustand stellt das *Übergangsmoor* dar.

Mit weiterem Aufwachsen verschwindet unter ozeanischen Klimabedingungen (z.B. Nordwestdeutschland) der Bruchwald und es dominieren zunächst Blasenbinse bzw. Wollgras und schließlich verschiedene Torfmoose (= Sphagmen), deren Rückstände das häufig uhrglasförmig aufgewölbte Hochmoor bilden (Abb. 204c). Unter kontinentaleren Klimabedingungen mit dann häufigerer Austrocknung des Oberbodens verbleiben hingegen einzelne Bäume auf dem Hochmoor (z.B. Latschen in Süddeutschland).

Ein komplettes, aus der Verlandung eines Sees gebildetes Moorprofil kann also aus übereinander geschichtetem Niedermoor-, Übergangsmoor- und Hochmoortorf bestehen und von einem fossilen Unterwasserboden (z.B. Gyttja) unterlagert sein.

Hochmoore haben sich auch direkt auf Rohhumusauflagen nährstoffarmer Podsole (Nordwestdeutschlands) und Stagnogleye (der Mittelgebirgs-Hochlagen) gebildet und werden dann als *wurzelechte* Hochmoore bezeichnet.

Nach *C. A. Weber* begann die Entwicklung vieler Moore des norddeutschen Tieflandes im Spätglazial und Präboreal (s. Tab. 101 im Anhang) mit subhydrischen Böden, die bis 20 m mächtig in Toteisseen und Schmelzwasserrinnen der Moränen- und Sandr-Landschaften aufwuchsen. Im wärmeren Boreal (etwa ab 7000 v. Chr.) verlandeten diese flachen Seen infolge des jetzt stärker einsetzenden Pflanzenwuchses, wobei Niedermoore entstanden. Diese wuchsen seit dem Atlantikum (etwa 5500 v. Chr.) unter feuchteren Klimaverhältnissen zu Hochmooren auf, wobei sich zunächst stärker humifizierter Schwarztorf und später (insbesondere unter den kühleren Klimaverhältnissen des Subatlantikums) auch wenig humifizierter Weißtorf bildete. In Norddeutschland wurde die Moorbildung durch eine starke Hebung des Grundwasserspiegels während des Holozän begünstigt, die mit einem Meeresspiegelanstieg zusammenhängt. Seit dem Mittelalter haben Mühlenstaue und später die zunehmende Gewässereutrophierung das Moorwachstum begünstigt.

(3) Eigenschaften: Niedermoortorfe sind meist stark humifiziert und dann schwarz. Das hängt damit zusammen, daß ein ausreichendes Nährstoffangebot insbesondere bei tieferem Wasserspiegel des Sommers (und damit Belüftung), Zersetzung und Humifizierung der Sproßstreu ermöglicht, so daß häufig nur die Wurzelstreu (z. B. Schilfrhizome) erhalten bleibt. Hochmoortorfe sind hingegen meist nur mittel (Schwarztorf) oder schwach (Weißtorf) humifiziert, so daß Pflanzenrückstände erkennbar sind.

Der Humifizierungsgrad der Torfe läßt sich im Felde leicht diagnostizieren, indem eine nasse Torfprobe mit der Hand ausgepreßt wird. Die Farbe des austropfenden Wassers, die Menge breiartiger, zwischen den Fingern hindurchgehender Substanz sowie Menge und Art des Rückstandes dienen der Bestimmung des Humositätsgrades nach *v. Post* (H 1 = nicht humifiziert, H 10 = völlig humifiziert; Weißtorf H 1 – H 5, Schwarztorf H 6 – H 9, Niedermoortorf meist H 8 – H 10). Es ist in diesem Zusammenhang falsch, von Zersetzungsgrad zu sprechen, weil auch bei geringem Humifizierungsgrad ein hoher Streuanteil vollständig abgebaut sein kann (z. B. bei Weißtorf durchaus 40 %, und zwar vor allem Zellinhaltsstoffe).

Eine andere Möglichkeit besteht darin, den aus „Fibern“ (Fasern) bestehenden Siebrückstand nach einer Na-Pyrophosphatbehandlung zu ermitteln und die Färbung des Durchlaufes zu beurteilen. Im US-System und neuerdings auch im FAO-System wird danach zwischen *Fibric* (faserigen), *Hemic* (halbfaserigen) und *Sapric* (amorphen) Histosolen (US als Fibrist, Hemist, Saprist) unterschieden. Das FAO-System kennt außerdem die von Permaforst unterlagerten *Gelic Histosols* und (neuerdings) die allenfalls kurzfristig nassen *Folic Histosols* (als terrestrische Böden).

Moore weisen ein hohes Porenvolumen auf: z. B. werden (nach DIN 4220) über 97 Vol.% als fast schwimmend, 95 – 97 % als locker und unter 88 % bereits als dicht bezeichnet.

Sie haben eine hohe Wasserkapazität und auch nutzbare Wasserkapazität, die ökologisch naturgemäß erst nach Entwässerung zum Tragen kommt. Wegen ihrer Wassersättigung sind Moore hingegen Luftmangelstandorte. Aus den gleichen Gründen erwärmen sie sich im Frühjahr auch langsamer.

Hochmoore weisen sehr niedrige pH-Werte auf (pH[$CaCl_2$] 2,5 – 3,5) und sind als reine Regenwassermoore sehr nährstoffarm (durch Luftverschmutzung heute allerdings stärkere Zufuhr) und werden daher als *dystrophe* Moore bezeichnet. Übergangsmoore weisen nur wenig höhere Nährstoffgehalte auf. Bei Niedermooren hängen pH (4 – 7,5) und Nährstoffgehalt von dem des Grund- bzw. Gewässerwassers ab, der letztlich vom Mineralbestand der Landschaft bestimmt wird. So weisen Niedermoore norddeutscher Sand-Landschaften oder süddeutscher Sandstein-Landschaften nur mäßige Nährstoffgehalte auf, sind also *oligotroph* oder *mesotroph*, während Niedermoore junger Geschiebemergel- oder Lößlandschaften nährstoffreich, mithin *eutroph* sind. Der pH-Wert muß dabei nicht mit dem Nährstoffgehalt korrelieren, denn $CaCO_3$-haltige Niedermoore mit einem pH von 7,5 können *calcitroph*, sonst aber nährstoffarm sein (z. B. in süddeutschen Kalkschotterebenen).

Bei einem Vergleich der Nährstoffverhältnisse sind die Nährstoffgehalte auf den Wurzelraum bzw. auf das Bodenvolumen zu beziehen, da große Unterschiede im Raumgewicht bestehen (Weißtorf um 0,09, Schwarztorf um 0,12, Niedermoortorf 0,2 – 0,4, Mineralböden meist $>1{,}2\,g/cm^3$ in der Trockensubstanz) und sonst insbesondere die porenreichen Hochmoore zu günstig bewertet würden.

(4) Verbreitung: Entsprechend ihrer Entstehung hängt die Verbreitung der Moore in Mitteleuropa eng mit den Klimabedingungen sowie der Oberflächengestaltung nach Rückgang des Inlandeises zusammen. So finden sich die meisten Hochmoore in den niederschlagsreichen, küstennahen Gebieten der Nordsee. Auch im nördlichen Alpenvorland sind im Auswirkungsbereich der Alpenvereisung ausgedehnte

Moore anzutreffen. Außerhalb der früheren Vereisungszone findet man kleinere Hochmoore in fast allen Mittelgebirgen (Gebirgsmoore), wo hohe Niederschläge, hohe Luftfeuchtigkeit und Geländeformen mit gehemmtem Wasserabfluß die Ausbildung von Kamm-, Sattel- und Hangmooren ermöglichen (z. B. Erzgebirge, Harz, Schwarzwald, Vogesen). Große Niedermoorflächen haben sich vor allem im Bereich der Urstromtäler (z. B. Warthe-Netze-Oderbruch) und anderer Flußniederungen (z. B. Donau-Moos) gebildet.

Niedermoore treten auch in grundwassernahen Landschaftsteilen trockener Klimate der Erde auf. In den feuchtkalten Gebieten (z. B. den Tundren) sowie in sehr feuchten ozeanischen Gebieten (z. B. Schottland) dominieren hingegen Hochmoore.

(5) Kultivierung und Nutzung: Hochmoore wurden in vergangenen Jahrhunderten vielfach durch mehr oder minder planlosen Torfstich zur Gewinnung von Brenntorf oder als extensive Moorbrandkultur genutzt. Seit dem letzten Jahrhundert erfolgte in Mitteleuropa eine systematische Kultivierung der Moore. Hiervon waren in der BRD ca. 85% der insgesamt 1350 qkm Moor betroffen. Mit der Kultivierung, die in Deutschland besonders von *B. Takke*, *F. Brüne* und *W. Baden* gefördert wurde, sind meist eine Verbesserung des bodennahen Klimas und ein ausgeglichener Wasserumsatz (erhöhtes Speichervermögen, gleichmäßigerer Abfluß) verbunden und damit höhere Ertragsfähigkeit und breitere Anbaumöglichkeiten.

Andererseits gingen mit der Moorkultivierung ökologisch wertvolle Feuchtbiotope verloren. Heute wird daher über die Naturschutzgesetzgebung versucht, verbliebene Reste in naturnahem Zustand zu erhalten. Außerdem wird versucht, abgetorfte, entwässerte Moore durch Hebung des Grundwasserspiegels zu renaturieren.

Nach niederländischem Vorbild wird bei der aus dem 17. Jahrhundert stammenden *Fehnkultur* das Moor, nachdem die Bunkerde (oberste, stark humifizierte Lage) abgeräumt wurde, bis zum Mineralboden abgetorft. Der hierbei gewonnene Weißtorf wird als Einstreu und Verpackungsmittel, zur Kompostbereitung und als Zusatz zu gärtnerischen Erden und Böden verwendet. Der Schwarztorf wurde vor allem als Brennmaterial verwendet, was heute weitgehend aufgegeben ist. Nach der Abtorfung werden etwa 5 cm der Bunkerde auf die abgetorften Flächen zurückgebracht und mit den obersten 10 – 15 cm des darunterliegenden Sandes, der gelegentlich einen Ortsteinhorizont enthalten kann, vermischt. Die so gebildeten Böden sind ackerfähig.

Bei der *deutschen Hochmoorkultur* wurde das Hochmoor ohne Abtorfung und ohne vorherige Mischung mit dem Mineralboden nach Entwässerung und Düngung in Kultur genommen. Die Flächen werden meist als Grünland genutzt (Schwarzkultur), weil bei Ackernutzung die Moormächtigkeit durch biochemischen Abbau um jährlich über 1 cm und damit stark abnimmt. Außerdem sind entwässerte Moore wegen geringer Wärmeleitfähigkeit und dunkler Farbe sehr spätfrostgefährdet.

Bei Hochmooren geringer Mächtigkeit (< 1,2 m) und geeignetem mineralischem Untergrund bis 2 m Tiefe wurde meist die *Sandmischkultur* (Tiefpflugkultur) angewandt. Hierbei wurde der Boden bis zu einer Tiefe von 1,8 m gepflügt. Das entstehende Profil besteht aus schräg geschichteten, um etwa 135° überkippten Sand- und Torflagen und besitzt eine gute Durchwurzelbarkeit, ausreichende natürliche Dränung und günstige physikalische Eigenschaften. Die in Kultur genommenen Flächen können als Acker genutzt werden.

Die *Entwässerung* der nordwestdeutschen Hochmoore erfolgte durch Anlage weiter Grabennetze und Entwässerung durch Rohrdräne oder ausgefräste Erddräne. Die Wasserleitfähigkeit der Moorböden ist von der Torfart, deren Humifizierungsgrad und Lagerungsdichte abhängig. Dabei ist die Vorausberechnung der durch Wasserentzug hervorgerufenen Moorsackung wichtig für das Erreichen der endgültig gewünschten Dräntiefe. Außerdem wurde der pH-Wert auf ca. 4 bzw. 4,5 bei Acker bzw. Grünland angehoben.

Die in Deutschland gebräuchlichen Verfahren der *Niedermoorkultivierung* waren die Schwarzkultur und die Sanddeckkultur. Bei der *Niedermoor-Schwarzkultur* wurde der reine Moorboden in Kultur genommen. Wegen der Gefahr des „Puffigwerdens" oder „Vermullens" (Verlust der Wiederbenetzbarkeit nach starker Austrocknung) ist dieses Verfahren für Ackerland weniger geeignet. Bei der für Ackernutzung geeigneten Sanddeckkultur wurde auf die Mooroberfläche eine ~ 15 cm starke Sandschicht gebracht, die aber im Gegensatz zur Mischkultur bei Hochmooren nur wenig mit der organischen Substanz des Untergrundes vermischt wird. Niedermoorböden bedürfen in der Regel keiner Kalkung und in den ersten Jahren nach der Kultivierung auch keiner N-Düngung.

Auch die *Sandmischkultur* wurde bei Niedermooren angewandt.

5. Anthropogene Böden

In Kap. XXVI 6 wurde dargelegt, auf welche Weise die überwiegende Zahl der in landwirtschaftlicher, forstlicher oder gärtnerischer Nutzung befindlichen Böden durch Eingriffe des Menschen umgeformt werden. Solange die wesentlichen Merkmale der ehemaligen Böden noch erkennbar sind, wird den hierbei entstehenden Kulturböden, die meist einen durch Pflugarbeit hervorgebrachten Ap-Horizont besitzen, der Name des ursprünglichen Bodentyps gegeben. Kulturböden, in denen der ursprüngliche Bodentyp völlig verändert oder das gesamte Profil von Menschenhand geformt ist, werden demgegenüber als anthropogene Böden oder *Kultosole* bezeichnet. Analog den natürlich entstandenen Böden unterscheidet man dabei zwischen terrestrischen, semiterrestrischen und Moor-Kultosolen, wobei der ursprüngliche Boden im Subtyp genannt wird (z. B. Braunerde-Hortisol, Parabraunerde-Rigosol). Die hydromorphen und die organischen Kultosole wurden allerdings meist mit der Kultivierung in ihrem Wasserhaushalt entscheidend verändert, so daß sie häufig eine den Landböden eigene Dynamik aufweisen.

Neben diesen umgewandelten natürlichen Böden werden auch solche aus unter dem Einfluß des Menschen umgelagertem Bodenmaterial (Kolluvisol) sowie aus durch den Menschen bewußt umgelagertem Boden (Plaggenesch) bzw. Sediment (Auftragsboden) oder gar neu geschaffenem Gestein (z. B. Methanosol aus Müll) als *Kultosole* bezeichnet. Seitens der FAO wurde hierfür der Begriff *Anthrosol* vorgeschlagen.

Gartenböden (Hortisole, FAO-Vorschlag *Fimic Anthrosols*) sind vor allem in der Nähe der Städte nach jahrzehnte- bis jahrhundertelanger Gartenkultur entstanden. Der 40 – 80 cm mächtige (n. FAO mindestens 50 cm), stark humose A-Horizont ist eine Folge der starken organischen Düngung (zum Teil mit Fäkalien und Müll), der tiefgründigen Bodenbearbeitung, der intensiven Bewässerung, der Beschattung und der dadurch geförderten Tätigkeit von mischenden Bodentieren (Regenwürmer). Sie dienen häufig als Hinweis auf alte Siedlungsplätze. Heute sind sie in allen Gartenbaugebieten (z. B. Vierlande, Regnitz-Niederung bei Bamberg, Rheinaue bei Mainz-Mombach), in alten Klostergärten usw. verbreitet.

Zu den *Rigolten Böden* (*Rigosole*) werden alle jene Böden gerechnet, die durch tiefgründige Bodenumschichtung entstanden sind. Dies ist der Fall bei den zum Teil über 1000 Jahre alten Weinbergböden[46b], die früher alle 30 – 80 Jahre mit der Hand, heute alle 20 – 40 Jahre maschinell rigolt werden, und deren Rigolhorizont 50 – 80 cm, in selteneren Fällen bis 120 cm mächtig ist und unterschiedlich große Mengen an Fremdmaterial (Gesteinsschutt, Mergel, Löß, Schlacken, Müll u. a.) enthält. Auch bei Auenböden und Marschen sind tiefreichende Rigolarbeiten mit dem Ziel vorgenommen worden, die Eigenschaften des Oberbodens zu verbessern.

Als *Treposole* (FAO-Vorschlag *Aric Anthrosols*) werden Böden bezeichnet, die zwecks Verbesserung des Wasser- und Lufthaushaltes 0,7 – 1,2 m tief umgebrochen wurden. Morphologisches Charakteristikum dieser Böden sind schräg liegende humose Balken der früheren Ap-Horizonte. Gleiches gilt für die bei der Moorkultivierung entstandenen Böden (s. a. Abschnitt 4), die als *Sandgemischte Moore* bezeichnet werden, sowie für die nach Tiefumbruch von Podsolen zwecks Zerteilung harten Ortsteins (z. B. im Emsland, der Lüneburger Heide, den Niederlanden) gebildeten Böden.

Kolluvien bzw. *Kolluvisole* sind eigentlich vom Wasser oder Wind (dann auch *Äolium*) umgelagerte, humose Bodensedimente von über 40 cm Mächtigkeit, werden aber ihrer großen Verbreitung in der Kulturlandschaft wegen bei der Kartierung als eigene Bodeneinheiten ausgeschieden. Sie können naturgemäß die verschiedensten Böden überlagern. Als umgelagerte Ackerböden sind sie oft mit Nährstoffen angereichert.

Geplaggte Böden (*Plaggenesch*) treten in Irland[47], den Niederlanden[48] und in Nordwestdeutschland[49], besonders im Emsland und Westfalen, verbreitet in Dorfnähe auf. Als *Plaggen* oder Soden bezeichnet man die mit Spaten oder Hacke flach abgehobenen Stücke des stark humosen und stark durchwurzelten Oberbodens von Mineralböden, die mit Heide oder Gras bewachsen sind. Diese Plaggen wurden im Stall als Einstreu verwendet und anschließend mit dem in ihnen enthaltenen Kot und Harn der Tiere auf der etwas höhergelegenen Feldflur des Dorfes, dem *Esch* ausgebracht, wobei die ursprünglichen Böden (vorwiegend Podsole und Braunerden, seltener auch Gleye und Moore) zum Teil vorher mit Gräben durchzogen, umgegraben oder eingeebnet wurden. Der im Laufe von Jahrhunderten künstlich erhöhte, graue bis braune, humose Horizont (Ep oder Eh) kann 30 – 120 cm mächtig sein. Die Entstehung des Plaggenesch reicht im allgemeinen bis in das 8. – 11. Jahrhundert n. Chr. zurück, doch wurden auch Plaggenböden der Bronzezeit nachgewiesen[50]. Seit etwa 50 – 100 Jahren wird keine Plaggendüngung mehr durchgeführt.

Der vorwiegend aus Grasplaggen gebildete E-Horizont des braunen Plaggenesch enthält bis zu 10% Ton, mit 650 – 900 mg/kg relativ viel Gesamt-Phosphor, ~3% organische Substanz und ein C/N-Verhältnis zwischen 12 und 20. Der weitaus verbreitetere E-Horizont des grauen Plaggenesch wurde aus Heideplaggen gebildet und hat einen Gehalt von nur 1 – 2% Ton, 450 – 550 ppm Gesamt-Phosphor, ~4 bis 5% organische Substanz und ein C/N-Verhältnis zwischen 15 und 30. Der Plaggenesch ist stark sauer (pH ~4) und läßt zum Teil in den E-Horizonten schwache Podsolierungserscheinungen erkennen. Plaggenesche weisen allgemein günstigere Wasserverhältnisse auf als ihre natürlichen Ausgangsböden. Letztere verarmten durch die Plaggenentnahme oft stark an Nährstoffen und podsolierten dann im besonderen Maße.

Ein von Menschen aufgeschüttetes oder aufgespültes Sediment wird häufig als *Auftragsboden* bezeichnet. Es unterliegt als neues Gestein aber einer normalen Bodenbildung[51]. Es wird sich daher zunächst um einen *Lockersyrosem* handeln. Das gilt auch, wenn z. B. Bauschutt, ein ziegel- und carbonatreiches Substrat, vorliegt[52]. Böden aus Abfällen mit hohem Anteil aus eiweißreicher org. Substanz (z. B. Müll, Klärschlamm) zeigen demgegenüber starke mikrobielle Umsetzungen unter reduzierenden Bedingungen. Sie sind dann methanreich, durch Metallsulfide schwarz gefärbt und werden vorläufig als *Methanosole* bezeichnet. Solche Methanosole sind dabei oft nicht nur im Müll- bzw. Klärschlammkörper selbst entwickelt, sondern auch in der Abdeckung natürlichen Bodenmaterials einer Deponie sowie in benachbarten, natürlichen Böden einer Deponie[53]. Seitens der FAO wurde für Böden städtisch-industrieller Aufträge der Name *Urbic Anthrosols* vorgeschlagen.

Literatur

1 *Mückenhausen, E.* (1977): Entstehung, Eigenschaften und Systematik der Böden der BRD. DLG-Verlag, Frankfurt.

2 *Diez, Th. & H. Weigelt* (1987): Böden unter landw. Nutzung. VLV, München.

3 *Duchaufour, Ph.* (1976): Atlas écologique des sols du monde. Masson, Paris.

4 *Bakker, H. de* (1979): Major Soils of the Netherlands. Junk, Den Haag.

5 *Richard, F., P. Lüscher & Th. Strobel* (1972 – 83): Physikalische Eigenschaften von Böden der Schweiz 1 – 3, Bodenphysik, Zürich.

6 *Baren, J. van* et al. (1987): Soils of the world. Elsevier, Amsterdam.

7 *Ehwald, E.* (1981): Wissenschaftl. Beitr. Martin-Luther-Univ. Halle *14*, 21 – 28.

8 *Tippkötter, R.* (1979): Diss. Universität Hannover.

9 *Schweikle, V.* (1971): Diss. Universität, Hohenheim.

10 *Stahr, K.* (1979): Freiburger Bodenkdl. Abh. *9*.

11 *Skowronek, A.* (1978): Würzburger Geograph. Arb. *47*, 1 – 272.

12 *Bronger, A., J. Ensling & E. Kalk* (1984): Catena *11*, 115 – 132.

13 *Schlichting, E. & H.-P. Blume*: Z. Pflanzenernähr. Bodenk. *95* (1961) 194, 227; *96* (1962) 144.

14 *Thiere, J. & D. Laves*: Thaer Arch. *12* (1968) 659; *14* (1970) 211, 691.

15 *Brunnacker, K.* (1959): Geol. Jb. *76*, 561.

16 *Šály, R.* (1971): Geoderma *5*, 79.

17 *Rohdenburg, H. & B. Meyer* (1968): Göttinger Bodenkdl. Ber. *6*, 127.

18 *Beckmann, H.* et al. (1978): Geol. Jb. Hessen *106*, 383 – 407.

19 *Hoffmann, R. & H.-P. Blume* (1977): Catena *4*, 359 – 368.

20 *Felix-Henningsen, P.* (1979): Diss. Universität Kiel.

21 *Stahr, K.* (1973): Arb. Geol. Paläont. Univ. Stuttgart *69*, 85 – 183.

22 *Schlichting, E.* (1968): Trans. 9. Int. Congr. Soil. Sci. Adelaide *4*, 411 – 418.

23 *Blake, G., E. Schlichting & U. Zimmermann* (1973): Soil Sci. Soc. Am. Proc. *37*, 669 – 672.

24 DVWK (1980 – 1986): Regeln zur Wasserwirtschaft *115 – 117*, Parey, Hamburg.

25 *Schweikle, V.* (1971): Diss. Universität Hohenheim.

26 *Dost, H.* (Ed.) (1972): Acid sulfate soils. Proc. Symp. Intern. Bodenk. Ges., Wageningen.

27 *Schröder, D.* (1979): Habilitationsschrift, Bonn.

28 *Neumann, F. & H.-P. Blume* (1980): Catena *7*, 195 – 204.

29 Workshop: Zit. *28* in Kap. XXVII 6.

30 *Meyer, H. & G. Miehlich* (1983): Abh. naturwiss. Ver. Hamburg *25*, 41 – 73.

31 *Miehlich, G.* (1983): Abh. naturwiss. Ver. Hamburg *25*, 75 – 89.

32 *Kuntze, H.* (1965): Die Marschen. Parey, Hamburg.

33 *Brümmer, G.* (1968): Diss. Universität Kiel.

34 *Pange, W., G. Brümmer & E. Weber* (1974): Meyniana *25*, 59 – 86.

35 *Giani, L. & H. Gebhardt* (1984): Z. Pflanzenernähr. Bodenk. *147*, 614 – 626, 704 – 715.

36 *Müller, W.* (1985): Geol. Jb., *F 19*, 3 – 73.

37 *Hydemann, B.* et al. (1981): Ökologie und Schutz des Wattenmeeres. Landw. Verlag, Münster.

[38] *Pons, L. J. & I. S. Zonneveld* (1965): Soil ripening and classification. Veenman, Wageningen.
[39] *Dümmler, H.* (1974): Mitt. Dtsch. Bodenkdl. Ges. *18*, 305, Trans. 10. Int. Congr. Soil Sci. *6*, 591, Moskau.
[40] *Grosse-Brauckmann, G.* (1961): Geol. Jb. *79*, 117.
[41] *Merkt, J.* et al.(1971): Geol. Jb. *89*, 607.
[42] *Fischer, W. R.* (1984): Arch. Hydrobiol. *100*, 371 – 384.
[43] *Blume, H.-P.* et al. (1979): Schriftenreihe Verein Wasser-, Boden-, Lufthygiene *48*, 1 – 152.
[44] *Göttlich, K. H.* (1976): Moor- und Torfkunde. Schweizerbart, Stuttgart.
[45] *Kuntze, H.* et al. (1977): *Geol. Jb. Hannover, F4.*
[46] *Everett, K. R.* (1983): Histosols; in Zit. *2* in Kap. XXVI.
[46a] *Moore, P. D. & D. J. Bellamy* (1974): Peatlands. Springer, New York.
[46b] *Zakosek, H.* (1961): Z. Pflanzenernähr. Bodenk. *93*, 38 – 43.
[47] *Conry, M. J.* (1974): Soils and Fertilizers *37*, 319 – 326.
[48] *Pape, J. C.* (1970): Geoderma *4*, 229 – 245.
[49] *Eckelmann, W.* (1980): Geol. Jb. Hannover, *F10*, 3 – 83.
[50] *Kossack, G., U. Harck, J. Reichstein* et al. (1987): Archsum auf Sylt II. Zabern, Mainz.
[51] *Schröder, D., S. Stephan & H. Schulte-Karring* (1985): Z. Pflanzenernähr. Bodenk. *148*, 131 – 146.
[52] *Blume, H.-P. & M. Runge* (1978): Z. Pflanzenernähr. Bodenk. *141*, 727 – 740.
[53] *Blume, H.-P., D. Mouimou* et al. (1983): Z. Pflanzenernähr. Bodenk. *146*, 62 – 71; (1985): Mitt. Dtsch. Bodenkundl. Ges. *43*, 821 – 825.

XXXI. Wichtige Böden außerhalb Mitteleuropas[1-5]

Außerhalb Mitteleuropas haben insbesondere andere Klimaverhältnisse Richtung und Intensität der Bodenbildung so beeinflußt, daß vielfach andere Böden entstanden. Dies gilt besonders für fortgeschrittene Stadien der Entwicklung, während Initialstadien wie Ranker oder Rendzinen entsprechenden Böden Mitteleuropas in ihren Eigenschaften nahestehen.

In den feuchten Tropen und Subtropen laufen wegen hoher Temperaturen und stärkerer Durchfeuchtung Verwitterung und Mineralbildung sehr intensiv ab. Aus den gleichen Gründen ist auch die Organismentätigkeit im Boden und damit der Streuabbau intensiver, so daß trotz stärkeren Pflanzenwuchses und damit höherer Streuproduktion die Huminstoffgehalte dieser Böden häufig niedriger sind als in Mitteleuropa. In den Trockengebieten ist die Auswaschung von Verwitterungsprodukten hingegen gehemmt, so daß Böden entstehen, in denen die Verwitterungsprodukte teilweise als leicht lösliche Minerale im Solum angereichert werden und so eine geringe Intensität der chemischen Verwitterung anzeigen.

In weiten Bereichen der Subtropen und auch in den gemäßigt kontinentalen Klimaten bestimmt ein ausgeprägter Wechsel zwischen Regen- und Trockenzeit die Bodenentwicklung. Dieser Feuchtewechsel führt bei tonreichen Böden (z. B. Vertisolen) zu sehr starkem Gefügewechsel im Jahreslauf und zur Peloturbation, während bei vielen Schluff- und Lehm-Böden (z. B. Chernosemen) die Bioturbation sehr intensiv ist und weit in den Unterboden reicht.

In vielen Böden arktischer Klimate wird die Bodenentwicklung entscheidend dadurch bestimmt, daß der Unterboden ständig gefroren ist (Permafrost), der Oberboden hingegen zeitweilig auftaut. Im Hochgebirge dominiert die Erosion, so daß junge flachgründige Böden vorherrschen.

Von den Böden, die nur außerhalb Mitteleuropas vorkommen, sollen im folgenden einige Typen exemplarisch behandelt werden, die weit verbreitet sind oder eine charakteristische, von den Böden Mitteleuropas verschiedene Genese aufweisen. Dabei wird der FAO-Systematik gefolgt, die der Weltbodenkarte zugrunde liegt. Verbreitung und Nutzungspotential dieser und weiterer, mit ihnen vergesellschafteter Böden werden in Kap. XXXII 3 (Bodenzonen der Erde) behandelt.

1. Vertisole[6-8]

Vertisole sind tonreiche (>30 %) Böden mit tiefreichenden und breiten (>1 cm ∅ in 50 cm Tiefe), Schrumpfrissen in Trockenzeiten sowie „slicken sides“ an Aggregatoberflächen und/oder ausgeprägtem Gilgairelief.

Vertisole (lat. vertere = wenden) sind Böden mit intensiver Peloturbation, die durch starke Quellung und Schrumpfung verursacht wird und die in Kap. XXVII 9 c ausführlich erläutert ist. Diese, oft dunklen, tief humosen Böden (s. Abb. 192, früher auch Grumosol) umfassen die Smonitzen des Balkans, die Regure und Black Cotton Soils Indiens, die Margalitischen Böden Indonesiens sowie die Tirse bzw. Terres Noires Afrikas.

Vertisole sind junge (oft holozäne) Bildungen aus tonreichen Sedimenten oder tonreich verwitterten, Ca-silicatreichen Festgesteinen (z. B. Basalt). Sie bilden sich bevorzugt in abflußträgen Senken oder weiten Ebenen wechselfeuchter Warmklimate mit ausgeprägten Trockenmonaten und Jahresniederschlägen zwischen 1300 und 300 mm. Sie kommen aber auch in gemäßigten Breiten (z. B. südosteuropäische Donauniederung, Süditalien) vor. Böden mit Selbstmulch-Effekt treten nach *G. Rückert* selbst im Nördlinger Ries auf.

Die Vertisole besitzen während der Trockenzeit ein ausgeprägtes, bis 2,5 m tief reichendes Rißgefüge. Die Risse können – in Abhängigkeit von Tongehalt, Tonmineralart und Kationenbelegung (vor allem Na-Anteil)[9] – mehrere cm breit sein. Sie bilden an der Oberfläche ein Netz von Polygonen. Im Unterboden dominieren grobe Prismen, die im zweiten Meter als slicken sides glänzende Scherflächen eingeregelten Tones zeigen. In den oberen cm bilden sich durch Selbstmulchen (Mechanismus s. Kap. XXVII 9 c) feine Subpolyeder, die zusam-

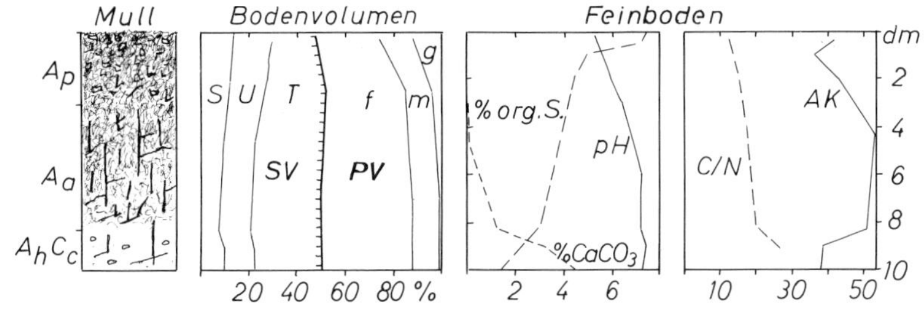

Abb. 205 Eigenschaften eines Vertisol aus Kolluvium einer Basaltverwitterung unter Grünland; Darling Downs, Queensland (Mineralbestand der Tonfraktion: 60 % Smectit, 20 % Kaolinit, 20 % Quarz), Aa entspricht PAh (P s. Kap. XXVIII); viel org. S. im oberen Ap (wegen geringer Peloturbation während der letzten Jahre); n. Analysen der CSIRO (Abk. s. Anhang 2, AK in mval/100 g)

men mit zerkleinerter Streu in die Trockenspalten geweht werden können. Mit Beginn der Regenzeit versickert Wasser in den Spalten, so daß der Boden dann auch von unten befeuchtet wird und sich die Spalten durch Quellung schließen.

Als Tonminerale dominieren allgemein die quellfähigen Smectite; die Kationenaustauschkapazität ist daher hoch (bis 600 mval/kg, Abb. 205). Die Humusgehalte liegen oft trotz dunkelgrauer Farbe unter 3 %; dennoch bedingt die große Mächtigkeit (z. T. >2 m) humoser Horizonte hohe Humus- und (bei engem C/N-Verhältnis) N-Mengen im Solum. Je nach Intensität der Peloturbation – für einige Böden im Sudan wurde vollständige Mischung des Solums innerhalb von 300 Jahren rekonstruiert[10], ansonsten werden aber sehr viel längere Zeiten angenommen – nehmen die Humusgehalte unterschiedlich stark zur Tiefe ab. Ihre im Vergleich zu vergesellschafteten Böden höhere Basensättigung wird oft nicht nur durch Careiches Gestein und gehemmte Wasserführung verursacht, sondern z. T. auch durch eine Muldenlage, die eine Zufuhr gelöster Verwitterungsprodukte von benachbarten Hangböden ermöglicht.

Unter humiden Klimaverhältnissen sind Vertisole oft kalkfrei und versauert, unter ariden Klimabedingungen in der Regel kalkhaltig, z. T. auch gipshaltig und in größerer Tiefe salzhaltig. Das Kalkmaximum liegt dann im Unterboden im Grenzbereich periodischer Austrocknung und ist durch Anflüge an Aggregatoberflächen neben größeren, weichen Konkretionen charakterisiert. Im Oberboden sind in solchen Fällen nur kleine, runde und harte Kalkkonkretionen zu beobachten, die vermutlich aufwärts gewandert sind (s. Kap. XXVII 9 c). Aride Klimaverhältnisse können auch eine höhere Na-Belegung im Oberboden bedingen und leiten dann zu Solonetzen über.

Bisweilen ist als Folge der Peloturbation ein ausgeprägtes Gilgairelief mit halbrunden Erhebungen und Senken in ebener Lage bzw. Streifen an Hängen ausgebildet. Das modifiziert viele Bodeneigenschaften: Senkenböden quellschrumpfen tiefergründig, sind u. a. stärker mit Humus und im Untergrund mit Salzen angereichert als Kuppenböden, weil sich Wasser lateral bewegt[7].

Vertisole sind relativ nährstoffreiche, ausgeprägt wechselfeuchte Standorte. Sie sind schwer zu bearbeiten: Trocken sind sie sehr hart, feucht außerordentlich schmierig, so daß sie nur während einer kurzen Periode mittlerer Wasserverhältnisse bestellt werden können. In Savannen werden sie beweidet oder im Trockenfeldbau genutzt. Auf feuchteren oder bewässerten Standorten werden auch Baumwolle, Zuckerrohr, Erdnuß und Reis angebaut.

2. Ferralsole (Oxisole)[11–13]

Ferralsole sind intensiv und tiefgründig verwitterte Böden der Tropen und Subtropen. Sie weisen einen ferrallitisierten, d. h. mit Fe- und Al-Oxiden angereicherten (s. XXVII 1 c), meist kräftig rot (s. Abb. 192) oder gelb gefärbten Bu-Horizont auf, der kaum noch verwitterbare Silicate enthält. Die Tonfraktion besitzt eine Austauschkapazität unter 160 mval/kg und besteht neben den Oxiden praktisch nur aus Kaolinit.

Ferralsole wurden auch als Latosole bezeichnet. Die Amerikaner nennen sie Oxisole, die Franzosen Sols ferralitiques.

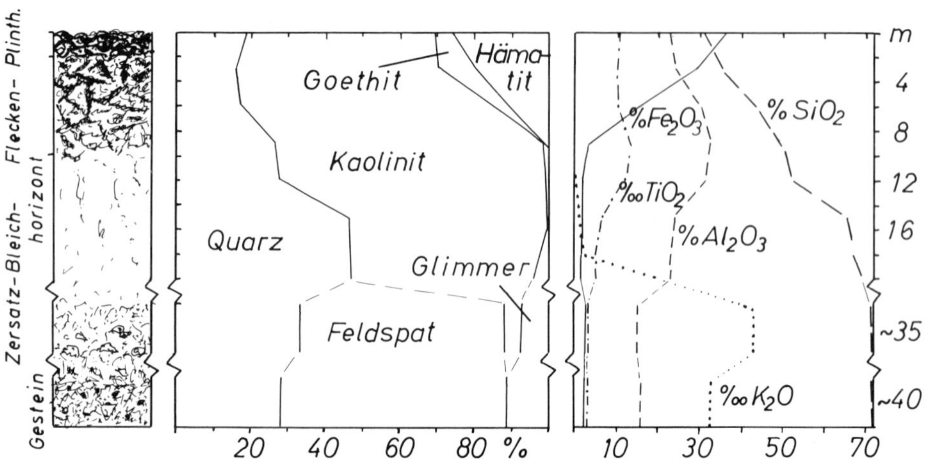

Abb. 206 Eigenschaften eines Plinthic Ferralsol aus Granit unter Ödland; östl. Bangalore, Indien; n. Analysen von *H.-P. Blume* und *H. P. Röper* (Abk. s. Anhang 2)

Ferralsole entwickelten sich als typische Waldböden der feuchten Tropen aus den verschiedensten Silicatgesteinen und auch Carbonatgestein. Hohe Temperaturen und starke Durchfeuchtung haben in langen Perioden ungestörter Entwicklung die Silicate intensiv verwittern, Alkali- und Erdalkaliionen sowie Kieselsäure auswaschen lassen (Desilifizierung), während Fe und Al als Oxide sowie neugebildeter Kaolinit zurückblieben.

Besonders stark und tiefgründig (20 – 50 m) verwittert (selbst Quarz) sind viele *Plinthic Ferralsols* (Abb. 206). Deren oberer 2 – 18 m mächtige B-Horizont besteht aus Fe-reichen, roten und kaolinit- (bzw. Al – Oxid-)reichen weißen *Flecken*, die zusammen den *Plinthit* bilden. Plinthit verhärtet nach Erosion des A-Horizontes infolge starker Austrocknung zu Laterit (later = [lat.] Ziegel, daher Boden früher als *lateritische Roterde* bezeichnet). Auch die z. T. vorhandene *Bleichzone* enthält fast nur kaolinitische Tonminerale, während in der nach unten folgenden 5 – 20 m mächtigen *Zersatzzone* auch Dreischichtminerale vorkommen können.

Ferralsole sind Bildungen sehr langer Zeiten (Jahrmillionen) und damit alter Landoberflächen. Viele Vorkommen sind reliktisch und unterliegen heute unter veränderten Klimabedingungen einer starken Erosion, so daß in solchen Landschaften Laterit-, Flecken- und Bleich-Horizonte sowie anstehendes Gestein großflächig nebeneinander auftreten[14].

Humic Ferralsols weisen höhere Humusgehalte im Ober- oder Unterboden auf, *Rhodic* (bzw. *Xanthic*) *Ferralsols* verfügen über einen gleichförmig rot (bzw. gelb) gefärbten B-Horizont, während die effektive KAK der Tonfraktion der *Acric Ferralsols* unter 15 mval/kg liegt. Sandböden mit extrem verwittertem B-Horizont werden als *Ferralic Arenosols* bezeichnet.

Die rote Farbe vieler Ferralsole beruht oft auf Hämatit, der neben Goethit als Fe-Oxid vertreten ist. Hohe Fe- und/oder Al-Gehalte sind die Ursache für ein stabiles, erdiges Aggregatgefüge. Dieses bedingt eine hohe Wasserleitfähigkeit und günstige Luftverhältnisse; die Bindung nutzbaren Wassers ist aber selbst bei höheren Tongehalten bisweilen nur mäßig.

Fossile Ferralsole mit Plinthitcharakter sind in Deutschland als Produkt einer tertiären Bodenentwicklung auf Basalt in einigen Teilen des Vogelsberges verbreitet. Kleinere Vorkommen wurden im Westerwald, Taunus und Pfälzer Wald festgestellt.

Ferralsole sind Böden mit vorwiegend variabler Ladung[15]. Ihre Kationenbindung kann daher durch pH-Erhöhung relativ stark gesteigert werden, was für die Versorgung der Pflanzen mit Ca, Mg und K bedeutsam ist. Da die Ferralsole meist sauer sind, ist eine pH-Erhöhung durch Kalkung auch deswegen zweckmäßig, weil damit toxisches Al beseitigt wird. Die Kalkung hat außerdem den Sinn, Ca zuzuführen, das oft fehlt. Häufig besteht auch Schwefelmangel.

Vielfach dominieren anstelle des Kaolinits in Ferralsolen Gibbsit und andere Al-Oxide. Das wird auf besonders starke Verwitterung und/

oder Si-Auswaschung in (früherer) morphologischer Rückenposition zurückgeführt.

Viele Ferralsole in Südamerika, Zentralafrika, Südostasien und Australien dienen dem Anbau von Mais, Kaffee, Kakao, Baumwolle u. a. Die Erträge von Ackerfrüchten sinken aber bereits im dritten Jahr stark ab, weil die Wildpflanzen und an Humus gebundenen Nährstoffe nach (Brand)rodung und intensivem Humusabbau durch Starkregen infolge geringer Transpiration und geringen Nährstoffbindungsvermögens der Bodenminerale rasch aus dem Oberboden ausgewaschen werden. Nach Aufgabe des Ackerbaus bewirkt eine Verbuschung (durch tiefwurzelnde Pflanzen) eine Regeneration der Nährstoffgehalte im Oberboden, so daß nach 8 – 10 Jahren erneut Kulturpflanzen folgen können. Für (tiefer wurzelnde) Dauerkulturen sind die Bedingungen günstiger: dennoch sind auch hier höhere Erträge nur durch Düngung zu bewahren, deren Wirkung allerdings durch P-Fixierung und N-Auswaschung gemindert wird. Viele Plinthic Ferralsols sind nach Erosion der Ackerkrume irreversibel verhärtet und damit unbrauchbar für weitere landwirtschaftliche Nutzung geworden.

3. Nitosole[3, 15a]

Nitosole sind leuchtend rot gefärbte, lessivierte, tonreiche Böden der feuchten Tropen und Subtropen. Ihr Name (lat. nitidus = glänzend) bezieht sich auf die charakteristisch glänzenden Cutane der Aggregatoberflächen.

Die aus silicatreichem Gestein (z. B. Basalt, Glimmerschiefer) entstandenen Nitosole weisen mächtige, gleichförmig rot gefärbte Profile mit stabilem Polyedergefüge und nur mäßigen Texturunterschieden auf: die Tongehalte nehmen von ihrem Maximum im oberen But-Horizont bis in 150 cm Tiefe um weniger als 20 % ab. Redoximorphe Merkmale sind zumindest im oberen Meter nicht vorhanden. Die gesteinsbürtigen Minerale sind weitgehend verwittert und als Tonmineral dominiert Kaolinit: im Gegensatz zu den Ferralsolen sind aber noch verwitterbare Minerale vorhanden.

Eutric Nitosols weisen eine Basensättigung von über 50 % auf und entsprechen den Trop- bzw. Paleudalfs der US-Systematik, während die *Dystric Nitosols* (US: Trop- bzw. Rhodudults) und die humusreicheren (> 1 % im Mittel der oberen 18 cm infolge kühlfeuchten Höhenklimas) *Humic Nitosols* (US: Trop- bzw. Palehumults) stärker versauert und entbast sind (V-Werte des Unterbodens unter 50 %). Russen und Australier bezeichnen viele Nitosole als Krasnozeme.

Nitosole sind lockere tiefgründig durchwurzelbare Pflanzenstandorte mit ausreichender Belüftung, hoher nutzbarer Wasserkapazität und zumindest mittleren Nährstoffverhältnissen, die den Anbau auch anspruchsvoller tropischer Pflanzen gestatten (z. B. in Ostaustralien Zuckerrohr und Erdnuß, in Sri Lanka und Georgien Tee). Sie gehören zu den fruchtbarsten Böden der feuchten Tropen und Subtropen.

In Deutschland treten im Gebiet des Vogelsberges und im Westerwald fossile *Rotlehme* auf, die während des Tertiär unter feuchttropischen Bedingungen aus Basalt bzw. vulkanischen Tuffen entstanden und z. T. als (umgelagerte) Nitosole angesehen werden können.

4. Acrisole[3, 16]

Acrisole weisen die Horizontfolge Ah – Al – Bt – Bv auf, sind also durch Tonverlagerung geprägt, im Unterschied zu den Luvisolen (bzw. Parabraunerden) aber unter feuchtwarmem Klima stark verwittert und entbast. Ihr Name (lat. acris = sauer) bezieht sich auf die in der Regel starke Versauerung.

Acrisole entstanden im Unterschied zu den Nitosolen aus silikatarmem, quarzreichem Gestein (z. B. Granit, Sandstein) und zeigen ausgeprägte Tongehaltsunterschiede zwischen Ober- und Unterboden. Die Tongehalte fallen nach unten wieder ab und liegen in 1,5 Meter Tiefe um über 20 % tiefer als in der Tiefe des Tonmaximums. Die Basensättigung des Unterbodens beträgt weniger als 50 %. In der Tonfraktion dominiert zwar Kaolinit und die Austauschkapazität ist demzufolge gering: im Unterschied zu den Ferralsolen sind aber auch Dreischichtminerale bzw. verwitterbare Silicate noch vertreten.

Normale Acrisole werden als *Orthic Acrisols* bezeichnet. Zu diesen gehören die russischen Yeltozeme, deren unterer Bt oft pseudovergleyt ist. *Gleyic Acrisols* weisen bereits im oberen halben Meter ausgeprägte hydromorphe Merkmale auf. *Humic Acrisols* sind durch höhere Humusgehalte gekennzeichnet (> 1 % im Mittel der oberen 18 cm), während *Plinthic* und *Ferric Acrisols* den Ferralsols nahestehen: erstere enthalten einen Plinthithorizont in den oberen 1,25 m, letztere entweder große rote

Flecken bzw. viele Fe-Konkretionen oder die Austauschkapazität seiner Tonfraktion liegt unter 240 mval/kg.

Die Amerikaner ordnen die Acrisole (zusammen mit einem Teil der Nitosole) den Ultisolen zu, die Franzosen den Sols ferralitiques lessivés.

Die Acrisole bilden wie die Ferralsole allgemein nährstoffarme Standorte, die demzufolge nur mittels „shifting cultivation" genutzt werden oder gedüngt werden müssen. Gleyic Acrisols werden wegen Luftmangel und Plinthic bzw. Ferric Acrisols wegen schlechter Durchwurzelbarkeit meist nur forstlich oder als Weide genutzt.

5. Kastanozeme

Kastanozeme[3] sind Steppenböden wie die Chernozeme (Kap. XXX 1 g) und haben ähnliche Eigenschaften wie diese. Auch sie besitzen einen oft mächtigen durch intensive Tiertätigkeit geschaffenen Mull-A-Horizont, der aber im Gegensatz zu dem der Chernozeme brauner ist (Munsell-Chroma über 2), worauf der Name der Böden (Farbe der Eßkastanien) Bezug nimmt. Sekundärkalk ist ebenfalls vorhanden, und zwar selbst bei carbonatarmem Gestein. Vielfach enthalten sie Gips, durch den ebenso wie durch Kalk die Böden teilweise verfestigt sind. Im Vergleich zu den Chernozemen sind in der Regel Mächtigkeit und Humusgehalt des A-Horizontes geringer, die Kalk- und Gipsanreicherungen weiter oben, und der Unterboden kann auch wasserlösliche Salze enthalten. Diese Unterschiede sind Folge geringerer Bodendurchfeuchtung, d. h. geringerer Niederschläge und/oder höherer Temperaturen (s. Abb. 215, Kap. XXXII 3 e).

Kastanozeme zeigen meist eine neutrale Bodenreaktion. Silicate sind praktisch nicht verwittert und unter ihren Tonmineralen dominieren die des Ausgangsgesteins.

Der Name wurde von russischen Bodenkundlern eingeführt; im US-System entsprechen ihnen viele Ustolls, von den Franzosen werden sie als Sols chatains bezeichnet.

Kastanozeme können ähnlich den Chernozemen sehr fruchtbar sein. Stärker als bei diesen führen Witterungsunterschiede aber zu hohen Ertragsschwankungen in verschiedenen Jahren. Vielfach müssen Anbaupausen mit Schwarzbrachen sowie andere Maßnahmen zur Ergänzung der Wasservorräte eingelegt werden.

6. Yermosole und Xerosole[3, 17–19]

Yermosole und Xerosole sind als Böden der Vollwüste bzw. Halbwüste humusarm sowie durch einen (in der Regel alkalischen) B-Horizont und ein *arides* Feuchteregime (s. Tab. 62 in Kap. XVI) gekennzeichnet.

Den Yermosolen (span. yermo = Wüste) entsprechen die *Typic Aridisols* der US-Systematik. Den Xerosolen (griech. xeros = trocken) entsprechen die *Mollic Aridisols* der US-Systematik, sowie in der russischen Systematik die graubraunen und braunen *Burozeme* der subborealen und die *Sierozeme* (Grauerden) der subtropischen Halbwüstengebiete.

Yermosole sind nahezu ganzjährig extrem trocken und demzufolge vegetationsfrei. Nur seltene „Jahrhundertregen" führen zu einer Durchfeuchtung des Unterbodens und lassen dann einige streuliefernde Pflanzen entwickeln.

Der meist extrem humusarme (<0,1 %) A-Horizont der Yermosole ist in der Regel mit Flugsand oder einem Deflationspflaster aus windpolierten Kiesen bzw. Steinen bedeckt. Darunter folgt ein Säulen- bis Prismengefüge, dessen Spalten oft mit Flugsand gefüllt sind (Genese s. Kap. XXVII 9 d). Die Oberfläche der Segregate wird von einer dünnen, relativ schluffreichen und dichten Haut gebildet, der eine wenige cm mächtige, sehr poröse, vesikuläre Lage folgt. Die Bläschen werden auf eingeschlossene Luft zurückgeführt, die durch einsickerndes Regenwasser komprimiert wird und dann explosionsartig entweicht[20].

Der Bv-Horizont der Yermosole ist wie der Oberboden alkalisch. Er ist in der Regel kalk- und oft auch gipshaltig; außerdem ist er unterschiedlich stark mit atmogenen Salzen angereichert, und zwar stärker als weiter oben und unten (Abb. 207), was auf den Einfluß episodischer Starkregen zurückgeführt wird. Oft sind schwächer lösliche Salze wie Soda weiter oben, stärker lösliche wie Chloride und Nitrate weiter unten angereichert (Näheres s. Kap. XXVII 8 a).

Verwitterung erfolgt in den Yermosolen durch Wärme- und Salzsprengung (s. Kap. II 1). Zur Verbraunung des Bv dürfte es überwiegend unter vormals feuchteren Klimabedingungen gekommen sein, u. U. auch rezent nach episodischen Starkregen. Gleiches gilt für den durch Lessivierung mit Ton angereicherten Unterboden der *Luvic Yermosols*. Das oben erwähnte Steinpflaster ist oft schwarz gefärbt: Dieser *Wüstenlack* besteht aus Eisen- und

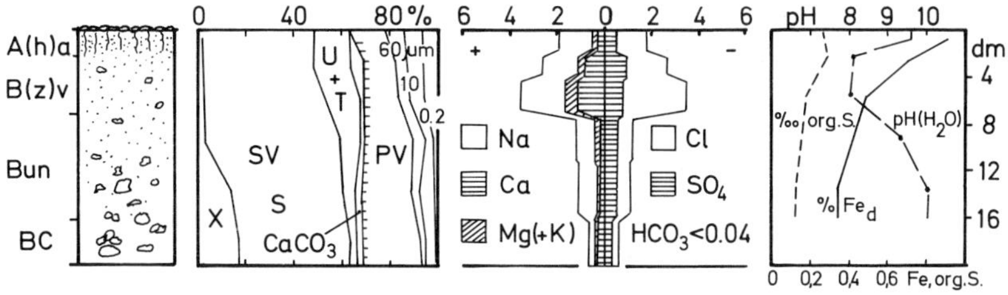

Abb. 207 Eigenschaften eines Salic Yermosol aus sandigen Sedimenten der Vollwüste; Wadi Irawan, Fezzan; n. Analysen von *H.-P. Blume* und *Th. Petermann* (Salze der Bodenlösung in mval/100 g Boden)

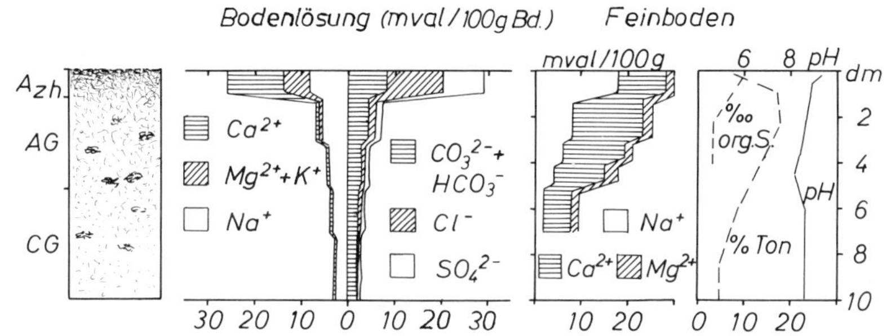

Abb. 208 Eigenschaften eines Grundwasser-Solonchak aus Flußsand unter Grünland; Apaj, Ungarn; n. Analysen von *I. Szabolcs* und Mitarb. (Salze der Bodenlösung und Austausch-Kationen i. mval/100 g Boden)

Manganoxiden[21], die unter Mitwirkung niederer Pflanzen (Cyanophyceen)[22] im Gesteinsinneren gelöst wurden, wofür der morgendliche Tau ausreichen soll. *Gypsic* bzw. *Calcic* Yermosols weisen Gips- bzw. Kalkanreicherung, teilweise in Form harter Krusten auf.

Xerosole weisen den Yermosolen ähnliche Eigenschaften auf und werden daher entsprechend benannt: ihr etwas höherer Humusgehalt ist auf eine schüttere, krautreiche Vegetation der Wüstensteppe zurückzuführen.

Xerosole dienen extensiver Beweidung. Ackerbauliche Nutzung der Xerosole und Yermosole ist naturgemäß nur über künstliche Bewässerung möglich. Diese muß eine sekundäre Versalzung vermeiden und daher in der Regel mit einem Entwässerungssystem verknüpft werden, um Salze auswaschen zu können.

7. Solonchake[23-25]

Solonchake (von russ. sol = Salz) sind Salzböden (Abb. 208). Ihre diagnostischen Horizonte enthalten viele wasserlösliche Salze (Definition s. Kap. II 2), und zwar entweder als Az-Horizont (elektr. Leitfäh. im Sättigungsextrakt >15 mS) oder als starke Salzanreicherung im Unterboden (eL >4 mS, wobei dann Bt, Bh oder Bn fehlen). Sie heißen auch Weißalkaliböden und werden in der US-Systematik vor allem den Salorthids zugeordnet. Die Salze können der Atmosphäre (als Staub oder im Regenwasser gelöst), dem Meere oder einem Salzgestein entstammen. Sie wurden in der Landschaft umverteilt und durch Grund- oder Hangwasser oft in Senken angereichert (s. auch Kap. XXVII 8 a).

Nach der Ursache der Versalzung (Kap. XXVII 8) lassen sich Tagwasser-, Grundwasser- und Kulto-Solonchake unterscheiden (s. auch Zit. 26). Die *Tagwasser-Solonchake* sind wie die Yermosole fast ganzjährig extrem trokken und vor allem im Unterboden mit Salzen angereichert. Sie sind relativ tonreicher und damit weniger durchlässig als benachbarte Yermosole. Die *Grundwasser-Solonchake* sind grundsätzlich an hohe Grundwasserstände und damit Senkenlage gebunden; sie sind zumindest im Unterboden naß. Besonders die leicht löslichen Salze sind im Oberboden konzentriert und bilden z. T. eine Salzkruste an der Oberfläche. Ihnen morphologisch ähnlich sind die *Kulto-Solonchake*, die das Ergebnis künstlicher Bewässerung darstellen.

Gleyic Solonchaks weisen redoximorphe Merkmale in den oberen 50 cm auf, *Takyric S.*

besitzen ein ausgeprägtes Rißgefüge im Oberboden, *Mollic S.* sind durch Mull als Humusform gekennzeichnet, während die übrigen als *Orthic S.* bezeichnet werden. In der US-Systematik bilden nur diejenigen salzreichen Böden unter den Aridisolen als *Salorthids* eine eigene Gruppe, die (zumindest für einen Monat) im oberen Meter naß sind, d. h. die Grundwasser-Solonchake; ähnliches wird für die FAO-Systematik angestrebt.

Solonchake sind infolge hoher Salzgehalte allgemein gut aggregiert. Ihre pH-Werte werden von der Art der Salze bestimmt: Sodareiche Solonchake sind stark alkalisch [pH (H_2O) oft über 9], chloridreiche schwach alkalisch, während gipsreiche neutral (oft unter 7) und daher ökologisch günstiger zu bewerten sind.

Die Vegetation besteht aus halophilen Arten (z. B. Suáeda maritima, Lepidium cartilagineum) und ist oft kaum entwickelt, was geringe Humusgehalte des A-Horizontes bewirkt.

Solonchake sind vor allem in semi- und vollariden Klimaten anzutreffen. In Europa sind sie auf kleine Flächen der südlichen Ukraine, der Balkanländer und Spaniens beschränkt.

Eine Nutzung ist erst nach Auswaschung der Salze möglich: dies gelingt bei höherem Tongehalt nur schwer und führt insbesondere bei $CaCO_3$- und $CaSO_4$-armen Böden leicht zu starker Alkalisierung und labilem Bodengefüge (s. auch Kap. XXVII 8).

8. Solonetze[23–25]

Solonetze sind Böden arider Klimate mit einem Btn-Horizont. Dieser ist durch eine hohe Na-Sättigung [>15 % oder (Na + Mg) > Ca-Sättigung] ein Säulengefüge, relativ hohe Tongehalte (Abb. 209) und oft auch dunkle Farbe gekennzeichnet. Sie werden auch Natrium- oder Schwarzalkaliböden genannt. In der US-Systematik gehören sie verschiedenen Ordnungen an und werden mit der Silbe „Natr(i)“ gekennzeichnet.

Abb. 210 Schrumpfungsrisse eines Natriumbodens (Aufn. *F. Scheffer*)

Solonetze entstehen meist durch Entsalzung aus Solonchaken infolge einer Grundwasserabsenkung (dann als *Gleyic S.* mit Rostflecken) oder Feuchterwerden des Klimas (meist der normale *Orthic S.*) oder durch Einwirkung Na-haltigen Grundwassers auf Steppenböden (dann als *Mollic S.* mit einem Mull-A). Die hohe Na-Sättigung führt zu hohen pH-Werten zwischen 8,5 und 11 und erleichtert die Verlagerung von Ton und Humus nach unten (und gleichzeitig eine Schluffwanderung im Wechsel von Quellung und Schrumpfung nach oben). Dadurch bildet sich das typische Säulengefüge mit den abgerundeten Kappen aus. Salze können auch in höherer Konzentration vorhanden

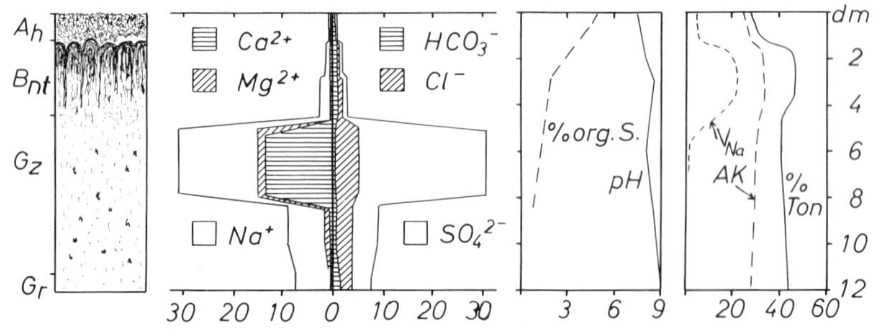

Abb. 209 Eigenschaften eines Solonetz aus Auenlehm unter Grünland; Parepa, Rumänien; n. Analysen von *M. Nicolsu* und *V. Josof* (Abk. s. Anhang 2, AK in mval/100 g)

sein, sind dann aber auf den Unterboden (unterhalb des Bn) beschränkt (Abb. 209).

Solonetze sind im feuchten Zustand stark dispergiert, schlecht durchlüftet und wenig wasserdurchlässig. Im trockenen Zustand bilden sie harte Schollen und werden oft von tiefen Schrumpfrissen durchzogen (Abb. 210). Wegen dieser Eigenschaften stellen sie sehr ungünstige Kulturpflanzenstandorte dar (weiteres hierzu siehe Kap. XXVII 8 c).

9. Planosole[27, 28]

Planosole weisen einen naßgebleichten *A*-Horizont auf, der abrupt* in einen deutlich tonreicheren Unterboden mit geringer Durchlässigkeit übergeht. Der Bleichhorizont ist an Eisen- und Manganoxiden verarmt oder diese sind als Konkretionen gebunden. Der Name wurde von (lat.) planus (= eben) abgeleitet, weil Planosole meist auf zeitweilig stark vernäßten Ebenen anzutreffen sind. Der tonreichere Unterboden kann Folge primärer Gesteinsschichtung oder einer Tonverlagerung sein: ob auch Tonzerstörung im Oberboden eine Rolle spielt, ist noch umstritten (s. hierzu Kap. XXVII 6).

Im US-System bilden die Planosole keine eigene Gruppe, sondern gehören z. B. als Albaqualfs, Albaqults oder Argialbolls verschiedenen Ordnungen an.

Der Unterboden kann marmoriert sein, als Btn-Horizont vorliegen (dann *Solodic Planosol*) oder permanent gefroren sein (dann *Gelic Planosol*). Zu den Planosolen mit rostfleckigem Unterboden gehören viele der mitteleuropäischen Pseudogleye und vor allem Stagnogleye (z. B. ist der Stagnogley der Abb. 201 nach der FAO-Systematik ein *Histic Planosol*). In den wechselfeuchten Tropen sind manche Reisböden älterer Landoberflächen stark pseudovergleyte Planosols.

Solodic Planosols sind aus stark ausgewaschenen Solonetzen hervorgegangen und werden auch als *Solod* bzw. Steppenbleicherde bezeichnet. Ihr Btn-Horizont entspricht dem des Solonetzes, ist also auch durch eine hohe Na-Sättigung (>6 %), dichtes Säulengefüge, oft dunkle Färbung (durch lessivierten Humus) aber deutlich höhere Tongehaltsunterschiede zum Oberboden gekennzeichnet. Die Solodic Planosols haben sich in der Regel durch Feuchterwerden des Klimas aus den Solonetzen entwickelt und sind im Unterschied zu diesen zumindest im Oberboden versauert. Sie nehmen oft flache Senken ein und tragen bisweilen wegen höheren Wasserangebotes im Gegensatz zur umliegenden Steppe kleinere Gehölze.

10. Andosole[5, 15, 29–31]

Andosole (ando, jap. = schwarzer Boden) sind aus jungen, vulkanischen Aschen entstanden. Das Gestein ist reich an leicht verwitterbaren Gläsern.

Der Oberboden ist sehr locker (Feuchtraumgewicht bei pF 2,5 unter 0,85/cm^3), meist dunkelbraun bis schwarz gefärbt und dann humusreich (bis 30 %). Die Tonfraktion besteht überwiegend aus dem feinkörnigen, kugeligen Allophan, dem stengeligen Imogolit und bei fortgeschrittener Entwicklung auch aus Halloysit, die aus den vulkanischen Gläsern entstanden sind. In den übrigen Kornfraktionen dominieren in jungen Böden frische Gläser; in den älteren sind meist verwitterungsstabile Silicate nichtvulkanischer Herkunft angereichert. Unter dem A-Horizont folgen oft leuchtend braune bis braunrote B-Horizonte oder (als Folge wiederholter Ascheregen) fossile Ah-Horizonte. Unter semiaridem Klima kann der Unterboden durch Kieselsäure zum *duripan* (Mexiko: Tepetate) verhärtet sein[32].

Die sehr jungen *Vitric A.* bestehen zu über 60 Vol. % aus vulkanischen Gläsern, die übrigen sind allophanreich und enthalten dann über 2 % Al_o (+ ½ Fe_o), wobei nach den Eigenschaften des Humuskörpers *Mollic A.*, *Ochric A.* und *Humic A.* (mit umbric), neuerdings auch *Gelic A.* (mit Permafrost innerhalb 2 m Tiefe) unterschieden werden. Da bei hohem Grundwasserstand auch redoximorphe Merkmale in den oberen 50 cm auftreten können (z. B. in Japan), die wegen schwarzer Bodenfarbe oft nur schwer erkennbar sind, sollten auch *Gleyic A.* ausgeschieden werden.

In der US-Systematik gehören sie zu den *Andepts*; vorgesehen ist eine eigene Ordnung als *Andisole*.

Andosole sind aufgrund ihrer hohen Wasserkapazität und ihres stabilen, porenreichen Gefüges günstige Pflanzenstandorte. Sie sind

* Abrupt heißt, daß bei unter 20 % Ton im Sew bzw. Aeg der Tongehalt in den folgenden 8 cm um mehr als das Doppelte ansteigt; bei über 20 % steigt der Tongehalt in den folgenden 8 cm um 20 % Punkte an und erreicht weiter unten das Doppelte des Aeg.

durch eine hohe variable Ladung charakterisiert und verfügen daher bei hohem pH über eine hohe KAK und in saurem Zustand über ein starkes P-Bindungs- und Fixierungsvermögen. Im humiden Klima verwittern sie rasch, besitzen mithin ein hohes Nährstoff-Nachlieferungsvermögen und sind dann häufig auch stärker versauert. Ihre Hauptverbreitung liegt im circumpazifischen Raum (Japan, Philippinen, Indonesien, Ekuador, Peru, Mexiko), außerdem in Kamerun, Ostafrika und auf Island, in der BRD[33] vereinzelt in der Eifel.

11. Gelosole[34, 35]

Gelosole (von lat. gelu = Frost) bzw. *Cryosole* sind Frostböden. Bei einer pergelischen Bodentemperatur, die im Jahresmittel unter 0 °C liegt (s. Tab. 67), ist der Unterboden ständig gefroren, wird als *Cryon* bezeichnet und mit Gjm (wenn wassergesättigt) bzw. Cjm signiert. Darüber folgt der sommerliche Auftauhorizont, der auch *Tjäle* (schwed. Frost) genannt wird. Der Auftauhorizont weist häufig Würge-, Brodel- oder Taschenbildungen auf, ist also durch *Kryoturbation* geprägt (s. Kap. XXVII 9b). In der FAO- (und US-Systematik) werden die Gelosole nicht eigenständig klassifiziert, sondern als Untereinheiten (z. B. Gelic Gleysol, Gelic Histosol).

Der Permafrost reicht (in Sibirien) bis zu 1500 m tief. Die sommerliche Auftautiefe beträgt 0,1 – 6 m: sie ist abhängig von Klima, Relief, Vegetation und Bodeneigenschaften. Kurzer Sommer bzw. lange Schneebedeckung, geschlossene Vegetation und mächtige Humusauflagen (= geringe Temperaturleitfähigkeit) sowie wassergesättigte lehmig-tonige Böden (= hohe Wärmekapazität) bewirken eine geringere Auftautiefe, Sonnhänge und grobkörnige Böden eine große Auftautiefe.

Im Sommer unterliegt die Tjäle einer Bodenentwicklung. Niedrige Temperaturen und tägliche Schwankungen begünstigen die kryoklastische Verwitterung, während chemische Verwitterung und Mineralbildung gehemmt sind (s. Kap. XXVII 1). Da das Schmelzwasser nicht im gefrorenen Untergrund versickern kann, sind die Böden vielfach naß und zeigen redoximorphe Merkmale (= *Gelic Gleysol*). Luft- und Wärmemangel hemmen dabei auch das Bodenleben und damit den Streuzersatz, so daß mächtige Humusauflagen und damit *Gelic Histosols* entstehen. Insbesondere Hanglage und sandige Bodenart verhindert demgegenüber Wasserstau: unter diesen Bedingungen entwickeln sich in Abhängigkeit vom Gestein *Gelic Regosols* oder *Ranker* und durch Verbraunung auch *Gelic Cambisols*.

Tjäle und Oberfläche aller genannten Gelosole können nun durch Kryoturbation und Solifluktion mehr oder weniger stark geprägt sein, worauf in Kap. XXXII 3a näher eingegangen wird. Gelosole können allenfalls extensiv genutzt werden, in der Tundra z. B. als Rentierweide, in der Taiga auch forstlich.

12. Reisböden[7, 36–38]

Eine bestimmte Nutzung rechtfertigt für sich keinen eigenständigen Bodentyp. Viele Reisböden unterscheiden sich infolge langfristigen Überstaus mit Wasser in ihrer Dynamik jedoch sehr deutlich von benachbarten Böden anderer Nutzung, die im folgenden beschrieben werden soll. Eine oft wochenlange Wasserüberstauung erfolgt durch (a) Regenwasser, (b) künstliche Bewässerung, (c) künstliches Anheben des Grundwasserspiegels oder (d) gelenkte Überflutung durch Flüsse, die während der Regenzeit über die Ufer treten. Das Wasser wird in der Regel durch Dämme auf den Feldern gehalten und sein Versickern häufig durch „Puddling" (Bearbeiten des wassergesättigten Bodens) erschwert. Bereits wenige Tage nach Wassersättigung werden unter anaeroben Bedingungen besonders im Oberboden CO, H_2S, N_2 und CH_4 gebildet, die blasenförmig entweichen, SO_4 und NO_3 reduziert, ebenso Mn und Fe. Außerdem steigen die NH_4-, PO_4- und H_4SiO_4-Konzentrationen in der Bodenlösung stark an, während das Redoxpotential stark absinkt (<0,3 Volt bei pH 6), was bei sauren Böden mit einem pH-Anstieg verbunden ist (s. Kap. XIII). Während der Trockenperioden laufen die genannten Prozesse dann in umgekehrter Richtung ab: die Eh-Werte steigen an, die pH-Werte sinken ab, Eisen und Mangan werden oxidiert und bevorzugt an der Oberfläche der Trockenrisse ausgefällt. Durch periodische Überflutung entstehen also in starkem Maße redoximorphe Merkmale. Im schwächer belebten Unterboden sinkt das Redoxpotential kaum ab (besonders, wenn unten sandreich), so daß oft an der Grenze zum Oberboden Mangan- und Eisenoxide angereichert werden. Da auch durch das Puddling das Bodengefüge zerstört wird und bei der Anlage ebener Parzellen oder Terrassen Bodenmaterial in starkem Maße umgelagert wird, gehören viele Reisböden zu denjenigen Böden, die besonders stark von Menschen verändert wurden und stetig verändert werden.

Vor allem Reisböden älterer Landoberflächen besitzen häufig einen tonarmen Oberboden, was z. T. auf Tonzerstörung durch Ferrolyse zurückgeführt wird (s. Kap. XXVII 6), aber wohl hauptsächlich auf selektiver Erosion (z. B. beim Überlaufen oder Brechen der die Beete umgrenzenden Dämme) beruht.

Literatur

[1] *Finck, A.* (1963): Tropische Böden. Parey, Hamburg.

[2] *Duchaufour:* Zit. 3 in Kap. XXX.

[3] *Buringh, P.* (1979): Introduction to the study of soils in tropical and subtropical regions. Centre Agric. Publ., Wageningen.

[4] *Wilding* et al.: Zit. 2 in Kap. XXVI.

[5] *Schmidt-Lorenz, R.* (1986): Die Böden der Tropen und Subtropen; in: *S. Rehm* (Ed.): Grundlagen des Pflanzenbaues in den Tropen und Subtropen, S. 47 – 92. Ulmer, Stuttgart.

[6] *Ahmad, N.*: in Zit. 2, Kap. XXVI, Band II, 91 – 123.

[7] *Kumar, K.* (1982): Vertisols and rice soils of the tropics. Symp. Papers II, 12. IBG Tag., Delhi.

[8] *NN* (1985): Taxonomy and management of vertisols and aridisols. Proc. Intern. Classific. Workshop Sudan, USDA-Soil Conservat. Serv., Washington D. C.

[9] *Anderson, J. V., K. E. Fadul & G. A. O'Connor* (1973): Soil Sci. Soc. Am. J. *37*, 296 – 299.

[10] *El Abedine, Z. & G. H. Robinson* (1971): Soil Sci. *111*, 200 – 207.

[11] *Wambeke, A. van, E. Eswaran, A. Herbillon & J. Comerma*: in Zit. 2, Kap. XXVI, Band II, 325 – 354.

[12] *Wambeke, A. van* (1974): Management properties of ferralsols. Soil Bull. *23*, FAO, Rom.

[13] *Sanchez, P. A.* (1976): Properties and management of soils in the tropics. Wiley, New York.

[14] *Mulcahy, M. J.* (1960): J. Soil Sci. *11*, 206.

[15] *Theng, B.* (Ed.) (1980): Soils with variable charge. New Zealand Soc. Soil Sci., Palmerston North.

[15a] *Sombroek, W. G. & W. Siderius* (1981): JSM Annual Report, 11 – 31. Wageningen.

[16] *Scholten, J. J. & W. Andriesse* (1982): Humic acrisol. Soil monolith paper *5*, ISRIC, Wageningen.

[17] *Cooke, R. U. & A. Warren* (1973): Geomorphology in deserts. Batsford, London.

[17a] *Yaalon, D. H.* (Ed.) (1982): Aridic soils and geomorphic processes. Catena Suppl. *1*.

[18] *Blume, H.-P., F. Alaily, U. Smettan & I. Zielinski* (1984): Berliner geowiss. Abh. *A 50*, 293 – 304.

[19] *Petermann, Th.* (1987): Diss. Techn. Universität Berlin.

[20] *Springer, M. E.* (1958): Soil Sci. Soc. Am. J. *22*, 63 – 66.

[21] *Haberland, W.* (1975): Berliner Geogr. Abh., H. *31*.

[22] *Scheffer, F., B. Meyer & E. Kalk* (1963): Z. Geomorph. N. F. *7*, 112.

[23] *Yaron, B.* et al. (1973): Arid zone irrigation. Springer, Berlin.

[24] *Szabolcs, J.* (1974): Salt effected soils in Europe. Ung. Akad., Budapest.

[25] *Bresler, E., B. L. McNeal & D. L. Carter* (1982): Saline and sodic soils. Springer, Berlin.

[26] *Schlichting, E.* (1987): Catena *14*, 325 – 332.

[27] *Fitz-Patrick, E. A.* (1980): Soils. Longman, London.

[28] FAO-Unesco: Zit. 3 in Kap. XXIX.

[29] *Fernandez Caldas, E. & D. H. Yaalon* (Ed.) (1985): Volcanic soils. Catena Suppl. *7*.

[29a] *Wada, K.* (Ed.) (1986): Ando soils in Japan. Kyushu Univ. Press, Japan.

[30] *Leamy, M. L.* (1987): Intern. Comm. Classification Andisols. Circ. Letter *9*, Lower Hutt, Neuseeland.

[31] *Arnold, R. W.* et al. (1987): Properties, classification, utilization of Andisols and paddy soils. 9. Intern. Soil Class. Workshop, Japan.

[32] *Miehlich, G.* (1978): Münster. Forsch. Geol. Paläont. *44*, 27 – 41.

[33] *Stöhr, N.* (1967): Mitt. Dtsch. Bodenkundl. Ges. *6*, 17 – 30.

[34] *Tedrow*: s. Zit. 6 in Kap. XXVII.

[35] *Clayton, I. S.* et al. (1977): Soils of Canada. Dep. Agricult., Ottawa.

[36] *Moormann, F. R. & N. van Breemen* (1978): Rice: Soil, water, land. IRRI, Manila.

[37] *Workshop*: Zit. 28 in Kap. XXVII 6.

[38] *Yu Tian-ren* (1985): Physical chemistry of paddy soils. Springer, Berlin.

XXXII. Bodenverbreitung

Die Verbreitung der Böden ist *Bodenkarten* zu entnehmen. Bodenkarten dienen nicht nur dem Naturverständnis, sondern bilden eine wichtige Grundlage für die Bodennutzung. Die Herstellung der Bodenkarten obliegt in der Bundesrepublik Deutschland den Landesämtern für Bodenforschung (bzw. Geologischen Landesämtern). Die Bodenaufnahme erfolgt dabei weitgehend nach vereinheitlichten Kartierschlüsseln[1]. Je nach den Nutzungsbedürfnissen werden Karten verschiedenen Maßstabs erstellt (vgl. Abb. 211 bis 214).

1. Grundsätze der Bodenvergesellschaftung[2–6]

Böden sind *Naturkörper* und dabei *Landschaftssegmente*. Innerhalb einer *Landschaft** treten Böden mit gleichen oder verschiedenen Eigenschaften auf, die also gleich oder unterschiedlich zu typisieren sind, und die in ihrer Gesamtheit ein bestimmtes Bodenmosaik oder eine bestimmte *Bodenlandschaft* (engl. soil [land] scape) bilden. Die verschiedenen Böden sind nämlich in bestimmter, nicht selten regelmäßiger Weise in der Landschaft angeordnet (z. B. Landböden am Hang, Grundwasserböden in der Senke); die Bodendecke weist mithin eine für die Landschaft charakteristische Struktur auf.

In Mitteleuropa ist die Struktur vieler Bodenlandschaften sehr heterogen, weil sich ihre Böden in ihren Eigenschaften stark unterscheiden, und zwar als Folge eines oft kleinflächigen Wechsels mindestens eines der bodenbildenden Faktoren (z. B. Relief, Gestein).

Das kleinste nicht mehr teilbare Individuum einer Bodendecke ist das *Pedon*; es besitzt eine Grundfläche von etwa 1 m^2 (s. Abb. 211 a). Benachbarte Peda gleicher Bodenform bilden ein *Polypedon* (auch soil body oder Bodenareal). Polypeda werden *inhaltlich* nach den pedogenen Eigenschaften ihrer Horizonte in der Bodensystematik als Bodentypen (unter Einbeziehen des Gesteines als Bodenformen) klassifiziert (Kap. XXIX). Als *Pedotope* unterscheiden sie sich nach *Neef* und *Haase* aber auch räumlich voneinander durch Reliefposition, Flächengröße und -muster sowie Vergesellschaftung mit Nachbarpedotopen.

Die Eigenschaften der Peda eines Polypedons variieren nur in engen Grenzen (z. B. Horizontmächtigkeit) aufgrund kleiner Geländeunebenheiten, Gesteins- oder Nutzungsunterschiede. Ein Polypedon oder Pedotop ist damit die kleinste Kartiereinheit. Bisweilen wechseln verschiedene Polypeda aber so kleinflächig, daß sie selbst bei großmaßstäbiger Kartierung nicht voneinander abgegrenzt werden können, sondern zu *Pedokomplexen* zusammengefaßt werden. So handelt es sich in Abb. 211 b bei der Stagnogley-Fläche bereits um einen Pedokomplex, da in kleinen Geländemulden Moorstagnogleye und bei gröberkörnigem Gestein Braunerde-Stagnogleye auftreten. Auch Moränenplatten Norddeutschlands weisen durch periglaziäre Sandkeil-Polygonnetze (Kap. XXVII 9 d) Pedokomplexe sandiger Braunerde-Peda neben lehmigen Parabraunerde-Peda auf.

Mehrere Polypeda bzw. Pedokomplexe bilden eine elementare Bodenlandschaft, kurz *Bodenschaft* (engl. soilscape), der unter Berücksichtigung der räumlichen Gegebenheiten (s. o.) die *Pedochore* entspricht (Abb. 211 b). Die verschiedenen Bodenformen einer Bodenschaft bilden dabei eine *Bodengesellschaft*. Die Raumstruktur einer Bodenschaft läßt sich am besten durch einen *Landschaftsschnitt*** charakterisieren, aus dem die Relief- und Gesteinsbeziehungen zwischen den einzelnen Polypeda hervorgehen (Abb. 212). Bisweilen sind allerdings zusätzliche Begleitschnitte erforderlich, wenn z. B. innerhalb einer Hangbodenschaft die Polypeda nicht nur mit der Höhenlage wechseln, sondern auch höhengleiche Sporne und Rinnen verschiedene Polypeda aufweisen. Die Benennung einer Bodenschaft kann durch die Angabe der Leitbodenformen (oft der dominierende Land- und der häufigste Grundwasserboden) in Kombination mit der Land-

---

* Eine Landschaft ist ein dreidimensionaler Ausschnitt der Erdoberfläche mit bestimmtem Inventar an und bestimmter Anordnung von Oberflächenformen, Gesteins- und Bodenkörpern, Gewässern sowie Organismengesellschaften, und für dessen Luftraum ein bestimmtes Klima kennzeichnend ist.

** Der idealisierte Schnitt einer Bodenlandschaft wird auch als Catena bezeichnet.

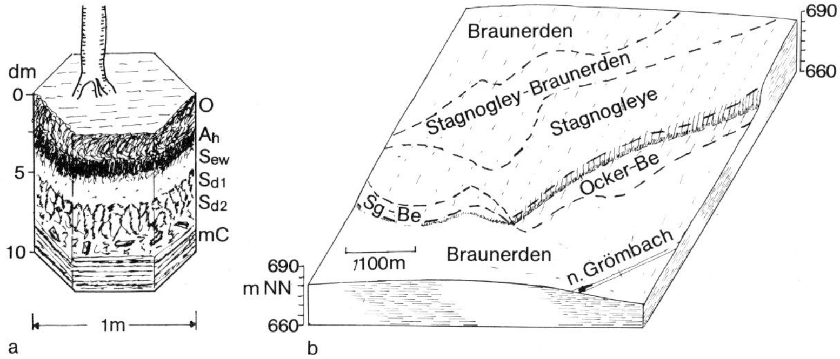

Abb. 211 Pedon (Stagnogley: a) und Ausschnitt einer Bodenschaft (bzw. Mikrochore) mit 6 Pedokomplexen b) unter Fichte einer Missenlandschaft des Sandstein-Schwarzwaldes; Grömbach, Württemberg (n. *V. Schweikle*)

schaftsform (geomorphe Einheit) erfolgen (z. B. Schwarzerde-Mullgley-Lößhügel-Bodenschaft). Benachbarte Pedochoren unterscheiden sich in ihrer Bodengesellschaft, wobei der Unterschied im einfachsten Fall nur in verschiedenen Flächenanteilen der Polypeda zu beruhen braucht (z. B. dominieren auf Parabraunerde-Pseudogley-Löß/Sandstein-Riedeln die Parabraunerden, auf entsprechenden Platten die Pseudogleye), aber auch gänzlich verschiedene Polypeda auftreten können (z. B. bei einem Wechsel von Kalkgestein zu Sandstein).

Mehrere gleiche und verschiedene Bodenschaften bilden eine *Bodenprovinz* bzw. eine Pedomakrochore (Abb. 212), mehrere Provinzen eine *Bodenregion* (Abb. 213), mehrere Regionen eine *Bodenzone* (Abb. 214), die von immer komplexeren und größerflächigen Bodenlandschaften erfüllt sind.

Dabei ergeben sich verschiedene Bodenlandschaften zunächst überwiegend aufgrund verschiedener petrographischer oder geomorphologischer Faktoren, teilweise auch durch unterschiedliches Alter der Landoberflächen. Bei den Bodenzonen dominieren hingegen klimatische Einflüsse, so daß dann klimabestimmte Bodenbildungen (s. z. B. Steppenbodenserie in Abb. 215) als Leitböden dienen (zonale Böden nach *Dokucajev*)*.

Häufig sind die Böden einer Landschaft durch *Stoffumlagerungen* (Massenversatz am Hang, Erosion, Umlagerungen von und durch Hangzugwasser, s. Kap. XXVII 10) miteinander verbunden. Sie beeinflussen sich dann in ihrer Genese gegenseitig. So führte bei der in Abb. 211 dargestellten Bodenlandschaft Wasserzufuhr aus dem Braunerdebereich zur verstärkten Vernässung und damit Bildung der Stagnogleye, während das aus diesen ebenfalls durch Hangzugwasser ausgelagerte Fe eine Verockerung ergab und damit die Bildung von Okkerbraunerden ermöglichte.

Die Böden einer Landschaft bilden also oft miteinander ein *Wirkungsgefüge*. Vom *Hanggefüge*, bei dem die Stoffumlagerung wie im obigen Beispiel (Abb. 211) nur in einer Richtung erfolgt, mithin eine einseitige Kopplung vorliegt, wird das *Senkengefüge* mit wechselseitiger Kopplung unterschieden[7]. Wechselseitige Kopplung liegt z. B. vor, wenn Talböden von Erosionsmassen der Hangböden bedeckt werden und außerdem aus den Talböden bei hohem Grundwasserstand gelöste Stoffe in die Hangböden umgelagert werden. Selbst in einer Ebene können Böden miteinander gekoppelt sein. Z. B. vernäßten auf einer süddeutschen bewaldeten, völlig ebenen Grundmoränenplatte mit *Typischen Pseudogleyen*, die Böden kleiner Lichtungen in Trauflage der Bäume so stark, daß Fe reduziert lateral umgelagert wurde und hierdurch Fe-verarmte *Stagnogleye* neben *Konkretionsreichen Pseudogleyen* entstanden[6].

Die Aufklärung derartiger Zusammenhänge ist nicht allein für das Verständnis der Boden- und Landschaftsgenese wichtig, sondern vor

* Bisher wurden Bodenlandschaften oft nur nach der dominierenden Bodenform benannt, so wie viele Bodentypen nach einer Eigenschaft eines Horizontes benannt werden (z. B. Braunerde). Das verleitet bei entsprechenden Kartendarstellungen aber Unkundige zur Annahme, es handle sich um eine in sich homogene Einheit.

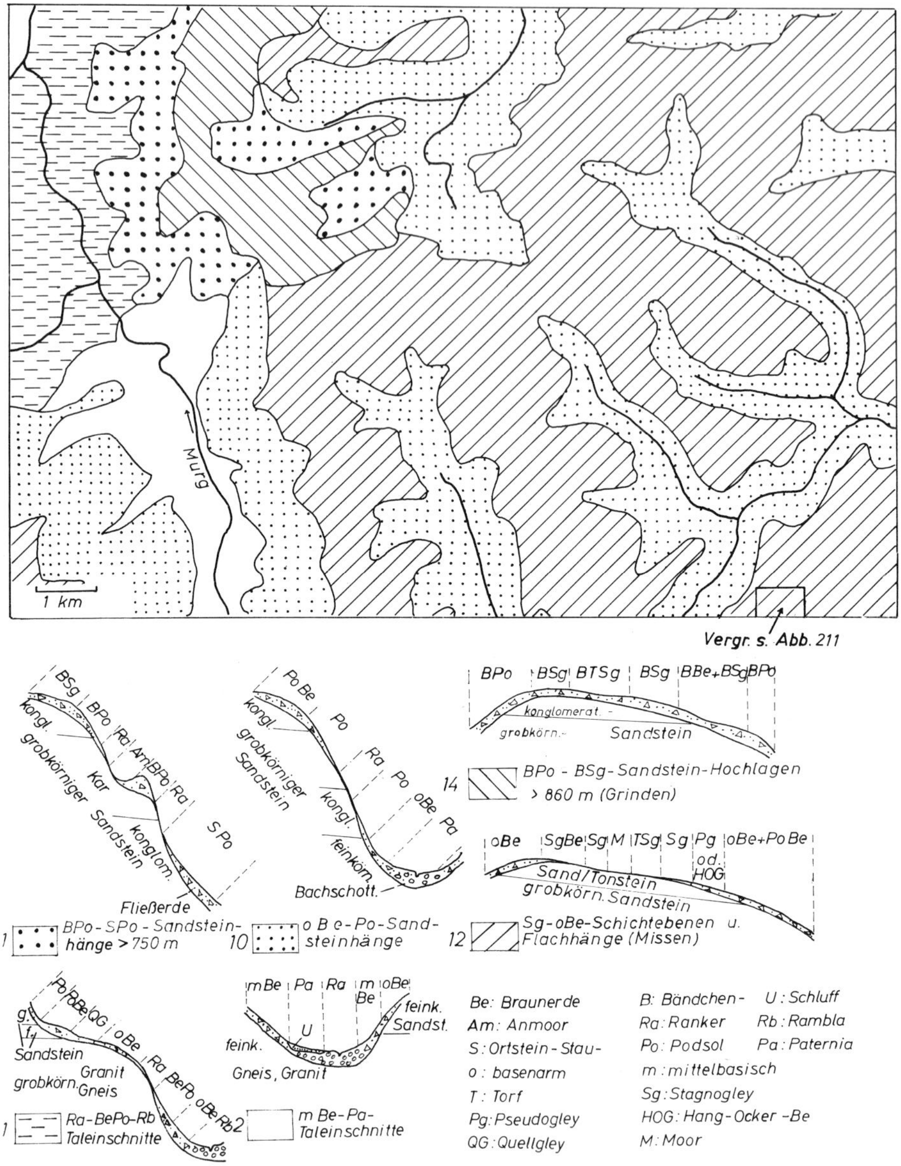

Abb. 212 Ausschnitt einer Bodenprovinz (bzw. Makrochore) des Schwarzwaldes nördl. Freudenstadt und Raumstruktur ihrer Bodenschaften (bzw. Mikrochoren)

allem für die Nutzungsplanung. So ist bei einer Rodung der Hangstandorte eines Forstes zu berücksichtigen, daß das wegen verminderter Evapotranspiration und verstärktem Oberflächenabfluß zu einer Vernässung der Senkenstandorte führt. In Westaustralien wurden auf diese Weise Salze, die zuvor gleichmäßig (in ökologisch unwirksamen Mengen) in allen Böden der Landschaft vorhanden waren, durch Hangzugwasser in den Niederungen konzentriert, so daß es dort zu starken Salzschäden bei der Vegetation kam, woraus sich zusätzlich Erosionsschäden ergaben[8].

2. Bodenregionen Mitteleuropas[9–12]

Die Bodenregionen Mitteleuropas sind Abb. 213 zu entnehmen. Die starke Differenzierung ergibt sich vor allem aus petrographischen (s.

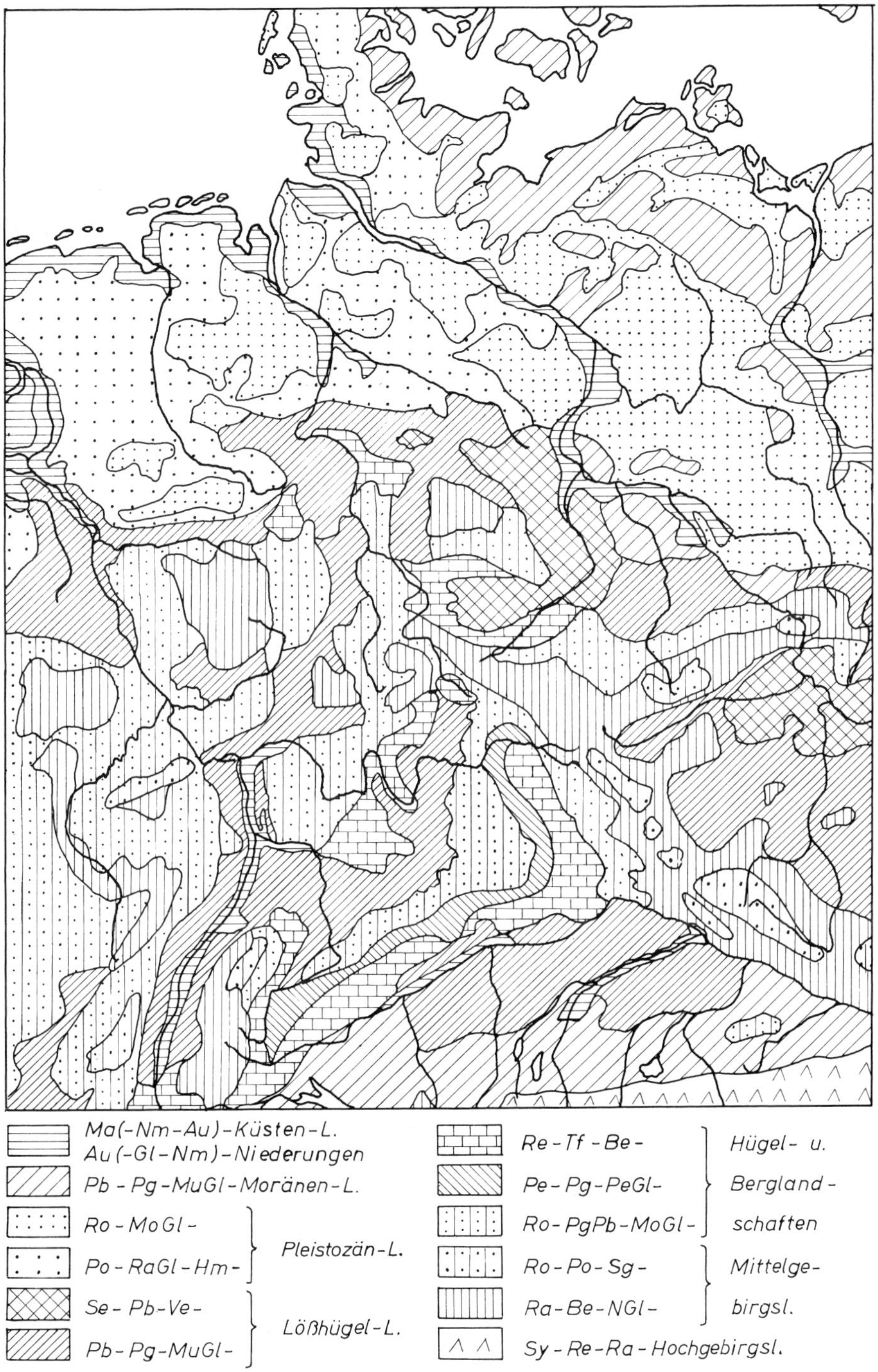

Abb. 213 Bodenregionen Mitteleuropas (Benennung nach den Leitböden der dominierenden Bodenschaften) (n. Bodenkarten von Europa der *FAO* und von *R. Ganssen,* verändert)
(Abkürzungen s. Abb. 212; dazu: Au = Auenböden, Gl = Gley, Mu = Mull, Mo = Moder, NGl = Naßgley, RaGl = Raseneisengley, Ma = Marsch, Hm = Hochmoor, Nm = Niedermoor, Pb = Parabraunerde, Re = Rendzina, Ro = Rostbraunerde, Pe = Pelosol, Se = Schwarzerde, Sy = Syrosem, Ve = Vega, Tf = Terra fusca)

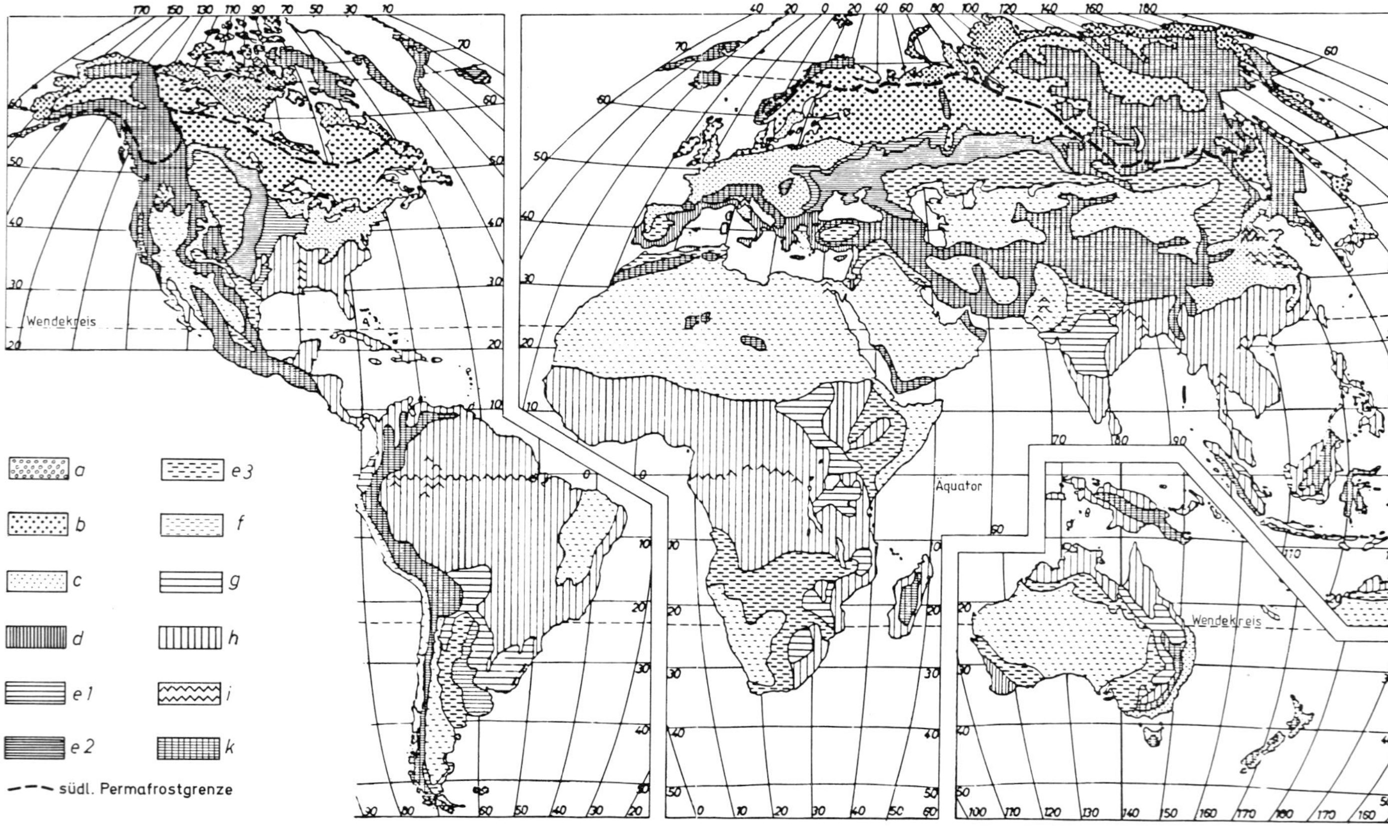

a Gelosol-Zonen
b Pods.-Cambis.-Histos.-Zonen
c Luvis.-Eutric Gleys.-Zonen
d Zonen mediterraner Böden
e Steppenbodenzonen
(1) Phaeoz. (Greyz.)-Mollic Gleys.-Z.
(2) Chernoz.-Mollic Gleys.-Zonen
(3) Kastanoz.-Xeros.-Solonetz-Z.
f Yermos.-Solonchak-Yerm. Regos.-Z.
g Vertis.-Nitosol-Z.
h Ferric Luvis.-Acris.-Ferrals.-Z.
i Fluvis.-Gleys.-Regionen
k Lithos.-Regos.-Regionen

Abb. 214 Bodenzonen der Erde (USDA and FAO, Rom 1960, Legende verändert)

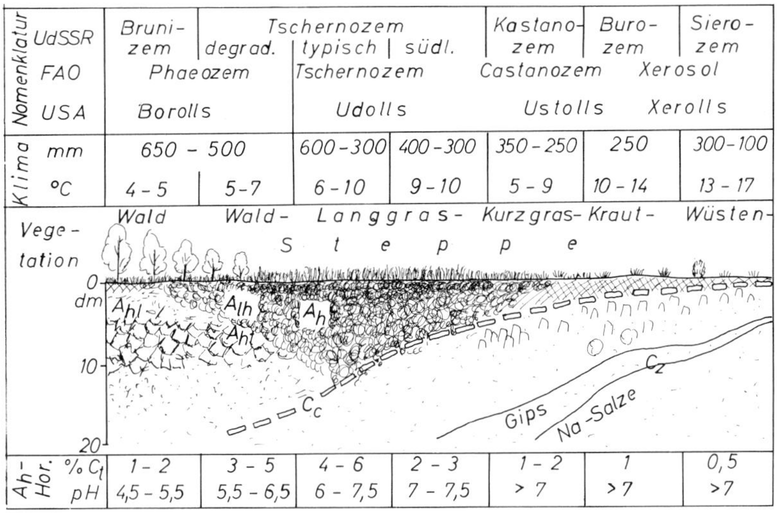

Abb. 215 Steppenböden der UdSSR; n. Angaben und Darstellungen von *A. A. Rode* und *D. G. Wilenski*

Abb. 4) und geomorphologischen Unterschieden. Die Klimaverhältnisse sind relativ einheitlich mit einem gemäßigt humiden, ozeanisch getönten Großklima. Dieses bewirkte starke Versauerung und Entbasung, hingegen mäßige Silicatverwitterung und Tonbildung bei silicatischen Gesteinen.

Außerdem führte das bei Landböden sandiger Substrate zur Podsolierung, bei entsprechenden, abflußträgen Grundwasserböden zur Vermoorung, während lehmige und tonreiche Landböden lessivierten und teilweise pseudovergleyten, und sich in den Niederungen Mullgleye und Auenböden entwickelten. Lediglich im Windschatten von Gebirgen gelegene Beckenlandschaften (z. B. Magdeburger Börde, Thüringer Becken) sind trockener, so daß als Folge starker Bioturbation und nur geringer Verwitterung von Parabraunerden durchsetzte Schwarzerde – Feuchtschwarzerde – Tschernitza-Gesellschaften entstanden.

In den Flachländern (z. B. norddeutsche Tiefebene) wirkte sich die Dauer der Bodenbildung dahingehend aus, daß sich bei sandigen Moränen, Dünen und Talfüllungen jungpleistozäner Landoberflächen mäßig podsolierte Braunerden, Modergleye und limnische Unterwasserböden entwickelten, während ältere Landoberflächen Podsol-Hochmoor-Gesellschaften aufweisen, zu denen sich die anthropogenen Plaggenesche gesellen. Die Parabraunerden der (meist stärker verebneten) älterpleistozänen Geschiebemergel-Moränen und Lößhügel sind tiefgründiger entkalkt und lessiviert und stärker mit Pseudogleyen durchsetzt als die jungpleistozäner Landschaften.

In den Mittelgebirgslagen dominieren junge Bodengesellschaften aus jungpleistozänen Fließerden, von denen auch alte Landoberflächen weitgehend bedeckt sind. Trotz solifluktiver Mischung bewirkten die verschiedenen magmatischen sowie paläozoischen, mesozoischen und tertiären Sedimentgesteine, zusätzlich differenziert durch unterschiedlich starke Lößbeimengungen und große Reliefunterschiede, ein breites Spektrum verschiedener Bodengesellschaften, deren Vielfalt nur auf großmaßstäbigen Karten darstellbar ist. Lediglich verkarstete Platten mesozoischer Carbonatgesteine weisen in größerem Umfange mit Terrae fuscae auch ältere Böden auf.

Die Hochgebirgslagen der Alpen werden von Roh- und AR-Böden beherrscht.

Die Mehrzahl der Böden Mitteleuropas wurde durch menschliche Nutzung mehr oder weniger verändert.

3. Bodenzonen der Erde[9, 13–16]

Im folgenden sollen die wichtigsten Böden (Tab. 93) der einzelnen Bodenzonen (Abb. 214) in ihrem Landschaftsbezug und ihren Nutzungsmöglichkeiten kurz besprochen werden.

Der Weltbodenkarte, die im Maßstab von 1:5 Mill. in 17 Blättern vorliegt, und den Erläuterungsheften können die Bodenregionen entnommen werden[14].

Tabelle 93 Hauptböden der Erde mit Anteil potentiellen Ackerlandes (pot. Ack.)[17]

Böden	gesamt Mill. ha	%	Pot. Acker Mill. ha	%
Acrisols, Nitosols	1050	8,0	300	9
Andosols	101	0,8	80	2
Cambisols	925	7,0	500	15
Chernozems, Greyzems, Phaeozems	408	3,1	200	6
Ferralsols	1068	8,1	450	14
Fluvisols	316	2,4	250	8
Gleysols	623	4,7	250	8
Histosols	240	1,8	10	0
Lithosols, Rendzinas, Rankers	2264	17,2	0	0
Luvisols	922	7,0	650	20
Planosols	120	0,9	20	1
Podzols	478	3,6	130	4
Podzoluvisols	264	2,0	100	3
Regosols, Arenosols	1330	10,1	30	1
Solonchaks, Solonetz	268	2,0	50	2
Vertisols	311	2,4	150	5
Xerosols, Kastanozems	896	6,8	100	3
Yermosols	1176	8,9	0	0
stark wechselnde Bodenverhältnisse	420	3,2	0	0
Total	13180	100	3270	100

Die Benennung erfolgt auch hier nach dem dominierenden Leitbodentyp; bei gleichem Leittyp sind zusätzlich die wichtigsten Begleittypen sowie dominierende Körnung des Oberbodens (1 = Sand, 2 = Lehm, 3 = Ton) und Topographie (a = eben, b = hängig, c = sehr hängig) angegeben.

a) Gelosol (Frostboden)-Zonen[17–21]

Im äußersten Norden Amerikas und Eurasiens befinden sich in der Tundra die Zonen der Gelosole bzw. Frostböden. Ständige Unterbodengefrornis und geringe Wasserverdunstung trotz oft nur geringer Niederschläge führen zum Wasserstau, so daß *Gelic Gleysols* und *Gelic Histosols* dominieren. Hängige, sandige Lagen werden von *Gelic Regosols* eingenommen. An strahlungsexponierten Südhängen sowie in den kontinentalsten Gebieten der Tundra, Waldtundra und der nördlichen Taiga ist es zur Verbraunung gekommen, und es sind (meist sehr saure) *Gelic Cambisols* entstanden, während sich andernorts Regosole auch direkt zu geringmächtigen *Nanopodsolen* entwickelt haben.

Viele Böden dieser Zonen sind durch Kryoturbation geprägt. In Mooren und Mineralböden haben sich Netze eisgefüllter Spalten (Kap. XXVII 9b), mit einer Maschenweite von 0,4 bis 10 m gebildet. Im Zentrum der Netze ist der Boden aufgewölbt (Frostmusterböden, engl. = *humock terrain*) und zeigt oft eine Verknetung von O-, A- und B-Horizonten. In steinhaltigen Böden sind gleichzeitig Steine auf- und seitwärts gewandert (*Steinringböden*). Auch Moore sind durch Eislinsenbildung aufgewölbt zu *Palsen* oder gar mächtigen *Pingos*. In Hanglagen dominiert Umlagerung durch Bodenfließen über gefrorenem Grund, hat *Solifluktion* die Humocks und Palsen in talwärts gestreckte *Streifenböden* bzw. *Strangmoore* gewandelt.

Frostmusterböden sind im Übergang zur vegetationsfreien Kaltwüste (z. B. Spitzbergen) und der vegetationsarmen Flechten-Tundra besonders ausgeprägt, aber selbst in der Baumtundra vorhanden (wo Kryoturbation oft zu einem Schrägstellen der Bäume geführt hat). Sie dominieren auch in den eisfreien und praktisch vegetationsfreien Bereichen der Antarktis.

Nur wenige Flächen der Tundren werden derzeit genutzt, und zwar überwiegend extensiv als Rentier- oder Schafweiden. Tierverbiß und -tritt fördert in Hanglage aber den Bodenabtrag, dem sich durch N-Düngung und damit Festigung der Narbe entgegenwirken läßt (z. B. auf Island). Vereinzelt werden Gerste, Kartoffel und einige Futterpflanzen mit Erfolg angebaut; die Ungunst des Klimas läßt aber keinen intensiven Pflanzenbau zu und der Permafrost erschwert die Erschließung durch Straßen und Siedlungen.

b) Podsol-Cambisol-Histosol-Zonen

Die Zonen der borealen Wälder (Taiga) lassen sich in Bodenregionen mit und ohne Permafrost untergliedern. Die Grenze südlicher Permafrostverbreitung ist Abb. 214 zu entnehmen (auf der Südhalbkugel Permafrost nur in Antarktis, Falklandinseln und Hochanden).

(1) Regionen mit Permafrost

Die kontinentalen Bereiche Sibiriens und Innerkanadas werden von *Cambisolen* (Braunerden) beherrscht, die mit *Gleysols* und *Histosolen* (Mooren) der Senken vergesellschaftet sind. Das ozeanische und perhumide Nordeuropa, Ostkanada und Alaska läßt hingegen Podsole und Stauwasserböden (Stagnic Gleysols) stärker hervortreten. Wenngleich dabei vor allem in Ostsibirien Frostböden dominieren, ist Permafrost nicht mehr durchgehend vorhanden. Insbesondere sonnexponierte Hänge und grobkörnige, sandige Böden enthalten zumindest in den oberen Metern keinen Permafrost mehr, so daß dann (je nach Gestein) *Dystric* oder *Eutric Cambisols* (bzw. *Orthic Podzols*) auftreten, im übrigen aber Gelosole. Weiter im Süden sind letztere auf schattige Unterhänge und vor allem (die besonders temperaturisolierten) Histosole und *Humic Gleysols* (Moorgleye) beschränkt, während durchlässige, lehmige Substrate bereits *Podzoluvisols* (Fahlerden) bzw. *Albic Luvisols* (Podsol-Parabraunerden) aufweisen. Auch diese

Böden zeigen deutliche Kryoturbations- und Solifluktionsspuren als Zeugen früheren Permafrostes. Tonreiche Mehrschichtböden trockener, kontinentaler Becken (besonders Zentraljakutische Niederung) sind als *Gelic Solodic Planosols* (Solod mit Permafrost) entwickelt.

(2) Regionen ohne Permafrost

In Westsibirien und Nordosteuropa sind lehmige *Dystric* (Fahlerden) und *Gleyic* (= Pseudogleye) *Podzoluvisols* mit sandigen *Orthic* (= normale) und *Gleyic Podzols* und vermoorten Senken vergesellschaftet. In Kanada dominieren in Abhängigkeit vom Gestein Podsole, Cambisole oder Albic Luvisols (Podsol-Parabraunerden); vor allem Regionen mit dichtem Geschiebemergel der inneren Becken (z. B. NW Großer Sklavensee) werden von Gleysols (hier Pseudogleye) und Mooren beherrscht.

Insbesondere Regionen mit Permafrost werden überwiegend forstlich genutzt. Außerhalb davon ermöglicht ein kühlfeuchtes Klima vor allem auch Grünlandwirtschaft sowie den Anbau von Sommergetreide und Futterpflanzen: Dabei verlangen die vielfach vernäßten und/oder sauren Standorte starke Entwässerung und/oder Kalkung.

c) Luvisol-Eutric Gleysol-Zonen

In Europa und dem Nordosten der USA entwickelten sich unter einem feuchtgemäßigten Klima aus Mergeln vor allem Luvisole (Parabraunerden) sowie *Eutric Gleysols* (basenreiche Gleye) der Senken. Feuchtes Klima oder Muldenlage bedingt *Gleyic Luvisols* (Pseudogleye), trockenes Klima aus Löß zum Teil *Phaeozeme* (z. B. Schwarzerden Mitteldeutschlands). Unter den kontinentaleren Klimaverhältnissen Osteuropas sind vornehmlich *Podzoluvisole* (Fahlerden) entstanden. Ozeanisches Klima bedingte in England und Neuseeland auf Lehmen *Cambisole*, die auch allgemein Berglagen sandiger bzw. sandig verwitternder Gesteine beherrschen. Podsole sind nur im Gebirge sowie auf quarzreichen Sanden bei ozeanischem Klima vertreten. In Südostaustralien sind lessivierte Böden als *Acrisole* stärker versauert, daneben dominieren auf Tongestein *Solodic Planosols*. In Ostchina wird diese Bodenzone von dem Delta des Hwangho beherrscht, so daß neben Luvisolen der Lößhügel *Eutric* und vor allem *Mollic Gleysols* vertreten sind.

Die Gunst des Klimas und vieler Böden bedingt eine hohe Fruchtbarkeit der Luvisol-Eutric Gleysol-Zonen, so daß eine intensive Landwirtschaft entwikkelt ist, die bei entsprechender Düngung Höchsterträge in der Pflanzen- und Tierproduktion ermöglicht. Demzufolge wurden viele Böden stark vom Menschen verändert, vor allem in Ostchina durch intensiven Reisanbau und Gartenbau.

d) Zonen mediterraner Böden

Die sommertrockenen Subtropen wie der Mittelmeerraum sowie küstennahe Bereiche Nordchiles, Kaliforniens, der Kapprovinz und Südwestaustraliens sind klimatisch durch relativ milde, feuchte Winter, hingegen trockene Sommer gekennzeichnet. Letztere ließen unter Hartlaubgewächsen humusarme, vorrangig rötlich gefärbte Böden mäßiger Versauerung (als *Chromic Cambisols*) oder sekundärer Kalkanreicherung (als *Calcic C.*) und oft starker Lessivierung entstehen (dann *Chromic Luvisols*). Tonreiche, leuchtend rot gefärbte Chromic Luvisols auf Kalkstein sind als *Terrae rossae* charakteristisch für den Mittelmeerraum. Senkenböden sind teilweise versalzen (= Gleyic Solonchaks).

Limitierender Standortfaktor ist hier die Wasserkapazität des Bodens: ist diese hoch, können gute Ernten erzielt werden und auf grundwassernahen Talböden ist sogar Reisanbau möglich. Durchlässige, wasserarme Böden lassen hingegen nur die Anlage tiefwurzelnder Dauerkulturen (z. B. Oliven, Wein) zu. Der Mittelmeerraum wurde frühzeitig entwaldet, so daß die Böden erodierten und als flachgründige, trockene *Xero-Ranker* und *Rendzinen* nur noch extensive Viehweide zulassen.

e) Steppenboden-Zonen[22]

Für die interkontinentalen Becken der gemäßigten Klimazonen sind Böden typisch, in denen Humusakkumulation durch Bioturbation eine wesentliche, profilprägende Rolle spielt. In Abhängigkeit von der Durchfeuchtung der Böden als Resultierende von Niederschlag und Verdunstung besteht hier aber eine weitere deutliche Boden-Zonierung in Phaeozem, Chernozem und Kastanozem als Leittypen, die in der Sowjetunion von Nord nach Süd, in Nord- und Südamerika von Ost nach West zu beobachten ist und mit der eine ausgeprägte Vegetationszonierung einhergeht (Abb. 215).

(1) Phaeozem (Greyzem)-Mollic Gleysol-Zonen

Im Bereich der winterkalten Waldsteppe mit 500 – 700 mm Jahresniederschlag dominiert in den USA und der argentinischen Pampa mit dem deutlich humosen aber entkalkten und verbraunten Phaeozem der typische Prärieboden, der oft lessiviert ist (= *Luvic Ph.*) und mit mächtig humosen Grundwasserböden (*Mollic Gleysols*) vergesellschaftet ist. In der Ukraine und Sibirien sind sandiglehmige *Luvisole* und staunasse *Gleyic Podzoluvisols*, Ah-gebleichte *Greyzeme* und lehmigtonige lessivierte *Luvic Chernozems* vergesellschaftet, während feuchte Senken vielfach von humusreichen Mollic Gleysols, bei hohem Tongehalt auch von *Mollic Vertisols* sowie Alkaliböden (= *Mollic Solonetz*) eingenommen werden. Letzteres gilt auch für Argentinien.

(2) Chernozem-Mollic Gleysol-Zonen

In der Langgrassteppe dominieren über ein weites Bodenartenspektrum von sandigem Lehm bis zu lehmigem Ton die sehr tiefgründig humosen (= Haplic) und oft kalkreichen (= Calcic) *Chernozems*. Auch die Grundwasserböden sind durch tief humose, oft kalkreiche A-Horizonte (= *Mollic Gleysols*) gekennzeichnet, deren hoher Natriumanteil des Sorptionskomplexes (= natric phase) schwache Alkalisierung erkennen läßt: bei höherem Tongehalt dominiert bereits der Mollic Solonetz.

(3) Kastanozem-Xerosol-Solonetz-Zonen

Die Kurzgrassteppe wird von *Kastanozemen* beherrscht, die in Abhängigkeit vom Gestein kalk- oder gipsreich sind. Auf tonigen Substraten sind *Vertisole* entwickelt, auf sandigen kalkhaltige *Regosole*, während Senken von *Solonetzen* und auch *Solonchaken* eingenommen werden. Steigende Aridität ergibt unter Kraut- und Wüstensteppen die humusarmen, oft gips- und salzangereicherten *Xerosole*. Entsprechende Böden umranden auch die Vollwüstenbereiche Australiens, Afrikas und Innerchinas.

Die Chernozem-Zonen weisen die fruchtbarsten Ackerböden der Erde auf. Trockenjahre führen allerdings zu Ertragseinbußen. Von den Bodeneigenschaften her ungünstiger sind sowohl viele Böden der Waldsteppe wie die der Kurzgras- und Wüstensteppe. Bei beiden dominieren humusärmere Standorte, die im Falle der Phaeozeme außerdem nährstoffärmer als die Chernozeme sind, während Kastanozeme und vor allem Xerosole zu trocken und durch Kalk- oder Gipsbänke zudem häufig schlecht durchwurzelbar sind. Die Zone der Phaeozeme ist aber bei Düngung ertragreicher als die der Chernozeme, weil selbst in Trockenjahren ausreichend Niederschläge fallen. Kastanozem-Zonen bilden überwiegend Weideland: Ackerbau ist nur bei Zusatzbewässerung möglich, wobei aber die Gefahr sekundärer Versalzung groß ist.

f) Yermosol-Solonchak-Yermic-Regosol-Zonen[22–25]

In den Wüstengebieten der Erde lassen sich grob drei durch unterschiedliches Gestein geprägte Landschaftstypen mit ihren eigenen Bodengesellschaften unterscheiden (z. B. Abb. 216):

1. die Dünenfelder oder *Ergs*,
2. die Festgesteinsplateaus und Bergländer als *Hamada* bzw. Steinwüsten ausgebildet, sowie
3. die weiten Verebnungen lockerer Wassersedimente, auch *Serire* genannt, in die Wadis eingeschnitten sind, außerdem die Mehrzahl der Oasen vertreten sind.

Die *Ergs* weisen wegen aktiver Sandbewegung naturgemäß kaum Bodenentwicklung auf. In der Vollwüste haben seltene Regen den *Yermic* Regosols zu geringen Salzgehalten und minimalen Gehalten an organischer Substanz kurzfristig entwickelter Algen verholfen. Braune oder rote Bodenfarben sind hier

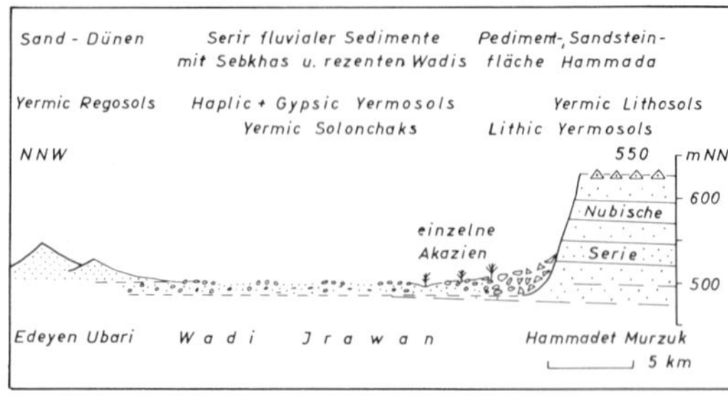

Abb. 216 Landschaftsaufbau und Bodengesellschaft der Vollwüste WSW Ubari, Fezzan (n. *H.-P. Blume* und *Th. Petermann*)

Relikteigenschaften feuchter Klimaepochen. In der Halbwüste können sie als *Ferralic Arenosols* mehr organische Substanz enthalten und schwach rubefiziert sein.

Hamadas sind wegen fehlender Vegetation durch das Wasser episodischer Starkregen sowie Wind stark erodiert. Daher bilden meist Steine als *Deflationspflaster* die Oberfläche, unter denen bei *Yermic Lithosols* der Fels, bei *Lithic Yermosols* hingegen ein 20 – 50 cm mächtiges, extrem humusarmes, meist salzhaltiges Solum folgt. Einzige Spuren einer Bodenbildung sind bei den Lithosols FeMn-Krusten, während für viele Lithic Yermosols ein Säulengefüge mit Salzausblühungen und sandgefüllten Trockenspalten sowie schwache Verbraunung typisch sind. Das trockene Bett der Wadis einer Hamada-Landschaft weist tiefergründige Yermosole auf: Endpfannen sind hier oft ton- und schluffreich und in der Vollwüste als *Sebken* mit Gips oder Salz angereichert, während sich in der Extremwüste (unter 5 mm mittlerer Jahresniederschlag) als *Playa* häufig ein ausgeprägtes Säulengefüge gebildet hat (= *Takyric Yermosols*).

Die Serire der Vollwüste sind durch eine Vergesellschaftung salzhaltiger Yermosole und salzreicher, trockener Solonchake gekennzeichnet, wobei das Salzmaximum im Unterboden liegt und letztere in der Regel die höheren Tongehalte aufweisen. Bei Rücken bildet ein kiesiges Deflationspflaster die Oberfläche, bei flachen Mulden oft eine Flugsanddecke. Auch viele Serirböden sind dabei durch ein Säulengefüge mit sandgefüllten Trockenspalten gekennzeichnet. Frühere Seen dieser Landschaft weisen als ausgedehnte Sebkhas extrem salz- und/oder gipsreiche Böden auf, z. B. der Salzsee in Utah sowie vor allem in der Wüste Gobi. Oasenböden sind in der Regel durch salzhaltiges Grundwasser beeinflußt, d. h. als *Gleyic Solonchaks* mit einem ausgeprägten Salzmaximum im Oberboden und oft auch takyrischem Gefüge versehen.

In der Halbwüste treten unter spärlicher Vegetation die etwas humusreicheren Xerosole an die Stelle der Yermosole, ebenfalls mit Solonchaken als tonreicherem Glied und/oder Senkenböden vergesellschaftet. Auch trockene Kältewüsten z. B. der

Antarktis besitzen Böden mit Salzanreicherung. Außerdem ist häufig ein Netz flugsandgefüllter Spalten vorhanden, bei denen es sich im Gegensatz zu heißen Wüstenregionen aber um Frostspalten handelt.

Die Halbwüste wird als extensive Weide genutzt. In der Vollwüste ist allenfalls Bewässerungs-Feldbau möglich, für den nur sandige bis sandlehmige Yermosole der Serirlandschaft in Frage kommen.

g) Vertisol-Nitosol-Zonen[17, 26–29]

Unter einem wechselfeuchten bis trockenen Klima der Savanne bis Wüstensteppe dominieren in Landschaften toniger Sedimente oder Verwitterung *Vertisole*, in Ostaustralien[24] und Indien[30] ebenso wie im Sudan und in Uruguay. Vergesellschaftet sind mit ihnen auf tonärmeren Substraten junger Landoberflächen *Vertic Cambisols* und *Chromic Luvisols*, älterer Landoberflächen *Acrisole* und *Nitosole* und sehr alter Oberfläche auch *Ferralsole*. Die Vertisole beherrschen dabei Ebenen und Senken, während die übrigen Böden vorrangig auf benachbarten Rücken vertreten sind.

In Sonderheit die Vertisole sind nährstoffreiche, fruchtbare Standorte, die in der Feucht-Savanne sowie bei Zusatzbewässerung trotz schwerer Bearbeitbarkeit ackerbaulich, ansonsten als Weide genutzt werden.

h) Ferric Luvisol-Acrisol-Ferralsol-Zonen[26–29, 31]

Die immerfeuchten und wechselfeuchten Tropen weisen in Abhängigkeit von Gestein, Relief und vor allem Alter der stabilen Landoberfläche ein breites Spektrum verschiedenster Böden auf. Auf älteren Landoberflächen unterschiedlicher Gesteine vor allem des Amazonasbecken und Zentralafrikas dominieren die extrem stark und tiefgründig verwitterten *Ferralsole* und zwar oft *Rhodic* (rote) *F.* in Plateau- und *Xanthic* (gelb) *F.* in Hanglage. Lediglich quarzreiche Sande sind mit *Ferralic Arenosols* oder *Podzols* ausgestattet.

Jüngere Landoberflächen mit bewegterem Relief (z. B. Hinterindien) sowie Landschaften mit längerer Trockenzeit (z. B. Indiens) werden demgegenüber von *Nitosolen* sowie *Ferric Acrisols* und *Ferric Luvisols* eingenommen, wobei vor allem Mulden und Senken vergleyte bzw. pseudovergleyte Formen aufweisen, unter tropischem Regenwald z. B. Indonesiens auch Moore.

Insbesondere die Ferralsole sind nach Rodung des Waldes wegen fehlender Nährstoffreserven ohne Düngung nur wenige Jahre nutzbar. Demzufolge dominiert hier *Shifting Cultivation* (Wanderackerbau). Oft kommt landwirtschaftliche Nutzung auch dadurch rasch zum Erliegen, daß nach Erosion der lockeren Krume der oft sesquioxidreiche Unterboden zu Laterit verhärtet und dann ein Wurzel- und Bearbeitungshemmnis darstellt. Acrisole, Nitosole und vor allem Luvisole sind die günstigeren Ackerstandorte, was die Nährstoffreserven anbelangt, besitzen häufig aber ein labiles Gefüge (daher früher auch Plastosole genannt), das Verschlämmung und Luftmangel begünstigt.

i) Fluvisol-Gleysol-Regionen

Die Marschen flacher Gezeitenküsten und die Auenböden breiter Flußniederungen weisen hohe, stark wechselnde Grundwasserbestände auf und werden periodisch überflutet. Die hier vorherrschenden *Fluvisole* und *Gleye* der FAO-Systematik weisen in Abhängigkeit von Körnung und Mineralbestand sehr unterschiedliche ökologische Eigenschaften auf, sind aber in der Regel nährstoffreicher als benachbarte Landböden. Insbesondere in den gemäßigten Breiten und den wechselfeuchten Tropen (besonders Asiens) dominieren fruchtbare, intensiv landwirtschaftlich genutzte Standorte, sofern Überflutungsschutz durch Deichbau erfolgt ist. Ein besonderes Problem stellen allerdings die nach Entwässerung schwefelsauren *Thionic Fluvisols* dar, die insbesondere im Mündungsdelta tropischer Flüsse (z. B. Ganges, Niger) verbreitet sind, aber auch in den Marschengesellschaften der Nordseeküste sporadisch auftreten.

Die Niederungs- und Küstenstandorte sind wesentlich weiter verbreitet als auf einer kleinmaßstäbigen Karte dargestellt werden kann.

k) Lithosol-Regosol-Regionen

Im Hochgebirge sind oberhalb der Baumgrenze Böden vertreten, die bereits für die Tundra als charakteristisch geschildert wurden: *Gelosole* also, häufig mit Frostmustern wie Steinringen bzw. -girlanden, Würge-, Tropfen- und Eiskeilbildungen. Daneben dominieren wegen starker Erosion naturgemäß *Lithosole*. Unterhalb der Baumgrenze entsprechen die Böden weitgehend denen, die für die benachbarten Flachlandregionen typisch sind. Entwicklungstiefe und Verwitterungsgrad sind allerdings in der Regel geringer. Außerdem sind sie in der Regel mit flachgründigen *Rankern*, *Rendzinen* und *Lithic Regosols* vergesellschaftet. In den USA, Mexiko, Kolumbien und Indonesien haben sich aus vulkanischen Tuffen verbreitet *Andosole* entwickelt.

In manchen Hochtälern besteht seit langem Weidenutzung und extensiver Ackerbau, z. B. in Mexiko oder Peru in 2500 m Höhe. Ansonsten dominiert (unterhalb der Baumgrenze) die Forstnutzung. Landbau ist wegen starker Erosionsgefahr häufig erst nach Terrassierung möglich, manchenorts aber verbreitet (besonders China).

Literatur

[1] Arbeitsgemeinschaft Bodenkunde (1982): Bodenkundl. Kartieranleitung. Schweizerbart, Stuttgart.
[2] *Schlichting, E.* (1970): Z. Pflanzenernähr. Bodenk. *127*, 1–9.
[3] *Fridland, V. M.* (1974): Geoderma *12*, 35–41.
[4] *Haase, G.* (1978): Struktur und Gliederung der Pedosphäre in der regionischen Dimension. Akademie-Verlag, Berlin.
[5] *Schroeder, D.* (1984): Bodenkunde in Stichworten. Hirt, Kiel.
[6] *Blume, H.-P.* (1984): Mitt. Dtsch. Bodenkundl. Ges. *40*, 169–176.
[7] *Schmidt, R.* (1973): Diss. Techn. Universität Dresden.
[8] *Smith, S. T.* (1961): J. Agric. West Australia *2*, 3.
[9] *Ganssen, R.* & *Z. Gracanin* (1972): Bodengeographie. Koehler, Stuttgart.
[10] *NN* (1986): Soils and landscapes in Germany. Mitt. Dtsch. Bodenkdl. Ges. Bände, 46–51.
[11] *Roeschmann, G.* (1986): Bodenkarte der BRD, 1:1 Mill.; Bundesanst. Geowiss. Rohstoffe, Hannover.
[12] *Haase, G.* & *R. Schmidt* (1985): Böden der DDR. Petermanns geograph. Mitt. *3*, 194–204.
[13] *Semmel, A.* (1977): Grundzüge der Bodengeographie. Teuber, Stuttgart.
[14] *FAO-Unesco* (1972–78): Soil map of the world. Unesco, Paris.
[15] *Gerrard, A. J.* (1981): Soils and landforms. Allen, London.
[16] *Foth, H.* & *J. Schäfer* (1980): Soil geography and land use. Wiley, New York.
[17] *Buhringh, P.*: Zit. 3 in Kap. XXXI.
[18] *Zoltai, S. C.* & *C. Tarnocai* (1975): Can. J. Earth Sci. *12*, 28.
[19] *Tedrow, J.* (1977): Soils of the polar landscapes. Rutgers, New Brunswick.
[20] *Clayton, J. S.* (1977): Soils of Canada. Dept. of Agricult, Ottawa.
[21] *Campbell, J. B.* & *G. Claridge* (1987): Antarctica. Elsevier, Amsterdam.
[22] *Dregne, H. E.* (1976): Soils of arid regions. Elsevier, Amsterdam.
[23] *Dan, G.* et al. (1981): Aridic soils of Israel. Bet Dagan.
[24] *Stace, H. C.* et al. (1968): A handbook of australian soils. Rellim, Glenside.
[25] *Petermann, Th.* (1988): Böden des Fezzan/Südwestlibyen. Schriftenr. Inst. Pflanzenern. Bodenkunde Universität Kiel.
[26] *Mohr, J., F. van Baren* & *J. van Schuylenborgh* (1972): Tropical soils. Mouton, Den Haag.
[27] *Young, A.* (1976): Tropical soils and soil survey. Cambridge University Press.
[28] *Schmidt-Lorenz, R.* (1986): Die Böden der Tropen und Subtropen; in: *S. Rehm* (Ed.): Grundlagen des Pflanzenbaues in den Tropen und Subtropen. Ulmer, Stuttgart.
[29] *Caesar, K.* (Ed.) (1986): Einführung in den trop. u. subtrop. Pflanzenbau. DLG-Verlag, Frankfurt.
[30] *Murthy, R. S.* et al. (1982): Benchmark soils of India. ICAK, Delhi.
[31] *Sanches, P. A.* (1976): Properties and management of soils in the tropics. Wiley, New York.

C. Bodennutzung

Die Mehrzahl der Böden unserer Erde werden genutzt. Flächenmäßig dominieren Formen, bei denen Böden als Pflanzenstandort genutzt werden: Äcker, Wiesen und Weiden, Forsten, Sonderkulturen mehrjähriger Pflanzen wie Obst, Wein, Tee, Kaffee, Gewächse zur Kautschuk- und Ölgewinnung usw. Hierzu gehören auch begrünte Freiflächen: Gärten, Parks, Friedhöfe, Sportplätze usw.

Andere Formen der Nutzung sind die als Unterlage für Hochbauten und Verkehrsbauten sowie für Abfalldeponien bzw. als Filter für Abwässer (Rieselfelder).

In der Bundesrepublik Deutschland betrug der Flächenanteil im Jahre 1985 (in 1000 ha)[1]: Gesamtfläche 24 869, Gebäude und Freifläche 1286, Betriebsfläche 131, Erholungsfläche 123, Verkehrsfläche 1138, Landwirtschaftsfläche 14 091 (davon unkultivierte Moor- und Heidefläche 196), Waldfläche 7360, Wasserfläche 425, Flächen anderer Nutzung 352, Unland 155.

Genutzte und ungenutzte Böden haben wichtige Funktionen bei der Grundwasserbildung und als Puffer für Umwelteinflüsse. Böden verzögern z. B. die Verschmutzung von Grundwasser oder Gewässern durch Industrie- oder Verkehrsemissionen, weil in ihnen Schadstoffe gebunden und organische abgebaut werden.

Die genannten Nutzungen stellen unterschiedliche Anforderungen an die Eigenschaften eines Bodens, die wiederum bei den verschiedenen Böden in unterschiedlichem Maße verwirklicht sind.

Eine erfolgreiche Nutzung setzt die genaue Kenntnis der Standortverhältnisse, d. h. eine *Bodenbewertung* voraus.

Durch Nutzung werden Böden verändert. Besonders nachteilig wirken sich Veränderungen durch Bodenabtrag aus, weil hierdurch der Wurzelraum teilweise oder ganz zerstört wird. Daher sollte jede Nutzung mit einer *Erosionsverhütung* einhergehen, die die Kenntnis der *Erosionsgefährdung* eines Standortes voraussetzt.

XXXIII. Bodenbewertung[2]

1. Allgemeines

Die Eignung eines Bodens für eine Nutzung als *Pflanzenstandort* hängt von seiner *Fruchtbarkeit* (auch Ertragsfähigkeit oder Produktivität genannt) ab. Ein fruchtbarer Boden gewährleistet den Pflanzenwurzeln eine ausreichende Verankerung, Wärme und eine gleichbleibende harmonische Versorgung mit Wasser, Sauerstoff und Nährstoffen, ohne daß Stoffe, die das Wachstum hemmen können (z. B. CO_2, Al) in toxischen Konzentrationen auftreten. Durchwurzelbarkeit sowie Wasser-, Luft-, Wärme- und Nährstoffverhältnisse werden daher als Standortfaktoren eines Bodens bezeichnet. Deren Güte hängt nicht nur von Bodeneigenschaften ab, sondern auch von den Klimaverhältnissen (Niederschlag, Temperatur, Luftfeuchte) eines Standortes.

Unterschiedliche Standortansprüche verschiedener Kulturpflanzen erfordern eine auf die Kulturart abgestimmte Bewertung eines Bodens für die Nutzungsplanung. Für die Bewertung wurden bisher verschiedene Wege beschritten: pflanzensoziologische Beobachtung, der Feldversuch, die Bodenuntersuchung.

Die *Pflanzensoziologie*[3–5] beschäftigt sich mit den wechselseitigen Beziehungen zwischen Pflanzengesellschaft (abstrahierte Vegetationseinheiten, z. B. Assoziation, Subassoziation, Variante usw.) und Standort. Die pflanzensoziologische Systematik beruht in erster Linie auf der typischen Artenkombination der Pflanzengesellschaften als umfassendem Ausdruck der Standortverhältnisse, also auf soziologischen und synökologischen Kriterien. Aus diesem Grunde ist es möglich, Pflanzengesellschaften oder Artengruppen in diesen Gesellschaften als *Indikatoren* für bestimmte Standortverhältnisse zu benutzen. Das ist verbreitet zur ökologischen Kennzeichnung von Waldstandorten geschehen (Näheres s. Abschnitt 2) und von *H. Ellenberg* auch für Standorte verwendet worden, die in Acker- oder Grünlandnutzung stehen. Sie sind allerdings nur bei Beschränkung auf einen begrenzten, klimatisch einheitlichen Wuchsraum (sog. Wuchsbezirke) verwendbar. Ihre Brauchbarkeit ist außerdem im Rahmen der Gesamtartenkombination einer Pflanzengesellschaft möglich, in der die Arten im Konkurrenzkampf miteinander stehen; bei Ausschaltung dieses Wettbewerbs ist die Amplitude der Standortansprüche einer Art wesentlich weiter und infolgedessen meist weniger spezifisch.

Die *Pflanzengesellschaften* und die ökologischen Artengruppen treten heute als wesentlich verfeinerte Indikatoren an die Stelle der in der älteren geobotanischen Literatur verwendeten *Zeigerpflanzen*. Die Anwendung ökologischer Artengruppen in der forstlichen Standortkunde erlaubt z. B. eine relativ genaue Beurteilung des Wasserhaushaltes eines Bodens, der durch bodenkundliche Geländeuntersuchungen oft nur schwer zu erfassen ist. *Schönhar*[6] gab eine allgemeine Übersicht über mehr als 20 Artengruppen mit etwa 350 Arten der Waldbodenvegetation in Südwestdeutschland: sie sind geordnet nach ihren Ansprüchen an den Nährstoffgehalt und den Wasserhaushalt und stellen als ökologische Indikatoren kontinuierliche Reihen (z. B. von „trocken" zu „naß") dar. Die Aufgliederung einer solchen Reihe in ökologische Artengruppen muß je nach den regionalen Bedürfnissen feiner oder gröber durchgeführt werden. Für Gefäßpflanzen Mitteleuropas gibt *Ellenberg*[4] eine Zusammenstellung von ökologischen Gruppen, die z. B. den Wasserhaushalt des Bodens (F-Reihe) und die Reaktion und den Kalkgehalt des Bodens (R-Reihe) erfassen.

Die *pflanzensoziologische Aufnahme* erlaubt nur eine Ermittlung der Ertragsfähigkeit, sofern die beobachteten Artengruppen ähnliche Standortansprüche wie die Kulturpflanzen aufweisen bzw. eine Eichung am Feldversuch erfolgte. Hierfür werden bei Forstnutzung die Pflanzen der Krautschicht, bei Wiesen und Weiden Artenbestand und Habitus der Gräser und Kräuter und bei Ackerkulturen Unkrautgesellschaften begutachtet. Letzteres wird allerdings durch den verbreiteten Einsatz selektiv wirkender Herbicide sehr erschwert. Auf diese Weise werden wie beim Feldversuch Klima- und Bodeneinflüsse integriert. Damit wird die Ermittlung der wuchsbegrenzenden Faktoren erschwert. So ist es z. B. zwar möglich, Luftmangel festzustellen, während es offen bleibt, ob dieser wuchsbegrenzende Faktor durch hohen Grundwasserstand verursacht wurde, mithin durch Entwässerung zu beheben ist, oder durch Verdichtung bewirkt wurde, mithin eine Lockerung angezeigt wäre.

Der mit einer Ertragsermittlung verbundene *Feldversuch* erlaubt es, die aktuelle Ertragsfähigkeit eines Bodens für eine bestimmte Kulturpflanze exakt zu ermitteln. Um aber den Einfluß wechselnder Witterungsverhältnisse mit zu erfassen, muß der Versuch über mehrere Jahre wiederholt werden, wodurch dieses Verfahren sehr aufwendig wird. Außerdem integriert der Ertrag den Einfluß aller Standortfaktoren; daher ist es über den Feldversuch kaum möglich, die Ursache eines Minderertrages bzw. den wuchsbegrenzenden Faktor aufzuklären. Dieses wäre aber spätestens dann erforderlich, wenn eine Standortverbesserung geplant ist.

Die *Bodenuntersuchung* ermöglicht die Analyse *aller* bodenabhängigen Standortfaktoren und damit auch die Aufklärung wuchsbegrenzender Faktoren. Eine Aussage über die Ertragsfähigkeit eines Standortes für eine bestimmte Kulturart ist auf diese Weise jedoch nur dann möglich, wenn die Standortansprüche dieser Kulturart im Detail bekannt sind und/oder wenn die bodenkundliche Standortbewertung am Feldversuch geeicht wurde (s. Kap. XX 4 a).

Die Ertragsfähigkeit eines Bodens für eine bestimmte Kulturart läßt sich also über die Untersuchung der für sie spezifisch bedeutsamen Standortfaktoren klären und damit bewerten. Aus diesem Grunde wurden für die wichtigsten Kulturarten effektive Bewertungssysteme geschaffen, die im folgenden an Beispielen der Forstnutzung und Ackernutzung näher besprochen werden sollen. Sind die spezifischen Standortansprüche einer Kulturart im Detail bekannt, ist es aber auch möglich, aus der *Bodenform* (Bodentyp der genetischen Klassifikation und Ausgangsgestein) eine ökologische Bewertung abzuleiten. Dafür ist allerdings erforderlich, daß der Boden in die niedrigste Kategorie des Klassifikationssystems (und d. h. beim System der BRD als Subvarietät) richtig eingestuft wurde, weil in höheren Kategorien (z. B. Subtyp) die mögliche Variation ökologisch bedeutsamer Eigenschaften noch zu groß ist.

2. Bewertung für forstliche Nutzung[2, 7]

Die Standortbewertung für eine forstliche Nutzung hat neben der Ermittlung der Ertragsfähigkeit vor allem zum Ziel, der Forsteinrichtung bei der standortgemäßen Holzartenwahl zu dienen. In Ländern mit der Nutzung natürlich bestockter Wälder erfolgt eine Bewertung der Ertragsfähigkeit teilweise über die Messung der *Bestandshöhe* oder über die Schätzung der *Holzmasse*. Dabei wird der Einfluß klimatischer und edaphischer Faktoren integriert. Außerdem wurde die *Vegetation* der Krautschicht zur Klassifikation herangezogen, nachdem die Beziehungen zwischen Pflanzengesellschaft und Standort erkannt worden waren (s. Abschnitt 1), und zwar erstmals in Finnland von *Cajander*. Dieses Verfahren erbrachte bei natürlich bestockten Standorten teilweise brauchbare Ergebnisse. Allerdings bonitiert die Vegetation der Krautschicht vornehmlich nur Eigenschaften des Oberbodens, so daß der Einfluß (für Waldbäume wichtiger) unterschiedlicher Unterbodenverhältnisse auf die Ertragsfähigkeit nicht ausreichend erfaßt wird.

Ganssen, *Kittredge* und andere haben eine Bewertung der edaphischen Standorteigenschaften aus der *Bodenform* abgeleitet, und zwar teilweise mit gutem Erfolg. So fand *Kittredge*[8] bei Pappel-Aufforstungen zwischen 22 Bodenformen und Ertrag einen Korrelationskoeffizienten von 0,79, während die mittlere Bodenart einen Koeffizienten von 0,57, der Gesteinstyp von 0,63 und der Indikatortyp der Krautvegetation von 0,76 erbrachten.

Heute werden in Deutschland Verfahren vorgezogen, bei denen für einen Wuchsraum Standorteinheiten über die Kartierung ökologisch bedeutsamer Bodeneigenschaften *und* die Aufnahme ökologischer Artengruppen ausgeschieden werden, z. B. in Baden-Württemberg[9] oder in der DDR[10].

In Nordamerika werden aus Bodenkarten Eignungskarten für die forstliche Nutzung abgeleitet. Dabei werden fünf Eignungsklassen unterschieden, außerdem nach wuchsbegrenzenden Faktoren (z. B. Flachgründigkeit, Vernässung, Acidität, Alkalinität) Unterklassen gebildet und schließlich Holzarten-Empfehlungen gegeben.

3. Bewertung für landwirtschaftliche Nutzung[2, 11, 12]

In Deutschland wurde mit dem Gesetz über die Bewertung des Kulturbodens (Bodenschätzungsgesetz vom 16. 10. 1934) die Möglichkeit geschaffen, die Ertragsfähigkeit landwirtschaftlich und gärtnerisch genutzter Böden zahlenmäßig zu erfassen. Dabei werden die Bo-

Tabelle 94 Einteilung der Bodenarten für die Bodenschätzung

Fraktion <0,01 mm (%)	Bodenart	Abkürzung
<10	Sand	S
10–13	anlehmiger Sand	Sl
14–18	lehmiger Sand	lS
19–23	stark sandiger Lehm	SL
24–29	sandiger Lehm	sL
30–44	Lehm	L
45–60	toniger Lehm	LT
>60	Ton	T

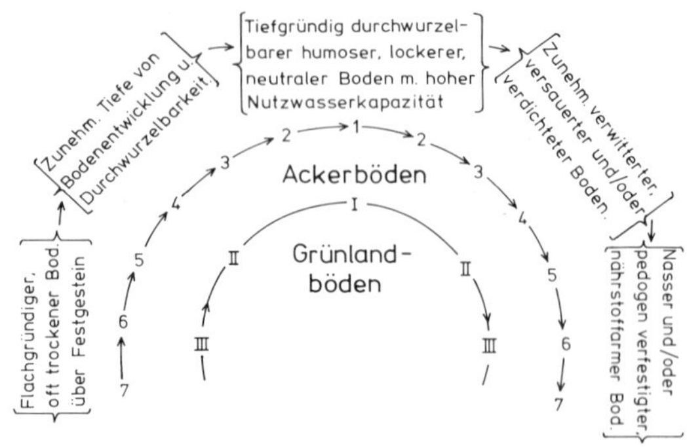

Abb. 217 Schema der Zustandsstufen

deneigenschaften eines Ackerstandortes durch die Bodenzahl bewertet, während eine zusätzliche Berücksichtigung von Klima und Relief die Ackerzahl ergibt.

Die *Bodenzahl* ist ein ungefähres Maß für die Ertragsfähigkeit der Böden. Zu ihrer Bestimmung werden folgende 3 Faktoren herangezogen:

1. Die *Bodenart* (= Körnungsklasse) des Profils von der Ackerkrume bis zu einer Tiefe, die für das Pflanzenwachstum von Bedeutung ist. Es werden acht mineralische Bodenarten und eine Moorgruppe unterschieden. Besteht das Profil aus verschiedenen Bodenarten, so wird das Gesamtgepräge des Bodens durch die mittlere Bodenart ausgedrückt. Die Einordnung der Böden nach der Bodenart erfolgt bei der Bodenschätzung nur nach dem Gehalt der Böden an der Fraktion <0,01 mm (Tab. 94).

2. Das *geologische Alter* des Ausgangsgesteins. Danach werden die Böden in vier Gruppen eingeteilt: *Diluvialböden* (D), entstanden aus Ablagerungen der Eiszeit (außer Lößböden; einschließlich Böden aus tertiären Ablagerungen); *Lößböden* (Lö); *Alluvialböden* oder *Schwemmlandböden* (Al) aus den jüngsten Ablagerungen in Niederungen, Talauen und an der Küste; *Verwitterungsböden* (V), entwickelt aus dem anstehenden paläozoischen oder mesozoischen Muttergestein ohne Umlagerung. Die stark steinhaltigen Verwitterungsböden werden als *Gesteinsböden* (Vg) bezeichnet.

3. Die *Zustandsstufe* der Böden. Der Begriff Zustandsstufe gibt den Entwicklungsgrad an, den ein Boden bei seiner Entwicklung vom Rohboden über eine Stufe höchster Leistungsfähigkeit bis zur Ausbildung eines Podsols erreicht hat. Bei der Einordnung in die betreffende Zustandsstufe spielt die Tiefe des Wurzelraumes und der Ackerkrume eine wesentliche Rolle. Es werden sieben Zustandsstufen unterschieden, wobei die Stufe 1 den günstigsten Zustand, Stufe 7 den ungünstigsten Zustand, also die geringste Entwicklung oder stärkste Verarmung kennzeichnet (Abb. 217).

Der Bewertung der Moorböden liegen nur sechs Stufen zugrunde. Wichtig für die Einstufung sind hier in erster Linie Eigenschaften der organischen Substanz und der Grundwasserstand. Im folgenden sind für einige Zustandsstufen ackerbaulich genutzter Mineralböden die charakteristischen Kennzeichen angegeben.

Stufe 1: Krümelgefüge in der Ackerkrume, luftreicher Unterboden, allmählicher Übergang von der Krume zu dem meist $CaCO_3$-haltigen Unterboden; keine Rostflecke und keine Anzeichen von Versauerung.

Stufe 3: Humusgehalt der Krume geringer als bei Stufe 1, schrofferer Übergang zum Unterboden, der vielfach schon fahle Flecken und eine graue Färbung aufweist; größere Entkalkungstiefe, beginnende Versauerung und erste Anzeichen von Verlagerungen.

Stufe 5: Scharf abgesetzte Krume, Auftreten einer Verarmungszone, erste Anzeichen einer Verdichtung des Unterbodens und beginnende Podsolierung oder Reduktomorphose, meist stärkere Versauerung.

Stufe 7: Scharf abgesetzte Krume; stark naßgebleicht über festem Ortstein oder naßgebleicht über starker Rostfleckigkeit oder verfestigtem Raseneisenstein.

Je nach Bodenart, geologischem Alter des Ausgangsgesteins und Zustandsstufe haben die Böden im Ackerschätzungsrahmen (Tab. 95) bestimmte Wertzahlen (Bodenzahlen) mit mehr oder weniger großen Spannen erhalten. Diese Bodenzahlen sind Verhältniszahlen; sie bringen die Reinertragsunterschiede zum Ausdruck, die unter sonst gleichen Verhältnissen (s. u.) lediglich durch die Bodenbeschaffenheit bedingt sind. Der beste Boden erhält die Bodenzahl 100

Tabelle 95 Ackerschätzungsrahmen

Bodenart	Entstehung	Zustandsstufe 1	2	3	4	5	6	7
S	D	–	41 – 34	33 – 27	26 – 21	20 – 16	15 – 12	11 – 7
	Al	–	44 – 37	36 – 30	29 – 24	23 – 19	18 – 14	13 – 9
	V	–	41 – 34	33 – 27	26 – 21	20 – 16	15 – 12	11 – 7
Sl	D	–	51 – 43	42 – 35	34 – 28	27 – 22	21 – 17	16 – 11
(S/lS)	Al	–	53 – 46	45 – 38	37 – 31	30 – 24	23 – 19	18 – 13
	V	–	49 – 43	42 – 36	35 – 29	28 – 23	22 – 18	17 – 12
lS	D	68 – 60	59 – 51	50 – 44	43 – 37	36 – 30	29 – 23	22 – 16
	Lö	71 – 63	62 – 54	53 – 46	45 – 39	38 – 32	31 – 25	24 – 18
	Al	71 – 63	62 – 54	53 – 46	45 – 39	38 – 32	31 – 25	24 – 18
	V	–	57 – 51	50 – 44	43 – 37	36 – 30	29 – 24	23 – 17
	Vg	–	–	47 – 41	40 – 34	33 – 27	26 – 20	19 – 12
SL	D	75 – 68	67 – 60	59 – 52	51 – 45	44 – 38	37 – 31	30 – 23
(lS/sL)	Lö	81 – 73	72 – 64	63 – 55	54 – 47	46 – 40	39 – 33	32 – 25
	Al	80 – 72	71 – 63	62 – 55	54 – 47	46 – 40	39 – 33	32 – 25
	V	75 – 68	67 – 60	59 – 52	51 – 44	43 – 37	36 – 30	29 – 22
	Vg	–	–	55 – 48	47 – 40	39 – 32	31 – 24	23 – 16
sL	D	84 – 76	75 – 68	67 – 60	59 – 53	52 – 46	45 – 39	38 – 30
	Lö	92 – 83	82 – 74	73 – 65	64 – 56	55 – 48	47 – 41	40 – 32
	Al	90 – 81	80 – 72	71 – 64	63 – 56	55 – 48	47 – 41	40 – 32
	V	85 – 77	76 – 68	67 – 59	58 – 51	50 – 44	43 – 36	35 – 27
	Vg	–	–	64 – 55	54 – 45	44 – 36	35 – 27	26 – 18
L	D	90 – 82	81 – 74	73 – 66	65 – 58	57 – 50	49 – 43	42 – 34
	Lö	100 – 92	91 – 83	82 – 74	73 – 65	64 – 56	55 – 46	45 – 36
	Al	100 – 90	89 – 80	79 – 71	70 – 62	61 – 54	53 – 45	44 – 35
	V	91 – 83	82 – 74	73 – 65	64 – 56	55 – 47	46 – 39	38 – 30
	Vg	–	–	70 – 61	60 – 51	50 – 41	40 – 30	29 – 19
LT	D	87 – 79	78 – 70	69 – 62	61 – 54	53 – 46	45 – 38	37 – 28
	Al	91 – 83	82 – 74	73 – 65	64 – 57	56 – 49	48 – 40	39 – 29
	V	87 – 79	78 – 70	69 – 61	60 – 52	51 – 43	42 – 34	33 – 24
	Vg	–	–	67 – 58	57 – 48	47 – 38	37 – 28	27 – 17
T	D	–	71 – 64	63 – 56	55 – 48	47 – 40	39 – 30	29 – 18
	Al	–	74 – 66	65 – 58	57 – 50	49 – 41	40 – 31	30 – 18
	V	–	71 – 63	62 – 54	53 – 45	44 – 36	35 – 26	25 – 14
	Vg	–	–	59 – 51	50 – 42	41 – 33	32 – 24	23 – 14
Mo		–	54 – 46	45 – 37	36 – 29	28 – 22	21 – 16	15 – 10

(z. B. einige Schwarzerden aus der Umgebung Magdeburgs). Als Bezugsgrößen bei der Aufstellung des Schätzungsrahmens wurden die folgenden Klima- und Geländeverhältnisse sowie betriebswirtschaftlichen Bedingungen festgelegt: 8 °C mittlere Jahrestemperatur, 600 mm Niederschlag, ebene bis schwach geneigte Lage, annähernd optimaler Grundwasserstand, weiterhin die betriebswirtschaftlichen Verhältnisse mittelbäuerlicher Betriebe Mitteldeutschlands.

So variiert nach *B. Heinemann* die Bodenzahl – in Klammern Bodenarten und Zustandsstufen – der Löß-Schwarzerden von 85 – 100 (L 1 – L 2), der Rendzinen bei einem Ah-Horizont < 10 cm von 35 – 50 (LT 5) und > 25 cm von 50 – 70 (LT 3), der Löß-Parabraunerden von 70 – 80 (L 3), der pseudovergleyten Löß-Parabraunerden von 65 – 70 (L 4), der Pelosole von 36 – 60 (T 5 – LT 4), der Pseudogleye aus Löß 35 – 65 (L 7 – L 5) und aus Geschiebemergel von 30 – 50 (lS 5 – sL 5), der Braunerden von 35 – 65 (Sl 3 – sL 3), der Podsole von 10 – 20 (S 6 – S 5, Ortstein-Orterde), der Ranker ~ 10 (S 7) und der Plaggenböden von 30 – 40 (S 3 – S 2).

Die *Ackerzahl*: Weichen die Klima- und Geländeverhältnisse von den angeführten Bezugsgrößen ab, so werden an den Bodenzahlen Zu- oder Abschläge vorgenommen; man erhält dann die Ackerzahl als Maßstab für die durch Ertragsfähigkeit *und* natürliche Ertragsfaktoren bedingte Ertragsleistung*. Folgende Beispiele mögen einen Anhalt für die Höhe der Zu- und Abschläge geben:

In den klimatisch ungünstigen Mittelgebirgslagen des Bayrischen Waldes erfolgen Abschläge bis zu 30 % der Bodenzahl, dagegen in der klimatisch günstigen Kölner Bucht (mittlere Jahrestemperatur 9,5 °C) Zuschläge von 12 %, an der Bergstraße sogar von 16 – 18 %. Auch die Bodenart wird hierbei berücksichtigt. Das regenreiche Klima an der Nordseeküste wirkt sich für einen Sandboden sehr günstig aus (Zuschläge 12 %), dagegen nicht für die schweren Marschen (Abschläge 8 %). Bei einer Geländeneigung von 5° betragen die Abschläge 2 – 5 %, bei einer solchen von 20° 18 – 26 %.

Das gesamte Schätzungsergebnis eines Bodens lautet dann z. B. L 4 Al 65/70, d. h. es handelt sich um einen Lehmboden, Zustandsstufe 4, Alluvium, Bodenzahl 65, Ackerzahl 70.

Bei der Bewertung des *Grünlandes* wird die Beurteilung nach Bodenart und Zustandsstufe beibehalten, jedoch weniger differenziert, da hier insbesondere die Wasser- und Temperaturverhältnisse für die Ertragsfähigkeit entscheidend sind. Es werden nur vier Bodenarten und die Moorgruppe sowie 3 Zustandsstufen unterschieden (s. Abb. 217). Die Gliederung nach dem Ausgangsgestein wird wegen der untergeordneten Bedeutung fortgelassen. Demgegenüber sind die Wasserverhältnisse in fünf Stufen gegliedert, wobei Stufe 1 (frisch) die besten, Stufe 5 (naß bis sumpfig) die schlechtesten Wasserverhältnisse kennzeichnet. Die Klimaeinteilung erfaßt die durchschnittliche Jahrestemperatur in drei Gruppen (a = 8,0 °C und mehr, b = 7,9 – 7,0 °C, c = 6,9 – 5,7 °C). Die sich aus Bodenart, Zustandsstufe, Wasserverhältnissen und Klima ergebenden Wertzahlen sind die *Grünlandgrundzahlen*, die durch Zu- und Abschläge unter Berücksichtigung örtlicher Besonderheiten wie Vegetationsdauer, Pflanzenbestand, Luftfeuchtigkeit, Geländegestaltung, zu den *Grünlandzahlen* führen. Der Grünlandschätzungsrahmen entspricht dem Ackerschätzungsrahmen.

Die Bodenschätzung hat einen sehr guten Überblick über die in Kultur befindlichen deutschen Böden gegeben. Die Beziehungen zwischen Ertrag und Bodenwertzahl sind allerdings nicht sehr straff, weil auch betriebswirtschaftliche Faktoren den Ertrag stark beeinflussen. Inzwischen wurde die gesamte landwirtschaftlich genutzte Fläche Deutschlands durch die Bodenschätzung erfaßt.

Die Bodenzahlen charakterisieren allerdings nur die Ertragsfähigkeit von Böden als Ganzes. Ihnen sind nicht die Gründe zu entnehmen, die z. B. zu einer schlechten Bewertung geführt haben. Daher sind Bodenzahlen für die Nutzungsplanung bzw. die landwirtschaftliche Beratung besonders dann ungeeignet, wenn Standortsverbesserungen durch geeignete Meliorationsmaßnahmen geplant werden. Einen höheren Informationswert besitzt in dieser Hinsicht das gesamte Schätzungsergebnis (z. B. L 4 Al 65/70, einschl. der Profilbeschreibung); umfassende Aussagen wären hingegen nur möglich, wenn die Standortfaktoren im Detail analysiert wurden.

Auch in anderen Ländern werden Systeme benutzt, die eine quantitative Bewertung der Produktivität erlauben. Bei dem von *Storie*[13] für die USA entwickelten System ergibt sich die Gesamtbewertung durch *Multiplikation* mehrerer Wertzahlen von ertragsbestimmenden Faktoren, die ihrerseits aus (im Feld mittels einfacher Methoden ermittelbarer) Boden (z. B. Gründigkeit, Körnung, pH)- und Standort (z. B. Relief)-Eigenschaften abgeleitet werden. Neben der Wertzahl werden dabei die wuchsbegrenzenden Faktoren zusätzlich angegeben. Modifikationen des *Storie-Index* werden in Indien, Neuseeland, Afrika und Vorderasien benutzt[2]. In der UdSSR und anderen osteuropäischen Ländern wird Entsprechendes durch die *Addition* von Wertzahlen ertragsbestimmender Faktoren erreicht[2]. Daneben bestehen aber auch Systeme, deren 5 – 8 Nutzungseignungsklassen nur qualitativ beschrieben sind[2].

Literatur

[1] Umweltbundesamt (1986): Daten zur Umwelt. Schmidt, Berlin.

[2] *McRae, S. G. & C. P. Burnham* (1981): Land evaluation. Clarendon, Oxford.

[3] *Braun-Blanques, J.* (1964): Pflanzensoziologie. Springer, Wien.

---

* Die betriebswirtschaftlichen Abweichungen von den genannten Voraussetzungen werden erst bei der Ermittlung der Betriebs- oder Ertragszahl berücksichtigt. Der Faktor Arbeit des Menschen, der durch zweckmäßige Bodenbearbeitung, Düngung, Meliorationen und planmäßige Pflanzenzucht die Ertragsfähigkeit des Bodens wesentlich zu beeinflussen vermag, wird bei der Schätzung bewußt nicht mit erfaßt.

[4] *Ellenberg, H.* (1974): Zeigerwerte der Gefäßpflanzen Mitteleuropas. Scripta, Geobotanica *9*.
[5] *Ellenberg, H.* (1978): Vegetation Mitteleuropas. Ulmer, Stuttgart.
[6] *Schönhar, S.* (1954): Allg. Forst- und Jagdztg. *125*, 259.
[7] Arbeitskreis Standortkartierung (1980): Forstliche Standortaufnahme. 4. Aufl. Landw.-Verlag, Münster.
[8] *Kittredge, J.* (1938): Ecol. Monogr. *8*, Durham.
[9] *Krauss, G. A. & G. Schlenker* (1954): Allg. Forst- und Jagdztg. *125*, 249.
[10] *Kopp, D.* et al. (1969): Ergebnisse der forstlichen Standortserkundung in der DDR, VEB Forstprojekt. Potsdam.
[11] *Rothkegel, W.* (1950, 1952): Geschichtliche Entwicklung der Bodenbonitierung und Wesen und Bedeutung der deutschen Bodenschätzung. Ulmer, Stuttgart. Landwirtschaftliche Schätzungslehre. Ulmer, Stuttgart.
[12] *Beck, K. J.* (1978): Land evaluation for agricultural development. Int. Inst. Land Reclamat., Wageningen.
[13] *Storie, R. E.* (1978): Storie index soil rating. Spec. Publ. Div. agric. Sci., Univ. Calif. No. 3203.

XXXIV. Bodenerosion*

Ein Prozeß der Bodenzerstörung, der zwar an vielen Stellen der Erde ein natürlicher Prozeß ist, weltweit aber durch Nutzung der Böden verstärkt oder oft sogar erst ausgelöst wurde, ist die *Bodenerosion*. Man versteht darunter die Verlagerung von Bodenmaterial entlang der Oberfläche durch Wasser und Wind. Während die Wassererosion nur bei Gefälle auftritt, zieht die Winderosion hauptsächlich ebene Flächen in Mitleidenschaft. Da die Krume zuerst von der Erosion erfaßt wird und diese meist der ökologisch günstigste Teil der Böden ist, kann die Bodenerosion die Ertragsfähigkeit der Böden erheblich senken.

In der Entwicklung der Böden hat die Erosion weltweit stets eine große Rolle gespielt. Langzeitliche klimatische und geologische Veränderungen bewirkten, daß sich Phasen der ungestörten Bodenbildung und solche der Bodenzerstörung abwechselten. So garantieren feuchte Klimate meistens eine geschlossene Vegetationsdecke, unter der sich die Böden ungestört entwickelten, während diesem folgende, vegetationsfeindliche Klimate den Bodenabtrag förderten und so einmal gebildete Böden zerstört werden. In analoger Weise findet in geologischen (tektonischen) Ruhephasen intensive Bodenbildung statt, Hebungen führen dagegen zu Bodenabtragsphasen. Im Wandel solcher, meist längerfristiger Prozesse können vorhandene Böden durch erodiertes Bodenmaterial begraben werden (fossile Böden) und sich aus erodiertem Bodenmaterial unter veränderten Bedingungen neue Böden bilden.

Im folgenden ist vorrangig von der durch Bodennutzung ausgelösten Bodenerosion die Rede.

1. Bodenerosion durch Wasser

a) Wesen, Ausmaß und Auswirkungen

Der *Prozeß der Erosion* besteht aus zwei Teilschritten. Im ersten Teilschritt werden die Bodenaggregate durch die kinetische Energie der Regentropfen zerschlagen (Planschwirkung, engl. splash). Es bildet sich hierdurch transportierbares Feinmaterial, das im zweiten Schritt mit dem Oberflächenwasser zusammen mit bereits vorhandenem Lockermaterial hangabwärts fließt. Dabei kann das strömende Wasser weitere Teilchen abscheren. Bei nachlassender Schleppkraft wird meist der größere Teil am Unterhang als Kolluvium wieder abgelagert (Abb. 218), der Rest verläßt den Acker und gelangt z. B. in die Gewässer oder auf Verkehrswege. Die aufprallenden Regentropfen schaffen jedoch nicht nur Lockermaterial; sie bewirken häufig auch eine Versiegelung der obersten Millimeter des Bodens, weil durch sie Ton- und Schluffteilchen in die Poren wandern und diese teilweise verstopfen. Hierdurch sinkt die Infiltrationsrate und der Oberflächenabfluß beginnt, bevor tiefere Teile der Krume durchfeuchtet werden[6].

Am Ort des Abtrags entstehen verschiedene *Abtragsformen*. In vielen Gebieten, besonders auf den intensiv ackerbaulich genutzten Flächen des gemäßigt-humiden Klimaraumes herrschen der gleichmäßige Abtrag auf der ganzen Fläche, die *Flächenerosion* (Denudation, engl. sheet erosion), und die *Rillenerosion* (engl. rill erosion) (Abb. 218) vor. Konzentriert sich das Oberflächenwasser dagegen stärker entlang einzelner, linearer Fließbahnen (z. B. in Fahrspuren), so kommt es zur *Grabenerosion* (engl. gully erosion), die besonders in tropischen und subtropischen Gebieten metertiefe Gräben reißen kann. Sind die tiefer liegenden Horizonte eines Bodens besonders erosionsanfällig, so kann es auch zu unterirdischer oder *Tunnelerosion* kommen, wie sie insbesondere unter Grünland mit seiner durch Wurzeln stabilisierten Krume vorkommt.

Das Ausmaß der Erosion und ihre Auswirkungen auf die Ertragsfähigkeit von Böden können in sehr weiten Grenzen variieren. Weite Landschaften mit hoher Erosivität der Niederschläge sind nach Inkulturnahme (Südosten der USA) oder unsachgemäßer Waldnutzung (Mittelmeergebiet) in relativ kurzer Zeit durch Erosion zerstört worden. Hoch sind die Schäden auch in den gesamten Tropen, wo wegen der intensiven Niederschläge ganze Bodendecken durch Grabenerosion beseitigt worden sind.

---

* Zusammenfassende Literatur[1–5a]

Abb. 218 Erosion durch einen Starkregen von 20 – 30 mm in 15 – 20 Minuten auf einem Maisfeld Ende Mai. Standort: Lößlehmüberdeckte Braunerde aus Molassesedimenten bei Pfaffenhofen, Niederbayern (Aufn.: Bayer. Landesanstalt für Bodenkultur und Pflanzenbau)

In den humid-gemäßigten Gebieten ist dort, wo die Bodennutzung schon sehr früh begann, z. B. in den hängigen Lößlandschaften, die ca. 1 m mächtige unter Wald gebildete Bodendecke nicht selten vollständig abgetragen worden. In jüngster Zeit nahm hier der Abtrag jedoch deutlich zu. Dies wird z. T. auf den verstärkten Anbau von Reihenkulturen, z. B. Mais, auf Kosten des Feldfutterbaus, auf die mangelnde Zufuhr von organischer Substanz, auf die Verlängerung der hängigen Feldstücke in Gefällerichtung im Rahmen der Flurbereinigung und auf die Bodenverdichtung durch schwere Maschinen zurückgeführt. Hinzu kommt, daß nicht selten Flächen mit mehr als 10 % Neigung in Ackernutzung genommen wurden.

So liegt der Abtrag auf vielen Flächen heute oberhalb dessen, was im Sinne eines optimalen Bodenschutzes toleriert werden kann, obwohl die Erosivität der Niederschläge in gemäßigt-humiden Gebieten deutlich unter der vieler tropischer und subtropischer Gebiete liegt. Gefahrengebiete sind in der BRD[7] insbesondere die hügeligen, lößreichen Gebiete Südniedersachsens, Hessens, Württembergs, Unterfrankens und Niederbayerns. In den beiden letzten Gebieten wurden bei der derzeitigen Nutzung mittlere jährliche Abträge von ca. 20 t/ha errechnet[8]. Ähnliches gilt für weite Gebiete anderer europäischer Länder wie Belgien und Frankreich sowie für Nordamerika und China. 1 mm Abtrag entspricht bei einem Vol.-Gew. von 1,3 – 1,6 g cm^{-3} einem Abtrag von 13 – 16 t/ha. Die Neubildungsrate von Böden liegt dagegen nur bei $\frac{1}{10}$ bis $\frac{1}{100}$ dieses Wertes.

Die Ertragsfähigkeit der Böden kann durch den Verlust nährstoff- und humusreichen Krumenmaterials deutlich gesenkt werden[9–12]. Liegen z. B. geringmächtige, schluffige Bodendekken (z. B. Böden aus Löß) auf sandig-kiesigem Untergrund, so senkt der Bodenabtrag die nutzbare Feldkapazität, und es kommt zu Wassermangel (Tab. 96), der durch den Oberflächenabfluß noch verstärkt wird.

Tabelle 96 Relativer Einfluß der Mächtigkeit einer Lößbodendecke über Kies auf die nutzbare Feldkapazität und die relativen Erträge von Weizen, Hafer und Silomais[9, 10]

Lößmächtigkeit (cm)	40	60	80	100	120
Nutzbare Feldkapazität	33	46	67	83	100 (= 276 mm)
Erträge					
Hafer	60	71	84	94	100 (= 46 dt/ha)
Weizen	–	–	81	97	100 (= 49 dt/ha)
Silomais	50	61	76	88	100 (= 50 dt/ha)

Neben diesen Schäden auf der Fläche treten auch Schäden an den Orten auf, an die das erodierte Material gelangt. So werden am Unterhang wachsende Kulturen durch das Kolluvium bedeckt, benachbarte naturnahe, terrestrische Ökosysteme verändert, Vorfluter werden zugeschlämmt oder durch Nährstoffeintrag eutrophiert, Verkehrswege blockiert. Das auf diese Weise mit dem erodierten Material in die Gewässer eingetragene Phosphat wurde für die BRD im Jahr 1975 auf 6000 t P/a geschätzt[13].

b) Faktoren

Aus dem eingangs geschilderten Mechanismus ergeben sich auch die Faktoren, von denen die Höhe des Bodenabtrags abhängt. Sie steigt mit steigender kumulativer *Energie des Regens*, die von der Menge und Größe der Tropfen abhängt. Sie bestimmt das Ausmaß der Planschwirkung und Versiegelung des Oberbodens und damit die Menge des losgeschlagenen Bodenmaterials und des Oberflächenwassers. Erfahrungsgemäß sind im gemäßigt-humiden Klima nur Regen erosionswirksam, die mindestens ca. 10–12 mm mit einer Intensität von mindestens ca. 10 mm/h erbringen. In Mitteleuropa fallen die meisten der erosiven Niederschläge zwischen Mai und August, und sie sind deutlich ungleichmäßiger über das Jahr verteilt als die Niederschläge selbst (Tab. 97). Bei schneller Temperaturerhöhung im Frühjahr kann auch die Schneeschmelze Erosion verursachen.

Unter den *Bodeneigenschaften* fördert ein hoher Schluff- und Feinstsandgehalt (0,002–0,1 mm) und eine geringe Durchlässigkeit die Erodierbarkeit, während sie mit steigendem Gehalt an Steinen, organischer Substanz, Ton und Sand (>0,1 mm) und steigender Aggregatstabilität sinkt. Humusarme und tonverarmte Lößböden sowie feinsandreiche Böden sind daher sehr erosionsanfällig.

Tabelle 97 Mittlere prozentuale Jahresverteilung erosiver Regen in Bayern[14] im Vergleich zur Jahresniederschlagsverteilung

Monat	J	F	M	A	M	J	J	A	S	O	N	D
Anteil der Niederschläge (%)	7	7	6	6	9	12	13	11	9	7	7	6
Anteil des erosiven Regens (%)	0	1	1	3	10	29	21	21	9	3	1	1

Tabelle 98 Zunahme der relativen Erosion mit steigender Hang*neigung* und mit steigender Hang*länge*

Hangneigung (%)	5	10	15	20
Rel. Erosion	100	293	500	806
Hanglänge (m)	50	100	150	200
Rel. Erosion	100	139	170	194

Tabelle 99 Relativer Bodenabtrag gegenüber Schwarzbrache (= 100) bei verschiedenen Fruchtfolgen für die mittleren Niederschlagsverhältnisse in Akkerbaugebieten Bayerns[15]

Fruchtfolge	Bodenbearbeitung[1]	
	Konventionell	Reduziert
Hopfen-Dauerkultur	61–97[2]	38–13
50 % Mais und 50 % Getreide	27	7
33 % Mais und 67 % Getreide	16	7
33 % Rüben und 67 % Getreide	12	6
100 % Getreide	7	2
33 % Kleegras und 67 % Getreide	3	1

[1] Konventionell: Wendepflug, Saatbettkombination; Reduziert: Grubber, Fräse oder Direktsaat

[2] je nach Anzahl der Bearbeitungsgänge (Grubber). Konventionell: mit Herbstbodenbearbeitung; Reduziert: ohne Herbstbodenbearbeitung

Naturgemäß steigt der Abtrag stark mit zunehmender *Hangneigung*, aber auch, wenn auch schwächer, mit zunehmender *Hanglänge* (Tab. 98), da hierdurch Menge und Schleppkraft des Oberflächenwassers ansteigen.

Bedeutsam ist weiterhin, in welchem Ausmaß die Oberfläche gegen die aufprallenden Regentropfen geschützt ist. Permanente *Bedekkung*, wie unter Wald und Grünland mit geschlossener Grasnarbe, verhindert die Flächenerosion so gut wie ganz. In dem Maße, wie die Flächen offen liegen und auf ihnen leicht verschlämmbares und viel transportierbares Material erzeugt wird, wie z. B. bei der Saatbettbereitung im Gegensatz zur groben Scholle, steigt der Abtrag an, insbesondere, wenn dieser Zustand mit der Periode erosiver Regen zusammenfällt. Dies ist z. B. bei Hackfrüchten in Mitteleuropa sehr häufig der Fall, nicht dagegen bei Getreide (Tab. 99). Da sich der Bedekkungsgrad durch die wachsende Pflanze im Laufe ihrer Entwicklung ständig vergrößert, wird auch der Erosionsschutz immer besser. Er ist um so größer, je näher über der Bodenoberfläche die Regentropfen abgefangen werden. Hochwachsende Pflanzen sind daher weniger wirksam als niedrig wachsende, da die an ihnen gebildeten, neuen Tropfen von entsprechend größerer Höhe herabfallen. Besonders wirksam ist daher eine Bedeckung der Oberfläche mit Ernterückständen und anderen Materialien (sog. Mulch). Wird also die Bodenbedeckung des Saatbetts erhöht bis hin zur Direktsaat in eine abgestorbene Winterzwischenfrucht als Mulch, so sinkt der Abtrag auf sehr geringe Werte ab (Tab. 99).

Grünlandflächen sind dann gefährdet, wenn die Grasnarbe verletzt wird, z. B. durch Überweidung, Beweidung in stark hängigen Gebieten oder durch Trittbeanspruchung durch Freizeitnutzung[16]. Auch im Wald kann die Erosion durch Tritt- oder Rückeschäden ausgelöst werden, vor allem im Nutzungsjahr.

c) Schutzmaßnahmen

Aus den genannten Faktoren ergeben sich die vielfältigen *Maßnahmen zum Erosionsschutz*[17]. Mit ihnen soll der Abtrag auf ein Maß beschränkt werden (*Toleranzgrenze*[18]), das die Bodenfruchtbarkeit langjährig erhält. Die Toleranzgrenze wird zwischen 1 – 10 t/ha · a angesetzt und steigt mit zunehmender Gründigkeit des Bodens[15].

Die Erodierbarkeit der Böden läßt sich durch Maßnahmen verringern, die ihren Humusgehalt erhöhen, die Durchlässigkeit steigern und das Gefüge, besonders an der Bodenoberfläche, stabilisieren. Im Ackerbau können hierzu organische Düngung und Zwischenfruchtbau beitragen. In trockeneren Gebieten kann das Gefüge des Oberbodens durch Ersatz von austauschbarem Na durch Ca stabilisiert werden. Die Bodenbearbeitung sollte, da sie häufig transportierbares Material und ungeschützte Oberflächen schafft, auf ein Minimum beschränkt werden (Minimalbodenbearbeitung, konservierende Bodenbearbeitung). Fahrspuren tragen häufig wesentlich zum Bodenabtrag bei. Um die Menge des Oberflächenabflusses zu verringern, sollten die Feldstücke in Gefällerichtung nicht zu lang sein. An steileren Hängen kann das Gefälle und besonders die Länge der Feldstücke durch Terrassierung reduziert werden, eine Maßnahme, die in früherer Zeit in vielen Ackerbaugebieten der Erde üblich war.

Bei der Fruchtfolgegestaltung sind besser und länger deckende Früchte zu bevorzugen. An besonders gefährdeten Hängen sind Hackfrüchte zu vermeiden und durch Getreide, mehrjährige Futterpflanzen oder Dauergrünland zu ersetzen. Bei mittlerer Hangneigung (ca. 3 – 8 %) und nicht zu langen Hängen sollte Bodenbearbeitung und Nutzung parallel zu den Höhenlinien erfolgen (*Konturnutzung*), weil dadurch Wasserleitbahnen (Gerätespuren) in Gefällerichtung vermieden werden. Schließlich wird die hangparallele Streifennutzung empfohlen, bei der schlecht- und gutdeckende Früchte streifenweise im Wechsel angebaut werden. Die Streifen mit guter Deckung fangen das Bodenmaterial, weniger dagegen das Oberflächenwasser ab.

d) Messung und Vorhersage

Der Bodenabtrag durch Wasser kann auf verschiedene Weise gemessen werden. Bei der direkten Messung wird der Abtrag abgegrenzter Flächen ganz oder teilweise aufgefangen[19]. Da natürliche Regen nicht vorhersehbar sind, benutzt man hierfür meist simulierte Starkregen definierter Erosivität. Längerzeitige Abträge lassen sich aus der Verteilung solcher datierbarer Stoffe am Hang rekonstruieren, die ausschließlich mit dem Bodenmaterial transportiert werden, z. B. das Fungizid Kupfer oder das Radioisotop ^{137}Cs. Überschlägige Abschätzungen des langzeitigen Abtrags ergibt die Kartierung der Bodenprofile, da diese durch Erosion nach Inkulturnahme verkürzt werden.

Die Ergebnisse obiger Messungen sind die Grundlage einer Abtragsvorhersage. Diese ist erforderlich, um Schutzmaßnahmen richtig zu dimensionieren. Langjährige Messungen in den USA führten zur sog. *Allgemeinen Bodenabtragsgleichung* (universal soil loss equation) von *Wischmeier* und *Smith*[20]. Sie lautet:

$$A = RKLSCP$$

und besagt, daß der langfristige, mittlere, jährliche Abtrag A(t/ha) aus der Multiplikation derjenigen Faktoren errechenbar ist, die den Abtrag im wesentlichen bestimmen. Hierzu wurden die Faktoren in geeigneter Weise quantifiziert. Die Faktoren sind[15]: der Regen- und Oberflächenabflußfaktor R, der Bodenfaktor K, die Faktoren für Hanglänge L und Hangneigung S, der Bedeckungs- und Bearbeitungsfaktor C und der Erosionsschutzfaktor P. Die Abtragsgleichung ist nach Anpassung der Faktoren auch für Gebiete außerhalb der USA verwendbar, also auch für den gemäßigt-humiden Klimaraum (s. z. B. *Schwertmann*). Für andere Gebiete sind andere Abtragsgleichungen entwickelt worden[1].

In neuerer Zeit wird versucht, das rein empirische (stochastische) Modell, das der Allgemeinen Bodenabtragsgleichung zugrunde liegt, durch Modelle zu ersetzen, die stärker die physikalischen Prozesse des Abtrags einbeziehen (deterministische Modelle). Hierbei werden auch die Ablagerung des Bodenmaterials am Hangfuß und sein Eintrag in den Vorfluter quantifiziert.

2. Bodenerosion durch Wind (Deflation)

a) Wesen und Auswirkungen

Streicht Luft über eine Bodenoberfläche, so bildet sich ein bestimmtes Geschwindigkeitsprofil der Luftbewegung aus. Unmittelbar an der Oberfläche befindet sich eine sehr dünne Schicht, in der die Luft laminar mit geringer Geschwindigkeit strömt. Mit zunehmender Entfernung steigt die Geschwindigkeit zunächst sehr stark, dann in abnehmendem Maße an (Abb. 219 a). In der Zone der starken Geschwindigkeitszunahme treten, insbesondere bei rauher Oberfläche, starke Turbulenzen auf. Ragt ein Bodenteilchen in diese Zone hinein oder wird es in sie hineingeschleudert, so kann es soviel Energie aufnehmen, daß es vom Wind abtransportiert wird.

Die Transportart hängt vor allem von der Teilchengröße und der Windgeschwindigkeit ab. Teilchen mit einem Durchmesser von 0,1 – 0,5 mm werden vorwiegend springend (Sprunghöhe 10 – 20 cm) über den Boden bewegt (Saltation). Beim Herabfallen treffen sie auf noch ruhende Teilchen und können diese in die turbulente Schicht hineinschleudern und so zur Bewegung bringen. Größere Teilchen (0,5 – 1 mm) rollen dagegen meist nur auf der Oberfläche entlang, während kleinere Teilchen (< 0,1 mm) nach Überwindung der Kohäsionskräfte in größere Höhen (bis 3 – 5 km) gehoben und im Luftstrom abtransportiert werden (Staubstürme, Abb. 220). Am Ausblasungsort bleiben häufig die groben Teilchen zurück und bilden mehr oder weniger geschlossene Decken, z. B. sog. Steinpflaster (Abb. 220), die vor weiterem Abtrag schützen. Die feinen Teilchen werden abgelagert, wenn die Energie des Win-

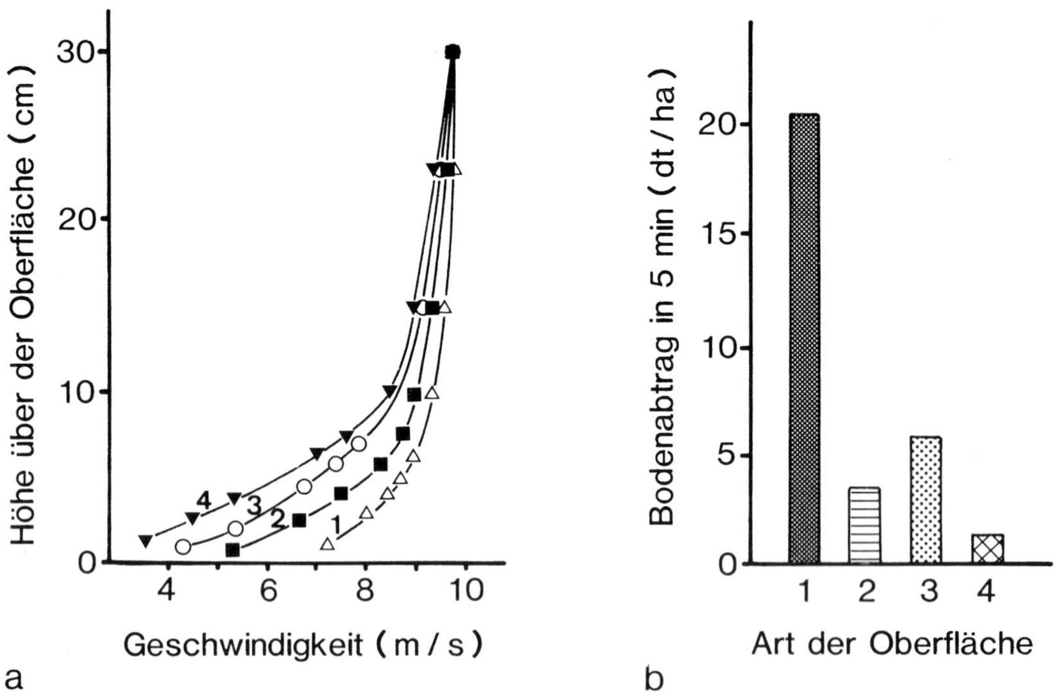

Abb. 219 Windgeschwindigkeit in verschiedenen Höhen über der Bodenoberfläche (a) und Bodenabtrag in Abhängigkeit von der Rauheit der Oberfläche eines tonigen Lehmbodens (b) (n. *Chepil*); Art der Oberfläche: 1 glatt; 2 glatt, Weizenstroh eingearbeitet; 3 rauh, Furchen quer zur Windrichtung; 4 rauh, Weizenstroh eingearbeitet

Abb. 220 Links: Bodenverwehung auf einem Sandboden NW-Deutschlands (Aufn. *H.-H. Becher*). Rechts: Auf der verblasenen Oberfläche reichern sich die gröberen Bestandteile relativ an

Tabelle 100 Mindestgeschwindigkeit des Windes zur Erosion runder Quarzkörner unterschiedlichen Durchmessers, gemessen in 15 cm Höhe über einer 91 cm langen, ebenen Versuchsfläche[5, 21]

Teilchendurchmesser (μm)	5 – 10	10 – 20	20 – 50	50 – 150	150 – 250	1000	2000	Feinkies
Windgeschwindigkeit (m/s)	17	10	6	4	5	11	16	18 – 25

des und damit sein Transportvermögen nachlassen. Auf diese Weise sind u. a. der Löß und die meist aus Feinsand bestehenden Flugsanddecken und Dünen entstanden (s. S. 6).

Die zur Bewegung eines Bodenteilchens erforderliche Mindestgeschwindigkeit v (Tab. 100) steigt für Teilchen >0,1 mm Durchmesser mit der Wurzel aus dem Produkt von Durchmesser d und Dichte ϱ des Teilchens: $v = c\sqrt{d\,\varrho}$ (c = Proportionalitätsfaktor). Wird die Mindestgeschwindigkeit erreicht oder überschritten, so steigt die maximale Menge an transportiertem Bodenmaterial mit der 3. Potenz der Windgeschwindigkeit an. Teilchen <0,1 mm bedürfen zum Transport wiederum einer höheren Windgeschwindigkeit, weil sie erstens nicht aus der relativ ruhigen, laminar strömenden Luftschicht unmittelbar an der Bodenoberfläche in die turbulente Schicht hineinragen und zweitens meist mit anderen Teilchen zu Aggregaten verbunden sind. Sie müssen daher erst durch aufprallende größere Teilchen in die Luftschicht hineingeschleudert werden. Diese Turbulenzen machen die Angabe genauer Mindestwindgeschwindigkeit schwierig.

Die Schädigungen der Böden durch Winderosion bestehen nicht so sehr in dem absoluten Bodenverlust sondern mehr darin, daß stärker als bei der Wassererosion bevorzugt wertvolle Feinsubstanz verloren geht. Am Ablagerungsort kann die wachsende Vegetation bedeckt werden. Zudem verursacht die scheuernde Wirkung der bewegten Sandteilchen oft starke Schäden an den Pflanzen (Korrasion).

b) Faktoren

Voraussetzungen für die Winderosion sind eine vegetationsarme, trockene und kohäsionsarme Bodenoberfläche größerer Ausdehnung und ein mehr oder weniger beständiger Wind aus einer oder wenigen Windrichtungen. Dies ist häufig in semiariden und ariden Gebieten der Fall, kommt aber auch in den ackerbaulich genutzten Regionen sowie bei Kahlschlag und in Küstengebieten feuchterer Klimate vor.

Das Ausmaß der Winderosion hängt daher außer von der Transportkraft des Windes, von den *Eigenschaften der Böden*, insbesondere der Körnung und dem Gefüge, dem Bodenwassergehalt und der Oberflächen- und Geländebeschaffenheit ab. Unter den Mineralböden sind besonders humus- und tonarme Feinsandböden der Winderosion ausgesetzt, da ihre Teilchen klein genug und meist nicht aggregiert sind (Einzelkorngefüge). Dagegen werden Grobsandböden sowie Lehmböden (mit Ausnahme der ca. 0,1 – 0,5 mm großen Aggregate) weniger oder nicht erodiert. Während humusreiche Mineralböden mit Ausnahme kultivierter Podsole meist gut aggregiert und daher erosionsresistent sind, werden organische Böden, insbesondere Niedermoore, sehr leicht verblasen, da die organischen Teilchen sehr leicht sind, nach Austrocknung keine größeren Aggregate bilden und schlecht benetzt werden (Puffigkeit).

Da Wasser Bodenteilchen aneinanderbindet, spielt der *Wassergehalt* der oberflächlichen Bodenschicht eine entscheidende Rolle. Das Erosionsausmaß ist dem Quadrat der Feuchtigkeit annähernd reziprok proportional. Ausreichend feuchte Böden werden also nicht verblasen. Dazu muß die Wasserspannung um so tiefer sein, je tonärmer und humusreicher der Boden ist. Feinsandböden unterliegen vor allem deswegen stärkerer Winderosion als Lößböden, weil sie rascher abtrocknen.

Die *Beschaffenheit der Oberfläche* beeinflußt die Winderosion, da von ihr das Geschwindigkeitsprofil der Luftströmung über der Oberfläche abhängt. In gleicher Höhe über der Oberfläche sind über einer rauhen Oberfläche die Windgeschwindigkeit und damit auch der Abtrag deutlich geringer als über einer glatten Oberfläche (s. Abb. 219 b). Die Erhöhung der Turbulenz über der rauhen Oberfläche wirkt sich also weniger stark aus als die Bremsung des Windes. Allerdings können auf einer sehr rauhen Oberfläche einzelne Teile so weit in die turbulente Zone mit relativ hoher Windgeschwindigkeit hineinragen, daß auch sie verweht werden. Optimale Höhendifferenzen auf der Oberfläche liegen etwa zwischen 5 und 12 cm. Besonders stark wird die Windgeschwindigkeit durch eine Vegetationsdecke reduziert. Bewegte Teilchen werden durch sie aufgefangen und die Verdunstung und damit die Austrocknung des Bodens werden herabgesetzt.

Das Ausmaß der Erosion nimmt schließlich mit der *Flächenlänge* in Hauptwindrichtung zu, weil hiermit die Zahl der Teilchen, die durch Saltation losgeschlagen werden, lawinenartig ansteigt.

c) Vorhersage und Schutzmaßnahmen

Die besprochenen Faktoren finden in eine empirische Gleichung Eingang, mit der, ähnlich wie für die Wassererosion, auch das Ausmaß der Winderosion geschätzt werden kann[22]. Zu den Faktoren dieser Gleichung gehören das Bodengefüge, insbesondere die Aggregatgröße, die Rauhigkeit der Oberfläche, die Windverhältnisse, die Niederschlagsverhältnisse (wegen des mittleren Bodenwassergehalts), die Feldlänge in vorherrschender Windrichtung und die Vegetationsbedeckung.

Zu den Maßnahmen gegen die Winderosion gehören die Verbesserung des Bodengefüges, die Schaffung rauher Oberflächen, die Bedekkung durch Vegetation und durch Ernterückstände, bei Reihenkulturen der Anbau quer zur Hauptwindrichtung und schließlich die Errichtung von Windschutzpflanzungen, die sich insbesondere in den USA und in der UdSSR, im kleinen aber auch in Europa (Norddeutschland, Dänemark) bewährt haben. Die Windschutzstreifen bremsen nicht nur den Wind, sondern verlangsamen auch die Verdunstung und damit die Austrocknung der obersten Bodenschicht.

Literatur

[1] *Hudson, N. W.* (1976): Soil conservation. 2nd printing. 320 S. Batsford, London.

[2] *Holy, M.* (1980): Erosion and environment. Pergamon Press, 225 S. Oxford.

[3] *Kirby, M. J. & R. P. C. Morgan* (1980): Soil erosion. 312 S. Wiley, New York.

[4] *Lal, R.* (1984): Adv. Agron. *37*, 183.

[5] *Zacher, D.* (1982): Soil Erosion. Developments in Soil Sci. *10*, 547 S. Elsevier, Amsterdam.

[5a] *Breburda, J.* (1983): Bodenerosion und Bodenerhaltung. 128 S. DLG-Verlag, Frankfurt.

[6] *Callebaut, F., D. Gabriels & M. De Boodt* (1986): Assessment of Soil Surface Sealing and Crusting. Dept. of Soil Physics, Universität Gent, Gent.

[7] *Richter, G.* (1965): Bodenerosion in der BRD. Bundesamt f. Landeskunde u. Raumforschung, Bad Godesberg. *Ders. & W. Sperling* (1976): Bodenerosion in Mitteleuropa. Wiss. Buchgesellschaft, Darmstadt.

[8] *Auerswald, K. & F. Schmidt* (1986): Atlas der Erosionsgefährdung in Bayern. Karten zum flächenhaften Bodenabtrag durch Regen. GLA Fachberichte *1*, 74 S. Bayer. Geol. Landesamt München.

[9] *Schröder, D.* (1981): Mitt. Dtsch. Bodenkundl. Ges. *30*, 343.

[10] *Stürmer, H., H. H. Becher & U. Schwertmann* (1982): Ertragsbildung bei Mais auf erodierten Hängen. Z. Acker-Pflanzenbau *151*, 315.

[11] *Follett, R. F. & B. A. Stewart* (Ed.) (1985): Soil Erosion and Crop Productivity. Am. Soc. Agron., Madison.

[12] *Stocking, M.* (1984): Erosion and productivity: a review. Consultant's working paper *1*, 102. FAO Rom.

[13] *Bernhardt, H.* (Ed.) (1978): Phosphor. Verlag Chemie, Weinheim.

[14] *Rogler, H. & U. Schwertmann* (1981): Z. Kulturtechnik – Flurbereinigung *22*, 99.
[15] *Schwertmann, U., W. Vogl & M. Kainz* (1987): Bodenerosion durch Wasser. Vorhersage des Abtrags und Bewertung von Gegenmaßnahmen. Ulmer, Stuttgart.
[16] *Garland, G. & C. Hudson* (1985): Environ. Cons. *12*, 337. *Kuss, F. & J. Morgan* (1984): III. J. Soil Water. Cons., 383. *Karl, J.* (1977): Beitr. Umweltgestaltung *A 62*, 65.
[17] *Sojka, R. E., G. W. Langdale & D. L. Karlen* (1984): Adv. Agron. *37*, 155.
[18] *Schmidt, D. L.* (Ed.) (1982): Determinants of Soil Loss Tolerance. Am. Soc. Agron., Madison, Spec. Publ. *45*.
[19] *Jung, L. & R. Brechtel* (1980): Schriftenreihe Dtsch. Verb. Wasserwirtsch. Kulturb. *48*.
[20] *Wischmeier, W. & D. D. Smith* (1978): Predicting rainfall erosion losses – a guide to conservation planning. U.S. Dept. Agric., Agric. Handbook *537*, 58 S.
[21] *Chepil, W. S.* (1945): Soil Sci. *60*, 397 – 411.
[22] *Skidmore, E. L., P. S. Fisher & N. P. Woodruff* (1970): Soil Sci. Soc. Am. Proc. *34*, 931.

Anhang 1

Tabelle 101 Gliederung der Spät- und Nacheiszeit in Mitteleuropa[1–3]

	Geologische Gliederung	Zeit (angenähert)	Klima	Vegetationskundliche und prähistorische Gliederung
Holozän		Gegenwart		
	Subatlantikum (Nachwärmezeit)		Heutiges gemäßigt-humides Klima (ozeanisch)	Buche, Eiche, Fichte, Rodung während Eisenzeit und historischer Zeit
		600 v. Chr.		
	Subboreal (späte Wärmezeit)		Warm, einzelne trockenere Perioden (kontinental)	Eichenmischwald mit Buche und Fichte. Bronzezeit
		2500 v. Chr.		
	Atlantikum (mittlere Wärmezeit)		Warm, feucht (Klimaoptimum) (ozeanisch)	Eichenmischwald, Rodungen seit Beginn des Neolithikums
		5500 v. Chr.		
	Boreal (frühe Wärmezeit)		Warm, trocken (kontinental)	Birken-Kiefern-Wälder mit Hasel-Maximum
		6800 v. Chr.		
	Präboreal (Vorwärmezeit)		Erwärmung (kühl, kontinental)	Kiefern-Birken-Wälder. Beginn des Mesolithikums
		8500 v. Chr.		
Würm-Spätglazial	Jüngere Dryaszeit		Kalt	Parktundra mit Birke. Ende des Paläolithikums
		9000 v. Chr.		
	Allerödzeit		Vorübergehend wärmer	Schütterer Wald mit Birke und Kiefer
		9800 v. Chr.		
	Ältere Dryaszeit		Kalt	Tundra
		10300 v. Chr.		
	Böllingzeit		Geringe Erwärmung	Parktundra mit Birke
		10800 v. Chr.		
	Älteste Dryaszeit		Kalt (arktisch)	Tundra
		14000 v. Chr.		

Ende des Weichsel-Hochglazials (Pommerscher Eisvorstoß)

[1] *Fiedler, H. J. & W. Hunger* (1970): Geologische Gundlagen der Bodenkunde. Steinkopff, Dresden
[2] *Woldstedt, P. & K. Duphorn* (1974): Norddeutschland im Eiszeitalter, Koehler, Stuttgart
[3] *Brinkmann, R.:* Abriß der Geologie. Enke, Stuttgart; 1. Band, 13. Aufl. von W. Zeil (1984); 2. Band, 12./13. Aufl. von K. Krömmelbein (1986)

Tabelle 102 Gliederung der geologischen Formationen[1, 3]

Zeitalter	Formation	Abteilung	Alter (Mio.Jah.)	Unterabschnitte (Stufen usw.) (nur z. T. angegeben)	
Känozoikum (Neozoikum)	*Quartär*	Holozän (= Alluvium)		(s. Tab. 101) (Dauer ~ 10000 Jahre)	
			0,01	Weichsel-(= Würm-*)Kaltzeit	
			0,072	Eem-Warmzeit	
			0,1	Saale-(= Riß-)Kaltzeit mit Warthe- und Drenthestadium	
				Holstein-Warmzeit	
		Pleistozän (= Diluvium)	0,16	Elster-(= Mindel-)Kaltzeit	
				Cromer-Warmzeit	
			0,33	Weybourne-(= Günz-)Kaltzeit und ältere Warm- und Kaltzeiten	
			1,5		
	Tertiär	Jungtertiär		Pliozän	
			12	Miozän	Molasse*
			23	Oligozän	Molasse*
		Alttertiär	35	Eozän	
			55	Paläozän	
			70		
Mesozoikum	*Kreide*	Oberkreide		Maastricht	(= Senon)
				Campan	(= Senon)
				Santon	(= Emscher)
				Coniac	(= Emscher)
				Turon	
				Cenoman	
			100		
		Unterkreide		Alb	(= Gault)
				Apt	(= Gault)
				Barrême	(= Neokom)
				Hauterive	(= Neokom)
				Valendis	(= Neokom)
				Berrias	
			135		
	Jura	Malm (= Weißer J.)		Tithon	
				Kimmeridge	
				Oxford	
			155		
		Dogger (= Brauner J.)			
			172		
		Lias (= Schwarzer J.)			
			195		
Mesozoikum	*Trias*	Keuper		Oberer K.	(= Rät*)
				Mittlerer K. (= Gipskeuper) (Nor, Karn*)	
				Unterer K. (= Lettenkeuper)	(= Ladin*)
			205		
		Muschelkalk		Oberer M.	(= Ladin*)
				Mittlerer M.	(= Anis*)
				Unterer M. (= Wellenkalk)	(= Anis*)
			215		
		Buntsandstein		Oberer B. (= Röt)	(= Skyth*)
				Mittlerer B.	(= Skyth*)
				Unterer B.	(= Skyth*)
			225		
	Perm	Zechstein		Tatar	
				Kasan	
			240		
		Rotliegendes		Artinsk	
				Sakmara	
			280		

Fortsetzung der Tabelle 102

Zeitalter	Formation	Abteilung	Alter (Mio.Jah.)	Unterabschnitte (Stufen usw.) (nur z. T. angegeben)
Paläozoikum	*Karbon*	Oberkarbon Unterkarbon (= Kulm)	325	
			360	
	Devon	Oberdevon Mitteldevon Unterdevon		
			410	
	Silur (Gotlandium, früher Obersilur)			
			435	
	Ordovicium (früher Untersilur)			
			500	
	Kambrium	Oberkambrium Mittelkambrium Unterkambrium		
			570	
Präkambrium	*Proterozoikum*			
			1800	
	Archaikum			
			2700	
	Katarchaikum			
			3500	

* im Alpenraum

Anhang 2

Abkürzungen

BRD	=	Bundesrepublik Deutschland
D	=	Diffusionskoeffizient
d_B	=	Dichte des Bodens, Lagerungsdichte (g/m³)
E_h	=	Redoxpotential in V bezogen auf Standard-Wasserstoffelektrode
Al_oAl_l	=	oxalatlösliches bzw. NaOH-lösliches Al
Fe_oFe_d	=	oxalatlösliches bzw. dithionitlösliches Fe
Mn_d	=	dithionitlösliches Mn
FK	=	Feldkapazität
nFK	=	nutzbare FK
KAK, AK	=	Kationenaustauschkapazität
M	=	molar, Metall
org. S.	=	organische Substanz
PWP	=	permanenter Welkepunkt
pH	=	bei Böden = pH ($CaCl_2$)
PV	=	Porenvolumen in % (f = Feinporen < 0,2 μm, m = Mittelporen 0,2 – 10 μm, g = Grobporen > 10 μm, sg = Grobporen > 50 μm ∅)
P_v	=	in 30 %-HCl bei 100 °C löslicher Phosphor
SV	=	Substanzvolumen (T = Ton, U = Schluff, fS = Feinsand, mS = Mittelsand, gS = Grobsand, X = Kies und Steine)
BS	=	Basensättigung (früher V-Wert)
V_{Na}	=	Na-Sättigung
WS	=	Wassersäule
r	=	Korrelationskoeffizient
>	=	größer als
<	=	kleiner als
≈	=	ungefähr
Tr.S.	=	Trockensubstanz
Fr.S.	=	Frischsubstanz
FAO	=	Food Agriculture Organisation of the United Nations
USDA	=	United States Department of Agriculture
WHO	=	Weltgesundheitsorganisation

Maßeinheiten

Å	=	Angströmeinheit (= 10^{-10} m)
μm	=	Mikrometer (= 10^{-6} m)
nm	=	Nanometer (= 10^{-9} m)
dt	=	Dezitonne (= 100 kg)
mg	=	Milligramm (= 10^{-3} g)
μg	=	Mikrogramm (= 10^{-6} g)
ml	=	Milliliter (= 10^{-3} l)
mmol	=	Millimol (= 10^{-3} mol)
$cmol_c$	=	Centimol (= 10^{-2} mol)/Ionenladung s. a. S. 90
mval	=	Milliäquivalent, 10 mval/kg = 1 $cmol_c$/kg
s	=	Sekunde
min	=	Minute
h	=	Stunde
a	=	Jahr
d	=	Tag
J	=	Joule (1 J = 0,24 cal)
Pa	=	Pascal (10^{-5} bar)
mS	=	Millisiemens (mS · cm^{-1} elektr. Leitfähigkeit)
V	=	Volt

Umrechnungsfaktoren

$$P \underset{\times 0{,}436}{\overset{\times 2{,}29}{\rightleftarrows}} P_2O_5$$

$$K \underset{\times 0{,}83}{\overset{\times 1{,}20}{\rightleftarrows}} K_2O$$

Sachverzeichnis

Aa-Horizont 375
Abfall 308
Abrasion 13
Absonderungsgefüge 141
Abtragsformen 468
Abwasser 300
Acidität der Böden 113 f., s. a. Bodenacidität
Ackerschätzungsrahmen 465
Ackerzahl 465
Acrisol 443 f.
–, Nutzung 459
–, Systematik 404
–, Verbreitung 454, 459
Actinomyceten 77, s. a. Bodenorganismen
Adsorbate, Adsorbentien 90
Adsorption
–, Anionen 108
–, Kationen 90
– von Schwermetallen 102
Adsorptionsisothermen 110, 335
– für Cadmium 312
Adsorptionsmaximum 110
Adsorption(swasser) 172
Ae-Horizont 378
–, Definition 396
Aflatoxine 337
Aggregate, Aggregation 141
A-Horizont 362, 395
Aktinolith 4
Aktivitätskoeffizient 98
Albit 3
Alfisol 417
–, Systematik 401
Algen 77
–, Gewässereutrophierung 300
Al-Horizont 396
Alkalifeldspäte 3
Allerödzeit 476
Allophane 34 f.
– in Böden 447
–, KAK, Oberfläche 91
–, Ladung 93
alluviale Böden 428
Alluvium 477
Alm(kalk) 381
Altlasten 308
Aluminium, s. a. Aluminiumoxide
–, Freisetzung 315
–, Hydroxopolymere 116
–, Komplexbildung 113
–, Podsolierung 378
–, Toxizität 316
Aluminiumchlorit 33
Aluminiumoxide und -hydroxide 42 f.
– und Gefügestabilität 158
Aluminolgruppe 15
Alumosilicate 3
Ameisen 385, s. a. Bodenorganismen
Ammoniakverflüchtigung 267
Ammonium, s. a. Stickstoff
–, Fixierung 266
Amphibole 4, 16, 36
Anatas 45
Andalusit 4
Andesit 5
Andosol 447 f., 459
–, Austauschkapazität 103
–, Flächenanteil 456
–, Systematik 402, 404
Anhydrit 5
Anionenaustauscher
– und Flockung 137 f.
Anionen(ad)sorption 108 f.
–, Faktoren 110
–, (un)spezifische 108
Ankerit 4
Anmoor 375
Anmoorgley 426, 427
–, Sorption 101
–, Systematik 401
Anmoorhorizont 395
Anorthit 3
anthropogene Böden 367, 436 f.
Anthrosol 437
Apatit 4
Äquivalentdurchmesser 149, 178
Arboturbation 152
Archaikum 478
Arenosol 4
–, Systematik 404
Aridisol 444
–, Systematik 402
Arkosen 6
Arsenat-Sorption 109
artesischer(s) Druck (Wasser) 172
Asche, Gehalte der Streu 51
Asseln 78, s. a. Bodenorganismen
Atlantikum 476
Auenböden 428 f.
–, diagnostischer Horizont 396
–, Eigenschaften 429
–, Entwicklung 428
–, Nutzung, Bewertung 429
–, Profil 428
–, Systematik 400
–, Verbreitung 453
Auenlehm 10
–, Körnung 24
Auenrendzina 428
Auenrohboden 428
Aufbaugefüge 141
Auflagehorizont, -humus 362
Auflagerkraft 151, 152
Augit 4
Ausgangsgestein der Böden 2 f., 364
Ausgangsmaterial 2 f.
Ausrollgrenze 161
Ausstrahlung, Wärme 212
Austauscher 90
Azotobacter 78

Bakterien 77 f., s. a. Bodenorganismen
–, Lebensbedingungen 79
–, Zahl 82, 84, 88, 360
Bandsilicate 4
Bändchen(stau)podsol 420
Bärtierchen 78, 82, 360
Baryt 5
Basalt 5
Basement 11
Basen
–, austauschbare 90
– neutralisationskapazität 118
– sättigung 90
Basisabstand v. Tonmineralen 70
Basisfolge 364, s. a. Fließerde
Bayerit 42
Bearbeitungssohle 161
Beckett-Austauschkurven 236
Beidellit 32
Bentonit 33
Benzopyren 342
Bh-Horizont 379
B-Horizont 362, 395
Beregnung, Bewässerung 203
Berthierin 30
biogene Sedimente 6
Biomasse-Produktion 63
Bioopal 41
Biotit 3, 4
–, Umwandlung, Verwitterung 16
Biotop 358
Bioturbation 87, 152, 164, 385 f.
–, Intensität 87

Biozide in Böden 353 f.
–, Abbau 355
–, Adsorption 353
–, Verlagerung 354
–, Wirkung auf Organismen 356
Biozönose 358
Birnessit 45
Blei 324 f.
–, Adsorption 326
– an Straßenrändern 369
–, Bindungsformen 325
–, Emission, Immission 324
–, Gehalte in Pflanzen 326
–, Komplexbildung 61
–, Löslichkeit 327
–, Toxizität 324, 328 f.
–, Verfügbarkeit 327
Bleichzone 441
Blöcke, Korngrößenfraktion 22
Boden
–, Definition 1 f., 450
Böden
–, Flächenanteil 454
Bodenabtragsgleichung 471
Bodenacidität 113 f.
– und Aggregatstabilität 158
–, Entstehung 114
–, Neutralisationskapazität 118
–, pH-Werte von Böden 120
–, Protonenquellen 114
–, Puffersubstanzen 116
Bodenart 23 f., 464
Bodenbelastbarkeit
– mit Schadstoffen 310 f.
Bodenbelastung
– durch Kfz-Verkehr 309
– durch Schadstoffe 307 f.
Bodenbewertung 462 f.
–, Forst 463
–, Landbau 463
–, Salzböden 384
Bodenbezeichnung 398 f., s. a. Bodensystematik
Boden-Catena 451
Bodendichte 146
Bodenentwicklung 370 f.
– an Straßenrändern 369
–, Entwicklungsreihen(serien) 390 f.
– und Bodenorganismen 85, 367
– und Kulturmaßnahmen 367
Bodenerosion 468 f.
– durch Wasser 468
– durch Wind 472
Bodenfarbe 219 f.
Bodenfauna 78 f., s. a. Bodenorganismen
– im Waldökosystem 360
–, Wirkung im Boden 85
Bodenfeuchte 171
Bodenflora 77 f., s. a. Bodenorganismen
Bodenfrost 197
Bodenfruchtbarkeit 461
Bodengefüge 140 f.
Bodengenetik 362 f.
Bodengesellschaft
–, Beispiele 364, 452
Bodenhorizonte 395 f., 401
Bodenkarten
–, Erde 454
–, Mitteleuropa 453
–, Nordschwarzwald 452
Bodenklassifikation 398 f., s. a. Klassifikation
–, effektiv 398
–, genetisch 398
Bodenkolloide, s. Kolloide
Bodenkrümel, s. Krümel
Bodenlage 395
Boden(land)schaft 450
Bodenlösung
–, Zusammensetzung 224
Bodenluft 206 f.
Bodenminerale, s. Minerale
Bodenmüdigkeit 88
Bodennutzung 461 f.
Bodenorganismen 77 f.
–, Abbildungen 50, 77 – 79
– als Lebensgemeinschaft 81
–, Beschreibung 77
–, Einfluß auf Bodeneigenschaften 85
–, Einfluß auf Bodenentwicklung 367
–, Einfluß auf Gefüge 141
–, Einfluß von Bioziden 356
–, Einfluß von Kulturmaßnahmen 87, 356
–, Einteilung 77
– im Waldboden 84, 360
–, Lebensbedingungen 79
–, Zahl und Verteilung 82
Bodenprofil 362
Bodenprovinz 451
Bodenreaktion, s. Bodenacidität, s. pH
Bodenregion 451
– Mitteleuropas 452
Bodenschaft 450
Bodenschätzung 463
Bodenskelett 22
Bodenstruktur, s. Bodengefüge
Bodensystematik 398 f., s. a. Klassifikationssysteme
Bodentemperatur 211 f.
Bodentiere 78 f.
–, Gefügebildung 165
Bodentyp 398 f., s. Klassifikationssysteme
–, Bakterienbesatz 84
Bodenumlagerung, s. Erosion
Bodenuntersuchung 228, 463
Bodenverbreitung 450 f.
Bodenvergesellschaftung
–, Grundsätze 450
Bodenversalzung, s. Versalzung
Bodenversauerung 116, s. a. Bodenacidität
Bodenwasser 171 f., s. a. Wasser
Bodenzahl 463 f.
Bodenzonalität, -zonen 451, 455 f.
Bodenzustandsstufe, s. Zustandsstufe
Böhmit 42
Böllingzeit 476
Bor 287 f.
– als Schadstoff 288, 383
Boratsorption 109
Boreal 476
Borowina 428
–, Systematik 400
Borstenwürmer 78
Brackmarsch 432
Braunerde 414 f.
–, Bodenzahl 465
–, Elementflüsse 360
–, Entwicklung 391, 414
–, Farbbild 409
–, Mikroorganismenbesatz 83
–, Nutzung, Bewertung 416
–, Profil 414
–, Systematik 400
–, Tierbesatz 360
–, Verbreitung 416, 453
Braunhuminsäure 58
Breccien 6
Brodelbildungen 386
Bröckel 143
BSB-Wert 301
Bt-Horizont 377
Bu-Horizont 396
Buntsandstein 477, s. a. Sandstein
Burozem 444, 457
Buserit 46
Bv-Horizont 372

Cadmium 318 f.
–, Adsorptionsisothermen 312
–, Bindungsformen 312, 320 f.
–, Bodengehalte 318, 369
–, Emissionen, Immissionen 319
–, Gehalte in Pflanzen 322
–, Quellen 319
–, Toxizität 323
–, Verfügbarkeit 322
Calcit 4, 381
–, sekundärer 381
calcitroph 435
Calcium 231
– im Ökosystem 360

Calcrete 381
Caliche 381
Cambisol
–, Eigenschaften 414
–, Farbbild 409
–, Flächenanteil 454, 456
–, Systematik 403
Carbonatbänke 381
Carbonate
–, Aggregatstabilität 158
–, Verwitterung 14
Carbonatisierung 381 f.
Carbonatgesteine 9 f., s. a. Kalkstein, Dolomit
–, Verwitterung 14
Carboxylgruppe 56
Cellulose
–, Huminstoffbildung 54
–, Pflanzengehalte 51
C-Gehalt
–, Einfluß der Kulturart 65
–, Einfluß Mineraldüngung 67
–, Einfluß org. Düngung 67
–, Einfluß pH-Wert 67
–, Klassifikation 51
Chelate 60
– und Podsolierung 378
Chemikaliengesetz 335
Chemische Sedimente 6
Chemische Verwitterung 371
Chernozem, s. a. Tschernosem
–, Farbbild 409
–, Flächenanteil 454
–, Systematik 403
–, Verbreitung 455
Chinone 54
Chlor 290 f.
Chloride 381
–, Sorption 108
Chlorierte Kohlenwasserstoffe 338 f., 354
Chlorite 27, 33 f.
–, KAK, Oberfläche 91
Chloritisierung 33
Chloroform 338
C-Horizont 362, 395
Chrom 333 f.
Ciliaten 78
Clusteranalyse 405
C/N-Verhältnis
– von Humusformen 374
– von Streuarten 51
Cobalt 292
Collembolen 78, s. a. Bodenorganismen
Corrensit 35
Cristobalit 41
Cryon 386
Cryosol 448

Dampfdiffusion 189
Dampfdruck 173, 206
Darcy-Gleichung 180, 184
Dauerfrost, s. Permafrost
Deckfolge (Deckschicht) 364
Deflation 472 f.
Deflationspflaster 458, 472
Degradierung 367
Denitrifikation 131, 265
Denudation 468
Deponiegase 368, 438
Deposition
–, feuchte, nasse, trockene 314
Deprotonierung 113
Desilifizierung 372 f.
Desorption 90, s. a. Austausch
Devon 477
Diagenese 6
Diaspor 42
Diatomeen 78
Dichte
– des Bodens 146 f.
– fester Bestandteile 146 f.
Differentialthermoanalyse 49
Diffusion von Gas 207 f.
Diffusionskoeffizient f. Wasser 208 f.
Diffusivität 185
dioktaedrisch, diokt. Min. 30
Diopsid 4
Dioxine 341, 349
Diplopoden 78
Dispergierung 155
Dissoziationskonstante 113
Dolomit, Dolomitgesteine 4
Dränung 187
Dreischicht(2:1)-Minerale 30
–, Vorkommen 39
–, Sorptionsverhalten 93
Druckentlastung 12
Druckpotential 176
Drucksetzungskurve 151, 154, 161
Druckzwiebel 153
Dryaszeit 476
Dünensande
–, Bodenentwicklung 390
Düngung 229 f.
–, Einfluß auf Bodenorganismen 87
Dunkelstufe, Farbe 219
Dünnschliff 143
Durchlässigkeit für Wasser 180 f.
Durchlüftung 205 f.
Dy 401, 432

Edaphon 77 f. 367, s. a. Bodenorganismen
effektive Austauschkapazität 91
effektiver Wurzelraum 197 f.
Eh-Wert 129
–, pH-Stabilitätsdiagramme 129
Einlagerungsverdichtung 162, 377
Einzelkorngefüge 140 f., 375
Eisen 279 f., s. a. Eisenoxide
–, Freisetzung 371
–, laterale Umlagerung 389
–, Löslichkeit 128
–, Podsolierung 378
–, Redoxreaktionen 379
Eisencarbonate 129
Eisenoxide und -hydroxide 43 f., 129
–, Austauschkapazität 94
–, Bestimmung 49
–, Gefügebildung 158
–, Komplexbindung 60
–, Löslichkeit 44
Eisenphosphate 129
Eisensulfide 129, s. a. Pyrit
– in Marschen 429
Eiskeil(böden) 387
Eislamellen 386
Eislinsen 166, 386
Eissprengung 166
Eiweiße
–, Gehalte der Streu 51
–, Huminstoffbildung 55
Ektomycorrhizen 83
elektrische Doppelschicht 95 f.
elektrische Leitfähigkeit
– und Salzgehalt 384
elektrisches Potential, s. Potential
Elektronegativität 127
Elektronenmikroskop 49
Elektrophorese 138
Eluvialboden 389
Eluvialhorizont 378
Enchytraeen 78, s. a. Bodenorganismen
Endomycorrhizen 83
Energie, thermische 211
Energiequellen
–, sekundäre, thermische 212
Enstatit 4
Entisol
–, Systematik 401
Entsalzung 384, 430
Entschluffung 421
Entwässerung
–, Moore 435
Entwicklungsserien, s. Bodenentwicklung
Entzug der Pflanzen 229
Entzugsdüngung 229
Enzymaktivität 82
Epidot 4
Erdkruste
–, Zusammensetzung 2
Erdwärme 217
Erg 458

Ergußgestein 5
Erhaltungsdüngung 229
Ernterückstände 65
Erosion 468 f.
–, Ausmaß 468
– durch Massenversatz 388
– durch Wasser 365, 389, 470
– durch Wind 389, 472
–, Gewässerbelastung 301
–, natürliche 389
Erosionsverhütung 471
Erosivität 468
Ertragsfähigkeit
– und Körnung 24
Esch 437, s. a. Plaggenesch
Eutrophierung
–, Gewässer 300 f.
–, Straßenrand 368
Evaporation 190 f.
Evapotranspiration 201 f.
Exposition
– und Bodenentwicklung 365
– und Bodentemperatur 365

Fahlerde 400, 417 f., s. a. Parabraunerde
Farbton, Farbwert 219
– von Eisenoxiden 44
Faulschlamm(boden) 432
Fauna 78, s. a. Bodenfauna
Fehnkultur 436
Feinboden 23
Feinhumus 373
Feinkoagulatgefüge 375
feinkörnig 23
Feinmoder 374
Feinporen 149
Feldkapazität 149, 178, 191 f., 196
–, nutzbare 202
Feldspäte 3
–, Gehalte in Böden 47
–, Verwitterung 14
Feldversuch 227
Fermentationsschicht, -horizont 373, 396
Feroxyhit 43
Ferrallite, Ferrallitisierung 372 f.
Ferralsol 441 f.
–, diagnost. Horizont 396
–, Eigenschaften 441
–, Entwicklung 441
–, Farbbild 409
–, Flächenanteil 454
–, Systematik 404
–, Verbreitung 455
Ferran 43
Ferricret 43
Ferrihydrit 43, 379
–, Oberfläche 91
Ferrolyse 380
Festgestein
–, Definition 395
Fette
–, Gehalt der Streu 51
Feuchtezustand 197
F-Horizont 395, 432
Filterkuchen 134
Filterwirkung von Böden 306
Flachmoor 434
Flächenerosion 470
Flagellaten 78
Fließerde 10
–, Bodenentwicklung 388
–, Körnung 22
Fließgrenze 161
Fließquerschnitt 180, 201
Flockung 134 f., 138
Flora 77, s. a. Bodenorganismen
Flugsand 6, 10 f., s. a. Dünensand
Fluor 317 f.
– in Böden 317
–, Emissionen 317
– in Pflanzen 318
Flußmarsch 432
Flußschotter 10
Fluvisol 428
–, Systematik 404
–, Verbreitung 455, 459
Förna 373
fossile Böden 391
Fragmentgefüge 141
Freundlichisothermen 111, 335
Frostboden 448
–, Verbreitung 454
Frostgare 167
Frostsprengung (Kryoklastik) 371
Fulvosäuren
–, Alter 59
–, Austauschkapazität 95
–, Bestimmung 70
–, Eigenschaften 58
–, Tiefenfunktion 54
–, Zusammensetzung 58
Funktionelle Gruppen
–, Austauschkapazität 58
– von Huminstoffen 56

Gabbro 5
Gaponkoeffizient 98
Gartenboden (Hortisol) 436
Gasdiffusion, -druck, -fluß 207
Gashaushalt 208 f.
Gastransport
–, konvektiver 207
Gefüge der Böden 140, s. a. Bodengefüge
–, Bildung, Entwicklung 375 f.
Gefügeplasma
–, sepisch 376
Gefügestabilität 156 f.
–, Bestimmung 160
– und Al-, Fe-oxide 158
– und Kationenbelag 158
– und org. Substanz 157
– und pH 158
Gegenionen 95
Geißeltiere 78
Geköpfte Profile
– durch Bodenerosion 389
Gekriech 388
Gelosol 448 f.
–, Verbreitung 454, 455
Geröll 23
–, Korngrößenfraktion 22
Gerüstsilikate 3
Geschiebelehm, -mergel, -sand 10 f., 418
–, Bodenentwicklung 390
–, Körnung 24
–, Mineralbestand 391
Gesteine 5 f.
–, Verbreitung 7
Gesteinsschichten
–, Signierung 396
Gewässer (Ökosystem)
–, Eutrophierung 300 f.
–, Versauerung 303 f.
Gibbsit, Gibbsitschicht 42
–, Ladung 93
Gilgai, -Relief 386, 441
Gips, Gipsböden 5
Gipsblockelektrode 176
G-Horizont 395
Glaukonit 27
glazigene Sedimente 10
Gleichgewichtsbodenlösung 97
Gley 426 f.
–, Eigenschaften 426
–, Entwicklung 379, 426
–, Farbbild 409
–, KAK 101
–, Morphologie 426
–, Nutzung, Bewertung 427
–, Profil 426
–, Systematik 401
–, Verbreitung, Vergesellschaftung 427, 453
gleyartige Böden, s. Pseudogley
Gleysol 426
–, Flächenanteil 454
–, Systematik 404
Gliederfüßer 78 f.
Glimmer 4
–, Verwitterung 16
Goethit 43
Go-Horizont 426
–, Definition 396
–, Oberfläche 91
Grabenerosion 468
Granat 4
Granit, Granitböden 5

–, Verwitterung 441
Granodiorit 5
Graphit 4
Grauhuminsäure 58
Grauschlammboden 432
Grauwacke 6
Gravitationspotential 175, 177
Grenzwerte
– für Böden 305
– für Klärschlamm 305
– für Trinkwasser 305
Greyzem 404
Gr-Horizont 426
–, Definition 396
Griserde 412
Grobhumus 373
grobkörnig 23
Grobmoder 374
Grobporen, weite, enge 149, 162
Grüner Rost 43
Grünlandgrundzahl, Grünlandzahl 466
Grundgebirge 11
Grundmoräne 10
Grundwasser 171 f.
– und Bodenentwicklung 366
– flurabstand 196
– neubildung 196
Grundwasserböden 425 f.
–, Systematik 400
Grundwasserspiegel, -stand 171
Grus 22
Gullierosion 468
Gyttja 375, 432

Haftwasser 172
Hagen-Poiseuille Gleich. 182
HA-Horizont 395
Haldenvergiftung 16
Halloysite 27, 30
–, KAK 91
–, Ladung 93
–, Vorkommen 40
Hamada (Wüstenboden, Steinboden) 458
Hämatit 3, 43
–, Oberfläche 91
Hanggley 427 f.
Hangkriechen 388
Hangmoor 434
Hangrutschung 388
Hangzugwasser 389 f.
Hausmüll 349 f.
Hazensche Näherungsformel 182
Hemicellulosen
–, Gehalte der Streu 51
Hexachlorbenzol 339 f., 350, 354
Hexachlorcyclohexan 338 f., 354
– im Klärschlamm 351
H-Horizont 395
H-Ionen-Quellen 114 f.
Histosol 433
–, Flächenanteil 454
–, Systematik 402, 404
Hochmoor 434
–, Eigenschaften 435
Hochmoorkultur, deutsche 436
Hochmoortorf
–, Definition 395
–, Pflanzenarten 395
Hohlraumvolumen, s. Poren
Hollandit 46
Holozän 476
Homogenisierung 159, 167
Horizontierung, s. Bodenhorizonte
Horizontmerkmale
–, Definition 396
Hornblende 4
Hornmilben 78 f., s. a. Bodenorganismen
Hortisol (Gartenboden) 437
Hüllengefüge 141
Humate 58
Humifizierung 54 f.
–, Düngungseinfluß 67
–, Klimaeinfluß 64
–, Nutzungseinfluß 65
–, Standorteinfluß 64
Humifizierungsgrad
– von Mooren 435
Humine 58 f.
–, Alter 59
–, Bestimmung 70
Huminsäuren 58 f.
–, Alter 59
–, Austauschkapazität 94
–, Bestimmung 70
–, Tiefenfunktion 54
Huminstoffe 54 f.
–, Alter 59
–, Bestimmung 70
–, Bildung 54
–, Eigenschaften 56
–, KAK 91, 94
–, Strukturmodell 57
–, Syntheseversuche 54
Humositätsgrad 435
Humus 50 f.
Humusformen
–, Bildung 373 f.
–, Feuchthumus 375
–, hydromorphe 375
–, subhydrisch 375
–, terrestrisch 373
Humusgefüge 373
Humusgehalt
–, Bestimmung 70
–, Klassierung 51
Humushorizont(-körper) 373
Humusprofil 373
Hydratation 99
Hydraulisches Potential 175
Hydrobiotit 35
Hydrolyse 13
–, von Al, Fe 113
Hydromorphierung 379 f.
hydromorphe Böden, s. Pseudogley, Gley
hydrostat. Druck 154, 175
Hydroturbation 386
Hydroxide 41 f., s. a. Oxide
Hydroxo-Al-Polymere 113
Hydroxokomplexe 102
Hygroskopizität 172
Hymatomelansäuren 58

Illimerisation, s. Lessivierung
Illite 27, 30 f.
–, KAK 91
–, Oberfläche 91
–, Vorkommen in Böden 39
Illuvialboden 390
Illuvialhorizont, Anreicherungshorizont 378
Ilmenit 4
Imogolite 34
–, Oberfläche 91
Inceptisol 402
Indexmineral 371
Infiltration 185 f.
Infrarotabsorptionsspektrographie 49
Inklination
– und Bodentemperatur 212
Insekten des Bodens, s. Bodenorganismen
Inselsilicate 4
Ionenaustausch, s. Anionen- u. Kationenaustausch
Ionenstärke 97
isomorpher Ersatz 3, 92

Jarosit 16
Jura 477
Jurbanit 42

Kalium 234 f.
–, austauschbares 234
–, Auswaschung 244
–, Bestimmung 238
–, Bilanz für BRD 243
–, Bodenlösung 225, 236
–, Düngung 241
–, Fixierung 234
–, Gehalt in Pflanzen 240
–, Grenzwerte 241, 244
–, Lactatmethode 241
–, nichtaustauschbares 234
–, Pflanzenentzug 229
–, pflanzenverfügbares 237
–, Versorgung nach Feldversuchen 239

Kalifeldspat 3
Kalkbedarf 123
–, Bestimmung 125
Kalkfeldspat 4
Kalkgestein, s. Kalkstein
Kalkgyttja 432
Kalkkrusten 381
Kalkmarsch 431
–, KAK 101
–, Systematik 400
Kalkmudde 432
Kalkpotential 125
Kalkstein, Kalksteinböden
–, Bodenentwicklung 391, 410
Kalkstein-Braunlehm (Terra fusca) 416
Kalkung 123
Kalomelelektrode 132
Kambrium 478
Kammeis 386
Kammoor 435
Kaolinit 27, 30 f.
–, KAK, Oberfläche 91
–, Vorkommen in Böden 39
kapillarer Aufstieg 187
Kapillarkondensation 173
Kapillarpotential 175, s. a. Matrix-Potential
Kapillarwasser 172 f.
Karbon 478
Kastanozem (kastanienfarbener Boden) 444 f.
–, Systematik 404
–, Verbreitung 454, 457
Kationen, austauschbare 90 f.
–, Adsorption 100
–, Hydratation 99
Kationenadsorption 90 f.
–, Ausmaß 91
–, Bestimmung 107
–, der org. Substanz 94
–, Gleichungen 97
–, in Böden 95
–, Ladungsart 91
–, Ursachen 91
Kationenaustauschkapazität 91
–, Bestimmung 107
– von Böden 102
–, Gleichungen 97
Kationenaustauscher, s. Austauscher
Kationenbelag 91
– von Böden 104
Kationensäure 113
Kernsprünge 12
Kettensilicate 4
Keuper 477
kf-Wert 180
Kies 6
–, Korngrößenfraktion 22
Kiesfraktion 22
Klärschlamm 349 f.
–, Nährstoffgehalte 350
–, Schadstoffgehalte 351
–, Schwermetallgrenzwerte 351
– verordnung 306
Klassifikationssysteme 398 f.
–, Deutschland 399
–, Entwicklung 398
–, numerische 405
–, USA 401
–, Weltbodenkarte 403
Klei, Kleimarsch 429
–, KAK 101
–, Systematik 401
Klima 190
–, Einfluß Bodenentwicklung 322
–, Einfluß des Menschen 368
Klumpengefüge 143
Knick, Knickmarsch 431
–, Systematik 401
Koagulation 134, s. a. Flockung
Kobalt 292
k_{oc}-Werte
–, von Bioziden 354 f.
–, von organ. Schadstoffen 336
Kohärentgefüge 140
Kohlendioxid, Kohlensäure
– in der Bodenluft 206
– und pH 114
–, Partialdruck 120
Kolloide 134
Kolluvisol 437
Kolluvium 389
Komplexierung
– und Verwitterung 16
Kondensation 191
Konglomerate 6
Konkretionen 379
–, Eisen-, Mangan- 44, 379
–, Carbonat- 381
Konsistenz 161
Kontinuitätsgleichung 181
Korn(größen)fraktionen 22
Körnung, Korngrößenzusammensetzung 21 f.
–, Bestimmung 23
–, Einfluß auf Ertragsfähigkeit 24
–, Fingerprobe 23
– und Bodenwasser 192
– und Gefüge 182
Körnungsklassen (Bodenarten) 23 f.
Körnungssummenkurven 22
Kreide(zeit) 477
Kristallisationsdruck 166
Krotowinen 385
Krümel, Krümelgefüge 375
Krusten 381
Kryoklastik, kryoklast. Verw. 12, 371 f.
Kryoturbation 386 f., 448
Krypto-A-Horizont 396
Kryptohumus, -mull 374
Kryptomelan 46
Kultosole 436
Kupfer 280 f.
–, Mangel bei Pflanzen 282
–, Schadwirkungen 282

Ladung d. anorg. Austauscher 91
Ladungsart 91
Lagerungscharakteristik 161
Lagerungsdichte 146 f.
Landböden 407 f.
–, Systematik 399
Landschaft 450
Langmuir-Isothermen 111
Laterit, Lateritisierung 372, 441
Latosol 441
Lebermudde 432
Lehm, Lehmböden
–, Körnung 23
Leitminerale 19
Lepidokrokit 43, 379
– in Pseudogley 423
Lessivé, s. Parabraunerde
Lessivierung 376
Leucit 4
L-Horizont 395
Ligandenaustausch 108
Lignin
–, Gehalte der Streu 51
Limnohumit 433
Lithiophorit 46
Lithosol 459
–, Systematik 403
Lockerbraunerde 415
Lockergestein 6
–, Definition 395
Lockersyrosem 407 f.
–, Systematik 399
Lockerung
– durch Bodentiere 85
Löß, Lößböden, Lößlehm 6, 9
–, Bodenentwicklung 390, 412
–, Körnung 24
Lößkindl, Lößpuppen 381
Losung von Bodentieren 50
lufttrockene Böden 172
Lumbriciden 78
Luvisol 417
–, Farbbild 409
–, Flächenanteil 454
–, Nutzung 457
–, Systematik 404
–, Verbreitung 457
lyotrophe Reihen 99
Lysimeter 196

M, μm, μg, mval, mmol 479
Maghemit 43
Magmatite 3, 5 f.
Magnesium 231 f.
–, Auswaschung 234
–, Düngung 233
–, pflanzenverfügbares 231
Magnetit 4, 16
Maibolt 431
Makrogefüge 140, 149
Mangan 276 f.
– in Gleyen 427
–, laterale Umlagerung 389
– löslichkeit 130
Manganoxide 45, 131
Markasit 5
Marmor 11
Marmorierung
– in Pseudogley 422
Marsch(böden) 429 f.
–, Eigenschaften 431
–, Entwicklung 429
–, Nutzung, Bewertung 432
–, Profil 429
–, Systematik 401
–, Verbreitung 429, 453, 459
Massenversatz 388 f.
Massenwirkungsgesetz 98
Matrix des Bodens
–, Potential 175, 177
Maulwurf, Mäuse 78, 85
Meniskenzug 154
Mergel(gestein) 9 f.
–, Bodenentwicklung 391, 411
Metahaloysit 30
Metallorganische Komplexe 131
Metamorphite, Metamorphose 10 f.
Methan 205
– bildung 131
–, Mülldeponien 351
Methanosole 437
Mikroben, s. Mikroorganismen
Mikrogefüge, -morphologie 143, 149
Mikroklin 3
Mikroorganismen 77
Mikrosonde 49
Mineralbildung 370
Minerale in Böden 2 f.
Mineralhorizont 362
Mineralisierung
– von Stickstoff 262
Mineralöle 343 f.
Missenboden 424
Mittelporen 149
Moder, Moderhumus 374 f.
Mößbauerspektroskopie 48
Molasse 477
Molkenboden, -podsol 424
Mollisol
–, Eigenschaften 412
–, Systematik 401
Molybdän 289 f.
–, Schadwirkungen 290
–, Sorption 109
Montmorillonite 27, 32 f., s. a. Smectite
Moore, Moorböden 433 f.
–, Düngung 436
–, Eigenschaften 435
–, Entwicklung 434
–, Kultivierung, Nutzung 436
–, Systematik 401, s. a. Histosole
–, Verbreitung 435
Moorerden 433
Moorgley 427
–, Systematik 401
Moos, s. Niedermoor
Morphologie, Gefüge 140
Mülldeponien
–, Bodenentwicklung 368, 438
Müllkompost 349 f.
Mulchen 167, 216
Mull 375 f.
–, Stoffgruppen 54
mullartiger Moder 374
Mullrendzina (mullartige R.) 410
Mülldeponie 207, 217
Munsell-Farben, -Tafeln 219
– als diagnostisches Merkmal 396
Mure 388
Muschelkalk 477
Muskovit 3, 4

N, s. Stickstoff
Nadelstichporen 146
Nährstoffe 221 f.
–, Auswaschung 222
–, Bindungsformen 221
–, Entzug 222
–, Fixierung 221
–, Gehalte in Pflanzen 228
–, Gehaltsklassen 229
–, Grenzwerte 229
–, Immobilisierung 221
– in Niederschlägen 222
–, Kreislauf 221
–, Mineralisierung 222
–, Mobilisierung 221
Nährstoffverfügbarkeit 224
Nährstoffversorgung 227 f.
–, Bestimmung 227
–, chem. Untersuchungen 228
–, Feldversuche 227
–, Gehaltsklassen, Grenzwerte 229
Nano-A-Horizont 395
Nanopodsol 419
Naßbleichung 424
–, Definition 396
Naßgley 426
–, Systematik 400
Natrium 245
–, Adsorptionsverhältnis (NAV) 382
–, Sättigung 382
Natriumböden 384, 446
–, Melioration 384
Natronfeldspat 3
Nematoden 78, s. a. Bodenorganismen
Nernstsche Gleichung 128
Neubauermethode 227
Neutralisationsgeschwindigkeit 123
Neutronensonde 184
Nickel 331 f.
–, Bindung 332
–, Gehalte in Böden 332
–, Toxizität 321
Niedermoor 434
Niedermoorkultivierung 436
Niedermoortorf 395
Nitosol 443
–, Systematik 404
Nitrat, Nitrit, s. a. Stickstoff
–, Reduktion 131
–, Sorption 108
Nitrifikation 264
Nitrobacter, Nitrosomonas 77, s. a. Bodenorganismen
Nitrophenol 336
Nitrosamine 337 f.
Non-Effect-Level 304
Nontronit 32
Nordstrandit 42
Normalschrumpfung 155
Normalspannung 150, 157
nutzbare Feldkapazität 149

Oberfläche, spezifische 91
–, Bestimmung 91
Oberflächenwasser 171
Ockererde 416, 424
Ofentrockenheit 171
Of-, Oh-Horizont 373
O-Horizonte 373
Ökosysteme 358 f.
Oktaeder, -schicht 27
Olivine 3, 4
Ölrückstände 343
Opal 41
organisches Ausgangsmaterial, s. Streu
organische Böden, s. Moor
Organischer Horizont 395
organische Komplexbildner 60
organische Schadstoffe 334 f.
Organische Substanz 50 f.
–, Aggregatstabilität 157

–, Bedeutung für Pflanzen 69
–, Bestimmung 70
–, C-Gehalt 51
–, Dichte 146
–, KAK 94
–, Klimaeinfluß 64
–, Nährstoffbindung 69
–, Nutzungseinfluß 65
–, physikalische Wirkungen 69
–, spez. Oberfläche 91
–, Standorteinfluß 64
–, Wirkstoffe 70
organo-mineralische Verbindungen 74 f.
Oribatiden 78
Orterde 419
Orthogestein 10
Orthoklas 3
Ortstein 419
osmotisches Potential 175
osmotisches Wasser 172
Oxidation 127
–, von NH 115
– und Verwitterung 16
Oxidationshorizont
–, Definition 396
Oxidationsvorgänge im Boden, s. Redoxreaktionen
Oxide 41 f.
–, KAK 93
Oxihydroxide, s. Oxide
Oxigley 426
Oxisole 441 f.
–, KAK 103
–, Systematik 401
Ozon 315

PAK 341 f.
Paläoboden 391
Paläozoikum 478
Palygorskit 27, 34 f.
Panther-Fleckung 419
Parabraunerden 417 f.
–, Bodenzahlen 465
–, Eigenschaften 418
–, Entwicklung 418
–, Farbbild 409
–, KAK 101
–, Nutzung 419
–, Profil 417
–, Systematik 400
–, Verbreitung 419, 453
Paragesteine 10
Paragonit 4
Pararendzina 411 f.
–, Systematik 400
Paternia 428
–, Systematik 401
Pechhumus 373, 424
Pechmoder 374
Pedon, Pedotop 451
Pedokomplex, Pedochore 451
Pedoturbation 152, 162, 386
Pelosol 421
–, Eigenschaften 421
–, Entwicklung 421
–, Nutzung, Bewertung 422
–, Porung 421
–, Profil 421
–, Systematik 400
–, Verbreitung 422
Peloturbation 386
Pentachlorphenol
–, Klärschlamm 351
–, k_{oc}-Werte 336
Peptisation 134 f.
Peridotit 5
Perm 478
Permafrost 216, 386
–, Verbreitung 456
permanente Ladung 92
permanenter Welkepunkt 178, 192
Permeabilität
– für Wasser 180
– für Luft 207
Pestizide, s. Biozide
pF-Kurve 178
pF-Wert 173, 178
Pflanzenanalyse 228
Pflanzengesellschaften 462
Pflanzennährstoffe, s. Nährstoffe
Pflanzensoziologie 462
Pflugsohle 167
Phaeozem
–, Eigenschaften 417
–, Systematik 403
–, Verbreitung 457
Phenole 54
Phlogopit 4
P-Horizont 397, 421
Phosphor, Phosphate 245 f.
–, adsorbiertes Phosphat 241
–, Ausnutzung v. Düngerphosphaten 248, 257
–, Auswaschung 259
–, Bestimmung P-Versorgung 253
–, Bilanz für BRD 258
–, Bindungsformen 246
–, Dünger, Düngung 255
–, Ertragswirkung 255
–, Gehalt in Böden 245
–, Gewässereutrophierung 302
–, Grenzwerte 255, 259
– in Gleyen 427
–, laterale Umlagerung 389
–, Löslichkeit 249
–, Sorption 109
–, Umsetzung v. Düngerphosphaten 248
–, Versorgungsgrad v. Böden 253
pH-Wert 120, s. a. Bodenacidität
– an Straßenrändern 368
–, Bestimmung 125
–, optimaler 122
– und Aggregatstabilität 158
– und C-Gehalt 68
– und menschl. Einfluß 367
– und Podsolierung 378
– und Tonverlagerung 378
– von Böden 120
– von Niederschlägen 115
Phyllosilicate 4
Phytolith 41
Piezometer 176
Pilze 77, s. a. Bodenorganismen
Pingos 386
Plaggenböden (Plaggenesche, Plaggen) 437
–, KAK 101
Plagioklas 3
Planosol 447 f.
–, Flächenanteil 455
–, Systematik 404
Planschwirkung 468
Platte, Plattengefüge 142
Playa 458
Pleistozän 477
Plinthit 441
Podsol 419 f.
–, Ausbildungsformen 420
–, Bodenzahl 465
–, Eigenschaften 420
–, Entwicklung 378, 419
–, Farbbild 409
–, Flächenanteil 454
–, KAK 101
–, Morphologie 419
–, Nutzung und Bewertung 421
–, Profil 419
–, Systematik 400
–, Verbreitung 420
Podsolierung 378 f.
–, ökolog. Bedeutung 379
Podsoluvisol 417
–, Systematik 404
Podzol, s. Podsol
Polderboden 429
Polychlorierte Biphenyle 340 f.
–, Klärschlamm 350
Polychlorierte Kohlenwasserstoffe
–, aromatische 341 f.
–, Dibenzodioxine 341 f., 350
–, Dibenzofurone 341
Polycyclische Kohlenwasserstoffe 341
Polyeder, Polyedergefüge 141, 145, 375
Polygonnetz(böden) 387

Polykieselsäure 41
Polypedon 451
Polyphenole
– und Podsolierung 378
Polysaccharide
– und Podsolierung 378
Poren, Porung der Böden
– durchmesser 148, 173
– volumen 146, 163
Porenform 148
poryphyrische Struktur 6
Porenziffer 147
Potentiale des Bodenwassers 174 f.
–, elektrokinet. 138 f.
ppm, ppb 479
Präboreal 476
Primärzersetzer 85
Prismen, Prismengefüge 375
Profildifferenzierung 390 f.
Protoimogolite 34
Protonen, Protonierung 113
–, Quellen 114
Protolyse 14
Protopedon 432
Protozoen 78, s. a. Bodenorganismen
Pseudogley 422 f.
–, Bodenzahl 465
–, Eigenschaften 422
–, Entwicklung 423, s. a. Redoximorphose
–, Farbbild 409
–, KAK 101
–, Morphologie 422
–, Nutzung, Bewertung 424
–, Profil 422
–, Systematik 400
–, Verbreitung 424
Pseudorutil 45
Pseudovergleyung 379 f.
Pufferkapazität
–, für K 236
Pufferreaktion, Pufferung 116 f.
Puffigkeit 436
Pyrit 4, 5, s. a. Eisensulfid
Pyrolusit 46
Pyroxene 3, 4

Qualmwasser 427
Quartär 477
Quarz 2
–, sekundärer 41
Quarzgestein 6
–, Bodenentwicklung 391
Quarzite 6
Quarzporphyr 6
Quecksilber 328 f.
–, Bodengehalte 329
–, Bindungsformen 329
–, Emission, Immission 329
–, Pflanzengehalte 331
–, Toxizität 328
–, Verfügbarkeit 331
Quellengley 427
Quellenmoor 434
Quellung 135, 154 f., 162, 179
Quellungsdruck 135, 156

Rambla 428
–, Systematik 400
Ranker 408 f.
–, Systematik 399
Raseneisenstein, Raseneisenerz 44, 426
–, Bildung 379, 389
–, Eigenschaften 427
Raumgewicht, s. Dichte des Bodens
Redoximorphose 379 f.
Redoxpotentiale 127 f.
– in Böden 130
– in Unterwasserböden 433
–, Messung 132
Redoxreaktionen, -systeme 127 f.
– in Böden 130
– in Reisböden 448
–, Gashaushalt 209, 219
Reduktion, s. Redoxreaktion
Reduktionshorizont 379
–, Definition 399
Reduktomorphierung 379
Regenfaktor 364
Regenwürmer 78, s. a. Bodenorganismen
–, Besatz 81, 82, 84
–, Bioturbation 385
–, Bodenumlagerung 88
– und Gefüge 165
–, Stoffgruppen 51
Regionalmetamorphose 10
Regosol 408 f.
–, Systematik 399, 404
Regradierung 367
Regur 440
Reifung (der Marsch) 430
Reisböden (Paddy Soils) 448 f.
Relief u. Bodenentwicklung 365 f.
Reliktböden 391
Relikt-Gley 426
Rendoll 403
Rendzina 410 f.
–, Bakterienbesatz 85
–, Bodenzahl 465
–, Entwicklung 364
–, Farbbild 409
–, Nutzung 411
–, Profil 410
–, Systematik 399, 404
–, Verbreitung 411
–, Vergesellschaftung 452
Rendzinamoder 374
Respirationsquotient 206
Restschrumpfung 155
rheolog. Modell 150
Rhizopoden 78
Rhizosphäre 83, 226
R-Horizont 395
rH-Wert 127
Rhyolith 5
Richtwerte
– für Nahrungsmittel 305
–, Schadstoffbelastung 304
Ried 434
rigolte Böden (Rigosole) 437
Rillenerosion 469
Risse 144, 154
Röntgenanalyse
–, Beugung 48
–, Fluoreszens 49
Rohböden 407
–, Systematik 399
Rohhumus 373
Röhren 144
Rostflecken 379
Rotatorien 78
Roterde 441, s. a. Ferralsol
–, Farbbild 409
Rotlehm 441
Rotliegendes 477
Rutil 4, 45

S, s. Sand
Sackungsverdichtung 162
Saltation 472
Salzadsorption 96
Salzakkumulation 381 f.
Salzböden 385, 445 f.
–, BRD 345
Salze
–, Löslichkeit 14
– in Solonchaken 445
– in Solonetzen 446
– Yermosolen 444
Salzgehalt
– in Alkaliböden 385, 446
–, Messung 384
– der Niederschläge 382
– in Salzböden 385, 445
Salzkonzentration
– und Flockung 135 f., 147
Salzmarsch 431
–, Farbbild 409
–, Systematik 401
Salznatriumböden 385
–, Melioration 385
Salzschäden 344 f.
–, aride Klimate 385 f.
Salzsprengung 12, 373 f.
Sand, Sandböden 23
–, Ertragsfähigkeit 24
–, Gefüge 163
–, Korngrößenfraktion 22

–, Körnungsklasse 23
Sandfraktion 22
Sandkeile 387
Sandlöß 9
Sandmischkultur 435
Sandmull 375
Sandstein, Sandsteinböden 6, 9 f.
Sapropel 432
Saprophagen 78
Sättigungsextrakt 225
Sauerbleichung
–, Definition 396
Sauerbraunerde 415
Sauerranker 408
Sauerstoff
–, Bedarf Gewässer (BSB) 301
–, Brückenbindung 14
–, Gehalt in Böden 205
Saugspannung, s. Wasserspannung
Säulen, Säulengefüge 142, 446
Säureneutralisationskapazität (SNK) 118
saure Niederschläge 313, s. a. Schwefeldioxid
Schadstoffe 304 f.
–, anorganische 313 f.
–, Bestimmung im Boden 312
–, Grenz- und Richtwerte 305
–, Immissionen 307
–, organische 334 f.
–, Verhalten im Boden 310
„Schaumboden" 444
Scherwiderstand 151, 152
Schichtladung 92
Schichtsilicate 4
Schiefer, Schieferton 10
Schieferung 11
Schlämmanalyse 21
Schlick (Watt) 429
Schluff, Schluffböden 22
–, Korngrößenfraktion 22
–, Körnungsklasse 24
Schlufffraktion 22
Schnecken, s. Bodenorganismen
Schrumpfung 154 f., 162
Schulze-Hardy-Regel 136
Schwammgefüge 141
Schwarzerde 412, s. a. Tschernosem
–, Farbbild 409
–, KAK 101
Schwarzkultur 436
Schwarztorf 435
Schwefel 274 f.
–, Immissionen aus der Luft 313
– im Ökosystem 360
–, Redoxreaktionen 130
Schwefeldioxid, s. a. Schwefel
– ,Waldschäden 313
Schwefelwasserstoff 205
Schwermetalle
–, Adsorption 102, 311
–, Aufnahme durch Pflanzen 310
–, Einträge, Austräge 309
–, Komplexbildung 60
–, Mobilität 310
–, Transferkoeffizienten 310
Schwerminerale 4
Sebka 458
Sedimente, Sedimentgesteine 6 f.
Sedimentieren 134
See-Erz 433
Seekreide 433
Seemarsch 432
Sekundärporen 148, 162
Selbstmulchen 386
Selektivitätskoeffizient 99
Selen 293 f.
semiterrestrische Böden, s. Grundwasserböden
Sepiolith 34
Sericit 4
Serir 458
Serpentin 4, 30
Sesquioxide 396
Sickerwasser 171, 196
Siderit 5
Sierozem 444
Silanolgruppe 15
Silcrete 41, 372
Silicate 3
Silicatpufferung 118
Silicatschichten
–, Verwitterung 14
Silicium 291
Siliciumoxide 41 f.
Silcret 389
Silimanit 4
Silt, s. Schluff
Silur 478
S-Horizont
–, Definition 396
Skelettboden 23
slicken sides 386
Smectite 27, 32 f.
–, KAK, Oberfläche 91
–, Ladung 93
–, Vorkommen in Böden 39
Smonitza 440
Soda 382
Sol 136
Solifluktion 166, 389
Solifluktionsschutt 10
Sol Lessivé, s. Lessivé
Solod 446
Solonetz 446 f.
–, Systematik 404
–, Verbreitung 458
Solontschak, Solonchak 445 f.
–, Flächenanteil 455
–, Systematik 404
–, Verbreitung 458
Solum 362
Spannung (Festphase) 150
Spatendiagnose 160
spezifische Adsorption 100
spezifische Oberfläche 91 f.
splash 468
Spodosol 419
–, Systematik 401
Springschwänze, s. Collembolen
stabilisierende Stoffe 157
Stabilität des Gefüges 156 f.
Stagnogley 424
–, Verbreitung 452
Stagnosol 423
–, Farbbild 409
Stallmistdüngung 67
Staugley 422, s. a. Pseudogley
Staukörper 422
Staunässe, Staunässeboden 422
Staunässegley, s. Pseudogley
Staupodsol 400
Staurolith 4
Stauwasser 171
Stauwasserböden 422
–, Systematik 400
Stauzone 422
Steine 21
Steinpflaster 473
Steinsohle 385
Steppenböden 412, 444
–, Systematik 399
–, Verbreitung 457
Stern-Schicht 96, 100
Stickstoff 259 f.
–, Ammoniak-Verflüchtigung 267
–, Ammoniumfixierung 266
–, Auswaschung 270
–, Bilanz 268
–, Bindung, biologisch 267
–, Denitrifikation 265
–, Düngung 268
–, Fixierung, biologisch 267
–, Gewässereutrophierung 301
–, Grundwasserbelastung 273
–, Immobilisierung 262
–, Kreislauf 260
–, Mineralisierung 262
–, Nitrifikation 264
–, Trinkwasserbelastung 273
–, Verbindungen in Böden 259
–, Verluste (auch gasförmige) 267
–, Vorrat im Boden (N_{min}-Vorrat) 268
–, Waldschäden 313
Stoffgruppenanalyse 70
Strahlenpilze, s. Actinomyceten
Straßenränder

–, Bodenveränderungen 368
Streifenböden 389
Strengit 247
Streu, Streuhorizont 373
–, Produktion und Abbau 52, 63
–, Zusammensetzung 51
Streusalze 345 f.
–, Straßenrand 368
Strömung
–, des Bodenwassers 161
–, instationär 184
Strömungsdruck 150
Strömungslinien 181
Strohdüngung 67
Strukturstabilität 156
Subatlantikum 476
Subboreal 476
subhydrische Böden 432 f.
Subpolyeder 141
Sukzessionen (Boden-) 390 f.
Sulfate, s. a. Schwefel
–, Reduktion in Böden 131, 430
–, Sorption 109
sulfatsaure Böden 431
Sulfide 5, s. a. Schwefel
Sumpfgas, s. Methan
synthetische Stabilisatoren 159
Syrosem 407 f.
–, Systematik 399

T, s. Ton
Tagwasser 423
– versalzung 382 f.
Takyre 444
Tangelhumus 374
tangentiale Spannung 150
Taschenböden, Tropfenböden 386
Tausendfüßler, s. Bodenorganismen
Temperatur des Bodens 196
–, als Faktor der Bodenbildung 363
–, Leitfähigkeit 213
–, Schwankungen 214 f.
Temperatursprengung 12, 373 f.
Tensiometer 176
Termiten 78, s. a. Bodenorganismen
–, Bioturbation 385
Terrae calcis
–, Systematik 400
Terra fusca 416 f.
–, Systematik 400
Terra rossa
–, Systematik 400
–, Verbreitung 457
Terrassenschotter 10
Tertiär 477
Tetrachlorethylen 338
Tetrachlorkohlenstoff 338
Tetraeder, -schicht 27
Textur 21 f., s. a. Körnung
Thermogravimetrie 49
Thionic Fluvisol 431
–, Farbbild 409
–, Systematik 404
Thixotropie 134
T-Horizont 397
Thufure 386
Tiefengestein 5
Tiefumbruch 168
Tirs 441
Titanit 4
Titanminerale, -oxide 45
Titanoxide 45 f.
Tjäle 448
Todorokit 46
Ton(böden)
–, Gefüge 164
–, Korngrößenfraktion 22
–, Körnungsklasse 24
Tonanreicherung
–, Definition 396
–, Intensität 372
Tonbänder 376
–, Signum 396
Tonbeläge, -cutane 376
Tonbildung 35
–, Intensität 372
Tondurchschlämmung, s. Tonverlagerung
Tone, Tonböden, Tongesteine 9 f.
–, Bodenentwicklung 391
–, Ertragsfähigkeit 25
–, Körnung 24
Tonfraktion 21
Tonhumuskomplexe 74
Tonminerale 27 f.
–, Bestimmung 48
–, Bildung und Umwandlung 35
–, Bildungsintensität 372
–, chemische Zusammensetzung 26
–, Dreischicht(2:1)-Minerale 30
–, KAK 93
–, Kristallstruktur 27
–, Ladung der Silicatschichten 29
–, Oberfläche 91
–, quantitative Bestimmung 48
–, Umwandlung 38
–, Vorkommen und Bildung 35
–, Zerstörung 315
–, Zweischicht(1:1)-Minerale 30
Tonverlagerung 376 f.
–, Intensität 372
Toposequenz 451
Torf 375
Torfbildung 433
Torfhorizont 395
Torfmarsch 431
Transpirationskoeffizient 203
Trias 477
Trichlorethan 338
Trichlorphenol 336
Trinkwasser
–, organ. Belastung 338
trioktaedrisch (Minerale) 29
Trocknung 173
Tschernitza 428
–, Systematik 401
Tschernosem 412 f.
–, Bodenzahl 465
–, Eigenschaften 413
–, Entwicklung 412
–, Farbbild 409
–, Morphologie 412
–, Nutzung, Bewertung 414
–, Profil 412
–, Systematik 400
–, Verbreitung 414, 455, 457
Tunnelerosion 468
Turbationen 385 f.
Turmalin 4

U, s. Schluff
Übergangshorizont 397
Übergangsmoor 434
Überlockerung 167
Überschußladung 29
Überstauung, s. Wasserzufuhr
Überverdichtung 151, 167
Ultisol
–, Eigenschaften 396
–, Systematik 402
ungesättigter Zustand 181, 190
Unterboden 362
Untergrundlockerung 168
Unterwasserböden 432 f.
–, Nutzung 433
–, Systematik 401
Unterwasserhorizonte 395
Uronsäuren 54

variable Ladung 92
Variszit 246
Vega
–, Eigenschaften 428
–, Systematik 400
Verbraunung 371 f.
Verdichtung 162
Verdunstung, s. Evapotranspiration
Verformung 150
Verfügbarkeit
– von Nährstoffen 224
–, Standorteinfluß 230
Vergleyung 379 f.
Verknetung 159, 167
Verlehmung 371 f.

Vermiculite 27, 32 f.
–, Bildung 36
–, KAK, Oberfläche 91
–, Vorkommen in Böden 39
Vermoderungshorizont 374
Vernadat 46
Versalzung 381 f.
–, künstliche 383
–, Melioration 384
–, natürliche 382
–, ökolog. Bedeutung 384
Versauerung, s. a. Bodenversauerung
–, Gewässer 303 f.
Verschlämmung 159
Versickerung 196
Vertikalspannung 151, 161
Vertisol 440 f.
–, Farbbild 409
–, Systematik 402, 404
–, Verbreitung 459
Verwitterung 12 f., 370
–, chemische 13
– durch Hydrolyse 13
– durch Komplexierung 16
– durch Lösung 16
– durch Oxidation 16
–, physikalische, mechanische 12, 371
– durch Salz 373
Verwitterungsgrad von Böden 371
Verwitterungsstabilität
– von Gesteinen 19
– von Mineralen 17
Vivianit 302
vorverdichteter Zustand 167
Vulkan. Aschen, Gläser 39, 447

Waldböden
–, Gewässerversauerung 303
Wandbeläge 377
Wärme, des Bodens 211 f.
– bewegung 213
– haushalt 214, 216
– kapazität 212 f.
– leitfähigkeit 213
–, spezifische 212
Wärmesprengung 373
Wasser im Boden 171 f., s. a. Bodenwasser
–, Aufnahme u. Abgabe 184 f.
–, Bewegung, dampff. 189 f.
–, Bewegung, flüssig 180 f.
–, Bindung 174 f.
–, Dampfdruck 189
–, Potentiale 174
Wasseraufnahme durch d. Pflanze 184 f.
Wasserbewegung 180 f.
Wasserbilanz
–, klimatische 203
Wasserbindung 174 f.
Wasserdampf 189, 206
Wasserdurchlässigkeit 180 f., s. a. Wasserleitfähigkeit
Wassererosion, s. Bodenerosion
Wassergehalt des Bodens 193
–, Bestimmung 173, 219
– und Wasserleitfähigkeit 183
– und Wasserspannung 177
Wasserhaushalt 191 f.
Wasserkapazität 191
Wasserleitfähigkeit 180 f.
–, Bestimmung 184
– und Gefüge 148
Wasserpotential 175, 200
Wassersättigung 171
Wasserscheide 188, 196
Wasserspannung 175, 177
Wasserspannungskurve 178 f., 203
Wasserstabilität
– von Aggregaten 156, 169
Wasserversorgung der Pflanzen 197
Wasserzufuhr 203, 207
Watt(gyttja) 429
Wechsellagerung (Minerale) 35 f.
Weißtorf 435
Welkepunkt, permanenter (PWP) 192
Wiesenkalk 381, 389
Wimpertiere 78
Winkel innerer Reibung 157
Winderosion 389, 472
Windschutz 474
Wollsack(verwitterung) 373
Wüstenlack 444
Wurmhumus 374
Wurmlosungsgefüge 141
Wurmmull 375
Wurzelechtes Hochmoor 434
Wurzelfüßer 78
Wurzeln
– und Gefüge 165
Wurzelraum (effektiver) 197 f.
Wurzelrückstände 66
Wurzelumgebung 83

Xerosol 444 f.
–, Systematik 404
–, Verbreitung 458

Yermosol 444 f.
–, Flächenanteil 454
–, Nutzung 458
–, Systematik 404
–, Verbreitung 458

Zechstein 477
Zeigerpflanzen 462
Zersatzzone 441
Zersetzung der Streu 52 f.
–, Einfluß der Düngung 67
–, Klimaeinfluß 64
–, Nutzungseinfluß 65
–, Standorteinfluß 64
Zersetzungsgrad 435
Zeta-Potential 138
Ziesel 385
Zink 284 f.
–, Komplexierung 62
–, Schadwirkungen 286
Zirkon 4
Zoophagen 78
Zustandsstufe 464
Zweischicht(1:1)-Minerale 30

Scheffer/
Schachtschabel

Lehrbuch der Bodenkunde

ISBN 3 432 84772 6

12. neu bearbeitete Auflage

Zur Verbesserung zukünftiger Auflagen ist Ihre Meinung über dieses Buch für uns von großem Interesse. Wir bitten Sie deshalb um Beantwortung der nachfolgenden Fragen (bitte gut lesbar ausfüllen, nicht mit Bleistift):

---

1. Wie ist das Thema behandelt?
   - ☐ zu ausführlich
   - ☐ zu kurz
   - ☐ angemessen

2. Wie ist der Stoff aufbereitet?

	leicht verständlich	schwer verständlich	übersichtlich	unübersichtlich	didaktisch gut	didaktisch weniger gut
Text						
Abbildungen						
Tabellen						
Gliederung						

3. Welches Kapitel hat Sie besonders angesprochen (warum)? ______________________________

____

____

4. Welches Kapitel hat Ihnen am wenigsten zugesagt (warum)? ______________________________

____

____

bitte wenden!

5. Bemerkungen, Kritik, Hinweise auf Fehler, Anregungen:

Wir nehmen Sie gern in unsere Informationskartei auf.
Dazu bitten wir Sie um folgende Angaben:

Name, Vorname

Adresse

Beruf (Studienfachrichtung)

Semesterzahl

Bitte trennen Sie dieses Blatt heraus und senden Sie es im Kuvert an:

Ferdinand Enke Verlag, Postfach 10 12 54, D-7000 Stuttgart 10

Besten Dank für Ihre Bemühungen!